JAHRBUCH 1928

DER
DEUTSCHEN VERSUCHSANSTALT
FÜR LUFTFAHRT, E.V., BERLIN-ADLERSHOF

HERAUSGEGEBEN VOM VORSTAND

Dr.-Ing. WILH. HOFF
O. PROFESSOR AN DER TECHNISCHEN HOCHSCHULE ZU BERLIN

OTTFRIED v. DEWITZ

Dr.-Ing. GEORG MADELUNG
A. O. PROFESSOR AN DER TECHNISCHEN HOCHSCHULE ZU BERLIN

VERLAG VON R. OLDENBOURG, MÜNCHEN UND BERLIN 1928

INHALT.

Tätigkeitsbericht der Deutschen Versuchsanstalt für Luftfahrt, E.V., für 1927/28.

(1. April 1928.)

I. Mitgliederstand.

Im Berichtsjahr sind dem Verein zwei Mitglieder beigetreten; diese sind mit † gekennzeichnet.

Mitgliederliste. Stand am 31. März 1928.

*1. Der Reichsverkehrsminister, Berlin.

*2. Albatros-Flugzeugwerke G. m. b. H., Berlin-Johannisthal, Flugplatz.

3. Heinrich Albert, Reichsminister a. D., Berlin W 10, Viktoriastr. 8.

4. Allianz und Stuttgarter Verein Versicherungs-Aktien-Gesellschaft, Berlin W 8, Taubenstr. 1—2.

5. Askania-Werke A.-G., vorm. Centralwerkstatt Dessau und Carl Bamberg, Berlin-Friedenau, Kaiser-Allee 87—88.

*6. Automobil-Club von Deutschland, Berlin W 9, Leipziger Platz 16.

7. Caspar-Werke Aktiengesellschaft, Travemünde.

*8. Dr. Cassirer & Co., Kabel- und Gummiwerke, Berlin-Charlottenburg, Keplerstr. 1—9.

9. Deutsche Luft Hansa A.-G., Berlin W 8, Mauerstr. 61—65.

10. Dornier Metallbauten G. m. b. H., Friedrichshafen a. B.

11. Dürener Metallwerke Aktiengesellschaft, Düren/Rhld.

†12. J. F. Eisfeld, Pulver- und Pyrotechnische Fabriken, Silberhütte-Anhalt.

13. Forschungsanstalt Prof. Junkers, Dessau, Cöthenerstraße.

*14. Kaiser-Wilhelm-Gesellschaft zur Förderung der Wissenschaften, Berlin C 2, Schloß.

15. Karl Kotzenberg, Dr. jur. h. c. Dr.-Ing. eh., Frankfurt a. M., Viktoria-Allee 16.

16. C. Lorenz Aktiengesellschaft, Berlin-Tempelhof, Lorenzweg.

17. W. Ludolph Aktiengesellschaft, Bremerhaven.

18. Luftpool von 1924 (geschäftsführende Gesellschaft Allianz und Stuttgarter Verein Versicherungs-Aktien-Gesellschaft, Berlin W 8, Taubenstr. 1—2.

*19. Luftschiffbau Zeppelin G. m. b. H., Friedrichshafen a. B.

*20. Magistrat Berlin, Verkehrsamt, Berlin W 9, Friedrich Ebertstr. 5.

*21. Maschinenfabrik Augsburg-Nürnberg A.-G., Nürnberg.

22. Ed. Meßter, Abt. Optikon, Berlin W 35, Am Karlsbad 16.

†23. Raab-Katzenstein Flugzeugwerk Gesellschaft mit beschränkter Haftung, Kassel-B.

24. Reichsverband der Deutschen Luftfahrt-Industrie, Berlin W 35, Blumeshof 17.

25. Rohrbach-Metall-Flugzeugbau Gesellschaft mit beschränkter Haftung, Berlin N 39, Kiautschoustr. 9—12.

*26. Siemens-Schuckert-Werke G. m. b. H., Berlin-Siemensstadt.

27. Steffen & Heymann, Berlin W 35, Schöneberger Ufer 13.

*28. Hermann Stilke, Dr. jur. h. c., Kommerzienrat, Berlin NW 7, Dorotheenstr. 66—67.

29. Telefunken, Gesellschaft für drahtlose Telegraphie m. b. H., Berlin SW 11, Hallesches Ufer 12.

30. Wasser- und Luft-Fahrzeug-Gesellschaft m. b. H., Berlin W 62, Kleiststr. 8.

31. Carl Zeiß, Jena.

Die durch * gekennzeichneten 11 Mitglieder sind nach § 3, Abs. 2 der Vereinssatzung vom 28. Juni 1921 durch ihren einmaligen Aufnahmebeitrag gemäß § 4, Abs. 2 der früheren Satzung vom 20. April 1912 von weiterer Beitragspflicht entbunden. Als vollberechtigte Vereinsmitglieder gelten ferner nach § 7, Abs. 3 der Satzung die sieben Mitglieder des Aufsichts-Ausschusses und nach § 8, Abs. 5 (vgl. Satzungsänderung vom 30. Juni 1926) die drei Mitglieder des Vorstandes, so daß der Verein am 1. April 1928 insgesamt 41 stimmfähige Mitglieder zählt.

II. Tätigkeit des Vereins.

Der Aufsichts-Ausschuß setzt sich aus folgenden Mitgliedern zusammen:

Ministerialrat A. Mühlig-Hofmann, Berlin W 8, Wilhelmstr. 86 (Vorsitzender);

Dr.-Ing. A. Rohrbach, Berlin N 39, Kiautschoustr. 9—12 (stellvertretender Vorsitzender);

Dr.-Ing. eh. Cl. Dornier, Friedrichshafen a. B.;

Ministerialrat Dr. E. Greiner, Berlin W 8, Wilhelmstr. 60/61;

Dr.-Ing. eh. H. Junkers, Dessau, Kaiserplatz 21;

Hptm. a. D. F. Listemann, Berlin-Grunewald, Hubertus-Allee 11a;

Ministerialrat Dr. W. Panzeram, Berlin W 8, Wilhelmstr. 80.

Der Aufsichts-Ausschuß trat am 17. September 1927, am 4. Oktober 1927 und am 31. Januar 1928 zu Sitzungen zusammen und nahm mehrfach schriftlich zu Fragen Stellung, die ihm vom Vorsitzenden des Aufsichts-Ausschusses oder vom Vorstand vorgelegt waren. Die Aufsichts-Ausschuß-Beschlüsse fanden die laut Satzung erforderliche Bestätigung durch den Herrn Reichsverkehrsminister.

Die 12. Hauptversammlung fand am 4. Oktober 1927 in Berlin statt. Anläßlich der Hauptversammlung wurde eine Besichtigung der Anlagen in Adlershof vorgenommen, an der auch der Technische Beirat und andere Persönlichkeiten aus der Luftfahrt teilnahmen. Am Abend versammelten sich die Mitglieder des Vereins und des Technischen Beirats mit einigen anderen geladenen Gästen in den Räumen des Aero-Clubs von Deutschland, bei dem das Vorstandsmitglied v. Dewitz und daran anschließend die Abteilungsleiter Prof. Dr. Faßbender und Dr.-Ing. Seewald Vorträge hielten[1]).

Der Technische Beirat leistete bei der Durchberatung der Bauvorschriften für Flugzeuge[2]) dankenswerte Mitarbeit. In verschiedenen anderen Fällen war die sachverständige Beurteilung von Fragen aus dem DVL-Arbeitsgebiet wertvoll. Der DVL-Vorstand hofft, daß weiterhin und insbesondere bei dem anläßlich der DVL-Verlegung geplanten Ausbau der Anlagen der Technische Beirat den DVL-Vorstand durch seine Sachkunde unterstützen wird.

[1]) Vgl. S. 231 dieses Jahrbuches.
[2]) Die Bauvorschriften für Flugzeuge (BVF) sind inzwischen im Druck erschienen und können von der DVL zum Preis von RM 5.- (Ganzleinen gebunden) bezogen werden. Näheres über die BVF siehe unter »Prüf-Abteilung« S. X dieses Jahrbuches.

III. Tätigkeit der Anstalt.

A. Allgemeines.

Nachdem zu Beginn des Geschäftsjahres 1927/28 die Neugliederung und Erweiterung der Anstalt im wesentlichen durchgeführt war, richtete der Vorstand sein Augenmerk auf den Ausbau und die Vertiefung der Forschungstätigkeit der DVL. Bei dem derzeitigen Entwicklungsstand der Luftfahrt hat gerade das Forschungs- und Versuchswesen eine viel größere Bedeutung, als bei den meisten übrigen Gebieten der Technik. Dies lehren nicht nur die Erfahrungen der deutschen Luftfahrt; auch im Ausland, namentlich in den Vereinigten Staaten von Nordamerika, wird die technische und wissenschaftliche Versuchsarbeit als ausschlaggebend für den Erfolg angesehen. Eine Zeit, welche die deutsche Luftfahrt vor stets neue Aufgaben stellt, beeinflußt auch weittragend die DVL-Arbeiten und verlangt wachsende Bereitschaft zur Mithilfe in wissenschaftlicher Durchdringung der Aufgabenfülle.

Der hohe Stand der nordamerikanischen Luftfahrt ist aus Schrifttum und sonstigen in die Öffentlichkeit gelangten Erfolgen bekannt. Die Mittel und Verfahren aber, die zur Entfaltung der Luftfahrt der Vereinigten Staaten geführt haben, können nur an Ort und Stelle studiert werden. Zu diesem Zweck unternahmen im Auftrage des Herrn Reichsverkehrsministers der Vorsitzende des DVL-Aufsichts-Ausschusses, Ministerialrat A. Mühlig-Hofmann, und Dr.-Ing. Wilh. Hoff in Begleitung von Dr.-Ing. W. Kamm, Leiter der Motoren-Abteilung, und Dr.-Ing. F. Seewald, Leiter der Aerodynamischen Abteilung, eine Studienreise nach den Vereinigten Staaten von Nordamerika. Die Reise war durch den Herrn Reichsverkehrsminister der Auslandsvertretung des Deutschen Reiches gemeldet und wurde von der Deutschen Botschaft in Washington, den Generalkonsulaten in New York, Chicago, San Francisco und Boston sowie den Konsulaten in Cleveland und Los Angeles wirksam gefördert. Der Aufenthalt auf amerikanischem Boden dauerte vom 20. Oktober bis zum 9. Dezember 1927 und bot Gelegenheit zum Besuch einer größeren Zahl von Forschungsanstalten, Flugzeug-, Motoren- und Luftschiffwerken, Flughäfen sowie sonstigen technischen Betrieben. Die Aufnahme in allen staatlichen Stellen (Department of Commerce, Assistant Secretary William P. Mac Cracken, Navy Department, Assistant Secretary Edward P. Warner, War Department, Assistant Secretary F. Trubee Davison, National Advisory Committee for Aeronautics, Director of Aeronautical Research Dr. George W. Lewis) und privaten Betrieben war denkbar freundlich und entgegenkommend. In freundlichster Weise bemühte sich Major Lester D. Gardner, New York, um das Gelingen der Reise, auf der manch wertvolle Verbindung für die Zukunft angebahnt wurde.

Auf der Reise wurden nachstehende Besichtigungen ausgeführt:

a) Forschungsanstalten.

Bureau of Standards, Washington, D. C.,
Navy Yard, Washington, D. C.,
Langley Field, Hampton, Va.,
University of Michigan, Ann Arbor, Mich.,
Wright Field, Wilbur Wright Field, Mc. Cook Field, Dayton, Ohio,
Leland Stanford University,
California Institute of Technology, Pasadena, Cal.,
New York University,
Massachusetts Institute of Technology, Boston, Mass.

b) Flugzeugwerke:

Loening Aeronautical Engineering Corp., New York,
Navy Yard, Philadelphia, Pa.,
Curtiss Aeroplane and Motor Co., Buffalo N. Y. und New York,
The Glenn L. Martin Co., Cleveland, Ohio,
Stout-Ford Co., Dearborn, Mich.,
Douglas Co., Santa Monica,
E. M. Laird Airplane Co., Chicago, Ill.
Fairchild Aeroplane Manufacturing Comp., Farmingdale, Long Island, N. Y.

c) Motorenwerke:

Curtiss Aeroplane and Motor Co., Buffalo, N. Y.,
Packard Motor Car Comp., Detroit, Mich.,
Pratt & Whitney Aircraft Corp., Hartford, Conn.,
Wright Aeronautical Corp., Paterson, N. J.,
Fairchild Caminez Engine Corp., Farmingdale, Long Island, N. Y.

d) Luftschiffwerke:

Goodyear-Zeppelin Corp., Akron, Ohio,
Aircraft Development Corp., Grosse Isle near Detroit, Mich.,
Slate Aircraft Corp., Glendale, Cal.

e) Sonstige technische Werke:

U. S. Aluminium Co., Buffalo, N. Y.,
Aluminium Co. of America, Pittsburgh, Pa.,
Standard Steel Propeller Co., New Homestead near Pittsburgh, Pa.
Pioneer Instrument Comp., Brooklyn, N. Y.

f) Flughäfen:

Verkehrsflughäfen: Buffalo, N. Y.,
Cleveland, Ohio,
Dearborn, Mich.,
Chicago, Ill.,
Salt Lake City, Utah,
Mills Field, San Francisco, Cal.,
Los Angeles.

Flughäfen des Heeres und der Marine:

Bolling Field, Washington D. C.,
Langley Field, Hampton, Va.,
Wright Field,
Wilbur Wright-Field } Dayton, Ohio,
Mc. Cook Field
Cressy Field, San Francisco, Cal.,
Mitchell Field, Long Island, N. Y.,
Lakehurst, N. J.

g) Anlagen allgemeinen Interesses:

Kraftwerke der Niagara-Fälle,
Verkaufshaus Sears, Roebuck & Co., Chicago,
The National Cash Register Comp., Dayton, Ohio.

Das Reiseergebnis läßt sich in die Erkenntnis zusammenfassen, daß die Vereinigten Staaten von Nordamerika zielbewußt, offenbar in bester Gemeinsamarbeit der maßgebenden Stellen bestrebt sind, die Luftfahrt durch kräftige Förderung der wissenschaftlichen Forschungs- und technischen Versuchsarbeit auf breiter Grundlage zu heben. Die öffentlichen Mittel zur Schaffung von Luftfahrtgerät sind vornehmlich in den Dienst dieser Aufgabe gestellt und sind damit Wegbereiterinnen für die private Wirtschaft. Dieser

ist es im allgemeinen überlassen, die geeigneten Möglichkeiten für den Luftverkehr zu finden. Die besichtigten
Institute gaben manchen bedeutungsvollen Fingerzeig für
den Ausbauplan der DVL.

Im Berichtsjahr trat die DVL auch anderweitig mit dem
Ausland in Fühlung. Ende 1927 begab sich Dr.-Ing. Made-
lung nach Finnland, um auf Einladung des Rektors der
Technischen Hochschule in Helsingfors dortselbst für die
Dauer von zwei Monaten Gastvorlesungen über Flugzeug-
bau zu halten.

v. Dewitz hielt Anfang Februar 1928 in der Ingenieur-
akademie in Stockholm einen Vortrag über das technische
Entwicklungsziel der deutschen Luftfahrt und die Wege,
die dahin führen.

Im Berichtsjahr gestaltete sich die Zusammenarbeit der
DVL mit der Hamburgischen Schiffbau-Versuchsanstalt
immer enger. Als Kennzeichen des gemeinsamen Vorgehens
in Gebieten gleichen Interesses darf gewertet werden, daß
Dr.-Ing. Wilh. Hoff einen Vortrag[1] über »Das Großflugboot« vor der Gesellschaft der Freunde und Förderer der
Hamburgischen Schiffbau-Versuchsanstalt am 9. September 1927 halten konnte und in den Aufsichtsrat der Hamburgischen Schiffbau-Versuchsanstalt berufen wurde.

In Zusammenarbeit mit Professor Dr.-Ing. H. Reißner
von der Technischen Hochschule zu Berlin wurden nach
einem von ihm angegebenen Verfahren Berechnungen über
die Knickung von Platten, die auf Schub beansprucht sind,
vorgenommen und mit einem besonders dazu hergestellten
Gerät Versuche durchgeführt.

Die von der DVL mit maßgebenden Forschern und Wis-
senschaftlern der Luftfahrt gepflegte Verbindung führte dazu,
daß die DVL den Professoren Dr. phil. R. Fuchs, Berlin,
und Dr. phil. L. Hopf, Aachen, je einen Assistenten zur Verfügung gestellt hat. Auf diese Weise konnten die beiden
Herren trotz starker Inanspruchnahme durch ihre Berufs-
tätigkeit für die Luftfahrt wissenschaftlich arbeiten. Die
Ergebnisse dieser Arbeiten sind zum Teil veröffentlicht[2].
Weitere Veröffentlichungen werden demnächst folgen.

Auf dem Gebiet der Schmierölforschung wurden die
Arbeiten mit Professor Dr. F. Frank (Technische Hochschule
zu Berlin) in der im vorigen Geschäftsjahr begonnenen Weise
fortgesetzt. Mit Dr.-Ing. E. Tausz (Technische Hochschule
Karlsruhe) wurde eine gemeinsame Arbeit über Fragen der
kompressionsfesten Kraftstoffe sowie der Adhäsion und Zerstäubung von Brennstoffen in die Wege geleitet. Professor
Dr. Gerngroß (Technische Hochschule zu Berlin) übernahm
die Untersuchung einiger Aufgaben auf dem Gebiet der
Sperrholzverleimung und der Verbesserung der Wasser-
beständigkeit von Kaltleimen. Die Zusammenarbeit mit
dem Metallhüttenmännischen Institut der Technischen
Hochschule zu Berlin wurde auch in diesem Jahre dadurch
aufrechterhalten, daß Dr.-Ing. K. L. Meißner seine Tätigkeit
als Assistent der DVL bei Professor Dr. Gürtler fortsetzte.

Die Aufgaben der DVL bringen es in sehr großer Zahl
mit sich, daß die abschließenden Berichte nur einem engeren
Kreis zugänglich gemacht werden können. Die DVL hält bei
sich ein Verzeichnis dieser Arbeiten zur Einsicht offen und
vermittelt Anträge auf Kenntnisnahme an die zuständigen
Auftraggeber, welche ihrerseits nach Prüfung der Sachlage
gegebenenfalls ihr Einverständnis erteilen.

Der erschütternde Flugzeugabsturz bei Schleiz am
23. September 1927, bei dem auch der deutsche Botschafter
in Washington, Frhr. v. Maltzan, den Tod fand, veranlaßte
den Herrn Reichsverkehrsminister, der DVL den Auftrag
zu erteilen, an der Aufdeckung der wahrscheinlichen Ursachen dieses Unglücks und der Suche zur Vermeidung ähnlicher Unfälle mitzuwirken. Ein ungewöhnlicher Zufall ermöglichte der DVL, gerade dieses Unglück zum Ausgangs-
punkt weittragender Forschungsarbeit zu machen, was leider

nicht immer bei solchen traurigen Vorkommnissen in so
weitem Maße möglich ist.

Die deutsche Öffentlichkeit hat an dem Schleizer Unglück lebhaften Anteil genommen und wurde dadurch auch
mehr als früher auf die verantwortungsvolle Tätigkeit der
DVL hingelenkt. Der DVL-Vorstand lud infolgedessen die
in Berlin ansässigen Vertreter der Tages- und Fachpresse
zu einer Besichtigung ein, die am 14. Oktober stattfand.
Bei dieser Gelegenheit wurde auch auf die bevorstehende
DVL-Verlegung hingewiesen.

Die DVL beklagt im Berichtsjahr wiederum zwei Todes-
fälle. Der Assistent und Flugzeugführer Fritz Mülhan ist
am 22. Juli 1927 anläßlich eines Versuchsfluges zusammen
mit dem Funktechniker Erich Wedekind (von der Telefunken-Gesellschaft) in unmittelbarer Nähe der DVL tödlich
abgestürzt. Dr.-Ing. Theodor Bienen, Abteilungsleiter bei
der DVL, fand bei einem Versuchsflug am 11. Oktober 1927
den Tod durch Absturz. Bienen, im Kriege als aktiver
Offizier Flugzeugführer, später Schüler von v. Kármán, und
in der Fachwelt durch seine erfolgreichen Arbeiten und Veröffentlichungen über die Theorie der Luftschraube bekannt,
hatte seine Tätigkeit bei der DVL erst einige Wochen vor
seinem Tode angetreten. Die DVL betrauert in den beiden
Verstorbenen sehr tüchtige Mitarbeiter und liebe Kameraden,
die der deutschen Luftfahrt noch Förderung und großen
Nutzen hätten bringen können.

Gliederung der Anstalt.

Gegenüber dem im Jahrbuch 1927 der DVL näher be-
schriebenen Stand der Erweiterung und Neugliederung der
Anstalt ist im Laufe des Berichtsjahres eine wesentliche
Veränderung nicht eingetreten. Zu erwähnen ist die Ende
Juli erfolgte Zusammenlegung der technischen Arbeiten
für die Verlegung und den Ausbau der DVL in einem
Neubaubureau. Zunächst wurde der aus der Motoren-
Abteilung hervorgegangene Assistent Ing. Glaser vom Vor-
stand diesem Bureau vorgesetzt. Nach Rückkehr von seiner
Auslandsreise übernahm Dr.-Ing. Hoff selbst die Leitung
dieses Bureaus, unterstützt von Dipl.-Ing. Hermann Brenner,
der mehrere Jahre im Baugewerbe praktisch tätig war.

Die Lage hinsichtlich des künftigen Standortes der DVL
blieb ungeklärt. Da aber feststeht, daß das Adlershofer Gelände nur bis Ende 1929 verfügbar ist, wurde die Ausarbeitung von Plänen für eine neue DVL in Angriff genommen.

Die Aufgaben des Neubaubureaus liegen in der Hauptsache auf folgenden Gebieten:

1. Ausarbeitung von Vorschlägen in bezug auf den technischen Ausbau der neuen DVL.

2. Planung der Energieversorgung.

3. Feststellung des gesamten Raumbedarfs für den DVL-
   Neubau.

4. Erfassung der Gesamtkosten für den DVL-Neubau.

5. Vorbereitung der Eingaben zwecks Anforderung der
   erforderlichen Mittel.

Mit der Vorbereitung der architektonischen Ausgestal-
tung der neuen DVL wurde Architekt Baurat Otto Walter,
Berlin, beauftragt.

Ende Juli 1927 erhielt Ing. O. Glaser zunächst vertretungsweise die Leitung der Betriebsabteilung, nachdem
der bisherige Leiter, Dipl.-Ing. W. Siecke, eine neue Tätigkeit als Betriebsleiter der Warnemünder Werft der Arado-
Handels-Gesellschaft angenommen hat.

Damit die Betriebs-Abteilung den ständig wachsenden
Anforderungen der übrigen Abteilungen genügen konnte,
wurde sie auch mit neuzeitlichen Einrichtungen versehen.
Am Schluß des Berichtsjahres genügten die von der benachbarten Ambi-Gießerei m. b. H. (frühere Hallen der Luftfahrzeug m. b. H.) ermieteten Werkstatt-, Lager-, Bureauräume und Montagehallen. In ihr wurden während des Berichtsjahres 1480 Aufträge für die DVL-Abteilungen ausgeführt.

---

[1] Vgl. S. 4 dieses Jahrbuches.
[2] Einige Ergebnisse von Rechnungen über den Übergang
eines Flugzeugs ins Trudeln. Von A. v. Baranoff. 92. DVL-Bericht,
WGL-Jahrbuch 1927, S. 147 und S. 205 dieses Jahrbuches.

Am 31. März 1928 war die DVL wie folgt gegliedert:
Vorstand.

Dem Vorstand angegliedert: Verwaltungs- und Wissenschaftliches Sekretariat, Technischer Neubau, Höhenflugstelle, Vertriebsstelle.

Verwaltungs-Abteilung.
Betriebs-Abteilung.
Statische Abteilung,
Motoren-Abteilung.
Physikalische Abteilung.
Luftbild-Abteilung.
Flug-Abteilung.
Prüf-Abteilung.
Aerodynamische Abteilung.
Stoff-Abteilung.
Abteilung für Funkwesen und Elektrotechnik.

DVL-Verlegung.

Im DVL-Jahrbuch 1927 war bereits ausgeführt, daß der Magistrat der Stadt Berlin am 9. März 1927 beschlossen hatte, der DVL ein bei Britz gelegenes geeignetes Gelände zu verpachten. Es war weiter von der Befürchtung die Rede, daß das Britzer Gelände Siedlungszwecken vorbehalten bleiben müßte. Die Berliner Stadtverordnetenversammlung vom 10. Juli 1927 überwies die Magistratsvorlage einem Ausschuß zur Prüfung der von Fraktionen und Interessenten vorgebrachten Vorteile und Nachteile der Vorlage. Die Ermittlungen dieses Ausschusses zogen sich monatelang hin und führten schließlich dazu, daß vom Reichsverkehrsminister eine Entscheidung der Stadt Berlin gefordert wurde. In der Stadtverordnetenversammlung vom 29. März 1928 wurden die Vorlage zwecks Verlegung der DVL nach Britz mit den Stimmen der Sozialdemokraten und Kommunisten und die Vorlage zwecks Verlegung der DVL nach Rudow (etwa 3,5 km südlich Britz) gegen die Stimmen der bürgerlichen Parteien verworfen. Damit fanden am Schlusse des Berichtsjahres die Verhandlungen mit Berlin ein vorläufiges Ende.

In den langen Monaten, während die Körperschaften der Stadt Berlin die DVL-Verlegungsvorlagen berieten, ruhten die Verhandlungen mit anderen Städten fast vollkommen. Erst als die Verhandlungen mit Berlin zu scheitern drohten, gewannen andere Angebote, vor allem das gemeinschaftliche des Landes Württemberg und der Stadt Stuttgart, alsdann diejenigen der Städte Hannover und Halle wieder an Bedeutung.

Außerordentlich hemmend ist es für die DVL-Verlegung, daß bei Ende des Berichtsjahres eine Klarheit über den Verbleib der DVL noch nicht gewonnen war.

Lehrtätigkeit im Luftfahrtwesen.

Die Lehrtätigkeit im Luftfahrtwesen an der Technischen Hochschule zu Berlin wurde ausgeübt von:

Prof. Dr.-Ing. Wilh. Hoff,
Prof. Dr.-Ing. Georg Madelung,
Prof. Dr. phil. Heinrich Faßbender,
Dr. phil. Heinrich Koppe,
Dr.-Ing. Karl Thalau,
Dr.-Ing. Karl Leo Meißner.

In den planmäßigen Übungen wurden die Einrichtungen der DVL zu Unterrichtszwecken benutzt. Viele Studierende wurden als Werkstudenten in der DVL beschäftigt und hatten dadurch Gelegenheit, sich auf die Praxis ihres Berufslebens vorzubereiten.

Luftfahrtforschung.

Da die Anzahl der Veröffentlichungen der DVL zunahm, und da das Bedürfnis reger wurde, die Forschungsergebnisse der DVL geschlossen zur Geltung zu bringen, wurde mit der Aerodynamischen Versuchsanstalt, Göttingen, und dem Aerodynamischen Institut der Technischen Hochschule Aachen, wo ähnliche Wünsche vorlagen, sowie der Wissenschaftlichen Gesellschaft für Luftfahrt ein Abkommen getroffen, die Berichte in zwanglosen Heften »Luftfahrtforschung« erscheinend beim Verlag R. Oldenbourg, München und Berlin, herauszugeben.

Es ist zu hoffen, daß auf diese Weise eine Veröffentlichungsfolge entsteht, die geeignet ist, die zu gemeinsamen Arbeiten zusammengeschlossenen Institute weit besser zur Geltung zu bringen, als es vordem der Fall war.

B. Tätigkeit der wissenschaftlichen Abteilungen.

Statische Abteilung.

Leiter: Dr.-Ing. Karl Thalau.

Allgemeines.

Die Statische Abteilung bearbeitet alle statischen und konstruktiven Fragen des Luftfahrzeugbaues. Die bereits bestehenden Arbeitsgruppen »Statik«, »Konstruktion« und »Versuche« erfuhren eine notwendige Ergänzung durch die gegen Ende des Geschäftsjahres neu hinzukommende Gruppe »Dynamik«, der die Untersuchung der Schwingungs- sowie der übrigen dynamischen Probleme obliegt.

Zunächst wurden die noch laufenden Prüfungen der Festigkeitsnachweise verschiedener Flugzeugmuster zum Abschluß gebracht. Abgesehen von einigen Sonderfällen wurde alsdann die Prüfung der Festigkeitsnachweise grundsätzlich von der Prüf-Abteilung durchgeführt, so daß die Gruppe »Statik« in größerem Maße als bisher für die Bearbeitung von Forschungsaufgaben frei geworden ist. Als neue Aufgabe ist im Zusammenhang mit der vom Herrn Reichsverkehrsminister der DVL Anfang 1928 überwiesenen Musterprüfung des Luftschiffes LZ 127 die Bearbeitung der den Luftschiffbau betreffenden statischen und konstruktiven Fragen hinzugetreten. Die Notwendigkeit, eine größere Zahl von Belastungsprüfungen gleichzeitig durchführen zu können, und der Bau neuerer größerer Versuchseinrichtungen führten dazu, daß der Statischen Abteilung die bisherige Werft als Haupt-Versuchshalle mit zugehörigen Bureauräumen zugewiesen wurde.

Technischer Ausbau.

Zur Erzielung genügend genauer Meßergebnisse bei Belastungsversuchen war es erforderlich, den Bestand an Meßgeräten zu vergrößern und die Meßverfahren zu vervollkommnen. Die Versuchseinrichtungen für Rippenbelastungen und zur Fahrgestellprüfung wurden entwickelt und in Auftrag gegeben. Zur Untersuchung der Schubbeanspruchung von Platten wurde ein Gerät nach einem bei der DVL hergestellten Entwurf beschafft. Der Dehnungsmesser System Dr. Schäfer (Bauart Maihak, Hamburg) wird für 48 Meßstellen ausgebaut; ferner wird für dieses Gerät eine selbstaufzeichnende Meßvorrichtung in Verbindung mit einem Oszillographen entwickelt, die gestatten soll, bis zu 100 Meßstellen in Gruppen zu je 20 kurz nacheinander aufzeichnen zu lassen.

Forschungstätigkeit.

In der Statischen Abteilung wurden hauptsächlich folgende Forschungsaufgaben bearbeitet:
Berechnung von Raumfachwerken,
Schubbeanspruchung von Platten,
Verdrehung von Holmen,
Schwingungsuntersuchungen von Flugzeugbauteilen,
Flugzeug-Fahrwerke, insbesondere Luftfederung und Spornkufe,
Verbindungsmittel: Schweißen, Löten, Nieten, Bolzenverbindung in Holz,
Gewichtzerlegung von Flugzeugen und Gewichtstatistik,
Bauvorschriften, insbesondere Lastannahmen,
Entwicklung von Meß- und Prüfgeräten für Belastungsversuche,
Eingehende Untersuchungen am Flugzeugmuster Dornier-Merkur durch Rechnung und Versuch (Belastungsprüfungen und Formänderungsmessungen im Fluge).

An Belastungsversuchen wurden durchgeführt:
Tragwerkbelastungen an 11 verschiedenen Mustern,

14 Belastungsprüfungen einzelner Bauteile (Rumpf, Fahrgestell, Leitwerk usw.).

Im Berichtsjahr wurde eine größere Zahl von Berichten fertiggestellt, die wegen ihres vertraulichen Charakters leider nicht zur Veröffentlichung gelangen können.

Prüftätigkeit.

Die Prüfung der Festigkeitsnachweise von 11 verschiedenen Flugzeugmustern wurde zum Teil in Zusammenarbeit mit der Prüf-Abteilung ganz und die Prüfung von zwei weiteren Mustern vorläufig abgeschlossen.

Motoren-Abteilung.
Leiter: Dr.-Ing. Wunibald Kamm.

Allgemeines.

Innerhalb des Aufgabenkreises der Motoren-Abteilung konnten einige neue Arbeitsgebiete in Angriff genommen werden, z. B. durch Aufnahme von Untersuchungen über die Luftkühlung von Flugmotoren und durch ausgedehntere Messungen an Flugmotorengebläsen verschiedener Bauarten; auch konnten die Untersuchungen über neuartige Arbeitsverfahren in umfangreicherer Weise bearbeitet werden.

Eine der wesentlichen Aufgaben der Motoren-Abteilung ist es, die umfangreichen Erfahrungen, die durch die Vornahme der größeren Motorenprüfungen und durch den Überblick über das ganze Fachgebiet sich ergeben, auszunützen im Sinne der Förderung der weiteren Entwicklung des Flugmotorenbaues.

Dieser Aufgabe konnte die Motoren-Abteilung durch Beratung der für die Entwicklungsarbeiten sich einsetzenden Stellen, durch Aufstellung von Richtlinien für in Angriff zu nehmende Arbeiten und durch sachliche Zusammenarbeit mit der Flugmotoren-Industrie in weitem Maße gerecht werden.

Die dringend notwendige Beschaffung von größeren Prüfeinrichtungen war wegen der kommenden Verlegung der DVL nicht durchführbar. Nur solche Anlagen konnten aufgestellt werden, die sich leicht verlegen lassen.

Im Berichtsjahr wurden folgende Einrichtungen entwickelt und aufgestellt:

Belüftungsanlage für luftgekühlte Motoren bis zu den zurzeit in Entwicklung befindlichen Größen mit Windgeschwindigkeiten bis 200 km/h,

Vervollständigung der Ausrüstung des Höhenprüfstandes durch Beschaffung einer Froude-Wasserbremse und einer Kühlanlage,

Ausbau eines Versuchsraumes zur Aufnahme der Maschinen-Anlage für Einzylinder-Versuche,

Gasometer für Luftmengen-Messungen für Einzylinder-Versuche,

Bremsdynamoanlage zur Durchführung der Einzylinder-Versuche; die Bremsdynamen dienen gleichzeitig als Antriebsmaschinen bei Gebläse-Prüfungen,

Entwicklung einer Zündkerzen-Prüfeinrichtung,

Vervollständigung des Wasser- und Ölpumpen-Prüfstandes,

Aufstellung einer Auswuchtmaschine, Bauart Heymann-Lawaczek.

Neben dem nunmehr fertiggestellten ortbeweglichen Einzylinder-Prüfstand wird ein größerer ortfester Einzylinder-Motor ausgeführt, der ebenfalls veränderliches Verdichtungsverhältnis und veränderliche Steuerzeiten hat.

Forschungstätigkeit.

Im wesentlichen wurde im Berichtsjahr an folgenden Forschungsaufgaben gearbeitet:

Neuartige Arbeitsverfahren,

Untersuchungen über die Startbereitschaft von Flugmotoren,

Untersuchungen über die Luftkühlung von Flugmotoren,

Gewichtverminderung durch Anwendung von Leichtmetallen,

Wertung von Flugmotoren,

Untersuchungen über Dreipunkt-Aufhängung von Flugmotoren,

Drehschwingungsversuche mit der BMW-IV-Kurbelwelle und Schwingungsmessungen an verschiedenen Flugmotoren,

Untersuchungen über Zweitakt-Motoren,

Leistungsmessungen und Wirkungsgradbestimmungen an Gebläsen verschiedener Bauart,

Getriebefragen,

Untersuchungen über Luftschraubennaben,

Untersuchungen über Schalldämpfung,

Theoretische Untersuchungen für Höhenmotoren[1].

Prüftätigkeit.

Die laufenden Stückprüfungen und Triebwerkprüfungen wurden von der Prüf-Abteilung zum Teil mit Unterstützung der Motoren-Abteilung ausgeführt; der Motorenabteilung lagen folgende Prüfungen ob:

2 Musterprüfungen,

2 Zusatz-Musterprüfungen,

8 Werk- und sonstige Prüfläufe,

verschiedene Einzelteil-Prüfungen (Rohrverschraubungen, Ventile, Zündkerzen, Brennstoffe, Meßgeräte).

Physikalische Abteilung.
Leiter: Dr. phil. Heinrich Koppe.

Allgemeines.

Das Dachgeschoß des Gebäudes, in dem die Abteilung untergebracht ist, mußte auf Drängen der Baupolizei umgebaut werden. Dabei wurden neu eingerichtet: je ein Laboratorium für optische und feinmechanische Untersuchungen, Dunkelkammer (mit eingebauter camera obscura) Arbeitsräume für Assistenten.

Technischer Ausbau.

Die Prüfeinrichtungen wurden durch neue, teils in der eigenen Werkstatt gebaute Meß- und Arbeitsgeräte erweitert. Erwähnt seien:

Schwingungstisch,

Beschleunigungsmesser-Drehtisch,

Kältekasten für Drehzahlmesserprüfungen,

Dosenprüfgerät,

Manometerprüfstand.

Von besonderen Arbeiten an den Prüfeinrichtungen sind u. a. zu erwähnen:

Versuche und Verbesserungen am Dosenprüfgerät sowie am Beschleunigungsmesser-Eichgerät,

Einbau der Meßeinrichtung des Windkanals,

Versuche mit fremdem Gerät,

Beseitigung der Ungleichförmigkeiten im Strahl des Windkanals.

Forschungstätigkeit.

Die Aufgaben der Abteilung bestanden in:

1. Bearbeitung des erreichbaren in- und ausländischen Materials zur Sammlung von Erfahrungen zur Aufrechterhaltung eines ständigen Meßgerätewettbewerbes sowie zur Unterstützung und Anregung der Industrie. Zu diesem Arbeitsgebiet gehören die Schaffung und Verbesserung der (nicht käuflichen) besonderen Prüfeinrichtungen sowie die Ausarbeitung und Bekanntgabe von einheitlichen Prüfanweisungen.

2. Verwertung der gesammelten Erfahrungen zur Verbesserung der vorhandenen und Entwicklung neuer Meßgeräte und Meßverfahren für Flugleistungs-, Flugeigenschafts- und Sondermessungen. Hierzu gehören u. a. die besondere Behandlung der physikalischen Grundlagen der Messung von Zeit, Weg (Länge), Geschwindigkeit, Kraft (Druck), Wärme, Mengen und Richtung (Winkel), ferner die Verfahren für Anzeigeaufzeichnung und Fernübertragung.

---

[1] Neuzeitliche Entwicklungsfragen für Flugmotoren unter besonderer Berücksichtigung der Höhenmotoren. Von W. Kamm. 90. DVL-Bericht, WGL-Jahrbuch 1927, S. 116 und S. 183.

3. Anwendung der bekannten und neu entwickelten Meßgeräte und Verfahren für Luftverkehr und Forschung. Der Abteilung stand ein geeignetes Flugzeug als »fliegendes Laboratorium« zeitweilig zur Verfügung. Die Zusammenarbeit mit der Deutschen Luft Hansa A.-G. zur Verwertung und Verbesserung der Navigationsverfahren wurde gepflegt.

Folgende Aufgaben wurden im Berichtsjahr u. a. verfolgt:

Ausbildung von Dosen als Meßelemente und Untersuchung von Baustoffen für Dosenherstellung.

Geschwindigkeits- und Flugbahnmessungen.

Prüfung und vergleichende Untersuchungen von:
Neigungsmessern, Kompassen, Kompaß-Füllflüssigkeiten, Luftlogs, Abtriftmessern, Anstellwinkelmessern usw.

Messung von Beschleunigungen mittels eines schwingungsfähigen Systems (Masse und Feder).

Lautstärkemessungen und Mikroprüfung des Empfangsgerätes von Behm.

Untersuchungen über die Anzeigeträgheit von Staudruckmeßgeräten.

Anwendung ultraroter Strahlen für die Luftfahrt (in Zusammenarbeit mit Regierungsrat Dr. Müller von der Physikalisch-Technischen Reichsanstalt).

Fortführung der Entnebelungsversuche (in Zusammenarbeit mit Prof. A. Wigand, Hohenheim bei Stuttgart).

Ausarbeitung von Normen, Vorschläge zur Normung von Luftfahrtmeßgeräten (Rund-Geräte und Lang-Geräte); Feststellung und Normung von Flugzeug-Positions-Lande-Lichtern.

Prüftätigkeit.

Im Berichtsjahr wurden 281 Meßgeräteprüfungen für auswärtige Auftraggeber und 224 für die DVL vorgenommen, dazu 299 Musterprüfungen für auswärts und 109 für die DVL. Es handelt sich in der Hauptsache um Kälteprüfungen und Abnahmeprüfungen, Kompensierungen, Sonderprüfungen und abgekürzte Musterprüfungen.

Luftbild-Abteilung.
Leiter: Dr.-Ing. Otto Lacmann.

Allgemeines.

Die Bildabteilung wurde im Laufe des Berichtsjahres einer Umorganisation unterworfen. Durch Abgabe der kinotechnischen Arbeiten sowie der laufenden photographischen Aufnahmearbeiten wurde das Arbeitsgebiet der Abteilung eingeschränkt, während es andererseits durch Einbeziehung der Photogrammetrie und insbesondere der Aerophotogrammetrie eine Erweiterung erfuhr. Der bevorzugten Rolle, die das Luftbildwesen nunmehr im Arbeitsgebiet der Abteilung einnimmt, wurde durch Umbenennung der Bildabteilung in Luftbildabteilung Rechnung getragen.

Am 1. August 1927 trat Dr.-Ing. U. Schmieschek als Assistent in die Gruppe Photochemie ein.

Am 1. Oktober 1927 übernahm Dr.-Ing. O. Lacmann die bis dahin vertretungsweise von Dr. rer. nat. K. Riggert wahrgenommene Leitung der Abteilung. Der nunmehrige Leiter beschäftigt sich seit 1915 mit den neueren photogrammetrischen Meßverfahren. Er war 1919 bis 1924 technischer Leiter von Kartkontoret Stereografik in Oslo, einer norwegischen Aktiengesellschaft zur Verwertung der von der Firma Carl Zeiß in Jena entwickelten Bildmeßverfahren. Von 1924 bis 1927 war er als Instruktor in der aerophotogrammetrischen Abteilung der russischen Landesaufnahme in Moskau tätig.

Technischer Ausbau.

Im Berichtsjahr wurde die instrumentelle Ausrüstung der Abteilung vervollständigt. Insbesondere wurden für die Gruppe Photooptik ein Filterprüfgerät aufgestellt und die nach Angaben der Abteilung erfolgende Fertigstellung eines Objektivprüfgerätes für kleine Brennweiten, eines Schlitz-

verschlußprüfers und eines Zentralverschlußprüfers soweit gefördert, daß diese Geräte binnen kurzem in Gebrauch genommen werden können.

Die Gruppe Photochemie wurde zur Durchführung ihrer photochemischen und spektrographischen Untersuchungen unter anderem mit einem Martens-Polarisationsphotometer, einem Spektrodensographen und einem König-Martens-Spektralphotometer ausgerüstet.

Für die photogrammetrischen Arbeiten wurde ein Stereokomparator in Auftrag gegeben.

Forschungstätigkeit.

Die Forschungstätigkeit der Luftbildabteilung bezog sich insbesondere auf folgende Gebiete:

Entwicklung eines Verfahrens zur Prüfung von Emulsionen auf Gradation, auf Allgemeinempfindlichkeit, Farbenempfindlichkeit und Schleier. Zur Prüfung von Farbenempfindlichkeit wurde ein neues Prüfgerät »Der Energienivellierer« konstruiert,

Untersuchung der Genauigkeit, die sich bei der Filterprüfung mittels des Goldbergschen Spektrodensographen erzielen läßt,

Untersuchung zahlreicher Farbstoffe auf ihre Verwendbarkeit für Lichtfilterzwecke und Festlegung ihrer Absorptionseigenschaften,

Ausarbeitung eines neuen Aufnahmeverfahrens zur Hebung der Wirtschaftlichkeit luftphotogrammetrischer Feinmessungen,

Ausarbeitung von Richtlinien für die Konstruktion einer verbesserten Startmeßkammer,

Ausarbeitung von Richtlinien für die Konstruktion eines Meßgerätes zur Prüfung von Flugleistungen.

Prüftätigkeit.

An Prüfgeräten wurden in der Werkstatt der Abteilung eine Objektivprüfkammer für Geländeaufnahmen, ein Gerät zur Bestimmung der wirksamen Öffnung von Objektiven und ein Energienivellierer zur Prüfung von Emulsionen auf Farbenempfindlichkeit gebaut. Für die im Abschnitt »Technischer Ausbau« genannten Geräte zur Prüfung von Objektiven und Verschlüssen wurden den bauenden Herstellern Konstruktionsunterlagen gegeben.

Geprüft wurden 16 Fliegerkammern, 15 Verschlüsse und 6 Objektive.

Die photographische Wirksamkeit verschiedener Leuchtsätze auf verschiedene Emulsionen wurde untersucht und in Vergleich gesetzt. Ein für luftphotogrammetrische Feinmessungen bestimmter Film wurde auf den Gleichförmigkeitsgrad seiner Dehnung untersucht, die Meßergebnisse wurden ausgeglichen und die mittleren Lagefehler der Bildpunkte ermittelt.

Außerdem übte die Abteilung beratende Tätigkeit aus und überwachte im Auftrage des Herrn Reichsverkehrsministers den Bau von Geräten.

Flug-Abteilung.
Leiter: Joachim v. Köppen.

Allgemeines.

Die Aufgaben der Flug-Abteilung lagen im Berichtsjahr auf folgendem Gebiet:

Wartung und Instandhaltung der Flugzeuge der DVL,

Bereitstellung von Flugzeugen und Flugzeugführern für Flugmessungen der DVL-Abteilungen und fremder Auftraggeber,

Prüfung der Flugeigenschaften neuer Flugzeugmuster im Rahmen der Musterprüfungen und im Auftrag von Flugzeugherstellern,

Prüfung von Fallschirmmustern,

Forschung auf dem Gebiet der Flugeigenschaften sowie der Betriebseigenschaften von Fallschirmen.

Im Berichtsjahr standen der DVL im Mittel 15 Flugzeuge zur Verfügung. 1172 Flüge mit einer Gesamtflugdauer von

677 Stunden wurden ausgeführt; dabei waren zwei Brüche zu verzeichnen. Ein Flugzeug vom Muster Junkers F 13 wurde bei einer Notlandung leicht beschädigt, ein Flugzeug vom Muster Albatros L 68 bei einem Absturz am 11. September 1927 zerstört. Leider zog sich dabei der Leiter der Flug-Abteilung, Joachim v. Köppen, schwere Verletzungen zu. Erfreulicherweise vermochte er mit Beginn des Jahres 1928 seine Tätigkeit wieder voll aufzunehmen. Dipl.-Ing. W. Hübner hat den Abteilungsleiter während seiner Krankheit vertreten.

Technischer Ausbau.

Zur Vermessung von Flugbewegungen wurde ein Meß-kino-Gerät entwickelt, mit dem eine gleichzeitige Messung von Flugbahn und Zeit möglich ist.

Forschungstätigkeit.

Die Forschungstätigkeit betraf vor allem die Fragen der Stabilitäts- und Trudeleigenschaften von Flugzeugen. Die Arbeiten zur Verbesserung der Stabilitätseigenschaften wurden zum Teil mit den Herstellerwerken gemeinsam ausgeführt. Die Trudeleigenschaften von Flugzeugen wurden in einer theoretischen Arbeit über das Verhalten verschiedener Flügelschnitte bei Autorotation als »flaches Trudeln« näher erforscht.

Prüftätigkeit.

35 Flugzeuge wurden auf ihre Flugeigenschaften geprüft. Diese Prüfungen benötigten viel Zeit, da es nicht bei der einmaligen Prüfung des fertiggestellten Musters blieb, sondern weitere Prüfungen auf Grund vorhergehender Beanstandungen notwendig wurden. Sehr hemmend machte sich bemerkbar, daß die meisten Hersteller nicht über eingearbeitete Einflieger verfügten. Die Führer der Flug-Abteilung haben auf diesem Gebiet oft ausgeholfen.

Prüf-Abteilung.
Leiter: Dipl.-Ing. Robert Thelen.

Allgemeines.

Der Ausbau der Abteilung wurde im Berichtsjahr weiter gefördert. Die Musterprüfungen werden nunmehr fast vollständig von der Prüf-Abteilung selbst durchgeführt, mit Ausnahme der Flugeigenschaftsprüfung, die von der Flug-Abteilung vorgenommen wird.

Technischer Ausbau.

Das rasche Anwachsen der Zahl an Muster-, Stück- und Nachprüfungen (s. unter Prüftätigkeit) erforderte einen bedeutenden Ausbau der Abteilung, sowohl im inneren Betrieb als auch besonders hinsichtlich der Außenvertreter und der Flugzeug- und Motorenprüfer.

Am Ende des Geschäftsjahres waren folgende Bezirksvertreter und Bauaufsichten eingesetzt:

Bezirksvertretungen.

Bezirk Mitte	Ing. H. Grohmann, Sitz Staaken,
» West	Dipl.-Ing. K. Rau, Sitz Essen,
» Süd	Dipl.-Ing. E. Scheuermann, Sitz München,
» Südwest	Ing. F. Kempf, Sitz Stuttgart,
» See	Marinebaurat a. D. A. Schmedding, Sitz Hamburg.

Bauaufsichten

Albatros-Flugzeugwerke G. m. b. H., Berlin-Johannisthal,
Arado-Handelsgesellschaft m. b. H., Warnemünde,
Bayerische Flugzeugwerke A.-G., Augsburg,
Dornier-Metallbauten G. m. b. H., Friedrichshafen a. B.,
Ernst Heinkel Flugzeugwerke G. m. b. H., Warnemünde,
Leichtflugzeugbau Klemm G. m. b. H., Sindelfingen,
Raab-Katzenstein Flugzeugwerk G. m. b. H., Kassel,
Rohrbach-Metallflugzeugbau G. m. b. H., Berlin,
Siemens & Halske A.-G., Abt. Blockwerk, Berlin-Siemensstadt.

Um die reichen Erfahrungen, die bei der Prüf-Abteilung zusammenkommen, statistisch zu erfassen und praktisch auszuwerten, wurde eine besondere Gruppe »Statistik« ins Leben gerufen. Die für die Jahre 1926/27 fertiggestellten vertraulichen Statistiken sollen für die kommenden Jahre weiter ausgebaut werden. Nicht nur die wichtigen Schlüsse, die aus den Unfällen zu ziehen sind, sind alsdann zu verwerten, sondern auch ein Vergleich über Zu- oder Abnahme, Ursachen, Wirkungen usw. der Unfälle für die kommenden Jahre wird damit möglich. Die Gruppe wertet ferner die Betriebserfahrungen aus und gibt sie an die Prüfer und Flugzeughalter weiter.

Dieser Stelle obliegt an weiteren Aufgaben die Schaffung eines ausführlichen Flugzeugregisters, zu dem die Vorarbeiten in Angriff genommen sind, die Bearbeitung und Listenführung über Flugzeugmuster und Flugzeughalter, die Bearbeitung und Verteilung von Neuerungslisten der Hersteller sowie die Mitarbeit an den Normen und die Bearbeitung der Bauvorschriften und Lastannahmen für Flugzeuge.

Forschungstätigkeit.

Die Bearbeitung der Bauvorschriften für Flugzeuge (BVF) führte gegen Ende des Berichtsjahres zur Drucklegung der mit der Luftfahrt-Industrie und Mitgliedern des Technischen Beirats durchberatenen endgültigen Fassung[1]).

Als im November 1926 zwischen der DVL und den Flugzeugherstellern eine Prüfordnung für Flugzeuge vereinbart worden war, machte sich das Bedürfnis nach einer Zusammenstellung derjenigen Forderungen, die der Prüfung von Flugzeugen zugrunde zu legen waren, besonders lebhaft geltend. Als Grundlage für die Bauvorschriften waren nur die von der Inspektion der Fliegertruppen Ende 1918 herausgegebenen Bau- und Liefervorschriften vorhanden, die natürlich nach anderen Gesichtspunkten aufgestellt waren, als sie für Flugzeuge gelten könnten, die dem Luftverkehr dienen. Die Bauvorschriften für Flugzeuge des Luftverkehrs mußten deshalb von Grund auf neu bearbeitet werden.

Die Prüf-Abteilung stellte zunächst eine Gliederung auf und forderte von den einzelnen Fachabteilungen Entwürfe der ihr Gebiet berührenden Vorschriften an. Die gesammelten Entwürfe wurden dann einem Ausschuß zur Stellungnahme vorgelegt, der sich aus Mitgliedern der Industrie, des Technischen Beirats und der DVL zusammensetzte. Die Ansichten wurden in zahlreichen Sitzungen geklärt und so lange gegeneinander abgeglichen, bis auf Grund einheitlicher Ergebnisse der endgültige Entwurf aufgestellt werden konnte. Noch nicht vollendet sind die Belastungsannahmen für Flugzeuge, deren Ausarbeitung bezüglich einzelner Teile noch grundlegender Berechnungen und Versuche bedarf.

Im Berichtsjahr wurde im Auftrag des Herrn Reichsverkehrsministers die Prüfordnung für Flugzeuge und Motoren neu bearbeitet. Gemeinschaftlich mit der Flug-Abteilung wurde ein Entwurf über Richtlinien zur Prüfung von Fallschirmen ausgearbeitet. Die Industrie machte in zunehmendem Maße von der Möglichkeit Gebrauch, auch einzelne Flugzeugbauteile und Geräte einer Musterprüfung zu unterziehen.

Die in der Prüfordnung vorgeschriebene Überwachung der im Flugbetrieb stehenden Motoren konnte im Berichtsjahr mehr und mehr verwirklicht werden.

Prüftätigkeit.

Die nachstehende Übersicht zeigt die erhebliche Zunahme der im Berichtsjahr durchgeführten Prüfungen gegenüber dem Vorjahre.

	Musterprüfungen		Stück-prüfungen	Nach-prüfungen	Zusammen
	vollständig	zusätzlich u. vereinf.			
Flugzeuge 1926	19	9	142	512	682
1927	28	36	405	716	1185
Motoren 1926	4	—	225	415	644
1927	5	1	413	840	1259

[1]) Die Bauvorschriften für Flugzeuge (BVF) sind inzwischen im Druck erschienen und können von der DVL zum Preise von RM 5.— (Ganzleinen gebunden) bezogen werden.

Die Prüfungen der Flugzeuge weisen also eine Steigerung um rd. 73 vH, die der Motoren um rd. 95 vH auf.

Im Auftrage des Herrn Reichsverkehrsministers wurden im gleichen Zeitraum 34 Flugzeuge und 90 Motoren abgenommen. Die Abnahme konnte in den meisten Fällen mit der Stückprüfung verbunden werden.

Aerodynamische Abteilung.

Leiter: Dr.-Ing. Friedrich Seewald.

Allgemeines.

Im Laufe des Berichtsjahres wurde das Arbeitsgebiet der Aerodynamischen Abteilung insofern erweitert, als die Untersuchungen der Strömungsvorgänge an Flugzeugschwimmern ihr übertragen wurden. Im übrigen liegt ihr nach wie vor die Bearbeitung der aerodynamischen und Luftschraubenfragen ob.

Technischer Ausbau.

Ein technischer Ausbau der Abteilung konnte im Hinblick auf die bevorstehende Verlegung der DVL nicht durchgeführt werden, obwohl ein dringendes Bedürfnis dazu vorliegt.

Forschungstätigkeit.

Die schon früher in Angriff genommenen Arbeiten über Flügelschwingungen wurden fortgesetzt und zu einem gewissen Abschluß gebracht. Im Zusammenhang mit diesen sowie einigen anderen theoretischen Arbeiten war es notwendig, laufend die Ergebnisse der Rechnung durch den Versuch zu belegen und die experimentellen Grundlagen zur Ergänzung der Theorie zu schaffen. Diese Versuchsarbeit wurde im Windkanal der Luftschiffbau Zeppelin G. m. b. H., Friedrichshafen, durchgeführt, da die DVL über eigene Versuchseinrichtungen nicht verfügt.

Als Vorbereitung für eine experimentelle Untersuchung von Luftschrauben wurden je eine Meßnabe für Schub und eine für Drehmoment konstruiert. Die Meßnabe für Schub ist in einer Probeausführung gebaut worden und wird zurzeit erprobt. Die bisherigen Ergebnisse sind zufriedenstellend.

Die Abteilung hat eine Verstell-Luftschraube entworfen und gebaut. Versuche hiermit sind zurzeit im Gange. Für eine weitere neuartige verstellbare Luftschraube wurden in Zusammenarbeit mit Prof. Dr.-Ing. H. Reißner, Berlin, konstruktive Arbeiten und Versuche durchgeführt.

Auf dem im Laufe des Berichtsjahres neu hinzugekommenen Aufgabengebiet der Schwimmeruntersuchungen wurden bisher im wesentlichen Vorarbeiten geleistet. Auf Grund theoretischer Überlegungen und bisher bekannter Versuchsergebnisse wurden gewisse Richtlinien ermittelt, nach denen die Schwimmerfrage theoretisch und experimentell in Angriff genommen werden soll. Eine Versuchseinrichtung, mit der planmäßig Modellversuche vorgenommen werden sollen, ist nach diesen Überlegungen gebaut worden. Bei einigen Vorversuchen in der Hamburgischen Schiffbau Versuchsanstalt, mit der die DVL in enger Zusammenarbeit steht, hat sich diese Einrichtung bewährt, und das Versuchsergebnis hat die allgemeinen Richtlinien bestätigt. Auf Grund dieser Ergebnisse werden zurzeit planmäßige Versuche vorbereitet.

Eine weitere Versuchseinrichtung, die dazu dienen soll, die auf einen Schwimmer wirkenden Kräfte am startenden Flugzeug selbst zu messen (zunächst bei ruhigem Wasser), ist konstruiert und wird im kommenden Sommer erprobt werden.

Ferner sind Laboratoriumsversuche angestellt worden und noch im Gange zur Entwicklung einer Vorrichtung für die Messung von Stoßkräften bei Landung und Start von Seeflugzeugen.

Über die weiteren Arbeiten der Abteilung geben die weiter unten angeführten Veröffentlichungen Auskunft[1]).

Prüftätigkeit.

Die Prüfung der aerodynamischen Unterlagen anläßlich der Musterprüfungen von Flugzeugen wurde im Laufe des Jahres an die Prüf-Abteilung abgegeben.

Luftschraubenprüfungen:

77 normale Luftschraubenprüfungen,

72 Bremsflügelprüfungen,

5 umfangreichere Prüfungen mit neuartigen Versuchsschrauben.

Eine größere Zahl von Aufträgen auf Prüfung von Luftschrauben und Bremsflügeln konnte nicht ausgeführt werden, da die Prüfstände hinsichtlich Leistung und Drehzahl den heutigen Anforderungen nicht mehr genügen.

Stoff-Abteilung.

Leiter: Dr.-Ing. Paul Brenner.

Allgemeines.

Aufgabe der Stoff-Abteilung ist die mechanische, chemische und metallographische Erforschung aller im Flugzeugbau und Flugbetriebe verwendeten Werkstoffe: Leichtmetalle, Sonderstähle, Holz, Sperrholz, Kaltleime, Bespannstoffe und Tränkungsmittel, Kraft- und Schmierstoffe. Die Arbeiten erstrecken sich nicht nur auf die Werkstoffe selbst, sondern auch auf die aus ihnen gefertigten Halbzeuge und Bauteile von Flugzeugen, wie Drahtseile, Abfederungen, Räder und Bereifungen, Flügelteile, Streben, Kurbelwellen, Schweiß- und Nietverbindungen. Bei allen Werkstoffen werden die Veränderungen ihrer Eigenschaften durch chemische Einflüsse, insbesondere Seewasser und Witterung, und die erforderlichen Gegenmaßnahmen (Oberflächenschutz) eingehend untersucht.

Neben den genannten Forschungsarbeiten hat die Stoff-Abteilung dauernd Werkstoffprüfungen für auswärtige Auftraggeber und für die anderen Abteilungen der DVL auszuführen. Zur Aufklärung von Bruchursachen an Flugzeugen und Motoren trägt die Stoff-Abteilung durch entsprechende Werkstoff-Untersuchungen bei. Bei der Aufstellung der neuen Bauvorschriften für Flugzeuge (BVF) hat die Stoff-Abteilung für alle Werkstoffe und ihre Anwendung Mindestforderungen aufgestellt, die zum Teil auch im Rahmen der Luftfahrtnormen veröffentlicht worden sind.

An der Durchführung und den Vorträgen der Werkstoffschau, Berlin, Oktober-November 1927, war die Stoff-Abteilung beteiligt[1]). Dr.-Ing. P. Brenner war Vorsitzender des Ausschusses für knetbare Aluminiumlegierungen und leitete als solcher die Vorbereitung und den Aufbau dieser Ausstellungsgruppe. Aus der Sammlung der Stoff-Abteilung waren den Gruppen »Knetbare Aluminiumlegierungen« und »Korrosion« Probestücke, Schaubilder und Diapositive zur Verfügung gestellt worden.

Technischer Ausbau.

Die Einrichtungen zur mechanischen und chemischen Werkstoffprüfung wurden durch Neuanschaffungen ergänzt, von denen u. a. genannt werden:

Elektrisch beheizter Röhrenofen mit selbsttätiger Temperaturregelung (Heraeus, Hanau),

Kugeldruckpresse mit Eindrucktiefenmesser (Schopper, Leipzig),

Zugkraftprüfer, Bauart Haberer, für 3 t Höchstlast (Mohr und Federhaff, Mannheim),

Betriebsstoff-Prüfstand (1-Zylinder-Hanomag-Motor),

Kompressionsanlage mit Windkessel für Korrosionsprüfungen,

Spiegelapparate, Meßuhren und andere Feinmeßgeräte,

Meßgeräte für elektrochemische Arbeiten.

---

[1]) Flügelschwingungen an freitragenden Eindeckern. Von H. Blenk und F. Liebers. 80. DVL-Bericht, Luftfahrtforschung, Bd. 1 (1928), S. 1 und S. 63 dieses Jahrbuches.

Ergebnisse und Erfahrungen aus dem Sachsenflug 1927. Von H. Blenk.' ZFM 1928, S. 100 und S. 21 dieses Jahrbuches.

Der Sachsenflug. Von H. Blenk. Zeitschr. des Vereines Deutscher Ingenieure, Bd. 70 (1927), S. 1814.

Über den Widerstand von Flugzeugantennen und die dadurch verursachte Verminderung der Flugzeugleistungen. Von F. Liebers, 100. DVL-Bericht, Luftfahrtforschung Bd. 1 (1928), S. 147 und S. 257 dieses Jahrbuches.

[1]) Vorträge: Die Leichtmetalle im Flugzeugbau. Von Paul Brenner, ZFM 1928, S. 121 und S. 119 dieses Jahrbuches.

Knetbare Aluminiumlegierungen. Von K. L. Meißner.

In den eigenen Werkstätten der Stoff-Abteilung wurden hergestellt:

Salzwasser-Sprühgerät für Korrosionsprüfungen,
Einrichtung für anodische Oxydation von Leichtmetallen (Bengough-Verfahren),
Vorrichtung zum Messen der Torsionskräfte am Verdrehapparat für Drähte,
Vorrichtung zur Messung der Dicken von großen Platten oder Blechen,
Vorrichtung zur Ermittlung der Dehnbarkeit und Zerplatzfestigkeit getränkter Bespannstoffe,
Einspannvorrichtung für Holzzugstäbe.

Für folgende Prüfgeräte, die auswärts gebaut werden sollen, wurden Entwürfe und Zeichnungen angefertigt:

Maschine zur Prüfung der Abnutzung von Steuerseilen an Führungsrollen,
Vorrichtung zur Ermittlung der Dauerbiegefestigkeit dünner Bleche.

Das chemische Laboratorium konnte räumlich erweitert werden durch Hinzunahme eines früher anderweitig benutzten Gebäudes.

Forschungstätigkeit.

Die Forschungsarbeiten erstreckten sich in der Hauptsache auf folgende Gebiete:

Lautal als Baustoff[1] [2]),
Elektron als Baustoff[3] [4]), insbesondere Untersuchung neuer Elektron-Legierungen,
Duralumin-Veredelung,
Untersuchungen über das Verhalten von Leichtmetallen bei Druck- und Knickbeanspruchungen[5]),
Korrosion von Leichtmetallen[6] [7]),
Prüfung von neueren Oberflächenschutzverfahren für Leichtmetalle[8]) (Alclad, Jirotka, Bengough),
Entwicklung von Prüfverfahren für Korrosion und Oberflächenschutz von Leichtmetallen[9] [10]),
Untersuchungen über die Dauerbiegefestigkeit von Stählen und Leichtmetallen,
Festigkeitsuntersuchungen an Werkstoffen für den Flugmotorenbau,
Sperrholz als Baustoff und seine Prüfung,
Untersuchung von Kaltleimen für Sperrholz, Ausbildung wasserbeständiger Verleimung,
Abnutzung von Steuerseilen und Führungsrollen[11]),
Versuche mit neuen Seilverbindern für Drahtseile[12]),

---

[1]) Lautal als Baustoff für Flugzeuge. Von P. Brenner, 89. DVL-Bericht, Luftfahrtforschung, Bd. 1 (1928), S. 35 und S. 123 dieses Jahrbuches.
[2]) Die experimentelle Bestimmung der Kurve der kritischen Dispersion der Legierung Lautal. Von K. L. Meißner. Vortrag auf der Werkstofftagung 1927, Berlin. Zeitschrift für Metallkunde, Bd. 20 (1928), S. 16.
[3]) Age-Hardening Tests with Elektron Alloys. Von K. L. Meißner. Vortrag auf der Herbsttagung 1928 des Institute of Metals, Derby (England).
[4]) Veredelungsversuche an Elektronlegierungen. Von K. L. Meißner. 93. DVL-Bericht. Luftfahrtforschung, Bd. 1 (1928), S. 95 und S. 209 dieses Jahrbuches.
[5]) Druck- und Knickversuche mit Leichtmetallrohren. Von A. Schroeder. 94. DVL-Bericht. Luftfahrtforschung, Bd. 1 (1928), S. 102 und S. 216 dieses Jahrbuches.
[6]) Korrosion durch Kraftstoffe. Von Erich K. O. Schmidt. 86. DVL-Bericht. Vortrag im Reichsausschuß für Metallschutz, Berlin, Februar 1927. Korrosion und Metallschutz, Bd. 3 (1927), S. 270 und S. 109 dieses Jahrbuches.
[7]) Korrosionserscheinungen und Korrosionsversuche an Leichtmetallen für den Flugbetrieb. Von E. Rackwitz. Korrosion und Metallschutz, Bd. 3 (1927), S. 171.
[8]) Neuere Oberflächenschutzverfahren für Leichtmetalle. Von E. Rackwitz. Vortrag im Reichsausschuß für Metallschutz 1928.
[9]) Prüfung von Leichtmetallen auf Korrosion. Von E. Rackwitz und E. K. O. Schmidt. Korrosion und Metallschutz, Bd. 3 (1927), S. 58.
[10]) Korrosionsprüfung von Leichtmetallen. Von E. Rackwitz und Erich K. O. Schmidt. 87. DVL-Bericht. Korrosion und Metallschutz, Bd. 4 (1928), S. 11 und S. 113 dieses Jahrbuches.
[11]) Abnutzung von Flugzeug-Steuerseilen, Versuche mit Führungsrollen. Von M. Abraham. 77. DVL-Bericht. ZFM 1927, Heft 16 und DVL-Jahrbuch 1927, S. 132.
[12]) Ein neuer Seilverbinder. Von M. Abraham. 95. DVL-Bericht. Luftfahrtforschung, Bd. 1 (1928), S. 109 und S. 223 dieses Jahrbuches.

Betriebstoff-Forschungen: Kompressionsfeste, kältebeständige, schwerentzündbare Kraftstoffe[1]), Ölalterung,
Untersuchung von Kühler-Gefrierschutzmitteln[2]).

Im Anschluß an den Absturz des Dornier-Merkur-Flugzeugs D 585 bei Schleiz im September 1927 wurden an den Bruchstücken der Strebenbeschläge eingehende Untersuchungen zur Aufklärung der Bruchursache vorgenommen, Vorschläge für Verbesserungen gemacht und diese nach ihrer Durchführung wiederum geprüft.

Prüftätigkeit.

Im Berichtsjahr wurden 274 mechanische und 120 chemische Prüfungen für auswärtige Auftraggeber oder andere Abteilungen der DVL ausgeführt, darunter u. a. 61 Kaltleim-, 22 Stahlrohr-, 22 Schweiß- und Nietverbindungs-, 34 Holz- und Sperrholz-, 24 Bespannstoff-, 13 Motorenteileprüfungen sowie 37 Betriebstoffuntersuchungen (Brennstoffe, Öle), 41 Stahl-, 12 Metall- und 4 Gasanalysen sowie 17 Tränkungsmittelprüfungen.

Die der Stoff-Abteilung angegliederte Normenstelle führte die Arbeiten auf dem Gebiet der Normung von Flugzeug-Bauteilen weiter. Die folgenden Normblätter wurden im Berichtsjahr veröffentlicht und sind jetzt durch den Beuth-Verlag zu beziehen:

DIN L 1 Steuer von Flugzeugen, Bewegungsrichtungen,
L 2 Linsensenkholzschrauben, Auswahl aus DIN 95,
L 3 Halbrundholzschrauben, Auswahl aus DIN 96,
L 4 Senkholzschrauben, Auswahl aus DIN 97,
L 5 Kennfarben für Rohrleitungen,
L 6 DIN-Auswahl (Vornorm),
L 7 Motorbedienhebel von Flugzeugen,
L 11 Stahlrohre für Fachwerke (Vornorm),
L 14 Passungen (Vornorm),
L 21 Flugzeugleinen (Vornorm),
L 26 Nennweiten für Rohrleitungen und Armaturen,
L 27 Drahtstifte, rund, mit Flachkopf oder Senkkopf, Auswahl aus DIN 1151,
L 28 Drahtstifte, rund, mit Stauchkopf, Auswahl aus DIN 1152,
L 29 Drahtstifte mit Halbrundkopf, Auswahl aus DIN 1155.

Weitere 7 Normblatt-Entwürfe wurden vom Fachnormenausschuß für Luftfahrt genehmigt.

Abteilung für Funkwesen und Elektrotechnik.
Leiter: Prof. Dr. phil. Heinrich Faßbender.

Allgemeines.

Die im September 1926 gegründete Funk-Abteilung wurde weiter ausgebaut. Es bestehen jetzt vier Gruppen, die sich mit folgenden Arbeitsgebieten befassen:

Entwicklung von Telegraphie- und Telephoniegeräten:
Untersuchung von Langwellen-Sende- und Empfangsgeräten.
Entwicklung von Kurzwellen-Sende- und Empfangsgeräten.
Untersuchung über die Ausbreitung der kurzen Wellen.
Typenschreiber.

Allgemeine Hochfrequenz- und Schwachstromtechnik:
Messungen an Flugzeugsendern.
Quantitative Messungen an Flugzeugempfängern.

---

[1]) Kraftstoffe für Flugmotoren und deren Beurteilung. Von E. Rackwitz. 91. DVL-Bericht. Vortrag auf der 16. Ordentlichen Mitgliederversammlung der WGL, Wiesbaden, 16. bis 19. September 1927. WGL-Jahrbuch 1927, S. 135 und S. 200 dieses Jahrbuches.
[2]) Über Kühlergefrierschutzmittel. Von E. Rackwitz und A. v. Philippovich. 83. DVL-Bericht. ZFM 1927, S. 496 und S. 102 dieses Jahrbuches.

Elektrische Bordgeräte.

Elektrische Flugzeugorientierung (Leitkabelverfahren).

Hochfrequenzverfahren zur Erleichterung der Nebellandungen.

Anwendung des Bildfunks im Luftschiff und Flugzeug.

Starkstromtechnik:

Entwicklung von Flugzeuggeneratoren und Umformern.

Elektrische Flugzeug-Stabilisierung.

Entwicklung von Zündgeräten.

Normalisierung der elektrischen Einrichtungen in Flugzeugen.

Elektrische Bremsung der Flugmotoren.

Funkpeilung:

Entwicklung der akustischen und objektiven Peilgeräte für Eigenpeilung und Fremdpeilung.

Funkortung.

Untersuchung der Fehler der Funkpeilung.

Technischer Ausbau.

Das Kurzwellen- und das Meßlaboratorium wurden ausgebaut. Außerdem befindet sich ein Gerät zur quantitativen Untersuchung von Empfängern im Bau. Von der Starkstromgruppe wurde ein Laboratorium für Magnetapparate und Zündkerzen eingerichtet.

Für empfindlichere Messungen wurde auf dem Gelände der DVL in hinreichendem Abstand von den übrigen Laboratorien ein störungsfreies Empfangshaus gebaut, in dem folgende Geräte aufgestellt wurden:

ein Feldstärkenmeßgerät,

eine Bodenstation,

eine Kurzwellen-Empfangsstation.

Forschungstätigkeit.

Auf dem Gebiet der kurzen Wellen wurden die Bedingungen festgelegt, unter denen ein Kurzwellenverkehr auf den deutschen Strecken der Luft-Hansa möglich sein wird.

Eine größere Versuchsreihe wurde auf der Strecke Berlin—Madrid ausgeführt[1]). Unternehmungen dieser Art müssen im nächsten Berichtsjahr wiederholt werden, um die Bedingungen für einen Kurzwellenverkehr auf internationalen Strecken ebenfalls festzulegen.

Zusammen mit der Telefunken-Gesellschaft wurden die ersten Muster von Flugzeug-Kurzwellen-Geräten entwickelt.

Auf dem Gebiet der Langwellen ist eine Arbeit bemerkenswert, die die verschiedenen Wellen hinsichtlich ihrer Eignung für den Flugzeugverkehr behandelt. Im Berichtsjahr wurden Leistungs- und Strahlungsmessungen von Flugzeugantennen in dem Wellenbereich von 450 bis 1350 m abgeschlossen[2]). Dies Bereich soll nach unten bis zum Anschluß an das Kurzwellenbereich erweitert werden. Auch sollen die Ausbreitungsvorgänge zwischen Flugzeug- und Bodenstationen erforscht werden, um eine Formel für die räumliche Dämpfung ähnlich der Austinschen Formel aufzustellen.

Auf dem Gebiete des Peilens wurden die Funkfehlweisungen an einigen Bodenpeilstationen ermittelt und dabei die Bedeutung von Funkbeschickung und Wegablenkung bei Bodenpeilstationen klargelegt.

Von den Arbeiten der Starkstromgruppe sei besonders eine Untersuchung über Windantrieb von Elektromotoren erwähnt, die im Windkanal in Friedrichshafen ausgeführt wurde[3]).

Prüftätigkeit.

Die Prüftätigkeit der Funk-Abteilung ist gering.

Es wurde der Versuch gemacht, Musterprüfungen für Funkgeräte durchzuführen. Ein Flugzeugsende-Empfangsgerät wurde im Berichtsjahr einer Musterprüfung unterzogen.

In der Starkstromgruppe wurde ein Prüfgerät zur Untersuchung von Zündapparaten in Betrieb gesetzt.

Schließlich wurden Abnahmebedingungen für Flugzeug-Sende-Empfangsgeräte ausgearbeitet.

Höhenflugstelle.

Allgemeines.

Die Höhenflugstelle (Leiter: Dr.-Ing. Martin Schrenk) hat im Rahmen ihres Aufgabengebietes mehrere Höhenfahrten mit Ballon und Flugzeug mit aerologischen, medizinischen und motortechnischen Zielen durchgeführt, ferner die flugmechanischen Fragen des Höhenflugs sowie gewisse konstruktive Arbeiten, die sich z. B. aus dem Problem der Überdruckkammer für Höhenflugzeuge ergeben, bearbeitet.

Technischer Ausbau.

An größeren Forschungsmitteln wurden im Laufe des Berichtsjahres fertiggestellt: Das von der Albatros Flugzeugwerke G. m. b. H. nach den Plänen der DVL gebaute Sonder-Höhenflugzeug (Umbau SSW D IV) wurde eingeflogen; der Höhenballon »Bartsch von Sigsfeld« konnte durch eine Abnahmefahrt am 19. Oktober 1927 unter Führung von Major a. D. Stelling, dem Leiter des Erbauerwerks (Luft-Fahrzeug-Gesellschaft m. b. H., Berlin-Seddin) übernommen werden, nachdem ausführliche Versuche mit der neuartigen Schachteinrichtung vorgenommen worden waren[1]).

Für die Ausrüstung des Höhenballons wurde eine ganze Anzahl von Geräten beschafft bzw. neu entwickelt, und zwar: Neben den Navigationsgeräten Atemgeräte, Wasserstoffanzeiger, elektrisches Fernthermometer, Lecksucher und Ballonbarometer.

Für die ärztlichen Untersuchungen wurde mit der Einrichtung eines Laboratoriums begonnen, für das u. a. Geräte für Blutuntersuchung (z. B. das Cohnreichsche Gerät zur Bestimmung der Senkungsgeschwindigkeit des Blutes) beschafft wurden.

Forschungstätigkeit.

Im Zusammenhang mit den Fachabteilungen der DVL wurde die Frage des Höhenfluges bearbeitet. In der Hauptsache erstreckten sich die Forschungsarbeiten auf folgende Gebiete:

Grundsätzliche aerodynamische Rechnungen über den Höhenflug (Höhenatmosphäre),

Kälteeinfluß auf Baustoffe, Meßgeräte, Betriebstoffe, Stromsammler,

Entwicklung von Wärmeschutzgeräten,

Einwirkung der Höhe auf den menschlichen Organismus.

Folgende Versuche wurden von der Höhenflugstelle durchgeführt:

ungefähr 70 medizinische Unterdruckversuche mit je 2 bis 5 Versuchspersonen,

außerdem 12 medizinische Höhenfahrten im Freiballon.

[1]) Zur Anwendung der kurzen Wellen im Verkehr mit Flugzeugen. Versuche zwischen Berlin und Madrid. Von K. Krüger und H. Plendl. 98. DVL-Bericht. Zeitschrift für Hochfrequenztechnik, Bd. 31 (1928), Heft 4 und 5, Luftfahrtforschung, Bd. 1 (1928), S. 126 und S. 236 dieses Jahrbuches.

[2]) Leistungs- und Strahlungsmessungen an Flugzeug- und Bodenstationen. Von F. Eisner, H. Faßbender und G. Kurlbaum. 99. DVL-Bericht. Zeitschrift für Hochfrequenztechnik, Bd. 31 (1928), Heft 4 und 5. Luftfahrtforschung, Bd. 1 (1928), S. 132 und S. 242 dieses Jahrbuches.

[3]) Antrieb von elektrischen Generatoren durch den Fahrwind. Von W. Brintzinger. 101. DVL-Bericht. Luftfahrtforschung, Bd. 1 (1928), S. 153 und S. 263 dieses Jahrbuches.

Im Berichtsjahr wurden noch folgende Arbeiten veröffentlicht:

Versuche über die Ausbreitung kurzer Wellen. Von H. Faßbender, K. Krüger und H. Plendl. Die Naturwissenschaften, Bd. 15 (1927), Heft 15.

Geräuschmessungen in Flugzeugen. Von H. Faßbender und K. Krüger. 96. DVL-Bericht. Zeitschrift für technische Physik, Bd. 8 (1927), Nr. 7, Luftfahrtforschung, Bd. 1 (1928), S. 117 und S. 227 dieses Jahrbuches.

Es wurden folgende Vorträge gehalten:

H. Plendl auf der Deutschen Physiker-Tagung in Kissingen, September 1927, über die Anwendung der kurzen Wellen im Verkehr mit Flugzeugen.

H. Faßbender auf der Jahresversammlung der DVL, Oktober 1927, über die Anwendung von kurzen Wellen im Verkehr mit Flugzeugen.

H. Faßbender in der Gesellschaft für technische Physik, Ortsgruppe Halle, Januar 1928, über die Anwendung der Hochfrequenztechnik in der Luftfahrt zur Nachrichtenübermittlung und Navigation.

H. Faßbender auf der »Professorenkonferenz«, einberufen vom Reichspostzentralamt, April 1928, über Leistungs- und Strahlungsmessungen an Flugzeug- und Bodenstationen nach gemeinsamen Untersuchungen von F. Eisner, H. Faßbender und G. Kurlbaum.

[1]) Der Höhenforschungs-Freiballon Bartsch von Sigsfeld. Von M. Schrenk. 84. DVL-Bericht, ZFM 1927, S. 513 und S. 104 dieses Jahrbuches.

Aufgaben und Stellung der Deutschen Versuchsanstalt für Luftfahrt innerhalb der deutschen Luftfahrt[1]).

Von Ottfried von Dewitz.

In Anbetracht der Kürze der mir zur Verfügung stehenden Zeit und der Vielgestaltigkeit der Fragen, die mit diesem Thema angeschnitten werden, ist es unmöglich, im Rahmen des heutigen Vortrages das Thema vollständig auszuschöpfen. Ich muß mich daher darauf beschränken, einige Fragen und Probleme herauszustellen, die mir besonders wichtig erscheinen.

Der Begriff »Luftfahrt« ist außerordentlich umfassend und bedarf für unsere weiteren Betrachtungen einer Begrenzung und Unterteilung. Luftfahrt schlechthin ist die Summe aller der Faktoren, die mit dem Luftraum als Ort und dem Luftmedium als Träger willkürlicher Fortbewegung oder Aufenthaltes mittelbar oder unmittelbar zusammenhängen. Dieser große Fragenkomplex läßt sich durch vier Schnitte in je zwei Teilgebiete zerlegen, und zwar:

1. Material — Personal,
2. Hersteller — Verbraucher,
3. Wirtschaft — Politik,
4. Zivil — Militär.

In diesen acht Begriffen liegt die ganze Luftfahrt beschlossen, alle übrigen Faktoren, wie z. B. Verkehr, Sport, Schule oder Segelflug, Motorflug oder Prinzip schwerer als die Luft, Prinzip leichter als die Luft usw., lassen sich sämtlich als Teile dieser Oberbegriffe auffassen, die sich bei weiterer Zergliederung ergeben. Das letztgenannte Begriffspaar: Zivil — Militär muß bei Betrachtung der deutschen Luftfahrt unbeachtet bleiben, da in Deutschland nur eine Zivilluftfahrt besteht. Von den übrigen sechs Begriffen können wir im Rahmen unseres Themas weitere zwei ausschalten, die mit der DVL nichts zu tun haben, das sind Personal und Politik. Es verbleiben also für unsere weiteren Betrachtungen die Fragenkomplexe, die durch die Stichworte Material, Hersteller, Verbraucher und Wirtschaft gekennzeichnet sind.

Sie werden nun sagen, Material, Hersteller, Verbraucher: richtig. Zwischen diese Begriffe müssen sich Stellung und Aufgabe der DVL einfügen. Aber Wirtschaft? Die DVL ist eine technisch-wissenschaftliche Stelle, was gehen sie wirtschaftliche Fragen an? Das ist richtig und doch nicht richtig. Nach meiner Überzeugung — es mag sein, daß nicht jeder meine Meinung teilt — liegt der Schlüssel zum Verständnis der gesamten deutschen Luftfahrt auf der wirtschaftlichen Seite. Nur wenn man den ganzen Fragenkomplex einmal als ein rein wirtschaftliches Problem auffaßt, kann man zur klaren Erkenntnis der Lage, dadurch zu richtigen Maßnahmen und dadurch zu gesunden Verhältnissen kommen. Das alles beherrschende wirtschaftliche Grundproblem der deutschen Luftfahrt lautet, auf eine Formel gebracht:

Planwirtschaft ohne Ertötung der wirtschaftlichen Freiheit des einzelnen.

Planwirtschaft ist unvermeidlich, solange die deutsche Luftfahrt der Staatszuschüsse in nennenswertem Umfange bedarf. Schonung des Eigenlebens der einzelnen Faktoren ist erforderlich, damit nicht ein zur Erstarrung führender

Staatssozialismus Platz greift. An diesem Problem werden sich noch viele die Zähne ausbeißen. Ob es überhaupt restlos zu lösen ist, wage ich nicht zu entscheiden. Dies Problem ist so überragend in seiner Bedeutung für die gesamte deutsche Luftfahrt, daß seine Auswirkungen in mannigfacher Form auch auf die Stellung und Tätigkeit der DVL Einfluß haben; es mußte daher wenigstens einleitend gestreift werden.

Zusammenfassend können wir also festhalten: Stellung und Tätigkeit der DVL sind innerhalb des großen Begriffes »Deutsche Luftfahrt« enger umgrenzt durch die Begriffe Material, Hersteller, Verbraucher und werden in mannigfacher Form beeinflußt durch das die gesamte deutsche Luftfahrt beherrschende Wirtschaftsproblem.

Nun zur DVL selbst. Die Aufgaben der DVL zerfallen in drei Hauptteile:

1. Prüfung und Forschung auf dem gesamten Gebiet der mit der Luftfahrt zusammenhängenden Technik und Wissenschaft zur Förderung der Erkenntnis in gemeinnütziger Weise,
2. Prüfung und Kontrolle des gesamten Luftfahrzeugmaterials zur Feststellung der Lufttüchtigkeit als Unterlage für die staatliche Zulassung,
3. Prüfungen, Eichungen, Abgabe von Gutachten usw. im Auftrag Dritter.

Diesen letzten Punkt möchte ich aus meinen weiteren Betrachtungen herauslassen, da er nichts Bemerkenswertes bietet. Ich möchte mich auf die beiden ersten beschränken.

Ich sagte, Forschung und Prüfung seien Aufgabe der DVL; ich sagte nicht »Versuche«, wie dies bei dem Namen unserer Anstalt »Versuchsanstalt« naheläge. Ich habe dies mit voller Überlegung getan, weil der Begriff »Versuche« meinem Empfinden nach unklar ist und häufig dazu führt, daß von den Arbeiten der DVL andere Ergebnisse erwartet werden, als sie liefern kann. Der Begriff »Versuch« ist deshalb unklar, weil damit Forschung, Prüfung und Erprobung gemeint sein kann. Diese drei Begriffe stellen aber inhaltlich etwas völlig Verschiedenes dar und müssen grundsätzlich auseinandergehalten werden.

Forschung ist die rechnerische und experimentelle Untersuchung von Problemen mit dem Ziel, zu neuen Erkenntnissen zu gelangen, die sich z. B. ausdrücken können: in physikalischen Gesetzen, in Rechnungs-, Meß- und Darstellungsmethoden, in technischen Verfahren, in der Darstellung und Beschreibung bisher unbekannter Verhältnisse und Vorgänge, in der Lösung konstruktiver Aufgaben usw.

Prüfung dagegen ist die Untersuchung eines Stoffes, eines Gegenstandes oder einer Einrichtung mit Hilfe besonderer Vorrichtungen nach einem bestimmten, zeitlich begrenzten Plan mit dem Zweck festzustellen, ob der Untersuchungsgegenstand bestimmten, vorher genau festgelegten, technisch meßbaren Anforderungen genügt. Diese Anforderungen sind aus den Erfahrungen der Praxis abgeleitet. Die Persönlichkeiten, die die Prüfung durchführen, müssen über die inneren Vorgänge in dem zu prüfenden Gegenstand genauestens unterrichtet sein; eigene Erfahrungen in der Verwendung in der Praxis sind erwünscht, aber nicht zwingend notwendig, genaue Prüfvorschriften vorausgesetzt.

[1]) Vortrag anläßlich der 12. Hauptversammlung der DVL am 4. Oktober 1927 zu Berlin.

1

Erprobung endlich ist die sachgemäße Beobachtung eines Gegenstandes während seiner zweckbestimmungsmäßigen Verwendung in der Praxis mit dem Ziel, festzustellen, inwieweit die Anforderungen der Praxis erfüllt werden. Diese Anforderungen brauchen nicht in allen Fällen technisch meßbar zu sein und sind vielfach infolge individuellen Einflusses nicht vorher bestimmt. Die Erprobung ist im Gegensatz zur Prüfung zeitlich unbegrenzt und muß durch Persönlichkeiten ausgeführt werden, die größte Erfahrung in der praktischen Verwendung des zu erprobenden Gegenstandes haben. Dieselben brauchen keinen vollen Einblick zu haben in die physikalisch technischen Vorgänge, die den Endeffekt hervorrufen, auf den es dem Verbraucher in der Praxis einzig und allein ankommt.

Unter dem Begriff »Versuch« werden — wie gesagt — die drei vorgenannten Begriffe zusammen verstanden. Wenn man an die Arbeit geht und immer nur von einem Versuch spricht, ist dies meist ein Zeichen, daß mangels genügender Systematik der Bearbeiter nicht weiß, was er eigentlich will und infolgedessen aus der Arbeit nichts herauskommen kann. Bei Arbeitsbeginn muß unter allen Umständen Klarheit darüber herrschen, ob es sich um Forschung, Prüfung oder Erprobung handelt.

Ich möchte nun kurz zeigen, wie der Aufgabenkreis der DVL sich unter Zugrundelegung der soeben gegebenen Definitionen gegen den der Hersteller und Verbraucher abgrenzt bzw. inwieweit sie sich überschneiden.

Aufgabe der DVL als Forschungsanstalt ist es, Forschung zu treiben und Prüfungen vorzunehmen. Die Ergebnisse der Forschungs- und Prüfarbeiten werden der Öffentlichkeit übergeben, falls ein Auftraggeber vorhanden ist, selbstverständlich nur mit dessen Genehmigung. Es ist nicht Aufgabe der DVL, Erprobungen vorzunehmen. Erprobungen kann nur der Verbraucher vornehmen, was die DVL in den seltensten Fällen ist. Der Versuch, ohne Verbraucher zu sein Erprobungen vorzunehmen, führt stets zu Trugschlüssen, da die durch unzählige unplanmäßige Einflüsse bedingten Verhältnisse der Praxis auf dem Prüffeld nicht reproduzierbar sind.

Aufgabe des Herstellers ist die Fertigung. Zeitlich gesehen, liegt dieselbe zwischen Forschung und Prüfung, d. h. auf Grund von Erkenntnissen, die durch die Forschung vermittelt werden, wird produziert, und das Produkt wird geprüft, ehe es zur Erprobung dem Verbraucher übergeben wird. Erprobung kann die Industrie auch nur treiben, soweit sie selbst Verbraucher ist, also praktisch in sehr geringem Umfange. Forschung und Prüfung als Ausgang und Abschluß des Fertigungs-Prozesses gehören dagegen mit zu den Aufgaben des Herstellers. Beiden sind aber im Rahmen eines industriellen Einzelbetriebes wirtschaftliche Grenzen gezogen, die hinsichtlich der Forschung wesentlich enger sind als hinsichtlich der Prüfung, und zwar aus zwei Gründen: Einmal steht die abschließende Prüfung in einer gewissen Beziehung zum Umsatz und ist daher wirtschaftlich erfaßbar, während die der Produktion vorausgehende Forschung in keinerlei Beziehung zum Umsatz gebracht werden kann und daher auch wirtschaftlich völlig unerfaßbar ist. Zum anderen bedingt Forschungsarbeit sehr kostspielige und zahlreiche Einrichtungen, die wirtschaftlich niemals voll ausgenutzt werden können, während die zur Prüfung erforderlichen Einrichtungen auf das Produkt der jeweiligen Firma spezialisiert sind, infolgedessen weniger zahlreich zu sein brauchen und laufend benutzt werden. Durch diese Tatsachen wird die Industrie auf eine Zusammenarbeit mit der DVL zwangläufig verwiesen. Die Form der Zusammenarbeit ist mannigfaltig und kann nicht schematisiert werden. Sie erfordert wegen der Frage des geistigen Eigentums Takt und gegenseitiges Vertrauen.

Aufgabe des Verbrauchers ist, wie bereits vorstehend wiederholt betont, die Erprobung. Die Erprobung findet ihren Niederschlag in Erfahrungsberichten, und man kann wiederum, zeitlich gesehen, sagen, daß der Gebrauch

zwischen Prüfung und Erfahrungsbericht liegt. Die Erprobung ist in den seltensten Fällen eine Handlung oder ein Vorgang mit Selbstzweck, sondern ist ein Abfallprodukt des planmäßigen Gebrauches. Nur in den Fällen, wo ein planmäßiger Gebrauch sehr selten erfolgt, kann der Gebrauchsfall zum Zwecke der Erprobung absichtlich häufiger herbeigeführt werden; ich denke da z. B. an Fallschirme, Feuerlöscheinrichtungen und ähnliches.

Prüfung im eigentlichen Sinne gehört ebenfalls unbedingt zum Aufgabenkreis des Verbrauchers, da sie sowohl der Ingebrauchnahme voraufgeht, als auch nach Ablauf bestimmter Gebrauchszeiten erforderlich sein kann. Die Vornahme gleicher Prüfungen durch mehrere Stellen, z. B. Hersteller, Verbraucher, DVL, kann niemals schaden, da jede Prüfung nur mehr oder minder Stichprobe ist.

Anders liegt es mit der Forschung. Forschung ist nicht Aufgabe des Verbrauchers. Es besteht zwar stets bei den Persönlichkeiten, die mit der Vornahme von Prüfungen und mit der Anfertigung und Auswertung von Erfahrungsberichten beauftragt sind, das Bestreben, den dabei auftretenden Problemen selbst zu Leibe zu gehen. Das ist menschlich durchaus verständlich; es geschieht dann aber meist mangels geeigneter Vorrichtungen und oftmals mangels erforderlicher Vorbildung und Erfahrung in unzureichender oder unsachgemäßer Weise. Im besten Falle wird hierbei also Parallelarbeit mit den zur Forschung berufenen Stellen geleistet, in den meisten Fällen wird aber nur unnötig Geld und Zeit vertan. Der Verbraucher sollte sich von der reinen Forschung unter allen Umständen fernhalten und in diesen Fragen mit der DVL zusammenarbeiten. Diese Zusammenarbeit erfordert ebenso wie beim Hersteller gegenseitiges Vertrauen und Takt. Der wunde Punkt ist hier nur weniger die Frage des geistigen Eigentums, sondern der ewige, wohl niemals ganz zu überbrückende Gegensatz zwischen Theorie und Praxis.

Der Vollständigkeit halber muß hier auch der Hochschulen gedacht werden. Es kommen dabei nur diejenigen in Frage, die über Spezialinstitute verfügen, die in der Lage sind, auf luftfahrttechnischem Gebiete zu arbeiten. Hierbei ist bewußt nicht an solche Institute gedacht, die nur dazu dienen sollen, den Studierenden Gelegenheit zu praktischen Übungen zu geben und dem Lehrer zu experimentellen Darstellungen an sich bekannter Vorgänge.

Die in diesem Zusammenhange ins Auge gefaßten Spezialinstitute haben ebenfalls die Aufgabe, Forschung zu treiben, aber in anderem Sinne, wie es Aufgabe der DVL ist. Ein Hochschulinstitut darf Forschung treiben um der Forschung willen ohne Rücksicht darauf, ob das erzielte oder erstrebte Resultat ein akutes Interesse für die Praxis hat. Ferner kann ein derartiges Hochschulinstitut auch nur Forschung treiben auf seinem eng begrenzten Spezialgebiet. Gerade die verwickelten Probleme, wie sie sich aus der Praxis ergeben, ist ein derartiges Institut zu lösen meist nicht in der Lage. Dies ist, wie gezeigt, Aufgabe der DVL, die ein kombiniertes Institut für alle in Frage kommenden wissenschaftlichen Spezialgebiete darstellt. Sie zieht gegebenenfalls ihrerseits nach Zergliederung der Probleme die Hochschulinstitute zur Bearbeitung von Teil-Spezialfragen heran. Zwischen den einzelnen Hochschulinstituten und der DVL muß ein enger Konnex bestehen. Dies ist z. T. dadurch gelöst, daß die DVL aus ihrem eigenen Mitarbeiterstab Assistenten für Lehrstühle oder Institute zur Verfügung gestellt hat.

Zusammenfassend ist also festzustellen: Prüfung ist Aufgabe der DVL, des Herstellers und des Verbrauchers, Forschung ist Aufgabe der DVL und des Herstellers, bei letzterem jedoch in beschränktem Umfange aus wirtschaftlichen Gründen, und Erprobung ist einzig und allein Sache des Verbrauchers. Diesen letzten Punkt möchte ich besonders unterstreichen, denn es kommt immer wieder vor, daß von der DVL als Abschluß einer Arbeit das Ergebnis einer Erprobung erwartet wird, das sie niemals zu liefern in der Lage ist.

Ich komme nun zu der zweiten Hauptaufgabe der DVL. Dies ist die Prüfung und Kontrolle des Luftfahrtmaterials zwecks Feststellung der Lufttüchtigkeit. Es kann im Rahmen des heutigen Themas nicht meine Aufgabe sein, auf Organisation und Durchführung dieser Tätigkeit näher einzugehen. Einerseits darf ich dies als größtenteils bekannt voraussetzen, andererseits ist gerade auf diesem Gebiet jetzt noch manches im Fluß. Ich möchte mich auch hier darauf beschränken, einzelne Punkte von prinzipieller Bedeutung herauszustellen.

Es ist häufig die Behauptung aufgestellt worden, daß durch eine derartige Prüfung im Auftrage des Reichs den Herstellern und Haltern die eigene Verantwortung genommen oder geschmälert werde, und daß man deshalb besser täte, von Staats wegen keine derartigen Prüfungen zu verlangen. Dies ist beides nicht richtig. Das Reich muß Prüfungen vornehmen lassen, wenn die Zulassung von Reichs wegen nicht zur Farce werden soll. Und eine Zulassung muß das Reich sich vorbehalten, weil es für seine Bürger eine nicht unerhebliche Verantwortung dadurch übernimmt, daß es den Luftraum für Fahrzeuge zum Verkehr freigibt, die durch Absturz bei Unbeteiligten personellen und materiellen Schaden größten Umfangs anrichten können. Hier liegt der grundsätzliche Unterschied — dies wird sehr häufig übersehen — zwischen Luftfahrzeugen einerseits und Schiffahrt und Kraftfahrzeugen andererseits, wo Schädigungen Unbeteiligter im allgemeinen nur durch personelles, nicht aber durch materielles Versagen eintreten können.

Durch diese so bedingten Prüfungen seitens der DVL kann und soll jedoch die Verantwortung bei Hersteller und Halter niemals beeinträchtigt werden. Die Prüfungen beim Hersteller dienen zur Feststellung, ob die Bauvorschriften und Mindestleistungen eingehalten sind. Beides läßt der individuellen Gestaltung durch den Hersteller weitesten Spielraum und beeinträchtigt seine eigene Verantwortlichkeit in keiner Weise. Die Prüfungen beim Halter stellen fest, ob der jeweilige Zustand im Augenblick der Prüfung den Vorschriften genügt. Sie kann nur als Stichprobe gewertet werden, denn sie kann niemals eine Garantie dafür geben, daß sich der Zustand nicht durch irgendwelchen Einfluß binnen kürzester Frist so verändert, daß er nicht mehr genügen würde. Dies unterliegt einzig und allein der Sorgfalt des Halters.

Eine weitere, immer wieder auftauchende Frage ist die, ob es zweckmäßig oder notwendig ist, diese Prüftätigkeit in die Hand einer Forschungsanstalt zu legen. Diese Frage muß unter allen Umständen bejaht werden, und zwar aus zwei Gründen: einmal im eigenen Interesse von Hersteller und Halter. Bauvorschriften und Prüfordnungen dürfen nicht zur Zwangsjacke werden. Diese Forderung kann aber nur dann erfüllt werden, wenn die prüfende Stelle nicht einseitig nur an der Frage der Sicherheit, sondern auch an der Frage der Leistung und des technischen Fortschritts interessiert ist. Sicherheit bedingt in der Luftfahrt stets Gewichtvermehrung und Leistungsteigerung Gewichtverminderung. Beide Forderungen streben also nach zwei diametral entgegengesetzten Richtungen. In jedem Einzelfall ist eine Mittellinie zu finden. Dies gilt von ganzen Flugzeugen

ebenso wie von jedem einzelnen Beschlag, ja, von jedem Niet. Nur wenn die Prüfung in der Hand eines Forschungsinstituts liegt, das in der Lage ist, beide Forderungen gegeneinander abzuwägen und die Gegensätze in sich auszugleichen, ist es möglich, die Bauvorschriften ständig auf der Höhe des Standes der Technik zu halten und sicherzustellen, daß die neuesten Erkenntnisse nicht durch entgegenstehende, veraltete Bestimmungen von der praktischen Verwertung ausgeschlossen werden.

Ich möchte in diesem Zusammenhange auf die Bestrebung des Germanischen Lloyd hinweisen, die öffentliche Prüfung von Luftfahrzeugen ganz oder teilweise an sich zu ziehen. Es würde im Rahmen dieser Ausführungen zu weit führen, auf diese Frage, die vor allem in das Gebiet der Luftversicherung übergreift, näher einzugehen. Der soeben entwickelte Gedanke zeigt aber bereits, warum die DVL im Interesse der Hersteller und Halter diesen Bestrebungen gegenüber eine ablehnende Stellung glaubt einnehmen zu sollen.

Der andere Grund, weswegen die Prüftätigkeit zu dem zentralen Forschungsinstitut gehört, liegt auf seiten der Forschung. Wie schon eingangs ausgeführt, ist es nicht Aufgabe der DVL, Forschung um der Forschung willen zu treiben, sondern sie soll die aus der Praxis herausgeborenen Probleme verarbeiten. Hierzu ist es unbedingt erforderlich, daß sie in engster Verbindung mit der Praxis bleibt, und dies geschieht in vollkommenster Form durch die Prüftätigkeit. Die Prüftätigkeit sorgt dafür, daß die Forschung der DVL mit den Beinen an Deck bleibt (um einen Seemannsausdruck zu gebrauchen) und sich nicht nach Wolkenkuckucksheim begibt.

Mit diesem letzten Gedanken schließt sich der Kreis. Als ein Glied in einem Kreislauf stellt sich uns die DVL dar. Der Hersteller liefert das Produkt an den Verbraucher. Die DVL als Prüfanstalt sammelt die beim Gebrauch in der Praxis sich ergebenden Erfahrungen, sie zergliedert und verarbeitet sie als Forschungsanstalt und leitet die Ergebnisse dem Hersteller wieder zu, der sie bei neuer Fertigung verwertet, und so fort. Die DVL ist also gewissermaßen eine Lunge, die das ihr aus dem Körper der Luftfahrt zuströmende Blut reinigt und wieder als neuen gereinigten Lebensstoff an den Körper abgibt.

Ich bin mir völlig darüber im klaren, daß dieses Idealbild nicht immer vollständig erreicht wird und daß diese Lunge manchmal an Katarrhen leidet. Ich glaube aber, ich sage nicht zuviel, wenn ich behaupte, daß die DVL auf gutem Wege ist, diese Stellung und Aufgabe in zunehmendem Maße auszufüllen und zu erfüllen. Aus eigener Kraft ganz allein kann sie dies aber nicht, sondern Hersteller und Halter müssen im gleichen Sinne arbeiten; sonst kann sich dieser Kreislauf nicht störungsfrei ausbilden. Ich möchte deshalb diese Gelegenheit benutzen, die hier anwesenden Vertreter von Industrie, Verkehr, Schulen und Sport als Hersteller und Halter zu bitten: Ziehen Sie mit uns an einem Strang, bringen Sie uns das gleiche Vertrauen entgegen, das wir Ihnen stets entgegenzubringen bereit sind. Die DVL ist nicht Selbstzweck, sondern sie ist einzig und allein für Sie da.

Das Großflugboot[1]).

Von Wilhelm Hoff.

I. Einleitung.

Im Frühjahr 1927 fragte die Gesellschaft der Freunde und Förderer der Hamburgischen Schiffbau-Versuchsanstalt E. V. bei mir an, ob ich anläßlich der 6. Hauptversammlung einen Vortrag über das Großflugboot, seine aerodynamischen, hydrodynamischen, statischen und konstruktiven Eigenschaften zu halten bereit sei. Mit großer Freude sagte ich zu, da namhafte Kreise des Flugzeugbaus und des Luftverkehrs sich eingehend mit den Aufgaben, den Möglichkeiten und den Aussichten des Großflugbootes beschäftigen, und da die Überzeugung immer mehr durchdringt, daß das Großflugzeug der Zukunft im Großflugboot gefunden werden wird.

Als die Aufforderung zu meinem Vortrag erging, war die Welt noch nicht von den Erfolgen und Mißerfolgen der im Jahre 1927 unternommenen Flüge über den Atlantischen Ozean erfüllt. Die Verkehrsverbindung der Handelsstädte der Vereinigten Staaten mit denjenigen Europas in wenigen Stunden durch die Luft stand noch nicht wie heute im Vordergrund der Erörterungen. Durch diese Flüge ist der Inhalt meines Vortrags mehr Tagesthema geworden, als es damals vorausgesehen werden konnte.

In unseren Zeiten gesellt sich die Luftfahrt als jüngere Schwester zur Seefahrt; keinesfalls, um ein Erbe anzutreten, sondern um auf neuem, der Seefahrt verschlossenem Betätigungsgebiet der Kultur zu dienen. Die Luftfahrt wird den Schnellverkehr entfalten, durch die Ladefähigkeit der Flugzeuge begrenzt, die niemals mit derjenigen großer Seeschiffe in Wettbewerb wird treten können.

Die Luftfahrt verfügt über zwei Fahrzeuggattungen, das Luftschiff und das Flugzeug. Das Luftschiff hat dargelegt, daß es ein Luftverkehrsmittel zur Überbrückung gewaltiger Strecken ist und für die Schnellverbindung von Erdteil zu Erdteil mit Erfolg eingesetzt werden kann. Die viel zu wenig bekannten Kriegsfernfahrten und zuletzt die wohlgelungene Überführung des Zeppelin-Luftschiffes LZ 126 nach den Vereinigten Staaten von Nordamerika können als Beweis für diese Tatsache angeführt werden. Wir dürfen erwarten, daß mit wachsendem Rauminhalt die Bedeutung der Luftschiffe für den Weitstreckenverkehr weiterhin zunehmen wird. Die Bestrebungen unserer einzigen noch bestehenden Luftschiffwerft, des Luftschiffbaues Zeppelin, verdienen deshalb in Deutschland allgemeine Unterstützung und Förderung.

Das Flugzeug ist in seiner Art noch nicht das Luftfahrzeug zur Meisterung größter Entfernungen. Sein Vorzug gegenüber dem Luftschiff liegt in der überlegenen Eigengeschwindigkeit. Die technische Entwicklung muß aber noch lehren, wo das Reich des Flugzeuges enden und wo das Luftschiff im Luftmeer allein herrschen wird. Auf großen Überseestrecken werden Flugboote Verwendung finden; von diesen soll mein Vortrag handeln.

Mit dem Begriff Flugboot möchte ich alle Flugzeuge erfassen, die dazu geeignet sind, von See aufzusteigen, auf See niederzugehen und sich auf ihr zu bewegen, einerlei, ob sie ein geflügeltes Boot im engeren Sinne oder ein auf Schwimmer gesetztes Rumpfflugzeug darstellen. Diese Zusammenfassung ist zum Teil darin begründet, daß bei sehr großen Flugzeugen die Schwimmer Ladung aufnehmen und nicht nur ausschließlich als Schwimmkörper dienen werden.

Wirtschaftliche Betrachtungen bringe ich nicht. Ich verschließe mich nicht gegenüber den in letzter Linie entscheidenden wirtschaftlichen Gesetzen, sondern verzichte, auf diese einzugehen, weil wirtschaftliche Erwägungen heute doch mit willkürlichen, morgen vielleicht schon überholten Annahmen rechnen müssen. Außerdem war der Luftfahrzeugbau von Geburt an eigenwillig und frei von wirtschaftlichen Sorgen. Er überließ diese gern seinen Schöpfern. Wir wollen hoffen, daß er trotz seiner unbekümmerten Jugend doch im reiferen Alter diese nicht enttäuschen und sich wirtschaftlich auf eigene Füße stellen wird.

Die Großflugboote stellten den Flugzeugbau vor vielseitige Aufgaben. Verlangt wird ein luft- und seetüchtiges Verkehrsmittel, das über weite Seestrecken mit überlegener Geschwindigkeit verkehren soll, und das bei geringem Aufwand für Boot-, Trag- und Triebwerk, für die Besatzung und ihre Ausrüstung geeignet ist, eine große Anzahl Reisender bequem aufzunehmen und eine ansehnliche Ladung mitzuführen. Für die Sicherheit der Reisenden und Besatzung soll weitgehend gesorgt sein; das Navigations- und Funkgerät soll allen neuzeitlichen Ansprüchen genügen.

Wir werden zu prüfen haben, welche Bedingungen diese Aufgabe erleichtern und welche ihr entgegenstehen. Wir werden eine Auswahl der bisherigen Lösungen kennen lernen und Ausblicke für die Zukunft gewinnen.

II. Bisher ausgeführte Fernflüge.

Die im Lauf der Jahre ausgeführten Fern- und Dauerflüge waren Schrittmacher der technischen Flugzeugentwicklung als Fernverkehrsmittel. Das Studium der bei diesen Höchstleistungen verwendeten Flugzeuge ergibt beachtenswerte Fingerzeige für die Schaffung des Großflugbootes.

In der Zahlentafel 1: Fernstreckenflüge sind bedeutungsvolle Fernflüge aufgeführt, einerlei, ob sie nur begonnen oder ob sie voll zu Ende geführt worden sind. Für den Flugzeugbau ist die Tatsache des Flugbeginns mit hochbelastetem Tragwerk wesentlich; der vollendete Flug erbringt den Nachweis der Betriebstüchtigkeit des Triebwerks.

Auf die in Zahlentafel 2 zusammengestellten Flüge sei besonders hingewiesen.

Die Abb. 1 und 2 zeigen die Verteilung der hauptsächlichsten Fernflüge auf der Erdkugel und geben einen Begriff von später zu erwartenden Flugstraßen.

[1]) Vortrag, gehalten auf der 6. ordentlichen Hauptversammlung der Gesellschaft der Freunde und Förderer der Hamburgischen Schiffbau-Versuchsanstalt E. V. in Hamburg am 9. September 1927.

Zahlentafel 1. Fernstreckenflüge.

Nr.	Datum	Name	Strecken-Kennwort	Langstrecken-Reiseflug	Fernflug ohne	Fernflug mit festem Ziel	Größte ununterbrochene Strecke geplant	ausgeführt	Schw.-Fl.	Land-Fl.	Flugboot	Zahl	Muster	Bemerkungen
1	1919 17. 5.	Read	Atlantik		•		2200	2200			DD	4	L 12	
2	17. 5.	Bellinger	•		•		2200	2100			DD	3	L 12	Verflogen
3	17. 5.	Towers	•		•		2200	1800			DD	4	L 12	•
4	18. 5.	Hawker	•			•	3200	1900		DD		1	RRE	Motorsch., Überschlag
5	16. 6.	Alcock	•			•	3200	3200		DD		2	RRE	
6	1922 3. 11.	Kelly	Transkontinent			•	4050	3100		HD		1	L 12	Motorschaden
7	1923 3. 5.	•				•	4050	4050		HD		1	L 12	
8	21. 5.	Amundsen	Nordpol			•	2300	2000			HD	2	RRE	Motorsch., I Masch.-Bruch
9	31. 8.	Rodgers	Hawai			•	4100	3500			DD	2	PA 1500	Brennstoff verbraucht
10	31. 8.	P. B. I				•	4100				DD	2	PIA2500	Motorschaden
11	1926 22. 1.	Franco	Südamerika			•	2300	2300			HD	2	NL	
12	10. 5.	Byrd	Nordpol			•	2300	2300		HD		3	WW	
13	28. 6.	Arrachart	Potez-Fernflug		•			4375		DD		1	Renault	
14	14. 7.	Girier	Breguet-Fernflug		•			4700		DD		1	HS	
15	31. 9.	Weiser	•		•			5200		DD		1	F 12 WE	
16	1.	Fonck	New York—Paris			•	5800			DD		3	GRJ	Beim Start verbrannt
17	28. 10.	Coste	Breguet-Fernflug		•			5465		DD		1	HS	
18	1927 2. 3.	Beires	Südamerika	•			2300	2300			HD	2	LD12 Db	
19	3.	Pinedo	Südamerika—USA—Europa	•			2370	2370			HD	2	JFA	
20	8. 5.	Nungesser	Paris-New York			•	5800			DD		1	LD	Verschollen
21	20. 5.	Lindbergh	New York—Paris			•	5800	5800		HD		1	WW	
22	20. 5.	Carr	England—Indien			•	6800	5800		DD		1	RRC	Motorschaden
23	4. 6.	Coste	Breguet-Fernflug	•				5150		DD		1	HS	Wegen Wetterlage abgebr.
24	4. 6.	Chamberlin	New York—Berlin			•	6500	6270		HD		1	WW	Verflogen, Brennst. verbr.
25	27. 6.	Byrd	New York—Paris			•	5800	5530		HD		3	WW	• • •
26	27. 6.	Maitland	Hawai			•	4100	4100		HD		3	WW	
27	14. 7.	Smith	•			•	4100							Brennstoff verbraucht
28	14. 8.	Junkers	Dessau—New York			•	6500	3000		TD		1	JL 5	Wegen Wetterl. abgebr.

Zahlentafel 2. Die wichtigsten durchgeführten Fernstreckenflüge.

Nr.	Datum	Name	Strecken	Entfernung km
5	1919	Alcock	Atlantik	3200
6	1922	Kelly	Transkontinent	3100
17	1926	Coste	Breguet Fernflug	5465
21	1927	Lindbergh	New-York—Paris	5800
24	1927	Chamberlin	New-York—Deutschland	6270

Bei der Betrachtung der Bilder und der Durchsicht der Zahlentafeln fällt auf, daß von deutschen Flugzeugen ausgeführte Streckenflüge nicht aufgeführt sind. Dies ist die Folge des Versailler Vertrages und späterer Deutschland auferlegter Beschränkungen, die erst im Pariser Abkommen vom 22. Mai 1926 beseitigt wurden.

Für die Ebenbürtigkeit des deutschen Flugzeugbaues ist ins Feld zu führen, daß lange Jahre die seit 1914 von Böhm auf einem Albatros-Doppeldecker aufgestellte Welthöchstleistung im Dauerflug von 24 h nicht überboten

Abb. 1. Ostamerika, Atlantischer Ozean, Europa bis Westasien.

Abb. 2. Stiller Ozean, Amerika, Westlicher Atlantischer Ozean.

Abb. 3. Wright Bellanca-Flugzeug mit 220 PS Whirlwind-Motor.

Abb. 4. Junkers W 33-Flugzeug mit 310 PS Junkers L 5-Motor.

wurde, und daß im Sommer 1927 Edzard und Risticz die Welthöchstleistung, die vordem Chamberlin mit 51 h, 11 min, 25 s besessen hat, durch einen Flug von 52 h, 23 min an sich gerissen haben.

Die Zahlentafel 1 gibt nachstehende Lehren:

Die größte Strecke (Abb. 3: Chamberlin auf Wright Bellanca-Flugzeug) und die größte Flugdauer (Abb. 4: Edzard und Risticz auf Junkers W. 33-Flugzeug) wurden auf verhältnismäßig kleinen, einmotorigen Landflugzeugen erzielt. Die mehrmotorigen Landflugzeuge (Abb. 5: Byrd auf Fokker FVII 3 m-Flugzeug) und Flugboote (Pinedo auf Savoya S 55-Flugzeug) reihen sich daran an.

In Abb. 6 ist das Verhältnis Abfluggewicht zu Leergewicht abhängig vom Abfluggewicht aufgetragen. Diese Darstellung zeigt ebenfalls die Überlegenheit der kleinen einmotorigen Landflugzeuge vor mehrmotorigen Landflugzeugen und mehrmotorigen Flugbooten. Ferner besitzen verspannte Doppeldecker (Breguet XIX-Flugzeug mit 500 PS Hispano-Suiza-Motor) vor Eindeckern Vorzüge. Bei Doppeldeckern erreicht im günstigen Fall dieses Verhältnis die Größe von etwa 4,4, bei den Eindeckern nur etwa 2,7.

Aus der Abb. 7: Entwicklung der Langstreckenflüge ist dieser technische Vorsprung des einmotorigen Landflugzeuges, insbesondere vor mehrmotorigen Flugbooten, nochmals ersichtlich. Diese Tatsache begründet, daß die Atlantikflüge zuerst nicht mit mehrmotorigen Flugbooten, sondern mit einmotorigen Landflugzeugen ausgeführt und versucht worden sind. Dasselbe Ergebnis mit mehrmotorigen Flugbooten zu erzielen, ist die ungleich schwerere Aufgabe.

In der Luftfahrt ist man sich darüber einig, daß diese Flüge mit einmotorigen Landflugzeugen ein ungeheures

Wagnis bedeuten. Der Deutsche Luftfahrt-Verband E. V. und der Aero-Club von Deutschland haben sich deshalb bereit gefunden, einen »Deutschen Nordamerika-Preis«[1] für den Führer des ersten Flugzeuges auszuschreiben, das von einem Ort des deutschen Hoheitsgebietes nach New-York fliegt. Das Flugzeug muß ein Seeflugzeug, Land-See-flugzeug (Amphibium) oder mehrmotoriges Landflugzeug sein. Wir dürfen hoffen, daß, wie oft in der Luftfahrttechnik, die Ausschreibung eines sportlich gehaltenen Preises einen großen Antrieb zur Förderung der Technik selbst gibt.

III. Die navigatorischen und meteorologischen Bedingungen.

Die Führung eines Flugzeuges über weite Strecken verlangt beste Navigierung. Die Luftfahrt übernahm hierfür die ihren besonderen Bedürfnissen angepaßten Hilfsmittel der Seefahrt. Viele Instrumente gewannen dabei anderes Aussehen. Die Luftfahrt verlangt eine Navigation im Raum, der Flug insbesondere unbedingte Navigation auch bei unsichtigem Wetter, da beim Flugzeug langsamste Fahrt und Stilliegen ausgeschlossen sind. Zu weit würde es führen, wenn ich die Rückwirkungen, welche die navigatorischen Hilfsmittel auf den Flugbootbau ausüben, im einzelnen erörtern würde. Als Beispiel erwähne ich, daß wahrscheinlich der gegen die Flugzeugbewegungen fast unempfindliche

[1] »Der Luftweg«, Jahrgang 1927, Nr. 15, Verlag Richard Pflaum A. G., München.

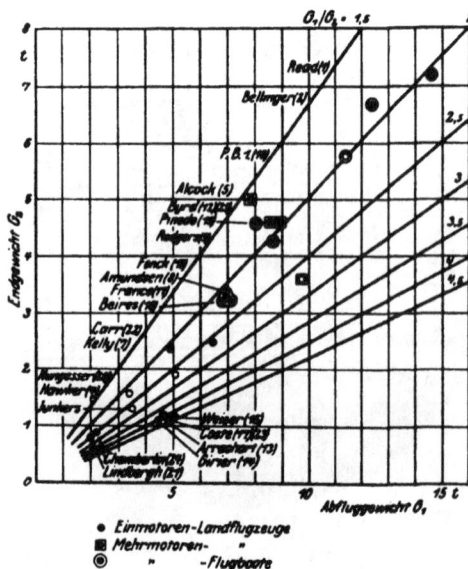

Abb. 6. Abhängigkeit des Verhältnisses: Abfluggewicht-Leergewicht.

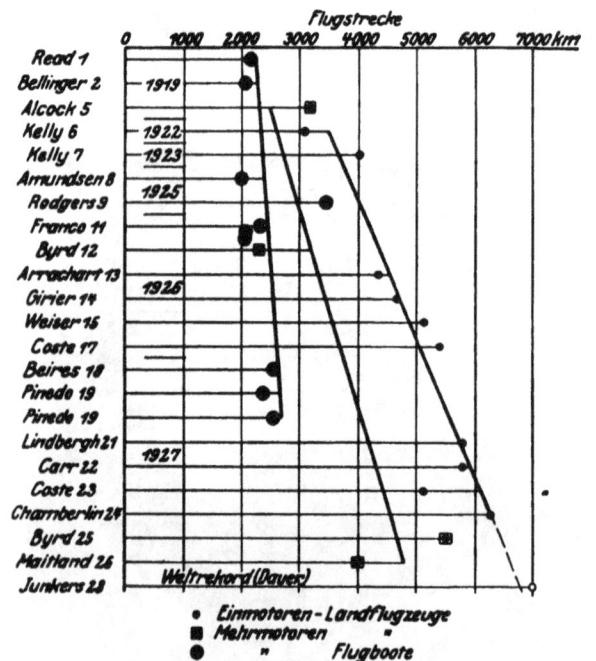

Abb. 7. Entwicklung der Langstreckenflüge.
Der technische Vorsprung des einmotorigen Landflugzeuges, insbesondere vor mehrmotorigen Flugbooten, ist augenfällig.

Abb. 5. Fokker-Flugzeug F VII-3 m, mit 3 × 220 PS Whirlwind-Motoren.

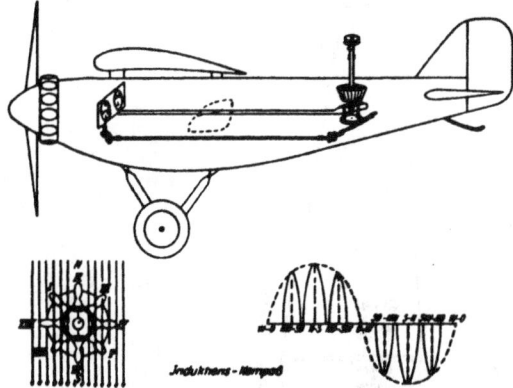

Abb. 8. Schaltung des Induktionskompasses.

Induktionskompaß [1]), **Abb. 8**, den gewöhnlichen Magnetkompaß verdrängen wird.

Die **Funkpeilung** wird dem Flugzeug den Standort vermitteln. Die zur Verbindung mit der Außenwelt nötige Funkeinrichtung erfordert zurzeit noch erheblichen Aufwand an Gewicht und Flugwiderstand. Eine überschlägliche Rechnung ergibt, daß die Mitnahme eines Empfangs- und Gebefunkgeräts etwa dem Aufwand für mindestens drei Reisende gleichkommt, also bei kleinen Flugzeugen die freie Nutzlast fast vollkommen auslöscht. Uns wird dadurch verständlich, daß bei den diesjährigen Ozeanüberquerungen darauf verzichtet wurde, ein Gebefunkgerät mitzuführen. Die bei der Deutschen Versuchsanstalt für Luftfahrt in Berlin-Adlershof durchgeführten Kurzwellenversuche lassen die Hoffnung zu, daß dieser Aufwand in absehbarer Zeit wird verringert werden können.

Das Großflugboot soll Ozeane überqueren. Genau wie Reisedauer und Seeweg der Segelschiffe von Luft- und

Meeresströmungen abhängen, sind auch Reisedauer und Flugwege der Flugboote durch die von der Jahreszeit und dem Flugtag abhängigen Luftströmungen und das über den Ozeanen herrschende, stark wechselnde Wetter bestimmt. Nicht die kürzeste Verbindung zwischen zwei Flughäfen ist für die Luftreise eines Flugbootes maßgebend, sondern derjenige Flugweg, welcher sich aus der Betrachtung der besonderen **meteorologischen Verhältnisse** über das zu überfliegende Gebiet ergibt.

Leider zeigt sich nun, daß eine Luftreise in europäischen Breiten in Richtung von Ost nach West im Mittel heftigen Gegenwinden begegnet. Der Luftverkehr muß diesen meteorologischen Verhältnissen weitgehend Rechnung tragen.

Ein Beispiel der zu überwindenden Schwierigkeiten geben die Abb. 9 und 10, welche den Luftdruck und die Winde [1]) über dem Atlantischen Ozean einerseits im Monat

---

[1]) Vgl. The Pioneer Earth Inductor Compass; The Aeroplane, Vol. 32, Nr. 5, p. 128.

[1]) Gerhard S c h o t t, »Geographie des Atlantischen Ozeans«, Verlag C. Boysen, Hamburg, 1926.

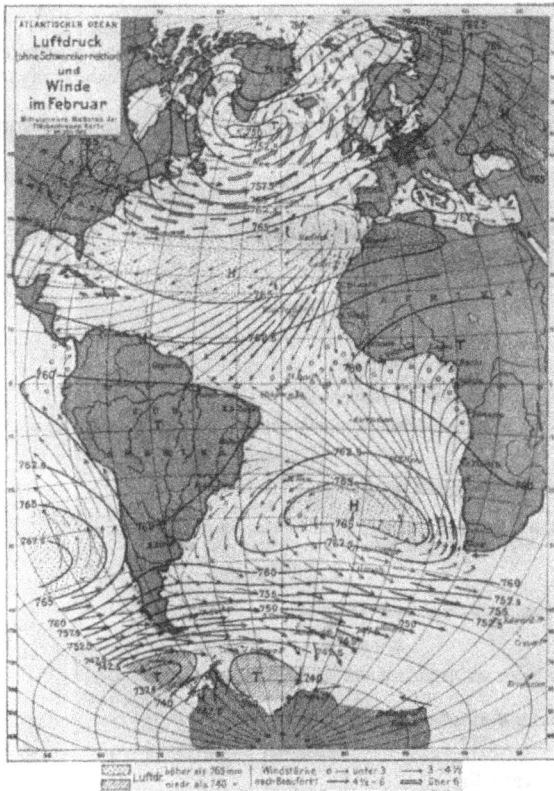

Abb. 9. Luftdruck und Winde über dem Atlantischen Ozean im Februar.

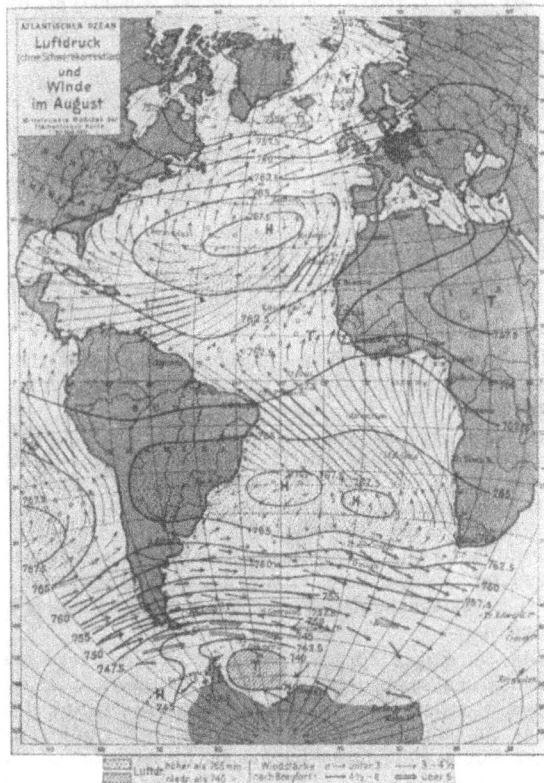

Abb. 10. Luftdruck und Winde über dem Atlantischen Ozean im August.

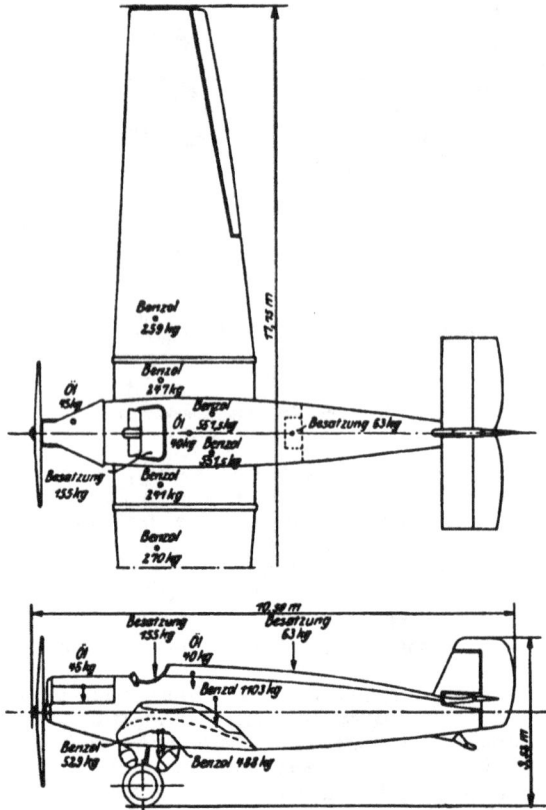

Abb. 11. Junkers W 33, Lastenverteilung bei den Rekordflügen.

Februar und andererseits im Monat August wiedergeben. Der nördliche Teil des Atlantischen Ozeans, welcher für die Schiffsverbindungen zwischen Europa und Nordamerika in Frage kommt, zeigt im Monat Februar sehr heftige, im Monat August geringere, aber immer noch sehr bedeutende Winde in Richtung West-Ost.

Diese Winde fördern den Verkehr von den Vereinigten Staaten nach Europa; sie behindern ihn jedoch in umgekehrter Richtung. Aus der Betrachtung dieser Abbildungen ergibt sich ohne weiteres die in Laienkreisen wohl noch nicht genügend gewürdigte, viel größere Schwierigkeit bei der Überquerung des Ozeans von Europa nach den Vereinigten Staaten.

Wir können erwarten, daß der Luftverkehr diesen Windströmungen Rechnung tragen und zwischen Europa und den Vereinigten Staaten ein Ringverkehr zustandekommen wird.

Die in den Abb. 9 und 10 wiedergegebenen Verhältnisse stellen Mittelwerte dar, die sehr bedeutenden Abweichungen unterworfen sind. Die meteorologischen Berater eines Luftverkehr-Unternehmens werden täglich vor die Entscheidung gestellt sein, welcher Flugweg vor dem Abflug anzuempfehlen sein wird. Als Beispiel für die Bedeutung dieser Wetterberatung können die Erlebnisse des Abflugs der Flugzeuge »Europa« und »Bremen« vom 14. August 1927 gelten, wo ein stark nördlicher Kurs Mitwinde und gutes Flugwetter ergeben hätte, sobald die Schlechtwetterbank an der Nordseeküste überwunden und Schottland umflogen worden wäre[1]).

Die derzeitigen Fluggeschwindigkeiten der Flugboote sind noch nicht so überlegen, daß die Winde unberücksichtigt bleiben könnten. Für den Flugboothersteller ergibt sich daraus die Folgerung, daß die Flugdauer weit größer erwartet werden muß, als sie sich aus der Flugstrecke und der

---

[1]) Bekanntgabe der Deutschen Seewarte über die Wetterberatung am 14. August 1927 und die spätere Wetterentwicklung. Deutsche Allgemeine Zeitung, 66. Jahrg., Nr. 386, vom 19. 8. 1927.

Fluggeschwindigkeit allein ergeben würde. Ein Zuschlag von rd. 30 bis 50 vH der Flugdauer bei Windstille wird bei großen Streckenflügen so lange in Rechnung zu setzen sein, als die Fluggeschwindigkeit nicht bedeutend gesteigert werden kann.

IV. Die aerodynamischen Bedingungen.

Die Flugmechanik lehrt die gegenseitige Abhängigkeit des Flugzeuggewichts, der Flügelfläche, der Antriebleistung, der Flug- und Steiggeschwindigkeit, der Flughöhe und anderer Flugzeugwerte. Die Zusammenhänge ergeben, daß Flugzeuge mit gleichzeitig erzielten Bestwerten in bezug auf Reichweite, Fluggeschwindigkeit, Steiggeschwindigkeit, Tragfähigkeit, Leistungsbedarf und Flughöhe nicht gebaut werden können. Ein sehr schnelles Flugzeug wird z. B. einem langsameren Flugzeug in Tragfähigkeit unterlegen sein, infolgedessen auch nicht dieselbe Reichweite besitzen wie dieses.

Für das Großflugboot wird in erster Linie größte Reichweite gefordert werden und, falls die Reichweite unter der größtmöglichen bleibt, mit Einschränkung der Tragfähigkeit versucht werden, eine größere Geschwindigkeit zu erzielen. Der Flug werde zunächst allein behandelt; die Bedingungen des Abflugs und der Landung folgen später.

Die von einem Flugzeug erreichbare Flugstrecke s, gemessen in km, ist durch die von Breguet aufgestellte Beziehung[1]) gegeben:

$$s = -\int_{G_1}^{G_2} \frac{\eta \varphi}{\varepsilon b} \frac{dG}{G}.$$

Hierin bedeuten:

η Luftschraubenwirkungsgrad (abhängig von der Leistungsbelastung der Schraubenkreisfläche, der Fluggeschwindigkeit und der Schraubendrehzahl);

ε Gleitzahl, d. i. das Verhältnis von Widerstandsbeizahl c_w zur Auftriebsbeizahl c_a (abhängig von dem gewählten Flügel, seinen Querschnitten, seiner Anordnung, seinem Umriß, den schädlichen Widerständen): $\varepsilon = \dfrac{c_w}{c_a}$;

b Betriebsmittelverbrauch (abhängig von dem gewählten Antriebmotor, seinem Verhalten bei verschiedener Drosselung), gemessen in l/km;

φ Einflußzahl des Gegenwindes W auf die Fluggeschwindigkeit v:

$$\varphi = \left(1 - \frac{W}{v}\right),$$

geringe Eigengeschwindigkeit und großer Gegenwind verkleinern φ;

---

[1]) Mit weiteren Bezeichnungen:

   t Zeit,
   N Antriebleistung,
   A Flugzeugauftrieb,
   W Flugzeugwiderstand,
   u Reisegeschwindigkeit

ist die zeitliche Gewichtsminderung:

$$\frac{dG}{dt} = -bN \quad \dots \dots \dots \quad (1)$$

Die Schubleistung ist:

$$\eta N = Wv = \varepsilon Gv, \quad \dots \dots \quad (2)$$

da A genügend genau G gleichgesetzt werden kann.
Bei Entfernung von N aus (1) und (2) wird:

$$-\frac{\eta}{\varepsilon b} \frac{dG}{G} = v\,dt \quad \dots \dots \quad (3)$$

Wenn die Reisegeschwindigkeit:

$$u = v - w = v\left(1 - \frac{w}{v}\right) = \varphi v. \quad \dots \dots \quad (4)$$

ist, wird im Zeitabschnitt dt der Weg zurückgelegt:

$$ds = u\,dt = \varphi v\,dt. \quad \dots \dots \quad (5)$$

Durch Verbindung von (3) und (5) wird:

$$ds = -\frac{\eta \varphi}{\varepsilon b} \frac{dG}{G} \quad \dots \dots \quad (6)$$

und endlich:

$$s = -\int_{G_1}^{G_2} \frac{\eta \varphi}{\varepsilon b} \frac{dG}{G}$$

G Flugzeuggesamtgewicht,

Fußzeichen 1 Beginn $\Big\}$ des betrachteten Flugabschnitts.
Fußzeichen 2 Ende

Besteht für einen begrenzten Flugabschnitt die Möglichkeit, die Größen η ε b, φ einem Mittelwert gleichzusetzen, so kann integriert werden:

$$s = \frac{\eta \, \varphi}{\varepsilon \, b} \ln \frac{G_1}{G_2} = s_0 \, \varphi \ln \frac{G_1}{G_2}.$$

Hierbei bedeutet s_0, gemessen in km, die Flugstrecke, die das Flugzeug mit

$$\frac{G_1}{G_2} = e = 2{,}718 \ldots,$$

d. h. mit einem Betriebsstoffvorrat $1{,}718 \cdot G_2$ und bei Windstille, d. h. bei $\varphi = 1$, zurücklegen kann.

Die Strecke s_0 ist vom Stand der Technik beeinflußt. In ihr kommen Verbesserungen des Flugwerks und Triebwerks zum Ausdruck.

Bei dem »Normalflugzeug«, das als Wertungsmaßstab dem Deutschen Seeflugwettbewerb 1926[1]) zugrunde gelegen hat, betrug $s_0 = 8860$ km, entsprechend $\eta = 0{,}65$, $\varepsilon = 0{,}09$ und $b = 0{,}22$ kg/PSh $= 8{,}158 \cdot 10^{-4}$ l/km.

In diesem Wettbewerb erzielte das von Langanke geflogene Flugzeug Junkers W 33 mit 310 PS Junkers L 5-Motor ein $s_0 = 9564$ km, also um 8 % mehr, als in dem »Normalflugzeug« zugrunde gelegt war.

Mit der Annahme, daß das Flugzeug auch mit einem Gewichtsverhältnis $G_1/G_2 = 2{,}7$, entsprechend der »Miss Columbia«- und »Bellanca«-Belastung (vgl. Abb. 6), ohne Änderung von s_0 gestartet und geflogen werden kann, ist mit diesem Flugzeug ein Weg von rd. 9500 km zurückzulegen, d. h. mit einem Sicherheitszuschlag von annähernd der Hälfte Wegstrecke kann von Deutschland aus New York erreicht werden.

---

[1]) F. Seewald, »Erfahrungen aus dem Deutschen Seeflug-Wettbewerb 1926«, Zeitschrift für Flugtechnik und Motorluftschiffahrt 1926, S. 431 und DVL-Jahrbuch 1927, S. 26.
H. Blenk und F. Liebers, »Das Wertungsverfahren im Deutschen Seeflug-Wettbewerb 1926«, Zeitschrift für Flugtechnik und Motorluftschiffahrt 1926, S. 439 und DVL-Jahrbuch 1927, S. 31.

Abb. 12. Junkers W 33, Flügel mit eingebauten Behältern.

Bei den jüngsten Dauerflügen in Dessau, die mit demselben, aber auf ein Fahrgestell gesetzten Flugzeugmuster geflogen wurden, sind die in Zahlentafel 3 zusammengestellten Ergebnisse erzielt worden.

Die Dessauer Versuchsergebnisse geben wertvolle Einblicke in die Technik des Streckenfluges. Das Flugzeugmuster W 33 ist für eine fünffache Bruchbelastung gebaut. Die Überlastung beim Antritt des Ozeanfluges wird diese Bruchbelastung auf etwa das 2,6fache verringert haben, d. h. größte Schonung des Flugwerkes vor weiteren Belastungen war beim Flugantritt Bedingung.

Eine Überbelastung eines Flugzeuges, wie sie bei Höchstleistungsflügen gewagt wird, läßt sich bei sorgfältiger Überwachung des gesamten Flugzeuges vertreten. Das Wagnis der Überlastung ist geringer zu veranschlagen als die übrigen anläßlich solcher Flüge auftretenden Gefahren.

Diese Überlegungen und die gewonnenen Flugergebnisse zeigen, daß die Junkers-Werke berechtigt waren, zuverlässig arbeitendes Triebwerk vorausgesetzt, den Ozeanflug zu wagen.

Die Abb. 4 zeigt dieses interessante Flugzeugmuster, Abb. 11 die Lastenverteilung beim Amerikastart und Abb. 12 den Flügel mit eingebauten Behältern.

Zahlentafel 3. Ergebnisse der Dauerflüge in Dessau.

Bezeichnung	Extrapolierte Strecke s km	Brennstoffverbrauch kg/km	Abflug-Gewicht G_1 kg	Lande-Gewicht G_2 kg	$\dfrac{\eta \varphi}{b \varepsilon} = \dfrac{s}{\lg G_1/G_2 \text{ km}}$	Bemerkungen
Dauerrekord über 52 h, 23 min ohne Nutzlast. Motor L 5. Verdichtung 1/7. Holzluftschraube.	6550	0,307	3660 $G_1/G_2 = 2{,}22$ $\ln G_1/G_2 = 0{,}798$	1650	8250	Verschlechterung der Strecke durch: 1. Flug mit der günstigsten Geschwindigkeit für größte Dauer und nicht für größte Strecke. 2. Bruch einer Auslaßventilfeder. 3. Nebel und dadurch bedingtes längeres über dem Platz Kurven, anstatt geradeaus zu fliegen. 4. Holz- statt Metallluftschraube.
Strecken- und Dauerrekord mit 500 kg Nutzlast. Motor L 5. Verdichtung 1/5,5. Metallluftschraube.	2875	0,271	2730 $G_1/G_2 = 1{,}4$ $\ln G_1/G_2 = 0{,}337$	1950	8540	Verschlechterung der Strecke durch: 1. Bodennebel, dadurch über dem Platz Kurven. 2. Kleine Verdichtung.
Strecken- und Dauerrekord mit 500 kg Nutzlast mit Wasserflugzeug. Motor L 5. Verdichtung 1/5,5. Holzluftschraube.	1737	0,325	2593,4 $G_1/G_2 = 1{,}278$ $\ln G_1/G_2 = 0{,}2455$	2028,4	7060	Verschlechterung der Strecke durch: 1. Holzluftschraube. 2. Schwimmergestell. 3. Kleine Verdichtung.
Versuch der Ozeanüberquerung. Über Irland wegen Unwetter abgebrochen. Motor L 5. Verdichtung 1/7. Metallluftschraube.	4045	0,316	3850 $G_1/G_2 = 1{,}5$ $\ln G_1/G_2 = 0{,}406$	2573	9950	Verschlechterung durch: 1. Schlechtes Wetter und viel Kurven sowie Steig- und Sinkflüge. 2. Auf $^1\!/_4$ des Weges Zusatzluft nicht geöffnet. Verbesserung durch zunehmenden Rückenwind beim Rückflug gegenüber Anflug.
Vorausberechnung auf Grund kurzer Versuchsflüge mit verschiedenen Gewichten. Motor L 5. Verdichtung 1/7. Metallluftschraube.	8070	0,27	3800 $G_1/G_2 = 2{,}35$ $\ln G_1/G_2 = 0{,}854$	1620	9450	Diese Werte sind die theoretischen Bestwerte für Metallluftschrauben und L 5-Motoren mit einer Verdichtung 1/7, für Windstille und ohne Kurven.

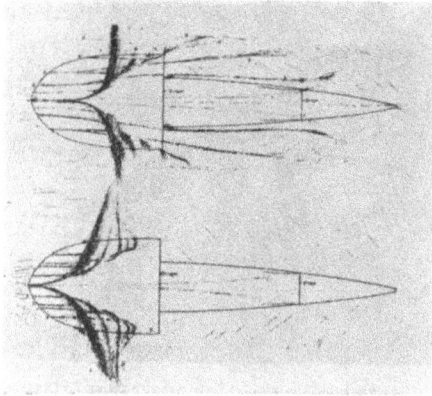

Abb. 13. Strömung unter einem Gleitboden.

Durchaus denkbar ist es, daß die Strecke s_0 mit wachsendem technischen Fortschritt sich weiter verbessern lassen kann. Untersetzte, langsam laufende Verstell-Luftschrauben werden einen höheren Luftschraubenwirkungsgrad erbringen; weit ausladende Flügel mit hochgeglätteter Oberfläche und Vermeidung schädlicher Widerstände werden die Gleitzahl, sowie Flugmotoren mit für jede Drehzahl sparsamen Sondervergasern den Betriebsstoffverbrauch verringern. Nimmt man für jede Größe durchschnitt-

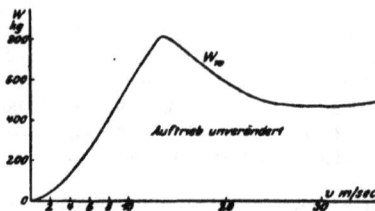

Abb. 14. Wasserwiderstand eines Flugboots mit unverändertem Auftrieb, abhängig von der Rollgeschwindigkeit.

lich nur eine Verbesserung um $1/10$ an, die durchaus im Bereich technischer Möglichkeiten liegt, so könnte die Strecke s_0 um $1/3$ verbessert, also $s_0 = 12500$ km geflogen werden, die mit einem Gewichtsverhältnis $G_1/G_2 = 2,7$ und bei einem Sicherheitszuschlag von der Hälfte der Wegstrecke ausreichen würde, um vom Deutschen Reich bis weit hinein nach den Vereinigten Staaten zu gelangen.

Der Flugzeugbau hat die Aufgabe, die großen, mehrmotorigen Flugzeuge mit denselben Festwerten zu bauen wie die kleinen, was bezüglich der Strecke s_0 technisch viel leichter durchzuführen sein wird, als in dem Verhältnis G_1/G_2, wie wir später sehen werden.

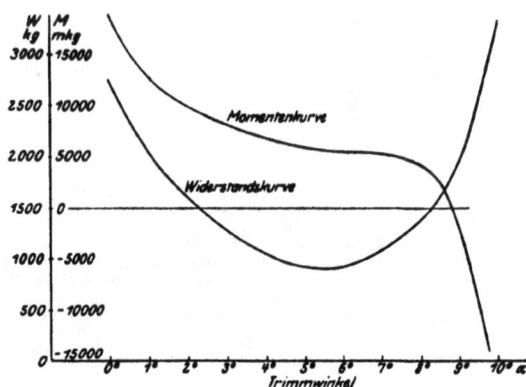

Abb. 15. Wasserwiderstand und Drehmoment um die Querachse, abhängig vom Anstellwinkel des Gleitbodens.

V. Die hydrodynamischen Bedingungen.

Das Flugboot ist bei seinen Bewegungen auf See den Widerstandsgesetzen der Schwimmkörper unterworfen. Ich kann hier das Wesen der Schiffswiderstandsgesetze als bekannt voraussetzen. Beim Großflugboot interessiert nur ein Teil derselben und zwar die Widerstandsgesetze der für schnelle Fahrt gebauten Fahrzeuge. Diese werden auf statischem Auftrieb im Stillstand und in langsamer Fahrt und auf dynamischem Auftrieb bei hoher Fahrt mit möglichst geringem Fahrtwiderstand gebaut. Fahrzeuge mit gestuftem Gleitboden eignen sich für diese Zwecke weit besser als gekielte Fahrzeuge mit gewölbtem Boden. Diese Erfahrung gilt für ruhiges Wasser und geringen Seegang. Bei starkem Seegang liegen die Verhältnisse wesentlich anders und sind noch nicht genügend erforscht.

Der Schwimmkörper des Flugboots hat darüber hinaus die Aufgabe, das schnelle Abkommen von und das sichere Landen auf der Wasseroberfläche auch bei Seegang und Wind zu ermöglichen. Die Entwicklung der für solche Aufgaben in Frage kommenden Boote ist im Fluß und wird von allen Schleppversuchsanstalten und unter diesen von der Hamburgischen Schiffbau-Versuchsanstalt stark gefördert.

Das Flugboot unterscheidet sich in wesentlichen Punkten vom Gleitboot. Das Heck eines Gleitbootes mit Wasserschraube liegt im Wasser. Beim Flugboot auf der Stufe ist das Heck so hoch, daß es auch dann nicht eintaucht, wenn das Flugzeug zum Abflug um die Querachse gedreht wird. Das Gleitboot muß um die Längs- und Querachse stabil sein; beim Flugboot auf der Stufe kann auf die Stabilisierung um die Längsachse verzichtet werden, da diese Aufgabe von der Flügelstabilisierung übernommen wird. Nur bei geringer Fahrt wird das Boot querstabil sein müssen. Hierzu können entweder an den Flügelseiten angebrachte Stützschwimmer oder seitliche, am Boot angebrachte Flossenstummel dienen.

Ich will kurz auf die besondere Natur des Widerstands eines Flugbootes eingehen.

Abb. 13 zeigt die durch gefärbte Flüssigkeitsfäden kenntlich gemachte Strömung auf der Unterseite eines Flugbootes[1]. Am Bug wird das Wasser unter den Boden gezwungen, zum Teil weicht es seitlich aus. Die Strömung gibt dynamischen Auftrieb. Der erzeugte Widerstand zerfällt in Wellenwiderstand als hauptsächlichsten Teil sowie Reibungs- und Formwiderstand als geringeren Teil.

Der Reibungswiderstand wird um so kleiner, je geringer die benetzte Oberfläche ist. Die Bautechnik hat deshalb zu verhindern, daß nach Abströmen vom Gleitboden das Wasser von unten oder seitlich wieder den Bootskörper anströmt.

Der Wasserwiderstand eines auf ungestörtem Wasser fahrenden Gleitbootes mit unverändertem Auftrieb wächst mit zunehmender Fahrt bis zu einem Höchstwert (kritische Geschwindigkeit) an, sinkt dann auf einen Kleinstwert, um später wieder anzusteigen (Abb. 14). Solange der Widerstand wächst, besitzt das Boot die Eigenschaften eines gekielten Bootes; erst im Bereich des Widerstandabfalls besitzt es die Eigenschaften eines Gleitbootes.

Während des Gleitens ist das Boot außerordentlich empfindlich auf geringfügige Drehungen um die Querachse. Widerstand und Drehmoment, das vom Höhenleitwerk aufgenommen werden muß, ändern sich lebhaft (Abb. 15).

Das Flugboot wird bei zunehmender Fahrt durch den Flügelauftrieb entlastet. Der Wasserwiderstand verläuft beim Flugboot infolgedessen nur anfänglich wie beim Gleitboot, erreicht im Bereich der kritischen Geschwindigkeit einen geringeren Höchstwert und sinkt mit steigendem Flügelauftrieb auf Null herab.

[1] Baker, Ten Years Testing of Model Seaplanes (Proceedings of the R.A.S.) 1922, Vol. 27.

In Abb. 16 sind in Abhängigkeit der Fahrtgeschwindigkeit eingetragen:

Wasserwiderstand W_w,
Luftwiderstand W_l,
Gesamtwiderstand W_g,
Luftschraubenzug S.

Als Unterschied des Luftschraubenzugs und des Gesamt-
widerstands wird zur Beschleunigung des Flugboots der
Schub P verfügbar.

Im Bereich der kritischen Geschwindigkeit v_{kr} ist der
freie Schub P sehr gering. Auf diese Hauptschwierigkeit
hochbelasteter Flugboote möchte ich etwas mehr eingehen.

Der Höchstwert des Wasserwiderstandes [1]) beträgt etwa
$^1/_5$ bis $^1/_3$ des Gesamtflugzeuggewichts. Dieser hohe Betrag
erfordert für das Anrollen vollwirkende Luftschrauben.
Da der Widerstandshöchstwert schon bei etwa 0,35 bis 0,45
der Abfluggeschwindigkeit v_{st} erreicht wird, ist der Flügelauftrieb nur mit etwa 0,12 bis 0,20 des Gesamtgewichts
anzusetzen, d. h. die Entlastung durch die Flügel ist im
Bereich der kritischen Geschwindigkeit verhältnismäßig
gering.

Die für Boote bestimmten Luftschrauben sollen mit
bestem Wirkungsgrad im Bereich der eigentlichen Fluggeschwindigkeiten arbeiten. Ein guter Wirkungsgrad darf
nicht für den vorübergehenden Bereich der kritischen Geschwindigkeit während des Abflugs geopfert werden.

Diese Verhältnisse erläutern ein Beispiel:

Ein Flugboot bekannter Bauart besitzt ein Fluggewicht
von 3250 kg, eine Flügelfläche von 40 m², eine Höchstgeschwindigkeit $v_{max} = 190$ km/h, eine Reisegeschwindigkeit
$v_r = 170$ km/h, eine Startgeschwindigkeit $v_{st} = 120$ km/h,
eine kritische Geschwindigkeit $v_k = 48$ km/h. Die beiden
Motoren sollen je 230 PS bei einer Drehzahl von $n = 1400$
U/min ergeben.

Für dieses Flugzeug werden verschiedene Schrauben
A, B und C vorbereitet, deren Wirkungsgrade ihren Bestwert bei der Reise-, der kritischen und der Startgeschwindigkeit besitzen. Der Wirkungsgradverlauf ist in Abb. 17
über der Fahrtgeschwindigkeit aufgetragen. Die Schübe
dieser Schrauben und die Gesamtwiderstände des Flugbootes
bei verschiedener Beladung sind in Abb. 18 ebenfalls über
der Fahrtgeschwindigkeit zur Darstellung gebracht.

Die Abbildungen ergeben, daß der Schub der Schraube A
eben noch ausreicht, um bei der kritischen Geschwindigkeit
die Gesamtwiderstände zu überwinden. Es fehlt jeder
nennenswerte Überschuß.

Die Schraube B, deren höchster Wirkungsgrad bei der
kritischen Geschwindigkeit liegt, bringt wohl das Boot mit
großer Sicherheit über die kritische Geschwindigkeit hin-

[1]) H. Herrmann, »Schwimmer und Flugbootskörper«, Jahrbuch
der Wissenschaftlichen Gesellschaft für Luftfahrt E. V. 1926, Verlag
R. Oldenbourg, München und Berlin.

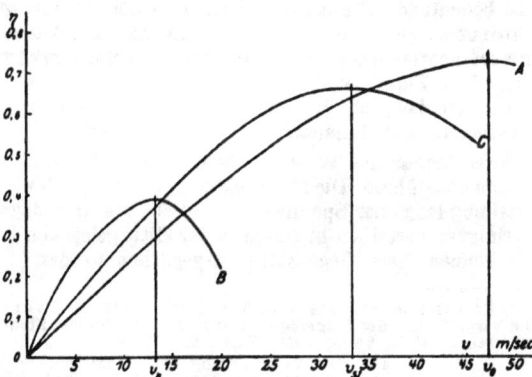

Abb. 16. Wasser-, Luft- und Gesamtwiderstand sowie Schraubenschub und freier Schub in Abhängigkeit von der Fahrtgeschwindigkeit.

weg, vermag aber dann das Flugboot nicht mehr aus dem
Wasser zu bringen.

Die zwischen den Schrauben A und B liegende Schraube C
verfügt nahezu über denselben Schub im Bereich der kritischen Geschwindigkeit wie die Schraube B, arbeitet bei
der Startgeschwindigkeit nicht viel besser als die Schraube A,
vermag aber dem Flugboot nicht mehr die volle Reisegeschwindigkeit zu geben.

Die Wahl passender Luftschrauben, die gute Abflug-
und Flugeigenschaften miteinander verbinden, ist ungeheuer
schwer. Sobald man an die Fahrtschrauben nicht mehr die
Forderung stellt, das vollbeladene Flugboot aus dem Wasser
zu bringen und diese Aufgabe anderen Hilfsmitteln über-
läßt, liegen die Verhältnisse weit günstiger.

Ich mache hier aufmerksam auf neuere deutsche Ver-
suche[1]), die mit Schleppflugzeugen gemacht werden. Der
Gedanke ist naheliegend, ein Schleppflugzeug einem schweren
Flugboot vorzuspannen. Die folgende Untersuchung ergibt,
daß unter der Voraussetzung des Zusammenarbeitens des
Schleppzuges ein solches Hilfsmittel erfolgversprechend ist.

Das Schleppflugzeug ist einem geflügelten Motor gleich-
zuachten, der sich schnell vom Wasser erhebt und keine
hohen Eigengeschwindigkeiten zu erreichen vermag. Der
beispielsweise mit einem Schlepper von 460 PS Dauer-
und 800 PS Spitzenleistung bei Motorendrehzahlen von
1400 U/min bzw. 1800 U/min mit Untersetzungen von
1:2 bei der Schraube D und 1:3 bei der Schraube E
zu erzielende Überschuß ist derart groß, daß auch ein weit
höher beladenes Flugzeug als das des Beispiels auf alle
Fälle aus dem Wasser gehoben wird (Abb. 19 bis 21). Da
der Schub der Schraube D ausreicht und nicht so schnell
abfällt wie derjenige der Schraube E, ist die Schraube D
vorzuziehen.

Ähnliche Überlegungen treten auch bei hochbelasteten
Landflugzeugen auf. Bei diesen verfügt man über das
Hilfsmittel abfallender vorbereiteter Startbahnen oder
kräftig wirkender Flugzeugschleudern.

[1]) Luftfahrt-Neuigkeiten, Der Luftweg 1927, S. 143.

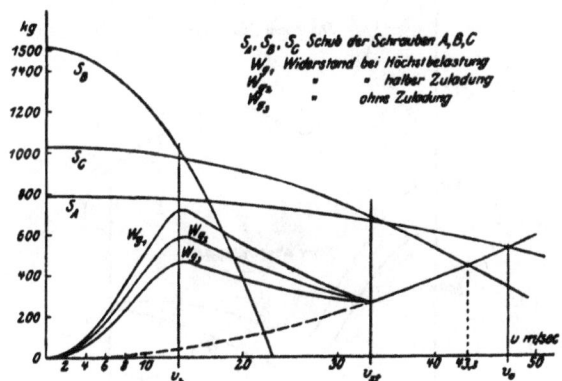

Abb. 17. Wirkungsgrade der Luftschrauben A, B und C in Abhängigkeit von der Fahrtgeschwindigkeit. Die Schrauben A, B, C haben
ihren besten Wirkungsgrad jeweils bei der Reise-, bzw. kritischen, bzw.
Startgeschwindigkeit.

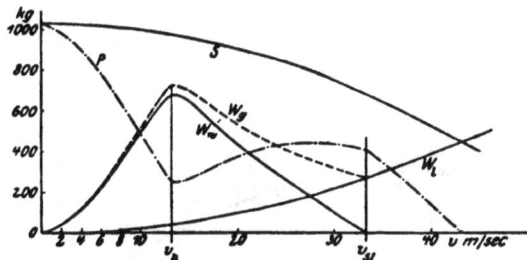

Abb. 18. Schübe der Luftschrauben A, B und C und Gesamtwiderstände bei verschiedener Beladung in Abhängigkeit von der Fahrtgeschwindigkeit.

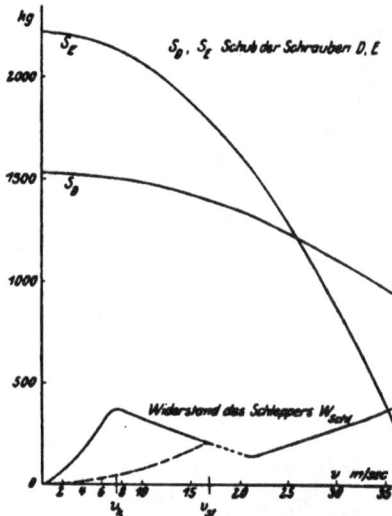

Abb. 19. Schübe der Schrauben D und E sowie Widerstand des Schleppers, abhängig von der Fahrtgeschwindigkeit. Die Schrauben D und E sind zwei für die besonderen Betriebsbedingungen des Schleppflugzeugs ausgewählte gute Schrauben. Der Schub der Schraube D ist ausreichend. Da er weniger schnell abfällt als der Schub der Schraube E, ist die Schraube vorzuziehen.

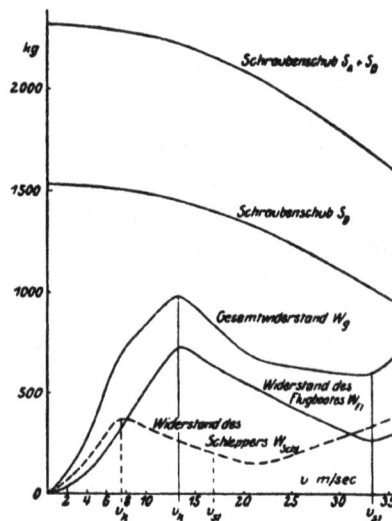

Abb. 20. Gesamtschübe und Gesamtwiderstände von Flugboot und Schlepper, abhängig von der Fahrtgeschwindigkeit.

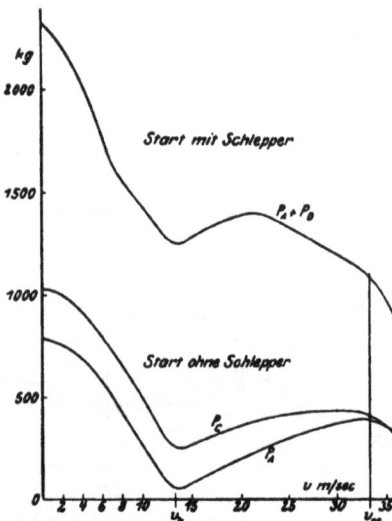

Abb. 21. Freie Schübe P bei Start ohne und mit Schlepper, abhängig von der Fahrtgeschwindigkeit.

VI. Die statischen Bedingungen.

Bei der Besprechung der bisher ausgeführten Fernflüge wies ich darauf hin, daß kleine Flugzeuge bezüglich großer Reichweiten günstiger abschneiden als große Flugzeuge, insbesondere als mehrmotorige Flugboote. Dies Verhalten ist im statischen Aufbau und dem durch diesen bedingten Aufwand für das Tragwerkgewicht begründet.

Nach dem Grundgesetz von Lanchester[1]) wächst der Anteil des Flügelgewichtes am Flugzeuggesamtgewicht mit zunehmender Flugzeugvergrößerung. Voraussetzung für dieses Gesetz sind im Rumpf vereinigte Gewichte sowie bei der Vergrößerung gleichgehaltene Flächenbelastung der Flügel. Da größere Flugzeuge im allgemeinen mit größeren Flächenbelastungen und geringerer Festigkeit gegen Bruch gebaut werden können, und da ferner bei kleinen Flugzeugen Gewichtszuschläge zur Verbesserung örtlicher Festigkeit erforderlich sind, die bei größeren wegfallen, gelingt es, dem Lanchester-Gesetz auszuweichen.

Nach Vorschlägen von Rohrbach[2]) wird die Flächenbelastung bei wachsender Flugzeuggröße gesetzmäßig vermehrt. Aber auch diese Maßnahme ist noch nicht ausreichend, um die Wirkungen des Lanchesterschen Gesetzes zu verhindern. Der Flügelbau großer Flugzeuge wird erst dann im Gewicht den kleinen gleichwertig, wenn die Lasten nicht in einem der Mittelebene gelegenen Rumpf vereint, sondern über den Flügel verteilt werden.

Sikorski, Junkers, Rumpler planen diesen Weg in ihren bekanntgewordenen Entwürfen größter Flugzeuge. Der Flügel kann als eine Anzahl aneinander gereihter gleichartiger Flügelstücke, von denen jedes eine Einheit für sich bildet, angesehen werden. Ein Teil des Triebwerks (je ein Motor mit Luftschraube), Betriebsstoffe sowie ein Teil der Zuladung sind in solchem Flügelstück vereinigt. Nur an den Flügelspitzen und in der Flügelmitte sind Leitwerke zur Flügelstabilisierung vorgesehen.

Solche Flügel können mit äußerst günstigem Verhältnis von Zuladung zu Leergewicht gebaut werden. Die Wirkungsgrade der Luftschraube werden gut, da die Luftschraubenbelastung gering gehalten werden kann. Die weitgehende Unterteilung des Triebwerks gewährleistet eine große Betriebssicherheit[3]).

Die Abb. 22 bis 24 sind zum Teil dem Vortrag von Dr.-Ing. E. Rumpler entnommen, den er im vergangenen Jahre vor der Wissenschaftlichen Gesellschaft für Luftfahrt über »Das Transozean-Flugzeug« gehalten hat.

Die Bilder zeigen, wie folgerichtig Rumpler die Lastenverteilung sich denkt und wie ihm auch vorschwebt, für die Bewegung seines Flugbootes auf See gleichmäßig verteilte Stützen zu gewinnen. Vom Standpunkt des Flugzeugbauers ist es sehr zu bedauern, daß die Flugzeuge nicht ständig in der Luft bleiben können, sondern in Berührung mit der Erde oder der See kommen müssen. Die Anbringung der Fahr- oder Schwimmwerke am Flügel erschweren die Aufgabe bedeutend. Die erste Rumplersche Lösung, mit sechs Schwimmern zu arbeiten, fand in Seemannkreisen Bedenken. Eine seetüchtige Anordnung von mehreren Schwimmkörpern unter dem Flügel wird als schwierig erachtet. Versuche müssen ergeben, ob über die Zahl von einem oder zwei Schwimmkörpern hinausgegangen werden darf.

Zwei technische Wege streben auseinander und sind zusammenzuführen: Die Flugzeugtechnik verlangt Gewichtsverteilung längs der Spannweite, die Schiffstechnik dagegen Vereinigung derselben in einem in der Mitte gelegenen Boot. Wie können diese Gegensätze ausgeglichen werden?

[1]) Engeneering Nr. 2618 vom 3. 3. 1916, S. 212, E. Everling. »Die Vergrößerung der Flugzeuge«, Technische Berichte der Flugzeugmeisterei, Band II, Verlag Rich. Karl Schmidt, Berlin.

[2]) A. Rohrbach, »Die Vergrößerung der Flugzeuge«, Berichte und Abhandlungen der Wissenschaftlichen Gesellschaft für Luftfahrt. Heft 10, S. 37 ff., Verlag R, Oldenbourg, München-Berlin.

[3]) E. Rumpler, »Das Transozean-Flugzeug«, Berichte und Abhandlungen der Wissenschaftlichen Gesellschaft für Luftfahrt, Heft 14, S. 37 ff., Verlag R, Oldenbourg, München-Berlin.

Ähnlichkeitsbetrachtungen über den Landestoß ergeben, daß der Landestoß auf den Schwimmkörper bei der Vergrößerung von Flugzeugen mit wachsender Flächenbelastung etwa gleichbleibt und nur vergrößert wird, wenn mit der Flächenbelastung über die Vorschläge von Rohrbach hinausgegangen wird.

Mit diesem Ähnlichkeitsgesetz für den Landestoß wurde untersucht, welche Lastenverteilung längs der Flügelspannweite sich verwirklichen läßt, wenn sich die Flügelmomente, einerseits hervorgerufen durch die Luftkräfte, andererseits durch den Landestoß, gleichartig auswirken.

Mit den in Abb. 25 eingetragenen Bezeichnungen:

G Flugzeuggesamtgewicht,
b Spannweite des Flügels,
a Breite des gleichmäßig über den Flügel verteilten Lastanteils G_D,
ϑ Anteil der gleichmäßig verteilten Last G_D am Flugzeuggesamtgewicht $G : G_D = \vartheta\, G$,
λ Verhältnis der Breite zur Spannweite: $\lambda = \dfrac{a}{b}$

wurde die Rechnung durchgeführt. Ihr Ergebnis ist als Kurve in Abb. 26 eingetragen.

Die Darstellung gilt qualitativ für ein Flugboot von rd. 5 t. Die Abszisse gibt die Flächenbelastung p (kg/m²) des Flügels, die Ordinate den Anteil G/G des Flügelgewichts am Gesamtgewicht an.

Die Abbildung zeigt, daß mit wachsender Flächenbelastung die erreichten Kleinstwerte des Flügelgewichts langsam sinken. Auf der eingezeichneten Kurve sind diejenigen Werte $\vartheta\lambda$ eingeschrieben, für welche die Kleinstwerte des Flügelgewichts erreicht werden. Geringere Flächenbelastungen, welche ja mit großer Spannweite verbunden sind, verlangen eine größere Verteilung der Lasten als größere Flächenbelastungen, welche mit Flügeln geringerer Spannweite auskommen.

Treibt man die Untersuchung weiter und nimmt das 5-t-Flugzeug als Einheit, so müssen wir, wie aus Abb. 27 hervorgeht, ein allmähliches Anwachsen des Anteils des Flügeltragwerks am Gesamtgewicht verzeichnen, auch wenn von den Hilfsmitteln der Lastenverteilung über die Flügelspannweite und der Flächenbelastungssteigerung nach Rohrbach Gebrauch gemacht wird, immer unter der Voraussetzung eines in der Flugzeugmitte gelegenen Schwimmkörpers. Dasselbe gilt für das übrige Flugwerk.

Mit der Flächenbelastungssteigerung sind größere Fluggeschwindigkeiten und damit schneller anwachsende Triebwerkleistungen verbunden, als eine einfache Flugzeugvergrößerung ergeben würde. Unter diesen Umständen wird der Anteil des Triebwerkgewichtes am Flugzeuggesamt-

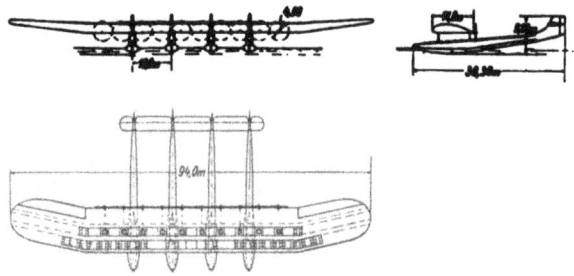

Abb. 22. Rumpler-Boot, Hauptansichten.

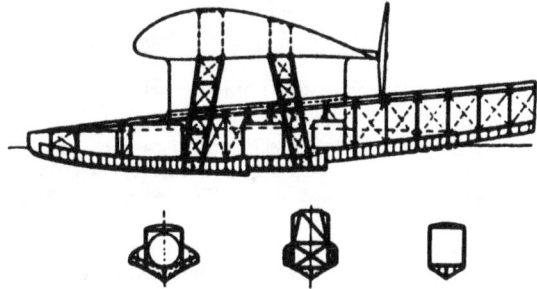

Abb. 23. Rumpler-Boot, Querschnitt durch Schwimmkörper (27).

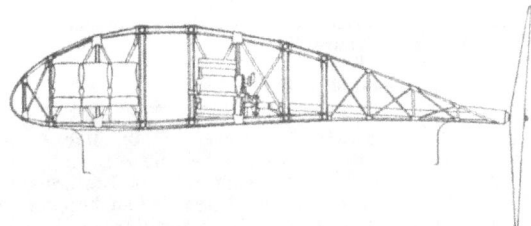

Abb. 24. Rumpler-Boot, Querschnitt durch Flügel.

gewicht ebenfalls anwachsen, es sei denn, daß es gelingt, für größere Motoren die Einheitsgewichte noch weiter herunterzusetzen, als es heute erwartet werden darf. Mit wachsendem Gewichtsanteil der Motoren wächst aber auch der Gewichtsanteil vorzusehender Betriebsstoffe. Der Gewichtsanteil für die Besatzung kann als abnehmend angesehen werden; trotzdem wird der verbleibende Rest für die freie Nutzlast mit der Flugzeugvergrößerung sinken.

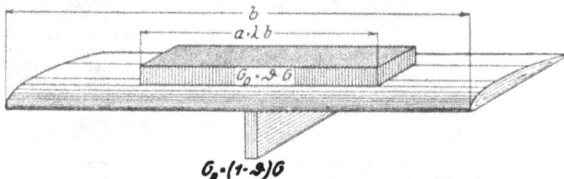

Abb. 25. Darstellung der Bezeichnungen.

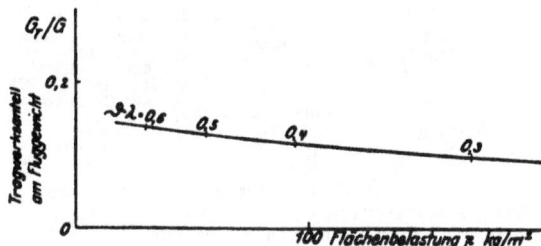

Abb. 26. Kleinstwert des Tragwerkgewichtsanteils bei verschiedener Flächenbelastung und günstigster Lastverteilung für ein Flugboot von rd. 5 t Fluggewicht.

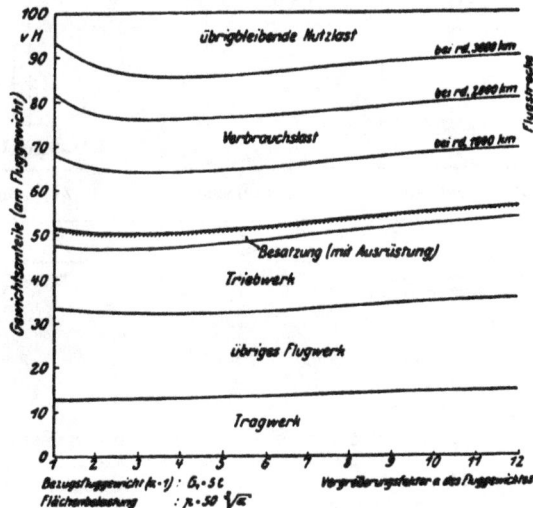

Abb. 27. Anteile am Flugzeuggesamtgewicht, abhängig von der Flugzeugvergrößerung.

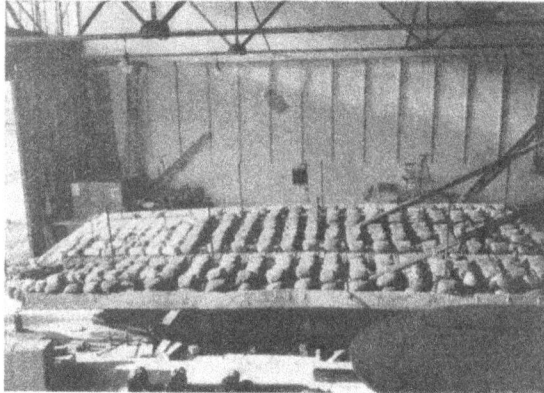

Abb. 28. DVL-Festigkeitsprüfung Dornier »Superwal«.

Sicher können heute diese Verhältnisse noch nicht vollauf überblickt werden, doch läßt sich voraussagen, daß sehr schwierige statische Aufgaben dem Flugbootbau der Zukunft bevorstehen.

Bei dem Flugzeugfestigkeitsnachweis wird jedes Flugzeugteil, wenn irgend möglich, einer Festigkeitsrechnung unterzogen. Die in die Rechnung eingeführten Annahmen werden ständig durch Festigkeitsversuche nachgeprüft. Ein Beispiel eines solchen, im großen durchgeführten Festigkeitsversuchs gibt die Abb. 28, welche die Festigkeitsprüfung des Flügels eines Dornier-Super-Wal darstellt.

Die Baugewichte eines Flugzeuges können nur dann gering gehalten werden, wenn die auftretenden Belastungen des Flugzeugkörpers bekannt sind. Leider ist dies noch nicht überall der Fall, insbesondere kennen wir noch nicht die Belastungen eines Flugbootes in Seegang. Wir müssen uns vorerst mit Annahmen helfen, welche auf Grund ausgewerteter Beobachtungen gewonnen sind.

Abb. 29 zeigt die Belastungsfälle, welche neuerdings von der Deutschen Versuchsanstalt für Luftfahrt für die Bewegungen der Flugzeuge auf See verlangt werden.

VII. Die Bedingungen des Triebwerks.

Das Triebwerk eines Flugbootes wird sich in vielen Beziehungen von demjenigen eines Landflugzeuges unterscheiden. Für letzteres besteht die Forderung guter Steigfähigkeit, um Landhindernisse oder Gebirgsketten überfliegen zu können. Bei Flugbooten braucht diese Bedingung nicht erfüllt zu sein, da Flughindernisse auf See verhältnismäßig niedrig sind und Flüge über Land oder gar Gebirge zu den Ausnahmefällen gehören sollen.

Der Motor eines Flugbootes braucht deshalb nicht für Höhenleistung gebaut zu sein; für ihn ist wichtig, daß er in Bodennähe sein Bestes hergibt. Eine Überlastbarkeit für kurze Zeit beim Start ist notwendig; auch darf er nicht bei längerem Rollen des Bootes, also bei langsamer Fahrt auf See, zu heiß werden oder verölen. Ein Flugbootmotor

Deutsche Versuchsanstalt für Luftfahrt E. V., Berlin-Adlershof	**Zu E und F: Belastungsannahmen für Schwimmwerke und Boote**

Bruchsicherheit: Das sichere Stoßvielfache e folgt aus den Anlagen 4a bzw. 4b.
Bruchsicherheit = Sicheres Stoßvielfaches mal Sicherheitszahl = $2e$.
Die sich aus den Lastannahmen ergebenden Bodendrücke sind auf nicht oder nur wenig gekielten Boden bezogen; für gekielte Boote ergeben sich entsprechend kleinere Werte.
Zur Berücksichtigung örtlicher Beanspruchungen sind die errechneten Bodendrücke bei Berechnung der Schwimmer- und Bootsböden um 50% zu erhöhen.
Liegen einwandfreie versuchsmäßige oder rechnerische Unterlagen vor, so können diese sinngemäß verwertet werden.

Belastungsfälle für Schwimmerflugzeuge

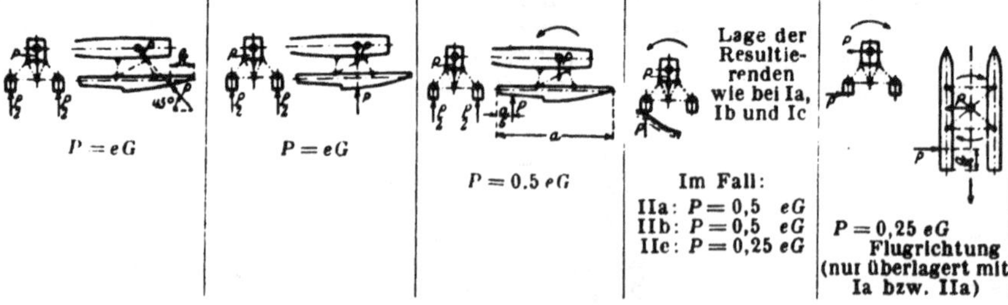

Ia. Buglandung	Ib. Stufenlandung	Ic. Hecklandung	IIa bis c. Einseitige Landung	IIIa. Seitenlandung — Bug	IIIb. Seitenlandung — Heck	IV. Überlagerungen
$P = eG$	$P = eG$	$P = 0.5\,eG$	Lage der Resultierenden wie bei Ia, Ib und Ic Im Fall: IIa: $P = 0,5\ eG$ IIb: $P = 0,5\ eG$ IIc: $P = 0,25\ eG$	$P = 0,25\ eG$ Flugrichtung (nur überlagert mit Ia bzw. IIa)	$P = 0,25\ eG$ (nur überlagert mit Ic bzw. IIc)	IIIa u. IIIb nur in Überlagerung mit I u. II. Überlagert werden: Ia u. IIIa m. 75% der Einzelkräfte; Ic u. IIIb m. 75% der Einzelkräfte; IIa u. IIIa m. 100% der Einzelkräfte; IIc u. IIIb m. 100% der Einzelkräfte.

Belastungsfälle für Flugboote

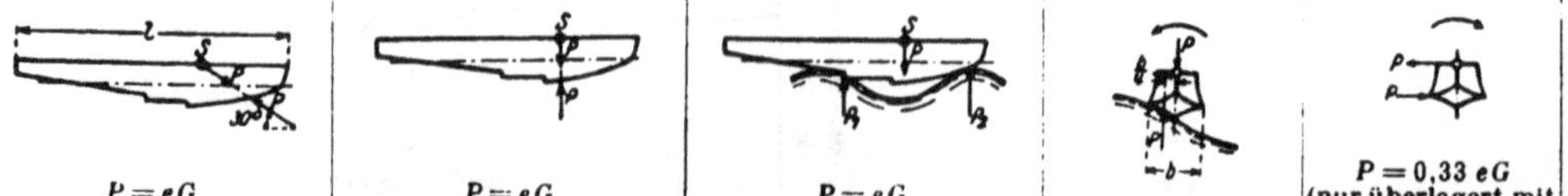

Ia. Buglandung	Ib. Stufenlandung	Ic. Zweiwellen-Landung	II. Einseitige Landung	III. Seitenlandung	IV. Überlagerungen
$P = eG$	$P = eG$	$P = eG$	$P = 0,5\,eG$	$P = 0,33\ eG$ (nur überlagert mit Ib bzw. II)	III nur in Überlagerung m. I u. II. Überlagert werden: Ib u. III m. 75% der Einzelkräfte; II u. III m. 100% der Einzelkräfte.

Zu II: Die mit b bezeichnete Breite des Schwimmkörpers umfaßt alle zur Schwimmfähigkeit bzw. Stabilisierung beitragenden Teile, wie z. B. am Boot befestigte Stützschwimmer, Schwimmflossen u. ä.
Zu II und III: Die Angriffslinie der Resultierenden P liegt in der lotrecht durch den Gesamtschwerpunkt gehenden Ebene.

Abb. 29. Belastungsfälle für Schwimmkörper.

wird aus diesen Gründen verhältnismäßig schwerer werden müssen als ein Motor für Landflugzeuge.

Die heute gängigen Motoren sind für unmittelbaren Antrieb der Luftschrauben zur vorzugsweisen Verwendung am Rumpfbug gebaut. Die Motoren der Flugboote werden in besonderen Motorenrümpfen untergebracht sein, die eine andere Stützung der Motoren verlangen (Beispiel Motorrumpf eines Rohrbach-Flugbootes, Abb. 30).

Die richtige Bemessung und Auswahl der Drehzahl der Luftschrauben ist für ein Flugboot von großer Bedeutung, da seines hohen Baugewichts wegen besonders auf beste Ausnutzung der verfügbaren Antriebleistung geachtet werden muß. Getriebe oder Vorgelege, die heute noch fehlen, werden ihren Weg im Flugbootbau finden.

Die Betriebssicherheit verlangt weitgehende Unterteilung der Motorenleistung. Der Ausfall eines Motors soll die Flugfähigkeit des Flugzeugs nicht derart schädigen, daß eine Landung notwendig wird. Voraussichtlich wird diese Sicherheit mit mindestens drei Motoren erzielt werden können. Die Antriebleistungsunterteilung hat sich auch auf die Luftschrauben zu erstrecken, da bei diesen auf erträgliche Schraubenkreisbelastung hingearbeitet werden muß. Auf die DVL-Arbeiten[1]) von Madelung sei hier verwiesen.

Das Ingangsetzen des Triebwerks bedarf bei Flugbooten besonderer Beachtung. Die heute für schwerere Motoren schon eingeführten Anlaßvorrichtungen werden weiter entwickelt werden müssen.

Die Unterbringung der für große Luftreisen erforderlichen Betriebsstoffe ist besonders schwierig. Die Betriebsstoffbehälter müssen so gelagert werden, daß sie zur Füllung, erforderlichen Wartung und, wenn nötig, Ausbesserung gut zugänglich sind. Kurze Rohrleitungen sollen zu den Motoren führen. Die Aufhängung der Behälter soll derart sein, daß sie im Flug und auf See gleich gut gelagert sind. Auf Brandsicherheit ist zu achten.

Wir sahen, daß die Reichweiten nicht zu den natürlichen Vorzügen eines Flugzeugs gehören. Die Technik wird bestrebt sein müssen, Auswege zu schaffen, um diese zu vergrößern.

Ist an eine Brennstoffübernahme im Flug zu denken?

Vom Flugzeug zum Flugzeug betrachtet, wird eine gegenseitige Fesselung sich leichter gestalten können, als ein gegenseitiges Festmachen von Schiffen im Seegang. Es ist deshalb durchaus denkbar, daß Tankflugzeuge Weitstreckenflugboote mit neuem Betriebsstoff versehen können. Eine offene Frage ist der Start und die Landung solcher Flugzeuge. Daß die Ozeanriesen ihre Decks hierfür zur Verfügung stellen werden, wage ich nicht zu hoffen. Eher wäre an das vom Tankschiff geschleuderte geflügelte Faß zu denken, das vom Flugzeug erhascht, geleert und vom Seefahrzeug wieder aufgenommen wird. Geeignete Sonderfahrzeuge müßten alsdann auf den Flugstraßen zu finden sein.

Das sind Zukunftsgedanken, die für das Flugzeug und seine Besatzung nichts Erschreckendes haben, wohl aber für einen im Dienst ergrauten Schiffskapitän.

VIII. Der heutige Stand der Entwicklung.

Überblicken wir die wichtigsten flugbootbautreibenden Länder, wie England, die Vereinigten Staaten, Italien, Japan und nicht zuletzt Deutschland, so gewinnen wir eine Vorstellung von dem heutigen Stand der Entwicklung. Im Ausland verleiht die Rüstung zur See stärksten Antrieb. Die eigentlichen Verkehrsflugboote sind dort Nutznießer manchen kostspieligen Versuchs der Marineverwaltung. Im Ausland begegnen wir häufig Doppeldeckern, wie dies ein beliebiges Beispiel der von den Super Marine Aviation Works Ltd., Southampton, gebaute »Swan«[2]) (bestimmt

[1]) Georg Madelung, »Beitrag zur Theorie der Treibschrauben«, S. 27.
[2]) Jane, All the World's Aircraft 1926, S. 81, b, Verlag Sampon Low Marston & Co., Ltd., London 1926.

Abb. 30. Motorrumpf eines Rohrbach-Flugbootes (Robbe I).

für zehn Reisende) darlegt. Die Abb. 31 zeigt dieses Flugzeug beim Start. Das etwas gekielte breite Boot ist gut erkennbar; die beiden Seitenstützschwimmer sind aus dem Wasser. Die Antriebsmotoren (zwei 450 PS Napier Lion) sind zwischen den Flügeln angeordnet.

In Deutschland stellen noch eine Reihe von Werken Seeflugzeuge her.

Die Ernst Heinkel-Flugzeugwerke G. m. b. H., Warnemünde, stehen dem Großflugbootbau noch fern,

Abb. 31. Super Marine »Swan« mit 2 × 450 PS Napier-Lion-Motoren.

doch im kleineren und mittleren Seeflugzeugbau haben sie sich rühmlich hervorgetan. An den Preisträger aus dem vorjährigen Seeflug-Wettbewerb, das Seeflugzeug HE 5, sei erinnert (Abb. 32)[1]).

Die Caspar-Werke A.-G., Travemünde-Priwall, treiben ebenfalls den Seeflugzeugbau; Großflugboote sind von diesem Werk noch nicht in Angriff genommen worden.

Deutschlands Metallflugzeugwerke dagegen haben sich ohne Ausnahme zum Großflugbootbau entschlossen. Die Junkers-Flugzeugwerke A.-G., Dessau, die Dornier-Metallbauten G. m. b. H., Friedrichshafen a. B. und die Rohrbach-Metallflugzeugbau G. m. b. H.,

[1]) F. Seewald, »Die Flugzeuge des deutschen Seeflug-Wettbewerbs 1926«, Zeitschrift für Flugtechnik und Motorluftschiffahrt 1926, S. 435, Verlag R. Oldenbourg, München und Berlin.

Abb. 32. Heinkel HE 5 mit 450 PS Napier-Lion-Motor.

Abb. 33.   Junkers A 35 W mit 310 PS Junkers L 5-Motor.

Abb. 34.   Junkers G 24 W mit 3 × 310 PS Junkers L 5-Motoren
beim Abflug.

Berlin arbeiten nach Baugrundsätzen, die gegenseitig abzuwägen, Gegenstand eines besonderen Vortrags sein müßten. Ich vermag ferner kein lückenloses Bild aller von diesen Werken gebauten Muster zu geben. Nur einige seien beschrieben.

Das Postflugzeug Junkers A 35 W mit 310 PS Junkers L 5-Motor (Abb. 33) unterscheidet sich vom Landflugzeug gleichen Musters nur durch die an Stelle des Fahrgestells gesetzten Schwimmer. Wie an der Heinkel HE 5 (Abb. 32), ist auch an diesem Flugzeug zu erkennen, wie sorgfältig die Schwimmkörper mit dem Rumpf verstrebt sein müssen. Die Schwimmer zeigen flache Gleitboden, abgesetzte Stufe und das für die Landung besonders wichtige scharfe Heck.

Das auf Schwimmer gesetzte Landflugzeug Junkers G 24 W mit dreimal 310 PS Junkers L 5-Motoren (Abb. 34) gibt ebenfalls ein Beispiel für die Wechselmöglichkeit zur Verwendung für Land und See. Die Abb. 34 gibt ein treffendes Bild der Strömungserscheinungen beim Start eines Zweischwimmerflugzeuges. Auf Einzelheiten der G 24 W einzugehen, erübrigt sich, da dieses Flugzeug an vielen Stellen[1]) ausführlich beschrieben worden und heute niemandem mehr fremd ist, der einen größeren Flughafen je aufgesucht hat.

Die Werft von Dornier in Friedrichshafen widmet sich seit über einem Jahrzehnt dem Flugbootbau. Die heutigen »Wale« dieses Werkes schließen sich einer Reihe Vorläufer verschiedener Bauformen und Größen an.

Der für zehn Reisende bestimmte, bis insgesamt 900 PS Motorenleistung angetriebene Dornier Wal ist seit vielen Jahren auf den Weltmeeren bekannt. An die Fernflüge der spanischen und italienischen Marineverwaltung sowie an den Polarflug von Amundsen sei erinnert. Bei den den Dornier Wal darstellenden Abb. 35 bis 37 ist besonders zu achten auf den glatten Gleitboden, die seitlichen Flossenstummel, welche bei Überschreiten der kritischen Geschwindigkeit aus dem Wasser gehoben werden, die halb freitragenden Flügel, die es erlauben, mit Flügelquerschnitten geringerer Bauhöhe als bei einem vollfreitragenden Flügel auszukommen, die beiden hintereinander liegenden, vom Boot aus zugängigen Motoren, die durch besondere Hilfsflügel ausgeglichenen Ruder, die auf das Bootsheck aufgesetzten Höhen- und Seitenleitwerke.

Die Besatzung nimmt ihren Aufenthalt hinter dem In-

sassenraum. Die Sicht ist noch genügend. Im Rumpfbug ist ein besonderer Schutzraum vorgesehen.

Der Dornier Super Wal ist eine Weiterentwicklung des Wal. Die Zahl der Reisenden in diesem Flugzeug ist fast verdoppelt, die Gesamtmotorenleistung ist auf rd. 1300 PS vergrößert. Dieses Flugboot kommt den Verkehrsansprüchen entgegen. Die Reisenden werden sich bequemer und besser untergebracht fühlen als im kleineren Wal. Die Räume der Besatzung sind erweitert. Die Zugängigkeit zu den wie beim Dornier Wal in Tandemweise angeordneten Motoren ist verbessert. Die Abb. 38 bis 41 veranschaulichen den Super Wal. Das geräumige Boot, der geschlossene Aufstieg zu den Motoren, die geschützte Unterbringung der Besatzung fallen auf. Der Schutzraum am Bug ist zur Aufnahme der vergrößerten seemännischen Ausrüstung geräumiger geworden. Die Abb. 41 zeigt die vielseitigen Bedienungsvorrichtungen des Führerstands.

Die Eigenart des Dornierschen Flügelbaues besteht in mehreren Fachwerkholmen, die mit größeren, das Flügelprofil bildenden, die Luftkräfte zunächst aufnehmenden Platten bedeckt sind (vgl. Abb. 28, S. 14).

Rohrbach setzt sich zum Ziel, seine Boote nur mit offenen Profilen und dadurch leicht zugänglichen Nietungen zu bauen. Seine Flügel werden von einem einzigen Kastenholm getragen, an dem vorn und hinten das Flügelprofil gestaltende Kästen angehängt sind. Die Leichtigkeit, diese Kästen abzunehmen und auszuwechseln, sichert eine zuverlässige Betriebsüberwachung. Abb. 42 zeigt diese Flügelholme bei der Rodra.

Der Abb. 43, Robbe I, ist das kennzeichnende der Rohrbach Bauweise zu entnehmen. Der Bug besitzt gleich Schiffen einen scharf ausgeprägten Steven. Das Innere ist durch Schotten mehrfach unterteilt. Die Motoren sind nebeneinander auf die Flügel gesetzt und vom Boot aus leicht zugängig. Die Wendigkeit der Boote ist durch diese Motorenanordnung vergrößert. Die seitlichen Stützschwimmer sind während der Ruhe im Wasser. Abb. 44 läßt den V-förmig gewölbten Boden, den ausgeprägten Kiel und die zahlreichen verstärkten Spanten der Robbe I erkennen.

Rohrbach hofft, mit seiner Bootsbauweise große Seetüchtigkeit zu erreichen. Die in Kürze zu erwartenden Vergleichsflüge zwischen Dornier Walen mit flachem Gleitboden ohne Kiel und Rohrbach-Booten mit V-förmig gewölbtem Boden werden der Fachwelt manchen wertvollen Fingerzeig geben.

---

[1]) Illustrierte Flugwoche 1925, S. 116 u. 347. Verlag Stein & Kroll, Leipzig.

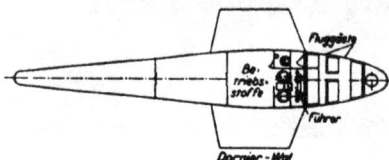

Abb. 35.   Dornier Wal, Raumeinteilung.

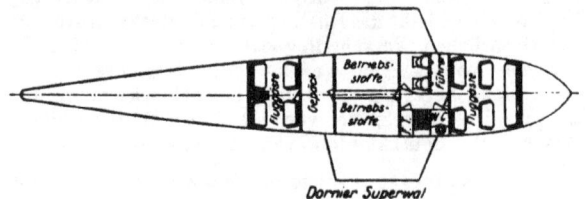

Abb. 38.   Dornier Superwal, Raumeinteilung.

Abb. 36. Dornier Wal, beim Start von rechts gesehen.

Abb. 37. Dornier Wal, beim Start von links gesehen.

Abb. 39. Dornier Superwal, in Ruhe von vorn gesehen.

Abb. 40. Dornier Superwal, beim Start von rechts gesehen.

Abb. 41. Dornier Superwal, Führerstand.

Abb. 42. Rohrbach Rodra im Bau.

Abb. 43. Rohrbach Robbe I, Ansicht.

Abb. 44. Rohrbach Robbe I, Boot im Bau.

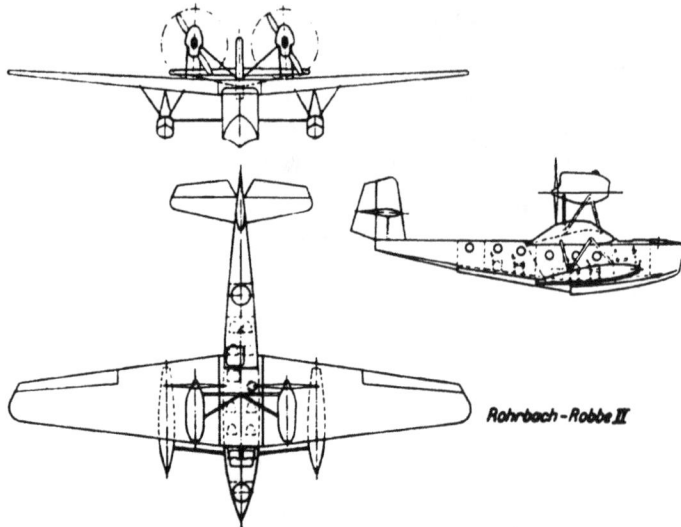

Abb. 45. Rohrbach Robbe II, Übersichtszeichnung.

Die Robbe II (Abb. 45) folgt der Robbe I. Die Sitze sind vermehrt, die Motorenleistung vergrößert.

Abb. 46 zeigt Einzelheiten der Rocco, für dreizehn Sitze einschließlich Besatzung bestimmt: das Rollgestell zur Bewegung des Flugboots auf Land, der seitliche Steuerbordstützschwimmer, die scharf ausgeprägte V-Stufe. Der Kühler befindet sich unter dem Flügel; die Betriebsstoffe sind in den Nasen- und Endkästen untergebracht. Die Vergrößerung des Flugbootes ermöglichte, besonders auf die sichere Unterbringung der Insassen zu achten und Schutzraum, Gepäckräume und die Räume für die Besatzung zweckmäßiger anzuordnen (Abb. 47, S. 20). Bei der startenden Rocco (Abb. 48) liegt das Boot auf der Stufe.

Die Abb. 49 zeigt die Ansichtszeichnungen der mit drei Motoren ausgerüsteten Romar, die in einiger Zeit zum Fluge kommen wird. Die Romar kann als eine weitere Vergrößerung der Rocco gelten.

In der Zahlentafel 4 sind die oben erwähnten Flugzeuge gruppenweise zusammengestellt. Eine Überprüfung ergibt, daß zwischen gleichgroßen Flugbooten die Verhältniszahlen nahezu dieselben sind.

Nach der Zahlentafel kann das in Abschnitt IV als für Weitstreckenflüge wichtig bezeichnete Verhältnis Abfluggewicht zu Endgewicht für überbelastete Boote etwa mit $G_1/G_2 = 1,8$ errechnet werden. Damit könnte eine Flugstrecke von rd. 5000 km zurückgelegt werden. Diese Zahl macht die ungleich schwierigere Aufgabe der Streckenüberwindung bei Flugbooten deutlich.

IX. Schluß.

Die Schiffahrts-Gesellschaften und Luftverkehrsunternehmungen, diesen voran die Deutsche Luft Hansa A.-G., Berlin, nehmen allergrößten Anteil an dem Bau großer mehrmotoriger Seeverkehrsflugzeuge. Es ist bekannt, daß sehr eingehend die an solche Flugzeuge zu stellenden Forderungen erwogen werden.

Mein Vortrag galt dem Kreis der Freunde und Förderer der Hamburgischen Schiffbau-Versuchsanstalt E. V. Es ist deshalb angebracht, zuletzt auf die enge Verbindung dieser Anstalt mit dem Großflugbootbau hinzuweisen.

Der Flugbootbau wird bei Neubauten oftmals Änderungen bewährter Bootsformen vornehmen müssen. Wissenschaftliche Erkenntnis und Erfahrungen sind noch nicht derart umfassend, daß der Erbauer davor geschützt wäre, Fehlgriffe zu tun. Der Modellversuch steht ihm zur Seite und versetzt ihn in die Lage, richtige Wege zu gehen, vorausgesetzt, daß ihm die anzuwendenden Ähnlichkeitsbetrachtungen bekannt sind.

Zahlentafel 4. Zusammen-

Flugzeug				Triebwerk		Gesamtzahl der Sitze (Sitze für Besatzung)	Spannweite m	Gesamtlänge m	Gesamthöhe m	Flügelfläche m²	Reingewicht kg	Zuladung kg	Fluggewicht kg	Zuladung Reingewicht —	Zulad. in vH des Fluggew. vH
	Bezeichnung und Baumuster	Bauform und Bauart	Zahl der Motoren	Gesamt-leistung PS	Bauart										
Dornier	»Wal«	HD, halb-freitrgd.	a) 2 b) 2	720 900	360 PS-R.R. »Eagle IX« 450 PS-Napier »Lion«	13(3)	22,5	17,45	4,3 4,6	97,0	a)3500 b)3700	2100 3450	5 600 7 150	0,60 0,93	37,5 48,2
	»Super-wal«	»	2	1300	650 PS-R.R.-»Condor III«	24(3)	28,5	24,6	5,2	143,0	a)6200 b)6550	3500 5250	9 700 11 800	0,565 0,80	36,1 44,5
Junkers	W.33.W	TD freitrgd.	1	310	310 PS-Junk. L 5	2(2)	17,75	10,9	3,67	43,0	1420	680	2 100	0,48	32,5
	W.34.W	»	1	425	425 PS-Gnôme-Rhône »Jupiter 9 HB«	2(2)	17,75	10,9	3,67	43,0	1500	600	2 100	0,40	28,6
	G.24.W	»	3	840/930	280/310 PS-Junk. L 5	12(3)	29,9	16,1	5,8	97,8	4794	1706	6 500	0,355	26,2
Rohrbach	Ro. VII-»Robbe I«	HD, halb-freitrgd.	2	480	240 PS-BMW IV	6(2)	17,4	13,2	5,5	40,0	2050	1360	3 410	0,66	40,0
	» II	»	2	700	350 PS-BMW V	11(2)	21,5	15,2	5,9	55,0	2970	2030	5 000	0,68	40,6
			2	1200/1400	600/700 PS-BMW VIa	11(2)	21,5	15,2	5,9	55,0	3600	a)2600 b)2080	6 200 5 680	0,72 0,68	42,0 37,0
	» IIIa »Rodra«	HD, frei-tragend	2	900	450 PS-Lorraine-Dietrich	3(3)	27,55	17,2	6,0	73,4	3900	2350	6 250	0,60	37,5
	»Rocco«	»	2	1300	650 PS-R. R.-»Condor III«	13(3)	26,0	19,3	6,65	94,0	5990	a)3610 b)4510	9 600 10 500	0,60 0,75	37,6 47,0
Savoia-S. 55		HD.,freitrgd. Doppelrmpf.	2	600	300 PS-Fiat	—(2)	24,6	16,0	—	93,0	2720	1740	4 460	0,64	39,0
Supermarine »South-ampton«		DD., 2stielig verspannt	2	940	470 PS-Napier »Lion V«	—(5)	22,8	14,8	5,7	133,0	4000	2400	6 400	0,60	37,5

Abb. 46. Rohrbach Rocco auf Bergungsweg.

Abb. 48. Rohrbach Rocco beim Start.

Der Wellenwiderstand wird nach der Froudeschen Modellregel, der Reibungswiderstand nach dem Reynoldsschen Ähnlichkeitsgesetz erfaßt. Wie bei Modellversuchen mit Schiffen wird es darauf ankommen, den Gültigkeitsbereich beider Gesetze klar zu trennen und für jeden Modellversuch anzugeben. Wenn auch die Übertragungsschwierigkeiten der Modellversuche heute noch manchen Vorgang ungeklärt lassen, so gibt es doch eine Reihe von Einzelfragen, die an Modellen gleicher Größe, aber verschiedener Form, aufgedeckt werden können, so zum Beispiel:

Gleitbodengröße: Bei zu kleinem Gleitboden oder zu weit nach vorn gesetzter Stufe kommt das Boot überhaupt nicht auf Stufe. Der konstruktiv größtmögliche Gleitboden ist nicht der beste. Zu wirksamer Gleitboden hebt das Flugboot vorzeitig vom Wasser; da die Luftkräfte nicht voll tragen, fällt das Boot zurück. Durch Modellversuch kann die Wirksamkeit des Gleitbodens der gewünschten Abfluggeschwindigkeit angepaßt werden.

Längsstabilität: Das sich vom Wasser trennende Flugboot muß eine gewisse Bewegungsmöglichkeit um die Querachse besitzen; diese wird mit einer Stufe erreicht. Bei Beginn des Anrollens dürfen aber keine störenden Schwingungen um die Querachse auftreten, wie sie bei nur einer Stützlinie vorkommen können. Zur Hauptstufe wird deshalb vielfach eine zweite, eine Stützstufe, angeordnet. Diese muß aber so bemessen sein, daß sie beim Abflug das Loskommen vom Wasser nicht stört. Der Modellversuch kann hier Wege weisen.

Trimmlage: Bis in die Nähe der kritischen Geschwindigkeit stimmen die Trimmwinkel des freitrimmenden Modells und des Flugzeugs überein. Erst bei höheren Geschwindigkeiten vermag der Führer durch Luftkraftmomente die Trimmlage und dadurch gleichzeitig den Wasserwiderstand zu beeinflussen. Die Kenntnis der Wassermomente ist bisher zu wenig gefördert. Haben doch kleine Wassermomentenänderungen recht große Wasserwiderstandsänderungen zur Folge (Abb. 15, S. 10). Durch geeignete konstruk-

stellung von Flugbooten.

Flächenbelastung	Leistungsbelastung	Flächenleistung	Höchstgeschwindigkeit	Reisegeschwindigkeit	Gipfelhöhe	Flugbereich (Flugstrecke oder Flugzeit)	Schnellflugzahl	Wettflugzahl	Hochflugzahl	Bemerkungen
kg/m²	kg/PS	PS/m²	km/h	km/h	km	—	$\frac{\eta}{c_w}$	$\eta\cdot\frac{c_a}{c_w}$	$\eta\cdot\frac{c_a^2}{c_w^2}$	
57,8	7,78	7,4	180,0	—	—	—	14,0	5,3	—	a) gemessen
73,8	7,94	9,3	198,0	—	2,7	1700 km	14,1	5,9	6,1	b) mit Überlast (Werkangab.)
67,8	7,45	9,1	180,0	—	—	—	11,3	5,0	—	a) gemessen
82,5	9,1	9,1	192,0	—	2,3	1430 km	13,7	6,3	6,8	b) mit Überlast (Werkangab.)
49,0	7,1	7,2	185,0	145,0	4,8	—	15,7	4,7	6,0	
49,0	5,0	9,9	203,0	165,0	6,8	—	14,5	3,8	6,8	gemessen / auf Schwimmer gesetzte Landflugzeuge
66,0	7,3	8,6/9,5	190,0	156,0	4,55	—	14,3	5,2	7,5	
85,0	7,1	12,0	210,0	180,0	4,5	1200 km	14,4	5,7	8,3	gemessen
91,0	7,15	12,7	210,0	—	3,5	5 h	13,5	5,7	7,0	(Werkangaben)
113,0	5,2/4,4	21,8/25,5	—	—	—	—	—	—	—	im Bau a) m. Überlast f. Fracht
103,0	4,7/4,1	21,8/25,5	224,0	200,0	5,9	6 h	9,0	3,9	7,9	b) normal f. Personen
85,0	6,95	12,2	180,0	—	3,0	5 h	8,7	4,6	6,1	(Werkangaben)
102,0	7,38	13,8	220,0	168,0	3,15	1300 km	13,7	6,0	7,4	a) gemessen
—			—	—	—	—	—	—	—	b) mit Überlast (Werkangab.)
48,0	7,43	6,46	178,0	—	—	5 h	16,0	5,0	—	(Werkangaben)
48,1	6,9	7,1	174,0	—	4,3	5 h	13,2	4,5	6,0	(Werkangaben)

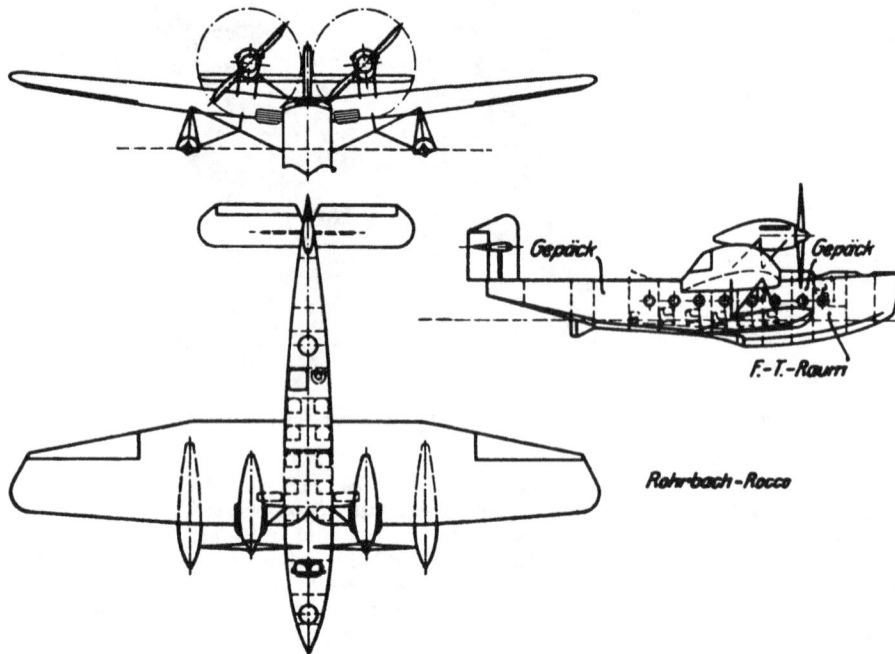

Abb. 47. Rohrbach Rocco, Übersichtszeichnung.

Gieren: Großflugboote müssen wahrscheinlich mit mehreren Schwimmkörpern ausgerüstet sein, wie ich dies bei der Besprechung des Rumplerschen Großflugbootes dargelegt habe. Solche Boote werden infolge ungleichen Widerstands den Schwimmkörperdrehmomenten um die Hochachse ausgesetzt sein und gieren. Der Modellversuch wird zu klären haben, wie Form und Lage der Boote die Neigung zum Gieren mindern.

Landestoß: Bei der Besprechung der statischen Bedingungen des Großflugboots wurde ausgeführt, wie wichtig die Kenntnis des Landestoßes ist, und wie bedeutsam die Bestrebungen, diesen zu verringern. Auch hier muß der Modellversuch Unterlagen erbringen, die in der statischen Rechnung benutzt werden können.

tive Maßnahmen muß für guten Momentenausgleich zwischen Boot und Flügel gesorgt werden, damit das Höhenleitwerksmoment klein gehalten werden kann. Der kleinste Wasserwiderstand eines Flugbootes kann nur dann vollauf ausgenutzt werden, wenn das freitrimmende Flugboot, d. h. ohne Höhenruderbetätigung, sich selbsttätig auf den zugehörigen Trimmwinkel einstellt.

Der Modellversuch wird hier zur Richtlinie für das Zusammenwirken von Boot und Flügel führen.

Überlastungsfähigkeit: Wie bei jedem Fahrzeug ist auch beim Flugboot eine gewisse Überlastungsfähigkeit zu wünschen. Untersuchungen, deren Grenze und Maßnahmen zu finden, durch welche eine Überlastungsfähigkeit erwartet werden darf, können am Modell ausgeführt werden.

Eintauchen der Schwimmkörper: Werden bei Flugbooten die Schwimmkörper weitgehend unterteilt, so ist damit zu rechnen, daß im Seegang zeitweise einzelne derselben überflutet werden. Der Wasserwiderstand und die Wassermomente anläßlich solcher überfluteter Boote müssen bekannt sein, bevor der Erbauer eines Flugboots an die Verwendung solcher Schwimmkörper denken kann.

Versuche in unruhigem Wasser: Modellversuche von Flugbooten wurden bisher bei glatter Wasseroberfläche durchgeführt. Diese wird in Wirklichkeit selten angetroffen werden. Im allgemeinen wird dies unbedenklich sein, geben doch auch Modellversuche an Flugzeugtragflügeln in ruhigem Luftstrom ebenfalls sehr brauchbare Unterlagen. Daß die Hamburgische Schiffbau-Versuchsanstalt E. V. demnächst ein Wellenerzeugungsgerät zur Verfügung stellen wird, kann für erweiterte Versuchsreihen nur begrüßt werden.

Treiben: Vor Treibanker liegende, aber mit dem Wind treibende Flugboote können bei ungünstigen Verhältnissen zu ansehnlichen Geschwindigkeiten kommen. Untersuchungen über das Verhalten der Schwimmkörper bei rückwärtiger Fahrt müssen die bedeutungsvolleren Versuche in Fahrt voraus ergänzen.

Bei meinen Ausführungen habe ich verschiedene in Entstehung befindliche Arbeiten der Deutschen Versuchsanstalt für Luftfahrt benutzt. Ich schulde hierfür meinen Mitarbeitern in der DVL, insbesondere den Herren Dr. Blenk, Dipl.-Ing. Ebner, Dr.-Ing. Schröder meinen Dank.

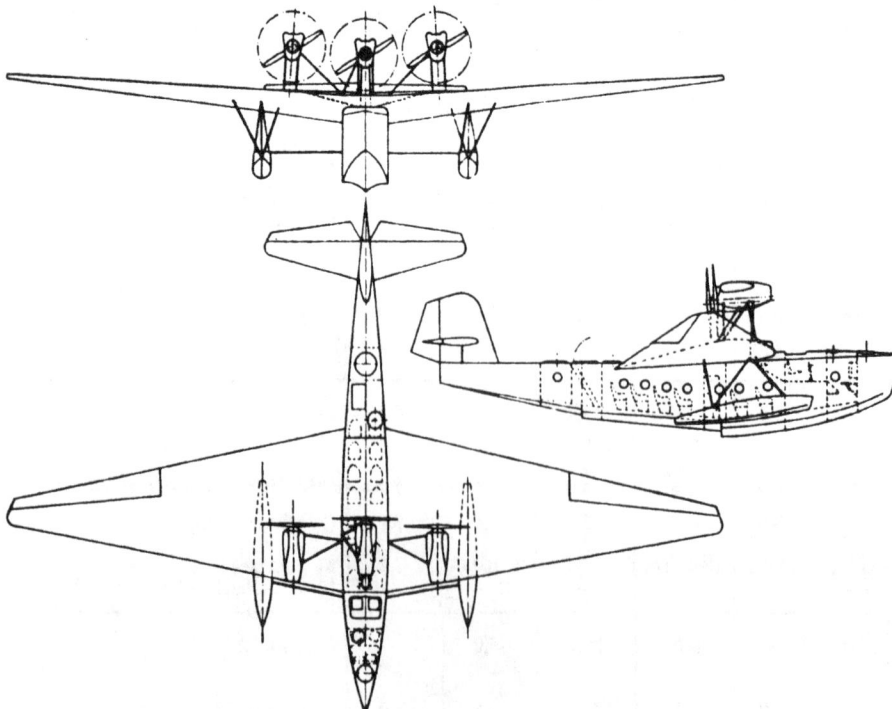

Abb. 49. Rohrbach Romar, Übersichtszeichnung.

Ergebnisse und Erfahrungen aus dem Sachsenflug 1927.

Von Hermann Blenk.

Einleitung.

Ebenso wie die Flugwettbewerbe der letzten Jahre war auch der Sachsenflug 1927 teils technischer, teils sportlicher Natur. Die Einteilung in die Technische Leistungsprüfung und den Streckenflug zeigt die beiden Seiten des Wettbewerbs ganz deutlich. Die Absicht der Veranstalterin, der Sachsengruppe des DLV, war dabei, durch die Ausschreibung die Entwicklung leistungsfähiger und betriebstüchtiger Leichtflugzeuge zu fördern. Daß diese Absicht tatsächlich in einer Richtung wenigstens durch den Wettbewerb erreicht worden ist, wird jeder einsichtige Beurteiler zugeben müssen. Auf die Wertungsformel, der man diese Förderung zu verdanken hat, bezogen sich seinerzeit heftige, zum Teil sehr gehässige und unsachliche Angriffe der Tagespresse gegen die Veranstalterin und die DVL, die den technischen Teil der Ausschreibung bearbeitet hatte. Die darin enthaltenen Vorwürfe sind zum größten Teile unberechtigt und müssen zurückgewiesen werden. Die technische Seite dieser Angelegenheit wird in Abschnitt III dieses Aufsatzes näher behandelt werden. Zunächst sollen der Verlauf und die Ergebnisse des Wettbewerbs dargestellt werden.

I. Der Verlauf des Sachsenfluges.

Von den 28 zum Wettbewerb gemeldeten Flugzeugen erschienen nur 20 rechtzeitig auf dem Flugplatz Leipzig-Mockau. Von diesen konnten wiederum 6 die erforderliche amtliche Zulassung nicht beibringen und mußten deshalb ausscheiden. Es blieben also nur 14, d. h. 50% der gemeldeten Flugzeuge im Wettbewerb (s. Zahlentafel 1). Das Verhältnis der Anzahl der wirklich teilnehmenden Flugzeuge zur Anzahl der gemeldeten Flugzeuge ist hier recht gering. Dabei ist zu beachten, daß ausschreibungsgemäß noch 2 Flugzeuge hätten ausscheiden müssen, die aber mit Einverständnis aller Bewerber im Wettbewerb bleiben konnten. Zum Vergleich diene Zahlentafel 1, die eine Übersicht über die Beteiligung an den Wettbewerben der letzten Jahre gibt.

Zahlentafel 1. Anzahl der gemeldeten und der tatsächlich am Wettbewerb beteiligten Flugzeuge.

Wettbewerb	Anzahl der gemeldeten Flugzeuge	Tatsächl. Beteiligung am Wettbewerb	
		Anzahl	in vH der gemeldet. Flugzeuge
Deutscher Rundflug 1925	91	54	59,4
Otto-Lilienthal-Wettbewerb 1925	18	10	55,6
„ (außer Konkurrenz)	6	1	16,7
Sachsenflug 1925	33	19	57,6
Süddeutschlandflug 1926	31	21	67,8
Seeflug-Wettbewerb 1926	18	12	66,7
Sachsenflug 1927	28	14	50,0

Das gute Verhältnis der teilnehmenden zu den gemeldeten Flugzeugen liegt beim Süddeutschlandflug offenbar daran, daß die Ausschreibung erst kurz vor Beginn des Wettbewerbs erschien und daher nur vorhandene Flugzeuge für die Teilnahme in Frage kamen. Beim Seeflug-Wettbewerb mag der Grund darin liegen, daß es sich um größere Flugzeuge als sonst handelte, deren Entwurf und Bau verhältnismäßig viel Geld erfordert und infolgedessen mit größerem Nachdruck betrieben wird.

Vom 31. August bis 3. September 1927 fand die Technische Leistungsprüfung auf dem Flugplatz Leipzig-Mockau statt. Am 4. September folgte dann der Streckenflug durch Sachsen. Während des ganzen Wettbewerbs herrschte sehr gutes Wetter, sodaß die Durchführung keinerlei Schwierigkeiten machte.

Die in der Ausschreibung gestellten Mindestforderungen wurden von allen Flugzeugen erfüllt:

1. Die Startlänge durfte 200 m nicht überschreiten;

2. die Flugzeuge mußten durch den Führer und höchstens 3 Hilfskräfte innerhalb $1^1/_4$ Stunden verladefertig und wieder flugfertig gemacht werden können; vor und nach dieser Prüfung mußte ein Flug die Flugfähigkeit des Flugzeugs erweisen;

3. der Motor mußte nach dem Durchdrehen der Luftschraube vom Führersitz aus angeworfen werden können. Die Brauchbarkeit dieser Vorrichtung mußte bei mindestens 3 Flügen des Wettbewerbs nachgewiesen werden.

Für die Wertung der Technischen Leistungsprüfung wurden das Leergewicht, die Zuladung nach dem Gipfelflug, die Gipfelhöhe und die Höchstgeschwindigkeit ermittelt. Aus den Festigkeitsrechnungen der Flugzeuge war vor dem Wettbewerb schon das Lastvielfache (genauer: das Lastvielfache im A-Fall, dem Fall des Abfangens) bestimmt worden. Sie wurde nun dem Wettbewerbsfluggewicht entsprechend gemindert.

Nunmehr wurde aus Leergewicht, Zuladung, Bausicherheit und Gipfelhöhe die Sollgeschwindigkeit des Flugzeugs nach der Wertungsformel errechnet. Der Rechnungsgang sei kurz beschrieben[1]): Leergewicht und Zuladung sind gemessen. Ihre Summe liefert das Fluggewicht. Aus dem Fluggewicht wird das Flugwerkleergewicht (Leergewicht ohne Motor) als fester Bruchteil berechnet. Dieser Bruchteil ist dabei als von der Bausicherheit eindeutig abhängig angenommen. Nunmehr liefert die Differenz: Leergewicht minus Flugwerkleergewicht das Gewicht des Triebwerks und mit einer entsprechenden Annahme die Leistung des Triebwerks. Unter Annahme einer normalen Flugzeugpolare für alle Flugzeuge wird nun aus Fluggewicht, Motorleistung und gemessener Gipfelhöhe die Flügelfläche ausgerechnet. Mit dieser Flügelfläche und den übrigen Werten ergibt sich dann die Soll-Höchstgeschwindigkeit des Flugzeugs, die man bei normalen Verhältnissen und für die gemessenen Werte: Leergewicht, Zuladung, Bausicherheit und Gipfelhöhe von ihm erwarten kann.

---

[1]) Vgl. B l e n k , Zur Ausschreibung für den Sachsenflug 1927, 73. DVL-Bericht, ZFM 1927, S. 134 und DVL-Jahrbuch 1927, S. 98.

Diese Überlegung, die der Wertungsformel zugrunde lag, zeigt sogleich, daß die gerechnete Motorleistung gleich Null werden oder sogar negativ ausfallen kann, und daß dann die Sollgeschwindigkeit ebenfalls Null oder negativ wird. Es liegt nur an der Auswahl der zahlenmäßigen Angaben für das der obigen Überlegung zugrunde liegende Normalflugzeug, ob dieser Fall praktisch eintreten kann oder nicht. Bei der Abfassung der Ausschreibung zum Sachsenflug glaubte man, mit den Annahmen weit genug gegangen zu sein, um diesen Fall praktisch auszuschließen. Trotzdem trat der Fall im Sachsenflug ein, als die beiden Messerschmitt-Flugzeuge M 19 sowohl die Mindestforderungen der amtlichen Musterprüfung als auch die Mindestforderung des Sachsenfluges erfüllten. Bei einem Fluggewicht von rd. 340 kg und einem Lastvielfachen im A-Fall = 10 wurde nach der Überlegung, die der Wertungsformel zugrunde lag, das Flugwerkleergewicht zu 119 kg berechnet. Das gemessene Leergewicht einschließlich Triebwerk betrug aber rund 140 kg. Damit wurde das gerechnete Triebwerkgewicht = 21 kg, die Motorleistung also nach Gl. (1) (s. Abschnitt III) negativ und auch die gerechnete Vergleichsgeschwindigkeit kleiner als Null.

So war ein Fortschritt erzielt, den niemand vorher erwartet hätte. Dieser Fortschritt wurde dem Sachsenflug aber beinahe zum Verhängnis. Da negative Sollgeschwindigkeiten durchaus keinen Sinn haben, mußten diese Werte wenigstens auf »Null« reduziert werden. Die Wertungszahl (im wesentlichen das Verhältnis der gemessenen Höchstgeschwindigkeit zur berechneten Sollgeschwindigkeit) wurde demnach für beide Flugzeuge »Unendlich«. Der ganze Preis mußte diesen beiden Flugzeugen allein zufallen. Sobald diese Sachlage bekannt wurde, hätten die übrigen Bewerber auf eine weitere Teilnahme am Wettbewerb verzichtet, wenn nicht noch schnell neue Preise für sie ausgesetzt worden wären. Nur dadurch konnte der Zusammenbruch des Sachsenflugs verhindert werden[1]).

Nach Abschluß der Technischen Leistungsprüfung fand dann am Sonntag, den 4. Sept., der Streckenflug durch Sachsen statt. Er nahm in Leipzig seinen Anfang und führte über 5 Zwangslandungen in Großenhain, Bautzen, Dresden, Chemnitz und Plauen und 12 Wendemarken wieder zurück nach Leipzig. Die Länge der Gesamtstrecke beträgt 456,6 km. Von den 14 Flugzeugen, die am Morgen in Leipzig starteten, kehrten nur 11 im Laufe des Tages nach Leipzig zurück. Während man allgemein den »Sausewind« mit Führer Petersen (Nr. 24) als ersten zurückerwartete, traf Hesselbach auf seinem Bahnbedarf-Flugzeug als erster am Ziel ein. Der »Sausewind« ließ noch einige Zeit auf sich warten.

v. Conta auf Messerschmitt M 19 (Nr. 3) mußte bei Bautzen notlanden und machte dabei restlosen Bruch. Nehring auf GMG I (Nr. 14) verlor die Orientierung und mußte bei Roßwein notlanden. Beim Start in ungünstigem Gelände gab es dann ebenfalls Bruch, so daß ein Weiterflug nicht möglich war. Schließlich mußte noch Rothe auf Mark R III a (Nr. 26) wegen Motorstörung notlanden und kam nicht mehr weiter.

Besondere Erwähnung verdient eine gute sportliche Leistung: Spengler mußte mit seinem Daimler L 20-Flugzeug (Nr. 22) bei Greiz notlanden und montierte das Flugzeug ab, da er die rechtzeitige Herbeischaffung der Ersatzteile für unmöglich hielt. Es gelang aber doch, die notwendigen Teile zu beschaffen. Das Flugzeug wurde schnell wieder zusammengebaut und der Weiterflug nach Leipzig angetreten. Die Landung in Leipzig erfolgte dann glatt bei völliger Dunkelheit gegen 9 Uhr abends. Spengler erhielt für diese sportliche Leistung die »Große Adlerplakette« des Reichsausschusses für Leibesübungen.

[1]) Es ist sehr interessant, den Verlauf des vorjährigen »Kings Cup Race« in England zum Vergleich heranzuziehen (s. Flight vom 4. August 1927, S. 537). Dort gab das Versagen der Formel Veranlassung, daß 7 Bewerber nicht starteten. H. A. Mettam kommt in einem Aufsatz »Handicapping in the Kings Cup Race« (Flight vom 22. Sept. 1927, S. 668 d) zu der Schlußfolgerung: Handicap nicht nach Formel, sondern auf Grund gemessener Geschwindigkeiten!

II. Die Ergebnisse des Wettbewerbs.

Die Ergebnisse der Technischen Leistungsprüfung sind in Zahlentafel 2 zusammengestellt.

Die hervorragenden Gewichtsverhältnisse der beiden Flugzeuge Messerschmitt M 19 (Zuladung = 141 vH des Leergewichts) sind bereits erwähnt worden. Die Flugleistungen von Nr. 18 (Führer Hempel) sind sehr beachtenswert. Hempel erreicht mit seinem Daimler L 20-Flugzeug eine Höchstgeschwindigkeit von 114,8 km/h und eine Gipfelhöhe von 3800 m (bei einem Fluggewicht von 435 kg). Die Flugleistungen des Bäumerschen Sausewinds blieben hinter den bekannten Höchstleistungen dieses Flugzeugs zurück.

Bei der Ab- und Aufbauprüfung erreichte Flugzeug Nr. 4 (Führer Th. Croneiß) die geringste Zeit. In nur 7 min wurde das Flugzeug abgebaut, in einen Waggon verladen und wieder aufgebaut. Die Zeit rechnete dabei von der Landung vorher bis zum Start hinterher. Als gut ist auch die Zeit von Nr. 28 (Führer Gröbedinkel) mit 50 min zu bezeichnen, da es sich hier im Gegensatz zu allen anderen Flugzeugen um einen Doppeldecker handelt.

Die geringen Gipfelhöhen der beiden Messerschmitt-Flugzeuge haben keine technische Bedeutung, da beide Flugzeuge ihren Gipfelflug absichtlich vorzeitig abgebrochen haben. Als Gipfelhöhe mußte natürlich die höchste erreichte Höhe des Wettbewerbs gelten. Über die Gründe, die beide Flugzeuge zu diesem Vorgehen veranlaßten, wird im folgenden Abschnitt noch zu sprechen sein.

Den Flugzeugen Nr. 14, 16 und 27 wurde die Höchstgeschwindigkeit 0 zugeschrieben. Flugzeug Nr. 14 (Nehring) mußte beim Geschwindigkeitsflug unterwegs notlanden und kehrte auf geradem Wege wieder zum Flugplatz Leipzig-Mockau zurück, ohne das Viereck abgeflogen zu haben. Die Flugzeuge Nr. 16 und 27 versäumten den Start zum Geschwindigkeitsflug. Da dieser nur einmal freigegeben wurde, hätten sie ausschreibungsgemäß aus dem Wettbewerb ausscheiden müssen. Die Veranstalterin und sämtliche anderen Teilnehmer erklärten sich aber mit ihrer weiteren Teilnahme am Wettbewerb einverstanden. Alle 3 Flugzeuge fallen durch diesen Ansatz (Höchstgeschwindigkeit = 0) in der Wertung so weit zurück, daß sie den Vorsprung der anderen auch durch zum Teil sehr gute Leistungen im Streckenflug nicht wieder einholen können.

Über die Art der Messungen in der Technischen Leistungsprüfung ist nur wenig zu sagen. Die Gewichte wurden auf Dezimalwagen festgestellt. Vor jedem Fluge mußten die Flugzeuge gewogen werden, da alle Flüge mit dem gleichen Fluggewicht geflogen werden mußten. Ferner mußte nach dem Gipfelflug gewogen werden, weil als Zuladung die Differenz: Fluggewicht nach dem Gipfelflug minus Leergewicht gewertet wurde. Sonst wurden nur Stichproben nach den Flügen vorgenommen, um gegebenenfalls unerlaubte Veränderungen des Fluggewichts feststellen zu können. Die Höchstgeschwindigkeit wurde auf einem Vierecksflug von rd. 70 km Umfang ermittelt, wobei die Umrundungszeiten an den Eckpunkten des Vierecks von unten abgestoppt wurden. Ein solcher Flug ermöglicht die Ausschaltung des Windeinflusses. Dabei hat sich gezeigt, daß das Viereck zur Ermittlung der wahren Höchstgeschwindigkeit zu groß war. Die Auswertung ließ deutlich erkennen, daß einzelne Flugzeuge auf Teilstrecken offenbar die Orientierung verloren und zum Aufsuchen der Eckpunkte viel Zeit verbraucht haben, wodurch ihre Höchstgeschwindigkeit natürlich wesentlich verschlechtert wurde. Bei dem Gipfelflug, den alle Flugzeuge gleichzeitig erledigen mußten, wurde jedem Flugzeug ein geeichter und plombierter Barograph mitgegeben. Das Barogramm lieferte den geringsten erreichten Luftdruck. Zur gleichen Zeit wurden in einem besonderen Flugzeug die Temperaturen zu jedem Luftdruck aufgenommen. Die Auswertung liefert damit für jedes Flugzeug die geringste erreichte Luftdichte oder die höchste erreichte Höhe (Gipfelhöhe am Normaltag). Bei einem der Wettbewerbsflüge wurde die Startstrecke durch seitliche Beobachtung vom Boden aus gemessen.

In Zahlentafel 3 sind die Ergebnisse des Streckenflugs und die Auswertung angegeben. Abb. 1 gibt dazu eine Darstellung des Streckenflugs in Gestalt eines graphischen Fahrplans (vgl. hierzu ZFM 1927, S. 131, wo der Verlauf des Süddeutschlandfluges 1926 in derselben Weise veranschaulicht ist). Flache Kurven zwischen zwei Stationen weisen auf eine Notlandung oder auf Verlieren der Orientierung hin.

Die Flugzeuge des Sachsenfluges sind bis auf Messerschmitt M 19 von früheren Wettbewerben her bekannt. Der Einsitzer M 19 ist aus dem bekannten zweisitzigen Leichtflugzeug M 17 entwickelt worden. M 19 ist ein Tiefdecker in Holzbauart mit freitragendem Flügel. Der Rumpf und die Flügel bis zum Hinterholm sind mit Sperrholz beplankt. Der durchgehende Flügel mit dem Fahrgestell kann durch Lösen weniger Bolzen vom Rumpf getrennt werden. Als Triebwerk wird ein Bristol-Cherub-Motor mit 29 PS Nennleistung verwendet. Bei 7,9 m² Flügelfläche und dem Wettbewerbsfluggewicht beträgt die Flächenbelastung rd. 44 kg/m² und die Leistungsbelastung rd. 12 kg/PS.

Unter den Flugzeugen, die nicht mehr rechtzeitig zum Wettbewerb fertig werden konnten, waren noch eine ganze Reihe Neukonstruktionen, die man aber voraussichtlich erst beim nächsten Leichtflugzeugwettbewerb genauer kennen lernen wird.

III. Erfahrungen aus dem Sachsenflug.

Die Erfahrungen aus dem Sachsenflug beziehen sich in der Hauptsache auf die Ausschreibung. In Abschnitt I dieses Aufsatzes ist schon kurz beschrieben worden, wie es möglich war, daß die Wertungszahl den Wert »Unendlich« erreichen und sogar überschreiten konnte. Der Bewerber mit der Wertungszahl »Unendlich« mußte nach dem Verhältnisverfahren der Preisverteilung den ganzen Preis allein erhalten. Daß einem Bewerber für eine sehr gute Leistung die Wertungszahl »Unendlich« und damit der ganze Preis zufiel, war ohne Zweifel nur ein Schönheitsfehler der Ausschreibung. Der Ausschreiber kann willkürlich festsetzen, daß irgendeine sehr gute Leistung mit dem ganzen zur Verfügung stehenden Preis belohnt werden soll. Wenn der mathematische Ausdruck dafür die Zahl »Unendlich« ist, so ist das nur eine Äußerlichkeit. Was in der Ausschreibung zum Sachsenflug nicht gut war und zu berechtigter Kritik Anlaß gab, war die Tatsache, daß die Wertungszahl »Unendlich« schon auf Grund eines Starts von 200 m Länge mit einem im Verhältnis zur Zuladung und Festigkeit zwar außerordentlich niedrigen Leergewicht erreicht werden konnte, die übrigen Leistungen (Höchstgeschwindigkeit, Gipfelhöhe) aber in diesem Sonderfalle ganz vernachlässigt wurden. Die Möglichkeit der Wertungszahl »Unendlich« war auch in den Ausschreibungen zum Süddeutschlandflug 1926 und zum Seeflug-Wettbewerb 1926 gegeben. Die zahlenmäßigen Annahmen für die Normalflugzeuge der betreffenden Ausschreibungen wurden so gewählt, daß die Wertungszahl »Unendlich« als unerreichbar gelten mußte. Im Süddeutschlandflug und im Seeflug-Wettbewerb sind auch nicht annähernd Wertungszahlen erreicht worden, die man als sehr groß hätte ansehen müssen, und die etwa durch eine geringe Verbesserung irgendeiner Leistung auf den Wert »Unendlich« hätten erhöht werden können. Bei der Abfassung der Ausschreibung zum Sachsenflug war man auch der Ansicht, daß kein Leichtflugzeug die Wertungszahl »Unendlich« erreichen würde. Das Ergebnis des Sachsenflugs hat uns eines Besseren belehrt.

Oben ist bereits auseinandergesetzt worden, daß das Wertungsverfahren im Sachsenflug ebenso wie im Süddeutschlandflug und Seeflug-Wettbewerb die Wertungszahl »Unendlich« grundsätzlich ermöglichte. Eine besondere Annahme für das Normalflugzeug des Sachsenfluges hat das Eintreten dieses Falles noch begünstigt. Eine Erfahrung des Süddeutschlandfluges[1] war es, daß das Triebwerk-Einheitsgewicht für das Normalflugzeug nicht konstant,

[1] F. Liebers, Ergebnisse und Erfahrungen aus dem Süddeutschlandflug 1926, 72. DVL-Bericht. ZFM 1927, S. 129 und DVL-Jahrbuch 1927, S. 92.

Zahlentafel 2. Ergebnisse der Technischen Leistungsprüfung.

Wettbewerb Nr.	Bewerber	Führer	Flugzeug Hersteller	Flugzeug Muster	Motor Muster	Motor Leistung in PS	Fluggewicht kg	Leergewicht kg	Zuladung kg	Lastvielf. im A-Fall	Gipfelhöhe m	Vergl.-Geschw. km/h	Höchstgeschw. km/h	Zeit für Ab- u. Aufmontieren min
3	v. Conta, Bamberg	v. Conta	Messerschmitt	M 19	Bristol-Cherub	29	335,7	138,35	195,4	10	850	0	98,0	11
4	Sportflug G. m. b. H., Fürth	Th. Croneiß	Messerschmitt	M 19	Bristol-Cherub	29	345,5	142,55	200,95	9,7	850	0	114,0	7
14	Gebr. Müller, Griesheim	Nehring	Gebr. Müller	GMG I	Anzani	35	450,0	260,20	176,6	8	3080	151,1	0	22
16	Hesselbach, Darmstadt	Hesselbach	Bahnbedarf	BAG D 2a	"	35	436,1	277,25	155,55	5,46	1870	239,5	0	21
17	Aero-Expreß, Leipzig	Gullmann	Klemm-Daimler	L 20	Daimler	20	449,2	276,15	167,7	9	2675	173,6	103,5	29
18	Vogtl. Flugverein, Reichenbach-Mylau	Hempel	"	L 20	"	20	435,0	278,5	146,8	9,4	3800	169	114,8	38
19	Düsseldorfer Aero-Club	Soenning	"	L 20	"	20	450,0	277,65	162,35	9	2910	175	104,2	34
20	Fr. W. Siebel, Berlin	Siebel	"	L 20	"	20	450,2	272,3	169,6	9	2920	164,1	108,8	28
21	Deutsche Luftfahrt G. m. b. H., Berlin	Thomsen	"	L 20	"	20	449,9	278,9	164,25	9	2580	182	99,5	38
22		Spengler	"	L 20	"	20	450,0	271,25	170,15	9	2370	174,5	108,0	34
24	Bäumer, Aero-G. m. b. H., Hamburg	Petersen	Bäumer	B IV	Wright Gale	60	518,3	308,75	187,15	9,65	5590	114,8	173,0	20
26	Aero-Expreß, Leipzig	Rothe	Stahlwerk Mark	R IIIa	Anzani	45	399,5	291,75	93,45	5,2	2755	302	117,3	25
27	Fr. Rose, Dresden	Rose	"	R IV	Haacke	50	511,8	387,8	112,2	5,0	1255	501,4	0	34
28	Raab-Katzenstein, Cassel-B.	Grobedinkel	Raab-Katzenstein	Schwalbe	Siemens	84	745,0	492,7	213,4	12,5	2380	365	128,4	50

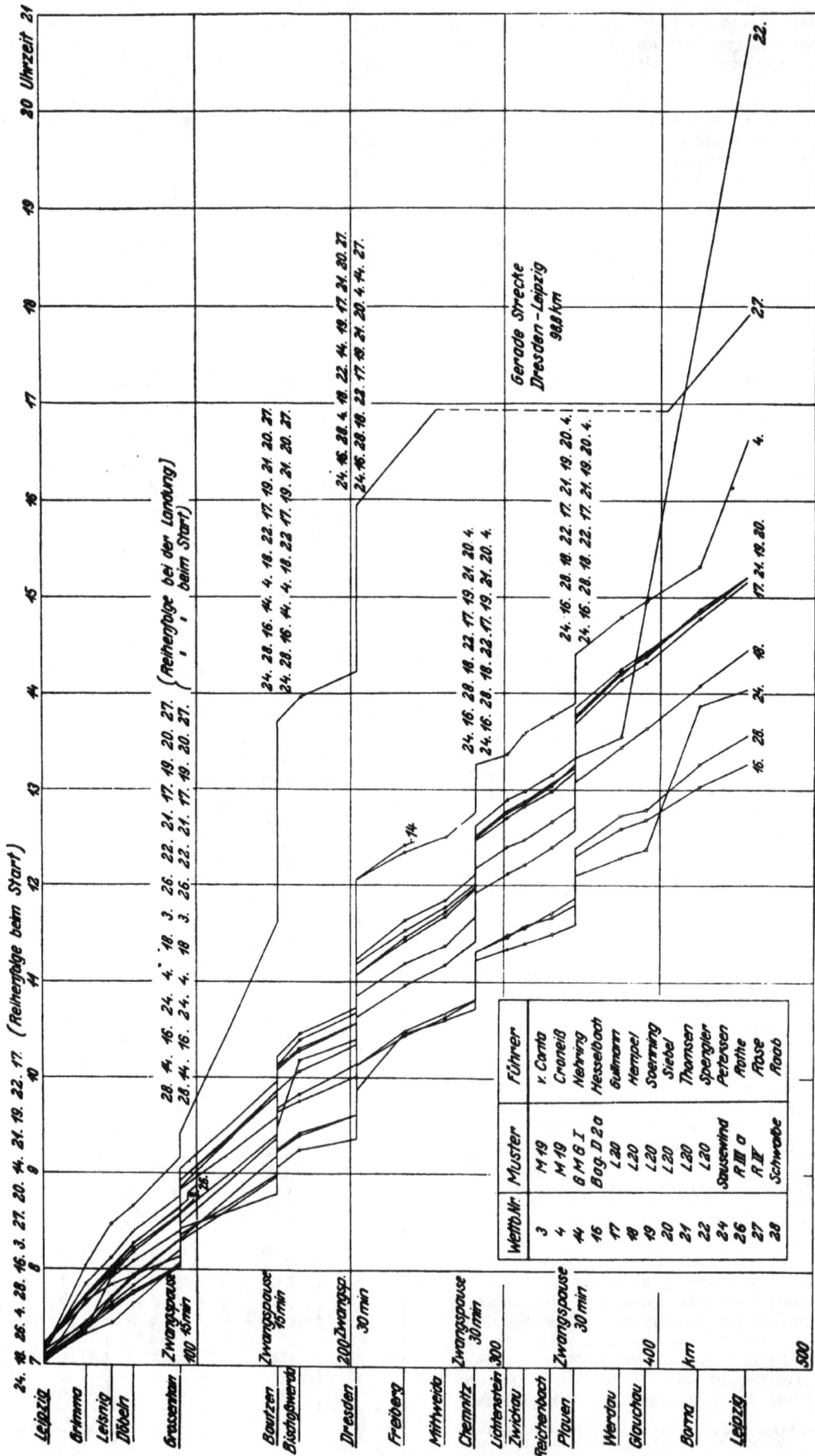

Abb. 1. Sachsenflug 1927.

Darstellung des Streckenfluges am 4. September 1927 in Gestalt eines graphischen Fahrplans (vgl. ZFM 1927, S. 131).

Zahlentafel 8. Ergebnisse des Streckenflugs und Auswertung.

Wettbewerb Nr.	Flugzeug- muster	Führer	Reise- geschwind. v_t	Mittlere Geschwind. v_M	$\dfrac{v_M}{v_0}$	Streckenflug- faktor	Wertungszahl W
3	M 19	v. Conta	73,8	85,9	∞	0,2786	∞
4	M 19	Croneiß	76,5	95,25	∞	1	∞
14	GMG I	Nehring	73,8	36,9	0,244	0,407	0,00591
16	BAG D 2a	Hesselbach	110,0	55,0	0,230	1	0,01217
17	L 20	Gullmann	77,2	90,35	0,520	1	0,1406
18	L 20	Hempel	85,0	99,9	0,591	1	0,2064
19	L 20	Soenning	76,8	90,5	0,517	1	0,1382
20	L 20	Siebel	76,1	92,45	0,564	1	0,1794
21	L 20	Thomsen	72,5	86,0	0,473	1	0,1058
22	L 20	Spengler	63,0	85,5	0,490	0,592	0,0697
24	B IV	Petersen	92,6	132,8	1,157	1	1,545
26	R IIIa	Rothe	65,7	91,5	0,303	0,2786	0,00775
27	R IV	Rose	20,3	10,15	0,0203	0,466	0,000004
28	Kl Ib	Raab	103,4	115,9	0,318	1	0,03216

sondern von der Motorleistung abhängig angenommen werden müsse. Für den Sachsenflug wurde folgende Abhängigkeit angenommen:

$$\tau = \frac{G_T}{N} = 1 + \frac{25}{N} \quad \dots \dots \dots (1)$$

Hier bedeutet:

G_T (kg)　　Gewicht des Triebwerks,
N (PS)　　Motorleistung,
τ (kg/PS) $= \dfrac{G_T}{N}$.

Diese Beziehung ist für Motoren zwischen 20 und 500 PS ungefähr erfüllt. Handelt es sich aber darum, aus dem Triebwerkgewicht G_T die Motorleistung N zu berechnen (wie im Sachsenflug), dann ist diese Formel für Triebwerkgewichte unter 25 kg unbrauchbar, sie liefert dann negative Motorleistungen. So ist es auch im Sachsenflug für die beiden Messerschmitt-Flugzeuge M 19 gewesen. Die obige Formel hätte besser

$$\tau = 1 + \frac{25}{N + 12,5} \quad \dots \dots \dots (2)$$

heißen müssen, um ihre Ungültigkeit für $G_T < 25$ kg auszuschließen.

Wenn in einem künftigen Wettbewerb das gleiche oder ein ähnliches Wertungsverfahren wie im Sachsenflug zur Anwendung kommen soll, wird man sich vor einer ähnlichen Überraschung wie im Sachsenflug dadurch schützen können, daß man willkürliche Änderungen der Wertungsformel vornimmt, sobald die Wertungszahl einen bestimmten Wert erreicht. Eine solche Maßnahme wird man auch dann durch die Ausschreibung festlegen müssen, wenn nach allem menschlichen Ermessen keine Gefahr vorhanden ist.

Im Sachsenflug wurde als Zuladung die Differenz Fluggewicht nach dem Gipfelflug minus Leergewicht gewertet. Durch diese Festsetzung sollte verhindert werden, daß ein Bewerber durch Verfliegen des gesamten Brennstoffes seine Gipfelhöhe verbesserte. Für jedes Flugzeug gab es also eine Höhe, bis zu der ein Gipfelflug die Wertung verbesserte. Bei weiterem Steigen wäre durch Verringerung der Zuladung die Wertung mehr verschlechtert als durch Erhöhung der Gipfelhöhe verbessert worden. Diese Höhe lag bei allen Flugzeugen des Wettbewerbs mit Ausnahme von M 19 nur wenig unterhalb der Gipfelhöhe. Nur für M 19 lag diese Höhe in Bodennähe. Die beiden Flugzeuge M 19 verringerten also beim Steigflug ihre Wertung von Anfang an. Hätten sie den Gipfelflug bis zu ihrer Gipfelhöhe ausgeflogen, so hätten sie dabei so viel an Zuladung verbraucht, daß ihre Wertungszahl nicht mehr »Unendlich« gewesen wäre. Unter diesen Umständen konnte es ihnen niemand verdenken, daß sie ihren Gipfelflug in verhältnismäßig geringer Höhe abbrachen. Die Erregung hierüber unter den übrigen Teilnehmern war jedoch recht groß. Für den Ausschreiber ist hieraus die Lehre zu ziehen, die Ausschreibung so abzufassen,

daß ein Wettbewerbsteilnehmer auch in keinem Sonderfalle durch eine schlechtere Leistung eine bessere Wertung erreichen kann. Eine solche Möglichkeit nimmt, wenn sie allgemein bekannt ist, dem Wettbewerb den eigentlichen Sinn; wenn sie nur von einzelnen Teilnehmern erkannt wird, reizt sie zu unfairem Handeln. In jedem Falle erhält man von den teilnehmenden Flugzeugen keine brauchbaren Vergleichswerte.

In der Ausschreibung zum Sachsenflug war vorgesehen, daß alle Flugzeuge, die die Technische Leistungsprüfung erledigt hatten und zum Streckenflug starteten, an der Wertung und Preisverteilung teilnehmen sollten; die Wertungszahl verbesserte sich, je mehr Strecke im Rundflug ordnungsgemäß abgeflogen wurde. Diese Festsetzung führte dazu, daß die beiden Flugzeuge Nr. 3 und 4 (Messerschmitt M 19) nach ihrem Start zum Streckenflug im Besitz der ganzen Preissumme von 60 000 M. waren, unabhängig von der Durchführung des Streckenfluges. Die übrigen Bewerber hätten selbst durch allerbeste Leistungen keinen Pfennig von dieser Summe mehr gewinnen können. Lediglich die Teilung des Preises unter Nr. 3 und 4 hing noch von dem Verlauf des Streckenfluges ab. Da Flugzeug Nr. 3 (v. Conta) nur einen kleinen Teil des Streckenflugs durchführte, fiel der Hauptteil der Preissumme an Nr. 4. Trotzdem mußte Flugzeug Nr. 3 als 2. Sieger anerkannt werden. Hätte man wie im Süddeutschlandflug und im Seeflug-Wettbewerb 1926 nur die Flugzeuge zur Preisverteilung zugelassen, die den ganzen Streckenflug erledigt hatten, und hätte Flugzeug Nr. 3 keinen Preis bekommen, was offenbar den Wünschen zahlreicher Kritiker des Sachsenflugs entsprochen hätte. Gerade die Erfahrungen aus dem Süddeutschlandflug haben aber bei der Abfassung der Ausschreibung zum Sachsenflug wesentlich dazu beigetragen, daß die Preisverteilung wie angegeben gewählt wurde. Es erscheint demnach hoffnungslos, ein Wertungsverfahren und eine Art der Preisverteilung zu finden, die auch nach dem Wettbewerb noch als gut und richtig angesehen werden (abgesehen davon, daß man es natürlich niemals allen recht machen kann). Je nach dem Verlauf des Wettbewerbs und den besonderen Umständen wäre dies oder jenes vorzuziehen. Man muß sich also damit abfinden, daß jeder Wettbewerb seine Überraschungen bringen wird, wenn sie auch nicht von der Art und dem Umfang wie im Sachsenflug zu sein brauchen. Es gibt allerdings einen Weg — und er ist auch schon bei Wettbewerben begangen worden —, diese Schwierigkeiten zu vermeiden: Man läßt nach Abschluß des Wettbewerbs alle Leistungen durch eine Gruppe von vertrauenswürdigen und sachverständigen Personen begutachten und die Preise dafür festsetzen. Allerdings wird es schwer sein, die in Frage kommenden Personen hierfür zur Mitarbeit zu bewegen, da diese Arbeit viel Gelegenheit bietet, sich mit aller Welt zu verfeinden.

Die Frage, ob es gut ist, einen technischen und einen sportlichen Wettbewerb wie im Sachsenflug zu verquicken, ist auch schon nach anderen Wettbewerben erörtert worden[1]). Man kann verschiedener Meinung darüber sein. Da die Preise hauptsächlich für die technischen Leistungen ausgegeben werden, bei dem großen Publikum aber immer die sportlichen Leistungen den größten Eindruck machen, so hat das Publikum fast immer die Überzeugung, daß Leistungen und Preise nicht im Einklang stehen. Dem kann nur dadurch abgeholfen werden, daß man Technik und Sport möglichst scharf trennt. Entweder veranstaltet man überhaupt getrennte technische und sportliche Wettbewerbe oder, wenn durchaus Technik und Sport in einem Wettbewerb gemeinsam berücksichtigt werden sollen, man verteilt für die technischen Leistungen Geldpreise und für die sportlichen Leistungen lediglich Ehrenpreise.

Beim Sachsenflug ist als sehr störend empfunden worden, daß einige Bewerber mit unfertigen und nicht zugelassenen Flugzeugen zum Wettbewerb erschienen und auf die Gutmütigkeit der Wettbewerbsleitung rechneten. Da für diese Flugzeuge der Termin für die Vorlage der Zulassungspapiere tatsächlich verlängert wurde, kannte man an den beiden ersten Tagen des Wettbewerbs die genaue Teilnehmerliste noch nicht. Trotzdem ist keins der fraglichen Flugzeuge

[1] S. F. Seewald, Erfahrungen aus dem Deutschen Seeflug-Wettbewerb 1926, 62. DVL-Bericht, ZFM 1926, S. 431 und DVL-Jahrbuch 1927, S. 26.

noch fertig geworden, so daß die ausschreibungswidrige Terminverlängerung vollkommen zwecklos war. Es erscheint ratsam, sich in solchen Fällen immer genau an die Ausschreibung zu halten. Vielleicht wäre sogar die Forderung zu vertreten, daß alle Flugzeuge bereits 4 Wochen vor Beginn des Wettbewerbs ihre Zulassungspapiere vorlegen müssen. Wie gesagt, kommt es aber weniger darauf an, diese oder eine ähnliche Forderung in der Ausschreibung zu stellen, als darauf, alle Vorschriften der Ausschreibung genau einzuhalten.

IV. Zusammenfassung.

Die Entwicklung im Flugzeugbau läßt sich nicht voraussehen. Bei der Abfassung einer Wertungsformel besteht immer die Gefahr, daß der Erfolg des Konstrukteurs die züchterischen Absichten des Ausschreibers weit überholt. Der Sachsenflug hat ein neues Flugzeugmuster gebracht, das durch seine Gewichtsverhältnisse alle ähnlichen Muster weit überragt. Diesen Erfolg des Sachsenfluges muß man um so mehr anerkennen, als dieses Muster durch seine gute aerodynamische Formgebung auch gute Flugleistungen aufzuweisen hat. Ferner hat der Sachsenflug gezeigt, daß die Entwicklung der deutschen Kleinflugzeuge auch im letzten Jahre besonders hinsichtlich Betriebssicherheit weitere Fortschritte gemacht hat.

Beitrag zur Theorie der Treibschrauben[1]).

Von Georg Madelung.

Inhalt:

Zusammenfassung.

Es soll festgestellt werden, welchen Einfluß die Betriebsbedingungen: Leistung, Drehzahl, Fluggeschwindigkeit und Luftdichte auf den Wirkungsgrad haben. Welche Betriebsbedingungen sind für einen guten Wirkungsgrad notwendig? Der Entwerfer der Luftschraube hat den geringsten Einfluß auf die Betriebsbedingungen, der des Motors den größten. An einem Beispiel für ungünstige Betriebsbedingungen wird gezeigt, daß der Gesamtwirkungsgrad durch Herabsetzung der Drehzahl fast verdoppelt werden kann.

Da die Beweisführung durch Großversuche zu teuer ist, muß in erster Linie auf Modellversuche zurückgegriffen werden. Aus ihren Ergebnissen wird der »Stand der Technik« ermittelt. Um die Übertragbarkeit der Ergebnisse der Modellversuche beurteilen zu können, werden Begriffe für die Geometrische und Mechanische Schnelläufigkeit festgelegt. Die erstere ist ein dimensionsloser Zahlenwert und bildet ein geometrisches Kriterium für die Höhe der erreichbaren Wirkungsgrades. Ein ähnlicher Begriff wird in der Theorie der Wasserturbinen benutzt. Der letztere ist nicht dimensionslos, aber invariant gegenüber ähnlicher Vergrößerung. Er wird benutzt, um die Eignung eines Motors zum Antrieb einer Luftschraube zu beurteilen. Die Entwicklungsrichtung der Motoren führt zu einer immer weiter steigenden Mechanischen Schnelläufigkeit. Es wird gezeigt, daß ihre Herabsetzung, z. B. durch Untersetzungsgetriebe, den Wirkungsgrad genügend verbessern würde, um in den meisten Fällen diese Maßnahme zu rechtfertigen.

Nachdem so die Begriffe festgelegt sind, werden im einzelnen die Einflüsse besprochen, die für oder gegen eine Herabsetzung der Mechanischen Schnelläufigkeit sprechen: Für das Schraubendrehmoment werden die Grenzen des erfahrungsgemäß Zulässigen der Form und Größe nach festgelegt. Der Einfluß des Verhältnisses zwischen Schraubenkreisfläche und Flügelfläche auf die Formgebung und den Wirkungsgrad wird zahlenmäßig bestimmt. Hierbei wird der Strahlwirkungsgrad berücksichtigt, der infolge von Widerständen im Schraubenstrahl zu denen der nackten Schraube hinzukommt. Die Umfangsgeschwindigkeit ist nach oben dadurch begrenzt, daß abweichend vom Ähnlichkeitsgesetz sich die Strömungsverhältnisse in ungünstiger Weise verändern. Dazu kommt Verschleiß und Lärm.

Eine geometrische Übersicht zeigt in einfacher Weise den Zusammenhang zwischen Flächenleistung, Umfangs-

---

[1]) Teil I und II dieser Arbeit sind bereits als 58. DVL-Bericht im DVL-Jahrbuch 1926 erschienen. Damals wurde angekündigt, daß Teil III und IV zusammen später veröffentlicht werden würden. Die zahlreichen Hinweise in diesen beiden letzten Teilen auf die zwei ersten lassen es erwünscht erscheinen, die Arbeit an einer Stelle als Ganzes zu veröffentlichen. Die DVL hat sich daher entschlossen, Teil I und II hier nochmals zu wiederholen.

geschwindigkeit, Mechanischer Schnelläufigkeit und Wirkungsgrad. Diese Übersicht kann man von Fall zu Fall benutzen, um bei gegebenen Betriebsbedingungen die Grenze des nach dem »Stande der Technik« erreichbaren Wirkungsgrades zu bestimmen. Man kann auch die jeweils am besten zu empfehlende Größe der Mechanischen Schnelläufigkeit hiernach bestimmen. Je nach Verwendungszweck lassen sich die in Frage kommenden Beträge der Kreisflächenleistung angeben und begründen.

Die Übersicht wird beträchtlich vereinfacht durch eine aus den Ergebnissen der Modellversuche abgeleitete Regel über den besten Drehwert. Damit kann man allgemein die je nach Verwendungszweck beste Umfangsgeschwindigkeit und beste Mechanische Schnelläufigkeit angeben.

An einem Beispiel wird gezeigt, wie sehr durch Verbesserungen der Betriebsbedingungen der Wirkungsgrad verbessert werden kann. Ein Schaubild zeigt, welche Wirkungsgrade bei Einhaltung der Bestwerte erreicht werden können.

Die Beweisführung würde nicht befriedigen, wenn sie nur auf dem zufällig derzeitigen Stande der Technik beruhte. Für das überhaupt Erreichbare wird nach absoluten Grenzen gesucht. Zu diesem Zwecke werden Erkenntnisse über die Grenzen beim Tragflügel (induzierter und Profilwiderstand) analog auf die Schraube übertragen. Durch Wahl eines flügelfesten Koordinatensystems wird die Betrachtuug vereinfacht. Aus Ansätzen für die Durchflußmenge, die Ablenkung und die Verzögerung der Strömungen werden die Luftkräfte abgeleitet. Die Zusammenhänge zwischen den Luftkräften an kleinen Schraubenelementen werden auf geometrische Beziehungen zurückgeführt und in einfachen Formeln ausgedrückt.

Zur Beantwortung der Frage nach dem Bestmöglichen müssen die Luftkräfte der Elemente wieder vereint werden. Das Gesetz für die beste Schubverteilung läßt sich auf die anschauliche Form bringen: »Ein kleiner Schubzusatz muß an jeder Stelle gleich teuer erkauft sein.« Diese Entwurfsvorschrift wird durch den Begriff: »Zusatzwirkungsgrad« ausgedrückt. Er wird verschieden, je nachdem ob die Blattbreite verändert werden darf oder nicht. Für beide Fälle werden die Formeln entwickelt und Grenzen aufgestellt.

Mit der Entwurfsvorschrift: »Gleicher Zusatzwirkungsgrad« werden die Teilluftkräfte der Elemente zu Schub und Drehmoment integriert. Die Ergebnisse liefern ein Übersichtsbild über das Bestmögliche, das demnach dem Stande der Technik sehr ähnlich ist, ja, sich im wichtigsten Bereiche fast mit ihm deckt. Das ungünstige Verhalten zu hoch belasteter Schrauben zeigt sich als unvermeidlich, während zu gering belastete konstruktiv verbesserbar sind.

In einem vierten Teile sind Erfahruugen niedergelegt, die sich auf die praktische Durchführung der zeichnerisch-rechnerischen Arbeiten beziehen.

Verzeichnis der Formelzeichen und Begriffe.[1])
(In der Reihenfolge, in der sie gebraucht werden.)

N Motorleistung an der Welle, Leistungsaufnahme der Schraube.

ω Drehschnelle des Motors oder der Schraube.

v Fortschrittsgeschwindigkeit, Fluggeschwindigkeit.

ϱ Luftdichte.

F Flügelfläche.

D Durchmesser der Schraube.

u Umfangsgeschwindigkeit der Schraube.

k_d Drehwert der Schraube, das ist die Leistungsaufnahme N einer geometrisch ähnlichen Schraube von der Einheits-Kreisfläche $\frac{\pi D^2}{4} = 1$, der Einheits-Umfangsgeschwindigkeit $u = 1$, in einer Einheits-Luftdichte $\frac{\varrho}{2} = 1$. Schrauben, bei denen die Steigung im Verhältnis zum Durchmesser groß ist, haben großen Drehwert, besonders wenn sie breite Blätter und vier oder mehr Flügel haben.

G Fluggewicht des Flugzeuges.

$\frac{G}{F}$ Flächenbelastung des Flugzeuges.

c_a Auftriebsbeizahl.

λ Fortschrittsgrad der Schraube, das ist Verhältnis zwischen Fortschrittsgeschwindigkeit v und Umfangsgeschwindigkeit u an der Blattspitze.

$\frac{k_d}{h^2}$ Geometrische Schnelläufigkeit, d. i. ein rein geometrisches Kriterium für die Betriebsbedingungen, die durch Festlegung von ϱ, N, ω, v geschaffen sind und die durch die Wahl von D und die Formgebung der Schraube nicht beeinflußt werden.

$\omega^2 N$ Mechanische Schnelläufigkeit, d. i. ein Kriterium für die Betriebsbedingungen, die durch Bauart und mechanische Widerstandsfähigkeit des Motors gegeben sind. Sie ist einer Maßstabsveränderung gegenüber invariant.

m Vergrößerungsfaktor bei geometrisch ähnlicher Vergrößerung.

z { in Abschn. 8: Zahl der Zylinder eines Motors.
  {   »   »   32: Zahl der Flügel einer Schraube.

w { in Abschn. 8: Kolbengeschwindigkeit.
  {   »   »   21: Senkrechtgeschwindigkeit ($\perp v$).

p_m Mittlerer effektiver Druck.

f Hubverhältnis eines Zylinders, d. i. Verhältnis zwischen dem Quadrat des Hubs und der Kolbenfläche.

H Kolbenhub.

D Kolbendurchmesser.

t Arbeitstakt (z. B.: Beim einfachwirkenden Viertakt ist: $t = 4$).

e Außenmittigkeit des Schraubenschubs bei einem zweimotorigen Flugzeug.

$\frac{N}{G}$ Gewichtsleistung des Flugzeuges.

$\frac{\pi D^2}{4 F}$ Kreisflächenverhältnis, d. i. das Verhältnis zwischen der Kreisfläche $\frac{\pi D^2}{4}$ der Schraube und der Flügelfläche F des Flugzeuges.

$\frac{e}{\sqrt{F}}$ Außenmittigkeitsverhältnis, d. i. Verhältnis zwischen der Außenmittigkeit des Schraubenschubs und der Wurzel aus der Flügelfläche.

η_a Axialwirkungsgrad, d. i. Grenze des Wirkungsgrades der idealen Strahlmaschine nach Bendemann.

c_s Schubzahl der Schraube, d. i. der Schub einer geometrisch ähnlichen Schraube von der Einheitskreisfläche $\frac{\pi D^2}{4} = 1$, der Einheits-Fortschrittsgeschwindigkeit $v = 1$, in der Einheits-Luftdichte $\frac{\varrho}{2} = 1$.

S Schub der Schraube.

η Wirkungsgrad der Schraube.

q Staudruck.

---

[1]) Als Schreibweise der in dieser Abhandlung verwandten physikalischen Gleichungen haben wir ausschließlich »Größengleichungen« benutzt (vgl. AEF Entwurf XXX, Phys. Zeitschr. XXVIII, 1927. S. 391). Die Formelzeichen bedeuten physikalische Größen, d. h. Produkte von Zahlenwerten und Einheiten. In dieser Schreibweise sind aber gewisse, häufig benutzte Gleichungen unvollständig, also falsch, z. B.:

$$N = \frac{2 \pi}{75 \cdot 60} M \cdot n \text{ ist falsch, bzw.: } u = \frac{\pi}{60} n D \text{ ist falsch.}$$

Sie werden vollständig geschrieben richtig lauten:

$$N = \frac{2 \pi}{75 \cdot 60} M \cdot n \cdot \frac{\text{PS min}}{\text{m kg U}}, \text{ bzw.: } u = \frac{\pi}{60} n \cdot D \cdot \frac{\text{min}}{\text{s} \cdot \text{U}}.$$

oder gekürzt, da

$$\frac{2 \pi \, \text{PS min}}{75 \cdot 60 \, \text{m kg U}} = 1, \text{ bzw. } \frac{2 \pi \, \text{min}}{60 \, \text{s U}} = 1$$

$$\boxed{N = M n} \text{ bzw.: } \boxed{u = \frac{n D}{2}}$$

Diese Schreibweise ist durchgehend verwandt.

Um Verwechslungen zu vermeiden, wurde das Wort »Drehzahl« nicht verwandt und durch »Drehschnelle« ersetzt. Außerdem wurde das Formelzeichen n durch ω ersetzt.

ζ Gütegrad der Schraube, d. i. das Verhältnis zwischen dem wirklichen Wirkungsgrad der nackten Schraube und dem Axialwirkungsgrad.

M Drehmoment, entweder um die Hochachse des Flugzeuges bei Ausfall eines seitlichen Motors, oder um die Längsachse (Drehmoment der Schraube).

N_D Kreisflächenleistung der Schraube (in Abb. 10, 11, 12, 37, 38, 39, 40 mit q bezeichnet).

$\varDelta q$ Zuwachs des Staudrucks im Schraubenstrahl.

$\varDelta W$ Zuwachs des Widerstands infolge Schraubenstrahl.

η_s Strahlwirkungsgrad, d. i. Verhältnis zwischen dem Gesamtwirkungsgrad und dem Wirkungsgrad der nackten Schraube; eine Größe, mit der der Wirkungsgrad multipliziert wird, um den Verlust durch $\varDelta W$ auszugleichen.

ε_p Profilgleitzahl, d. i. Verhältnis zwischen Profilwiderstand und Auftrieb.

c_L Leistungszahl, d. i. die Leistungsaufnahme N einer geometrisch ähnlichen Schraube von der Einheitskreisfläche $\frac{\pi D^2}{4} = 1$, der Fortschrittsgeschwindigkeit $v = 1$, in einer Luftdichte $\frac{\varrho}{2} = 1$ (in den Abbildungen mit k_d/λ^2 bezeichnet).

B Tragflügelspannweite.

Q In der Zeiteinheit von einem Tragflügel abgelenkte Luftmenge.

A Auftrieb.

ϑ Neigung der Luftkraft gegen Senkrechte zur Anströmrichtung (beim Tragflügel).

W_i Induzierter Widerstand.

c_{w_i} Beizahl des induzierten Widerstandes.

c_t Beizahl der Sehnenkraft.

a Anstellwinkel eines Flügels.

W_p Profilwiderstand.

c_{w_p} Profilwiderstand-Beizahl.

ω Winkelgeschwindigkeit der Schraube.

F' Fläche eines Ringelementes der Schraube.

r Schraubenhalbmesser.

Q' In der Zeiteinheit durch ein Ringelement der Schraube strömende Luftmenge.

T Umfangskraft.

η_l Zuwachswirkungsgrad (Abschnitt 29).

t Blattbreite.

φ $\begin{cases} \text{in Abschn. 11. 12, 20: Neigung der Flugbahn gegen den Horizont.} \\ \text{in Abschn. 33, 41: Neigung der Strömung beim Durchlaufen eines Schraubenelementes.} \end{cases}$

$tg\,\varphi$ Induzierter Fortschrittsgrad.

Umrechnungsformeln der Schraubentheorie.

$$\lambda = \frac{v}{u} = \frac{2\,v}{\omega\,D}$$

$$k_d = \frac{N}{\frac{\varrho}{2}\frac{\pi}{4}D^2 u^3} = \frac{N}{\varrho\,\omega^3 D^5} \cdot \frac{64}{\pi}$$

$$c_L = \frac{k_d}{\lambda^3} = \frac{N}{\frac{\varrho}{2}\frac{\pi}{4}D^2 v^3}$$

$$c_s = \eta\,c_L = \frac{S}{\frac{\varrho}{2}\frac{\pi}{4}D^2 v^2}.$$

Abkürzungen.

$$\left.\begin{aligned} \lambda' &= \frac{v}{u'} \\ a &= \frac{\varDelta v}{v} \\ \beta &= \frac{\varDelta u'}{v} \end{aligned}\right\} \text{Abschn. 27, Gl. (58)—(62).}$$

$$\left.\begin{aligned} c'_s &= \frac{S'}{\frac{\varrho}{2}F'v^2} \\ c'_L &= \frac{T'u'}{\frac{\varrho}{2}F'v^3} \end{aligned}\right\} \text{Abschn. 27, Gl. (58)—(62).}$$

$$\left.\begin{aligned} a &= \alpha - \varepsilon_p\,\beta \\ b &= \beta + \varepsilon_p\,\alpha \end{aligned}\right\} \text{Abschnitt 27, Gl. (67) und (68).}$$

$$\mu = 0,0001\,\csc\varphi = 0,0001\sqrt{1 + \frac{a^2}{\beta^2}} \quad \text{Abschnitt 33.}$$

Die »gestrichenen« Buchstaben (u', λ', η', c_s', c_L', r', S', T') beziehen sich auf ein Schraubenelement.

Schrifttum.

1. Bienen und v. Kármán, Zur Theorie der Luftschrauben. Zeitschrift des Vereins deutscher Ingenieure, Bd. 68 1924, Nr. 48, S. 1237.

2. Bienen, Die günstigste Schubverteilung für die Luftschraube bei Berücksichtigung des Profilwiderstandes. ZFM, 16. Jahrg. 1925, Heft 10 und 11, S. 209.

3. F. Bendemann und G. Madelung, Praktische Schraubenberechnung. Technische Berichte der Flugzeugmeisterei, Bd. II, S. 53.

4. A. Betz, Eine Erweiterung der Schraubenstrahltheorie. ZFM, 11. Jahrg. 1920, Heft 7 und 8, S. 105.

5. H. B. Helmbold, Zur Aerodynamik der Treibschraube. ZFM, 15. Jahrg. 1924, Heft 13—16, S. 150.

I. Fragestellung.

1. Vorwort.

Diese Arbeit handelt von Luftschrauben, von ihren Betriebsbedingungen und ihrem Wirkungsgrad. Sie soll zeigen, welchen Einfluß die Betriebsbedingungen auf den Wirkungsgrad haben.

Mit dem inneren Mechanismus der Strömungsvorgänge gibt sich diese Arbeit nicht ab. Zur Strömungslehre selbst liefert sie keinen Beitrag. In Teil III benutzt sie zwar die allereinfachsten Ergebnisse der Strömungslehre als Voraussetzung, leitet daraus andere Ergebnisse ab und vergleicht sie mit denen, die im Windtunnel an Schraubenmodellen gemessen wurden. Dies geschieht aber nur um zu prüfen, wo und wie weit der Stand der Technik, wie ihn die Modellversuche ausdrücken, hinter der theoretischen Grenze zurückbleibt.

Diese Arbeit enthält demnach einen Beitrag zur Schraubentheorie, und zwar zu demjenigen Zweig dieser Theorie, der sich mit der Synthese des Schubs und Drehmoments einer Schraube aus den Luftkräften ihrer Elemente befaßt[1].

Er könnte daher auch zum Entwurf von Schrauben benutzt werden, und würde dann helfen, die Frage nach der jeweils besten Schubverteilung und besten Form zu beantworten. Das ist aber nicht der eigentliche Zweck dieser Arbeit. Zur Beantwortung der Aufgabe, die wir uns gestellt haben, wäre ein Zurückgreifen auf diese Theorie nicht nötig gewesen, wenn eine wirklich große Zahl von Modellversuchen vorläge, wenn diese sich über einen sehr großen Bereich erstreckten, und wenn wir von vornherein wüßten, daß der Stand der Technik, den sie ausdrücken, nicht weit hinter der theoretischen Grenze zurückbleibt. Alles das ist aber nicht der Fall.

2. Fragestellung.

Welche Betriebsbedingungen müssen vorliegen, damit die Schraube einen guten Wirkungsgrad haben kann?

---

[1] Dieser Beitrag zur Theorie stammt aus den Jahren 1920 und 1921. In der Zwischenzeit ist ein ähnlicher Beitrag durch Th. v. Kármán und Th. Bienen erbracht worden. So mag die Mitteilung dieses Beitrags unnötig erscheinen. Er enthält aber andere Gedankengänge, die dem mehr anschaulich und weniger formal mathematisch denkenden Ingenieur besser liegen. Außerdem unterläßt er gewisse Vereinfachungen, deren Zulässigkeit noch nicht sicher steht, und behandelt besondere Fälle, die für unsere besondere Aufgabe wichtig zu sein schienen.

Auf die Betriebsbedingungen hat der Entwerfer der Schraube im allgemeinen wenig oder keinen Einfluß, und doch legen sie für den Wirkungsgrad eine Grenze fest, die auch bei bester Formgebung nicht überschritten werden kann. Liegt die Grenze niedrig, dann wäre es falsch, den Entwerfer für den schlechten Wirkungsgrad seines Entwurfs verantwortlich zu machen; die Verantwortung für die ungünstigen Betriebsbedingungen müssen wir dann den Entwerfern des Flugzeuges und besonders des Motors zuschreiben. Ebenso falsch wäre es dann, auf den Entwurf und die Herstellung immer neuer Schrauben größere Mittel zu verwenden. Denn je näher man der Grenze kommt, um so weniger lohnt ein weiterer Aufwand in dieser Richtung. Nur eines lohnt dann: Die Betriebsbedingungen so zu ändern, daß die Grenze selbst hinaufrückt.

Dem Entwerfer des Motors dies klarzumachen, daß er es ist, der für den Wirkungsgrad der Schraube verantwortlich ist, und durch welche Maßnahmen er ihn beeinflußt, das ist der Hauptzweck dieser Arbeit.

3. Betriebsbedingungen.

Beim Entwurf der Schraube liegt in den weitaus meisten Fällen der Entwurf von Flugzeug und Motor bereits fest, wenn diese nicht sogar bereits fertig ausgeführt sind. Leistung und Drehzahl des Motors, Fluggeschwindigkeit und Luftdichte sind gegeben, und der Entwerfer der Schraube hat sich damit so gut es geht abzufinden.

Ein Beispiel:

Motorleistung an der Welle: $N = 52,5\ \text{mt/s}$ $(= 700\ \text{PS})$

Drehschnelle . . . . $\omega = 157\ s^{-1} (= 25\ \text{U/s}$ $= 1500\ \text{U/min})$

Geschwindigkeit (im wichtigsten oder kritischsten Zustand. Für die Tragfähigkeit von Verkehrsflugzeugen ist der Start maßgebend) $v = 25\ \text{m/s}\ (= 90\ \text{km/h})$

Luftdichte dabei . . . . . $\varrho = \dfrac{1}{8000}\ \dfrac{\text{ts}^2}{\text{m}^4}\left(= \dfrac{1}{8}\ \dfrac{\text{kg s}^2}{\text{m}^4}\right).$

Zu diesen vier Betriebsbedingungen, für die die Entwerfer von Flugzeug und Motor die Verantwortung tragen, kommen in vielen Fällen Nebenbedingungen, die die Freiheit des Entwurfs noch weiter einengen. Der Durchmesser der Schraube darf aus konstruktiven Gründen eine gewisse Grenze nicht überschreiten, sonst wird das Fahrgestell zu hoch, und die Schraube selbst zu schwer. Die Umfangsgeschwindigkeit darf nicht zu groß werden, sonst wird zuviel Leistung in Lärm umgesetzt, und es leiden Lebensdauer und Sicherheit der Schraube.

In unserem Beispiel soll es sich um ein großes Verkehrsflugzeug handeln. (Flügelfläche $F = 100\ \text{m}^2$.) Hierbei sei der Schraubendurchmesser nicht größer als $D = 6\ \text{m}$, die Umfangsgeschwindigkeit nicht größer als $u = 230\ \text{m/s}$.

Auf Grund dieser Aufgabe macht der Entwerfer der Schraube ein Angebot, das vielleicht so lautet:

»Für den Wirkungsgrad der nackten Schraube kann nicht mehr als 51,6 vH[1] garantiert werden. Dabei muß die als äußerst erlaubte Umfangsgeschwindigkeit voll ausgenutzt werden. Der erlaubte Durchmesser kann nicht ausgenutzt werden, denn er darf nur

$$D = \frac{2\,U}{\omega} = \frac{2 \cdot 230}{157} = 2,93\ \text{m}$$

betragen.

Wenn die Umfangsgeschwindigkeit auf $u = 275\ \text{m/s}$ heraufgesetzt werden darf, beträgt der Durchmesser immer noch nicht mehr als $D = 3,5\ \text{m}$. Der Wirkungsgrad

wird dann vielleicht 56,2 vH betragen. Bei der hohen Umfangsgeschwindigkeit kann allerdings nicht dafür garantiert werden, daß der veranschlagte Wirkungsgrad innegehalten wird, sowie daß Lärm und Verschleiß mäßig bleiben.«

Für den Auftraggeber, der auf einen Wirkungsgrad von vielleicht 65 vH gehofft hatte, ist das eine Enttäuschung. Nur 51,6 vH, allenfalls 56,2 vH, aber das nur unsicher, und dabei großer Lärm und Verschleiß. Was helfen starke Motoren, wenn die Schrauben versagen! Wie soll man damit Hochleistungsflugzeuge bauen! Wie soll man die anspruchsvollen Fluggäste, die Umwohner, die Polizei befriedigen, wenn die Schraube brüllt wie ein Nebelhorn! Man holt andere Angebote ein, gibt dem günstigsten vielleicht den Zuschlag und ist bei der Lieferung doch enttäuscht, daß die erwartete Leistung ausbleibt. Immer wieder geht es so: Eine Schraube um die andere wird bestellt, versucht und verworfen, Zeit und Geld wird verschwendet, bis die Erkenntnis dämmert: »Es ist nicht möglich. Die Grenze ist erreicht, die in der Aufgabe bereits enthalten war. Auch der beste Entwurf kann sie nicht verrücken.«

Luftschrauben gehören zu den einfachsten Maschinen, die es überhaupt gibt. Wenn es auch nicht immer gelingt, für jede Aufgabe auf Anhieb die richtige Form zu finden (gewöhnlich deshalb, weil die Aufgabe, d. h. die Betriebsbedingungen nicht genügend genau bekannt sind), so wird doch nach wenigen Versuchen eine Form gefunden, die kaum noch verbessert werden kann. Es ist unmöglich, den Wirkungsgrad der Schraube eines gut erprobten Flugzeuges um mehr als wenige Hundertstel zu verbessern, weil dann bereits die theoretische Grenze erreicht sein würde.

Ausgenommen hiervon sind zwar einige besondere Fälle: Große Umfangsgeschwindigkeiten, deren Strömungsgesetze noch wenig erforscht sind; Schrauben von ungewöhnlich großer oder kleiner Steigung und Drehwert. In diesen Fällen bleibt der Wirkungsgrad ausgeführter Schrauben hinter der theoretischen Grenze stärker zurück. Aber gerade in den dankbarsten und wirtschaftlich wichtigsten Bereichen kommt er ihr nahe. Besonders in den Bereichen, die bei frei wählbarer Drehschnelle die bestgeeignetsten sind und auch theoretisch die besten sein würden. Hier nähert sich der durch Modellversuche ermittelte Wirkungsgrad der theoretischen Grenze auf 2 bis 4 vH[1] auf einem weiten Gebiete, das alle wirtschaftlich wichtigen Aufgaben umfaßt, soweit sie nur richtig gestellt sind. Lohnt es da noch großen Aufwand, um die letzten Verluste zu vermeiden? Kaum.

Um so lohnender ist es, auf die richtige Stellung der Aufgabe Mühe zu verwenden, d. h. auf die Auswahl geeigneter Betriebsbedingungen. Einige von diesen liegen zwar fest und können nicht um eines besseren Wirkungsgrades willen verändert werden, z. B. die Leistung und die Luftdichte. Andere können nur in beschränkten Grenzen verändert werden. So kann z. B. der Entwerfer des Flugzeugs manchmal die Geschwindigkeit in geringem Maße beeinflussen durch Auswahl der bestgeeigneten Flächenbelastung und Auftriebsbeizahl.

Freiere Hand dagegen hat man bei der Wahl der Drehschnelle und des Schraubendurchmessers. Bei Anwendung von Untersetzungsgetrieben und genügend hohem Fahrgestell ist man in der Lage, beide so zu wählen, daß in den wichtigsten Flugzuständen, z. B. im Gipfelflug, der Wirkungsgrad dem überhaupt möglichen Höchstwert nahekommt. Wie weit man mit Herabsetzung der Drehschnelle und Vergrößerung des Durchmessers gehen darf, wird in einem besonderen Abschnitt behandelt.

Die Herabsetzung der Drehschnelle durch Getriebe, die Vergrößerung des Drehmoments und Durchmessers der Schraube bringen natürlich auch Opfer mit sich: den Leistungsverlust im Getriebe und dessen Gewicht, das Gewicht der größeren Schraube und des höheren Fahrgestells, dessen größeren Luftwiderstand, die schwierigere Aufnahme

---

[1] Diese Zahlen sind einer weiter unten folgenden Untersuchung entnommen. Sie sind hier dreistellig wiedergegeben, obwohl mit so großer Genauigkeit nicht einmal gemessen werden kann. Der Leser möge selbst abrunden. Die Genauigkeit der Zahlenrechnung bezweckt, den Einfluß der Änderung einer Betriebsbedingung besser zeigen zu können.

[1] Teil III; Theoretische Grenzen.

des größeren Drehmoments durch die Quersteuerung, das Mehrgewicht des Motoreinbaus, den stärkeren Drall des Schraubenstrahls usw. Man wird sich scheuen, diese Nachteile in Kauf zu nehmen, solange man nicht weiß, um wieviel der Wirkungsgrad durch die Maßnahmen verbessert wird. Zweck dieser Arbeit ist es, den quantitativen Vergleich zu erleichtern.

Daß der Gewinn, der durch richtige Wahl der Drehschnelle erzielt wird, groß sein kann, zeigt die Fortsetzung des Beispiels: Wird die Drehschnelle auf 56 s⁻¹ (535 U/min) untersetzt, dann kann der Entwerfer der Schraube 68,9 vH Wirkungsgrad[1]) garantieren. Den Durchmesser von 6 m kann er einhalten. Die Umfangsgeschwindigkeit beträgt nur noch 168 m/s. Man kann daher weitgehende Verminderung des Lärms und des Verschleißes versprechen. Auch für die Herstellungskosten ist dies von Bedeutung, denn die geringere Beanspruchung des Werkstoffs durch Fliehkraft erlaubt die Benutzung eines billigeren Stoffs oder Herstellungsverfahrens.

Das ist ein beträchtlicher Gewinn. Dazu kommt ein weiterer Umstand, der oft übersehen wird und der den Gewinn noch weiter vermehrt: Die Verminderung des Verlustes, den der Wirkungsgrad durch den Widerstand der dem Strahl ausgesetzten Flugzeugteile erleidet. Bei gleicher Motorleistung ist der auf eine größere Fläche verteilte Strahl der größeren Schraube natürlich weniger scharf als der der kleinen Schraube. Im vorliegenden Beispiel kann, mit einem Flugzeug normaler Bauart gerechnet, der Verlust, als Strahlwirkungsgrad ausgedrückt, veranschlagt werden:

Bei hoher Drehschnelle und kleiner Schraube zu 70,4 vH.

Bei niedriger Drehschnelle und großer Schraube zu 92,8 vH.

Der Gesamtwirkungsgrad beträgt also im einen Falle 36,4 vH, im anderen 64,0 vH. Ein Gewinn an Wirkungsgrad von 27,6 vH! Das ist eine nutzbare Mehrleistung von 14,5 mt/s (193 PS), eine Vergrößerung des Schubs um 0,58 t. Das sollte schon lohnen. Bei $G = 5$ t Fluggewicht bedeutet das 2,9 m/s mehr Steiggeschwindigkeit, oder einen um rund 6° steileren Steigwinkel[2]).

4. Beweisführung.

Zahlen, wie die des Beispiels würden ein mehr als ausreichender Grund sein, um darüber eine Entscheidung zu fällen, ob man in diesem Falle beim direkten Antrieb bleiben oder Untersetzungsgetriebe verwenden will, wenn es nur feststünde, daß sie zutreffen. Bis dahin sind es nur Behauptungen.

Um diese Behauptungen einwandfrei beweisen zu können, müßte man dasselbe Flugzeugmuster in verschiedenen Ausführungsformen zu Vergleichsflügen bringen: Mit schnelllaufendem Motor und direkt angetriebener Schraube einerseits, und mit untersetzt angetriebener Schraube anderseits. Aber auch Vergleiche dieser Art sind nicht einwandfrei. Auch sie sind Zufällen unterworfen, wenn sie nicht in ganz großem Maßstabe angestellt werden. Auf jeden Fall sind sie sehr teuer. Man wird sich nicht entschließen, einen so teuren Vergleichsversuch in Angriff zu nehmen, wenn man nicht vorher auf billigerem Wege zu der Überzeugung gekommen ist, daß etwas dabei herauskommen muß.

Billiger als der Großversuch ist der Modellversuch, noch billiger als dieser ist in den meisten Fällen der Versuch mit Bleistift und Papier. In den folgenden Absätzen soll gezeigt werden, durch welche Versuche und Überlegungen man zu den Grundlagen kommt, auf Grund derer richtige Entscheidungen über die Wahl der Drehschnelle und des Durchmessers der Schraube gefällt werden können.

[1]) Diese Zahl ist einer weiter unten folgenden Untersuchung entnommen (Abschnitt 19).
[2]) Die Zahlen sind einer weiter unten folgenden Untersuchung entnommen (Abschnitt 19). Bei der Berechnung der Mehrleistung ist das Mehrgewicht von Getriebe, Schraube und Fahrgestell vernachlässigt. Anderseits ist aber auch nicht in Betracht gezogen worden, daß der Wirkungsgrad der Schraube hoher Umfangsgeschwindigkeit hinter dem der Modellversuche zurückbleibt, die mit geringerer Umfangsgeschwindigkeit vorgenommen wurden.

II. Beweisführung durch Ähnlichkeitsbetrachtung.

5. Geometrische Ähnlichkeit.

Die Ähnlichkeitsgesetze der Strömungslehre können als anerkannt vorausgesetzt werden. Abweichungen davon kommen zwar in Frage, z. B. infolge zu geringen Kennwerts bei sehr kleinen Schraubenmodellen (Geschwindigkeit mal Abmessung des Modells). Der größte Teil der bekannt gewordenen Versuche ist aber mit genügender Modellgröße und Geschwindigkeit ausgeführt worden, um als zuverlässig angesehen zu werden. Abweichungen vom Ähnlichkeitsgesetz bei großen Schrauben infolge der in der Nähe der Schallgeschwindigkeit auftretenden Erscheinungen werden besonders behandelt (Abschnitt 13).

Durch Modellversuche sind eine große Zahl von Schraubenformen untersucht worden. Auf die Kenntnis der Formen selbst kommt es hier nicht an. Es genügt zu wissen, welcher Wirkungsgrad erreicht wurde und unter welchen Betriebsbedingungen D, v, ϱ, ω, N. Nach dem Ähnlichkeitsgesetz kann derselbe Wirkungsgrad wieder erreicht werden, wenn diese fünf Betriebsbedingungen eine geometrisch ähnliche Wiederholung des Vorgangs gestatten, und zwar innerhalb weiter Grenzen auch in jedem anderem Maßstab, bei jeder anderen Geschwindigkeit und in jeder anderen Dichte. Wenn aber diese drei Betriebsbedingungen beliebig geändert werden dürfen, und nur geometrische Ähnlichkeit gewahrt werden muß, dann bleiben statt fünf Betriebsbedingungen nur noch zwei übrig. Diese zwei dürfen nun aber nur noch eine geometrische Bedeutung haben. Einer geometrisch ähnlichen Änderung gegenüber müssen sie invariant sein. Sie müssen also dimensionslos sein, d. h. reine Zahlenwerte.

Zur geometrischen Festlegung der Betriebsbedingungen wählt man gewöhnlich folgende zwei Funktionen von N, ϱ, ω, v, D, die dieser Bedingung genügen:

den Drehwert:

$$k_d = \frac{N}{\frac{\varrho}{2} \cdot \frac{\pi}{4} D^2 u^3} = \frac{N}{\varrho \omega^3 D^5} \cdot \frac{64}{\pi} \quad \ldots \ldots (1)$$

und den Fortschrittsgrad

$$\lambda = \frac{v}{u} = \frac{2v}{\omega D} \quad \ldots \ldots \ldots (2)$$

In graphischer Darstellung trägt man gewöhnlich den Fortschrittsgrad (oder seinen Logarithmus) als Grundlinie auf, den Drehwert (oder seinen Logarithmus) als Höhe.

Das Feld, das man so erhält, umfaßt sämtliche denkbaren geometrischen Betriebsbedingungen.

Jeder Punkt des Feldes stellt eine geometrische Konstruktionsaufgabe dar. Für jede Aufgabe gibt es eine beste Lösung.

6. Stand der Technik.

Die bestmögliche Lösung kennen wir nicht. Wir werden weiter unten zeigen, daß es eine theoretische Grenze gibt. Vorläufig begnügen wir uns mit den Lösungen, die die bisherigen Modellversuche gezeigt haben. In manchen Punkten liegen bereits zwei oder mehr verschiedene gute Lösungen vor. Wir erklären die jeweils beste als den gegenwärtigen Stand der Technik.

Wenn wir nun alle die Punkte betrachten, für die der Wirkungsgrad der gleiche ist (z. B. 60 vH), so erfüllen diese einen Bereich. Im Innern dieses Bereichs werden auch bessere Werte angetroffen, außerhalb aber nur schlechtere. Wir umgrenzen den Bereich mit einer Hüllkurve und wiederholen dasselbe für andere Werte von Wirkungsgraden (Abb. 1, S. 32). Nach dem Stande der Technik bildet diese Schar von Hüllkurven die Grenze davon, was von einer sehr guten Schraube erwartet werden kann, wenn die zu dem betreffenden Punkt gehörenden, geometrischen Betriebsbedingungen k_d und λ vorliegen. Wie wir weiter unten sehen werden (Teil III), ist aus theoretischen Gründen eine wesentliche Erweiterung der Grenzen nicht zu erwarten, auch dann, wenn die Technik im übrigen Fortschritte machen sollte.

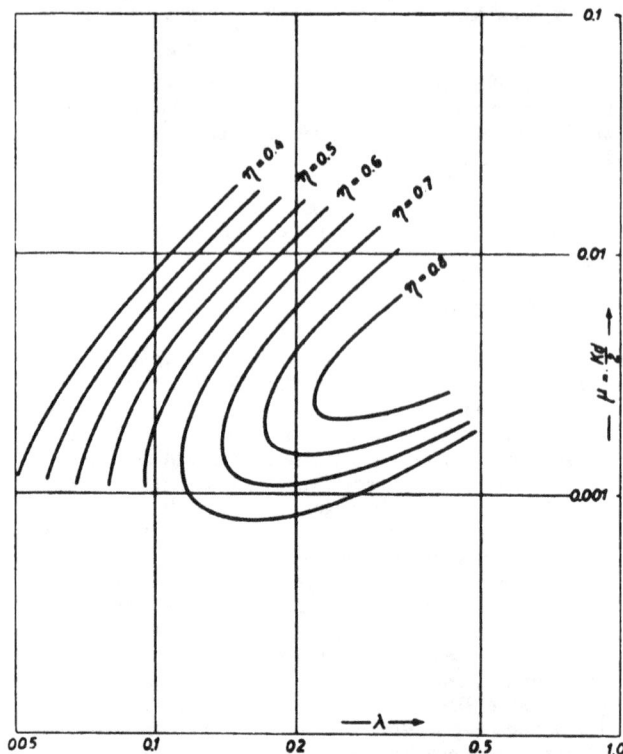

Abb. 1. Grenzen des Wirkungsgrades nach dem gegenwärtigen
Stande der Technik.

Als Grundlinie ist der Fortschrittsgrad, als Höhe der Drehwert aufgetragen, beide in logarithmischem Maßstabe. Die Kurvenscharen
grenzen die Bereiche ab, außerhalb deren höhere als die angeschrie-
benen Wirkungsgrade nicht erreicht werden können.

7. Geometrische Schnelläufigkeit.

In der Technik der Wasserturbinen braucht man den
Begriff der Schnelläufigkeit[1]). Dieser Begriff ist nicht mit
dem der Drehschnelle zu verwechseln. Man versteht darunter
vielmehr diejenige Drehzahl, die eine geometrisch ähnliche
und unter geometrisch ähnlichen Verhältnissen arbeitende
Turbine haben würde, wenn sie die Leistung Eins hätte,
mit dem Gefälle Eins, der Flüssigkeit von der Wichte Eins,
und im Gravitationsfeld g arbeitete. Man kommt damit zu
der auf den ersten Blick überraschenden Folgerung, daß die
im Hochgebirge mit riesiger Drehschnelle laufenden kleinen

---

[1]) »Spezifische Drehzahl« $n_s = \dfrac{n \cdot \sqrt{N}}{h^{1.25}}$. (Hütte II, 25.Aufl., S.602.)

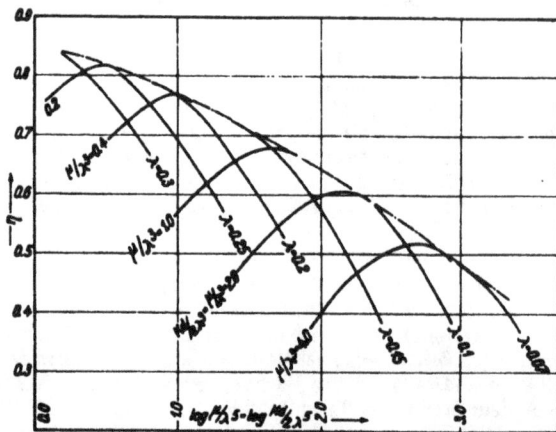

Abb. 2. Abhängigkeit des Wirkungsgrades von der Geometrischen
Schnelläufigkeit.

Als Grundlinie ist die Geometrische Schnelläufigkeit in logarithmischem
Maßstabe, als Höhe der nach dem gegenwärtigen Stande der Technik
erreichbare Wirkungsgrad in linearem Maßstabe aufgetragen.
Die Kurven gehören zu runden Werten des Fortschrittsgrades λ und
der Leistungszahl c_L. Mit zunehmender Schnelläufigkeit wird der
bestenfalls erreichbare Wirkungsgrad immer schlechter.

Peltonräder extreme Langsamläufer sind, während die ganz
langsam umlaufenden riesigen Propellerturbinen der großen
Flachlandflüsse extreme Schnelläufer sind. Die Bezeichnung
trifft aber durchaus das Richtige, denn in dem letzteren Fall
erfordert es die höchste Kunst des Entwurfs, ohne allzu viel
Wirkungsgrad zu opfern, die Turbine zu möglichst schnellem
Lauf zu bringen, um die Kosten der von ihr angetriebenen
elektrischen Maschinen nicht ins Ungemessene wachsen zu
lassen. Und je größer die Schnelläufigkeit, um so schwieriger
wird es, einen guten Wirkungsgrad zu erreichen. Die Schnellläufigkeit wird schließlich zum Kriterium dafür, ob man einen
höheren oder niedrigeren Wirkungsgrad verlangen darf, und
ob man einen Wirkungsgrad als gut oder schlecht bezeichnen soll.

Die Luftschraubentechnik braucht ein ähnliches Kriterium. Zu oft findet man, daß selbst von Ingenieuren die
Schwierigkeiten, die mit dem Entwurf oder dem Betrieb einer
Schraube verbunden sind, nach der Drehschnelle schlechthin beurteilt werden. Mit anderen Worten: Man verwechselt
die Drehschnelle und Schnelläufigkeit. Man bezeichnet z. B.
eine mit 40 U/s umlaufende Schraube als Schnelläufer,
eine mit 15 U/s umlaufende als Langsamläufer, auch
wenn es sich bei der ersteren um die eines schnellen Klein-
flugzeugs und bei der letzteren um die eines langsamen Groß-
flugzeugs handelt. Das ist aber sinnlos.

Wir führen deshalb hiermit den Begriff der »Geometrischen Schnelläufigkeit« ein:

$$\boxed{\dfrac{k_d}{\lambda^5} = \dfrac{\omega^2 N}{\varrho \, v^5} \cdot \dfrac{2}{\pi}} \quad \ldots \ldots \ldots \text{(3)}$$

Sie entsteht aus dem Drehwert:

$$k_d = \dfrac{N}{\varrho \, \omega^3 D^5} \cdot \dfrac{64}{\pi} \quad \ldots \ldots \ldots \text{(1)}$$

und dem Fortschrittsgrad:

$$\lambda = \dfrac{2 \, v}{\omega \, D} \quad \ldots \ldots \ldots \text{(2)}$$

durch Elimination des Durchmessers D.[1])

Auch sie ist dimensionslos, einer geometrisch ähnlichen
Änderung gegenüber invariant. Darüber hinaus ist sie frei
von solchen Größen, auf die der Entwerfer der Schraube einen
Einfluß hat, und ist vollkommen festgelegt durch die ihm
vorgeschriebenen Werte ω, N, v, ϱ.

Wenn wir nun die bekannten Modellversuche daraufhin
untersucht haben, welche Wirkungsgrade bei dieser Geometrischen Schnelläufigkeit erreicht worden sind, dann bildet
diese ein Kriterium dafür, welcher Wirkungsgrad (nach
dem Stande der Technik) im Rahmen der vom Motorenent-
werfer (N, ω) und Flugzeugentwerfer (v, ϱ) gestellten Aufgabe
nicht überschritten werden kann, selbst wenn der Schraubendurchmesser noch völlig unbeschränkt ist und auch im übrigen die Formgebung der Schraube keiner Beschränkung
unterliegt.

In Abb. 2 haben wir die Ergebnisse der bisherigen Modellversuche (vgl. Abb. 1) so umgezeichnet, daß die Geometrische Schnelläufigkeit die Grundlinie bildet, und darüber
als Höhen die Wirkungsgrade aufgetragen, die man nach dem
gegenwärtigen Stand der Technik erreichen kann. Jeder
Wert der Grundlinie ist ein durch ϱ, N, ω, v gekennzeichneter
Betriebszustand. Die Kurvenscharen entsprechen bestimm-
ten Werten von λ und c_L. Sie werden erst später gebraucht. Der Verlauf der Hüllkurve zeigt, wie mit zunehmender Schnelläufigkeit der Wirkungsgrad immer schlechter
wird.

8. Mechanische Schnelläufigkeit.

Mit diesem Bilde allein ist dem Entwerfer des Motors
noch nicht viel gedient. Denn die Geometrische Schnelläufigkeit enthält noch zwei Größen, die ihn nicht unmittelbar
betreffen: Die Luftdichte ϱ und die Geschwindigkeit v. Wenn

---

[1]) W. Hoff macht auf die Anschaulichkeit der in Gl. 3 angewendeten Schreibweise aufmerksam. Die Größen, die durch den Motor
gegeben sind, sind im Zähler vereinigt, während die im Nenner vom
Flugzustand abhängen.

wir aber mehrere solcher Bilder zeichnen, und jedem einen Wert von v und ϱ zuordnen, dann entsteht aus der Geometrischen Schnelläufigkeit ein anderer Begriff, der für die Beurteilung des Motors von größter Bedeutung ist:

$$\omega^2 N = \frac{k_d}{\lambda^5} \cdot \varrho\, v^5 \cdot \frac{\pi}{2} \qquad \ldots \ldots (4)$$

Wir nennen diesen Begriff die »Mechanische Schnelläufigkeit«, denn er ist ein Kennzeichen für die besonderen Betriebsbedingungen, die durch Bauart und mechanische Widerstandsfähigkeit des Motors gegeben sind. Einer Maßstabsänderung des Motors gegenüber ist sie invariant.

Um dies zu beweisen, betrachten wir einen Motor beliebiger Bauart. Wird der Motor geometrisch ähnlich auf das m-fache vergrößert, so beträgt der Vergrößerungsfaktor:

für die linearen Abmessungen . . . . m
für die Flächen (Kolbenflächen, Gleitflächen, Querschnittsflächen, Kühlflächen) . . . . . m^2
für die Massen . . . . m^3

und bei Innehaltung der gleichen Geschwindigkeiten (Kolbengeschwindigkeit, Gleitgeschwindigkeit):

für die Drehschnelle . . . . m^{-1}
für die Beschleunigungen . . . . m^{-1}
für die Massenkräfte . . . . m^2

und bei gleichen Arbeitsdrücken (mittlerer Druck):

für die Antriebskräfte . . . . m^2
für die Beanspruchungen (Flächenpressungen, Spannungen) . . . . m^0
für die Leistung . . . . m^2.

Bei ähnlicher Vergrößerung des Motors unter unveränderter Beanspruchung nimmt die Leistung mit dem Quadrat der Vergrößerungszahl m zu, die Drehschnelle dagegen mit dem linearen Betrag ab. Das Produkt $\omega^2 N$, die Mechanische Schnelläufigkeit, bleibt unverändert.

Was von den Geschwindigkeiten und Beanspruchungen des Motors gesagt wurde, gilt ebenso für sämtliche übrigen Teile des Triebwerks, z. B. für Untersetzungsgetriebe, Übertragungswellen, Luftschrauben. Auch hier ist der Faktor $\omega^2 N$ ein Maßstab für die Beanspruchung des Baustoffs durch Antrieb- und Massenkräfte. Eine Bauart kann in jedem anderen Maßstab wiederholt werden, wenn der Faktor $\omega^2 N$ derselbe geblieben ist[1]).

Betrachten wir die Entwicklung der Flugmotoren, so erkennen wir, daß die Mechanische Schnelläufigkeit stetig zugenommen hat. In Deutschland, wo man gegen hohe Drehschnelle eine Abneigung hat, ist man von $\omega = 150\,\mathrm{s}^{-1}$ (rd. 1400 U/min) und $N = 8$ mt/s (rd. 100 PS), also $\omega^2 N = 180\,000$ mt/s³ im Jahre 1914, immer weiter gestiegen, bis man im Jahre 1926 eine Spitzenleistung von fast 47 mt/s (620 PS) bei 160 s⁻¹ (rd. 1500 U/min) erreichte, also $\omega^2 N = 1\,200\,000$ mt/s³. Im Ausland geht man weiter. Ein moderner amerikanischer Flugmotor erreichte im Dauerlauf über 33 mt/s³ (443 PS) bei fast 230 sec⁻¹ (2200 U/min), also $\omega^2 N = 1\,750\,000$ mt/s³. Das ist eine

---

[1]) Diese Behauptung bedarf gewisser Einschränkungen. Die Beanspruchung durch Eigengewicht z. B. bleibt bei geometrisch ähnlicher Vergrößerung nicht konstant. Denn das Eigengewicht nimmt ja mit m^3 zu, die Querschnitte aber nur mit m^2. Der Unterschied liegt darin, daß die Erdbeschleunigung konstant ist, im Gegensatz zu der Beschleunigung der bewegten Massen, die mit m^{-1} abnimmt.
Andere Abweichungen bringt die Wärmeabführung. Nichts ändert sich zwar, soweit es sich um die Wärmeübertragung in den Oberflächen, von Gas auf Metall oder von Metall auf Kühlflüssigkeit, oder durch Strahlung handelt, oder um Weiterleitung durch Kühlwasser, oder um die rhythmische Wärmeaufnahme und Abgabe je Arbeitstakt durch Massen, die als Wärmespeicher dienen. Denn die Oberfläche wächst ebenso wie die je Zeiteinheit entwickelte Wärmemenge und durchströmende Kühlflüssigkeitsmenge mit m^2 und die Massen ebenso wie die je Arbeitstakt entwickelte Wärmemenge mit m^3.
Dagegen werden die Wege länger, auf denen die Wärme zu leiten ist (z. B. im Kolbenboden, in den Kühlrippen, im Ventilschaft). Eine geometrisch ähnliche Vergrößerung des Motors scheitert deshalb schließlich an den zu hohen Temperaturen der von der Verbrennung berührten Oberflächen und an den immer größer werdenden Temperaturunterschieden, soweit sie sich nicht schon durch das ungünstige Anwachsen des Gewichts verbietet.

Steigerung der Mechanischen Schnelläufigkeit in 12 Jahren auf fast das Zehnfache!

Der Grund dafür liegt in erster Linie in der Vermehrung der Zylinderzahl z von damals 4 bis 6 auf heute 12 und mehr, in zweiter Linie in der Vergrößerung der Kolbengeschwindigkeit w und des mittleren Druckes p_m. Das Hubverhältnis $f = \frac{4\,H^2}{\pi\,D^2}$ hat sich kaum verändert, ebenso ist auch der Arbeitstakt t ausschließlich Viertakt geblieben. Aus diesen fünf Größen läßt sich aber die Mechanische Schnelläufigkeit wie folgt ableiten:

Drehschnelle: $\quad \omega = \frac{\pi\,w}{H}$ . . . . (6)

Leistung: $\quad N = \frac{p_m}{t}\, z\, \frac{\pi\,D^2}{4}\, w$ . . . . . (7)

Hubverhältnis: $\quad f = \frac{4\,H^2}{\pi\,D^2}$ . . . . (8)

Mechanische Schnelläufigkeit:

$$\omega^2 N \qquad \ldots \ldots \ldots (5)$$

Durch Einsetzen von (6), (7), (8) in (5) und Elimination von D und H ergibt sich:

$$\omega^2 N = \frac{\pi^2\,w^3\,p_m\,z}{t\,f} \qquad \ldots \ldots (9)$$

Damit ist die Mechanische Schnelläufigkeit ausgedrückt durch Beiwerte, die für die inneren Vorgänge im Motor kennzeichnend sind, und die Größenänderungen gegenüber invariant sind.

Beispiel:

$H = 140\,\mathrm{mm}$ }
$D = 130\,\mathrm{mm}$ } $\quad f = \frac{4 \cdot 140^2}{\pi \cdot 130^2} = 1{,}48$
$w = 10\,\mathrm{m/s}$
$p_m = 100\,\mathrm{t/m^2}$
$z = 12$
$t = 4$.

$$\omega = \frac{\pi \cdot 10}{0{,}14} = 224\,\mathrm{s}^{-1}\,(= 2140\ \mathrm{U/min})$$

$$N = \frac{100}{4} \cdot 12 \cdot \frac{\pi}{4} \cdot 0{,}13^2 \cdot 10 = 40\ \mathrm{mt/s}\,(= 533\ \mathrm{PS})$$

$$\omega^2 N = \frac{\pi^2 \cdot 10^3 \cdot 100 \cdot 12}{4 \cdot 1{,}48} = 2\,000\,000\ \mathrm{mt/s^3}.$$

Wir können nicht annehmen, daß diese Entwicklung zu immer weiter anwachsender Mechanischer Schnelläufigkeit bald zum Stillstand kommen wird, ja daß auch nur einer der Faktoren, die zu ihr führen, eine umgekehrte Entwicklung haben wird.

Die Zylinderzahl ist im Zunehmen. Ähnlichkeitsbetrachtungen zeigen, daß eine Vermehrung der Zylinderzahl vorteilhaft, wenn nicht sogar notwendig ist, wenn bei Vergrößerung der Motoren das Leistungsgewicht sich nicht verschlechtern soll. Ein Beispiel: Die Leistung soll vervierfacht werden (z. B. von 300 PS auf 1200 PS). Bei dem kleineren Motor handele es sich um einen 6 Zylinder-Reihenmotor, bei dem großen sei noch nicht bestimmt, ob er eine geometrisch ähnliche Vergrößerung des kleineren darstellen soll, oder ob die Zylindergröße beibehalten und ihre Zahl auf 24 vergrößert werden soll, etwa in vier Reihen in X Anordnung. Mittlerer Druck, Kolbengeschwindigkeit usw. sollen unverändert bleiben.

Im ersteren Falle müssen sämtliche Abmessungen verdoppelt werden. Wir sehen ab von solchen Teilen, die bei dem kleineren Motor überbemessen waren und deren Abmessungen daher nicht verdoppelt zu werden brauchen. Andererseits nehmen wir an, daß die Wärmeabführung eine Verdopplung der Abmessungen nicht verbietet bzw. eine Herabsetzung der Kolbengeschwindigkeit oder des mittleren Drucks verlangt. Das Gewicht steigt auf das Achtfache.

Im anderen Falle steigt das Gewicht der Zylinder, Kolben usw. nur auf das Vierfache, das des Gehäuses, der Kurbelwelle usw. auf weniger als das Vierfache. Nur wenige Teile (z. B. Wasserpumpe, Ölpumpe), die aber in ihrer Gesamtheit keinen großen Anteil darstellen, werden mehr als viermal so schwer; und auch dies könnte man grundsätzlich durch Vermehrung statt Vergrößerung vermeiden. Das Gesamtgewicht steigt kaum auf das Vierfache.

Die Vermehrung der Zylinderzahl ist also viel günstiger als die Vergrößerung der Abmessungen. Wenn wir bedenken, wie selten an ihnen Störungen solcher Art auftreten, daß der Motor abgestellt werden muß, wenn im Gegenteil seit zehn Jahren die anerkannt zuverlässigsten Motorenmuster vielzylindrig sind, dann verschwinden die Bedenken gegen diese Vermehrung. Dahin geht auch die Entwicklung. Sechszylinder- und Achtzylindermotoren sind im Aussterben. Neunzylinder halten sich nur als luftgekühlte Sternmotoren und werden sicher durch Achtzehnzylinder abgelöst werden, sobald die Frage der Kühlung des hinteren Sterns gelöst ist. Der Zwölfzylinder-V-Motor ist Normalanordnung geworden, daneben erscheint aber der 18- und 2½-Zylinder. Sogar 30-Zylinder (6 Sterne zu je 5) kommen ernsthaft in Frage.

Es ist aber nicht nur die Zylinderzahl, deren Vermehrung ein Anwachsen der Mechanischen Schnelläufigkeit wahrscheinlich macht. Wer weiß, ob nicht einmal der Zweitakt wiederkehrt, vielleicht sogar der doppeltwirkende, oder eine Tandemanordnung, wenn das auch noch einer fernen Zukunft angehört. Der mittlere Druck wird durch besondere Ladeverfahren weiter zunehmen. Auch die Kolbengeschwindigkeit wird weiter zunehmen, durch Fortschritte in der Ausbildung der Lager und Gleitflächen und ihrer Schmierung und durch weitergehende Erleichterung der bewegten Teile. Auch in der Abführung der Wärme, die um so schwieriger wird, je größere Wärmemengen je Zeiteinheit und Oberflächeneinheit entwickelt werden, werden ständig Fortschritte gemacht.

Wir müssen uns also darauf gefaßt machen, daß die Mechanische Schnelläufigkeit bald auf das Doppelte oder noch Mehrfache des heute Üblichen steigen wird. Dann wird es unmöglich sein, ohne Untersetzungsgetriebe auszukommen. Schon bei den jetzigen Werten der Mechanischen Schnelläufigkeit ist eine Untersetzung in den meisten Fällen von Vorteil. Woran liegt es aber, daß man so zögernd an dieses wichtige Mittel herangeht? Die Frage ist für uns Deutsche besonders wichtig, da wir in der Verwendung von Untersetzungsgetrieben entschieden zurück sind.

9. Schrauben-Drehmoment.

Einer der wichtigsten Gründe, weshalb die Entwerfer von Motoren sich vor niedriger Schraubendrehschnelle scheuen, ist die Furcht vor den Begleiterscheinungen eines zu großen Drehmoments. In der Tat kann das Schwierigkeiten mit sich bringen; besonders für die Quersteuerung, wenn der Motor plötzlich aussetzt oder anspringt und das Moment ruckartig wechselt.

Man darf diese Schwierigkeit aber nicht überschätzen. Die Quersteuerung ist von allen Steuerungen des Flugzeugs die stärkste. Sie ist insbesondere viel stärker als die Seitensteuerung; und doch nehmen wir bei dieser Momente derselben Größenordnung in Kauf, wenn es sich um Flugzeuge mit zwei Motoren handelt, von denen nur einer arbeitet. Auch hier kommt es nicht auf die absolute Größe des Moments an, sondern wir müssen es, um es zu beurteilen, in Beziehung setzen zu der Größe des Flugzeugs (Fluggewicht mal Wurzel aus dem Flächeninhalt). Schwierigkeiten sind nur da zu erwarten, wo besonders leichte und kleine Flugzeuge mit sehr starken Motoren ausgerüstet sind. Um die Größenordnung zu ermitteln, wählen wir als Beispiel ein Kampfflugzeug mit zwei starken Motoren:

Fluggewicht: $G = 3$ t.
Tragflächeninhalt: $F = 40$ m².
Motorleistung: $N = 2 \times 45$ mt/s $= 90$ mt/s $(= 2 \times 600$ PS$)$.
Schraubendurchmesser: $D = 3$ m.
Außenmittigkeit des Schraubenschubs: $e = 2,1$ m.
Auftriebsbeiwert im steilsten Steigen: $c_a = 1,2$.

Luftdichte am Boden: $\varrho = \dfrac{1}{8000} \dfrac{t\,s^2}{m^4}$.

Es handelt sich also um ein Flugzeug von der Art des »Bugle«, das beim Luftturnier in Hendon durch seine Manövrierfähigkeit Aufsehen erregte.

Flächenbelastung:
$$\frac{G}{F} = \frac{3}{40} = 0,075 \text{ t/m}^2$$

Gewichtsleistung:
$$\frac{N}{G} = \frac{90}{3} = 30 \text{ m/s}$$

Kreisflächenverhältnis:
$$\frac{2\,\pi\,D^2}{4\,F} = \frac{2\,\pi\,3^2}{4\cdot 40} = 0,35$$

Außenmittigkeitsverhältnis:
$$\frac{e}{\sqrt{F}} = \frac{2,1}{\sqrt{40}} = 0,333.$$

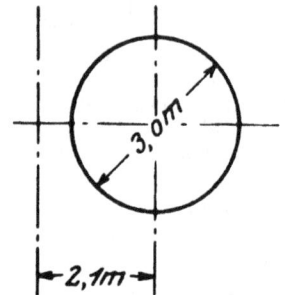

Abb. 3. Außenmittigkeit der Schraube beim 2-Motoren-Flugzeug.

Der Axialwirkungsgrad der idealen Strahlenmaschine würde nach Bendemann sein [1]:
$$\frac{1 - \eta_a}{\eta_a^2} = \frac{c_s}{4} \qquad \ldots \ldots \ldots \quad (10)$$

Durch Einsetzen der Grundgleichungen für die Schubzahl:
$$c_s = \frac{S}{q\,\dfrac{\pi\,D^2}{4}} \qquad \ldots \ldots \quad (11)$$

den Schub:
$$S = \frac{N\,\eta}{v} \qquad \ldots \ldots \ldots \quad (12)$$

die Geschwindigkeit:
$$v = \sqrt{\frac{2\,q}{\varrho}}$$

den Staudruck:
$$q = \frac{G}{F\,c_a}$$

formen wir um in:
$$\frac{1 - \eta_a}{\eta_a^2} = \left(\frac{\varrho}{32}\cdot c_a\cdot\frac{F}{G}\right)^{0,5} \frac{4\,F}{\pi\,D^2}\cdot c_a\cdot\frac{N}{G} \quad \ldots \ (13)$$
$$= \left(\frac{1,2}{8000\cdot 32\cdot 0,075}\right)^{0,5} \frac{1,2\cdot 30}{0,35}$$
$$= 0,81.$$
$$\eta_a = 0,71.$$

Bei richtiger Drehzahl kann der Gütegrad $\zeta = \dfrac{\eta}{\eta_{id}}$ bis 0,9 betragen. Der Wirkungsgrad wird also veranschlagt mit:
$$\eta = 0,9 \times 0,71 = 0,64.$$

Damit beträgt das Moment um die Hochachse bei Ausfall eines Motors, bezogen auf Fluggewicht und Wurzel aus der Fläche
$$\frac{M}{G\cdot\sqrt{F}} = \frac{\eta\,N\,e}{2\,v\,G\cdot\sqrt{F}} \qquad \ldots \ldots \quad (14)$$
$$\frac{M}{G\cdot\sqrt{F}} = \frac{N}{2\,G}\cdot\frac{e}{\sqrt{F}}\cdot\eta\left(\frac{\varrho}{2}\,\frac{F}{G}\,c_a\right)^{0,5} \ldots \quad (15)$$
$$= \frac{30\cdot 0,333}{2}\cdot 0,64\cdot\left(\frac{1,2}{2\cdot 8000\cdot 0,075}\right)^{0,5}$$

Mit den Zahlen dieses Beispiels wird:
$$\boxed{\frac{M}{G\cdot\sqrt{F}} = 0,1} \qquad \ldots \ldots \ldots \quad (16)$$

Das ist das größte Moment um die Hochachse, das im Fluge auftreten kann. Wenn die Seitensteuerung genügt, um

[1] T.B. II, S. 53.

einen großen Teil davon aufzunehmen[1]), dann sollte die Quersteuerung auf jeden Fall genügen, um ein um die Längsachse
drehendes Moment derselben Größenordnung aufzunehmen.
Unter welchen Vorbedingungen kann aber ein Moment dieser
Größe überhaupt auftreten? Wie groß muß die Mechanische Schnelläufigkeit eines einmotorigen Flugzeugs derselben hohen Flächenbelastung und Gewichtsleistung sein,
wenn das Moment, bezogen auf Fluggewicht und Wurzel
aus der Flügelfläche, ebenfalls nicht größer sein soll als

$$\frac{M}{G\sqrt{F}} \leq 0,1 \quad \ldots \ldots \ldots \quad (16)$$

Durch Einführung der Konstruktionsdaten $\frac{N}{G}$ und $\frac{G}{F}$
formen wir um in:

$$\omega^2 N \geq \frac{\left(\frac{N}{G}\right)^2 \cdot \frac{G}{F}}{\left(\frac{M}{G\sqrt{F}}\right)^2} = 100 \left(\frac{N}{G}\right)^2 \cdot \frac{G}{F} \quad \ldots \quad (17)$$

Im vorliegenden Beispiel darf also die Mechanische
Schnelläufigkeit nicht kleiner sein als

$$\omega^2 N \geq 100 \cdot 30^2 \cdot 0,075$$

$$= 200000 \text{ mt/s}^2.$$

Wir fassen das Ergebnis mit anderen Worten zusammen:
Gleichgewichtsstörungen infolge des Schraubendrehmoments
kommen nur bei sehr kleinen und leichten Flugzeugen mit
sehr starken Motoren in Frage. Wenn aber bei diesen Flugzeugen das Drehmoment um die Längsachse dieselbe Größenordnung annehmen soll wie das Drehmoment um die Hochachse bei Ausfall eines Motors bei einem zweimotorigen
Flugzeuge derselben hohen Flächenbelastung und Gewichtsleistung, dann muß die Mechanische Schnelläufigkeit sehr
gering sein; auf jeden Fall viel geringer, als für Flugzeuge
dieser Art aus anderen Gründen zu empfehlen sein würde.
In Abschnitt 18 wird für Renn- und Kurierflugzeuge eine
zwei- bis achtmal so hohe Mechanische Schnelläufigkeit
empfohlen.

Die Richtigkeit dieser Feststellung wird bestätigt durch
einen Vergleich der soeben angestellten Betrachtungen über
die Größenordnung des noch zulässigen Drehmoments mit
den Erfahrungen, die in den extremsten Fällen in dieser Hinsicht gemacht worden sind. In den letzten Kriegsjahren
ist eine Reihe von sehr kleinen und leichten Flugzeugen mit
starken Motoren extrem geringer Mechanischer Schnelläufigkeit gebaut worden; das waren die 1917/18 gebauten Jagdflugzeuge mit Siemens SH IIIa-Motor ($N = 16,5$ mt/s)
(= 220 PS), $\omega = 95$ s^{-1} (= 900 U/min). Dieser Motor,
ein Umlaufmotor mit entgegengesetzt gleich schnell um-
laufendem Gehäuse und Welle, hatte infolge dieser Bauart eine ungewöhnlich niedrige Drehzahl und eine ungewöhnlich niedrige Mechanische Schnelläufigkeit ($\omega^2 N = 95^2 \cdot 16,5$
= 150 000 mt/s^2). Das war ungewohnt, und es traten
zunächst Schwierigkeiten auf. Sie wurden aber bald überwunden und die Flugzeuge mit gutem Erfolge geflogen.

Das kleinste dieser Flugzeuge war der Fokker »Parasol«-
Eindecker, Fok E V ($G = 0,69$ t, $F = 10,7$ m^2)[2]). Bei
diesem Flugzeug war

---

[1]) Die Seitensteuerung kann aufnehmen:
$$\frac{M}{G\sqrt{F}} = \frac{c_{a_s}}{c_{a_r}} \cdot \frac{F_s}{F} \cdot \frac{l}{\sqrt{F}} \approx 1 \cdot 0,05 \cdot 1 = 0,05.$$

[2]) Hans Leutert, der diese Flugzeuge seinerzeit auf Flugeigen-
schaft geprüft hat, teilt mit:
Der Fokker EV mit verstärktem Siemens SH IIIa war nicht
schwer zu fliegen. Fliegerisch war er gut und angenehm. Flugzeuge
dieser Art sind angenehmer zu fliegen, besonders im Kunstflug, als
dieselben Flugzeuge mit Motoren derselben Leistung, aber höher
Schraubendrehzahl. Ihre Beschleunigung ist besser, die Wendigkeit
leidet nicht.
Schwierigkeiten machten die Flugzeuge mit Siemens-Motor nur
beim Landen, wenn man »schnirpste«, d. h. den Motor durch Kurz-
schließen der Zündung regelte. Es konnte dann vorkommen, daß
man beim Landen auf einem Rade aufsetzte. Das Schnirpsen war
nur deshalb bei diesem Motor nötig, weil die Leerlaufdrehzahl zu
hoch war.

$$\frac{M}{G \cdot \sqrt{F}} = \frac{N}{\omega G \sqrt{F}} = \frac{16,5}{95 \cdot 0,69 \cdot \sqrt{10,7}} \quad \ldots \quad (18)$$

$$\boxed{\frac{M}{G \cdot \sqrt{F}} = 0,08} \quad \ldots \ldots \quad (19)$$

Das ist fast genau der aus dem Vergleich mit dem Zwei-
motorenflugzeug ermittelte Betrag.

Um zu einer praktischen Regel zu kommen, fassen wir
zusammen:

Wie niedrig die Mechanische Schnelläufigkeit eines Mo-
tors sein darf, ohne daß die Aufnahme des Drehmoments
Schwierigkeit macht, richtet sich danach, wie hoch die
Flächenleistung und Flächenbelastung des kleinsten und
leichtesten Flugzeugs ist, in dem dieser Motor arbeiten soll.
Man kann erfahrungsgemäß heruntergehen bis auf

$$\frac{M}{G \cdot \sqrt{F}} \leq 0,08, \text{ also } \quad \ldots \ldots \quad (19)$$

$$\boxed{\omega^2 N \geq 160 \left(\frac{N}{G}\right)^2 \frac{G}{F}} \quad \ldots \ldots \quad (20)$$

In den seltensten Fällen wird man es notwendig haben,
auf so ausgefallene Bauarten wie Renn- und Jagdflugzeuge
Rücksicht nehmen zu müssen. Im Luftverkehr verwendet
man zwar auch hohe Flächenbelastungen, bis zu 0,08 t/m^2
(bei Flugbooten sogar bis zu $\frac{G}{F} = 0,1$ t/m^2), aber mit der
Gewichtsleistung geht man kaum über $\frac{N}{G} = 20$ m/s $\left(\frac{G}{N} = \right.$
$\left. 3,75 \text{ kg/PS}\right)$ hinaus. Damit würde die untere Grenze der
Mechanischen Schnelläufigkeit, bei der das Drehmoment
noch einwandfrei aufgenommen wird:

$$\omega^2 N \geq 160 \cdot 20^2 \cdot 0,08$$

$$\geq 100000 \text{ mt/s}^2 \quad \ldots \ldots \quad (21)$$

Geringere Mechanische Schnelläufigkeiten empfiehlt
Abschnitt 18 aber nicht einmal für die schwächsten und lang-
samsten Fracht- und Übungsflugzeuge. Man kann also einen
Motor, der für ein solches Flugzeug entworfen ist, für das
kleinste und leichteste noch überhaupt in Frage kommende
Schnellverkehrsflugzeug verwenden, ohne Gleichgewichtsstörungen infolge Schraubendrehmoments befürchten zu
müssen.

10. Nebenbedingungen.

Wir haben bis jetzt gezeigt, daß der Entwerfer des Motors
durch die von ihm angewandte Mechanische Schnelläufigkeit
eine Verantwortung für den Wirkungsgrad der Schraube
übernimmt; denn er legt damit eine je nach Fluggeschwindigkeit v und Luftdichte ϱ verschiedene Grenze fest, die
auf keinen Fall überschritten werden kann, gleichgültig
welche Form und Abmessungen der Entwerfer der Schraube
anwendet.

Aber die Verantwortung geht noch weiter. In vielen
Fällen kann die Grenze nicht erreicht werden, weil sie bereits
Nebenbedingungen konstruktiver oder physikalischer Art
verletzt.

Diese lassen sich ausdrücken durch die Kreisflächenleistung:

$$N_D = \frac{N}{\frac{\pi D^2}{4}} \quad \ldots \ldots \ldots \quad (22)$$

und die Umfangsgeschwindigkeit:

$$u = \omega \frac{D}{2} \quad \ldots \ldots \ldots \quad (23)$$

Wir dürfen es als qualitativ bekannt voraussetzen, daß
Wirkungsgrad und Sicherheit verlangen, daß beide Werte
niedrig gehalten werden, niedriger als im allgemeinen üblich
ist. Das ist aber mit den Motoren, wie sie heute im allgemeinen gebaut werden, nicht möglich. Welchen Zusam-

Abb. 4. Daimler L. 20. Dieses Flugzeug hatte ein besonders großes Kreisflächenverhältnis. Trotzdem ist seine Formgebung gut. Es kann nicht als hochbeinig bezeichnet werden. Nach den Leistungen zu schließen, war der Wirkungsgrad gut.

menhang damit die Mechanische Schnelläufigkeit hat, erkennen wir, wenn wir aus beiden Werten den Durchmesser D eliminieren:

$$\boxed{\omega^2 N = \pi u^2 N_D} \quad \ldots \ldots \quad (24)$$

Bei gegebener Mechanischer Schnelläufigkeit kann also die Umfangsgeschwindigkeit nur auf Kosten einer Vergrößerung der Flächenleistung verkleinert werden und umgekehrt. Sollen beide in niedrigen Grenzen gehalten werden, so muß auch die Mechanische Schnelläufigkeit niedrig sein.

Nach dieser wichtigen Erkenntnis können wir die Aufgabe unterteilen: Wir werden untersuchen, wovon die Höhe der Kreisflächenleistung abhängt, welches ihre konstruktiven Grenzen sind, und wieviel durch ihre Verringerung zu gewinnen ist. Ebenso werden wir die Grenzen der Umfangsgeschwindigkeit untersuchen und ihren jeweils besten Wert bestimmen. Als Ergebnis der Untersuchungen werden wir die jeweils beste Mechanische Schnelläufigkeit angeben können sowie die Folgen einer Abweichung vom Bestwert.

11. Kreisflächenverhältnis.

Absolute Werte für die konstruktiven Grenzen der Kreisflächenleistung lassen sich nicht angeben. Sie hängen ab von den konstruktiven Beiwerten des Flugzeuges. Durch Erweiterung finden wir:

$$N_D = \frac{N}{G} \cdot \frac{G}{F} \cdot \frac{F}{\dfrac{\pi D^2}{4}} \quad \ldots \ldots \quad (25)$$

Davon sind die Gewichtsleistung $\dfrac{N}{G}$ und die Flächenbelastung $\dfrac{G}{F}$ je nach dem Verwendungszweck verschieden. Dagegen ist das Kreisflächenverhältnis:

$$\frac{\text{Kreisfläche}}{\text{Flügelfläche}} = \frac{\pi D^2}{4 F} \quad \ldots \ldots \quad (26)$$

nur für die Formgebung des Flugzeuges kennzeichnend. Vergrößern wir es, so wird das Fahrgestell immer hoch-

Abb. 5. Das empfohlene Kreisflächenverhältnis.

Das Kreisflächenverhältnis $\dfrac{\pi D^2}{4 F} = 0{,}3$ ist hier auf ein Flugzeug normaler und bekannter Bauart angewandt. Man sieht, daß Schwierigkeiten in der Formgebung noch nicht entstehen. Die Anwendung eines günstigen Kreisflächenverhältnisses wird erleichtert, wenn beim Entwurf des Motors dafür gesorgt ist, daß die Bauhöhe über der Welle möglichst gering ist. Dies ist ein besonderer Vorzug der Bauart mit hängenden Zylindern.

beiniger, der Anstellwinkel in der Rollstellung immer größer, die Belastung des Sporns immer höher, und man kommt schließlich zu einer Grenze, bei der das Flugzeug unhandlich wird. Natürlich hängt die Höhe der Grenze von der Bauart ab. Bei Flugbooten liegt sie anders als bei Rumpfflugzeugen mit Zugschraube, bei mehrmotorigen höher als bei einmotorigen. Man sollte aber annehmen, daß bei einmotorigen Rumpfflugzeugen das Kreisflächenverhältnis nur geringe Unterschiede aufweisen sollte. Das ist aber nicht der Fall.

Wir finden große Werte häufiger bei kleinen Flugzeugen, kleine Werte dagegen bei großen Flugzeugen. Weiter unten werden wir sehen, daß ein großes Kreisflächenverhältnis im steilen Steigen wichtiger ist als im Wagerechtflug, und im Gipfelflug oder Sparflug wichtiger als im Schnellflug. Bei den kleinen Flugzeugen handelt es sich im allgemeinen um solche mit großem Leistungsüberschuß, die steil steigen können sollen (Jagdflugzeuge). Die großen Flugzeuge dagegen haben in der Regel nur ganz geringen Leistungsüberschuß und fliegen fast nur wagerecht. Man könnte also zu der Annahme kommen, daß der bewußte Verzicht auf steiles Steigen die Verwendung des geringen Kreisflächenverhältnisses veranlaßte. Das ist aber nicht der Fall, denn bei den meisten dieser Flugzeuge ist die Länge des Starts dafür maßgebend, wie hoch das Flugzeug belastet werden darf. Der Start ist aber ein beschleunigter Flugzustand und als solcher dem steilen Steigen gleichzusetzen. Im Gegenteil, gerade des Starts wegen sollte bei diesen großen, schwachen Flugzeugen auf ein großes Kreisflächenverhältnis gedrungen werden.

Ein anderer Grund, der die Verwendung kleiner Kreisflächenverhältnisse bei großen Flugzeugen erklären könnte, ist das Gewicht der Schraube, das bei geometrisch ähnlicher Vergrößerung mit der dritten Potenz des Durchmessers steigt. Das wäre bei großen Schrauben allerdings recht ungünstig. Wir wissen wenig über die Gesetzmäßigkeiten zwischen Gewicht und Betriebsbedingungen der Schraube sowie über die Mittel zur Verringerung des Schraubengewichts. Wir können aber als sicher annehmen, daß eine Herabsetzung der Umfangsgeschwindigkeit von den jetzt üblichen Werten auf den Bestwert auch eine Verringerung des Gewichts mit sich bringen wird, durch die mit ihr verbundene Herabsetzung der Fliehkräfte. Eine Untersuchung hierüber wäre dankenswert. Auf jeden Fall aber ist der Gewinn an Wirkungsgrad, der durch die Vergrößerung des Kreisflächenverhältnisses auf ein normales Maß erzielt werden kann, so groß, daß er eine gewaltige Vergrößerung des Eigengewichts der Schraube rechtfertigen würde. Aus diesem Grunde können wir das Eigengewicht der großen Schrauben nicht als stichhaltigen Grund dafür gelten lassen, daß bei großen Flugzeugen kleinere Kreisflächenverhältnisse zu empfehlen seien als bei kleineren Flugzeugen.

Wenn man sich beim Entwurf großer Verkehrsflugzeuge trotzdem oft mit kleinem Kreisflächenverhältnis begnügen muß, so liegt das daran, daß für diese Flugzeuge trotz ihrer geringen Gewichtsleistung und Flächenbelastung nur Motoren hoher mechanischer Schnelläufigkeit zur Verfügung stehen. Erweitern wir nämlich Gleichung (24) mit Gleichung (25), so erhalten wir:

$$\frac{\pi D^2}{4 F} = \pi \frac{u^2{}_{max}}{\omega^2 N} \cdot \frac{N}{G} \cdot \frac{G}{F}, \quad \ldots \ldots \quad (27)$$

d. h. das Kreisflächenverhältnis muß klein sein, wenn die Mechanische Schnelläufigkeit $\omega^2 N$ groß ist und gleichzeitig die Flächenbelastung $\dfrac{G}{F}$ und die Gewichtsleistung $\dfrac{N}{G}$ klein sind. Es wird um so größer, je größer die Umfangsgeschwindigkeit sein darf. Welche Grenzen dafür bestehen, werden wir in einem späteren Abschnitt sehen (Abschnitt 13).

Wohin man kommt, wenn man in einem im Verhältnis zu seiner Leistung und seinen Gewichten großen Flugzeug einen Motor hoher Mechanischer Schnelläufigkeit verwendet, zeigt das folgende Zahlenbeispiel:

$$\frac{\pi D^2}{4 F} \leqq \pi \cdot \frac{280^2}{1\,750\,000} \cdot 10 \cdot 0{,}4 = 0{,}056.$$

Die Zahlen sind keineswegs ausgefallen. Es werden geringere Flächenbelastungen als 0,04 t/m² und geringere Gewichtsleistungen als $\frac{N}{G} = 10$ m/s verwendet. Die Mechanische Schnelläufigkeit $\omega^2 N = 1\,750\,000$ m t/s³ wird, wie wir bereits festgestellt haben, in amerikanischen Flugmotoren verwendet. Die Umfangsgeschwindigkeit $u = 280$ m/s ist so hoch, daß ein Überschreiten davon kaum in Frage kommt. Trotzdem ist das Kreisflächenverhältnis, das sich aus diesen Zahlen zwangläufig ergibt, überraschend klein. Tatsächlich ist kein Flugzeug bekannt, bei dem dieser Wert vorliegt. Der kleinste Wert $\frac{\pi D^2}{4 F} = 0,11$ findet sich bei einem großen Verkehrsflugzeug. Dieses hat denn auch in den Zuständen geringer Geschwindigkeit (Start, Steigen) recht bescheidene Leistungen.

Die größten Werte, $\frac{\pi D^2}{4 F} = 0,6$, finden wir bei dem bereits erwähnten kleinen Jagdflugzeug[1]) hoher Flächenbelastung mit Motor extrem geringer Mechanischer Schnelläufigkeit, die trotz Anwendung aller bekannten Mittel (vierflüglige Schraube großer Blattbreite) eine weitere Beschränkung des Durchmessers verbot. Das Flugzeug hatte darum auch ein ungewöhnlich hohes Fahrgestell. Man kann aber nicht behaupten, daß dadurch seine Brauchbarkeit empfindlich geschmälert worden sei. Die Start- und Steigleistung war vorzüglich.

Zwischen diesen beiden Extremen findet sich ein Bereich, in dem weder die eine noch die andere Beschränkung vorlag:

Zahlentafel 1. Kreisflächenverhältnisse ausgeführter Flugzeuge.

Hersteller	Muster	Flügel m	Schraube m	$\frac{\pi D^2}{4 F}$
Heinkel	HD 32	23,6	2,4	0,19
Albatros	C V	43,4	3,5	0,22
Baeumer	B II ·	12,4	1,9	0,23
Udet . . . . ·. .	U 8	23,0	2,6	0,23
Udet	U 10	15,6	2,2	0,24
Junkers	K 16	19,0	2,45	0,25
Fokker	D 13	22,0	2,8	0,28
Dietrich	DP IX	14,0	2,3	0,30
Daimler	L 20	10,1	2,15	0,36

Besonders von dem letztgenannten Flugzeug kann man sagen, daß der Entwerfer für die Wahl des Schraubendurchmessers völlig freie Hand hatte. Denn der Entwurf von Flugzeug, Motor und Untersetzungsgetriebe lag in derselben Hand. Das Flugzeug nahm mit gutem Erfolg am Deutschen Rundflug 1925 und dem daran anschließenden Wettbewerb um den Otto Lilienthal-Preis teil. Keiner der dabei Anwesenden hat sich dahin geäußert, daß es ihm zu hochbeinig erschiene, oder sonst durch den großen Schraubendurchmesser beeinträchtigt sei (Abb. 4).

Wir können deshalb das Kreisflächenverhältnis

$$\frac{\pi D^2}{4 F} = 0,3 \quad \ldots \ldots \ldots (28)$$

als eines empfehlen, bei dem konstruktive Schwierigkeiten ernsterer Art noch nicht zu erwarten sind.

Abb. 5 zeigt, wie ein Flugzeug der bekannten Bauart Junkers F 13 bei Verwendung dieses Wertes aussehen würde.

Wir wollen uns aber nicht mit der qualitativen Feststellung begnügen, daß bei großem Flächenverhältnis ein guter Wirkungsgrad zu erwarten ist, sondern wollen eine überschlägliche Untersuchung darüber anstellen, wieviel zu gewinnen ist.

Im unbeschleunigten Fluge, auf der unter dem Winkel φ ansteigenden Bahn (Abb. 6) beträgt der Schraubenschub:

$$S = (c_w + c_a \operatorname{tg} \varphi) \cdot F\, q \quad \ldots \ldots (29)$$

Andererseits beträgt er, nach Gleichung (11):

_____
[1]) Fok EV mit SH III a, $F = 10,7$ m², $D = 2,85$ m.

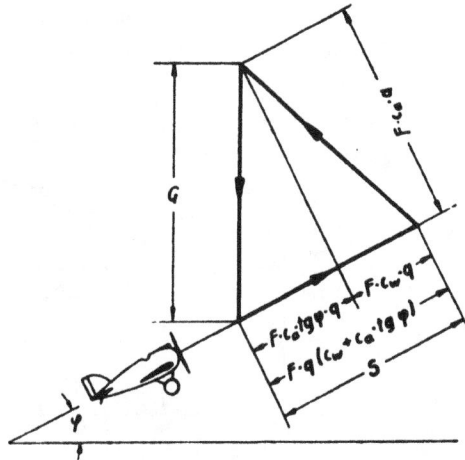

Abb. 6. Größe des Schraubenzuges **s** im unbeschleunigten Flug auf einer unter dem Winkel φ ansteigenden Flugbahn. Bildliche Erläuterung von Gl. (31).

$$S = c_s \frac{\pi D^2}{4} \cdot q \quad \ldots \ldots \ldots (30)$$

Damit wird die Schubzahl:

$$c_s = \frac{c_w + c_a \operatorname{tg} \varphi}{\frac{\pi D^2}{4 F}} \quad \ldots \ldots \ldots (31)$$

Für die ideale Strahlmaschine (nach Finsterwalder und Bendemann) beträgt der Axialwirkungsgrad:

$$\frac{1 - \eta_a}{\eta_a^2} = \frac{c_s}{4} \quad \ldots \ldots \ldots (10)$$

$$\boxed{\frac{1 - \eta_a}{\eta_a^2} = \frac{c_w + c_a \operatorname{tg} \varphi}{4 \cdot \frac{\pi D^2}{4 F}}} \quad \ldots \ldots (32)`$$

Diesen Zusammenhang zwischen dem Axialwirkungsgrad der idealen Strahlmaschine und dem Kreisflächenverhältnis zeigt Abb. 7, S. 38. Als Grundlinie ist das Kreisflächenverhältnis in logarithmischem Maßstab aufgetragen, als Höhe der Wirkungsgrad in linearem Maßstab. Jede Kurve der Schar entspricht einem bestimmten Widerstandsbeiwert

$$c_w + c_a \operatorname{tg} \varphi.$$

Man sieht, daß eine Verringerung des Kreisflächenverhältnisses den Wirkungsgrad sehr ungünstig beeinflußt, besonders im Steigflug. Noch ausgesprochener wird dies, wenn wir auch noch die Verluste im Schraubenstrahl berücksichtigen.

12. Verluste im Schraubenstrahl.

Wir haben bereits qualitativ davon gesprochen, daß zu den Verlusten in der Schraube noch solche im Strahl hinzutreten. An Messungen hierüber fehlt es noch sehr. Es würde im Rahmen dieser Arbeit zu weit führen, auf die verwickelten Verhältnisse zwischen Schraube und Widerstand erzeugenden Körpern einzugehen, insbesondere auf die Rückwirkung des von diesen Körpern erregten »Vorstroms« auf die Schraube. Es genügt aber, wenn wir ein in der Praxis gebräuchliches Verfahren zur Berücksichtigung der Strahlverluste bei der Leistungsberechnung anwenden. Die amerikanische Kriegsmarine benutzt dazu eine Formel, die in unserer Formelsprache lauten würde:

$$\text{Strahlfaktor} = \frac{\text{Staudruck im Strahl}}{\text{Staudruck außerhalb}} =$$

$$= 1 + \frac{S}{q \cdot \frac{\pi D^2}{4} \cdot \frac{3}{4}} \quad \ldots \ldots (33)$$

Die Formel geht von der Annahme aus, daß der Strahl, der die Widerstand erzeugenden Teile trifft, ebenso scharf ist wie einer, der von einer idealen Strahlmaschine von der

Fläche $\frac{3}{4} \cdot \frac{\pi D^2}{4}$ erregt wird. Der Staudruck q erhält also im Strahl den Zuwachs Δq:

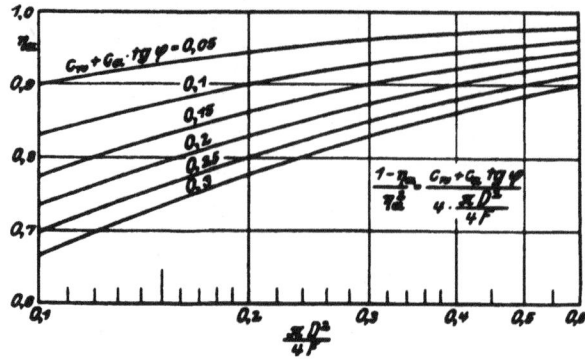

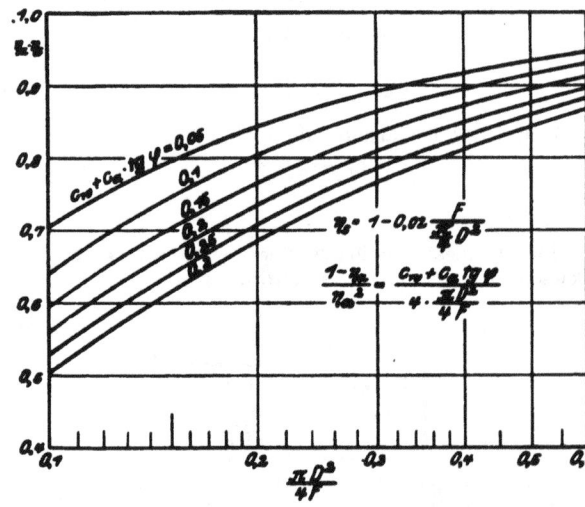

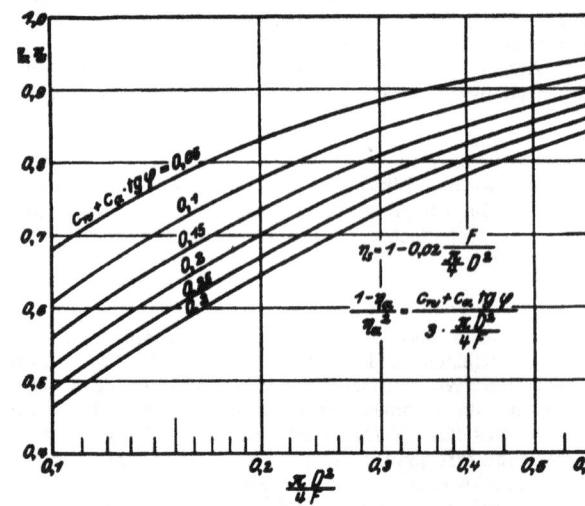

**Abb. 7, 8 und 9. Abhängigkeit des Wirkungsgrades vom Kreis-
flächenverhältnis.**

Als Grundlinie ist das Kreisflächenverhältnis im logarithmischen Maßstabe, als Höhe der Axialwirkungsgrad im linearen Maßstab aufgetragen. Die Kurven entsprechen runden Beträgen des Wider-
standsbeiwertes, ergänzt durch die Neigung der Flugbahn. Die oberste
Kurve entspricht dem Wagerechtflug eines normalen Flugzeuges, die
zweite seinem Gipfelflug oder Sparflug, die nächsten flacherem oder
steilerem Steigen.

Abb. 7 u. 8 nehmen an, daß der Schub der idealen Strahlmaschine
gleichmäßig über die ganze Schraubenkreisfläche verteilt ist. Abb. 9
nimmt an, daß nur ³/₄ dieser Fläche ausgenutzt ist; eine Näherung,
die der Wirklichkeit wohl mehr entspricht.

Abb. 8 u. 9 ergänzen den Axialwirkungsgrad η_a durch den Strahlwirkungsgrad η_s. Als Höhe ist der Gesamtwirkungsgrad $\eta_a \cdot \eta_s$ aufgetragen.

$$\frac{q + \Delta q}{q} = 1 + \frac{S}{q \frac{3}{4} \frac{\pi D^2}{4}} \quad \ldots \ldots (34)$$

$$\Delta q = \frac{S}{\frac{3}{4} \cdot \frac{\pi D^2}{4}} \quad \ldots \ldots (35)$$

Um den durch den Strahl erzeugten zusätzlichen Widerstand zu veranschlagen, müssen wir eine Annahme über
Größe und Widerstandszahl der vom Strahl getroffenen
Flächen machen. Bei einem Flugzeug normaler Bauart
beträgt diese, auf die Größe der Tragfläche bezogen, etwa
0,015 F[1]). Der Verlust beträgt dann:

$$\Delta W = 0,015 \, F \cdot \Delta q \quad \ldots \ldots (36)$$

$$\Delta W = 0,02 \, S \frac{F}{\frac{\pi D^2}{4}} \quad \ldots \ldots (37)$$

Die Lösung ist überaus bequem. Der zusätzliche Widerstand ΔW ist von der Geschwindigkeit unabhängig, nur
dem Schub S verhältig und dem Kreisflächenverhältnis
$\frac{\pi D^2}{4F}$ umgekehrt verhältig. Man kann deshalb diesen Verlust
auch durch einen Wirkungsgrad ausdrücken, den »Strahlwirkungsgrad«:

$$\eta_s = \frac{S - \Delta W}{S} \quad \ldots \ldots (38)$$

$$\boxed{\eta_s = 1 - 0,02 \frac{F}{\frac{\pi D^2}{4}}} \quad \ldots \ldots (39)$$

Das ist nun sogar vom Schub unabhängig, für alle Flug-
lagen eines Flugzeugs konstant!

Bei Flugzeugen mit reichlich großem Kreisflächenverhältnis, wie dem in Abschnitt 11 erwähnten Daimler L 20
mit $\frac{\pi D^2}{4F} = 0,36$, ist der Verlust gering zu veranschlagen:

$$\eta_s = 1 - \frac{0,02}{0,36} = 0,94.$$

Bei dem Verkehrsflugzeug mit ausgefallen kleinem Kreisflächenverhältnis $\left(\frac{\pi D^2}{4F} = 0,11\right)$ ist aber ein großer Verlust
zu erwarten:

$$\eta_s = 1 - \frac{0,02}{0,11} = 0,82.$$

Daß diese Schätzung nicht übertrieben ist, zeigt ein kürzlich bei der DVL vorgenommener Großversuch, wonach die
Verlustbeizahl in Formel (37) nicht 0,02, sondern fast das
Doppelte betragen müßte. Es handelte sich um ein Flugzeug mit luftgekühltem Sternmotor. Das Ergebnis soll
aber hier nur mit allem Vorbehalt mitgeteilt werden;
Wiederholungen des Versuchs sind beabsichtigt.

Wir benutzen das Ergebnis zur Erweiterung der Gleichung für den Axialwirkungsgrad, die nunmehr lautet:

$$\frac{1 - \eta_a}{\eta_a^2} = \frac{c_w + c_a \operatorname{tg} \varphi}{4 \frac{\pi D^2}{4F}} \cdot \frac{1}{1 - \frac{0,02 \, F}{\frac{\pi D^2}{4}}} \quad \ldots (40)$$

$$\boxed{\frac{1 - \eta_a}{\eta_a^2} = \frac{c_w + c_a \operatorname{tg} \varphi}{4 \left(\frac{\pi D^2}{4F} - 0,02\right)}} \quad \ldots \ldots (41)$$

Der Gesamtwirkungsgrad der Vortriebsanlage ist $\eta_s \cdot \eta_a$.
Man beachte den Unterschied zwischen Abb. 7 und Abb. 8,
besonders den steilen Abfall in Abb. 8 bei den schlechten
Kreisflächenverhältnissen[2]).

---

[1]) Bei raffiniert geformten Rennflugzeugen und Flugzeugen mit
ungestörtem Strahl natürlich weniger.

[2]) Es mag willkürlich erscheinen, daß bei der Berechnung des
Wirkungsgrades der reinen Strahlschraube von einer anderen Annahme ausgegangen wurde als bei der Berechnung des Verlustes
durch Widerstand im Strahl. Bei der ersteren ist nämlich angenommen, daß der Schub gleichmäßig über die ganze Kreisfläche

13. Umfangsgeschwindigkeit.

Die zweite Nebenbedingung ist die Umfangsgeschwindigkeit. Auch hier ist als qualitativ bekannt vorauszusetzen, daß es aus vielen Gründen wünschenswert wäre, niedrige Umfangsgeschwindigkeiten verwenden zu können. Warum wir dies im allgemeinen nicht können, ist bereits in Abschnitt 10 gesagt worden: Bei hoher Mechanischer Schnellläufigkeit kann niedrige Umfangsgeschwindigkeit nur auf Kosten hoher Kreisflächenleistung erreicht werden. Das heißt aber: »Den Teufel mit Beelzebub austreiben.«

Man verwendet deshalb heute fast allgemein Umfangsgeschwindigkeiten bis $u = 250$ m/s, mit Metallschrauben sogar bis $u = 300$ m/s. Die Nachteile, die man dabei in Kauf nehmen muß, sind teils mechanischer, teils geometrischer Natur. Die ersteren sind: hohe Materialbeanspruchung bzw. Bruchgefahr, Verschleiß, Lärm und Änderungen der Strömungserscheinungen, die den Wirkungsgrad verschlechtern.

Eine eingehende Untersuchung über die Bruchgefahr schnellaufender Schrauben würde hier zu weit führen. Es genügt zu sagen, daß wir anscheinend der Grenze des Ausführbaren nahe sind, sonst würde man nicht so geringe Kreisflächenverhältnisse $\frac{\pi D^2}{4 F}$ verwenden. Ein deutliches Zeichen hierfür ist, daß bei den etwas festeren Metallschrauben auch etwas größere Umfangsgeschwindigkeiten angewandt werden, wenn auch hier noch ein anderer Grund mitspricht, auf den wir später kommen werden. Ferner sind mehrere Fälle bekannt geworden, in denen die Schraube zerrissen ist; hierbei besteht immer die Gefahr, daß nicht nur fortfliegende Teile das Flugzeug beschädigen, sondern auch, daß der Motor aus dem Flugzeug gerissen wird. Die Folge davon ist eine Störung des Gleichgewichts, die in den meisten Fällen zum Absturz führt. Bekanntlich war das Durchschießen der eigenen Schraube eine der Hauptgefahren des Jagdflugs.

Wenn wir die Umfangsgeschwindigkeit von $u = 250$ m/s auf $u = 177$ m/s herabsetzen könnten, dann könnten wir die Fliehkräfte halbieren. Dann könnten wir auch andere, leichtere Bauweisen verwenden, vielleicht auch bessere Formen, die den doppelt so hohen Fliehkräften nicht gewachsen gewesen wären. Für den Entwurf von Verstellschrauben ist die Herabsetzung der Fliehkraft wenn nicht notwendige Vorbedingung, so doch wesentliche Erleichterung. Es wird eine dankbare und dankenswerte Aufgabe sein, die konstruktiven Folgen verringerter Umfangsgeschwindigkeit zu untersuchen, und die konstruktiven Möglichkeiten, die sich daraus ergeben.

Auch die Verschleißfrage würde durch die Herabsetzung der Umfangsgeschwindigkeit gelöst sein. Als man noch mit Umlaufmotoren geringer Mechanischer Schnelläufigkeit zu tun hatte, und die Schrauben dementsprechend geringe Umfangsgeschwindigkeit hatten (z. B. $\omega = 125\,\mathrm{s}^{-1}$ (= 1200 U/min), $D = 2,7$ m, $u = 170$ m/s), dachte niemand an Verschleiß. Als dann die Umfangsgeschwindigkeit auf $u = 210$ m/s stieg, genügte es noch, Hartholzstücke in die Vorderkanten der Holzschrauben einzuleimen. Bei den hohen Umfangsgeschwindigkeiten aber, die jetzt üblich sind, müssen die Vorderkanten mit Metall beschlagen sein. Das ist teuer, mindert den Wirkungsgrad und ist erfahrungsgemäß nicht ganz zuverlässig. Selbst Metallschrauben leiden, da kein Oberflächenschutz die hohe Umfangsgeschwindigkeit verträgt, unter eigentümlichen Korrosionserscheinungen. Die Schwierigkeiten gelten verstärkt für Seeflugzeuge. Zahlenmäßig messende Versuche über Verschleiß fehlen noch. Dauerversuche, bei denen Schraubenblätter verschie-

dener Art einem mit Sand oder Salzwasser durchstäubten Luftstrom ausgesetzt werden, würden nicht schwierig sein. Leider sind aber Dauerversuche teuer.

Auch über die Abhängigkeit des Lärms von der Umfangsgeschwindigkeit fehlen zahlenmäßig messende Versuche[1]. Wir wissen aber, daß bei Umfangsgeschwindigkeiten über $u = 200$ m/s der Lärm auch dann bedeutend bleibt, wenn der Auspufflärm durch Schalldämpfer gründlich gedämpft wird. Andererseits wissen wir, daß die mit dem mit Untersetzungsgetriebe versehenen Daimler-D IV-Motor ausgerüsteten Flugzeuge bemerkenswert geräuschlos waren (Albatros C V, $\omega = 95\,\mathrm{s}^{-1}$ (= 900 U/min), $D = 3,4$ m, $u = 160$ m/s).

Die Bekämpfung des Lärms wird für Verkehrsflugzeuge immer wichtiger. Neben der Furcht vor der Seekrankheit ist es die Unmöglichkeit zwangloser Unterhaltung, die viele Menschen vom Fliegen abhält.

Über die Veränderung der Strömungserscheinungen bei hohen Umfangsgeschwindigkeiten wissen wir auch erst wenig. Qualitativ wissen wir, daß ähnliche Erscheinungen auftreten wie die Cavitation, die bei Geschossen, aber auch schon bei schnellaufenden Wasserturbinen und Wasserschrauben und Kreiselpumpen beobachtet wird. Es treten Ablösungserscheinungen auf; die Profilgleitzahl wird schlechter als unter geometrisch ähnlichen Verhältnissen bei geringerer Geschwindigkeit. Mit anderen Worten: Das Ähnlichkeitsgesetz ist nicht mehr gültig.

Bei Versuchen mit Metallschrauben hat sich gezeigt, daß bei hohen Umfangsgeschwindigkeiten dünne, schwach gewölbte, scharfe Profile bei kleinem Anstellwinkel und niedrigen Auftriebsbeizahlen c_a am günstigsten sind, während doch unter normalen Verhältnissen etwas dickere, stärker gewölbte und vorn gerundete Profile bei großen Auftriebsbeizahlen (in der Regel bei $c_a = 1,0$) die besten Profilgleitzahlen haben. Eine experimentelle Nachprüfung dieser Erscheinungen ist bei der Aerodynamischen Versuchsanstalt in Göttingen in Vorbereitung. Uns genügt zu wissen, daß wir über $u = 200$ m/s mit Abstrichen von dem Wirkungsgrade zu rechnen haben, den der Modellversuch verspricht. Die in Wirklichkeit günstigste Umfangsgeschwindigkeit liegt unter der geometrisch günstigsten.

14. Geometrische Übersicht.

Wir wissen bis jetzt, wie niedrig wir aus konstruktiven Gründen die Flächenleistung wählen dürfen und wie hoch die Umfangsgeschwindigkeit sein darf, bzw. wo das Ähnlichkeitsgesetz versagt. Wir kennen auch den Zusammenhang dieser beiden Größen mit der Mechanischen Schnelläufigkeit. Nun bleibt noch der geometrische Zusammenhang nach dem Stande der Technik zwischen diesen drei Größen und dem Wirkungsgrad herzustellen. In den Abb. 10, 11, 12 (S. 40) ist der Zusammenhang zeichnerisch dargestellt.

Jedem Bild ist eine bestimmte Geschwindigkeit v und Luftdichte ϱ zugeordnet. Durch diese Zuordnung entstanden die Bilder aus Abb. 2. Aus der Geometrischen Schnelläufigkeit $\frac{k_d}{\lambda^2} = \frac{\omega^2 N}{\varrho v^5} \cdot \frac{2}{\pi}$, Gleichung (3), entstand durch Zuordnung eines bestimmten Wertes für v und ϱ die Mechanische Schnelläufigkeit $(\omega^2 N)$ Gleichung (4).

In derselben Weise entstand aus dem Parameter der einen Kurvenschar, der Leistungszahl $\left(c_L = \frac{N}{\varrho D^2 v^3} \cdot \frac{8}{\pi}\right)$ die Flächenleistung $\left(\frac{N}{\frac{\pi D^2}{4}}\right)$, aus dem anderen Parameter, dem Fortschrittsgrad $\left(\lambda = \frac{v}{u}\right)$ die Umfangsgeschwindigkeit u.

Diese Kurventafeln erlauben nun eine Übersicht darüber, welchen Wirkungsgrad man bei jeder Mechanischen Schnell-

---

verteilt ist, bei der zweiten aber nur über drei Viertel. Das letztere geschah in Anlehnung an die Amerikaner, das erstere, um den Vorwurf des Pessimismus von seiten der Gegner von Untersetzungsgetrieben zu vermeiden. Da aber die Annahme der Verteilung über drei Viertel der Kreisfläche keine schlechte Näherung ist, wird sie in Abb. 9 bildlich dargestellt. Die Formel dafür lautet:

$$\frac{1 - \eta_a}{\eta_a{}^3} = \frac{c_w + c_a\,\mathrm{tg}\,\varphi}{3\left(\frac{\pi D^2}{4 F} - 0,02\right)} \quad \ldots \ldots (42)$$

---

[1]) Ein qualitativer Versuch von Lynam (R. & M. Nr. 596) ist bekannt geworden, bei dem die Umfangsgeschwindigkeit bis $u = 360$ m/s gesteigert wurde, und u. a. auch der Lärm beobachtet wurde. Es ist aber nicht sicher, ob die bei den höheren Geschwindigkeiten beobachteten Erscheinungen nicht auf Torsionsschwingungen des Schraubenblatts zurückzuführen sind.

läufigkeit erreichen kann, und zwar auch dann, wenn Nebenbedingungen bezüglich der Kreisflächenleistung und der Umfangsgeschwindigkeit bestehen. Man sieht die Fest-

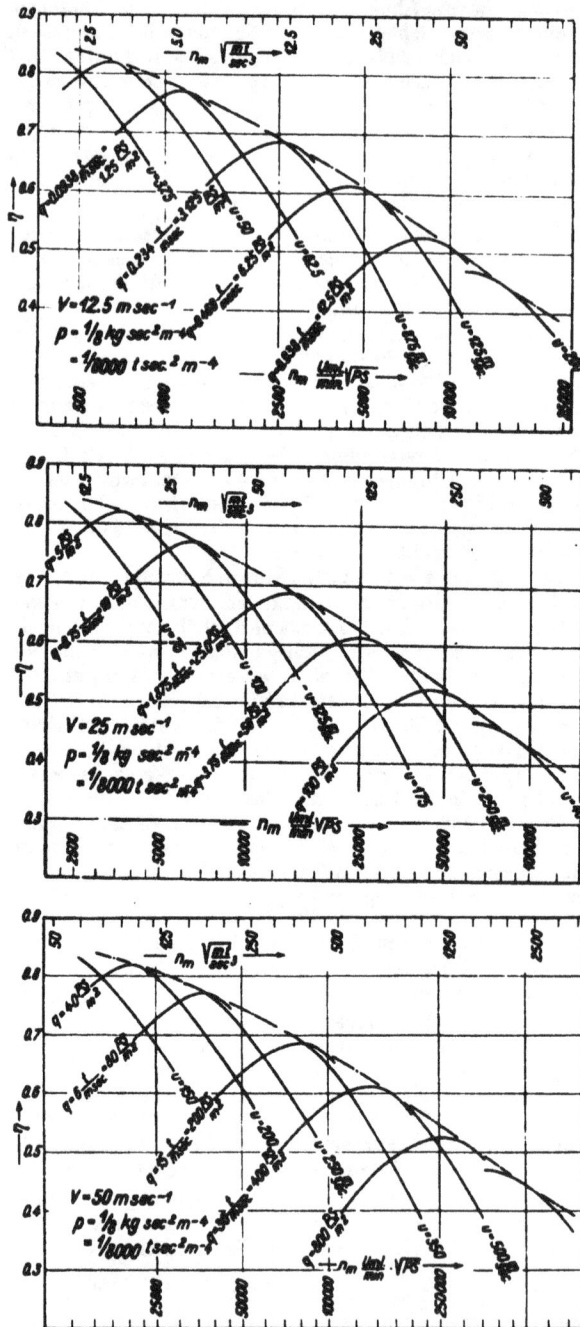

Abb. 10, 11 und 12. Abhängigkeit des Wirkungsgrades von der Mechanischen Schnelläufigkeit.

Als Grundlinie ist die Mechanische Schnelläufigkeit in logarithmischem Maßstabe, als Höhe der nach dem Stande der Technik erreichbare Wirkungsgrad in linearem Maßstabe aufgetragen. Jedem Bilde ist eine andere Fluggeschwindigkeit zugeordnet. Die Kurven entsprechen runden Werten der Umfangsgeschwindigkeit u und der Kreisflächenleistung q (im Text: N_D). Aus diesen Bildern läßt sich ablesen, welche Mechanische Schnelläufigkeit und Umfangsgeschwindigkeit bei gegebener Kreisflächenleistung den besten Wirkungsgrad verspricht, oder welche Kreisflächenleistung und Umfangsgeschwindigkeit bei gegebener Mechanischer Schnelläufigkeit zu empfehlen sind, und wieviel ein Abweichen vom Bestwert schadet.

Die Abbildungen sind älter als der Text, daher stimmen die Einheiten der Maßstäbe nicht mit den im Text benutzten überein. Der untere Maßstab der Grundlinie benutzt als Einheit

$$\frac{U}{\min} \cdot \sqrt{\overline{PS}} = \sqrt{\frac{\pi^2}{12000} \cdot \frac{m\,t}{s^2}},$$

der obere

$$\frac{U}{s} \cdot \sqrt{\frac{m\,t}{s}} = \sqrt{4\,\pi^2\,\frac{m\,t}{s^2}}.$$

stellung quantitativ bestätigt, daß der Wirkungsgrad mit abnehmender Kreisflächenleistung steigt. Wenn allerdings die Mechanische Schnelläufigkeit festliegt (z. B. wenn der Motor gegeben ist), dann kommt man schließlich zu einem Höchstwert, der Hüllkurve, und darüber hinaus in ein wenig erforschtes Gebiet, das aber auch weniger interessiert, weil man den Nachteil eines größeren Durchmessers nicht in Kauf nehmen wird, wenn dabei kein besserer Wirkungsgrad abfällt.

Es kann auch der Fall vorliegen, daß die Mechanische Schnelläufigkeit noch nicht festliegt, weil das Untersetzungsgetriebe erst zu entwerfen ist. Ist nur für die Umfangsgeschwindigkeit eine Grenze gesetzt, so findet man beim Entlangfahren an der Kurve, die dieser zugeordnet ist, daß der Wirkungsgrad wieder mit abnehmender Kreisflächenleistung steigt, sogar nach Berühren der Hüllkurve hinaus noch etwas weiter. Dann aber kommt man zum Höchstwert und darüber hinaus, schnell abfallend, ins unerforschte Gebiet.

Der Fall, daß die Umfangsgeschwindigkeit die einzige Grenze ist, während die Mechanische Schnelläufigkeit noch nicht festliegt, wird aber selten vorliegen. Wie wir später sehen werden (vgl. Abschnitt 17) liegen die günstigsten Umfangsgeschwindigkeiten weit unter den Werten, die wir heute allgemein verwenden. Das gilt selbst für Jagdflugzeuge. Nur bei Flugzeugen mit abnorm starken Motoren, die in sehr dünner Luft arbeiten (Höhenflugzeugen), kann dieser Fall eintreten. Bei diesen Flugzeugen wird es aber auf Lärmfreiheit weniger ankommen.

15. Kreisflächenleistuug.

Von besonderem Interesse ist der Fall, daß die Kreisflächenleistung festliegt und nach der besten Umfangsgeschwindigkeit oder Mechanischen Schnelläufigkeit gefragt wird. Das ist die wichtige Frage, die der Entwerfer des Untersetzungsgetriebes stellt: Welche Drehschnelle ist unter den gegebenen Umständen die beste?

Die Kreisflächenleistung können wir ohne Kenntnis von Konstruktionseinzelheiten angeben, wenn wir wissen, um welche Art Flugzeug es sich handelt. Sie entsteht aus den hierfür charakteristischen Zahlen: Gewichtsleistung $\frac{N}{G}$, Flächenbelastung $\frac{N}{F}$, Kreisflächenverhältnis $\frac{\pi D^2}{4 F}$:

$$N_D = \frac{N}{G} \cdot \frac{G}{F} \cdot \frac{F}{\frac{\pi D^2}{4}} \quad \ldots \ldots \ldots (25)$$

Für einen langsamen Lastenschlepper, z. B. ein Fracht- oder Übungsflugzeug, wird etwa:

$$N_D = \frac{10 \cdot 0,04}{0,3} = 1,33 \text{ ts/m} \ (= 17 \text{ PS/m}^2).$$

Für ein ausgesprochen starkes Flugzeug, wie es vielleicht der internationale Schnellverkehr fordern wird, wird etwa:

$$N_D = \frac{20 \cdot 0,06}{0,3} = 4,0 \text{ ts/m} \ (= 53 \text{ PS/m}^2).$$

Für ein extremes Kurier- oder Rennflugzeug:

$$N_D = \frac{30 \cdot 0,08}{0,3} = 8,0 \text{ ts/m} \ (= 107 \text{ PS/m}^2).$$

Der letzte Wert kann bis auf die Hälfte verringert werden, denn wir haben oben gesehen, daß Flugzeuge mit einem doppelt so großen Kreisflächenverhältnis mit Erfolg geflogen worden sind.

Mit diesen Zahlen könnten wir in den Abbildungen diejenigen Werte der Grundlinie $\omega^2 N$ aufsuchen, die zu den Scheitelpunkten der zugehörigen Kurve für N_D gehören. Es gibt aber eine Näherungslösung, die schneller zum Ziele führt.

16. Bester Drehwert.

Wir können nämlich allgemeine Angaben machen über den bei gegebener Leistungszahl c_l jeweils besten Drehwert k_d. Wir haben bereits 1917 gezeigt[1]), daß über einen

---

[1]) T.B. II, S. 53.

weiten Bereich, ja über den ganzen praktisch in Frage kommenden Bereich, annähernd derselbe Drehwert k_d der günstigste ist. Mit anderen Worten: Wenn Leistung N, Luftdichte ϱ und Durchmesser D gegeben sind, dann ist bei allen praktisch in Frage kommenden Geschwindigkeiten v annähernd dieselbe Drehschnelle ω die beste. Die damalige Behauptung ist durch die neueren Ergebnisse bestätigt worden. Für alle praktisch in Frage kommenden Werte von c_l ist

$$k_{d\,\text{best}} = 0,0075 \quad \ldots \ldots \quad (43)$$

Nur bei sehr hohen, ungünstigen Werten von c_l sinkt der Bestwert ein wenig auf $k_d = 0,005$. Das Maximum des Wirkungsgrades η verläuft nach großen Werten von k_d flach, während es nach der anderen Seite etwas steiler abfällt (Abb. 13). Abweichungen vom Bestwert bis $k_d = 0,01$ oder $k_d = 0,05$ bringen nur kleine Verluste. Bei größerer Abweichung steigt der Verlust schnell.

Diese Erkenntnis ist sehr wichtig. Sie erlaubt uns, Verallgemeinerungen über die geometrisch beste Umfangsgeschwindigkeit zu machen.

17. Beste Umfangsgeschwindigkeit.

Mit

$$k_d = \frac{N}{\dfrac{\varrho}{2}\,\dfrac{\pi D^2}{4}\,u^3} \quad \ldots \ldots \ldots \quad (1)$$

und

$$\frac{N}{\dfrac{\pi D^2}{4}} = \frac{N}{G}\cdot\frac{G}{F}\cdot\frac{F}{\dfrac{\pi D^2}{4}} \quad \ldots \ldots \quad (25)$$

wird

$$u_{\text{best}} = \sqrt[3]{\frac{2}{k_{d\,\text{best}}\,\varrho}\cdot\frac{N}{G}\cdot\frac{G}{F}\cdot\frac{F}{\dfrac{\pi D^2}{4}}} \quad \ldots \quad (44)$$

Das ist, in Zahlen, für ein Fracht- oder Übungsflugzeug:

$$u_{\text{best}} = \sqrt[3]{\frac{2\cdot 8000\cdot 10\cdot 0,04}{0,0075\cdot 0,3}} = 142 \text{ m/s.}$$

Beispiel:

$G = 2$ t	oder $G = 0,6$ t
$N = 20$ mt/s	$N = 6$ mt/s
(= 267 PS)	(= 80 PS)
$F = 50$ m²	$F = 15$ m²
$D = 4,36$ m	$D = 2,39$ m
$\omega = 65\ \text{s}^{-1}$	$\omega = 119\ \text{s}^{-1}$
(= 612 U/min)	(= 1130 U/min).

Das sind niedrige Werte. Das Beispiel des kleinen Übungsflugzeugs ist uns aus der Vorkriegszeit vertraut. Die Umlaufmotoren von 80 PS hatten rd. 1200 U/min und zeichneten sich durch guten Wirkungsgrad aus. Dagegen erscheinen die für das Frachtflugzeug empfohlenen Werte ausgefallen niedrig. Aber nur bei oberflächlicher Betrachtung, denn sie entsprechen genau den analogen Werten des Übungsflugzeuges.

Vertrauter sind uns die Werte, die etwa für die starken Flugzeuge des internationalen Schnellverkehrs zu empfehlen sein würden:

$$u_{\text{best}} = \sqrt[3]{\frac{2\cdot 8000\cdot 20\cdot 0,06}{0,0075\cdot 0,3}} = 205 \text{ m/s.}$$

Beispiele:

$G = 3$ t	oder $G = 0,9$ t
$N = 60$ mt/s	$N = 18$ mt/s
(= 800 PS)	(= 240 PS)
$F = 50$ m²	$F = 15$ m²
$D = 4,36$ m	$D = 2,39$ m
$\omega = 94\ \text{s}^{-1}$	$\omega = 171\ \text{s}^{-1}$
(= 895 U/min)	(= 1630 U/min).

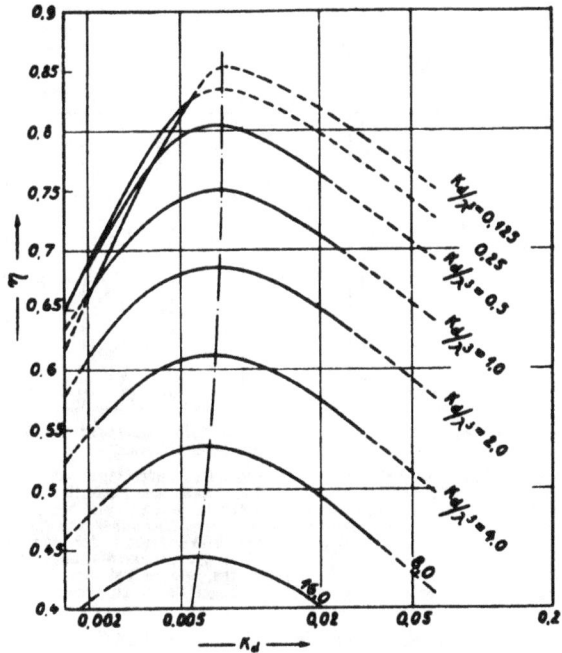

Abb. 13. Bester Drehwert.

Als Grundlinie ist der Drehwert k_d im logarithmischen Maßstabe aufgetragen, als Höhe in linearem Maßstabe der Wirkungsgrad η, der nach dem Stande der Technik erreicht werden kann. Die Kurven entsprechen runden Werten der Leistungszahl c_l. Der jeweils beste Drehwert ist im ganzen Bereich fast konstant. Der Wirkungsgrad fällt nach kleineren Drehwerten zu schnell ab, nach größeren langsamer.

Diese Werte liegen aber noch weit unter denen, die heutzutage vielfach angewandt werden. Unsere Untersuchung zeigt, daß so hohe Werte, wie heute üblich, nur bei ausgesprochenen Kurier- und Rennflugzeugen empfohlen werden können. Bei diesen wird nämlich

$$u_{\text{best}} = \sqrt[3]{\frac{2\cdot 8000\cdot 30\cdot 0,08}{0,0075\cdot 0,3}} = 258 \text{ m/s.}$$

Beispiel:

$G = 1,2$ t	
$N = 36$ mt/s	
(= 480 PS)	
$F = 15$ m²	
$D = 2,39$ m	
$\omega = 215\ \text{s}^{-1}$	
(= 2060 U/min).	

Hier aber muß an das in Abschnitt 13 Gesagte erinnert werden: »Die in Wirklichkeit günstigste Umfangsgeschwindigkeit liegt unter der geometrisch günstigsten.« Wir brauchen den Drehwert nur um ein weniges über seinen Bestwert zu vergrößern, z. B. auf $k_d = 0,01$, wobei der Wirkungsgrad nur wenig sinkt (vgl. Abschnitt 16), und außerdem das Kreisflächenverhältnis auf den Wert $\dfrac{\pi D^2}{4 F} = 0,6$ zu vergrößern, den der Fokker E V mit Erfolg verwandte, dann wird

$$u_{\text{best}} = \sqrt[3]{\frac{2\cdot 8000\cdot 30\cdot 0,08}{0,01\cdot 0,6}} = 186 \text{ m/s.}$$

In dem letzten Beispiele wird dann:

$D = 3,38$ m	
$\omega = 110\ \text{s}^{-1}$	
(= 1050 U/min).	

Wir können daraus den Schluß ziehen, daß selbst in den extremsten Fällen kein zwingender Grund zur Verwendung hoher Umfangsgeschwindigkeiten besteht, solange wir nur die Wahl der Drehschnelle noch in der Hand haben.

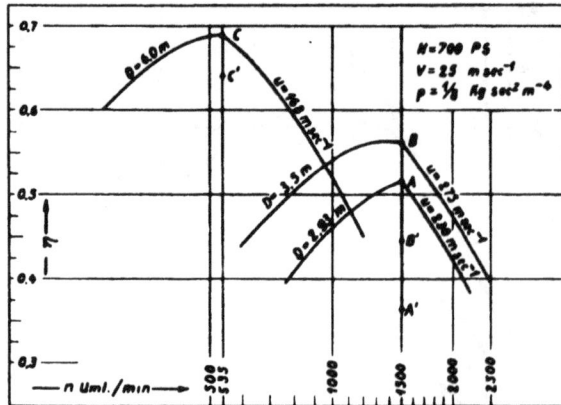

Abb. 14. Beispiel der Abhängigkeit des Wirkungsgrades von der Drehzahl eines Motors gegebener Leistung.

Als Grundlinie ist jetzt die Drehschnelle selbst aufgetragen, als Höhe wieder der Wirkungsgrad, der nach dem Stande der Technik erreicht werden kann. Die Kurven entsprechen den in dem Beispiel benutzten Werten des Schraubendurchmessers und der Umfangsgeschwindigkeit. Die Punkte A, B, C geben den Wirkungsgrad der nackten Schraube, die Punkte A', B', C' geben die Gesamtwirkungsgrade unter Berücksichtigung des Strahlverlustes, wie er bei einem Flugzeug normaler Formgebung von 100 m² Flügelfläche zu erwarten ist.

18. Beste Mechanische Schnelläufigkeit.

Die bis jetzt vorhandenen Ansätze erlauben uns weiterzugehen und auch die beste Mechanische Schnelläufigkeit anzugeben.

Mit
$$\omega^2 N = \pi u^2 N_D \quad\dots\dots\quad (24)$$

und
$$N_D = \frac{N}{G} \cdot \frac{G}{F} \cdot \frac{F}{\frac{\pi}{4}D^2} \quad\dots\dots\quad (25)$$

und
$$u_{\text{best}} = \sqrt[3]{\frac{2}{k_{d\,\text{best}}\varrho} \cdot \frac{N}{G} \cdot \frac{G}{F} \cdot \frac{F}{\frac{\pi}{4}D^2}} \quad\dots\quad (44)$$

wird
$$\omega^2 N_{\text{best}} = \pi \frac{\left(\frac{N}{G} \cdot \frac{G}{F} \cdot \frac{F}{\frac{\pi}{4}D^2}\right)^{\frac{5}{3}}}{\left(k_{d\,\text{best}} \cdot \frac{\varrho}{2}\right)^{\frac{2}{3}}} \quad\dots\quad (45)$$

oder in Zahlen:
$$\omega^2 N_{\text{best}} = \pi \cdot \left(\frac{2 \cdot 8000}{0,0075}\right)^{\frac{2}{3}} \cdot \left(\frac{N}{G} \cdot \frac{G}{F} \cdot \frac{F}{\frac{\pi}{4}D^2}\right)^{\frac{5}{3}}$$
$$= 52\,000 \cdot \left(\frac{N}{G} \cdot \frac{G}{F} \cdot \frac{F}{\frac{\pi}{4}D^2}\right)^{\frac{5}{3}}.$$

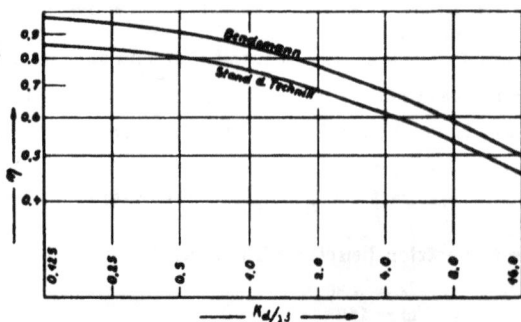

Abb. 15. Abhängigkeit des Wirkungsgrades von der Leistungszahl $c_L = \frac{k_d}{\lambda^5}$.
Als Grundlinie ist die Leistungszahl $c_L = \frac{k_d}{\lambda^5}$, als Höhe der Wirkungsgrad aufgetragen, beide im logarithmischen Maßstabe, um den Gütegrad unmittelbar als Strecke ablesen zu können. Die obere Kurve entspricht der idealen Strahlschraube nach Bendemann, die untere dem Stande der Technik. Der Gütegrad ist das Verhältnis zwischen beiden.

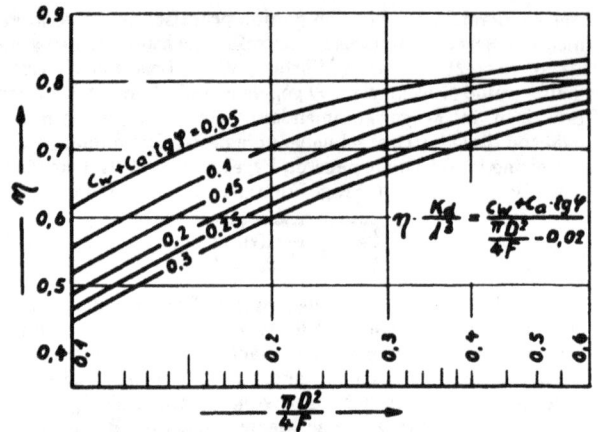

Abb. 16. Abhängigkeit des Gesamtwirkungsgrades vom Kreisflächenverhältnis, bei Einhaltung des besten Drehwerts.
Als Grundlinie ist das Kreisflächenverhältnis in logarithmischem Maßstabe, als Höhe der nach dem Stande der Technik erreichbare Wirkungsgrad im linearen Maßstabe aufgetragen. Die Kurven entsprechen runden Beträgen des Widerstandsbeiwerts, ergänzt durch die Neigung der Flugbahn. Die oberste Kurve entspricht dem Wagerechtflug eines normalen Flugzeuges, die zweite seinem Gipfelflug oder Sparflug, die nächsten flacherem oder steilerem Steigen. Der Strahlverlust ist berücksichtigt (Abschnitt 12).

Anwendungen:

Lastenschlepper oder Übungsflugzeug:
$$\omega^2 N_{\text{best}} = 52\,000 \left(\frac{10 \cdot 0,04}{0,3}\right)^{\frac{5}{3}} = 84\,000 \text{ mt/s}^2.$$

Probe nach Abschnitt 17:
$$65^2 \cdot 20 = 84\,000$$
$$119^2 \cdot 6 = 84\,000.$$

Schnellverkehrsflugzeug:
$$\omega^2 N_{\text{best}} = 52\,000 \left(\frac{20 \cdot 0,06}{0,3}\right)^{\frac{5}{3}} = 525\,000 \text{ mt/s}^2.$$

Probe:
$$94^2 \cdot 60 = 525\,000$$
$$171^2 \cdot 18 = 525\,000.$$

Jagd- oder Rennflugzeug:
$$\omega^2 N_{\text{best}} = 52\,000 \left(\frac{30 \cdot 0,08}{0,3}\right) = 1\,660\,000 \text{ mt/s}^2$$
$$215^2 \cdot 36 = 1\,660\,000.$$

Der erste Wert ist recht niedrig. Wir können ihn ohne viel Verlust (vgl. Abschnitt 16) etwas vergrößern, wenn wir den Drehwert auf $k_d = 0,005$ erniedrigen:
$$\omega^2 N_{\text{best}} = \pi \cdot \left(\frac{2 \cdot 8000}{0,005}\right)^{\frac{2}{3}} \cdot \left(\frac{10 \cdot 0,04}{0,3}\right)^{\frac{5}{3}} = 110\,000 \text{ mt/s}^2.$$

Eine weitere Steigerung ist aber nur unter Verlusten möglich, weil entweder das Kreisflächenverhältnis oder der Drehwert verschlechtert werden muß.

Anderseits ist der letzte Wert recht hoch. Er wird aber auf ein normales Maß zurückgebracht, wenn wir, wie in Abschnitt 17, bei dem Renn- oder Kurierflugzeug einen etwas größeren Drehwert anwenden und mit dem Kreisflächenverhältnis bis an die Grenze dessen gehen, was erfahrungsgemäß konstruktiv noch gut möglich ist:
$$\omega^2 N_{\text{best}} = \pi \cdot \left(\frac{2 \cdot 8000}{0,01}\right)^{\frac{2}{3}} \cdot \left(\frac{30 \cdot 0,08}{0,6}\right)^{\frac{5}{3}} = 435\,000 \text{ mt/s}^2$$

Probe:
$$110^2 \cdot 36 = 435\,000.$$

Wir können also nochmals den Schluß ziehen, daß selbst in den äußersten Fällen es weder notwendig noch empfehlenswert ist, für den Antrieb von Luftschrauben so hohe Mechanische Schnelläufigkeit zu verwenden, wie sie (vgl. Abschnitt 8) moderne Flugmotoren haben. Die Anforderungen des Schnellverkehrsflugzeugs und des Kurier- oder Rennflugzeuges lassen sich noch vereinigen. Für Fracht- oder Übungsflugzeuge dagegen ist es zu empfehlen, erheblich langsamer laufende oder ins Langsamere untersetzte Motoren zu verwenden.

19. Folgen der Abweichung vom Bestwert.

Wir haben gezeigt, welche Mechanische Schnelläufigkeit jeweils empfohlen werden kann. Das ist für den von Interesse, der bereits entschlossen ist, ein Untersetzungsgetriebe zu verwenden, der aber noch nicht weiß, welche Drehschnelle er wählen soll. Wenn die Frage aber lautet: »Untersetzung oder direkter Antrieb?«, dann müssen wir angeben können, um wieviel der Wirkungsgrad durch die Abweichung vom Bestwert vermindert wird.

In diesem Falle ist zuerst die Grenze für die Kreisflächenleistung und die Umfangsgeschwindigkeit festzulegen, sowie die maßgebliche Fluggeschwindigkeit. In den seltensten Fällen ist dies die Höchstgeschwindigkeit des Flugzeuges, wohl nur bei Rennflugzeugen. Bei Fernaufklärern ist die Geschwindigkeit im Gipfelfluge die wichtigste, bei Jagdflugzeugen die im schnellsten Steigen, bei allen Lastenschleppern sowie bei den meisten Seeflugzeugen ist es die Geschwindigkeit im Start.

Nachdem diese Größen festgelegt sind, können die Tafeln (Abb. 10, 11, 12) benutzt werden. Sie erlauben es, den Wirkungsgrad sofort abzulesen. Sollte für die maßgebliche Geschwindigkeit keine Tafel vorliegen, so kann sie leicht aus Abb. 2 hergestellt werden. Es ist aber ebenso leicht, diese unmittelbar zu benutzen. Man hat nur aus der Grenze der Umfangsgeschwindigkeit und der maßgeblichen Geschwindigkeit die Grenze des Fortschrittsgrades zu ermitteln, aus der Grenze der Kreisflächenleistung und der maßgeblichen Geschwindigkeit und der Luftdichte die Grenze der Leistungszahl c_L, aus der Mechanischen Schnelläufigkeit, der Geschwindigkeit und der Luftdichte die Geometrische Schnelläufigkeit; damit kann man Abb. 2 unmittelbar benutzen.

Wir haben im ersten Hauptabschnitt ein Beispiel angeführt. Wir zeigen es zeichnerisch in Abb. 14. Um dieses Bild herzustellen, wurde Abb. 11 (Abhängigkeit des Wirkungsgrades von der Mechanischen Schnelläufigkeit) umgezeichnet, in dem wir ihr die Leistung $N = 52,5$ mt/s ($= 700$ PS) als Festwert zuordneten. An Stelle der Mechanischen Schnelläufigkeit trat dann die Drehschnelle, an Stelle der Kreisflächenleistung der Durchmesser. Das Beispiel zeigt drastisch, wie außerordentlich viel eine Abweichung vom Bestwert der Mechanischen Schnelläufigkeit ausmachen kann.

20. Grenzen des Erreichbaren bei Einhaltung des Bestwerts.

In Abschnitt 12 ist bereits überschläglich gezeigt worden, in welcher Weise der Wirkungsgrad vom Kreisflächenverhältnis und vom Widerstandsbeiwert abhängt. Dabei wurde die von Bendemann angegebene Grenze des Wirkungsgrads der idealen Strahlschraube benutzt und unter Benutzung einer amerikanischen Faustregel um den Strahlverlust verbessert. Wir können jetzt Bendemanns Annahme ersetzen durch die Grenze dessen, was bei Inhaltung des besten Drehwerts nach dem Stande der Technik erreicht werden kann. In Abb. 15 sind die beiden Grenzen in logarithmischem Maßstabe über der Leistungszahl als Grundlinie übereinander aufgetragen. Der Gütegrad ζ beträgt 0,91 bis 0,94. Die Übertragung hiervon auf Abb. 8 liefert Abb. 16. Zur Ausrechnung der Kurven werden folgende Beziehungen benutzt:

$$\eta \cdot c_L = \frac{\eta N}{\frac{\varrho}{2} \frac{\pi}{4} D^2 v^3} = \frac{S}{\frac{\varrho}{2} \frac{\pi}{4} D^2 v^2} = c_s = \frac{c_w + c_a \operatorname{tg} \varphi}{\frac{\pi D^2}{4F} - 0,02}$$

$$\dots (1)(2)(31)(41)$$

$$\boxed{\eta\, c_L = \frac{c_w + c_a \operatorname{tg} \varphi}{\frac{\pi D^2}{4F} - 0,02}} \quad \dots \dots (46)$$

und

$$\eta_s = 1 - 0,02 \frac{F}{\frac{\pi}{4} D^2} = \frac{\frac{\pi D^2}{4F} - 0,02}{\frac{\pi D^2}{4F}} \quad \dots \dots (39)$$

Hieraus wurde der Gesamtwirkungsgrad $\eta_s \cdot \eta$ berechnet und als Höhe über $\frac{\pi D^2}{4F}$ als Grundlinie in Kurven mit dem Parameter $c_w + c_a \operatorname{tg} \varphi$ aufgetragen. Das Bild zeigt deutlich, wie ausgezeichnete Gesamtwirkungsgrade im Wagerechtfluge mit $c_w = 0,05$, aber auch im Gipfel- oder Sparflug mit $c_w = 0,1$, und sogar im Steigen erreicht werden könnten, wenn Kreisflächenverhältnisse von $\frac{\pi D^2}{4F} = 0,3$ oder mehr und gleichzeitig die besten Drehwerte verwandt würden.

III. Theoretische Grenzen[1]).

21. Ansätze von F. Bendemann und A. Betz.

Bis hierhin hat sich unsere Beweisführung auf das beschränkt, was auf Grund des Ähnlichkeitsgesetzes nach dem gegenwärtigen Stand der Technik erreichbar ist. Eine statistische Grenze also; wir sagen zum Entwerfer: »Dies ist das Beste, was andere vor Dir erreicht haben. Du solltest dasselbe erreichen können. Mehr wirst aber wohl auch Du nicht erreichen.

Diese Beweisführung ist auf die Dauer unbefriedigend, denn der Stand unseres Könnens ist im dauernden Fluß. Nicht nur der urteilslose Erfinder, sondern jeder Entwerfer hofft, die Leistungen seiner Vorläufer zu übertreffen. Viele Entwurfs- und Versuchsarbeit wird auf der Suche nach besseren Formen verwendet, große Mittel werden dafür aufgewandt; und sicher liegt dieser Suche vielfach die stille, vielleicht unausgesprochene, der menschlichen Natur tief eingewurzelte Hoffnung zugrunde, einen neuen Weg zu großem, bisher unerreichbarem Fortschritt zu entdecken. Wir brauchen nur an die jahrzehntelange Suche nach dem idealen Flügelprofil zu erinnern, das großen Auftrieb und geringen Widerstand vereinigen sollte. Diese Hoffnung hat sich als trügerisch erwiesen; wir waren der Grenze des Möglichen bereits recht nahe, ohne es zu wissen. Es ist das Verdienst von L. Prandtl, durch Einführung der Theorie vom induzierten Widerstand die Grenze des Möglichen gezeigt und damit der weiteren Suche nach einem Phantom ein Ende gemacht zu haben.

Ein ähnliches Bedürfnis liegt hier vor. Von mehreren Forschern sind Grenzen aufgestellt worden, die nun schrittweis enger zu ziehen sind. Die älteste und noch am weitesten gezogene Grenze stammt von F. Bendemann. Auf den Ansätzen von W. Rankine aufbauend, die E. Froude erweiterte, untersuchte er den Fall der idealen Strahlmaschine ohne Strahldrehung, mit vollkommen gleichmäßig über die ganze Kreisfläche verteiltem Schub. Für ihren Wirkungsgrad stellte er die Gleichung auf:

$$\frac{c_s}{4} = \frac{1 - \eta_a}{\eta_a^2} \quad \dots \dots (11)$$

und durch Umformung mit

$$c_s = \eta \cdot c_L$$

die Gleichung:

$$\frac{c_L}{4} = \frac{1 - \eta_a}{\eta_a^3} \quad \dots \dots (47)$$

Für unsere Untersuchung ist Gleichung (47), die eine Beziehung zwischen Leistungszahl und Wirkungsgrad zeigt, die wichtigere, weil wir im allgemeinen nicht den Schub, sondern die Leistung als gegeben betrachten. Wie nahe der Stand der Technik dieser weitest gezogenen Grenze schon heute gekommen ist, ist bereits in Abb. 15 gezeigt worden.

---

[1]) Die einleitenden Absätze 21 bis 23 bringen vielen Lesern nichts Neues. Sie sind für solche Leser bestimmt, denen der formale mathematische Beweis nicht genügt und die ein Bedürfnis nach anschaulich vorstellbaren Begriffen haben. Für viele Ingenieure, die die Ergebnisse der Strömungslehre regelmäßig anwenden, ist z. B. der induzierte Widerstand kein anschaulicher Begriff, sondern eine Formelgröße, die rezeptmäßig verwendet wird, und über deren Zustandekommen sie keine klare Vorstellung haben.

Verfasser glaubt, daß der in Absatz 28 entwickelte Begriff des »Zuwachswirkungsgrades« auch den wenigen Ingenieuren, die die Variationsrechnung formal beherrschen, eine Hilfe zum anschaulichen Denken sein wird, und daß er dazu helfen wird, Denkfehler zu vermeiden, die festzustellen er mehrfach Gelegenheit hatte.

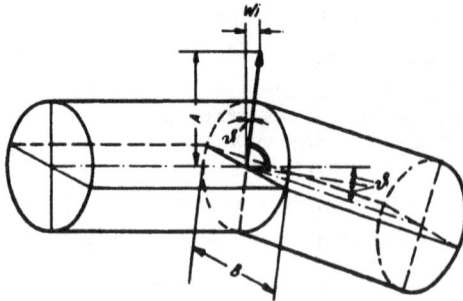

Abb. 17. Ablenkung der Luftsäule durch den Flügel.
Beim Vorbeiströmen an dem ruhend gedachten Flügel wird die Luft abgelenkt. Im reibungslosen Fall ändert sich die absolute Geschwindigkeit nicht. Die Luftkraft steht senkrecht zur Winkelhalbierenden zwischen An- und Abstromrichtung.

Die Leistungszahl c_L gibt nun aber nur ein Bild über diejenige Belastung der Schraube, die aus ihrer Leistungsaufnahme, ihrer Kreisfläche, der Fortschrittsgeschwindigkeit und der Luftdichte folgert. Über die dabei vorliegende Drehzahl (bzw. das Drehmoment, die Umfangsgeschwindigkeit, den Fortschrittsgrad usw.) sagt sie noch nichts aus. Die Schnelläufigkeit ist also noch nicht in den Kreis der Betrachtung gezogen.

Eine etwas engere Grenze zieht A. Betz. Er berücksichtigt, daß die durch die Schraube strömende Luft nicht nur durch den Schub axial beschleunigt wird, sondern auch durch das Drehmoment tangential, und daß dadurch weitere Verluste entstehen. Diese Verluste werden nun um so größer, je größer das Drehmoment ist, d. h. je größer die Tangentialkomponente der an der Schraube angreifenden Luftkräfte ist. Nach diesem Ansatz wäre also die günstigste Schraube die mit der Drehschnelle »Unendlich«, weil bei ihr das Drehmoment und die Tangentialkräfte verschwinden. Ihr Wirkungsgrad wäre dann derselbe, wie nach dem Ansatz von Bendemann. Die Verhältnisse würden um so ungünstiger werden, je größer der Fortschrittsgrad ist, d. h. je geringer die Umfangsgeschwindigkeit im Verhältnis zur Fortschrittsgeschwindigkeit ist. Bei einer gegebenen Schraube würden sie also um so ungünstiger werden, je näher man der Nabe kommt. An der Nabe selbst ist der Wirkungsgrad gleich Null. Die beste Schubverteilung würde bei einer solchen Schraube deshalb auch nicht mehr die über die ganze Kreisfläche gleichmäßig verteilte sein, sondern eine andere, die vom Umfang nach der Mitte zu stetig abnimmt und in der Mitte zu Null wird.

Die Untersuchung von Betz ist kritisiert worden, weil sie Anlaß zu dem Trugschluß geben könnte, daß der Wirkungsgrad einer Schraube von gegebener Leistungszahl um so günstiger wird, je geringer ihr Fortschrittsgrad, d. h. je höher ihre Drehschnelle wird. Der Vorwurf ist unberechtigt. Mit demselben Rechte könnte man Prandtls Theorie vom induzierten Widerstand den Vorwurf machen, daß sie Anlaß zu dem Trugschluß gibt, die Gleitzahl eines Flugzeuges von gegebener Spannweite und gegebenem Fluggewicht werde um so günstiger, je größer seine Geschwindigkeit ist. Beide Theorien sind nahe miteinander verwandt. Deshalb soll hier zunächst kurz auf die letztere eingegangen werden:

Die Betrachtung wird besonders anschaulich durch die vereinfachende Annahme[1]), daß an Stelle der unendlich großen Luftmenge, von der die in der Nähe des Flügels vorbeiströmenden Teile viel, die weiter entfernten dagegen nur wenig zum Auftrieb herangezogen werden, eine Luftsäule von der Fläche $\frac{\pi}{4} B^2$ gleichmäßig hierzu beiträgt, Abb. 17. Wir denken uns den Flügel stillstehend und die Luft aus dem Unendlichen auf zu strömend. Die Luftsäule wird durch ihn abgelenkt und strömt in veränderter Richtung ab. Beim Vorbeiströmen am Flügel

hat die Luft bereits eine mittlere Strömungsrichtung, die zwischen denen im Unendlichen davor und dahinter liegt. Wenn der Flügel oder die Luft reibungslos wären, würde bei der Umlenkung keine Energie in Wärme umgesetzt werden, die absolute Geschwindigkeit der Luftsäule würde sich also nicht ändern. Eine Betrachtung des Schaubildes der Geschwindigkeiten und Kräfte zeigt, daß die Richtung der mittleren Geschwindigkeit dann die Winkelhalbierende zwischen Anstrom- und Abstromrichtung ist, und daß die durch die Ablenkung hervorgebrachte Kraft senkrecht auf der mittleren Richtung steht.

Wir sehen daraus anschaulich, daß selbst im reibungslosen Fall die Luftkraft nicht senkrecht auf der Richtung steht, mit der sich die ungestörte Luft auf den Flügel zu bewegt (oder der Flügel durch die ungestörte Luft fliegt). Die Komponente der Luftkraft in dieser Richtung nennt man den »Induzierten Widerstand«. Seine Größe ermittelt sich wie folgt:

In der Zeiteinheit strömt am Flügel vorbei die Luftmenge:

$$Q = \varrho\, \frac{\pi}{4}\, B^2 v \quad\ldots\ldots\ldots\ (48)$$

Um den Auftrieb A zu erzeugen, wird ihr die Senkrechtgeschwindigkeit erteilt:

$$w = \frac{A}{Q} = \frac{A}{\varrho\, \frac{\pi}{4}\, B^2 v} \quad\ldots\ldots\ (49)$$

Die Neigung der Luftkraft gegen die Senkrechte zur Anströmrichtung ist:

$$\operatorname{tg} \vartheta' = \frac{w}{2\,v} = \frac{A}{2\,\varrho\, \frac{\pi}{4}\, B^2 v^2} = \frac{A}{\pi\, B^2 q} \quad\ldots\ (50)$$

Der induzierte Widerstand beträgt:

$$W_i = \operatorname{tg} \vartheta' \cdot A = \frac{A^2}{\pi\, B^2 q} \quad\ldots\ldots\ (51)$$

Die Beizahl des induzierten Widerstandes ist:

$$\frac{W_i}{F \cdot q} = \boxed{c_{wi} = \frac{F}{\pi\, B^2}\, c_a^2} \quad\ldots\ldots\ (52)$$

Das ist die von L. Prandtl gezeigte untere Grenze des Widerstandes, der mit der Erzeugung von Auftrieb notwendig verbunden ist. Ihr entspricht in der Luftschraubentheorie die von Bendemann gezeigte obere Grenze für den Wirkungsgrad, der bei der Erzeugung von Schub nicht überschritten werden kann, und die von A. Betz gezeigte, die bei der Erzeugung von Schub und Drehmoment nicht überschritten werden kann.

Bienen und v. Kármán haben dem Betzschen Ansatz eine elegantere Gestalt gegeben, indem sie den Begriff des »Induzierten Wirkungsgrades« aufstellten.

22. Profilwiderstand.

In dem Gebiete, das erfahrungsgemäß das wichtigste und dankbarste ist, hat die Grenze nach Betz zu günstige Werte. Die wirklich ausgeführten Schrauben bleiben nicht unbeträchtlich hinter ihr zurück. Es ist aber unwahrscheinlich, daß Abweichungen von der von Betz angegebenen besten Verteilung des Schubes hieran schuld sind. Die Hauptursache ist in Reibungsverlusten zu suchen, dem sogenannten Profilwiderstand. Bei Flügeln und Flügelmodellen ist er von zahlreichen Versuchen her genauer bekannt. Bei der Schraube hat schon W. Froude auf die Reibung hingewiesen. Er faßte ihre Wirkung so auf, daß er zu der Normalkraft auf der Sehne (Druckseite) des Blattes noch eine Kraft parallel zur Sehne hinzufügte. Sie sollte dem Quadrat der Geschwindigkeit der vorbeistreichenden Strömung verhältnisgleich sein und im übrigen von der Rauhigkeit der Oberfläche abhängen. Mit anderen Worten: Die Beizahl der Sehnenkraft c_t nimmt Froude als nur von der Rauhigkeit der Oberfläche, aber nicht vom Auftrieb abhängig an.

---

[1]) Ergebnisse der Aerodynamischen Versuchsanstalt zu Göttingen. I. Lieferung, S. 36.

Diese noch recht unzureichende Anschauung über das Wesen der Vorgänge am Schraubenblatt wurde verfeinert, als seit 1910 die Meßergebnisse der verschiedenen aerodynamischen Versuchsanstalten an Flügelmodellen bekannt wurden. Zunächst übertrug man die an Flügelmodellen von üblichen Abmessungen (Breitenverhältnis rd. 1 : 6) gefundenen Beziehungen zwischen Auftriebbeizahl c_a, Widerstandbeizahl c_w und Anstellwinkel α unverändert auf die Vorgänge am Schraubenblatt; d. h. man errichtete den Auftrieb senkrecht auf der Bewegungsrichtung des Blattes gegen die ungestörte Luft, und den Widerstand gleichgerichtet mit ihr und vernachlässigte die gegenseitige Beeinflussung der hintereinander den Strahl durchquerenden Schraubenblätter bzw. die Geschwindigkeitszunahme der einströmenden Luft bis zur Schraubenebene. Diese sogenannte Flügelblatt-Theorie soll sich, so unvollkommen sie ist, in der Praxis beim Entwurf von Luftschrauben ganz brauchbar gezeigt haben. Bei geeigneter Wahl der Konstanten ist das durchaus denkbar. Auch unvollkommene Betrachtungsweisen sind nützlich, wenn man sich von den bekannten Verhältnissen nur um sehr kleine Strecken entfernt. Sie versagen aber, wenn sich der hierbei noch vernachlässigte Faktor stark ändert. Eine weitere Verbesserung brachte die sogenannte »Inflow Theorie« oder »Combined-Theorie«. Auch sie übertrug die an Flügelmodellen üblicher, d. h. zufälliger Abmessungen gefundenen Beizahlen unverändert, aber sie berücksichtigte wenigstens die axiale Geschwindigkeitszunahme, wie sie die Theorie der idealen Strahlschraube nach Bendemann zeigt. Auch diese Theorie, die besonders in England gepflegt wurde, soll in der Praxis gute Dienste geleistet haben. Einen befriedigenden Einblick erreichen wir aber erst durch Einführung des Begriffes des Profilwiderstandes bzw. der Profilgleitzahl. Er ergibt sich wie folgt: Vergleicht man den induzierten Widerstand, d. i. die untere Grenze des Widerstandes, die sich aus Auftrieb, Spannweite und Staudruck errechnet, mit dem wirklichen Widerstand, wie er im Modellversuch oder Großversuch gemessen wird, so findet man einen Unterschied[1]). Man nennt ihn Profilwiderstand W_p, weil er im wesentlichen von der Güte des betreffenden Flügelprofils abhängig ist, daneben natürlich von der Beschaffenheit seiner Oberfläche.

Die Profilwiderstand-Beizahl

$$c_{wp} = \frac{W_p}{F \cdot q} \quad \cdots \cdots (53)$$

ist über einen weiten Bereich der Auftriebbeizahl c_a konstant, und nimmt mit wachsendem c_a nur langsam zu. Das Verhältnis

$$\frac{c_{wp}}{c_a} = \frac{W_p}{A} = \varepsilon_p \quad \cdots \cdots (54)$$

nennt man die Profilgleitzahl. Sie ist etwa gleichbedeutend mit den Reibungsbeizahlen der gleitenden Reibung.

Der Bestwert der Profilgleitzahl liegt in der Nähe des Auftriebgrößtwertes, in der Regel in der Nähe von $c_a = 1$. Die besten Werte, die überhaupt gemessen werden, betragen rd. $\varepsilon_p = 0,01$. Sie treten bei Profilen starker Wölbung und kleinerer bis mittlerer Dicke auf. Die Ergebnisse sind aber unsicher, weil in den in Frage kommenden Gebieten der Profilwiderstand eine kleine Differenz zwischen dem großen Gesamtwiderstand und dem fast ebenso großen induzierten Widerstand ist. Ein kleiner Meßfehler kann also das Ergebnis stark beeinflussen. Überdies kommen die Formen, bei denen so günstige Werte beobachtet wurden, aus Festigkeitsgründen für Schrauben kaum in Frage. Für sehr große Umfangsgeschwindigkeiten sind sie ohnehin ungeeignet (vgl. Abschnitt 13, S. 39).

[1]) Diese (übliche) Begriffsfestlegung des Profilwiderstandes entspricht der in Abb. 19 dargestellten Näherung. Wird die Luftkraft bei größerer Ablenkung ϑ zerlegt, so liefert die Näherung größere Profilgleitzahl ε_p als die in Abb. 18 dargestellte Begriffsfestlegung. Ergibt Abb. 18 z. B. $\varepsilon_p = 0,02$, so ergibt Abb. 19

für ϑ =		
5°		0,0210
10°	$\varepsilon'_p =$	0,0266
15°		0,0408

ϑ = 15° entspricht z. B. einer Kreisscheibe mit $c_a = 1$. Bei schlechtem Breitenverhältnis und großer Auftriebzahl ist der Unterschied zwischen den Ergebnissen der Näherung und der strengeren Begriffsfestlegung also recht fühlbar.

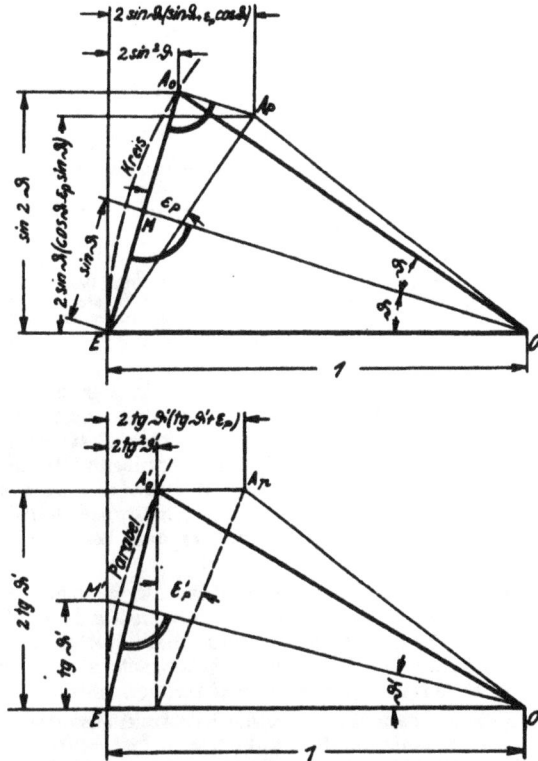

Abb. 18 und 19. Induzierter und Profilwiderstand.
In der Zeiteinheit strömt die Luftmenge Q aus dem Unendlichen mit $\overline{EO}$ reibungslos auf den Flügel zu. Ihre Richtung wird durch den Flügel um 2 ϑ abgelenkt, ihre absolute Geschwindigkeit aber nicht geändert. Sie strömt mit $\overline{A_pO}$ ins Unendliche ab. E und A_p liegen auf einem Kreis um O.
Bei kleiner Ablenkung 2 ϑ wird sin 2 ϑ angenähert durch 2 tg ϑ ersetzt. Damit entsteht die vereinfachte Schreibweise der Gl. (50) und der daraus abgeleiteten Gl. (51) u. (52). Aus dem Kreis wird in dieser Näherung eine Parabel.
Beim Vorbeistreichen am Flügel hat die Luftmenge die mittlere Strömung $\overline{MO}$. Auf ihr steht die Strömungsänderung $\overline{EA_p}$ und die durch sie verursachte reibungslose Luftkraft $Q \cdot \overline{EA_p}$ senkrecht. Ihre zur Anströmung $\overline{EO}$ senkrechte Komponente heißt Auftrieb, ihre dazu parallele Komponente heißt induzierter Widerstand.
Durch Reibung wird die mittlere Strömung um $\overline{A_pA_o}$ verzögert; sie strömt also mit $\overline{A_pO}$ ab. Die Reibungskraft beträgt $Q \cdot \overline{A_oA_p}$. Sie heißt Profilwiderstand.
Bei kleiner Ablenkung 2 ϑ wird die zur Anströmung $\overline{EO}$ senkrechte Komponente von $\overline{A_pA_o}$ vernachlässigt.

Wir haben, ähnlich wie v. Kármán und Bienen, den Profilwiderstand in die Rechnung eingeführt. Auf diese Weise wird eine neue Grenze geschaffen, die zwischen der von Betz angegebenen und der nach dem Stand der heutigen Technik erreichten liegt. Der letzteren kommt sie in dem wichtigsten und dankbarsten Gebiete recht nahe.

23. Blattbreite.

Durch den Profilwiderstand wird der Wirkungsgrad der Schraube verschlechtert. Um die Grenze des Wirkungsgrades nach oben festzulegen, müssen wir zunächst die untere Grenze des Profilwiderstandes suchen. Theoretische Grenzen liegen hier noch nicht vor, und es läßt sich noch nicht absehen, ob er nicht durch geeignete Beschaffenheit der Oberfläche und Form des Profils weiter verringert werden kann. Für die praktisch in Frage kommenden Formen und Rauhigkeiten lassen sich aber jetzt schon zwei statistische Grenzen angeben, die also den »Stand der Technik« auf diesem Gebiet darstellen: Die Profilgleitzahl ε_p und die Profilwiderstand-Beizahl c_{wp}. Der beste und wichtigste Fall ist der der besten Profilgleitzahl ε_p. Man denke sich eine bestimmte Auftriebverteilung über die Länge des Schraubenblattes vorgeschrieben. Der induzierte Widerstand ist dadurch festgelegt[1]) und kann nicht mehr

[1]) In erster Näherung. Einen kleinen Einfluß darauf hat auch der Profilwiderstand.

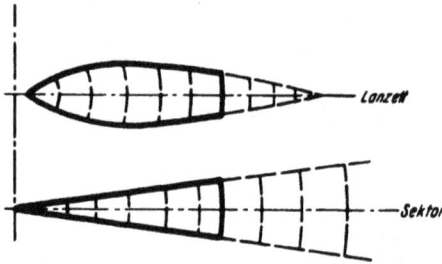

Abb. 20. Bezeichnung der beiden Hauptfälle.
In Ermangelung einer besseren Bezeichnung werden die Fälle nach der sich dabei ergebenden Umrißform Lanzettschraube und Sektorschraube genannt.

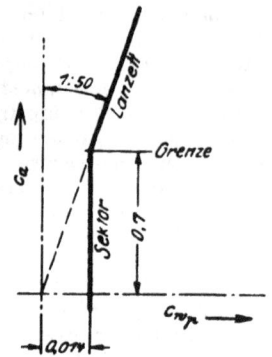

Abb. 21. Vereinfachte Annahme des Profilwiderstands.
Bei kleinen Auftriebsbeizahlen (nicht größer als $c_a = 0,7$) sei der Profilwiderstand stets gleich 0,014. Bei größerem Auftrieb sei die Profilgleitzahl $\varepsilon_p = \frac{1}{50}$, die Blattbreite dabei so groß, daß eine Auftriebsbeizahl c_a eingehalten wird, bei der dieser Wert möglich ist.

konstruktiv beeinflußt werden. Es bleibt nur noch der Profilwiderstand W_p; der wird bei gegebenem Auftrieb am kleinsten, wenn die Profilgleitzahl ε_p ihren Bestwert hat. Der Entwerfer braucht nur jedem Schraubenblattelement den dem besten ε_p zugeordneten Anstellwinkel zu geben und eine Blattbreite, die dem vorgeschriebenen Auftrieb, dem vorliegenden Staudruck und der dem besten ε_p zugeordneten Auftriebbeizahl entspricht.

Das ist aber nicht immer möglich. Bei geringem Auftrieb und großem Staudruck (d. h. bei niedrig belasteten, schnell laufenden Schrauben) würde diese Konstruktionsvorschrift ein zu schmales Blatt ergeben, schmaler, als mit Rücksicht auf Festigkeit und Steifigkeit erlaubt ist[1]).

In diesem Falle lautet also die Konstruktionsvorschrift: Eine vorgeschriebene Mindestblattbreite ist einzuhalten, selbst unter Inkaufnahme eines größeren Profilwiderstandes[2]).

24. Lanzett- und Sektorschraube.

Die beiden Hauptfälle, Abb. 20, ergeben zwei verschiedene Ansätze für die rechnerische Ermittlung der besten Schubverteilung. Sie mußten daher in der Zahlenrechnung getrennt behandelt werden. Um sie auseinander halten zu können, haben wir versucht, ihnen anschauliche Namen zu geben.

In Ermanglung einer treffenderen Bezeichnung nannten wir den Fall überall bester Profilgleitzahl »Lanzettschraube«, weil die abgewickelte Umrißform an ein Lanzett erinnert.

Um den Fall vorgeschriebener Blattbreite rechnerisch bewältigen zu können, wurde das Verhältnis: Blattbreite zu Halbmesser konstant angenommen. Nach der so entstandenen Schraubenform nennen wir diesen zweiten Fall Sektorschraube. Die Sektorform ist natürlich praktisch unbrauchbar, denn eine solche Form würde an der Nabe, wo aus Festigkeitsgründen der Querschnitt am größten sein muß, die geringste Blattbreite haben. Sie wird hier auch nur deshalb als Näherungsform der Schmalblattschraube gewählt, weil sie der mathematischen Behandlung besonders einfach zugänglich ist.

Die vereinfachenden Annahmen werden in Abb. 21 anschaulich gemacht.

In der weiteren Durchführung der Untersuchung ist die Schraube stets so behandelt, als ob sie unendlich viele unendlich schmale Flügel hätte. Auf Prandtls Berichtigungsverfahren für endliche Flügelzahl wird hier nicht eingegangen.

___

[1]) Zu schmale Schrauben verbieten sich auch, wenn eine Schraube nicht nur für einen bestimmten Betriebszustand zu entwerfen ist, sondern auf andere Rücksicht genommen werden muß, bei denen die Belastung höher ist. Mit solchen Kompromißfragen beschäftigen wir uns aber im Rahmen dieser Untersuchung nicht. Sie handelt nur von dem, was bei Wahl der jeweils günstigsten Form erreicht werden kann.

[2]) Wie wir später sehen werden, ist dieser Fall weniger wichtig. Die Übersicht über die in beiden Fällen erreichbaren Wirkungsgrade zeigt, daß die Schraube mit vorgeschriebener Mindestblattbreite stets durch eine mindestens gleichwertige Schraube mit bester Profilgleitzahl ersetzt werden kann, die größere Blattbreite und überdies geringeren Außendurchmesser hat.

25. Koordinatensystem.

Die Schraube bewegt sich durch die ruhende Luft mit der Geschwindigkeit v vorwärts und dreht sich mit der Winkelgeschwindigkeit ω. An den Elementen der sich so bewegenden Schraube greifen axiale und tangentiale Kräfte an, die integriert den Schub und das Drehmoment ergeben. Gleichzeitig wird der von der Schraube durchfahrenen Luft ein axialer und tangentialer Geschwindigkeitszuwachs erteilt.

Die Betrachtung dieser verwickelten Vorgänge wird vereinfacht, wenn wir das strömungsfeste Koordinatensystem durch ein schraubenfestes ersetzen. Wir denken uns also den Beschauer nicht mehr in der ungestörten Luft schwimmend, sondern auf der fortschreitenden und sich drehenden Schraube sitzend. Für ihn steht die Schraube still; die Luft strömt aus dem Unendlichen mit der Fortschrittgeschwindigkeit v und der Drehschnelle ω auf die Schraube zu, durchströmt diese und wird dabei, wenn sie reibungslos ist, umgelenkt, ohne an Geschwindigkeit einzubüßen; ist die Schraube nicht reibungsfrei, so tritt gleichzeitig eine Geschwindigkeitseinbuße ein. Eine Leistungsaufnahme oder -abgabe durch die Schraube kann aber nicht stattfinden, da sie ja ruht.

Diese vereinfachte Betrachtungsweise ist dann zulässig, wenn die Radialgeschwindigkeit und Einschnürung vernachlässigbar klein sind. Sie gestattet für das Schraubenelement ähnliche Überlegung wie in Abschnitt 21 und 22 gebraucht, und ähnliche Darstellungen wie Abb. 18 und 19.

26. Das Schraubenelement.

Wir zerlegen die Schraube in unendlich viele Ringelemente und betrachten diese unabhängig voneinander. Beim Durchlaufen eines dieser Ringe erfährt die Luft einen axialen Geschwindigkeitszuwachs $\Delta v'$ und einen tangentialen $\Delta u'$. Im Unendlichen hinter dem Kreisring hat sie die Fortschrittsgeschwindigkeit $v + \Delta v'$ und die Seitschrittsgeschwindigkeit $u' + \Delta u'$. Auf dem Wege aus dem Unendlichen bis zum Kreisring hat die Luft bereits allmählich die Hälfte des axialen Geschwindigkeitszuwachses angenommen. Sie durchströmt ihn mit der Geschwindigkeit $v + \dfrac{\Delta v'}{2}$. In der weiteren Hälfte vollzieht sich der Geschwindigkeitszuwachs allmählich auf dem Wege von dem Kreisring bis ins Unendliche dahinter. Der Geschwindigkeitszunahme entspricht eine Einschnürung des Strahles. Einen Zuwachs an Tangentialgeschwindigkeit erhält die Luft beim Durchlaufen des Kreisringes durch Ablenkung ihrer Strömungsrichtung.

Der Kreisring hat die Fläche: $F' = 2\pi r' dr'$.

Durch ihn strömt in der Zeiteinheit die Luftmenge:

$$Q' = \varrho F'\left(v + \frac{\Delta v'}{2}\right) \quad \ldots \ldots \quad (55)$$

Indem sie von v auf $v + \Delta v'$ beschleunigt wird, erzeugt sie den Schub:

$$S' = Q'\,\Delta v' = \varrho F'\left(v + \frac{\Delta v'}{2}\right)\Delta v' \quad \ldots \ldots \quad (56)$$

Indem ihre Tangentialgeschwindigkeit von u' auf

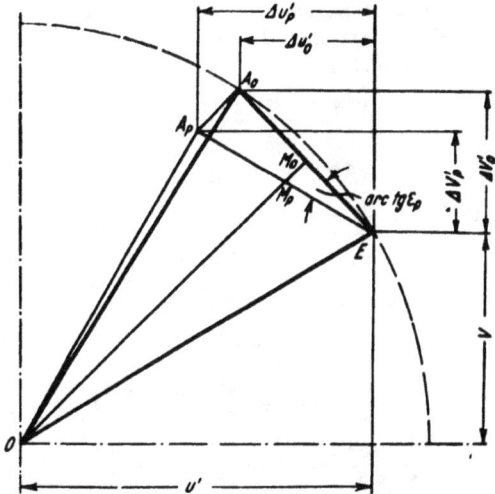

Abb. 22. **Luftkräfte und Geschwindigkeiten am Schraubenelement.** In der Zeiteinheit strömt die Luftmenge Q' aus dem Unendlichen mit $\overline{EO}$ reibungslos auf das Schraubenelement zu. Ihre Richtung wird durch das Schraubenelement abgelenkt, ihre absolute Geschwindigkeit aber nicht geändert. Sie strömt mit $\overline{A_0 O}$ ins Unendliche ab. E und A_0 liegen auf einem Kreis um O.

Beim Vorbeistreichen am Schraubenelement hat die Luftmenge die mittlere Strömung $\overline{M_0 O}$. Auf ihr steht die Strömungsänderung $\overline{EA_0}$ und die durch sie verursachte reibungslose Luftkraft $Q' \cdot \overline{EA_0}$ senkrecht. Ihr axialer Anteil ist der Schub des Schraubenelements, ihr tangentialer seine Seitenkraft.

Durch Reibung wird die Strömung um $\overline{A_p A_0}$ verzögert; sie strömt mit $A_p O$ ab. Die Reibungskraft beträgt $Q' \cdot \overline{A_0 A_p}$ Dies ist der Profilwiderstand des Schraubenelements.[1])

---

[1]) Eine Fortführung der Analogie zeigen die Abb. 23 u. 24.

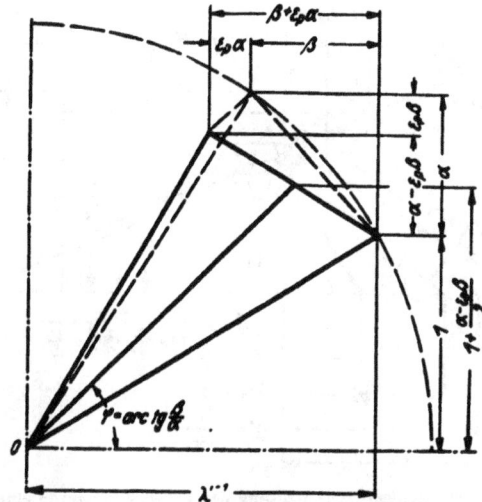

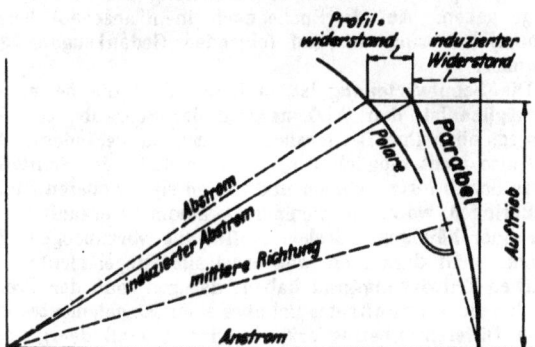

Abb. 23 und 24. **Polaren des Flügels und des Schraubenelements.** Die Analogie zwischen Flügel und Schraubenelement kann noch weiter gesponnen werden. Abb. 23 zeigt die »Polare« eines Flügels, d. h. den geometrischen Ort aller möglichen Luftkräfte mit und ohne Reibung. Abb. 24 zeigt die Polare eines Schraubenelements mit einem bestimmten Fortschrittsgrad, oder, was auf dasselbe herauskommt, die Polare eines schräg angeströmten Flügels.

In beiden Fällen hängt die Form der Polare mit Reibung davon ab, welche Profilgleitzahl oder Profilwiderstandsbeizahl und Blattbreite oder Flügeltiefe vorgeschrieben ist.

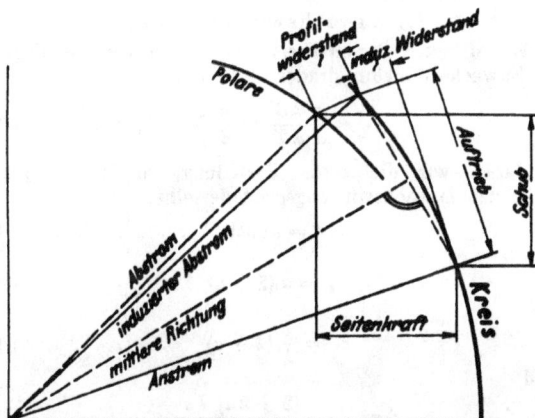

Abb. 25. **Dimensionslose Darstellung der Geschwindigkeitsverhältnisse.** Alle Geschwindigkeiten werden auf die Fortschrittsgeschwindigkeit der ungestörten Strömung bezogen.

$u' + \Delta u'$ beschleunigt wird, erzeugt sie die Umfangskraft:

$$T' = Q' \Delta u' = \varrho F' \left(v + \frac{\Delta v'}{2}\right) \Delta u' \ \dots \ (57)$$

In Abb. 22 sind die Zusammenhänge in einem Schaubild dargestellt.

27. Dimensionslose Darstellung.

Um Ausdrücke zu erhalten, die nur geometrische Bedeutung haben, beziehen wir sämtliche Geschwindigkeiten auf die Fortschrittsgeschwindigkeit des Schraubenelementes, sämtliche Kräfte auf Ringfläche, halbe Luftdichte und Quadrat der Fortschrittsgeschwindigkeit des Schraubenelementes, Abb. 25. Die Werte, die wir so erhalten, sind dimensionslos, d. h. reine Zahlenwerte. Wir benutzen hierzu die Abkürzungen:

$$\lambda' = \frac{v}{u'} \quad \text{Fortschrittsgrad eines Ringelementes (58)}$$

$$a = \frac{\Delta v'}{v} \quad \text{Fortschrittzuwachszahl eines Ringes der reibungslosen Schraube} \ \dots \ (59)$$

$$\beta = \frac{\Delta u'}{v} \quad \text{Seitenschrittzuwachszahl eines Ringes der reibungslosen Schraube (60)}$$

$$c_{s'} = \frac{S'}{\frac{\varrho}{2} F' v^2} \quad \text{Schubzahl eines Ringes} \ \dots \ (61)$$

$$c_{L'} = \frac{T' u'}{\frac{\varrho}{2} F' v^2} \quad \text{Leistungszahl eines Ringes} \ \dots \ (62)$$

Wir setzen die Abkürzungen ein und erhalten für die reibungslose Schraube:

$$\boxed{c_{s'} = a(2 + a)} \ \dots \dots \ (63)$$

$$\boxed{c_{L'} = \frac{\beta}{\lambda'}(2 + a)} \ \dots \dots \ (64)$$

Das ist ein einfacher Ausdruck für die geometrische Bedeutung des Schubwertes und des Drehwertes eines Schraubenelementes. Ist dieses nicht reibungslos, sondern hat es eine Profilgleitzahl ε_g, so ergänzen sich die Gleichungen zu:

$$\boxed{c_{s'} = (a - \varepsilon_g \beta)(2 + a - \varepsilon_g \beta)} \ \dots \ (65)$$

$$\boxed{c_{L'} = \frac{1}{\lambda'}(\beta + \varepsilon_g a)(2 + a - \varepsilon_g \beta)} \ \dots \ (66)$$

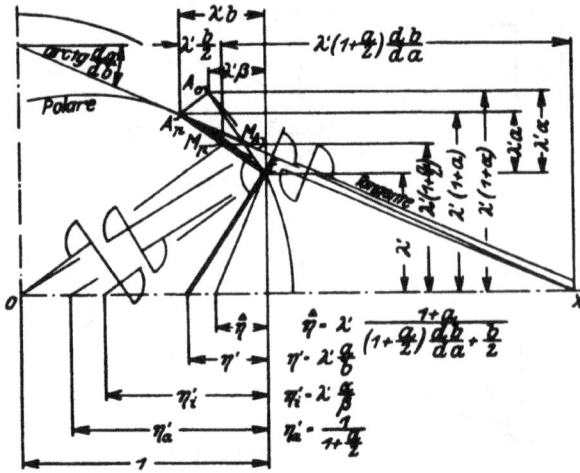

Abb. 26. Geometrische Deutung der Teilwirkungsgrade eines Schraubenelements.

Von E werden Strahlen parallel zu $\overline{M_A O}$ und $\overline{M_p O}$ und senkrecht zu $\overline{EA_p}$ und $\overline{A_p X}$ gerichtet. X findet man aus: $\overline{M_p X}$ parallel zur Tangente an die Polare.
Die Zeichnung zeigt anschaulich die geometrischen Zusammenhänge. Der Axialwirkungsgrad η'_a ist ein Sonderfall des induzierten Wirkungsgrads η'_i für $\lambda' = 0$. Dann rückt M_p nach M_A. Der induzierte Wirkungsgrad η'_i ist ein Sonderfall des Wirkungsgrads η' für $\epsilon = 0$. (aber bei unverändertem α, nicht a). Dann rückt A_p nach A_0. Der Zuwachswirkungsgrad η'_i hängt von der Gestalt der Polaren ab. Auch im Sonderfall $\epsilon = 0$, in dem die Polare mit dem Kreis um O als Mittelpunkt zusammenfällt, ist η' von η'_i verschieden.

oder mit der Abkürzung:

$$a = \alpha - \epsilon_p \beta \quad \dots \dots \quad (67)$$
$$b = \beta + \epsilon_p \alpha \quad \dots \dots \quad (68)$$

wird:
$$c_s' = a(2+a) \quad \dots \dots \quad (69)$$

und
$$c_L' = \frac{b}{\lambda'}(2+a) \quad \dots \dots \quad (70)$$

Der Wirkungsgrad eines Elementes ist:

$$\eta' = \frac{S'v}{T'u'} = \frac{c_s'}{c_L'} \quad \dots \dots \quad (71)$$

$$\boxed{\eta' = \frac{a}{b}\lambda'} \quad \dots \dots \quad (72)$$

Die Teilwirkungsgrade werden als Zwischengröße in der Zahlenrechnung benutzt. In Abb. 26 sieht man anschaulich, daß selbst im reibungslosen Falle der Wirkungsgrad kleiner als 1 ist (Induzierter Wirkungsgrad η'_i).

28. Geometrische Grundbeziehungen.

Aus der Bedingung, daß E und A_0 auf einem Kreis um O liegen sollen, ergeben sich eindeutige Beziehungen zwischen α, β und λ':

$$1 + \lambda'^{-2} = (1 + \alpha)^2 + (\lambda'^{-1} - \beta)^2 \quad \dots \quad (73)$$

Mit dieser Beziehung können wir für jedes Paar von Zahlenwerten λ' und α den zugehörigen Zahlenwert von β berechnen. (Nur eine der beiden Wurzeln interessiert uns).

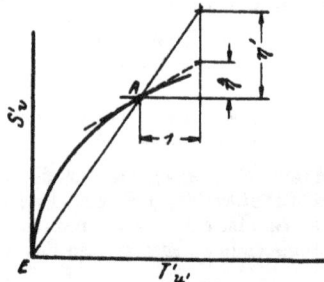

Abb. 27. Zuwachs- und Teilwirkungsgrad.
Als Grundlinie ist die Drehleistung $T'u$, als Höhe die Schubleistung $S'v$ aufgetragen. Ihr Verhältnis ist der Teilwirkungsgrad $\eta' = \dfrac{S'v}{T'u'}$

ihr Differentialquotient der Zuwachswirkungsgrad $\eta'_i = \dfrac{dS'v}{dT'u'}$:

Als weitere Hilfsgrößen brauchen wir später den induzierten Fortschrittsgrad, d. i. der der mittleren Strömung $\overline{M_p O}$ (Abb. 22 und 25):

$$\operatorname{tg}\varphi = \frac{\beta}{\alpha} = \frac{2 + \alpha}{2\lambda'^{-1} - \beta}$$

$$\operatorname{csc}\varphi = \sqrt{1 + \frac{\alpha^2}{\beta^2}}$$

ihren absoluten Betrag:

$$\overline{M_p O} = \frac{v}{2}(2 + a) \cdot \cos\varphi$$

ferner die Differentialquotienten:

$$\frac{d\alpha}{d\beta} = \frac{\lambda'^{-1} - \beta}{1 + \alpha} \quad \dots \dots \quad (74)$$

$$\frac{d\operatorname{csc}\varphi}{d\alpha} = \sin\varphi \cdot \frac{\alpha^2}{\beta^3} \cdot \left(\frac{\beta}{\alpha} - \frac{d\beta}{d\alpha}\right) \quad \dots \quad (75)$$

$$\frac{d\operatorname{csc}\varphi}{d\beta} = \sin\varphi \cdot \frac{\alpha}{\beta^2} \cdot \left(\frac{d\alpha}{d\beta} - \frac{\alpha}{\beta}\right) \quad \dots \quad (76)$$

29. Kennzeichen der besten Schubverteilung.

Für die reibungslose Schraube endlicher Drehschnelle (also mit von Null verschiedenem Drehmoment) hat schon Betz die beste Schubverteilung angegeben. Wir gestatten uns nicht die vereinfachende Annahme, daß diese Schubverteilung auch für die Schraube mit Profilwiderstand die beste sei, bzw. daß der Profilwiderstand auf die beste Schubverteilung keinen Einfluß habe. Wir müssen daher erneut untersuchen, mit welcher Schubverteilung der Wirkungsgrad am höchsten wird. Die von anderen Forschern angewandten formal mathematischen Kriterien befriedigten uns nicht, weil sie dem anschaulich denkenden Ingenieur keine genügend übersichtliche Vorstellung der Zusammenhänge geben. Auf der Suche nach einem anschaulicheren Kennzeichen sind wir auf folgenden Gedankengang gekommen:

Die Schubverteilung ist so lange nicht die beste, als es möglich ist, den Wirkungsgrad der Schraube zu verbessern, ohne ihre Betriebsbedingungen zu verändern. Es darf also nicht möglich sein, an einer Stelle der Schraube etwas Schub fortzunehmen und ihn an einer anderen Stelle anzubringen, wo er mit weniger Drehmoment erkauft wird. Um einer häufigen, falschen Auffassung vorzubeugen: Es kommt nicht darauf an, daß etwa alle Ringelemente den gleichen Teilwirkungsgrad haben; dagegen muß der Preis, um den ein Zuwachs des Schubes eines Ringelementes um einen Differentialbetrag erkauft wird, überall der gleiche sein.

30. Zuwachswirkungsgrad.

Wir drücken diesen Preis aus, indem wir den Begriff des Zuwachs-Wirkungsgrades einführen.

$$\eta'_i = \frac{v\,dS'}{u'\,dT'} = \frac{dc_s'}{dc_L'} \quad \dots \dots \quad (77)$$

Haben wir die beste Verteilung, so ist an jeder Stelle der Zuwachswirkungsgrad derselbe:

$$\eta'_i = \text{konst.} \quad \dots \dots \quad (78)$$

Mit
$$c_s' = a(2+a) \quad \dots \dots \quad (69)$$

und
$$c_L' = \frac{b}{\lambda'}(2+a) \quad \dots \dots \quad (70)$$

wird
$$\eta'_i = \lambda' \frac{(2 + 2a)\,da}{(2+a)\,db + b\,da} \quad \dots \quad (79)$$

$$\boxed{\eta'_i = \lambda' \frac{2 + 2a}{(2+a)\dfrac{db}{da} + b}} \quad \dots \quad (80)$$

Diese Gleichung gilt allgemein, also für Lanzett- sowie für Sektorschraube. Sie unterscheiden sich erst im weiteren

Verlauf der Rechnung. Die geometrische Bedeutung von Gl. 80 geht aus Abb. 26 hervor.

31. Lanzettschraube.

Die Lanzettschraube ist bereits im Abschnitt 24 beschrieben. Sie ist gekennzeichnet durch konstante Profilzahl ε_p. In der Zahlenrechnung wählten wir

$$\varepsilon_p = 0,02.$$

Dieser Wert findet sich bei zahlreichen, im Windtunnel untersuchten Flügelprofilen.

Schubzahl c_s', Leistungszahl c_L' und Teilwirkungsgrad η' der Schraubenelemente berechnen sich für jede Zusammenstellung von λ' und α durch Einsetzen des konstanten Wertes von ε_p in die Gleichungen (65), (66) und (72).

32. Zuwachswirkungsgrad der Lanzettschraube.

Dieser berechnet sich ebenso. Der Differentialquotient $\dfrac{db}{da}$ in Gleichung (80) ergibt sich, da ε_p konstant ist, in einfachster Weise:

$$\frac{db}{da} = \frac{d\,(\beta + \varepsilon_p\,\alpha)}{d\,(\alpha - \varepsilon_p\,\beta)} = \frac{d\beta + \varepsilon_p\,d\alpha}{d\alpha - \varepsilon_p\,d\beta} \quad \dots \dots (81)$$

und mit

$$\frac{d\alpha}{d\beta} = \frac{\lambda'^{-1} - \beta}{1 + \alpha} \quad \dots \dots \dots (74)$$

$$\frac{db}{da} = \frac{(1 + \alpha) + \varepsilon_p\,(\lambda'^{-1} - \beta)}{(\lambda'^{-1} - \beta) - \varepsilon_p\,(1 + \alpha)} \quad \dots \dots (82)$$

oder zusammengefaßt

$$\frac{db}{da} = \frac{1 + \alpha + \varepsilon_p\,\lambda'^{-1}}{\lambda'^{-1} - b - \varepsilon_p} \quad \dots \dots (83)$$

33. Sektorschraube.

Die Sektorschraube ist bereits in Abschnitt 24 beschrieben. Sie ist gekennzeichnet durch konstante relative Blattbreite $\dfrac{t'}{r'}$, konstante Flügelzahl z und konstante Profilwiderstandsbeizahl c_{w_p}.

Für die Zahlenrechnung wählten wir die Beizahlen

$$\frac{z\,t'}{r'} = 0,18$$

$$c_{w_p} = 0,014$$

entsprechend der mittleren Blattbreite einer an der Grenze des Ausführbaren stehenden sehr schmalen, zweiflügeligen Schraube und einem ziemlich, gut geformten und nur schwach gewölbten Flügelprofil. Beizahlen dieser Art erscheinen in den Grundgleichungen (65), (66) und (72) nicht, sondern nur Verhältnisse von Geschwindigkeiten und eine Gleitzahl. Wir müssen also die unsere Annahme ausdrückenden Beizahlen zunächst umformen. Hierzu bedienen wir uns einer Vergleichsgröße, die sich auf beide Arten ausdrücken läßt; einmal aus λ', α, β, ε_p, ϱ und der Fortschrittsgeschwindigkeit v, und einmal aus z, t', c_{w_p}, ϱ und der mittleren Geschwindigkeit $\overline{OM_p}$, mit der die Luft durch das Ringelement strömt, Abb. 22 u. 25.

Hierzu wählen wir den Profilwiderstand $Q' \cdot \overline{A_0 A_p}$:

$$2\,\pi\,r'\,dr'\,\varrho\,v^2\,\frac{2 + \alpha}{2} \cdot \frac{\varepsilon_p\,\beta}{\sin\varphi} = z\,t'\,dr'\,\frac{\varrho}{2}\,v^2\left(\frac{2 + \alpha}{2\sin\varphi}\right)^2 c_{w_p}.$$

Dies gibt aufgelöst und in einer Abkürzung zusammengefaßt:

$$\frac{\varepsilon_p\,\beta}{2 + \alpha} = \frac{\varepsilon_p\,\beta}{2 + \alpha - \varepsilon_p\,\beta} = \frac{z\,t'\,c_{w_p}}{8\,\pi\,r'\,\sin\varphi} = \mu.$$

Mit den für die Zahlenrechnung angenommenen Zahlenwerten wird

$$\mu = \frac{0,18 \cdot 0,014}{8 \cdot \pi \cdot \sin\varphi} = 0,0001\,\csc\varphi.$$

μ ist ein Maß für die Größe der Reibungsverluste. Es ist um so größer, je größer die Blattbreite, die Zahl der

Schraubenflügel und ihre Profilwiderstandsbeizahl ist, und je kleiner der induzierte Fortschrittsgrad ist.

Wir brauchen später die Differentialquotienten:

$$\frac{d\mu}{d\alpha} = 0,0001\,\frac{d\csc\varphi}{d\alpha}$$

$$\frac{d\mu}{d\beta} = 0,0001\,\frac{d\csc\varphi}{d\beta}.$$

Mit dieser Abkürzung wird:

$$\varepsilon_p\,\beta = (2 + \alpha) \cdot \frac{\mu}{1 + \mu}.$$

Um auch $\varepsilon_p\,\alpha$ zu erhalten, brauchen wir nicht den gleichen Weg noch einmal zu gehen, sondern formen mit Gl. 73 um in:

$$\varepsilon_p\,\alpha = (2\,\lambda'^{-1} - \beta)\,\frac{\mu}{1 + \mu}.$$

Damit haben wir Profilwiderstandsbeizahl, Blattbreite und Flügelzahl in eine Form gebracht, in der sie in das schon entwickelte Berechnungsverfahren hineinpassen.

In der Zahlenrechnung erscheinen $\varepsilon_p\,\alpha$ und $\varepsilon_p\,\beta$ nie allein, sondern stets in der Verbindung

$$a = \alpha - \varepsilon_p\,\beta \quad \dots \dots \dots (67)$$
$$b = \beta + \varepsilon_p\,\alpha \quad \dots \dots \dots (68)$$

die hier nun in folgender Form erscheinen:

$$\boxed{a = \frac{\alpha - 2\,\mu}{1 + \mu}} \quad \dots \dots \dots (85)$$

$$\boxed{b = \frac{\beta + 2\,\lambda'^{-1}\,\mu}{1 + \mu}} \quad \dots \dots \dots (86)$$

In der Zahlenrechnung werden die Werte a und b für jede Zusammenstellung von λ' und α ausgerechnet und, wie bei der Lanzettschraube, zur Ermittlung der Schubzahl c_s' und der Leistungszahl c_L' verwandt. Den Wert der Profilgleitzahl ε_p errechnen wir nur, um festzustellen, ob wir uns auf »verbotenes Gebiet« begeben, wo sie den Bestwert $\varepsilon_p \geqq 0,02$ unterbietet.

34. Zuwachswirkungsgrad der Sektorschraube.
Um die Gleichung

$$\eta_i' = \lambda'\,\frac{2 + 2\,a}{(2 + a)\,\dfrac{db}{da} + b} \quad \dots \dots (80)$$

ausfüllen zu können, fehlt nur noch der Differentialquotient

$$\frac{db}{da} = \frac{(1 + \mu)\,d\beta + (2\,\lambda'^{-1} - \beta)\,d\mu}{(1 + \mu)\,d\alpha - (2 + \alpha)\,d\mu}.$$

In dieser Gleichung sind alle Glieder bekannt. Für die Zahlenrechnung wird sie auf die Form gebracht:

$$\frac{db}{da} = \frac{10^4\,\mu\,(1 + \mu)\,\dfrac{\beta^3}{\alpha^2\,(2 + \alpha)} + \left(\dfrac{d\alpha}{d\beta} - \dfrac{\alpha}{\beta}\right)}{10^4\,\mu\,(1 + \mu)\,\dfrac{\beta^3}{\alpha^2\,(2 + \alpha)} + \left(\dfrac{d\beta}{d\alpha} - \dfrac{\beta}{\alpha}\right)} \cdot \frac{d\beta}{d\alpha}.$$

Damit kann der Zuwachswirkungsgrad η_i' für jede mögliche Zusammensetzung von λ' und α zahlenmäßig berechnet werden.

35. Schubverteilung.
Die bisher abgeleiteten Gleichungen erlauben es, für beliebige Zusammenstellungen runder Werte von λ' und α die zugehörigen Werte von c_s', c_L' und η_i' zahlenmäßig zu ermitteln. α, β, η' usw. sind nur Hilfsgrößen und interessieren deshalb weiter nicht. Gesucht sind aber diejenigen Werte von c_s' und c_L', die zu beliebigen Zusammenstellungen runder Werte von η_i' und λ' gehören. Es ist uns nicht gelungen, c_s' und c_L' als explizite Funktionen von η_i' und λ' darzustellen. Wir müssen daher zunächst für runde Werte von λ' und α die zugehörigen unrunden Werte von c_s', c_L' und η_i' ausrechnen und in Kurvenscharen schaubildlich auftragen. Dann wird für runde Werte von η_i' und λ' im

4

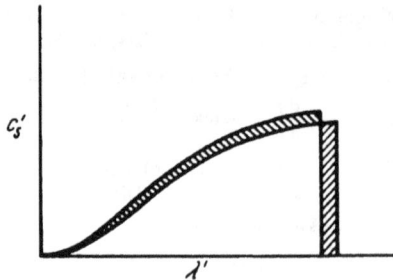

Abb. 28. Günstigste Schubverteilung. Zwei Schrauben von gleichem Schub, aber ungleichem Durchmesser. Welche davon die bessere ist, hängt von dem »Preise« des Schubs in dem einen und dem anderen schraffierten Streifen ab. In dem einen Falle ist dies der Teilwirkungsgrad des Stücks an der Spitze, in dem anderen der Zuwachswirkungsgrad.

Schaubild interpoliert. Die hierzu gehörigen Werte von c_s' und c_t' können dann in Kurvenscharen mit η_i' als Parameter über λ' aufgetragen werden. Jede Schubverteilung nach einer dieser Kurven gehorcht dann der Vorschrift, daß ein kleiner Zuwachs an Schub überall mit demselben Zuwachs an Drehmoment erkauft wird.

Ist das nun wirklich die beste Schubverteilung? Es könnte doch sein, daß man Vorteil davon hätte, einige Elemente, die mit schlechtem Teilwirkungsgrad arbeiten, ganz zu unterdrücken und den so frei werdenden Schub über die beibehaltenen Teile der Schraube zu verteilen. Man kann z. B. eine ungünstige Schraubenspitze kappen, oder ungünstige Teile an der Nabe in eine dicke Nabenhaube einschließen. Oder es könnte das Umgekehrte der Fall sein,

dann würde man überall etwas Schub wegnehmen und dafür am äußeren Ende ein Stück anfügen, das denselben Schub mit besserem Wirkungsgrad erzeugt, vgl. Abb. 28.

Welche dieser beiden Maßnahmen zweckmäßig ist, zeigt ein Vergleich zwischen dem Teilwirkungsgrad des Schubes der auszumerzenden oder anzufügenden Schraubenelemente und dem Zuwachswirkungsgrad des über die beizubehaltenden Teile zu verteilenden Schubzuwachses. Ist der Teilwirkungsgrad der größere, dann ist es zweckmäßig, ein Stück anzusetzen, d. h. den Durchmesser zu vergrößern.

Bei der Lanzettschraube ist der Teilwirkungsgrad immer größer als der Zuwachswirkungsgrad:

$$\eta_i' < \eta'{}^{1)} \ldots \ldots \ldots \ldots (87)$$

Wo es konstruktiv möglich ist, ist es daher immer zweckmäßig, den Durchmesser zu vergrößern (aber nur bis zu einer Grenze, auf die wir noch kommen werden, vgl. Abschnitt 36, »Innere und äußere Grenze«). Bei der Sektorschraube dagegen ist, in dem für uns wichtigen Bereich, der Zuwachswirkungsgrad immer größer als der Teilwirkungsgrad. Man kann daraus den Schluß ziehen, daß eine sehr niedrig belastete, sehr schnell laufende Schraube besser wird, wenn man ihren Durchmesser beschneidet oder ihre Nabe verdickt und die beibehaltenen Teile um den so frei werdenden Schub höher belastet, bis die Grenze des »verbotenen Gebietes« erreicht wird.

Erhöht man aber die Belastung noch weiter, dann muß auch die Blattbreite vergrößert werden. Aus der Sektorschraube gegebener Blattbreite wird dann eine Lanzettschraube günstigster Profilgleitzahl. Dabei ändert sich auch der Zuwachswirkungsgrad unstetig, indem er von dem hohen

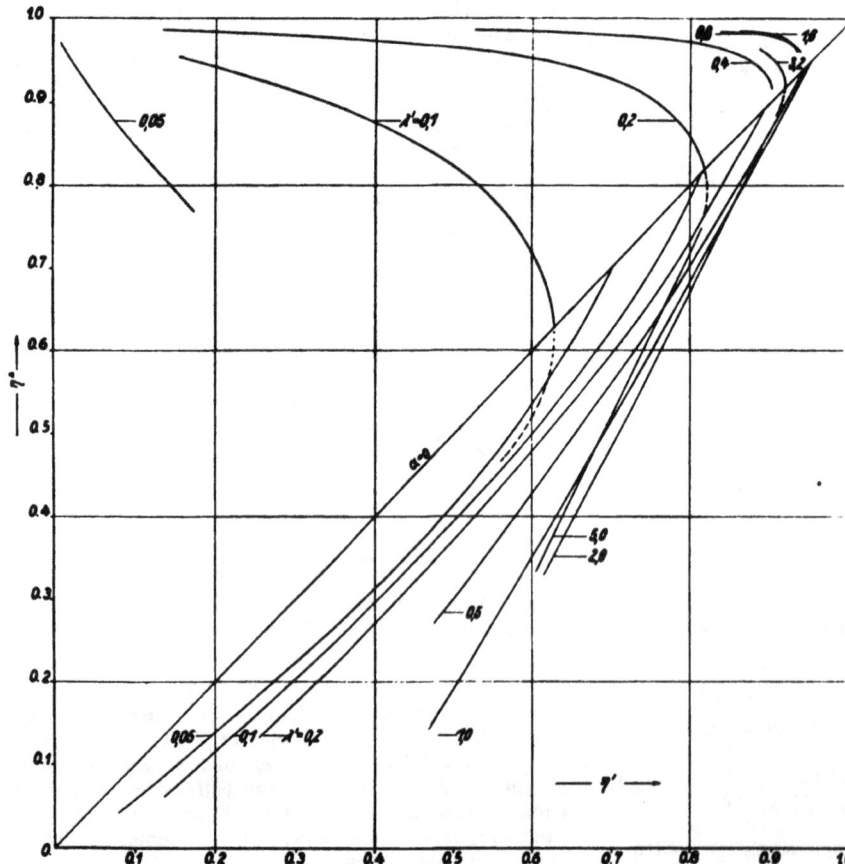

Abb. 29. Verlauf von Teilwirkungsgrad und Zuwachswirkungsgrad für Lanzett- und Sektorschraube.

Als Grundlinie ist der Teilwirkungsgrad η_i', als Höhe der Zuwachswirkungsgrad η' aufgetragen. Die Kurven gehören zu runden Werten des Fortschrittsgrads λ'. Die untere Kurvenschar stellt die Lanzettschraube dar. Bei ihr ist der Zuwachswirkungsgrad immer kleiner als der Teilwirkungsgrad. Bei der Sektorschraube, die durch die obere Kurvenschar dargestellt wird, ist der Zuwachswirkungsgrad im allgemeinen sehr hoch, während der Teilwirkungsgrad niedriger ist.

¹) Den Verlauf von η' und η_i' mit dem von uns für die Zahlenrechnung gewählten Wert $\varepsilon_p = 0,02$ zeigt Abb. 29. Nur im Sonderfall $a = 0$ werden beide gleich. Dann wird auch $\beta = 0$.

$$a = \alpha - \varepsilon_p \beta = 0$$
$$b = \beta + \varepsilon_p \alpha = 0$$
$$c_s' = 0$$
$$c_L' = 0$$
$$\eta_i' = \frac{c_s'}{c_L'} = \frac{0}{0}$$

wird ein unbestimmter Ausdruck, der durch Differenzieren von Zähler und Nenner bestimmt zu machen ist. Damit wird aber

$$\eta_i' = \lambda' \cdot \frac{d\,c_s'}{d\,c_L'} = \eta'.$$

In dem andern Sonderfall des größten Schubes $a = a_{max}$, ist

$$\eta_i' = 0$$

dagegen

$$\eta' > 0$$

also

$$\eta' > \eta_i'.$$

Geht man zu den darüber hinaus zwar theoretisch möglichen, praktisch aber nicht in Frage kommenden Werten, so wird η' sogar negativ.

Es läßt sich auch allgemein beweisen, daß bei konstantem ε_p stets $\eta_i' < \eta'$ sein muß. Wir behaupten:

$$\lambda' \frac{2 + 2a}{(2 + a)\frac{db}{da} + b} < \lambda' \frac{a}{b}$$

oder überkreuz ausmultipliziert und geordnet:

$$\frac{da}{db} < \frac{a}{b}$$

Das ist für die Lanzettschraube:

$$\frac{\lambda^{-1} - \beta - \varepsilon_p - \varepsilon_p \alpha}{1 + \alpha + \varepsilon_p \lambda^{-1} - \varepsilon_p \beta} < \frac{\alpha - \varepsilon_p \beta}{\beta + \varepsilon_p \alpha}$$

und wiederum ausmultipliziert und geordnet:

$$-\varepsilon_p^2 \alpha^2 - \varepsilon_p^2 \alpha - \varepsilon_p^2 \beta^2 + \varepsilon_p^2 \beta \lambda^{-1} - \ldots + \alpha^2$$
$$+ \alpha + \beta^2 - \beta \lambda^{-1} - \varepsilon_p^2 < 1.$$

Das ist sicher richtig. Also stimmt auch die Behauptung.

Wert, der für die Sektorschraube gilt, auf den niedrigen umspringt, der für die Lanzettschraube gilt[1]).

36. Innere und äußere Grenze.

Bei Ausrechnung der Kurven bester Schubverteilung ergab sich, daß sie weder an der Nabe beginnen noch bis zu beliebig großem Durchmesser reichen oder, mit anderen Worten, nicht von $\lambda' = \infty$ bis $\lambda' = 0$ gehen. Die Kurve hat vielmehr nur zwischen zwei Grenzwerten positive Werte. Die Grenzwerte sind gekennzeichnet durch Verschwinden des Schubes:

$$\left(\lambda + \frac{a}{2}\right) a = c_s' = 0 \quad \ldots \ldots \quad (88)$$

Das Zu-Null-Werden der Klammer, die die Durchflußmenge ausdrückt, interessiert nicht. Wir setzen den zweiten Faktor, der den Geschwindigkeitszuwachs ausdrückt, gleich Null:

$$a = 0 \quad \ldots \ldots \ldots \quad (89)$$

Der Geschwindigkeitszuwachs kann auf zwei Weisen zu Null werden: Bei sehr großer Ablenkung $\overline{A_p E}$ der Strömung wird, selbst im reibungslosen Fall, der axiale Geschwindigkeitszuwachs wieder kleiner und verschwindet schließlich, wenn in Abb. 18 (S. 45) der Punkt A_p auf seinem Weg entlang bzw. auf dem Kreisbogen wieder dieselbe Höhe erreicht wie der Punkt E. Dieser Fall interessiert aber nicht. So bleibt nur der Fall kleiner Strömungsablenkung, also kleiner Werte von α und β.

Bei der Lanzettschraube wird $a = \alpha - \varepsilon_p \beta = 0$, wenn

$$\alpha = 0 \quad \ldots \ldots \ldots \ldots \quad (90)$$

Daher auch
$$\beta = 0 \quad \ldots \ldots \ldots \ldots \quad (91)$$

also auch
$$b = \beta + \varepsilon_p \alpha = 0 \quad \ldots \ldots \ldots \quad (92)$$

Damit wird:
$$\eta_i' = \lambda' \cdot \frac{2}{2\dfrac{db}{da}} \quad \ldots \ldots \ldots \quad (93)$$

$$\eta_i' = \lambda' \cdot \frac{\lambda'^{-1} - \varepsilon_p}{1 + \varepsilon_p \lambda'^{-1}} \quad \ldots \ldots \quad (94)$$

---

[1]) Wendet man diese Betrachtung auf Schraubenformen an, wie sie für die wirkliche Ausführung in Frage kommen, so kann man daraus folgende Schlüsse ziehen:

Die Schraube (Abb. 30) besteht
1. aus einem Nabenteil, dessen Wirkungsgrad so schlecht ist, daß man ihn besser unter einer Nabenhaube versteckt.
2. einem Übergangsteil, dessen Blattbreite aus Festigkeitsgründen bestimmt ist. Dieser Teil wird bis zur Grenze des »verbotenen Gebietes« belastet, d. h. bis zum Bestwert der Profilgleitzahl erreicht ist.
3. einem Außenteil, bei dessen Formgebung nur strömungstechnische Gründe bestimmend sind. Hier ist überall die Blattbreite so groß, wie es der besten Schubverteilung und der Auftriebsbeizahl entspricht. Der Außenteil hat konstanten Zuwachswirkungsgrad η_i'. An der Grenze zwischen Außenteil und Übergangsteil haben beide denselben Teilwirkungsgrad; nach der Nabe zu fällt dieser aber, entsprechend dem immer breiter und schlechter geformten Blatt. Wo er den Wert des Zuwachswirkungsgrades im Außenteil erreicht, hat eine Fortsetzung keinen Zweck mehr. Hier läßt man deshalb zweckmäßig die Nabenhaube beginnen.

Nun hat die Schraube keinen Teil mehr, wo der Teilwirkungsgrad niedriger wäre als der Zuwachswirkungsgrad an irgendeiner anderen Stelle. Der Übergangsteil hat zwar, je nachdem wie der Zuwachs erreicht wird, zwei Zuwachswirkungsgrade, einen höheren für konstante Blattbreite und einen niedrigeren für konstante Profilgleitzahl. Der höhere ist aber ungültig, weil hier eine Vergrößerung des Schubes bei konstanter Blattbreite »verboten« ist.

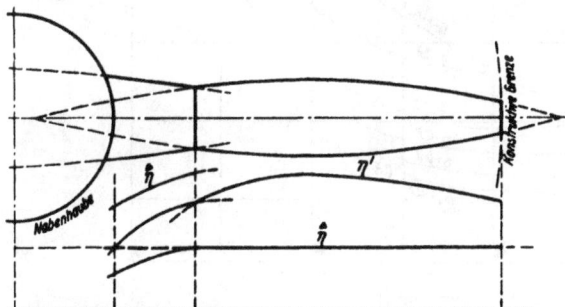

Abb. 30. Verteilung von Teilwirkungsgrad η' und Zuwachswirkungsgrad η_i' über den Radius einer Schraube wirklicher Ausführungsform bei Voraussetzung bester Schubverteilung.
An jedem Punkt ist der Teilwirkungsgrad größer als der Zuwachswirkungsgrad an diesem und an allen anderen Punkten der Schraube.

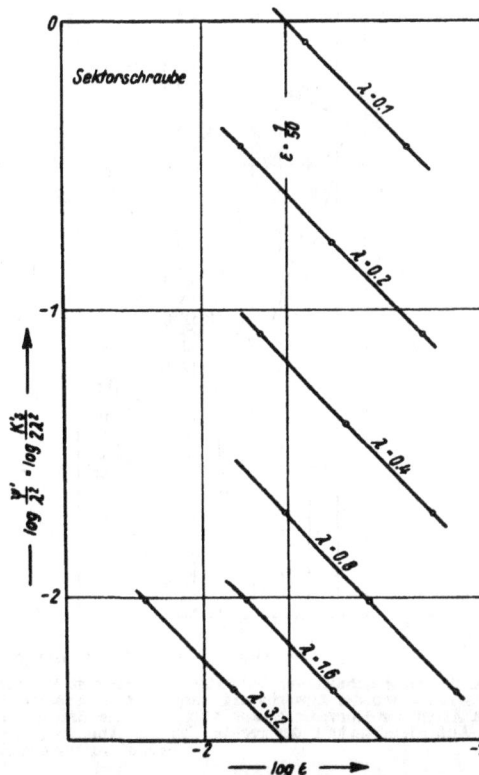

Abb. 31. Hilfsblatt zur Berechnung der Grenzen des »verbotenen Gebietes« der Sektorschraube. Kurven mit runden Werten von λ als Parameter werden über errechneten unrunden Werten ε_p als Grundlinie, mit errechneten unrunden Werten von c_s als Höhe aufgetragen. Die Beträge von c_s für $\varepsilon_p = 0{,}02$ werden interpoliert und in Abb. 45 verwendet.

nach λ' aufgelöst

$$\lambda' = \frac{1 - \eta_i'}{2\varepsilon_p} \pm \sqrt{\left(\frac{1 - \eta_i'}{2\varepsilon_p}\right)^2 - \eta_i'} \quad \ldots \ldots \quad (95)$$

Diese Gleichung liefert für jeden Wert von η_i' zwei Wurzeln, die also den oberen und unteren Grenzwert der brauchbaren Beträge des Fortschrittgrades λ' darstellen. Diese Grenzwerte sind in der Zahlenrechnung benutzt worden.

Bei der Sektorschraube gelang es nicht, eine ähnlich einfache Beziehung abzuleiten.

Dagegen können die zu $c_s' = 0$ und runden Werten von η_i' zugehörigen unrunden Werte von λ' durch zweimalige Interpolation gefunden werden, da zahlreiche zusammengehörige Werte von λ', c_s', η_i' bekannt sind.

Außerdem muß für die Sektorschraube noch eine andere Grenze bestimmt werden. Bei geringeren Werten von η_i' kommen wir in das verbotene Gebiet, wo die Profilgleitzahl ε_p kleiner als 0,02 wird. Auch hierfür gelang es nicht, eine einfache Beziehung abzuleiten. Dagegen können die zu $\varepsilon_p = 0{,}02$ und runden Werten von λ' zugehörigen unrunden Werte von c_s' durch Interpolation gefunden werden, da zahlreiche zusammengehörige Werte von λ', c_s', ε_p bekannt sind (Abb. 31).

37. Die ganze Schraube.

Wir haben damit alle Grundlagen zur zahlenmäßigen Berechnung der an Schraubenelementen auftretenden Strömungskräfte und zur Auswahl zusammenpassender Elemente. Nun können wir die Elemente wieder zu ganzen Schrauben vereinigen.

Zu diesem Zwecke nehmen wir aus einer Schubverteilungskurve ein Stück. Es braucht grundsätzlich nicht an der Nabe, bei $\lambda' = \infty$, zu beginnen, denn das der Nabe benachbarte Stück könnte ja durch eine Nabenhaube verdeckt sein. Von diesem Mittel sehen wir aber in der folgenden Untersuchung grundsätzlich ab, weil die Zahl der Variations-

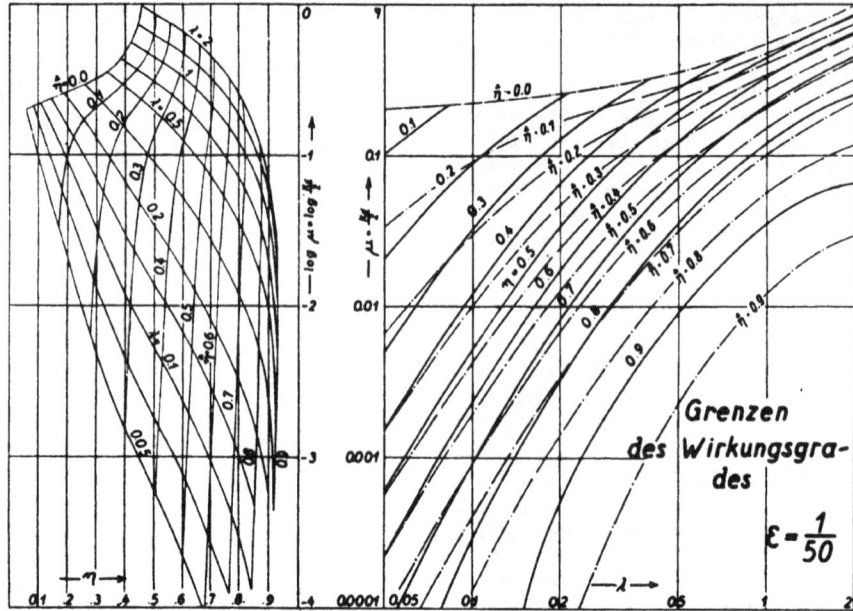

Abb. 32. Theoretische Grenzen des Wirkungsgrades für die Lanzettschraube.

In dem linken Abschnitt der Abbildung ist über dem Wirkungsgrad η der Drehwert k_d aufgetragen. Als Parameter dienen der Fortschrittsgrad λ und der Zuwachswirkungsgrad η'. Der rechte Teil ist durch Umzeichnen aus dem linken entstanden. Er entspricht den oberen Ästen der Kurvenschar aus Abb. 1, wo die Grenzen des Wirkungsgrades nach dem gegenwärtigen Stand der Technik dargestellt sind. Außerdem enthält der rechte Teil der Abbildung als Kurvenscharen die Familien gleichen Zuwachswirkungsgrades. Sie sind von Bedeutung für das Entwurfverfahren der Lanzettschraube.

möglichkeiten sonst zu groß wird. Wir beschränken uns also auf den Fall, daß die Schubverteilungskurve von ihrem der Nabe benachbarten Grenzwert aus benutzt wird.

Von jeder Schubverteilungskurve können beliebig lange Stücke benutzt werden. Jede Kurve liefert also eine ganze Familie von Schrauben, die sich nur durch den Fortschrittsgrad λ am äußeren Ende voneinander unterscheiden. Wird eine dieser Schrauben am äußeren Ende verlängert oder gestutzt, so entsteht dadurch eine andere Schraube derselben Familie. Gemeinsam ist der ganzen Familie der überall und bei allen gleiche Zuwachswirkungsgrad η'.

Wir erhalten den Schub und die Leistungsaufnahme jeder Schraube einer Familie, indem wir, von der Nabe aus fortschreitend, Schub und Leistungsaufnahme der Schraubenelemente schrittweise integrieren.

38. Integration.

Zur schrittweisen Integration von Schub und Leistungsaufnahme können wir Schubzahl c_s' und Leistungszahl c_L' selbst als Integrand benutzen, wenn wir eine passende Größe benutzen, über der sie als Veränderliche integriert werden. Das so gebildete Integral darf außer Schub und Leistungsaufnahme keine weiteren Veränderlichen enthalten (wie z. B. Halbmesser, Tangentialgeschwindigkeit usw.), sondern nur solche Größen, die für die ganze Schraube konstant sind (wie z. B. Drehzahl und Fortschrittsgeschwindigkeit).

Als Veränderliche, über der integriert wird, wählen wir

$$\lambda'^{-2} = \frac{r'^2 \omega^2}{v^2} \qquad \ldots \ldots \ldots (96)$$

$$d(\lambda'^{-2}) = \frac{\omega^2}{v^2} \cdot 2\,r'\,d r' \qquad \ldots \ldots (97)$$

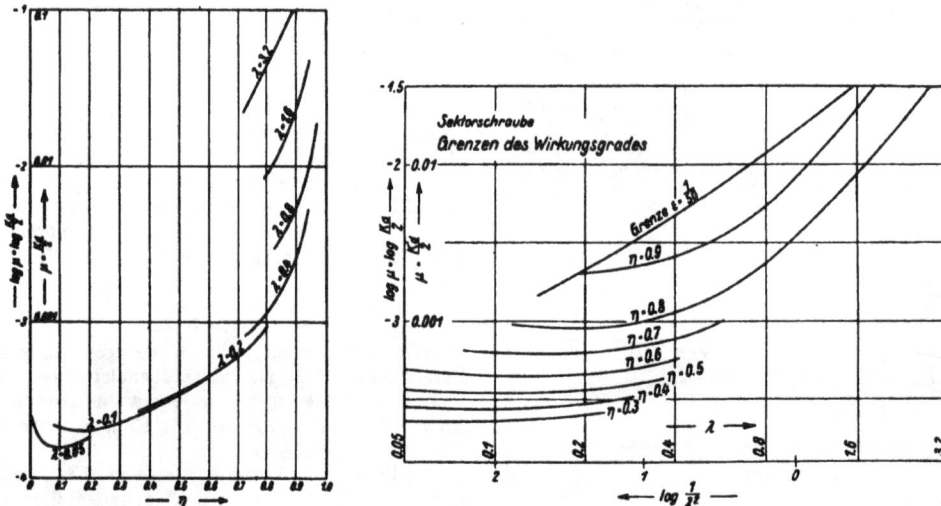

Abb. 33. Theoretische Grenzen des Wirkungsgrades für die Sektorschraube.

Auf dem linken Teil der Abbildung ist der Wirkungsgrad η als Grundlinie, der Drehwert k_d als Höhe aufgetragen. Der Parameter ist der Fortschrittsgrad λ. Der rechte Teil der Abbildung ist durch Umzeichnen aus dem linken entstanden. Die Darstellung entspricht den unteren Ästen der Kurvenschar in Abb. 1. Ferner ist eingetragen die praktische Grenze für die Profilgleitzahl : $\varepsilon_p = 0,02$.

über der

$$c_s' = \frac{S'}{\frac{\varrho}{2} F' v^2} = \frac{d S}{\frac{\varrho}{2} 2 \pi r' d r' v^2} \quad (61) \ldots \ldots (98)$$

und

$$c_L' = \frac{T' u'}{\frac{\varrho}{2} F' v^3} = \frac{d N}{\frac{\varrho}{2} 2 \pi r' d r' v^3} \quad (62) \ldots \ldots (99)$$

als Integranden integriert werden.

$$\int c_s' d (\lambda'^{-2}) = \frac{\omega^2}{\varrho \pi \frac{v^4}{2}} \int d S = \frac{S}{\varrho \frac{\pi D^2}{4} \frac{v^2}{2}} \cdot \frac{u^2}{v^2} \ldots (100)$$

$$\boxed{\int c_L' d (\lambda'^{-2}) = c_s \cdot \lambda^{-2}} \quad \ldots \ldots (101)$$

$$\int c_L' d (\lambda'^{-2}) = \frac{\omega^2}{\varrho \pi \frac{v^6}{2}} \int d N = \frac{N}{\varrho \frac{\pi D^2}{4} \frac{v^3}{2}} \cdot \frac{u^2}{v^2} \cdot (102)$$

$$\boxed{\int c_L' d (\lambda'^{-2}) = c_L \cdot \lambda^{-2}} \quad {}^1) \quad \ldots \ldots (103)$$

Durch Integration von Beizahlen der Schraubenelemente bilden wir also Beizahlen der ganzen Schraube.

39. Ergebnisse.

Die Ergebnisse der Integration können jetzt auf die Form gebracht werden, in der sie gebraucht werden.

$$k_d = \lambda^3 \cdot c_L \lambda^{-2} \ldots \ldots \ldots (104)$$

und

$$\eta = \frac{c_s}{c_L} = \frac{c_s \lambda^{-2}}{c_L \lambda^{-2}} \ldots \ldots (105)$$

Die Ergebnisse zeigt Abb. 32 für die Lanzettschraube, Abb. 33 für die Sektorschraube, in der gleichen Form wie Abb. 1 den Stand der Technik zeigt. Nur haben wir bei der Lanzettschraube auch noch als Kurvenscharen die Familien gleichen Zuwachswirkungsgrades eingezeichnet.[2])

Die Vereinigung der Ergebnisse beider Ansätze, Abb. 34, liefert ein Bild, das dem nach dem Stand der Technik recht ähnlich ist. Die Kurven der Sektorschraube entsprechen dem unteren Teile der Kurven nach dem Stand der Technik. Nach dem, was wir über die Sektorschraube gefunden haben, ist die große Streuung der Erfahrungswerte in diesem Gebiet verständlich, hängt sie doch ganz von der Blattbreite und dem Profilwiderstand der verwendeten Schraubenblätter ab. Es sind also nicht grundsätzliche, sondern konstruktive Grenzen in diesem Gebiet maßgeblich, und es erscheint möglich, durch sehr schmale, dünne, glatte Schraubenblätter dieses Gebiet noch weit zu verbessern. Wichtig ist dies aber nur an der Grenze des „verbotenen Gebiets". Diese fällt auch ungefähr zusammen mit der Grenze zwischen Sektor- und Lanzettschraube. Die weiter unten liegenden Kurvenäste werden nicht gebraucht. Denn dort kann der Wirkungsgrad einfacher dadurch verbessert werden, daß man den Drehwert k_d vergrößert; entweder bei konstantem $\frac{k_d}{\lambda^3}$, also durch Ver-

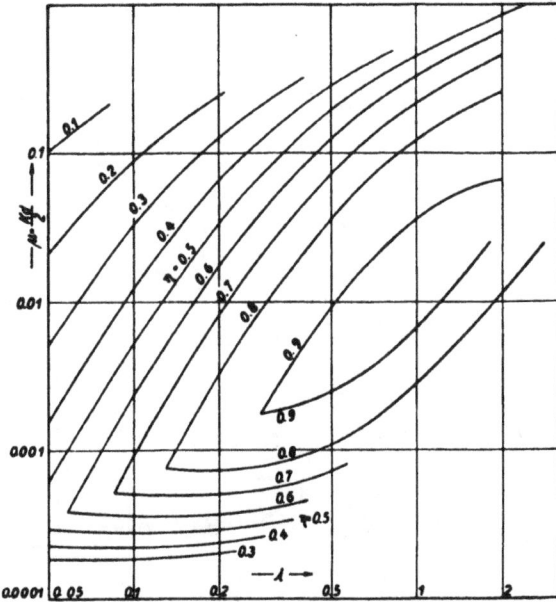

Abb. 34. Theoretische Grenzen des Wirkungsgrades. Die oberen Kurvenäste gehören zur Lanzett-, die unteren zur Sektorschraube. Das Bild entsteht aus der Vereinigung der Abb. 32 u. 33.

ringerung des Durchmessers; oder bei konstantem $\frac{k_d}{\lambda^3}$, also durch Steigerung der Drehschnelle. Der beste Wirkungsgrad wird da erreicht, wo eine Grenzkurve berührt wird. Im allgemeinen wird das an der Grenze oder in ihrer Nähe im Bereich der Lanzettschraube sein. Damit sind wir mit der Betrachtung der Sektorschraube am Ende.

Anders liegt es mit den Ergebnissen der Lanzettschraube. Sie decken sich gut im Charakter wie in Größe mit den oberen Ästen der Kurven nach dem »Stand der Technik«. Hier ist auch die Streuung der Erfahrungswerte gering, denn die Grenze ist grundsätzlich und kann durch keine noch so geschickte konstruktive Maßnahme verschoben

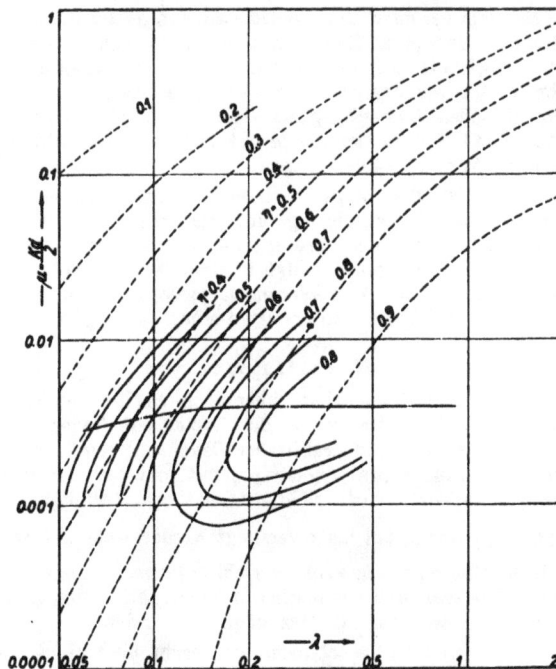

Abb. 35. Vergleich der theoretischen Grenzen mit dem Stande der Technik. Überlagerung von Abb. 1 (ausgezogen) und Abb. 32 (gestrichelt). Gute Übereinstimmung der »besten Drehwerte« (Abb. 13) und der Grenzen in diesem Gebiet. In allen anderen Gebieten aber bleibt der Stand der Technik hinter den theoretischen Grenzen stark zurück.

---

[1]) Das ist eine andere Schreibweise für die Geometrische Schnellläufigkeit

$$\frac{k_d}{\lambda^3} = \frac{c_L}{\ldots} \ldots \ldots \ldots \ldots (3)$$

[2]) Wir haben bereits im Vorwort (Abschnitt 1) erwähnt, daß es nicht der eigentliche Zweck dieser Arbeit ist, dem Entwerfer der Schraube bei der Ermittlung der jeweils besten Form zu helfen. Diese Kurven liefern ihm aber ein Hilfsmittel dazu. Wenn nämlich die Betriebsbedingungen durch Drehwert k_d und Fortschrittsgrad λ geometrisch festgelegt sind (vgl. Abschnitt 5), dann kann er aus diesem Schaubild den Zuwachswirkungsgrad als einzige aus der aerodynamischen Formgebung ausreichende Entwurfsvorschrift entnehmen. Um ihm die Entwurfsarbeit zu erleichtern, wird es zweckmäßig sein, in derartigen Hilfstafeln, z. B. Kurvenscharen mit dem Fortschrittsgrad λ' als Parameter, über dem Zuwachswirkungsgrad η' als Grundlinie und mit dem induzierten Fortschrittsgrad $\mathrm{tg}\, \varphi$ und der relativen Blattbreite $\frac{c_a\, z\, l'}{2\, \pi\, r'}$ als Höhe. Wenn dann ein beliebiger unrunder Wert η' als Entwurfsvorschrift gegeben ist, dann kann zu jedem runden Wert von λ' der zugehörige Wert von $\mathrm{tg}\, \varphi$ und $c_a \cdot \frac{z\, l'}{2\, \pi\, r'}$ entnommen werden.

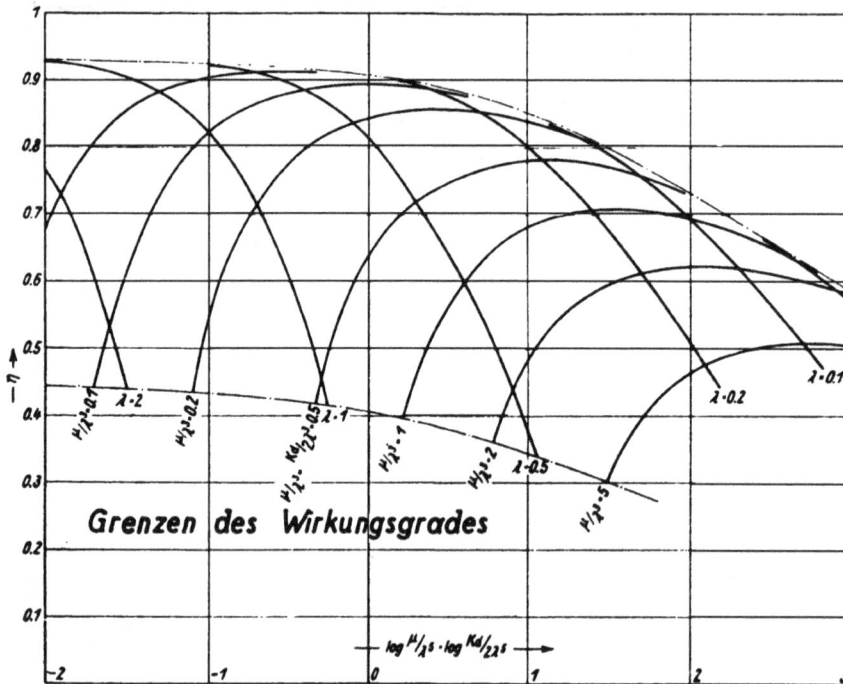

Abb. 36. Abhängigkeit des Wirkungsgrads von der Geometrischen Schnelläufigkeit.
Nicht nur nach dem Stande der Technik (Abb. 2), sondern auch nach der theoretischen Rechnung nimmt mit zunehmender Geometrischer Schnelläufigkeit der mögliche Wirkungsgrad ab. Auch die Kurven runder Werte des Fortschrittsgrads λ und der Leistungszahl $c_L = \dfrac{k_d}{\lambda^3}$ verlaufen gleichartig wie in Abb. 2.

werden. Der »Stand der Technik« kommt in diesem Gebiet sehr nahe an die Ergebnisse der Lanzettschraube heran, wie Abb. 35 zeigt, besonders in der Nähe des Bestwertes (Abschnitt 16). Auch die Lage des Bestwertes stimmt überein, Abb. 35.

40. Übersicht.

Bei dem geringen Unterschied zwischen dem »Stand der Technik« und den Ergebnissen unserer Zahlenrechnung fallen auch die Schaubilder ähnlich aus, die ebenso wie Abb. 2 die Abhängigkeit des Wirkungsgrades von der geometrischen Schnelläufigkeit — siehe Abb. 36 — oder wie Abb. 10, 11 und 12 von der Mechanischen Schnelläufigkeit — siehe Abb. 37—40 — zeigen.

Damit ist die Aufgabe dieser Untersuchung erfüllt: Die für die Beweisführung unbefriedigende statistische Grenze ist durch eine theoretische Grenze belegt. Hierdurch ist bewiesen worden, daß in einem weiten und wichtigen Gebiet große Verbesserungen gegenüber dem bisher Erreichten nicht mehr zu erwarten sind.

41. Fortsetzung.

Auf diesem Gebiet bleibt aber noch viel zu tun übrig. Von besonderem Interesse ist das Gebiet sehr hoher Fortschrittsgrade, das von praktischer Bedeutung wird, sobald sehr hohe Fluggeschwindigkeiten v mit mäßigen Umfangsgeschwindigkeiten u, oder richtiger Relativgeschwindigkeiten

$$v\left(1 + \frac{a}{2}\right) \cdot \csc \varphi,$$

am Blatt vereinigt werden sollen. Bisher läßt die Untersuchung keine Verschlechterung erkennen, es kann aber sein, daß wir hierbei in konstruktiv unmögliche Gebiete zu schmalen Blattes kommen würden.

Ferner sind Untersuchungen erwünscht über die Änderung der Beizahlen einer nach der in Abschnitt 38, Fußnote 2 auf S. 53, vorgeschlagenen Entwurfsvorschrift entworfenen Schraube, wenn bei Beibehaltung der Form der Fortschrittsgrad geändert wird. Dieses Problem schließt in sich die allgemeine Aufgabe ein, für ein Schrauben-

element, dessen Steigung, Flügelzahl, Blattbreite, Profil [und damit $c_a = f(\alpha)$, $c_{w_p} = \varphi(\alpha)$] bekannt sind, die Beizahlen zu finden. Diese Umkehrung der in Abschnitt 38, Fußnote 2 gelösten Aufgabe, zu gegebenem λ, α, ε_p das zugehörige $\dfrac{c_a z t}{2 \pi r}$ zu finden, ist viel verwickelter. Ihre Lösung ist aber notwendig, wenn nicht nur auf einen bestimmten Fortschrittsgrad, etwa den des Gipfelfluges, sondern auch auf kleinere und größere, etwa die des Starts und Wagerechtfluges gleichzeitig Rücksicht genommen werden muß.

Das Verfahren kann auf Windmühlen ausgedehnt werden, vielleicht auch auf Schrauben mit festen Leitschaufeln, und schließlich durch Berücksichtigung der Radialgeschwindigkeit so ausgebaut werden, daß es auf Turbinen angewandt werden kann.

IV. Berechnungsverfahren.

42. Vorwort.

Dieser Teil wendet sich nur an solche Leser, die ähnliche quantitative Auswertungen machen wollen. Auf besonderen Wunsch werden hier die Erfahrungen, die der Verfasser bei der Durchführung der zeichnerischen und rechnerischen Auswertungen gemacht hat, in größerer Vollständigkeit mitgeteilt.

In der vorliegenden Arbeit war die Bewältigung der Zahlenrechnung mindestens ebenso mühsam wie die Klärung der mathematisch-mechanischen Zusammenhänge. Wir waren vor die Aufgabe gestellt, Wege zu finden, um mit annehmbarem Aufwand von Rechen- und Zeichenarbeit durchzukommen und dabei ein Ergebnis zu liefern, das den Arbeitsaufwand rechtfertigt.

43. Auswertung der Versuchsergebnisse.

Zur Festlegung des Standes der Technik lagen folgende Veröffentlichungen vor:

1. Eiffel, Études sur l'Hélice Aérienne, Paris.

2. N.A.C.A. Reports Nr. 14, 30, 64 u. 109. Durand & Lesley, Experimental research on air propellers.

3. Schaffran, Systematische Luftpropeller-Versuche. ZFM 1916—17.

Die geringe Zahl der Versuche, die außer den umfangreichen Versuchsreihen dieser Forscher, insbesondere der amerikanischen, vorlagen, fielen in ein Gebiet, das mit Versuchswerten bereits dicht bedeckt ist. Es fehlt dagegen noch an Versuchsergebnissen für die extremen Bereiche. Schrauben hoher Drehwerte mit drei, vier und sechs Blättern großer Steigung und Blattbreite hat nur Eiffel untersucht. Ergebnisse über Schrauben mit sehr kleinen Drehwerten fehlen ganz. Über große Fortschrittsgrade ist nur wenig bekannt. In diesen Gebieten ist die Streuung außerdem groß und läßt darauf schließen, daß die untersuchten Formen ungünstig gewesen sind (vgl. Abschnitt 38).

Eiffel liefert seine Ergebnisse bereits in einer Form, die unserem Zweck, einen allgemeinen Überblick über den Stand der Technik zu gewinnen, entgegenkommt. Ebenso wie in Abb. 1 trägt er[1]) als Grundlinie den Logarithmus des Fortschrittgrades λ, als Höhe den des Drehwertes k_d auf (wenn auch nicht dimensionslos), und die Wirkungsgrade als Punktreihen auf der Kurve jeder einzelnen Schraube. Er bildet sogar Kurvenscharen gleichen Wirkungsgrades für verschiedene Schraubenfamilien. Unsere Aufgabe bestand nur darin, die Kurvenscharen sämtlicher Schraubenfamilien übereinander zu zeichnen und mit gemeinsamen Umhüllenden zu umgeben. Ferner mußten die logarithmischen Maßstäbe durch Verschieben um den Verhältnisfaktor auf die von uns benutzten dimensionslosen Maßstäbe umgeformt werden, und das ganze Blatt auf den von uns benutzten Maßstab für die logarithmische Basis vergrößert werden, Abb. 41. Leider enthalten seine Bilder kein einigermaßen enges Koordinatennetz. Darunter litt die Genauigkeit der Übertragung.

Die neueren Veröffentlichungen von Durand und Lesley sind auch bequem umzuformen (im Gegensatz zu den früheren). Auch hier liegt für jede Schraube eine Kurve vor, mit dem Drehwert k_d als Höhe und dem Fortschrittsgrad λ als Grundlinie, mit einer Punktreihe für runde Werte des Wirkungsgrades η, im Gegensatz zu Eiffel aber in linearem Maßstab.

---

[1]) Wenn wir hier als Grundlinie den Fortschrittsgrad λ wählten, so sind wir Eiffels Beispiel gefolgt. Der Fortschrittsgrad ist geometrisch leicht zu definieren; das hat er gemein mit dem Anstellwinkel α eines Flügels, deshalb werden diese beiden Größen gern zur geometrischen Festlegung eines Betriebszustandes benutzt. Beiden gemeinsam aber ist, daß sie kein Kriterium für eine Grenze des Wirkungsgrades, Widerstandes o. dgl. sind. Deshalb ist man davon abgekommen, den Anstellwinkel als Bezugsgröße bei der Beurteilung von Flügeln zu benutzen. In Schaubildern trägt man nur noch ausnahmsweise irgendwelche Beizahlen über dem Anstellwinkel auf, höchstens einmal den Anstellwinkel über einer anderen Größe.

Wir schlagen vor, auch den Fortschrittsgrad nicht mehr als Bezugsgröße (Grundlinie) zu benutzen, sondern ihn durch eine besser geeignete Beizahl zu ersetzen, die bereits in sich eine Grenze des Wirkungsgrades einschließt. Das wichtigste Kriterium für den Wirkungsgrad ist die Leistungszahl c_L; der Wirkungsgrad kann nie die Grenze überschreiten, die gegeben ist durch

$$\frac{1 - \eta_i}{\eta_i^2} = \frac{c_L}{4}.$$

Dieser Grenze kommen wir zwar nahe (vgl. Abb. 15), ohne sie aber je zu erreichen, ähnlich wie bei guten Flügeln der Widerstand dem induzierten nahekommt, ohne ihn aber je zu erreichen. Tragen wir die Grenze über dem Kriterium auf, dem sie zugeordnet ist, so zeigt sie anschaulich die Güte einer Lösung, die über demselben Kriterium aufgetragen wird.

An Stelle von c_L, das im Stand für $v = 0$ zu ∞ wird, können wir auch irgendeine andere Funktion von c_L benutzen, z. B. den reziproken Wert c_L^{-1} oder $c_L^{-1/2}$ oder $- \log c_L$.

Besonders brauchbar ist die u. a. von Helmbold verwandte Darstellungsform, bei der über $- \log c_L$ als Grundlinie der Logarithmus des Drehwertes $\log k_d$ als Höhe aufgetragen wird, und die erreichbaren Wirkungsgrade als Kurvenscharen. Den Drehwert als Höhe

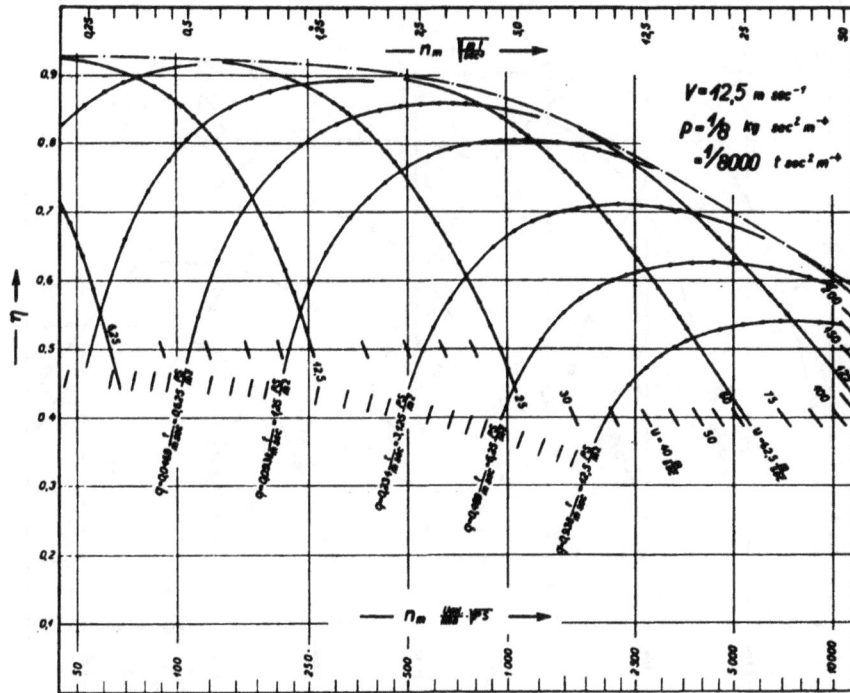

Abb. 37.

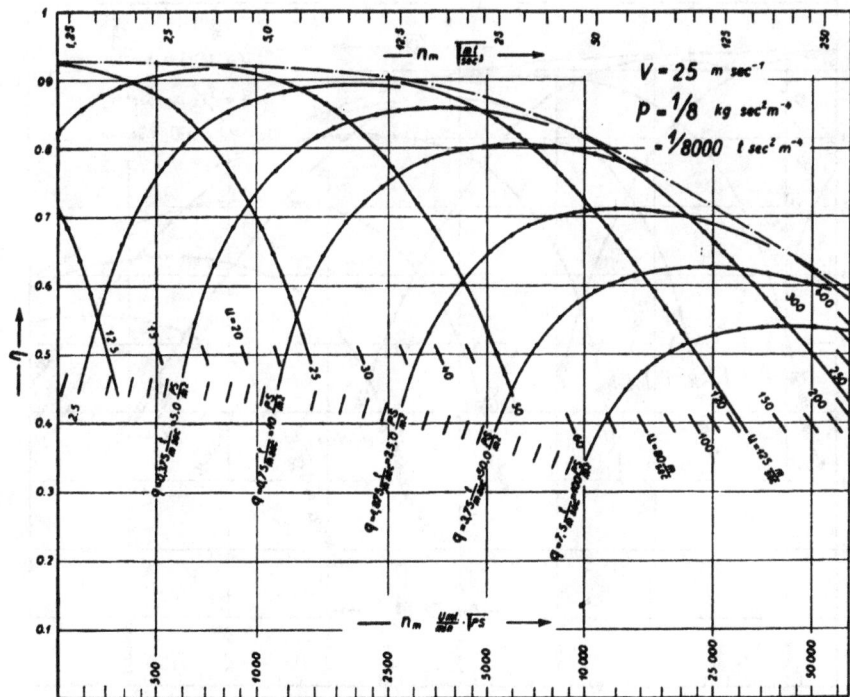

Abb. 38.

Abb. 37, 38, 39 u. 40. Abhängigkeit des Wirkungsgrads von der Mechanischen Schnelläufigkeit. In ganz ähnlicher Weise wie nach dem Stande der Technik (Abb. 10, 11 u. 12) nimmt auch nach der theoretischen Rechnung der mögliche Wirkungsgrad mit zunehmender Mechanischer Schnelläufigkeit n_m ab. Auch die Kurven runder Werte der Umfangsgeschwindigkeit u und der Kreisflächenleistung q (im Text N_D) verlaufen in ähnlicher Weise.

zu verwenden, ist deshalb besonders vorteilhaft, weil es einen bestimmten, über weite Bereiche annähernd konstanten »Besten Drehwert« gibt (Abschnitt 16). Bei dieser Form der Darstellung tangieren die über c_L auf der Grundlinie errichteten Senkrechten die Wirkungsgradkurven in fast gleicher Höhe, bei ungefähr demselben Drehwert k_d. Die graphische Rechnung geschieht ganz ähnlich wie bei Eiffel, nur daß die Richtungen der verschiedenen Maßstäbe von N, D, n und v geändert sind.

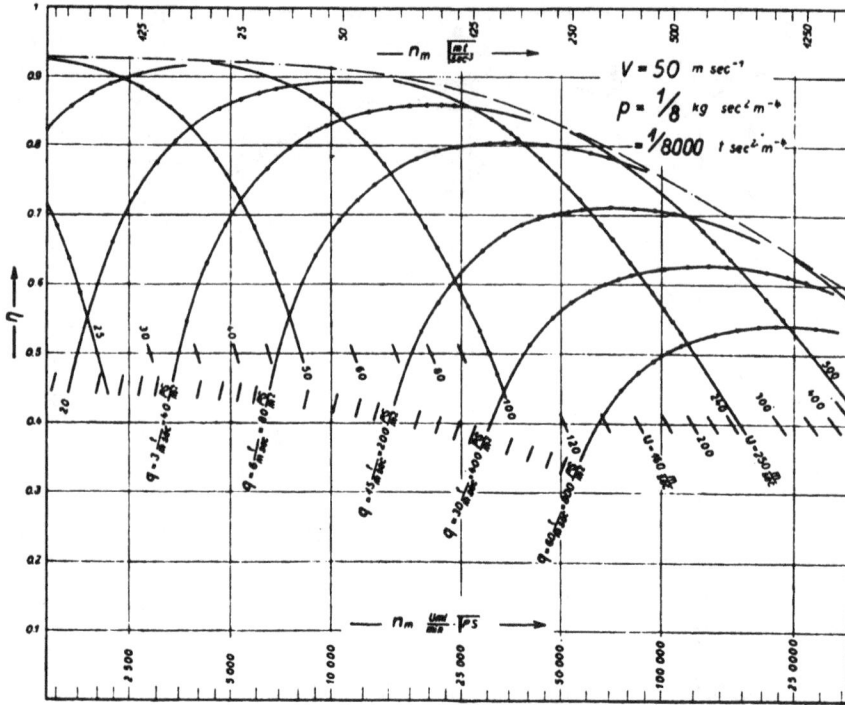

Abb. 39.

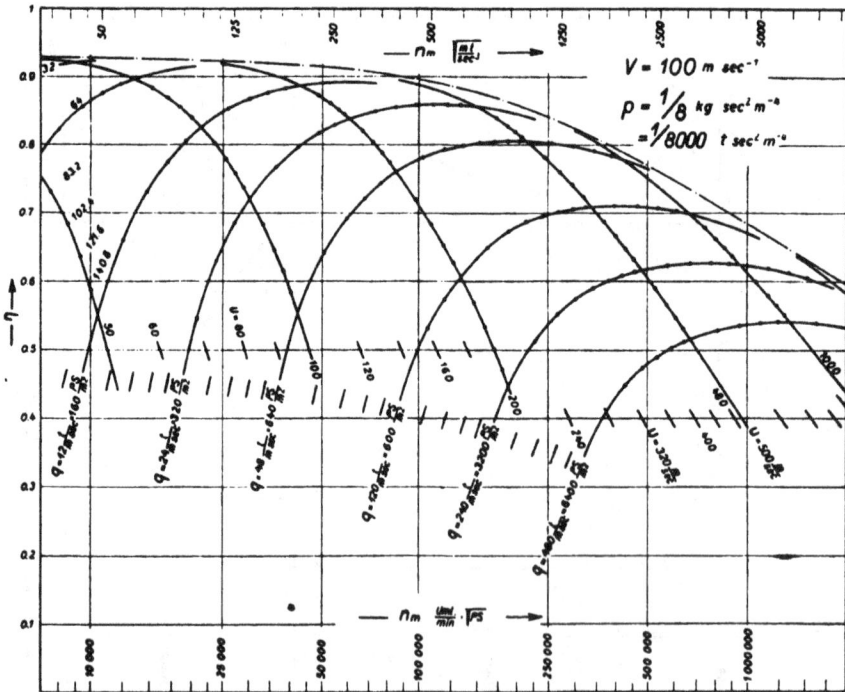

Abb. 40.

Noch mehr Mühe bereitete die Auswertung der Versuchsergebnisse von Schaffran. Dieser legt bekanntlich die Ergebnisse jeder einzelnen Schraube in zahlreichen Kurventafeln nieder, während Eiffel mit einer einzigen auskommt. Den Wirkungsgrad trägt er nicht in einer Punktreihe auf der betreffenden Kurve[1] auf, sondern zeichnet dafür besondere Hilfskurven. Unter den zahlreichen Kurventafeln fand sich eine, in der ebenso wie bei Durand und Lesley der Drehwert k_d als Höhe über dem Fortschrittsgrad λ als Grundlinie aufgetragen war. Auf diese Kurve mußten von der Hilfskurve für den Wirkungsgrad η die Punkte, welche runden Werten von η entsprachen, hinübergelotet werden. Danach werden die Ergebnisse in derselben Weise weiter behandelt wie die von Durand und Lesley, Abb. 43.

44. Umformung der Übersicht.

Für das Verständnis derjenigen, die nicht in räumlichen Schaubildern zu denken gewohnt sind, war es notwendig, das Schaubild für den Stand der Technik so umzuformen, daß die Größe, deren Variation erörtert werden sollte, im Schaubild als Grundlinie dargestellt wurde, und die Größe, deren Beeinflussung durch die Variation gezeigt werden sollte, als Höhe. Es sollte gezeigt werden, wie eine Variation der geometrischen Schnelläufigkeit $\dfrac{kd}{\lambda^5}$ oder der mechanischen Schnelläufigkeit $\omega^2 N$ oder der Drehschnelle ω) den Wirkungsgrad η beeinflußt. Es wäre aber zuviel Übung im graphischen Denken vorauszusetzen gewesen, wenn, wie in Abb. 1, diese beiden Größen als zwei sich kreuzende Kurvenscharen gezeigt und womöglich von zwei weiteren Kurvenscharen mit den Parametern λ (u) und c_l (N_D, D) überkreuzt worden wären. Aus diesem Grunde war ein Rückschritt gegenüber der sonst so vielseitigen, kaum übertrefflichen Darstellungsweise von Eiffel nötig.

Da aber alle Kurven in demselben Maßstab aufgetragen waren und die Bilder ein enges Koordinatennetz tragen, war es möglich, durch Auflegen eines durchsichtigen Blattes alle Punkte gleichen Wirkungsgrades zu sammeln und den von ihnen gebildeten Haufen mit Hüllkurven zu umgeben. Etwas mühsamer war die Übertragung der Kurven aus dem linearen in den logarithmischen Maßstab. Zahlreiche Punkte jeder Kurve mußten einzeln mit linearen Maßstäben abgemessen und mit logarithmischen Maßstäben (denen des Rechenschiebers) neu aufgetragen werden, Abb. 42.

[1] Die Auftragung des Wirkungsgrades in einer besonderen Kurve soll hierdurch nicht als zwecklos verurteilt werden. Zur Prüfung der Genauigkeit, zum Ausgleich unstetiger Ergebnisse, zur Interpolation unrunder Werte eignet sich eine besondere Kurve sogar besser als eine Punktreihe. Hier gilt das gleiche wie beispielsweise für den Anstellwinkel eines Flügels, der auch gewöhnlich als dritte Veränderliche als Punktreihe auf der Polare der Auftriebs- und Widerstandsbeizahlen aufgetragen wird. Wenn es sich um Nachprüfung, Ausgleich oder Interpolation handelt, tut man auch hier gut, den Verlauf des Anstellwinkels durch eine besondere Hilfskurve nachzuprüfen. Man sollte aber nicht die Möglichkeit unbenutzt lassen, die Zusammenhänge dreier Größen miteinander in einem Punkte darstellen zu können. Durch die Punktreihen einer dritten Veränderlichen bzw. durch die Kurvenscharen gleicher Werte derselben aus der zweidimensionalen Darstellung eine dreidimensionale. So entsteht die Möglichkeit, Zusammenhänge zwischen drei Größen, wie sie bei Schrauben vorliegen, in übersichtlicher Weise eindeutig darzustellen.

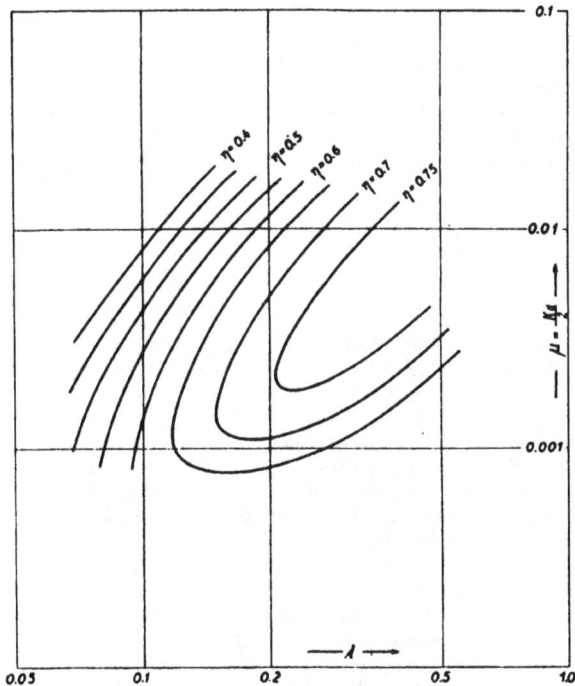

Abb. 41.

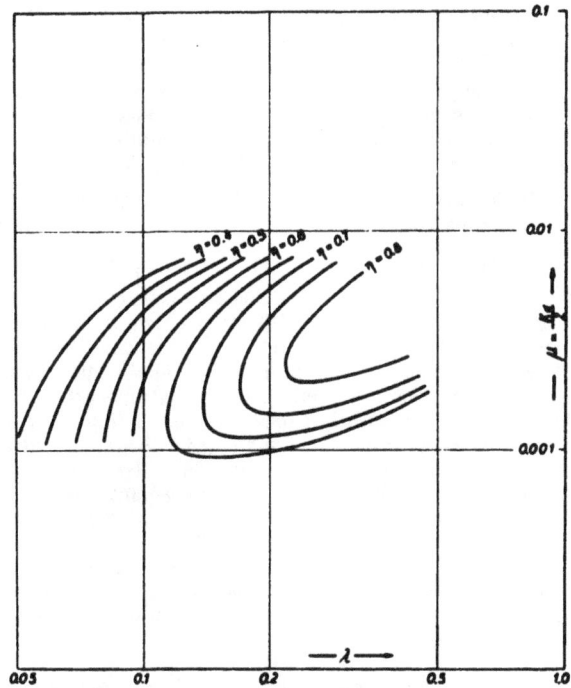

Abb. 42.

Schaffran.

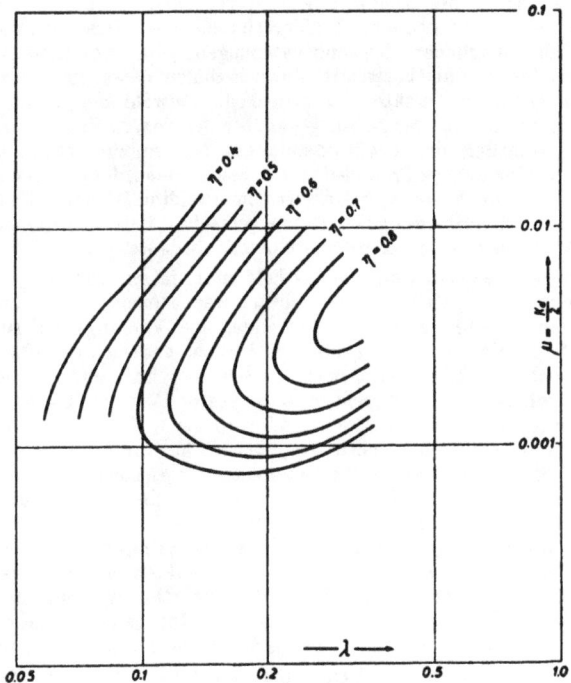

Abb. 43.

Abb. 41, 42 und 43. Versuchsergebnisse von Eiffel, Durand und
Lesley, Schaffran.
Die Abbildungen zeigen die von den genannten Autoren gefundenen
Meßwerte in einer Darstellung nach Art der Abb. 1.
Abb. 1 — Stand der Technik — wurde aus den vorliegenden Ab-
bildungen gewonnen durch Zeichnen der Hüllkurven der drei Kurven-
scharen.

Nur der logarithmische Maßstab der Grundlinie wurde beibehalten, obwohl zugegeben werden muß, daß er an das Verständnis der Leser etwas höhere Anforderungen stellt als ein linearer Maßstab.

Der in Abb. 1 dargestellte Stand der Technik wurde wie folgt umgezeichnet: In Abb. 1 wurden Scharen von Linien runder Werte von $\dfrac{k_d}{\lambda^5}$ eingetragen, ferner von

$c_L = \dfrac{k_d}{\lambda^3}$ und von λ. In der Eiffelschen Darstellung mit logarithmischen Maßstäben der Höhe und der Grundlinie werden diese Linien bekanntlich Scharen paralleler grader Linien. Die k_d/λ^5-Graden sind unter 1 : 5 gegen die Höhe geneigt (bei doppeltem Maßstab der Grundlinie unter 2 : 5). Die Linie für $k_d/\lambda^5 = 100$ geht z. B. durch die Punkte $\lambda = 0,1$, $k_d = 0,001$ und $\lambda = 0,2$, $k_d = 0,032$. Die c_L-Linien sind unter 1 : 3 (bzw. unter 2 : 3) gegen die Höhe geneigt. Die Linie für $c_L = 1,0$ geht z. B. durch die Punkte $\lambda = 0,1$, $k_d = 0,001$ und $\lambda = 0,2$, $k_d = 0,008$. In dieser Weise wurde also das Feld mit einem engmaschigen Netze von drei Linienscharen bedeckt.

In gleicher Weise wurden Punkte der Kurvenscharen runder Werte von c_L und λ gefunden

Um dem ungeübten Leser noch weiter entgegenzukommen, wurde Abb. 2 durch Zuordnung bestimmter Geschwindigkeiten und Luftdichten noch weiter umgeformt. An Stelle des Maßstabes für die geometrische Schnelläufigkeit trat einer für die mechanische Schnelläufigkeit. Dieser ist wieder ein logarithmischer Maßstab, aber um den Betrag $\log \varrho \, v^5 \dfrac{\pi}{2}$ nach links verschoben. Die den Kurvenscharen zugeordneten Werte von c_L und λ mußten ebenfalls geändert werden. Beispielsweise wird aus

$$c_L = \frac{N}{\dfrac{\varrho}{2} \cdot \dfrac{\pi D^2}{4} \cdot v^3} = 1,0$$

durch Zuordnung von $v = 25$ m/s, $\varrho = \dfrac{1}{8000}$ ts^2 m^{-4}.

$$\frac{N}{\dfrac{\pi D^2}{4}} = \frac{25^3}{2 \cdot 8000} = 0,98 \, \frac{t}{ms} = \frac{13 \, \text{PS}}{m^2}.$$

Das ist aber ein unrunder Wert. Das gleiche gilt für den Fortschrittsgrad λ, aus dem durch Zuordnung einer be-

stimmten Geschwindigkeit ein bestimmter, im allgemeinen unrunder Betrag einer Umfangsgeschwindigkeit wird. Wir hielten es nicht für richtig, ungeübten Lesern Kurvenscharen mit unrunden Parametern zu geben, und haben deshalb nach runden Werten interpoliert. Die Interpolation von Kurvenscharen ist aber umständlich und ungenau.

Es mußten gekrümmte Maßstäbe durch Probieren eingefügt und auf diese neue Punkte aufgetragen werden. Richtiger wäre gewesen, in solchen Fällen auf Abb. 1 zurückzugreifen, Liniennetze für runde Werte von n_m, N_D, u, also für unrunde Werte von n_g, c_L und λ einzulegen und die Kurven punktweise neu zu konstruieren. Das gleiche gilt für Abb. 14, bei deren Herstellung dieselbe Aufgabe vorlag.

Ein ähnliches Verfahren wie die Herstellung von Abb. 2 erforderte die von Abb. 11. Wieder war das Feld in Abb. 1 mit einer Linienschar runder Werte von $c_L \cdot \dfrac{k_d}{\lambda^3}$ zu bedecken, diese mit den η-Kurven zum Schnitt zu bringen und durch wagerechtes Projizieren auf den senkrechten Maßstab der zugeordnete Wert von k_d zu bestimmen. Um den Charakter der Kurve genauer zu treffen, haben wir hierbei die η-Kurven aus dem bekannten Bereich heraus extrapoliert. Ohne das wäre bei der verhältnismäßig groben Teilung der η-Kurvenschar die Zahl der Punkte jeder Kurve zu klein geworden. Außerdem wurden Tangenten in der c_L-Richtung an die η-Kurven gelegt und die Berührungspunkte wie oben projiziert. Auf diese Weise wurde die in Abb. 13 gestrichelt gezeichnete Kurve »bester Drehwerte« gewonnen. Der Schnittpunkt der Tangenten mit einem c_L-Maßstab, der in derselben Weise wie der oben erwähnte n_g-Maßstab quer über die c_L-Linienschar gelegt wurde, lieferte die Grundlinien der Abb. 15.

45. Berechnung der theoretischen Grenzen.

Während bei der Auswertung der Versuchsergebnisse und der Umformung des Standes der Technik kaum zu rechnen war, und die zeichnerische Arbeit überwog, lag bei der Untersuchung der theoretischen Grenzen eine äußerst umfangreiche Zahlenrechnung vor. Das gesamte Feld möglicher Zusammenstellungen von Fortschrittsgraden λ' und Fortschritt-Zuwachszahlen α war mit ausgerechneten Punkten zu bedecken. Obwohl der Hauptfortschritt unserer Arbeit gegenüber der von A. Betz in der Einführung des Profilwiderstandes lag, mußten wir uns auf eine einzige Profilgleitzahl ε_p beschränken, denn eine Variation auch von ε_p hätte aus dem zweidimensionalen Feld einen dreidimensionalen Raum gemacht. Den zu erfüllen, hätte aber eine vervielfachte Arbeit bedeutet.

In welchem Umfange das Feld zu umfassen war und wie eng es aufgeteilt werden mußte, war zunächst nicht bekannt. Auf der einen Seite waren die Vorgänge bis zur Nabe hin zu erfassen, also bis $\lambda = \infty$, andererseits mußten auch Zustände geringer Fluggeschwindigkeit und großer Umfangsgeschwindigkeit, also geringerer Fortschrittsgrad λ untersucht werden. Im Stand wird sogar $\lambda = 0$. α wird wenigstens niemals unendlich, sondern hat für jedes λ einen Höchstwert. Daneben sind aber auch sehr kleine Werte von α zu untersuchen. Es ließ sich auch nicht übersehen, welche Werte von α in der gleichen Schraubenfamilie (vgl. Abschnitt 37) vorkommen würden. So war es nicht zu vermeiden, daß eine gewisse Zahl von Punkten ausgerechnet werden mußte, nachher aber nicht verwertbar war, und daß andere nachgeholt werden mußten. Im ganzen wurden 91 Punkte ausgerechnet, davon 66 für die Lanzettschraube.

Die nächste Entscheidung betraf die Verteilung der Punkte über das Feld. Die Genauigkeit der Integration hängt nächst der Genauigkeit bei der Berechnung der Punkte von der Feinmaschigkeit des Netzes ab. Genauigkeit wurde bei großem ebenso wie bei geringem Fortschrittsgrad verlangt. Dabei ist zu beachten, daß in jeder Familie die Schrauben größeren Fortschrittsgrades aus denen kleineren Fortschrittsgrades durch schrittweises Kappen der Spitzen entstehen. Eine gleichförmige Aufteilung der berechneten Punkte über den Halbmesser (bzw. über λ^{-1}) hätte für die großen Radien (d. h. kleinen Fortschrittsgrade) eine im Verhältnis zum Radius engere Teilung ergeben. Die Forderung gleichartiger Genauigkeit bedeutet also, daß die Teilung nach der Nabe zu immer enger werden müßte. Wir haben deshalb von einer gleichförmigen Teilung ab-

gesehen und statt dessen nach geometrischen Reihen von λ und α das Feld aufgeteilt. Zunächst versuchten wir dabei möglichst runde Werte zu benutzen, wählten also die Zahlenreihe 0,05 — 0,1 — 0,2 — 0,5 — 1 — 2 — 5 — 10 — usw. Im graphischen Verfahren ergab sich aber, daß eine reine geometrische Reihe mit konstantem Faktor bei allen Interpolationen u. dgl. günstiger ist, auch wenn dadurch die Zahlen der Reihe etwas unrunder ausfallen. Nachdem dieses erkannt war, haben wir ausschließlich eine geometrische Reihe mit dem Faktor 2 benutzt: 0,05 — 0,1 — 0,2 — 0,4 — 0,8 — 1,6 — 3,2 — 6,4 — usw.

46. Berechnung der Punkte.

So einfach die Gleichungen aussehen, die zur Berechnung von c'_s, η', η führen, so erfordern sie doch eine große Anzahl von Operationen, die sich bei allen Punkten wiederholen. Wir haben deshalb für den Gang der Berechnung ein Schema (Zahlentafel 2) entwickelt und Formblätter angelegt. Diese Formblätter gestatten es, jede Operation auf einmal für alle Punkte nacheinander zu wiederholen. Hierdurch konnte viel Denkarbeit erspart und die Berechnung entsprechend beschleunigt werden.

Ob die Rechenarbeit mit einem vernünftigen Aufwand von Arbeit durchgeführt werden kann, hängt im wesentlichen von den dabei verwandten Hilfsmitteln ab. Zunächst war versucht worden, ohne Rechenmaschine oder nur mit Rechenschieber auszukommen. Dies erwies sich aber bald als undurchführbar, nicht nur, weil die Zahlenrechnung zuviel Zeit erforderte, sondern auch weil sie so anstrengend war. Im weiteren Verlauf wurde eine Rechenmaschine (Brunsviga-Trinks) benutzt. Sie genügte den Anforderungen dieser Aufgabe vollkommen. Logarithmentafeln wurden nur dann benutzt, wenn das Ergebnis der Zahlenrechnung auf logarithmischen Maßstab zu bringen war.

Die beste Nachprüfung auf Rechenfehler lieferte die zeichnerische Auftragung der Ergebnisse und ihre Prüfung auf Stetigkeit. Hier erwies sich die Verwendung des konstanten Faktors in der geometrischen Reihe als besonders vorteilhaft. In gewissen Fällen, wenn nämlich ein so berechneter Wert sich asymptotisch dem Grenzwert näherte, wurde zur Nachprüfung oder Interpolation eine andere Funktion ausgerechnet, die einen mehr linearen Verlauf hatte. Von diesem Hilfsmittel mußte mehrfach Gebrauch gemacht werden.

Trotz weitgehender Benutzung von logarithmischen Maßstäben wurde kein Papier mit logarithmischer Teilung verwendet. Grund hierfür war, daß die im Handel befindlichen Papiere dieser Teilung gewöhnlich nicht in geeigneter Weite der logarithmischen Basis zu haben sind. Unsere Rechenschemata sehen deshalb als letzten Punkt immer den Logarithmus des aufzutragenden Wertes vor. Zunächst wurde auf einfachem weißen Pauspapier gezeichnet, weil Millimeterpauspapier in genügender Güte (Haltbarkeit, Radierfähigkeit) nicht zur Verfügung stand. Im Verlauf der Arbeiten zeigte sich aber, daß das Vorhandensein eines vorgedruckten Liniennetzes die Auswertung, insbesondere die Interpolation, beträchtlich erleichtert. Da es sich hier im wesentlichen nur um das Auftragen von Ergebnissen und um Interpolation handelt, nicht aber um irgendwelche Konstruktionen, die an die Formbeständigkeit des Papiers hohe Anforderungen stellen, waren die Vorteile eines eingedruckten Liniennetzes so schwerwiegend, daß es zu seiner ausschließlichen Verwendung kam.

Bereits oben ist die Verwendung logarithmischer Maßstäbe für den Drehwert und den Fortschrittsgrad in Abb. 1, für k_d/λ^3 in Abb. 2, n_m in Abb. 10, 11, 12 und k_d in Abb. 13, n in Abb. 14 und c_L in Abb. 15 erwähnt worden. In Abb. 1 sind sie verwandt worden, um graphisch rechnen zu können, in den übrigen Abbildungen, weil diese aus Abb. 1 umgezeichnet sind. Dagegen bleibt noch zu begründen, weshalb auch in der Berechnung der theoretischen Grenzen diese Maßstäbe verwandt wurden, obwohl da nicht graphische Rechnungen, sondern nur Auftragungen und Interpolationen

Zahlentafel 2. Rechenschema

zur zahlenmäßigen Bestimmung der Schubzahl c_s', des Teilwirkungsgrads η' und des Zuwachswirkungsgrads $\dot{\eta}$ für jede mögliche Zusammenstellung des Fortschrittgrads λ' und der Fortschrittzuwachszahl α eines Ringelements.

1. Grundbeziehungen.

α		λ'
β		α $\Big\}$ Runde Werte der Veränderlichen
γ	$\dfrac{1}{\alpha}$	$\lambda'-1$
δ	γ^2	λ'^{-2}
ε	β^2	α^2
ζ	$\delta-2\beta-\varepsilon$	$\lambda'^{-2}-2\alpha-\alpha^2$
η	$\sqrt{\zeta}$	$\sqrt{\lambda'^{-2}-2\alpha-\alpha^2}$
ϑ	$\gamma-\eta$	$\beta=\lambda'-1-\sqrt{\lambda'^{-2}-2\alpha-\alpha^2}$
ι	$\dfrac{\beta}{\vartheta}$	$\operatorname{cotg}\varphi=\dfrac{\alpha}{\beta}$
$\varkappa$	ι^2	$\dfrac{\alpha^2}{\beta^2}$
λ	$1+\varkappa$	$\csc^2\varphi=1+\dfrac{\alpha^2}{\beta^2}$
μ	$\sqrt{\lambda}$	$\csc\varphi=\sqrt{1+\dfrac{\alpha^2}{\beta^2}}$
ν	$\gamma-\vartheta$	$\lambda'-1-\beta$
ξ	$1+\beta$	$1+\alpha$
o	$\dfrac{\nu}{\xi}$	$\dfrac{d\alpha}{d\beta}=\dfrac{\lambda'-1-\beta}{1+\alpha}$
π	$\dfrac{1}{\iota}$	$\dfrac{\beta}{\alpha}$
ϱ	$\dfrac{1}{o}$	$\dfrac{d\beta}{d\alpha}$
σ	$\varrho-\pi$	$\dfrac{d\beta}{d\alpha}-\dfrac{\beta}{\alpha}$
τ	$o-\iota$	$\dfrac{d\alpha}{d\beta}-\dfrac{\alpha}{\beta}$
υ	$2+\beta$	$2+\alpha$
ψ	$\dfrac{\vartheta}{\upsilon}$	$\dfrac{\beta}{2+\alpha}$
φ	$\dfrac{\psi}{\varkappa}$	$\dfrac{\beta^3}{\alpha^2(2+\alpha)}$

2. Lanzettschraube.

a	$0{,}02\,\beta$	$\varepsilon_p\,\alpha$
b	$0{,}02\,\vartheta$	$\varepsilon_p\,\beta$
c	$\beta-b$	$a=\alpha-\varepsilon_p\beta$
d	$\vartheta+a$	$b=\beta+\varepsilon_p\alpha$
e	$(2+c)c$	$c_s'=(2+a)\cdot a$
f	$\log e$	$\log c_s'$
g	$\alpha\cdot\dfrac{c}{d}$	$\eta'=\lambda'\cdot\dfrac{a}{b}$
h	$0{,}02\,\gamma$	$\varepsilon_p\,\lambda'^{-1}$
i	$1+c+h$	$1+a+\varepsilon_p\lambda'^{-1}$
k	$\gamma-d-0{,}02$	$\lambda'^{-1}-b-\varepsilon_p$
l	$\dfrac{i}{k}$	$\dfrac{db}{da}=\dfrac{1+a+\varepsilon_p\lambda'^{-1}}{\lambda'^{-1}-b-\varepsilon_p}$

m	$(2+c)\cdot\zeta$	$(2+a)\dfrac{db}{da}$
n	$m+d$	$(2+a)\dfrac{db}{da}+b$
o	$2\alpha(1+c)$	$\lambda'(2+2a)$
p	$\dfrac{o}{n}$	$\eta'=\lambda'\dfrac{2+2a}{(2+a)\dfrac{db}{da}+b}$
q	$f(p)$	$f(\eta')$ geeignete Funktion zur sichereren Interpolation

3. Sektorschraube.

A	$0{,}0001\cdot\mu$	$\mu=0{,}0001\csc\varphi$
B	$1+A$	$1+\mu$
C	$\dfrac{A}{B}$	$\dfrac{\mu}{1+\mu}$
D	$(2+\beta)C$	$\varepsilon_p\beta=(2+\alpha)\dfrac{\mu}{1+\mu}$
E	$D\cdot\iota$	$\varepsilon_p\alpha=\varepsilon_p\beta\cdot\dfrac{\alpha}{\beta}$
F	$\dfrac{E}{\beta}$	$\varepsilon_p=\dfrac{\varepsilon\alpha}{\alpha}\geq0{,}02$
G	$\beta-D$	$a=\alpha-\varepsilon_p\beta$
H	$\vartheta+E$	$b=\beta+\varepsilon_p\alpha$
I	$(2+G)G$	$c_s'=(2+a)a$
K	$\log I$	$\log c_s'$
L	$a\cdot\dfrac{G}{H}$	$\eta'=\lambda'\cdot\dfrac{a}{b}$
M	$10^8 AB$	$10^8\mu\cdot(1+\mu)$
N	$M\cdot\varphi$	$10^8\mu(1+\mu)\dfrac{\beta^3}{\alpha^2(2+\alpha)}$
O	$N+\tau$	$10^8\mu(1+\mu)\dfrac{\beta^3}{\alpha^2(2+\alpha)}+\left(\dfrac{d\alpha}{d\beta}-\dfrac{\alpha}{\beta}\right)$
P	$N+\sigma$	$10^8\mu(1+\mu)\dfrac{\beta^3}{\alpha^2(2+\alpha)}+\left(\dfrac{d\beta}{d\alpha}-\dfrac{\beta}{\alpha}\right)$
Q	$\dfrac{O}{P}\cdot\varrho$	$\dfrac{db}{da}=\dfrac{10^8\mu(1+\mu)\dfrac{\beta^3}{\alpha^2(2+\alpha)}+\left(\dfrac{d\alpha}{d\beta}-\dfrac{\alpha}{\beta}\right)}{10^8\mu(1+\mu)\dfrac{\beta^3}{\alpha^2(2+\alpha)}+\left(\dfrac{d\beta}{d\alpha}-\dfrac{\beta}{\alpha}\right)}\cdot\dfrac{d\beta}{d\alpha}$
R	$(2+G)Q$	$(2+a)\dfrac{db}{da}$
S	$R+H$	$(2+a)\dfrac{db}{da}+b$
T	$2\cdot\alpha\cdot(1+G)$	$\lambda'(2+2a)$
U	$\dfrac{T}{S}$	$\dot{\eta}=\lambda'\cdot\dfrac{2+2a}{(2+a)\dfrac{db}{da}+b}$
V	$f(U)$	$f(\dot{\eta})$ geeignete Funktion zur sichereren Interpolation.

vorzunehmen waren. Grund hierfür war nicht nur eine persönliche Vorliebe des Verfassers. Für die Auftragung von λ' und von λ'^{-2} ergab es sich natürlich dadurch, daß die bei der Berechnung benutzten Werte α/λ' in einer geometrischen Reihe lagen und der Maßstab auf diese Weise gleichmäßig aufgeteilt wurde. Für den Maßstab der als Höhe aufgetragenen Werte von c'_s lag diese Rücksicht nicht vor. Eine Betrachtung der Abbildungen zeigt aber, daß die größten aufgetragenen Werte rd. 1000 mal so groß sind wie die kleinsten. Bei Verwendung eines linearen Maßstabes wären die Kurven, die jetzt das Feld einigermaßen gleichmäßig erfüllen, im oberen Bereiche weit auseinander gezogen, im unteren eng zusammengedrängt worden. Bei logarithmischen Teilungen werden überdies die Fehler, die durch die Strichstärke usw. entstehen, bei großen wie bei kleinen Werten ungefähr proportional dem Betrage des abzulesenden Wertes.

47. Graphische Interpolation.

Die Zahlenrechnung geht von runden Werten von α und λ' aus und liefert unrunde Werte von c_s', η', $\dot{\eta}$. Zur Inte-

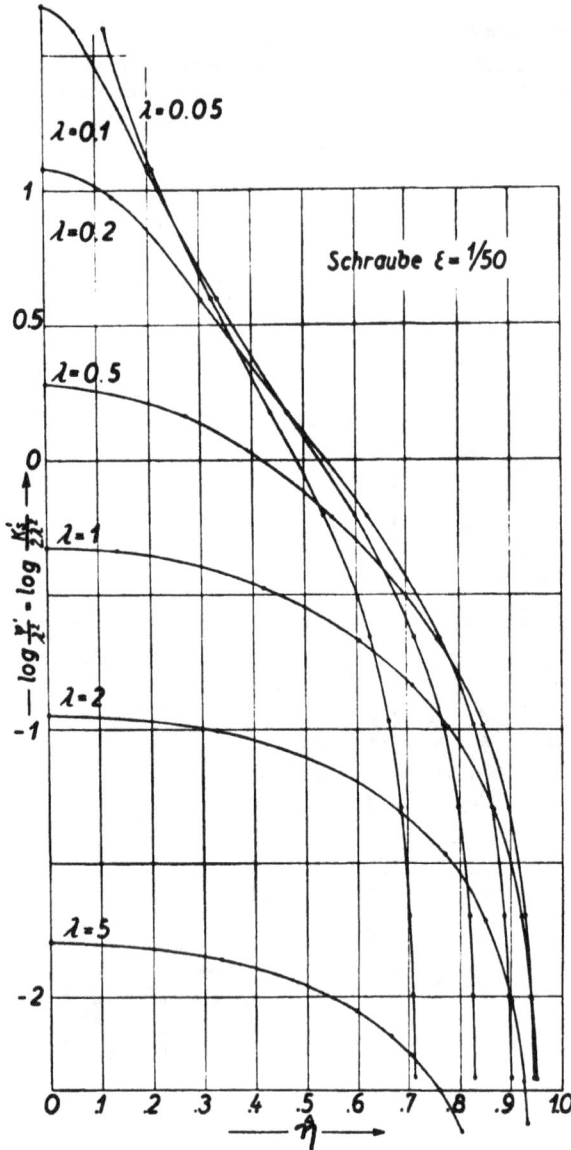

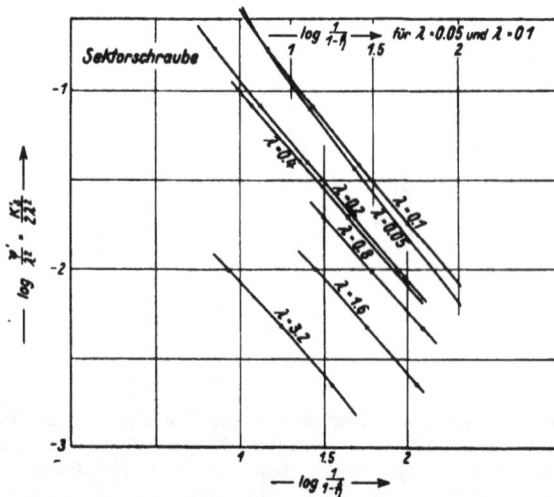

Abb. 44 und 45. Graphische Interpolation.

Die Zahlenrechnung liefert die Ergebnisse nicht in runden Werten, die eine unmittelbare Auftragung von Kurvenscharen mit geeigneten Parametern gestatten. Die erste Auftragung liefert Kurven mit runden Werten des Fortschrittsgrads λ' als Parameter. Als Höhe wird die Schubzahl c_s' aufgetragen und auch in der zweiten Auftragung bis zur Integration beibehalten. Als Grundlinie wird der

gration von c_s' über λ'^{-2} brauchen wir aber runde Werte von η_l'. Die unmittelbare Berechnung von c_s' und η' zu runden Werten von η_l' und λ' erwies sich nicht als möglich. Wir müssen dieses deshalb durch Interpolation erreichen. α interessiert nicht mehr, sobald c_s', η' und η_l' berechnet sind, und erscheint deshalb nicht in diesen Auftragungen. Für die Darstellung des Zusammenhangs von λ', c_s' und η_l' bestehen grundsätzlich drei Möglichkeiten: Jede dieser drei Größen kann als Parameter von Kurvenscharen erscheinen. In vorliegendem Falle kam nur eine davon in Frage, nämlich die, bei der c_s' und η_l' oder Funktionen dieser Werte als Koordinaten dienen und die Kurven bestimmten runden Werten von λ' zugeordnet sind; denn λ war die einzige Größe, die für zahlreiche Punkte konstant war. Zunächst wurde η_l' im linearen Maßstab aufgetragen, Abb. 44. Dabei stellte sich infolge der bereits im Abschnitt 36 erwähnten Grenzen eine Schwierigkeit heraus. In der Nähe der Grenzen laufen die Kurven sehr steil. Dadurch wurde die Interpolation bestimmter Werte von c_s' unsicher. Diese Schwierigkeit wurde umgangen durch nochmalige Auftragung über einer geeigneten Funktion von η_l', bei der die Grenze ins Unendliche rückt, Abb. 45. Die durch Interpolation gefundenen Werte von c_s' für runde Werte von η_l' wurden alsdann auf ein Nachbarblatt übertragen, Abb. 46 u. 47. Jede so ermittelte Kurve stellt eine »beste Schubverteilung« dar und entspricht einer Schraubenfamilie. Das Auftragen dieser Kurven war notwendig, um eine Übersicht über das ganze Feld zu bekommen, um in Fällen von Unstetigkeiten auf Rechen- oder Zeichenfehler nachprüfen und sie ausgleichen zu können, und um für die Integration Zwischenwerte interpolieren zu können.

Wir haben bisher nur von der Integration der Schubzahl c_s' gesprochen. In derselben Weise war auch die Leistungszahl c_L' zu integrieren. Wir hätten dieses nach demselben Verfahren tun können, haben aber davon abgesehen, weil eine ungünstige Fehlerübertragung zu befürchten war. Zunächst ist das Verhältnis zwischen den größten und kleinsten Werten von c_L' noch größer als bei c_s', bei der Interpolation sind also noch größere Ungenauigkeiten zu erwarten. Besonders aber befürchteten wir in der Nähe der Grenzen Interpolationsfehler derart, daß die für c_s' und c_L' ermittelten Werte nicht mehr zueinander gehören. Es ist kein großer Fehler, wenn bei der »besten Schubverteilung« ein Schubwert nicht dem gewünschten, sondern einem um einen sehr geringen Betrag größeren oder kleineren η_l' entspricht; denn wenn der Zuwachswirkungsgrad an zwei Stellen sich nur um ein sehr geringes Maß unterscheidet, dann ist durch Verschiebung kleiner Schubbeträge von der einen zu der anderen Stelle nur wenig zu gewinnen oder zu verlieren. Diesem Fehler braucht also keine große Bedeutung beigelegt zu werden. Nur darf es nicht vorkommen, daß bei der Wiederholung derselben Interpolation für das Drehmoment der Fehler nach einer anderen Richtung gemacht wird und dem zu großen Schub ein zu kleines Drehmoment zugeordnet wird oder umgekehrt.

Um diesen Fehler zu vermeiden, haben wir die Verteilung des Drehmomentes nicht durch nochmalige, von der ersten unabhängige zweite Interpolation ermittelt, sondern leiten c_L' aus c_s' ab durch

$$c_L' = \frac{c_s'}{\eta'}.$$

η' muß zwar auch durch Interpolation gefunden werden. Bei dieser Interpolation ist aber die Wahrscheinlichkeit eines Fehlers gering, weil die Funktion sehr stetig verläuft, ja nahezu konstant ist. Bei dieser Interpolation wurde ähnlich verfahren. Die Rechnung hatte eine große Zahl zu-

Zuwachswirkungsgrad η aufgetragen. Es wird alsdann nach runden Werten von η_l' interpoliert. Bei der Lanzettschraube geht dies bereits bei linearem Maßstab der Grundlinie. Bei der Sektorschraube dagegen war es notwendig, den Maßstab der Grundlinie umzuformen, um sicherer interpolieren zu können,

Anmerkung: In der Abb. ist noch die Bezeichnung $\frac{\eta_l'}{\lambda'^2} = \frac{k_s'}{2\,\lambda'^2}$ an Stelle von c_s' verwandt.

sammengehöriger Werte von η', ι_i^A und λ' ergeben. Sie wurde wieder aufgetragen in Kurven, die runden Werten von λ' zugeordnet sind, über ι_i^A als Grundlinie und mit η' als Höhe. Um auf Fehler hin prüfen und ausgleichen zu können, wurde für runde Werte von ι_i^A interpoliert und Kurvenscharen, die diesen runden Werten von ι_i^A zugeordnet waren, über $\log \lambda'$ als Grundlinie und mit η' als Höhe aufgetragen, Abb. 48, 49. u. 59. Bei der Integration wurde also immer nur c'_s aus den Kurven abgegriffen und einmal unmittelbar, ein andermal nach Division durch η' über λ'^{-2} integriert.

48. Grenzen.

Der Integration mußte noch die Berechnung der Grenzen vorausgehen. Für die der Lanzettschraube wird Gl. 94 benützt. Die Sektorschraube hat keine Grenze dieser Art, dagegen mußten die Grenzen des »verbotenen Gebietes« bestimmt werden, in dem die Profilgleitzahl kleiner ist als $\varepsilon = 0,02$. Die Zahlenrechnung lieferte wieder zahlreiche Zusammenstellungen runder Werte von λ und unrunder Werte von ε_p und c'_s. In einer Hilfstafel Abb. 48 wurden über

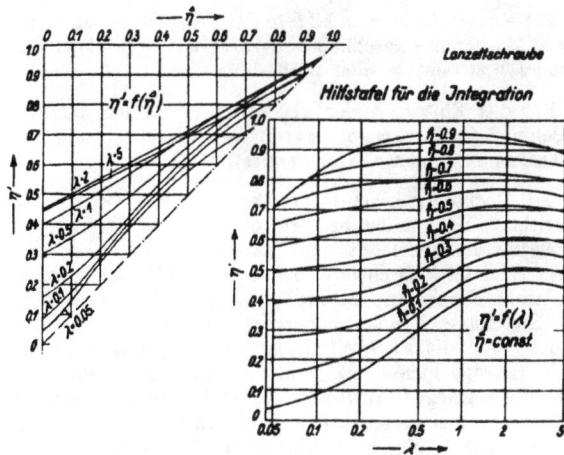

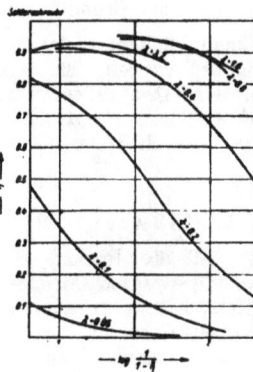

Abb. 48.

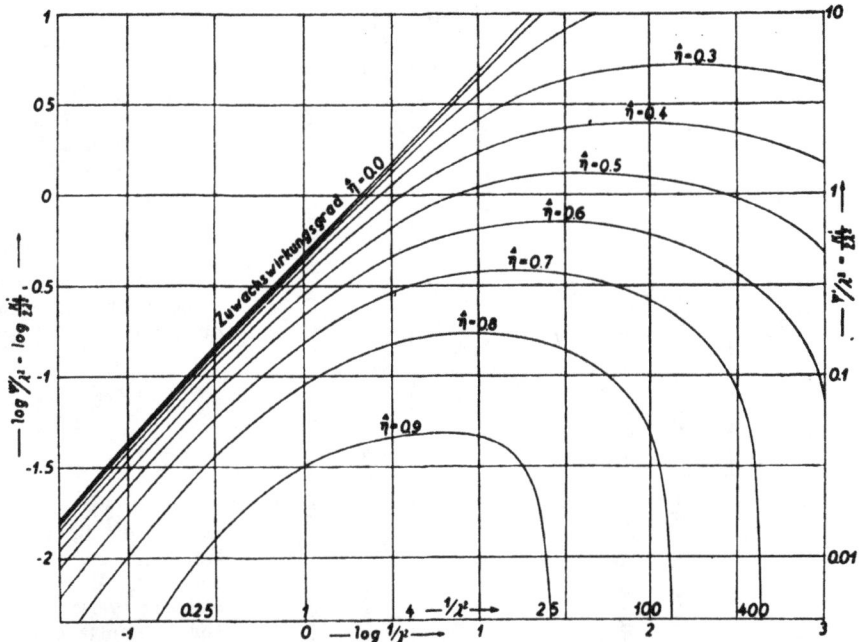

Abb. 46 und 47. Beste Schubverteilung.
Als Höhe ist die Schubzahl c'_s, als Grundlinie der Fortschrittsgrad λ' (bzw. λ'^{-2}) aufgetragen, beide im logarithmischen Maßstab. Die Kurven entsprechen runden Werten des Zuwachswirkungsgrads $\hat\eta$. Jede Kurve stellt also eine ganze Schraubenfamilie dar. Die Kurven sind durch Interpolation aus den in Abb. 44 und 45 dargestellten gewonnen. Sie dienen zum Abgreifen zusammengehöriger Werte von c'_s und λ für die numerische Integration. Abb. 46 stellt die beste Schubverteilung der Lanzettschraube dar, Abb. 47 die der Sektorschraube. Man beachte die Grenzen der Schubverteilung bei der Lanzettschraube und die Grenze des verbotenen Gebiets bei der Sektorschraube.

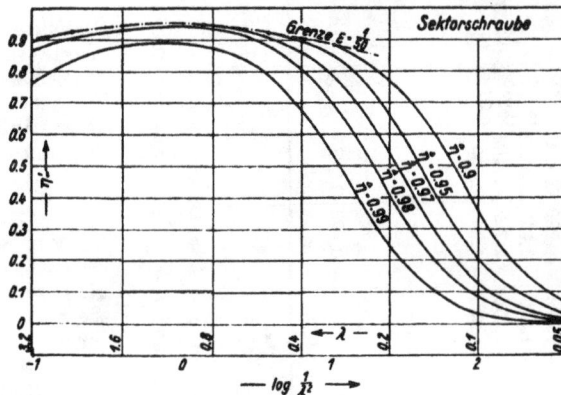

Abb. 49.

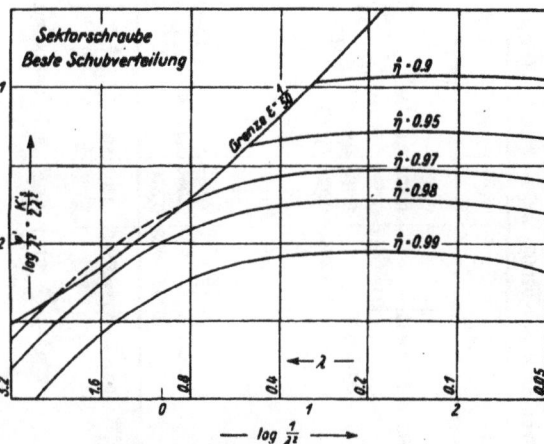

Abb. 50.

Abb. 48, 49 und 50. Hilfsblätter zur Integration.

Um Fehler bei der Interpolation zu vermeiden, wird die Leistungszahl c_L' nicht direkt aufgetragen und interpoliert, sondern aus der bereits ermittelten Schubzahl c'_s und aus η' berechnet. Zu diesem Zweck muß aber η' für runde Werte von ι_i' und λ' aufgetragen und interpoliert werden.

Zahlentafel 8. Integration.

Beispiel: Lanzettschraube, $\eta'_i = 0{,}5$. Äußere Grenze: $\lambda' = 0{,}02002$; $\lambda'^{-2} = 2495{,}1$. Innere Grenze: $\lambda' = 24{,}97998$; $\lambda'^{-2} = 0{,}001603$.

Punkt	λ'^{-2}	$\log(\lambda'^{-2})$	$\log c'_s$	c'_s	Δ_1	Δ_2	$\frac{\Delta_2}{6}$	$c'_s + \frac{\Delta_2}{6}$	$\Delta(\lambda'^{-2})$	$\frac{c_s}{\lambda^2}$	η'	c'_s	Δ_1	Δ_2	$\frac{\Delta_2}{6}$	$c'_s + \frac{\Delta_2}{6}$	$\Delta\left(\frac{c_s}{\lambda^2}\right)$	$\frac{c_s}{\lambda^2}$	λ^2	k_d	η
Grenze	0,00160	—2,896	—∞	0	0,0105	+0,0012	0,00020	0,0107	0,00384	—	0,500	0	0,01554	+0,00085	0,00014	0,01568	0,000602	—	—	—	—
1	0,02080	—1,682	—2,280	0,0105	0,0117						0,675	0,01554	0,01640	0,01840			0,003453				
2	0,040	—1,398	—1,957	0,0222	0,0184	0,00020	0,000411	0,0406	0,060	0,002438	0,605	0,03194	0,02556			0,05755		0,004055	3125,0	1,883	0,682
3	0,070	—1,155	—1,392	0,0406	0,0186	0,00003					0,706	0,05750	0,02588	0,000053	0,000320				316,23	1,282	0,702
4	0,100	—1,000	—1,228	0,0592			0,002438			0,002849	0,710	0,08338									
—																					
26	400,0	+2,602	+0,238	1,730	—1,098	+0,466	0,0777	0,7097	2095,0	866,310	0,578	2,9930	—1,8226		0,10870	1,27910	1445,218	$0{,}0_33125$	$0{,}0_3451$	0,599	
27	1447,5	+3,161	—0,199	0,632	—0,632			0,0632		1486,758	0,540	1,1704	—1,1704	0,6522		2879,728		$0{,}0_832$	$0{,}0_41330$	0,570	
Grenze	2495,0	+3,397	—∞	0						2353,068	0,510	0					4124,946				

Numerierung des Rechenschemas: 1 | 2 = log 1 | 4 = ∑8 | 5 = $4_n - 4_{n-1}$ | 6 | 7 = 6 | 8 = 4 + 7 | 9 = $1_n \cdot 1_{n-1}$ | 10 = 8·9 = ∑:10 | 12 = 18:12 | 14 = 4/12 | 15 = $14_n - 14_{n-1}$ | 16 = 15/6 | 17 = 16 + 18 | 18 = 9·17 | 19 = 18 : ∑:18 | 20 = 1/18 | 21 = 19·20 | 22 = 21 / 19·20 · 11/19

Aus Abb. 44 und Abb. 48 wird $\log c'_s$ und η' abgegriffen, und c'_s und η' über λ'^{-2} nach der Simpsonschen Regel numerisch integriert. Als Ergebnis erhalten wir $k_d = \frac{c_L}{\lambda^2} \cdot \lambda^5$ und $\eta = \frac{c_L/\lambda^2 \cdot \lambda^5}{c_L/\lambda^3}$ für alle Schrauben der Familie $\eta'_i = 0{,}5$.

$\log \varepsilon_p$ als Grundlinie und $\log c'_s$ als Höhe Kurven, die bestimmten runden Werten γ' zugeordnet waren, aufgetragen. Auch hier erwies sich die Benutzung eines logarithmischen Maßstabes als vorteilhaft. Die Kurven wurden dadurch annähernd zu Graden, die durch Interpolation zu dem Grenzwert von ε_p gehörenden Werte von c'_s konnten direkt in die Schubverteilungskurve übertragen werden.

49. Integration.

Die Integration von Schub- und Drehmoment bot nun keine mathematischen Schwierigkeiten mehr. Es wurde die Simpson-Regel benutzt

$$F = \Sigma\left(b \cdot \left[h_m + \frac{(h_e - h_m) - (h_m - h_a)}{6}\right]\right)$$
$$= \Sigma\left(b \cdot \left[h_m + \frac{\Delta_2}{6}\right]\right),$$

wobei b die Breite des Intervalles, h_m die Mittelhöhe des Intervalles und Δ_2 die zweite Differenz der Intervallhöhen bedeuten. Besonders ist hier, daß alle Intervalle voneinander verschieden sind. Die Mitte des Intervalles konnte infolge des logarithmischen Maßstabes nicht einfach in der Mitte zwischen den beiden Rändern abgegriffen werden. Besonders bequem war hierbei die Aufteilung der Grundlinien nach einer geometrischen Reihe mit konstantem Faktor 2, weil dann die Mitte stets durch Abgreifen mit der konstanten Länge log 1,5 bestimmt wurde.

Die einzige Ausnahme bildete dann das letzte, unmittelbar an die Grenze anschließende Feld, in dem die Mitte besonders bestimmt werden mußte.

Für das Eintragen der abgegriffenen Zahlen und die zahlenmäßige Integration wurde das nebenstehende Rechenschema (Zahlentafel 3) benutzt.

Die Rechnung besteht im Abgreifen von Größen der logarithmischen Maßstäbe, Aufschlagen des zugehörigen Numerus, Multiplizieren und sukzessivem Addieren, und liefert schließlich Drehwert, Schubwert und Wirkungsgrad von einer Reihe von Schrauben jeder Schraubenfamilie. Die Ergebnisse können noch nicht unmittelbar benutzt werden, weil die so ermittelten Wirkungsgrade noch unrunde Beträge haben. Es muß deshalb noch einmal eine Hilfstafel angelegt werden mit Kurven für runde Werte von λ über η oder einer passenden Funktion davon als Grundlinie, mit $\log k_d$ als Höhe (Abb. 32 u. 33). Da die Kurven bei $\eta = 1$ eine Asymptote bilden, empfiehlt es sich, eine Funktion von η, z. B. $\dfrac{1}{1-\eta}$ als Grundlinie zu benützen. In dieser Hilfstafel kann dann die Interpolation für runde Werte von η vorgenommen werden. Sie liefert das gewünschte Endergebnis. Wir haben außerdem noch Kurven für runde Werte von η' eingetragen (vgl. Abschn. 38). Zu ihrer Auftragung wäre eine Hilfstafel nicht notwendig gewesen.

50. Schlußwort.

Man sieht hieraus, daß die Rechen- und Zeichenarbeiten, die zur Erfassung des ganzen Gebietes erforderlich sind, recht großen Umfang haben. Im einzelnen bereiten sie aber keine Schwierigkeiten, sobald man lernt, sie in einen geregelten Arbeitsplan einzuordnen. In der Tat haben Neuberechnungen, die zur Beseitigung von Fehlern oder Ausfüllung von Lücken nachträglich nötig wurden, nur noch wenig Zeit und Denken erfordert.

Bei der Durchführung dieser Arbeiten, insbesondere der Zahlenrechnung hat Herr Richard Schulz in verdienstvoller Weise mitgewirkt.

Flügelschwingungen von freitragenden Eindeckern.

Von Hermann Blenk und Fritz Liebers.

80. Bericht der Deutschen Versuchsanstalt für Luftfahrt, E. V., Berlin-Adlershof (Aerodynamische Abteilung).

Bedeutung der Zeichen.

x, y, z	Koordinaten in Richtung der Spannweite, der Tiefe und senkrecht zu beiden.
y_0 (m)	Abstand der elastischen Achse von der Flügelvorderkante.
τ (s)	Zeit.
$2\,b$ (m)	Spannweite des Tragflügels.
t (m)	Flügeltiefe.
a	Anstellwinkel.
β	Biegungswinkel, s. Abb. 1.
c_a, c_m	Beiwerte des Auftriebs, des Momentes.
c_{m_E}	Beiwert des Luftkraftmomentes in bezug auf die elastische Achse.
M_L (kgm)	Moment der Luftkraft in bezug auf die elastische Achse.
M_R (kgm)	Moment der Luftkraft in bezug auf die Einspannachse des Tragflügels.
M_T (kgm)	Torsionsmoment.
M_B (kgm)	Biegungsmoment.
$M_{KB}; M_{KT}$ (kgm)	Koppelungsmomente, s. Gl. (6) und (7).
c_1 (kgm²)	Torsionsmodul, s. Gl. (1).
c_2 (kgm²s)	Torsionsdämpfung, s. Gl. (1).
c_3 (kgm)	Biegungsmodul, s. Gl. (2).
c_4 (kgms)	Biegungsdämpfung, s. Gl. (2).
m (kgs²/m)	Flügelmasse.
s (m)	Abstand der Schwerachse von der elastischen Achse.
Θ_E, Θ_R (kgms²)	Trägheitsmomente des Flügels in bezug auf elastische Achse, Einspannachse.
δ	Logarithmisches Dekrement (bezogen auf eine ganze Schwingungsdauer).
T (s)	Schwingungsdauer.
ϱ (kgs²/m⁴)	Luftdichte.
v (m/s)	Fluggeschwindigkeit.
v_{krit} (m/s)	Geschwindigkeit an der Grenze zwischen Stabilität und Instabilität der Schwingungen.

I. Einleitung.

Schwingungen an Tragflügeln sind in den letzten Jahren wiederholt beobachtet worden. Schon während des Krieges traten an den weichen einholmigen Unterflügeln der sog. Anderthalbdecker Schwingungen auf und führten gelegentlich zu Brüchen. Besonders gefährdet sind jedoch die freitragenden Flügel, die seit Kriegsende besonders in Deutschland wegen ihrer aerodynamischen Vorteile vielfach gebaut werden. Die aerodynamischen Vorteile der freitragenden Bauart werden aber bekanntlich stark eingeschränkt, wenn nicht gar aufgehoben durch den Mehraufwand an Gewicht, den diese Bauart verlangt. Dabei ist dieser Mehraufwand an Gewicht nicht etwa aus reinen Festigkeitsgründen erforderlich, sondern zum großen Teil um die Schwingungsgefahr zu vermindern. Wann diese Gefahr wirklich vorliegt und wie sie etwa zu vermeiden ist, darüber ist bisher nur wenig bekannt. Es ist selbstverständlich, daß die Gefahr mit zunehmenden Fluggeschwindigkeiten wachsen muß. Besonders für Kunst- und Jagdflugzeuge, die ihrer Endgeschwindigkeit (Sturzfluggeschwindigkeit) praktisch ziemlich nahekommen, ist also die Untersuchung gefährlicher Schwingungen eine Lebensfrage; für diese Flugzeuge wird bei freitragender Bauart der erforderliche Mehraufwand an Gewicht unter Umständen so groß, daß die freitragende Bauart eigentlich keine Vorteile mehr bietet. Aus dieser Erkenntnis heraus geht man neuerdings für diese Bauaufgabe wieder mehr zur verspannten Doppeldeckerbauart über; ob mit Recht oder nicht, kann heute noch nicht entschieden werden. Jedenfalls kann man behaupten, daß die Schwingungsfrage in dem Konkurrenzkampf zwischen dem freitragenden Eindecker und dem verspannten Doppeldecker eine bedeutende Rolle spielen wird.

Mit den Schwingungserscheinungen an Tragflügeln haben sich bereits eine Reihe von Forschern befaßt. Birnbaum[1] hat in seiner Göttinger Dissertation das ebene Problem des Schlagflügels auf Grund der Prandtlschen Theorie untersucht und dabei theoretisch und experimentell nachgewiesen, daß ein Flügel vom Seitenverhältnis ∞ angefachte Schwingungen nur bei 2 Freiheitsgraden ausführen kann, nämlich wenn man eine Biegung und eine Torsion des Flügels zuläßt. Von v. Baumhauer und Koning[2] wurden ebenfalls Schwingungen mit zwei Freiheitsgraden untersucht, nämlich Biegung des Flügels und Drehung des Querruders um seine Achse. Der Flügel von endlicher Spannweite schwingt starr um seine Einspannachse, das Querruder um die Ruderachse. Die theoretische und experimentelle Untersuchung zeigt, daß dieses System angefachte Schwingungen ausführen kann. Die Schwingungen verschwinden, sobald einer der beiden Freiheitsgrade gebunden wird[3]. Es ist ein Fall bekannt, wo nach Verstärkung der Querruder solche Schwingungen aufgetreten sind und zum Bruch des Flügels geführt haben. Weiter sind von Scheubel[4] in Aachen Untersuchungen über Schwingungen des Systems Flügel-Höhenleitwerk sowie über das Flattern des Leitwerks überhaupt durchgeführt

[1] Birnbaum, Das ebene Problem des schlagenden Flügels, Göttinger Dissertation 1922; s. auch Zeitschr. f. angew. Math. u. Mech. 1923, S. 290 und 1924, S. 277.

[2] v. Baumhauer und Koning, Onstabiele trillingen van een draagvlak-klap systeem, Verslagen en verhandelingen van de rijksstudiedienst voor de Luchtvaart Amsterdam, Deel II—1923.

[3] Einer freundlichen Zuschrift der Herren von Baumhauer und Koning verdanken wir folgende Ergänzung: Eine experimentelle Untersuchung, die in einer anderen Arbeit der genannten Herren (On the stability of oscillations of an aeroplane wing; International Air Congress, London 1923, S. 221) mitgeteilt wird, läßt vermuten, daß wohl reine Torsionsschwingungen möglich sind, dagegen nicht reine Biegungs- und reine Querruderschwingungen. Dieses Ergebnis steht in einem gewissen Gegensatz zu den Ergebnissen von Birnbaum, der noch nicht restlos geklärt ist.

[4] Scheubel, Schwingungserscheinungen des Segelflugzeugs Rheinland, Berichte und Abhandlg. d. Wissensch. Gesellsch. f. Luftfahrt 1925, S. 103. — Über das Leitwerkflattern und die Mittel zu seiner Verhütung. Ber. u. Abh. der WGL 1926, S. 103.

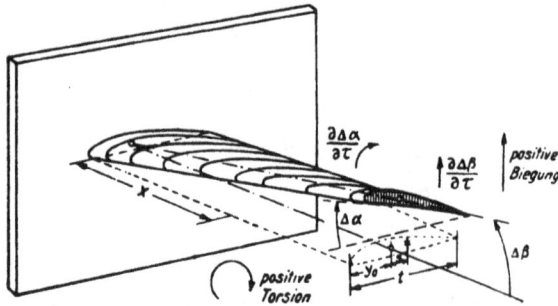

Abb. 1. Zur Festlegung der Bezeichnungen und Vorzeichen.

worden. Neuerdings hat Reißner[1]) Untersuchungen über die erforderliche Torsionssteifigkeit freitragender Flügel angestellt. Er stellt die Bedingungen für die statische Torsionsstabilität bei über die Spannweite konstantem und veränderlichem Torsionsmodul auf.

Die vorliegende Arbeit befaßt sich mit den elastischen Torsions- und Biegungsschwingungen des freitragenden Flügels. Dabei wird angenommen, daß die Querruder starr mit dem Flügel verbunden sind. Diese Voraussetzung ist in vielen praktischen Fällen zulässig. Erst für den Fall, daß die Steuerseile gelockert oder gerissen sind, wird sie ein merklich falsches Ergebnis liefern können.

Gekoppelte Torsions- und Biegungsschwingungen der genannten Art sind bereits in der Praxis beobachtet worden: Einmal 1923 an einem Segelflugzeug in der Rhön, ferner an einem deutschen Sportflugzeug mit halbfreitragendem Flügel[2]). Mit der Untersuchung dieser Schwingungserscheinungen beschäftigen sich die Arbeit von Blasius[3]) und eine frühere Arbeit der Verfasser[4]). Im folgenden lehnen wir uns an die letztgenannte Arbeit an.

II. Theorie der gekoppelten Schwingungen.

1. Vereinfachungen und Ansatz.

Wir betrachten einen einzelnen freitragenden Flügel, den wir uns an der Wurzel fest eingespannt denken. Wir vernachlässigen also von vornherein die Bewegungen des Flugzeugrumpfes, d. h. wir rechnen so, als ob die Rumpfmasse unendlich groß gegenüber der Flügelmasse sei. Die Biegungsschwingungen stellen wir uns als eine Drehschwingung des biegungsstarr gedachten Flügels um die Einspannachse vor. (Dieselbe Annahme wurde auch von v. Baumhauer und Koning in der obenerwähnten Arbeit gemacht.) Die Torsion des Flügels erfolgt um die sog. »elastische Achse«. Wir definieren sie als die Achse, in der man die Belastung anbringen muß, um reine Biegung des Flügels zu erhalten. Diese elastische Achse wird praktisch ungefähr parallel den Holmen laufen, und bei zweiholmigen Flügeln den Abstand der Holme etwa im umgekehrten Verhältnis der Trägheitsmomente der Holme teilen. Wir nehmen weiter an, daß die Schwerachse als Parallele zur elastischen Achse im Abstand s hinter ihr liegt.

Nunmehr denken wir uns den Flügel in irgendeinem Flugzustand befindlich. Die Luftkräfte, abhängig von Geschwindigkeit v und Anstellwinkel a, bewirken dann eine Verbiegung und Torsion des Flügels. Um diese neue Ruhelage kann der Flügel nun Schwingungen ausführen, deren Stabilitätsverhältnisse uns interessieren. Von dieser durchgebogenen und tordierten Ruhelage aus messen wir jetzt auch die Winkel $\Delta \beta$ (Biegung) und $\Delta a(x)$ (Torsion). In der Abb. 1 ist die gedachte Ruhelage der Einfachheit halber als Nullage ohne Durchbiegung und Verdrehung gezeichnet.

Nach der Methode der kleinen Schwingungen untersuchen wir nun, welche Momente bei einer kleinen Verbiegung und Torsion aus der Ruhelage heraus auftreten. Positive Biegung wollen wir eine Biegung des Flügels nach oben, positive Verdrehung eine Verdrehung nach größeren Anstellwinkeln hin nennen (s. Abb. 1).

Die rückführenden elastischen Momente setzen wir proportional dem Verdrehungs- bzw. Biegungswinkel an. Außerdem berücksichtigen wir die elastische Dämpfung, indem wir je ein Glied proportional der Geschwindigkeit der Torsion bzw. der Verbiegung einführen. Für das elastische Torsionsmoment im Querschnitt x ergibt sich also der Ansatz:

$$d M_T = c_1 \frac{\partial \Delta a}{\partial x} d x + c_2 \frac{\partial^2 \Delta a}{\partial x \partial \tau} d x \ldots (1)$$

Ebenso setzen wir das elastische Biegungsmoment für den ganzen Flügel an:

$$M_B = - c_3 \Delta \beta - c_4 \frac{d \Delta \beta}{d \tau} \ldots (2)$$

Für den Ansatz der Luftkraftmomente für Torsion und Biegung legen wir die normalen statischen Windkanalmessungen zugrunde. Dazu ist man berechtigt, wenn die Änderung des Anstellwinkels langsam genug vor sich geht, d. h. wenn der Windweg während einer Periode der Torsionsschwingung groß gegenüber der Flügeltiefe ist. Wir vernachlässigen auf diese Weise den Einfluß der infolge der periodischen Zirkulationsänderung periodisch abgehenden Wirbel. Wir setzen ferner die Luftkraftmomente proportional der Änderung $\delta a(x)$ des wirksamen Anstellwinkels an, d. h. wir ersetzen die Meßkurve durch eine Gerade, was in den meisten Fällen vollständig genügen wird (vgl. Abb. 20 und 21). Die Änderung δa des wirksamen Anstellwinkels setzt sich zusammen aus der Änderung Δa des geometrischen Anstellwinkels und zwei Gliedern, die von der Torsions- bzw. Biegungsschwingung herrühren. Biegt sich der Flügel nach oben durch $\left(\frac{d \Delta \beta}{d \tau} > 0 \right)$, so ist der wirksame Anstellwinkel kleiner als der geometrische; der Unterschied ist proportional dem Abstand x von der Einspannstelle. Wird der Flügel nach größeren Anstellwinkeln hin verdreht $\left(\frac{\partial \Delta a(x)}{\partial \tau} > 0 \right)$, so ist während der Verdrehung der wirksame Anstellwinkel größer als der geometrische, sobald die elastische Achse vor der Mitte des Flügels liegt[1]); der Unterschied ist dann proportional dem Abstand der elastischen Achse von der Flügelmitte $(t/2 - y_0)$. Durch eine einfache Betrachtung des Geschwindigkeitsdreiecks der relativen Bewegung ergibt sich also die Änderung des wirksamen Anstellwinkels:

$$\delta a = \Delta a + \frac{t/2 - y_0}{v} \frac{\partial \Delta a}{\partial \tau} - \frac{x}{v} \frac{d \Delta \beta}{d \tau} \ldots (3)$$

Nunmehr erhalten wir als Luftkraftmoment für die Torsion im Querschnitt x:

$$d M_L = - \frac{\partial c_{mE}}{\partial a} \delta a \cdot \frac{\varrho}{2} v^2 t^2 \cdot d x \ldots (4)$$

und ebenso als Luftkraftmoment für die Biegung des ganzen Flügels:

$$M_R = \int_0^b \frac{\partial c_a}{\partial a} \delta a \cdot \frac{\varrho}{2} v^2 t x d x \ldots (5)$$

Die Werte $\frac{\partial c_{mE}}{\partial a}$ und $\frac{\partial c_a}{\partial a}$ beziehen wir auf das Seitenverhältnis des ganzen Flügels. Daß in Gleichung (4) ein Minuszeichen stehen muß, liegt daran, daß wir c_{mE} als kopflastiges Moment positiv rechnen, wie es in den Diagrammen der aerodynamischen Versuchsanstalten üblich ist.

Außer den elastischen und den Luftkräften spielen aber auch noch Massenkräfte eine bedeutende Rolle. Im all-

[1]) Reißner, Neuere Probleme aus der Flugzeugstatik, ZFM 1926, S. 137 und 179.
[2]) Raab, Flügelschwingungen an freitragenden Eindeckern, ZFM 1926, S. 146.
[3]) Blasius, Über Schwingungserscheinungen an einholmigen Unterflügeln, ZFM 1925, S. 39.
[4]) Blenk und Liebers, Gekoppelte Torsions- und Biegungsschwingungen von Tragflügeln, ZFM 1925, S. 479 und 1926, S. 286. — Blenk, Vortrag auf dem Internationalen Kongreß für technische Mechanik, Zürich, Sept. 1926.

[1]) Daß hierbei die Flügelmitte mit praktischer Genauigkeit maßgebend ist, ist in unserer obenerwähnten Arbeit (ZFM 1925, S. 480) ausführlich erörtert.

gemeinen liegt die Schwerachse des Flügels hinter der elastischen Achse. Wird nun die Biegungsschwingung nach oben beschleunigt, so bewirkt die hinter der Drehachse gelegene Masse des Flügels infolge ihrer Trägheit eine Verdrehung nach positiven Anstellwinkeln hin. Ebenso muß eine positive Beschleunigung der Torsionsschwingung infolge der Trägheit der Massen eine positive Verbiegung hervorrufen. Ist die Gesamtmasse m des Flügels gleichmäßig über die Spannweite verteilt[1]), so ergibt sich im Querschnitt x infolge der Beschleunigung der Biegung eine Massenkraft $\frac{m}{b} d x \cdot x \cdot \frac{d^2 \Delta \beta}{d \tau^2}$, die am Hebelarm s ein Koppelungsmoment für die Torsionsschwingung liefert:

$$d M_{KB} = \frac{m}{b} d x \cdot x \cdot \frac{d^2 \Delta \beta}{d \tau^2} \cdot s \quad \ldots \ldots (6)$$

Ebenso liefert die Beschleunigung der Torsionsschwingung im Querschnitt x eine Massenkraft $\frac{m}{b} d x \cdot s \frac{\partial^2 \Delta a}{\partial \tau^2}$, die am Hebelarm x ein Koppelungsmoment für die Biegungsschwingung liefert:

$$d M_{KT} = \frac{m}{b} d x \cdot s \cdot \frac{\partial^2 \Delta a}{\partial \tau^2} \cdot x \quad \ldots \ldots (7)$$

Für den ganzen Flügel wird also dieses Koppelungsmoment:

$$M_{KT} = \int\limits_0^b \frac{m}{b} s \frac{\partial^2 \Delta a}{\partial \tau^2} x \, d x \ldots \ldots (8)$$

2. Die Differential-Gleichungen der gekoppelten Schwingungen.

Bezeichnet Θ_E das Trägheitsmoment des ganzen Flügels um die elastische Achse[1]) und Θ_R das Trägheitsmoment um die Einspannachse, dann erhalten wir nunmehr folgende Differential-Gleichung für die Torsionsschwingung im Querschnitt x:

$$\frac{\Theta_E}{b} \frac{\partial^2 \Delta a}{\partial \tau^2} d x = \frac{\partial M_T}{\partial x} d x + d M_L + d M_{KB} \cdot \quad (9)$$

und ebenso folgende Differential-Gleichung für die Biegungsschwingung des ganzen Flügels:

$$\Theta_R \frac{d^2 \Delta \beta}{d \tau^2} = M_B + M_R + M_{KT} \ldots \quad (10)$$

Wir führen jetzt die Gleichungen (1) bis (8) ein und erhalten:

$$\frac{\Theta_E}{b} \frac{\partial^2 \Delta a}{\partial \tau^2} d x = c_1 \frac{\partial^2 \Delta a}{\partial x^2} d x + c_2 \frac{\partial^3 \Delta a}{\partial x^2 \partial \tau} d x -$$
$$- \frac{\partial c_{mE}}{\partial a} \frac{\varrho}{2} v^2 t^2 \Delta a \, d x - \frac{\partial c_{mE}}{\partial a} \frac{\varrho}{2} v t^2 \left(\frac{t}{2} - y_0\right) \frac{\partial \Delta a}{\partial \tau} d x +$$
$$+ \frac{\partial c_{mE}}{\partial a} \frac{\varrho}{2} v t^2 x \frac{d \Delta \beta}{d \tau} d x + \frac{m}{b} x s \frac{d^2 \Delta \beta}{d \tau^2} d x \cdot \quad (11)$$

$$\Theta_R \frac{d^2 \Delta \beta}{d \tau^2} = - c_3 \Delta \beta - c_4 \frac{d \Delta \beta}{d \tau} + \frac{\partial c_a}{\partial a} \frac{\varrho}{2} v^2 t \cdot \int\limits_0^b \Delta a \cdot x \, d x +$$
$$+ \frac{\partial c_a}{\partial a} \frac{\varrho}{2} v t \left(\frac{t}{2} - y_0\right) \int\limits_0^b \frac{\partial \Delta a}{\partial \tau} x \, d x -$$
$$- \frac{\partial c_a}{\partial a} \frac{\varrho}{2} v t \frac{d \Delta \beta}{d \tau} \int\limits_0^b x^2 d x + \frac{m}{b} s \int\limits_0^b \frac{\partial^2 \Delta a}{\partial \tau^2} x \, d x \cdot \quad (12)$$

Für Δa machen wir jetzt folgenden Lösungsansatz:

$$\Delta a = \varphi(\tau) \sin \frac{\pi x}{2 b}, \quad \ldots \ldots (13)$$

---

[1]) $\frac{\Theta_K}{b}$, ebenso wie $\frac{m}{b}$ können als von x abhängig angenommen werden. Dann bedeuten in den Formeln (14) und (15)

$$\Theta_E = \frac{1}{b} \int\limits_0^b \Theta_K \, d x \quad \text{und} \quad m = \frac{1}{b} \int\limits_0^b m \, d x,$$

ohne daß sich an der weiteren Rechnung etwas ändert.

wo φ eine nur von der Zeit τ abhängige, noch zu bestimmende Funktion bedeutet. Für $x = 0$ wird $\Delta a = 0$ und für $x = b$ wird

$$\frac{\partial \Delta a}{\partial x} = \varphi \cdot \frac{\pi}{2 b} \cos \frac{\pi x}{2 b} = 0.$$

Damit sind die Grenzbedingungen erfüllt, daß an der Einspannstelle des Flügels die Verwindung und am Flügelende das Torsionsmoment verschwinden.

Jetzt sind wir in der Lage, die Integrale in Gleichung (12) auszuführen und ebenso die Gleichung (11) über x von 0 bis b zu integrieren. Dann erhalten wir folgende Gleichungen:

$$\Theta_E \frac{d^2 \varphi}{d \tau^2} + \left[\frac{\partial c_{mE}}{\partial a} \frac{\varrho}{2} v t^2 \left(\frac{1}{2} - \frac{y_0}{t}\right) + c_2 \left(\frac{\pi}{2 b}\right)^2\right] \cdot b \frac{d \varphi}{d \tau} +$$
$$+ \left[\frac{\partial c_{mE}}{\partial a} \frac{\varrho}{2} v^2 t^2 + c_1 \left(\frac{\pi}{2 b}\right)^2\right] b \varphi - \frac{1}{4} m s b \pi \frac{d^2 \Delta \beta}{d \tau^2} -$$
$$- \frac{\partial c_{mE}}{\partial a} \frac{\varrho}{2} v t^2 \frac{b^2 \pi}{4} \frac{d \Delta \beta}{d \tau} = 0 \ldots \ldots \ldots (14)$$

$$\Theta_R \frac{d^2 \Delta \beta}{d \tau^2} + \left[c_4 + \frac{\partial c_a}{\partial a} \frac{\varrho}{2} v t \frac{b^3}{3}\right] \frac{d \Delta \beta}{d \tau} + c_3 \Delta \beta -$$
$$- \frac{\partial c_a}{\partial a} \frac{\varrho}{2} v^2 t \left(\frac{2 b}{\pi}\right)^2 \cdot \varphi - \frac{\partial c_a}{\partial a} \frac{\varrho}{2} v t^2 \left(\frac{2 b}{\pi}\right)^2 \left(\frac{1}{2} - \frac{y_0}{t}\right) \frac{d \varphi}{d \tau} -$$
$$- \frac{4 m s b}{\pi^2} \frac{d^2 \varphi}{d \tau^2} = 0 \ldots \ldots (15)$$

Die Gleichungen (14) und (15) sind zwei simultane lineare Differential-Gleichungen zweiter Ordnung in den Unbekannten $\varphi(\tau)$ und $\Delta \beta(\tau)$ als Ausdruck für die gekoppelten Torsions- und Biegungsschwingungen. Die Koppelung in den Beschleunigungsgliedern ist eine Folge der Massenwirkung; sie verschwindet, sobald Schwerachse und elastische Achse zusammenfallen. Die Luftkräfte liefern die Koppelung in den Geschwindigkeitsgliedern und die einseitige Koppelung in den Kraftgliedern. Die Luftkräfte hängen nämlich nur von dem Verdrehungswinkel Δa, nicht von dem Winkel der Biegung ab.

Der besseren Übersicht wegen schreiben wir die Gleichungen (14) und (15) in der Form:

$$a_{11} \ddot{\varphi} + b_{11} \dot{\varphi} + c_{11} \varphi + a_{12} \ddot{\Delta} \beta + b_{12} \dot{\Delta} \beta \qquad = 0 \quad (16)$$
$$a_{21} \ddot{\varphi} + b_{21} \dot{\varphi} + c_{21} \varphi + a_{22} \ddot{\Delta} \beta + b_{22} \dot{\Delta} \beta + c_{22} \Delta \beta = 0 \quad (17)$$

Dabei bedeuten:

$$a_{11} = \Theta_E$$
$$b_{11} = b \left[\frac{\partial c_{mE}}{\partial a} \cdot \frac{\varrho}{2} v t^3 \left(\frac{1}{2} - \frac{y_0}{t}\right) + c_2 \left(\frac{\pi}{2 b}\right)^2\right]$$
$$c_{11} = b \left[\frac{\partial c_{mE}}{\partial a} \frac{\varrho}{2} v^2 t^2 + c_1 \left(\frac{\pi}{2 b}\right)^2\right]$$
$$a_{12} = - \frac{1}{4} m s b \pi$$
$$b_{12} = - \frac{\partial c_{mE}}{\partial a} \frac{\varrho}{2} v t^2 \left(\frac{b}{2}\right)^2 \pi$$
$$a_{21} = - m s b \left(\frac{2}{\pi}\right)^2$$
$$b_{21} = - \frac{\partial c_a}{\partial a} \frac{\varrho}{2} v t^2 \left(\frac{2 b}{\pi}\right)^2 \left(\frac{1}{2} - \frac{y_0}{t}\right)$$
$$c_{21} = - \frac{\partial c_a}{\partial a} \frac{\varrho}{2} v^2 t \left(\frac{2 b}{\pi}\right)^2$$
$$a_{22} = \Theta_R$$
$$b_{22} = c_4 + \frac{\partial c_a}{\partial a} \frac{\varrho}{2} v t \frac{b^3}{3}$$
$$c_{22} = c_3.$$

3. Die Stabilitätsbedingungen.

Nach der allgemeinen Theorie der homogenen linearen Differential-Gleichungen mit konstanten Koeffizienten setzt man die Lösung von (16), (17) in der Form an:

$$\varphi(\tau) = C_1 e^{\lambda_1 \tau} + C_2 e^{\lambda_2 \tau} + C_3 e^{\lambda_3 \tau} + C_4 e^{\lambda_4 \tau} \quad . \quad (18)$$
$$\Delta \beta(\tau) = C_5 e^{\lambda_1 \tau} + C_6 e^{\lambda_2 \tau} + C_7 e^{\lambda_3 \tau} + C_8 e^{\lambda_4 \tau} \quad . \quad (19)$$

Abb. 2. Flügel Nr. 1 und 2.
Flügel Nr. 2 unterscheidet sich von Flügel Nr. 1 nur durch die Sperrholzbeplankung. Die in der Abbildung fehlenden Querruder wurden bei den Versuchen durch eine gleich schwere Eisenstange ersetzt (vgl. Abb. 4).

Abb. 3. Flügel Nr. 3, einholmig, stoffbespannt.

oder in einer Umformung mit trigonometrischen Funktionen, falls unter den λ_i komplexe Werte sind. Dabei sind die C_i Integrationskonstanten, die so zu bestimmen sind, daß (18) und (19) die Bewegungsgleichungen (16) und (17) identisch, d. h. für alle τ erfüllen, und daß die Anfangsbedingungen, das sind die Werte von Δa, $\dot{\Delta} a$, $\Delta \beta$, $\dot{\Delta} \beta$ zur Zeit $\tau = 0$, erfüllt werden.

Die λ_i ergeben sich als Wurzeln der Gleichung vierten Grades:

$$A_0 \lambda^4 + A_1 \lambda^3 + A_2 \lambda^2 + A_3 \lambda + A_4 = 0 \quad . \quad . \quad (20)$$

Dabei sind $A_0, \ldots, A_4$ Abkürzungen für:

$$A_0 = \begin{vmatrix} a_{11} & a_{12} \\ a_{21} & a_{22} \end{vmatrix} = \Theta_F \Theta_R - \frac{m^2 s^2 b^2}{\pi}$$

$$A_1 = \begin{vmatrix} a_{11} & b_{12} \\ a_{21} & b_{22} \end{vmatrix} + \begin{vmatrix} b_{11} & a_{12} \\ b_{21} & a_{22} \end{vmatrix} = \Theta_F \left[c_4 + \frac{\partial c_a}{\partial a} \frac{\varrho}{2} v t \frac{b^3}{3} \right] +$$
$$+ \Theta_R b \left[\frac{\partial c_{mF}}{\partial a} \frac{\varrho}{2} v t^3 \left(\frac{1}{2} - \frac{y_0}{t} \right) + c_2 \left(\frac{\pi}{2b} \right)^2 \right] -$$
$$- \frac{s m b^3}{\pi} \frac{\varrho}{2} v t^2 \left[\frac{\partial c_{mF}}{\partial a} + \left(\frac{1}{2} - \frac{y_0}{t} \right) \frac{\partial c_a}{\partial a} \right].$$

$$A_2 = \begin{vmatrix} a_{11} & 0 \\ a_{21} & c_{22} \end{vmatrix} + \begin{vmatrix} c_{11} & a_{12} \\ c_{21} & a_{22} \end{vmatrix} + \begin{vmatrix} b_{11} & b_{12} \\ b_{21} & b_{22} \end{vmatrix} = \Theta_F c_3 +$$
$$+ \Theta_R b \left[\frac{\partial c_{mF}}{\partial a} \frac{\varrho}{2} v^2 t^2 + c_1 \left(\frac{\pi}{2b} \right)^2 \right] +$$
$$+ b c_4 \left[\frac{\partial c_{mF}}{\partial a} \frac{\varrho}{2} v t^3 \left(\frac{1}{2} - \frac{y_0}{t} \right) + c_2 \left(\frac{\pi}{2b} \right)^2 \right] +$$
$$+ \frac{c_2}{3} \left(\frac{\pi b}{2} \right)^2 \frac{\varrho}{2} v t \frac{\partial c_a}{\partial a} -$$
$$- b^4 \frac{\varrho^2}{4} v^2 t^4 \frac{\partial c_{mF}}{\partial a} \frac{\partial c_a}{\partial a} \left(\frac{1}{2} - \frac{y_0}{t} \right) \left(\frac{1}{\pi} - \frac{1}{3} \right) -$$
$$- s \frac{m b^3}{\pi} \frac{\varrho}{2} v^2 t \frac{\partial c_a}{\partial a}.$$

$$A_3 = \begin{vmatrix} b_{11} & 0 \\ b_{21} & c_{22} \end{vmatrix} + \begin{vmatrix} c_{11} & b_{12} \\ c_{21} & b_{22} \end{vmatrix} = b c_4 \left[\frac{\partial c_{mF}}{\partial a} \frac{\varrho}{2} v^2 t^2 + c_1 \left(\frac{\pi}{2b} \right)^2 \right]$$
$$+ b c_3 \left[\frac{\partial c_{mF}}{\partial a} \frac{\varrho}{2} v t^3 \left(\frac{1}{2} - \frac{y_0}{t} \right) + c_2 \left(\frac{\pi}{2b} \right)^2 \right] +$$
$$+ \frac{c_1}{3} \left(\frac{b \pi}{2} \right)^2 \frac{\varrho}{2} v t \frac{\partial c_a}{\partial a} - b^4 \frac{\varrho^2}{4} v^3 t^3 \frac{\partial c_{mF}}{\partial a} \frac{\partial c_a}{\partial a} \left(\frac{1}{\pi} - \frac{1}{3} \right).$$

$$A_4 = \begin{vmatrix} c_{11} & 0 \\ c_{21} & c_{22} \end{vmatrix} = b c_3 \left[\frac{\partial c_{mF}}{\partial a} \frac{\varrho}{2} v^2 t^2 + c_1 \left(\frac{\pi}{2b} \right)^2 \right].$$

$$\left. \right\} \quad (21)$$

Uns interessieren nun die Lösungen im einzelnen weniger als die Frage nach der Stabilität. Wann können gefährliche, d. h. angefachte oder anwachsende Schwingungen eintreten? Das ist offenbar dann der Fall, wenn unter den Wurzeln λ_i eine positiv ist oder, falls sie komplex ist, einen positiv reellen Teil besitzt. Die Bedingungen dafür, daß dieser Fall nicht eintritt, d. h. die Bedingungen für die dynamische Stabilität der gekoppelten Schwingungen sind:

$$\left. \begin{array}{l} A_0 > 0, \; A_1 > 0, \; A_2 > 0, \; A_3 > 0, \; A_4 > 0 \\ \Delta = A_1 A_2 A_3 - A_0 A_3^2 - A_4 A_1^2 > 0 \end{array} \right\} \quad . \quad . \quad (22)$$

Für $v = 0$, also ohne Luftkräfte, müssen die Schwingungen abklingen, da keine äußere Energiequelle vorhanden ist. Es entsteht nun die Frage, welche von den 6 Größen bei wachsendem v zuerst durch Null geht und dadurch die kritische Geschwindigkeit bestimmt, bei deren Überschreitung angefachte Schwingungen entstehen können. Man sieht leicht, daß entweder A_4 oder die Routhsche Diskriminante Δ zuerst den Wert 0 erreichen müssen. Denn für A_1 oder A_2 oder $A_3 = 0$ wird immer $\Delta < 0$, weil A_0 immer positiv ist. Also wird die kritische Geschwindigkeit entweder durch $A_4 = 0$ oder durch $\Delta = 0$ bestimmt.

Die Bedingung $A_4 > 0$ ist, wie man leicht einsieht, die Bedingung für statische Torsionsstabilität. Sie stimmt genau mit der von Reißner aus statischen Überlegungen abgeleiteten Formel überein. (Vgl. ZFM 1926, S. 142, Gl. (8a).)

Eine einfache physikalische Deutung der einzelnen Bedingungen ist nicht möglich, da die Ausdrücke dafür zu unübersichtlich sind. Außerdem ist über die Zahlenwerte einiger Konstanten, besonders der elastischen Konstanten

c_1, c_2, c_3, c_4, fast nichts bekannt. Daraus ergibt sich die Notwendigkeit, diese Werte durch Experimente an großen Flügeln zu bestimmen, um wenigstens in einigen Fällen eine numerische Übersicht über die Stabilitätsverhältnisse zu gewinnen. Es ist zu hoffen, daß bei einem genügend großen Versuchsmaterial auch allgemeine Ergebnisse erzielt werden.

Eine Zusammenstellung von Versuchsmaterial wird Aufschluß geben über das relative Gewicht, das die einzelnen Glieder innerhalb der reichlich komplizierten Stabilitätsbedingungen besitzen. Auf diese Weise wird man die Stabilitätsbedingungen durch Vernachlässigung der unbedeutenden Glieder vielleicht wesentlich vereinfachen können.

Ferner werden nur Versuche entscheiden können, ob stets die Routhsche Diskriminante für die für Flügelschwingungen kritische Geschwindigkeit maßgeblich ist, oder ob es auch Fälle gibt, wo die kritische Geschwindigkeit schon aus der sehr einfachen Bedingung A_4 für die statische Torsionsstabilität abzulesen ist.

Endlich wird das anzustrebende Endziel für die Praxis das sein, auf Grund eines umfangreichen Versuchsmaterials die Zusammenhänge zwischen den einzelnen Konstanten zu finden, die in die Stabilitätsbedingungen eingehen. Das gilt vornehmlich für die elastischen Konstanten. Dann dürfte man in der Lage sein, einfach auf Grund einiger einfacher statischer Biegungs- bzw. Torsionsversuche vorauszuberechnen, ob die maximal erreichbare Geschwindigkeit eines Flugzeuges ober- oder unterhalb der für seine Tragflügel kritischen Geschwindigkeit liegt.

Zur Prüfung unserer Theorie und als ersten Schritt zur Erreichung des genannten Zieles haben wir Messungen an großen Flugzeugflügeln angestellt. Über die ersten durchgeführten Versuche soll im nächsten Abschnitt berichtet werden.

III. Versuche mit großen Flügeln.

Zur numerischen Berechnung der Koeffizienten A_0, ..., A_4 brauchen wir nach Gleichung (21) folgende Zahlen: Spannweite, Gewicht, Tiefe, Schwerachse, elastische Achse, Trägheitsmomente um die Einspannachse und um die elastische Achse, die elastischen Konstanten c_1, c_2, c_3, c_4, Polare und Momentenkurve des Flügels. Von diesen Zahlen sind insbesondere die elastischen Konstanten vollständig unbekannt; auch über die Lage der Schwerachse und der elastischen Achse sowie über die Werte der Trägheitsmomente weiß man bei den meisten Flügeln fast nichts. Zur Bestimmung dieser Größen wurden nun eine Reihe von Versuchen an 3 wirklichen Flugzeugflügeln durchgeführt, die von den betreffenden Firmen zur Verfügung gestellt waren.

Abb. 2 zeigt zwei Flügel eines halbfreitragenden Eindeckers, die zuerst untersucht wurden. Das betreffende Flugzeug war ursprünglich mit dem unbeplankten Flügel (Flügel Nr. 1) ausgerüstet und geriet mehrmals bei großen Geschwindigkeiten in Schwingungen, die in einem Falle sogar zu Flügelbruch führten. Daraufhin wurde der Flügel mit Sperrholz beplankt. In der neuen Ausführung (Flügel Nr. 2) sind keine Schwingungen wieder beobachtet worden.

Abb. 3 zeigt den 3. Flügel, einen einholmigen stoffbespannten Flügel von günstigem Seitenverhältnis.

Zunächst seien die Versuchseinrichtungen kurz beschrieben.

1. Die Versuchseinrichtungen.

Die Bestimmung der Trägheitsmomente um eine zu den Holmen parallele Achse geschah durch einfache Pendelversuche (s. Abb. 4). Die Dämpfung der Schwingungen war dabei so klein, daß sie ohne Bedenken vernachlässigt werden konnte. Das Trägheitsmoment um die Einspannachse wurde für die Flügel 1 und 2 aus der ziemlich genau bekannten Massenverteilung über die Spannweite ermittelt; für den 3. Flügel wurde ein Pendelversuch ausgeführt.

Zur Bestimmung der elastischen Achse und der elastischen Konstanten wurden die Flügel in einem fest fundamen-

Abb. 4. Bestimmung des Trägheitsmomentes um die elastische Achse. Flügel Nr. 1 mit Zusatzgewichten zum Pendeln aufgehängt.

tierten Eisengerüst[1]) eingespannt (Abb. 5 u. 6). Die Einspannung wurde an den Originalbeschlägen entsprechend der Einspannung am Flugzeug ausgeführt. Dabei wurden die Flügel 1 und 2 an zwei Punkten drehbar gelagert, wie es auch in Wirklichkeit der Fall ist. Für unsere Rechnungen wollen wir den äußeren Teil von der zweiten Befestigung an als freitragenden eingespannten Flügel annehmen (s. Abb. 7).

Mit dieser Einspannung wurden zunächst eine ganze Reihe statischer Belastungsversuche durchgeführt (s. Abb. 8 u. 9). Die Lasten wurden immer als Einzellasten an den Holmen oder an einem quer über den Flügel gelegten Balken angebracht.

---

[1]) Das Einspanngerüst wurde von Herrn Dipl.-Ing. v. Pilgrim, die übrige Versuchseinrichtung von Frl. Dipl.-Ing. J. Kober entworfen.

Abb. 5.
Einspannung der Flügel Nr. 1 und 2. (Vgl. Abb. 5a und 7.)

5*

Bei derselben Einspannung wurden auch die eigentlichen Schwingungsversuche durchgeführt. Zu ihrer Registrierung war am äußeren Ende des Flügels ein Bock aufgestellt, der auf beiden Seiten Trommeln trug, über die ein Papierstreifen von etwa 1 m Länge in rd. 3 Sekunden ablief. Auf diese Trommeln schreiben Vorder- und Hinterkante des Flügels ihre Bewegungen auf (s. Abb. 10). Die Trommeln werden von einem Elektromotor in Umdrehung versetzt

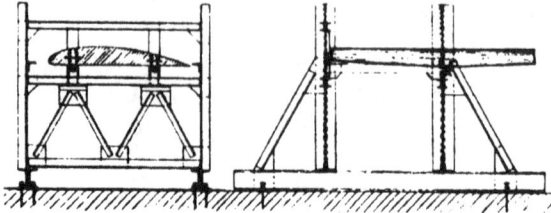

Abb. 5a. Einspannung der Flügel Nr. 1 und 2.

(s. Abb. 11). Auf jede Trommel schreibt eine Stimmgabel von genau 16 Schwingungen/s und liefert dadurch eine gute Zeiteichung. Um die Gleichzeitigkeit auf beiden Papierstreifen festzustellen, ist eine Leitung mit zwei hintereinandergeschalteten Funkenstrecken so angelegt, daß beide Funken die Papierstreifen an bestimmten Stellen gleichzeitig durchschlagen müssen. Ein am Bock befestigter Zeiger liefert eine Nullinie, für den Fall, daß der umlaufende Papierstreifen sich in vertikaler Richtung verschiebt (s. Abb. 12 und die folgenden). — Die Auslösung der Schwingungen geschieht durch Belastung des Flügels mit einer Einzellast und plötzliches Abbrennen des Aufhängefadens mit einer Lötlampe. Bei den zweiholmigen Flügeln wurde zwischen beiden Holmen eine Stahlstange festgelegt, an der dann im Punkte der elastischen Achse die Biegungslast angreift (Abb. 13). Bei dieser Anregung führt der Flügel trotzdem keine reinen Biegungsschwingungen aus, sondern die Träg-

der Theorie nach die Schwerachse mit der elastischen Achse zusammenfallen. Eine nachträglich ausgeführte Schwerpunktsbestimmung zeigte, daß das mit hinreichender Genauigkeit der Fall war. Durch die Zusatzgewichte werden lediglich Schwerachse und Trägheitsmoment des Flügels geändert, während die elastischen Eigenschaften ungeändert bleiben. Zur Erzeugung reiner Torsionsschwingungen wurde dann bei den zweiholmigen Flügeln die elastische Achse an der Stahlstange in einem Kugellager festgelegt und eine einfache Belastung des Hinterholms vorgenommen (Abb. 10, 14, 15 u. 16). Bei dem einholmigen Flügel wurde die Torsionsbelastung durch ein reines Moment vorgenommen (Abb. 17, 18 u. 19). Die elastische Achse blieb dabei vollkommen frei.

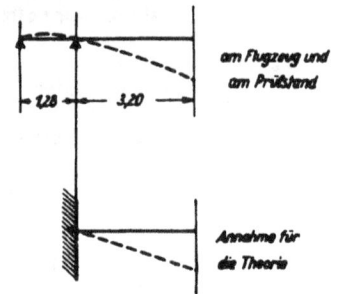

Abb. 7. Vergleich der Einspannungen in Wirklichkeit und in der Theorie für Flügel Nr. 1 und 2.

Dieselbe Anordnung zur Erzeugung reiner Torsionsschwingungen hätte sich ohne Schwierigkeiten auch bei den beiden ersten Flügeln anwenden lassen. Die elastische Achse wurde bei ihnen nur deshalb festgelegt, weil zu der später benutzten Methode anfangs das Zutrauen fehlte.

2. Versuchsergebnisse.

In den Abb. 23 bis 56 sind die Versuchsergebnisse der statischen und der Schwingungsversuche mit den 3 Flugzeugflügeln aufgetragen. Die statischen Versuche an den beiden zweiholmigen Flügeln interessieren uns besonders im Hinblick auf die Verbundwirkung der beiden Holme. In unserer Theorie haben wir nämlich angenommen, daß der ganze Flügel als homogener Körper für Torsion ange-

Abb. 6. Einspannung von Flügel Nr. 3. Der Flügel ist aus praktischen Gründen mit der Saugseite nach oben eingespannt worden.

heit der hinter der elastischen Achse gelegenen Massen erzeugt sofort auch Torsionsschwingungen. Zur Auswertung eignen sich aber die gekoppelten Schwingungen nur sehr schlecht. Aus diesem Grunde wurden an der Vorderkante des Flügels so lange Zusatzgewichte angebracht, bis möglichst reine Biegungsschwingungen entstanden (Abb. 14). Dann mußte

sehen werden kann, d. h. daß eine Torsionsbelastung nur durch Torsion des Flügels aufgenommen wird. Man erkennt, daß das für den mit Sperrholz beplankten Flügel ziemlich gut zutrifft, während bei dem unbeplankten Flügel keine Rede davon ist (Abb. 29 u. 34). Trotzdem kann natürlich die Konstante c_1 bestimmt werden, wie weiter unten näher

Abb. 8. Statische Belastung durch eine Einzellast am Hinterholm. Biegung und Torsion wurden durch Zeiger gemessen, die auf am Flügel befestigten Skalen spielen. Die Skalen sind vor dem Vorderholm und hinter dem Hinterholm angebracht.

Abb. 9. Statische Belastung durch zwei Einzellasten an Vorder- und Hinterholm. Die Lasten waren so bemessen, daß reine Biegung des Flügels eintrat.

Abb. 10. Der eingespannte Flügel Nr. 1 mit Schreibvorrichtung für die Schwingungsversuche.

Abb. 11. Ansicht der Schreibvorrichtung für die Flügel-schwingungen. Im Vordergrund der Motor zum Antrieb der Schreibtrommeln. Halblinks darüber der Funkeninduktor mit Leitungen zu den Funkenstrecken.

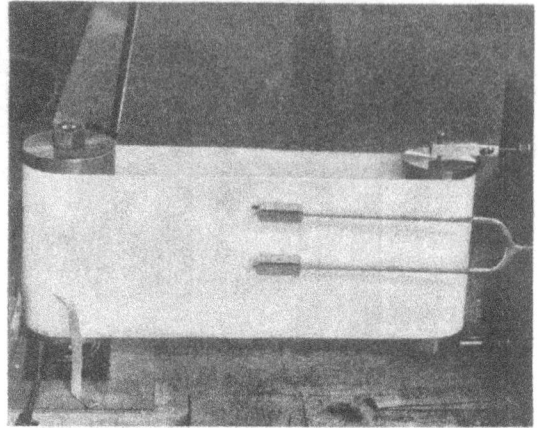

Abb. 12. Schreibtrommel: auf ihr schreibt der Flügel seine Schwingungen auf, siehe den an einer Blattfeder befestigten Schreibstift links unten im Bild. Als Zeitmaßstab schreibt eine Stimmgabel 16 Schwingungen je Sekunde auf. Vor der linken Trommel ist der Schreibstift zur Festlegung der Null-linie zu erkennen. Links daneben läuft die Leitung zur Funkenstrecke, die sich auf der Hinterseite des Schreibbandes befindet. Die elektrischen Funken durchschlagen das auf der Innenseite berußte Schreibband und markieren zeitlich zu-sammengehörende Punkte auf den beiden Schreibbändern an der Vorder- und Hinterkante des Flügels.

ausgeführt ist. Bei dem unbeplankten Flügel wird eine Torsionsbelastung zum großen Teil durch Biegung in den Holmen und nur zum kleinen Teil als wirkliche Torsion vom Flügel aufgenommen. Dieses Ergebnis war natürlich vorauszusehen, die Verbundwirkung des beplankten Flügels ist wesentlich größer als die des unbeplankten Flügels.

Die Bestimmung der elastischen Achse geschah durch Nacheinanderbelastung des Flügels mit derselben Last an verschiedenen Stellen. Es ergab sich dabei, indem der Versuch an verschiedenen Stellen der Spannweite ausge-

führt wurde, daß die elastische Achse praktisch parallel den Holmen läuft. Sie liegt beim unbeplankten Flügel 24,8 cm, beim beplankten Flügel 22,5 cm hinter der Mitte des Vorderholms; die Entfernung Vorderholm-Hinterholm beträgt 60,0 cm. Die Schwerachse liegt für beide Flügel rd. 12 cm hinter der elastischen Achse. Beim einholmigen Flügel verläuft die elastische Achse dicht vor dem Holm. Am freien Flügelende liegt sie ungefähr 3 cm vor der Holmvorderkante. Die Schwerachse liegt 4,5 cm hinter der Holmhinterkante (Abb. 20).

Bei den Schwingungsversuchen mit dem beplankten zweiholmigen Flügel zeigte sich eine merkwürdige einseitige Abflachung der sonst fast sinusförmig verlaufenden Kurven (Abb. 49). Daraus konnte man schließen, daß der Flügel sich wegen der gewölbten Sperrholzdecke nach der Saug-seite hin schwerer durchbiegt als nach der Druckseite hin. Durch statische Versuche wurde diese Annahme bestätigt (Abb. 33).

Abb. 13. Flügel Nr. 1 fertig zum Biegungsschwingungsversuch. In der elastischen Achse greift eine Einzellast an. Durch Abbrennen des Aufhängefadens mittels einer Lötlampe wird die Last plötzlich weggenommen und die Biegungsschwingungen ausgelöst.

Abb. 14. Der beplankte Flügel Nr. 2, hergerichtet zu Schwingungsversuchen. An der Flügelvorderkante sind Zusatzgewichte angebracht, um die Schwerachse in die elastische Achse zu verlegen. Auf diese Weise werden reine Biegungs- bzw. Torsionsschwingungen erzwungen.

Abb. 15. Flügel Nr. 2 für reine Torsionsschwingungen hergerichtet. Die elastische Achse ist festgelegt. Man erkennt die ungefähr in der Mitte des Bockes befestigte Lagerung für die elastische Achse. Die Schwingungen werden ausgelöst durch Abbrennen des Fadens der am Hinterholm aufgehängten Last.

In den Schwingungsbildern sind stets die beiden Aufzeichnungen der Schreibstifte an der Vorder- und Hinterkante in natürlicher Größe wiedergegeben. Daraus ist in einfacher Weise die Biegungsschwingung der elastischen Achse und die Torsionsschwingung um dieselbe berechnet. Ausgewertet wurden nur die reinen Biegungs- und Torsionsschwingungen der Flügel mit Zusatzgewichten. Aus den Kurven wurde Schwingungsdauer T und logarithmisches Dekrement δ (bezogen auf eine ganze Schwingungsdauer) bestimmt. In einfacher Weise können dann daraus die elastischen Konstanten berechnet werden. Durch das Anbringen der Zusatzgewichte ist die Schwerachse in die elastische Achse verlegt ($s = 0$), die Trägheitsmomente sind um bestimmte Beträge vergrößert. (Zur Kontrolle wurden die Trägheitsmomente der Flügel mit Zusatzgewichten auch noch durch Pendelversuche bestimmt.) Wenn wir jetzt in unseren Gleichungen (14) und (15) alle Glieder mit v und s streichen, dann bleiben zwei voneinander unabhängige Differential-Gleichungen zweiter Ordnung übrig. Es ergeben sich dann folgende Formeln für die Bestimmung der elastischen Konstanten:

$$c_2 = \frac{8}{\pi^2} \frac{\delta_T}{T_T} b \, (\Theta_E + \Theta_z) \quad \dots \dots \quad (23)$$

$$c_1 = \frac{16 \, b \cdot (\Theta_E + \Theta_z)}{T_T{}^2} + \frac{\pi^2 \, c_2{}^2}{16 b (\Theta_E + \Theta_z)} \quad \dots \quad (24)$$

$$c_4 = 2 \, \frac{\delta_H}{T_B} (\Theta_R + \Theta_z{}') \quad \dots \dots \quad (25)$$

$$c_3 = 4 \, \pi^2 \, \frac{\Theta_R + \Theta_z{}'}{T_B{}^2} + \frac{c_4{}^2}{4 \, (\Theta_R + \Theta_z{}')} \quad \dots \quad (26)$$

wobei Θ_z bzw. $\Theta_z{}'$ das Trägheitsmoment der Zusatzgewichte um die elastische bzw. Einspannachse bedeutet; T ist die Schwingungsdauer, δ das logarithmische Dekrement [(bezogen auf eine ganze Schwingungsdauer); der Index B bezieht sich auf reine Biegungsschwingungen, der Index T auf reine Torsionsschwingungen der Flügel mit Zusatzgewichten.

Indem wir so die elastischen Konstanten mit Hilfe derselben Gleichungen berechnen, in die wir sie nachher wieder einführen, vermeiden wir einige Schwierigkeiten. Die Ergebnisse der statischen Versuche werden gar nicht benutzt. Wir brauchen nicht zu überlegen, in welcher Weise wir die

wirklichen Biegungslinien durch gerade Linien unserer Theorie entsprechend ersetzen sollen. Wir brauchen uns besonders nicht um die Verbundwirkung zu kümmern. Solange also die Ergebnisse der Theorie (insbesondere konstante Schwingungsdauer und konstantes Dekrement, unabhängig von der Amplitude) mit den Meßergebnissen ungefähr übereinstimmen, erreichen wir auf diesem Wege eine größere Genauigkeit und Übereinstimmung mit der Wirklichkeit, als man von vornherein erwarten könnte. Ein Vergleich der Ergebnisse der Schwingungsversuche mit denen der statischen Versuche zeigt übrigens eine gute Überein-

Abb. 16. Flügel Nr. 1, hergerichtet zum Torsionsschwingungsversuch.

Abb. 18. Einholmiger Flügel Nr. 3, hergerichtet zum Torsionsschwingungsversuch. Die elastische Achse ist nicht festgelegt. Die Anfangsverwindung wird durch ein Kräftepaar
hervorgerufen, vgl. Abb. 17, S. 6. Man erkennt die Seil-
führung über die Rollen, an der die Kraft angreift. An der
Druckseite des Flügels ist eine Versteifungsrippe angebracht,
die das Querruder fest mit dem Flügel verbindet und selb-
ständige Bewegungen des Querruders verhindert.

stimmung hinsichtlich der Konstanten c_3 (s. Abb. 35 u. 44);
für die Konstante c_1 wird die Übereinstimmung ebenfalls
befriedigend, wenn man den statischen Versuch mit weit
außen angreifendem Torsionsmoment zugrunde legt (Abb. 36,
42 u. 43).

Es sei hier erwähnt, daß es nicht möglich war, ganz
reine Biegungs- und Torsionsschwingungen zu erzeugen
(Abb. 46ff.). Vielleicht liegt das daran, daß die elastischen
Konstanten, insbesondere die Dämpfung, über die Tiefe
des Flügels veränderlich sind. Es hat den Anschein, als
könnte man weit vor der Vorderkante des Flügels eine zu
den Holmen parallele Achse finden, um die sich der Flügel
bei den reinen Biegungsschwingungen dreht.

In der Zahlentafel 1 auf S. 78 sind die Ergebnisse der
Messungen an den drei Flügeln zusammengestellt.

3. Die Stabilitätsbedingungen.

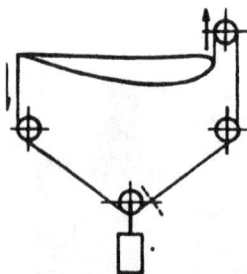

Abb. 17. Schema der Torsionsbelastung. An der gestrichelten
Linie wurde der Faden zur Auslösung der Schwingungen
durchgebrannt.

Mit den Werten der Zah-
lentafel 1 auf S. 78 wurden
die Koeffizienten $A_0, \ldots, A_4$
und Δ nach Gleichung (21)
und Gleichung (22) abhängig
von der Geschwindigkeit v berechnet und in den Abb. 57 bis
59 dargestellt. Wir sehen,
daß in allen drei Fällen
die Routhsche Diskriminante Δ
zuerst von positiven zu negativen Werten übergeht und
damit die kritische Ge-
schwindigkeit bestimmt. Die
kritischen Geschwindigkeiten
sind folgende:

Abb. 19. Flügel Nr. 3. Belastung für den Torsionsschwingungsversuch, von innen aus gesehen. (Vgl. Abb. 17.)

Für Flügel Nr. 1: $v_{krit} = 139$ km/h, $(v_H \sim 130$ km/h$)$
    »   »   Nr. 2: $v_{krit} = 208$ » $(v_H \sim 130$ » $)$
    »   »   Nr. 3: $v_{krit} = 173$ » $(v_H \sim 110$ » $)$.

Als Anhaltspunkte sind in Klammern die gemessenen maximalen Wagrechtgeschwindigkeiten der Flugzeuge mit den
Flügeln 1, 2 und 3 angegeben.

Wir sehen, daß der unbeplankte zweiholmige Flügel eine
recht geringe kritische Geschwindigkeit hat. Die an dem
betreffenden Flugzeug aufgetretenen Schwingungen (s. ZFM
1926, S. 146) wären damit ohne weiteres erklärt. Auch der

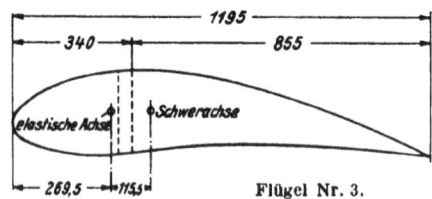

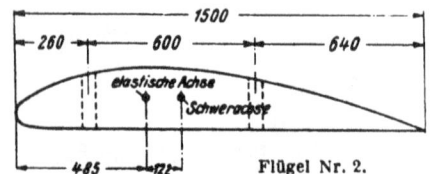

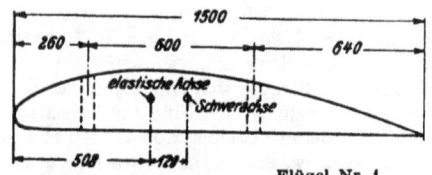

Abb. 20. Lage der Schwerachsen und der elastischen Achsen.
Letztere sind durch Belastungsversuche bestimmt worden (vgl.
Abb. 23—28, 30—32, 37—41).

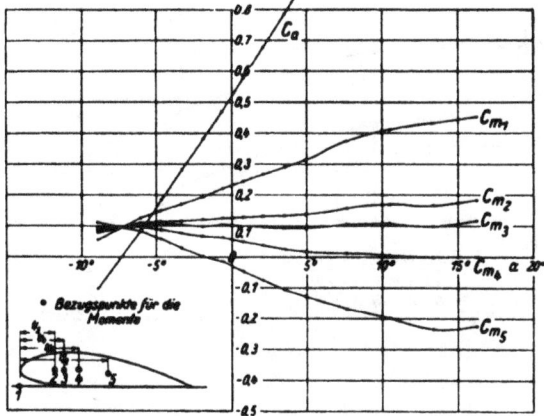

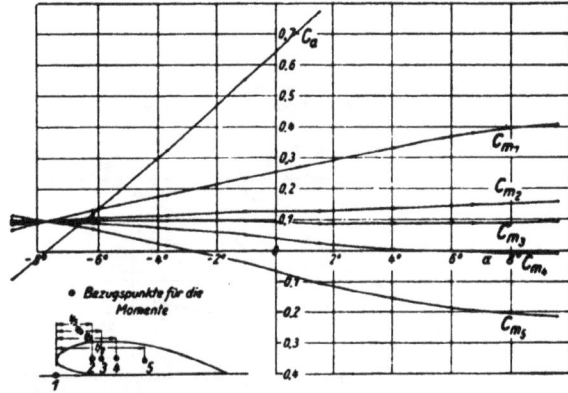

Abb. 21. Flügel Nr. 1 und 2.
Profil: Göttingen Nr. 387. Seitenverhältnis 0,15.

Abb. 22. Flügel Nr. 3.
Profil: Schukowski ($f/l = 0,075$; $2\,\delta/l = 0,1175$). Seitenverhältnis 0,125.

Die Abb. 21 und 22 geben die Momentenbeiwerte für verschiedene Bezugsachsen auf Grund Göttinger Messungen wieder.

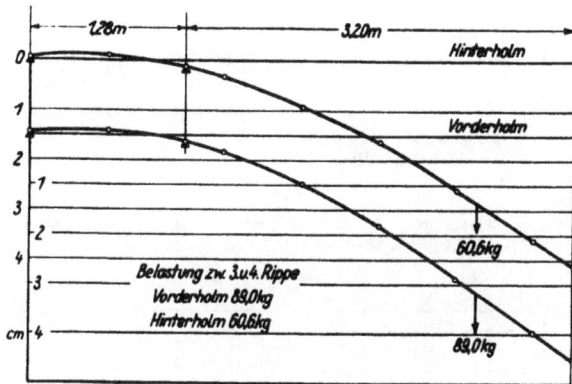

Abb. 23.

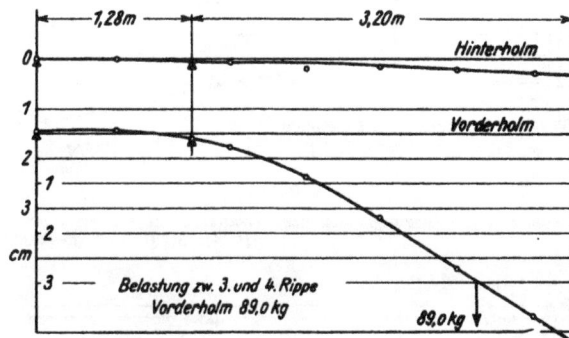

Abb. 24.

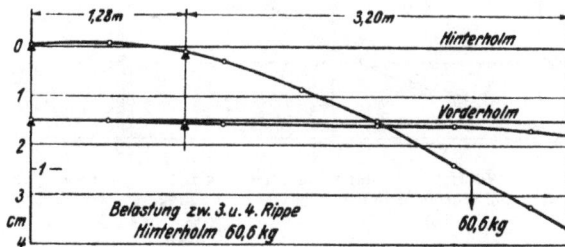

Abb. 25.

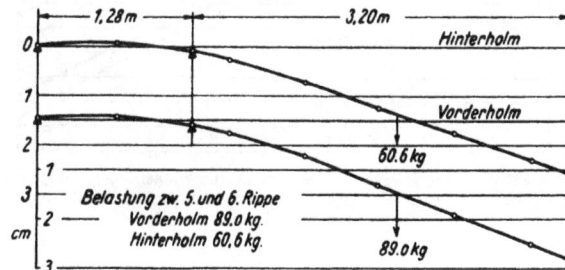

Abb. 26.

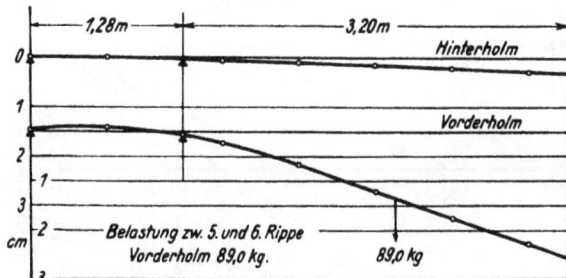

Abb. 27.

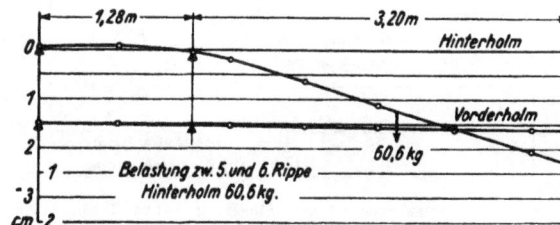

Abb. 28.

Abb. 23—28. Biegungslinien des unbeplankten Flügels (Nr. 1) bei verschiedenen Belastungen. Diese Versuchsergebnisse dienten zur Bestimmung der elastischen Achse. In den Abb. 23 und 26 sind die beiden Lasten so bemessen, daß der Flügel sich gleichmäßig durchbiegt.

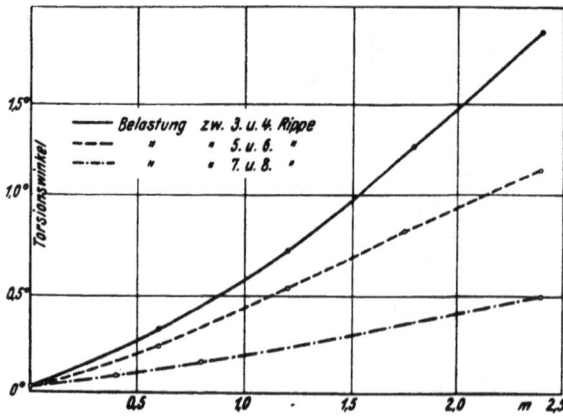

Abb. 29. Verdrehungen des unbeplankten Flügels Nr. 1 über die Spannweite bei einem Torsionsmoment von 22,0 mkg.

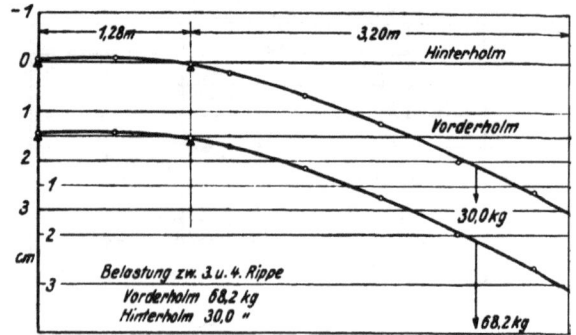

Abb. 30.

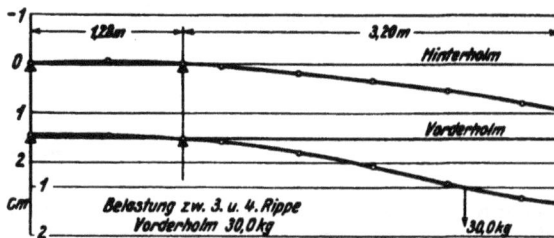

Abb. 31.

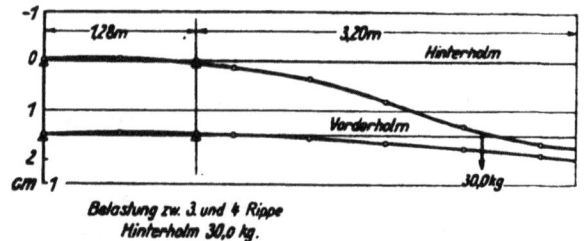

Abb. 32.

Abb. 30—32. Biegungslinien des beplankten Flügels Nr. 2 bei verschiedenen Belastungen. In Abb. 30 sind die Lasten so bemessen, daß der Flügel sich gleichmäßig durchbiegt. (Vgl. Abb. 23—25.)

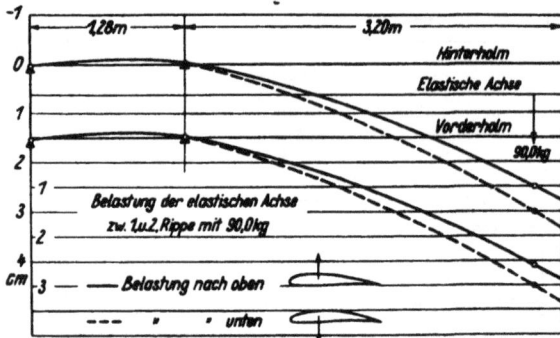

Abb. 33. Bei der Belastung des beplankten Flügels nach oben und unten ergeben sich verschiedene Belastungslinien. Einfluß der gewölbten Sperrholzdecke.

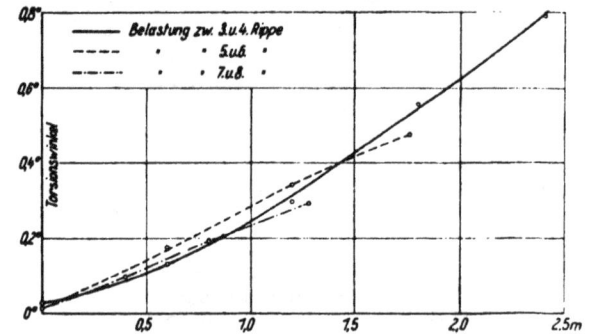

Abb. 34. Verdrehungen des beplankten Flügels Nr. 2 über die Spannweite bei einem Torsionsmoment von 35,5 mkg. (Vgl. Abb. 29.)

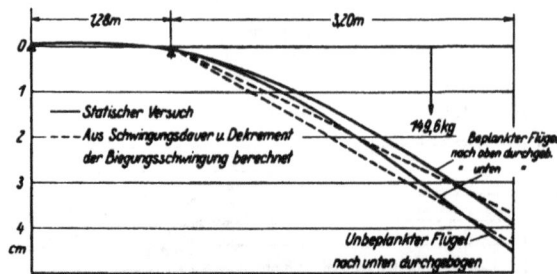

Abb. 35. Biegungsbelastung der Flügel Nr. 1 und 2 mit 149,6 kg zwischen 3. und 4. Rippe. (Vergleiche mit den Ergebnissen der Schwingungsmessung.)

Abb. 35 und 36 zeigen deutlich den Einfluß der Beplankung auf Biegung und Torsion des Flügels.

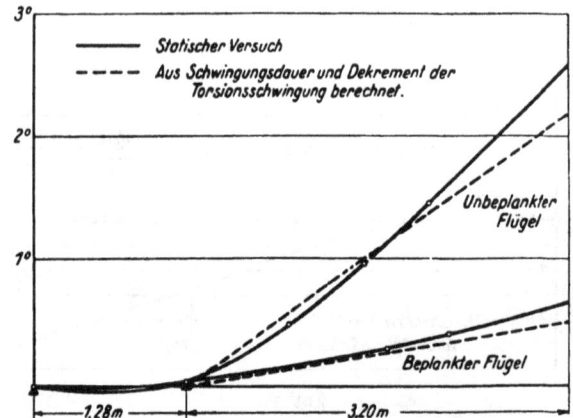

Abb. 36. Torsionsbelastung der Flügel Nr. 1 und 2 mit 22,0 mkg zwischen 3. und 4. Rippe. (Vergleich mit den Ergebnissen der Schwingungsmessung.)

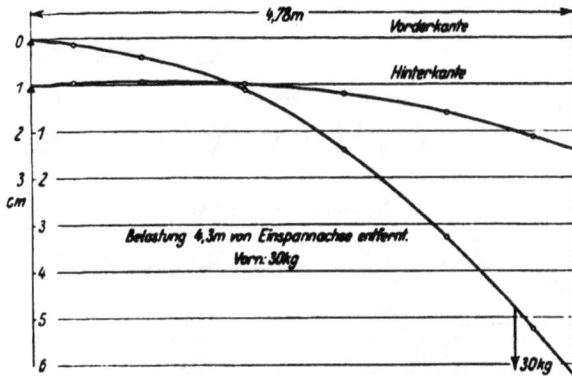

Abb. 37.

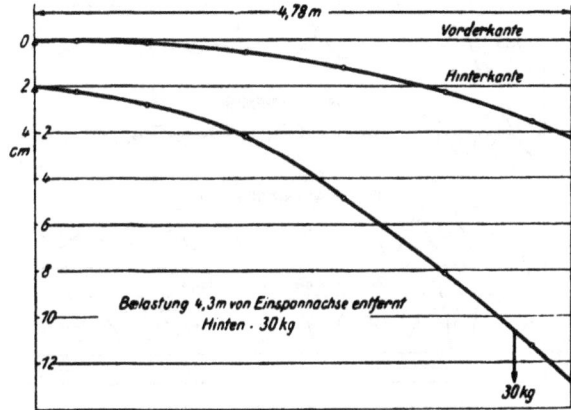

Abb. 38.

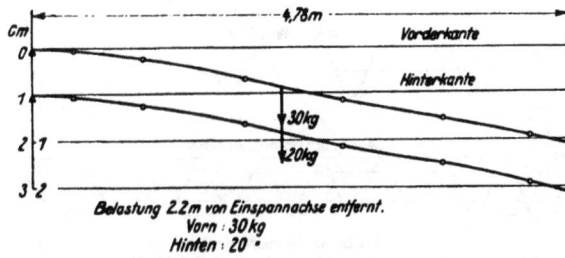

Abb. 39.

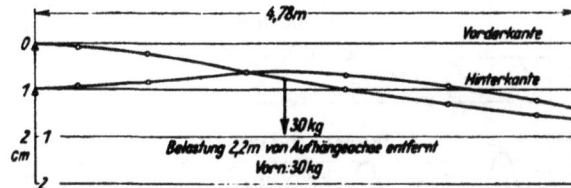

Abb. 40.

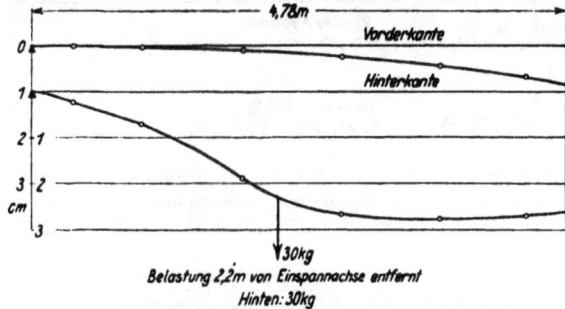

Abb. 41.

Abb. 37—41. Biegungslinien des einholmigen Flügels Nr. 3. In Abb. 39 sind die Lasten so bemessen, daß eine gleichmäßige Biegung des ganzen Flügels eintritt.

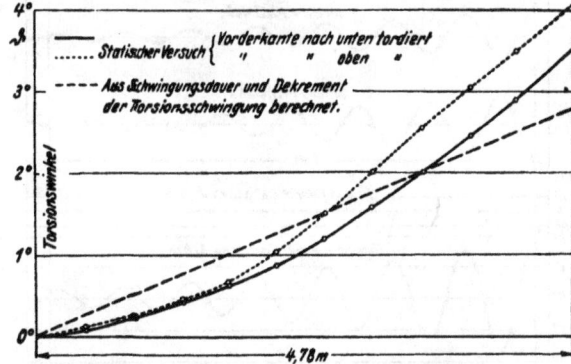

Abb. 42. Verdrehungskurven des einholmigen Flügels bei einem Moment von 29,5 mkg, 4,3 m von der Einspannachse entfernt. (Vergleich mit den Ergebnissen der Schwingungsversuche.)

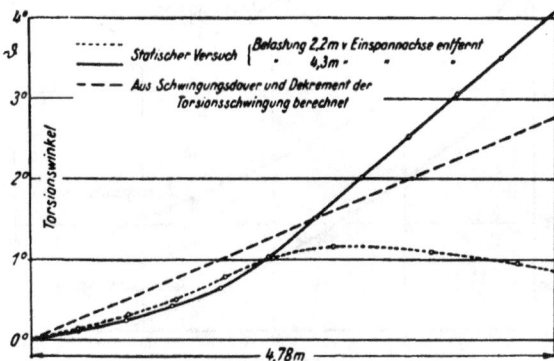

Abb. 43. Verdrehungskurven des einholmigen Flügels bei einem Moment von 29,5 mkg. (Vgl. Abb. 42.)

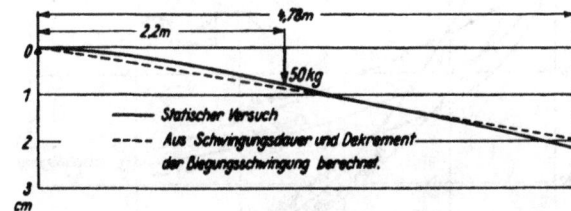

Abb. 44. Biegungslinie des einholmigen Flügels Nr. 3 im Vergleich zu dem Ergebnis des Schwingungsversuchs. Gute Übereinstimmung.

Flügel Nr. 1.   Flügel Nr. 2.

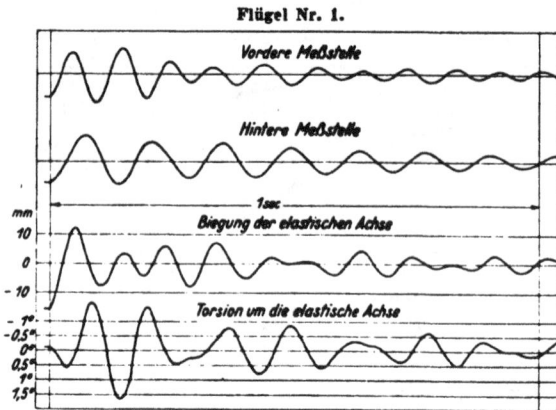 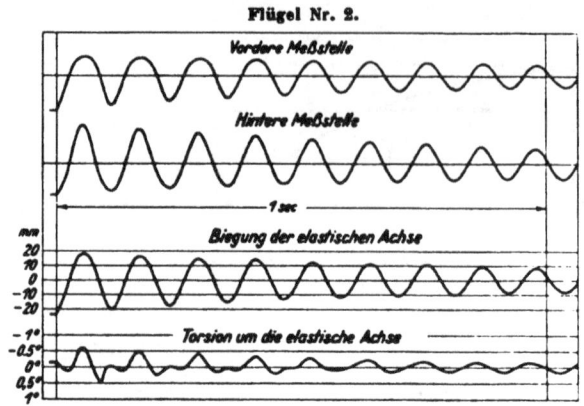

Abb. 45. Gekoppelte Schwingung.   Abb. 49. Gekoppelte Schwingung.

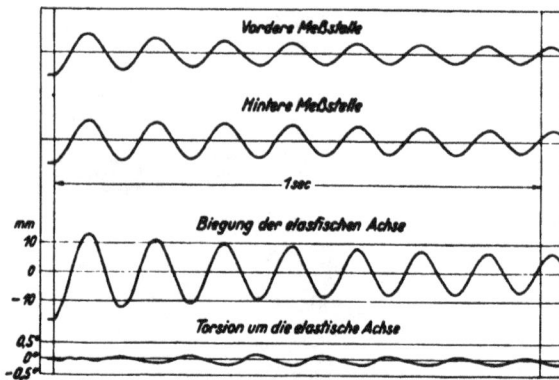 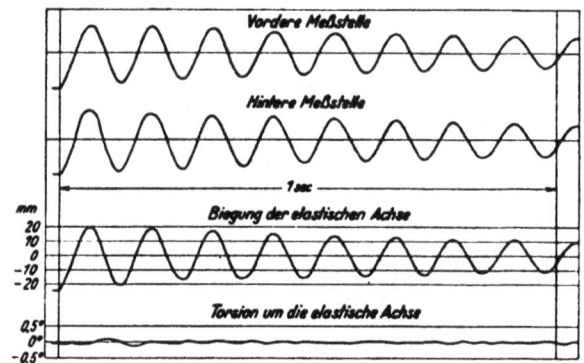

Abb. 46. Biegungsschwingung mit Zusatzgewichten.   Abb. 50. Biegungsschwingung mit Zusatzgewichten.

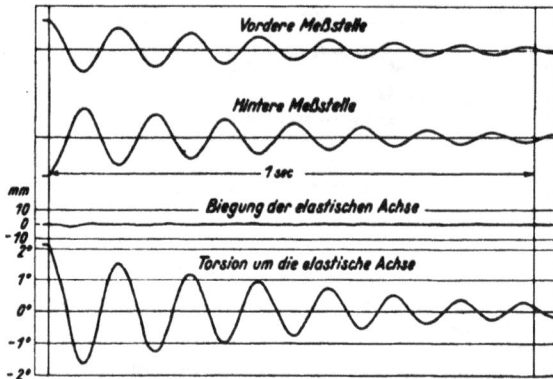 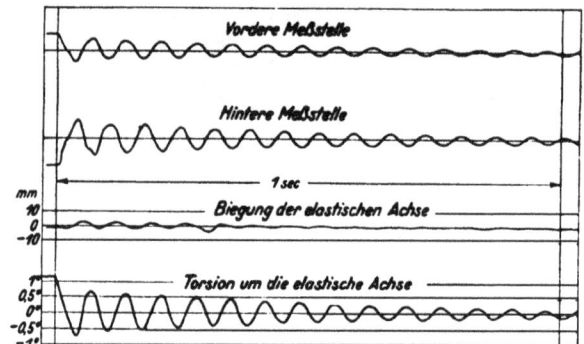

Abb. 47. Torsionsschwingung mit Zusatzgewichten.   Abb. 51. Torsionsschwingung mit Zusatzgewichten.

Abb. 45, 49 und 53 zeigen die Schwingungen der Flügel Nr. 1, 2 und 3 ohne Luftkräfte. Die reinen Biegungs- u. Torsionsschwingungen (Abb. 46, 47, 50, 51, 54, 55) sind erzwungen, indem die Schwerachse durch Zusatzgewichte in die elastische Achse verlegt ist. (Fünffache Verkleinerung der Originalaufzeichnungen.)

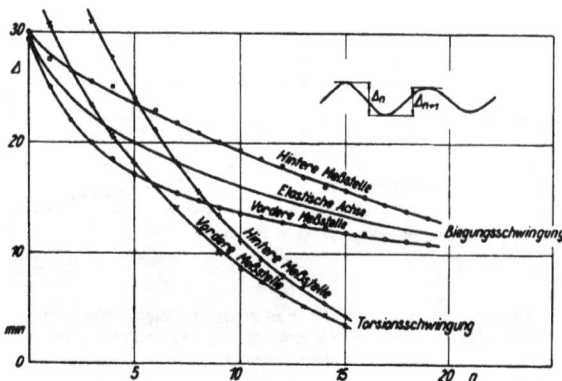 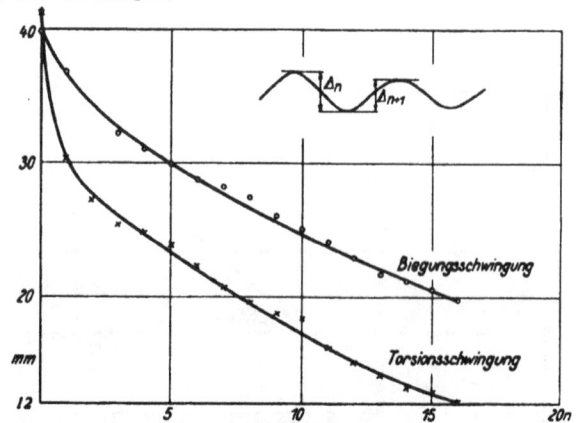

Abb. 48.   Abb. 52.

Abb. 48, 52 und 56 zeigen das Abklingen der Schwingungsamplituden. Aus diesen Kurven werden die Dämpfungskonstanten ermittelt.

$$\text{Logarithmisches Dekrement } \delta = 2 \cdot \ln \frac{A_n}{A_{n+1}}$$

Flügel Nr. 3.

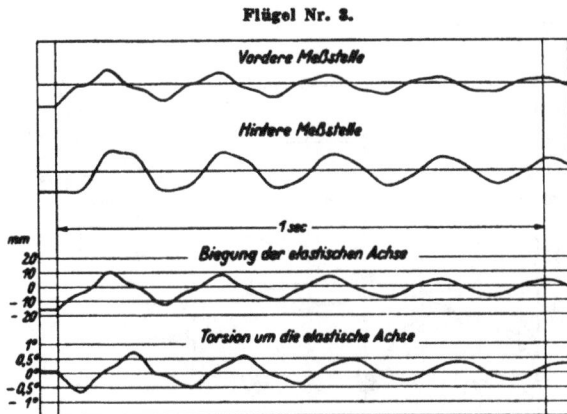

Abb. 53. Gekoppelte Schwingung.

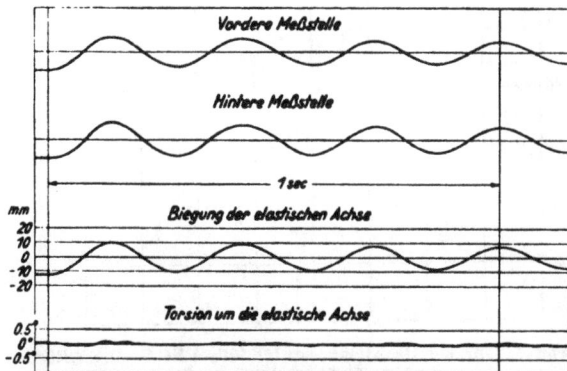

Abb. 54. Biegungsschwingung mit Zusatzgewichten.

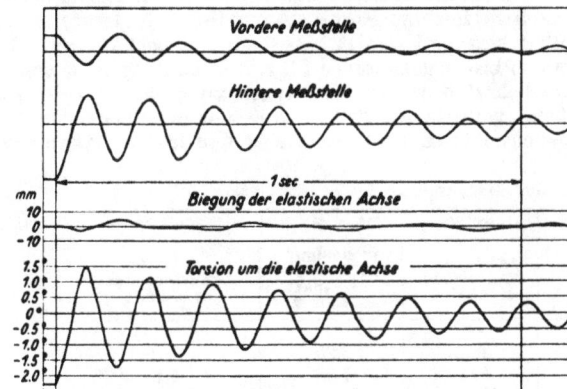

Abb. 55. Torsionsschwingung mit Zusatzgewichten.

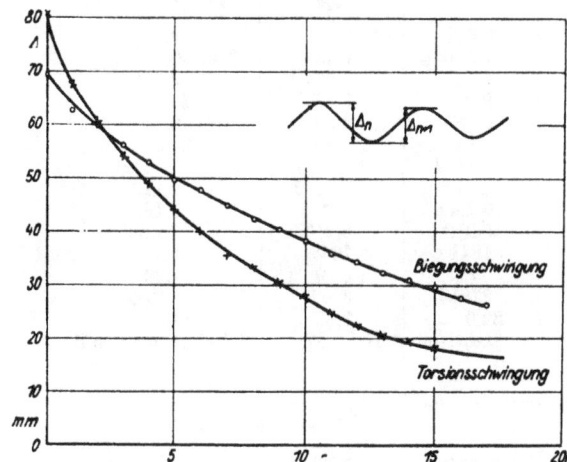

Abb. 56. Abklingen der Amplituden.

Abb. 53—56. Vgl. die Bemerkungen auf der vorangehenden Seite.

erstaunlich geringe Unterschied zwischen den Größen der Höchstgeschwindigkeit im Wagrechtflug und der kritischen Geschwindigkeit bei diesem Flugzeug steht in Übereinstimmung mit den Flugerfahrungen. Raab teilt in seinem obengenannten Bericht (ZFM 1926, S. 146) mit, daß von ihm und anderen Schwingungserscheinungen an dem betreffenden Flugzeug sogar im Reiseflug bei böigem Wetter (Deutscher Rundflug 1925) beobachtet worden sind. Durch die Beplankung mit Sperrholz ist die kritische Geschwindigkeit um 70 km/h verschoben worden. Allerdings erscheinen uns beide Geschwindigkeiten noch etwas gering. Vielleicht liegt das an der Vernachlässigung der periodisch abgehenden freien Wirbel[1]). Die für den einholmigen Flügel errechnete kritische Geschwindigkeit erscheint durchaus plausibel; rein gefühlsmäßig könnte man bei diesem außerordentlich weichen Flügel eher eine geringere kritische Geschwindigkeit erwarten. Die günstige Lage des Holmes und der elastischen Achse $\left(\dfrac{\partial\,c_{mE}}{\partial\,\alpha} = 0\right)$ erweisen sich anscheinend als sehr vorteilhaft.

Es ist sehr wahrscheinlich, daß in allen praktischen Fällen die Routhsche Diskriminante Δ die kritische Geschwindigkeit bestimmt. Leider ist Δ formelmäßig so unübersichtlich, daß man kaum allgemeine Folgerungen ohne langwierige Rechenarbeit wird ziehen können.

IV. Zusammenfassung und Schluß.

In der vorliegenden Arbeit wird zunächst eine Theorie der gekoppelten Torsions- und Biegungsschwingungen entwickelt. Um das Problem mit einfachen mathematischen Mitteln behandeln zu können, werden eine Reihe von Vereinfachungen eingeführt: Der Einfluß der infolge der Torsionsschwingung periodisch abgehenden freien Wirbel wird vernachlässigt, d. h. die Schwingungen werden quasistationär gemacht. Der Flügel wird als biegungsstarr um die Rumpfachse drehbar gelagert gedacht. Ferner wird die Flugzeugmasse als groß gegenüber der Flügelmasse angenommen. Die Theorie führt auf mehrere Stabilitätsbedingungen, die formelmäßig unübersichtlich sind. Auch die Frage, welche von den Bedingungen praktisch ausschlaggebend ist, kann nicht ohne weiteres entschieden werden. Es ergibt sich die Notwendigkeit, an wirklichen Flugzeugflügeln Versuche, insbesondere zur Bestimmung der elastischen Konstanten, anzustellen. Diese Versuche wurden bisher an drei Flugzeugflügeln durchgeführt.

Die für diese Flügel berechneten kritischen Geschwindigkeiten (d. h. die Geschwindigkeiten, die die Grenze zwischen abklingenden und angefachten Schwingungen angeben) liegen sämtlich oberhalb des Bereiches der normalen Fluggeschwindigkeiten. Für den einen der untersuchten Flügel, bei dem im Fluge schon mehrmals Schwingungen aufgetreten sind, die in einem Falle zum Flügelbruch und Absturz des betreffenden Flugzeugs führten, liegt die berechnete kritische Geschwindigkeit um wenige km/h oberhalb der größten Wagrechtgeschwindigkeit. Bei den beiden anderen Flügeln liegt die kritische Geschwindigkeit rd. 60% über der größten Wagrechtgeschwindigkeit.

Die berechneten Werte der kritischen Geschwindigkeit dürften also mit der Wirklichkeit ziemlich gut übereinstimmen. Sie sind im allgemeinen eher zu klein als zu groß.

Wieweit die gemachten Vernachlässigungen von Einfluß sind, konnte noch nicht nachgeprüft werden. Ebenso ist der Einfluß der verschiedenen Größen auf die kritische Geschwindigkeit bisher nur qualitativ zu übersehen. Eine Verlegung der elastischen Achse nach vorn wirkt günstig,

---

[1]) Prof. Prandtl machte uns nach Abschluß der Arbeit auf folgende Überlegung aufmerksam, deren zahlenmäßige Durchführung auch zu größeren, also wahrscheinlicheren kritischen Geschwindigkeiten führen wird: Der Drehpunkt für die Biegungsschwingung ist nicht in der Einspannstelle anzunehmen, sondern so weit nach außen zu verschieben, daß die kinetischen Energien der Biegungsschwingung für die angenommene gerade Linie und für die statisch ermittelte Biegelinie die gleichen sind. Mit der Durchführung dieser Rechnung, für die die Unterlagen in dieser Arbeit bereits vollständig vorliegen, wurde begonnen.

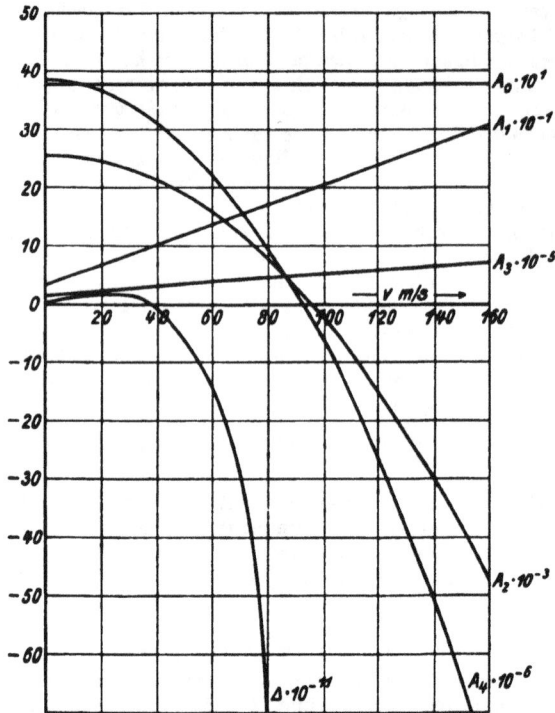

Abb. 57. Stabilitätsbedingungen für Flügel Nr. 1. Die kritische Geschwindigkeit beträgt **189 km/h.**

Abb. 57—58. Durch die Beplankung ist die für das Einsetzen angefachter, also gefährlicher Schwingungen kritische Geschwindigkeit um nahezu 70 km/h verschoben worden.

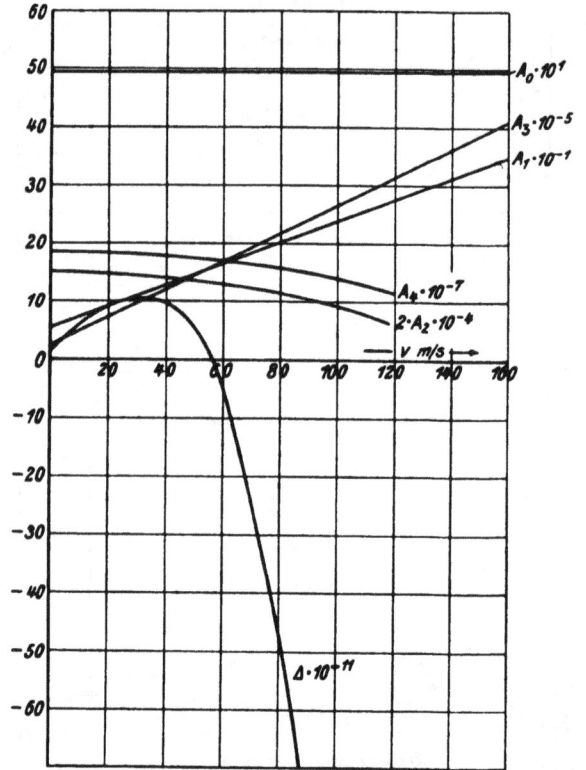

Abb. 58. Stabilitätsbedingungen für Flügel Nr. 2. Die kritische Geschwindigkeit beträgt **208 km/h.**

ebenso eine Verlegung der Schwerachse nach der elastischen Achse hin oder gar vor die elastische Achse. Von den elastischen Konstanten hat die Torsionssteifigkeit eine besonders große Bedeutung. Der Einfluß der elastischen Dämpfungen für Biegung und Torsion ist so groß, daß eine Vernachlässigung dieser Größen beträchtliche Fehler liefern muß.

Die Untersuchungen sollen in verschiedenen Richtungen weitergeführt werden. Der Einfluß der einzelnen Größen auf die kritische Geschwindigkeit muß durch umfangreiche numerische Rechnungen bei systematischer Änderung dieser Größen bestimmt werden. Diese Rechnungen können z. B. von den bisher gemessenen Flügeln ihren Ausgang nehmen. Natürlich sind weitere Messungen an großen Tragflügeln äußerst wünschenswert. Je größer und umfassender das Versuchsmaterial wird, desto eher und leichter lassen sich

Zahlentafel 1. Ergebnisse der Messungen.

Kennzeichnung			Flügel Nr. 1 zweiholmig unbeplankt s. Abb. 2	Flügel Nr. 2 zweiholmig mit Sperrholz beplankt s. Abb. 2	Flügel Nr. 3 einholmig stoffbespannt s. Abb. 3
Halbe Spannweite	b	m	3,20	3,20	4,78
Tiefe	t	m	1,50	1,50	1,19
Gewicht	G	kg	30,6	34,8	29,0
Masse	m	$\frac{kgs^2}{m}$	3,12	3,54	2,955
Abstand Vorderkante bis elast. Achse	y_0	m	0,508	0,485	0,270
Abstand Schwerachse bis elast. Achse	s	m	0,120	0,122	0,116
Trägheitsmoment um die elast. Achse	Θ_k	kgms²	0,511	0,574	0,315
Trägheitsmoment um die Einspannachse	Θ_R	kgms²	8,30	9,68	24,85
Zusatzträgheitsmoment um die elast. Achse	Θ_z	kgms²	0,137	0,205	0,366
Zusatzträgheitsmoment um die Einspannachse	Θ_z'	kgms²	4,34	1,89	25,85
Schwingungsdauer der reinen Biegungsschw.	T_B	s	0,1354	0,1217	0,2712
Dekrement der reinen Biegungsschwingung	δ_B		0,118	0,0912	0,1198
Schwingungsdauer der reinen Torsionsschw.	T_T	s	0,1368	0,0716	0,1355
Drekrement der reinen Torsionsschwingung	δ_T		0,312	0,2185	0,2465
Elastische Konstanten (T)	c_1	kgm²	1841	7932	2905
	c_2	kgm²s	3,82	6,19	4,80
(B)	c_3	kgm	27250	30907	27160
	c_4	kgms	22,0	17,36	44,85
Profil			Göttingen Nr. 387		Schukowski-Profil: $f/l = 0,075$ $2 \delta/l = 0,1175$
$\frac{\partial c_a}{\partial a}$			4,2	4,2	4,77
$\frac{\partial c_{mE}}{\partial a}$			—0,370	—0,308	0

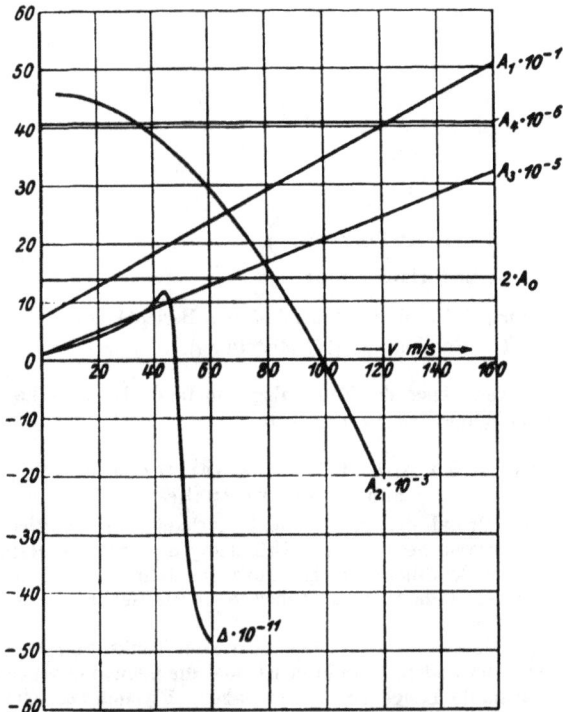

Abb. 59. Stabilitätsbedingungen für **Flügel Nr. 3.** Die kritische Geschwindigkeit beträgt **173 km/h.**

allgemeine und vielleicht einfache Schlüsse ziehen. Wenn sich dabei etwa herausstellen sollte, daß die Dämpfungskonstanten bei bestimmter Flügelbauart immer in irgendeiner Weise mit dem Biegungs- und dem Torsionsmodul zusammenhängen, dann könnte durch einfache statische Versuche allein die kritische Geschwindigkeit mit praktisch ausreichender Genauigkeit bestimmt werden. Vielleicht kann man dann auch noch den letzten Schritt gehen und dem Flügelkonstrukteur bereits angeben, wie er Flugzeugflügel mit großer Schwingungssicherheit bauen muß. —

Von großem Interesse wären ferner Windkanalversuche mit Modellflügeln zur genauen Prüfung der Theorie. Sodann muß die Theorie noch auf bewegliche Querruder ausgedehnt werden. Vielleicht lassen sich auch Eigenschwingungsversuche mit beweglichen, federnd gelagerten Querrudern ausführen.

Zur Vervollkommnung der Theorie wäre noch zu berücksichtigen, daß der Flügel unter Wirkung der Zentrifugalkräfte, die seine Massenelemente erfahren, das Bestreben hat, um eine andere Achse als die elastische Achse zu schwingen. Die Drehachse, die sich der Flügel, wenn er nicht elastisch eingespannt wäre, aussuchen würde, ist seine Hauptträgheitsachse in Richtung der Spannweite, eine sog. freie Achse. Anderseits drehen ihn die elastischen Kräfte um die elastische Achse. Bei kleiner Drehgeschwindigkeit dreht sich der Flügel, da die Massenkräfte klein sind, um die elastische Achse, bei sehr großer Drehgeschwindigkeit um die freie Achse. Der sich tatsächlich einstellende Ausgleich wäre noch theoretisch zu fassen. Bei den angestellten Versuchen ist schon durch Verlegung der Schwerachse in die elastische Achse auch die freie Achse mit diesen beiden Achsen zusammengelegt worden, da die Hauptträgheitsachsen durch den Schwerpunkt gehen. Mit anderen Worten: Der Flügel ist nicht nur statisch sondern auch dynamisch ausgewuchtet worden.

Auf Grund der bisherigen Messungen und Rechnungen kann für die Flugzeuge, deren Flügel untersucht wurden, sofort entschieden werden, ob eine Resonanz zwischen den Eigenschwingungen der Flügel und den Motordrehzahlen eintreten und so die Einleitung der gefährlichen Schwingungen fördern kann. Die Eigenschwingungen der drei Flügel liegen in einem Bereich von 500 bis 900 je Minute. Die Drehzahlen der in Betracht kommenden Motoren liegen in zwei Fällen bei 1500, im dritten Fall bei 2000 U/min. Im normalen Flug ist mithin eine Resonanz ausgeschlossen. Nur bei stark gedrosseltem Motor, etwa beim Übergang zum Gleit- oder Sturzflug, ist eine Resonanz der genannten Art möglich. Solche Zustände werden jedoch im allgemeinen nur von ganz kurzer Dauer sein.

Eine wichtige Frage ist auch die nach der Bedeutung des Flügelumrisses für die Schwingungsgefahr. Es ist denkbar, daß bei bestimmten Flügelumrissen (etwa außen starke Pfeilform) die kritische Geschwindigkeit sehr hohe Werte annimmt, sodaß der Flügel praktisch als schwingungsstabil bezeichnet werden kann. Solche Flügel könnten dann sehr weich, bzw. mit sehr günstigem Seitenverhältnis gebaut werden.

(Abgeschlossen am 30. September 1926.)

Schleppversuche an Zweischwimmerpaaren[1]).

Von Hans Herrmann, Günther Kempf und Hans Kloeß.

Gemeinsamer Bericht der Deutschen Versuchsanstalt für Luftfahrt, E.V., Berlin-Adlershof (81. Bericht) und der Hamburgischen Schiffbau-Versuchsanstalt G. m. b. H., Hamburg 33 (46. Mitteilung).

Im folgenden werden die notwendigsten Unterlagen für den hydrodynamischen Teil von Zweischwimmerpaaren veröffentlicht. Da man einem gänzlichen Vakuum an deutschen Arbeiten auf diesem Gebiete gegenüberstand, wurde zuerst die Übertragbarkeit von Modell zur Ausführung geprüft. Danach wurde der Reihe nach untersucht:

1. Unterschied stationärer und nicht stationärer Strömung,
2. Einfluß der Form der Stufenkante,
3. Einfluß vom Schwimmerabstand,
4. Einfluß kopf- und schwanzlastiger Momente,
5. Einfluß der Form des Schwimmers,
6. Manövrierfähigkeit.

Um engen Anschluß an die Praxis zu haben, wurde für den flachen Schwimmer die Form der Udet-Tiefdecker »U 10 a« entlehnt. Dieser Schwimmer ist nur 3,9 m lang und konnte somit glatt nach seiner Erprobung unter dem Flugzeug auch in voller Größe unter dem Wagen in Hamburg geschleppt werden. Später wurde der gleiche Linienriß für 7,2 m lange Schwimmer verwendet. Dadurch, daß Herrmann diese Maschine oft geflogen hat, ist enge Verbindung mit der Praxis gewahrt. Die Udet-Flugzeugbau-G. m. b. H., München, stellte die benötigten Modelle kostenlos zur Verfügung. Ihr gebührt besonderer Dank.

Die Versuche wurden in der Hamburgischen Schiffbau-Versuchsanstalt, G. m. b. H., ausgeführt, wo man infolge

der großen Länge der Tankanlage imstande ist, sehr hohe Geschwindigkeiten zu erreichen.

Die H.S.V.A. und die Meßeinrichtungen für Schwimmerversuche.

Auf Grund der im In- und Auslande im Schiffbauversuchswesen gesammelten Erfahrungen wurde die Hamburgische Schiffbauversuchsanstalt im Jahre 1913/15 mit auf diesem Gebiete alles Bisherige übertreffenden Dimensionen erbaut.

Die Meßstrecke reicht hier über zwei Tanks, von denen einer 8, der andere 16 m breit ist, und die ineinandergehend eine gesamte Länge von 350 m haben. Es sind zwei elektrische Meßwagen vorhanden, von denen der größere mit 16,60 m Radabstand die lange Strecke von 350 m befahren kann. Er erreicht Geschwindigkeiten bis zu 10 m/s. Der Gefährdung der Einrichtung wegen ist für den Dauerbetrieb jedoch die Geschwindigkeit auf 8,5 m/s festgesetzt.

Von den auf den einzelnen Wagen untergebrachten Meßeinrichtungen interessieren hier lediglich die Vorrichtungen zur Messung von Widerstand sowie Ein- und Austauchung der mit entsprechender Geschwindigkeit durch das Wasser gezogenen Schiffs- bzw. Schwimmermodelle. Es gibt zwei Verfahren der Widerstandsmessung, die bei den Flugzeugschwimmerversuchen in Anwendung kommen. Sie ergaben sich zwangläufig aus der Begrenzung der Meßgenauigkeit bei den verschiedenen Maßstäben der Schwimmermodelle.

1. Das für die üblichen Versuche mit Schiffsmodellen gebaute sog. Widerstandsdynamometer kann Widerstände von 50 g bis zu 12 kg aufnehmen. Da bei dieser Versuchseinrichtung ein gleichbleibender, absoluter Fehler auftritt,

---

[1]) Diese im Dezember 1926 bei der Schriftleitung eingegangene Arbeit steht in enger Verbindung mit dem Vortrag von H. Herrmann, »Schwimmer und Flugbootskörper«, Beiheft 14 der ZFM, S. 126. Dort ist unter teilweiser Verwendung Hamburger Versuche eine geordnete Übersicht des gesamten ausländischen Schrifttums gegeben.

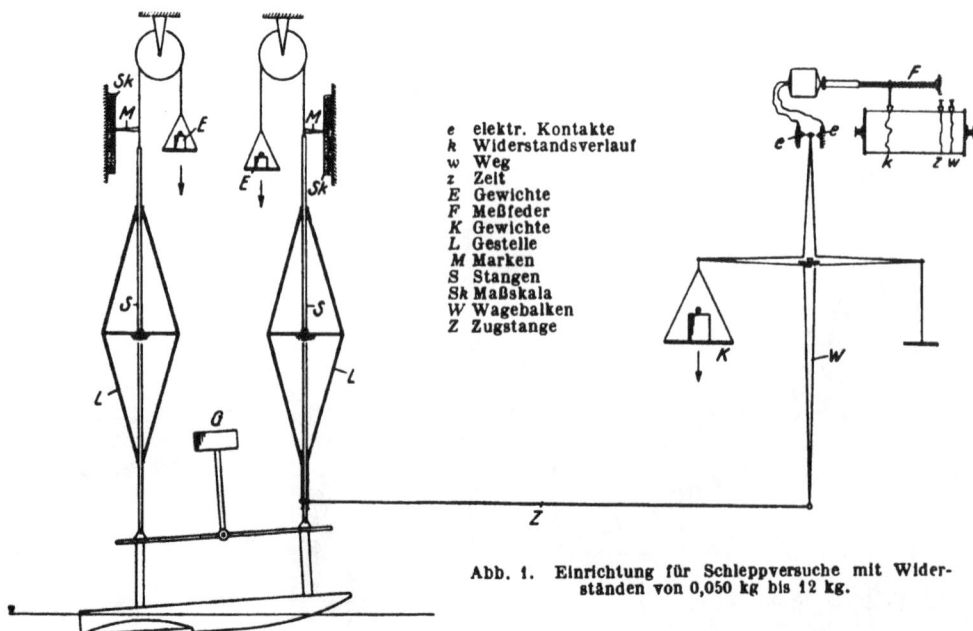

e elektr. Kontakte
k Widerstandsverlauf
w Weg
z Zeit
E Gewichte
F Meßfeder
K Gewichte
L Gestelle
M Marken
S Stangen
Sk Maßskala
W Wagebalken
Z Zugstange

Abb. 1. Einrichtung für Schleppversuche mit Widerständen von 0,050 kg bis 12 kg.

ist bei großen Kräften (8 bis 12 kg) die Meßgenauigkeit sehr gut (der relative Fehler sinkt dann bis auf 2 vH) und wird naturgemäß mit dem Fallen der Kräfte schlechter. Die Anwendungsmöglichkeit des Widerstandsdynamometers ist, sobald verschieden große Schwimmer untersucht werden, sehr begrenzt, und es hat sich ergeben, daß allein Schwimmermodelle von 1 bis 1,5 m Länge solche Widerstände haben, deren Größe mit der eben geschilderten, durchaus befriedigenden Genauigkeit gemessen werden kann.

Eine schematische Darstellung der Versuchsordnung für den geschilderten Fall ist in Abb. 1 zu sehen. Das Widerstandsdynamometer besteht im Wesentlichen aus einem in zwei Schneiden frei pendelnden Hebel in Gestalt eines Wagebalkens W, an dessen Ausschlag die Kraft durch eine Federspannung oder durch Gewichte K aufgenommen wird. Zur Feinmessung ist der Hebel zwischen zwei elektrische Kontakte e gespannt, die, sobald sie durch die pendelnde Bewegung des Hebels während der Fahrt abwechselnd geschlossen werden, einen kleinen elektrischen Motor in Bewegung setzen, der dann je nach seiner Umlaufrichtung eine Feinmeßfeder spannt oder entspannt. An dieser Feder befindet sich ein Schreibstift, der alle diese Bewegungen der Meßfeder F auf einer mit Papier bespannten drehbaren Trommel aufzeichnet. Neben dieser graphischen Darstellung des Widerstandsverlaufes k während der Meßfahrt werden ebenfalls auf elektrischem Wege Zeit z und Weg w auf die Trommel geschrieben; die Zeit durch Sekundenuhr und der Weg durch Kontakte, die sich auf der ganzen Meßstrecke alle 2,5 m befinden.

Mit dem Meßwagen sind zwei Gestelle L fest verbunden, die beide in je zwei Schneiden pendeln können, und die zwei vertikal beweglichen Stangen S als Führung dienen. Von dem unteren Ende des Meßhebels führt eine Zugstange Z zum Modell. Diese ist an dem vorderen Gestell dort angebracht, wo in Wirklichkeit der Schraubenzug am Flugzeug angreifen würde.

Das Schwimmerpaar ist mit seinem Traggerüst vorn und hinten an den beiden Stangen S befestigt und kann so während der Fahrt vollkommen frei ein- und austauchen. An der Bewegung zweier mit den Stangen verbundenen Marken M, gegenüber einer auf dem Wagen befestigten Maßskala Sk, kann die Ein- und Austauchung gemessen werden. Die beiden Stangen führen in zwei Drähte, die über zwei Rollen gehen, und an deren Ende je eine Wagschale hängt. Auf diesen Wagschalen wird das Schwimmerpaar durch Gewichte E in der Größe des mit der Geschwindigkeit

quadratisch ansteigenden Auftriebes der Tragflächen entlastet. Das Gewicht des Schwimmerpaares samt dem Traggerüst wurde durch ein Gewicht G, welches auf einer durch den Schwerpunkt gehenden Stange aufgesetzt wurde, ausgeglichen, sodaß während der Meßfahrt trotz aller Bewegungen des Modells die Lage des Systemschwerpunktes erhalten blieb.

2. Es hat sich die Notwendigkeit ergeben, Schwimmermodelle in verschiedenen Größen, ja, sogar die Hauptausführung derselben im Versuchstank zu prüfen. Aus dem vorher Gesagten geht hervor, daß die Aufnahmefähigkeit von Kräften am Widerstandsdynamometer eine begrenzte ist. Um diese Versuche ausführen zu können, wurde ein anderes Verfahren ausgebildet, welches es möglich machte, den Widerstand ebenfalls direkt abzuwiegen. Eine schematische Skizze ist in Abb. 2 zu sehen.

Das Schwimmerpaar wird an zwei beliebig voneinander entfernten Drähten D über zwei Rollen aufgehängt. An den Enden dieser Drähte hängen zwei Wagschalen, die die Entlastungsgewichte E aufzunehmen haben. Zur Führung des Schwimmers in vertikaler Richtung, um seitliches Ausscheeren zu verhindern, dienen 2 Stangen S, deren Enden in Gestalt zweier Stahlrohre R in zwei am Schwimmergestell angebrachte scharfkantige Schlitze N reichen. Der Zugdraht Z führt zur Widerstandsaufnahme über zwei Rollen zu einer Wagschale. Zur Messung kleiner Kräfte wird außerdem eine geeichte schwache Feder F verwendet. Zum Ausgleich des Gewichtes der Meßschale ist an einem Spanndraht (Sp) nach hinten über zwei Rollen das Gewicht der Wagschale angebracht. Zur Messung der Ein- und Austauchung wird eine an den Aufhängedrähten befestigte Marke M benutzt, die an einer festen Skala Sk die Bewegungen anzeigt.

Durch den horizontalen Zug der beiden Drähte, des Zugdrahtes Z einerseits und des Spanndrahtes andererseits, entsteht beim Trimmen des Modells ein kopflastiges Moment, das naturgemäß um so kleiner wird, je weiter die vordere und hintere Rolle vom Modell entfernt liegt. In jedem Falle kann dieses Moment durch ein steuerlastiges Gegenmoment ausgeglichen werden, sobald die Ein- und Austauchung bekannt ist.

Mit dieser einfachen Vorrichtung ist man je nach der Größe ihrer Ausführung imstande, Kräfte in der Höhe von 10 g bis zu 200 kg zu messen. Ein konstanter absoluter Meßfehler kommt hierbei nicht in Frage, und die Messung ist bei 4 verschiedenen Ausführungsgrößen bis auf 1 bis 2 vH

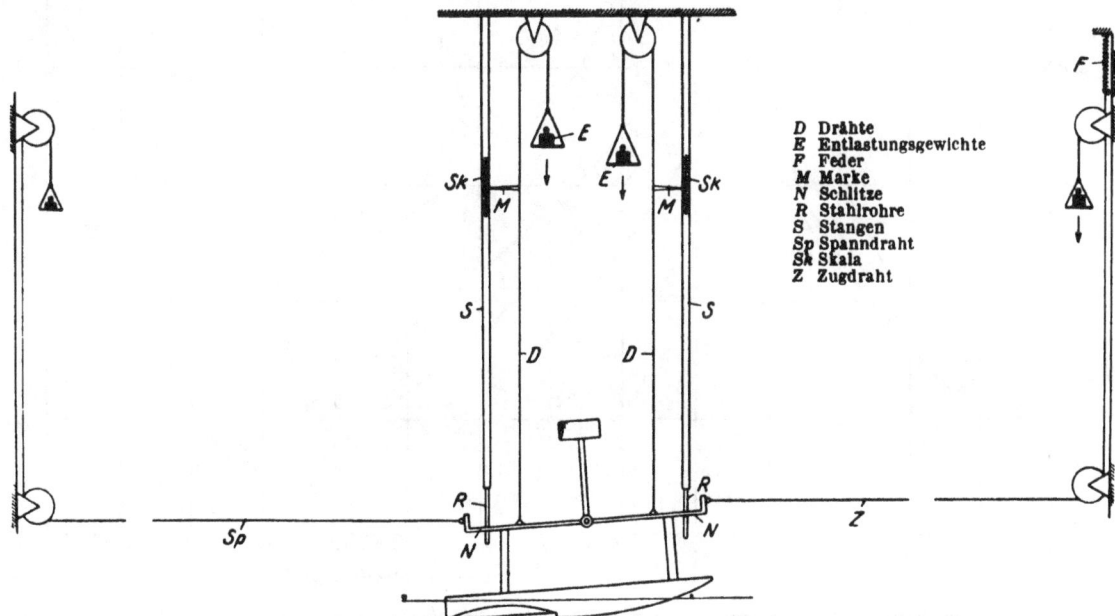

D Drähte
E Entlastungsgewichte
F Feder
M Marke
N Schlitze
R Stahlrohre
S Stangen
Sp Spanndraht
Sk Skala
Z Zugdraht

Abb. 2. Einrichtung für Schleppversuche mit Widerständen von 0,010 kg bis 200 kg.

genau. Die Einrichtung hatte sich
bei den Schwimmern von 3,9, 1,95
und 0,4875 m Länge bewährt und
zu befriedigenden Resultaten geführt.

Der Meßvorgang während des
Versuches ist bei beiden Einrichtungen im Wesentlichen der gleiche.
Nach Fertigstellung des Modells,
und nachdem die Schwimmer-
wasserlinie angerissen ist, wird das
Modell in Luft gewogen. Zur Erlangung seiner vorgeschriebenen
Verdrängung ist es im Wasser
durch Be- und Entlastung auf die
Schwimmwasserlinie zu bringen.

Die Ausführung der Meßfahrten
kann nun entweder als Beschleu-
nigungsfahrt mit zunehmender Geschwindigkeit oder, was für die
Ablesung und Auswertung sicherer
ist, mit konstanten Geschwindigkeiten durchgeführt werden. Über
beiderlei Versuche wird im Nachfolgenden berichtet.

Abb. 3. Schwimmer von 3,9 und 1,0 m Länge unter dem großen Wagen.

Maßstabversuche und Übertragung vom Modell auf die Hauptausführung.

Dem Schub der Luftschraube am ausgeführten Flugzeug
nach zu schließen, wie er zum Abwassern tatsächlich benötigt wurde, konnte von einem Widerstand der Schwimmer
hierbei, wie ihn die Modellversuche ergeben hatten, keine
Rede sein. Diese Beobachtung wurde zum Anlaß, den
großen Schwimmer im Versuchstank zu schleppen (Abb. 3).

Die Umrechnung des Widerstandes der zuerst im Maßstab 1:4 untersuchten Schwimmermodelle auf die Hauptausführung ergaben dieser gegenüber tatsächlich um 15 vH
zu hohe Werte. (Im Ausland sollen bei Schwimmerversuchen
zur Übertragung auf die Hauptausführung gewöhnlich 20 bis

25 vH des gemessenen Widerstandes abgezogen werden.)
Aus den Erfahrungen bei der Modellversuchstechnik war
Ähnliches zu erwarten, denn die Werte wurden ohne den
hier üblichen »Froudeschen Reibungsabzug« auf den großen
Schwimmer übertragen. Aber selbst für den Fall der Übertragung mit Reibungsabzug wäre noch keine Übereinstimmung zu erzielen gewesen, denn nach Froude betrug dieser
nur 50 vH der gemessenen Widerstandsdifferenz vom Modell
auf die Hauptausführung. Dieses Resultat führte dazu,
ein und denselben Schwimmer in verschiedenen Maßstäben
zu untersuchen und die erhaltenen Werte, sämtlich auf die
Hauptausführung bezogen, miteinander zu vergleichen.

In Abb. 4 ist das folgerichtige Ergebnis zu sehen, und
zwar hat der kleinste Schwimmer den größten Widerstand.

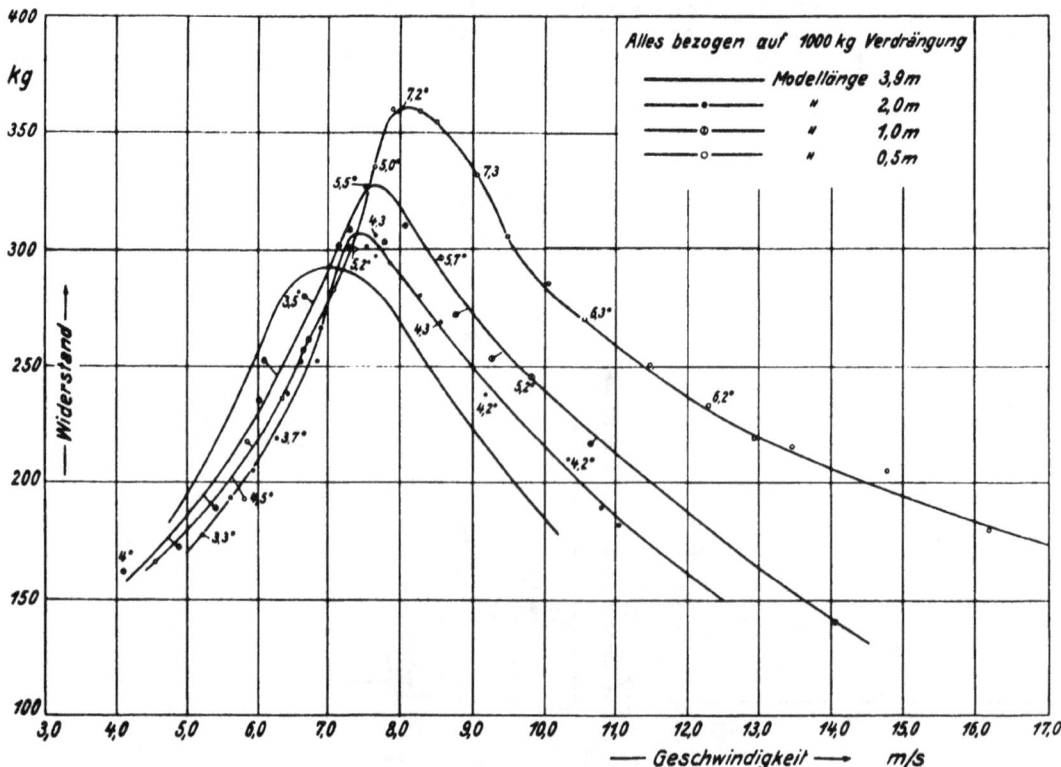

Abb. 4. Vergleich der Widerstände, gemessen an geometrisch ähnlichen Modellen von 0,5, 1,0, 2,0 und 3,9 m Länge.
Abfluggeschwindigkeit 87,8 km/h.

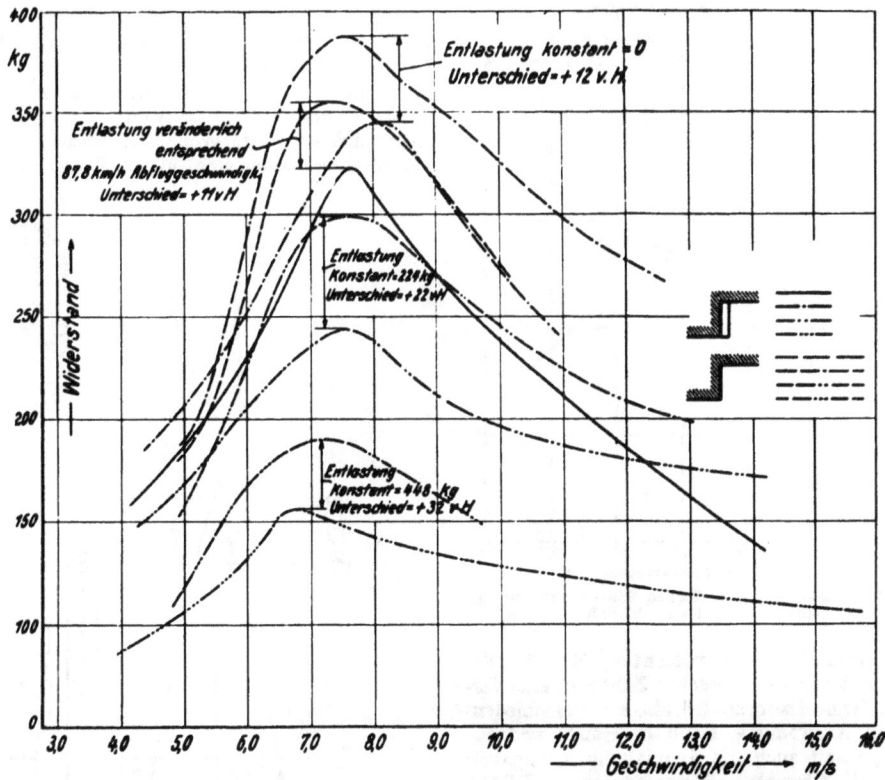

Abb. 5. Einfluß der Form der Abreißkanten vom flachen Schwimmer auf den Wasserwiderstand.

Alle vier Schwimmer haben verlängerte Abreißkante nach Abb. 5. Außerdem ist eine fortschreitende Verlagerung der Widerstandsmaxima zu bemerken, und zwar dergestalt, daß das Maximum des kleinsten Modells bei der relativ höchsten Froudeschen Zahl auftritt. Eine solche Verlagerung der kritischen Froudeschen Zahl läßt sich aber, wie später gezeigt werden wird, ebenso durch Anbringen eines kopflastigen Momentes erzwingen. Es wird demnach bei

der Fahrt der Modelle ein kopflastiges Moment wirken, das eine Funktion der Widerstandsdifferenz, also der relativ größeren Oberflächenreibung, sein muß und von Helmbold in seiner Aussprachebemerkung zum Vortrag Hermann bei der Düsseldorfer Tagung der WGL im Sommer 1926 dadurch erklärt wird, »daß der Zuwachs der Oberflächenreibung am Modell mit dem zum Kräftegleichgewicht erforderlichen Zuwachs des weit oberhalb des Schwimmers angrei-

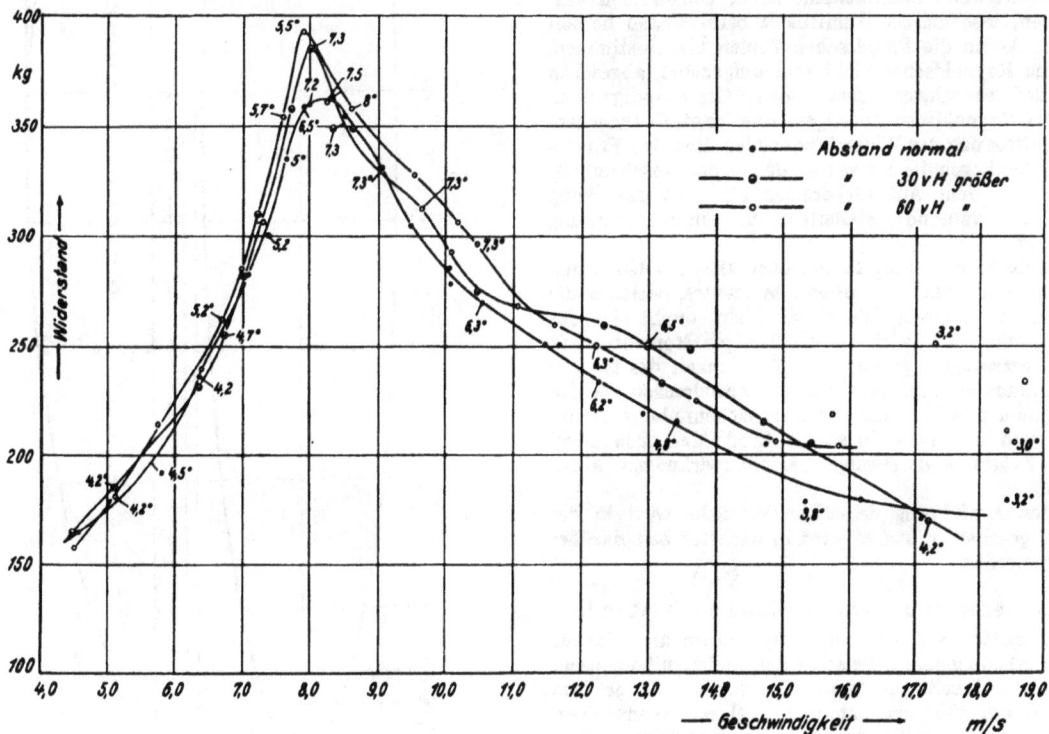

Abb. 6. Einfluß des Abstandes am flachen Schwimmer auf den Wasserwiderstand. 0,5 m langes Modell.

6*

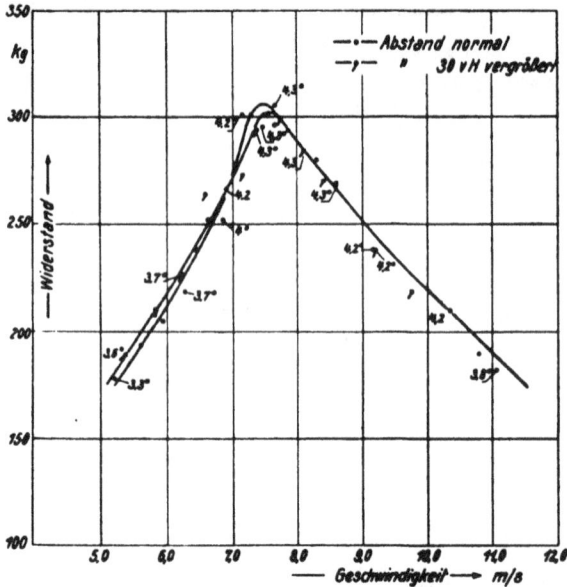

Abb. 7. Einfluß des Abstandes vom flachen Schwimmer auf den
Wasserwiderstand. 2,0 m langes Modell.

mußte der Schwerpunkt mittels Gewichte modellähnlich
hochgelegt werden. Nun ist ein Holzmodell schon ohne
solche Gegengewichte so schwer, daß man es entlasten
muß. Die ganze Masse und der Abzug für Beschleunigungs-
kräfte an der in Höhe des Luftschraubenortes angreifenden
Zugstange wurde zu groß. Der Wasserwiderstand erschien
als Differenz zweier nicht kleiner Zahlen, statt direkt. Auch

Flacher Schwimmer.

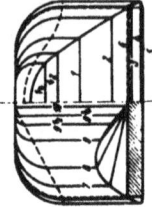

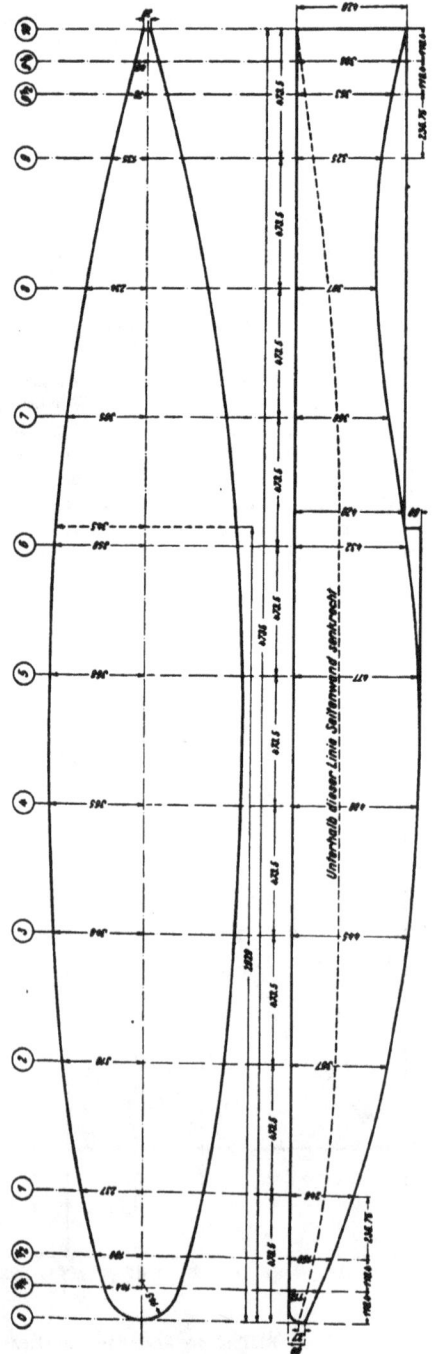

fenden Zuges ein kopflastiges Trimmoment ergibt‹. Mit der
Verlagerung der kritischen Froudeschen Zahl geht eine Verkleinerung der Laufwinkel beim Modell, also eine Verschiedenheit der relativen Anströmung Hand in Hand, wodurch
die geometrische, somit auch die dynamische Ähnlichkeit
in Frage gestellt ist. Obwohl die Veranlassung zur Widerstandsdifferenz also in der vergrößerten Oberflächenreibung
zu suchen ist, kann letzterer aber doch nicht der ganze Betrag
der Widerstandsdifferenz zugeschrieben werden, und es genügen auch die in der Modellversuchstechnik üblichen Rei-
bungskorrekturen, wie schon ausgeführt, nicht, die Ergebnisse der Modellversuche auf die Hauptausführung zu übertragen. Vielleicht spielen neben den Zähigkeitskräften auch
Kapillarwirkungen noch eine Rolle.

Die auftretenden Strömungskräfte stehen unter der Wirkung der Schwere und der Zähigkeit, und es ist also nach
den Gesetzen der Ähnlichkeitsmechanik vollkommen ausgeschlossen, mechanische Ähnlichkeit beim Modell herbei-
zuführen. Wenn die Froudeschen Zahlen übereinstimmen,
tun es die Reynoldschen nicht und umgekehrt, abgesehen
davon, daß es schwer fallen würde, Geschwindigkeiten,
wie sie das Reynoldsche Modellgesetz verlangt, zu erreichen.
In der Auftragung der Widerstandszahlen über den Froudeschen Zahlen liegen die Kurven so, daß es den Anschein hat,
als wäre vor dem Aufstufekommen die Schwerewirkung
und nachher, während des Gleitens, die Zähigkeitswirkung
vorwiegend.

Als logische Folgerung zu der oben zitierten Erklärung
der Entstehung des kopflastigen Momentes, welches die
kritischen Froudeschen Zahlen verschiebt, ergibt sich der
Gedanke, durch Ausgleich des kopflastigen Momentes und
die somit erzwungene geometrische Ähnlichkeit des Modells
zur Hauptausführung, bei gleichen Froudeschen Zahlen
die vertrimmende Wirkung der Oberflächenreibung auszuschalten und auf diese Weise die Größe der oben angeführten Kräfte und etwaiger Kapillarwirkungen abzu-
schätzen.

An der Ausführung derartiger Versuche wird in der
H.S.V.A. gearbeitet, und es wird in nächster Zeit darüber
berichtet werden.

Stationärer und nicht stationärer Zustand.

Ursprünglich war auf Vorschlag Herrmann folgende
Schleppmethode geplant: Es sollte das Modell mit wachsender Geschwindigkeit geschleppt werden, so, wie es dem
Abwassern am Flugzeug entspricht. Durch kleine Tragflügel im Wasser sollte der Tragflächenauftrieb ersetzt
werden. Um durch Massenkräfte keine Fehler zu erhalten,

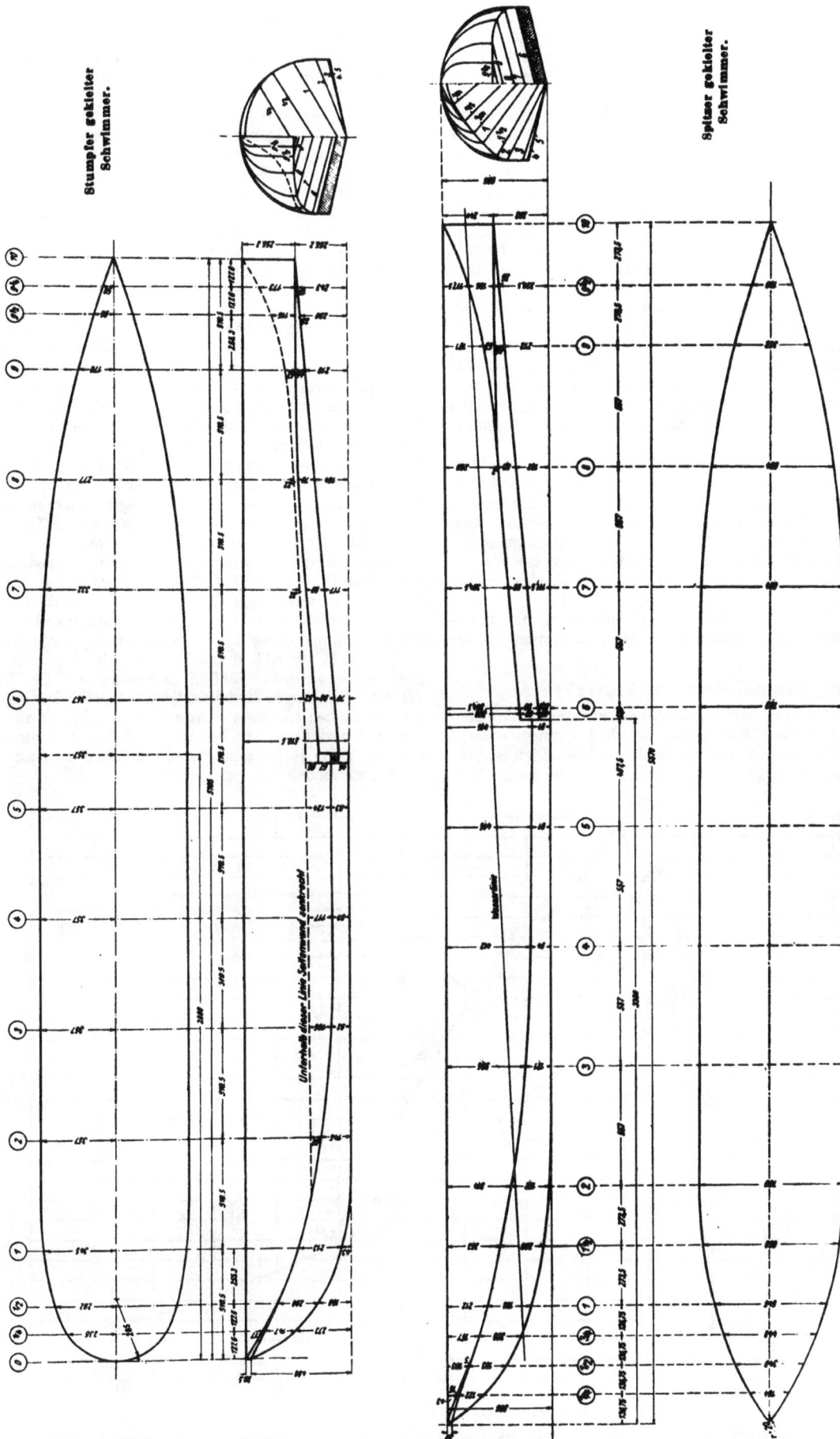

Abb. 10. Linienrisse der untersuchten Schwimmer. Alle Maße gelten für den Inhalt von 1000 l.

die Aufzeichnung von Zugkraft, Geschwindigkeit und Zeit war schwierig. Der Antrieb des Wagens der Anstalt ist für Fahrt mit gleichmäßiger Geschwindigkeit und nicht für gleichmäßige Beschleunigung gebaut. Deshalb mußte man von dieser Möglichkeit ablassen.

Ihre Vorteile liegen auf der Hand. Mit einer Fahrt wäre das gleiche geschafft gewesen wie mit 8 bis 20 Fahrten der üblichen Methode. Man konnte darüber hinaus an dem modellähnlichen Orte des Leitwerkes eine Schale anbringen und beim Versuch eine Kette über ein registrierendes Lenkrad auf diese fallen lassen oder abheben, um so durch deren Gewicht Höhenruderausschläge des Führers entsprechend dem Laufwinkel des Schwimmers nachzubilden. Endlich wurde auch der dynamische Vorgang gemessen und nicht ein stationärer. An stationärer Strömung ist man im Flugzeugbau ja nicht interessiert, sondern nur an einer Strömung mit ständig wachsender Geschwindigkeit.

Nun wurde wenigstens untersucht, wie groß die Differenz des Widerstandes mit und ohne Beschleunigung ist. Die Größe lag an der Grenze der Meßgeschwindigkeit. Man kann gerade bei der Berechnung der Startzeit, der der Schleppversuch in der Hauptsache dient, diesen Umstand außer acht lassen.

Mit wachsender Geschwindigkeit ändert sich das Strömungsbild im Wasser nicht momentan, sondern allmählich. Mit vorhandener Beschleunigung läuft der Schwimmer immer mit dem Strömungsbild kleinerer Geschwindigkeit. Wenn durch sehr starke Motoren die Beschleunigung ungewöhnlich groß werden sollte, verschiebt sich die Wasserwiderstandskurve etwas nach links, d. h. die gleichen Widerstände zu geringeren Geschwindigkeiten. Eine praktisch irgendwie fühl- und nachweisbare Verkürzung der Startzeit ist durch dieses Nachhinken nie und nimmer zu erwarten.

Einfluß der Form der Stufenkante.

Von erfahrenen Bootsbauern und anderen Fachleuten wurden wir oft auf den Einfluß der Stufenkante aufmerksam gemacht. Abb. 5 zeigt die beiden untersuchten Stufenformen und das Ergebnis. In der Tat hat diese kleine Ver-

längerung der Stufe nach hinten, die meist aus werkstatttechnischen Gründen erfolgt, einen enormen Einfluß auf den Wasserwiderstand. Erklären läßt es sich nur durch besseres Abreißen des Wassers an der Stufe.

Darstellung von Widerständen.

Durch die Eigenart des Froudeschen Ähnlichkeitsgesetzes ist es sehr schwer, das Resultat so darzustellen, daß es möglichst allgemein wirkt. Es sind nun alle Messungen auf 1000 kg Verdrängung in Ruhelage umgerechnet. Dadurch ist der Widerstand verschiedener Modelle leicht vergleichbar. Man muß aber stets beachten, wie hoch der jeweilige Schwimmer im Verhältnis zu seiner Größe belastet ist. Der Laufwinkel ist überall zwischen Wasserlinie und Schwimmerdeck gemessen.

Einfluß verschiedenen Schwimmerabstandes.

In der Praxis ist der Abstand der Schwimmer untereinander von der Spannweite, Hochlage des Schwerpunktes und dem Abstand des Unterflügels vom Wasser abhängig. Es wurde nun untersucht, ob durch verschiedenen Abstand der Wasserwiderstand beeinflußt wird. Der Abstand bei 1,8 m bei 1 t Inhalt je Schwimmer entspricht etwa 9 m Spannweite vom Flugzeug. Eine Maschine mit entsprechendem Gesamtgewicht hat meist 10 bis 11 m Spannweite. Mit zunehmender Größe des Flugzeuges wachsen Spannweite und Schwimmerabstand bei gleicher Flächenbelastung mit der Quadratwurzel des Gewichtes, die Längenabmessungen des Schwimmers bei gleicher Belastung mit der dritten Wurzel; also Schwimmerabstand mit der zweiten, Schwimmerabmessungen mit der dritten Wurzel aus dem Gesamtgewicht. Das heißt, daß mit zunehmender Größe die Schwimmer modellähnlich auseinandergerückt werden.

Man sieht aus Abb. 6 und 7, wie nur bei kleiner Modellgröße ein wesentlicher Einfluß nachweisbar ist. Das Ergebnis des 0,5 m langen Modells zeigt wohl mehr, daß man mit solchen kleinen Modellen nicht arbeiten darf. Für die praktische Berechnung der Startzeit spielt der Schwimmerabstand keine Rolle, denn der Unterschied an dem Zweischwimmermodell war unerheblich.

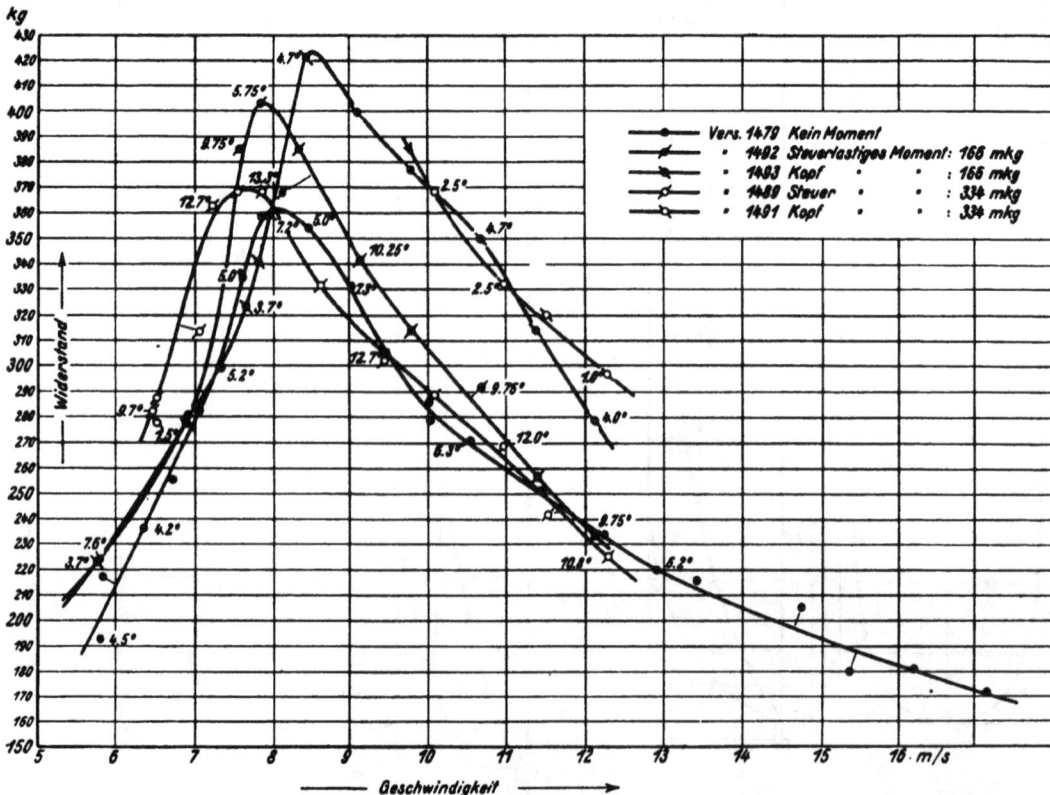

Abb. 8. Einfluß vom Längsmoment auf Widerstand und Laufwinkel am flachen Schwimmer. 0,5 m langes Modell.

Einfluß verschiedener Momente.

Der Einfluß verschiedener Momente auf den Laufwinkel und Widerstand wird durch Abb. 8 erläutert. Man sieht, wie bei jeder Schwerpunktsverschiebung, denn als solche kann man das Moment ja umdeuten, ein erhöhter Widerstand eintritt. Bei dem großen kopflastigen Moment schneidet der Schwimmer vor der kritischen Geschwindigkeit unter. Man kann aus diesen Messungen auch die Möglichkeit der Trimmänderung durch Höhenruderausschläge abschätzen.

Durch diesen Umstand unterscheidet sich auch das Ergebnis des Schleppversuches von dem ausgeführten Schwimmer, denn die am Modell größere Reibung ist als kopflastiges Moment infolge des hoch angreifenden Schubes aufzufassen. Es ändert Laufwinkel und Widerstand. Sobald mehr Material über dieses Gebiet vorliegt, ist es möglich, über eine Änderung der Versuchsanordnung zu entscheiden, bei der der Schub statt am modellähnlichen Ort tief unten am Gleitboden angreift, wobei das Drehmoment des hochliegenden Schubes durch ein Gewichtsmoment ersetzt wird. Es kann dann kein Zusatzmoment mehr auftreten, und die Übertragung wird genauer.

Einfluß verschiedener Schwimmerformen.

Die Eigenschaften verschiedener Schwimmerformen ersieht man aus Abb. 9; die Linienrisse der drei Modelle in Abb. 10. Alle Maße sind unabhängig von der Entstehungsgeschichte des Schwimmers für 1000 l Inhalt angegeben. Damit ist leichtes Umrechnen beim Entwurf möglich. Der spitze, gekielte Schwimmer ist aus dem stumpfen dadurch entstanden, daß der Bug der Spritzwasserbildung halber verlängert wurde. In Abb. 18 sieht man, wie das Wasser vorne gerade so aufsteigt, daß es in viel zu großem Maße in den Schraubenkreis gelangt. Abb. 20 zeigt, daß mit der Verlängerung des Buges der Übelstand beseitigt ist. Auch dürfte sich der kurze, gekielte Schwimmer im Seegang

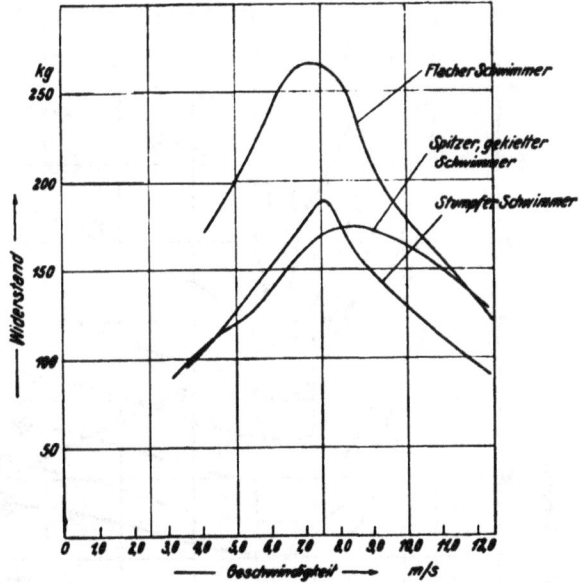

Abb. 9. Widerstand der 3 untersuchten Schwimmer für ein Flugzeug mit 1,0 t Gesamtgewicht, 2,2 t Inhalt der beiden Schwimmer und 80 km/h Abfluggeschwindigkeit.

durch starke Stöße im Gegensatz zu der leicht durchschneidenden Spitze unangenehm bemerkbar machen. Deshalb wird von der Verwendung dieses Linienrisses abgeraten.

Der flache Schwimmer eignet sich baulich gut für Holz, dagegen die beiden gekielten gut für Metall. Die Krümmung des Decks läuft durch bis auf die letzten Spanten am Heck. Bei der Bestimmung des Gewichtes ist zu berücksichtigen, daß der gekielte Schwimmer mit geringerer Festigkeit ge-

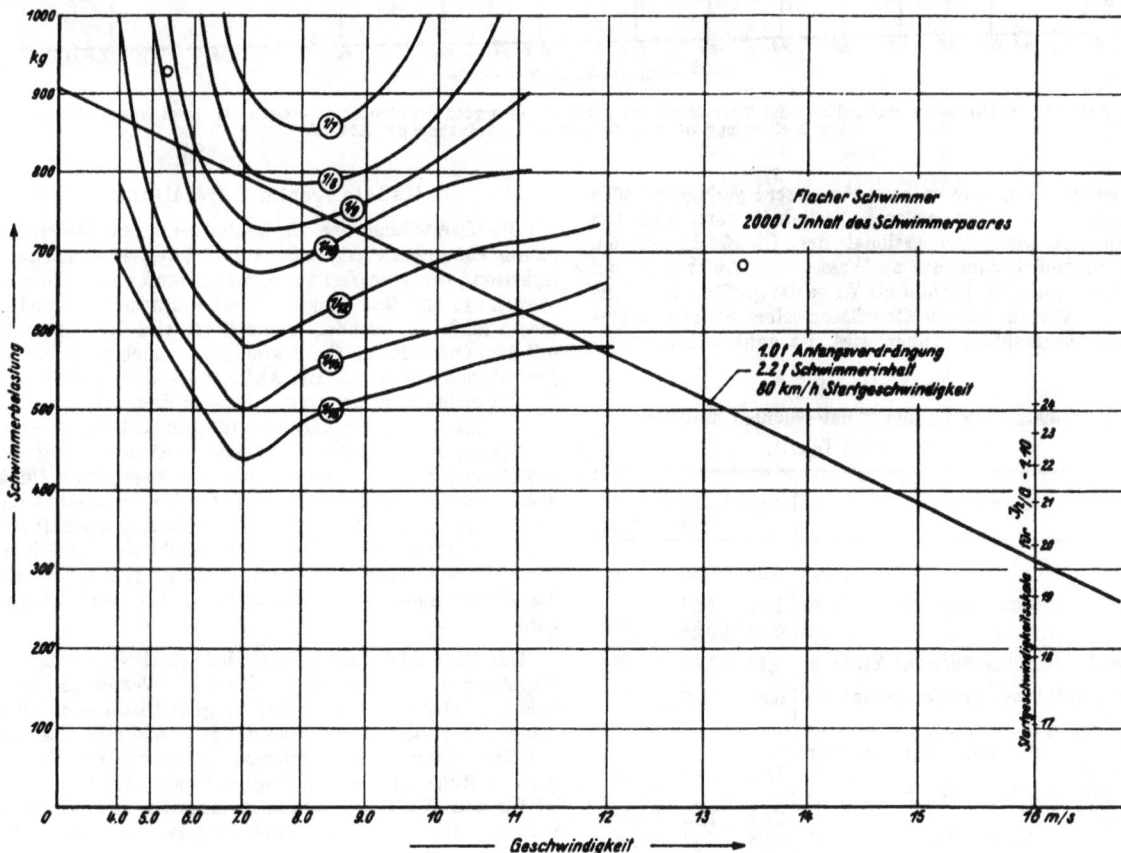

Abb. 11. Madelungsche Darstellung vom Widerstand am flachen Schwimmer. Gemessen am 1,0 m langen Modell.
Die beiden Kreise entsprechen dem Zeitpunkt der Aufnahme der Abb. 18 und 20.

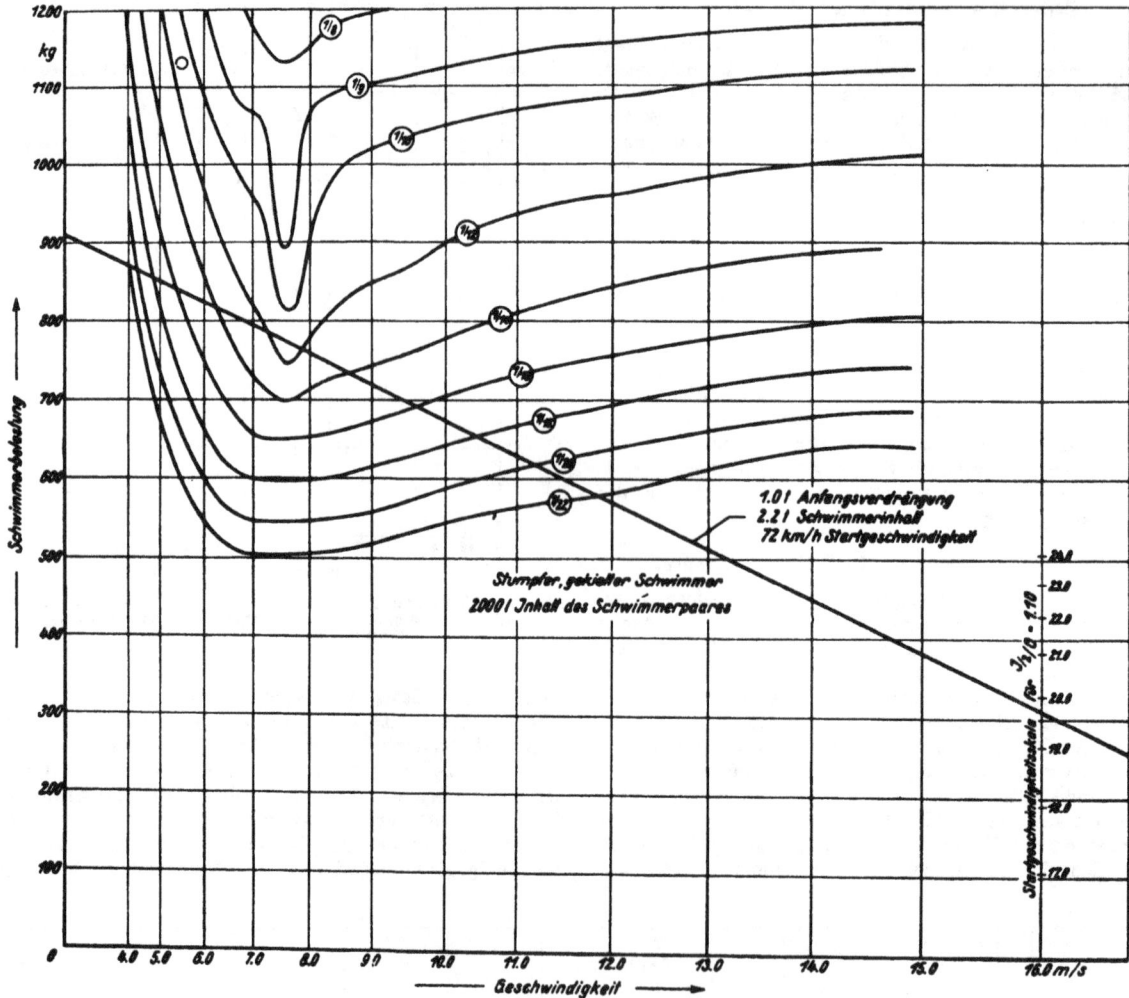

Abb. 12. Madelungsche Darstellung vom Widerstand am gekielten, stumpfen Schwimmer. Gemessen am 1,0 m langen Modell. Der Kreis entspricht dem Zeitpunkt der Aufnahme der Abb. 20.

baut werden kann, da er beim Anwassern geringere Stöße bekommt. Bei sonst gleicher Festigkeit darf man das Schwimmergewicht proportional der Oberfläche setzen. Dabei schneidet dann der an Wasser- und Luftwiderstand günstigste am schlechtesten ab, da er die größte Oberfläche hat. Der Vorteil, daß die Oberfläche seiner Schotts infolge größerer Schlankheit kleiner wird, ist ganz unbedeutend.

Zahlentafel 1.
Vergleichszahlen für die 3 untersuchten Modelle.
Alles für 1000 l Inhalt.

Schwimmerform	flach	gekielt	
		stumpf	spitz
Länge . . . . m	4,38	5,105	5,46
Lage des Schwerpunktes über Deck m	1,28	1,36	1,33
» » » vor Stufe m	0,63	0,66	0,64
Höhe des Schubes über der Stufe m	1,75	1,84	1,84
Querschnitt vom größten Spant m²	0,348	0,282	,0266
Oberflächen . . . . m²			
Gleitboden (vom Bug bis zur Stufe)	1,79	2,05	2,27
Heckboden (von der Stufe zum Heck)	0,81	1,24	1,115
Deck und Seitenwände . . . m²	4,66	5,11	5,20
Gesamtoberfläche . . . . . . m²	7,26	8,40	8,52

Madelungsche Darstellung.

Die Darstellung der Eigenschaften eines Schwimmerpaares auf einem einzigen Schaubild bereitet etwas Schwierigkeiten. Um zum Ziel zu kommen, muß man nach einem Vorschlage von Madelung die Geschwindigkeit in quadratischem Maßstab zeichnen. Beim Start wird der Schwimmer mit dem Quadrat der Geschwindigkeit zunehmend von den Tragflächen entlastet. Bei Abfluggeschwindigkeit hat das Wasser nichts mehr zu tragen. Eine in diese Darstellung (s. Abb. 11 bis 13) eingezeichnete Gerade gibt bei jeder Geschwindigkeit das auf dem Wasser ruhende Gewicht an. Auf einer ausreichenden Zahl solcher Geraden markiere ich die Punkte gleichen Widerstandes, verbinde sie durch Kurven und erhalte so die Abb. 11 bis 13. Des leichten Vergleiches halber ist der Widerstand des Schwimmers in Bruchteilen des Schwimmerinhaltes ausgedrückt. Dieser ist zu 1 t gewählt, da dann die Umrechnung von Widerstand und Gewicht leichter wird.

Das Schaubild besagt, daß bei gleicher prozentualen Belastung des Schwimmers jeder vom Wasser getragenen Last bei jeder Geschwindigkeit ein ganz bestimmter Widerstand und Laufwinkel zugeordnet ist. Wie nun diese Last auf dem Wasser durch Differenzbildung aus der Verdrängung in Ruhelage und Tragflügelauftrieb jedesmal entsteht, ist für den Wasserwiderstand gleichgültig. Die Größe der Differenz wird durch den Linienzug jedesmal ermittelt.

In Abb. 13 ist man noch einen Schritt weitergegangen und hat den Laufwinkel ebenfalls eingetragen.

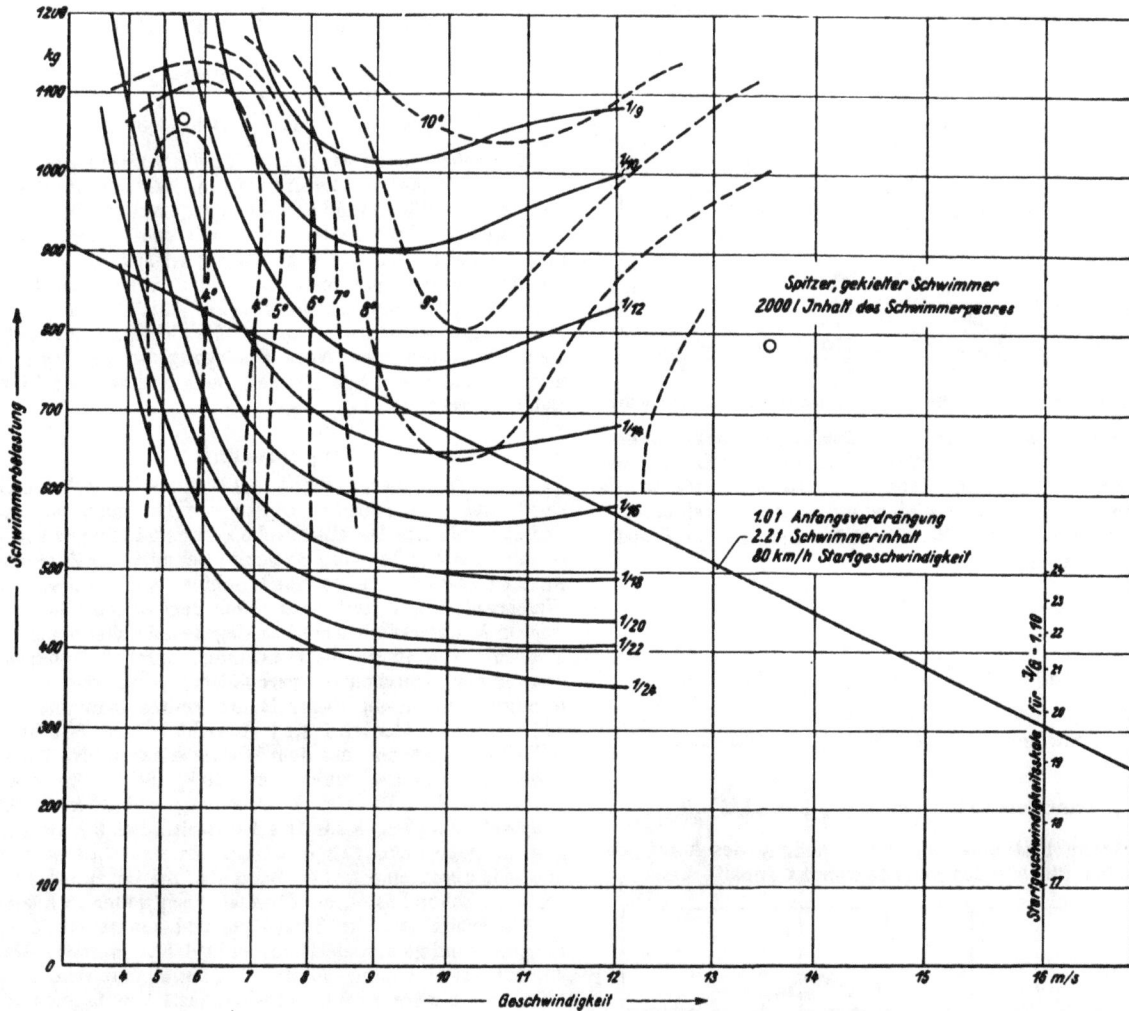

Abb. 13. Madelungsche Darstellung vom Widerstand und Laufwinkel am gekielten, spitzen Schwimmer. Gemessen am 1,1 m langen Modell. Die beiden Kreise entsprechen dem Zeitpunkt der Aufnahme der Abb. 19 u. 21.

Experimentelle Ermittlung des Madelungschen Diagrammes.

Man untersucht zunächst mit der vorwiegend in Frage kommenden Verdrängung in Ruhelage und Abfluggeschwindigkeit. Der Schwimmer wird dann entsprechend dem Quadrat der Geschwindigkeit durch Gewichte entlastet. Entspricht dann das Ergebnis den Anforderungen, wird für 4 konstante Belastungen der Widerstand und Laufwinkel abhängig der Geschwindigkeit gemessen. Im Madelungschen Diagramm entstehen damit 4 wagrechte und eine schräge Linie, auf denen man die Punkte gleichen Widerstandes verbindet. Gleichzeitig wird die schräge Linie eine gute Kontrolle der Messung, da sie die Wagrechten schneidet. An den Schnittpunkten muß Widerstand und Laufwinkel gleich sein, da dort die von Wasser getragene Last und Geschwindigkeit gleich ist.

Unterschiede der drei Modelle.

Bei den Versuchen war aus mancherlei Gründen das Verhältnis von Inhalt zu Gewicht überall verschieden. Infolgedessen müssen über die Madelungsche Darstellung hinweg neue Schaubilder gezeichnet werden (siehe Abb. 9). Man sieht hier den recht großen Unterschied vom flachen und gekielten Schwimmer. Der lange Gleitboden von spitzen, gekielten Schwimmer saugt sich bei der im Moment der Messung erforderlichen konstanten Geschwindigkeit etwas fest, so daß der sonst scharfe Knick der Widerstandskurve flach wird. In der Praxis ist dieser Fehler belanglos, da beim Austauchen immer leichte Längsschwingungen in-

folge unstabiler Strömung entstehen, die dann das Wasser glatt abreißen lassen. Herrmann hat wiederholt am ausgeführten Zweischwimmerflugzeug nach dem Austauchen durch Drosseln des Motors die kritische Geschwindigkeit konstant gehalten und es bei der größten Mühe nicht fertig gebracht, durch geeignetes Ziehen und Drücken recht starke Längsschwingungen zu vermeiden. Ähnliche Vorgänge spielen auch bei den Versuchen vom NACA an einem N-9 H[1]) mit. Man darf damit rechnen, daß ein guter Führer die Wasserwiderstandskurve immer unter der des stumpfen, gekielten Schwimmers halten kann.

Hervorgehoben werden muß noch, daß die beiden gekielten Schwimmer noch mit der ungünstigen Stufenform ohne die verlängerte Abreißkante untersucht wurden. Durch sie tritt nochmals eine Besserung ein, wie groß läßt sich schwer sagen, solange über diesen Umstand nicht mehr Material vorliegt.

Zahlenbeispiel für den Gang der Berechnung vom Widerstand und Laufwinkel.

Gesamtgewicht des Flugzeuges $G = 1,7$ t,
Abfluggeschwindigkeit . . . . . $v = 25$ m/s.

Es stehen 3 Schwimmergrößen zur Diskussion:

  I. Inhalt je Schwimmer . . . $J = 1,5$ t,
  II. Inhalt je Schwimmer . . . $J = 1,7$ t,
  III. Inhalt je Schwimmer . . . $J = 1,9$ t.

Gewählte Form: spitzer, gekielter Schwimmer.

---

[1]) Crowley and Ronan, Verhalten eines Einschwimmer-Seeflugzeuges beim Start. Report No. 209. National Advisory Committee for Aeronautics. Washington 1924.

Abb. 15. Udet „Bayern" Seeflugzeug mit dem flachen Schwimmer.

Wir rechnen zunächst die Abfluggeschwindigkeiten entsprechend der sechsten Wurzel aus dem Verhältnis der Schwimmerinhalte um. Inhalte und nicht Gewichte, da die Bezugszahl für den Widerstand in der Madelungschen Darstellung der Inhalt ist. Wir müssen es, um das Froudesche Gesetz einzuhalten.

$$v' = v \sqrt[6]{\frac{1,0}{J}}$$

$$\text{Schwimmer} \quad \text{I} \quad v' = 25 \sqrt[6]{\frac{1,0}{1,5}} = 23,4 \text{ m/s},$$

$$\text{Schwimmer} \quad \text{II} \quad v' = 25 \sqrt[6]{\frac{1,0}{1,7}} = 22,9 \text{ m/s},$$

$$\text{Schwimmer} \quad \text{III} \quad v' = 25 \sqrt[6]{\frac{1,0}{1,9}} = 22,45 \text{ m/s}.$$

Alsdann bestimmen wir die Belastung des korrespondierenden Einheits-Schwimmers von 1 t Inhalt.

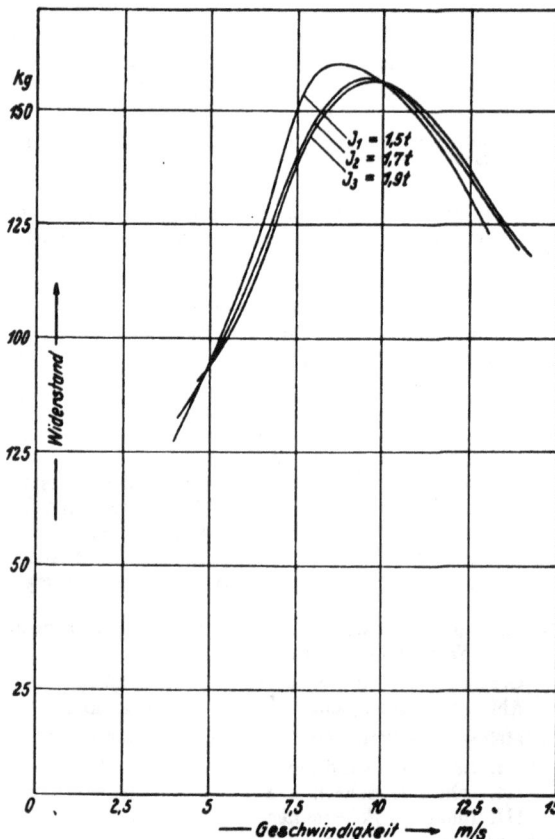

Abb. 14. Widerstand des gekielten, spitzen Schwimmers, für 3 Größen des Schwimmers für das gleiche Flugzeuggesamtgewicht. 15 vH Widerstand für die Übertragung vom Modell auf den großen Schwimmer können noch abgezogen werden.

$$\text{Schwimmer} \quad \text{I} \quad \frac{G}{J} \cdot 1000 = 1130$$

$$\text{Schwimmer} \quad \text{II} \quad \frac{G}{J} \cdot 1000 = 1000$$

$$\text{Schwimmer} \quad \text{III} \quad \frac{G}{J} \cdot 1000 = 895.$$

Nunmehr können wir in Abb. 13 die 3 Linien einziehen, auf deren Verlauf wir Laufwinkel und Widerstand ablesen können. Den Widerstand berechnen wir durch Multiplikation des jeweiligen Schwimmerinhaltes mit den an den Schaulinien verzeichneten Brüchen. Da mit 1,1 m Modellänge gearbeitet wurde, kann man noch einen Abzug von 15 vH machen. Das Resultat sieht man auf Abb. 14. Die Unterschiede sind sehr gering. Der größte Schwimmer hat den kleinsten Widerstand. Nach Festlegung des zur Beschleunigung verfügbaren Schubes kann man nunmehr die Startzeiten berechnen.

Flugversuche.

Ein Schwimmerpaar von 2,9 t Inhalt je Schwimmer wurde auf dem Starnberger See von Herrmann erprobt. Zuerst wurde eine Metallschraube verwendet, die nur 620 kg Schub im Stand bei 620 PS abgab. Bei mittlerer Zuladung, rd. 2,6 t Gewicht der ganzen Maschine (Abb. 15), war der Wasserwiderstand annähernd gleich dem Schub. Zunächst war ein Abwassern ohne starken Gegenwind vollkommen unmöglich. Nun waren die Schwimmer durch 2 Rundrohre von 80 mm Durchmeser verbunden. Nach stromlinienförmiger Verkleidung dieser Rohre konnte man mit sehr viel Geschicklichkeit bei 2,6 t Gewicht mit rd. 30 s Startzeit ohne Gegenwind aus dem Wasser kommen. Nach Aufziehen einer Holzschraube von 920 kg Schub im Stand ergab sich für die gleiche Belastung und 80 km/h Abfluggeschwindigkeit 8 bis 10 s Startzeit. Bei 3 t Gesamtgewicht hatte man 22 s Startzeit. Es war ohne weiteres möglich, durch eine andere Schraube, die im Stand einen größeren Schub leistet, die Startzeit noch weiter zu kürzen.

Die Maschine hatte Spaltflügel und konnte mit 2 Abfluggeschwindigkeiten gestartet und gelandet werden. Start 80 und 110, Landung 70 und 100 km/h. Mit dem Spalt offen und kleiner Abfluggeschwindigkeit konnte man fast ohne Ruderausschlag nur durch vorherige richtige Einstellung der verstellbaren Höhenflosse und Vollgasgeben aus dem Wasser kommen. Die Maschine begann dann gleichmäßig zu steigen. Mit 110 km/h war es doch arg anders! Bis zum Austauchen war wenig Unterschied zu merken. Um so mehr auf der Stufe! Die Maschine wurde bei ca. 90 km/h so kopflastig, daß nur durch rasches Herabkurbeln der Höhenflosse ein Halten möglich war. Zog man dann bei 110 km/h, da tauchte die hintere Spitze ein, übte ein kopflastiges Moment aus, danach Kippen nach vorne, wieder Ziehen, Eintauchen, Kippen usw., in einem Falle fortgesetzt bis zu 140 km/h. Kam man endlich in die Luft, schnellte die Maschine schwanzlastig getrimmt wie ein Pfeil hoch. Meist gelang der Start geschlossen mit 120 km/h.

Nun war das Längsmoment bei der gewählten Schwerpunktslage, Staffelung und Schränkung außerordentlich klein. Um statische Stabilität zu erzielen, brauchte man sehr kleines Höhenleitwerk. Nach Fertigstellung ergab sich eine fehlerhafte Rücklage des Schwerpunktes von 4 bis 5 cm. Dementsprechend war nur bei ganz starker Wirkung des Schraubenstrahles statische Stabilität vorhanden. Nach erheblicher Vergrößerung des Höhenruders wurde alles besser. Die Maschine wurde über den ganzen Flugbereich statisch stabil. Beim Start konnte man mit geschlossenem Spalt nunmehr bei 100 km/h glatt aus dem Wasser kommen. Auch blieb das Hochschnellen nach dem Abkommen nicht mehr so peinlich. Mit kleiner Abfluggeschwindigkeit bei offenem Spalt brachte die Änderung nichts Neues, da hier schon alles sehr schön in Ordnung war.

Die Änderungen gegenüber dem in Hamburg geschleppten Linienriß waren unerheblich. Einmal war der Schwimmer breiter gehalten, derart, daß er, für 3,2 t Inhalt be-

rechnet, eine parallele Scheibe
von Deck abgeschnitten bekommen hatte. Bei der Berechnung
des Widerstandes mußte deshalb
mit 6,4 t Inhalt beider Schwimmer
gerechnet werden. Da das Unter-
wasserschiff unverändert blieb, ist
dieser Kunstgriff zulässig. Dann
war der hintere Boden in der
Seitenansicht leicht hochgezogen
worden, sodaß man beim Start
einen größeren Winkel zum Ziehen
bekam, als es bei genauer Einhaltung des Linienrisses der Fall
gewesen wäre. Um so interessanter
war das Ergebnis in dieser Bezie-

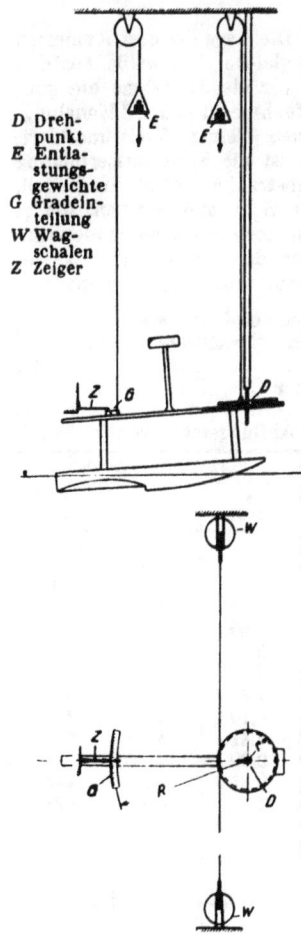

Abb. 18. Wellenbildung am stumpfen gekielten Schwimmer bei niedriger Geschwindigkeit
(2,5 m/s am Modell).

hung. Die Maschine brauchte bei 80 km/h Abfluggc-
schwindigkeit 18 bis 20° Anstellwinkel, bei 110 km/h nur
12 bis 14°. Der große Winkel bei kleiner Geschwindigkeit
war leicht erreichbar, der kleine bei hoher schwer. Entworfen war die Maschine für den Start mit 80 km/h,
während der Start mit 110 km/h mehr Notbehelf sein sollte.

Das recht hohe Drehmoment des bei 1500 U/min 620 PS
leistenden Motors ergab eine Belastung des einen und Entlastung des anderen Schwimmers. Das zog ohne weiteres
einen bedeutend höheren Widerstand vom linken Schwimmer nach sich. Die Maschine versuchte beim Start ohne
Gegenwind nach links auszubrechen. Bei 3 t Belastung
der 2,9 t fassenden Schwimmer konnte man nur so starten,
daß man zuerst eine anfängliche Drehgeschwindigkeit nach
rechts gab, die dann bei vollausgeschlagenem Seitenruder
sich langsam in das Gegenteil verwandelte. Erst bei Vergrößerung vom Seitenruder hörte es auf. Bei leerer Maschine, wo der Schwimmer
nicht über die Hälfte seines
Inhaltes belastet wurde, war
es harmlos.

Manövrierversuche.[1]

Nun zeigte die Maschine
auf dem Wasser eine unan-
genehme Eigenschaft, nämlich
schlechte Manövrierfähigkeit.
Sie war mit dem Seitensteuer
schwer zu lenken. Auf Vorschlag der Hamburgischen
Schiffbau - Versuchsanstalt
wurde diese Eigenschaft am
1 m langen Modell untersucht.
Die Durchführung des Ver-
suches basiert auf folgender
Überlegung:

Ein Überblick über das
Wendevermögen von Schwim-
mern kann dadurch gewon-
nen werden, daß der durch
ein konstantes Moment her-
vorgerufene Ausschlagwinkel
des Schwimmerpaares über
eine Reihe von Geschwindigkeiten gemessen wird. Die
Versuchsanordnung. mit der
diese Versuche gemacht worden sind, ist in Abb. 16 zu
sehen.

Das Schwimmerpaar wurde
in der üblichen Weise an zwei
Drähten aufgehängt, an deren
Enden sich die Wagschalen
mit den entsprechenden Ent-
lastungsgewichten E befanden. In unmittelbarer Nähe
des vorderen Aufhängepunk-

D Dreh-
punkt
E Entla-
stungs-
gewichte
G Gradein-
teilung
W Wag-
schalen
Z Zeiger

Abb. 16. Einrichtung für
Manövrierversuche.

tes wurde der Drehpunkt D gelegt, während sich am
hinteren Aufhängepunkt eine Gradeinteilung G befand.
An diesem konnte mit einem am Wagen festen Zeiger Z
der Ausschlag gemessen werden. Um den vorderen Aufhängepunkt wurde eine Scheibe mit dem Radius r befestigt,
von der 2 Schnüre zu zwei Wagschalen W führten, die
seitlich rechts und links vom Schwimmerpaar angebracht
waren. Der Ausgleich des Zuges konnte den Schwimmer
während der Fahrt im Kurs halten. Das seitliche Aus-
scheren wurde durch Auflegen eines Gewichtes auf eine
der beiden Wagschalen hervorgerufen. Die Versuche sind
bei konstanten Geschwindigkeiten bis zum Beginn des
Gleitens zweimal mit je einem konstanten Gewicht durchgeführt worden.

Sobald das Schwimmerpaar außer Kurs war, trat ein
dem erzeugten Moment von der Größe des Gewichtes mal
dem Radius r der Scheibe entgegenwirkendes Moment,
das durch den Abstand des hinteren Aufhängedrahtes
vom Drehpunkt D und durch das Entlastungsgewicht
verursacht wurde, auf, und mußte bei der Auswertung
der Versuche vom ersten Moment abgezogen werden. Die
bei den verschiedenen Geschwindigkeiten nun nicht mehr
konstanten Momente wurden über dem zugehörigen Ausschlagwinkel für die einzelnen Geschwindigkeiten aufgetragen. Querkurven zu dieser Auftragung, abhängig
von der Geschwindigkeit, geben ein anschauliches Bild
von Steuerbarkeit der beiden vergleichsweise untersuchten
Modelle (Abb. 17).

Das Ergebnis machte sofort alles klar. Einzelne Führer
hatten beim Wenden auf dem Wasser viel Gas darauf und
dementsprechend mehr Fahrt und kamen nicht herum.
Andere wendeten spielend mit wenig Gas und Fahrt.
Aber auch dann blieb immer noch etwas Unbefriedigendes,
das schließlich zu dem Versuch in Hamburg führte. Aus
Abb. 17 erkennt man, daß bei einer bestimmten Geschwindigkeit, in Praxis ungefähr der, die beim Manövrieren höchst-
zulässig ist, die Wendefähigkeit sehr stark sinkt; dagegen
kann man mit geringer Fahrt leichter wenden. Bei sehr
starkem Seitenwind muß man zur Erzielung ausreichenden
Seitenleitwerksmomentes mehr Gas geben, wodurch sich
dann auch die Fahrt auf dem Wasser erhöht. Dann treten
natürlich Schwierigkeiten auf. Der zum Vergleich untersuchte
spitze, gekielte Schwimmer zeigt keine derartige Ungewöhn-
lichkeit. An Hand dieser Daten kann man für verschieden
starken Seitenwind die Wendefähigkeit berechnen, wenn
die notwendigen aerodynamischen Daten vorliegen.

Spritzwasserbildung.

Je mehr Widerstand ein Schwimmer hat, um so mehr
Spritzwasser bildet er. Man kann sagen, daß ein im Widerstand günstiger Schwimmer auch in den meisten Fällen
wenig Spritzwasser bildet. Bei dem gleichen Schwimmer ist
das Spritzwasser um so geringer, je kleiner die Belastung.
Die auf Abb. 18 gezeigte Spritzwasserbildung ist besonders
charakteristisch für Schwimmer oder Boote mit zu kurzem
Bug. Abhilfe schafft Verlängerung des Buges. Die Abb. 18
bis 21 geben ein klares Bild der Verhältnisse. Die Aufnahme ist so erfolgt, daß alle drei Platten durch den glei-

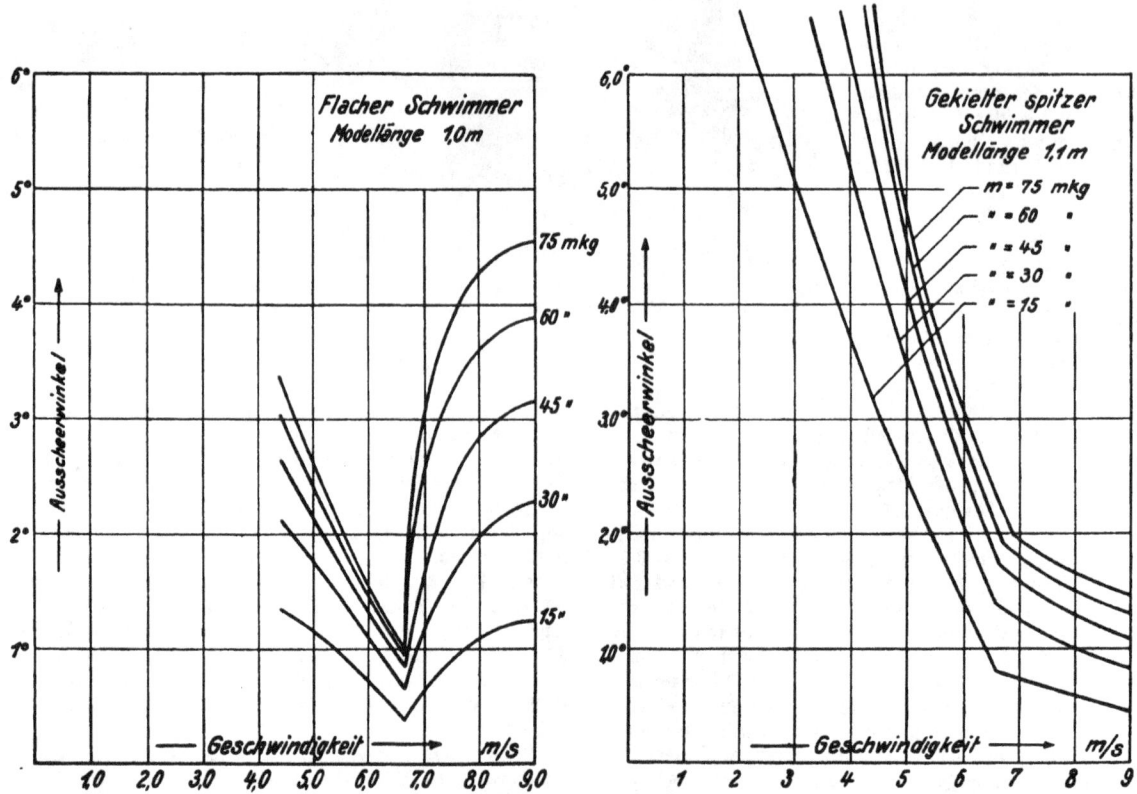

Abb. 17. Ergebnis der Manövrierversuche, bezogen auf 1 t Verdrängung.

Zahlentafel 2. Einfluß verschiedenen Abstandes am flachen Schwimmer. Modellänge 0,5 m.

Verdrängung in Ruhelage . . . . 1 t
Gesamtinhalt beider Schwimmer . . . . 1,9 t
Inhalt: Gewicht . . . . 2 · 0,95
Winkel in Ruhelage . . . . 3°
Entlastung entsprechend einer Abfluggeschwindigkeit
von 87,8 km/h.

chen Blitz belichtet wurden. Die Lage der drei Kammern war bei allen 4 Aufnahmen die gleiche. Der weiße Anstrich des gekielten Schwimmers ist für die Aufnahme am günstigsten. Der Zeitpunkt der Aufnahme ist in den 3 Madelungschen Schaubildern durch einen kleinen Kreis markiert.

Am ausgeführten Flugzeug ist die Spritzwasserbildung beim Start durch den Schraubenstrahl anders als am Modell. Dieser schleudert es gegen die Schwimmerstreben, die es ihrerseits wieder ablenken. Der noch dazukommende Drall mit Wirbelbildung hilft weiter das aufsteigende Wasser zu zerstäuben und seine Struktur unkenntlich zu machen.

Abstand = 1,97 m			Abstand = 2,56 m			Abstand = 3,16 m		
v m/s	α	W kg	v m/s	α	W kg	v m/s	α	W kg
4,55	4,1	166	4,48	4,2	166	4,49	3,8	159
5,80	4,5	192	5,10	4,2	180	5,11	4,2	182
5,84	4,7	217	5,69	4,5	210	5,75	4,3	213
6,35	4,2	236	6,32	4,7	231	6,37	4,7	239
6,70	4,2	254	6,71	4,7	255	6,70	5,2	262
7,06	4,5	282	7,02	4,8	282	6,96	5,2	282
7,35	5,2	300	7,22	5,5	311	7,29	5,0	306
7,64	5,0	334	7,71	6,0	357	7,60	5,7	353
7,88	6,5	358	8,00	7,3	385	7,88	5,5	392
9,04	7,3	330	8,32	7,3	348	8,23	7,5	361
9,47	7,3	305	8,61	7,7	348	8,57	8,0	357
10,03	7,3	285	9,62	7,3	313	9,25	8,0	327
10,06	6,7	278	10,06	7,3	292	10,15	8,0	306
10,54	6,3	269	10,45	7,3	275	10,45	7,3	296
11,46	6,3	251	11,12	6,2	257	11,07	6,7	269
12,25	6,2	233	11,69	6,2	250	11,62	6,0	260
12,91	6,2	220	12,34	6,2	257	12,2	6,3	251
13,45	4,8	215	12,99	6,5	250	13,70	4,8	224
14,75	4,2	206	13,63	5,5	249	14,90	4,8	207
15,36	3,8	179	14,71	4,2	215	15,75	4,2	219
16,20	3,7	179	15,45	4,2	206	17,33	3,2	251
18,40	3,2	179	17,21	4,2	170	18,50	3,0	206
8,48	5,0	353	19,88	4,2	134	4,08	7,3	297
17,13	3,2	171	13,19	5,5	233	18,6	3,7	233
19,4	—	153				18,9	3,7	203
7,96	7,2	359				20,7	3,2	125
						18,4	4,0	211

Zahlentafel 3. Einfluß verschiedenen Abstandes am flachen Schwimmer. Modellänge 2,0 m.

Verdrängung in Ruhelage . . . . 1 t
Gesamtinhalt beider Schwimmer . . . . 1,9 t
Inhalt: Gewicht . . . . 2 · 0,95
Entlastung entsprechend einer Abfluggeschw. von 87,8km/h

Abstand = 1,97 m			Abstand = 2,56 m		
v m/s	α	W kg	v m/s	α	W kg
5,23	3,3	177	5,39	3,5	189
5,62	3,5	194	5,85	3,7	210
5,93	3,5	205	6,23	3,7	227
6,28	3,7	219	6,60	4,0	265
6,44	4,0	238	6,90	4,2	266
7,46	4,3	295	7,36	4,3	294
7,86	4,5	294	7,44	4,3	300
7,66	4,3	305	8,10	4,3	284
8,28	4,5	280	8,41	4,2	272
8,57	4,3	269	9,20	4,2	238
9,19	4,2	238	9,81	4,2	219
10,34	4,2	210	7,17	4,2	273
11,05	3,8	182			
7,29	4,3	301			
7,17	4,2	301			
6,86	4,0	252			
6,64	4,0	252			
7,44	4,3	301			
7,66	4,3	297			

Bei der Landung dagegen kann man oft deutlich gute Übereinstimmung mit dem Modell feststellen, wenngleich auch hier oft der positive oder negative Schub eine Durchmischung bringt. Eine photographische Aufnahme ähnlich der am Modell ist nicht möglich, da in der Anstalt die Kammer mit dem Modell fährt und dadurch länger belichtet werden kann. Eine Momentaufnahme mit $^1/_{200}$ s ergibt ein ganz anderes Bild als eine Zeitaufnahme oder Augenbeobachtung. Auf ihr sieht man nämlich, wie einzelne dünne Wasserstrahlen daumenstark springbrunnenartig senkrecht aufsteigen. Die Einzelbilder einer Filmaufnahme, die in der bewegten Vorführung genau die gleiche Spritzwasserbildung wie am Modell wiedergibt, zeigen ebenfalls das senkrechte Aufsteigen einzelner, nicht zusammenhängender Wassermassen. Sobald nun der Strahl der ziehenden oder bremsenden Schraube diese Teile durcheinanderwirbelt, ist die Ähnlichkeit mit den Verhältnissen im Kanal gering. Jedoch kann man das für die Konstruktion Wichtige, nämlich Größenordnung und Höhe des Spritzwassers, immer aus diesen Aufnahmen entnehmen, denn Schraubenstrahl und Schwimmerstreben saugen ja kein Wasser aus dem See hoch, sondern durchmischen nur.

Zahlentafel 4. Widerstände am flachen Schwimmer bei konstanter Entlastung. Modellänge 0,5 m.

Verdrängung in Ruhelage . . . . . 1,0 t
Inhalt beider Schwimmer . . . . . 1,9 t
Inhalt:Gewicht . . . . 2·0,95
Abstand . . . . 1,97 m

Entlastung = 0 kg		Entlastung = 224 kg		Entlastung 448 kg		Entlastung = 672 kg	
v m/s	W kg	v m/s	W kg	v m/s	W kg	v m/s	W kg
4,81	186	4,75	138	4,85	138	4,58	98,5
6,34	254	6,20	180	6,32	167	6,17	131,5
7,76	420	7,87	322	7,82	236	7,66	168
9,74	257	9,69	294	9,74	206	9,48	150
11,11	290	11,06	250	11,22	205	11,00	152
12,35	268	12,33	233	12,49	213	12,22	161
14,05	273	13,78	236	13,79	224	13,39	139
17,14	259	15,48	233	17,05	187	15,40	149
6,66	268	6,67	227	14,41	187	17,07	143
7,21	315	7,27	277	13,89	187	18,10	154
8,16	411	8,19	325	15,52	179	6,72	161
8,92	395	9,01	299	18,49	175	7,30	164
				6,67	194	8,23	187
				7,30	219	9,09	172
				8,20	250		
				9,00	228		

Zahlentafel 5. Einfluß von Längsmomenten auf den Widerstand und Laufwinkel am flachen Schwimmer. Modellänge 0,5 m.

Verdrängung in Ruhelage . . . . 1,0 t
Gesamtinhalt beider Schwimmer . . . . 1,90 t
Inhalt:Gewicht . . . . 2·0,95
Entlastung entsprech. einer Abfluggeschwind. von 87,5 km/h
Schwimmabstand . . . . 1,97 m

Schwanzlastig. Moment von 334 mkg Winkel in Ruhelage 6,15°			Kopflastiges Moment von 334 mkg Winkel in Ruhelage 0°			Schwanzlastiges Moment von 166 mkg Winkel in Ruhelage 4,75°			Kopflastiges Moment von 166 mkg Winkel in Ruhelage 1,25°		
v m/s	α	W kg	v m/s	α	W kg	v m/s	α	W kg	v m/s	α	W kg
6,48	9,7	282	6,55	1,5	278	5,81	7,6	224	5,81	3,7	224
7,26	12,7	362	10,10	2,5	367	6,92	8,75	280	6,93	4,0	278
7,58	12,7	367	10,97	2,5	331	7,60	9,75	385	7,67	3,7	323
7,88	13,3	367	11,53	1,8	318	8,37	10,25	385	8,46	4,7	421
8,65	12,7	331	12,30	1,0	296	9,15	10,25	342	9,15	4,7	399
9,44	12,7	302				9,80	10,25	313	9,80	4,7	376
10,10	12,4	288				10,67	9,75	291	10,67	4,7	349
10,97	12,0	268				11,40	8,25	255	11,40	4,0	313
11,53	12,0	241				12,13	9,75	233	12,13	4,0	277
12,30	10,8	224				8,14	7,25	367	7,84	1,5	340
6,55	10,2	287				7,88	5,75	402			
7,07	10,2	313									

Zahlentafel 6. Widerstände am flachen Schwimmer bei konstanter Entlastung. Modellänge 2,0 m.

Verdrängung in Ruhelage . . . . 1,0 t
Inhalt beider Schwimmer . . . . 1,9 t
Inhalt:Gewicht . . . . 2·0,95
Abstand . . . . 1,97 m

Entlastung 0 kg		Entlastung — 224 kg		Entlastung — 448 kg	
v m/s	W kg	v m/s	W kg	v m/s	W kg
5,65	207	5,86	174	5,30	128
6,39	248	5,57	174	6,17	145
7,40	336	6,41	201	7,05	171
8,25	329	7,24	244	7,90	155
9,18	294	8,04	247	8,75	144
9,96	266	8,93	219	9,35	133
		9,65	199	10,17	126
		10,80	189	10,95	123
				12,15	119

Zahlentafel 7. Widerstände am flachen Schwimmer bei veränderlicher und konstanter Entlastung. Modell 1,0 m.

Verdrängung in Ruhelage . . . . 1,0 t
Inhalt beider Schwimmer . . . . 1,9 t
Inhalt:Gewicht . . . . 2·0,95
Abstand . . . . 1,97 m

Entlastung entspr. Abfluggeschwindigkeit von 87,8 km/h			Entlastung konstant — 0 kg		Entlastung konstant — 224 kg		Entlastung konstant — 448 kg	
v m/s	α	W kg	v m/s	W kg	v m/s	W kg	v m/s	W kg
6,01	4,0	134	4,37	185	4,39	151	4,08	90
6,45	4,2	276	5,36	219	5,40	180	5,64	122
7,41	5,5	329	6,39	275	6,39	219	6,47	159
8,05	5,3	310	7,79	341	7,50	247	7,66	147
8,54	5,7	296	9,49	341	8,52	229	8,97	124
9,26	5,3	253	9,40	291	9,48	196	10,07	124
9,81	5,0	245	10,42	257	10,60	179	11,24	123
10,64	4,8	217			11,50	185	12,24	118
11,22	4,5	210			14,25	163	13,39	112
4,11	4,0	162					15,58	106
4,89	3,7	173						
5,40	3,7	189						
6,08	4,0	252						
6,65	4,5	258						
7,29	5,3	308						
7,76	4,5	303						
6,67	3,5	280						
7,52		317						
8,75		272						

Zahlentafel 8. Widerstände am gekielten, stumpfen Schwimmer bei veränderlicher und konstanter Entlastung. Modellänge 1 m.

Verdrängung in Ruhelage . . . . 1,0 t
Gesamtinhalt beider Schwimmer . . . . . 1,68 t
Inhalt:Gewicht . . . . 2·0,84
Winkel in Ruhelage . . . . 2°
Schwimmerabstand . . . . 1,97 m

Entlastung entsprech. Abfluggeschwindigkeit von 87,8 km/h			Entlastung konstant — 0 kg		Entlastung konstant — 224 kg		Entlastung konstant — 448 kg	
v m/s	α	W kg	v m/s	W kg	v m/s	W kg	v m/s	W kg
3,99	4,2	112	4,54	129	3,96	79	3,96	56
4,53	4,1	124	5,04	146	5,04	137	5,09	79
5,06	3,8	140	6,31	186	6,25	146	6,25	90
5,75	3,8	152	7,45	225	7,45	174	7,45	107
6,31	3,5	180	8,45	214	8,45	152	8,45	101
6,90	4,2	202			9,75	146	9,75	95
7,48	4,5	191			10,93	135	10,93	90
8,08	5,3	180						
8,69	6,2	162						
9,31	6,8	163						
8,89	7,2	157						
11,03	7,3	146						
12,12	7,3	124						
5,73	3,8	163						

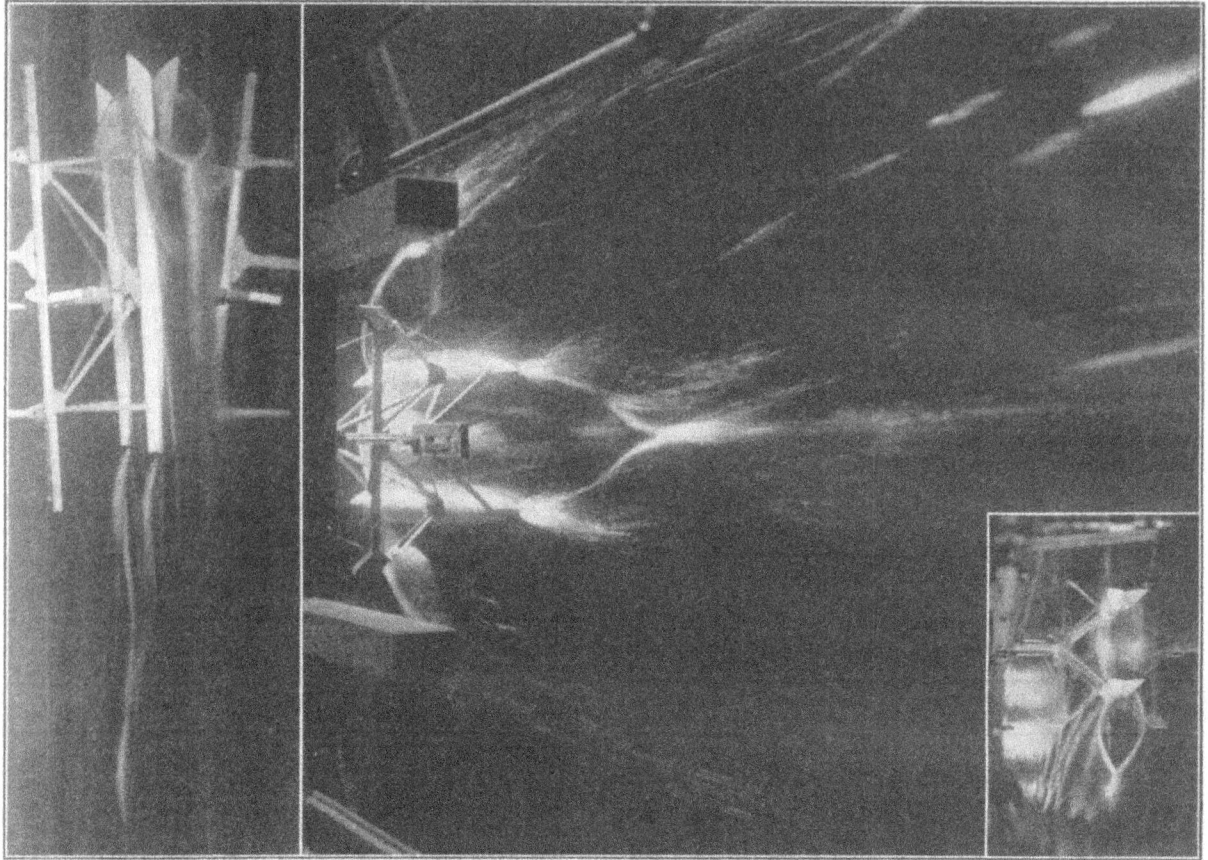

Abb. 20. **Wellenbildung am gekielten, spitzen Schwimmer bei niedriger Geschwindigkeit.**
Modellänge 1,1 m, -Geschwindigkeit 2,45 m/s

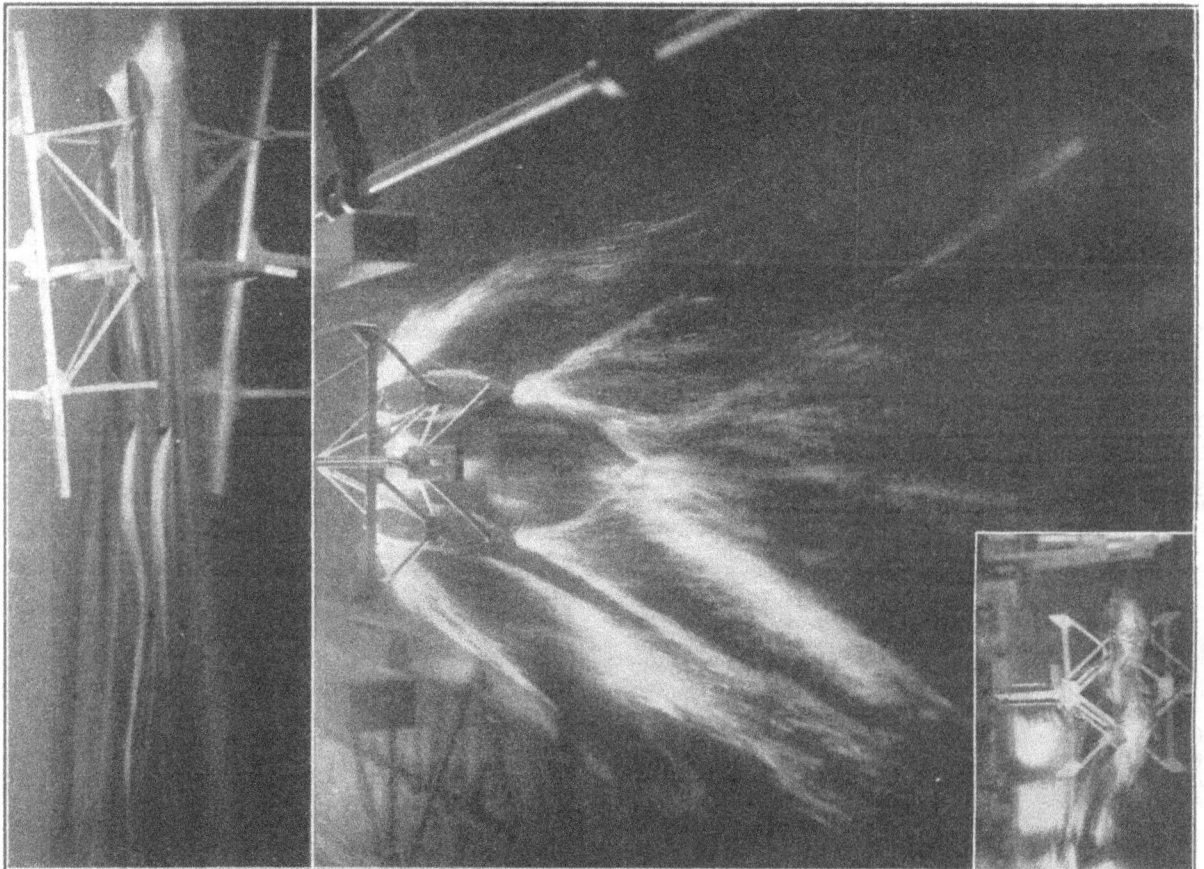

Abb. 19. **Wellenbildung am flachen Schwimmer bei niedriger Geschwindigkeit.**
Modellänge 0 m, -Geschwindigkeit 2,44 m/s

Abb. 22. Wellenbildung am spitzen, gekielten Schwimmer auf der Stufe.
Modellänge 1,1 m, -Geschwindigkeit 6,08 m/s.

Abb. 21. Wellenbildung am flachen Schwimmer auf der Stufe.
Modellänge 1,0 m, -Geschwindigkeit 6,09 m/s.

Zahlentafel 9. Widerstände am gekielten spitzen Schwimmer bei veränderlicher und konstanter Entlastung.
Modellänge 1,1 m.

Verdrängung in Ruhelage	1,0 t
Gesamtinhalt beider Schwimmer	1,83 t
Inhalt: Gewicht	2·0,915
Winkel in Ruhelage	3°
Schwimmerabstand	1,97 m

Entlastung entsprechend Abfluggeschwindigkeit von 87,8 km/h			Entlastung konstant = 0 kg			Entlastung konstant = 224 kg			Entlastung konstant = 448 kg		
v m/s	α	W kg	v m/s	α	W kg	v m/s	α	W kg	v m/s	α	W kg
4,30	4,1	107	4,27	5,0	110	4,30	3,2	92	4,19	4,3	61
4,75	4,5	118	5,38	4,8	142	5,40	4,1	112	6,45	4,0	96
5,38	4,2	129	6,39	5,2	178	6,50	4,0	135	8,90	7,3	118
5,93	4,0	146	7,60	7,7	214	7,65	5,2	152	11,25	7,3	124
6,52	3,3	169	8,73	10,0	217	9,0	8,4	169	11,95	7,3	110
7,09	4,2	186	9,97	10,3	214	10,0	9,5	169	16,10	4,5	107
7,58	5,3	191	12,12	10,0	207	11,28	10,0	155			
8,25	6,5	197	13,50	9,2	191						
8,90	7,3	191									
9,45	7,8	191									
10,10	7,7	180									
11,18	7,3	163									
12,37	6,8	146									
13,56	6,2	135									
7,69	5,3	202									

Zahlentafel 10. Manövrierversuche.

Linienriß	Flach	Spitz, gekielt
Verdrängung in Ruhelage . . .	1,0	1,0 t
Gesamtinhalt beider Schwimmer	1,9	1,83 t
Inhalt: Gewicht	2·0,95	2·0,915
Entlastung entsprechend einer Abfluggeschwindigkeit von .	87,8	87,8 km/h
Schwimmerabstand	1,97	1,97 m
Modellänge	1,0	1,1 m

Flacher Schwimmer			Spitzer gekielter Schwimmer		
Geschwindigkeit m/s	Drehmoment m/kg	Ausscheerwinkel °	Geschwindigkeit m/s	Drehmoment m/kg	Ausscheerwinkel °
4,35	27,4	2,0	4,35	22,8	4,0
5,41	30,5	1,5	5,44	28,8	2,8
6,60	36,8	0,75	6,56	34,9	1,5
7,74	28,4	1,75	7,65	36,6	1,3
8,90	25,8	2,0	8,86	37,6	1,0
4,41	59,3	3,0	4,38	54	6,0
5,50	68,3	2,0	5,46	66,7	3,8
6,71	75,6	1,0	6,62	74,0	2,3
7,74	56,3	3,5	7,65	76,9	1,8
8,94	52,6	3,5	8,86	77,1	1,5

Die Anwendung von kurzen Wellen im Verkehr mit Flugzeugen.

Von Hans Plendl.

82. Bericht der Deutschen Versuchsanstalt für Luftfahrt, E. V., Berlin-Adlershof (Abt. für Funkwesen und Elektrotechnik).

Inhalt:

Einleitung, Beschreibung der Geräte, Empfangsversuche im Flugzeuge, Sendeversuche vom Flugzeug aus, Zusammenfassung.

1. Einleitung.

Der gegenwärtige Stand des Flugfunkwesens ist etwa folgender: Die im Luftverkehr verwendeten Langwellen-Flugzeugsender ergeben in dem Wellenbereich um 900 m herum bei 70 Watt Senderleistung eine Telegraphiereichweite von etwa 300 bis 600 km. Diese Entfernungen werden von einem Flugzeug in etwa 2 bis 4 Stunden zurückgelegt. Nach Ablauf dieser Zeit kann sich also dasselbe im allgemeinen schon nicht mehr mit seinem Starthafen verständigen. Nun gibt es aber heute schon Flugzeuge, deren Aktionsradius mehr als 6000 km bei etwa 50 Flugstunden beträgt, und derjenige der Luftschiffe ist sogar doppelt so groß.

Es ist klar, daß angesichts dieser Tatsache im Funkwesen etwas geschaffen werden muß, was dem Flugwesen in der Überbrückung großer Entfernungen eine sichere Stütze in die Hand gibt.

In den kurzen Wellen haben wir das Mittel zur Erzielung großer Reichweite bei Aufwendung kleiner Energie. Die kurzen Wellen geben ferner die Möglichkeit, mit leichten und einfachen Geräten und mit Antennen von geringen Abmessungen auszukommen, was für das Flugwesen von großer Bedeutung ist.

Nach dem Gesagten könnte man sich wundern, warum die kurzen Wellen nicht schon lange in das Flugfunkwesen eingeführt sind. Es standen dem aber bisher eine Reihe von Bedenken entgegen: So zeigen nach den Berichten der Amerikaner Taylor, Southworth, Schelleng u. a. die kurzen Wellen (unterhalb einer gewissen Wellenlänge) die Eigenschaft der sogenannten toten Zone, d. h. ein Sender soll innerhalb eines gewissen Entfernungsbereiches nicht empfangen werden können. Ferner wurde bisher überhaupt die Möglichkeit des Kurzwellenempfangs im Flugzeug bezweifelt. Man glaubte nämlich, daß das Zündgeräusch vom Flugmotor und die Erschütterungen während des Fluges den Kurzwellenempfang unmöglich machen würden. (Erst kürzlich stand noch eine entsprechende Notiz in »Wireless World«[1]).)

Trotz dieser Bedenken hat die Funkabteilung der Deutschen Versuchsanstalt für Luftfahrt die Anwendung von kurzen Wellen im Flugzeugverkehr in Angriff genommen, und man kann heute schon sagen, daß sich diese immerhin kostspieligen Versuche gelohnt haben.

Im folgenden berichte ich Ihnen nun über diese Versuche, die von Herren Prof. Dr. Faßbender, Dr. Krüger und mir vorgenommen wurden.

2. Geräte.

Zunächst will ich Ihnen kurz die von uns benutzten Geräte zeigen:

Die Abb. 1 zeigt Ihnen den in unserer Abteilung gebauten Kurzwellen-Bordsender. Derselbe ist zwecks Abschirmung in ein Aluminiumgehäuse gesetzt und hat einen Wellenbereich von etwa 10 bis 150 m mit fünf verschiedenen Steckspulen und gibt eine Hochfrequenzleistung von etwa 70 Watt. Dieser Sender, dessen Schaltbild Abb. 2 wiedergibt, hat verschiedene Betriebsmöglichkeiten:

Als Wechselstromsender wird er mit Anodenwechselspannung betrieben und gibt dann eine modulierte Hochfrequenz, entsprechend der Periodenzahl der Anodenwechselspannung, z. B. Ton 600 beim Betrieb mit Wechselstrom von 600 Hertz. Als Gleichstromsender wird er mit Anodengleichspannung betrieben und gibt dann ungedämpfte Hochfrequenz, welche für Telephonie durch Gittergleichstrommodulation moduliert werden kann.

In Abb. 3 sehen Sie den Sender mit abgenommenem Abschirmkasten von rückwärts. In diesem Bild ist die Tren-

---

[1] »American Aircraft Wireless«, Wireless World 21 (1927), 139.

Abb. 1. Kurzwellenbordsender.

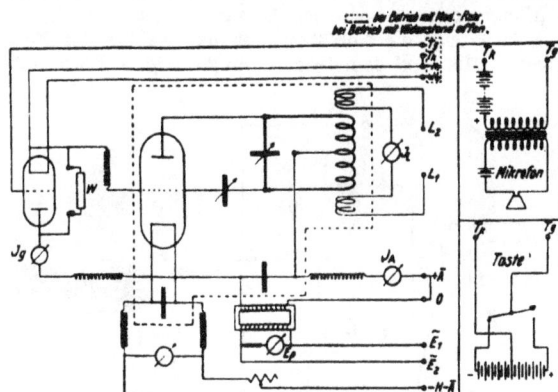

Abb. 2. Schaltbild des Bordsenders.

7

Abb. 3. Bordsender geöffnet, von rückwärts.

Abb. 4. Kurzwellenempfänger mit abgenommenem Deckel.

nung von Hochfrequenzraum und Niederfrequenz- bzw. Gleichstromraum durch eine Abschirmwand deutlich sichtbar. Diese Trennung ist vorgenommen, um schädliche Induktionen zu vermeiden.

Abb. 4 zeigt den von Telefunken gebauten Kurzwellenempfänger. Derselbe ist zwecks Abschirmung in einen Metallkasten aus Kupfer oder Aluminium gesetzt und hat Audiongegentaktschaltung, Überlagerer und zwei Niederfrequenzstufen.

Die Gegentaktschaltung (s. Abb. 5) gewährleistet dank ihrer Symmetrie definierte Kapazitätsverhältnisse und macht den Empfänger in Verein mit der Abschirmung praktisch handunempfindlich.

Als Antenne verwendeten wir für das Flugzeug in der Hauptsache fest verspannte Dipole.

Abb. 6 zeigt Ihnen schematisch eine Ausführungsform derselben. Die beiden Hälften des Dipols liegen symmetrisch und quer zur Flugzeugachse und laufen in angemessenem Abstand längs der Tragflächen.

In Abb. 7 sehen Sie schematisch den Dipol schräg zur Flugzeugachse verspannt zwischen Tragflächenende und Leitwerk.

Die Erregung des Dipols erfolgt in der Mitte durch bifilare, also praktisch strahlungsfreie Zuleitungen. Die Kopplung der Antenne am Sender oder Empfänger ist induktiv. Als Indikator für die Abstimmung der Antenne dient beim Senden ein Glühlämpchen, das zu einigen Zentimetern Antennendraht in Nebenschluß liegt.

Abb. 8 zeigt Ihnen den Aufbau des Querdipols an unserem Flugzeug D 212. Indikatorlämpchen und Energiezuführung sind zu erkennen. Die Antenne ist symmetrisch unterteilt, um bei Sendeversuchen rasch auf verschiedene Wellen schalten zu können. Die einmal auf eine bestimmte Welle abgestimmte Antenne kann auch für Empfang auf beliebiger Wellenlänge verwendet werden, da der benutzte Empfänger mit aperiodischer Antenne arbeitet.

Abb. 9 zeigt die Bordstation in der Kabine des Flugzeuges D 212. Auf dem federnd aufgehängten Tisch steht

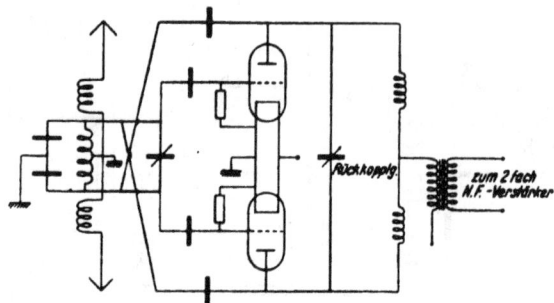

links der Empfänger mit Gleichrichtermeßgerät und rechts der Sender mit Taste, Schalttafel, Zeichengeber und Lastausgleich. Die Energiezuführung zur Dipolantenne sieht man rechts abgehen. Unten sind der Wellenmesser und die Steckspulen für Empfänger, Wellenmesser und Sender zu sehen.

Zu der Bordstation möchte ich bemerken, daß sie in ihrem Aufbau ein fliegendes Laboratorium darstellt und daß daraus nicht etwa ein Schluß auf die Größe einer endgültigen Kurzwellenbordstation gezogen werden soll. Natürlich sind wir bestrebt, Gewicht und Raumbedarf der Stationen weiter zu vermindern. Der von uns gebaute 70-Watt-Kurzwellensender wiegt in seiner augenblicklichen Form etwa 7 kg und mißt 35 · 25 · 20 cm.

Abb. 10 zeigt unsere Bodenstation im Laboratorium. Links befindet sich der Sender mit Betriebsmitteln, rechts der Empfänger mit Meßgeräten, oben die Energieleitungen, die zu den Antennendurchführungen (rechts oben) führen.

In Abb. 11 sehen Sie die Antenne der Bodenstation; links den Horizontaldipol mit Energiezuführung und Indikatorlämpchen; rechts den Vertikaldipol.

3. Empfang im Flugzeug.

In der Einleitung habe ich bereits kurz auf die Bedenken hingewiesen, die gegen den Kurzwellenempfang im Flugzeug geltend gemacht wurden.

Die Zündkabel von Explosionsmotoren strahlen bekanntlich beim Überschlag des Zündfunkens kurze Wellen aus. Um über den Einfluß dieser Störungsquelle Klarheit zu erhalten, haben wir den Empfang auf den Wellen von etwa 13 bis 70 m beobachtet, wobei in der Nähe des Empfängers Explosionsmotoren in Betrieb waren. Dabei war das Zündgeräusch des Motors wohl zu hören, aber mit verhältnismäßig geringer Lautstärke. Beim Empfang in der Kabine trat das Zündgeräusch wegen der sonstigen Nebengeräusche,

Abb. 5. Schaltbild des Kurzwellenempfängers.

Dipol senkrecht zur Flugrichtung

Dipol schräg zur Flugrichtung

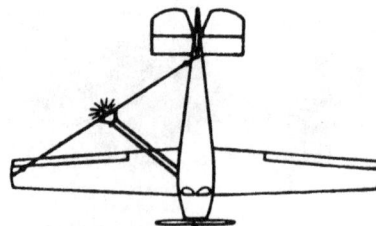

Abb. 6 und 7. Schematische Ausführungsformen von Dipolantennen an Flugzeugen.

Abb. 8. Flugzeug mit Dipolantenne quer zur Flugrichtung.

wie Propeller- und Auspufflärm nicht mehr hervor. Dagegen wurde das Kollektorgeräusch der mitlaufenden Generatoren sehr störend empfunden. Hiergegen kann man sich aber schützen, indem man den Generator auskurbelbar macht, was auch noch andere Vorteile bezüglich des Luftwiderstandes bringt.

Die starken Nebengeräusche, die im Flugzeug auftreten, erfordern große Empfangslautstärken. Dieselben können durch günstige Antennenanordnung und mehrstufige Niederfrequenzverstärkung auch erzielt werden.

Die Erschütterungen während des Fluges können durch federnde Aufhängung praktisch unwirksam gemacht werden.

Nun bleibt noch die sehr wichtige Frage zu entscheiden: Hört die drahtlose Verbindung des Flugzeuges mit der Bodenstation in einem gewissen Entfernungsbereich vollkommen auf, um erst nach einer größeren, sogenannten Sprungentfernung wieder zu beginnen?

Nach dem, was über die Ausbreitung der kurzen Wellen bisher bekannt ist[1]), wäre diese Frage zu bejahen. Es werden tote Zonen angegeben, die verschieden sind für die verschiedenen Wellen und verschieden je nach Tageszeit, d. h. Beleuchtung der Übertragungsstrecke, und nach Jahreszeit. Auch die Bodenformation spielt für die innere Grenze der toten Zone bei Empfang am Boden eine große Rolle.

Als Mittelwerte für die Grenzen der toten Zone werden z. B. angegeben (vgl. Abb. 12):

Für 33-m-Welle bei Tageslicht:

als innere Grenze 80 km Entfernung vom Sender,
als äußere Grenze 250 km Entfernung vom Sender.

Bei Nacht:

als innere Grenze 150 km Entfernung vom Sender,
als äußere Grenze 200 km Entfernung vom Sender.

Für 16-m-Welle bei Tageslicht:

als innere Grenze   50 km Entfernung vom Sender,
als äußere Grenze 1000 km Entfernung vom Sender.

[1]) R. A. Heising, J. C. Schelleng und G. C. Southworth, Proc. I. R. E. 14 (1926), 613.

Abb. 9. Kurzwellenbordstation, eingebaut in D 212.

Bei Nacht:

als innere Grenze 100 km Entfernung vom Sender.

Die letztere Welle soll bei Nacht auf größere Entfernung als 100 km unhörbar sein.

Wellen, die länger sind als etwa 45 m, zeigen nach diesen Berichten keine ausgeprägten empfangslosen Zonen mehr.

Um diese wichtige Frage der toten Zonen zu klären, haben wir mit deren Untersuchung mittels des Flugzeuges begonnen. Wir bauten zu diesem Zweck einen Kurzwellenempfänger in ein Kabinenflugzeug ein, wie ich bereits zeigte, und machten dann eine Reihe von Versuchsflügen, von denen zwei hervorgehoben seien:

1. Nach Friedrichshafen am Bodensee, 600 km Entfernung von Nauen, mit Zwischenlandung in Leipzig und München.

2. Nach Königsberg, 550 km von Nauen, mit Zwischenlandung in Danzig.

Laufend beobachtet wurden die drei großen Verkehrssender der Großfunkstation Nauen:

aga auf Welle 15,0 m ⎫
agb auf Welle 26,1 m ⎬ mit je 7 kW
agc auf Welle 18,2 m ⎭ Antennenleistung.

Das Ergebnis war folgendes:

Der Flug nach Friedrichshafen Ende Februar 1927 zeigte, daß bis zu 600 km Entfernung vom Sender eine ausgeprägte tote Zone nicht vorhanden ist bei den Wellen von 15, 18 und 26 m. Wohl sind Schwankungen der Intensität beobachtet worden, die ein Minimum der Intensität erkennen lassen. Dasselbe lag in unserem Falle etwa zwischen 150 km und 400 km. Die Empfangsgüte war stets ausreichend für Verkehr. Die bei den Landungen bei abgestelltem Motor gemessenen Werte waren für alle beobachteten Wellen sehr groß (unend-

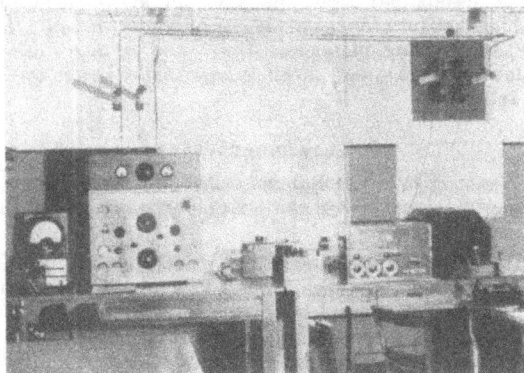

Abb. 10. Kurzwellenbodenstation.

Abb. 11. Antennenanlage der Kurzwellenbodenstation.

7*

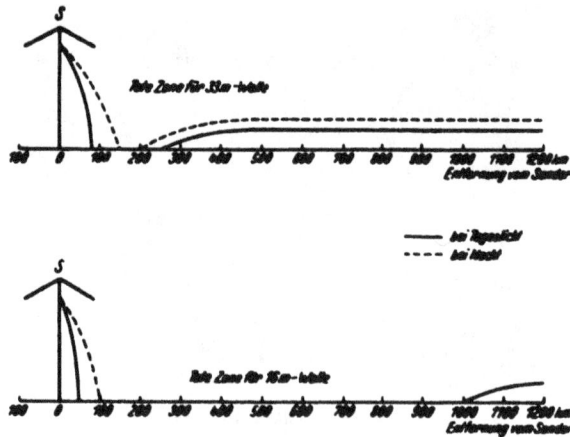

Abb. 12. Schematische Darstellung der seitherigen Auffassung über die toten Zonen.

lich an der Hörbarkeitsskala des Lautstärkenmessers). Diese Beobachtungen am Boden wurden vorgenommen in Entfernungen von 50, 145, 500 und 600 km vom Sender. Die Flughöhe schwankte zwischen 2500 m und einigen hundert Metern. Ein wesentlicher Einfluß derselben auf den Empfang konnte nicht festgestellt werden.

Ausländische Kurzwellenstationen (z. B. englische, süd- und nordamerikanische und australische) im Wellenbereich von 15 bis 27 m wurden während des Fluges zum Teil mit erheblich größerer Lautstärke empfangen als die drei Nauener Stationen, obwohl die Sendeenergie ungefähr dieselbe ist.

Am meisten ausgeprägt müßte die tote Zone bei den kürzeren Wellen (um 15 m herum) sein, sofern sie überhaupt vorhanden ist. Deshalb wurde auf dem Flug nach Königsberg (Anfang März 1927) die Aufmerksamkeit hauptsächlich auf die 15-m-Welle des aga-Senders in Nauen gerichtet.

Das Ergebnis war folgendes:

Empfang der 15-m-Welle war immer vorhanden, und zwar stets ausreichend für Verkehr. Auch hier zeigte sich eine Schwächung der Intensität, die in demselben Entfernungsbereich, wie oben angegeben, lag.

Nach dem, was über die tote Zone bekannt ist, hätte nach 50 km Entfernung vom Sender der Empfang aufhören müssen und erst nach mehr als 1000 km Entfernung wieder auftreten können.

Man kann also zusammenfassend sagen:

Absolut tote, d. h. völlig empfangslose Zonen sind bis zu Entfernungen von 600 km vom Sender nicht gefunden worden für die Wellen 15, 18 und 26 m. Wenn man in Betracht zieht, daß Stationen, die 1500, 6000, 11000 und 20000 km entfernt sind, wesentlich lauter (z. T. um ein Vielfaches lauter) gehört wurden als die Nauener Stationen, so kann man sagen, daß wohl eine Zone großer Schwächung vorhanden ist, in der jedoch bei einigermaßen großen Bodensendern (7 kW) noch guter Empfang möglich ist.

Über diese Versuche haben wir bereits im März ds. Js. eine Notiz in den »Naturwissenschaften«[1]) veröffentlicht.

4. Senden vom Flugzeug.

Die Strahlungsverhältnisse bei Flugzeugantennen sind gerade für Kurzwellen denkbar günstig. Im Gegensatz zu den Langwellen gestaltet sich hier das Verhältnis von verfügbarer Antennenlänge zur Wellenlänge sehr vorteilhaft. Dadurch wird der Strahlungswiderstand erhöht, und

die großen energieverzehrenden Antennenverlängerungsspulen können vermieden werden. Ferner können mit Erfolg auch festverspannte Antennen verwendet werden, die man zweckmäßig als Dipole erregt. Ein großer Vorteil liegt auch darin, daß bei dem in einiger Höhe schwebenden Flugzeug die gesamte Strahlung als Raumstrahlung die Antenne verläßt, wogegen bei den am Boden befindlichen Antennen im allgemeinen ein großer Teil als Oberflächenstrahlung an die Erdoberfläche gebunden ist und von dieser besonders bei Kurzwellen stark absorbiert wird.

Diese günstigen Strahlungsverhältnisse lassen ein entsprechend günstiges Ergebnis des Sendens mit kurzen Wellen vom Flugzeug vermuten, vorausgesetzt, daß sich die tote Zone nicht unangenehm bemerkbar macht. Um darüber Klarheit zu erhalten, haben wir mit verschiedenen Wellen eine Reihe von Kurzwellensendeflügen unternommen.

Mit Welle 19,4 m und etwa 100 Watt ausgestrahlter Leistung unternahmen wir u. a. im April einen Sendeflug von Berlin nach München und zurück, wobei in Berlin und Danzig der Empfang beobachtet wurde. Für diese Welle wird von amerikanischer Seite die tote Zone am Tage von etwa 60 bis 800 km Entfernung vom Sender angegeben. Innerhalb dieser Grenzen sollte also praktisch kein Empfang vorhanden sein. Im Gegensatz dazu war bei unseren Versuchen der Empfang bis zu 810 km Entfernung laufend vorhanden, und zwar meist ausreichend für Verkehr.

Allerdings war der Empfang etwas flackernd, d. h. bei starken atmosphärischen Störungen waren die Zeichen mitunter minutenlang sehr schwach oder ganz verschwunden. Ein ähnliches Ergebnis lieferte diese Welle auf einem Sendeflug nach Hannover (260 km Entfernung).

Mit Welle 38 m und 90 Watt Sendeleistung wurde im Mai ein Sendeflug unternommen. Der Empfang dieser Welle in Geltow und Königsberg war ausgezeichnet auf der ganzen Strecke. Von einer toten Zone, die etwa zwischen 100 und 200 km Entfernung bei Tag liegen soll, war keine Spur zu merken. Leider fand dieser Flug in Aschaffenburg ein jähes Ende. Wegen Motorstörung mußten wir dort notlanden und büßten Fahrgestell und Propeller ein. Das Flugzeug mußte abgeschleppt werden.

Um eine ev. Richtwirkung der Dipolantenne auf größere Entfernung festzustellen, wurden Richtungsflüge gemacht. So wurde z. B. bei München ein Viereck geflogen von etwa 30 km Seitenlänge, wobei die Antenne abwechselnd in Richtung zum Empfangsort in Berlin und abwechselnd senkrecht zu dieser Richtung lag. Dabei wurde mit Welle 19,4 m gesendet. Ein Unterschied im Empfang, verursacht durch die verschiedene Orientierung des Dipols, konnte auf dieser Welle in rd. 500 km Entfernung nicht festgestellt werden. Dasselbe Ergebnis wurde später für 38-m-Welle erhalten bei einem Viereckflug bei Berlin und Empfangsbeobachtung in Königsberg.

Zusammenfassend kann man sagen, daß in Übereinstimmung mit den Empfangsbeobachtungen im Flugzeug auch beim Senden vom Flugzeug mitunter Zonen großer Schwächung feststellbar sind, die aber im allgemeinen durch Wahl günstiger Antennen bei genügender Energie (etwa 100 Watt Flugzeugsendeleistung und einige Kilowatt Bodenstationsleistung) noch ausreichende Lautstärke für Verkehr geben.

5. Zusammenfassung.

Wenn ich nun die Summe ziehen will über unsere bisherigen Kurzwellenversuche im Flugverkehr, so kann man folgendes sagen:

Die großen Entfernungen über 1000 km sind mit Kurzwellen im Flugzeug wahrscheinlich sicher und gut überbrückbar, wie der von uns festgestellte gute Empfang der ausländischen Kurzwellenstationen, die 1500, 6000, 11000 und 20000 km entfernt sind, im Flugzeug nahegelegt. Für die Entfernungen bis zu etwa 1000 km, innerhalb denen die sogenannten toten Zonen liegen sollen, zeigen unsere Versuche,

---

[1]) »Versuche über die Ausbreitung kurzer Wellen«, Naturwissenschaften 15 (1927), 357.

daß von völlig empfangslosen Zonen nicht gesprochen werden kann. Wohl treten innerhalb gewisser Wellenbereiche Zonen großer Schwächung auf, die aber im allgemeinen einen ausreichenden Verkehr gestatten.

Genaues über die sogenannte tote Zone einer Welle läßt sich allerdings erst sagen, wenn man eine größere Zahl vom wiederholten Beobachtungen über diese Welle zu ver-schiedenen Zeiten hat. Außerdem muß noch das ganze Wellenband von 10 bis 150 m untersucht werden. Auch ist es wünschenswert, quantitative Untersuchungen, möglichst Feldstärkemessungen, auszuführen. Sehr wichtig ist auch eine Untersuchung der günstigsten Antennenform, ferner der zu wählenden Betriebsart und schließlich der aufzu-wendenden Energie des Senders.

Über Kühlergefrierschutzmittel.

Von Erich Rackwitz und Alexander v. Philippovich.

83. Bericht der Deutschen Versuchsanstalt für Luftfahrt, E. V., Berlin-Adlershof (Stoff-Abteilung).

Bei Wasserkühlung von Explosionsmotoren entsteht bei niederen Außentemperaturen die Gefahr des Einfrierens, wodurch die Motoren schwer beschädigt werden können. Man ist daher bestrebt, den Gefrierpunkt des Wassers soweit herabzusetzen, daß bei den praktisch zu berücksichtigenden Temperaturen ein Einfrieren ausgeschlossen ist.

Den Gefrierpunkt von Wasser kann man durch Zugabe löslicher Stoffe erniedrigen. So erreicht man z. B. durch Auflösen von Kochsalz in Wasser eine Gefrierpunktserniedrigung um 21° C. Ähnlich wirken in Wasser mischbare Flüssigkeiten; in erster Linie Alkohol, Äthylalkohol, Glyzerin und Äthylenglykol, die den Gefrierpunkt des Wassers stark herabsetzen.

Die Anwendung von Salzen als Gefrierschutzmittel verbietet sich wegen der möglichen Rückstandbildung und des stark korrodierenden Angriffes von salzhaltigem Wasser auf die Metallteile. — Gewöhnlicher Alkohol eignet sich weniger, weil er zu leicht flüchtig ist und bei höheren Kühlwassertemperaturen abdestilliert. Aussichtsreichere Gefrierschutzmittel sind Glyzerin und ein ihm sehr nahe stehender Stoff, Äthylenglykol. Beide haben hohe Siedepunkte, sodaß sie beim langsamen Verdunsten des Wassers im Kühler zurückbleiben und nicht verloren gehen. Ein einfaches Auffüllen des Kühlers mit Wasser ergibt wieder fast die gleiche Mischung, wie sie ursprünglich angewendet wurde. Beide Stoffe, Glyzerin bzw. Äthylenglykol, greifen Metalle nicht an.

Die auf dem Markt befindlichen Gefrierschutzmittel bestehen im wesentlichen aus Glyzerin, Äthylenglykol oder wässrigen Lösungen dieser. In der folgenden Zahlentafel 1 sind einige Eigenschaften von Alkohol, Glyzerin, Äthylenglykol und zwei Gefrierschutzmitteln des Handels, — bezeichnet mit Gefrierschutz A und Gefrierschutz B — zusammengestellt.

Zahlentafel 1. Eigenschaften der untersuchten Schutzmittel.

Stoff	Dichte kg/l 15°C	Refraktion n_D 20	Siedepunkt °C	Gefrierpunkt °C
Alkohol (rein 100 vH) . .	0,789	1,3614	78	—114
Äthylenglykol (rein, konzentriert)	1,109	1,4273	197	— 12
Glyzerin (rein, konz.) . .	1,260	1,4729	290	— 19
Gefrierschutz A	1,111	1,4331	188	— 19
Gefrierschutz B wässrig 70 vH	1,190	1,4147	110	— 35

Das Schaubild (Abb. 1) zeigt die durch verschieden große Zusätze von Gefrierschutzmitteln zu Wasser bewirkten Gefrierpunkts-Erniedrigungen.

Die Gefrierkurven für wässerigen Alkohol und wässeriges Glyzerin wurden nicht neu bestimmt, sondern nach den zahlenmäßigen Angaben in der Literatur[1] eingetragen. Die Bestimmung des Gefrierpunktes erfolgte so, daß die Mischungen in einem Kältebad abgekühlt wurden. Nach Kristallisationsbeginn ließ man die Mischung sich wieder langsam erwärmen, bis die Kristalle schmolzen. Diese Art der Bestimmung wurde angewendet, weil meistens Unterkühlung eintrat und die dabei gefundenen Gefriertemperaturen tiefer lagen als beim Frieren ohne Unterkühlung. Die so erhaltenen Werte liegen etwas höher, als wenn man die Erstarrungstemperatur direkt bestimmt. Im Schaubild sind nur die bis zu einem Gehalt des Wassers an 40 Gew.-vH Gefrierschutzmittel erhaltenen Werte eingetragen, da nur diese Mischungsverhältnisse praktisch in Betracht kommen. Mischungen mit mehr Alkohol frieren tiefer, bis bei einem Gefrierpunkt von —114° auch der reine Alkohol erstarrt. Die höherprozentigen Mischungen aus Glykol und Glyzerin zeigen aber keinen eigentlichen Gefrierpunkt mehr, sondern werden bei tiefen Temperaturen zähe und honigartig, fadenziehend; die reinen wasserfreien Stoffe zeigen allerdings wieder ihren verhältnismäßig hochliegenden Gefrierpunkt.

Zur Beurteilung der Verwendung von Gefrierschutzmitteln sei die bereits oben kurz erwähnte Korrosion der Kühler durch salzhaltiges Wasser etwas näher erläutert. — Man wird im allgemeinen möglichst salzfreies Wasser zur Füllung des Kühlers anwenden, also Regenwasser, destilliertes oder auf irgendeine andere Weise gereinigtes oder enthärtetes Wasser. Nicht immer wird man aber reines Wasser im Flugbetrieb zur Verfügung haben. Die Verwendung von salzhaltigem Leitungs-, Fluß- oder sogar Seewasser und ihre häufige Erneuerung führt zur Abscheidung von Salzen an den Zylinder- oder Kühlerwandungen; es bilden sich unangenehme Ablagerungen von Kesselstein, die besonders auch die Kühlverhältnisse wesentlich verschlechtern. Abgesehen davon, verursachen aber die salzhaltigen Wässer eine stärkere Rostung (Korrosion) von

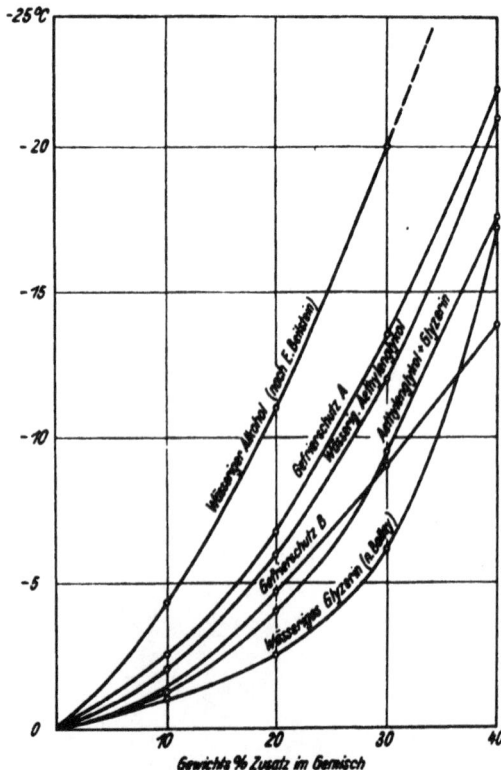

Abb. 1. Gefrierpunktserniedrigungen durch verschiedene Schutzmittelzusätze.

-25°C

— 20

— 15

— 10

— 5

0

10   20   30   40

Gewichts % Zusatz im Gemisch

[1] Hütte, des Ingenieurs Taschenbuch 1925, Bd. 1, S. 444.

Eisen und Stahl, und es können hierdurch die Zylinder frühzeitig unbrauchbar werden. Eine solche starke Korrosion des Eisens wird besonders noch dadurch begünstigt, daß für den Bau von Zylinder und Kühlmantel im allgemeinen, mit Rücksicht auf die bessere Verarbeitbarkeit, Stahl oder Eisen verschiedener chemischer Zusammensetzung benutzt wird. Dadurch sind korrosionsfördernde Potentialspannungen gegeben. Außerdem wird auch durch die erhöhte Temperatur, wie wir sie in der Zylinderwandung haben, der Korrosionsangriff durch Salzlösungen beschleunigt.

Bei Verwendung von Gefrierschutzmitteln braucht man das Kühlwasser zur Vermeidung des Einfrierens nicht abzulassen, man kann also immer das gleiche Wasser verwenden. Dadurch ist zunächst die Möglichkeit der Kesselsteinbildung stark vermindert, aber auch die Korrosion läßt sich auf ein Mindestmaß herabsetzen, wenn bei der einmaligen Füllung möglichst salzfreies Wasser verwandt wird. Diese Gründe lassen die Verwendung von Gefrierschutzmitteln als erwünscht erscheinen.

Andererseits sei kurz auf folgenden Nachteil hingewiesen. Das Anlassen von kalten Motoren im Winter ist mit Schwierigkeiten verbunden. Man hilft sich vielfach dadurch, daß man den Kühler mit warmem Wasser anfüllt; ist kein heißes Wasser zur Verfügung, so läßt man den Motor ohne Kühlwasser anlaufen und füllt erst dann Wasser nach. Bei der Anwendung von Gefrierschutzmitteln setzt man

voraus, daß der Motor sich unter 0° C abkühlt; das Anlassen eines kalten Motors, dessen Kühlleitungen mit gleichkaltem Gefrierschutzmittel angefüllt sind, ist schwieriger als das eines gleichkalten Motors ohne Kühlflüssigkeit, weil dieser schneller warm wird. Aus diesem Grunde wird man bei tiefen Temperaturen (weniger als —10° C) auch Kühlwasser mit Gefrierschutzmitteln ablassen müssen und das Kühlwasser erst nach dem Anspringen in den Kühler des angewärmten Motors wieder einfüllen. Dabei ist aber an die großen Temperaturunterschiede zwischen warmer Zylinderwandung und dem eiskalten Kühlwasser zu denken.

Infolge dieses Umstandes hat sich die Verwendung von Gefrierschutzmitteln im Flugbetrieb bisher nicht einbürgern können, auch ist meist die Möglichkeit vorhanden, bei Notlandungen im Winter nach Ablassen des Kühlwassers frisches Wasser vorgewärmt einzufüllen. Immerhin scheint die Verwendung von Gefrierschutzmitteln in solchen Fällen angeraten zu sein, wo eine Erneuerung des Kühlwassers nur sehr schwer möglich ist. Dann wird das Flugzeug allerdings ein Gefäß zum Auffangen und Vorwärmen des mit dem Gefrierschutzmittel versetzten Kühlwassers mitnehmen müssen.

Praktische Erfahrungen mit Gefrierschutzmitteln im Flugbetrieb liegen bei der DVL bisher nicht vor, es ist aber beabsichtigt, bei Eintritt der kalten Witterung die Kühlergefrierschutzmittel auch praktisch im Betrieb zu erproben.

Der neue Höhenforschungs-Freiballon Bartsch von Sigsfeld.

Von Martin Schrenk.

84. Bericht der Deutschen Versuchsanstalt für Luftfahrt, E.V., Berlin-Adlershof (Höhenflugstelle).

Durch die Tagespresse gingen vor kurzer Zeit mehr oder weniger zutreffende Nachrichten über die Schaffung eines Höhenfreiballons und die damit geplanten Versuche. Nachdem nun die Abnahmefahrt mit diesem Ballon erfolgreich durchgeführt worden ist, soll hier für die wissenschaftliche Öffentlichkeit eine kurze Darlegung der Entstehungsgeschichte, der technischen Ausrüstung und der Aufgaben dieses Freiballons gegeben werden.

Warum Höhenforschung im Freiballon?

Seit der Befreiung der deutschen Luftfahrt von den technischen Fesseln des Londoner Ultimatums hat die Frage der Höhenluftfahrt nicht nur alle beteiligten Stellen, sondern auch die deutsche Öffentlichkeit in immer steigendem Maße beschäftigt. Noch ist freilich nicht entschieden, in welchem Umfange Höhenluftfahrt in der Zukunft eine Rolle spielen wird (wenn auch überschlägige Rechnungen einen solchen Verkehr durchaus als möglich erscheinen lassen).

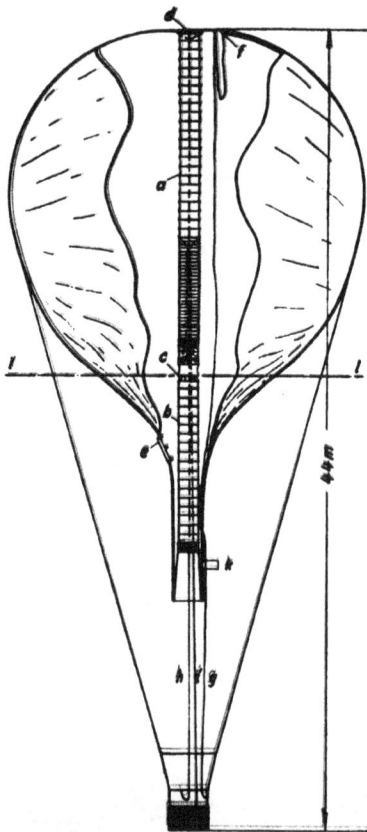

Abb. 1. Querschnitt durch den Höhenballon.
Die Zeichnung zeigt im richtigen Maßstab die Anordnung des Schachtes und der Ausströmöffnungen (Laterne). Der Ballon ist 50 vH gefüllt. Die Laterne ist bis zum Niveau des atmosphärischen Drucks heraufgezogen.

a ist der obere Teil des Gasschachtes, *b* der untere Teil, *c* die ringförmige Ausströmöffnung (Laterne), *d* das Manövrierventil, *e* das Überdruck- (Sicherheits-) Ventil, *f* die Reißbahn, *g* die Reißleine, *h* die Ventilleine, *i* die Leine zum Hochziehen der Laterne, *k* der Füllstutzen, *l* die Niveaufläche des atmosphärischen Drucks.

Es fehlen bisher die Erfahrungen in großen Höhen.

Man weiß, daß der Mensch über einer Höhe von 6 bis 7 km ohne künstliche Sauerstoffzuführung schwere Bewußtseinsstörungen erleidet. Man weiß, daß die Leistung eines Verbrennungsmotors mit zunehmender Höhe abnimmt und hat auf Grund von Überlegungen gewisse Formeln für dieses Verhalten aufgestellt. Es sind Kammern gebaut worden, in denen der Mensch oder der Motor der Wirkung verdünnter Luft ausgesetzt werden kann. Diese Kammern sind ein sehr wertvolles Hilfsmittel zum Studium dieser Verhältnisse. Aber zur restlosen und einwandfreien Erforschung der Vorgänge in der wirklichen Atmosphäre reichen sie in der heutigen Form nicht aus; denn es fehlt die niedere Temperatur und außerdem für alle Untersuchungen, die den Menschen betreffen, der bis jetzt noch kaum erforschte Einfluß der Strahlung in der freien Atmosphäre.

Man muß also die Höhen unmittelbar aufsuchen, wenn man sichere Erfahrungen sammeln will. Und man muß sie oftmals aufsuchen. Das nächstliegende Mittel hierzu wäre das Flugzeug. Aber ein Flugzeug, welches die zunächst in Betracht kommenden Höhen von 10 bis 12 km mit mehreren Personen zu erreichen imstande wäre, müßte erst geschaffen werden und würde sehr teuer zu stehen kommen. Überdies ist wissenschaftliches Arbeiten im Flugzeug infolge der unvermeidlichen Geräusche und Erschütterungen mit Hindernissen verbunden. Schließlich ist die Aufenthaltszeit eines solchen Flugzeuges in großer Höhe wegen des geringen Nutzlastüberschusses, der bei einer ersten Versuchsausführung zu erwarten ist, voraussichtlich recht beschränkt.

Aus diesen Erwägungen heraus gab die DVL einem Freiballon als einem schnell zu schaffenden Werkzeug für Höhenforschung den Vorzug. Dabei wurde der Nachteil in Kauf genommen, daß die Vorbereitungen und der Abschluß jeder Fahrt einen ziemlichen Arbeitsaufwand erfordern. Dies konnte um so eher in den Hintergrund treten, als die tatkräftige Mithilfe der Luftschiffbau Zeppelin G.m.b.H. in Friedrichshafen die denkbar günstigsten Voraussetzungen für die erfolgreiche Durchführung der Fahrten geschaffen hat.

Zur Geschichte des Höhenballons.

Wissenschaftliche Höhenfahrten im Freiballon sind im 19. und 20. Jahrhundert in verschiedenen Ländern der Alten Welt durchgeführt worden.

In Deutschland sind in erster Linie zu nennen die klassischen 75 wissenschaftlichen Freiballonfahrten von Aßmann, Berson, Groß, v. Sigsfeld und Süring in den Jahren 1888 bis 1899[1]. Zwei Jahrzehnte später waren es Wigand und seine Mitarbeiter, deren Hallenser Fahrten in den Jahren 1910 bis 1913 insbesondere den Höhen über 6 km galten[2]. Alle diese Fahrten waren ganz vorwiegend aerologischen Problemen gewidmet.

Sie waren ferner dadurch gekennzeichnet, daß die erflogenen Höhen von 7 bis 9½ km — Berson erreichte bei einer Alleinfahrt am 4. Dezember 1894 im Ballon »Phönix« (2630 m³) eine Höhe von 9,15 km, Wigand mit Lutze im Ballon »Harburg III« (2200 m³) eine solche von 9,42 km —

---

[1] Aßmann u. Berson, »Wissenschaftliche Luftfahrten« (3 Bände). Braunschweig 1899.
[2] Siehe z. B. Wigand, »Wissenschaftliche Hochfahrten im Freiballon«. Berlin 1914.

Abb. 2. Der Gasschacht.
Die beiden Teile des Gasschachtes sind in der großen Halle des Luft-
schiffbaus Zeppelin aufgehängt. Der obere Teil des Schachtes mit
der Laterne hängt links. An der Laterne ist die Versuchseinrichtung
für die Überströmversuche angebracht.

Abb. 3. Der Riese und der Zwerg.
»Bartsch von Sigsfeld« gefüllt mit 6000 m³ und »München« mit 800 m³.

das Äußerste darstellten, was mit dem vorhandenen Material
unter größter Einschränkung der Teilnehmerzahl und der
Ausrüstung erreicht werden konnte. Dagegen wurde die
Hochfahrt von Berson und Süring im Ballon »Preußen«
am 31. Juli 1901 auf 10,8 km mit einem Freiballon ausgeführt, dessen Tragkraft in dieser Höhe noch nicht voll
ausgenutzt war. Dieser Ballon kann als unmittelbarer Vorläufer des »Bartsch von Sigsfeld« angesehen werden.

Freiballons in dieser Größe sind in der ganzen Geschichte
der Luftfahrt nur einige wenige Male gebaut worden.

Der älteste in der Literatur zu findende Riesenballon
war der »Pole-Nord« von Tissandier mit einem Rauminhalt von 11 500 m³, von dem Aßmann in dem oben erwähnten Werk berichtet. Dieser Ballon hat im Jahre 1869
einige Aufstiege, davon einen mit 9 Personen, ausgeführt.
Einzelheiten darüber sind nicht bekannt. Es ist anzunehmen, daß ein so großer, noch dazu durch Leuchtgasfüllung
gegen thermische Änderungen sehr empfindlicher Ballon
mit den damaligen technischen Hilfsmitteln, mit Schlepp-
anker und ohne Reißbahn, äußerst schwierig zu handhaben
war. Die Ereignisse des Jahres 1870 werden diesem in-
teressanten, seiner Zeit vorauseilenden Versuch wohl ein
Ende gesetzt haben.

Der nächste Ballon von dieser Größenordnung war die
schon oben genannte »Preußen« (8400 m³). Die Preußen war ursprünglich für eine aerologische Dauerfahrt bestimmt, welche
jedoch mißglückte. Daraufhin wurde der Ballon dem Preu-
ßischen Meteorologischen Observatorium in Potsdam zur
Verfügung gestellt. Drei Höhenfahrten wurden in den
Jahren 1901 und 1903 damit ausgeführt, von denen die
Rekordfahrt auf 10,8 km Höhe allgemein bekannt ist. Korb
und Hülle sind jetzt im Deutschen Museum in München
aufgestellt.

Ein abenteuerlicher Plan, nämlich die Überquerung des
Atlantischen Ozeans mit Hilfe des Passatwindes von den

Kanarischen Inseln aus, verschaffte einem weiteren großen
Ballon im Jahre 1913 ein kurzes Dasein. Der Ballon
»Suchard II«, von Metzeler erbaut, faßte 7250 m³ und sollte
imstande sein, drei Mann 10 bis 14 Tage lang zu tragen.
Er besaß Einrichtungen zur Berieselung der Hülle, durch
welche das Gas vor Erwärmung durch Sonnenbestrahlung
geschützt werden sollte. Soviel bekannt, hat der Ballon
nur zwei Fahrten unter Führung von Bletschacher ausgeführt. Die Ozeanüberquerung unterblieb.

»Bartsch von Sigsfeld« ist mit 9500 m³ somit der größte
deutsche und der zweitgrößte überhaupt je gebaute Freiballon. —

Die Absicht zum Bau dieses Ballons reifte Ende vorigen
Jahres bei der DVL, in erster Linie gefördert durch
Hoff. Nachdem zwei namhafte Ballonwerkstätten Angebote eingereicht hatten, wurde der Bau Ende Januar
der Luft-Fahrzeug-Gesellschaft m. b. H., Werk Seddin,
übertragen. Das Verdienst der glücklichen Durchführung
des Baues, bei dem zu wiederholten Malen unvorhergesehene
technische Probleme zu lösen waren, gehört neben dem
Leiter des Herstellerwerkes, Major a. D. Stelling, in erster
Linie dem Konstrukteur des Ballons, Dipl.-Ing. Naatz.
Doch steckt auch ein gut Teil Gemeinschaftsarbeit darin,
die seitens der DVL außer vom Verfasser, hauptsächlich
von Kamm, der über reiche Ballonerfahrungen verfügt,
geleistet wurde.

Technische Anforderungen und ihre Lösung.

Zunächst einige allgemeine Angaben über die Abmessungen des Ballons:

Der Nenninhalt des Ballones ist 9500 m³, sein Durch-
messer 26,3 m. Das Netz in LFG-Bauart mit gegen den
Zenith abnehmender Maschenzahl gewährleistet kugelige
Form des Ballones und gute Spannungsverteilung. Die
Hülle besteht aus doppeltem Baumwollstoff mit einer
Gummizwischenlage. Hülle und Netz sind mit Rücksicht
auf Abnutzung und Strahlungseinflüsse mit großer Sicher-
heit berechnet.

An 48 Auslaufleinen hängt der Korb aus Weidengeflecht mit den Abmessungen 2,3 × 1,8 m. Er bietet Raum für bequemes Arbeiten von 4 bis 5 Personen. Außerdem kann der zur Zeit im Bau befindliche zehnpferdige Einzylinder-Versuchsmotor der DVL darin eingebaut werden. Die ungefähren Gewichte sind:

Hülle	850	kg
Netz	720	»
Gasschacht mit Einrichtung . . .	170	»
Ventile und Zubehör	100	»
Korb	170	»
Korbringe und Gehänge	70	»
150 Sandsäcke mit Leinen	90	»
Verpackungsplan	40	»
Schleppseil	100	»
	Leergewicht 2310	kg

Dazu kommt die Instrumenten- und Sicherheitsausrüstung mit einem ganz erheblichen Betrag.

Die durch die Inbetriebsetzung des Motors vorhandene Feuersgefahr gab der Aufgabenstellung von vornherein ihre besondere Färbung. Natürlich wird die hauptsächlichste Brandgefahr beseitigt, wenn man darauf verzichtet, den Motor während des Steigens des Ballons und Austretens des Wasserstoffgases aus dem Füllansatz in Betrieb zu setzen. Aber darüber hinaus mußte durch Abführung des Ballongases an einer vom Korb möglichst weit entfernten Stelle vollständige Sicherheit gegen Entzündung geschaffen werden.

Man entschied sich dafür, das beim Steigen im Prallzustand freiwerdende Gas in einen zentralen kaminartigen Schacht eintreten und oben im Zenith ausströmen zu lassen[1]).

---

[1]) Nicht aber die Verbrennungsgase des Motors, wie einige Tageszeitungen ganz ernsthaft berichteten! Auch ist der Schacht leider nicht feuersicher!

Abb. 4. Abfahrt.

Dieser Schacht muß unten offen sein, damit keine statische Heberwirkung entsteht, sondern der Schacht nach Aufhören der Gaszufuhr mit Luft durchgespült wird. Ein Austreten des Wasserstoffgases nach unten in nennenswerter Menge ist infolge der Schornsteinwirkung des Schachtes so gut wie ausgeschlossen, wenn man von übermäßig hohen Steiggeschwindigkeiten absieht.

Naatz erkannte bald, daß mit einem solchen Schacht noch ein weiterer ballontechnischer Vorteil verbunden werden kann. Wenn man nämlich die ringförmige Ausströmöffnung des Schachtes durch einen Flaschenzug vom Korb aus nach der Höhe verstellbar einrichtet — natürlich muß hierbei der darunterliegende Teil des Schachtes harmonikamäßig auseinandergezogen, der darüberliegende jedoch entsprechend zusammengefaltet werden —, so kann man Ausströmen des Gases schon vor Erreichen des Prallzustandes des Ballons erzwingen. Und zwar wird Gas in dem Augenblick ausströmen, wo die Niveaufläche des atmosphärischen Druckes im Ballon gerade durch die Ausströmöffnung geht. Man kann also mit dieser Einrichtung den Ballon in jeder Höhe bei beliebigem Füllungsgrad nach oben hin stabilisieren, also ein »Prallfahren« auch bei unprallem Ballon erreichen. Die Wirkung ist dieselbe wie die eines Ballonetts. Diese Möglichkeit erschien im Hinblick auf die Durchführung der Versuche in einzelnen Höhenstufen so wertvoll, daß sie hier verwirklicht wurde.

Für die Führung des Ballons ist es natürlich schwer, den Augenblick des Ausströmens des Gases zu erkennen, da das Prallwerden als äußeres Kennzeichen fehlt. Deshalb wurde auf Anregung des Verfassers von der Siemens & Halske A.-G. ein elektrischer Wasserstoffmesser gebaut, dessen Meßzelle in der unmittelbaren Nähe der Ausströmöffnung liegt und dessen Anzeige im Korb dem Führer einen Anhalt über Beginn, Stärke und Ende des Ausströmens gibt. Das Gerät beruht auf Messung der Unterschiede in der Wärmeleitfähigkeit von Luft und Wasserstoffgas. Es scheint sich für den vorliegenden Zweck, abgesehen von einer gewissen Trägheit, recht gut zu eignen.

Mit der oben schon berührten Schornsteinwirkung war jedoch ein Nachteil verbunden, der erst nach verschiedenen Versuchen behoben werden konnte. Der Auftrieb des leichten Gases im Schacht erzeugt an der Ausströmstelle einen statischen Unterdruck (durch den gerade das Nachströmen von Luft im Schacht hervorgerufen wird). Dieser Unterdruck würde, nachdem das Niveau des atmosphärischen Druckes im Ballon bereits wieder über die Ausström-

Abb. 5. Korb vor der Abfahrt.
Man sieht, welche Menge Ballast gebraucht wird.

öffnung gestiegen ist, ein weiteres Nachsaugen von Gas aus dem Ballon zur Folge haben. Dadurch würde der Ballon viel zu viel Gas verlieren und die Erreichung des Gleichgewichtszustandes so gut wie unmöglich sein. Die theoretischen Überlegungen in dieser Richtung wurden bestätigt durch zufällig gleichzeitig angestellte Versuche des Luftschiffbaues Zeppelin, in die uns freundlicherweise Einblick gegeben wurde.

Naatz fand für diese Schwierigkeit drei Lösungen. Die erste wurde bereits in Windkanalversuchen bei der DVL als unzulänglich erkannt, die zweite gab hierbei gute Ergebnisse, versagte jedoch im Ballon aus einem Grunde, der nicht einem Fehler in der physikalischen Überlegung entsprang. Es zeigte sich nämlich, daß die Einrichtung, welche getroffen worden war, um die Ausströmöffnungen zu schließen, infolge der unvermeidlichen Steifigkeit des Stoffes dies nur in ungenügender Weise tat, sodaß beim Stehen des Ballons in der Halle große Mengen von Luft nachgesaugt wurden. Die letzte Ausführung dieser Einrichtung, die mit einem gewichtsbelasteten Ventil ausgestattet ist, genügte den Anforderungen. Der Grundgedanke hierbei ist der, daß die zum Abschluß der Ausströmöffnung dienenden Organe durch Zuführung des atmosphärischen Außendrucks von dem Unterdruck im Schacht entlastet werden. Dies geschieht durch einen auch in den Abb. 4 und 5 erkennbaren Schlauch, der im Schacht in Höhe der Ausströmöffnung in einen ringförmigen Ventilsack mündet, der seinerseits auf die Abschlußorgane drückt. Die Einrichtung wurde durch gesonderte Schachtversuche nachgeprüft, wobei das Gas durch einen um die Ausströmöffnung gelegten Stoffsack zugeführt wurde.

Für den Fall, daß diese immerhin doch nicht ganz einfachen technischen Einrichtungen versagen sollten, ist ziemlich weit unten am Ballon ein Überdruckventil angeordnet, welches bei 10 mm Überdruck öffnet.

Die Aufhängung des Korbes geschieht ebenfalls in ungewöhnlicher Weise durch zwei Seilringe statt eines festen Korbringes. Der untere Seilring hat den Grundriß des Korbes und wird durch Innenverspannung in seiner Form gehalten; der obere Korbring ist mit dem unteren durch ein sinnreiches Gehänge verbunden, welches eine gute Verteilung der Korblasten auf eine größere Anzahl von Auslaufleinen gewährleistet. Dadurch werden die Korbleinen parallel gerichtet und gewähren größere Bewegungsfreiheit für die Insassen; außerdem wird das Gewicht und die unangenehme Verpackung des sonst notwendigen, sehr umfangreichen Korbringes vermieden.

Die Aufhängung der Ballastsäcke geschieht an besonderen Sliphaken, die die Säcke durch einfachen Fingerdruck umkippen lassen, um unnötige Arbeitsleistungen in großer Höhe zu vermeiden. Statt eines Teils der zunächst vorgesehenen 20 kg-Ballastsäcke sollen späterhin größere Säcke mitgenommen werden, um die Zahl der Aufhängeleinen, welche den Überblick und das Bedienen der Instrumente erschweren, zu vermindern.

Die gesamten technischen Einrichtungen, einschließlich der Reißbahn, wurden zunächst in der Halle und im Freien am Boden eingehend ausprobiert und eine Füllung dafür geopfert. Dieses vorsichtige Vorgehen erwies sich als sehr zweckmäßig, denn es hatte zur Folge, daß der Ballon bei der ersten Freifahrt keine nennenswerten Anstände mehr zeigte.

Die Abnahmefahrt fand am 19. Oktober 1927 unter Führung von Stelling vom Gelände des Luftschiffbaues Zeppelin aus statt. An Bord waren 7 Personen. Der Ballon war nicht ganz 60 vH gefüllt, so daß die Prallhöhe von etwa 5,6 km Höhe in einem Anstieg erreicht wurde. Beim Herabgehen wurde das Stabilisieren des Ballones mit Hilfe des Schachtes erprobt. Die gesamte technische Einrichtung arbeitete befriedigend. Die Landung vollzog sich bei ganz wenig Bodenwind im hügeligen Voralpengebiet ohne Schleppseilauswerfen und ohne Reißen sehr glatt[1].

Die nächsten Aufgaben.

Über die Aufgaben des Ballons ist schon an verschiedenen Stellen dieses Berichtes gesprochen worden. Er soll in erster Linie dienen zu physiologischen und motortechnischen Untersuchungen.

Die DVL hat seit einiger Zeit einen Arzt zur besonderen Behandlung der medizinischen Höhenprobleme eingestellt. Die Forschungen schlagen andere Wege ein, als sie von v. Schrötter, Zuntz, Koschel und anderen beschritten sind. Man hofft nach den bisherigen Ergebnissen eine wesentliche Klärung der mit der Höhenerkrankung zusammenhängenden Fragen zu erreichen. Es handelt sich hierbei um den Ausbau objektiver Untersuchungsmethoden in der Höhe und neue Schutz- und Abwehrmaßnahmen neben der Sauerstoffatmung.

Der zur Mitnahme vorgesehene zehnpferdige Einzylinder-Versuchsmotor besitzt die Möglichkeit der Veränderung des Verdichtungsverhältnisses während des Laufes des Motors. Er ist schwenkbar gelagert, sodaß das von ihm am Ventilator ausgeübte Drehmoment unmittelbar abgewogen werden kann. Der Ventilator liefert die Kühlluft für den Zylinder. Die Messungen an diesem Motor haben zunächst das Ziel, den genauen Verlauf der Höhenleistung eines Motors einschließlich Kälteeinfluß für verschiedene Verdichtungsverhältnisse festzulegen (selbstverständlich kann dabei das Gemischverhältnis in weiten Grenzen geändert werden). Temperaturmessungen an diesem Motor werden weitere wertvolle Aufschlüsse geben. Schließlich besteht die Möglichkeit, ein kleines Gebläse mitzunehmen und auf diesem fliegenden Prüfstand auch Untersuchungen über das Zusammenarbeiten von Gebläse und Motor anzustellen.

Daß bei allen diesen Fahrten sorgfältige Messungen und Aufzeichnungen von Luftdruck, Temperatur und Feuchtigkeit, für medizinische Untersuchungen überdies von der Strahlung (soweit es mit einfachen Hilfsmitteln möglich ist) gemacht werden müssen, liegt auf der Hand. Dadurch erhalten diese Fahrten gleichzeitig auch eine gewisse Bedeutung für die Meteorologie. Dagegen sind weitergehende Untersuchungen über Kondensationskerne, über Ionisation oder andere Erscheinungen der Höhenatmosphäre, wie sie z. B. Wigand durchgeführt hat, zunächst nicht geplant. Für solche Untersuchungen soll der Ballon, nachdem er seine wichtigsten Aufgaben erfüllt hat, späterhin der aerologischen Wissenschaft zur Verfügung gestellt werden.

---

[1] Walter Scherz: »Die erste Fahrt des Höhenballons«. Luftfahrt 1927, S. 361.

Über den Einfluß des Umschlingungswinkels bei über Rollen laufenden Steuerseilen.

Von Martin Schrenk.

85. Bericht der Deutschen Versuchsanstalt für Luftfahrt E.V., Berlin-Adlershof (Höhenflugstelle).

Im 77. Bericht der DVL[1]) wird die Wirkung des Durchmessers, der Form, des Werkstoffes und der Lagerung der Führungsrollen sowie der Schmierung von Flugzeugsteuerseilen auf die Lebensdauer dieser Seile dargestellt. Ein weiterer Faktor, der die Lebensdauer beeinflußt, ist der Umschlingungswinkel (φ, Abb. 1), d. h. der Winkel zwischen der Ein- und Austrittsrichtung eines Steuerseiles, das auf eine Führungsrolle aufläuft.

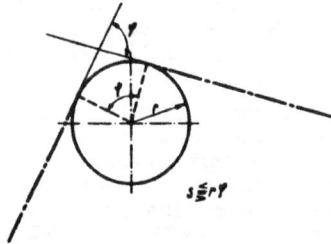

Abb. 1. Begriffsbestimmung von Umschlingungswinkel φ und Umschlingungsstrecke $r\varphi$.

Viele Konstrukteure pflegen sich bei der Wahl des Rollendurchmessers von dem Umschlingungswinkel beeinflussen zu lassen und zwar so, daß für einen großen Umschlingungswinkel eine große Rolle gewählt, für einen kleinen Umschlingungswinkel jedoch eine kleine Rolle als ausreichend erachtet wird. Diese Maßnahme, so sehr sie auf den ersten Blick einleuchtet, ist in Wirklichkeit durch nichts begründet.

Verfasser dieser Zeilen wurde schon vor längerer Zeit von einem in industrieller Praxis stehenden Manne darauf hingewiesen, daß bei einem gewissen Flugzeugmuster die Steuerseile des Höhenruders immer an einer Rolle zuerst beschädigt wurden, die besonders kleinen Umschlingungswinkel aufwies, trotzdem diese Rolle ebenso groß und ebenso gut gelagert war wie die anderen. Wenn naheliegende, mehr in äußeren Umständen begründete Ursachen ausscheiden[2]), so bleibt doch noch ein grundsätzlicher Umstand übrig, der dieses eigentümliche Verhalten aufzuklären geeignet ist.

Die Erklärung liegt in den verschiedenen Biegezahlen eines Seiles, das über Rollen mit verschiedenen Umschlingungswinkeln läuft. Diese Verschiedenheit der Biegezahlen wird hervorgerufen dadurch, daß die Zahl der kleinen Steuerausschläge im Fluge viel größer ist als die Zahl der großen

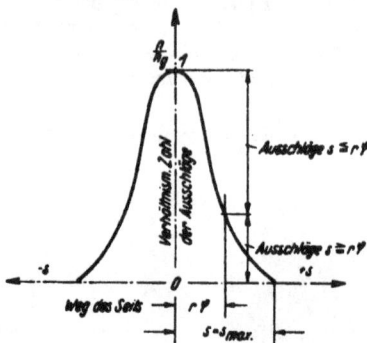

Abb. 2. Häufigkeitskurve der Seilbewegungen in Abhängigkeit von der Größe des Seilweges.

Ausschläge. Während kleine Ausschläge aller Steuer im Fluge fast dauernd vorkommen, so ereignen sich die größeren und größten Ausschläge, abgesehen vom Kunstflug, nur bei Abflug und Landung. Man könnte durch statistische Messungen den Verlauf der Häufigkeitskurve in Abhängigkeit vom Steuerausschlag feststellen. Diese Kurve würde ungefähr wie die Kurve in Abb. 2 aussehen.

In dieser Abbildung ist die verhältnismäßige Häufigkeit n/n_g der Ausschläge, die mindestens bis zu einem bestimmten Weg s des Steuerseiles führen, über s aufgetragen (wobei n_g die Gesamtzahl der Ausschläge bedeutet). Für lim $s = 0$ wird $n/n_g = 1$, d. h. einen unendlich kleinen Weg macht das Seil bei jedem Steuerausschlag.

Betrachten wir nun den Vorgang. Wenn bei einem bestimmten Steuerausschlag das Seil einen Weg s macht, der kleiner ist als die Umschlingungsstrecke $r\varphi$ (Abb. 1), so wird jeder Punkt dieses Seiles, der im Verlauf der Bewegung die Rolle berührt, dabei einmal hin und her gebogen. Wird jedoch der Weg des Seiles s größer als die Umschlingungsstrecke $r\varphi$, so gibt es Seilelemente, die bei jedem solchen Ausschlag zweimal hin und her gebogen werden. Je kleiner nun die Umschlingungsstrecke ist, desto öfter wird es vorkommen, daß Teile des Steuerseiles im Verlauf eines Steuerausschlages zweimal abgebogen werden. Die zahlenmäßigen Verhältnisse lassen sich aus Abb. 2 leicht ablesen und sind in Abb. 3 dargestellt. Die verhältnismäßige Biegezahl b/b_{min} für eine bestimmte Umschlingungsstrecke $r\varphi$ ist gleich der um 1 vermehrten Zahl der verhältnismäßigen Ausschläge für $s = r\varphi$.

Wenn man im Grenzfall eine sehr kleine und eine sehr große Umschlingungsstrecke vergleicht, so ergibt die kleine Umschlingungsstrecke doppelt so hohe Biegezahlen wie die große. Bei gleichem Rollendurchmesser ist aber die Lebensdauer eines Seiles abhängig von der Biegezahl, d. h. in diesem Falle wird das Seil an der Rolle mit großer Umschlingung theoretisch doppelt solange halten wie an der Rolle mit kleiner Umschlingung.

Aus diesen Überlegungen kann der Schluß gezogen werden, daß die kleinen Ablenkungen von Steuerseilen besonderer Sorgfalt des Konstrukteurs bedürfen. Abgesehen von der Verwendung großer Rollen wird es sich in vielen Fällen empfehlen, solche Ablenkungen durch gut geschmierte Führungen aus Hartholz oder ähnlichen Werkstoffen vorzunehmen.

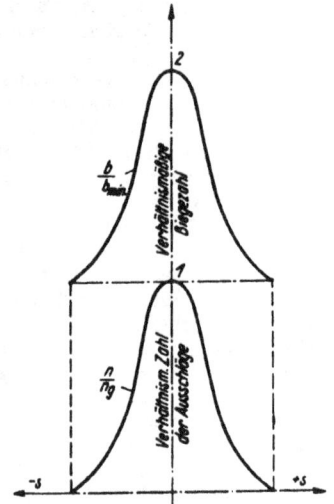

Abb. 3. Häufigkeitskurve der verhältnismäßigen Biegezahlen in Abhängigkeit vom Seilweg.

---

[1]) ZFM 1927, S. 369 und DVL-Jahrbuch 1927, S. 132.
[2]) Z. B. Gleiten des Seiles auf der Rolle infolge zu geringer Anpreßkraft zwischen Seil und Rolle.

Korrosion durch Kraftstoffe.[1]

Von Erich K. O. Schmidt.

86. Bericht der Deutschen Versuchsanstalt für Luftfahrt, E. V., Berlin-Adlershof (Stoff-Abteilung).

Kraftstoffbehälter, Leitungen, Vergaser — kurz: alle die Teile, die mit flüssigen Kraftstoffen entweder dauernd oder nur zeitweise in Berührung kommen — zeigen gelegentlich Anfressungen; das Metall ist angegriffen, korrodiert, und die Korrosionsprodukte haften entweder noch an der korrodierten Stelle oder gelangen in den Wasserabscheider, manchmal sogar in den Vergaser. Unliebsame Verstopfungen treten auf und können besonders im Luftverkehr Anlaß zu Betriebsstörungen geben. Anderseits kann durch die Korrosion das Material der Kraftstoffbehälter so weit zerstört werden, daß Undichtwerden und Kraftstoffverlust eintreten. — Diese Korrosion der Metalle durch flüssige Kraftstoffe wie Benzin, Benzol, Alkohol und deren Mischungen ist in ihren Ursachen bisher wenig aufgeklärt; die Gegenwart von Schwefelverbindungen, Wasser u. a. im Kraftstoff wird dafür verantwortlich gemacht.

In der DVL ist eine Reihe von Untersuchungen ausgeführt worden, die in das Gebiet der Kraftstoffkorrosion gehören und hier mitgeteilt werden sollen.

A. Verschiedene Metalle in Benzin, Benzol und Benzol-Alkohol.

Untersucht wurden:

I. Metalle.

a) Stahlblech . . . . 1 mm stark
b) Kupferblech, Druckkupfer flg. 1 » »
c) Messingblech, weich, geb. . . 1 » »
d) Aluminiumblech, weich
  (99,6 vH Al) . . . . 1 » »
e) Duraluminblech, 681 B ¹/₃ . . 2 » »

---

[1] Vorgetragen am 24. Februar 1927 auf einem Sprechabend des Reichsausschusses für Metallschutz. Veröffentlicht in »Korrosion und Metallschutz«, 3. Jahrg. 1927, Heft 12 S. 270 und in: »The Metal Industry, London, Bd. 32, 1928, S. 184.«

II. Kraftstoffe.

a) Benzin aus dem Flugbetrieb der DVL, spez. Gewicht:
  bei 20° C = 0,723 kg/l, Kennziffer: 109,7.
b) Benzol aus dem Flugbetrieb der DVL, spez. Gewicht:
  bei 20° C = 0,874 kg/l, Kennziffer: 96,7.
c) Benzol-Alkohol:
  50 Raumteile Benzol (b) + 50 Raumteile Alkohol von 96 Vol.-%.
d) Benzol-Alkohol:
  70 Raumteile Benzol (b) + 30 Raumteile Alkohol von 96 Vol.-%.

Versuchsanordnung. Aus den Werkstoffen wurden Bleche von 30 : 75 mm herausgeschnitten; die Kupferbleche und die Messingbleche wurden auf der Schwabbelscheibe poliert, die übrigen Bleche nicht. Alle Bleche wurden vor Versuchsbeginn mit Benzin gereinigt. Die so vorbereiteten Proben wurden einzeln in Pulvergläser von 300 cm³ Fassungsvermögen in 250 cm³ Kraftstoff eingestellt; die Kraftstoffoberfläche befand sich etwa 30 bis 40 mm über der Oberkante der Bleche.

In einer zweiten Versuchsreihe wurden die Bleche nur in 100 cm³ Kraftstoff eingestellt, so daß sie nur zu etwa ¾ eintauchten; die Pulvergläser wurden mit Korkstopfen, durch die ein 15 cm langes Glasrohr führte, verschlossen. Die Proben blieben zehn Monate bei Zimmertemperatur stehen. — Die Ergebnisse sind in Übersichtstafel 1 und in den Abb. 1 bis 4 niedergelegt.

Versuchsergebnisse. Von den angewandten Kraftstoffen haben unter den gewählten Versuchsbedingungen Benzin und Benzol während einer Versuchsdauer von zehn Monaten keine nennenswerte Korrosion an Stahl-, Kupfer-, Messing-, Aluminium- und Duraluminblechen hervorgerufen. Dagegen wirkten die Benzol-Alkohol-Gemische korrodierend auf Stahl, Kupfer, Aluminium und Duralumin; Messing

Abb. 1. Korrosionsprodukte an einem Duraluminblech nach 10 monatiger Einwirkung von Benzol-Alkohol (50:50); dicke Gallerten von etwa 5 mm bedecken stellenweise das Blech.

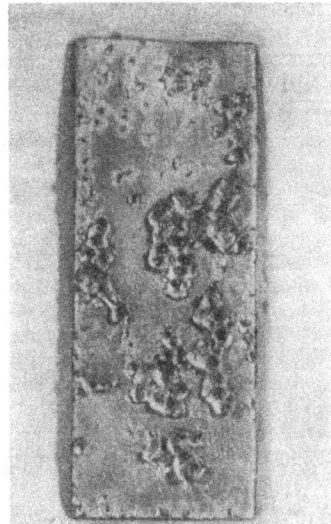

Abb. 2. Korrosionsprodukte an einem Aluminiumblech nach 10 monatiger Einwirkung von Benzol-Alkohol (50:50); dicke Gallerten von etwa 5 mm bedecken stellenweise das Blech.

Übersichtstafel 1.
Zustand verschiedener Metallbleche nach 10 monatiger Einwirkung von verschiedenen Kraftstoffen:

a) Bleche ganz in Kraftstoff eintauchend.

Kraftstoff	Stahl	Kupfer	Messing	Aluminium	Duralumin
Benzin	unverändert (Lichtbild 3)	unverändert (Lichtbild 4)	unverändert	unverändert	unverändert
Benzol	unverändert	verfärbt; nach dem Trocknen grüner, sehr dünner Niederschlag	verfärbt	unverändert	unverändert
Benzol-Alkohol 50:50	mehrere Rostflecke Bodensatz	schwarze Häute, die abfallen und sich immer wieder neu bilden (Lichtbild 4)	verfärbt	starker Ansatz gallertartiger Produkte; in der Flüssigkeit Flocken (Lichtbild 2)	starker Ansatz gallertartiger Produkte (Lichtbild 1)
Benzol-Alkohol 70:30	starker Rostansatz, rostbrauner Bodensatz	desgleichen, aber nicht so stark	verfärbt	desgleichen, aber nicht so stark	desgleichen, aber nicht so stark

b) Bleche ³/₄ in Kraftstoff eintauchend.

Kraftstoff	Stahl	Kupfer	Messing	Aluminium	Duralumin
Benzin	oberer Teil wenig angegriffen	unterer Teil verfärbt	wenig verfärbt	unverändert	unverändert
Benzol	unverändert	desgleichen	unterer Teil verfärbt	unverändert	unverändert
Benzol-Alkohol 50:50	oberer Teil stärker als der untere angegriffen, starker Bodensatz	unterer Teil mit schwarzen Häuten bedeckt	desgleichen	starker Angriff, gallertartige Korrosionsprodukte im unteren Teil mehr als im oberen	
Benzol-Alkohol 70:30	desgleichen	desgleichen	unterer Teil leicht verfärbt	desgleichen, aber nicht so stark	desgleichen

wurde auch in diesen Kraftstoffgemischen nicht angegriffen. Ein Unterschied in dem Korrosionsvermögen der verschiedenen Benzol-Alkohol-Mischungen war nicht mit Sicherheit festzustellen[1]).

Die gebildeten Korrosionsprodukte haben beim Stahlblech das Aussehen von gewöhnlichem Eisenrost. Beim Kupferblech bilden sich schwarze Häute, die allmählich dicker werden und dann abplatzen. An den dadurch freigewordenen blanken Kupferteilen bilden sich neue schwarze Häute aus. Beim Aluminium und Duralumin bilden sich

[1]) Vgl. dazu auch die Veröffentlichungen Wawrzinioks in den »Mitteilungen des Instituts für Kraftfahrwesen an der Sächsischen Technischen Hochschule, Dresden«.

Übersichtstafel 2.
Zustand von Kupferdrähten nach 30 tägiger Einwirkung von verschiedenen Kraftstoffen.

Lfd. Nr.	Kraftstoff	Kupferdraht
1	Benzol	schwache Anlauffarbe
2	»	»
3	»	schwarzbrauner Ansatz, Bodensatz
4	»	unverändert
5	»	schwarzbrauner Ansatz,
6	Benzin	unverändert
7	»	»
8	»	»
9	»	grün-braune Anlauffarbe
10	Benzin-Benzol	rotbrauner Ansatz, brauner Bodensatz
11	Benzin-Alkohol . . .	schwarze Flecke
12	Benzin-Alkohol-Äther .	grauschwarzer Ansatz grauer Bodensatz
13	Benzol-Alkohol	braun-grüner Bodensatz
14	Toluol	unverändert
15	Toluol+10% Benzin .	»
16	Gasöl	wenig schwarze Flecke
17	Schieferteeröl	schwache Anlauffarbe
18	Steinkohlenteeröl . . .	»

gallertartige Korrosionsprodukte, die in Gestalt von etwa 5 mm hohen Wulsten das Blech bedecken.

B. Kupferdraht in verschiedenen Kraftstoffen.
Versuchsanordnung. Blankpolierte Kupferdrähte von etwa 75 mm Länge und 3 mm Durchmesser wurden in Reagenzgläser, die etwa 60 mm hoch mit verschiedenen Kraftstoffen gefüllt waren, eingestellt. Die Kupferdrähte tauchten etwa nur ⁴/₅ in den Brennstoff ein; die Gläser wurden mit eingekerbten Korkstopfen verschlossen. Es wurde eine Anzahl verschiedenartiger Kraftstoffe verwendet, um solche herauszufinden, die Korrosion hervorrufen.

Zur Untersuchung wurden folgende Kraftstoffe aus dem Handel benutzt:

fünf verschiedene Benzole,
vier verschiedene Benzine,
ein Benzin-Benzol-Gemisch,
ein Benzin-Alkohol-Gemisch,
ein Benzin-Alkohol-Äther-Gemisch,
ein Benzol-Alkohol-Gemisch,
ein Toluol,
ein Toluol + 10% Benzin,
ein Gasöl,
ein Schieferteeröl,
ein Steinkohlenteeröl.

Die Ergebnisse sind in Übersichtstafel 2 niedergelegt.

Versuchsergebnisse. Nach 30 Tagen hatten von den fünf untersuchten Benzolen zwei korrodierend gewirkt; dabei hatten sich schwarze Abscheidungen gebildet, die auf einen ungenügenden Reinheitsgrad des Benzols zurückzuführen sein dürften; eines dieser Benzole war ein schlecht gereinigtes Gaswerkbenzol.

Die vier untersuchten Benzine verhielten sich bis auf eines, das eine grün-braune Verfärbung des Kupfers hervorrief, gut.

Das Benzin-Benzol-Gemisch führte zu stärkeren rotbraunen Abscheidungen am Kupfer.

Alle Alkohol-Gemische wirkten stark auf das Kupfer ein, wie die Ansätze leicht erkennen ließen.

Abb. 3. Stahlblech nach 10 monatiger Einwirkung von Benzin: unverändert (links); Benzol-Alkohol 70:30: starker Rostansatz (rechts).

Abb. 4. Kupferbleche nach 10 monatiger Einwirkung von Benzin: unverändert (links); Benzol-Alkohol 50:50: schwarze Häute, die abfallen und sich immer wieder neu bilden (rechts).

C. Metallkombinationen in verschiedenen Brennstoffen.

Es ist bekannt, daß Korrosionserscheinungen besonders verstärkt da auftreten können, wo verschiedene Metalle sich berühren. Im Motorenbau werden Metallkombinationen noch ausgedehnt angewandt, z. B. Leichtmetallguß-Messing bei Vergasern, Kupfer-Messing bei Rohrleitungen, Leichtmetall-Messing bzw. Kupfer bei Tankarmaturen usw. Man schreibt die an den Berührungsflächen auftretende verstärkte Korrosion der dort herrschenden Potentialdifferenz zu. Deshalb liegt es nahe, Metallkombinationen zur Bestimmung der Korrosionseigenschaften von Kraftstoffen zu benutzen. Ostwald-Weller geben folgendes Verfahren an[1]: »Je ein blankes Stück Eisen (blanker Nagel), Kupfer (Kupferrohr) und Zink (Zinkblech) werden in ein sauberes Gefäß getan, und es wird soviel von dem zu untersuchenden Kraftstoff zugegossen, daß die Probestücke zur Hälfte in die Flüssigkeit eintauchen. Das Gefäß wird oben entweder mit Watte, also luftdurchlässig, verschlossen, oder aber, wenn es mit festem Stopfen versehen ist, zum Zwecke der Lufterneuerung regelmäßig geöffnet. Die Kombination mehrerer verschiedener Metalle hat den Zweck, durch Bildung galvanischer Elemente die Korrosionswirkung zu steigern. Tatsächlich erhält man mit dieser Versuchsanordnung sehr rasch deutliche Korrosionen, welche sich durch Rostkrusten auf dem Nagel, durch typische Freßstellen am Zink und dunkle Krusten am Kupfer zeigen. Außerdem verfärbt sich häufig die Flüssigkeit durch entstehende Trübungen, Flocken oder Rostschlamm.«

Nach diesem Verfahren sind innerhalb 24 h Korrosionserscheinungen zu beobachten. Um nun die bei dieser Versuchsanordnung nur lose und unbestimmte Berührung der verschiedenen Metalle fester zu gestalten, wurde diese Versuchsanordnung abgeändert.

Versuchsanordnung. In Bleche von etwa 10 zu 90 zu 1 mm wurden in 15 und 30 mm Abstand von den Enden Löcher von 2 mm Durchmesser gebohrt; der an den Lochrändern vorhandene Grat wurde entfernt. Dann wurden die Löcher mit Nieten aus verschiedenen Werkstoffen zugenietet; dabei wurde die Oberfläche der Bleche möglichst geschont. Die so mit verschiedenem Nietmaterial behandelten Blechstreifen wurden in mit verschiedenen Brennstoffen gefüllte Reagenzgläser eingestellt. Die Bleche tauchten nur zur Hälfte in den Kraftstoff ein; die Reagenzgläser wurden mit

eingekerbten Stopfen verschlossen. — Da der Kraftstoff allmählich verdunstet, so wurde er von Zeit zu Zeit ergänzt.

Übersichtstafel 8. Versuchsmaterial.

Bleche	genietet mit			
	Kupfer	Messing	—	ungenietet
Duralumin . Aluminium .	*	*	Duralumin	*

Zur Untersuchung wurden folgende Kraftstoffe ausgewählt:

Benzin aus dem Lager der DVL,
Braunkohlenbenzin,
Benzin-Alkohol,
Benzin-Alkohol-Äther,
Benzol aus dem Lager der DVL,
Benzol,
Benzol-Alkohol (50 : 50, Alkohol von 96 Vol.-%),
Benzin-Benzol.

Versuchsergebnisse. Bereits nach 24 h zeigte sich an den mit Kupfer genieteten Blechen bei einigen Kraftstoffen Korrosion: am Rande der Kupfernieten zeigten sich deutlich gallertartige Korrosionsprodukte und zwar nur bei den alkoholhaltigen Kraftstoffen. Dies Ergebnis änderte sich auch nicht bei Ausdehnung der Versuche über einen Zeitraum von 6 Monaten. Die Korrosionserscheinungen wurden in dieser Zeit bei den genannten Kraftstoffen stärker, dergestalt, daß alle in diesen Brennstoffen stehenden Bleche, auch die nicht genieteten, Korrosionsansätze zeigten. Alle übrigen Kraftstoffe ließen auch nach dieser Zeit keine Korrosionserscheinungen erkennen, Abb. 5 und 6.

Die schnellen Ergebnisse dieser Versuche sind auf die bei der Verwendung von Metallkombinationen auftretenden Potentialdifferenzen zurückzuführen. Um diese Potentialspannungen möglichst groß zu gestalten, wurde die Anordnung für die weiteren Versuche in folgender Weise geändert:

Magnesium-Bänder (Kahlbaum) von 5 mm Breite, 0,2 mm Stärke und 100 mm Länge werden in 15 und 30 mm Abstand von den Enden mit Löchern von 2 mm Durchmesser versehen und diese dann mit Kupfer zugenietet. Diese Bänder werden in den auf Korrosion zu untersuchenden Kraftstoff so eingestellt, daß sie etwa zur Hälfte in den Brennstoff eintauchen. Bereits nach 24 h zeigen korrodierende Brennstoffe deutlich folgende drei verschiedenen Erscheinungen:

1. entweder gallertartige Korrosionsprodukte, besonders am Rande des Nietkopfes, oder
2. Schwärzung des Nietkopfes oder
3. Schwärzung des Nietkopfes bei gleichzeitiger Abscheidung gallertartiger Produkte.

[1] Autotechnik 23 (1925), 8. Es sei auch auf die Versuche von Wawrziniok mit zusammengelöteten Blechstreifen hingewiesen: Mitteilungen des Instituts für Kraftfahrwesen, III. Sammelbd., S. 27.

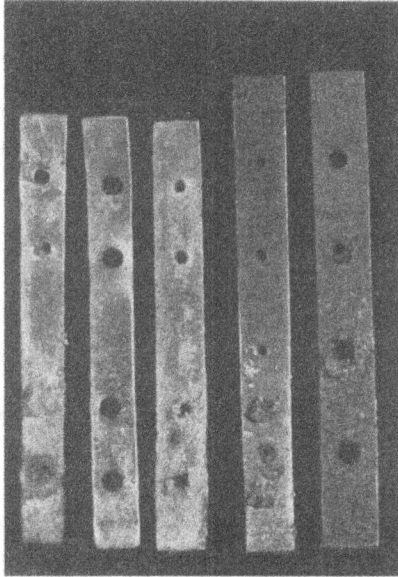

Abb. 5. Genietete Aluminium- und Duraluminbleche nach 6 monatiger Einwirkung von Kraftstoffen.
Von links nach rechts:

Metall:	Aluminium			Duralumin	
Niet:	Kupfer	Kupfer	Messing	ungenietet	Kupfer
Kraft-stoffe:	Benzin-Alkohol	Benzin	Benzin-Alkohol	Benzin-Alkohol Äther	

Ergänzt wird dieses Verfahren dadurch, daß blanke
Kupferstreifen mit Magnesiumlegierungen genietet und in
gleicher Weise in Kraftstoff eingestellt werden. Hierbei
zeigen sich nach 24 h bei korrodierenden Kraftstoffen:

1. entweder gallertartige Produkte am Niet oder im
   Kraftstoff, die wegen ihrer geringen Menge und ihrer
   gallertartigen Beschaffenheit nur bei genauer Beobachtung sichtbar sind, oder
2. schwarze Ringe um den Magnesium-Niet, oder
3. diese beiden Erscheinungen zusammen.

Mit diesem Verfahren dürfte es möglich sein, innerhalb
24 h korrodierende Kraftstoffe von nichtkorrodierenden zu
unterscheiden.

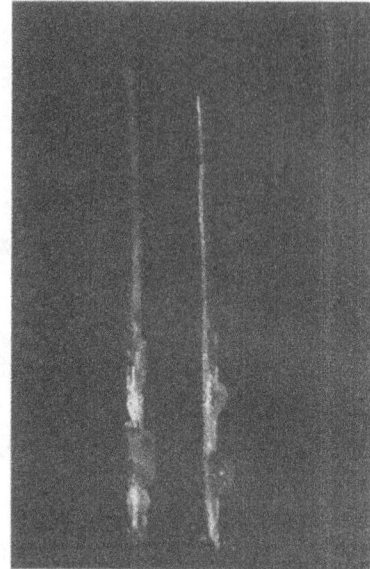

Abb. 6. Mit Messing (links) und mit Kupfer (rechts) genietete
Aluminiumbleche nach 6 monatiger Einwirkung von Benzin-Alkohol-
Äther.

Aus den angegebenen Versuchen können nicht ohne weiteres Schlüsse auf die tatsächliche Korrosionsbeständigkeit
der einzelnen Metalle im praktischen Betrieb gezogen werden,
da bei den Versuchen die Metallproben nur mit geringen
Mengen Kraftstoff in Berührung kamen und die Kraftstoffe
nur in ruhendem Zustand und bei gewöhnlicher Temperatur
einwirkten.

Diese Punkte erscheinen als wesentlich, da im praktischen
Betrieb einerseits der Kraftstoff häufig ergänzt wird, an-
drerseits nicht in ruhendem Zustand, sondern in Bewegung
und auch nicht immer bei gewöhnlicher Temperatur auf das
Metall wirkt. — Versuche, die diese Punkte berücksichtigen
sollen und bei denen auch versucht wird, den Einfluß des
Wassers, des Schwefelgehalts, anderer Verunreinigungen
und der Leitfähigkeit auf die korrodierenden Eigenschaften
eines Kraftstoffs zu ermitteln, sind in Vorbereitung.

Korrosionsprüfung von Leichtmetallen.

Von Erich Rackwitz und Erich K. O. Schmidt.

87. Bericht der Deutschen Versuchsanstalt für Luftfahrt, E. V., Berlin-Adlershof (Stoff-Abteilung).

Es ist bekannt, daß für das Auftreten von Korrosionserscheinungen eine Reihe verschiedener Faktoren eine mehr oder weniger große Rolle spielen. In der folgenden Tafel sind in der linken Spalte »Werkstoff« durch den Werkstoff begründete Faktoren zusammengetellt. In der rechten Spalte »Korrosionsversuche« ist dann eine Übersicht über die Korrosionsversuche gegeben, wie sie zurzeit von der DVL für ihre Zwecke angestellt werden. In der dritten Spalte (Mitte) ist endlich auf die Auswertung der Korrosionsversuche näher eingegangen.

Die beigegebenen Lichtbilder sollen einige Angaben näher erläutern.

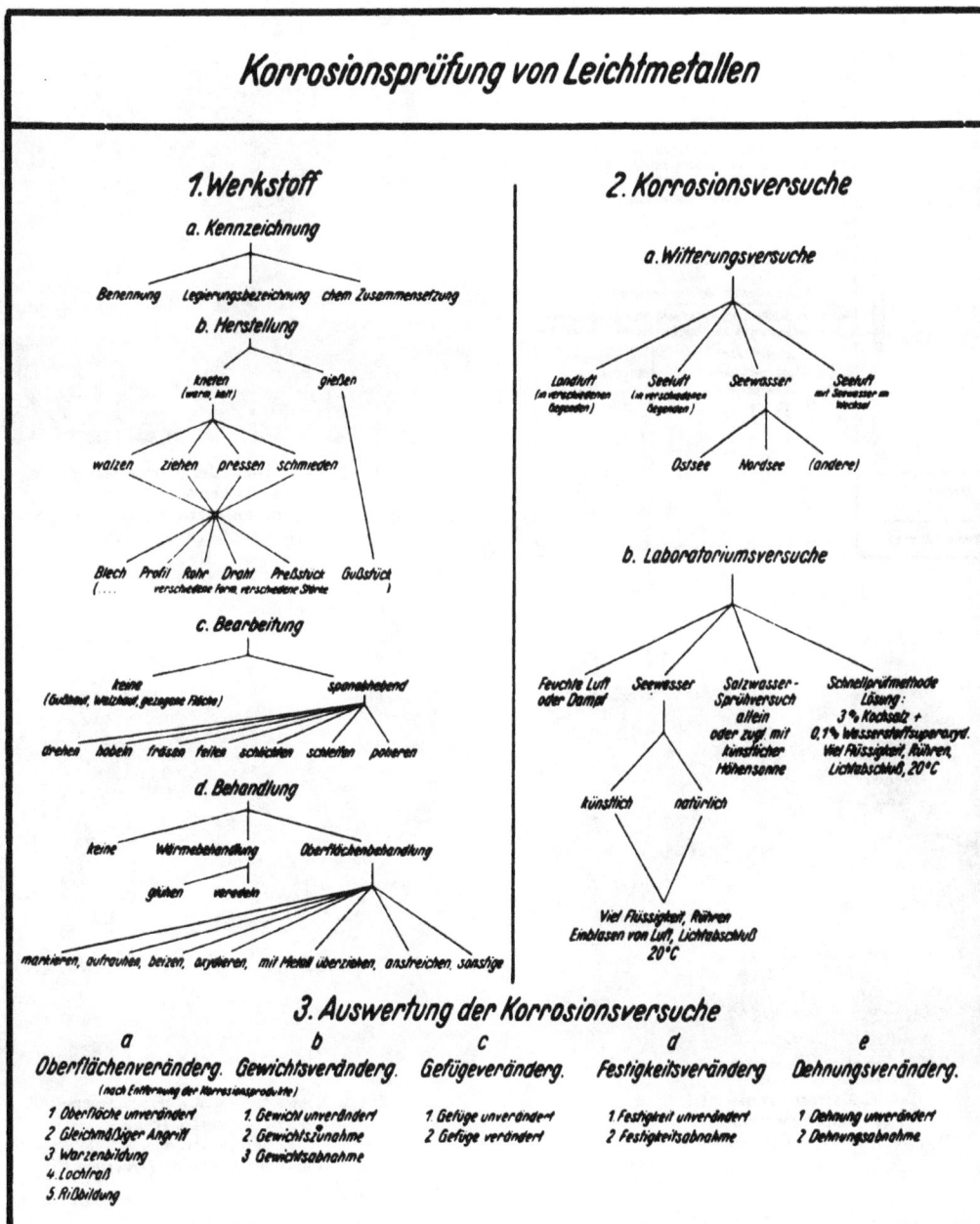

Korrosionsprüfung von Leichtmetallen

1. Werkstoff

a. Kennzeichnung
— Benennung — Legierungsbezeichnung — chem. Zusammensetzung

b. Herstellung
— kneten (warm, kalt) — gießen
— walzen — ziehen — pressen — schmieden
— Blech — Profil — Rohr — Draht — Preßstück (verschiedene Form, verschiedene Stärke) — Gußstück

c. Bearbeitung
— keine (Gußhaut, Walzhaut, gezogene Fläche) — spanabhebend
— drehen — hobeln — fräsen — feilen — schlichten — schleifen — polieren

d. Behandlung
— keine — Wärmebehandlung — Oberflächenbehandlung
— glühen — veredeln
— markieren, aufrauhen, beizen, oxydieren, mit Metall überziehen, anstreichen, sonstige

2. Korrosionsversuche

a. Witterungsversuche
— Landluft (in verschiedenen Gegenden) — Seeluft (in verschiedenen Gegenden) — Seewasser — Seeluft auf Seewasser im Wechsel
— Ostsee — Nordsee — (andere)

b. Laboratoriumsversuche
— Feuchte Luft oder Dampf — Seewasser — Salzwasser-Sprühversuch allein oder zugl. mit künstlicher Höhensonne — Schnellprüfmethode Lösung: 3% Kochsalz + 0,1% Wasserstoffsuperoxyd. Viel Flüssigkeit, Rühren, Lichtabschluß, 20°C
— künstlich — natürlich
— Viel Flüssigkeit, Rühren Einblasen von Luft, Lichtabschluß 20°C

3. Auswertung der Korrosionsversuche

a Oberflächenveränderg. (nach Entfernung der Korrosionsprodukte)	b Gewichtsveränderg.	c Gefügeveränderg.	d Festigkeitsveränderg	e Dehnungsveränderg.
1 Oberfläche unverändert	1 Gewicht unverändert	1 Gefüge unverändert	1 Festigkeit unverändert	1 Dehnung unverändert
2 Gleichmäßiger Angriff	2 Gewichtszunahme	2 Gefüge verändert	2 Festigkeitsabnahme	2 Dehnungsabnahme
3 Warzenbildung	3 Gewichtsabnahme			
4 Lochfraß				
5 Rißbildung				

Zu: 2. Korrosionsversuche.
a. Witterungsversuche.
Turm für Witterungsversuche.

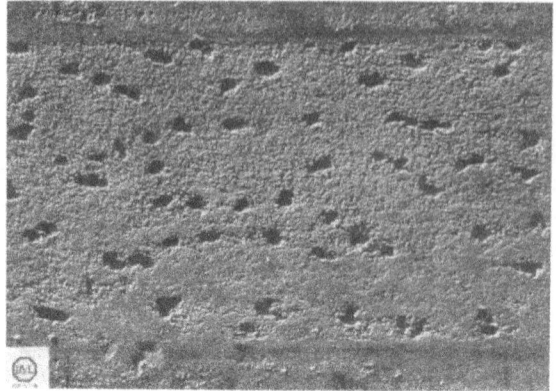

Zu: 3. Auswertung der Korrosionsversuche.
a. Oberflächenveränderung.
4. Lochfraß.
$v = 0.8 \times$

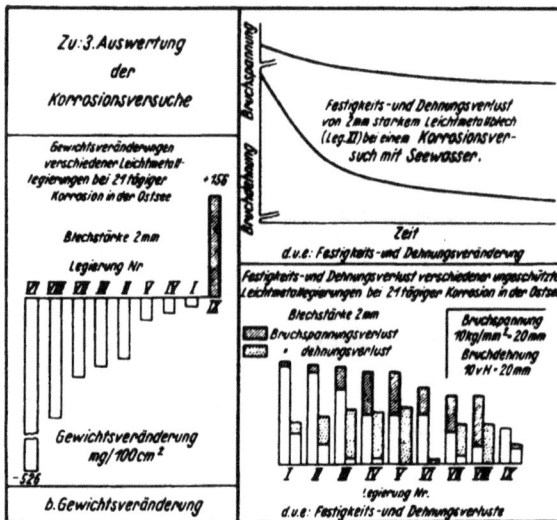

Zu: 3. Auswertung der Korrosionsversuche.

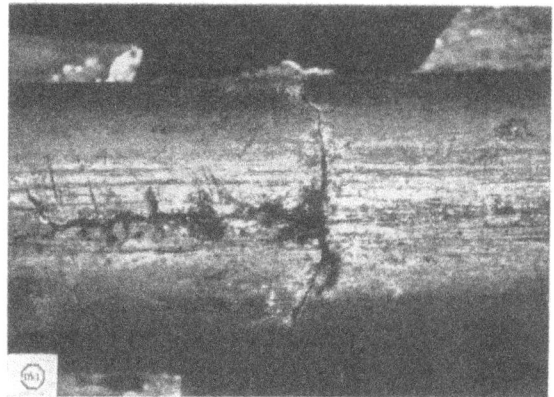

Zu: 3. Auswertung der Korrosionsversuche.
a. Oberflächenveränderung.
5. Rißbildung beim Korrosionsangriff infolge innerer Spannungen
durch Kaltziehen des Profils.
$v = 1.9 \times$

Zu: 2. Korrosionsversuche.
b. Laboratoriumsversuche.
Prüfgerät für Korrosionsversuche.

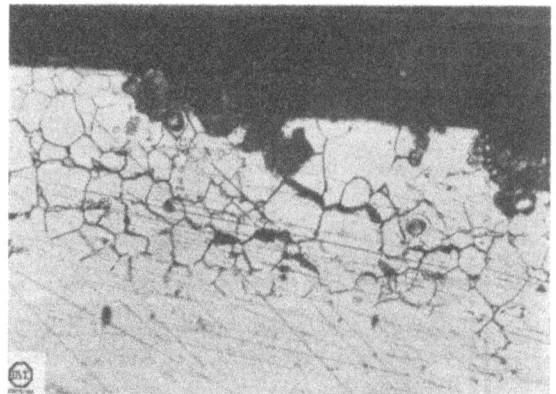

Zu: 3. Auswertung der Korrosionsversuche.
c. Gefügeveränderung.
2. Gefüge verändert.
Interkristalline Korrosion (Querschliff).
$v = 180 \times$

Laboratorien und Forschungsarbeiten der Funkabteilung der Deutschen Versuchsanstalt für Luftfahrt in Berlin-Adlershof.

Von Heinrich Faßbender.

88. Bericht der Deutschen Versuchsanstalt für Luftfahrt, E.V., Berlin-Adlershof (Abt. für Funkwesen und Elektrotechnik).

Der im September 1926 gegründeten Funkabteilung der Deutschen Versuchsanstalt für Luftfahrt liegt die Entwicklung der Funktechnik in all ihren Anwendungen in der Luftfahrt ob.

Im folgenden sollen die Laboratorien beschrieben werden, die diesem Zwecke dienen, und dabei gleichzeitig die in Arbeit befindlichen Forschungsarbeiten angeführt werden[1]. Der Neubau, in dem die Funkabteilung untergebracht ist, hat einen behelfsmäßigen Charakter, da in wenigen Jahren die DVL von Adlershof verlegt werden soll. In diesem Neubau, der in den Monaten Oktober bis Dezember 1926 errichtet wurde, sind die Laboratorien der Funkabteilung teils in dem 1,5 m unter dem Niveau des Geländes gelegenen Kellergeschoß, teils im ersten Stock untergebracht. Vor und hinter dem Gebäude liegt ein Gelände, das für die verschiedenen Antennenmaste freigehalten wird.

Abb. 1 zeigt den Grundriß und die Einteilung der Räume des Kellergeschosses und des ersten Stockwerkes.

Man erkennt, daß im Keller vor allem der Maschinen- und Schaltraum, außerdem ein größerer Raum für Generatoruntersuchungen, ein Laboratorium für Hochvakuumuntersuchungen, ein Laboratorium für elektrotechnische Untersuchungen, ein Akkumulatorenraum, eine kleine Versuchswerkstatt, eine Dunkelkammer untergebracht wurden.

Im ersten Stock befinden sich folgende Laboratorien und Bureauräume:

das Peillaboratorium,
der Senderaum,
das Meßlaboratorium,
ein Sonderraum für Strahlungsmessungen,

[1] Vgl. auch Z. f. Hochfrequenztechnik Bd. 30, 1927. S. 173.

das Kurzwellenlaboratorium,
allgemeines Laboratorium,
ein kleines Konstruktionsbureau,
das Zimmer für den Abteilungsleiter,
das Schreibzimmer,
das Zimmer für den Vertreter des Abteilungsleiters.

An die Räume der Funkabteilung schließen sich die allgemeine Bücherei und das wissenschaftliche Sekretariat der DVL an.

Im folgenden werden die einzelnen Räume kurz beschrieben.

Der Maschinen- und Schaltraum.

Dieser Raum konnte verhältnismäßig klein gehalten werden, da hier nur Maschinen kleiner Leistungen aufgestellt wurden. Abb. 2 zeigt den Grundriß, Abb. 3 eine Teilansicht. In Abb. 2 sehen wir bei a die auf 100 A Auslösestromstärke eingestellten Automaten für die nach der Zentrale der DVL führenden Leitungen. Von diesen ist die erste eine Drehstromfreileitung von 16 mm², die nach der Niederspannungsseite (220 V, 50 Per.) des in der Zentrale aufgestellten Hochspannungstransformators des Stadtnetzes führt. Die zweite doppelseitige Leitung ist ein Erdkabel von 16 mm², das mit der Akkumulatorenbatterie der DVL (Akkumulatoren-Fabrik A.G. Muster L 14, Entladestromstärke 126 A) verbunden ist. Die dritte Leitung ist ebenfalls ein Erdkabel von 10 mm², das in der Zentrale mit einer von 2 bis 110 V veränderlichen Gleichspannung gespeist wird. Diese Automaten sind mit einer weiter unten näher beschriebenen Verteilertafel verbunden. In dem gleichen Raum sind außerdem noch folgende Maschinen aufgestellt:

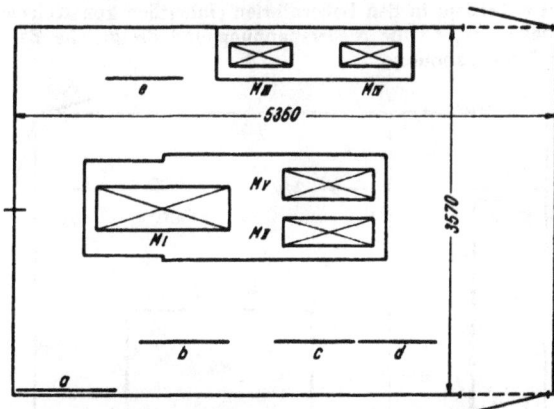

Abb. 2. Grundriß des Schalt- und Maschinenraums.

M I Hochspannungssatz für 3000 Volt,
M II Hochspannungssatz für 800 Volt,
M III und M IV Mittelfrequenzsätze von 500 Perioden 1 kVA,
M V Hochfrequenzsatz von 10000 Perioden,

a Selbstauslöser,
b Schalttafel für M I,
c Hochspannungsverteilertafel,
d Schalttafel für M II und M V,
e Niederspannungsverteilertafel.

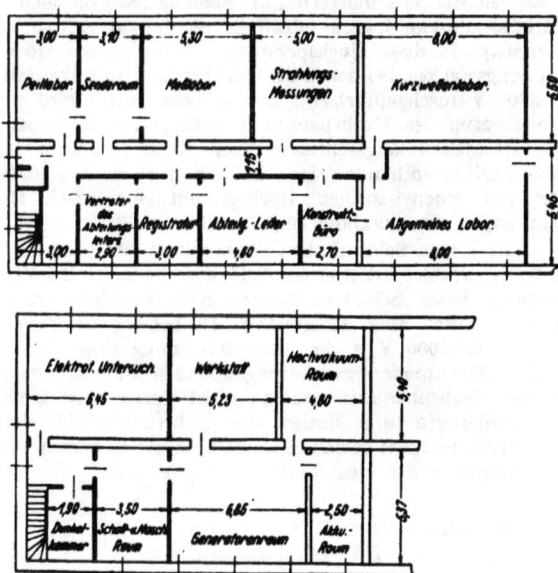

Abb. 1. Grundriß des ersten Stockwerkes und des Kellergeschosses der Funkabteilung.

8*

Abb. 3. Teilansicht des Maschinen- und Schaltraumes.

1. ein Hochspannungssatz der Firma Ziehl-Abegg, Elektrizitätsgesellschaft m. b. H., Berlin-Weißensee, bestehend aus einem Generator 3 kW, 3000 V mit Fremderregung, elastisch auf gemeinsamer Grundplatte gekuppelt mit einem Nebenschlußmotor 6,5 PS, 110 V,
2. ein Maschinensatz der Firma C. Lorenz, A.-G., Berlin-Tempelhof, bestehend aus einem Drehstrommotor mit Kurzschlußanker und einem Gleichstromgenerator für 800 V, Leistung 1 kW,
3. und 4. zwei Mittelfrequenz-Maschinensätze der AEG, Berlin, 500 Per., 1000 VA, 110 bzw. 220 V, mit Gleichstromantriebsmotor,
5. ein Hochfrequenzsatz von etwa 2 kW, 10000 Per. mit einem zugehörigen Gleichstrommotor,
6. ein Mittelfrequenz-Maschinensatz, bestehend aus einem 500 Per.-Generator der AEG, 5 kVA, 2 × 110 V, elastisch gekuppelt mit einem Gleichstrommotor der SSW, 8,5 kW, 110 V, der im wesentlichen als Energiequelle beim tönenden Senden der Kurzwellenbodenstation dient,
7. ein Leonardsatz der AEG, um die mit Gleichstrommotoren gekuppelten Maschinensätze bequem in ihrer Umdrehungszahl regeln zu können, bestehend aus einem Drehstrommotor 3 kW, 220 V, und einem Gleichstromgenerator, 4,6 kW, 115 V.

Das Verteilungsnetz der Abteilung ist so ausgebaut, daß man jede Maschine nach jedem Laboratorium schalten kann. Diesem Zwecke dienen im Maschinenraum zwei Verteilertafeln (eine für Hochspannung und eine für Niederspannung) und außerdem in den Laboratorien einheitlich konstruierte Schalttafeln, 10 für Niederspannung und die gleiche Zahl für Hochspannung.

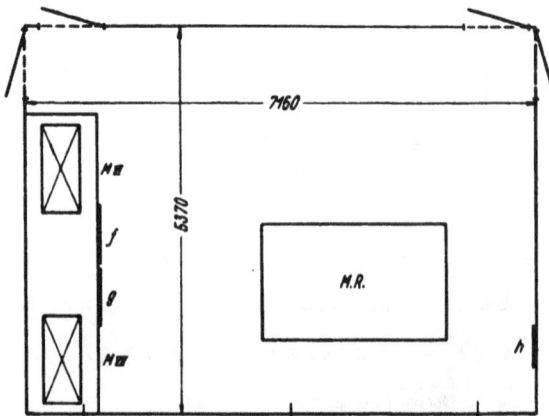

Abb. 4. Grundriß des Generatoren-Prüfraums.
M VI Mittelfrequenzsatz, 500 Perioden 5 kVA,
M VII Leonard-Satz,
   f Schalttafel für *VI*,
   g Schalttafel für *VII*,
M R   Maschinenrost.

Für Verteilertafeln kommen allgemein zwei verschiedene Systeme in Frage: das bekannte Kreuzschienensystem und das ältere System der Steckerschnüren. Das erste System hat seine bekannten Vorteile, aber den Nachteil, daß der Raumbedarf und auch der Preis hoch ist, wenn die Zahl der möglichen Verbindungen, wie hier, sehr hoch sein muß. Da, wie bereits erwähnt wurde, die Funkabteilung bald in einen größeren Neubau verlegt werden und infolge dieser Verlegung und der gleichzeitigen Erweiterung der Laboratorien das Verteilernetz nur wenige Jahre im Betrieb sein wird, so war in diesem Falle das billigere System der Steckerschnüre das gegebene. Es sei besonders darauf hingewiesen, daß diese Tafeln ebensowohl zur Verbindung irgendeiner Maschine des Maschinenraumes mit einem beliebigen Laboratorium als auch zweier beliebiger Arbeitsplätze untereinander dienen.

Der Verteilertafel für Niederspannung entsprechen in den Laboratorien Anschlußtafeln, und zwar sind in den kleineren Laboratorien je eine, in den größeren je zwei montiert. Eine solche Schalttafel erkennt man rechts in Abb. 6. Die Schalter (Erzeugnis der SSW, Berlin) sind für eine maximale Stromstärke von 25 A bestimmt. In die Streifensicherungen können je nach dem angeschlossenen Verbraucher Schmelzeinsätze verschiedener Nennstromstärken eingeschaltet werden. Die Streifensicherungen sind in der obersten Linie montiert, damit sie nicht sich in der Augenhöhe befinden (mit Rücksicht auf die Explosionsgefahr bei heftigen Kurzschlüssen). Die elektrische Schaltung ist aber in umgekehrter Reihenfolge gewählt derart, daß bei Ausschalten der Schalter die Sicherung spannungsfrei ist, um ein gefahrloses Auswechseln der Schmelzeinsätze zu ermöglichen, auch wenn die Leitung unter Spannung steht. Da häufig, besonders bei Verbindungen zwischen zwei Laboratorien, eine ungerade Anzahl von Leitungen gebraucht wird, sind die ersten vier Leitungen als Doppelleitungen verlegt, während die beiden letzten Leitungen mit einpoligen Schaltern versehen sind, um sie auch einzeln verwenden zu können.

Für die Hochspannungsleitungen wurde doppeladriges Bleikabel für eine Betriebsspannung von 3000 V verlegt.

Da nun bekanntlich Schalter und Sicherungen für hohe Spannungen, aber kleine Ströme, wie sie für Hochfrequenzversuche in Frage kommen, im Handel nicht zu haben sind, so ergeben sich außerordentlich hohe Kosten, falls in jedem Laboratorium besondere Hochspannungs-Schalttafeln montiert werden sollen. Es wurde daher folgender Weg gewählt: Die Kabel enden im Laboratorium in Endverschlüssen an kleinen Marmorschalttafeln, die Steckbuchsen für 3000 V Betriebsspannung tragen (ebenfalls rechts auf Abb. 6 zu erkennen). In diese Hochspannungsbuchsen passen Hochspannungsstecker, bei denen der Berührungsschutz ebenfalls für 3000 V durchgeführt ist. Mittels dieser Kabel wird vor dem Erregen der Hochspannungsmaschine ein Hochspannungsschalttisch angeschlossen, von denen mehrere im Laboratorium vorhanden sind. In Abb. 6 ist die Anschlußtafel mit einem solchen Hochspannungsschalttisch für Spannungen von maximal 800 V verbunden.

Außer diesen Schalttischen für maximal 800 V ist noch ein transportabler Schalter für 3000 V vorhanden. Bei Verwendung dieses Schalters können noch ebenfalls transportable, durch eine Schaltstange zu bedienende Trennschalter für 3000 V in die Versuchsordnung eingeschaltet werden. Hochspannungssicherungen sind nicht vorgesehen, um die Hochspannungsmaschine nicht durch auftretende Überspannungen zu gefährden. Die Sicherung erfolgt vielmehr durch geeignet gewählte Einsätze in die Sicherung des Antriebsmotors der Hochfrequenzmaschine.

Der Maschinenraum für Untersuchungen von FT-Generatoren.

In Abb. 4 ist ein Grundriß dieses Raumes wiedergegeben. Man erkennt, daß zwei der oben angegebenen Maschinen (der 5 kVA-Maschinensatz für 500 Per. und der Leonardsatz)

Abb. 5. Teilansicht des Raumes zur Untersuchung von
FT-Generatoren.

Abb. 6. Teilansicht des Meß-Laboratoriums.

in diesem Raum aufgestellt werden mußten, da im Maschinenraum kein Platz mehr vorhanden war. Auf der anderen Seite des Raumes erkennt man einen Maschinenrost, auf den die zu prüfenden Generatoren aufgesetzt werden. Abb. 5 zeigt eine photographische Ansicht dieses Raumes. In diesem Raume werden die Musterprüfungen der F.T.-Generatoren vorgenommen. Der Bau solcher Generatoren macht bekanntlich deshalb besondere Schwierigkeiten, da mit dem Gewicht bis zum äußersten gespart werden muß, und deshalb die Abmessungen nur so groß gewählt werden dürfen, daß im Fahrwind die Höchsttemperaturen den Verbandsvorschriften entsprechen. Bei Propellerantrieb wird die Konstanthaltung der Drehzahl gewöhnlich durch einen Regulierpropeller erreicht. Die Untersuchung solcher Regulierpropeller und auch die Bestimmung der Verminderung der Zuladung des Flugzeuges infolge des Luftwiderstandes des Generators und des Energieverbrauches des kleinen Propellers können bei der DVL selber nicht ausgeführt werden, da kein Windkanal zur Verfügung steht. Solche Arbeiten wurden aber bereits von dem betreffenden Bearbeiter der Funkabteilung in Friedrichshafen vorgenommen.

Das Hochvakuumlaboratorium.

In diesem Raum befindet sich eine dreistufige Diffusionsluftpumpe aus Stahl der Firma Leybold. Das mit dieser Pumpe erreichbare Vakuum ist höher als 10^{-6} mm Hg. Das benötigte Vorvakuum beträgt 20 mm, die Saugleistung ist größer als 15 l/s.

Diese Hochvakuumanlage wird im wesentlichen für eine Braunsche Röhre benutzt, die zur Untersuchung von hochfrequenten Schwingungsvorgängen dient.

Laboratorium für elektrotechnische Untersuchungen.

In diesem Raum ist ein Oszillograph von der Firma Siemens & Halske, A.-G., Berlin, aufgestellt. Die Aufgaben, die in diesem Raum erledigt werden sollen, sind sehr mannigfaltig. Es soll z. B. die elektrische Prüfung der Zündkerzen und der Zündmagnete erwähnt werden.

Das Peillaboratorium.

Dieses Laboratorium dient für Versuche mit den verschiedenen Fernpeilungsverfahren, also vor allem für laboratoriumsmäßige Versuche mit dem Rahmenpeilverfahren, als auch für Versuche mit Verfahren, die an Stelle des akustischen Empfanges direkt zeigende Instrumente verwenden. Es sei hier das Dieckmann-Hellsche Verfahren erwähnt, bei dem ein dynamometrisches Instrument verwandt wird, das auf Null zeigt, wenn das Flugzeug genau seinen Kurs auf den Peilsender nimmt und mehr oder weniger nach rechts bzw. links ausschlägt, falls der Kurs nach der einen oder anderen Seite abweicht. Endlich werden hier

auch Versuche für die sog. Leitkabelmethode ausgeführt. Außer der Fernpeilung sollen hier auch verschiedene Nahpeilungsmethoden vorbereitet werden, d. h. Verfahren, die mit Hilfe der Hochfrequenz eine Orientierung unmittelbar über dem Flugplatz auch bei Nebel ermöglichen sollen. Versuche werden hier in zwei Richtungen ausgeführt: einmal ebenfalls unter Verwendung von Leitkabeln, dann aber auch mittels gespiegelter, sehr kurzer Wellen unterhalb 10 m.

Der Senderaum.

In diesem Raum sind die heute bei der Lufthansa eingeführten Sende- und Empfangsgeräte von Telefunken und Lorenz eingebaut, die einer genauen Musterprüfung unterzogen werden. Diese Geräte sind Langwellengeräte. Die Welle kann zwischen 300 und 1300 m beliebig eingestellt werden. Die elektrische Energie wird bei beiden Geräten einem Generator entnommen, der von einer Luftschraube angetrieben wird. Hier im Laboratorium ist die Luftschraube durch einen zwischen beiden Generatoren auf der gleichen Achse montierten Motor ersetzt.

Über diese beiden Geräte sei hier kurz folgendes bemerkt: das Telefunkengerät hat einen Sender, dessen Welle durch eine Steuerröhre konstant erhalten wird, auch wenn die Konstanten der Antenne im Fahrwind sich verändern.

Beim tönenden Senden wird bei diesem Gerät in dem Gitterkreis ein kleiner tonfrequenter Röhrensender derart eingeschaltet, daß der Gittergleichstrom der Senderöhre die Anodenbatterie des tonfrequenten Röhrensenders ersetzt.

Bei Telephonie wird das Verfahren der Gittergleichstromsteuerung angewendet.

Der zugehörige Empfänger hat nur einen abgestimmten Kreis. Die erste Röhre dient zur Hochfrequenzverstärkung, die zweite arbeitet als Audion, während die dritte Röhre zur Niederfrequenzverstärkung verwandt wird.

Bei dem Lorenzgerät hat der Sender Selbsterregung; die Frequenzkonstanz wird durch einen Zwischenkreis gewährleistet.

Im Falle der Telephonie wird die in Deutschland von der Firma C. Lorenz, A.-G. besonders entwickelte sog. magnetische Modulation verwandt.

Der Empfänger hat vier Röhren. Er ist ein Sekundäraudion mit zweifacher Niederfrequenzverstärkung.

Das Meßlaboratorium.

Abb. 6 zeigt eine Teilansicht dieses in zwei Räumen untergebrachten Laboratoriums, in dem alle Hochfrequenzmessungen vorgenommen werden, die bei der Entwicklung der neuen Geräte notwendig sind. Augenblicklich stehen Antennenuntersuchungen im Vordergrunde des Interesses. Da der Wirkungsgrad der Antenne $\eta = \dfrac{N_s}{N_a}$ ist, wo N_s die ausgestrahlte und N_a die gesamte Antennenleistung bedeutet, so müssen N_s und N_a für die Flugzeugantenne ex-

Abb. 7. Telefunken-70-Watt-Gerät mit eingebauter Meßeinrichtung in der Junkers F 13 Nr. D 212.

perimentell bestimmt werden. Die Messung der Strahlung erfolgt mit dem Feldstärkenmeßgerät nach Dr. Anders. Bei den eigentlichen Messungen findet der Rahmen auf dem flachen Dache des Gebäudes Aufstellung. Bei der Messung der Leistung liegen bei der Flugzeugantenne die Verhältnisse insofern besonders interessant, als der Strombauch nicht mit der Einführungsstelle der Schleppantenne zusammenfällt. Die gemessene Stromstärke stellt also ebenfalls nicht den für den Strombauch gültigen Wert dar. Bei der Berechnung der Leistung nach der Formel $N = I^2 \cdot R_{ant}$ kommt es aber nur darauf an, daß I und R an der gleichen Stelle gemessen werden. R ist dann natürlich ebenfalls nicht der im allgemeinen auf den Strombauch bezogene Wert des Äquivalentwiderstandes.

Das Kurzwellenlaboratorium.

Die Untersuchung der kurzen Wellen stellt ein Hauptarbeitsgebiet der Abteilung dar. Aus den seitherigen Untersuchungen, die in internen Berichten und zwei gedruckten Vorträgen (Physikertagung 1927 in Kissingen[1]) und Hauptversammlung 1927 der DVL in Berlin[2])) niedergelegt sind, haben bereits das Ergebnis gezeigt, daß beim Verkehr mit Flugzeugen die toten Zonen in der von den Amerikanern gemeldeten Form nicht auftreten. Die kurzen Wellen scheinen nicht nur berufen zu sein, für den transozeanischen Verkehr eine Verständigung des Flugzeuges mit dem Heimathafen zu ermöglichen, sondern bringen auch für den Nahverkehr bis 1000 km insbesondere wegen der bei ihnen möglichen festen Antennen große Vorteile. Als besonders vorteilhaft hat sich die horizontale Dipolantenne erwiesen.

In Abb. 10 auf S. 99 erkennt man die Kurzwellenbodenstation, die in Niederfrequenz-Gegentaktschaltung arbeitet.

[1] H. Plendl, Die Anwendung von kurzen Wellen im Verkehr mit Flugzeugen. Zeitschrift für technische Physik, Bd. 8 (1927), S. 456.
[2] Siehe S. 121 dieses Heftes.

Abb. 8. Peilrahmen des Bordpeilers auf Flugzeug D 359.

In dem allgemeinen Laboratorium werden die verschiedensten Arbeiten ausgeführt, die zum Flugfunkwesen in Beziehungen stehen. Es seien hier nur Geräuschmessungen erwähnt, die mit dem Barkhausenschen Geräuschmesser ausgeführt wurden (vgl. Faßbender u. Krüger, Geräuschmessungen in Flugzeugen, Z. f. techn. Physik, Nr. 7, 1927[1])). Solche Messungen in den Kabinen des Flugzeuges haben deshalb eine große Bedeutung, da der Lärm im Flugzeug den größten Feind für den drahtlosen Empfang darstellt.

Für die Entwicklung der Flugzeugfunkgeräte müssen die Flugzeuge selbst ebenfalls als Laboratorium angesehen werden, da viele Fragen nur im Flugzeug erforscht werden können. Die Funkabteilung verfügt deshalb auch über eine Reihe von Flugzeugen. In den Abb. 7 und 8 sind einige Einbauten zu erkennen.

Abb. 7 zeigt das Telefunken-Langwellengerät mit Meßeinrichtung zur Messung der Antennenleistung. Endlich zeigt Abb. 8 die Maschine D 359 mit aufgebautem Peilrahmen des Telefunken-Bordpeilers.

[1] Vgl. auch S. 227.

Abgeschlossen im September 1927.

Die Leichtmetalle im Flugzeugbau.

Von Paul Brenner[1]).

Die erhöhten Anforderungen des Luftverkehrs an die Betriebssicherheit und Dauerhaftigkeit der Flugzeuge selbst unter den ungünstigsten Betriebsbedingungen (Witterungseinflüsse, Seewassereinwirkung), haben das Holzflugzeug in den Hintergrund treten lassen. Auch die vor und während des Krieges bis zu einer gewissen Vollkommenheit entwickelte Stahlbauweise hat durch die Einführung des Leichtmetalls an Bedeutung verloren. Die überwiegende Mehrzahl der heute im Dienst befindlichen Verkehrsflugzeuge ist aus Leichtmetall gebaut.

Die Möglichkeit, Flugzeuge aus Leichtmetall zu bauen, war erst durch die Erfindung des Duralumins gegeben. Aluminium und seine bis dahin bekannten Legierungen kamen wegen unzureichender Festigkeit für den Flugzeugbau nicht in Frage. Zu dieser Erkenntnis war bereits einer der ältesten Pioniere der Flugtechnik, Hiram Maxim, gelangt, der in den 90er Jahren durch Versuche feststellte, daß Aluminium — selbst auf gleiches Gewicht bezogen — Stahl an Festigkeit weit unterlegen ist.

Duralumin.

Das Wesentliche an der Erfindung des Duralumins ist die Entdeckung, daß sich Aluminiumlegierungen mit etwa 4% Kupfer und 0,5% Magnesium durch Wärmebehandlung vergüten lassen. Die genannten Mengen von Kupfer und Magnesium werden von Aluminium bei ungefähr 500° C in fester Lösung aufgenommen und beim Abschrecken in Mischkristallform gehalten. Duralumin erreicht jedoch seine hohe Festigkeit nicht unmittelbar nach dem Abschrecken, sondern merkwürdigerweise erst nach mehrtägigem Lagern bei gewöhnlicher Raumtemperatur. Die Vorgänge, die sich hierbei im Duralumin abspielen, konnten bis heute noch nicht einwandfrei geklärt werden.

Nach abgeschlossener Vergütung hat Duralumin eine Festigkeit von 40 kg/mm² bei 20% Dehnung. Dank dieser »stahlähnlichen« Festigkeitseigenschaften kann Duralumin im Leichtbau in erfolgreichen Wettbewerb mit anderen hochwertigen Baustoffen treten.

Seit etwa 10 Jahren hat Duralumin im Flugzeugbau Eingang gefunden. In der Entwicklung des Leichtmetallflugzeuges ist Deutschland führend vorangeschritten und steht auch heute an erster Stelle. Die Erfolge der Junkers-, Dornier- und Rohrbach-Flugzeuge haben auch im Ausland, besonders in Frankreich, eine umfangreiche Anwendung von Duralumin oder duraluminähnlichen Legierungen im Flugzeugbau nach sich gezogen.

Im Flugzeugbau wird Duralumin in geknetetem Zustand verwendet, und zwar in Form von Blechen, Bändern, Profilen, Rohren u. dgl. In gegossenem Zustand bietet Duralumin gegenüber anderen Aluminiumlegierungen keine erheblichen Vorteile. Gußlegierungen sind für den Flugzeugbau überhaupt von untergeordneter Bedeutung, da sie in ihren Festigkeitseigenschaften von den gekneteten Legierungen weit übertroffen werden. Diese Erkenntnis hat sich auch der Flugmotorenbau teilweise zunutze gemacht. Kurbelgehäuse von Sternmotoren werden z. B. heute nicht mehr durch Gießen, sondern durch Pressen oder Schmieden hergestellt. Erst durch diese Maßnahme ist es möglich geworden, den immer wieder auftretenden Gehäusebrüchen ohne erhöhten Gewichtsaufwand wirksam zu begegnen.

Die Verbindung von Teilen, die nicht gelöst werden, erfolgt fast ausnahmslos durch Nieten, die in kaltem Zustand geschlagen werden. Vom Schweißen wird nur in einigen Sonderfällen Gebrauch gemacht, weil Duralumin bei Erwärmung über 200° C seine gute Festigkeit verliert und ein Wiedervergüten der Schweißstellen bei Bauteilen von großen Abmessungen praktisch nicht durchführbar ist[1]). Lösbare Verbindungen werden vorzugsweise durch Zwischenglieder aus Stahl hergestellt, hauptsächlich wenn es sich um Anschlußstellen handelt, an denen große Kräfte übertragen werden müssen. Grundsätzlich könnte zwar auch hier Leichtmetall verwendet werden; Luftwiderstand und beschränkte Raumverhältnisse verlangen jedoch eine möglichst gedrungene Form dieser Verbindungsteile, die sich bei Ausführung in Stahl besser erreichen läßt als in Leichtmetall[2]).

Bis zu einem gewissen Grade läßt sich Duralumin in vergütetem Zustand plastisch verformen. Bei stärkeren Verformungen, wie z. B. beim Profilziehen, Treiben, Schmieden oder Pressen, muß der Verarbeitung ein Weichglühen des Werkstoffes bei 300 bis 400° C vorausgehen. In diesem Zustand ist Duralumin am weichsten, da aber seine Festigkeit gering ist, so muß das bearbeitete Werkstück vor dem Einbau ins Flugzeug wieder vergütet werden. Ein solches Wiedervergüten ist nur bei kleinen Stücken möglich und nicht bei großen, sperrigen Bauteilen, wie sie im Flugzeugbau meistens vorkommen. Aus diesem Grunde werden Formgebungsarbeiten an großen Stücken nicht in weichgeglühtem Zustand, sondern unmittelbar nach dem Abschrecken von 500°C vorgenommen. Duralumin ist in diesem Zustand ebenfalls verhältnismäßig weich; da aber sofort nach dem Abschrecken eine intensive Härtesteigerung (s. Abb. 1)

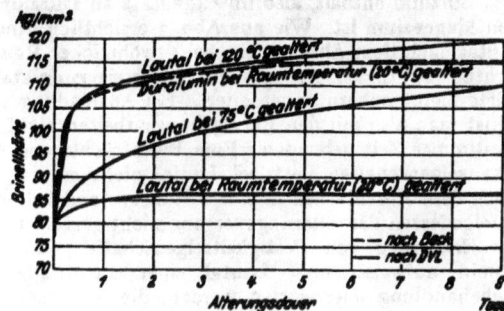

Abb. 1. Härteanstieg von Duralumin und Lautal beim Altern.

einsetzt, so kommt es sehr darauf an, daß die Formgebungsarbeiten auf einen möglichst kurzen Zeitraum nach dem Abschrecken beschränkt werden. In den Werkstätten muß diesem Umstand durch entsprechende Arbeitseinteilung Rechnung getragen werden, da sonst unangenehme Betriebsstörungen eintreten können.

Es muß noch darauf hingewiesen werden, daß das zuletzt geschilderte Arbeitsverfahren nicht geeignet ist, das Beste aus dem Werkstoff herauszuholen. Der Erfinder des Duralumins, Alfred Wilm, hat durch Versuche nachgewiesen, daß Duralumin bei Störung des Alterungsvorganges durch Kaltverformung eine beträchtliche Einbuße seiner mechanischen Eigenschaften erleidet[3]). Aus dem Unter-

[1]) Vortrag, gehalten anläßlich der Werkstofftagung am 27. 10. 27 in der Technischen Hochschule zu Berlin.

[1]) Eine Beschränkung der Erwärmung auf die Schweißstelle scheint bei der Anwendung neuer elektrischer Schweißverfahren möglich, jedoch kann nicht vermieden werden, daß die Schweißstelle selbst unveredeltes Gußgefüge aufweist.
[2]) Wir haben hier ein charakteristisches Beispiel dafür, daß der Anwendbarkeit von Leichtmetallen ebenso wie von anderen Baustoffen ganz bestimmte Grenzen gesetzt sind, und deren Kenntnis eine wichtige Voraussetzung für die zweckmäßige Anwendung eines Werkstoffes darstellt.
[3]) Alfred Wilm, Physikalisch-Metallurgische Untersuchungen über magnesiumhaltige Aluminiumlegierungen, Metallurgie, Bd. 8, S. 225 bis 227.

schied in der Höhenlage der beiden Kurven in Abb. 2 kann entnommen werden, wie die Härte beeinflußt wird, wenn Duralumin im einen Falle unmittelbar nach dem Abschrecken (Kurve A), im anderen Falle nach abgeschlossener Aus-

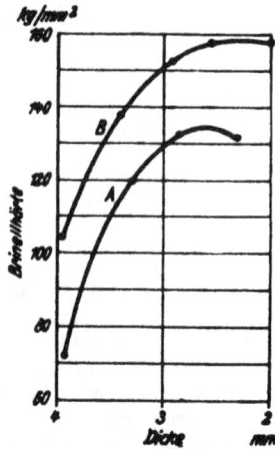

Abb. 2.
Einfluß der Störung des Veredelungsvorganges bei Duralumin auf die Härte.
A unmittelbar nach dem Abschrecken gewalzt,
B nach abgeschlossener Alterung gewalzt.

lagerung (Kurve B) gewalzt wird. Da bei Duralumin Festigkeit und Härte in engem Zusammenhang stehen, so ist zu erwarten, daß in der Festigkeit ähnliche Unterschiede auftreten.

Bei Raumtemperatur nicht alternde Aluminiumlegierungen.

Mit Rücksicht auf diese Schwierigkeiten beim Verarbeiten des Duralumins verdient eine andere Gruppe vergütbarer Aluminiumlegierungen Beachtung, die sich von Duralumin dadurch unterscheiden, daß sie bei normaler Raumtemperatur nicht altern. Als Beispiel einer derartigen Legierung sei Lautal angeführt, das außer Aluminium 4% Kupfer und 2% Silizium enthält, also im Gegensatz zu Duralumin frei von Magnesium ist. Wie aus Abb. 1 ersichtlich, findet bei Lautal nach dem Abschrecken bei gewöhnlicher Raumtemperatur (20° C) keine merkliche Härtesteigerung statt; die Härte bleibt nahezu unverändert. Bei Anwendung von Lautal ist man also mit den Formgebungsarbeiten nicht an eine bestimmte Zeit gebunden. Eine Beeinträchtigung der Festigkeitseigenschaften tritt bei Lautal nicht ein, da es sich nach dem Abschrecken in einem Ruhezustand befindet und infolgedessen der Alterungsvorgang nicht gestört wird.

Zur Erlangung von Festigkeitseigenschaften, wie sie Duralumin aufweist, muß Lautal einer nachträglichen Wärmebehandlung unterworfen werden, die in einem 16- bis 24stündigen Anlassen bei 120 bis 140° C besteht. Je nach Wahl der Anlaßtemperatur und Dauer lassen sich be-

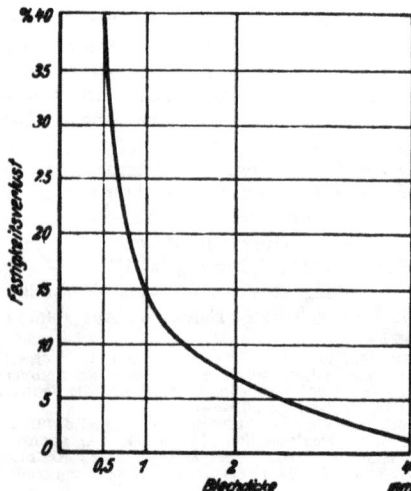

Abb. 4. Festigkeitsverlust von Leichtmetallblechen durch Seewasser in Abhängigkeit von der Blechdicke.

stimmte, in gewissen Grenzen beeinflußbare mechanische Eigenschaften erzielen. Ob die erwähnten Vorteile des Lautals den durch die nachträgliche Anlaßbehandlung erhöhten Arbeits- und Kostenaufwand aufheben können, muß die Praxis zeigen. Der Gedanke ist naheliegend, die Verarbeitung des Lautals und ähnlicher Legierungen in der Weise

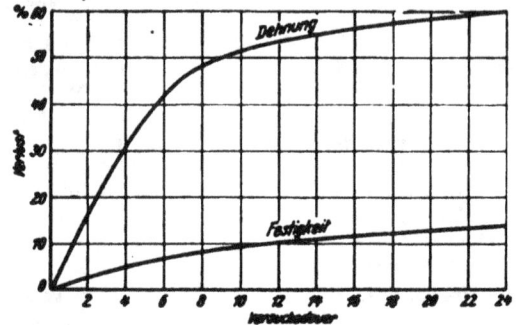

Abb. 3. Festigkeits- und Dehnungsverlust einer Leichtmetallegierung bei Seewasserangriff in Abhängigkeit von der Versuchsdauer.

vorzunehmen, daß ganze Bauteile, wie Flügel, Rümpfe, Flossen, Ruder, aus nicht angelassenem Werkstoff zusammengebaut und nach Fertigstellung in großen Wärmekammern angelassen werden. Es ist zu erwarten, daß die Anwendung dieser Arbeitsweise eine Vereinfachung und Verbilligung der Lautalverarbeitung mit sich bringen würde, und dadurch die Vorteile der bei Raumtemperatur nicht alternden Aluminiumlegierungen für den Flugzeugbau nutzbar gemacht werden könnten.

Korrosion.

Im Hinblick auf die Verwendung von Leichtmetallen für den Bau von Seeflugzeugen soll kurz auf die Frage der Korrosion eingegangen werden.

Während die vergüteten Aluminiumlegierungen gegen Witterungseinflüsse auf dem Lande im allgemeinen sehr widerstandsfähig sind, können sie der Einwirkung des Meerwassers auf die Dauer nicht standhalten. Der Korrosionsangriff hat einen Rückgang der ursprünglichen Festigkeitseigenschaften im Gefolge. Der Festigkeitsverlust ist um so stärker, je größer der Anteil des korrodierten Querschnitts an der ursprünglich gesunden Querschnittsfläche ist. In Abb. 3 ist der Festigkeitsverlust einer Leichtmetall-Legierung beim Korrosionsangriff durch Seewasser in Abhängigkeit von der Versuchsdauer aufgetragen. Beachtenswert ist der mit dem Festigkeitsverlust gleichzeitig einsetzende starke Rückgang der Dehnung, wahrscheinlich eine Folge der durch ungleichmäßige Anfressungen an der Oberfläche hervorgerufenen Kerbwirkungen, gegen die Leichtmetalle bekanntlich sehr empfindlich sind.

Im Flugzeugbau liegen die Verhältnisse bezüglich Korrosion insofern besonders ungünstig, weil im Aufbau des Flugzeugs fast nur dünnwandige Bauglieder vorkommen. Die Dicke der Bleche, Rohre und Profile beträgt meist weniger als 2 mm; für die Außenhaut der Flügel, Flossen und Ruder werden sogar Bleche bis herunter zu 0,2 mm Dicke benutzt. Ein einfaches Beispiel zeigt, daß dünnwandige Teile schneller durch Korrosion zerstört werden als dickwandige: Bei einem 10 mm starken Blei bewirkt z. B. ein einseitiger Korrosionsangriff von $1/_{10}$ mm Tiefe eine Verringerung der gesunden Querschnittsfläche von 1%. Derselbe Korrosionsangriff hat aber bei einem 0,2 mm starken Blech eine Querschnittsabnahme von 50% zur Folge. In derselben Zeit, in der das 10 mm starke Blech einen Festigkeitsverlust von 1% erleidet, hat also das 0,2 mm starke Blech 50% seiner Festigkeit eingebüßt.

Eine praktische Bestätigung dieses Beispiels gibt Abb. 4. Blechstreifen verschiedener Dicke von ein und derselben Leichtmetall-Legierung sind unter gleichen Versuchsbedingungen dem Korrosionsangriff durch Seewasser ausgesetzt und nach der Behandlung auf Festigkeit geprüft worden.

Abb. 5. Korrosionsangriff an der Oberfläche eines Leichtmetallblechs.
V = 200.

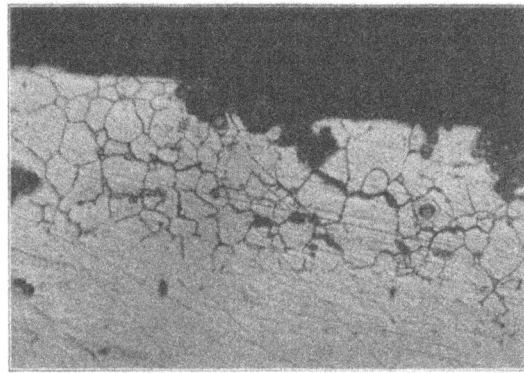

Abb. 6. Interkristalline Korrosion bei einem nachverdichteten Blech
aus veredelter Aluminiumlegierung. V = 200.

Die Kurve stellt die Abhängigkeit des Festigkeitsverlustes von der Blechstärke dar.

Die an Leichtmetallen beobachteten Korrosionserscheinungen sind sehr verschiedenartig. Von Einfluß sind neben den äußeren Bedingungen die Beschaffenheit der Oberfläche, der Bearbeitungs- und Wärmebehandlungszustand sowie die chemische Zusammensetzung der Legierung. Nur selten erhält man einen gleichmäßigen Angriff über die ganze Oberfläche. Meistens wird ein Angriff beobachtet, wie ihn etwa Abb. 5 veranschaulicht. Mitunter kommen aber auch starke örtliche Anfressungen vor, die hauptsächlich von Verunreinigungen oder Fehlstellen an der Oberfläche herrühren. Abb. 6 zeigt einen Fall interkristalliner Korrosion, der nach bisherigen Beobachtungen besonders bei nachverdichteten oder gereckten Blechen von veredelten Aluminiumlegierungen auftritt. Der Korrosionsangriff erfolgt entlang der Korngrenzen und führt infolge der Zerstörung des Zusammenhalts zwischen den einzelnen Kristallen zu einem vollständigen Verlust an Festigkeit und Dehnung. — Innere Spannungen führen beim Korrosionsangriff häufig zu Rißbildungen, Abb. 7. Es handelt sich dabei um ähnliche Erscheinungen wie beim Aufreißen von Messing und anderen Nichteisenmetallen[1].

Oberflächenschutz.

Zum Schutz gegen Korrosion werden die Leichtmetallteile von Flugzeugen mit Öl-, Teer- oder sonstigen Anstrichen versehen, deren Lebensdauer aber, insbesondere unter den verschärften Bedingungen des Seeflugbetriebes, sehr begrenzt ist. Der Oberflächenschutz muß deshalb im Betrieb ständig überwacht und von Zeit zu Zeit ausgebessert oder erneuert werden, was natürlich mit erheblichen Kosten verbunden ist.

Die Bestrebungen, die Anstriche durch andere Oberflächenschutzmittel von größerer Dauerhaftigkeit und Zuverlässigkeit zu ersetzen, haben neuerdings zur Entwicklung einiger beachtenswerter Verfahren geführt. Erwähnt sei das Verfahren von Bengough und Stuart[2], das in England seit einiger Zeit im Flugzeugbau erfolgreich angewendet wird und darin besteht, daß das Metall durch anodische Behandlung an der Oberfläche in eine widerstandsfähige Schicht von Aluminiumoxyd verwandelt wird. Eine ähnliche Wirkung erzielt Jirotka durch Anwendung stark oxydierender Mittel. In Amerika sucht man die Korrosionsbeständigkeit von Duralumin-Blechen dadurch zu erhöhen, daß man auf beide Seiten des Bleches dünne Schichten aus Aluminium höchster Reinheit (99,94%) aufbringt und das plattierte Blech der Vergütungsbehandlung (Glühen bei 500°C und Abschrecken) unterwirft, wobei das in den Duraluminkristallen enthaltene Kupfer durch Diffusion teilweise in die Reinaluminiumschicht eintritt[3]. Die so behandelten Bleche weisen be-

deutend höhere Korrosionsbeständigkeit als gewöhnliches Duralumin auf. Die Formänderungsfähigkeit und Haftbarkeit der Aluminiumschicht ist sehr gut.

Ausblicke.

Die Aussichten, daß die mechanischen Eigenschaften der heute bekannten vergütbaren Aluminium-Legierungen in absehbarer Zeit wesentlich verbessert werden können, müssen als wenig günstig beurteilt werden. Trotz mehr als zehnjähriger intensiver Forschungsarbeit, die in fast allen großen Kulturstaaten auf diesem Gebiet geleistet wurde, ist es bis heute nicht gelungen, eine Aluminiumlegierung aufzufinden, die dem Duralumin als in jeder Beziehung überlegen angesprochen werden könnte. Wohl gibt es Legierungen mit höherer Festigkeit als Duralumin, aber diese höhere Festigkeit ist entweder mit schlechteren Formänderungseigenschaften oder geringerer Korrosionsbeständigkeit erkauft, so daß man von einer Überlegenheit schlechterdings nicht sprechen kann.

Es ist möglich, daß Versuche, Legierungen aus Aluminium höchster Reinheit herzustellen, zu einer gewissen Verbesserung der mechanischen Eigenschaften und der Kor-

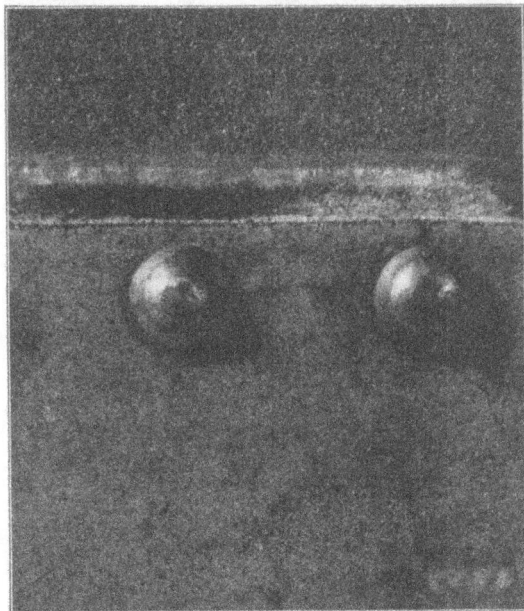

Abb. 7. Rißbildung beim Korrosionsangriff infolge innerer
Spannungen.
(Bei Verwendung zu harten Nietmaterials oder bei nicht sachgemäßer Ausführung der Nietung können in den Blechen Spannungen entstehen, die beim Korrosionsangriff zu Rißbildungen führen. Von dem rechten Nietloch gehen drei Risse aus, von denen einer bis zum linken Nietloch reicht.)

---

[1] P. Sachs, Innere Spannungen in Metallen, Z d. V. D. I., Bd. 71 (1927), S. 1511/16.
[2] Bengough u. Sutton, Engineering, August 1926.
[3] E. H. Dix, »Alclad«, a new corrosion resistant aluminium product, Technical Notes, National Advisory Committee for Aeronautics, Nr. 259

rosionsbeständigkeit unserer heutigen vergütbaren Aluminiumlegierungen führen werden. Inwieweit solche Versuche aber praktische Bedeutung erlangen können, hängt von der Frage ab, ob sich die Herstellung von Aluminium höchster Reinheitsgrade auf wirtschaftliche Weise durchführen lassen wird.

Zur Erreichung höherer Korrosionsbeständigkeit könnte schließlich noch an die Möglichkeit gedacht werden, korrosionsschützende Legierungsbestandteile anzuwenden, wie sie z. B. der K.S.-Seewasser-Legierung[1] zugrunde liegen.

Magnesiumlegierungen.

Zum Schluß soll noch mit einigen Worten auf die Magnesiumlegierungen hingewiesen werden, die vielleicht dazu berufen sind, im Flugzeugbau einmal eine große Rolle zu spielen. Von besonderem Interesse sind die Legierungen mit mehr als 90% Magnesium, weil sie bei einem spezifischen Gewicht, das nur etwa $^2/_3$ von dem des Aluminiums beträgt, hohe Festigkeit aufweisen.

Im Kraftfahrzeugbau und neuerdings auch im Flugmotorenbau konnten durch Anwendung von Magnesiumlegierungen bereits erhebliche Gewichtsvorteile erzielt werden. Von noch weittragenderer Bedeutung sind aber solche Gewichtsersparnisse für den Flugzeugbau.

In Zahlentafel 1 ist versucht worden, an der Hand einiger Leichtbau-Wertungsziffern, die aus den Werkstoffkonstanten errechnet wurden, einen Vergleich von Elektron mit Stahl und Duralumin anzustellen. Die in der Zahlentafel enthaltenen Festigkeitszahlen entsprechen bei allen drei Werkstoffen einer Dehnung von 15 bis 20%. Der Vergleich ist nur für die Beanspruchungsarten: Zug (Druck), Knickung und Biegung durchgeführt. Ein auf Zug (Druck) beanspruchter Körper kann um so leichter gebaut werden, je kleiner das Verhältnis $\frac{\gamma}{K_z}$ ausfällt. In entsprechender Weise kann für Knickung das Verhältnis $\frac{\gamma}{E^{1/2}}$[2] und für Biegung das Verhältnis $\frac{\gamma}{K_b^{2/3}}$ herangezogen werden. In allen drei Fällen gestattet Elektron die leichteste Bauweise[3].

---

[1] R. Sterner-Rainer, Die Legierung K.S.-Seewasser, Z. f. Met., Bd. 19 (1927), S. 282.
[2] Diese Kennzahl ist aus der Euler-Formel abgeleitet und gilt nur mit Einschränkungen hinsichtlich Schlankheitsverhältnis.
[3] Dies gilt nur unter den hier gemachten Voraussetzungen, die in der Praxis nicht immer erfüllt sind, besonders was Knickung und

Zahlentafel 1. Leichtbau-Wertungsziffern für Stahl, Duralumin und Elektron von etwa gleicher Dehnung.

Werkstoff	Werkstoffkonstante			Wertungsziffern		
	Spez. Gewicht γ (g/cm³)	Zugfestigk. K_z[1] (kg/cm²)	Elast.-Modul E (kg/cm²)	Zug (Druck) $\frac{\gamma}{K_z}$	Knickung $\frac{\gamma}{\sqrt{E}}$	Biegung $\frac{\gamma}{K_b^{2/3}}$
Stahl . . .	7,8	10 000	2250 000	0,8	5,2	3,5
Duralumin (veredelt)	2,8	4 000	720 000	0,8	3,3	2,3
Elektron .	1,8	3 000	450 000	0,6	2,7	1,85

Bei Betrachtung der Zahlentafel 1 muß berücksichtigt werden, daß die Kennzahlen für Zug, Druck und Biegung aus den Werten der Bruchfestigkeit errechnet sind. Den Festigkeitsrechnungen von Bauteilen müssen aber vielfach andere Spannungsgrenzen (Elastizitätsgrenze, Streckgrenze) zugrunde gelegt werden, die bei den heute bekannten Elektronlegierungen im Verhältnis zur Bruchfestigkeit tiefer zu liegen scheinen als bei Duralumin und Stahl. Unter diesem Gesichtspunkt büßt Elektron einen Teil seiner Überlegenheit gegenüber anderen Baustoffen wieder ein.

Das Verhalten von Elektron in bezug auf andere für den Flugzeugbau wichtige Beanspruchungsarten, wie Drehung (Schub), Wechselfestigkeit u. a., ist noch nicht genügend geklärt, um einwandfreie Vergleiche mit anderen Baustoffen anstellen zu können.

Einer allgemeinen Anwendung von Elektron im Flugzeugbau stehen heute noch seine geringe Widerstandsfähigkeit gegen Seewasser und seine von anderen metallischen Baustoffen abweichenden Formänderungseigenschaften im Wege. Wenn man aber in Betracht zieht, daß das augenblickliche Entwicklungsstadium des Magnesiums ungefähr demjenigen des Aluminiums vor 20 oder 30 Jahren entspricht und dabei bedenkt, daß die Magnesiumlegierungen im Vergleich zu den Aluminiumlegierungen noch verhältnismäßig wenig erforscht sind, so ist die Hoffnung nicht unbegründet, daß in der Verbesserung der Magnesiumlegierungen noch bedeutende Fortschritte erwartet werden dürfen.

Biegung anbelangt. So sind z. B. einer Vergrößerung des Trägheitsmoments im Flugzeugbau durch Raummangel und Luftwiderstand vielfach Grenzen gesetzt.
[1] Bei 15—20% Dehnung.

Lautal als Baustoff für Flugzeuge.

Von Paul Brenner.

89. Bericht der Deutschen Versuchsanstalt für Luftfahrt, E. V., Berlin-Adlershof (Stoff-Abteilung).

Mit der vorliegenden Arbeit wird der Zweck verfolgt, die Bestrebungen zur Einführung neuer Leichtmetalle in den Flugzeugbau zu unterstützen und zu fördern.

Inhalt.

Einleitung.

Die Erfindung des Duralumins hat wohl für keinen Zweig der Technik so große Bedeutung erlangt wie für den Luftfahrzeugbau. Duralumin ist der Baustoff der erfolgreichen Zeppelin-Luftschiffe. Seine Einführung in den Flugzeugbau bedeutet einen wichtigen Markstein in der Entwicklungsgeschichte der Flugtechnik. Seitdem hat man in der Verbesserung der Zuverlässigkeit und Dauerhaftigkeit der Flugzeuge große Fortschritte gemacht. Die Vorteile der Verwendung von Duralumin für den Flugzeugbau sind bereits so allgemein anerkannt und die Anwendung von Duralumin ist so verbreitet, daß man es heute als den wichtigsten Baustoff für Flugzeuge bezeichnen kann.

Die erfolgreiche Anwendung von Duralumin im Flugzeugbau hat zu zahlreichen Versuchen geführt, die darauf abzielen, ein dem Duralumin gleichwertiges oder sogar überlegenes Leichtmetall zu finden.

Hier muß gleich auf die bemerkenswerte Tatsache hingewiesen werden, daß es trotz vieler Versuche bis heute noch nicht gelungen ist, ein Leichtmetall herzustellen, das dem Duralumin in jeder Beziehung überlegen ist. Unter den bisher bekannt gewordenen Leichtmetallen befinden sich allerdings einige, die ganz ähnliche Eigenschaften wie das Duralumin aufweisen. Von den ausländischen Leichtmetalllegierungen ist die in England gebräuchliche »Y-Legierung«[1][2] zu nennen, während in Frankreich das »Alferium«[3] viel verwendet wird. In Rußland ist ebenfalls eine neue Legierung aufgetaucht, die den Namen »Koltschugalumin«[4] trägt.

Diese Legierungen stellen jedoch durchweg mehr oder weniger genaue Nachahmungen des Duralumins dar. Die ausländischen Angaben, daß es sich hierbei um gänzlich neuartige Legierungen handelt, sind ebenso unzutreffend, wie die vielfach aufgestellte Behauptung, daß diese Legierungen dem Duralumin überlegen seien.

Zu erwähnen ist, daß sehr umfangreiche Forschungen über neue Leichtmetall-Legierungen in Amerika vorgenommen werden[5] [6]). Der Metallflugzeugbau steckt jedoch in Amerika heute noch in den Anfängen.

In Deutschland, wo man über das bewährte Duralumin verfügt, hat die Einführung neuer Leichtmetalle in den Flugzeugbau noch keine rechten Fortschritte gemacht. Dagegen wird Duralumin heute in verhältnismäßig großen Mengen zum Bau von Flugzeugen verwendet.

Deutschland ist die Geburtstätte des Metallflugzeugbaus. Hier wurde zuerst die Verwendung von Duralumin für Flugzeuge aufgegriffen. Um die folgerichtige Entwicklung des Metallflugzeugs haben sich hauptsächlich Prof. Dr.-Ing. E. h. J u n k e r s [7]), Dr.-Ing. E. h. D o r n i e r [8]) [9]) und Dr.-Ing. R o h r b a c h [10]) [11]) verdient gemacht.

Anfangs wurden gegen Duralumin — insbesondere von ausländischer Seite — mancherlei Bedenken erhoben. Ermüdung und Korrosion waren die hauptsächlichsten Schreckgespenster, die gegen die Verwendung von Duralumin bis in die neueste Zeit ins Feld geführt wurden.

Angesichts der Erfolge der deutschen Metallflugzeuge im In- und Ausland und ihrer jahrelangen Bewährung sind jedoch allmählich alle Bedenken gegen Duralumin soweit zerstreut, daß der Duralumin-Flugzeugbau schon jetzt immer mehr um sich greift.

Duralumin wird von der Dürener Metallwerke A.-G., Düren (Rheinland), nach dem durch Reichspatent Nr. 244 554 geschützten Verfahren hergestellt. Der Patentanspruch lautet:

»Verfahren zum Veredeln magnesiumhaltiger Aluminiumlegierungen, dadurch gekennzeichnet, daß die Legierungen nach der letzten, im Laufe der Verarbeitung vorgenommenen Erhitzung über 420° C ausgesetzt und nach etwaiger leichterer Formgebung eine Zeitlang selbsttätiger Veredelung überlassen werden.«

Das Patent wurde am 20. März 1909 erteilt. Nach den patentrechtlichen Bestimmungen wäre es nach 15jähriger Dauer am 20. Februar 1924 abgelaufen, infolge der Kriegszeit trat jedoch eine Verlängerung bis zum Jahre 1932 ein. Die Dürener Metallwerke sind also auf die Dauer der nächsten 5 Jahre im Besitze des alleinigen Herstellungsrechtes für Duralumin.

Von den in den letzten Jahren in Deutschland bekannt gewordenen neuen Leichtmetallen[12]) soll hier die veredelungsfähige Aluminiumlegierung »Lautal« eingehender behandelt werden.

I. Anforderungen des Flugzeugbaus an den Werkstoff.

Bevor über die einzelnen Untersuchungen berichtet wird, soll kurz auf die Werkstoffanforderungen im Flugzeugbau eingegangen werden. Die Bestimmung dieser Anforderungen stößt jedoch auf erhebliche Schwierigkeiten, weil nicht einer der uns heute bekannten Baustoffe den scharfen Anforderungen vollauf genügt, die eigentlich vom Standpunkt des Flugzeugingenieurs gestellt werden müßten.

Wenn es sich deshalb um Aufstellung von Werkstoffanforderungen handelt, so hat es keinen Zweck, übertriebene Forderungen zu stellen. Einen Ideal-Baustoff, der alle guten Eigenschaften in sich vereinigt, gibt es nicht. Wenige grundlegende Forderungen, die im Flugzeugbau als selbstverständlich anzusehen sind, genügen schon, um aus der Reihe der uns zur Verfügung stehenden Baustoffe die Mehrzahl als ungeeignet auszuscheiden. Die Entscheidung, welcher der in engere Wahl gezogenen Baustoffe geeignet ist, stellt dann in den meisten Fällen mehr oder weniger einen Kompromiß dar.

Es ist nicht der Zweck dieser Arbeit, die Anforderungen des Flugzeugbaus an den Werkstoff hier allgemein zu kennzeichnen und zu untersuchen, welcher Baustoff diesen Anforderungen am besten entspricht. Eine solche Untersuchung wäre auch einseitig, wenn nicht die verschiedenen Verwendungszwecke von Flugzeugen, die örtlichen Verhältnisse für die Flugzeugherstellung und die Verhältnisse des Flug-

betriebes eingehende Berücksichtigung finden würden. Die Frage, ob unter diesen Umständen Holz, Stahl oder Leichtmetall der geeignetere Baustoff ist, wurde zudem schon an verschiedenen Stellen behandelt [13]) [14]) [15]) [16]) [17]). Man geht wohl nicht fehl, wenn man auf Grund der heute vorliegenden Erfahrungen die Zukunft im Metallflugzeugbau erblickt[*]).

Da es sich hier um die Prüfung eines Leichtmetalls handelt, so werden in erster Linie die für die Verwendung eines Leichtmetalls im Flugzeugbau maßgebenden Anforderungen interessieren. Einen guten Maßstab für die Höhe der zu stellenden Anforderungen geben die umfangreichen Erfahrungen mit Duralumin, das nach heutigen Anschauungen a's hervorragend geeignet für den Bau von Flugzeugen angesprochen werden kann. Duralumin kann daher als Vergleichsbaustoff für die Prüfung neuer Leichtmetalle benutzt werden. Seine Eigenschaften sind hinreichend bekannt und können als Grundlage für die Beurteilung jeder neuen Leichtmetallegierung dienen.

Duralumin.

Die für den Flugzeugbau wichtigsten Eigenschaften des Duralumins sollen nachfolgend kurz zusammengefaßt werden; eine ausführliche Behandlung ist im Schrifttum zu finden[19]) [20]).

1. C h e m i s c h e Z u s a m m e n s e t z u n g. Duralumin wird in verschiedenen Legierungen hergestellt. Es enthält außer Reinaluminium und Verunreinigungen als Legierungszusätze: Magnesium, Kupfer, Mangan. Während der Magnesiumgehalt bei allen Legierungen 0,5% beträgt, schwanken der Kupfergehalt zwischen 3,5 und 4,5% und der Mangangehalt zwischen 0,25 und 1%.

2. P h y s i k a l i s c h e E i g e n s c h a f t e n. Bei einem spezifischen Gewicht, das nicht viel höher ist als das des Reinaluminiums, entsprechen die Festigkeitszahlen des Duralumins denen von Flußeisen und weicheren Siemens-Martin-Stählen. Ein derartiger Baustoff, der geringes spezifisches Gewicht mit hoher Festigkeit vereint, ist naturgemäß für den Bau von Flugzeugen besonders geeignet. Im Flugzeugbau besteht die Forderung, das Flugwerk bei gegebener Festigkeit möglichst leicht zu bauen. Diese auch auf anderen Gebieten der Technik, wie z. B. im Kraftfahrzeugbau, Brücken- und Schiffbau angestrebte Baurichtlinie wird unter der Bezeichnung »Leichtbau« verstanden.

Die elastischen Eigenschaften des Duralumins zeigen, daß die Dehnungszahl (Kehrwert des Elastizitätsmoduls) beträchtlich höher ist als bei Eisen oder Stahl. Dies also bedeuten, daß sich Duralumin bei Knickbeanspruchungen ungünstiger verhält und bei Biegebeanspruchungen stärkere Durchbiegungen erfährt als Eisen und Stahl. Berücksichtigt man jedoch, daß infolge des geringeren Gewichts des Duralumins die auf Knickung und Biegung beanspruchten Bauteile so gebaut werden können, daß sie bei gleichem Gewicht ein größeres Trägheitsmoment besitzen, so wird diese Schwäche in den meisten Fällen weit mehr als ausgeglichen.

Bezüglich des Verhältnisses der zulässigen Beanspruchung zur Bruchspannung steht Duralumin dem Eisen und einer großen Zahl von Kohlenstoff- und legierten Stählen nicht nach. Nach Überschreiten der zulässigen Beanspruchung kann Duralumin vermöge seiner guten Dehnungsfähigkeit bis zum Eintritt des Bruches reichlich Arbeit aufnehmen. Hinsichtlich dynamischer Beanspruchungen und Ermüdung hat Duralumin in jahrelangem Betrieb größte Widerstandsfähigkeit gezeigt. Nach Untersuchungen der Junkers-Flugzeugwerke A.-G. liegt die Dauerbeanspruchungsgrenze von Duralumin etwas höher als bei weichem Stahl[21]).

---

[*]) Die Hölzer werden allerdings noch längere Zeit im Flugzeugbau eine gewisse Rolle spielen, weil sie eine Reihe von Eigenschaften, wie leichte und einfache Bearbeitbarkeit, geringes spezifisches Gewicht und niedrigen Preis aufweisen, durch die sie anderen Baustoffen zweifellos überlegen sind. Dem stehen aber schwerwiegende Nachteile des Holzes, wie z. B. Ungleichmäßigkeit[18]), Form- und Witterungsunbeständigkeit, unzulängliche Verbindungsmöglichkeiten einzelner Holzteile untereinander u. dgl. gegenüber. Es ist daher anzunehmen, daß bei den sich steigernden Ansprüchen an die genaue Herstellung, Zuverlässigkeit und Dauerhaftigkeit von Flugzeugen die Verwendung von Holz im Flugzeugbau immer mehr zurückgeht.

3. Verarbeitung. Die Verarbeitungsfähigkeit von Duralumin zu Bauelementen und Flugzeugteilen ist gegenüber anderen Baustoffen, wie Stahl, als zufriedenstellend zu bezeichnen. Duraluminbleche und -bänder lassen sich unter gewissen Voraussetzungen in veredeltem Zustand kalt biegen, kanten, bördeln und ziehen. Sollen sehr starke Verformungen mit Duralumin vorgenommen werden, so ist Weichglühen und nachträgliches Wiederveredeln erforderlich. Duralumin läßt sich in weichgeglühtem Zustand gut schmieden und pressen.

Die Verbindung von Bauelementen erfolgt entweder durch Schrauben oder Duraluminnieten, die in kaltem Zustand geschlagen werden können. Schweißverbindung ist möglich, wird jedoch von den Dürener Metallwerken nicht empfohlen.

4. Widerstandsfähigkeit gegen Atmosphärilien und Seewasser. Die Widerstandsfähigkeit von Duralumin gegen atmosphärische Einflüsse ist ausreichend. Gegen die Einwirkung von Seewasser ist es jedoch nicht beständig. Die Oberfläche muß daher mit schützenden Überzügen versehen werden. Als Schutzmittel werden heute meist Anstriche verwendet.

Bei der Konstruktion von Duralumin-Flugzeugen, insbesondere Seeflugzeugen, ist darauf zu achten, daß alle Teile gut geschützt werden können und der Überwachung zugänglich sind.

Seit mehreren Jahren sind Land- und Seeflugzeuge unter den verschiedensten klimatischen Verhältnissen im Betrieb. Bei sorgfältiger Wartung der Flugzeuge haben sich keine ernstlichen Beanstandungen ergeben. Die Flugzeuge sind sowohl äußerlich wie auch im Innern mit einem Schutzanstrich versehen, der gut überwacht und nach einiger Zeit erneuert werden muß.

II. Prüfverfahren.

Die nachfolgend ausgeführten Untersuchungen erstrecken sich auf die Prüfung von Lautal als Baustoff für das Flug-, Fahr- oder Schwimmwerk. Unberührt bleibt die Frage, ob und inwieweit Lautal auch für die Herstellung von Teilen des Triebwerkes mit Vorteil verwendet werden kann.

An Hand technischer Prüfungen wurde versucht, über diejenigen Eigenschaften von Lautal Aufschluß zu erhalten, die für seine Beurteilung als Flugzeugbaustoff von Wichtigkeit sind. Die Durchführung der Prüfungen erfolgte soweit als möglich nach den im Materialprüfwesen üblichen Verfahren. Da die Ergebnisse dieser Prüfungen zur Beurteilung des zu untersuchenden Baustoffes allein nicht ausreichten, wurden außerdem eine Reihe von Versuchen durchgeführt, die eine Prüfung des Baustoffes unter den besonderen Verhältnissen des Betriebes bezweckten. Diese betriebsmäßigen Versuche sind heute im Leichtbau allgemein eingeführt, da sie eine unerläßliche Ergänzung der reinen Laboratoriumsversuche darstellen.

Die wissenschaftlichen Erkenntnisse, zu denen die Untersuchungen im einzelnen führen werden, sollen dem Flugzeugingenieur Richtlinien geben für die zweckmäßige Behandlung und Bearbeitung von Lautal und ähnlichen vergütbaren Aluminiumlegierungen.

Die Aufgabe war begrenzt durch die zur Verfügung stehenden Mittel und Einrichtungen. Einige wichtige Eigenschaften, wie z. B. die Widerstandsfähigkeit gegen Dauerbeanspruchung konnten in Ermangelung geeigneter Einrichtungen nicht geprüft werden.

Wie in Abschnitt I begründet, wurde bei der Prüfung von Lautal in weitestgehendem Maße Duralumin als Vergleichsbaustoff herangezogen. Fast alle vorgenommenen Prüfungen wurden sowohl mit Lautal als auch mit Duralumin ausgeführt.

Um zu gut vergleichbaren Ergebnissen zu gelangen, wurden für beide Leichtmetalle möglichst gleiche Prüfbedingungen geschaffen. Für die Vergleichsprüfungen wurden stets dieselben Prüfverfahren und -Einrichtungen angewendet. Ferner wurde darauf geachtet, daß die zu vergleichenden Duralumin- und Lautalprobekörper stets in denselben Formen und Abmessungen hergestellt wurden, was in den meisten Fällen mit hinreichender Genauigkeit erreicht werden konnte.

Im Hinblick auf die einwandfreie Vergleichbarkeit der Versuchsergebnisse wurde davon abgesehen, die — übrigens durchaus zuverlässigen — Angaben, die über die wichtigsten Eigenschaften von Duralumin vorlagen, ohne weiteres zu verwenden. Da in den meisten Fällen nicht bekannt war, unter welchen Bedingungen diese Angaben erhalten wurden, so wurden diese im Laufe der Untersuchung nachgeprüft.

Für die Auswahl der Prüfungen waren folgende Gesichtspunkte maßgebend:

1. Prüfung möglichst aller für den Flugzeugbau wichtigen Eigenschaften, soweit die zur Verfügung stehenden Mittel und Einrichtungen dies erlaubten.
2. Anpassung der Prüfungen an die im Flugzeugbau vorliegenden praktischen Verhältnisse.
3. Fortlassen von Prüfungen, die für den Flugzeugbau nicht unmittelbar von Interesse sind (wie z. B. elektrische Leitfähigkeit, Wärmedehnungszahl u. a. m.).

Am meisten interessieren im Flugzeugbau die Festigkeitseigenschaften.

Der Ingenieur ist gewöhnt, als wichtigste Festigkeitseigenschaft die Bruchfestigkeit anzusehen. Für die Bemessung der einzelnen Bauglieder benutzt er eine Sicherheitszahl, die so groß gewählt wird, daß die im Betrieb vorkommenden Höchstbeanspruchungen weit unter der Bruchspannung des Baustoffes liegen. Besonders dort, wo der Materialaufwand keine große Rolle spielt, ist es üblich, mit hohen Sicherheitszahlen zu rechnen.

In der Festigkeitsrechnung eines Flugzeuges[22]) beträgt die Sicherheit gegen Bruch selten mehr als das Zweifache. Darf unter diesen Umständen lediglich mit der Bruchfestigkeit eines Baustoffes gerechnet werden?

Da dem Baustoff in Maschinenkonstruktionen nicht allein die Aufgabe zufällt, Beanspruchungen von bestimmter Größe aufzunehmen, sondern auch bleibende Formänderungen im Betrieb nicht vorkommen dürfen, kann als zulässige Beanspruchung nur diejenige in Frage kommen, bei der der Baustoff keine bleibenden Formänderungen erfährt, die für den Bestand eines Bauteiles oder einer Konstruktion von Nachteil sein könnten.

Die meisten metallischen Baustoffe (Nichteisenmetalle), u. a. auch die Aluminiumlegierungen, weisen selbst bei verhältnismäßig geringen Spannungen keine vollkommene Elastizität auf. Im Prüfwesen dieser Stoffe sind daher Begriffe für Spannungsgrenzen gebräuchlich, an denen bleibende Formänderungen bestimmter Größe auftreten. Als eine solche ist die 0,2-Grenze zu nennen, d. i. diejenige Spannung, bei der die bleibende Dehnung 0,2% der Meßlänge beträgt. Bei manchen Baustoffen, wie z. B. Flußeisen, deren Zugdehnungslinie keinen durchweg stetigen Verlauf, sondern an einer Stelle eine ausgeprägte Unstetigkeit (Schwankung, Knick oder dgl.) zeigt, spricht man von einer Streck- oder Fließgrenze, womit diejenige Spannung bezeichnet wird, bei der trotz zunehmender Längenänderung die Kraftanzeige an der Festigkeitsmaschine erstmalig unverändert bleibt oder zurückgeht[*]).

Für eine andere Spannungsgrenze, der eine wesentlich geringere bleibende Dehnung entspricht, nämlich 0,02%, häufig sogar 0,003 oder 0,001%, gebraucht man im allgemeinen die Bezeichnung Elastizitätsgrenze, obwohl dieser Ausdruck nicht glücklich ist, da metallische Baustoffe wie Aluminium und Aluminiumlegierungen in der Regel dem Hookeschen Gesetz nicht folgen und von Elastizität bzw. Elestizitätsgrenze streng genommen nicht gesprochen werden kann. Es empfiehlt sich jedenfalls, bei Gebrauch dieses Ausdrucks eine besondere Kennzeichnung durch Hinzufügen des Dehnungsmessers, also 0,02 bzw. 0,003 oder 0,001 vorzunehmen.

---

[*]) Nach Dinorm 1602, Werkstoffprüfung. Begriffe.

Streng genommen müßte gefordert werden, daß ein Überschreiten der Elastizitätsgrenze im Betrieb nicht eintreten darf. Diese Forderung kann jedoch im Flugzeugbau allgemein nicht erfüllt werden, da die Elastizitätsgrenze — besonders bei Leichtmetallen — verhältnismäßig tief liegt und ihre Einführung als zulässige Grenze in vielen Fällen zu schwere Konstruktionen zur Folge haben würde. Da außerdem die Betriebzustände, wie sie in der Festigkeitsrechnung eines Flugzeuges angenommen sind, im normalen Betrieb kaum auftreten und nur die äußersten und ungünstigsten Verhältnisse darstellen sollen, so scheint es gerechtfertigt, eine etwas höhere Beanspruchung zuzulassen, die zwischen der Elastizitäts- und 0,2-Grenze liegt. Eine genaue Festlegung dieser zulässigen Grenze dürfte heute noch nicht möglich sein, da einerseits über Größe und Art der im Flugbetriebe auftretenden Beanspruchungen noch keine genauen Angaben vorliegen und anderseits das Verhalten der Baustoffe unter derartigen Beanspruchungen noch nicht genügend erforscht ist. Als feststehende Forderung kann lediglich erhoben werden, daß die Streckgrenze im Betriebe keinesfalls überschritten werden darf, da sonst mit dem Auftreten von Formänderungen gerechnet werden müßte, die ernstliche Gefahren für die Sicherheit und Zuverlässigkeit einer Flugzeugkonstruktion mit sich bringen könnten. Für die Wahl der Größe der zulässigen Beanspruchung, die näher bei der Elastizitäts- oder bei der 0,2-Grenze liegen kann, dürften für jeden Einzelfall sowohl Konstruktions- als auch materialtechnische Gesichtspunkte maßgebend sein.

Die Ermittlung der Elastizitäts- und 0,2-Grenze ist wohl etwas umständlicher als die Feststellung der Zugfestigkeit, da zum Messen der sehr kleinen bleibenden Dehnungen empfindliche Meßgeräte notwendig sind, die sorgfältige und sachgemäße Bedienung erfordern. Dies sollte aber kein Grund sein, auf die Ermittlung dieser Beanspruchungsgrenzen in der Praxis überhaupt zu verzichten. Zur Beurteilung eines Baustoffes in bezug auf sein Verhalten bei Zugbeanspruchung wäre es eigentlich notwendig, den Verlauf der gesamten und bleibenden bzw. federnden Längenänderungen über den ganzen Spannungsbereich bis zur Bruchbelastung vor Augen zu haben. Die Ermittlung dieser Spannungs-Dehnungsschaulinien ist jedoch sehr zeitraubend. In den meisten Fällen wird es genügen, die Elastizitäts- und 0,2-Grenze sowie die Zugfestigkeit und Bruchdehnung zu bestimmen. Man kennt damit die wichtigsten Punkte der Spannungs-Dehnungsschaulinie und kann sich dann über deren Verlauf ein ungefähres Bild machen.

In Erkenntnis der Bedeutung der Elastizitäts- und 0,2-Grenze wurden diese auch bei den hier zu vergleichenden Baustoffen ermittelt und außerdem die Schaulinien der gesamten, federnden und bleibenden Dehnungen aufgenommen. Da sowohl die Elastizitäts- als auch die 0,2-Grenze sehr stark durch Kaltverformung beeinflußt werden können und bei der Herstellung von Metallflugzeugen von der Kaltverformung (Ziehen, Kanten, Pressen usw.) ausgiebig Gebrauch gemacht wird, so sind die Werte, die an unverarbeiteten Bändern und Blechen ermittelt wurden, nicht geeignet, auf Bauteile übertragen zu werden, die bei der Herstellung Kaltverformungen erfahren haben. Aus dieser Erkenntnis heraus ergab sich die Notwendigkeit, Festigkeitsuntersuchungen auch an Fertigbauteilen vorzunehmen.

Die Druckfestigkeit spielt im Metallflugzeugbau nicht eine so große Rolle, da es sich fast immer um schlanke, dünnwandige Bauglieder handelt, die bei der Belastung durch Druckkräfte ausknicken. Die Druckbeanspruchungen, die das Material dabei erfährt, sind verhältnismäßig gering. Die Ermittlung der Druckfestigkeit bei Metallen macht zudem erhebliche Schwierigkeiten, da ihre Größe abhängig von der Höhe des Probekörpers ist[38]). Die hier angestellten Druckversuche sind nicht zur Ermittlung der tatsächlichen Druckfestigkeit vorgenommen worden, sondern sollen lediglich einen Anhalt für das Verhalten von Lautal bei hohen Druckbeanspruchungen geben.

Die Scherfestigkeit von Lautal kann aus den Ergebnissen der angestellten Nietversuche entnommen werden.

Biege- und Drehfestigkeit sind in hohem Maß von der Querschnittsform der Probekörper abhängig. Die Ermittlung dieser Festigkeitswerte an Probekörpern von einfachen Querschnittsformen (Rundstange, Vierkantstab oder ähnl.) wäre zwecklos gewesen, da derartige Prüfungen nicht den im Flugzeugbau vorliegenden Verhältnissen entsprochen hätten. Die Bauelemente eines Flugzeuges bestehen meist aus dünnwandigen Hohlkörpern (Rohren, Kastenträgern) oder Stäben von mehr oder weniger verwickelten Querschnittsformen, die sich bei Biege- oder Drehbeanspruchungen ganz anders verhalten als Probekörper mit vollem Querschnitt. Die Untersuchung dieser Verhältnisse wurde als nicht mehr im Rahmen dieser Arbeit liegend betrachtet.

Neben den reinen Festigkeitswerten sind die elastischen Eigenschaften eines Baustoffes von größtem Interesse. Ein Maß für die elastischen Eigenschaften stellt die Dehnungszahl dar. Am wichtigsten ist die Dehnungszahl bei Knickbeanspruchungen, denen gerade Flugzeugelemente häufig unterworfen sind. Die sorgfältige Ermittlung der Dehnungszahl ist damit begründet.

Die Schubzahl konnte nicht bestimmt werden, da weder geeignetes Probematerial (Rohre, Stangen u. dgl.) noch entsprechende Prüfeinrichtungen zur Verfügung standen. Von dynamischen Festigkeitsprüfungen wurde lediglich der Kerbschlagversuch durchgeführt, da andere dynamische Festigkeitsprüfungen wie z. B. Wechselbelastungsversuche in Ermangelung entsprechender Prüfeinrichtungen nicht vorgenommen werden konnten. Außerdem sind die zurzeit vorhandenen Ermüdungsmaschinen, die für die Prüfung der Widerstandsfähigkeit eines Materials gegen Wechselbeanspruchung dienen, nicht ohne weiteres für die Prüfung von Flugzeugbaustoffen geeignet, da sie nur für Rundstäbe von bestimmten Abmessungen, nicht aber für die größtenteils dünnen Bleche oder dünnwandigen Hohl- oder Profilkörper des Flugzeugbaues eingerichtet sind.

Vielleicht wird es als Lücke empfunden, daß im Laufe der Untersuchungen das Verhalten des Baustoffes bei Wechselbeanspruchung (Ermüdungs-, Schwingungsfestigkeit) nicht ermittelt wurde. Dieser Beanspruchungsart kommt jedoch im Flugzeugbau keine derartig hohe Bedeutung zu wie z. B. im Motorenbau.

Der Flugzeugingenieur wird immer bestrebt sein, durch geeignete konstruktive Mittel das Auftreten von Schwingungen an Flugzeugteilen zu vermeiden. Wenn dies auch bei einem neuen Flugzeug nicht immer beim ersten Male gelingt, so läßt es sich doch durch entsprechende nachträgliche Änderungen (z. B. durch Änderung der Eigenschwingungszahl) erreichen. Schwingungen von Flugzeugteilen können einerseits durch die Luftkräfte, anderseits durch unruhigen Lauf des Motors (kritischer Drehzahlbereich) hervorgerufen werden. Durch Luftkräfte eingeleitete Schwingungen lassen sich durch geeignete aerodynamische und statische Maßnahmen vermeiden. Motorschwingungen sind vor allen die in der Nähe des Triebwerks liegenden Teile ausgesetzt, die aber aus anderen Gründen stärker bemessen werden müssen. Für die anderen Teile des Flugzeugs gilt das oben Gesagte, sofern nicht die Möglichkeit besteht, vom Triebwerk herrührende Schwingungen durch Zwischenschalten von dämpfenden Gliedern von den anderen Teilen fernzuhalten. Dem Auftreten von Wechselbeanspruchungen von hoher Frequenz braucht daher bei Flugzeugteilen nicht in dem Maß Rechnung getragen werden wie bei Triebwerkteilen, die infolge der ungleichförmig wirkenden Antriebskräfte und der mit hohen Geschwindigkeiten umlaufenden oder hin- und hergehenden Massen Wechselbeanspruchungen in erhöhtem Maße unterworfen sind.

Von besonderer Wichtigkeit sind Bruchdehnung und Einschnürung eines Materials. Spröde Materialien haben nur geringe Formänderungsfähigkeit und sind sehr empfindlich gegen Oberflächenverletzungen wie Kerben, Risse, Riefen, scharfe Übergänge u. dgl. Zu bevorzugen sind zähe Materialien, bei denen sich örtliche Spannungsunterschiede besser ausgleichen. Vor Eintritt des Bruches treten bei zähen Baustoffen so starke Verformungen auf, daß sie dem Auge sichtbar werden. Die Bruchgefahr kann dann in vielen Fällen noch rechtzeitig erkannt werden. Hohe Bruchdehnung ist auch deshalb erwünscht, weil dadurch das Material die Fähigkeit erlangt, Arbeit aufzunehmen. Eine große Arbeitsaufnahme ist besonders bei stoßartigen Beanspruchungen, wie sie durch harte Landungen, Abstürze u. dgl. hervorgerufen werden, von Vorteil.

Von untergeordneter Bedeutung ist die Härte eines Flugzeugbaustoffes. Dies geht allein schon aus der Tatsache hervor, daß im Flugzeugbau sowohl ganz weiche Baustoffe wie Holz, als auch Baustoffe großer Härte wie Stahl verwendet werden.

Einen größeren Teil der Untersuchungen nimmt ferner die Prüfung der Bearbeitungsfähigkeit in Anspruch. Hier interessiert besonders die Verarbeitung der Bleche durch Ziehen, Kanten, Drücken, Treiben sowie die Verbindungsmöglichkeiten durch Nieten und Schweißen. Für die Herstellung von Knotenpunkten, Beschlägen und sonstigen dickwandigeren Teilen ist die Schmiedbarkeit hervorzuheben. Schließlich kommt noch die Bearbeitbarkeit mit schneidenden Werkzeugen in Betracht.

Die Bearbeitungsarten eines Baustoffes im Flugzeugbau sind so mannigfaltig, daß es nicht möglich ist, das Verhalten des Baustoffes bei allen diesen Bearbeitungsarten durch einfache Prüfverfahren zu ermitteln. Einen ersten Anhalt gibt bei Blechen die Prüfung der Biegefähigkeit und der Tiefung (nach Erichsen), jedoch müssen diese einfachen technologischen Prüfverfahren durch praktische Versuche in der Werkstatt, insbesondere durch Zieh- und Kantversuche, ergänzt werden.

Die Bearbeitungsversuche müssen ferner Hand in Hand mit Wärmebehandlungsversuchen gehen, da sich die Bearbeitbarkeit mit der Art der Wärmebehandlung stark verändert.

Infolge der unvollkommenen Korrosionsbeständigkeit der Leichtmetall-Legierungen können bei der Prüfung Korrosionsversuche nicht übergangen werden. Hier ist es gleichfalls nicht immer möglich, aus Laboratoriumsversuchen auf das Verhalten der Leichtmetalle unter praktischen Verhältnissen zu schließen.

III. Allgemeines über Lautal.

A. Chemische Zusammensetzung.

Lautal ist eine veredelbare Aluminiumlegierung, die im Gegensatz zu Duralumin frei von Magnesium ist. Nach Angabe des Lauta-Werkes enthält Lautal, abgesehen von Verunreinigungen, an:

Aluminium	94%
Kupfer	4%
Silizium	2%

Eine Nachprüfung der chemischen Zusammensetzung des Lautals durch drei quantitative Analysen, die an Spänen verschiedener Lautalbleche durchgeführt wurde, bestätigte diese Angaben im wesentlichen.

B. Spezifisches Gewicht.

Lautal hat ungefähr denselben Aluminium- und Kupfergehalt wie Duralumin. Die übrigen Legierungszusätze von Duralumin machen ungefähr denselben Gewichtsanteil wie das Silizium bei Lautal aus. Die spezifischen Gewichte von Duralumin und Lautal können daher praktisch als gleich groß angenommen werden.

C. Herstellung des Lautals.

Lautal wird von den Vereinigten Aluminium-Werken A.-G. Lautawerk (Lausitz) in nur einer Legierung hergestellt.

Die Hersteller folgen also bisher nicht dem Verfahren der Dürener Metallwerke, die mit Rücksicht auf die Wünsche ihrer Abnehmer mehrere Duralumin-Legierungen von verschiedenen Eigenschaften erzeugen.

Die Herstellung des Lautals erfolgt mit Hilfe einer Zwischenlegierung, die unter dem Namen »Silumin« als Gußlegierung bekannt ist und ebenfalls von den Vereinigten Aluminium-Werken im Auftrag der Metallbank und Metallurgischen Gesellschaft, Frankfurt a. M., erzeugt wird. Silumin enthält etwa 13% Silizium und ist somit zum Einführen des Siliziums in das Lautal geeignet. Während das Kupfer früher gleichfalls auf dem Wege einer Zwischenlegierung dem Lautal hinzugefügt wurde, wird es heute unmittelbar zugesetzt.

Durch die Einbeziehung des Silumin in den Herstellungsgang des Lautals tritt eine wesentliche Vereinfachung in der Lautalherstellung ein. Da sich Lautal ebenso wie Duralumin aus etwa 94% Aluminium zusammensetzt, so ist für seine Herstellung hauptsächlich die Erzeugung von Aluminium maßgebend.

Die deutsche Aluminiumindustrie ist in erster Linie auf ausländische Bauxite angewiesen. Die größten und bekanntesten Bauxitlager Europas befinden sich in Südfrankreich (Westhang der Alpen). Diese Bauxite enthalten etwa 70% Tonerde. Neuerdings gewinnen außerdem die siebenbürgischen, dalmatinischen und istrischen Bauxitlager immer mehr an Bedeutung. Die dort abgebauten Bauxite weisen einen Tonerdegehalt von etwa 58% auf. [23])

Das Lauta-Werk, das selbst eines der größten Aluminiumwerke Deutschlands ist, bezieht seinen Bauxit aus eigenen Bergwerken in Ungarn.

D. Veredelung.

Dem Veredelungsprozeß des Lautals hat in derselben Weise wie beim Duralumin und anderen veredelungsfähigen Aluminiumlegierungen eine Knetbehandlung (Walzen, Schmieden oder Pressen) vorauszugehen. Das so durchgearbeitete Material wird bei etwa 500° C geglüht und hierauf in Wasser abgeschreckt.

Ein grundsätzlicher Unterschied in der Veredelung des Lautals gegenüber der des Duralumins sowie anderer magnesiumhaltiger Aluminiumlegierungen besteht in dem Vorgang des Alterns, der nach dem Abschrecken einsetzt. Während Duralumin nach dem Abschrecken sich selbst überlassen wird und nach mehrtägigem Auslagern bei Raumtemperatur bedeutend höhere Festigkeit und Härte aufweist als unmittelbar nach dem Abschrecken, zeigt Lautal unter diesen Umständen keine merkliche Änderung seiner mechanisch-technischen Eigenschaften. Eine Steigerung der Härte und Festigkeit kann beim Lautal nur durch eine nochmalige Wärmebehandlung (künstliches Altern) erreicht werden. Zu diesem Zweck wird Lautal nach dem Abschrecken längere Zeit bei erhöhter Temperatur erwärmt; sie beträgt unter normalen Verhältnissen 120 bis 140° C, während die Dauer dieser Wärmebehandlung in der Regel sich auf 16 bis 24 h erstreckt.

Die Veredelungsvorgänge in den Aluminiumlegierungen sind heute noch nicht einwandfrei aufgeklärt. Verschiedene Forscher (Merica[24][25], Fränkel[26]) u. a.) haben Hypothesen über die Veredelungsvorgänge aufgestellt, die jedoch z. T. sehr zueinander in Widerspruch stehen, und für deren Gültigkeit noch kein endgültiger Beweis erbracht ist. Immerhin hat die Klärung der Veredelungsfrage in den letzten Jahren bedeutende Fortschritte gemacht, die u. a. zu einer Arbeitshypothese geführt haben. Diese Hypothese gibt beachtenswerte Richtlinien für die Auffindung neuer, technisch brauchbarer Aluminiumlegierungen[27]).

E. Verarbeitung.

Lautal läßt sich zu Blechen, Bändern, Stangen, Draht, Schmiede- und Preßteilen verarbeiten. Die Vereinigten Aluminium-Werke liefern dieses Halbzeug in veredeltem Zustand. Neuerdings ist auch die Herstellung von Rohren aufgenommen worden.

F. Patentschutz.

Die Legierung Lautal ist von den Vereinigten Aluminium-Werken A.-G., Lautawerk, am 16. August 1923 zum Patent angemeldet worden. Die Anmeldung führt das Zeichen

V 18565/40 b 2 und wurde am 16. Oktober 1924 bekannt gemacht. Die beiden Patentansprüche der Anmeldung lauten:

1. Aluminium-Kupfer-Silizium-Legierung, deren Kupfergehalt 4% und deren Siliziumgehalt 2% beträgt unter Berücksichtigung der handelsüblichen Verunreinigungen der Legierungsbestandteile, mit einer Mindestfestigkeit von etwa 40 kg/mm² bei einer Dehnung von 20%.

2. Aluminiumlegierung nach Anspruch 1, dadurch gekennzeichnet, daß sie nach mechanischer Bearbeitung z. B. Walzen, Ziehen, Schmieden, Pressen u. dgl. einer Temperatur von etwa 500° C ausgesetzt, abgeschreckt oder langsam abgekühlt und hierauf etwa 24 Stunden bei etwa 120° C angelassen ist.

Das Lautal-Patent ist bis jetzt in Deutschland noch nicht erteilt worden, denn der Anmeldung werden sowohl ausländische als auch inländische Patente entgegengehalten. Die Entscheidung des Reichspatentamtes in der Lautal-Angelegenheit läßt sich in Anbetracht der vorliegenden Einsprüche nicht voraussehen. In Frankreich und England ist das Lautal-Patent bereits erteilt worden.

IV. Prüfberichte über Vergleichsversuche mit Lautal und Duralumin.

Im Metall-Flugzeugbau werden größtenteils Bleche und Bänder verarbeitet. Die für die Verbindung der einzelnen Teile verwendeten Nieten werden aus Draht geschlagen.

Die nachfolgend beschriebenen Prüfungen wurden daher in erster Linie mit Blechen verschiedener Stärke vorgenommen. Der zur Verfügung stehende Draht wurde für Nietversuche benutzt.

Mit Rohren, die im Flugzeugbau teilweise in größerem Umfang verwendet werden, konnten keine Versuche vorge-

Zahlentafel 1. Zugprüfung an Lautalblechen.

Stab Nr.	Aus dem Probeblech entnommen	Blechstärke a mm	Verhältnis $\frac{a}{b}$ etwa	Streckgrenze $\sigma_{0,2}$ kg/mm²	Zugfestigkeit σ_B kg/mm²	Streckgrenzenverhältnis $\frac{\sigma_{0,2}}{\sigma_B}$ %	Bruchdehnung δ %	Einschnürung ψ %
1	längs zur Walzrichtung		1/9	—	40,1	—	Außerhalb der Teilung gerissen	—
2			1/7	—	41,3	—	19,5	22
Mittel		0,5	—		40,7		19,5	22
3	quer zur Walzrichtung		1/9	—	40,1	—	18,0	18
4			1/7	—	40,6	—	19,0	24
Mittel			—		40,4		18,5 ·	21
5	längs zur Walzrichtung			—	39,8	—	18,0	22
6				—	(37,4)	—	Fehler in der Walzhaut	—
Mittel		1	1/7		39,8		18,0	22
7	quer zur Walzrichtung			—	40,3	—	17,0	24
8				—	40,3	—	20,0	23
Mittel					40,3		18,5	23,5
9	längs zur Walzrichtung			—	39,5	—	23,0	25
10				—	38,8	—	25,5	32
Mittel		1,5	1/6		39,2		24,3	28,5
11	quer zur Walzrichtung			—	38,6	—	20,5	21
12				—	38,5	—	20,5	19
Mittel					38,6		20,5	20
1	längs zur Walzrichtung			21,8	38,3	57	—	23
2				21,8	37,8	58	20,6	19
3				21,3	38,7	55	26,1	32
Mittel		2	1/5	21,6	38,3	57	23,4	24
4	quer zur Walzrichtung			21,9	38,0	58	24,5	24
5				21,0	37,6	56	24,3	24
6				21,3	37,8	56	22,4	25
Mittel				21,4	37,9	57	23,7	24
13	längs zur Walzrichtung			—	38,6	—	21,9	26
14				—	38,4	—	22,6	25
Mittel		4	1/6		38,5		22,3	25,5
15	quer zur Walzrichtung			—	38,1	—	21,4	25
16				—	37,9	—	19,0	23
Mittel					38,0 ·		20,2	24
1	längs zur Walzrichtung			18,8	34,7	54	23,2	32
2				19,3	35,3	55	22,0	29
3				20,8	36,3	57	20,9	20
Mittel		10	1/3	19,6	35,4	55	22,0	27
4	quer zur Walzrichtung			20,6	37,0	56	19,7	21
5				20,7	36,3	57	15,0	15
6				20,6	36,2	57	18,2	19
Mittel				20,6	36,5	57	17,6	18

nommen werden, da das Lautawerk die Versuche zur Herstellung von einwandfreien Rohren noch nicht zum Abschluß gebracht hatte.

A. Prüfung der Festigkeits- und Formänderungs-Eigenschaften im Anlieferungszustand (veredelt).

1. Bericht: Zugprüfung.

Die Zugprüfung wurde nach DIN 1605 ausgeführt und diente zur Ermittlung folgender Eigenschaften:

a) Zugfestigkeit σ_B (kg/mm²),
b) Streckgrenze (0,2-Grenze) $\sigma_{0,2}$ (kg/mm²),
c) Bruchdehnung δ (%),
d) Querschnittsverminderung ψ (%).

Die Zugfestigkeit σ_B ist als Verhältnis der Bruchlast P zum ursprünglichen Querschnitt des Zugstabes f angegeben. Dieser Wert ist kleiner als die auf den eingeschnürten Querschnitt bezogene Bruchspannung; es ist jedoch in der Praxis allgemein üblich, die Bruchlast auf den ursprünglichen Querschnitt zu beziehen, weil der Ingenieur mit diesem Wert rechnet.

Die Bruchdehnung δ ist über die Meßlänge 11,3 $\sqrt{f}$ gemessen und nach DIN 1605 ermittelt:

$$\delta = \frac{\Delta l}{l_0} \cdot 100\,\%.$$

Die Einschnürung ψ wurde nach DIN 1602 als Verhältnis der Querschnittsänderung ΔF zum Anfangsquerschnitt F_0 angegeben:

$$\psi = \frac{\Delta F}{F_0} \cdot 100\,\%.$$

Prüfverfahren. Aus jedem Blech wurden je zwei bis drei Probestäbe (Normal- oder Proportional-Flachstäbe) längs und quer zur Walzrichtung herausgearbeitet.

Von Einfluß auf die Ergebnisse der Zugprüfung ist das Verhältnis Dicke : Breite $\left(\frac{a}{b}\right)$ des prismatischen Teils des Probestabes[26]), das $\frac{1}{5}$ nicht überschreiten soll. Bei dünnen Blechen von 1,0 mm Stärke und darunter konnte diese Forderung jedoch nicht erfüllt werden. Bei Einhaltung des Breitenverhältnisses 1 : 5 würde man beispielsweise bei den 0,5 mm starken Blechen eine Meßlänge (11,3 $\sqrt{f}$) von nur 12 bis 13 mm erhalten. Da es sehr schwierig ist, die Bruchdehnung über eine derart kurze Strecke zu messen, wurde bei diesen dünnen Stäben ein Breitenverhältnis von $\frac{1}{7}$ bis $\frac{1}{9}$ gewählt, was eine Vergrößerung der Meßlängen auf 21 bzw. 24 mm zur Folge hatte. Die Ermittlung der Bruchdehnung erfolgte dann unter Zuhilfenahme einer Meßlupe.

Vor den Versuchen wurden die Probestäbe an drei Stellen des prismatischen Teiles (oben, Mitte, unten) mit Hilfe eines Mikrometers ausgemessen. Für die Berechnung der Zugfestigkeit wurde dann derjenige der drei durch Messung erhaltenen Querschnitte zugrunde gelegt, der dem Bruchquerschnitt am nächsten lag.

Die Einspannung der Probestäbe in die Prüfmaschinen erfolgte in der üblichen Weise mit Keilbacken.

Prüfmaschinen. Für Normalstäbe: 15-t-Prüfmaschine von Carl Schenk, Darmstadt, für Proportionalstäbe: 5-t-Prüfmaschine von Mohr & Federhaff, Mannheim.

Geräte für Dehnungsmessung bis zur Streckgrenze. Martenssche Spiegelapparate (Meßgenauigkeit $\frac{1}{50000}$ cm).

Belastung. Die Belastung wurde mit normaler Geschwindigkeit in Stufen vorgenommen. In der Nähe der Streckgrenze wurde ein oder mehrere Male entlastet.

Die Prüfergebnisse sind in den Zahlentafeln 1 bis 3 zusammengestellt.

Duralumin. In Zahlentafel 2 sind die Angaben der Dürener Metallwerke[*]) über Streckgrenze ($\sigma_{0,2}$), Zugfestigkeit (σ_B), Bruchdehnung (δ) und Einschnürung (ψ)

der Duralumin-Legierungen 681 B$^1/_2$ und 681 B veredelt eingetragen.

Zahlentafel 2. Duralumin.

Duralmin-Legierung	Streckgrenze $\sigma_{0,2}$ kg/mm²	Zugfestigkeit σ_B[*]) kg/mm²	Dehnung δ [*]) %	Einschnürung ψ %
681 B$^1/_2$ veredelt	24 bis 27	38 bis 41	18 bis 21	18 bis 30
681 B veredelt	26 bis 28	38 bis 42	18 bis 20	15 bis 30

Zur Nachprüfung dieser Angaben wurden aus veredelten Duraluminblechen der Legierungen 681 B$^1/_2$ und 681 B Proportionalflachstäbe herausgearbeitet, die unter denselben Bedingungen geprüft wurden wie die Lautal-Probestäbe.

Die erhaltenen Werte sind aus Zahlentafel 3 ersichtlich. Die Streckgrenze wurde anläßlich der Elastizitätsprüfung (s. Bericht Nr. 2) geprüft.

Zahlentafel 3. Zugprüfung an Duraluminblechen.

Duralmin-Legierung	Blechstärke a mm	Verhältnis a/b etwa	Entnommen zur Walzrichtung	Zugfestigkeit σ_B kg/mm²	Bruchdehnung δ %	Querschnittsverminderung ψ %
681 B$^1/_2$ veredelt	2,0	$^1/_{10}$	längs	41,4	20,0	30
			quer	42,7	24,1	32
			Mittel —	42,1	22,1	31
	3,0	$^1/_4$	längs	41,5 41,5	20,0 21,0	28 29
			Mittel —	41,5	20,5	28,5
		$^1/_4$	quer	41,5 42,3	23,9 20,4	29 30
			Mittel —	41,9	22,2	29,5
681 B veredelt	3,0	$^1/_5$	längs	42,2	21,0	32
			quer	42,9	22,8	29

Die erhaltenen Werte stimmen demnach gut mit den Angaben der Dürener Metallwerke überein. Die Festigkeitszahlen liegen sogar noch etwas höher als von Düren angegeben.

Zusammenfassung der Prüfergebnisse des Zugversuchs. Die Werte für die Zugfestigkeit bewegen sich bei Lautal zwischen 38 und 41 kg/mm², bei Duralumin nach Angabe der Dürener Metallwerke in denselben Grenzen. Die Zugprüfung hat sogar noch höhere Werte für Duralumin ergeben. Obwohl die Unterschiede unbedeutend sind, so ist doch eine Überlegenheit des Duralumins, was Zugfestigkeit anbelangt, nicht zu verkennen.

Die Streckgrenze ($\sigma_{0,2}$) von Lautal erreicht nach diesen Untersuchungen nicht die Werte von Duralumin, die von Düren für Legierung 681 B$^1/_2$ veredelt zu 24 bis 27 kg/mm² und für Legierung 681 B veredelt zu 26 bis 28 kg/mm² angegeben werden. Die ermittelten Werte für Lautal liegen zwischen 20 bis 22 kg/mm². Diese Feststellung konnte auch bei späteren Prüfungen gemacht werden[**]).

Bezüglich Bruchdehnung können Lautal und Duralumin als gleichwertig angesehen werden. Lautal hat eher eine etwas bessere Dehnbarkeit als Duralumin.

Die Einschnürung ist bei Duralumin etwas besser als bei Lautal. Bei dem wenig genauen Meßverfahren, mit dem die Querschnittsverminderung besonders bei den dünnen Stäben ermittelt werden kann, und der starken Streuung

---

*) Druckschriften über »Duralumin«, herausgegeben von der Dürener Metallwerke A.-G., Düren.

*) Die höheren Werte beziehen sich auf dünnwandige Proben.
**) S. auch Nachtrag (S. 180).

Zahlentafel 4. Duralumin, Legierung 681B $^1/_3$ veredelt (Anlieferungszustand).

Probestab aus einem 4 mm starken Blech längs zur Walzrichtung entnommen.

Versuchstag: 8. 6. 1925 Versuchsbeginn: 1^{45}; Versuchsende 3^{15}

Querschnittsabmessungen des prismatischen Teiles des Probestabes: $\begin{cases} a = 0,414;\ 0,414;\ 0,414\ \text{cm} \\ b = 1,19;\ 1,19;\ 1,19\ \text{cm} \end{cases}$

Größe des Querschnitts: $f = 0,493\ \text{cm}^2$

Schneidenabstand des Spiegelapparates: 5 cm

Meßlänge $(11,3 \sqrt{f}) = 8$ cm.

Belastung		Ablesung		Mittel	Verlängerungen $^1/_{100000}$ cm			Bemerkung
kg	kg/cm²	links $^1/_{100000}$ cm	rechts $^1/_{100000}$ cm	$^1/_{100000}$ cm	gesamte	bleibende	federnde	
150	304	52	161	213				26,4° C
300	608	160	269	429	216			
150		51	165	216		+3	213	
300		160	269	429	216			
150		50	166	216		0	216	
300		160	269	429	216			
150		51	167	218		+3	213	
300		160	269	429	216			
150		50	167	217		+3	213	
300		160	270	430	217			
150		50	167	217		+4	213	218
450	913	272	373	645	432			
150		53	164	217		+4	428	
450		273	373	646	433			
150		54	163	217		+4	429	
450		273	372	645	432			
150		53	162	215		+2	430	
450		273	372	645	432			
150		53	163	216		+3	429	216
600	1217	390	473	863	650			
150		60	157	217		+4	646	
600		390	472	862	649			26,7° C
150		61	159	220		+7	642	
600		392	472	864	651			
150		59	160	219		+6	645	216
750	1520	477	644	1121	908			
150		62	159	221		+8	900	
750		503	578	1081	868			
150		63	158	221		+8	860	
750		502	580	1082	869			
150		61	160	221		+8	861	216
900	1824	618	691	1309	1096			26,8° C
150		68	161	229		16	1080	
900		616	692	1308	1095			
150		65	163	228		15	1080	219
1000	2025	707	777	1484	1271			
150		81	175	256		43	1228	
1050	2130	761	822	1583	1370			
150		96	192	288		75	1295	
1080	2180	818	872	1690	1477			Elastizitätsgrenze
150		129	212	341		128	1349	
1150	2330	960	990	1950	1737			
1200	2430	1155	1150	2305	2092			
150		382	412	794		581	1511	
1200		1162	1158	2320	2107			
1250	2540	1455	1410	2865	2652			
150		648	642	1290		1077		26,8° C (0,2 Grenze)

Schleppmaßstab (Meßlänge 5 cm) angesetzt:

		mm
10	203	0,1
1300	2630	0,3
1400	2830	0,65
1500	3030	1,1
1600	3230	1,8
1700	3440	2,8
1960	3980	Bruchbelastung (P_{max})

Ergebnisse.

Elastizitätsgrenze $(\sigma_{0,02}) = 2150$ kg/cm²

Streckgrenze $(\sigma_{0,2}) = 2540$ kg/cm²

Zugfestigkeit $(\sigma_B) = 3980$ kg/cm²

Verhältnis $\dfrac{\sigma_s}{\sigma_B} = 64\%$

Bruchdehnung $(\delta) = 19,8\%$

Einschnürung $(\psi) = 33,0\%$

Zahlentafel 5. Lautal (Anlieferungszustand).

Probestab aus einem 4 mm starken Blech längs zur Walzrichtung entnommen.

Versuchstag: 8. 6. 1925 Versuchsbeginn: 3^{45}, Versuchsende 4^{15}.

Querschnittsabmessungen des prismatischen Teils des Probestabs: $\begin{cases} a = 0,407\ \text{cm}; \\ b = 1,19\ \text{cm} \end{cases}$

Größe des Querschnitts: $f = 0,484\ \text{cm}^2$

Schneidenabstand des Spiegelapparates: 5 cm

Meßlänge: $(11,3 \sqrt{f}) = 8$ cm.

Belastung		Ablesung		Mittel	Verlängerungen $^1/_{100000}$ cm			Bemerkung
kg	kg/cm²	links $^1/_{100000}$ cm	rechts $^1/_{100000}$ cm	$^1/_{100000}$ cm	gesamte	bleibende	federnde	
150	310	74	125	199				26,7° C
300	620	217	199	416	217			
150		96	104	290		+1	216	
300		219	197	416	217			
150		98	102	200		+1	216	216
450	930	354	282	636	437			
150		113	89	202		+3	434	
450		357	280	637	438			
150		118	86	204		+5	433	217
600	1240	488	370	858	659			
150		134	72	206		+7	652	
600		490	372	862	663			
150		137	72	209		+10	653	
600		489	373	862	663			
150		135	72	207		+8	655	222
750	1550	629	477	1106	907			
150		160	74	234		35	872	
750		630	479	1109	910			
150		161	73	234		35	875	
750		632	478	1110	911			
150		163	74	237		38	873	218
900	1860	858	679	1537	1338			Elastizitätsgrenze 224
150		270	170	440		241	1097	
900		858	680	1538	1339			
950	1963	952	772	1724	1525			
1000	2066	1178	972	2150	1951			
150		512	412	924		725	1226	
1000		1192	982	2074	1875			
1020	2107	1225	1020	2245	2046			
1030	2128	1260	1060	2320	2121			
1035	2138	1300	1090	2390	2191			
150		605	480	1085		886	1305	
1035		1305	1095	2400	2201			
1040	2149	1325	1110	2435	2236			
1045	2159	1350	1130	2480	2281			
1050	2169	1380	1165	2545	2346			
150		685	544	1229		1030	1316	26,8° C 0,2-Grenze

Schleppmaßstab (Meßlänge 5 cm) angesetzt.

		mm
10		0,1
1100	2273	0,3
1200	2479	0,7
1300	2686	1,1
1400	2893	1,8
1500	3099	2,7
1600	3306	3,7
1815	3750	Bruch!

Ergebnisse.

Elastizitätsgrenze $(\sigma_{0,02}) = 1710$ kg/cm²

Streckgrenze $(\sigma_{0,2}) = 2169$ kg/cm²

Zugfestigkeit $(\sigma_B) = 3750$ kg/cm² $\left. \right\} \dfrac{\sigma_s}{\sigma_B} = 58\%$

Bruchdehnung $(\delta) = 23\%$

Einschnürung $(\psi) = 30\%$

der Werte ist jedoch ein zahlenmäßiger Vergleich schwer durchzuführen.

Soweit aus den Versuchen geschlossen werden kann, weist Lautal eine befriedigende Gleichmäßigkeit auf, obgleich bei den geprüften Lautalblechen die Gleichmäßigkeit von Duralumin noch nicht erreicht sein dürfte. Spätere Prüfungen erlauben in dieser Hinsicht einen besseren Vergleich.

Abb. 1 zeigt je einen Duralumin- und Lautal-Probestab nach der Zugprüfung. Beide Stäbe haben dieselben Abmessungen. Ihre ursprünglichen Querschnittsabmessungen betrugen 20 × 2 mm.

Bereits mit bloßem Auge ist die etwas größere Einschnürung des Duraluminstabes in der Bruchstelle zu erkennen.

Die Bruchfläche hatte bei allen geprüften Probestäben feinkörniges Aussehen und lag in den meisten Fällen in einer unter etwa 45° gegen die breite Seitenfläche der Stäbe geneigten Ebene. Bei einigen Duraluminstäben konnte, wie aus Abb. 1 ersichtlich, ein Abblättern der Walzhaut in der Nähe der Bruchstelle beobachtet werden.

2. Bericht: Elastizitätsprüfung.

Bei dieser Prüfung wurde das elastische Verhalten von Duralumin und Lautal bei statischer Zugbeanspruchung ermittelt. Die Meßergebnisse wurden zur Berechnung der Dehnungszahl α (Kehrwert des Elastizitätsmoduls E) benutzt. Außerdem wurden die Elastizitätsgrenze ($\sigma_{0,02}$), ferner auch bei dieser Prüfung nochmals die 0,2-Grenze, Zugfestigkeit, Bruchdehnung, Einschnürung und schließlich das Arbeitsvermögen bestimmt.

Prüfverfahren. Für die Prüfungen wurde je ein Probestab aus einem 4 mm starken Duralumin- (681 B $^1/_3$ veredelt) und einem 4 mm starken Lautalblech längs zur Walzrichtung entnommen. Beide Probestäbe hatten etwa dieselben Abmessungen (näheres s. Zahlentafel 4 und 5).

Prüfmaschine. 15 t Prüfmaschine von Karl Schenk, Darmstadt,

Meßgeräte. Martenssche Spiegelapparate.

Die von einer Anfangslast ausgehende Belastung erfolgte stufenweise, wobei nach jeder Laststufe zur Ermittlung des gesamten, federnden und bleibenden Dehnungszuwachses auf die Anfangslast zurückgegangen wurde. Dieser Lastwechsel fand in den einzelnen Stufen solange statt, bis der Zuwachs der federnden Dehnungen einen konstanten Wert erreicht hatte.[28]

Für die Berechnung der Dehnungszahl in den einzelnen Laststufen ist das Hookesche Gesetz zugrunde gelegt worden:

$$\alpha = \frac{\varepsilon}{\sigma}$$

Für die höheren Belastungsbereiche kann diese Beziehung nicht mehr angewendet werden, da die Dehnung in stärkerem Maße als die Spannung wächst. Bach hat gezeigt, daß innerhalb des elastischen Bereichs das Potenzgesetz besser zutrifft:

$$\alpha = \frac{\varepsilon}{\sigma^m}.$$

Die Abweichung des Exponenten m von der Einheit bringt dabei die Veränderlichkeit der Dehnungen zum Ausdruck.

Die Abweichungen der Linie der federnden Dehnungen vom linearen Verlauf sind jedoch bei den beiden hier untersuchten Baustoffen so gering, daß man für praktische Rechnungen, wie sie für den Ingenieur in Frage kommen, innerhalb des elastischen Bereichs das Hookesche Gesetz anwenden kann.

Als Elastizitätsgrenze (s. S. 3) wurde diejenige Spannung bezeichnet, bei der eine bleibende Dehnung von 0,02% gemessen wurde. Mit Rücksicht auf die in den Dinormen bereits festgelegte Streckgrenze (0,2-Grenze) wurde hier diese Elastizitätsgrenze einer bleibenden Dehnung von 0,02 % — also einem Zehntel der Streckgrenze — zugeordnet.

Die Meßergebnisse der Duralumin-Prüfung sind in Zahlentafel 4, die der Lautal-Prüfung in Zahlentafel 5 eingetragen. Die Berechnung der Dehnungszahl α von Duralumin und Lautal ist in Zahlentafel 6 ausgeführt.

Zusammenfassung der Prüfergebnisse.

Die gefundenen Werte für die Dehnungszahlen von Duralumin und Lautal sind nahezu gleich groß. Im elastischen Bereich kann bei beiden Leichtmetallen, sofern sie in dem der Prüfung entsprechenden Zustand vorliegen, mit einer mittleren Dehnungszahl von etwa 1,4 Milliontel (entsprechend einem Elastizitätsmodul von 710 000 bis 720 000 kg/cm²[*]) gerechnet werden.

Die Abhängigkeit der Dehnungszahl von der Spannung geht aus Abb. 2 hervor. Es zeigt sich, daß bei Lautal die Dehnungszahl in stärkerem Maß mit der Spannung wächst als bei Duralumin. Da aber die Dehnungszahl von Lautal bei niedrigen Spannungen kleiner ist als die Dehnungszahl von Duralumin, so werden — wenigstens unterhalb der Elastizitätsgrenze — die Unterschiede im Mittel ungefähr ausgeglichen.

Die Elastizitätsgrenze (0,02-Grenze) kann aus den Abb. 3 und 4 entnommen werden, wo die gesamten, bleibenden und federnden Dehnungen in Abhängigkeit von

Abb. 1. Duralumin- und Lautalprobestab nach der Zugprüfung.

---

[*]) Nach Angabe der Dürener Metallwerke bewegt sich der Elastizitätsmodul für Leg. 681 B ½ veredelt, je nach Dicke der Proben, zwischen 650 000 und 720 000 kg/cm².

Zahlentafel 6. Berechnung der Dehnungszahl von Duralumin und Lautal.

Werkstoff	Be-lastungs-stufe	Quer-schnitt f cm²	Belastung P kg	Spannung σ kg/cm²	Spannungs-zuwachs $\varDelta\sigma$ kg/cm²	Meß-länge l cm	Verlängerung λ cm	Dehnung $\varepsilon = \dfrac{\lambda}{l}$ cm	Dehnungszahl $\alpha = \dfrac{\varepsilon}{\varDelta\sigma}$ Milliontel	α mittel Milliontel
Duralumin (681 b $^1/_3$ veredelt)	1		150	304,26			0,00213	0,000426	1,4001	
	2		300	608,52			0,00216	0,000432	1,4198	
	3	0,493	450	912,78	304,26	5	0,00216	0,000432	1,4198	1,420
	4		600	1217,04			0,00216	0,000432	1,4198	
	5		750	1521,30			0,00219	0,000438	1,4396	
Lautal (veredelt)	1		150	309,92			0,00216	0,000432	1,3940	
	2		300	619,84			0,00217	0,000417	1,4004	
	3	0,484	450	929,76	309,92	5	0,00222	0,000422	1,4326	1,416
	4		600	1239,68			0,00218	0,000418	1,4068	
	5		750	1549,60			0,00224	0,000424	1,4456	

9*

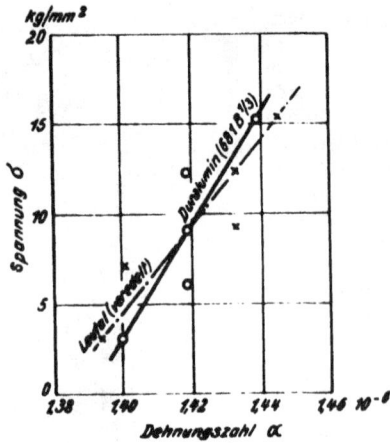

Abb. 2. Abhängigkeit der Dehnungszahl
von der Spannung.

der Spannung dargestellt sind. Während bei Duralumin die
Elastizitätsgrenze etwa bei 2150 kg/cm² liegt, wird sie bei
Lautal bei etwa 1700 kg/cm² gefunden. Der Unterschied
ist auffallend groß, er beträgt mehr als 20%.

Auf den Abbildungen ist ferner zu erkennen, daß die
Linien der gesamten und bleibenden Dehnungen bei Lautal
bedeutend früher umbiegen, während die Linien der federnden Dehnungen bei beiden Prüfstäben ungefähr gleichen Verlauf nehmen.

In den Abb. 5 und 6 sind die Dehnungslinien der beiden
geprüften Probestäbe eingezeichnet*). Durch Ausplanimetrieren der Flächen *OBCDF* wurde das Arbeitsvermögen der beiden Stäbe erhalten. Infolge der höheren
Dehnung des Lautalstabs ergibt sich für diesen ein etwas
höheres Arbeitsvermögen.

Die übrigen bei dieser Prüfung gefundenen Ergebnisse
sind aus Zahlentafel 7 zu ersehen. Die dort enthaltenen
Zahlen bestätigen im wesentlichen die Ergebnisse der Zugprüfung (Bericht Nr. 1). Der Lautalstab zeigt wiederum eine
um etwa 10% niedrigere Streckgrenze als der Duraluminstab. Auch die Zugfestigkeit des Lautals ist etwas
geringer, dagegen ist seine Bruchdehnung und dadurch das
Arbeitsvermögen etwas besser.

3. Bericht: Prüfung der Kerbzähigkeit.

Diese Prüfung konnte nur mit Lautal durchgeführt werden, da von Duralumin genügend starke Bleche zur Ent-
nahme von Kerbschlagproben nicht zur Verfügung standen.

Aus einem 10 mm starken Lautalblech wurden je 3 Proben längs und quer zur Walzrichtung entnommen. Ihre Form
und Abmessungen sind in Abb. 7 angegeben.

Zur Prüfung der Proben diente ein 10 mkg-Pendel-
schlagwerk von Mohr & Federhaff, Mannheim.

Die Prüfergebnisse sind in Zahlentafel 8 eingetragen.
Bemerkenswert sind die bedeutend niedrigeren Zahlen
für die spezifische Schlagarbeit bei den quer zur Walzrichtung entnommenen Proben**).

*) Die Dehnungen zwischen 0,2- und Bruchgrenze wurden mit
Hilfe eines Schleppmaßstabes abgelesen.

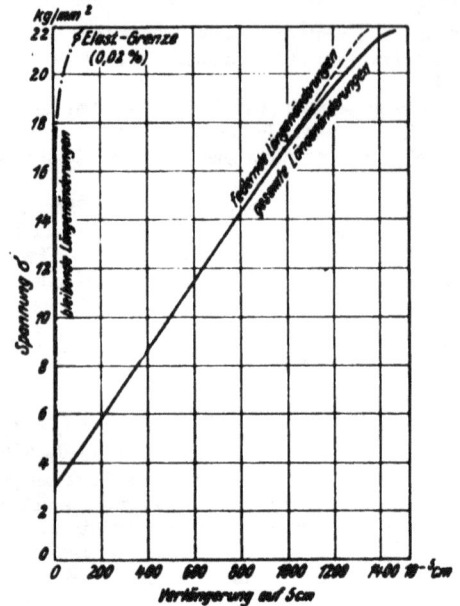

Abb. 3. Duralumin.
(Gesamte, federnde und bleibende Dehnung in Abhängigkeit
von der Spannung.)

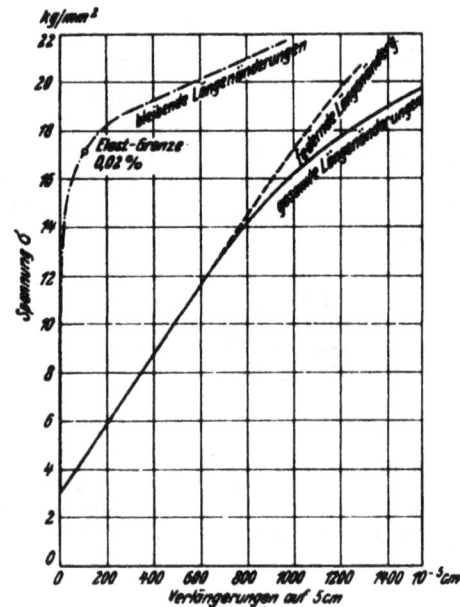

Abb. 4. Lautal.
(Gesamte, federnde und bleibende Dehnung in Abhängigkeit
von der Spannung.)

**) Diese Erscheinung tritt häufig auch bei anderen Materialien
zutage. Sie hängt mit der zellenförmigen Anordnung der Kristalle
beim Walzen in einer Richtung zusammen. In besonders auffallen-
der Weise kommt dieses Verhalten z. B. bei Hölzern zum Ausdruck,
deren Eigenschaften quer und längs zur Faserrichtung ganz verschieden sind.

Zahlentafel 7. Ergebnisse der Elastizitätsprüfung.

Werkstoff	Elast.-Grenze $\sigma_{0,02}$ kg/cm²	Streckgrenze $\sigma_{0,2}$ kg/cm²	Bruchgrenze σ_B kg/cm²	Verhältnis $\frac{\sigma_{0,2}}{\sigma_B} \cdot 100$ %	Bruchdehnung δ %	Einschnürung ψ %	Arbeitsvermögen A kg/cm²
Duralumin 681 b ¹/₂ veredelt	21,5	25,4	39,8	64	19,8	33	6,40
Lautal veredelt	17,1	21,7	37,5	58	23,0	30	6,44

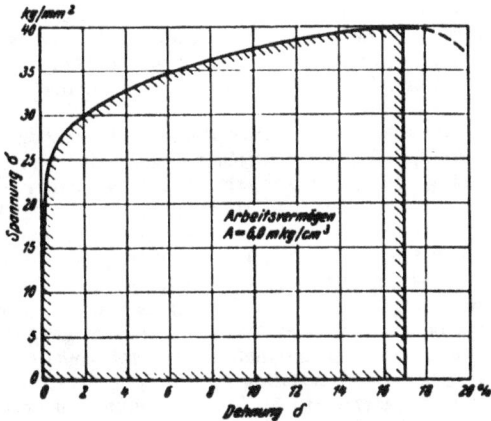

Abb. 5. Zugversuch mit Duralumin 681 B ½ veredelt. Spannungsdehnungslinie.

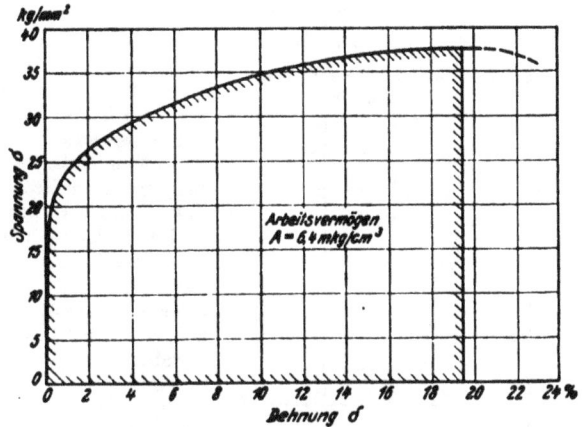

Abb. 6. Zugversuch mit Lautal veredelt. Spannungsdehnungslinie.

In seinem Vortrage über Duralumin[20]) hat R. Beck für Legierung 681 B ⅓ veredelt eine spezifische Kerbschlagarbeit von 140 bis 158 cmkg/cm² angegeben. Die mit den in Walzrichtung entnommenen Lautal-Kerbschlagproben erhaltenen Ergebnisse würden den Werten von Duralumin 681 B ⅓ entsprechen. Da aber nicht genau bekannt ist, unter welchen Bedingungen die Werte von Duralumin festgestellt wurden, so ist es fraglich, ob die Duralumin- und Lautalergebnisse ohne weiteres miteinander verglichen werden dürfen*).

Zahlentafel 8. Kerbzähigkeitsprüfung von Lautal.

Stab Nr.	Walz-richtung	Abgelesener Winkel	Abgelesener Arbeitswert cmkg	Verbrauchte Arbeit cmkg	Reibungs-arbeit cmkg	Rest cmkg	Spezifische Schlagarb. cmkg/cm²
1	senkrecht zur Schlag-richtung	138,3°	916,4	83,6		77,8	155,6
2		138,6°	918,3	75,9	5,8	70,1	155,6
3		138,4°	917,0	77,2		71,4	140,2
						Mittel	146,2
4	längs zur Schlag-richtung	141,4°	934,8	65,2		59,4	118,8
5		140,9°	931,9	68,1	5,8	62,3	124,6
6		141,0°	932,5	67,5		61,7	123,4
						Mittel	122,3

Aus dem Vorhergegangenen erhellt, wie wichtig es ist, bei technischen Prüfungen und Untersuchungen die Versuchsbedingungen aufs genaueste anzugeben, da es sonst nicht möglich ist, bei späteren Versuchen Vergleiche anzustellen. Bei dieser Gelegenheit soll auch auf die Bedeutung einer möglichst weitgehenden Vereinheitlichung technischer Prüfverfahren hingewiesen werden, wie sie z. B. bereits bei dem Zugversuch und bei der Härteprüfung (DIN 1605) durchgeführt ist**).

Die Tatsache, daß die Leichtmetalle gegenüber Stahl und anderen hochwertigen Baustoffen äußerst geringe Kerbzähigkeit besitzen, bedingt, daß bei Anwendung von Leichtmetallen diesem Umstand in entsprechender Weise Rechnung getragen wird.

4. Bericht: Prüfung der Härte.

Für die Durchführung der Härteprüfung bestehen einheitliche Richtlinien. In DIN 1605 sind Belastung, Kugeldurchmesser und Belastungsdauer vorgeschrieben.

Die Prüfung wurde an drei Stellen eines 10 mm starken, an der einen Seite polierten Lautalbleches vorgenommen. Die Kugeleindrücke wurden mit Hilfe einer normalen Brinellpresse hergestellt[30]).

Für die Berechnung der Größe der Eindruckfläche (Kugel-Kalotte) ist die Ermittlung des Eindruckdurchmessers notwendig. Der der Berechnung zugrundegelegte Eindruckdurchmesser ist das Mittel aus zwei gemessenen, senkrecht aufeinanderstehenden Durchmessern.

Die Brinellhärte ist in Zahlentafel 9 berechnet.

Zahlentafel 9. Brinellhärte von Lautal.

Eindruck Nr.	Kugeldurchmesser D mm	Belastung P kg	Belastungsdauer sec	Mittl. Eindruckdurchm. d mm	Eindruckfläche F mm²	Brinellhärte H kg/mm²
1				3,31	8,60	116
2	10	1000	30	3,31	8,60	116
3				3,31	8,60	116

Bei allen drei Messungen ergab sich eine Brinellhärte von 116.

Wenn man die Angaben der Dürener Metallwerke, nach denen Duralumin 681 B ⅓ veredelt eine Kugeldruckhärte von 115 Brinellgraden aufweist, zum Vergleich heranzieht, so sieht man, daß Lautal und Duralumin praktisch gleiche Härte besitzen.

Der angestellte Vergleich dürfte hier ohne weitere Nachprüfung der Angaben der Dürener Metallwerke statthaft sein, da wohl angenommen werden kann, daß diese Angaben ebenfalls auf Grund der vereinheitlichten Prüfbedingungen erhalten wurden.

5. Bericht: Prüfung der Biegefähigkeit.

a) Dünne Bleche bis zu 2 mm Stärke. Für die Prüfung der Biegefähigkeit von dünnen Blechen ist das Hin- und Her-Biegeverfahren gebräuchlich. Aus den zu prüfenden Blechen werden Streifen herausgeschnitten, die an einem Ende zwischen zwei Backen eingespannt und am anderen Ende so lange hin- und hergebogen werden, bis ein Bruch der Streifen eintritt. Als Maß für die Biegefähigkeit gilt die Zahl der Hin- und Herbiegungen bis zum Bruch. Hierbei wird als eine Biegung das Biegen aus der senkrechten

---

*) Die Schlagarbeit ist nicht allein abhängig von den Abmessungen der Probekörper und der Größe des Schlagmomentes, sondern auch vom Bärgewicht und der Schlaggeschwindigkeit.

**) Vorschriften für die einheitliche Durchführung von Kerbschlagproben werden zurzeit von dem Verband für Materialprüfungen der Technik bearbeitet.

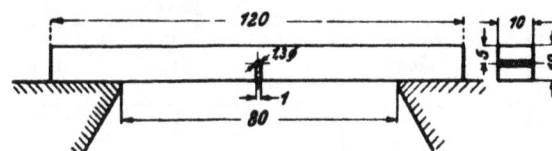

Abb. 7. Form und Abmessungen der Kerbschlagproben.

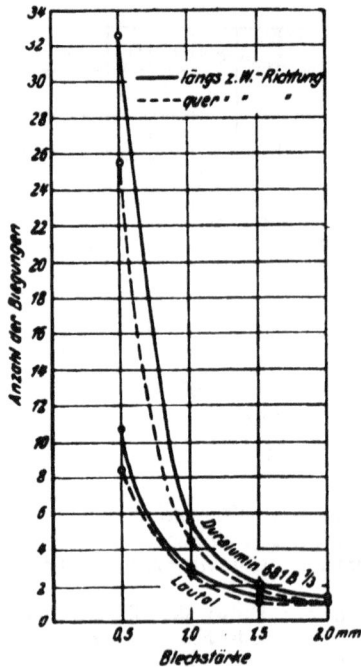

Abb. 8. Biegezahlen von Duralumin und Lautal in Abhängigkeit von der Blechstärke.

längs und quer zur Walzrichtung entnommen. Die Längskanten der Probestreifen wurden leicht abgerundet.

Die mittleren Biegezahlen sind in Abb. 8 von der Blechstärke abhängig aufgetragen.

Man erkennt, daß die Biegezahlen von Duralumin 681 B ⅓, bei den 0,5 und 1,0 mm starken Blechen ganz bedeutend höher liegen als bei Lautal, wogegen bei den 1,5 und 2 mm-Blechen die Unterschiede erheblich geringer sind.

in die wagerechte Lage (90°) und zurück gerechnet, das abwechselweise nach beiden Seiten erfolgt.

Die Biegezahl ist in hohem Maße abhängig von der Größe des Umbiegeradius, und zwar ist sie um so kleiner, je schärfer das Umbiegen geschieht. Für gewöhnlich wird ein Umbiegeradius von 5 mm gewählt.

In den Zahlentafeln 10 und 11 sind Ergebnisse niedergelegt, die beim Biegen von Duralumin- und Lautal-Probestreifen verschiedener Stärke über Kanten, die mit einem Radius von 5 mm abgerundet waren, erhalten wurden. Aus den zu prüfenden Blechen wurden drei Streifen von Abmessungen 100 × 20 mm

Aus Abb. 8 ist ferner ersichtlich, daß die Biegezahl mit der Blechstärke nicht proportional abnimmt, sondern daß die Kurven bis zu etwa 1 mm Blechstärke sehr steil verlaufen und über 1 mm Blechstärke allmählich immer flacher werden.

Das hier angewendete Prüfverfahren hat unter anderem den Nachteil, daß man für Bleche von mehr als 1 mm Dicke sehr niedrige Biegezahlen erhält, so z. B. für 2 mm starke Bleche nur e i n e Hin- und Herbiegung. Da man bei der etwas unzulänglichen Ausführungsart dieser Prüfung höchstens ½ Biegung einigermaßen zuverlässig messen kann, so ist bei der für Blechstärke 2 mm ermittelten Biegezahl 1 mit einer Ungenauigkeit des Ergebnisses von 50 % zu rechnen. Ein derart ungenaues Verfahren ist nicht geeignet für die Prüfung von zwei miteinander zu vergleichenden Baustoffen ähnlicher Eigenschaften.

Es wurde daher versucht, bei der Prüfung der verschieden starken Bleche den Biegeradius im Verhältnis zur Blechstärke zu verändern. Als Maß für den Biegeradius wurde eingeführt:

$$\text{Biegeradius } r = 4\,a,$$

wobei a die Blechdicke bedeutet. Dadurch, daß die dicken Bleche über einen größeren Radius gebogen werden als die dünnen, bekommt man für die verschiedenen Blechdicken keine so sehr voneinander unterschiedlichen Biegezahlen mehr. Vor allem ergeben nunmehr die dickeren Bleche, besonders für Duralumin, höhere Biegezahlen als vorher, was eine Steigerung der Genauigkeit der Prüfergebnisse in diesem Bereich bedeutet.

In Zahlentafel 12 sind Ergebnisse von Vergleichsprüfungen zwischen Duralumin 681 b Härte ½ und Lautal nach dem abgeänderten Verfahren niedergelegt. Ein Vergleich der Biegezahlen ergibt, daß selbst das nachverdichtete Duralumin eine bessere Biegefähigkeit besitzt als nur veredeltes Lautal.

Die Ergebnisse lehren, daß es unrichtig ist, von der Bruchdehnung eines Materials auf die Biegefähigkeit zu schließen. Obwohl die Dehnung von Lautal mindestens ebenso gut ist wie die des Duralumins (s. Bericht 1), weist Lautal

Zahlentafel 10. Biegefähigkeit Duralumin 681 B ⅓ (veredelt).

Probe-streifen	Probenentnahme zur Walzrichtung	Blechstärke mm	Anzahl der Hin- u. Herbiegungen b. z. Bruch	Mittlere Biegezahl
1	längs		32¹/₂	
2			35¹/₂	32¹/₂
3		0,5	29¹/₂	
4	quer		22	
5			28	25¹/₂
6			26	
7	längs		5	
8			6	5¹/₂
9		1,0	5	
10	quer		4³/₄	
11			4¹/₂	4¹/₂
12			4¹/₄	
13	längs		2	
14			2	2
15		1,5	2	
16	quer		1³/₄	
17			1¹/₄	1³/₄
18			1³/₄	
19	längs		1¹/₄	
20			1¹/₄	1¹/₄
21		2,0	1¹/₄	
22	quer		1	
23			1	1
24			1	

Zahlentafel 11. Biegefähigkeit von Lautal (veredelt).

Probe-streifen	Probenentnahme zur Walzrichtung	Blechstärke mm	Anzahl der Hin- u. Herbiegungen b. z. Bruch	Mittlere Biegezahl
1	längs		11	
2			11	10²/₃
3		0,5	10	
4	quer		8	
5			9	8¹/₃
6			8	
1	längs		3	
2			3	3
3		1,0	3	
4	quer		2¹/₄	
5			2³/₄	2⁵/₈
6			3	
1	längs		2	
2			1	1¹/₃
3		1,5	1	
4	quer		1	
5			1	1
6			1	
1	längs		1	
2			1	1
3		2,0	1	
4	quer		1	
5			1	1
6			1	

Zahlentafel 12. Biegeprüfung von Duralumin 681 B Härte ¹/₂ und Lautal.

(Biegeradius $r = 2a$.)

Werkstoff	Probenentnahme zur Walzrichtung	Blechstärke mm	Anzahl der Hin- u Herbiegungen bis zum Bruch	Mittlere Biegezahl
Duralumin 681 B Härte ¹/₂	längs	0,5	4¹/₂ 5 5	5
	quer		5 4¹/₂ 4¹/₂	4¹/₂
	längs	1,0	3 3 3	3
	quer		2¹/₂ 2¹/₂ 2³/₄	2¹/₂
	längs	1,5	2 2¹/₃ 2³/₄	2¹/₄
	quer		2 2³/₄ 2	2¹/₄
	längs	2,0	2¹/₂ 2¹/₂ 2¹/₂	2¹/₂
	quer		2 2 2	2
Lautal veredelt	längs	1,0	1¹/₄ 1¹/₄ 1	1¹/₄
	quer		1 1¹/₂ 1¹/₄	1¹/₄
	längs	1,5	1³/₄ 1³/₄ 2	1³/₄
	quer		1³/₄ 1³/₄ 1³/₄	1³/₄
	längs	2,0	2³/₄ 3 2¹/₂	2³/₄
	quer		1¹/₄ 1¹/₄ 1³/₄	1¹/₂

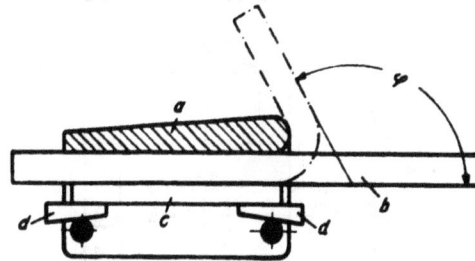

Abb. 9. Biegevorrichtung für dicke Bleche.
φ = Biegewinkel.

doch eine schlechtere Biegefähigkeit auf. Ähnliche Beobachtungen wurden bei anderen Materialien gemacht. So sind z. B. α-Messinge trotz höherer Dehnung spröder als Kupfer, da sie beim Druckversuch brechen, Kupfer dagegen nicht[31]). In besserem Zusammenhang mit der Biegefähigkeit steht die Einschnürung beim Zugversuch, die ja bei Duralumin besser ist als bei Lautal. Auch bei anderen Metallen findet man, daß die Biegefähigkeit in der Regel um so besser ist, je größer die Einschnürung ist.

b) **Bleche von 4 mm Stärke.** Da dicke Duralumin- oder Lautalbleche auch bei verhältnismäßig großem Biegeradius sofort brechen, wenn sie hin- und hergebogen werden, so wurde für die Prüfung der 4 mm starken Bleche ein anderes Verfahren angewendet. Die Blechstreifen wurden nicht, wie unter a) beschrieben, nach entgegengesetzten Richtungen, sondern gleichmäßig in nur einer Richtung gebogen, und zwar so lange, bis eine Beschädigung der Blechstreifen (Riß an der Außenseite) eintrat. Dann wurde der Biegewinkel, der von den beiden Schenkeln der Blechstreifen eingeschlossen wird, als Maß für die Biegefähigkeit bestimmt*).

Die hierzu verwendete Vorrichtung ist in Abb. 9 gezeichnet.

Der Probestreifen b wird unter Zwischenlegen der Platte c durch die Keile d gegen die Unterseite des Profiles a gedrückt, das vorn mit dem Biegeradius (2 mm) abgerundet und nach hinten verjüngt ist. Durch diese Art der Befestigung des Probestreifens wird eine einwandfreie Einspannung gewährleistet. Das freie Ende des Probestreifens wird in der angedeuteten Pfeilrichtung so lange bewegt, bis an der gezogenen Faser ein Riß auftritt. Der Biegewinkel φ wird dann mit Hilfe eines Winkelmessers bestimmt.

Mit der Vorrichtung können Bleche mit einem Biegewinkel bis zu 180° geprüft werden.

Es wurden je zwei Probestreifen aus Lautal und Duralumin 681B ¹/₃ veredelt geprüft. Die in der Walzrichtung entnommenen Streifen lieferten die in Zahlentafel 3 zusammengestellten Biegewinkel.

Bei Lautal kann mit einem mittleren Biegewinkel von 65°, bei Duralumin mit einem solchen von 85° gerechnet werden. Die Überlegenheit des Duralumins hinsichtlich Biegefähigkeit kommt auch hier deutlich zum Ausdruck.

Die geringe Streuung der Einzelergebnisse dieser Prüfung spricht dafür, daß das angewandte Verfahren erheblich genauer ist als das übliche Hin- und Herbiegeverfahren. Es ist allerdings nur für dickere Bleche zu gebrauchen.

6. Bericht: Prüfung der Tiefziehbarkeit.

Für diese Prüfung wurde der Erichsensche Blechprüfer benutzt.[32] [33])

Eine Blechprobe wird mit Hilfe eines runden Stempels durch eine Matrize hindurchgezogen. Unter ständiger Beobachtung der Verformungen der Blechprobe wird dabei der Stempel so lange nach vorwärts bewegt, bis das Blech an einer Stelle einen Riß bekommt. Die Tiefe des Stempeleindrucks gilt dann als Maß für die Tiefziehbarkeit (Tiefung).

Zahlentafel 13. Biegewinkel von Duralumin und Lautal.

Probestreifen Nr.	Werkstoff	Biegeradius mm	Biegewinkel Grad	Bemerkungen
1	Lautal	4	67	Streifen*) gebrochen
2			64	Streifen angerissen
3	Duralumin 681 B ¹/₃ veredelt		86	Streifen angerissen
4			85	Streifen angerissen

*) Probestreifen 1 ist deshalb gebrochen, weil der Anriß, der bei etwa 64° auftrat, etwas zu spät bemerkt wurde. Anriß und Bruch liegen hier oft nur um wenige Grade auseinander. Wird der erste Anriß nicht sofort erkannt, so tritt im nächsten Augenblick der vollkommene Bruch der Probe ein.

*) Das Verfahren hat Ähnlichkeit mit dem in DIN 1605 beschriebenen Faltversuch.

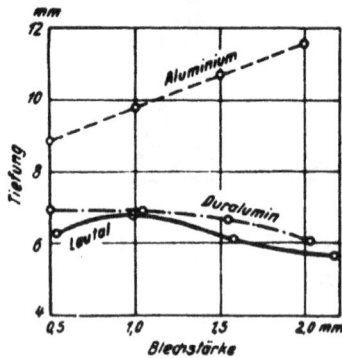

Abb. 10. Tiefungswerte von Duralumin, Lautal und Aluminium in Abhängigkeit von der Blechstärke.

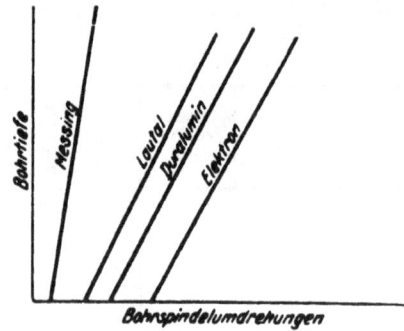

Abb. 11. Aufzeichnungen des Keßnerschen Härtebohrgeräts.

Die Prüfungen wurden mit je drei Proben verschieden starker Bleche von Duralumin 681 B ⅓ veredelt und Lautal nach den Anweisungen zum Erichsenschen Blechprüfer durchgeführt. Die Blechproben hatten die Abmessungen 90 × 90 mm.

Eine Zusammenstellung der erhaltenen Prüfergebnisse gibt Zahlentafel 14. In Abb. 10 sind die mittleren Tiefungswerte für Duralumin und Lautal abhängig von der Blechstärke aufgezeichnet. Die Linie für Duralumin liegt etwas oberhalb derjenigen für Lautal, jedoch sind die Unterschiede geringfügig. Zum Vergleich sind außerdem die Tiefungswerte für handelsübliches Aluminiumblech eingetragen, die bedeutend höher liegen als bei Duralumin und Lautal. Bemerkenswert ist, daß bei Aluminiumblech bis zu 2 mm Stärke die Tiefungswerte proportional zur Blechstärke zunehmen, während bei den Duralumin- und Lautal-Blechen mit Zunahme der Blechstärke ein Sinken der Tiefungswerte zu erkennen ist[*].

---

[*] Diese Beobachtung haben auch Unger und Schmidt[19] beim Vergleich der Tiefungswerte von Duralumin und Bergmetall einerseits und Stahl andererseits gemacht und dabei folgende Erklärung gegeben:

»Beim Erichsenschen Blechprüfer tritt die größte Beanspruchung des Prüfblechs etwa 5 bis 6 mm unterhalb des Scheitels der Vertiefung ein, wo das Metall vor dem Aufplatzen zu fließen beginnt. Bei zähem Metall werden dicke Bleche an der Oberfläche stärker gestreckt als dünne Bleche und können somit auch tiefer eingedrückt werden als dünne Bleche, da bei dicken Blechen mehr Material fließen kann, bevor der Bruch eintritt. Bei weniger zähem Metall treten auf der Außenseite des Prüfblechs an der oben bezeichneten Stelle hohe Zugspannungen auf, die mit der Stärke der Bleche wachsen. Da das Metall nur wenig fließt, treten sehr bald Risse auf, die sich ins Innere fortsetzen.«

7. Bericht: Prüfung der Bearbeitbarkeit mit schneidenden Werkzeugen.

Die Bearbeitbarkeit mit schneidenden Werkzeugen wurde mit Hilfe des Härtebohrgerätes, Bauart Kessner, der Technischen Hochschule zu Berlin (Lehrstuhl für Mechanische Technologie) geprüft. Das Bohrgerät arbeitet nach folgendem Grundsatz:

Ein Bohrer dringt bei gleicher äußerer Belastung und gleicher Drehzahl um so tiefer in einen Stoff ein, je leichter sich dieser bearbeiten läßt. Die unter diesen Umständen bei einer bestimmten Drehzahl erreichte Lochtiefe ist also ein Maßstab für die Bearbeitbarkeit. Bei dem Kessnerschen Härtebohrgerät wird ein Schaubild selbsttätig aufgezeichnet, in dem die erreichte Lochtiefe in mehrfacher Vergrößerung als Abszisse und die Umdrehungszahl des Bohrers als Ordinate erscheinen.[34]

Bei der nachfolgend beschriebenen Prüfung wurde Lautal im Vergleich zu Duralumin, Messing und Elektron untersucht.

Probekörper. Lautal in Form einer Platte (45 × 75 mm), entnommen aus einem 10 mm starken Blech (normal veredelt).

Duralumin in Form von drei Scheiben von 20 mm Durchmesser und 10 mm Dicke, die von einer Rundstange abgeschnitten wurden (Leg. 681 B ⅓ veredelt).

Messing (Zusammensetzung unbekannt) in Form einer Platte (100 × 150 mm), entnommen aus einem 10 mm starken Blech.

Zahlentafel 14. Prüfung der Tiefziehbarkeit.

Duralumin 681 B ⅓ veredelt:				Lautal:			
Blech-probe Nr.	Blech-stärke mm	Tiefung mm	Riß-bildung[*]	Blech-probe Nr.	Blech-stärke mm	Tiefung mm	Riß-bildung[*]
1	0,50	7,15	q	1	0,53	6,45	h
2	0,51	6,79	q	2	0,54	6,10	h
3	0,50	6,71	h	3	0,54	6,20	h
Mittel	0,50	6,89		Mittel	0,54	6,25	
4	1,04	6,39	l	4	0,99	7,30	h
5	1,05	7,06	q	5	1,00	6,70	h
6	1,06	7,13	q	6	0,99	6,45	h
Mittel	1,05	6,86		Mittel	0,99	6,80	
7	1,56	5,97	l	7	1,57	6,05	h
8	1,55	7,32	h	8	1,59	6,10	h
9	1,53	(5,00)	q[**]	9	1,59	6,30	h
Mittel	1,55	6,64		Mittel	1,58	6,15	
10	2,06	5,89	k	10	2,17	5,85	k
11	2,02	5,94	k	11	2,19	5,40	k
12	2,02	6,35	k	12	2,15	5,80	l
Mittel	2,03	6,06		Mittel	2,17	5,70	

[*] q Riß quer, l Riß längs zur Walzrichtung, h hakenförmiger Riß, der teils längs, teils quer zur Walzrichtung verläuft, k kreisförmige Rißbildung.
[**] Riß erfolgte längs einer angerissenen Linie.

Elektron (Zusammensetzung unbekannt) in Form einer 4-Kant-Stange (25 × 25 mm) von 90 mm Länge.

Die Ergebnisse, die durch Auswertung der von der Maschine bei der Prüfung aufgenommenen Schaubilder erhalten wurden, sind in Zahlentafel 15 zusammengestellt. In Abb. 11 ist die erreichte Bohrtiefe in Abhängigkeit von der benötigten Zahl der Bohrspindelumdrehungen aufgezeichnet, sodaß also der Winkel der Tangente an die Bohrkurve (bei homogenen Werkstoffen eine gerade Linie) mit der Abszisse ein Maß für die Bearbeitbarkeit darstellt. Die Größe dieses Winkels steht in umgekehrtem Verhältnis zur Bearbeitbarkeit.

Zahlentafel 15. Prüfung der Bearbeitbarkeit.

Werkstoff	Bohrer	Bohrer belastung kg	Winkel in Grad Versuch			Mittelwert
			Nr. 1	2	3	
Lautal . . .	Kessnerscher Flachbohrer 10 mm Durchm., Spitzenwinkel 125°	4	63	63	62	62,7
Duralumin . .			64	62	—	63
Messing . .			82	82	87	83,7
Elektron . .			58	57	61	58,6

Hiernach weisen die drei Leichtmetalle günstigere Werte auf als Messing. Duralumin und Lautal stehen auf derselben Stufe, während Elektron sich am leichtesten bearbeiten läßt. In Abb. 11 sind die Aufzeichnungen des Kessnerschen Härtebohrers für die vier verschiedenen Metalle wiedergegeben.

8. Bericht: Prüfung des Verhaltens von Lautal bei Druckbeanspruchungen.

Für diese Prüfung wurde aus einem 10 mm starken Lautalblech je ein prismatischer Probekörper von 25 mm Höhe längs und quer zur Walzrichtung herausgearbeitet. Die Probekörper wurden in derselben Weise wie bei dem üblichen Druckversuch zwischen zwei einstellbaren Platten belastet, Abb. 12. Durch die prismatische Gestalt der Probekörper sollte der Einfluß der Reibung an den Druckflächen, der bei Körpern von geringer Höhe (Würfel) sehr erheblich ist, vermindert werden.

Die Versuche wurden auf einer für Druckprüfungen umgebauten 5 t-Zerreißmaschine von Mohr und Federhaff, Mannheim, durchgeführt.

Zur Messung der bleibenden Dehnung wurden die Platten nach 3500 und 4500 kg entlastet und die Verkürzung der Höhe der Probekörper mit einer Mikrometerschraube gemessen.

Die Versuchsergebnisse sind aus Zahlentafel 16 zu ersehen.

Die Widerstandsfähigkeit der Druckkörper war bei der Belastung von 4500 kg (Druckbeanspruchung 45,5 kg/mm²) noch nicht erschöpft; es waren auch keinerlei Brucherscheinungen (Risse oder dgl.) an den belasteten Druckkörpern zu erkennen.

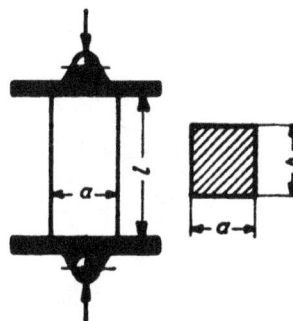

Abb. 12. Prüfung der Druckkörper.

B. Prüfung des Einflusses der Wärmebehandlung auf die Festigkeits- und Formänderungs-Eigenschaften.

Bei veredelbaren Aluminiumlegierungen sind, ähnlich wie bei den Stählen, zwei Wärmebehandlungsarten von besonderer technischer Bedeutung:

a) Weichglühen*) zur Erzielung eines Werkstoffzustandes, bei dem sich plastische Verformungen aller Art (Schmieden, Pressen, Ziehen usw.) besonders leicht vornehmen lassen.

b) Veredeln zur Erzielung guter Festigkeitseigenschaften (hoher Bruchfestigkeit und Streckgrenze bei guter Dehnung).

Beim Weichglühen wird das geglühte Material entweder im Ofen oder an der Luft langsam abgekühlt, während beim Veredeln die Abkühlung rasch erfolgt (Abschrecken in Wasser). Im ersten Fall tritt, in derselben Weise wie beim Stahl, ein Erweichen, im letzten Fall ein Härten des Materials ein. Gegenüber Stahl besteht jedoch der Unterschied, daß bei den vergütbaren Aluminiumlegierungen die Härtung nicht sofort nach dem Abschrecken voll zur Auswirkung kommt, sondern erst nach längerem Lagern. Bei Duralumin kann dieses Auslagern bei Raumtemperatur geschehen (natürliches Altern), während bei Lautal zur Erzielung derselben Wirkung eine Erhöhung der Temperatur notwendig ist (künstliches Altern).

Bei den Weichglüh- und Veredelungsversuchen wurden außerdem diejenigen Bereiche untersucht, die für das Material ungünstig (kritische Temperaturen) und daher in technischen Betrieben nach Möglichkeit zu vermeiden sind.

Vorgänge beim Weichglühen und Veredeln von vergütbaren Aluminium-Legierungen.

Während bei Stahl die beim Weichglühen, Härten und Anlassen auftretenden Gefügeänderungen durch mikro-

---

*) Der Ausdruck »Glühen« ist nicht wörtlich zu nehmen, da bei den hier vorkommenden Temperaturen kein Glühen des Materials, wie es z. B. beim Eisen und Stahl an der Änderung der Farbe zu erkennen ist, auftritt. Der Ausdruck »Glühen« wurde nur deshalb gewählt, weil beim Erwärmen von Duralumin und Lautal sich bis zu einem gewissen Grad ähnliche Vorgänge abspielen wie bei Eisen und Stahl.

Zahlentafel 16. Prüfung des Verhaltens von Lautal bei Druckbeanspruchungen.

Probekörper Nr.	Walzrichtung	Abmessungen in mm			Querschnitt f mm²	Belastung kg	Druckbeanspr.*) kg/mm²	bleib. Verkürzung mm	Stauchung %
		a	b	l					
1	längs zu den langen Kanten	10,0	10,0	25	100	3500	35	4,0	16
						4500	45	8,9	35,5
2	quer zu den langen Kanten	10,0	9,9	25	99	3500	35,3	4,0	16
						4500	45,5	8,7	35,0

*) Auf den ursprüngl. Querschnitt bezogen.

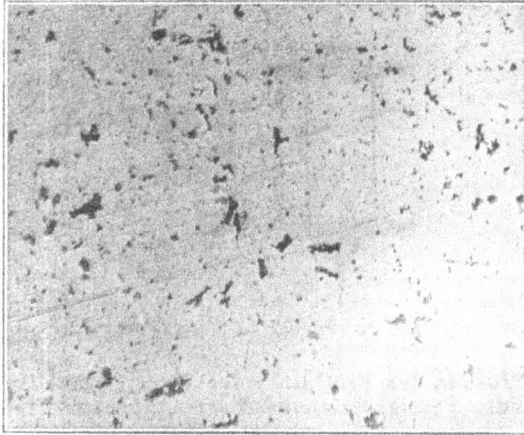

Abb. 13. Lautal, normal veredelt. 215fach
(Ätzmittel: 10proz. Schwefelsäure.)

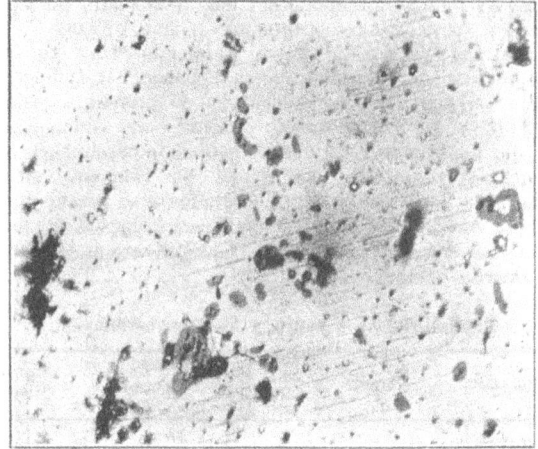

Abb. 14. Lautal, normal veredelt. 625fach
(Ätzmittel: 10proz. Schwefelsäure.)

skopische Beobachtungen verfolgt werden können[35] [36] [37]), ist dies bei den vergütbaren Aluminiumlegierungen nicht möglich. Eine Veränderung ihres Gefüges ist nur in einzelnen Fällen des Weichglühens bei starker Vergrößerung im Mikroskop zu erkennen; die am meisten interessierenden Vorgänge beim Veredeln sind jedoch nicht sichtbar, da sie sich untermikroskopisch abspielen.

Der Forscher Merica[34]) [35]) hat bei der Untersuchung, des Systems Kupfer-Aluminium die Feststellung gemacht, daß die Löslichkeit des Kupfers im festen Zustand mit sinkender Temperatur abnimmt. Aluminium kann beispielsweise bei 545° C etwa 4,2%, bei 400° C etwa 2,3% und bei 200° C nur noch etwa 1% Kupfer in fester Lösung aufnehmen. Werden also Legierungen von ungefähr 4% Kupfer von etwa 500° C langsam auf Raumtemperatur abgekühlt, so entsteht mit sinkender Temperatur ein wachsender Überschuß an Kupfer, das sich als intermetallische Verbindung zwischen Aluminium und Kupfer von der Form $CuAl_2$ allmählich aus den Mischkristallen ausscheidet. In Bericht Nr. 9 sind Gefügebilder von Lautal, das auf diese Weise behandelt wurde, wiedergegeben und näher erläutert.

Zur Erklärung der untermikroskopischen Vorgänge beim Veredeln ist man heute noch auf theoretische Überlegungen angewiesen.

Von den von verschiedenen Forschern aufgestellten Veredelungs-Hypothesen dürfte nach dem heutigen Stand der Veredelungsfrage der Ausscheidungs-Hypothese die größte Bedeutung zukommen. Sie ist von Merica im Anschluß an seine Beobachtungen bei Aluminium-Kupfer-Legierungen entwickelt worden und besagt, daß beim Abschrecken infolge des plötzlichen Temperaturabfalles die Legierung keine Zeit hat, sich auf die tieferen Temperaturen einzustellen. Sie befindet sich so in einem instabilen Gleichgewichtzustand, in dem sie mehr Kupfer in fester Lösung enthält, als sie bei dieser Temperatur eigentlich aufnehmen könnte. Bei Duralumin wird erst im Laufe einer etwa 5 tägigen Lagerung bei Raumtemperatur der stabile Gleichgewichtzustand wieder hergestellt, indem innerhalb dieser Zeit derjenige Kupfergehalt sich aus den Mischkristallen ausscheidet, der die Aufnahmefähigkeit des Aluminiums bei Raumtemperatur überschreitet. Da diese Ausscheidungen selbst bei starker Vergrößerung (bis 2000fach) im Mikroskop nicht zu erkennen sind, wird angenommen, daß die Teilchen in untermikroskopisch feiner, hochdisperser Form zur Ausscheidung gelangen. Wird während des Lagerns die Temperatur erhöht, so wird das Ausscheiden der $CuAl_2$-Teilchen beschleunigt. Das Ansteigen von Härte und Festigkeit beim Altern wird mit der Entstehung der Teilchen der harten $CuAl_2$-Verbindung in Zusammenhang gebracht.

Diese Hypothese ist durch andere Forscher noch weiter ergänzt worden. Allerdings muß erwähnt werden, daß eine weitere beachtenswerte Hypothese von Fränkel[36]) besteht,

die sich hauptsächlich auf die Beobachtung der elektrischen Leitfähigkeit und der chemischen Widerstandsfähigkeit während des Alterns gründet und in Widerspruch mit der Ausscheidungs-Hypothese steht.

Meißner[37]) kommt jedoch bei einem Überblick über den Stand der Veredelungsfrage zu der Ansicht, daß die Ausscheidungs-Hypothese für die Alterungsbehandlung der magnesiumfreien Aluminiumlegierungen ohne Zweifel richtig ist, während für die Veredelungsvorgänge bei Duralumin bisher noch keine einwandfreie Erklärung vorliegt.

Die Weichglüh- und Veredelungsversuche wurden hier nur mit Leutal vorgenommen, da die Versuche bei Ausdehnung auf Duralumin zu umfangreich geworden wären. Das Verhalten von Duralumin bei der Wärmebehandlung kann zudem als so allgemein bekannt vorausgesetzt werden, daß es überflüssig erschien, in dieser Richtung noch Versuche anzustellen.

Versuchseinrichtungen. Das Glühen der Probekörper erfolgte in einem Salzbad (etwa 30 l Inhalt), das vier Teile Natronsalpeter und einen Teil Kalisalpeter enthielt und von außen durch einen regelbaren Gasbrenner geheizt wurde. Die Glühtemperatur wurde mit Hilfe eines Pyrometers mit Anzeigegerät von Hartmann & Braun, A.-G., Frankfurt a. M., gemessen. Damit die Probekörper von allen Seiten von der Flüssigkeit umspült werden konnten, wurden sie an dünnen Drähten frei aufgehängt derart, daß sie mit dem heißeren Boden oder den Seitenwänden des Behälters nicht in Berührung kommen konnten. Bei Nichtbeachtung dieser Maßnahme kann es vorkommen, daß die Proben ungleichmäßig erwärmt werden[*]). — Die Glühdauer betrug je nach Zahl der gleichzeitig behandelten Proben 15 bis 30 min.

Das Abschrecken der geglühten Proben wurde in einem Wasserbad von etwa 20° C und 300 l Inhalt vorgenommen. Damit die Proben möglichst rasch vom Salzbad in das Wasserbad gebracht werden konnten, waren die beiden Bäder nebeneinander aufgestellt.

Das Anlassen (künstliches Altern) der Lautalproben geschah teils in einem mit Gas geheizten Ölbad, teils in einem elektrischen Trockenofen (W. C. Heraeus, G. m. b. H., Hanau). Während im Ölbad die Temperatur nur durch fortwährendes Verstellen der Flamme eingehalten werden konnte, wurde im elektrischen Ofen durch ein Quecksilberrelais die Temperatur selbsttätig konstant gehalten. Diese Einrichtung ist besonders bei größerer Anlaßdauer von Vorteil. Zu Beginn der Untersuchungen wurde das Temperatur-Meßgerät des elektrischen Ofens (Platin-Platinrhodiumelement) mittels reinem Zinn und reinem Antimon geeicht. Bei der Bestimmung der Temperaturen wurden, wie üblich,

*) Bei größeren Bädern ist ferner ein Umrühren der Flüssigkeit erforderlich.

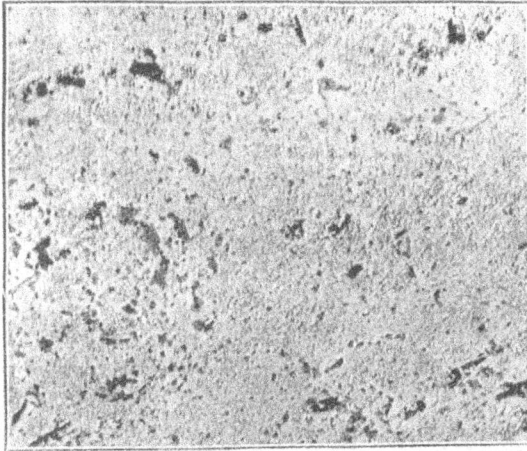

215 fach

Abb. 15. Lautal, bei 450° C geglüht und langsam abgekühlt.
(Ätzmittel: Alkohol. Pikrinsäure.)

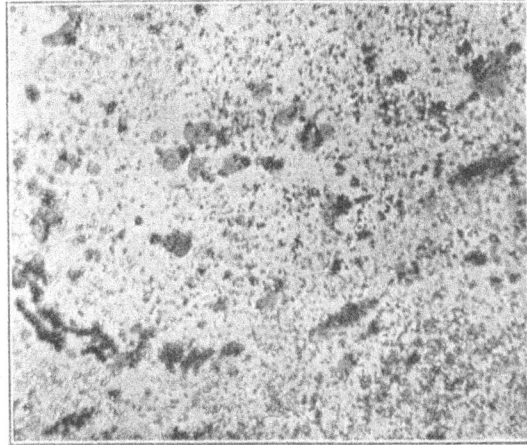

625 fach

Abb. 16. Lautal, bei 450° C geglüht und langsam abgekühlt.
(Ätzmittel: Alkohol. Pikrinsäure.)

die Temperatur des Thermoelementes und die Klemmentemperatur berücksichtigt.

a) Weichglühen.

9. Bericht. Untersuchung des Kleingefüges von veredeltem und weichgeglühtem Lautal.

Ein Stück eines 10 mm starken Lautalbleches wurde zuerst in veredeltem, dann in ausgeglühtem Zustand untersucht.

Abb. 13 und 14 zeigen das Gefüge in veredeltem Zustand bei 215- und 625facher Vergrößerung. Man erkennt Mischkristalle von Aluminium und Kupfer (hell), daneben größere Mengen freien Siliziums (grau), meist in abgerundeten Teilchen und nicht ausgesprochen eutektischer Struktur. Außerdem ist im Gefüge etwas Eisen in Gestalt kleiner Kriställchen der Verbindung $FeAl_3$ (schwarz) enthalten, die durch kurzes Ätzen mit 10proz. Schwefelsäure bei etwa 70° C dunkel gefärbt wurden. Freies $CuAl_2$ ist nicht zu sehen.

Abb. 15 und 16 veranschaulichen das Gefüge nach einstündigem Ausglühen bei 450° C und langsamer Kühlung im elektrischen Ofen. Silizium und $FeAl_3$ finden sich wie im vorher erwähnten Schliff, außerdem zahlreiche kleine Ausscheidungen von Kupfer in Form der Verbindung $CuAl_2$, die nach dem Ätzen mit alkoholischer Pikrinsäure (15 min) dunkel gefärbt wurden.

Durch das Ausglühen bei 450° C und die langsame Abkühlung ist also ein Überschuß des in fester Lösung gehaltenen Kupfers aus dem aluminiumreichen Mischkristall in sichtbarer Form zur Ausscheidung gebracht worden.

Ähnliche Beobachtungen lassen sich bei Duralumin machen. Einige mikroskopische Gefügebilder zweier Duraluminlegierungen bei verschiedener Wärmebehandlung haben Lennartz und Henninger[38]) bekanntgegeben.

10. Bericht: Die Festigkeits- und Formänderungseigenschaften von Lautal nach dem Glühen bei verschiedenen Temperaturen.

Aus einem 2 mm starken Lautalblech (veredelt) wurden 24 Streifen (200 mm × 30 mm) längs zur Walzrichtung herausgeschnitten, von denen je drei bei den Temperaturen 150°, 200°, 250°, 300°, 350°, 400°, 450° und 500° C 15 min lang erwärmt und darauf langsam an der Luft abgekühlt wurden. Bis zu 250° C wurde die Erwärmung im Ölbad, darüber im Salzbad vorgenommen.

Aus den so behandelten Streifen wurden Proportionalstäbe von durchweg denselben Abmessungen herausgearbeitet, die auf einer 5-t-Festigkeitsmaschine von Mohr & Federhaff geprüft wurden. Wie bei den vorhergehenden Zugprüfungen wurden auch hier die Verlängerungen bis zur Streckgrenze mit den Martensschen Spiegelapparaten, nach Überschreiten der Streckgrenze mit einem einfachen Schleppmaßstab gemessen.

Die ermittelten Werte für Streckgrenze, Bruchspannung, Bruchdehnung und Einschnürung sind in Zahlentafel17 enthalten, während in Abb. 17 die aus je drei Versuchen erhaltenen Mittelwerte in Abhängigkeit von der Glühtemperatur dargestellt sind.

Die Bruchgrenze sinkt — schon von Temperaturen über 150° C — mit zunehmender Glühtemperatur bis etwa 350° C, während über 400° C mit steigender Glühtemperatur die Bruchgrenze wieder gehoben wird. Der niedrigste Wert von etwa 22 kg/mm² liegt zwischen 350 und 400° C.

Die Linie für die Streckgrenze ($\sigma_{0,2}$) zeigt einen ähnlichen Verlauf, nur daß die Werte für die Streckgrenze erst von etwa 250° C ab stärker fallen und das Minimum zwischen 400 und 450° C liegt. Der niedrigste Wert ist hier etwa 8,5 kg/mm².

Die Dehnungs-Linie und die Linie für die Einschnürung verlaufen unstetiger. Sie fallen zunächst ziemlich stark bis ungefähr 250° und steigen dann fast ebenso

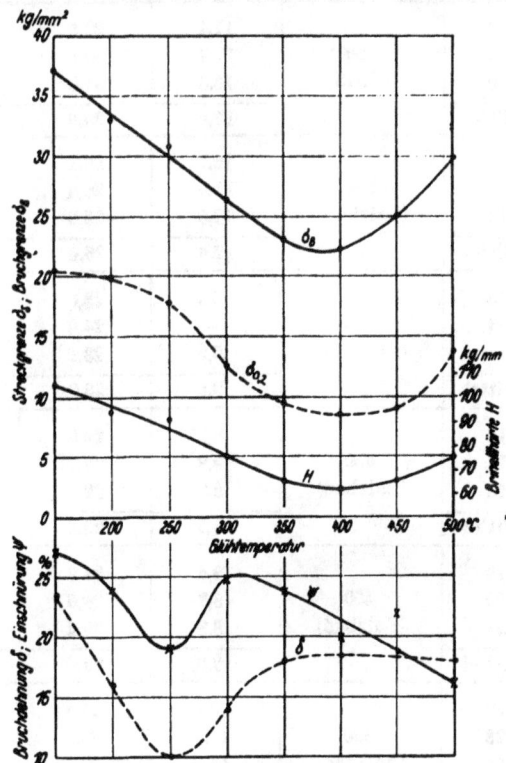

Abb. 17. Zugfestigkeit, Streckgrenze, Brinellhärte, Bruchdehnung und Einschnürung von Lautal, abhängig von der Glühtemperatur.

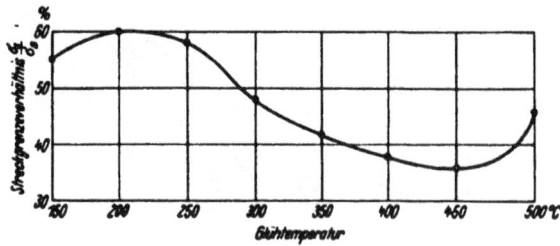

Abb. 18. Verhältnis $\left(\frac{\sigma_{0,2}}{\sigma_B}\right)$ von Lautal, abhängig von der Glühtemperatur.

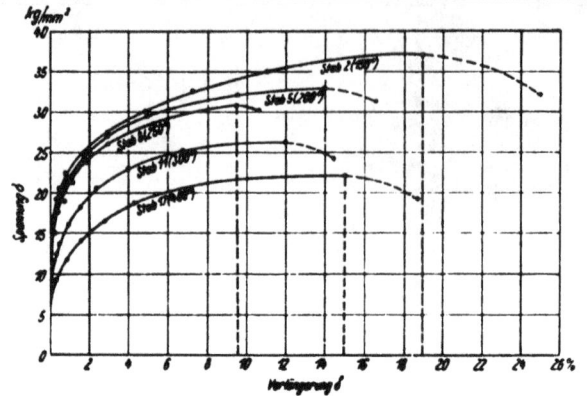

Abb. 19a. Spannungs-Dehnungslinien von Lautalstäben nach dem Glühen bei verschiedenen Temperaturen.

stark wieder an. Während jedoch die Linie für die Einschnürung bereits nach Überschreiten von 300° C mit wachsender Temperatur stark sinkt, bleibt die Dehnung in dem Bereich von 350 bis 500° C nahezu unverändert.

Für die technische Verwendung von Lautal kann auf Grund dieser Ergebnisse gefolgert werden, daß Erwärmungen über 150° C im Betrieb unbedingt vermieden werden müssen, da von dieser Temperatur ab die Festigkeitseigenschaften eine beträchtliche Verschlechterung erfahren. Besonders ungünstig dürfte der Zustand in der Nähe von 250° C sein, weil

dort sowohl die Linie für die Einschnürung als auch die Dehnungslinie Mindestwerte aufweisen und die Bruchgrenze und Streckgrenze ebenfalls erheblich gesunken sind. Lautal ist in diesem Zustand spröde und brüchig.

Ähnliches Verhalten zeigt Duralumin. Aus einem von den Dürener Metallwerken bekanntgegebenen Schaubild[39])

Zahlentafel 17. Festigkeits- und Formänderungseigenschaften von Lautal bei verschiedenen Glühtemperaturen.

Probestab Nr.	Glühtemperatur °C	Streckgrenze $\sigma_{0,2}$ kg/mm²	Bruchgrenze σ_B kg/mm²	Verhältnis $\frac{\sigma_{0,2}}{\sigma_B} \times 100$ %	Bruchdehnung δ %	Einschnürung ψ %	Bemerkungen
1	150	20,1	37,0	54	22,6	23	
2	(Ölbad)	20,4	37,1	55	25,0	31	
3		20,4	37,1	55	23,3	28	
Mittel		20,3	37,1	55	23,6	27	
4	200	19,9	32,9	60	15,4	21	
5	(Ölbad)	19,7	32,8	60	16,6	26	
6		19,7	33,2	59	16,3	25	
Mittel		19,8	33,0	60	16,1	24	
7	250	17,4	30,5	57	10,7	22	
8	(Ölbad)	17,7	30,8	58	10,7	22	
9		18,4	31,0	59	9,1	13	
Mittel		17,8	30,8	58	10,2	19	
10	300	12,7	26,1	49	13,7	21	
11	(Salzbad)	12,5	26,4	48	14,5	27	
12		12,5	26,6	47	13,8	26	
Mittel		12,6	26,4	48	14,0	25	
13	350	9,0	22,0	41	17,6	25	
14	(Salzbad)	—	24,0	—	17,5	20	
15		9,9	23,1	43	19,9	27	
Mittel		9,5	23,0	42	18,0	24	
16	400	8,5	22,5	38	19,7	21	
17	(Salzbad)	8,8	22,1	40	18,7	19	
18		8,2	22,1	37	16,8	20	
Mittel		8,5	22,2	38	18,4	20	
19	450	9,4	24,9	38	18,6	20	außerhalb der Teilung gerissen.
20	(Salzbad)	8,7	24,6	35	19,1	24	
21		8,8	25,4	35	(16,2)	(14)	
Mittel		9,0	25,0	36	18,8	22	
22	500	13,2	29,3	45	17,0	20	Vor dem Bruch starkes Knistern.
23	(Salzbad)	14,3	30,2	48	(14,8)	(12)	
24		13,9	30,0	47	18,8	15	
Mittel		13,8	29,8	46	17,9	16	

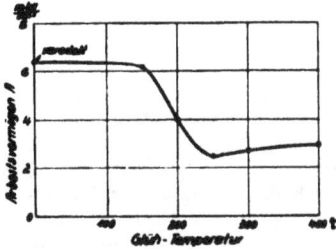

Abb. 19 b. Abhängigkeit des Arbeits-
vermögens von der Glühtemperatur
(Lautal).

kann entnommen wer-
den, daß bei Erwär-
mungen über 150° C
ebenfalls ein starker
Rückgang der Festig-
keit eintritt.

In Abb. 18 ist für
Lautal das Verhältnis
von Streckgrenze zu

Bruchgrenze $\left(\dfrac{\sigma_{0,2}}{\sigma_B}\right)$
abhängig von der Glüh-
temperatur eingezeich-
net. Bemerkenswert ist, daß die dort dargestellte Linie bei
etwa 200° C einen Höchstwert erreicht, was daher rührt,
daß durch Erwärmung bei dieser Temperatur die Streckgrenze weniger beeinflußt wird als die Bruchgrenze.

Starke plastische Verformungen, wie Schmieden, Pressen,
Ziehen, Drücken usw., dürften sich bei Lautal am leichtesten
in dem Bereich zwischen 350 und 400° C vornehmen lassen,
weil das Material dort der Verformung geringsten mechanischen Widerstand entgegensetzt und über verhältnismäßig
gute Formänderungseigenschaften verfügt.

Erwähnenswert sind die Ergebnisse der Zahlentafel 18,
die beim Ausglühen von zwei Duraluminprobestäben bei
325° C erhalten wurden.

Zahlentafel 18. Duralumin (weichgeglüht).

Werkstoff-zustand	Probe-stab Nr.	Zug-festigkeit σ_B kg/mm²	Bruch-dehnung δ %	Ein-schnü-rung ψ %	Bemerkung
Duralumin 681 B ¹/₁ veredelt, bei 325°C aus-geglüht.	1	24,1	18,4	26	Die Probestäbe waren aus ei-nem 3 mm star-ken Blech längs zur Walzrich-tung entnom-men.
	2	23,9	19,5	29	
	Mittel	24,0	19,0	28	

Für Lautal findet man in Abb. 17 folgende Werte:

Zugfestigkeit $\sigma_B = 24{,}5$ kg/mm²
Bruchdehnung $\delta = 16{,}5$ %
Einschnürung $\psi = 25{,}0$ %.

Man erkennt, daß sich die Werte von Duralumin und
Lautal nicht nennenswert unterscheiden. Lautal weist bei
325° C etwas höhere Zugfestigkeit, dafür aber geringere
Bruchdehnung und Einschnürung auf als Duralumin.

In Abb. 19a sind die Dehnungslinien verschiedener Probestäbe, wie sie bei der Zugprüfung aufgenommen wurden,
wiedergegeben. Durch Ausplanimetrieren der von den Dehnungslinien mit den Koordinatenachsen eingeschlossenen
Flächen wurde das Arbeitsvermögen der einzelnen Stäbe
ermittelt und in Abb. 19b abhängig von der Glühtemperatur
aufgetragen. Beachtenswert ist auch hier der starke Abfall
der Kurve nach Überschreiten von 150° C.

11. Bericht: Prüfung der Härte von Lautal nach dem Glühen bei verschiedenen Temperaturen.

Aus einem 10 mm starken Lautalblech wurden neun
Proben (5 cm × 5 cm) entnommen und je eine Probe bei
den im 10. Bericht angegebenen Temperaturen 30 min geglüht. Nach dem Erkaltenlassen der Proben in ruhiger Luft
wurde durch je drei Kugeleindrücke die Härte geprüft.

Das Prüfverfahren entsprach dem im 4. Bericht beschriebenen Kugeldruckversuch nach Brinell (DIN 1605). Die
Prüfergebnisse folgen in Zahlentafel 19. Die Mittelwerte
sind außerdem in Abb. 17 eingetragen. Der tiefste Punkt für
die Linie der Härte liegt hiernach bei 400° C, wo Lautal
am weichsten ist.

Zwischen Brinellhärte und Bruchgrenze von Lautal bestehen gewisse Beziehungen, die ermöglichen, die Bruchgrenze über bestimmte Bereiche als Vielfaches der Brinellhärte auszudrücken. Bei den verschiedenen Glühtemperaturen ergeben sich für die Bruchgrenze folgende Vielfache der Brinellhärte:

Glühtemperatur:
20 150 200 250 300 350 400 450 500° C
Bruchgrenze:
33 H 35 H 35 H 34 H 35 H 35 H 36 H 38 H 40 H kg/cm²

Wie ersichtlich, ist das Vielfache in dem Bereich von 150
bis 400° C annähernd konstant und kann im Mittel mit 35
angenommen werden. Diese Feststellung kann von Nutzen
sein für die Durchführung einer einfachen Betriebsüberwachung, bei der man sich häufig an Stelle des Zugversuchs
mit dem einfacheren Kugeldruckversuch wird begnügen
können. Während das Vielfache für veredeltes Lautal 33
beträgt, findet man in dem Bereich von 400 bis 500° C eine
Zunahme des Vielfachen mit steigender Temperatur.

Bei Duralumin besteht ein ähnlicher Zusammenhang zwischen Bruchgrenze und Brinellhärte. R. Baumann hat auf
der Tagung der Gesellschaft für Metallkunde vom 26. bis
29. Juni 1926 in Stuttgart die Bruchgrenze für veredeltes

Zahlentafel 19. Härte von Lautal bei verschiedenen Glühtemperaturen.
Belastung $P = 1000$ kg, Kugeldurchmesser $D = 10$ mm.

Probestück Nr.	Glüh-temperatur	Eindruck-durchmesser d mm	Fläche des Eindruckes F mm²	Härte $H = \dfrac{P}{F}$ kg/mm²
1	Anlieferungs-zustand	3,31	8,60	116
		3,31	8,60	116
		3,31	8,60	116
Mittel		—	—	116
2	150° C (Ölbad)	3,48	9,51	105
		3,48	9,51	105
		3,50	9,62	104
Mittel		—	—	105
3	200° C (Ölbad)	3,65	10,46	95
		3,68	10,63	94
		3,70	10,75	93
Mittel		—	—	94
4	250° C (Ölbad)	3,75	11,04	90
		3,75	11,04	90
		3,70	10,70	93
Mittel		—	—	91
5	300° C (Salzbad)	4,10	12,63	79
		4,13	13,39	74
		4,20	13,85	72
Mittel		—	—	75
6	350° C (Salzbad)	4,38	15,06	66
		4,38	15,06	66
		4,38	15,06	66
Mittel		—	—	66
7	400° C (Salzbad)	4,53	16,11	62
		4,55	16,25	61
		4,50	15,90	62
Mittel		—	—	62
8	450° C (Salzbad)	4,38	15,06	66
		4,38	15,06	66
		4,38	15,06	66
Mittel		—	—	66
9	500° C (Salzbad)	4,13	13,39	74
		4,06	13,07	76
		4,13	13,39	74
Mittel		—	—	75

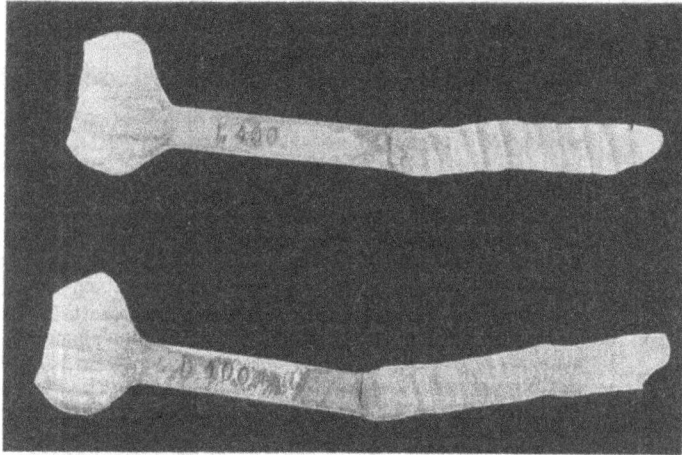

Abb. 20. Bei 400° C geglühte Lautal (L)- und Duralumin (D)-Schmiedeprobe.

Ein Vergleich mit den Ergebnissen der Biege-fähigkeitsprüfung von Lautal und Duralumin in veredeltem Zustand (s. 5. Bericht) zeigt, daß beide Baustoffe in weichgeglühtem Zustand besser biegefähig sind als in veredeltem Zustand. Während jedoch Lautal in veredeltem Zustand geringere Biegefähigkeit aufweist als Duralumin, kehren sich nach dem Ausglühen bei 400° C die Verhältnisse um. Lautal läßt sich in weichge-glühtem Zustand besser biegen als Duralumin. Dies würde in noch schärferer Form zum Ausdruck kommen, wenn das Biegen nicht, wie hier, unmittelbar nach dem Erkalten vorgenommen wird, sondern erst nach längerem Lagern, was bei Duralumin ein Härten und damit eine Verminderung der Biegefähigkeit zur Folge hat. Bei Lautal tritt dagegen auch bei längerem Lagern unter gewöhnlicher Raumtemperatur keine merkliche Änderung seiner Biegefähigkeit und sonstigen Eigenschaften ein.

Duralumin zu 34 H, für geglühtes Duralumin zu 36 H angegeben[*]).

Die Weichglühtemperatur von Duralumin liegt nach Beck[20]) ebenfalls bei 400° C, sofern unmittelbar nach der Abkühlung geprüft wird. Nimmt man den Kugeldruck-versuch später vor (z. B. nach einigen Stunden), so findet man bereits eine merkbare Härtung.

Die hier mitgeteilten Ergebnisse stehen mit den von H. Röhrig[40]) für Lautal gefundenen im Einklang.

12. Bericht: Die Biegefähigkeit von Lautal und Duralumin in weichgeglühtem Zustand.

Zur Ermittlung der Biegefähigkeit in weichgeglühtem Zustand wurden 4 mm starke Blechstreifen (12 mm × 72 mm) von Lautal und Duralumin 681 B ⅓ (beide veredelt) 20 min lang im Salzbad bei 400° C geglüht, hierauf langsam an der Luft abgekühlt und unmittelbar anschließend die Biege-winkel auf dieselbe Weise, wie im 5. Bericht unter b) beschrieben, mit folgenden Ergebnissen geprüft:

Probe-streifen Nr.	Leichtmetall	Biegewinkel Grad (Biegeradius 4 mm)	Bemerkungen
1	Duralumin 681 B ⅓	72	Streifen an der Außenseite der Biegung ange-rissen.
2		70	
3	Lautal	89	
4		91	

[*]) Für geglühtes Duralumin hat R. Baumann eine Brinellhärte von H/1000/10/30 = 64,5 gefunden[20]).

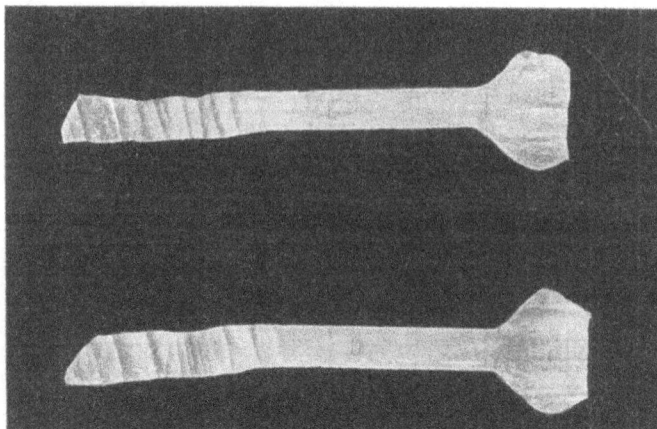

Abb. 21. Lautal (L)- und Duralumin (D)-Stab, in veredeltem Zustand geschmiedet.

13. Bericht: Die Schmiedbarkeit von Duralumin und Lautal im veredelten und weichgeglühten Zustand.

Das für diese Prüfung herangezogene Ausbreite- und Streckverfahren findet hauptsächlich bei der Prüfung von Eisen und Stählen Anwendung[37]). Flachstäbe oder Blech-streifen des zu untersuchenden Materials werden mit der nach einem Radius von 15 mm abgerundeten Hammerfinne solange bearbeitet, bis das Probestück sich auf ein bestimmtes Maß ausgebreitet oder in der Länge gestreckt hat. Risse dürfen dabei nicht entstanden sein.

Bei den hier geprüften Probestäben wurden an einem Ende die Ausbreitung, am anderen Ende die Streckung ausgeführt. Das Verhältnis von Breite zur Dicke des Probe-stabs soll 1 : 3 betragen. Als Maß für die Ausbreitung Ag von b auf b' gilt der bei der Rißbildung erreichte Wert

$$Ag = \frac{b' - b}{b} \cdot 100\%$$

und entsprechend für die Streckung Sg von l auf l'

$$Sg = \frac{l' - l}{l} \cdot 100\%.$$

Für die vorliegende Prüfung wurden je zwei Probestäbe von den Abmessungen 90 mm × 12 mm aus 4 mm starken Blechen von Lautal und Duralumin 681 B ⅓, beide veredelt, längs zur Walzrichtung herausgearbeitet. Je einer dieser Stäbe wurde bei 400° C im Salzbad ausgeglüht (Glühdauer 30 min) und unmittelbar nach dem Abkühlen an der Luft geprüft. Die Prüfung der beiden anderen Probestäbe erfolgte im veredelten Zustand. Bei der Ausbreitung wurden die Hammerschläge parallel, bei der Streckung senkrecht zur Walzrichtung geführt.

Die Ergebnisse sind aus Zahlentafel 20 zu entnehmen, das Aussehen der geprüften Proben zeigen Abb. 20 und 21.

Im veredelten Zustand weisen Duralumin und Lautal, was Ausbreitung und Streckung anbelangt, ungefähr dasselbe Verhalten auf. Die Streckung in Walzrichtung beträgt das Zweifache, die Ausbreitung quer zur Walzrichtung das Dreifache der ursprünglichen Abmessungen. Bei Duralumin ist der letztere Wert sogar noch etwas höher.

Im geglühten Zustand (400° C) bestehen etwas größere Unterschiede zwischen den beiden untersuchten Werkstoffen, insbesondere hinsichtlich der Streckung in Walzrichtung, wo Duralumin einen Wert von mehr als 300% gegenüber Lautal mit etwas mehr als 250% erreicht. Bezüglich Ausbreitung hat jedoch Lautal die besseren Werte ergeben.

Zahlentafel 20. Schmiedbarkeit von Duralumin und Lautal.

Probe-streifen Nr.	Leichtmetall	Zustand	Breite b mm	Verbreiterung b' mm	Länge l mm	Verlängerung l' mm	Ausbreitung A_g %	Streckung S_g %
1	Duralumin 681 B ½	veredelt	12	50	30	90	315	200
2		bei 400° C	12	55	30	123	360	310
3		ausgeglüht	12	55	60	250	360	315
4	Lautal	veredelt	12	48	30	90	300	200
5		bei 400° C	12	56	30	113	370	275
		ausgeglüht	12	58	60	209	380	250

Wäre das Ausschmieden der geglühten Proben erst nach mehreren Stunden oder einigen Tagen vorgenommen worden, so hätte Duralumin wahrscheinlich die in Zahlentafel 20 enthaltenen Werte nicht erreicht, da bei 400° C geglühtes Duralumin, wie bereits früher ausgeführt, beim Auslagern härtet (selbsttätiges Altern), während Lautal weich bleibt.

Es soll hier noch darauf hingewiesen werden, daß die Schmiedbarkeit von Duralumin und Lautal im Vergleich zu anderen Metallen, z. B. Stahl und Eisen, als recht gut anzusprechen ist. Bei der Ausbreiteprobe wird im allgemeinen für Stahl verlangt, daß das Probstück sich auf das 1½- bis 2fache seiner ursprünglichen Breite ausdehnen läßt, wobei die Bearbeitung in warmem (sog. »rotwarmem«) Zustand erfolgt. Bei Lautal und Duralumin wurde selbst in veredeltem Zustand eine 3fache und in geglühtem Zustand eine mehr als 3½fache Ausbreitung erzielt, wobei die Probestücke jedesmal kalt bearbeitet wurden.

Ein Warmschmieden von Lautal und Duralumin erscheint in den meisten Fällen überflüssig, da diese beiden Leichtmetalle bereits beim Kaltschmieden besseres Verhalten zeigen als viele Stahlsorten bei der Warmbearbeitung.

Bei Verwendung von Duralumin und Lautal im Flugzeugbau sollte daher von ihrer guten Schmiedfähigkeit weitestgehender Gebrauch gemacht werden. Flugzeugteile, die sich besonders zur Herstellung durch Schmieden eignen dürften, sind: Luftschrauben, Knotenpunktstücke, Beschläge, Schwanzsporne, Radfelgen u. a. m.

Für Lautal ist nochmals als Vorteil hervorzuheben, daß es unbeschränkt lange Zeit nach dem Glühen verarbeitet werden kann, während das Schmieden von Duralumin wenige Stunden nach dem Abkühlen erfolgen muß, da sonst infolge des selbsttätigen Härtens beim Auslagern mit einer Verschlechterung der Schmiedeigenschaften gerechnet werden muß.

b) Veredeln.

Bis vor kurzem war allgemein die Anschauung verbreitet, daß bei vergütbaren Aluminiumlegierungen eine Veredelungswirkung nur dann erzielt werden könnte, wenn das Material in einem durch Walzen, Pressen, Kneten oder dgl. gründlich durchgearbeiteten Zustand vorliege. In allerneuester Zeit in Amerika[52]) durchgeführte Versuche haben jedoch gezeigt, daß unter gewissen Bedingungen auch ein Veredeln der Aluminium-Gußlegierungen in ähnlicher Weise wie bei Walzlegierungen möglich ist. Durch die Veredelungsbehandlung werden auch bei Gußlegierungen die Härte, Festigkeit und Dehnung beträchtlich gebessert, aber natürlich der Charakter der Gußlegierung (Gußgefüge) nicht geändert. Die mechanische Durcharbeitung von Aluminiumlegierungen dürfte also — ähnlich wie bei anderen Metallen — in erster Linie eine Verbesserung des Gefüges zur Folge haben und nach den neuesten Erkenntnissen auf die Veredelung selbst keinen entscheidenden Einfluß ausüben.

14. Bericht: Einfluß der Abschrecktemperatur auf die Festigkeitseigenschaften von Lautal beim Veredeln.

Daß die Abschrecktemperatur einen starken Einfluß auf die Festigkeitseigenschaften ausübt, ist von der Wärmebehandlung der Stähle her bekannt. Es war zu erwarten, daß auch bei den vergütbaren Aluminiumlegierungen die Festigkeitseigenschaften in mehr oder weniger hohem Maß von der Abschrecktemperatur abhängen. Zur Klärung dieser Zusammenhänge wurden die nachfolgenden Untersuchungen angestellt:

Aus einem 2 mm starken Lautalblech wurden zwölf Probestäbe längs zur Walzrichtung herausgeschnitten, von denen je zwei bei den Temperaturen 480°, 490°, 500°, 510°, 520° und 530° C im Salzbad geglüht (Glühdauer je 15 min), in Wasser abgeschreckt und dann 16 h lang bei 130° C angelassen wurden.

Nach dem Anlassen wurden die Probestücke zu Proportionalzugstäben verarbeitet und in einer 5-t-Festigkeitsmaschine (Mohr & Federhaff, Mannheim) geprüft.

Die ermittelten Zahlenwerte für Zugfestigkeit, Streckgrenze ($\sigma_{0,2}$) und Bruchdehnung sind in Zahlentafel 21 angegeben, während Abb. 22 die Abhängigkeit dieser Größen von der Abschrecktemperatur zeigt. Zur Erreichung einer Zugfestigkeit von mindestens 38 kg/mm² und einer Streckgrenze von mindestens 20 kg/mm² sollte eine Glühtemperatur von 500° C angewendet werden. Im übrigen kann in dem untersuchten Bereich ein leichtes Steigen der Werte für Festigkeit und Streckgrenze mit zunehmender Abschrecktemperatur bemerkt werden. Höhere Abschrecktemperaturen als 520° C dürften praktisch nicht in Frage kommen, da bei der Glühtemperatur 530° C der eine der beiden Probestäbe (Nr. 12) bereits zu schmelzen anfing (Herausschmelzen des ternären Eutektikums).

Die Beeinflussung der Bruchdehnung durch die Abschrecktemperatur ist weniger von Bedeutung. Abgesehen

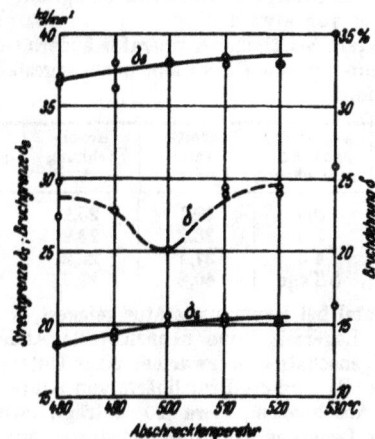

Abb. 22. Zugfestigkeit, Streckgrenze und Bruchdehnung von Lautal, abhängig von der Abschrecktemperatur (Anlaßtemperatur: 130° C, Anlaßdauer: 16 h).

Zahlentafel 21. Anlaßtemperatur: 150°C — Anlaßdauer: 16 h.

Probestab Nr.	Abschreck-temperatur °C	Streck-grenze $\sigma_{0,2}$ kg/mm²	Zugfestig-keit σ_B kg/mm²	Verhältnis $\frac{\sigma_{0,2}}{\sigma_B} \cdot 100$ %	Bruch-dehnung δ %
1		18,5	36,9	50	24,8
2	480	18,4	36,6	50	22,4
Mittel		18,5	36,8	50	23,6
3		19,1	36,2	53	(13,1)
4	490	19,4	37,9	51	22,9
Mittel		19,3	37,1	52	22,9
5		20,1	37,9	53	20,1
6	500	20,6	37,9	54	—*)
Mittel		20,4	37,9	53	20,1
7		20,4	38,4	53	24,4
8	510	20,1	37,8	53	23,9
Mittel		20,3	38,1	53	24,2
9		20,1	37,8	53	24,4
10	520	20,1	37,9	53	23,9
Mittel		20,1	37,9	53	24,2
11	530	21,2	39,9	53	25,9
12		—**)	—	—	—

Zahlentafel 22. Anlaßtemperatur 75°C.

Probestab Nr.	Anlaßdauer Tage	Anlaßdauer h	Streck-grenze $\sigma_{0,2}$ kg/mm²	Zug-festigkeit σ_B kg/mm²	Ver-hältnis $\frac{\sigma_{0,2}}{\sigma_B} \cdot 100$ %	Bruch-dehnung δ %	Ein-schnürg. ψ %
1	—	4	12,1	29,1	42	18,9	22
2			11,9	29,1	41	18,2	22
Mittel	—	—	12,0	29,1	42	18,6	22
3	—	8	13,9	30,8	45	17,3	19
4			13,0	29,7	44	20,0	27
Mittel	—	—	13,5	30,3	45	18,7	23
5	—	16	14,3	31,4	46	18,1	21
6			13,9	31,2	45	20,7	18
Mittel	—	—	14,1	31,3	46	19,4	20
7	—	32	15,3	32,4	47	16,3	14
8			15,6	32,1	49	18,2	15
Mittel	—	—	15,5	32,3	48	17,3	15
9	2	—	16,0	32,3	49	23,0	22
10			15,5	31,6	49	15,5	14
Mittel	—	—	15,8	32,0	49	19,3	18
11	4	—	17,3	33,8	51	20,2	18
12			17,1	33,5	51	18,3	22
Mittel	—	—	17,2	33,7	51	19,3	20
13	6	—	17,6	34,0	52	20,6	19
14			18,9	34,6	54	18,1	17
Mittel	—	—	18,3	34,3	53	19,4	18
15	8	—	18,0	33,4	54	15,9	16
16			19,1	34,5	55	15,4	14
Mittel	—	—	18,6	34,0	55	15,7	15
17	10	—	18,9	34,1	55	16,0	18
18			18,5	34,0	55	16,7	14
Mittel	—	—	18,7	34,1	55	16,4	16

von einzelnen herausfallenden Werten sinkt sie nicht unter 20%. Nach den Auftragungen in Abb. 22 hat es den Anschein, als ob die Dehnung bis 500°C etwas abnimmt und über 500°C wieder ansteigt. Praktische Bedeutung dürfte dieser Erscheinung jedoch nicht zukommen, da die ermittelten Dehnungswerte durchweg gut sind.

Auf Grund der Prüfergebnisse kann geschlossen werden, daß der günstigste Abschreckbereich für Lautal 500 bis 520° C ist. Beim Unterschreiten dieses Bereiches kommt man nicht auf die volle Festigkeit, während man beim Überschreiten Gefahr läuft, daß das Material überhitzt und verdorben wird.

15. Bericht: Einfluß der Anlaßtemperatur und Anlaßdauer auf die Festigkeits- und Formänderungseigenschaften von Lautal.

Wird Duralumin unmittelbar nach dem Abschrecken (Abschrecktemperatur etwa 500° C) geprüft, so weist es eine Festigkeit von etwa 29 kg/mm² und eine Bruchdehnung von etwa 25% auf. In abgeschrecktem Zustand geprüftes Lautal hat eine Festigkeit von etwa 34 kg/mm² und eine Bruchdehnung von etwa 18%.

Durch·Lagern bei Zimmertemperatur ändern sich Festigkeit und Dehnung von Duralumin nach angestellten Versuchen wie folgt:

Legierung	Lagerzeit nach Ab-schrecken	Zugfestig-keit kg/mm²	Bruch-dehnung %	Ein-schnürung %
681 B ½ (bei 500° C abge-schreckt)	0 h	29,1	25,2	23
	2 h	36,2	23,9	24
	4 h	37,1	23,2	26
	5 Tage	40,8	21,7	30

Wird Lautal bei Raumtemperatur gelagert, so ist selbst nach langer Lagerzeit keine nennenswerte Änderung der Festigkeitseigenschaften zu erwarten. Nach Untersuchungen von Meißner[41] wird die Brinellhärte von Lautal, die kurz nach dem Abschrecken etwa 80 beträgt, selbst nach 240stündiger Lagerung bei Raumtemperatur nur um etwa

*) Außerhalb der Teilung gerissen.
**) Probestab 12 beim Glühen bei 530° C teilweise angeschmolzen.

sieben Brinelleinheiten auf 87 gehoben. Nach der von Meißner mitgeteilten Abbildung über die Abhängigkeit der Brinellhärte von der Alterungstemperatur tritt dieser geringe Härteanstieg hauptsächlich in den ersten 100 Stunden nach dem Abschrecken ein, während sich dann die Kurve asymptotisch einem Höchstwert nähert, also keine merkliche Härtesteigerung mehr stattfindet.

Zum Vergleich sei auf die von Beck veröffentlichte Abbildung[20] über den Einfluß der Lagerzeit bei Duralumin aufmerksam gemacht. Hiernach erhöht sich beim Lagern von Duralumin bei Raumtemperatur die Brinellhärte, die kurz nach dem Abschrecken zu rd. 75 angegeben wird, nach 4 h auf etwa 98, nach 24 h auf etwa 107, nach 72 h auf etwa 112 und nach 120 h auf etwa 114 Brinelleinheiten.

Die Härtesteigerung bei 120stündigem Auslagern nach dem Abschrecken beträgt also bei Duralumin rd. 40 gegen 7 Brinelleinheiten bei Lautal, d. h. Duralumin erfährt eine starke Härtung, während Lautal unter diesen Umständen weich bleibt. Inwieweit dieses grundsätzlich verschiedene Verhalten von den beiden Baustoffen für ihre werkstattmäßige Verarbeitung zu Flugzeugteilen von Bedeutung ist, wird später noch besprochen werden.

Wie bereits weiter vorn angedeutet, läßt sich eine ähnliche Härtewirkung, wie sie sich bei Duralumin beim gewöhnlichen Auslagern bemerkbar macht, bei Lautal nur dadurch erreichen, daß das Auslagern bei erhöhter Temperatur vorgenommen wird. Man bezeichnet diese Nachbehandlung mit Anlassen, Warmhärten oder künstlicher Alterung im Gegensatz zur natürlichen Alterung, die bei

Zahlentafel 23. Anlaßtemperatur: 115° C.

Probe-stab Nr.	Anlaß-dauer Tage	Anlaß-dauer h	Streck-grenze $\sigma_{0,2}$ kg/mm²	Zug-festigkeit σ_B kg/mm²	Ver-hältnis $\frac{\sigma_{0,2}}{\sigma_R}\cdot 100$ %	Bruch-dehnung δ %	Ein-schnürg. ψ %
19	—	4	14,1	31,4	45	20,0	17
20			13,4	31,4	43	19,3	19
Mittel			13,8	31,4	44	19,7	18
21	—	8	16,2	33,4	48	21,8	23
22			15,6	32,8	47	21,3	23
Mittel			15,9	33,1	48	21,6	23
23	—	16	17,0	34,3	50	18,1	20
24			18,5	35,5	52	19,9	19
Mittel			17,8	34,9	51	19,0	20
25	—	32	18,3	35,3	52	19,4	18
26			18,4	35,5	52	16,8	18
Mittel			18,4	35,4	52	18,1	18
27	2	—	18,9	36,9	51	17,9	15
28			19,0	35,3	54	12,8	17
Mittel			19,0	36,1	53	15,4	16
29	4	—	19,1	36,7	52	17,5	17
30			19,2	36,7	52	16,5	18
Mittel			19,2	36,7	52	17,0	18
31	6	—	19,7	35,5	55	11,6	12
32			19,5	35,8	54	12,5	19
Mittel			19,6	35,7	55	12,1	16
33	8	—	19,9	36,1	55	11,6	15
34			19,4	33,8	57	9,0	15
Mittel			19,7	35,0	56	10,3	15
35	10	—	20,4	34,6	59	8,5	14
36			20,2	36,7	55	12,5	14
Mittel			20,3	35,7	57	10,5	14

Zahlentafel 24. Anlaßtemperatur: 146° C.

Probe-stab Nr.	Anlaß-dauer Tage	Anlaß-dauer h	Streck-grenze $\sigma_{0,2}$ kg/mm²	Zug-festigkeit σ_B kg/mm²	Ver-hältnis $\frac{\sigma_{0,2}}{\sigma_R}\cdot 100$ %	Bruch-dehnung δ %	Ein-schnü-rung ψ %
37	—	4	16,5	33,1	50	15,1	20
38			15,8	33,6	47	18,9	17
Mittel			16,2	33,4	49	17,0	19
39	—	8	18,1	34,0	53	12,6	16
40			17,9	34,7	52	12,8	14
Mittel			18,0	34,4	53	12,7	15
41	—	16	19,4	35,2	55	11,4	15
42			20,2	35,9	56	— *)	— *)
Mittel			19,8	35,6	56	(11,4)	(15)
43	—	32	21,5	36,0	60	9,1	10
44			21,4	36,2	59	10,3	13
Mittel			21,5	36,1	60	9,7	12
45	2	—	22,2	35,7	62	9,0	10
46			22,2	35,1	63	9,0	18
Mittel			22,2	35,4	63	9,0	14
47	4	—	23,3	36,2	65	11,2	11
48			24,5	37,7	65	12,0	15
Mittel			23,9	37,0	65	11,6	13
49	6	—	25,4	36,6	69	5,9	8
50			24,3	36,3	67	9,8	14
Mittel			24,9	36,5	68	7,9	11
51	8	—	25,5	37,0	69	8,9	14
52			24,7	36,0	69	8,6	12
Mittel			25,1	36,5	69	8,8	13
53	10	—	26,2	36,4	72	6,9	7
54			26,4	37,0	71	7,0	10
Mittel			26,3	36,7	72	7,0	8

Anmerkung: Die in den Zahlentafeln 22, 23 und 24 ange gebenen Werte für die Streckgrenze und Zugfestigkeit liegen um 1—2 kg/mm² zu niedrig. Näheres siehe 16. Bericht.

Duralumin vorliegt, und die ohne Temperaturerhöhung vor sich geht. Man kann entsprechend diesen beiden Alterungsarten die heute bekannten vergütbaren Aluminiumlegierungen in zwei große Gruppen einteilen, und zwar gehören zu der Gruppe der natürlich gealterten Legierungen diejenigen, die als Legierungskomponente Magnesium enthalten, wie z. B. Duralumin, während alle magnesiumfreien Aluminiumlegierungen (z. B. Lautal, Aeron u. a.) die Gruppe der künstlich gealterten Legierungen bilden.

Da bekannt war, daß bei der künstlichen Alterung sowohl die Alterungstemperatur als auch die Alterungsdauer von Einfluß auf die Eigenschaften dieser Gruppe von Aluminiumlegierungen ist[42]), wurden die nachfolgend beschriebenen Untersuchungen so angelegt, daß für drei verschiedene Alterungstemperaturen die Abhängigkeit der Festigkeitseigenschaften von den Alterungstemperaturen geprüft wurde. Von 54 Probestäben wurden je 18 bei den Alterungstemperaturen 75, 115 und 146° C bei bestimmten Alterungszeiten im elektrischen Ofen erwärmt, und zwar konnten die Verhältnisse, da je ein Kontrollversuch für notwendig gehalten wurde, für je neun verschiedene Alterungszeiten (4, 8, 16, 32 h, 2, 4, 6, 8, 10 Tage) untersucht werden. Bei jedem Probestab wurden Zugfestigkeit, Streckgrenze, Bruchdehnung und Einschnürung ermittelt. Die Probestäbe waren wiederum aus 2 mm starkem Lautalblech in Walzrichtung

herausgearbeitet. Die Prüfung der Stäbe erfolgte auf einer 5-t-Festigkeitsmaschine von Mohr & Federhaff.

In den Zahlentafeln 22, 23 und 24 finden sich die Prüfergebnisse für die Anlaßtemperaturen 75, 115 und 146° C. Einen besseren Überblick über die Verhältnisse geben die Abb. 23, 24 und 25, auf denen die aus den Zahlentafeln 22 bis 24 entnommenen Mittelwerte abhängig von der Anlaßdauer aufgetragen sind. Jede Abbildung stellt die Verhältnisse für eine der gewählten Anlaßtemperaturen dar.

Anlaßtemperatur 75° C.

Betrachtet man zunächst Abb. 23 für die Anlaßtemperatur 75° C, so fällt auf, daß die Linien für Zugfestigkeit und Streckgrenze in ihrem Verlauf einige Ähnlichkeit aufweisen mit der von Beck[20]) angegebenen Kurve des Härteanstiegs von Duralumin beim Auslagern nach erfolgtem Abschrecken. Da Härte und Zugfestigkeit bei Duralumin in engem Zusammenhang stehen, so ist anzunehmen, daß die Linie der Zugfestigkeit von Duralumin einen ähnlichen Verlauf nimmt. Kennzeichnend ist der starke Anstieg dieser Linie in den ersten Stunden des Alterns. Nach längerer Alterungszeit wird der Anstieg immer geringer, die Kurve verflacht sich allmählich.

Die Ähnlichkeit der Alterungskurven von Lautal und Duralumin läßt vermuten, daß sich bei der natürlichen und

*) Außerhalb der Teilung gerissen.

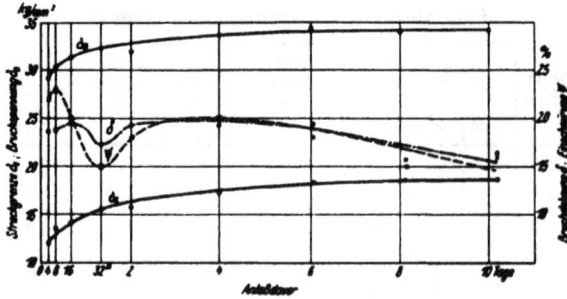

Abb. 23. Zugfestigkeit, Streckgrenze, Bruchdehnung und Einschnürung von Lautal, abhängig von der Anlaßdauer. Anlaßtemperatur: 75° C.

künstlichen Alterung verwandte Vorgänge in den beiden Legierungen abspielen. Daß der Anstieg von Härte und Zugfestigkeit in den ersten Stunden des Alterns besonders stark
ist, kann damit zusammenhängen, daß die Ausscheidung der
CuAl$_2$-Teilchen aus den Mischkristallen zuerst lebhafter stattfindet als später. Vielleicht ist die Erscheinung auch darauf
zurückzuführen, daß die CuAl$_2$-Teilchen anfangs in feinerer
Form zur Ausscheidung gelangen und später teilweise schon
zu gröberen Teilen zusammenwachsen, was für die Festigkeit
und Härte nicht so günstig ist.

Die Linie für die Streckgrenze ist von ähnlicher Gestalt
wie die der Zugfestigkeit; sie verflacht sich jedoch nicht so
stark und läßt auch bei höherer Anlaßdauer noch einen deut-
lichen Anstieg erkennen.

Bruchdehnung und Einschnürung unterscheiden sich in
ihrem Verlauf nicht grundsätzlich voneinander, zeigen jedoch
im Gegensatz zur Härte, Zugfestigkeit und Streckgrenze mit
wachsender Anlaßdauer ein Absinken. Merkwürdig sind die
Schwankungen in den ersten zwei Tagen, die bei der Bruchdehnung allerdings weniger stark sind. Hierbei macht sich
sowohl bei der Bruchdehnung als auch bei der Einschnürung
in den ersten Stunden ein Ansteigen, dann ein Abfallen auf
einen Mindestwert (bei etwa 32 h) und hierauf ein erneutes
Ansteigen der Werte bemerkbar. Zwischen zwei und sechs
Tagen bleiben Dehnung und Einschnürung nahezu unverändert, um dann bei zunehmender Anlaßdauer allmählich
abzufallen. Die allgemein bekannte Tatsache, daß bei
Metallen die Erhöhung der Festigkeitseigenschaften auf
Kosten der Formänderungs-Eigenschaften geht, trifft auch
bei Lautal im wesentlichen zu.

Aus der Darstellung ist ersichtlich, daß bei der Anlaßtemperatur von 75° C innerhalb des untersuchten Bereichs
(10 Tage) weder die Festigkeit noch die Streckgrenze die
Zahlen des normal veredelten Lautals erreicht. Zur Erzielung
besserer Werte müssen höhere Anlaßtemperaturen angewendet werden*).

---

*) M e r i c a stellte bereits fest, daß die Härtesteigerung mit der
Erhöhung der Alterungstemperatur wächst und die höchste Härte
oberhalb von 100° C erreicht wird[4]).

Anlaßtemperatur 115° C.

Aus Abb. 24 können die Verhältnisse für die Anlaßtemperatur 115° C ersehen werden. Die Linien für die Zugfestigkeit und Streckgrenze sind beträchtlich gehoben,
während sich ihre Gestalt nicht nennenswert geändert hat.

Bruchdehnung und Einschnürung gehen mit wachsender
Anlaßdauer in etwas stärkerem Maß zurück als bei der
Anlaßtemperatur von 75° C. Die beiden eingezeichneten
Linien für δ und ψ weisen ebenfalls Schwankungen auf.
In den ersten 8 h steigen die beiden Linien etwas an, er-
leiden dann in dem Bereich zwischen 8 h und zwei Tagen
Anlaßdauer eine erhebliche Senkung, um hierauf nach
kurzem Anstieg (bis vier Tage) erneut zu fallen.

Bei dieser Anlaßtemperatur konnte die Streckgrenze nach
einer Anlaßdauer von neun Tagen auf etwa 20 kg/mm² gehoben werden. Die Zugfestigkeit von normal veredeltem
Lautal konnte jedoch auch hier nicht ganz erreicht werden.

Anlaßtemperatur 146° C.

Wie aus Abb. 25 hervorgeht, hatte die Anwendung der
Alterungstemperatur von 146° C keine wesentliche Erhöhung
der Zugfestigkeit mehr im Gefolge. Dagegen ist eine sehr
bemerkenswerte Steigerung der Streckgrenze eingetreten. Schon nach einer Anlaßdauer von 16 h ergab sich
ein Wert von 20 kg/mm², der nach zehn Tagen auf mehr als
26 kg/mm² gesteigert werden konnte. Da die Linie für die
Streckgrenze noch ständig im Ansteigen begriffen ist, läßt
sich vermuten, daß bei Verlängerung der Alterungsdauer
eine weitere Erhöhung der Streckgrenze möglich ist.

Bruchdehnung und Einschnürung vermindern sich hier
mit wachsender Anlaßdauer in stärkerem Maß als bei den
vorhergehenden Anlaßtemperaturen. Die Unstetigkeit der
Linie für δ und ψ ist jedoch hier etwas geringer geworden.

Eine merkwürdige Beobachtung, die beim Prüfen der
Probestäbe in der Festigkeitsmaschine gemacht wurde, ist
noch zu erwähnen. Die Stäbe, die nur kurze Zeit angelassen
waren, gaben kurz nach Überschreiten der Streckgrenze
eigenartige, knisternde Geräusche von sich, die besonders
stark bei den bei 75° C angelassenen Stäben zum Ausdruck
kamen. Bei wachsender Anlaßdauer ließ das Knistern nach
und verschwand fast vollständig bei den bei hoher Anlaßtemperatur und -dauer behandelten Stäben.

Entsprechend diesem Knistern konnte auch bei den ge-
prüften Stäben auch eine Veränderung ihrer Oberflächen-
Beschaffenheit festgestellt werden. Die wenig stark ange-
lassenen Stäbe zeigen über die gesamte Prüflänge knittriges
Aussehen, das auf den Abb. 26, 27 und 28 deutlich hervortritt.
Die stark angelassenen Stäbe haben dagegen eine glattere
Oberfläche.

Es hat den Anschein, als ob das Knistern bzw. die knit-
trige Oberflächen-Beschaffenheit nur dann auftritt, wenn
die Veredelung noch nicht ganz abgeschlossen ist. Beim
Prüfen können diese Erscheinungen einen Anhalt zur Beurteilung der vorausgegangenen Wärmebehandlung geben.

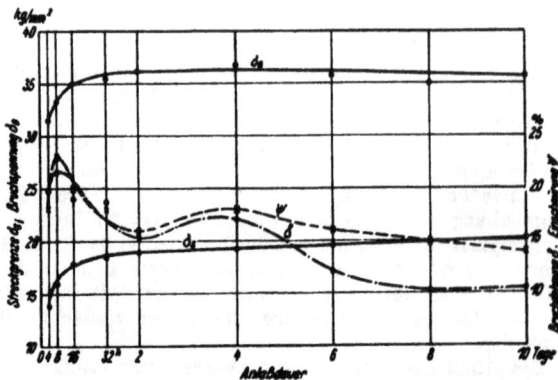

Abb. 24. Zugfestigkeit, Streckgrenze, Bruchdehnung und Einschnürung von Lautal, abhängig von der Anlaßdauer. Anlaßtemperatur: 115° C.

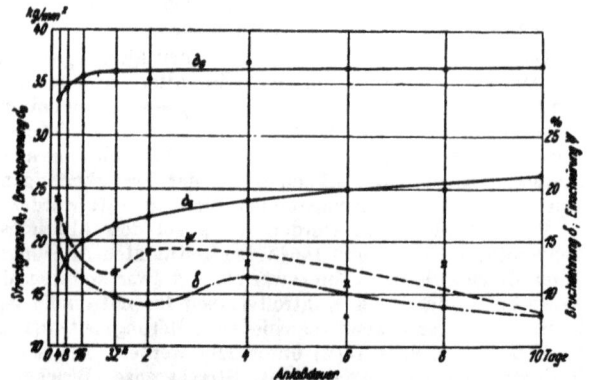

Abb. 25. Zugfestigkeit, Streckgrenze, Bruchdehnung und Einschnürung von Lautal, abhängig von der Anlaßdauer. Anlaßtemperatur: 146° C.

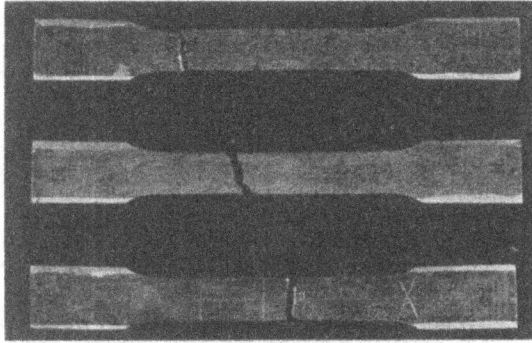

Abb. 26. Lautalstäbe: Anlaßtemperatur 75° C,
Anlaßdauer 8 h, 4 und 6 Tage.

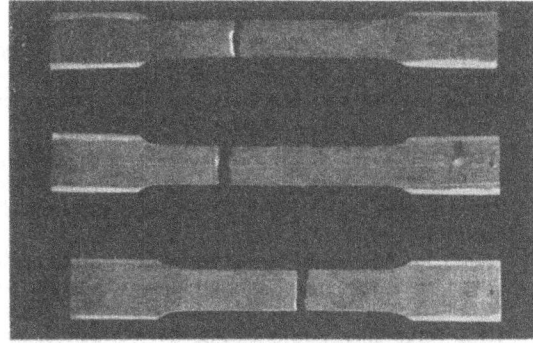

Abb. 27. Lautalstäbe: Anlaßtemperatur 115° C,
Anlaßdauer 4 h, 32 h und 10 Tage.

In Abb. 29 ist das Verhältnis von Streckgrenze zur Zugfestigkeit $\left(\frac{\sigma_{0,1}}{\sigma_B} \cdot 100\right)$ abhängig von der Anlaßdauer für die Anlaßtemperaturen 75, 115 und 146° C dargestellt. Man erkennt, wie dieses Verhältnis mit wachsender Anlaßtemperatur zunimmt. Bei den vorangegangenen Anlaßversuchen konnte bei keiner Anlaßtemperatur und Anlaßdauer die Zugfestigkeit des Materials im Anlieferungszustand (normal veredelt) voll erreicht werden. Die Umstände, auf die diese Erscheinung zurückgeführt werden kann, werden im 16. Bericht näher beleuchtet.

———

Weitere Untersuchungen über den Einfluß der Anlaßtemperatur und Anlaßdauer auf die Festigkeits- und Formänderungs-Eigenschaften von Lautal hat Meißner[27] [41] angestellt. Die Ergebnisse sollen, soweit sie hier von Interesse sind, kurz angeführt werden:

1. Härte. In derselben Weise, wie hier der Einfluß der Anlaßtemperatur und -dauer auf Festigkeit, Streckgrenze, Bruchdehnung und Einschnürung untersucht wurde, hat Meißner den Verlauf der Brinellhärte ermittelt. Er fand ähnliche Kurven, wie sie hier für die Zugfestigkeit und Streckgrenze ($\sigma_{0,2}$) mitgeteilt wurden. Nur die Kurve, die einer Anlaßtemperatur von 146° C entspricht, hat ein anderes Aussehen. Während sie bis zu einer Anlaßdauer von etwa sechs Tagen fast ebenso verläuft wie die Kurve für die Streckgrenze, tritt nach Überschreiten dieser Anlaßdauer plötzlich ein Rückgang der Härte ein. Meißner führt dieses Erweichen darauf zurück, daß für diese Temperatur die Ausscheidungen nach sechs Tagen die kritische Dispersion (Ausscheidungszustand, der der größten Härte bei einer bestimmten Anlaßtemperatur entspricht) erreichen und dann durch weitergehende Koagulation die kritische Dispersion überschreiten, was ein Erweichen zur Folge hat.

Unerklärlich ist allerdings, daß diesem Rückgang der Härte nicht auch ein Rückgang der Festigkeit und Streck-

grenze an derselben Stelle entspricht. Diese widersprechenden Ergebnisse dürften sich erst nach weiterer Erforschung der Vorgänge im Gebiet der kritischen Dispersion aufklären lassen.

2. Streckgrenze, Zugfestigkeit, Bruchdehnung, Biegefähigkeit und Tiefziehbarkeit. Bei seinen weiteren Versuchen hat Meißner die Abhängigkeit der Zugfestigkeit, Streckgrenze, Bruchdehnung und Biegefähigkeit von der Alterungstemperatur in der Weise untersucht, daß er die Alterungsdauer konstant ließ. Als Alterungsdauer wurden 16 und 24 h gewählt.

Die Streckgrenze steigt hiernach bei 16stündiger Alterung bei 150° C stetig auf etwa 20 kg/mm², was übrigens mit den

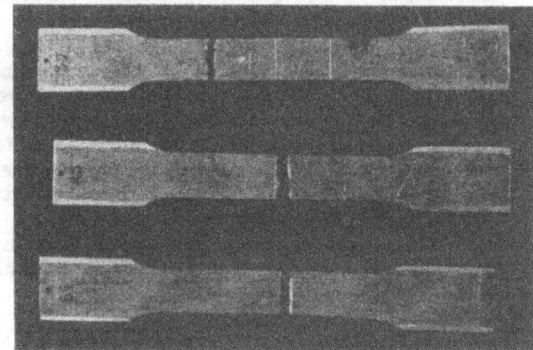

Abb. 28. Lautalstäbe: Anlaßtemperatur 146° C,
Anlaßdauer 4 h, 32 h und 8 Tage.

in Abb. 25 niedergelegten Angaben gut übereinstimmt. Bei weiterer Erhöhung der Temperatur um etwa 25° C schnellt die Streckgrenze plötzlich auf etwa 24 kg/mm² hinauf, um nach Überschreiten dieser Temperatur (etwa 165° C) ebenso unvermittelt zu fallen. Bei einer Alterungsdauer von 24 h verschieben sich die Werte etwas nach oben.

Die Zugfestigkeit steigt ebenfalls mit Erhöhung der Alterungstemperatur. Die Höchstwerte (38 kg/mm²) liegen bei 16stündiger Alterung in der Nähe von 140° C. Nach Erreichen dieser Höchstwerte erfolgt ebenfalls ein schroffer Abfall.

Die Bruchdehnung, die abgesehen von einigen Schwankungen bis zu etwa 130° C sich nur wenig ändert, fällt nach Überschreiten dieser Temperatur stärker ab. Die Verminderung der Dehnung entspricht dem Anstieg der Streckgrenze und Zugfestigkeit.

Die Biegefähigkeit und Tiefziehbarkeit verringern sich bei 16stündiger Alterung etwa in demselben Maß, wie die Festigkeitseigenschaften zunehmen. Mindestwerte für die Biegefähigkeit und Tiefziehbarkeit wurden für etwa 160 bis 165° C festgestellt. Bei 24stündiger Alterung verschiebt sich der Mindestwert für die Biegefähigkeit auf etwa 140° C.

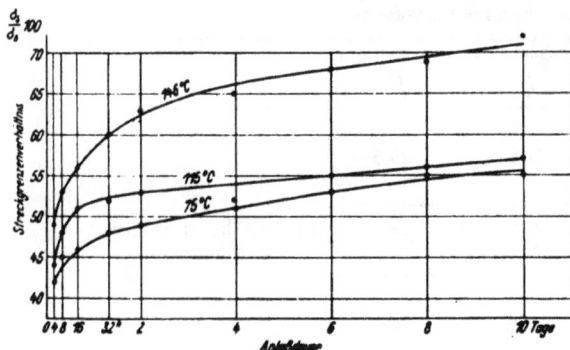

Abb. 29. Abhängigkeit des Streckgrenzenverhältnisses von Lautal
von der Anlaßdauer bei den Anlaßtemperaturen 75, 115 u. 146° C.

Zusammenfassung der Ergebnisse der Veredelungsversuche.

Die Ergebnisse der hier durchgeführten Untersuchungen lassen sich unter Berücksichtigung der bereits erwähnten Veredelungsversuche von Meißner wie folgt zusammenfassen:

1. Die Festigkeits- und Formänderungseigenschaften von Lautal in abgeschrecktem Zustand können durch das Anlassen bei erhöhter Temperatur weitgehendst beeinflußt werden.

2. Durch das Anlassen wird vor allem eine Erhöhung der Härte, Streckgrenze und Zugfestigkeit und bei Anwendung längerer Anlaßdauer oder höherer Anlaßtemperatur eine Verminderung der Formänderungsfähigkeit hervorgerufen. Die erzielte Anlaßwirkung ist um so kräftiger, je höher Anlaßtemperatur und Anlaßdauer gewählt werden.

3. Bei Anlaßtemperaturen über 146° C und mehr als zehntägiger Anlaßdauer kann unter Umständen ein Rückgang der Streckgrenze und Zugfestigkeit eintreten. Für die Härte wurde von Meißner die kritische Dispersion bei 146° C und sechs Tagen nachgewiesen, entsprechend einem Wert von 128 Brinellgraden.

4. Der Anstieg der Zugfestigkeit und Streckgrenze erfolgt hauptsächlich in den ersten zwei Tagen des Anlassens. Während nach etwa vier Tagen annähernd der Höchstwert der Zugfestigkeit erreicht ist und bei längerem Anlassen keine nennenswerte Änderung der Zugfestigkeit stattfindet, wurde nach mehr als viertägigem Anlassen bei der Streckgrenze ein fortwährendes stetiges Steigen wahrgenommen, das selbst bei zehn Tagen noch andauert.

5. Eine Erhöhung der Zugfestigkeit über die Werte des normal veredelten Zustandes (38 bis 41 kg/mm²) konnte auch bei Anwendung hoher Anlaßtemperaturen und langer Anlaßdauer (bis zehn Tage) nicht erzielt werden. Dagegen konnte bei hoher Anlaßtemperatur und -dauer eine bemerkenswerte Steigerung der Härte und Streckgrenze über die Werte des normal veredelten Lautals festgestellt werden.

6. Die Verbesserung der Härte, Streckgrenze und Zugfestigkeit beim Anlassen erfolgt in der Hauptsache auf Kosten der Formänderungseigenschaften.

16. Bericht: Wiederveredeln von Duralumin und Lautal.

In Fällen, wo Duralumin oder Lautal bei der Bearbeitung durch Ziehen, Schmieden, Pressen o. dgl. sehr stark verformt werden soll, was sich in veredeltem oder nur abgeschrecktem Zustand nicht mehr vornehmen läßt, muß ein Weichglühen erfolgen. Wie im 10. Bericht mitgeteilt ist, verliert dabei sowohl Lautal als auch Duralumin seine guten Festigkeitseigenschaften, die nur durch Wiederveredelung der ausgeglühten Stücke erlangt werden können. Wird beim Wiederveredeln dieselbe Wärmebehandlung vorgenommen wie beim Veredeln, so müssen sich theoretisch jedesmal genau dieselben Festigkeits- und sonstigen Eigenschaften einstellen. Dies trifft allerdings dann nicht mehr zu, wenn es sich um mechanisch verdichtetes, z. B. hartgewalztes Material handelt, das durch Rekristallisation beim Glühen in seinen unverdichteten, weniger harten Zustand zurückkehrt. Zur Wiederherstellung der Eigenschaften des ursprünglich verdichteten Materials müßte vielmehr nach dem Wiederveredeln eine entsprechend mechanische Verdichtung, z. B. durch Walzen, vorgenommen werden. Voraussetzung ist ferner, daß die Veredelungsvorgänge nicht durch mechanische Eingriffe gestört werden[43]).

Die Veranlassung zu den nachfolgenden Versuchen gaben die anläßlich der Untersuchung des Einflusses der Anlaßtemperatur und Anlaßdauer auf die Festigkeits- und Formänderungseigenschaften erhaltenen Ergebnisse. Die ursprüngliche Festigkeit des veredelten Bleches von 38 kg/mm² konnte nämlich selbst bei der Anlaßtemperatur von 146° C und 10tägiger Anlaßdauer nicht voll erreicht werden. In einem einzelnen Fall wurde zwar bei 4tägigem Anlassen bei 146° C eine Festigkeit von 37,7 kg/mm² festgestellt, im übrigen bewegten sich aber die Höchstwerte nur zwischen 36,5 und 37 kg/mm². Auf Grund dieser Ergebnisse konnten daher Bedenken aufkommen, daß sich beim Wiederveredeln von Lautal die vollen Festigkeitswerte nicht wieder einstellen könnten.

Zum Vergleich wurden zunächst Wiederveredelungsversuche mit Duralumin ausgeführt.

Die Versuche wurden an einem 3 mm starken Duraluminblech der Legierung 681 B ⅓ (veredelt) vorgenommen, dessen Festigkeitseigenschaften bereits früher geprüft und im 1. Bericht mitgeteilt wurden. Die Mittelwerte dieser Prüfergebnisse sind nochmals in der ersten Reihe der Zahlentafel 25 eingetragen.

Bei den Wiederveredelungsversuchen wurden zwei aus diesem Blech entnommene Proportionalstäbe 20 min im Salzbad bei 520° C geglüht, hierauf abgeschreckt und nach 5tägigem Altern bei Raumtemperatur auf einer 5-t-Prüfmaschine von Mohr & Federhaff zerrissen. Die gefundenen Werte sind ebenfalls in Zahlentafel 25 enthalten.

Die Festigkeitszahlen haben sich also bis auf einen ganz unbedeutenden Betrag (0,7 kg/mm²) wieder eingestellt, während die Zahlen für Bruchdehnung und Einschnürung sogar eher etwas besser ausgefallen sind. Da bei Duralumin die Veredelung nach 5tägigem Lagern bei Raumtemperatur noch nicht vollständig abgeschlossen ist und seine Festigkeit bei weiterem Auslagern — wenn auch in geringem Maß — immer noch steigt, so ist damit zu rechnen, daß Duralumin nach beendeter Wiederveredelung in den vollen Besitz seiner ursprünglichen Festigkeit und Dehnung zurückgelangt.

Die Wiederveredelungsversuche mit Lautal wurden mit einem im Anlieferungszustand geprüften*), 2 mm starken

*) S. 1. Bericht.

Zahlentafel 25. Duralumin. Wiederveredelungsversuche.

Leichtmetall	Zustand	Probestab Nr.	Zugfestigkeit σ_B kg/mm²	Bruchdehnung δ %	Einschnürung ψ %	Bemerkungen
Duralumin 681 B ⅓	Anlieferungszustand	Mittel*) aus 1 und 2	41,5	20,5	28,5	
	Wiederveredelt (5 Tage nach dem Abschrecken geprüft).	3 4	40,8 40,8	20,8 22,5	29 31	Probestäbe in Walzrichtung entnommen.
		Mittel aus 3 und 4	40,8	21,7	30	

*) Aus Zahlentafel 3, S. 129 entnommen.

Lautalblech, aus dem drei Proportionalstäbe in Walzrichtung herausgearbeitet wurden, wie folgt ausgeführt:

1. Glühen im Salzbad bei 510° C, Glühdauer 20 min,
2. Abschrecken in Wasser von etwa 20° C,
3. Anlassen im Ölbad bei 140° C, Anlaßdauer 24 h.

Diese Behandlung führte zu den in Zahlentafel 26 zusammengestellten Ergebnissen.

Probestab Nr. 2 war nicht ganz einwandfrei in die Festigkeitsmaschine eingespannt. Unterschiede bei den Spiegelablesungen der linken und rechten Seite zeigten, daß die Prüfkraft nicht ganz gleichmäßig auf den Stabquerschnitt übertragen wurde. Bei einwandfreier Einspannung hätte sich wahrscheinlich ein etwas höherer Wert für die Zugfestigkeit und damit auch ein höherer Mittelwert ergeben.

Die Festigkeitswerte des Anlieferungszustandes wurden durch diese Veredelungsbehandlung nicht nur zurückgewonnen, sondern zum Teil auch überschritten. Dies gilt besonders für die Streckgrenze, die von 21,6 kg/mm² auf 22,6 kg/mm² ohne Beeinträchtigung der Dehnung gehoben wurde.

Durch geeignete Wärmebehandlung können demnach auch bei Lautal beim Wiederveredeln die Festigkeitszahlen des Anlieferungszustandes wieder vollkommen hergestellt werden.

Daß bei den Untersuchungen des Einflusses der Anlaßtemperatur und Anlaßdauer auf die Festigkeits- und Formänderungseigenschaften (s. 15. Bericht) nur so verhältnismäßig niedrige Festigkeitswerte (weniger als 38 kg/mm²) erreicht wurden, muß daher auf irgendein Versehen bei der Behandlung der Stäbe zurückgeführt werden. Möglicherweise wurde beim Glühen der Probestäbe im Salzbad die Glühtemperatur von 500° C nicht ganz erreicht oder das Abschrecken der Stäbe nicht genügend rasch vorgenommen. Die im 15. Bericht mitgeteilten Ergebnisse für die Festigkeitsprüfung dürften daher in Wirklichkeit um etwa 1 bis 2 kg/mm² höher liegen.

C. Prüfung der Korrosionsbeständigkeit.

Was Korrosion anbelangt, so liegen die Verhältnisse hierfür im Flugzeugbau besonders ungünstig. Sie ergeben sich nicht allein aus den äußeren Umständen, sondern zu einem großen Teil aus dem eigenartigen konstruktiven Aufbau des Flugzeuges. Die weitgehende Materialausnutzung, die im Interesse eines möglichst geringen Gewichtsaufwandes gefordert werden muß, bringt es mit sich, daß für den Aufbau der Flugzeugzelle vorzugsweise dünnwandige Bauelemente Verwendung finden. Die Wandstärken der Blechträger, Rohre und Profile unterschreiten vielfach 1 mm; für die Außenhaut der Flügel, Flossen und Ruder werden sogar teilweise Bleche bis herunter zu 0,25 mm Dicke genommen. Da die Korrosion zuerst an der Oberfläche stattfindet und von dort aus allmählich ins Innere fortschreitet, so ist leicht einzusehen, daß die Verhältnisse um so ungünstiger werden, je größer die Oberfläche im Verhältnis zum Rauminhalt des betreffenden Körpers ist*).

Hieraus erhellt, daß es im Flugzeugbau von besonderer Bedeutung ist, über die Widerstandsfähigkeit eines Baustoffes gegen die im Betrieb vorkommenden chemischen Einflüsse Aufschluß zu erhalten. Bei Seeflugzeugen kommt hauptsächlich die Einwirkung des Seewassers, bei Landflugzeugen der Einfluß der Witterung in Betracht. Baustoffe, aus denen Teile der Betriebstoffanlage, wie z. B. Behälter, Leitungen, Armaturen usw., gefertigt werden sollen, sind außerdem auf ihr Verhalten gegen Benzin, Benzol, Mineral- und Pflanzenöle u. a. m. zu untersuchen.

Von dem im Flugzeugbau gebräuchlichen Metallen kann keines als unbedingt seewasserbeständig angesprochen werden, mit Ausnahme der nicht rostenden Stähle von Krupp, die aber für den Bau von Flugzeugen bisher noch nicht in größerem Umfang Verwendung gefunden haben. Alle übrigen Stahlsorten sowie die bis heute bekannten Aluminiumlegierungen*) werden mehr oder weniger stark von Seewasser angegriffen.

Es ergibt sich daraus die Notwendigkeit, daß alle Metallteile eines Flugzeuges sorgfältigst gegen Korrosion geschützt werden müssen. Als Korrosionsschutzmittel werden Anstriche auf Öl-, Zellulose-, Teer- oder anderen Grundlagen verwendet, die entweder mit Pinsel oder mit Hilfe des Spritzverfahrens auf die Oberfläche aufgetragen werden. Wichtig ist dabei, daß die Einzelteile bereits vor dem Zusammenbau an den Stellen mit dem Schutzmittel überzogen werden, die später nicht mehr zugänglich sind (wie z. B. Nietnähte), und daß das Auftragen des Schutzmittels überall gleichmäßig erfolgt.

Die bis heute bekannten Korrosionsschutzmittel sind jedoch nicht derart, daß sie einen unbedingten Schutz für das Metall gewährleisten, besonders wenn es sich um Seewasser handelt. Die schützende Schicht kann den Beanspruchungen des Betriebes auf die Dauer nicht standhalten. Sie nutzt sich in verhältnismäßig kurzer Zeit unter der mechanischen Einwirkung des Wellenschlages, der Wartungs-, Manövrier- und Rüstarbeiten ab und bleibt auf längere Zeit auch chemisch nicht ganz beständig. Der Schutzüberzug muß daher ständig aufs sorgfältigste überwacht und von Zeit zu Zeit erneuert werden.

Eisen- und Stahlteile werden vielfach mit einem Überzug eines korrosionsbeständigeren Metalls, wie z. B. Zinn, Zink, Nickel u. a., versehen. Diese Überzüge, die meist auf galvanischem Weg hergestellt werden, haben den Vorzug größerer Härte und besserer Haftbarkeit. Sie sind deshalb, hauptsächlich was die Widerstandsfähigkeit gegen mechanische Beanspruchungen betrifft, in der Regel haltbarer als die Farb- und Lacküberzüge. Eine weitere Vervollkommnung dieser Überzüge kann vielleicht durch das Verfahren der Oberflächenveredelung durch Diffusion erzielt werden**).

Auch bei Aluminium- und Aluminiumlegierungen sind galvanische Überzüge mit edleren Metallen wie Chrom, Nickel und Kupfer versucht worden. Die Überzüge von Probekörpern hatten wohl ein ganz gutes Aussehen, bei ihrer Prüfung auf Korrosionsbeständigkeit stellte sich aber heraus, daß sie nicht genügend dicht waren. Da auf diesem Gebiet ebenfalls eifrig gearbeitet wird, so sind auch hier in nächster Zeit Fortschritte zu erwarten.

Aber selbst wenn es gelingen würde, auf dem Weg der Galvanisierung oder Diffusion einwandfreie Metallüberzüge herzustellen, so würden diese Verfahren nur bei verhältnis-

---

*) Bei Stahldrahtseilen wurde die Erfahrung gemacht, daß aus dünnen Drähten bestehende Seile beim Rosten in höherem Maße an Festigkeit verlieren, als solche aus dicken Drähten.

*) Neuerdings ist von der Karl Schmidt G. m. b. H., Neckarsulm, eine seewasserbeständige Aluminiumlegierung herausgebracht worden, die aber nicht vergütbar ist und hauptsächlich für Gußzwecke in Frage kommt.

Zahlentafel 26. Lautal. Wiederveredelungsversuche.

Leichtmetall	Zustand	Probestab Nr.	Streckgrenze $\sigma_{0,2}$ kg/mm²	Zugfestigkeit σ_B kg/mm²	Bruchdehnung δ %	Einschnürung ψ %	Bemerkungen
Lautal	Wiederveredelt nach obenstehender Behandlung	1	22,8	38,8	21,9	31	Probestäbe in Walzrichtung entnommen.
		2	22,4	37,7	22,5	28	
		Mittel:	22,6	38,3	22,2	29	

mäßig kleinen Teilen anwendbar sein, da die Behandlung größerer Teile praktisch zu große Schwierigkeiten machen dürfte. Dies gilt insbesondere auch für die Erneuerung solcher Metallüberzüge, die aus verschiedenen Gründen nicht so stark ausgeführt werden können, daß im Betrieb mit keinerlei Abnutzung zu rechnen wäre.

Größere Beachtung verdienen Verfahren, auf der Metalloberfläche durch Beizen oder elektrolytische Behandlung widerstandsfähige oxydische Überzüge zu erzeugen. Ein derartiges Verfahren wird unter der Bezeichnung »Anodische Oxydation« für Duralumin neuerdings in England mit Erfolg angewendet[42a]).

Nach dem heutigen Stand der Korrosionsschutzfrage kann zusammenfassend gesagt werden, daß es unter den im Seeflugzeugbau obwaltenden Verhältnissen kein Schutzverfahren gibt, das imstande wäre, ein nicht korrosionsbeständiges Metall auf die Dauer in unbedingt zuverlässiger Weise gegen die Seewassereinwirkung zu schützen. Aus diesem Grund muß auf die Korrosionsbeständigkeit eines Metalls im ungeschützten Zustand hoher Wert gelegt werden.

Bei Land- und Binnenwasserflugzeugen ist die Frage der Korrosion weniger wichtig, da die Metalle gegenüber Einflüssen der Witterung und des Süßwassers bedeutend widerstandsfähiger sind als gegen die Salzwassereinwirkung. Ein zuverlässiger Schutz weniger korrosionsbeständiger Metalle ist hier, selbst auf längere Zeit, in den meisten Fällen in befriedigender Weise möglich.

Da man heute aus Gründen der Gewichtersparnis dazu übergeht, die Teile der Betriebstoffanlage ebenfalls weitestgehend aus Leichtmetall anzufertigen, so spielt bei Leichtmetallen auch die Frage der Korrosionsbeständigkeit gegenüber den betreffenden Betriebstoffen und den vorkommenden Betriebstoffzusätzen eine Rolle. Geringe Korrosion ist hier bereits sehr unangenehm, weil die Korrosionsprodukte in den Vergaser gelangen oder die Leitungen verstopfen können. Die Teile der Betriebstoffanlage sind zudem sehr schwierig gegen Korrosion zu schützen, weil es hier auf die Behandlung der schlecht zugänglichen Innenwandungen von Behältern, engen Rohrleitungen, Hähnen usw. ankommt. Wenn man also ein an und für sich beständiges Leichtmetall vor sich hat, so wird man sich beim Aufbau der Betriebstoffanlage viel Mühe ersparen können.

Ein besonderer Hinweis ist notwendig, wenn Metalle von verschiedener chemischer Zusammensetzung gleichzeitig nebeneinander verwendet werden. Die beiden Metalle bilden dann beim Hinzutreten eines Elektrolyten, z. B. Seewasser, ein elektrisches Element miteinander, und das als elektronegativer Teil anzusehende Metall wird mehr oder weniger stark chemisch zerstört. Die Zerstörung tritt um so heftiger zutage, je größer die elektrische Spannung zwischen den beiden Metallen ist. Sie ist beispielsweise vorhanden zwischen Aluminium und Kupfer, desgleichen zwischen Aluminium und Eisen und seiner Legierungskomponente wie Nickel, Chrom, Molybdän u. a. Da die technisch gebräuchlichen Metalle fast durchweg Legierungen darstellen, so kann ihr gegenseitiges elektrolytisches Verhalten nicht im voraus angegeben werden.

Bei Metallflugzeugen findet man stets zwei oder mehrere Metalle gleichzeitig nebeneinander, meistens Stähle mit Duralumin verbunden, vor. Im Interesse der Betriebssicherheit eines Flugzuges muß daher genau beachtet werden, welche elektrolytischen Einflüsse die verschiedenen, nebeneinander liegenden Metalle aufeinander ausüben. Gegebenenfalls muß ein Metall, das mit dem Grundbaustoff hohe Potentialspannungen ergibt, durch ein anderes ersetzt werden, das sich in dieser Beziehung günstiger verhält. In vielen Fällen, wie z. B. bei Auswahl eines Stahles für Beschläge, ist dies durchaus möglich, da die hohen Potentialspannungen meist von ganz bestimmten Legierungskomponenten herrühren.

Abhilfe kann vielfach auch dadurch geschaffen werden, daß zwischen den beiden Metallen isolierende Zwischenlagen angebracht und wirksame Oberflächenschutzmittel verwendet werden.

a) Seewassereinwirkung.

17. Bericht: Künstliche Seewasserversuche.

Da in der See vorgenommene Versuche lange Beobachtungszeiten erfordern, um zahlenmäßige Ergebnisse über den Angriff eines Metalls durch das Meerwasser zu erhalten, ist man bestrebt, diese Versuche durch einfache Prüfverfahren zu ersetzen, die jederzeit rasch im Laboratorium durchgeführt werden können.

Ein derartiges Schnellprüfverfahren hat F. Mylius in der oxydischen Kochsalzprobe[44]) für Aluminium entwickelt. Die Probe ist außerordentlich handlich und besteht darin, daß ein Probekörper des zu prüfenden Metalls von bestimmter Oberfläche in einem Reagenzglas 24 h einer Kochsalzlösung, die mit konzentriertem Seewasser vergleichbar ist, ausgesetzt und der quantitative Angriff in dieser Versuchszeit durch Gewichtbestimmung des entstehenden Niederschlages gemessen wird.

Für die einheitliche Durchführung gelten folgende Vorschriften:

1. Oberfläche der Metallstücke: 20 cm².
2. Zusammensetzung der Lösung: Wäßrige Lösung mit 1% Kochsalz und 3% Wasserstoffsuperoxyd.
3. Volumen der Lösung: 20 cm³.
4. Prüfgefäß: Reagenzrohr von 17 mm Weite.
5. Lufttemperatur: 20° C.
6. Versuchsdauer: 24 h.

Der im Reagenzglas entstehende Niederschlag aus Aluminiumhydroxyd wird in ein Becherglas gebracht, heiß abfiltriert, heiß ausgewaschen, im Trockenschrank getrocknet und bis zur Gewichtskonstanz im Tiegel geglüht und als Al_2O_3 gewogen. Nach den Vorschriften dieser Probe wurden entsprechende Blechstreifen von Duralumin und Lautal geprüft. Die Ergebnisse sind in Zahlentafel 27 enthalten.

Die Proben wurden aus den Blechen unter möglichster Erhaltung der Walzhaut herausgeschnitten und vor der Prüfung einige Minuten mit warmem Alkohol behandelt.

Zahlentafel 27.

a) Duralumin 681 B ¹/₂ veredelt*).

Probe-streifen Nr.	Abmessungen der Probestreifen in mm			Fläche $F=2bl+2a(b+l)$ cm²	Gewogener Niederschlag (Al_2O_3) g	Metallverlust in g	
	Dicke a	Breite b	Länge l			der Probe	auf 1 m²
1	1,0	9,7	90,3	19,52	0,1473	0,0781	40,0
2		9,8	90,1	19,66	0,1497	0,0794	40,4
3		10,0	90,0	20,0	0,1517	0,0805	40,2

Mittelwert: 40,2

b) Lautal, normal veredelt.

1	0,5	11,0	91,5	21,1	0,2260	0,1198	56,8
2		11,3	90,5	21,4	0,2118	0,1123	52,5
3		10,5	100	23,6	0,2530	0,1342	56,9
4		10,2	101	22,8	0,2460	0,1305	57,2
5		10,5	101	23,4	0,2475	0,1313	56,1

Mittelwert: 55,9

Nach dieser Probe ergibt also normal veredeltes Lautal einen beinahe 40% höheren Metallverlust als die untersuchten Duraluminproben.

Inwieweit aber die oxydische Kochsalzprobe nach Mylius für die Beurteilung der Seewasserbeständigkeit eines Metalls herangezogen werden darf, wird im folgenden Bericht näher beleuchtet.

18. Bericht: Natürliche Seewasserversuche.

Die Ergebnisse der künstlichen Seewasserversuche im Laboratorium werden in letzter Zeit allgemein stark angefochten

---

*) Bleche 5 Tage bei Raumtemperatur gealtert.

Die Unzulänglichkeit der oxydischen Kochsalzprobe nach Mylius zur Beurteilung der Seewasserbeständigkeit einer Aluminiumlegierung wird hauptsächlich folgendermaßen begründet:

1. Die benutzte Lösung entspricht nicht der Zusammensetzung des Meerwassers, was einen unterschiedlichen Angriff zur Folge haben kann.

2. Das verwendete Flüssigkeitsvolumen ist zu klein, so daß die Reaktionsfähigkeit der Lösung unter Umständen schon vor Ablauf der Versuchsdauer von 24 h erschöpft sein kann.

3. Die Feststellung des Metallverlustes ist für den Ingenieur von verhältnismäßig geringem Interesse. In weitaus höherem Maß interessiert, wie sich die Festigkeitseigenschaften durch den Angriff des Seewassers verändern. Ein Zusammenhang zwischen Gewichtverlust und Festigkeitsabnahme dürfte insbesondere im Hinblick auf örtliche und interkristalline Korrosion nicht immer vorhanden sein.

4. Die mechanische Einwirkung der Wellen wird bei der Myliusprobe nicht berücksichtigt.

5. Die Probestreifen sind bei der Prüfung ganz in die Lösung eingetaucht, während die meisten Teile bei Seeflugzeugen der Wechselwirkung zwischen Seewasser und Luft ausgesetzt sind.

Auch gegen die anderen im Laboratorium angewendeten künstlichen Seewasserversuche, wie z. B. thermische Salzsäureprobe, Eudiometer-Versuche, Seewasser-Sprühprobe u. a., können ähnliche Bedenken in mehr oder weniger starkem Maß erhoben werden. Die Korrosionsforschung ist heute noch nicht so weit vorgeschritten, daß es möglich wäre, die Seewasserbeständigkeit eines Metalls im Laboratorium in einwandfreier Weise zu beurteilen, vollends wenn besondere Betriebsverhältnisse wie im Seeflugzeugbau hinzukommen. Ein einigermaßen sicheres Urteil gestatten zunächst nur natürliche Seewasserversuche, bei denen Probestücke des zu untersuchenden Metalls unter möglichster Berücksichtigung der Umstände seiner späteren praktischen Verwendung längere Zeit in der See gelagert werden.

Derartige Versuche wurden mit Duralumin und Lautal an der Mole der dritten Hafeneinfahrt von Wilhelmshaven in der Zeit vom 3. Februar bis zum 1. April 1925 ausgeführt. Die Erprobung erstreckte sich also auf 57 Tage, in denen die Versuchstücke in geeigneten Schwimmkästen der ständigen Einwirkung des Seewassers ausgesetzt waren.

Versuchstücke waren je sechs Probestreifen aus 2 mm starken, veredelten Lautal- und Duralumin- (Leg. 681 B ⅓) Blechen (Anlieferungszustand). Die Abmessungen der Probe-

Lautal   Duralumin

Abb. 30. Duralumin und Lautal-Probestäbe nach der Prüfung in Seewasser.
a, c mit Korrosionsprodukten bedeckt
b, d nach Entfernung der Korrosionsprodukte.

streifen waren 210 mm × 30 mm, so daß also nach Erprobung Festigkeitsprüfungen an denselben vorgenommen werden konnten. Die Probestreifen waren in Walzrichtung aus den Blechen herausgeschnitten.

Der Prüfungsbefund nach 57tägiger Erprobung war folgender:

1. Duralumin. Die Stäbe zeigten am Ende der Erprobung einen mehr oder weniger dichten grauweißen Beschlag mit teilweise pockenartigen Ausblühungen von Korrosionsprodukten, Abb. 30 (c). Nach Entfernen der Korrosionsprodukte wurden Korrosionsherde in den Metallflächen sichtbar, Abb. 30 (d). Neben zum Teil nur geringfügigem Anätzen der Metallflächen war Narbenkorrosion eingetreten, d. h. das Metall stellenweise unter Bildung mehr oder weniger tiefer Poren angefressen, Abb. 31.

2. Lautal. Das äußerliche Verhalten glich dem der Duraluminbleche. Die Metallflächen waren im allgemeinen mit einem etwas dichteren grauweißen Belag versehen, die pockenartigen Ausblühungen traten kleiner und zahlreicher auf, Abb. 30 (a). Nach Freilegen der Metallfläche, Abb. 30 (b), zeigte sich das Metall äußerlich weniger stark angegriffen

V = 11
Abb. 31. Narbenkorrosion (Duralumin).

V = 15
Abb. 32. Pockenkorrosion (Lautal).

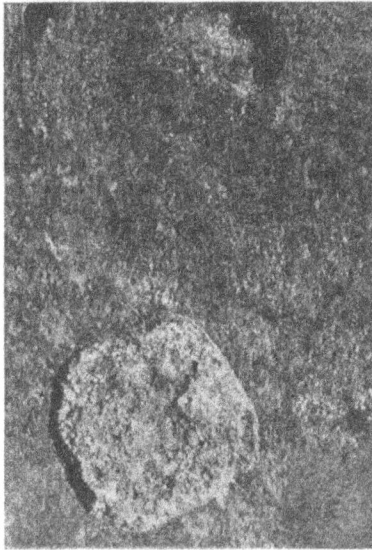

$V = 40$
Abb. 33. Aufgebrochene Pocke mit Salzen gefüllt (Lautal).

als entsprechendes Duraluminblech. Das allgemeine Anätzen der Metallflächen war geringfügiger. An verschiedenen Stellen waren dünne, metallische Oberflächenschichten unterfressen unter Bildung blasenförmiger Auftreibungen, Abb. 32 und 33.

Die Festigkeitsprüfung von je zwei Duralumin- und Lautalstreifen lieferte die in Zahlentafel 28 eingetragenen Mittelwerte, die den entsprechenden Zahlen des Anlieferungszustandes gegenübergestellt sind.

Beide Metalle erfahren durch die Seewassereinwirkung eine sehr beträchtliche Einbuße ihrer Festigkeitseigenschaften. Während Lautal einen etwas größeren Festigkeitsverlust zeigt als Duralumin, verliert letzteres in stärkerem Maß an Dehnung.

Auffallend ist der außerordentlich starke Rückgang der Bruchdehnung, der bei allen korrodierten Metallen gefunden wird und hier etwa das Dreifache des Festigkeitsverlustes ausmacht.

Während bei den erwähnten Versuchen die Probestäbe über die gesamte Versuchsdauer im Seewasser gelagert waren, wurden die nachfolgend beschriebenen Versuche so angestellt, daß auf die Probestäbe abwechselweise das See-

wasser und die Seeluft einwirkten. Dies wurde durch Befestigung der Probestäbe dergestalt erreicht, daß sie bei Flut im Seewasser, bei Ebbe in Seeluft hingen. Der Versuchsort war wiederum der Molenkopf der III. Hafeneinfahrt in Wilhelmshaven.

Die Probestäbe aus 4 und 0,5 mm starken Duralumin- und Lautalblechen hatten dieselben Längen- und Breitenabmessungen wie die ganz in Seewasser gelagerten Stäbe. Leider sind die Duraluminstäbe durch unbefugte Hand entfernt worden, so daß nur die mit den Lautalstäben erhaltenen Ergebnisse mitgeteilt werden können. Sie sind in Zahlentafel 29 vereinigt.

Diese Versuche zeigen, daß auch dann mit einem erheblichen Rückgang der Festigkeitswerte gerechnet werden muß, wenn die Proben nur zeitweise vollständig im Seewasser lagern.

Besonders deutlich tritt hier hervor, daß sich die dünnen Bleche bei weitem ungünstiger verhalten als die dickeren. Während das 4-mm-Blech nur einen Festigkeitsverlust von 0,3% aufweist, ergeben die 0,5 mm starken Probestäbe einen mittleren Festigkeitsverlust von 45%. Ebenso auffallend ist der Unterschied in den Dehnungsverlusten der beiden Blechstärken. Das 4-mm-Blech verliert 20%, wogegen das 0,5-mm-Blech fast überhaupt keine Dehnung mehr ergeben hat.

Zahlentafel 28. Seewasserversuche mit Duralumin und Lautal.

Leichtmetall	Zustand	Zug-festigkeit σ_B kg/mm²	Bruch-dehnung δ %	Verlust an	
				Festig-keit %	Bruch-dehnung %
Duralumin 681 B ¹/₂ veredelt	Anlieferung	42*)	22*)	23	80
	Nach 57 tägiger Erprobung im Seewasser	32,4**)	4,5**)		
Lautal, normal veredelt	Anlieferung	38***)	23***)	25	70
	Nach 57 tägiger Erprobung im Seewasser	28,5**)	7,2**)		

Dieses unterschiedliche Verhalten der dicken und dünnen Bleche dürfte in der Hauptsache damit zusammenhängen, daß bei der Korrosion der Angriff von der Oberfläche ausgeht und von hier ins Innere des Metalles vordringt. Die Verhältnisse werden also um so ungünstiger, je größer die Oberfläche eines Körpers im Verhältnis zu seinem Voluminhalt ist.

Bei Blechen von gleichen Längen- und Breitenabmessungen wächst das Volumen verhältnisgleich mit der Blechdicke, während die Oberfläche hierbei in erster Annäherung konstant bleibt. Die hier erprobten 4 mm starken Stäbe haben das 8fache Volumen der 0,5-mm-Stäbe. Die Oberfläche der ersteren ist dagegen nur 10% größer als die der letzteren. Demgegenüber beträgt der Festigkeitsverlust der dünnen Stäbe etwa das 130fache von dem der dicken. Hiernach hat es den Anschein, als ob der Festigkeitsverlust

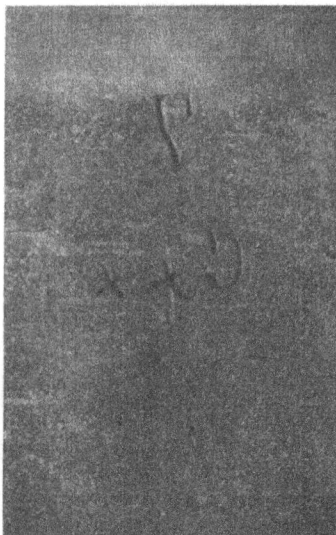 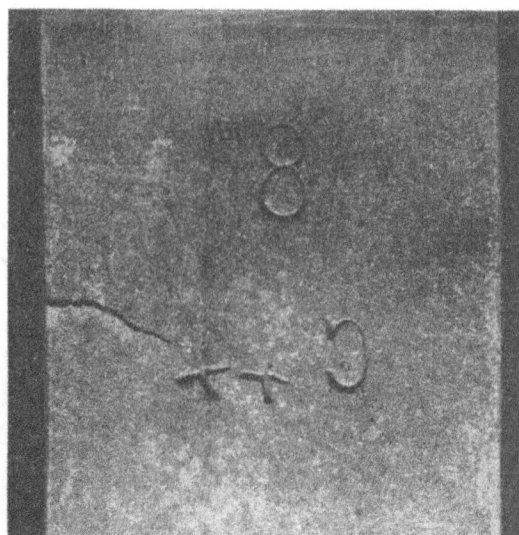

$V = 2$ $V = 2,5$
Abb. 34. Rißbildung infolge von Korrosion bei Probestäben, die durch eingeschlagene Buchstaben und Zahlen gekennzeichnet sind.

*) Siehe Zahlentafel 3, S. 129.
**) Mittelwerte aus zwei Zugversuchen, ausgeführt auf einer 5-t-Prüfmaschine von Mohr & Federhaff, Mannheim.
***) Siehe Zahlentafel 1, S. 128.

durch Korrosion in weit höherem Maße zunimmt als dem Dickenverhältnis der Bleche entspricht.

Obwohl die Versuche auf breiterer Grundlage durchgeführt werden müßten, wenn man allgemeine Schlüsse über den Einfluß der Blechdicke auf den Festigkeitsverlust bei der Korrosion ziehen wollte, so ist doch ohne weiteres zu erkennen, daß sich dünne Bleche in bezug auf Korrosion weitaus ungünstiger verhalten als dicke. Für die Praxis, insbesondere im Hinblick auf die Seewassereinwirkung, sollte daher angestrebt werden, sehr dünne Bleche nach Möglichkeit zu vermeiden.

Schließlich sollen noch Versuche Erwähnung finden, die ermitteln sollten, inwieweit es möglich ist, Lautal gegen die Einwirkung des Seewassers zu schützen.

Zur Verwendung gelangten zwei Probestäbe (Abmessungen wie bei den vorhergehenden Versuchen) aus einem 2 mm starken Lautalblech. Die beiden Stäbe wurden mit folgenden Schutzanstrichen versehen:

Probestab 1: Cellon-Rostschutzlack (Cellon-Werke Dr. Eichengrün),

Probestab 2: Außenlack D 130 (Zoellner-Werke, Berlin).

Die Probestäbe wurden wie bei den ersten Versuchen im Seewasser gelagert. Die Dauer der Erprobung betrug etwa zwei Monate (vom 3. 2. bis 1. 4. 26). Die Ergebnisse der Festigkeitsprüfung nach erfolgter Erprobung waren:

Probe-stab Nr.	Dicke mm	Breite mm	Quer-schnitt mm²	Bruch-last kg	Zugfestig-keit σ_R kg/mm²	Bruch-dehnung δ %
1	2,13	20,0	42,6	1615	37,9	21,8
2	2,19	19,9	43,6	1610	36,9	14,5

Probestab 1 hatte so gut wie keine Einbuße seiner Festigkeitseigenschaften erlitten, während die Festigkeit und Dehnung des Probestabes 2 etwas zurückgegangen war.

Bemerkenswert ist, daß die Lackschicht des Stabes 1 nach der Erprobung einen nicht so günstigen Eindruck machte, da es äußerlich so schien, daß sich der Lack des Probestabes 2 besser gehalten hätte. Dennoch hatte der Probestab 1 nach der Erprobung bessere Festigkeitsergebnisse aufzuweisen als Stab 2, ein Zeichen dafür, daß für die Beurteilung eines in Seewasser erprobten Materials nicht allein das äußere Aussehen maßgebend ist.

Im übrigen kann aus diesen letzteren Versuchen entnommen werden, daß es möglich ist, Lautal, das in ungeschütztem Zustand beschränkt seewasserbeständig ist, durch geeignete Anstrichmittel auf längere Zeit zuverlässig gegen Korrosion zu schützen.

Bei den im Seewasser gelagerten ungeschützten Lautalstäben (2 mm stark) ist noch eine eigentümliche Erscheinung beobachtet worden, die erwähnenswert ist. Zur Kennzeichnung der Stäbe waren vor der Erprobung an den Stabenden Zahlen und Buchstaben eingeschlagen. Beim Herausnehmen der Stäbe aus dem Seewasser zeigten sich an den Stabenden Risse. Wie aus der Abb. 34 ersichtlich ist, laufen die Risse vom Rand aus nach den eingeschlagenen Buchstaben und Zahlen. Durch das Einschlagen der Zeichen sind offenbar innere Spannungen aufgetreten, die genügend groß waren, um das Material bei der Korrosion an den

Duralumin
681 B Härte ½

Lautal (veredelt und kalt
nachverdichtet)

Abb. 35. Witterungsversuche mit Duralumin und Lautal. (V = 5.)

Stabenden aufzureißen. Daß das Material gerade an den mit eingeschlagenen Zeichen versehenen Stellen besonders spröde geworden war, zeigte sich auch bei der Festigkeitsprüfung anderer korrodierter Stäbe, die keine Risse erkennen ließen. Es war zum Teil nicht möglich, die Festigkeitsprüfung dieser Stäbe durchzuführen, weil sie an den Stellen, wo die Zeichen eingeschlagen waren, vorzeitig abrissen.

Bei Flugzeugteilen sollte aus diesem Grunde keine Bezeichnungsweise gewählt werden, die, wie z. B. das Einschlagen von Buchstaben oder Zahlen im Material, zusätzliche Spannungen hervorruft, da an diesen Stellen mit einer besonders starken Verschlechterung des Materials bei der Korrosion gerechnet werden muß.

Für die Verwendung von Leichtmetallen im Flugzeugbau wäre die Forderung aufzustellen, daß möglichst spannungsfreies Material in das Flugzeug eingebaut wird. Überall dort, wo starke innere Spannungen im Material zurückbleiben, kann ein Aufreißen des Materials beim Korrosionsangriff erfolgen.

b) Einfluß der Witterung.

19. Bericht: Untersuchung der Witterungsbeständigkeit.

Die zu untersuchenden Proben von Duralumin (Leg. 681 B, Härte ½) und Lautal (ebenfalls kalt nachverdichtet) wurden in der Deutschen Versuchsanstalt für Luftfahrt in Berlin-Adlershof vom 6. Januar bis zum 20. April 1926, also 105 Tage ohne Unterbrechung den Witterungseinflüssen ausgesetzt. Zu diesem Zweck waren die Probestreifen auf einem 3 m hohen Holzgerüst an Holzklammern so aufgehängt, daß eine Berührung der Proben untereinander oder mit metallischen Gegenständen ausgeschlossen war.

Die Blechstreifen hatten 14 mm Breite und in Walzrichtung 160 mm Länge. Sowohl von Duralumin als auch von Lautal wurden je 3 Probestreifen im Anlieferungszustand erprobt. Die Duraluminstreifen waren 1 mm, die Lautalstreifen 1,3 mm dick.

Nach Ablauf der Versuchszeit erfolgte zunächst eine äußerliche Untersuchung. Abb. 35 zeigt die Beschaffenheit der Oberfläche der beiden Metalle nach Erprobung bei 3facher Vergrößerung.

Zahlentafel 29. Seewasserversuche mit Lautal.

Leichtmetall	Versuchsdauer	Dicke a mm	Breite b mm	Zugfestigkeit σ_R kg/mm²	Bruchdehnung δ %	Mittelwerte für Festigkeitsverlust %	Dehnungsverlust %
Lautal, normal veredelt (Anl.-Zustand)	4 Wochen (18. Nov. bis 19. Dez. 1924)	4,06	20,5	37,0	15,9		
		4,08	20,3	36,4	Auß. der Teilung		
		Mittel		36,7	(15,9)	0,3	(20)
		0,53	20,1	22,8	1,0		
		0,55	19,9	18,6	1,0		
		Mittel		20,7	1,0	45	95

Zahlentafel 80. Witterungsversuche mit Duralumin und Lautal.

a) Duralumin 681 B, Härte ½.

Probestab Nr.	Zustand	Streckgrenze $\sigma_{0,2}$ kg/mm²	Zugfestigkeit σ_B kg/mm²	Bruch-dehnung δ kg/mm²	Probedicke mm	Verluste in % Streckgrenze	Zugfestigkeit	Bruchdehnung
Mittel aus zwei Versuchen	Vor Erprobung	31,1	43,0	15,7				
1	Nach	30,5	40,2	10,0				
2	105 tägiger	30,6	39,7	11,0	1,0	1,6	7,0	36
3	Erprobung	—	40,0	9,3				
Mittel . . .		30,6	40,0	10,1				

b) Lautal (kalt nachverdichtet) *)

Probestab Nr.	Zustand	Streckgrenze $\sigma_{0,2}$ kg/mm²	Zugfestigkeit σ_B kg/mm²	Bruch-dehnung δ kg/mm²	Probedicke mm	Verluste in % Streckgrenze	Zugfestigkeit	Bruchdehnung
Mittel aus zwei Versuchen	Vor Erprobung	34,4	42,4	13,8				
4	Nach	34,3	41,3	10,5				
5	105 tägiger	34,1	40,1	8,0	1,3	1,0	3,8	38
6	Erprobung	—	40,9	7,2				
Mittel . . .		34,2	40,8	8,6				

*) Nach Mitteilungen des Lautawerks handelt es sich um normal vergütetes Lautalblech, das beim nachherigen Richten auf der Walze 10 bis 15 % nachverdichtet worden ist.

Duralumin 681 B, Härte ½, ist ziemlich stark angegriffen. Die eingefressenen Löcher, die zum Teil ausgedehnte Krater bilden, sind unregelmäßig über die Oberfläche verteilt. Zwischen ihnen liegen Flächen, die geringere Einwirkung aufweisen. Die Ränder der Proben, an denen keine Walzhaut vorhanden war, sind nicht stärker angegriffen als die mit Walzhaut versehene Oberfläche.

Lautal (kalt nachverdichtet) ist bedeutend weniger angegriffen. Die Oberfläche ist fast unverändert, bis auf ganz unscheinbare, regelmäßig verteilte Anfressungen, die mit bloßem Auge schwer zu erkennen waren. Die Ränder sind gut erhalten.

Die Festigkeitsprüfungen der aus diesen Probestreifen herausgearbeiteten Proportionalstäbe hatten die in Zahlentafel 30 mitgeteilten Ergebnisse.

Bei diesen Versuchen hat sich ein ganz bedeutend geringerer Rückgang der Festigkeitseigenschaften herausgestellt als bei den Seewasserversuchen (18. Bericht), trotz der beinahe doppelten Einwirkungszeit und obwohl es sich um kalt nachverdichtete Bleche handelte, die im allgemeinen als weniger korrosionsbeständig angesprochen werden als unverdichtete. Witterungseinflüsse auf ungeschütztes Duralumin und Lautal sind also, selbst wenn diese längere Zeit einwirken, bei weitem nicht so schädlich, wie selbst eine verhältnismäßig kurze Seewassereinwirkung.

Die Bruchdehnung erfährt auch hier wieder den stärksten Rückgang (36 bis 38 %). Weniger groß ist der Verlust an Festigkeit, der bei Duralumin 7 % und bei Lautal nur 3,8 % beträgt. Sehr gering ist die Abnahme der Streckgrenze mit 1,0 bzw. 1,6 %. Lautal verhält sich hier besser als die ihm gegenüber gestellte Duraluminlegierung. Zu einem gewissen Teil mag diese Überlegenheit von Lautal allerdings dem Umstand zuzuschreiben sein, daß bei gleichen Breiten- und Längenabmessungen die Dicke der Probestreifen bei Lautal größer war, wodurch sich das Verhältnis von Oberfläche zum Rauminhalt bei Lautal günstiger gestaltete. Dennoch war bereits beim äußerlichen Betrachten der erprobten Blechstreifen festzustellen, daß Lautal weniger stark angegriffen war als die Duraluminprobe, Abb. 35.

Bei dieser Gelegenheit muß auch auf die Ergebnisse von Untersuchungen hingewiesen werden, die von der Dürener Metallwerke A.-G., Düren, mit der Duraluminlegierung 681a angestellt wurden. Hiernach haben beispielsweise 2 mm dicke Flachstäbe dieser Legierung, selbst nachdem sie drei Jahre der Witterung ausgesetzt waren, keinerlei Einbuße an Festigkeit erlitten. Auch die Dehnung hat in dieser Zeit nur um einen geringfügigen Betrag abgenommen*).

*) Siehe Prospekt der Dürener Metallwerke A.-G., Düren, über das Leichtmetall Duralumin.

c) Einwirkung von Betriebsstoffen.

20. Bericht: Untersuchungen über das Verhalten von Lautal gegen Brennstoffe.

Lautal-Blechstreifen von 10 zu 90 zu 0,5 mm wurden in Reagenzgläsern mit je 5 cm³ Brennstoff versetzt, so daß etwa die eine Hälfte des Bleches mit dem Brennstoff, die andere Hälfte mit der Luft in Berührung stand. Die Gläser wurden durch einen mit einer Kerbe versehenen Korkstopfen verschlossen. Da der Brennstoff allmählich verdunstet, so wurde die Brennstoffmenge alle 8 Tage entsprechend ergänzt.

Zu den Versuchen wurden folgende Brennstoffe verwendet:

1. Benzin aus dem Flugbetrieb der DVL,
2. Benzol aus dem Flugbetrieb der DVL,
3. Gemisch von 50 Vol. T. Benzol (DVL) + 50 Vol. T. Alkohol,
4. Monopolin (Gemisch von Sprit, Benzin, Äther),
5. Benzol (schlechtes Gaswerkbenzol),
6. Olexin (Gemisch von Benzin und Benzol),
7. Benzol (handelsübliches Zechenbenzol),
8. Benzalin (Gemisch von Benzin und Alkohol),
9. Braunkohlenbenzin.

Nach einer Versuchsdauer von 40 Tagen war Lautal unter Einwirkung der Brennstoffe Nr. 1, 2, 6, 7 vollständig unverändert. Das Gaswerkbenzol Nr. 5 verursachte geringfügige, gallertartige Ausscheidungen an dem Lautalblech; bei allen Benzin- bzw. Benzol-Alkoholgemischen Nr. 3, 4, 8 war stärkere gallertartige Korrosion am Lautal zu beobachten. Den stärksten Angriff auf Lautal verursachte Monopolin.

Lautal zeigt sich also gegenüber den zurzeit in Flugmotoren gebräuchlichen Brennstoffen unempfindlich und könnte deshalb für Teile der Brennstoffanlage Verwendung finden.

Bei Einwirkung auf Duralumin (681 B ⅓) wurden mit den gleichen Brennstoffen ähnliche Versuchsergebnisse erzielt. Der Angriff nach 40 Tagen durch die Brennstoffe Nr. 3, 4 und 8 war jedoch wesentlich geringer. Das Gaswerkbenzol blieb ohne Einwirkung auf Duralumin.

D. Gleichzeitige Verwendung verschiedener Metalle nebeneinander.

Die hierzu angestellten Untersuchungen beschränkten sich auf die Messung der Potentialspannung zwischen zwei verschiedenen Metallen bei Hinzutreten eines Elektrolyts (Seewasser). Dabei wurde angenommen, daß die gegenseitige Beeinflussung um so größer ist, je höher die elektrische Spannung zwischen den beiden Metallen gemessen wird

Es muß vorweg genommen werden, daß ein derartiges Prüfverfahren nur einen Versuch darstellen kann, einen Anhalt für das Verhalten von zwei zusammengebauten Metallen zu bekommen. Einwandfreie Ergebnisse können nur aus praktischen Versuchen erhalten werden.

Da die Frage der Verwendung von Lautal an Stelle von Duralumin im Vordergrund steht, so wurde als wichtigster Fall angesehen, wenn Lautal in ähnlicher Weise wie Duralumin in Bauteilen mit Stählen verschiedener Zusammensetzung in Berührung kommt. Diesbezügliche Untersuchungen beschreibt der folgende Bericht.

21. Bericht: Messung der Potentialspannung von Lautal gegen einige Stähle.

Die Versuchsanordnung ist aus Abb. 36 zu ersehen.

Als Meßgerät diente ein Präzisionsvoltmeter von Siemens & Halske (1° = 0,02 V). Zum Messen sehr geringer Spannungen wurde ein Millivoltmeter mit einem Meßbereich bis 18 mV herangezogen. Als Elektrolyt kam künstliches Meerwasser mit einem Gehalt von 3% Natriumchlorid, 0,64% Magnesiumchlorid, 0,62% Magnesiumsulfat und 0,16% Kalziumsulfat zur Anwendung. Die Dauer der Versuche erstreckte sich über 25 Tage.

1. Lautal gegen einen Kohlenstoffstahl von 1% C, hergestellt von Krupp, Essen.

Stahlprobe: Von einer Rundstange abgeschnittene Scheibe von 35 mm Durchmesser und 12 mm Dicke.

Lautalprobe: Aus einem 10-mm-Blech herausgearbeitetes Stück von 41 × 30 mm.

Zahlentafel 31. Meßergebnisse.

Tage	Dauer h	min	V	mV
		0	0,102	
		27	0,046	
		45	0,034	
	1	—	0,024	
	1	15	0,023	
	1	30	0,020	
	4	30	0,004	
1	—	—		— 15
1	4	—		— 18

Die weiteren Ablesungen fielen aus dem Meßbereich des Millivoltmeters heraus und mußten am Voltmeter abgelesen werden, das jedoch nur eine Spannung von —0,004 bis —0,007 V anzeigte, die im weiteren Verlauf des Versuches bis zu 25 Tagen ziemlich unverändert blieb.

Nach Beendigung des Versuches zeigte sich am Boden des Gefäßes ein brauner Niederschlag. Die Stahlprobe war mit Rost überzogen. An dem Lautalkörper konnten geringe örtliche Anfressungen, jedoch keinerlei Ausblühungen bemerkt werden. Eine Analyse des braunen Niederschlags ergab, daß dieser gänzlich aus Eisenhydroxyd bestand und kein Aluminiumhydroxyd enthielt.

In Verbindung mit diesem Stahl wird also Lautal vor Korrosion geschützt. Der Stahl war nur in den ersten Stunden dem Lautal gegenüber elektropositiv und verhielt sich danach bis zu einer Versuchsdauer von 25 Tagen elektronegativ.

2. Lautal gegen einen Chromnickelstahl, hergestellt von der Vereinigte Stahlwerke A.G., Bochumer Verein.

Zusammensetzung des Stahls:

0,23% C,
2,86% Ni,
0,72% Cr.

Festigkeitseigenschaften des Stahls:

Streckgrenze σ_s = 39 kg/mm²,
Zugfestigkeit σ_B = 60 kg/mm²,
Bruchdehnung δ = 23%,
Einschnürung ψ = 56%.

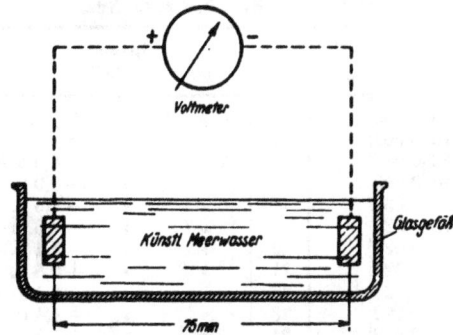

Abb. 36. Versuchsanordnung bei Potentialspannungsmessungen.

Stahlprobe: Scheibe von 35 mm Durchmesser und 13 mm Dicke.

Lautalprobe: Blechstück 41,5 × 30 mm von 10 mm Stärke.

Zahlentafel 32. Meßergebnisse.

Tage	Dauer h	min	V	mV	Tage	Dauer h	min	V	mV
		0	0,09		6	—	—	— 0,002	
		15	0,076		7	—	—	— 0,002	
		45	0,066		10	—	—	— 0,001	
3		—	0,046		13	—	—	— 0,001	
4		—	0,043		14	—	—	— 0,001	
1	—	—	0,025		15	—	—	— 0,001	
2	—	—	0,006		23	—	—		— 4,65
3	—	—	0,003		24	—	—		— 4,2
4	—	—	0		25	—	—		— 3,75

Im Gefäß hatte sich wiederum ein brauner Niederschlag gebildet. Im übrigen war etwa der gleiche Befund festzustellen wie beim ersten Versuch. Der analysierte Niederschlag setzte sich aus 91% Eisenhydroxyd und 9% Aluminiumhydroxyd zusammen.

In Verbindung mit diesem Chromnickelstahl wird also Lautal nicht mehr gegen Korrosion geschützt, da der Stahl in den ersten vier Tagen elektropositiv ist, so daß hauptsächlich in dieser Zeit das Lautal angegriffen wird. Erst nach dem vierten Tag wird der Stahl elektronegativ und bleibt es auf die Dauer von 25 Tagen. Nach vier Tagen dürfte also das Lautal kaum mehr angegriffen, sondern die Korrosion in der Hauptsache auf Kosten des Stahls erfolgen.

3. Lautal gegen einen Chrom-Wolframstahl, hergestellt von den Remy Stahlwerken Stahlschmidt & Co., Hagen.

Zusammensetzung des Stahls:

0,7% C,
4 bis 5% Cr,
16 bis 17% W.

Festigkeitseigenschaften des Stahls:

Streckgrenze σ_s = 35 kg/mm²,
Zugfestigkeit σ_B = 85 kg/mm²,
Bruchdehnung δ = 10%.

Stahlprobe: Scheibe von 20 mm Durchmesser und 7,5 mm Dicke.

Lautalprobe: Blechstück 42 × 22 von 10 mm Stärke.

Auch bei dieser Untersuchung zeigte sich ein Niederschlag von brauner, jedoch hellerer Farbe als bei den vorhergehenden Versuchen. Schon die Farbe des Niederschlages ließ daher größere Mengen von Aluminiumhydroxyd vermuten. Der Stahl war oberflächlich mit Rost überzogen, der sich zum größten Teil leicht abspülen ließ. Beim Lautal waren örtliche Anfressungen zu erkennen, jedoch keine

Zahlentafel 33. Meßergebnisse.

Dauer Tage	h	min	Spannung V	mV	Dauer Tage	Spannung mV
		0	0,092		13	— 2,4
		15	0,065		14	— 1,5
		30	0,047		15	schwank. zwischen —0,5 u. +1,7
		45	0,040		16	» » » —0,9 u. +1,2
	1	—	0,038		17	» » » —2,3 u. +3,44
	1	15	0,029		18	» » » —0,6 u. +2,15
	2	—	0,027		20	» » » —1,1 u. +2,62
	2	30	0,024		21	» » » +0,5 u. +1,8
	3	—	0,023		22	» » » —5,5 u. +5,05
	4	—	0,020		23	» » » +4,4 u. +3,05
	5	—	0,018		24	» » » +1,3 u. +3,5
	7	—	0,015		25	» » » +2,2 u. +3,7
1	—	—	0,006			
2	—	—		14,95		
3	—	—		6,4		
6	—	—		4,75		
7	—	—		— 3,1		
8	—	—		— 3,5		

Ausblühungen. Der Niederschlag wurde wie beim ersten Versuch mit folgenden Ergebnissen analysiert:

Eisenhydroxyd etwa ²/₃,
Aluminiumhydroxyd etwa ⅓.

In Verbindung mit dem hochlegierten Chrom-Wolfram-Stahl der angegebenen Zusammensetzung wird Lautal verhältnismäßig stark angegriffen, da der Stahl eine Woche elektropositiv gegenüber Lautal ist, darauf elektronegativ wird, jedoch nach Verlauf von einer bis zwei weiteren Wochen allmählich wieder elektropositiv gegenüber Lautal wird. Es ist anzunehmen, daß bei noch längerer Versuchsdauer die weitere Korrosion in der Hauptsache auf Kosten des Lautals vor sich gehen wird.

4. Lautal gegen einen hochlegierten Stahl, hergestellt von den Krefelder Stahlwerken.

Zusammensetzung des Stahls:

0,71% C,
5,06% Cr,
20,0% W,
1,24% Molybdän,
0,54% Vanadium,
0,35% Mangan.

Stahlprobe: Stangenabschnitt von 25 × 25 × 11 mm.
Lautalprobe: Blechstück 41 × 30 mm von 10 mm Stärke.

Im weiteren Verlauf der Untersuchungen bis zu 25 Tagen blieb die Spannung noch so groß, daß sie noch außerhalb des Meßbereiches des Millivoltmeters lag. Das Präzisionsvoltmeter zeigte eine niedere Spannung, die sich aber beim Ausschalten und erneuten Einschalten um etwa 0,04 V erhöhte.

Zahlentafel 34. Meßergebnisse.

Dauer Tage	h	min	Spannung in V Nicht umgerührt	Umgerührt
		0	0,124	
		15	0,037	0,102
		30	0,031	0,089
		45	0,024	0,094
	1	—	0,023	0,086
	1	15	0,022	0,076
	1	30	0,020	0,074
	2	—	0,017	0,068
	2	30	0,014	0,062
	3	—	0,016	0,055
	4	—	0,016	0,050
	5	—	0,016	0,048
	7	—	0,010	0,040

Da der Stahl bis zum 25. Tage der Untersuchung ziemlich stark elektropositiv gegenüber dem Lautal blieb, so erfolgte die Korrosion während der ganzen Dauer des Versuches auf Kosten des Lautals. Die Stahlprobe war daher nicht angegriffen, während das Lautal örtliche Anfressungen zeigte, und zwar nicht auf der der Stahlprobe zugekehrten Seite, sondern auf der Seite gegen die Wand des Gefäßes. Am Boden des Gefäßes befand sich ein reinweißer Niederschlag von Aluminiumhydroxyd. Eisenhydroxyd ließ sich nicht nachweisen.

Zusammenfassung der Ergebnisse der Potentialspannungsmessungen.

Aus den Untersuchungsergebnissen kann gefolgert werden, daß Lautal beim Zusammenbau mit einem Kohlenstoffstahl so gut wie gänzlich gegen Korrosion geschützt wird.

Das Verhalten legierter Stähle hängt vollkommen von deren Zusammensetzung ab. So bleibt z. B. ein noch verhältnismäßig niedrig legierter Chromnickelstahl einige Tage elektropositiv und wird erst danach elektronegativ, wobei jedoch nicht ohne weiteres vorauszusagen ist, ob er nicht nach längerer Zeit wiederum elektropositiv wird. Bei einem höher legierten Chrom-Wolfram-Stahl tritt eine erneute Umkehr innerhalb der Versuchszeit auf, so daß der Stahl am Ende des Versuches wieder elektropositiv gegenüber Lautal ist. Ein noch höher legierter Chrom-Wolfram-Stahl mit zusätzlichen Gehalten an Molybdän, Vanadin, Mangan blieb 25 Tage lang deutlich elektropositiv, und es ist kaum anzunehmen, daß bei längerer Versuchsdauer ein solcher Stahl jemals elektronegativ werden wird. Wird also Lautal mit einem hochlegierten Stahl zusammengebaut, so ist damit zu rechnen, daß dieses ziemlich stark angegriffen wird.

Bei Verwendung von Lautal im Seeflugzeugbau wird man also nach Möglichkeit hochlegierte Stähle vermeiden, weil diese die Widerstandsfähigkeit von Lautal gegen Seewasser sehr ungünstig beeinflussen. Am besten wäre es, wenn Teile, die nicht in Lautal ausgeführt werden können, wie z. B. gewisse Schraubenverbindungen und Beschläge, aus Kohlenstoffstählen hergestellt würden, da hierdurch Lautal gegen Korrosion geschützt wird. Dabei werden allerdings die Stahlteile von Rost angegriffen, was aber als weniger bedenklich anzusehen ist, weil diese meist sehr dickwandig ausgebildet sind, besser überwacht und vor allem leichter ausgewechselt werden können als Lautalteile.

Dort, wo aus Festigkeits-, Herstellungs- oder anderen Gründen hochlegierte Stähle nicht umgangen werden können, müßte versucht werden, an den Berührungsstellen der beiden Metalle isolierende Zwischenlagen (Ölpapier, Bakelit od. dgl.) einzuschalten.

E. Verbindungsarten.

a) Lösbare Verbindungen.

Für lösbare Verbindungen werden im Flugzeugbau größtenteils Schrauben- oder Splintbolzen*) aus Stahl verwendet. Auf Grund der im vorhergehenden Abschnitt angestellten Betrachtungen, wonach bei gleichzeitiger Verwendung von zwei Metallen verschiedener chemischer Zusammensetzung die Korrosionsbeständigkeit des unedleren Metalls ungünstig beeinflußt wird, müßte man zwar bestrebt sein, im Leichtmetallbau alle Stahlteile nach Möglichkeit zu vermeiden. Das Streben nach Gewichtsersparnis würde ferner ebenfalls dafür sprechen, Stahlbolzen weitestgehend durch Bolzen aus Leichtmetallen zu ersetzen.

Wie später noch dargelegt werden wird, ist es in vielen Fällen zweifellos möglich, Verschraubungen ebensogut in Leichtmetall wie in Stahl auszuführen. Es gibt jedoch eine

---

*) Während Schraubenbolzen sowohl zur Aufnahme von Zug- als auch Biege- und Scherbeanspruchungen geeignet sind, kommen Splintbolzen nur zur Übertragung von Querkräften in Frage. Da jedoch bei ungenauer Herstellung oder bei im Betrieb eintretenden Formänderungen auch bei Scherbolzen sehr leicht Kräfte in der Bolzenachse hervorgerufen werden können, sollten Splintbolzen im Flugzeugbau möglichst ganz ausgeschaltet werden. Schraubenbolzen mit gesicherter Mutter gewährleisten eine bedeutend höhere Betriebssicherheit.

ganze Reihe von Fällen, wo die Anordnung von Leichtmetallbolzen erhebliche Schwierigkeiten mit sich bringen würde. Dies trifft besonders dann zu, wenn sehr große Kräfte durch einen oder nur wenige Bolzen übertragen werden sollen, d. h. wenn es sich um verhältnismäßig große Querschnittabmessungen der Bolzen handelt, wie z. B. bei der Flügelaufhängung, bei Anschlüssen des Fahr- oder Schwimmwerks und bei Knotenpunkten verspannter oder verstrebter Flügelzellen. Da Stahl etwa doppelt so hohe Festigkeit besitzt als Duralumin oder Lautal, so müßten die Bolzen bei Ausführung in einem dieser beiden Baustoffe ungefähr die doppelten Querschnittabmessungen erhalten. Dadurch wird aber eine zwangläufige Vergrößerung der übrigen Verbindungsteile (Beschlagteile, Augen u. a.) herbeigeführt, was besonders dann unerwünscht ist, wenn die Verbindungsteile im Luftstrom liegen oder nur beschränkter Raum zur Verfügung steht. Mit Rücksicht auf Luftwiderstand und Raumbeschränkung ist der Konstrukteur bestrebt, solchen Verbindungen möglichst gedrungene Formen zu verleihen, was eben mit Material wie hochwertigem Stahl am besten gelingt.

Anders liegen die Verhältnisse, wenn es sich um sehr kleine Bolzen handelt, wobei allerdings zu bemerken ist, daß hier die Gewichtsvorteile bei Anwendung von Leichtmetallen bedeutend kleiner sind. Im Hinblick auf die Herstellung, Montage und Überwachung kann es aber erwünscht sein, wenn solche kleinen Bolzen und die zugehörigen Verbindungsteile in größeren Abmessungen ausgeführt werden können, die sich ja bei Leichtmetall ohne weiteres ergeben.

Gegen die Verwendung von Leichtmetallbolzen sind jedoch einige grundsätzliche Bedenken zu erheben. Sie bestehen in besonderem Maß, wenn Schraubenbolzen auf Biegung beansprucht werden. Biegungsbeanspruchungen können auch solche Bolzen erfahren, die für die Aufnahme von Zugbeanspruchungen bestimmt sind und durch ungünstige Zufälligkeiten, wie z. B. einseitiges Aufliegen des Kopfes oder der Mutter, exzentrisch belastet werden. Während der glatte Bolzenschaft ohne große Schwierigkeiten von vornherein so bemessen werden kann, daß er den auftretenden Biegungskräften gewachsen ist, kommen für den Gewindeteil infolge der eingeschnittenen Gewindegänge unangenehme Kerbwirkungen hinzu. Duralumin und Lautal weisen, wie aus dem 3. Prüfbericht hervorgeht, sehr geringe Kerbzähigkeit auf und sind in dieser Beziehung hochwertigen Stählen[*] bei weitem unterlegen. Zum Teil werden diese Nachteile der Leichtmetalle aber dadurch aufgewogen, daß bei Leichtmetallbolzen größere Kernquerschnitte zur Verfügung stehen und außerdem die Möglichkeit besteht, die Gewindegänge nicht so scharf einzuschneiden wie bei Verwendung von Stahl.

Zu dem soeben Erwähnten ist auf den bereits von Bach gemachten Hinweis[**] aufmerksam zu machen, daß die exzentrische Belastung von Schraubenbolzen unter sonst gleichen Umständen sich um so nachteiliger erweist, je kürzer die Schraube im Verhältnis zum Durchmesser und je geringer die Dehnung des Schraubenmaterials ist. Auf Grund des Vorausgegangenen wären die Verhältnisse im allgemeinen bezüglich des ersteren für Duralumin und Lautal als ungünstig, bezüglich des letzteren als günstig anzusprechen.

Schraubenverbindungen, die stoßweisen oder wechselnden Beanspruchungen ausgesetzt sind, wie z. B. Befestigungsbolzen für das Schwimm- oder Fahrgestell, werden vielfach auch deshalb ungern in Leichtmetall ausgeführt, weil sich die Bolzen oder Augen früher ausschlagen als bei Stahlausführung. Dies hängt wohl hauptsächlich mit der größeren Weichheit und Verformbarkeit der Leichtmetalle zusammen. Es lassen sich jedoch Konstruktionen finden, die dem Verhalten der Leichtmetalle in dieser Beziehung

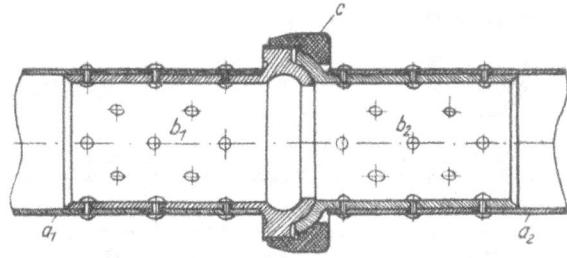

Abb. 37. Rohrverschraubung bei Junkers-Flugzeugen.
a_1, a_2 Duraluminrohre; b_1, b_2 Gelenkstücke; c Überwurfmutter.

Rechnung tragen und in vielen Fällen die Leichtmetallausführung ermöglichen.

Bei Schrauben, die öfters gelöst werden müssen, erscheint es ferner nicht zweckmäßig, Bolzen und Mutter aus Leichtmetall herzustellen. Im Maschinenbau gilt als Grundsatz, gleichartige Metalle nach Möglichkeit nicht aufeinander laufen zu lassen, da sich sonst keine guten Laufeigenschaften ergeben. Besonders ungünstig liegen die Verhältnisse bei weicheren Stoffen und in noch höherem Maß bei Aluminium oder Aluminiumlegierungen, die an und für sich keine guten Laufeigenschaften besitzen. Um ein »Schmieren« des Gewindes oder ein Festfressen der Mutter zu vermeiden, werden vorteilhaft für Bolzen und Mutter verschiedene Materialien verwendet. Von Vorteil dürfte es sein, einen dieser beiden Teile in Stahl auszuführen, da dann große Härteunterschiede vorhanden sind, die die Laufeigenschaften günstig beeinflussen. In diesem Fall wird man aus Gründen der Gewichtsersparnis danach trachten, den größeren Teil (also in der Regel den Bolzen) aus Leichtmetall und den kleineren Teil (in der Regel die Mutter) aus Stahl herzustellen.

Als vorbildliches Beispiel für die zweckmäßige Verwendung von Leichtmetallen bei Schraubenverbindungen kann die Ausführung der Flügelanschlüsse bei den Junkers-Flugzeugen angeführt werden. Die konstruktive Durchbildung dieser Rohrverschraubungen ist in Abb. 37[*] angedeutet.

In die miteinander zu verbindenden Duralumin-Rohre a_1 und a_2 sind die Gelenkstücke b_1 und b_2 eingenietet, die durch die Überwurfmutter c zusammengehalten werden. Von sämtlichen Verbindungsteilen besteht nur die Überwurfmutter aus Stahl, die übrigen Teile dagegen aus Duralumin.

Die Verwendung von Duralumin an Stelle von Stahl für die Gelenkstücke ergibt eine erhebliche Gewichtsersparnis. Durch die Einschaltung des Kugelgelenks wird eine allseitige Einstellbarkeit der Verbindung gewährleistet und das Auftreten zusätzlicher Biegungsbeanspruchungen vermieden. Dadurch wird der eingangs gestellten Forderung, von Gewindeteilen aus Leichtmetall exzentrische Beanspruchungen möglichst fernzuhalten, bestens Rechnung getragen. Die Stahlausführung der Mutter erscheint deshalb gerechtfertigt, weil es sich um eine öfters zu lösende Verbindung handelt, bei der gute Laufeigenschaften der Mutter auf dem Gewinde verlangt werden müssen. Bei praktischen Versuchen hat sich gezeigt, daß Duralumin auf gehärtetem Stahl gut läuft[**].

Das Gebiet der Verwendung von Leichtmetallen für Verschraubungen bei Flugzeugen ist noch wenig planmäßig bearbeitet worden. Leider war es im Rahmen dieser Arbeit nicht möglich, entsprechende Versuche mit Duralumin und Lautalverschraubungen anzustellen.

b) Nicht lösbare Verbindungen.

Nieten. Im Flugzeugbau erfolgt die Verbindung von Leichtmetallteilen, soweit es sich um nicht lösbare Verbindungen handelt, fast ausschließlich durch Nieten. Bei Flugzeugen der bis heute ausgeführten Größenabmessungen

---

[*] Chromnickelstähle weisen eine spez. Schlagarbeit von etwa 15 mkg/cm² auf, Lautal und Duralumin dagegen nur etwa 1,5 mkg/cm² (s. 3. Bericht).

[**] C. Bach, Maschinenelemente, I. Bd., S. 155.

[*] Siehe auch Hugo Junkers, Metal Aeroplane Construction. The Journal of the Royal Aeronautical Society, Bd. 27 (1923), S. 433, Abb. 31.

[**] Duralumin-Prospekte der Dürener Metall-Werke A.-G., Düren.

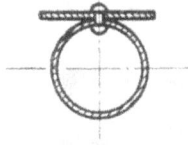

Abb. 38. Vernieten
von Rohren mit
Blechen.

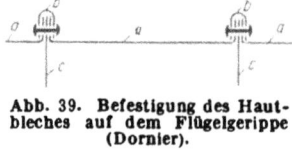

Abb. 39. Befestigung des Hautbleches auf dem Flügelgerippe
(Dornier).

werden Duralumin-Bleche, -Profile und -Rohre bis zu einer
größten Wanddicke von etwa 4 mm vernietet. Die stärksten
zurzeit verarbeiteten Nieten haben einen Durchmesser von
8 mm.

Dem Umstand, daß die Nietungen am Flugzeug z. T.
schlecht zugänglich sind, ist es zuzuschreiben, daß im Flugzeugbau bis vor kurzem fast nur mit Hand genietet wurde.
Neuerdings hat jedoch in einigen Flugzeugwerken die Maschinennietung in größerem Umfang Eingang gefunden.
Wenn man bedenkt, daß bei der Herstellung eines Groß-
flugzeugs mehrere hunderttausend Nieten geschlagen werden müssen, so kann man ermessen, welche Ersparnisse an
Arbeitslöhnen durch die Einführung der Maschinennietung
erzielt werden können.

Voraussetzung für die weitestgehende Anwendung der
Maschinennietung ist, daß bei der Konstruktion eines Flugzeugs besonderes Augenmerk darauf gerichtet wird, daß die
Nietungen möglichst gut zugänglich angeordnet werden.
Bauteile wie Holme, Rippen, Spanten u. dgl. können vielfach ohne Schwierigkeiten so ausgebildet werden, daß die
notwendigen Nietungen größtenteils auf einer ortsfesten Nietmaschine ausgeführt werden können. Beim Zusammenfügen
dieser Teile zu größeren Bauteilen wie Rümpfe, Flügel,
Flossen und Ruder lassen sich die Vernietungen bei ge-
schickter Anordnung der Anschlußstellen sehr weitgehend
mit leicht beweglichen Niethämmern vornehmen, die entweder hydraulisch oder mit Preßluft betrieben werden. Für
die Handnietung bleiben dann nur noch die oft unvermeidlichen, schwer zugänglichen Nietstellen übrig, die hauptsächlich beim Aufbringen der Metallhaut entstehen.

Als wenig befriedigend in dieser Hinsicht muß die im
Flugzeugbau häufig angewandte Rohrvernietung angesehen
werden, bei der Bleche und Profile mit der Wandung eines
Rohres vernietet werden, Abb. 38. Der Schließkopf der Niete
muß hierbei im Innern des Rohres geschlagen werden, was
selbst bei Verwendung sinnreicher Vorrichtungen*) (Ein-
führungen eines Exzenters in das Rohr) schwierig zu bewerkstelligen ist, besonders wenn es sich um Rohre von großer
Länge handelt.

Eine einfache Lösung ist die in Abb. 39 angedeutete Be-
festigungsart für das Hautblech auf dem Gerippe (Dornier).
Die einzelnen Blechbahnen *a* werden an den Längskanten
umgebördelt und mit den gebördelten Rändern unter

*) Hugo Junkers, Metal Aeroplane Construction. The Journal
of the Royal Aeronautical Society, Bd. 27 (1923), S. 438, Fig. 36.

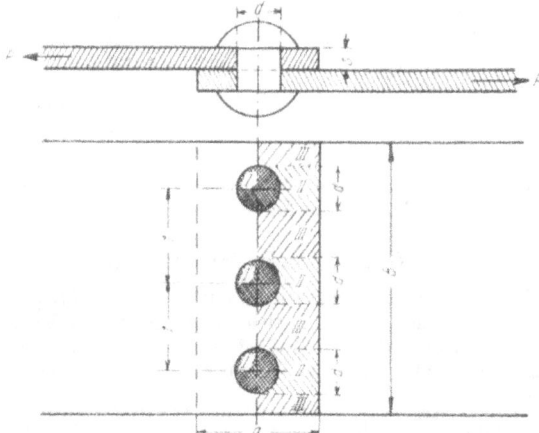

Abb. 40 u. 41. Einreihige Überlappungsnietung.

Zwischenschieben der Befestigungslaschen *c* aneinander-
gefügt. Über die Stoßstelle wird ein U-förmig gebogenes
Blech *b* gestülpt und, wie in Abb. 39 gezeigt, mit den Blechbahnen und Befestigungslaschen vernietet.

Durch diese Anordnung ist auf einfache Weise eine
außenliegende, von beiden Seiten zugängliche Nietung geschaffen worden.

Schweißen. Als weitere nicht lösbare Verbindung käme
das hauptsächlich bei Verwendung von Eisen bzw. Stahl
gebräuchliche Verfahren des Schweißens in Frage. Das
Schweißen von Aluminium und nicht vergütbaren Aluminiumlegierungen ist heute schon sehr verbreitet. Auch
Duralumin ist schweißbar. Von den Dürener Metallwerken
wird jedoch das Schweißen von Duralumin nicht empfohlen,
weil an der Schweißstelle seine gute Festigkeit und Dehnung
verlorengeht. Nach den Ausführungen von Beck[20]) soll es
auch nicht möglich sein, die Gußstruktur der Schweißstelle
durch nachträgliches Hämmern zu beseitigen und durch
Wiederveredeln des geschweißten Teiles die infolge der
Schweißbehandlung beeinträchtigten Festigkeitseigenschaften zu verbessern.

Da aber das Schweißen im Eisen- und Stahlbau große
Bedeutung erlangt hat und seine Anwendung im Leicht-
metallflugzeugbau, trotz der erwähnten Nachteile, in gewissen Fällen von Nutzen sein könnte, wurden einige in-
formatorische Schweißversuche mit Lautal, das ebenfalls gut
schweißbar ist, angestellt.

Vom Standpunkt des Flugzeugkonstrukteurs aus betrachtet, liegen die Vorteile der Schweißverbindung hauptsächlich in der Gewichtersparnis gegenüber der Nietverbindung, da die Überlappungen oder Laschen, die bei hohen
Festigkeitsansprüchen bei der Nietung ziemlich groß werden,
fortfallen. Die Schweißverbindung ist im Betrieb auch meistens schneller und billiger herzustellen als die Nietverbindung, sie ist dafür aber nicht so zuverlässig, da ihre sachgemäße Ausführung zu sehr in den Händen des betreffenden
Schweißers liegt.

22. Bericht: Nietversuche.

Die im Leichtmetallbau vorkommenden Arten von Niet-
verbindungen sind sehr mannigfaltig. Die Verbindung der
Bleche untereinander geschieht durch einreihige, meist aber
mehrreihige Überlappungs- oder Laschennietungen. In
Fachwerken werden Profilstäbe an den Knotenpunkten in
ähnlicher Weise wie im Brückenbau durch zwischengenietete
Knotenbleche miteinander verbunden. Die Bleche der
Außenhaut sind in der verschiedenartigsten Weise auf das
aus Profilen, Kastenträgern oder Rohren bestehende Flügel-,
Rumpf- oder Leitwerkgerüst aufgenietet. Bei manchen Bauarten findet man auch durch Nietung hergestellte Rohr-
verbindungen, wobei die Rohre teleskopartig ineinander-
geschoben oder durch Einschalten geeigneter Zwischenstücke
zusammengefügt sind.

Der Einfachheit halber wurden die hier durchgeführten
Versuche auf die einreihige Überlappungsnietung beschränkt.
Diese Vernietungsart gestattet zwar nur eine unvollkommene
Ausnützung der Blechfestigkeit in der Nietnaht und dürfte
deshalb zur Verbindung hochbeanspruchter Glieder kaum
in Betracht kommen. Da es hier jedoch nicht auf die Untersuchung der Nietverbindungen im allgemeinen, sondern auf
die Prüfung des für die Nietung verwendeten Baustoffes
ankommt, so ist diese Beschränkung der Versuche ohne
Belang.

Für die nachfolgenden Überlegungen sind die folgenden
Bezeichnungen eingeführt:

P (kg) Belastung der Nietverbindung,
B (mm) Blechbreite,
s (mm) Blechstärke,
d (mm) Nietdurchmesser,
t (mm) Nietteilung,
a (mm) Überlappung,
n Nietzahl.

Eine einreihige Überlappungsnietung veranschaulichen
die Abb. 40 und 41.

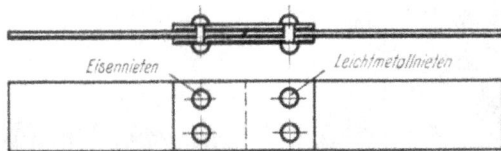

Abb. 42. Prüfung der Scherfestigkeit von Leichtmetallnieten.

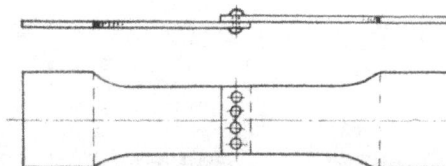

Abb. 44. Probenietungen für Festigkeitsversuche.

Bei der Belastung durch die Kraft P tritt folgendes ein (s. Abb. 40):

1. Niet wird im Querschnitt I, der in der Ebene der gemeinsamen Berührungsfläche der beiden Bleche liegt, auf Abscheren beansprucht,
2. Teil II des Bleches erfährt durch den Nietschaft eine Druckbeanspruchung (Lochleibungsdruck),
3. Teil III des Bleches, der zwischen den Nieten liegt, wird auf Zug beansprucht.

Die Größe der Beanspruchungen ist:

Scherung: $\sigma_s = \dfrac{P}{n \cdot \dfrac{\pi d^2}{4}}$ kg/mm²

Druck: $\sigma_D = \dfrac{P}{n \cdot d \cdot s}$ kg/mm²

Zug: $\sigma_z = \dfrac{P}{s\,(B - n \cdot d)}$ kg/mm².

Ein Teil der Beanspruchungen wird ferner von dem Gleitwiderstand aufgenommen, der allerdings bei Leichtmetallnietungen, wo die Nieten kalt geschlagen werden, nicht so erheblich sein dürfte, wie z. B. bei warmgeschlagenen Eisennietungen[*]).

Um zunächst einen Anhalt für die Größe der Scherfestigkeit von Duralumin- und Lautalnieten zu bekommen, wurden die in Abb. 42 angedeuteten Probekörper angefertigt.

Der Probekörper stellt eine einreihige, zweischnittige Vernietung dar. Es wurden je zwei Probekörper in Duralumin und Lautal ausgeführt. Von den vier Nieten eines Probekörpers bestanden jeweils zwei aus Eisen (s. Abb. 42). Zusammensetzung und Zustand der Duralumin- und Lautalnieten waren nicht bekannt, sie wurden in schlagfertigem Zustand von Düren bzw. vom Lauta-Werk geliefert.

Die Ergebnisse der Festigkeitsprüfung sind aus Zahlentafel 35 zu entnehmen.

Zahlentafel 35.
Scherversuche mit Duralumin- und Lautalnieten.

Niet-Werkstoff	Probe-körper Nr.	Dicke der Bleche u. Laschen mm	d mm	Quer-schnitt d. Nieten mm²	Belastung kg	Scher-festigkeit k_s kg/mm²
Duralumin	1 2	2	2,45 2,45	19,0	510 515	26,8 27,2
					Mittel:	27,0
Lautal	3 4	2	2,60 2,60	21,2	570 570	26,9 26,9
					Mittel:	26,9

Die für die Duraluminnieten sich ergebende mittlere Scherfestigkeit von 27,0 kg/mm² steht im Einklang mit den Angaben von Beck, wonach Nieten mit einer Scherfestigkeit von rd. 26 bis 28 kg/mm² in einer besonderen Legierung von Düren geliefert werden[20]).

Die geprüften Lautalnieten weisen etwa dieselbe Scherfestigkeit auf wie die Duraluminnieten.

Zur Anfertigung verschiedener Nietungen von 3 bis 5 Nieten aus Lautal standen Bleche und Nietdraht verschiedener Stärke zur Verfügung. Die Wahl der Nietteilung t wurde in Anlehnung der Ergebnisse der für Eisennietungen gebräuchlichen Berechnungsverfahren getroffen, wonach

$$\frac{\pi \cdot d^2}{4}\,K_s = 2 \cdot 0,5\,b \cdot s\,K_z[*])$$

gesetzt wird, Abb. 43. Hieraus ergibt sich dann

$$b = \frac{\pi \cdot d^2\,K_s}{4\,s \cdot K_z}.$$

Da hier

$$\frac{K_s}{K_z} = \frac{27}{38} = \sim 0,7$$

beträgt, so wird

$$b = 0,7 \cdot \frac{0,25 \cdot \pi \cdot d^2}{s} = 0,7 \cdot \frac{\text{Nietquerschnitt}}{\text{Blechstärke}}$$

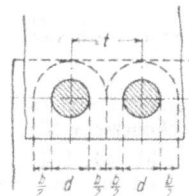

Abb. 43. Nietteilung.

und die Nietteilung

$$t = b + d.$$

Die Überlappung wurde zu 2,5 bis 3 d gewählt.

Die Probenietungen hatten die aus Abb. 44 hervorgehende Form.

Die Abmessungen der Nietungen gehen aus Zahlentafel 36 hervor. Die verwendeten Lautalbleche von 0,5, 1 und 1,5 mm befanden sich in normal veredeltem Zustand. Die Nieten wurden aus Lautaldraht von 2 bis 4 mm Durchmesser hergestellt.

Die Versuche wurden zuerst mit hartem Nietdraht von etwa 40 kg/mm² Festigkeit und 15% Dehnung durchgeführt. Die erhaltenen Werte für die Scher-, Druck- und Zugfestigkeit lagen ziemlich hoch (s. Zahlentafel 36), jedoch zeigte sich bei der Herstellung der Nietungen, daß der Draht zu hart war. Beim Schlagen der Nieten traten verschiedentlich leichte Anrisse an den Rändern der Nietköpfe auf. Hauptsächlich war dies bei den stärkeren Nieten der Fall. Bei der Prüfung der Probenietung Nr. 6 bröckelten vorzeitig die Köpfe der Nieten ab, gleichfalls ein Zeichen dafür, daß der verwendete Draht zu spröde war.

Für die weiteren Probenietungen wurde dann weicherer Draht von ungefähr 36 kg/mm² Festigkeit und 23% Dehnung verarbeitet. Beim Nieten mit diesem Draht stellten sich keinerlei Schwierigkeiten ein, jedoch lagen die erzielten Festigkeitswerte beträchtlich unterhalb von denjenigen, die mit hartem Draht erhalten wurden (s. Zahlentafel 36).

Auf Grund dieser Untersuchungen wird für zweckmäßig gehalten, zur Herstellung von Lautalnietungen normal harten Draht von etwa 38 kg/mm² Zugfestigkeit zu verwenden, der sich noch gut verarbeiten lassen und günstige Festigkeitszahlen liefern dürfte.

Einige kennzeichnende Brucherscheinungen sind in den Abb. 45 bis 47 festgehalten worden.

Abb. 45: Bei Probenietung 1 ist das Blech in dem durch Nietlöcher geschwächten Querschnitt gerissen und die Nietlöcher ausgezogen. Die Nieten sind unversehrt. Bei Nietung 5 sind zwei Nietköpfe abgeplatzt und die äußeren Blechstege ausgerissen. Der verwendete Nietdraht war zu hart.

Abb. 46: Nietung 6 riß in dem durch die Nietlöcher geschwächten Querschnitt. Die Nieten sind unversehrt. Bei

---

[*]) Bei Eisennietungen, bei denen die Nieten warm eingezogen werden (z. B. Dampfkesselnietung), wird durch das Zusammenziehen der Nieten beim Erkalten ein derartig hoher Gleitwiderstand hervorgerufen, daß dieser vollständig ausreicht, um die im Betriebe zu erwartenden Kräfte zu übertragen. Näheres s. C. Bach, Maschinenelemente, I. Bd., S. 200 ff.

[*]) C. Bach, Maschinenelemente, I. Bd., S. 194.

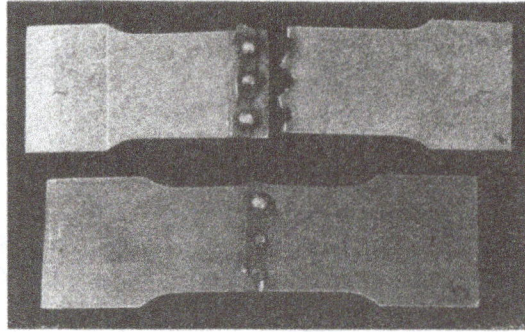

Abb. 45. Probenietungen nach Festigkeitsprüfung.
(Nr. 1: Blech ausgerissen, Nr. 5: Nietköpfe abgesprungen infolge
zu harten Nietdrahtes.)

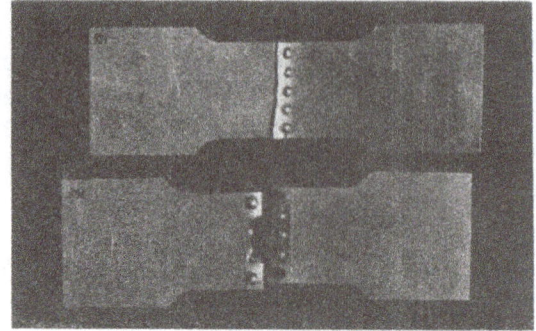

Abb. 46. Probenietungen nach Festigkeitsprüfung.
(Blech ausgerissen, Nieten unversehrt.)

Nietung 7 trat in der Mitte ein Reißen im geschwächten Blechquerschnitt und außen ein Ausreißen des Bleches ein.

Abb. 47: Während bei Nietung 10 teils die Nieten abgeschert und teils die Köpfe abgebröckelt sind, zeigt Nietung 11 ein glattes Abscheren der Nieten.

Die in Zahlentafel 36 errechneten Festigkeitswerte gestatten einen Vergleich mit den Versuchsergebnissen, die von Rettew und Thumin[46]) an Hand von 26 Zugversuchen mit verschiedenen einreihigen Duralumin-Überlappungsnietungen erhalten wurden. Für veredeltes Duralumin wurde dort gefunden:

Scherfestigkeit: $K_s = 30$ kg/mm²,
Druckfestigkeit: $K_D = 74$ kg/mm²,
Zugfestigkeit: $K_z = 38$ kg/mm².

Die durchgeführten Lautal-Nietversuche lieferten demgegenüber folgende Höchstwerte:

	Harte Nieten kg/mm²	Weiche Nieten kg/mm²
Scherfestigkeit: K_s	32,0	25,9
Druckfestigkeit: K_D	73,0	74,6
Zugfestigkeit: K_z	33,6	34,6

Dem von Rettew und Thumin auf Grund ihrer Versuchsergebnisse gemachten Vorschlag für die Berechnung von Duraluminnieten

$K_s = 28$ kg/mm²,
$K_D = 70$ kg/mm²,
$K_z = 35$ kg/mm²

Zahlentafel 36. Versuche mit Lautalnietungen.
(Die eingerahmten Werte bedeuten Bruchspannungen.)

Probenietung Nr.	Abmessungen in mm*)					Nietzahl n	Querschnitte in mm²				Bruchlast P kg	Spannungen in kg/mm²				Brucherscheinungen
	s	B	d	t	a		$F = B \cdot s$	$F_s = 0,25 \pi d^2 \cdot n$	$F_D = n \cdot d \cdot s$	$F_z = F - F_D$		$\sigma = \frac{P}{F}$	$\sigma_s = \frac{P}{F_s}$	$\sigma_D = \frac{P}{F_D}$	$\sigma_z = \frac{P}{F_z}$	
a) Nieten aus hartem Draht.																
1	1,05	36,3	3,8	12	12	3	38,1	34,0	12,0	26,1	877	23,0	25,8	73,0	33,6	Im Querschn. F_z gerissen, Nietlöcher langgezogen, Nieten unversehrt (s. Abb. 45).
2	1,53	36,0	3,8	12	12	3	55,1	34,0	17,4	37,7	945	17,2	27,8	54,3	25,1	Bleche unversehrt, Nietköpfe abgebröckelt.
3	1,49	35,5	3,8	12	12	3	52,9	34,0	17,0	35,9	1088	20,6	32,0	64,0	30,3	Bleche unversehrt, Nieten abgeschert, Nietlöcher langgezogen.
4	1,50	36,0	4,0	12	12	3	54,0	37,7	18,0	36,0	1090	20,2	28,9	60,6	30,3	Nieten abgeschert und Reißen der äußeren Blechstege.
5	1,50	36,0	4,0	12	12	3	54,0	37,7	18,0	36,0	1165	21,6	30,9	64,8	32,4	2 Nieten abgebröckelt und teilweises Ausreißen des Bleches (Abb. 45).
b) Nieten aus weichem Draht.																
6	0,51	31,5	2,0	6	8	5	16,1	15,7	5,1	11,0	380	23,6	24,2	74,6	34,6	Im Querschn. F_z gerissen, Nietlöcher langgezogen (s. Abb. 46).
7	0,50	31,5	2,0	6	8	5	15,8	15,7	5,0	10,8	360	22,8	22,9	72,0	33,7	Bleche ausgerissen, Nieten unversehrt (s. Abb. 46).
8	1,01	37,2	3,0	9	10	4	37,6	28,2	12,1	25,5	680	18,1	24,1	56,2	26,7	2 Nieten abgeschert (schief gezogen).
9	1,06	37,3	3,0	9	10	4	39,5	28,2	12,7	26,8	730	18,5	25,9	57,4	27,2	4 Nieten abgeschert.
10	1,47	36,0	4,2	12	12	3	52,9	41,6	18,5	34,4	995	18,8	23,9	53,8	28,9	Nieten abgeschert, Bleche unversehrt (s. Abb. 47).
11	1,46	36,1	4,2	12	12	3	52,7	41,6	17,8	34,9	990	18,8	23,8	55,6	28,4	

*) S. Abb. 40 und 41.

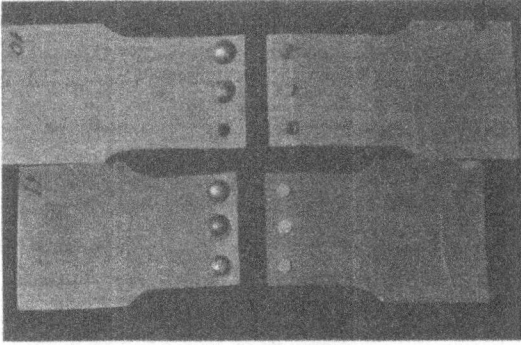

Abb. 47. Probenietungen nach Festigkeitsprüfung.
(Nieten abgeschert.)

dürfte also auch Lautal bei Verwendung von normal veredelten Nieten und Blechen entsprechen. Die Verwendung härteren Lautals für die Nieten kann in Anbetracht der auftretenden Schwierigkeiten beim Verarbeiten und die dadurch in Frage gestellte Zuverlässigkeit der Nietung nicht empfohlen werden; bei weicherem Nietmaterial, wie es bei einem Teil der hier durchgeführten Versuche benutzt wurde, erreicht man die von Rettew und Thumin für Duralumin vorgeschlagenen Festigkeitswerte insbesondere bezüglich der Scherfestigkeit nicht.

Für Lautal besteht ferner die Möglichkeit, die Nietung in weichem Zustand (bei 500° C abgeschreckt, nicht angelassen) herzustellen, sofern man Gelegenheit hat, die fertige Nietung einer Anlaßbehandlung (s. 15. Bericht) zu unterziehen. Bei Anwendung höherer Alterungstemperaturen und längerer Alterungsdauer dürfte sogar damit zu rechnen sein, daß man auf ähnliche Festigkeitswerte kommt, wie sie von den aus hartem Nietdraht hergestellten Nietungen erreicht wurden. Von diesem Punkt wird später noch gesprochen werden, hier soll nur nochmals als Ergebnis der hier durchgeführten Versuche hingestellt werden, daß Lautal sich zum Nieten ebenso eignet wie Duralumin und Lautalnietungen bezüglich Festigkeit den Duraluminnietungen nicht nachzustehen brauchen.

23. Bericht: Schweißversuche mit Lautal.

In ähnlicher Weise wie beim Schweißen von Eisen und anderen schweißbaren Metallen werden die miteinander zu verbindenden Stücke an der Schweißstelle mit Hilfe eines Schweißbrenners erwärmt und mit einem gleichfalls bis zur Schmelztemperatur erwärmten Aluminiumdraht zusammengeschmolzen. Da sich Aluminium an der Luft mit einer Oxydhaut überzieht, so ist beim Schweißen die Anwendung eines geeigneten Flußmittels zur Lösung des Oxyds im Entstehungszustand erforderlich.

Beim Schweißen von Gußteilen kann man von einer gleichartigen Beschaffenheit der Schweißstelle und des anschließenden Werkstoffes sprechen. Beide weisen Gußgefüge auf, da sie etwa unter denselben äußeren Umständen von der Schmelztemperatur auf Raumtemperatur erkaltet sind. Man wird also auch keine merklichen Unterschiede in den Festigkeitseigenschaften der Schweißstelle und des übrigen Werkstoffes feststellen können. Anders verhält sich kalt verdichteter Werkstoff, wie z. B. kalt gewalzte Bleche, wo durch die Erwärmung an der Schweißstelle eine Rekristallisation eintritt. Solche Bleche werden daher an der Schweißstelle geringere Festigkeit aufweisen.

Beim Schweißen von vergüteten Aluminiumlegierungen, die ihre guten Festigkeitseigenschaften einer bestimmten Wärmebehandlung mit vorhergehender mechanischer Durcharbeitung verdanken, muß außer der beschriebenen Gefügeänderung mit einer starken Beeinträchtigung des Wärmebehandlungszustandes der veredelten Teile an der Schweißstelle gerechnet werden. Die Schweißnaht selbst hat wiederum Gußgefüge, weil dort das Material auf Schmelztemperatur gebracht wurde. Zwischen der Schweißnaht und den nicht durch die Schweißwärme beeinflußten Stellen kommen nun

alle Glühtemperaturen zwischen etwa 600° C und Raumtemperatur vor. In diesem Bereich befinden sich u. a. auch Stellen, die eine Erwärmung von 400° C erfahren haben und daher, wie im 10. Bericht dargelegt ist, in den Zustand des Weichglühens versetzt wurden, dem eine Festigkeit von etwa 22 kg/mm² entspricht.

Das geschweißte Stück wird bei der Belastung entweder in der Schweißnaht, die etwa 21 kg/mm² Festigkeit aufweist, oder bei entsprechender Erhöhung der Schweißnaht mit Schweißmaterial an der ausgeglühten Stelle, die in einiger Entfernung von der Schweißnaht liegt, zu Bruch gehen. Im günstigsten Fall besitzt also eine derartige Schweißverbindung etwa 60% der Festigkeit von normal veredeltem Lautal (vgl. 10. Bericht).

Die nachfolgend beschriebenen Untersuchungen befassen sich nun mit der Frage, wieweit es möglich ist, durch nachträgliche mechanische Bearbeitung und Wärmebehandlung das Material an der Schweißstelle in den veredelten Zustand überzuführen und dadurch der Schweißverbindung die Festigkeitseigenschaften von veredeltem Lautal zu verleihen.

Die Versuche wurden folgendermaßen angestellt:

Zunächst wurden verschiedene Lautalprobebleche von 1 und 1,5 mm Stärke an einer Kante stumpf aneinandergeschweißt. Das Schweißen erfolgte mit einem normalen Schweißbrenner unter Zuhilfenahme eines Lautaldrahtes als Schweißmaterial. Beim Schweißen mußte darauf geachtet werden, daß die zu verschweißenden Stellen vorher sorgfältig gereinigt waren. Da sich Lautal bei der Veredelungsbehandlung im Salzbad an der Oberfläche mit einer dünnen Schicht schwerlöslicher Stoffe überzieht, so ist vor allem dafür Sorge zu tragen, daß diese Schicht gründlich entfernt wird. Dies geschieht am besten auf mechanische Weise durch Schaben mit einem Messer o. dgl., weil das Flußmittel nicht imstande ist, diese Schicht in kurzer Zeit zu lösen. Die Anwendung eines Flußmittels ist aber trotzdem unerläßlich, da sich beim Schweißen fortwährend Oxyde bilden[47]. Als Flußmittel wurde hier »Autogal«, hergestellt von der I. G. Farbenindustrie A.-G., Werk Griesheim, benutzt. Bei Beachtung dieser Punkte machte das Schweißen von Lautal keinerlei Schwierigkeiten.

Mit den so hergestellten Schweißproben wurden nun verschiedene mechanische und Wärmebehandlungen vorgenommen. Die mechanische Bearbeitung bestand im Hämmern in der Umgebung der Schweißnaht. Alle Proben, mit Ausnahme der Proben 1 bis 3, die keinerlei Nachbehandlung erfuhren, wurden zunächst gleichmäßig bei etwa 350° C warm und hierauf außerdem kalt gehämmert. Durch diese Durcharbeitung des Gußgefüges in der Schweißnaht wurden die Voraussetzungen für eine spätere Veredelungswirkung geschaffen. Daran anschließend folgte eine Wiederveredelungsbehandlung, die sich aus einem Abschrecken bei 480 bis 500° C und einem 24stündigen Anlassen bei 120° C zusammensetzte. Die Proben 10 bis 12 wurden etwas stärker kalt gehämmert als die übrigen Proben.

Nach beendeter Behandlung wurden aus den Schweißproben in der Weise Proportionalflachstäbe herausgearbeitet, daß die Schweißnaht in der Mitte des prismatischen Stabteiles lag. Form und Abmessungen der Probestäbe sind in Abb. 48 angegeben.

Die Probestäbe wurden in einer 5-t-Festigkeitsmaschine (Mohr & Federhaff) mit kleinem Laufgewicht belastet und Zugfestigkeit sowie Bruchdehnung*) ermittelt. In Zahlen-

*) Eine einwandfreie Bestimmung der Bruchdehnung an geschweißten Probestäben ist nicht möglich, besonders dann nicht, wenn der Stabquerschnitt an der Schweißnaht größer ist als im

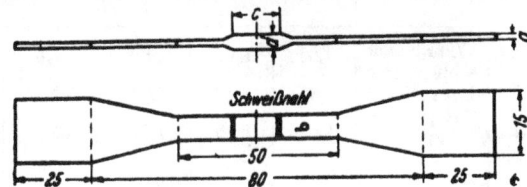

Abb. 48. Probestäbe für Prüfung von Schweißverbindungen.

11

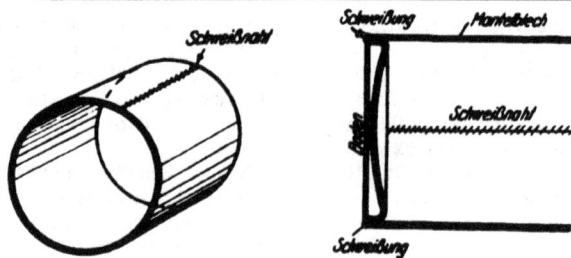

Abb. 49 und 50. Herstellung eines Tanks aus Lautal durch Schweißen.

tafel 37 sind diese Werte zusammengestellt und die Lage der Bruchstellen beschrieben. Die Zugspannung ist einerseits auf den Blechquerschnitt, andererseits auf den Querschnitt in der überhöhten Schweißnaht bezogen worden. Für den Ingenieur sind hauptsächlich die auf den Blechquerschnitt bezogenen Spannungen von Interesse, da er bei Konstruktionen mit diesen Werten zu rechnen pflegt. Durch entsprechende Überhöhung der Schweißnaht wird es sich fast immer einrichten lassen, daß der Bruch nicht in der Schweißnaht, sondern an einer anderen Stelle der Schweißung erfolgt. Die auf den überhöhten Querschnitt bezogenen Spannungswerte sollen nur zeigen, inwieweit es gelang, bei den Versuchen die Schweißnaht zu verfestigen. Die eingerahmten Zahlenwerte bedeuten die Bruchspannungen.

Bei Betrachtung von Zahlentafel 37 kann folgendes festgestellt werden:

1. Werden veredelte Lautalbleche geschweißt und nach der Schweißung keiner weiteren Nachbehandlung mehr unterzogen, so weist die Schweißstelle eine Festigkeit von 23 bis 25 kg/mm² auf, also nur etwa 60 bis 65% von normal veredeltem Lautal. Die Dehnung ist stark zurückgegangen.
2. Durch mechanisches Nachverdichten der Schweißnaht (Hämmern in warmem und in kaltem Zustand)

Blech. Die hier als Bruchdehnung ermittelten Werte sollen lediglich einen Anhalt dafür geben, wie die Dehnung der Schweißverbindungen durch die verschiedenen Bearbeitungs- und Behandlungsverfahren beeinflußt werden kann, wenn man Probestäbe von etwa gleichen Längen- und Breiten-Abmessungen vor sich hat.

und Wiederveredeln (Abschrecken bei etwa 500° C und 24stündiges Anlassen bei 120° C) des geschweißten Stückes kann die Festigkeit der Schweißstelle auf 28 bis 33 kg/mm² verbessert werden. Auch die Dehnung wird hierbei etwas erhöht.

3. Wird bei dem unter Punkt 2 beschriebenen Verfahren in etwas stärkerem Maße kalt nachverdichtet, so ist es möglich, in der Schweißstelle annähernd die Festigkeitswerte von normal veredeltem Lautal zu erreichen. Auch die gute Dehnung von veredeltem Lautal hat sich in der Schweißstelle wieder eingestellt.

Eine Lautalschweißstelle läßt sich also durch geeignete mechanische und thermische Behandlung so weitgehend veredeln, daß kaum noch ein Unterschied zwischen den Festigkeitseigenschaften der Schweißstelle und denen des unbeeinflußten veredelten Lautalblechs besteht. Diese Feststellung ist um so bemerkenswerter, als bei Duralumin ein derartig weitgehendes Veredeln der Schweißstelle nicht möglich sein soll[46]). Beck[20]) gibt nämlich an, daß eine Duralumin-Schweißnaht sich auch nicht durch nachträgliches Hämmern oder Veredeln auf bessere Festigkeit bringen läßt und empfiehlt deshalb, von einem Schweißen des Duralumins abzusehen.

Obwohl eine nachträgliche mechanische und thermische Behandlung von geschweißten Teilen im Flugzeugbau im allgemeinen eine Unmöglichkeit darstellt, so sind doch einzelne Fälle denkbar, wo dies ohne besondere Schwierigkeiten zu bewerkstelligen wäre. Nach Ansicht des Verfassers trifft dies z. B. für die Herstellung von Betriebstoffbehältern zu.

Ein runder oder ovaler Tank könnte folgendermaßen aus Lautalblech zusammengeschweißt werden: Die Längskanten des Mantelbleches von beliebigem Wärmebehandlungs- oder Verdichtungszustand werden, wie in Abb. 49 dargestellt, miteinander verschweißt. Die Schweißnaht ist so gut zugänglich, daß sie leicht angewärmt und gehämmert werden kann. Das Mantelblech wird hierauf als Ganzes veredelt (Glühen bei 500° C, Abschrecken, Anlassen). Durch nochmaliges Hämmern der Schweißnaht erhält diese die unter Punkt 3 beschriebenen Eigenschaften. Nunmehr

Zahlentafel 87. Schweißversuche mit Lautal.

Probe Nr.	Behandlung nach erfolgter Schweißung	Abmessungen*) in mm			Blechquerschnitt $f = a \cdot b$ mm²	Überhöhter Querschnitt $f' = a' \cdot b$ mm²	Bruchlast P kg	Zugspannung (kg/mm²) im		Bruchdehnung δ **) %	Lage des Bruches
								Blechquerschnitt $\sigma = \dfrac{P}{f}$	überhöhten Querschnitt $\sigma' = \dfrac{P}{f'}$		
		a	b	a'							
1	Ohne jegliche Wärmebehandlung oder Nachbearbeitung	0,88	9,01	1,34	7,96	12,1	200	25,1	$\boxed{16,5}$	6,9	In der Schweißnaht am Beginn der Überhöhung
2		0,91	8,75	1,47	7,96	12,9	192	$\boxed{24,1}$	14,9	3,1	
3		1,37	8,70	2,07	11,58	20,7	265	$\boxed{23,0}$	14,7	—	Außerhalb der Teilung
							Mittel	24,1		5,0	
4	Warm und kalt gehämmert und wieder veredelt	0,88	7,49	1,36	6,59	10,5	185	28,1	$\boxed{17,6}$	3,8	Am Beginn der Überhöhung
5		0,87	6,58	1,37	5,72	9,0	165	$\boxed{28,8}$	18,3	4,1	6 mm von der Schweißnaht entfernt
6		0,95	7,19	1,04	6,83	7,5	189	$\boxed{27,7}$	25,3	4,4	
7		0,87	7,63	0,97	6,64	7,5	208	31,4	$\boxed{28,2}$	6,3	Am Beginn der Überhöhung
8		0,88	7,73	1,31	6,72	10,1	224	$\boxed{33,3}$	22,1	8,8	9 mm von der Schweißnaht entf.
9		0,88	8,79	1,39	7,74	12,2	246	$\boxed{31,8}$	20,2	4,1	6 mm
							Mittel	30,7		5,3	
10	Wie Proben 4 bis 9, nur etwas stärker kalt gehämmert	1,55	8,00	1,80	12,4	14,4	444	$\boxed{35,8}$	30,8	20,3	Im freien Teil
11		1,45	8,65	1,68	12,5	14,5	382	(30,6)	(26,3)	(6,3)	In der Schweißnaht
12		1,56	8,15	1,75	12,7	14,3	450	$\boxed{35,4}$	31,5	20,0	Im freien Teil
							Mittel	35,6		20,2	

*) . S. Abb. 48;　**) Auf die Meßlänge 11,3 $\sqrt{f}$ bezogen. Die eingerahmten Werte bedeuten Bruchspannungen.

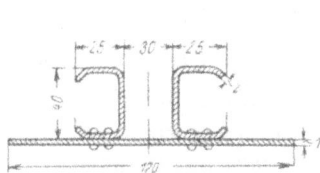

Abb. 51. Knickstab Nr. 1.

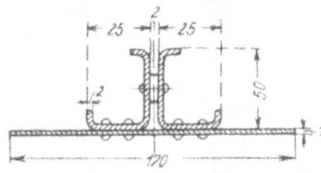

Abb. 52. Knickstab Nr. 2.

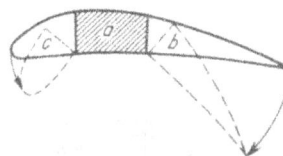

Abb. 53. Unterteilung der Rohrbach-Rippen.

werden die auf andere Weise hergestellten Böden eingesetzt, Abb. 50, deren Ränder mit den Kanten des Mantelbleches verschweißt werden. Ein Veredeln dieser Schweißstellen läßt sich allerdings nicht mehr durchführen. In Anbetracht dessen, daß diese Schweißungen bei Tanks in der Regel nicht so hoch beansprucht sind wie die Längsnähte, dürfte dies aber weniger von Belang sein.

Da es Schwierigkeiten macht, die Nietnähte von Leichtmetallbehältern bisheriger Herstellung in einwandfreier Weise abzudichten, dürfte das Herstellverfahren durch Schweißen, das unbedingt dichte Verbindungen liefert, beachtenswerte Vorteile bieten.

Es muß ferner darauf aufmerksam gemacht werden, daß selbst die nicht nachbehandelte Lautalschweißung der einreihigen Überlappungsnietung hinsichtlich Festigkeit durchaus gleichwertig ist. Nach den angestellten Versuchen können sowohl durch eine gewöhnliche Lautalschweißung mit überhöhter Schweißnaht, als auch durch eine einreihige Überlappungsnietung Blechbeanspruchungen bis zu etwa 25 kg/mm² übertragen werden. Man kann sich daher sehr wohl mit dem Gedanken tragen, bei Lautal in gewissen Fällen die einreihige Überlappungsnietung durch Schweißung zu ersetzen, die sich einfacher und schneller ausführen läßt als die Nietung. Unbedenklich kann dies geschehen bei allen weniger lebenswichtigen Teilen, wie z. B. Blechverkleidungen für Streben, Stiele und Beschläge, gegebenenfalls auch für Rippen, Motorhauben, Ruderbeplankung, Gerätekasten, Sitze u. dgl.

Für alle lebenswichtigen Verbindungen, wie Knotenpunkte in Fachwerken der Flügel-, Rumpf- oder Leitwerkszelle u. a. m., wird man dagegen der Nietung den Vorzug geben, da das Schweißen in der Werkstatt bei weitem nicht so zuverlässig ausgeführt werden kann wie das Nieten.

F. Bauteile.

Die hier angestellten Untersuchungen müßten als unvollständig angesprochen werden, wenn sie sich nicht auch auf Herstellung und Prüfung richtiggehender Flugzeugbauteile erstrecken würden. Die heute im Laboratorium angewandten Verfahren zur Prüfung von Baustoffen können lediglich einen Anhalt für seine Beurteilung für ganz bestimmte Zwecke geben. Die letzten Entscheidungen müssen von praktischen Erprobungen abhängig gemacht werden.

In besonderem Maß war es wichtig, die noch sehr unzulänglichen technologischen Prüfverfahren durch praktische Versuche in der Werkstatt zu ergänzen. Mit der Anfertigung der Bauteile war daher gleichzeitig der Zweck verbunden, das Verhalten des Baustoffes bei der werkstattmäßigen Fertigung zu beobachten und die Frage seiner wirtschaftlichen Verarbeitung zu klären.

Im Zusammenhang damit steht auch die Frage, inwieweit die bei der Verarbeitung stattfindende Verformung, die bei Aluminiumlegierungen größtenteils in kaltem Zustand vor sich geht, auf die Festigkeitseigenschaften des Baustoffes von Einfluß ist. Hierüber ist bis heute noch wenig bekannt, da die Vorgänge bei der plastischen Verformung, insbesondere bei der Kaltverformung (Ziehen, Drücken, Kanten usw.) noch nicht genügend erforscht sind.

Weiterhin war es von Bedeutung, das Verhalten des Baustoffes unter den Beanspruchungen, wie sie in Bauteilen, wie Fachwerkverbänden, zusammengenieteten Knickstäben u. dgl. auftreten, kennenzulernen. Die Spannungsverteilung in den Einzelgliedern derartiger Verbände ist zum Teil reichlich verwickelt und noch wenig untersucht worden.

Mit einfachen Probekörpern kann sie in den Festigkeitsmaschinen nicht nachgeahmt werden, weshalb man auf Belastungsversuche mit den ganzen Bauteilen angewiesen ist.

Andererseits wäre es verfehlt, wenn man bei der Prüfung eines Baustoffes den Wert von Laboratoriums-Untersuchungen unterschätzen und sich lediglich auf praktische Versuche in der Werkstatt und im Betrieb beschränken würde. Ein derartiges Verfahren müßte von vornherein als aussichtslos bezeichnet werden, da es unmöglich ist, einen Baustoff, dessen wichtigste Eigenschaften man nicht kennt, in praktischen Betrieben erfolgreich zu verarbeiten und anzuwenden. Es ist das Schicksal mancher neuen Baustoffe, die vor eingehender Prüfung im Laboratorium in den praktischen Betrieb gegeben werden, nach den ersten mißglückten Versuchen bereits als ungeeignet abgetan zu werden. Das kommt vielfach daher, daß Betriebe, die auf die Verarbeitung eines bestimmten Materials eingerichtet sind, meist sehr schwerfällig sind, wenn es sich darum handelt, von den bisherigen Verarbeitungsverfahren abzugehen und auf besondere Eigenarten eines neuen Baustoffes Rücksicht zu nehmen. Es kommt in der Praxis nur gar zu häufig vor, daß neue, nicht genügend erprobte Werkstoffe nur deshalb zurückgewiesen werden, weil sie sich nicht genau in derselben Weise verarbeiten lassen wie der bisher verwendete Werkstoff. Oftmals genügen geringfügige Änderungen der bestehenden Werkzeuge und Vorrichtungen, um auch den neuen Baustoff ohne Schwierigkeiten in die gewünschten Formen zu bringen. Bei Stählen und Leichtmetallen findet man mitunter, daß lediglich der Wärmebehandlungszustand nicht richtig gewählt wurde.

Aus diesen Gründen wurde es für unbedingt notwendig gehalten, vor der Anwendung in der Praxis durch Laboratoriumsversuche die Eigenschaften des neuen Baustoffes im Vergleich zu dem bisher verwendeten weitestgehend zu ermitteln. Die Laboratoriumsversuche sind in den vorausgegangenen Abschnitten beschrieben, während die praktischen Versuche nunmehr behandelt werden sollen.

a) Auswahl der Bauteile.

Als Bauteile kamen Einzelelemente eines bereits in Duralumin ausgeführten Flugzeuges in Frage. Es war naheliegend, zwecks Auswahl und Herstellung dieser Bauteile mit einem in Berlin ansässigen Metallflugzeugwerk in Verbindung zu treten. Die Versuche wurden daher zusammen mit der Rohrbach-Metallflugzeugbau G. m. b. H., Berlin, durchgeführt.

Für die Auswahl der Bauteile war die Kostenfrage von entscheidendem Einfluß. Mit Rücksicht auf die hohen Kosten, die die Herstellung größerer Teile, wie z. B. Flügel, Rumpf, Flossen u. a. verursacht hätte, mußten die Versuche auf kleinere Teile beschränkt werden.

Im Aufbau eines Rohrbach-Flugzeuges kommen vielfach aus einzelnen oder zusammengesetzten Profilen bestehende Knickstäbe vor. Deshalb wurden zwei kennzeichnende Formen dieser Knickstäbe ausgewählt, die in den Abb. 51 und 52 dargestellt sind. Da die Profilstäbe am Flugzeug mit dem Hautblech in Verbindung stehen, wurde dieses bei den Versuchskörpern so weit übernommen, als mit einer Versteifung des Knickstabes durch das Hautblech gerechnet werden konnte.

Knickstab Nr. 1 (Abb. 51) setzt sich aus 2 Rillenprofilen (sog. »R-Profilen«) zusammen, die an einer Seite mit dem Hautblech durch Zickzacknietung verbunden sind.

Knickstab Nr. 2 (Abb. 52) besteht aus zwei mit dem Rücken gegeneinandergelegten und durch einzelne Niete

11*

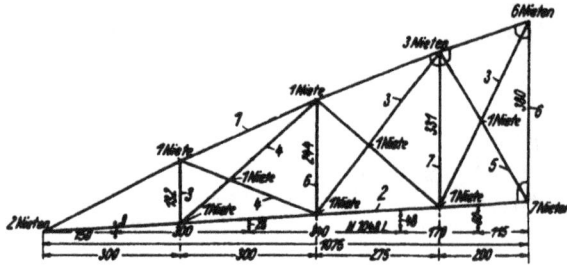

Abb. 54. Endrippe zum Flügel des Flugzeugmusters Ro III.
Profile der einzelnen Stäbe:

(1) L-Profil n 1049 ⎫
(2) L- » n 1048 ⎪
(3) U- » n 1002 ⎪
(4) U- » n 1001 ⎬ der Rohrbach-Metall-Flugzeug-
(5) U- » n 1003 ⎪ bau G. m. b. H., Berlin.
(6) U- » n 1005 ⎪
(7) U- » n 1006 ⎭

Schaftdurchmesser der Nieten: 2,5 mm.

miteinander verbundenen C-Profilen, die mit dem Hautblech ebenfalls durch Zickzacknietung vernietet sind.

Die Länge der Knickstäbe betrug durchweg 600 mm.

Zu weiteren ohne große Kosten herzustellenden Bauteilen rechnen auch die Flügelrippen. Bei den Rohrbach-
Flugzeugen sind die Flügelrippen nicht von vorn nach hinten
ohne Unterbrechung durchlaufend wie bei anderen Konstruktionen, sondern in drei Teile unterteilt, Abb. 53. Sie
bestehen aus dem Mittelstück a, das in dem eigentlichen
Flügelträger (Kastenholm) eingebaut ist und den daran
angeschlossenen Endrippen b und Nasenrippen c. Die End-
und Nasenstücke können abgeklappt werden, wodurch das
Flügelinnere jederzeit gut überwacht werden kann.

Die Flügelrippen weisen Fachwerkkonstruktion auf.
Abb. 54 zeigt den Aufbau der Endrippe. Die einzelnen Stäbe
haben L- und U-Profile und sind an den Knotenpunkten,
zum Teil durch Zwischenlegen von Knotenblechen, miteinander vernietet. Die Nasenrippe ist ähnlich aufgebaut,
Abb. 55. Auch für diese Stäbe sind L- und U-Profile verwendet worden. Während bei der Endrippe alle Felder
in Dreiecke aufgeteilt sind, stellt das vordere Feld der Nasenrippe einen nicht ausgekreuzten Rahmen dar, der von dem
gebogenen Profilstab gebildet wird.

Die ausgewählten Bauteile entstammen dem Aufbau des
Flugzeugmusters Ro III, einem zweimotorigen Seeflugzeug,
das sich bei einer größeren Zahl von Flügen bestens bewährt
hat, heute aber durch neuere und bessere Baumuster der
Rohrbach-Metallflugzeugbau G. m. b. H. überholt ist.

Von den ausgewählten Bauteilen wurden je drei Stück
in Duralumin und Lautal angefertigt. Die Zahl 3 wurde
als Mindestanzahl bei solchen Versuchen angesehen, da gerade bei der Prüfung ganzer Bauteile mit starken Streuungen
der Einzelversuchsergebnisse gerechnet werden mußte.

b) Herstellung.

Für die Anfertigung der Bauteile waren folgende Arbeits-
gänge notwendig:

1. Zuschneiden der angelieferten Bleche,
2. Herstellen der Profilstäbe,
3. Herstellen der Randbogen der Nasenrippen,
4. Zusammenbau.

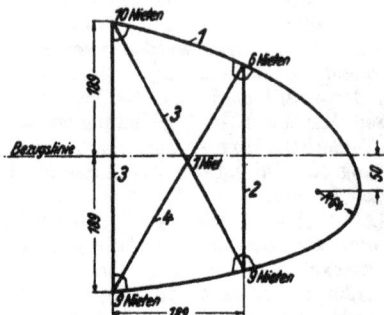

Abb. 55.
Nasenrippe
zum Flügel des
Flugzeug-
musters Ro III.
Profile der ein-
zelnen Stäbe:
(1) L-Profil n 1049
(2) R- » n 1009
(3) U- » n 1005
(4) U- » n 1003
der Rohrbach-
Metall-Flugzeug-
G. m. b. H., Berlin.
Schaftdurchmesser
der Nieten: 2,5 mm.

Zwischen den einzelnen Arbeitsgängen waren Wärmebehandlungen notwendig, die besondere Erwähnung finden.

1. Das Zuschneiden der angelieferten Duralumin- und
Lautalbleche wurde auf einer großen Blechschere vorgenommen. Ein unterschiedliches Verhalten der beiden Leichtmetalle konnte hierbei nicht festgestellt werden.

2. Das Herstellen der Profilstäbe erfolgte durch Ziehen.
Einige Lautalprofilstäbe mußten allerdings durch Kanten
hergestellt werden, da die Lautalbleche z. T. nicht die zum
Ziehen erforderliche Länge hatten. Später wurden diese
Bleche aber vom Lautawerk in größeren Längenabmessungen
geliefert, so daß die ursprünglich gekanteten Profilstäbe
dann auch gezogen werden konnten.

Zum Ziehen der Profile diente eine gewöhnliche Zieh-
bank (Hersteller Chr. Zimmermann, Köln-Ehrenfeld), bei
der ein Blechstreifen in kaltem Zustand durch ein oder mehrere Zieheisen hindurchgezogen wird und dadurch die Profilform erhält.

Die Duraluminblechstreifen wurden vor dem Ziehen bei
500° C geglüht und innerhalb eines Zeitraumes von 1 bis
2 Stunden nach dem Abschrecken verarbeitet. In diesem
Zustand ist das Duralumin verhältnismäßig weich, da eine
größere Härte erst mehrere Stunden nach dem Abschrecken
erreicht wird. Verformungen lassen sich daher in dieser Zeit
gut ausführen.

Die Lautalblechstreifen wurden größtenteils im An-
lieferzustand (normal veredelt) gezogen. Nur bei schwierigen
Profilen von größerer Wandstärke war eine besondere
Wärmebehandlung notwendig, die ebenfalls darin bestand,
daß die Blechstreifen vor dem Ziehen bei 500° C geglüht
und in Wasser abgeschreckt wurden. Mit der Verarbeitung
der Lautalstreifen war man jedoch nicht an eine bestimmte
Zeit gebunden, da ja Lautal in diesem Zustand nicht von
selbst hart wird wie Duralumin, sondern unbeschränkt lange
Zeit weich bleibt. Dieser Zustand des Lautals soll hier der
Einfachheit halber mit »halbveredelt« (nicht angelassen)
bezeichnet werden.

Die benutzten Zieheisen sind die im Betrieb der Rohrbach-Metallflugzeugbau G. m. b. H. für das Ziehen von Duraluminprofilen gebräuchlichen. Durch sie wurden auch die
Lautalblechstreifen hindurchgezogen. Irgendwelche Abänderungen sind an ihnen nicht vorgenommen worden.

Die Untersuchung begann mit dem Ziehen der für die
Herstellung der Rippen benötigten Duralumin- und Lautal-
blechstreifen von 0,8 und 1,0 mm Stärke. Die Duraluminstreifen wurden unmittelbar nach dem Abschrecken, die
Lautalstreifen in halbveredeltem oder normal veredeltem Zustand verarbeitet. Die ersten Versuche, die Lautalstreifen
in veredeltem Zustande zu ziehen, waren nämlich mißglückt.
Es kam vor, daß die Streifen im Zieheisen abrissen oder an
den Rundungen brachen. Hierauf wurden die übrigen
Lautalstreifen bei 500° C abgeschreckt und in diesem Zustand (halbveredelt) gezogen, was sich ohne Schwierigkeiten
bewerkstelligen ließ. Daraufhin wurden nochmals Versuche
mit normal veredelten Lautalstreifen gemacht und es stellte
sich heraus, daß bei Anwendung größerer Sorgfalt (gutem
Ölen der Zieheisen, Entfernen des Schnittgrates an den
Kanten der Blechstreifen, vorsichtigem Anfahren der Maschine) die Profile sich auch aus veredeltem Lautal ziehen
ließen. Die Biegeradien der gezogenen Profile waren etwa
gleich der doppelten Blechstärke. Die U-Profile wurden
durch ein, die L- und ⌒-Profile durch zwei hintereinander
angeordnete Zieheisen (in einem Zug) hindurchgezogen.

Das R-Profil des Knickstabes Nr. 1 von den in Abb. 56
angegebenen Abmessungen wurde ebenfalls ohne Schwierigkeiten aus halbveredeltem und
aus veredeltem Lautal gezogen.
Die Duraluminbänder wurden
dagegen vor dem Ziehen geglüht (bei 500° C) und kurz
nach dem Abschrecken verarbeitet.

Die Entstehung eines der-
artigen Profils veranschaulicht

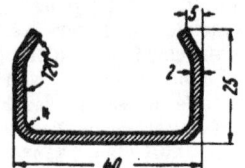

Abb. 56. R-Profil,

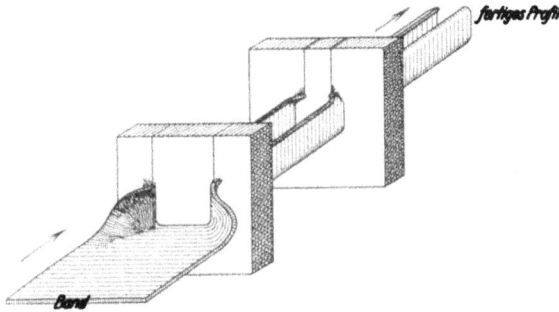

Abb. 57. Ziehen eines R-Profils durch zwei hintereinander
angeordnete Zieheisen.

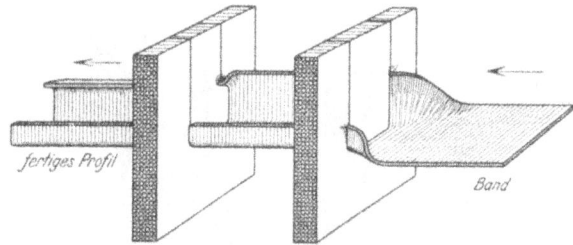

Abb. 60. Ziehen eines C-Profils durch zwei hintereinander
angeordnete Zieheisen.

Abb. 57. Das Ziehen erfolgt durch zwei Zieheisen, die im
Abstand von 20 bis 30 cm hintereinander angeordnet sind.
Beim Durchgang durch das erste Zieheisen erhält das Blech
die U-Form, während beim Durchgang durch das zweite
Zieheisen die Blechkanten nach innen abgebogen werden.
Die Geschwindigkeit, mit der die Blechstreifen durch die
beiden Zieheisen hindurchgezogen wurden, betrug ungefähr
3 m/min. An Hand der aus Abb. 57 ersichtlichen starken
plastischen Verformungen, die der Blechstreifen beim Durchgang durch die beiden Zieheisen erfährt, kann man sich
einen Begriff machen von den hohen Anforderungen, die
an das Material beim Ziehen derartiger Profile gestellt
werden.

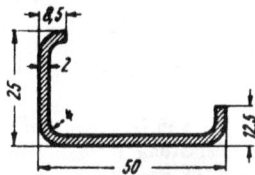

Abb. 58. C-Profil.

Etwas schwieriger gestal-
tete sich das Ziehen des in
Abb. 58 angegebenen C-Profils
des Knickstabes Nr. 2. Das
Profil ließ sich aus Duralumin
(kurz nach Abschrecken bei
500° C) zwar anstandslos mit
einer Ziehgeschwindigkeit von
3 m/min ziehen, aus halbveredeltem Lautal konnte es jedoch
trotz Anwendung größter Sorgfalt mit dieser Ziehgeschwindigkeit nicht hergestellt werden. Die Ziehgeschwindigkeit
mußte vielmehr auf etwa 1 bis 1,5 m/min verringert werden.
Der fertige Lautalprofilstab hatte sich im Gegensatz zum
Duraluminprofilstab, der ziemlich gerade war, in seiner
Längsrichtung stark verzogen und mußte durch wieder-
holtes Durchgang durch die Zieheisen gerade gerichtet
werden.

Ein Ziehen dieses Profils aus veredeltem Lautal war
nicht möglich, da das Blech beim Durchgang durch das
zweite Zieheisen beim letzten Umbiegen aufriß. Die Rißbildung an der Außenseite der letzten Umbiegestelle ist aus
Abb. 59 zu ersehen, während die Verformungserscheinungen
bei der Herstellung dieses Profils in Abb. 60 dargestellt sind.

Durch die Unsymmetrie dieses Profils werden offenbar
besonders ungünstige Materialbeanspruchungen hervorgerufen, die sich beim Ziehen von Lautal in stärkerem Maß
bemerkbar machen als bei Duralumin. Es hat jedoch den
Anschein, daß sich die bei Lautal hier auftretenden Schwierigkeiten durch geringfügige Abänderungen des Zieheisens,
der Profilform oder Profilabmessungen (Biegeradius) beheben lassen.

Bei der Herstellung von Profilen durch Kanten haben
sich bei Lautal keinerlei Anstände ergeben.

3. Die Randbogen der Nasenrippen wurden durch Bördeln über eine Form hergestellt. Vor dem Bördeln wurde
sowohl Duralumin als auch Lautal bei 500° C geglüht und
abgeschreckt. Nach dem Bördeln wurden die Lautalrand-
bogen 16 h bei 120° C im Ölbad angelassen. Irgendwelche
Schwierigkeiten sind bei der Herstellung dieser Teile nicht
aufgetreten.

4. Für den Zusammenbau der Einzelteile mußten Nieten
hergestellt werden. Hierzu wurde weichgeglühter Duralumin-
bzw. Lautaldraht verwendet, aus dem auf einer Nietmaschine
von Maschinenfabrik Kuhne, Iserlohn, Nieten angefertigt
wurden. Die Duraluminnieten wurden bei 500° C geglüht,
abgeschreckt und in den ersten Stunden nach dem Abschrecken verarbeitet. Die Lautalnieten wurden ebenfalls
bei 500° C geglüht und abgeschreckt, hierauf aber 16 h
bei 120° C angelassen. Die Verarbeitung der Duraluminnieten erfolgte also in halbveredeltem Zustand, die der Lautalnieten in normal veredeltem Zustand. Dabei zeigte sich, daß
die Lautalnieten sich etwa ebensogut schlagen ließen wie
die Duraluminnieten.

Irgendwelche Besonderheiten sind beim Zusammenbau
der Teile nicht aufgefallen.

c Prüfung.

24. Bericht: Prüfung von Duralumin- und Lautal-
Knickstäben.

Geprüft wurden je drei Duralumin- und Lautal-Knickstäbe der Formen 1 und 2 (s. S. 41). Die Belastung der Stäbe
erfolgte in einer liegenden 20-t-Festigkeitsmaschine von
Mohr & Federhaff, Mannheim[*]).

Die Versuchsanordnung ist in Abb. 61 angegeben. Sie
entspricht einer Spitzenlagerung, bei der die Knickstäbe
zwischen zwei kugelig gelagerten Druckplatten b eingespannt
sind. Diese Druckplatten sind eigens für diese Versuche angefertigt worden, da die an der Maschine befindlichen Platten zu schwer sind und infolgedessen ein erhebliches zusätz-
liches Moment ergeben hätten, wodurch die Versuchsergebnisse beeinträchtigt worden wären. Die neuen Druckplatten
wurden möglichst leicht gehalten. Eine gute Einstellbarkeit derselben sollte dadurch erzielt werden, daß sie auf
gut gefetteten Stahlkugeln von 10 mm Durchmesser gelagert wurden.

Der Schwerpunkt der Querschnittflächen der Knickstäbe wurde an Hand der Werkzeichnungen rechnerisch er-

*) Im allgemeinen sollen wegen des Biegungsmomentes aus dem
Eigengewicht des geknickten Stabes Knickversuche nur in stehenden
Festigkeitsmaschinen vorgenommen werden. Da aber das Gewicht
der Knickstäbe hier im Verhältnis zur Knickkraft äußerst gering
ist, konnten die Versuche unbedenklich in einer liegenden Maschine
durchgeführt werden.

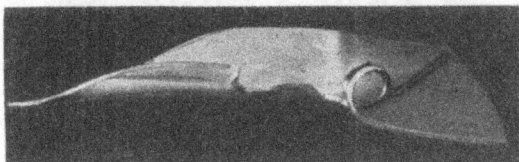

Abb. 59. Aufreißen eines Lautal-C-Profils beim Ziehen in
veredeltem Zustand.

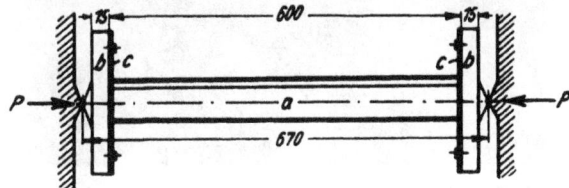

Abb. 61. Versuchsanordnung bei der Prüfung von Knickstäben.

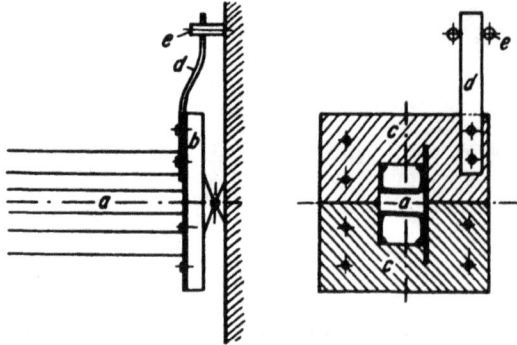

Abb. 62 u. 63. Ausbildung der Druckplatten für Knickversuche.

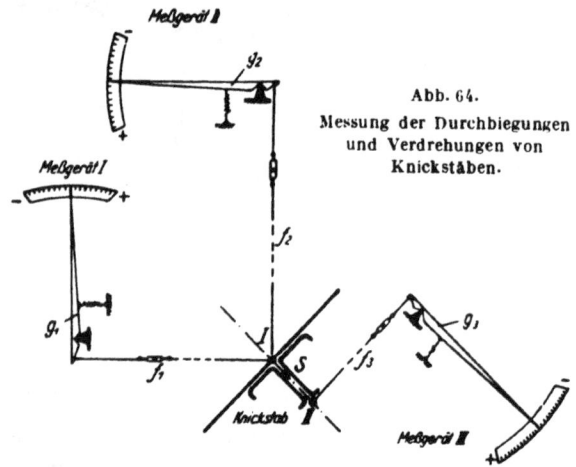

Abb. 64.
Messung der Durchbiegungen
und Verdrehungen von
Knickstäben.

mittelt. Um den Schwerpunkt der Endflächen möglichst genau in den Mittelpunkt der Druckplatten zu bringen und dadurch ein exzentrisches Angreifen der Knickkraft auszuschließen, wurden auf die Druckplatten Blechschablonen mit entsprechenden Aussparungen zum Einsetzen der Knickstäbe aufgeschraubt. Diese Schablonen haben ein Verschieben der Endflächen des Knickstabes auch bei Schrägstellen der Druckplatten in wirksamer Weise verhindert.

Da Knickstäbe der vorliegenden Formen häufig das Bestreben haben, sich bei Einwirkung der Knicklast um ihre Längsachse zu verdrehen, wurde an den Druckplatten je eine Blattfeder d befestigt, die bei Verdrehungskräften an einem der Anschläge e aufliegt. Dadurch wird lediglich ein Verdrehen der Platten verhindert, während ihre sonstige Einstellbarkeit nicht beeinflußt wird, Abb. 62 und 63.

Durchbiegungen und Verdrehungen der Knickstäbe wurden in der in Abb. 64 angedeuteten Weise gemessen. Die Bewegungen des Punktes I werden durch die lotrecht zueinander verlaufenden Züge f_1 und f_2 auf die Zeiger g_1 und g_2 übertragen, deren Spitzen auf den Skalen entsprechende Ausschläge anzeigen. Die Bewegungen des Punktes II in der Richtung des Zuges f_3 werden von dem Zeiger g_3 angezeigt. Die Lage des Punktes II in der Ebene der Züge f_1, f_2 und f_3 ist dadurch festgelegt, daß die Strecke I—II bekannt ist, von der angenommen werden kann, daß sie bei der Belastung ihre Größe nicht ändert. Aus den Bewegungen der Punkte I und II können auch die Bewegungen des Schwerpunktes S bestimmt werden.

Die Anzeigevorrichtung wurde mit Hilfe einer Mikrometerschraube geeicht. Da die Züge f_1, f_2 und f_3 möglichst lang gehalten wurden, waren die Abweichungen der angezeigten Beträge von den wirklichen Bewegungen nur ganz verschwindend. Die Zeiger waren aus Leichtmetall gefertigt und auf Schneiden gelagert. Die Übersetzung betrug 1:10, so daß $^1/_{100}$ mm noch geschätzt werden konnten. Die Meßeinrichtung hat den Vorteil größter Einfachheit. Sie hat sich bei den vorliegenden Versuchen, wo stets große Durchbiegungen und Verdrehungen auftraten, als hinreichend genau erwiesen. Ihre Anordnung bei der Belastung ist in Abb. 65 festgehalten.

1. Knickstäbe der Form 1. Bei der Prüfung dieser Knickstäbe wurden keine Messungen der Durchbiegungen und Verdrehungen vorgenommen. Die Belastung wurde stufenweise gesteigert bis zur Bruchlast; die bei den einzelnen Belastungsstufen gemachten Beobachtungen gibt Zahlentafel 38 wieder.

Um den Einfluß der Exzentrizität zu untersuchen, ist Stab 1c etwas (etwa 3 mm) außerhalb des Schwerpunktes gelagert worden. Dieser Punkt entspricht ungefähr dem Schwerpunkt bei Berücksichtigung von nur 50% der Querschnittfläche des Hautblechs. Die Knickfestigkeit ist nur wenig geringer geworden.

In Abb. 66 sind die Verformungen von je einem Duralumin- und Lautalstab nach der Belastung festgehalten. Die stärksten Formänderungen sind in der Mitte aufgetreten, wo sowohl die Hautbleche als auch die Profile ausgeknickt sind. Das Ausknicken erfolgte, wie zu erwarten war, über die Achse des kleinsten Trägheitsmomentes (BB). Eigentliche Brucherscheinungen sind nicht zu erkennen. Die Nieten sind bei allen Probestäben unversehrt geblieben. Die Duralumin- und Lautalstäbe zeigen ganz ähnliche Verformungen.

Abb. 65. Anordnung der Meßvorrichtung beim Knickversuch.

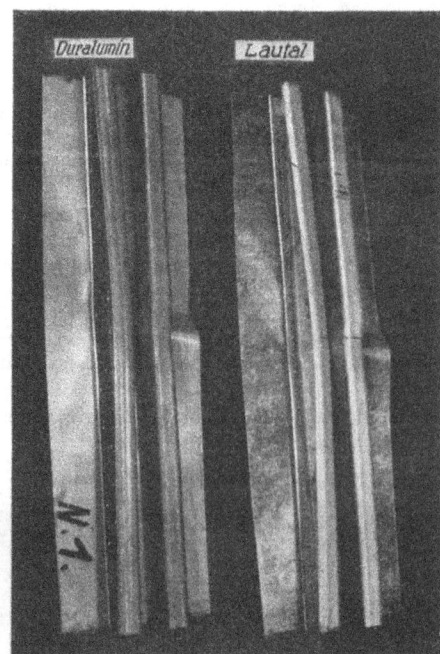

Abb. 66. Brucherscheinungen an je einem Duralumin- und Lautalknickstab (Form 1).

Zahlentafel 38. Belastung der Knickstäbe 1 a bis 1 f.

$F = 510 \text{ mm}^2$.
$S_1 =$ Schwerpunkt bei Berücksichtigung des vollen Hautblechquerschnitts.
$S_2 =$ Schwerpunkt bei Berücksichtigung eines Hautblechquerschnitts von 50 %.

a) Duralumin.

Stab Nr.	Lastangriffspunkt	Belastung kg	Druckspannung kg/mm²	Beobachtungen
1 a	S_1	2000	3,92	Leichte unregelmäßige Wellen an den Kanten des Hautblechs
		3500	6,86	Wellen stärker ausgeprägt
		6000	11,75	Symmetrische Wellenbildung ohne Verdrehungserscheinungen
		8520	16,70	B r u c h. Ausknicken in Richtung AA.*)
1 b	S_1	1500	2,94	} Wie bei Stab 1 a
		3500	3,86	
		4000	7,84	Leises Knistern
		4500	8,83	3 gleich starke Wellen im Hautblech
		5200	10,20	Knistern
		5500	10,72	
		5900	11,56	Örtliche leichte Verdrehungen
		7000	13,73	
		7500	14,70	Fortwährendes Knistern
		7700	15,10	Leichtes Durchbiegen der oberen Profilkanten nach oben
		8300	16,27	
		8500	16,66	
		8650	16,95	B r u c h : wie bei Stab 1 a
1 c	S_2	1500	2,94	} Wie bei Stab 1 b
		3000	5,88	
		4000	7,84	
		6500	12,75	Leichte Durchbiegung in Richtung BB
		8330	16,33	B r u c h. Nicht so unvermittelt wie bei 1 a und 1 b. Profile knicken nach außen aus, unten werden sie durch das Hautblech noch zusammengehalten

b) Lautal.

Stab Nr.	Lastangriffspunkt	Belastung kg	Druckspannung kg/mm²	Beobachtungen
1 d	S_1	3000	5,88	Verhalten ähnlich wie 1 e u. 1 f
		4500	8,83	
		6500	12,75	
		8000	15,70	
		8370	16,41	B r u c h. Ausknicken in Richtung AA. 3 Nieten abgesprungen
1 e	S_1	1500	2,94	Leichte unregelmäßige Wellen an den Kanten des Hautblechs
		2500	4,90	2 regelmäßige Wellen an beiden Kanten
		4000	7,84	Wellen stärker ausgeprägt
		5000	9,81	
		7000	13,72	Leichtes Ausbiegen eir.es Profils nach oben
		7500	14,70	Wage fällt vorübergehend
		8300	16,28	Nichts besonderes
		8350	16,38	B r u c h. Ausknicken in Richtung AA. 1 Niete abgeplatzt
1 f	S_1	2000	3,92	Verhalten ähnlich wie Stab 1 e
		2500	4,90	
		4000	7,84	
		5000	9,81	
		7000	13,72	
		7500	14,70	
		7590	14,89	
		7660	15,01	B r u c h. Ausknicken in Richtung AA

*) Richtung AA: Achse lotrecht zum Hautblech.
Richtung BB: Achse längs zum Hautblech.

Zahlentafel 39. Prüfung von Duralumin- und Lautal-Knickstäben der Form 1.

Knickstab Nr.	Werkstoff	Gewicht kg	Bruchlast kg	Druckbeanspruchung kg/mm²	Bemerkungen
1a	Duralumin	0,903	8520	16.7	Exzentrisch belastet.
1b		0,898	8650	17,0	
1c		(0,893)	(8330)	(16,3)	
Mittel a us 1a u. 1b		0,900	8540	16,7	
1d	Lautal	0,953	8370	16,4	
1e		0,908	8350	16,4	
1f		0,918	7660	15,0	
Mittel aus 1d, 1e, 1 f		0,926	8130	15,9	

Zum Vergleich der Ergebnisse dient Zahlentafel 39, wo die Gewichte, Bruchlasten und Druckbeanspruchungen der einzelnen Teile sowie die Mittelwerte eingetragen sind.

Die ermittelten Werte für die Bruchlast sind bei allen Stäben bei weitem geringer als die rechnerisch sich ergebende Knicklast.

Bei einem Versuch, die Knicklast des Stabes zu errechnen, könnte man z. B. folgendermaßen vorgehen:

Kleinstes Trägheitsmoment des Stabes (über die Achse BB) ohne Berücksichtigung des überstehenden Hautbleches:

$$\Theta_{min} = 12{,}3 \text{ cm}^4.$$

Entsprechende Querschnittsfläche des Stabes:

$$F = 5{,}1 \text{ cm}^2,$$

Trägheitsradius

$$i = \sqrt{\frac{\Theta}{F}} = \sqrt{\frac{12{,}3}{5{,}1}} = {\sim}\, 1{,}55 \text{ cm}$$

Schlankheitsverhältnis

$$\frac{l}{i} = \frac{67}{1{,}55} = {\sim}\, 43.$$

Da in diesem Bereich die Eulersche Knickformel nicht mehr anwendbar ist, kann die Berechnung nach Tetmajer oder Natalis erfolgen.

Setzt man z. B. in den Gleichungen von Natalis

$$\frac{K}{K_0} = \frac{1+A}{1+A+A^2}$$

und

$$A = \frac{K_0 \cdot a}{\pi^2} \left(\frac{l}{i}\right)^2$$

für $a = -\dfrac{1}{700\,000}$ kg^{-1}·cm² und für $K_0 = 38$ kg/mm² (Druckfestigkeit), so erhält man eine Knicklast von

$$P = {\sim}\, 12\,600 \text{ kg},$$

also ungefähr das 1,5fache der tatsächlich ermittelten Bruchlast. Die Anwendung der Formeln von Tetmajer hätte zu einer noch höheren Knicklast geführt.

Daß die berechnete Knicklast bei solchen Stäben in Wirklichkeit nicht erreicht wird, dürfte seinen Grund hauptsächlich darin haben, daß eine wichtige Voraussetzung für die Anwendbarkeit dieser Formeln, nämlich die Erhaltung der Querschnittsform und damit des Trägheitsmomentes, während der Belastung nicht erfüllt ist. Man konnte bereits bei verhältnismäßig geringer Belastung erhebliche Änderungen der Querschnittsform an manchen Stellen wahrnehmen. Außerdem wiesen die Stäbe bereits vor der Belastung zum Teil dem Auge sichtbare Unregelmäßigkeiten, wie nicht genau gerade Stabachse, Beulen und Wellen in den gebördelten Blechrändern der Profile u. a. m. auf. Eine wesentliche Rolle dürfte auch der Umstand spielen, daß die Stäbe nicht aus einem Stück, sondern aus mehreren durch Nietung verbundenen Teilen zusammengesetzt sind. Schließlich ist noch die Ungleichartigkeit des Materiales und sein an den einzelnen Stellen verschiedenartiger Zustand infolge der Bearbeitung von Einfluß.

Abb. 67. Duralumin-Knickstab bei 4,5 t Belastung.

Abb. 68. Duralumin-Knickstab bei 6 t Belastung.

Wollte man die Knicklast von derartigen Stäben, wie sie der Prüfung unterzogen wurden, im voraus berechnen, so müßte man in die Berechnung eine wesentlich höhere Dehnungszahl als die durch den Zugversuch ermittelte oder einen entsprechenden empirisch ermittelten Beiwert einführen.

Vergleicht man die Mittelwerte der Zahlentafel 39 miteinander, so bemerkt man, daß die Lautalstäbe trotz etwas höheren Gewichtes eine um etwa 5% geringere Knickfestigkeit als die Duraluminstäbe haben. Ein einwandfreier Vergleich dieser Ergebnisse läßt sich jedoch insofern nicht anstellen, als die Art der Herstellung bei den Duralumin- und Lautalprofilen verschieden war. Die Duraluminprofile wurden nämlich gezogen, während die Lautalprofile durch Kanten hergestellt werden mußten, da die Lautalbleche nicht die zum Ziehen erforderlichen Längenabmessungen hatten. Die Profilform kann aber auf einer gewöhnlichen Abkantmaschine niemals so genau hergestellt werden wie durch Ziehen, wo das Blech die ihm vom Zieheisen aufgezwungene Gestalt annehmen muß. Beim Kanten kommt es sehr darauf an, wie genau das Blech an die Abkantleiste angelegt werden kann, außerdem biegen sich, hauptsächlich bei sehr langen Profilen, die Abkantleisten in der Mitte erheblich durch, sodaß das erhaltene Profil in der Mitte andere Querschnittsabmessungen aufweist als an den Enden. Eine Nachprüfung der Querschnittsabmessungen bei den Knickstäben zeigte auch, daß die durch Ziehen hergestellten Duraluminprofile bedeutend gleichmäßiger waren als die durch Kanten hergestellten Lautalprofile.

Diese Verschiedenheit der Profilabmessungen ist zweifellos von erheblichem Einfluß auf die Prüfergebnisse. Es ist anzunehmen, daß die starken Streuungen der Einzelergebnisse der Lautalstäbe, die etwa 8,5% gegenüber $\sim$ 0,5% bei den Duraluminstäben betragen, wohl zu einem großen Teil auf die ungenauere Herstellart der Lautalprofile zurückzuführen sind.

Daß diese Annahme begründet ist, bestätigen die nachfolgenden Ergebnisse von Wiederholungsversuchen mit Lautal-Knickstäben, deren Profile nicht mehr durch Kanten, sondern ebenfalls durch Ziehen hergestellt wurden. Das Lautawerk hat für diese Versuche Lautalbänder von etwa 3 m Länge zur Verfügung gestellt.

Die Abweichungen der einzelnen Werte für die Bruchlast betragen hier nur noch etwa 4% gegenüber 8,5% der gekanteten Lautalausführung. Es ist also eine wesentliche Verbesserung in der Zuverlässigkeit der Prüfergebnisse eingetreten.

Vergleicht man nunmehr die entsprechenden Werte der Zahlentafeln 39 und 40, so findet man, daß die Lautalstäbe etwa dieselbe Knickfestigkeit besitzen wie die Duraluminstäbe. Bemerkenswert ist, daß das Gewicht der Lautalstäbe bei annähernd gleicher Knickfestigkeit um etwa 1,5% geringer ist als das der Duraluminstäbe, was sogar auf eine Überlegenheit der Lautalstäbe hindeutet.

2. Knickstäbe der Form 2. Bei diesen Knickstäben wurde versucht, mit Hilfe der auf S. 44 beschriebenen Meßeinrichtung die Bewegung des Schwerpunktes und die Verdrehung des Stabquerschnittes in der Mitte des Stabes während der Belastung zu verfolgen.

Die Ablesungen sind in die Zahlentafel 42 eingetragen. Bei den Duraluminstäben 2a und 2b war es nicht möglich, außer den Bewegungen des Meßpunktes I auch diejenigen des Meßpunktes II zu ermitteln, da die Meßeinrichtung noch nicht einwandfrei arbeitete. Vollständige Messungen konnten nur bei dem Duraluminstab 2c und den Lautalstäben 2d, 2e und 2f ausgeführt werden.

Die während der Belastung beobachteten Formänderungen sind ebenfalls in Zahlentafel 42 angegeben. Ein unterschiedliches Verhalten der Duralumin- und Lautalstäbe wurde nicht bemerkt. Bei einer Belastung von etwa 1600 kg bildeten sich leichte, meist unregelmäßige Wellen an den in Stabrichtung verlaufenden Rändern des Hautbleches, was als ein Zeichen dafür angesehen werden kann, daß sich der Stab bei dieser Belastung bereits merklich verkürzt. Bei den vorgenommenen Entlastungen sind die Wellen jedesmal vollständig verschwunden. Bei zunehmender Belastung verstärkte sich die Wellenbildung, änderte zum Teil auch ihre Form und war gegen das Ende der Belastung von einer starken Verdrehung des Stabquerschnittes in der Mitte begleitet. — Aus Abb. 67 ist die Verformung des Duraluminstabes Nr. 2b bei einer Last von 4500 kg zu ersehen, aus Abb. 68 die Verformung desselben Stabes bei 6000 kg Belastung.

Die Probestäbe wurden zuerst in Stufen von 500 kg, dann in Stufen von 200 kg und gegen das Ende der Versuche in kleineren Stufen belastet. Nach jeder Belastungsstufe wurden die Meßgeräte abgelesen. Im Verlauf der Belastung sind zwei bis drei Entlastungen vorgenommen worden, um die bleibenden Durchbiegungen und Verdrehungen zu ermitteln. Bei den Duraluminstäben 2b und 2c sowie bei den Lautalstäben 2d und 2e wurde nach 3100 und nach 4500 kg entlastet. Die bleibenden Ausschläge der Anzeigegeräte waren bei allen Stäben gleich groß, müssen jedoch durchweg als verhältnismäßig klein bezeichnet werden. Bei Duraluminstab 2c und beim Lautalstab 2e zeigte nach Entlastung von 4500 kg das linke Meßgerät beide Male einen bleibenden Ausschlag von $^3/_{1000}$ cm an,

Zahlentafel 40. Prüfung von Lautal-Knickstäben.

Knick-stab Nr.	Werkstoff	Gewicht kg	Bruch-last kg	Druckbean-spruchung kg/mm²	Herstellung der Profile
1g	Lautal	0,890	8730	17,0	Durch Ziehen im normal veredelten Zustand
1h		0,890	8370	16,2	
1i		0,885	8400	16,3	
Mittelwert		0,888	8500	16,5	

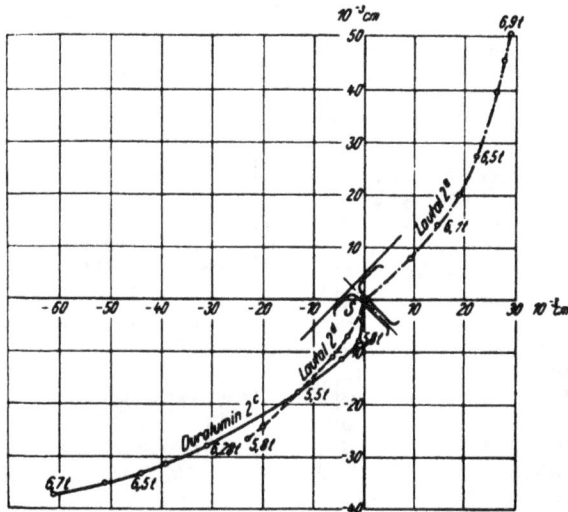

Abb. 69. Schwerpunktsbewegungen der Knickstäbe 2 c, 2 d u. 2 e während der Belastung.

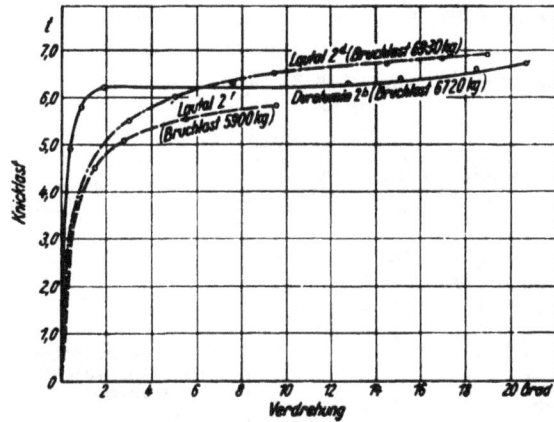

Abb. 70. Verdrehungen der Knickstäbe 2 c, 2 d u. 2 e während der Belastung.

während die Zeiger der beiden anderen Meßgeräte beide Male annähernd in die Nullage zurückgingen. Bei den anderen Knickstäben ergaben sich bei diesem Belastungszustand zum Teil etwas größere, bleibende Ausschläge. Ein verschiedentliches Verhalten der Duralumin- und Lautalstäbe kann jedoch daraus nicht gefolgert werden.

Aus den Ablesungen der Meßgeräte wurden nach dem auf S. 44 beschriebenen Verfahren die Bewegungen der Meßpunkte I und II und damit auch die Bewegung des Stabschwerpunktes sowie die Verdrehung des Stabquerschnittes während der Belastung ermittelt. In Abb. 69 sind die Bewegungen des Schwerpunktes bei dem Duraluminstab 2 c und bei den Lautalstäben 2 d und 2 e unter Angabe der jeweiligen Belastungen eingezeichnet. Bei Lautalstab 2 e erfolgt die Schwerpunktsbewegung auf einer leicht gekrümmten, stetig verlaufenden Kurve, die auf der rechten Seite der Symmetrieachse des Stabquerschnittes liegt. Die ähnlich verlaufenden Kurven für die Schwerpunktsbewegungen des Duraluminstabes 2 c und des Lautalstabes 2 d liegen auf der anderen Seite der Symmetrieachse des Stabquerschnittes. Mangels genauer Kenntnis der Vorgänge bei der Formänderung solcher Stäbe infolge Knickbelastung kann über die Kurven nichts weiteres ausgesagt werden.

In Abb. 70 sind für dieselben Stäbe die Verdrehungen der Symmetrieachse des Stabquerschnittes abhängig von der Belastung aufgetragen. Die Verdrehungen sind in einem großen Teil des Belastungsbereiches nur gering, nehmen aber im letzten Teil des Belastungsbereiches sehr stark zu. Besonders scharf kommt dies bei dem Duraluminstab zum Ausdruck, bei dem die Verdrehungen bis zu 6000 kg weniger als 1° betragen, dann aber plötzlich bis zu 22° bei 6700 kg

anwachsen. Auch der Lautalstab 2 d zeigt Verdrehungen bis zu etwa 20°, die bei ungefähr 6900 kg erreicht werden. Die Verdrehungen nehmen hier aber im ganzen etwas allmählicher zu.

Die Gewichte, Bruchlasten und Druckspannungen der geprüften Duralumin- und Lautalstäbe können aus Zahlentafel 41 entnommen werden.

Auch bei diesen Stäben liegen die ermittelten Werte für die Bruchlast bedeutend niedriger als die Knickformeln von Tetmajer oder Natalis ergeben würden.

Die Verformung der Knickstäbe nach dem Bruch ist aus Abb. 71 zu ersehen. Die dem Hautblech gegenüberliegenden Kanten der Profile sind seitlich ausgeknickt, ohne daß an einer Stelle eine eigentliche Materialtrennung erfolgt wäre. Bei dem abgebildeten Duraluminstab liegt die starke örtliche Ausknickung etwa in der Mitte, bei dem abgebildeten Lautalstab etwas darüber.

Die Betrachtung der Mittelwerte ergibt, daß die Lautalstäbe bei einem um etwa 8% höheren Gewicht annähernd dieselbe Knickfestigkeit besitzen wie die Duraluminstäbe. Es gilt aber auch hier das auf S. 46 Gesagte, wonach bei Herstellung der Profile der Lautalstäbe durch Ziehen bessere Ergebnisse für Lautal zu erwarten sein würden. Die Streuungen der Einzelergebnisse für die Bruchlast betragen bei den Duraluminstäben etwa 6% gegenüber etwa 15% bei den Lautalstäben. Eine Wiederholung der Versuche mit Lautalstäben, deren Profile durch Ziehen hergestellt wurden, konnte hier leider nicht erfolgen.

Zahlentafel 41. Prüfung von Duralumin- und Lautal-Knickstäben der Form 2.

Knickstab Nr.	Werkstoff	Gewicht des Stabes kg	Bruchlast kg	Druckspannung kg/mm²	Herstellung der Profile
2 a	Duralumin	0,887	6310	12,5	Durch Ziehen
2 b		0,888	6720	13,3	
2 c		0,890	6500	12,9	
Mittel		0,888	6510	12,9	
2 d	Lautal	0,943	6930	13,7	Durch Kanten
2 e		0,966	6580	13,0	
2 f		0,964	5900	11,7	
Mittel		0,958*)	6470	12,8	

*) Die etwas höheren Gewichte der Lautalstäbe rühren daher, daß die verarbeiteten Lautalbleche etwas stärker waren als die Duraluminbleche.

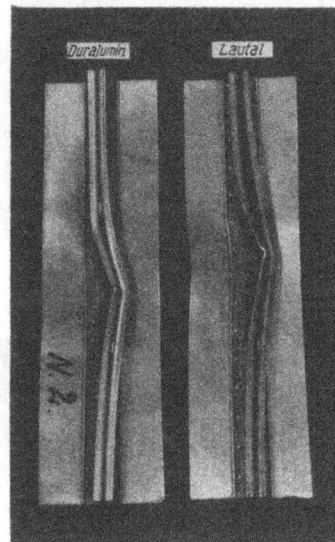

Abb. 71. Brucherscheinungen an je einem Duralumin- und Lautal-Knickstab (Form 2).

Zahlentafel 42. Belastung der Knickstäbe 2a bis 2f.

$$F = 505 \text{ mm}^2$$

Lastangriff bei sämtlichen Stäben im Schwerpunkt S der Querschnittsfläche.

Duraluminstab Nr. 2a

Belastung kg	kg/mm²	Ablesung in ¹/₁₀₀₀ cm links	rechts	Bemerkungen
100	0,198	0	0	
400	0,792	+ 4	0	
700	1,386	+ 7	0	
1000	1,98	+ 8	0	
1300	2,58	+ 9	0	
1600	3,17	+ 8	— 1	An den Rändern des Haut-
1900	3,76	+ 8	— 6	blechs haben sich je 3 Wellen
100	0,198	+ 5	0	herausgebildet.
1900	3,76	+ 1	— 6	
2200	4,36	+ 9	— 9	
2500	4,95	+ 8	—11	Wellenbildung verstärkt sich.
2800	5,54	+ 5	—13	
3100	6,14	+ 2	—16	
100	0,198	+ 3	0	Wellenbildung verschwunden.
3100	6,14	+ 2	—15	
3400	6,74	+ 1	—19	
3700	7,33	0	—20	
3800	7,53	0	—20	An beiden Seiten des Haut-
4100	8,12	0	—22	blechs 3 starke Wellen.
4500	8,91	— 1	—32	Starke Verdrehung der Stab-
4800	9,51	+ 3	—32	mitte, auf einer Seite des
5100	10,09	+ 4	—29	Hautblechs 3 Wellen, auf
5250	10,39	+ 8	—29	der anderen Seite 2 Wellen.
5400	10,69	+10	—28	
5500	10,89	+14	—28	
5600	11,09	+18	—28	
5700	11,28	+19	—27	Verdrehung der Stabmitte
5800	11,48	+22	—27	schätzungsweise 15°.
5900	11,68	+29	—28	
6000	11,86	+39	—28	
6100	12,17	+48	—26	
6200	12,27	+98	— 8	
6310	12,49	Bruch!		

Duraluminstab Nr. 2b

Belastung kg	kg/mm²	Ablesung links	rechts	Bemerkungen
100	0,198	0	0	
600	1,88	+ 10	+ 4	
1100	2,18	+ 18	+ 5	
1600	3,17	+ 21	+ 3	An jeder Kante des Haut-
2100	4,16	+ 22	+ 1	blechs bilden sich 2 leichte
2600	5,15	+ 19	0	Wellen.
3100	6,14	+ 15	0	
100	0,198	+ 9	0	Wellenbildung verschwunden.
3100	6,14	+ 15	0	
3600	7,14	+ 6	— 1	
4100	8,12	+ 2	— 3	Starke Wellenbildung.
4300	8,52	— 1	— 6	
4500	8,91	— 2	— 9	
100	0,198	+ 15	0	Wellenbildung verschwunden.
4500	8,91	— 4	— 12	Abb. 67 angefertigt.
4700	9,31	— 9	— 14	
4900	9,70	— 17	— 18	
5100	10,09	— 18	— 18	
5300	10,48	— 19	— 20	
5400	10,69	— 11	— 23	Kurzes Knacken. Verände-
5560	11,00	+ 42	— 19	rung in der Wellenbildung
5600	11,08	+ 46	— 20	des Hautblechs. Starke Ver-
5700	11,28	+ 54	— 20	drehung.
5800	11,48	+ 61	— 18	
5900	11,68	+ 66	— 18	
6000	11,86	+ 80	— 18	Abb. 68 angefertigt.
6100	12,17	+ 89	— 17	
6200	12,27	+114	— 17	
6500	12,87	Bruch!		

Duraluminstab Nr. 2c

Belastung kg	kg/cm²	Ablesungen in ¹/₁₀₀₀ cm Meßpunkt I links	rechts	Meß- punkt II	Bemerkungen
100	0,198	0	0	0	
600	1,88	+ 6	+ 7	0	
1100	2,18	+ 8	+ 7	0	
1600	3,17	+ 12	— 3	0	An den Rändern des Haut-
2100	4,16	+ 14	— 1	0	blechs bilden sich je 2 Wellen.
2600	5,15	+ 16	— 3	0	
3100	6,14	+ 14	— 9	0	
100	0,198	+ 2	0	0	Wellenbildung verschwunden.
3100	6,14	+ 14	— 9	0	
3600	7,14	+ 10	— 15	— 3	
4100	8,12	+ 6	— 20	— 3	Wellen bilden sich stärker
4500	8,91	+ 3	— 25	— 3	aus.
100	0,198	+ 3	0	0	Wellen verschwunden.
4500	8,91	+ 2	— 25	— 3	
4900	9,70	0	— 35	— 4	
5300	10,48	— 2	— 41	— 6	
5700	11,28	— 6	— 58	— 10	
5900	11,68	— 8	— 63	— 12	
6000	11,86	— 8	— 69	— 15	
6100	12,17	— 6	— 76	— 19	
6200	12,27	— 4	— 81	— 25	
6280	12,43	+ 34	— 55	— 142	Die beiden Wellen in je 1
6300	12,47	+ 42	— 58	— 156	Welle an jedem Blechrand
6400	12,67	+ 58	— 58	— 170	umgeschlagen, starke Ver-
6500	12,87	+ 72	— 58	— 183	drehung des Stabes in der
6600	13,07	+100	— 58	— 206	Mitte.
6700	13,27	+140	— 50	— 232	
6720	13,31	Bruch!			

Lautal-Knickstab Nr. 2d

Belastung kg	kg/cm²	Meßpunkt I links	rechts	Meßpunkt II	Bemerkungen
100	0,198	0	0	0	
600	1,88	+ 8	+ 4	— 1	
1100	2,18	+ 10	+ 1	— 1	
1600	3,17	+ 10	0	— 1	Unregelmäßige Wellen-
2100	4,16	+ 10	— 6	— 5	bildung an den Kanten des
2600	5,15	+ 10	— 16	— 7	Hautblechs.
3100	6,14	+ 12	— 18	— 9	
100	0,198	+ 10	— 4	— 1	Wellen verschwunden.
3100	6,14	+ 14	— 17	— 9	
3600	7,14	+ 14	— 20	— 11	Wellenbildung.
4100	8,12	+ 10	— 28	— 14	
4500	8,91	+ 6	— 39	— 19	
100	0,198	+ 12	— 6	— 2	Wellen verschwunden.
4500	8,91	+ 8	— 39	— 19	
4700	9,31	+ 6	— 41	— 21	
4900	9,70	+ 6	— 45	— 23	
5100	10,09	+ 8	— 56	— 34	
5300	10,48	+ 16	— 70	— 49	Starke Wellenbildung und
5500	10,88	+ 20	— 80	— 63	Verdrehung
5600	11,09	+ 24	— 87	— 78	
5700	11,28	+ 28	— 94	— 97	
5800	11,48	+ 40	— 98	— 110	
5900	11,68	Bruch!			

Lautalstab Nr. 2e

Belastung kg	kg/cm²	Meßpunkt I links	rechts	Meßpunkt II	Bemerkungen
100	0,198	0	0	0	
600	1,88	+ 4	+ 1	0	
1100	2,18	+ 8	+ 7	— 1	
1600	3,17	+ 10	+ 4	— 1	Leichte Wellenbildung an den
2100	4,16	+ 10	+ 5	— 2	Rändern des Hautblechs.
2600	5,15	+ 4	+ 7	— 2	
3100	6,14	+ 1	+ 7	— 2	
100	0,198	+ 3	0	— 1	Wellen verschwunden.
3100	6,14	0	+ 7	— 2	
3600	7,14	— 5	+ 7	— 2	
4100	8,12	— 12	+ 9	+ 1	Stärkere Wellenbildung
4500	8,91	— 20	+11	+ 7	

Lautalstab Nr. 2e (Fortsetzung).

Belastung		Ablesungen in $^1/_{1000}$ cm			Bemerkungen
		Meßpunkt I		Meß-	
kg	kg/cm²	links	rechts	punkt II	
100	0,198	+ 3	— 1	— 1	Wellen verschwunden
4500	8,91	— 20	+ 11	+ 8	
4700	9,31	— 24	+ 12	+ 11	
4900	9,70	— 30	+ 14	+ 17	
5100	10,09	— 32	+ 14	+ 20	
5300	10,48	— 38	+ 18	+ 28	
5500	10,88	— 40	+ 20	+ 37	Starke Wellenbildung und
5700	11,28	— 42	+ 21	+ 50	Verdrehung
5900	11,68	— 43	+ 23	+ 60	
6100	12,08	— 48	+ 30	+ 75	
6300	12,48	— 43	+ 39	+ 95	
6500	12,88	— 38	+ 48	+ 125	Kurzes Knistern. Stark zu-
6700	13,27	— 16	+ 79	+ 170	nehmende Verdrehung
6800	13,47	— 10	+ 100	+ 190	
6930	13,72	Bruch!			

Lautal-Knickstab Nr. 2f.

100	0,198	0	0	0	
1100	2,18	+ 1	+ 1	— 1	
2100	4,16	+ 1	0	— 7	Wellenbildung beginnt
3100	6,14	— 5	— 6	— 9	
4100	8,12	— 20	— 13	— 10	Verstärkung der Wellen
4600	9,11	— 28	— 18	— 11	
5100	10,09	— 39	— 22	— 12	
5600	11,08	— 45	— 30	— 14	
5900	11,68	— 50	— 37	— 18	
6200	12,27	— 50	— 54	— 27	Starke Verdrehung
6400	12,67	+ 135	— 102	— 190	
6580	13,03	Bruch!			

Ergebnis der Prüfung von Knickstäben.

Auf Grund der Versuchsergebnisse kommt man zu dem Schluß, daß die Knickstäbe in Lautalausführung bezüglich Festigkeit denen in Duraluminausführung bei gleicher Herstellung für die Duralumin- und Lautalprofile praktisch gleichwertig sind. Unter dieser Voraussetzung, die nur bei der Prüfung der Knickstäbe der Form I erfüllt ist, ergibt sich sogar aus den Versuchen eine geringe Überlegenheit der Lautal-Knickstäbe.

24. Bericht: Prüfung von Duralumin und Lautal-Flügelrippen.

Den Rippen fällt die Aufgabe zu, die an der Außenhaut des Tragflügels angreifenden Luftkräfte auf die Hauptträger (Holme) des Flügels zu übertragen. Die Größe dieser Kräfte hängt ab von der Flächenbelastung, von der Fluggeschwindigkeit (Staudruck) und von der Form des Flügelprofils. Um zu untersuchen, in welcher Weise sich die Luftkräfte über den Flügel verteilen, wurde an bestimmten Tragflügelformen sowohl mit Modellen im Windkanal[49]) als auch mit richtigen Flugzeugen im Fluge[50]) die Druckverteilung gemessen. Für die Berechnung der Festigkeit von Flügelrippen genügt es, vereinfachte Annahmen über die Rippenbelastung zu machen. Heimann und Madelung[22)51]) haben gezeigt, wie man auf Grund der Druckverteilungsmessungen die Belastung mit für die Praxis genügender Genauigkeit in dreieckförmige Belastungsflächen unterteilen kann. In Abb. 72 sind die Rippenlasten für den A-Fall (Abfangen), B-Fall (Gleitflug) und C-Fall (Sturzflug) dargestellt. Für den hinteren Teil der Rippe, der für die Beanspruchung der hier zu untersuchenden Endrippe maßgebend ist, hat man für alle drei Fälle als Belastungsfläche ein Dreieck, das sich für die einzelnen Belastungsfälle nur durch seine Höhe unterscheidet. Die Belastung kann man sich von unten nach oben wirkend vorstellen. Für den vorderen Rippenteil, der die zu untersuchende

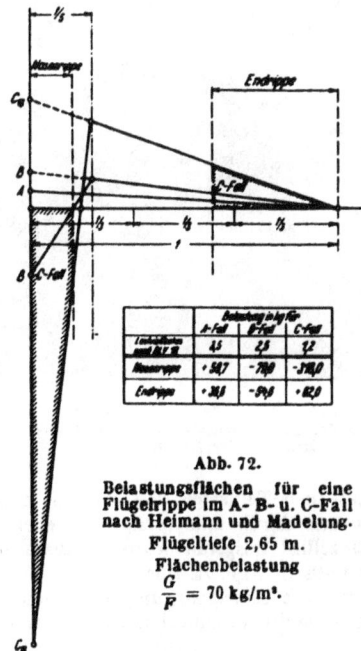

Abb. 72.
Belastungsflächen für eine Flügelrippe im A- B- u. C-Fall nach Heimann und Madelung.
Flügeltiefe 2,65 m.
Flächenbelastung
$\frac{G}{F} = 70$ kg/m².

Nasenrippe betrifft, ergibt sich für die einzelnen Fälle eine verschiedenartige Belastung. Im A-Fall wirkt die Belastung in Form einer trapezförmigen Belastungsfläche von unten nach oben, während sich die Belastungsrichtung im B- und C-Fall umkehrt. Im B-Fall ist die Belastungsfläche dreieckförmig, im C-Fall trapezförmig.

Man erkennt, daß sowohl für die Endrippe als auch für die Nasenrippe der C-Fall die größten und ungünstigsten Belastungen hervorruft. Die Rippen sind deshalb auch entsprechend diesem Fall belastet worden.

Die Aufhängung der Rippen bei der Belastung erfolgte in derselben Weise wie im Flugzeug an je zwei Scharnieren, die dort angebracht sind, wo die Rippengurte an den Hauptkastenträger des Tragflügels stoßen. An Stelle des Hautbleches, das den Rippen im Flügel die seitliche Steifigkeit verleiht, sind zu beiden Seiten der Rippen senkrechte Führungsleisten aus Holz angeordnet worden, die ein seitliches Auskicken der Rippen verhindern sollten, Abb. 73 u. 74. Die dreieck- bzw. trapezförmige Belastung wurde, wie aus den Abb. 75 und 76 hervorgeht, auf die einzelnen Knotenpunkte verteilt. Man erhielt dadurch die auf die Knoten-

Abb. 73. Belastungsgerüst für die Prüfung der Endrippen.

Abb. 74. Belastung der Endrippen.
Anordnung der Führungsleisten und des Auslegers für die Messung der Durchbiegungen.

punkte entfallenden Teillasten, die aber nicht einzeln angehängt, sondern durch entsprechende Hebelübersetzung von einer Einzellast ausgeübt wurden. Diese Belastungsweise ist ebenfalls in Abb. 75 angegeben.

Es wurden sechs Endrippen und sechs Nasenrippen geprüft, von denen je drei in Lautal und Duralumin ausgeführt waren.

Die Einrichtung zur Messung der Formänderungen der Rippen bei der Belastung ist im folgenden näher beschrieben.

1. Endrippen. Die Belastung wurde zuerst in Stufen von 50 kg und dann in kleineren Stufen vorgenommen. Nach jeder Belastungsstufe sind die Senkungen der Knotenpunkte gemessen worden. Zwischendurch erfolgten Entlastungen zur Ermittlung der bleibenden Formänderungen.

Zur Messung der Durchbiegungen der Rippe an den Knotenpunkten wurde folgende, aus Abb. 74 ersichtliche Einrichtung benutzt:

Zwei Holzleisten, von denen die eine ungefähr parallel zum Untergurt der Rippe verläuft, bilden miteinander einen Ausleger, der an den Aufhängepunkten der Rippe befestigt ist und sonst nicht mit dem Belastungsgerüst in Verbindung steht. Entlang der oberen Leiste sind in Augenhöhe zwei

in etwa 1 cm Abstand nebeneinander herlaufende Fäden gespannt, über die die an den Knotenpunkten des Untergurts der Rippe befestigten Skalen anvisiert werden können. Durch die ausschließliche Befestigung des Auslegers an den Aufhängepunkten der Rippe wird erreicht, daß der Ausleger die Auflagerbewegungen mitmacht und die Senkungen der Knotenpunkte relativ zu den Auflagerbewegungen abgelesen werden können. Solche Messungen wurden an je zwei Duralumin- und Lautalrippen ausgeführt, während bei den beiden übrigen Rippen nur die Bruchlast festgestellt wurde.

Die Ergebnisse der Messungen sind in Zahlentafel 44 zusammengestellt. Dort sind auch die sonstigen während der Belastung gemachten Beobachtungen eingetragen.

Während der Belastung haben weder die Duralumin- noch die Lautalrippen etwas besonders Bemerkenswertes gezeigt. Außer einem starken Ausbiegen der auf Druck belasteten Diagonalstäbe b und h*) der inneren Felder und einem weniger starken Durchbiegen des senkrechten Stabes f konnten keine augenfälligen Verformungen beobachtet werden. Nach dem Entlasten, das nach 160 und 200 kg erfolgte, gingen die Rippen wieder in ihren Anfangszustand zurück. Dabei konnten in der Regel nur verhältnismäßig geringe bleibende Senkungen der Knotenpunkte festgestellt werden.

Die Senkungen der Knotenpunkte sind in den Abb. 77 und 78 in Abhängigkeit von der Belastung aufgetragen. Die dort eingezeichneten Linien verlaufen bei den einzelnen Rippen zum Teil verschiedenartig, so daß ein Vergleich nicht gut möglich ist. Die mitunter auftretenden Unstetigkeiten können von plötzlicher Überwindung der Reibung an den Knotenpunkten und der dadurch hervorgerufenen anderen Einstellung der einzelnen Stäbe zueinander herrühren. Abgesehen von diesen Unstetigkeiten wachsen die Durchbiegungen im großen und ganzen verhältnisgleich mit der Belastung.

Bezüglich der Größe der Durchbiegungen verhalten sich die Duralumin- und Lautalrippen ungefähr gleich.

Der Bruch erfolgte in den meisten Fällen durch Reißen einer der auf Zug belasteten Diagonalstäbe der inneren Felder in der Nähe eines Knotenpunktes. Meistens lag die Bruchfläche in dem durch das Nietloch geschwächten Stabquerschnitt. Nur bei Duralumin-rippe Nr. 2 sind die Stäbe unversehrt geblieben, wogegen ein Niet abgeschert wurde. In Abb. 79 ist je eine gebrochene Duralumin- und Lautalrippe abgebildet.

Die erreichten Bruchlasten sind in Zahlentafel 43 nochmals unter Angabe der Gewichte der einzelnen Rippen zusammengestellt.

Die Lautalrippen erreichen bei einem um 7 bis 8% höheren Gewicht eine um etwa 15% höhere mittlere Bruchlast. Die Abweichungen der einzelnen Werte für die Bruchlast sind bei beiden Rippenarten ungefähr gleich groß.

In diesen Ergebnissen würde also eine leichte Überlegenheit der Lautalrippen zum Ausdruck kommen.

2. Nasenrippen. Die Prüfung der Nasenrippen erfolgte in ähnlicher Weise wie die der Endrippen, und zwar mit demselben Belastungsgerüst und derselben Meßeinrichtung.

Die Aufhängung der Nasenrippen ist entsprechend der Anord-

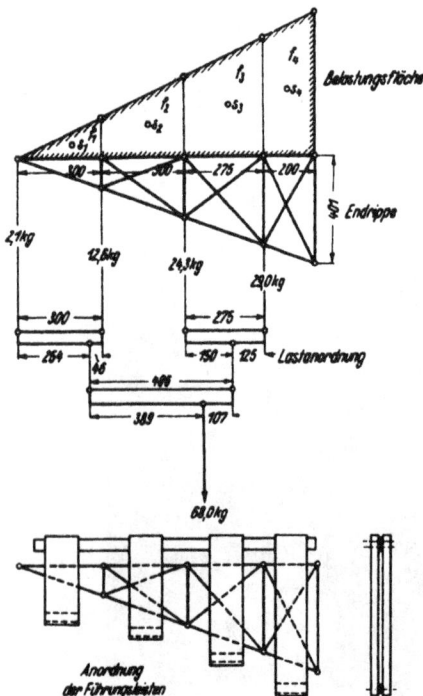

Abb. 75. Belastungsanordnung bei der Festigkeitsprüfung der Endrippen.

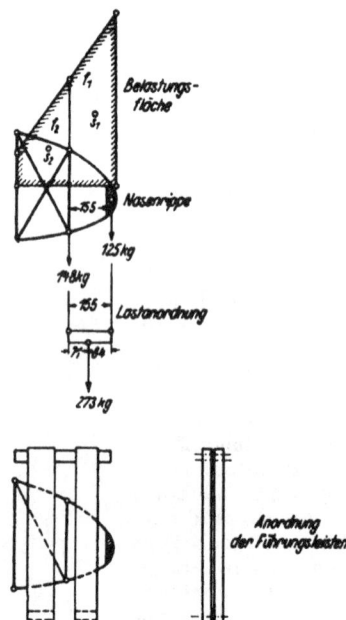

Abb. 76. Belastungsanordnung bei der Festigkeitsprüfung der Nasenrippen.

*) Die Bezeichnung der Stäbe und Knotenpunkte ist auf Abb. 81 angegeben.

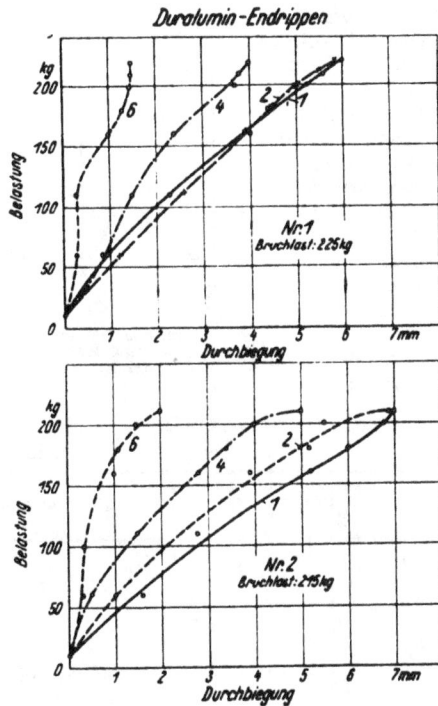

Abb. 77. Abhängigkeit der Durchbiegungen von der Belastung.

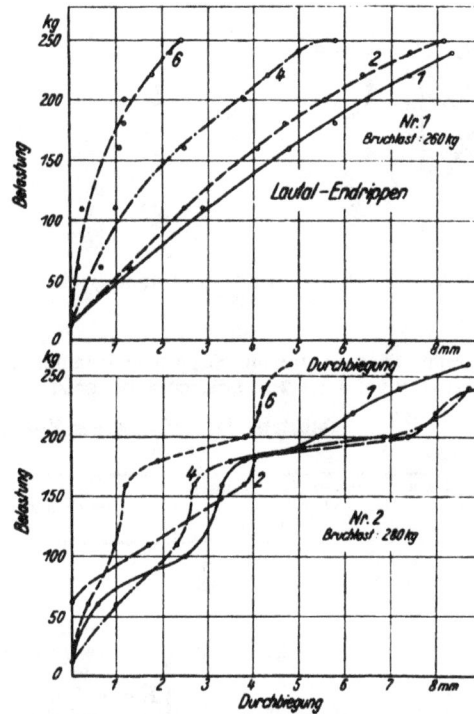

Abb. 78. Abhängigkeit der Durchbiegungen von der Belastung.

nung im Flugzeug an Scharnieren, die in der Nähe der Knotenpunkte 1 und 2 angebracht waren, vorgenommen worden. Die Verteilung der trapezförmigen Belastung auf

Zahlentafel 45. Prüfung von Duralumin- und Lautal-Endrippen.

Rippe Nr.	Werkstoff	Gewicht der Rippe kg	Bruchlast kg
1	Duralumin	0,303	225
2		0,304	215
3		0,304	245
Mittel		0,304	228
1	Lautal	0,331	260
2		0,328	280
3		0,321	245
Mittel		0,327*)	262

*) Die höheren Gewichte der Lautalrippen rühren daher, daß die verarbeiteten Lautalbleche etwas stärker waren als die Duralumin- bleche.

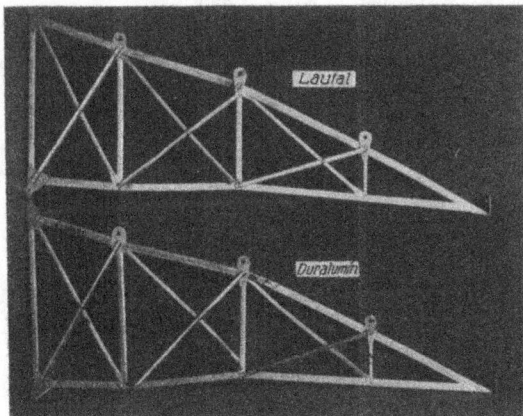

Abb. 79. Endrippen aus Duralumin und Lautal nach der Festigkeitsprüfung.

den Knotenpunkt 3 und die Nasenspitze 5 ist in Abb. 76 angegeben. Die Hebelübersetzung zur Ausübung der Be- lastungskräfte durch eine einzige Last ist aus Abb. 82 er- sichtlich.

Die Senkungen der Punkte 4 und 5 wurden bei stufen- weiser Belastung gemessen; zwischendurch wurden zur Er- mittlung der bleibenden Formänderungen einige Ent- lastungen eingeschaltet. Die Meßergebnisse sind in Zahlen- tafel 45 zusammengestellt und in den Abb. 84 und 85 in Abhängigkeit von der Belastung aufgetragen. Die einzelnen Rippen zeigen, wie aus den Linien für die Bewegung der Meßpunkte zu ersehen ist, teilweise sehr verschiedenartiges Verhalten. Dies gilt besonders für den Meßpunkt 5 (Nasen- spitze), der beispielsweise bei der Duraluminrippe Nr. 1 zum Teil mehr als doppelt so große Senkungen aufweist als der Punkt 5 bei der Duraluminrippe Nr. 2. Auch bei den Lautal- rippen treten solche Verschiedenheiten auf.

Die bei den meisten Rippen bei 300 kg vorgenommene Entlastung ergab mitunter größere bleibende Senkungen, besonders für die Nasenspitze. Die Duraluminrippe Nr. 1 und die Lautalrippe Nr. 2 zeigen dagegen nach Entlastung von 300 kg nur ganz geringe bleibende Senkungen. Irgend- welche Besonderheiten sind bei der Belastung der Rippen nicht aufgetreten.

In Zahlentafel 46 sind die Gewichte und die Bruchlasten der einzelnen Rippen nochmals zusammengestellt.

Abb. 80. Nasenrippen aus Duralumin und Lautal nach der Festigkeitsprüfung.

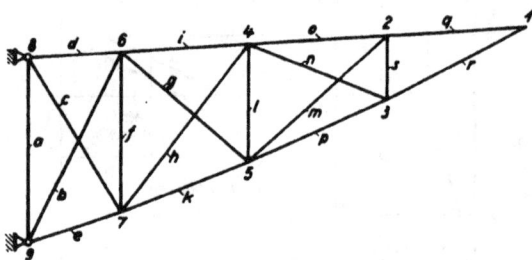

Abb. 81. Bezeichnung der Stäbe und Knotenpunkte der Endrippe.

Während die drei Duraluminrippen sich in ihren Gewichten nur um 1 bis 2 g unterscheiden, weist die Lautalrippe Nr. 3 ein um 10 bis 11 g kleineres Gewicht auf als die beiden anderen Lautalrippen. Beim Nachmessen der Lautalrippe Nr. 3 stellte sich auch heraus, daß bei dieser Rippe das Profil für den Randbogen um $^1/_{10}$ bis $^2/_{10}$ mm geringere Wandstärke hatte. Diese Rippe ist auch bei einer auffallend geringen Belastung gebrochen, und zwar nicht wie die anderen Rippen durch Reißen des auf Zug belasteten Diagonalstabes, Abb. 80, sondern durch Bruch des Randbogens an der Nasenspitze.

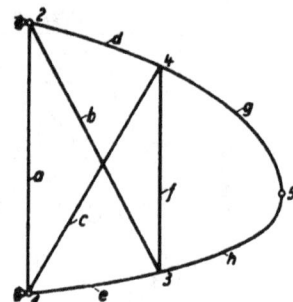

Abb. 83. Bezeichnung der Stäbe und Knotenpunkte der Nasenrippe.

Zahlentafel 44. Prüfung der Endrippen. (Zusammenstellung der Meßergebnisse.)

a) Duralumin.

Rippe Nr. 1

Belastung kg	Senkungen der Knotenpunkte in mm				Bemerkungen
	1	2	4	6	
10	0	0	0	0	
60	0,9	1,2	0,9	0,3	
110	2,3	2,6	1,5	0,3	Stab b*) beginnt sich s-förmig durchzubiegen
160	4,0	3,9	2,4	1,0	
10	0,3	0,4	0,0	0,0	Keine Verformungen sichtbar
160	4,0	3,9	2,4	1,0	
180	4,4	4,5	3,0	1,3	Stärkere Ausbiegung des Stabes b
200	5,2	5,0	3,7	1,4	Keine Verformungen sichtbar
10	0,3	0,6	0,0	0,0	
200	5,2	5,0	3,7	1,4	
210	5,6	5,5	3,8	1,5	Stab b sehr stark durchgebogen; weniger stark Stab h
220	6,0	5,9	4,0	1,5	
225	Bruch				

Brucherscheinungen: 1. Am Knotenpunkt 7 ein Niet abgeschert und Knotenblech am durch Nietloch geschwächten Querschnitt gerissen. 2. Am Knotenpunkt 5 Blech am Nietloch gerissen. 3. Am Knotenpunkt 3 Blech am Nietloch ausgerissen. Es konnte nicht festgestellt werden, wo der Bruch zuerst eintrat.

Rippe Nr. 2

Belastung kg	Senkungen der Knotenpunkte in mm				Bemerkungen
	1	2	4	6	
10	0	0	0	0	
60	1,6	1,0	0,5	0,3	
110	2,8	2,8	1,5	0,3	
160	5,2	3,9	2,8	1,0	
10	0,6	0,3	0,0	0,1	
160	5,4	3,9	2,4	0,8	Durchbiegung von Stab b
180	6,0	5,2	3,4	1,1	Keine sichtbaren Verformungen
200	6,8	5,5	4,0	1,5	
10	1,2	0,8	0,7	0,1	Starke Durchbiegung von Stab b und h
200	7,2	5,7	4,2	1,6	
210	8,0	6,9	5,0	2,0	
215	Bruch				

Brucherscheinungen: Niet für Befestigung von Stab g am Knotenpunkt 6 abgeschert.

Rippe Nr. 3: Bruchlast 245 kg.

Brucherscheinungen: Stab c am oberen Ende in dem durch Nietloch geschwächten Querschnitt gerissen.

b) Lautal.

Rippe Nr. 1

Belastung kg	Senkungen der Knotenpunkte in mm				Bemerkungen
	1	2	4	6	
10	0	0	0	0	
60	1·3	1,3	0,7	0,2	
110	2,9	2,5	1,0	0,3	
160	4,8	4,1	2,5	1,1	
10	1,0	0,8	0,2	0,1	
160	4,9	4,0	2,5	1,1	
180	5,8	4,7	3,0	1,2	Stab b stark, Stab h leicht s-förmig durchgebogen
200	6,5	5,6	3,8	1,2	
10	1,7	1,3	0,8	0,2	Keine Verformungen sichtbar
200	6,7	5,5	3,9	1,6	
220	7,4	6,4	4,3	1,8	
240	8,3	7,4	5,0	2,2	Stab b sehr stark, Stab h weniger stark durchgebogen, Stab f leicht ausgebogen
250	9,4	8,2	5,8	2,4	
255	9,7	8,5	6,0	2,6	
260	Bruch				

Brucherscheinung: Stab g am unteren Ende in der Nähe des Nietlochs gerissen.

Rippe Nr. 3: Bruchlast 245 kg.
Brucherscheinung: Stab c unten am Nietloch gerissen. Nietloch außerhalb der Mitte des Querschnitts.

Rippe Nr. 2

Belastung kg	Durchbiegungen der Knotenpunkte in mm				Bemerkungen
	1	2	4	6	
10	0	0	0	0	
60	0,6	0,0	1,0	0,4	
110	2,5	1,7	2,3	1,0	
160	3,3	3,8	2,7	1,2	
10	0,4	0,5	0,2	0,1	
160	3,3	3,8	2,7	1,2	
180	3,8	4,0	3,5	1,9	Stab b beginnt sich durchzubiegen
200	5,4	7,4	6,9	3,8	Keine Verformung sichtbar
10	0,5	0,7	0,4	0,3	
200	5,5	7,4	6,9	3,8	
220	6,2	8,0	7,5	4,1	
230	6,6	8,3	7,9	4,2	Stab b stark, Stab h weniger stark durchgebogen
240	7,2	8,9	8,1	4,2	
250	7,8	9,3	8,7	4,3	Stab c stark durchgebogen
260	8,7	10,0	9,1	4,8	
270	9,9	11,4	9,9	5,2	Sehr starke Durchbiegungen der Stäbe b, h und c
280	Bruch				

Brucherscheinung: Stab c am unteren Ende in dem durch Nietloch geschwächten Querschnitt gerissen.

*) Die Bezeichnung der Stäbe und Knotenpunkte ist auf Abb. 81 angegeben.

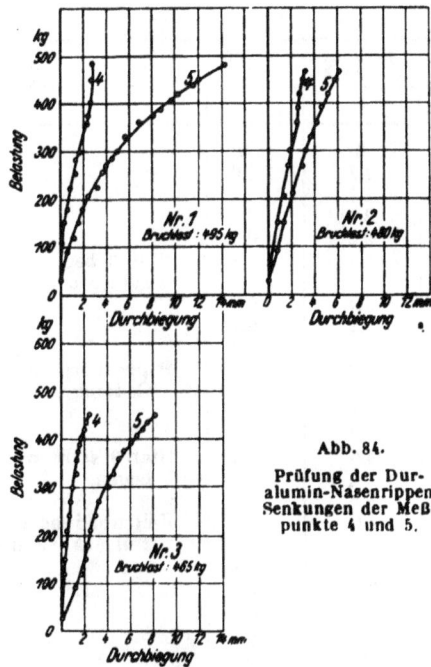

Abb. 84.
Prüfung der Dur-
alumin-Nasenrippen.
Senkungen der Meß-
punkte 4 und 5.

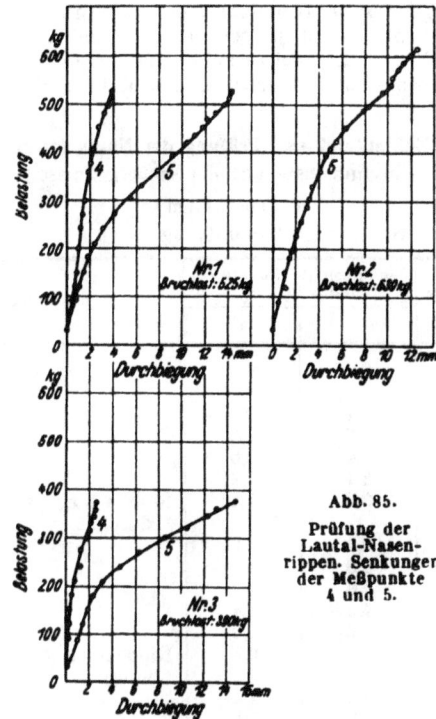

Abb. 85.
Prüfung der
Lautal-Nasen-
rippen. Senkungen
der Meßpunkte
4 und 5.

Aber selbst bei Einbeziehung dieses niedrigen Wertes in die Mittelwertbildung würde, dank der hohen Festigkeit der beiden anderen Lautalrippen, das Ergebnis für die Lautalrippen günstiger sein.

Zahlentafel 46. Prüfung von Duralumin- und Lautal-Nasenrippen.

Rippe Nr.	Werkstoff	Gewicht kg	Bruchlast kg
1		0,192	495
2	Duralumin	0,191	480
3		0,193	465
Mittelwerte		0,192	480
1		0,197	525
2	Lautal	0,196	630
3		0,186	390
Mittelwerte		0,193	515

Abb. 82.
Belastungsgerüst für die Prüfung
der Nasenrippen.

Zusammenfassung der Ergebnisse der Bauteilprüfungen.

Es war von vornherein damit zu rechnen, daß bei Prüfung von je drei gleichen Bauteilen starke Schwankungen in den einzelnen Versuchsergebnissen auftreten würden. Dies liegt weniger in Ungleichmäßigkeiten des Materials als in Ungenauigkeiten der Herstellung. Die ersten Herstellungs-Ungenauigkeiten kommen bei den Blechen zum Ausdruck. Starke Abweichungen in der Blechstärke wurden hauptsächlich bei den Lautalblechen festgestellt. Sie betrugen $^1/_{10}$, mitunter sogar bis zu $^2/_{10}$ mm gegenüber etwa $^5/_{100}$ mm bei den Duraluminblechen. Die starken Streuungen der einzelnen Versuchsergebnisse bei den Lautalrippen müssen in erster Linie auf die großen Abweichungen in der Blechstärke zurückgeführt werden[*]).

Bei der Verarbeitung der Bleche zu Profilen und beim Nieten kommen weitere Unregelmäßigkeiten hinzu, die ihren Ursprung besonders in der handwerksmäßigen Herstellung haben mögen. Am wenigsten macht sich der persönliche Einfluß des Arbeiters wohl bei der Anfertigung von Profilen durch Ziehen bemerkbar, sehr stark tritt er dagegen in Erscheinung, wenn die Profile nicht gezogen, sondern gekantet werden. Aus dem 23. Bericht (Knickstäbe Form 1) geht dies deutlich hervor. Auch bei der Anfertigung der Nietungen von Hand, wie im vorliegenden Falle, fallen nicht alle Nieten gleichmäßig aus.

Die größeren Unregelmäßigkeiten in den Ergebnissen der Lautalbauteile haben ihren Grund einerseits in der weniger genauen Herstellung der Bleche, die in der Stärke erheblich abweichen, anderseits in der ungenaueren Anfertigung der Profile, die zum Teil durch Kanten entstanden sind.

Daß bei genauerer Herstellung mit Lautal ebenfalls regelmäßigere Ergebnisse erzielt werden können, zeigen die Wiederholungsversuche mit Lautalknickstäben der Form 1 (s. 23. Bericht). Die bei diesen Versuchen verarbeiteten Lautalbleche wiesen bedeutend geringere Abweichungen in der Stärke auf als die für die Herstellung der anderen Lautalbauteile verwendeten Bleche. Die Anfertigung der Profile erfolgte entsprechend den Duraluminprofilen durch Ziehen. Die Wiederholungsversuche hatten den Erfolg, daß die

---

*) Hieraus erhellt, wie sehr begründet die Forderung des Flugzeugbaues ist, daß die verwendeten Leichtmetallbleche möglichst kleine Dickenabweichungen aufweisen.

Einzelergebnisse der Lautalknickstäbe kaum größere Schwankungen zeigten als diejenigen der Duraluminknickstäbe.

Im übrigen kann auf Grund der Prüfergebnisse wohl gesagt werden, daß die untersuchten Lautalbauteile den Dur-

Zahlentafel 45. Prüfung der Nasenrippen.
(Zusammenstellung der Meßergebnisse.)

a) Duralumin.

Rippe Nr. 1. $G = 0,192$ kg.

Belastung	Senkungen der Punkte 4*) und 5 in mm		Bemerkungen
kg	5	4	
30	0	0	
90	0,6	0	
120	1,2	0,1	
150	1,5	0,3	
180	1,9	0,6	
210	2,4	0,8	
225	3,2	1,1	Stab 3 biegt sich leicht durch.
240	3,4	1,2	
255	3,6	1,3	
270	4,0	1,3	
285	4,5	1,4	
300	5,0	1,6	
30	0,8	0,3	Rippe noch in guter Ordnung
300	4,9	1,4	
330	5,7	1,8	
360	6,9	2,3	Stab 3 stark durchgebogen
375	8,2	2,4	Faltenbildung im unteren Teil des Randbogens
390	8,8	2,5	
405	9,7	2,7	
420	10,3	2,7	
435	11,6	2,7	
450	12,1	2,7	
465	13,6	2,7	
480	14,2	2,7	
495	Bruch		

Brucherscheinung:
Stab 2 unten an der Nietung gerissen.
Bruchfläche im Querschnitt des Nietlochs.

Rippe Nr. 2. $G = 0,191$ kg.

Belastung	Senkungen der Punkte 4 und 5 in mm		Bemerkungen
kg	5	4	
30	0	0	
90	0,7	0,7	
150	1,3	0,8	
210	2,1	1,4	
30	0,4	0,7	
210	2,1	1,5	
270	2,9	1,7	Stab 3 knickt aus
300	3,1	1,8	
330	3,7	2,2	
360	4,2	2,5	
30	0,9	1,4	Rippe noch gut in Ordnung
360	4,1	2,4	
390	4,6	2,5	Leichte Faltenbildung im unteren Teil des Randbogens
420	5,2	2,7	
450	5,9	3,0	
465	6,1	3,3	
480	Bruch		

Brucherscheinung: Stab 2 unten an der Nietung gerissen. Bruchfläche im Querschnitt des Nietlochs.

*) Die Bezeichnung der Stäbe und Knotenpunkte ist auf Abb. 83 angegeben.

Rippe Nr. 3. $G = 0,193$ kg.

Belastung	Senkungen der Meßpunkte in mm		Bemerkungen
kg	5	4	
30	0	0	
90	1,2	0,0	
120	1,7	0,1	
150	2,1	0,3	
180	2,2	0,3	
210	2,4	0,4	Stab 3 beginnt sich auszubiegen
240	2,9	0,6	
270	3,2	0,7	
300	4,1	0,8	
30	1,0	0,0	Rippe noch in guter Ordnung
300	3,5	1,1	
315	3,9	1,1	
330	4,5	1,2	Stab 3 stark durchgebogen
345	4,8	1,2	
360	5,0	1,3	Faltenbildung im unteren Teil des Randbogens
375	5,4	1,4	
390	6,1	1,5	
405	6,5	1,7	
420	7,1	2,0	
435	7,5	2,2	
450	8,1	2,4	
465	Bruch		

Brucherscheinung: Stab 2 unten an der Nietung gerissen. Bruchfläche im Querschnitt des Nietlochs.

b) Lautal.

Rippe Nr. 1. $G = 0,197$ kg.

Belastung	Senkungen der Meßpunkte in mm		Bemerkungen
kg	5	4	
30	0	0	
90	0,9	0,5	
120	1,1	0,8	
150	1,5	0,9	
180	1,9	0,9	
195	2,4	1,0	Stab 3 biegt sich leicht durch
30	0,4	0,2	
195	2,2	1,0	
210	2,5	1,1	
225	2,7	1,1	
240	3,1	1,2	
255	3,7	1,4	
270	4,1	1,4	Stab 3 stark durchgebogen
285	4,9	1,5	
300	5,7	1,6	
30	2,1	0,2	Rippe noch gut in Ordnung
300	5,5	1,4	
330	6,4	1,6	
360	7,9	1,9	Im unteren Teil des Randbogens entstehen Falten
375	8,4	2,1	
390	9,1	2,2	
405	9,4	2,4	
420	10,4	2,5	
435	11,1	2,7	
450	11,8	2,8	
465	12,1	3,1	
480	12,9	3,3	
495	13,7	3,6	
510	14,1	3,8	
525	14,4	3,9	Bruch

Brucherscheinung:
Stab 2 oben an der Nietung gerissen (Nietlochquerschnitt).

Rippe Nr. 2. $G = 0{,}196$ kg.

Be-lastung	Senkungen der Meßpunkte in mm		Bemerkungen
kg	5	4	
30	0		
90	0,5		
120	1,1		
150	1,1		
180	1,5		
195	1,7		
30	0		
195	1,7		
210	1,9		
225	2,1		Stab 3 durchgebogen
240	2,3		
255	2,5		
270	2,7		
285	3,0		
300	3,1		
30	0,3		Rippe noch gut in Ordnung
300	3,2		
330	3,4		
345	3,7		
360	4,1		
375	4,3	nicht abgelesen	
390	4,6		
405	5,0		
420	5,5		
435	5,9		
450	6,3		Einbeulungen an der Unterseite des Randbogens
465	6,8		
495	8,3		
510	9,3		
525	9,6		
540	10,2		Stab 3 am unteren Ende ausgeknickt
555	10,4		
570	10,9		
585	11,3		
600	12,0		
615	12,5		
630	Bruch		

Brucherscheinung:
Stab 2 oben an der Nietung gerissen.
Bruchfläche im Querschnitt des mittleren Nietlochs.

Rippe Nr. 3. $G = 0{,}186$ kg.

Belastung	Senkungen der Meßpunkte in mm		Bemerkungen
kg	5	4	
30	0	0	
90	1,0	0,2	
120	1,4	0,3	
150	1,9	0,3	
180	2,4	0,5	Leichte Einbeulungen des Randbogens im unteren Teil
210	3,2	0,8	
240	4,6	1,2	
270	6,3	1,2	
300	8,6	1,8	Randbogen in der Nähe von Knotenpunkt 4 leicht eingeknickt
30	5,1	0,3	Leichte bleibende Einbeulungen am Randbogen
300	8,4	2,0	
315	9,0	2,1	
330	10,6	2,2	Randbogen überall starke Einbeulungen
345	12,3	2,5	
360	13,0	2,6	
375	14,7	2,6	
390	Bruch		

Brucherscheinung: Randbogen in der Nähe der Nasenspitze gerissen. Die Bruchflächen liegen in dem durch Nietlöcher geschwächten Querschnitt.

aluminbauteilen bezüglich Festigkeit nicht nachstehen. In manchen Fällen ergeben sich sogar bei den Lautalbauteilen etwas günstigere Werte.

V. Schlußbetrachtung.

In der vorliegenden Arbeit ist über eine Reihe von Untersuchungen berichtet, die zu dem Zwecke angestellt wurden, Aufschluß über die Verwendbarkeit von Lautal im Flugzeugbau zu erhalten. Bei den einzelnen Versuchen wurde Lautal weitgehend mit Duralumin verglichen.

Die Ergebnisse der angestellten Untersuchungen können wie folgt zusammengefaßt werden:

1. Festigkeits- und Formänderungseigenschaften im normal veredelten Zustand. Die untersuchten Lautalbleche weisen in normal veredeltem Zustande etwas geringere Zugfestigkeit auf als entsprechende Duraluminbleche von gleicher Dehnung. Der Fehlbetrag ist jedoch so gering (weniger als 5%), daß er praktisch nicht von großer Bedeutung ist.

Erheblicher ist der Unterschied in der Streckgrenze ($\sigma_{0,2}$) und Elastizitätsgrenze ($\sigma_{0,02}$). Die Untersuchungen ergaben, daß bei normal veredeltem Lautal die Streckgrenze etwa 10%, die Elastizitätsgrenze um annähernd 20% niedriger liegt als bei Duralumin[*]).

Dagegen konnte kein nennenswerter Unterschied in der Dehnungszahl (Elastizitätsmodul) von Lautal und Duralumin festgestellt werden. Im elastischen Bereich beträgt sie bei beiden Leichtmetallen ungefähr 1,4 Milliontel ($E = 710000$ bis 720000 kg/cm²).

In bezug auf Biegefähigkeit ist Lautal Duralumin gegenüber deutlich unterlegen[**]). Der Unterschied in der Biegefähigkeit von Duralumin und Lautal ist zwar bei der Herstellung der Versuchsflugzeugteile in der Werkstatt nicht so scharf zum Ausdruck gekommen wie bei den laboratoriumsmäßigen Prüfungen. Es erscheint aber immerhin geboten, bei der Anwendung der Verarbeitungsverfahren für Duralumin auf Lautal der geringeren Biegefähigkeit des letzteren Rechnung zu tragen. Bei Neukonstruktionen, die in Lautal ausgeführt werden sollen, könnte von vornherein durch Wahl etwas größerer Biegeradien u. dgl. dieser Umstand entsprechend berücksichtigt werden.

Bezüglich Tiefziehbarkeit (Bildsamkeit nach Erichsen) stehen beide Leichtmetalle ungefähr auf derselben Stufe.

Duralumin und Lautal sind ferner als praktisch gleichwertig anzusprechen hinsichtlich folgender Eigenschaften: Spezifisches Gewicht, Härte, Kerbzähigkeit, Dehnung, Bearbeitbarkeit mit schneidenden Werkzeugen und Schmiedbarkeit.

2. Wärmebehandlung. Die Wärmebehandlung von Lautal erfährt gegenüber derjenigen von Duralumin eine Erweiterung durch den Vorgang des Anlassens. Es wäre zwar auch bei Duralumin eine Anlaßbehandlung denkbar, sie wird jedoch in der Technik nirgends angewendet, weil durch ein Anlassen von Duralumin nach dem Abschrecken weder der selbsttätige Härtevorgang unterdrückt noch verzögert werden kann. Durch Altern bei erhöhter Temperatur würde bei Duralumin lediglich eine Härte- und Festigkeitssteigerung auf Kosten der Formänderungseigenschaften bewirkt.

Eine ungleich höhere Bedeutung kommt dem Anlassen beim Veredeln von Lautal zu. Das Anlassen ist hier ein wichtiger Abschnitt des Veredelungsvorganges. Nur durch die Anlaßbehandlung ist es möglich, Lautal ähnlich gute Festigkeitseigenschaften zu verleihen wie Duralumin. Die angestellten Untersuchungen (s. Abschnitt B der vorliegenden Arbeit) zeigen, daß man es in der Hand hat, durch die Anlaßbehandlung beim Veredeln die Eigenschaften von Lautal in verhältnismäßig weiten Grenzen zu beeinflussen. Durch entsprechende Wahl der Anlaßtemperatur und -dauer

---

[*]) Zugfestigkeit, Streckgrenze und Elastizitätsgrenze von Lautal sind neuerdings verbessert worden. Näheres siehe Nachtrag (S. 180).
[**]) Nach verbesserten Verfahren neuerdings hergestelltes Lautal weist diese Unterlegenheit nicht mehr auf. Näheres siehe Nachtrag (S. 180).

können innerhalb dieser Grenzen ganz bestimmte Eigenschaften herbeigeführt werden. Dies ist zweifellos ein Vorteil für die technische Verwendungsfähigkeit von Lautal, da man dadurch in die Lage gesetzt wird, das Material weitestgehend den verschiedenen Verwendungszwecken anzupassen, was bei Duralumin nur durch Anwendung verschiedener Legierungen erreicht werden kann. Die Verwendung nur einer Legierung, wie dies bei Lautal möglich ist, bringt aber eine Reihe von Vorteilen sowohl für die Herstellung als auch für den Betrieb.

Nachteilig für Lautal erscheint allerdings, daß die Anlaßbehandlung besondere Einrichtungen und eine sorgfältige Überwachung derselben, unter Umständen auch einen Mehraufwand an Arbeit erfordert. Hierzu wird unter dem Punkt (5) »Bauteile« noch besonders Stellung genommen werden.

3. Korrosionsbeständigkeit. Ein erheblicher Unterschied in der Widerstandsfähigkeit von Duraluminlegierung 681 B ⅓ und Lautal gegen Seewasser besteht, sofern es sich um normal veredelte Bleche handelt, nach den angestellten Versuchen nicht.

Die Korrosionsbeständigkeit von Lautal ist jedoch wie alle anderen Eigenschaften dieses Leichtmetalls in hohem Maß abhängig von der Anlaßbehandlung. Nach Untersuchungen von Meißner[27]) nimmt die Widerstandsfähigkeit von Lautal gegen chemische Angriffe mit wachsender Anlaßtemperatur und Anlaßdauer ab. In nicht angelassenem (»halbveredeltem«) Zustand ist der Gewichtsverlust nach der Myliusprobe bei Lautal bedeutend geringer als bei normal veredeltem Duralumin, während stark angelassenes Lautal (hohe Anlaßtemperatur und -dauer) sich beträchtlich unbeständiger als Duralumin zeigt. Aus diesen Ermittlungen ergeben sich einige wertvolle Richtlinien für die zweckmäßige Anwendung von Lautal im Flugzeugbau. Es wird sich beispielsweise bei Seeflugzeugen empfehlen, für alle diejenigen Teile, die erhöhter Seewassereinwirkung ausgesetzt sind, wie z. B. die Beplankung von Schwimmern und Booten, Lautal in nicht oder nur schwach angelassenem Zustande zu verwenden. In diesem Behandlungszustand hat es eine hohe Korrosionsbeständigkeit, aber nicht die volle Festigkeit. Wenn man aber bedenkt, daß eine hohe Festigkeit für derartige Teile weniger von Bedeutung ist, da es fast in keinem Fall gelingt, die Beplankung von Flugzeugen voll zum Tragen heranzuziehen, so kann hier eine geringere Festigkeit zugunsten einer größeren Korrosionsbeständigkeit wohl in vielen Fällen in Kauf genommen werden. Für die der Seewassereinwirkung weniger ausgesetzten Innenteile, wie Holme, Spanten, Rippen u. dgl. kann dann stärker angelassenes Lautal Verwendung finden, dem die hohe Festigkeit, aber weniger gute Korrosionsbeständigkeit eigen ist.

Bis zu einem gewissen Grade werden diese Verhältnisse auch bei Duralumin-Flugzeugen berücksichtigt, wo die einzelnen Teile aus verschiedenen Legierungen hergestellt werden. Die verwendeten Duraluminlegierungen weisen jedoch nach Ansicht des Verfassers keine so starken Unterschiede in ihrer Korrosionsbeständigkeit auf wie Lautal in verschieden angelassenem Zustande. Außerdem dürfte sich, soweit nach bisherigen Untersuchungen beurteilt werden kann, unter den bekannten Duraluminlegierungen wohl kaum eine befinden, die bezüglich Korrosionsbeständigkeit auch nur annähernd gleichwertig sein würde mit nicht angelassenem (»halbveredeltem«) Lautal.

Die gute Korrosionsbeständigkeit von nicht angelassenem Lautal eröffnet diesem günstige Aussichten für seine Verwendung beim Bau von Seeflugzeugen. Es scheint durchaus möglich, die Korrosionsbeständigkeit bestimmter, bisher in Duralumin gefertigter Teile durch Ausführung in Lautal beträchtlich zu erhöhen, ohne daß dabei eine erhebliche Gewichtsvermehrung bzw. Festigkeitsverminderung dieser Teile eintritt.

Im übrigen ist zu bemerken, daß sich auch bei Verwendung nicht angelassenen Lautals ein geeigneter Oberflächenschutz nicht erübrigt. Dem Oberflächenschutz

muß vielmehr bei allen im Flugzeugbau angewandten Leichtmetall-Legierungen ganz besondere Aufmerksamkeit geschenkt werden, und alle Mittel, die auf eine Verbesserung der heute bekannten Oberflächenschutzverfahren sowie auf eine Erleichterung der Überwachung und Erneuerung desselben abzielen, müssen im Interesse der Dauerhaftigkeit und Zuverlässigkeit der Flugzeuge weitestgehend gefördert werden.

Aus verschiedenen Gründen, die in vorliegender Arbeit kurz gestreift wurden, ist es nicht zweckmäßig, bei Leichtmetall-Flugzeugen alle Teile in Leichtmetall auszuführen. Beschläge, Bolzen, Drahtseile usw. werden deshalb in der Regel aus Stahl gefertigt. Es wurde gezeigt, daß zwischen gewissen Stahlsorten und Lautal verhältnismäßig hohe Potentialspannungen auftreten, die zur Folge haben, daß Lautal in Verbindung mit hochlegierten Stählen stark angegriffen, in Verbindung mit Kohlenstoffstählen dagegen geschützt wird. Im letzteren Fall tritt allerdings ein Rosten des Stahles ein, was aber weniger von Belang sein dürfte, da an einem Leichtmetall-Flugzeug die Stahlteile einerseits verhältnismäßig große Dickenabmessungen aufweisen und daher eine mäßige Rostbildung an der Oberfläche weniger gefährlich ist, andererseits aber leicht so angeordnet werden können, daß sie jederzeit überwacht und gegebenenfalls ausgewechselt werden können. Es empfiehlt sich also, Lautal mit Kohlenstoffstählen oder niedrig legierten Stählen zusammenzubauen, weil hierbei die Korrosionsbeständigkeit von Lautal nicht ungünstig beeinflußt wird. Der Zusammenbau von Lautal mit hochlegierten Stählen kommt nach Ansicht des Verfassers nur dann in Frage, wenn es gelingt, die Stahlteile gegen die Lautalteile zuverlässig zu isolieren (z. B. durch isolierende Zwischenlagen), so daß keine leitende Verbindung zwischen beiden besteht. Wieweit eine solche Isolation in Wirklichkeit möglich ist, muß durch praktische Versuche geklärt werden.

In Bezug auf Witterungsbeständigkeit scheint sich Lautal (normal veredelt, kalt nachverdichtet) noch etwas günstiger zu verhalten als die Duraluminlegierung 681 B ⅓ (Härte ½). Wie sich Lautal im Vergleich zu der als korrosionsbeständiger bekannten Duraluminlegierung 681 A verhält, wurde nicht untersucht.

Was die Widerstandsfähigkeit gegen die Einwirkung von Brennstoffen anbelangt, so zeigt sich Lautal gegenüber den im Flugbetrieb gebräuchlichen Brennstoffen (Benzin, Benzol) ebenso wie Duralumin unempfindlich.

4. Verbindungsarten. Die angestellten Untersuchungen richten sich weniger auf lösbare als auf nicht lösbare Verbindungen.

Lösbare Verbindungen werden bei Leichtmetall-Flugzeugen in vielen Fällen zweckmäßiger durch Zwischenglieder aus Stahl gebildet. Dort, wo es sich um reine Leichtmetallverbindungen handelt, spricht nichts gegen die Verwendung von Lautal an Stelle von Duralumin. Es ist vielmehr denkbar, daß durch die Möglichkeit, bestimmten Verbindungsteilen durch Anlassen größere Festigkeit und Härte zu verleihen, gewisse Vorteile für Lautal erzielt werden können. Da Versuche in dieser Richtung vermutlich sehr umfangreich ausgefallen wären, mußte auf ihre Durchführung im Rahmen dieser Arbeit verzichtet werden.

Eingehender wurden die Niet- und Schweißverbindungen untersucht. Aus den Versuchsergebnissen geht hervor, daß, sofern es sich um normal veredeltes Lautal handelt, Duralumin- und Lautal-Nietungen sich in bezug auf Herstellung und erreichbare Festigkeit nicht merklich unterscheiden. Bei Berechnung von Lautal- und Duralumin-Nietverbindungen können dieselben Festigkeitswerte eingesetzt werden.

Schweißversuche wurden nur mit Lautal ausgeführt. Bei Beachtung bestimmter Vorschriften läßt sich Lautal gut schweißen. Die unbehandelte Schweißstelle besitzt etwa 60% der Festigkeit von veredeltem Lautal. Durch entsprechende mechanische und thermische Behandlung der

Schweißstelle kann man aber ihre Festigkeit und Dehnung annähernd auf diejenige normal veredelten Lautals erhöhen. Wenn es auch praktisch nicht möglich sein dürfte, größere Teile auf diese Weise zu behandeln, so gibt es doch einzelne Fälle, in denen die Schweißung mit Erfolg anwendbar scheint. Als Beispiel wurde die Herstellung eines Betriebstoffbehälters aus geschweißten Lautalblechen angeführt.

5. Bauteile. Das verschiedene Verhalten von Lautal und Duralumin bei der Herstellung von Flugzeugteilen beruht hauptsächlich auf dem Unterschied in der Wärmebehandlung dieser beiden Aluminiumlegierungen. Sofern es sich um Formgebungsarbeiten handelt, die sich in veredeltem Zustand nicht vornehmen lassen, läßt man der Formgebung von Duralumin meist ein Glühen bei 500° C mit nachfolgendem Abschrecken in Wasser vorausgehen. Für die Formgebungsarbeiten nutzt man dann die Zeit unmittelbar nach dem Abschrecken aus, in der das Duralumin noch verhältnismäßig weich ist. Diese Zeit ist allerdings auf wenige Stunden beschränkt, da sich bereits nach 5 bis 6 Stunden eine so starke Härtesteigerung einstellt, daß Formgebungsarbeiten empfindlich behindert werden.

Bei Lautal verfährt man in derselben Weise, nur ist man dabei mit den Formgebungsarbeiten nicht an eine bestimmte Zeit gebunden, da Lautal nach dem Abschrecken nicht von selbst härtet, sondern bei Lagerung bei Raumtemperatur unbeschränkt lange Zeit weich bleibt. Nach erfolgter Formgebung ist es dann notwendig, die Lautalteile einer Anlaßbehandlung zu unterziehen, um dem Material ähnlich gute Festigkeitseigenschaften wie dem Duralumin zu verleihen.

Auf den ersten Blick scheint es, daß die Wärmebehandlung von Lautal sich bedeutend umständlicher gestaltet als die des Duralumins. In Wirklichkeit ist dem aber nicht so. In den Duralumin verarbeitenden Flugzeugwerken müssen fast täglich die Veredelungseinrichtungen in Betrieb gesetzt werden, um die Duraluminteile durch Glühen und Abschrecken für die Verarbeitung vorzubereiten. Es kann immer nur soviel Duralumin geglüht werden, als in dem kurzen Zeitraum von 3 bis 4 h verarbeitet werden kann. Häufig genug kommt es vor, daß das vorbereitete Material innerhalb des vorgeschriebenen Zeitraumes nicht zur Verarbeitung gelangt und dann nochmals geglüht werden muß. So sind die Veredelungseinrichtungen in einem Duralumin verarbeitenden Betrieb fast ständig in Anspruch genommen.

Bei der Verarbeitung von Lautal ist dagegen eine fortwährende Inbetriebnahme der Glühbäder nicht erforderlich. Das Glühen und Abschrecken des zu verarbeitenden Materiales kann in längeren Zeitabständen erfolgen. Je nach Größe des Betriebes und der zur Verfügung stehenden Glühbäder kann der Bedarf der Werkstatt an vorbereitetem Material auf längere Zeit hinaus gedeckt werden, so daß die Glühbäder nur alle paar Wochen oder Monate auf kurze Zeit in Betrieb genommen zu werden brauchen. Man kann sogar weitergehen und das Lautal vom Metallwerk grundsätzlich nicht veredelt, sondern »halbveredelt« (nicht angelassen) beziehen, so daß es immer in dem für die Formgebung geeigneten Zustand vorliegt. Die Glühbehandlung könnte dann ganz wegfallen, und das Flugzeugwerk würde sich auf die Durchführung der Anlaßbehandlung beschränken. Die einzelnen Bauelemente könnten dann entweder vor oder nach dem Zusammenbau angelassen werden. Im Interesse einer weiteren Vereinfachung der Wärmebehandlung von Lautal wäre anzustreben, die Anlaßbehandlung nicht an den einzelnen Bauelementen, sondern möglichst an den fertiggestellten Bauteilen vorzunehmen. Hierzu müßten allerdings besondere Einrichtungen zur Verfügung stehen, die eine Behandlung selbst großer Stücke, wie Flügel, Rümpfe u. dgl., ermöglichen würden. Die zum Anlassen von Lautal bisher üblichen Ölbäder müßten dann zweckmäßiger durch große elektrisch, gas- oder ölgeheizte Öfen ersetzt werden. Die Herstellung derartiger Wärmekammern dürfte keinerlei Schwierigkeiten machen, nachdem bereits auf anderen Ge-

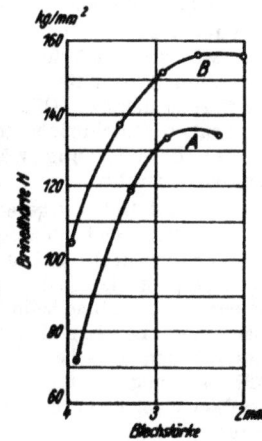

Abb. 86. Einfluß der Kaltverformung während des Veredelungsvorgangs bei Duralumin (nach Wilm).

A Material, direkt nach dem Abschrecken gewalzt,

B Material, nach Veredelung und Lagerung gewalzt.

bieten der Technik (Kernmachereien, Porzellanfabriken usw.) ähnliche Einrichtungen bestehen[*]).

Die Wärmebehandlung bei der Herstellung von Flugzeugen aus Lautal könnte dann auf die Weise erfolgen, daß das Lautal in »halbveredeltem« Zustand vom Metallwerk bezogen und in diesem Zustand zu größeren Bauteilen verarbeitet würde. Vor dem endgültigen Zusammenbau zum fertigen Flugzeug würden dann die Einzelteile, wie Flügel, Flossen, Rümpfe u. dgl. in großen, hierfür besonders vorgesehenen Öfen der Anlaßbehandlung unterzogen. Durch entsprechende Wahl der Anlaßtemperatur und Anlaßdauer hat man es dann in der Hand, dem Material dieser Teile bestimmte Eigenschaften zu geben.

Die großen Anlaßöfen stellen wohl kostspieligere Einrichtungen dar als die heute für Duralumin notwendigen Glühbäder. Die Lautalverarbeitung wird jedoch dadurch derart vereinfacht, daß sich die Ausgaben für diese Einrichtungen lohnen dürften. Es könnte damit erreicht werden, daß die Verarbeitung von Lautal weniger umständlich ist als diejenige von Duralumin.

Die beschriebenen Verarbeitungsverfahren von Duralumin, die heute in den meisten Metallflugzeugwerken angewendet werden, sind nicht geeignet, das beste aus diesen Legierungen herauszuholen. Diese Bearbeitungsverfahren stehen in schroffem Widerspruch zu den vom Erfinder des Duralumins, Alfred Wilm, angestellten Versuchen. Auf Grund dieser Versuche sagt Wilm folgendes aus: »Je höher die Festigkeitszahlen liegen nach der Härteglühung, um so höher sind sie auch bei der nachfolgenden Kaltverdichtung. Demzufolge darf man das Material direkt nach der Härteglühung keinem Bearbeitungsprozeß unterwerfen, weil direkt nach der Glühung auf Härtetemperatur die Festigkeitseigenschaften sehr niedrige sind. Da die durch Kaltbearbeitung erzielten Festigkeitseigenschaften abhängig sind von denen des Ausgangsmaterials, die Festigkeitskurven alle parallel verlaufen, so wird die Bearbeitung direkt nach der Glühung sehr niedrige Festigkeitseigenschaften zeitigen. Durch die Kaltbearbeitung des Materials ohne Innehaltung der Lagerfrist wird dem Material die Eigenschaft genommen, sich selbst zu entwickeln«[43]). Zur Erläuterung diene Abb. 86.

Gegen die von Wilm aufgestellte Forderung, an Duralumin während der Auslagerung keine Kaltbearbeitung vorzunehmen, verstoßen fast alle Duralumin verarbeitenden Betriebe. Es muß also damit gerechnet werden, daß die unter Nichtbeachtung dieser Forderung hergestellten Duraluminteile nicht die höchst erreichbaren Festigkeitseigenschaften aufweisen, sondern von diesem Optimum um einen merkbaren Betrag entfernt sind.

Diese Erkenntnis kann auch zur Erklärung der Tatsache herangezogen werden, daß sich die Duraluminbauteile bezüglich Festigkeit den Lautalbauteilen teilweise unterlegen

---

*) Zweckmäßige elektrische Öfen dieser Art werden z. B. von Gautschi & Brandt, Singen a. H., hergestellt.

gezeigt haben. Da die Festigkeitseigenschaften von Duralumin auf Grund der sonstigen Untersuchungen als durchweg besser oder mindestens gleichwertig mit Lautal festgestellt wurden, so hätte man eigentlich gerade das Gegenteil erwarten müssen. Offenbar hat sich aber auch bei den geprüften Duraluminbauteilen der ungünstige Einfluß der Bearbeitung während der Auslagerung bemerkbar gemacht.

Bei Lautal treten dagegen bei einer Bearbeitung zwischen der Glüh- und Anlaßbehandlung ähnliche nachteilige Folgen nicht auf, da das Material sich nach dem Abschrecken im Gegensatz zu Duralumin in einem vollkommenen Ruhezustand befindet. Die Veredelungsvorgänge werden daher bei Lautal durch Einschalten von Formgebungsarbeiten zwischen der Glühbehandlung und der Anlaßbehandlung nicht gestört und das Material erleidet infolgedessen auch keine Einbuße seiner Festigkeitseigenschaften.

Da eine Unterbrechung der Veredelungsvorgänge durch Formgebungsarbeiten bei der Duraluminverarbeitung mit Rücksicht auf wirtschaftliche Herstellung in den meisten Fällen nicht zu umgehen sein dürfte, so müssen die nachteiligen Auswirkungen dieser Arbeitsverfahren auf die Festigkeitseigenschaften von Duralumin wohl in Kauf genommen werden. Für die Verwendung von Lautal ist aber von Bedeutung, daß derartige Nachteile für diese Aluminiumlegierung nicht bestehen.

Die geringe Unterlegenheit, die Lautal im Anlieferungszustand in bezug auf seine Festigkeitseigenschaften gegenüber Duralumin aufweist, dürfte bei der Herstellung von Flugzeugteilen wieder wettgemacht werden durch den Umstand, daß die Formgebungsarbeiten bei Lautal keinen so ungünstigen Einfluß auf die Festigkeitseigenschaften ausüben wie bei Duralumin. Man gelangt also zu dem bemerkenswerten Ergebnis, daß, obwohl im Anlieferungszustand Lautal in seinen Festigkeitseigenschaften Duralumin gegenüber leicht unterlegen ist, die fertigen Lautalbauteile denen aus Duralumin bezüglich Festigkeit nicht nachstehen. —

Die für die Durchführung der Arbeit notwendigen Versuche wurden in der Deutschen Versuchsanstalt für Luftfahrt, Berlin-Adlershof, vorgenommen. Außerdem konnten — dank dem Entgegenkommen von Herrn Prof. Dr.-Ing. Gürtler — die Einrichtungen des Metallinstitutes der Technischen Hochschule zu Berlin benutzt werden.

Hervorzuheben ist die Mitarbeit der Rohrbach-Metallflugzeugbau G. m. b. H., die dankenswerterweise die Herstellung von Flugzeugteilen für Festigkeitsversuche übernommen hat.

Das für die Anfertigung der Probekörper verwendete Lautal wurde von den Vereinigten Aluminium-Werken A.-G., Lautawerk, zur Verfügung gestellt.

VI. Nachtrag.

Nach Abschluß vorliegender Arbeit sind der DVL von der Vereinigten Aluminium-Werke A.-G., Lautawerk, einige neue Lautalbleche zur Verfügung gestellt worden. Die Herstellung dieser Bleche erfolgte nach in letzter Zeit verbessertem Verfahren im Lautal-Walzwerk Bonn, das mit neuzeitlichen Walzeinrichtungen und Wärmebehandlungsanlagen ausgestattet ist.

Die drei eingelieferten Probebleche von 4 mm Dicke und einer Größe von je etwa ½ m² stammten aus ein und demselben Walzblock (H) und waren wie folgt bezeichnet:

Probeblech Nr.	Bezeichnung	Lage im Walzblock	Anlaßbehandlung		
			Temperat.	Dauer	Vorricht.
1	KMH	Kopfmittelstück			Ölbad
2	FH	Fuß	120 bis	24 h	
3	FHL	Fuß	130° C		Luftofen

Zahlentafel 47. Prüfergebnisse von verbesserten Lautalblechen (normal veredelt).

Probestab Nr.	Bezeichnung der Bleche	Probestabentnahme	Streckgrenze $\sigma_{0,2}$ kg/mm²	Zugfestigkeit σ_B kg/mm²	Bruchdehnung δ %	Einschnürung ψ %
1		längs zur W.R.	—	40,3	26,2	31
2			23,8	40,9	23,5	31
3			23,8	40,7	24,3	31
Mittel	KMH		23,8	40,6	24,7	31
4	(Blech 1)	quer zur W.R.	23,4	40,4	23,9	29
5			23,5	40,0	23,5	30
6			—	39,9	24,5	31
Mittel			23,5	40,1	24,0	30
7		längs zur W.R.	23,6	40,3	22,9	33
8			23,9	40,7	24,4	34
9			—	40,9	23,8	30
Mittel	FH		23,8	40,6	23,7	32
10	(Blech 2)	quer zur W.R.	23,4	40,0	(17,6)*)	(18)*)
11			23,5	40,0	22,8	30
12			—	39,2	21,6	28
Mittel			23,5	39,7	22,2	29
13		längs zur W.R.	23,6	39,6	22,8	34
14			23,9	40,1	25,7	34
15			—	40,1	25,7	36
Mittel	FHL		23,8	39,9	24,7	35
16	(Blech 3)	quer zur W.R.	23,2	38,9	22,4	32
17			23,0	39,2	20,8	31
18			—	39,1	21,7	30
Mittel			23,1	39,1	21,6	31

---

*) Fehler in der Walzhaut; von der Mittelwertsbildung ausgeschlossen.

Zahlentafel 48. Ergebnisse nachbehandelter Lautalbleche.

Anlaßtemperatur 130° C.

Stab Nr.	Anlaßdauer bei der Nachbehandlung*) h	Streckgrenze $\sigma_{0,2}$ kg/mm²	Zugfestigkeit σ_B kg/mm²	Streckgrenzeverhältnis $\frac{\sigma_s}{\sigma_B} \cdot 100$ %	Bruchdehnung δ %	Einschnürung ψ %
1		23,4	40,5	58	26,1	30
2	6	23,3	40,2	58	24,8	32
Mittel		23,4	40,4	58	25,5	31
3		23,2	40,1	58	25,6	33
4	12	23,2	39,9	58	23,0	27
Mittel		23,2	40,0	58	24,3	30
5		24,2	40,4	60	21,3	29
6	24	24,3	40,5	60	23,5	30
Mittel		24,3	40,5	60	22,4	30
7		25,2	40,9	62	20,2	28
8	48	24,6	40,5	61	23,4	31
Mittel		24,9	40,7	62	21,8	30

*) Dieser Behandlung ist ein 24stündiges Anlassen bei 120—130° C vorangegangen.

Eine Untersuchung der chemischen Zusammensetzung, ausgeführt an den Blechen (1) und (2), ergab einen mittleren Kupfergehalt von rd. 4,1% und einen mittleren Siliziumgehalt von rd. 1,7%, im übrigen Aluminium mit den üblichen Verunreinigungen.

Für die Festigkeitsprüfung wurden aus jedem Blech drei Proportionalstäbe längs und quer zur Walzrichtung herausgearbeitet. Prüfergebnisse siehe Zahlentafel 47.

Ein Vergleich dieser Ergebnisse mit den in den Berichten Nr. 1 u. 2 (S. 41/42) mitgeteilten Zahlen zeigt, daß die heute hergestellten Lautalbleche gegenüber den früher geprüften um etwa 5% bessere Zugfestigkeitswerte aufweisen. Damit wird der an verschiedenen Stellen vorliegender Arbeit gemachte Hinweis, daß Lautal eine geringere Zugfestigkeit als Duralumin besitzt, hinfällig. Beide Legierungen können in bezug auf Zugfestigkeit als gleichwertig angesehen werden.

Die Streckgrenze ($\sigma_{0,2}$) liegt ebenfalls höher als bei den früher geprüften Lautalblechen, obwohl die für Duralumin ermittelten Werte von durchschnittlich 25,4 kg/mm² (siehe Bericht Nr. 14) noch nicht erreicht sind. Entsprechendes gilt für die Elastizitätsgrenze ($\sigma_{0,02}$), die an zwei aus Blech Nr. 1 längs und quer zur Walzrichtung entnommenen Probestäbchen zu 19,6 bzw. 18,0 kg/mm² ermittelt wurde.

Die im Laufe der vorangegangenen Untersuchungen (Bericht Nr. 14) gewonnene Erkenntnis, daß die Lage der Streckgrenze bei Lautal in hohem Maße von der Anlaßtemperatur und -dauer abhängt, ließ den Versuch als aussichtsreich erscheinen, die neuen Lautalbleche einer nachträglichen Anlaßbehandlung zu unterziehen. Aus dem Blech Nr. 2 wurden zu diesem Zweck acht weitere Probestäbe längs zur Walzrichtung entnommen, die bei 130° C im elektrischen Ofen nachbehandelt wurden. Die Anlaßzeiten bei dieser Nachbehandlung betrugen je zwei Stäbe 6, 12, 24 und 48 h. Da das Blech bei der Anlieferung bereits eine Anlaßbehandlung von 24stündiger Dauer bei 120—130° hinter sich hatte, so ergaben sich als gesamte Anlaßzeiten für die nachbehandelten Stäbe 30, 36, 48 und 72 h.

Wie aus Zahlentafel 48 ersichtlich, ist ein Anstieg der Streckgrenze mit wachsender Anlaßdauer eingetreten. Die Höchstwerte erreichen die Probestäbe 7 und 8 mit 25,2 und 24,6 kg/mm², wobei die Bruchdehnung immer noch mehr als 20 vH beträgt. Damit ist der für Duralumin ermittelte Wert von durchschnittlich 25,4 kg/mm² annähernd erreicht. Eine weitere Steigerung der Streckgrenze von Lautal hätte

sich allerdings unter Rückgang der Dehnung durch Anwendung höherer Anlaßdauer erzielen lassen.

Vermutlich ist durch diese Nachbehandlung auch eine Erhöhung der Elastizitätsgrenze bewirkt worden, von deren Bestimmung jedoch bei diesen Versuchen abgesehen wurde.

Mit Rücksicht auf eine günstige Lage der Elastizitätsund Streckgrenze ist es also angebracht, die Anlaßdauer bzw. Anlaßtemperatur nicht zu niedrig zu wählen.

Schließlich ist noch die Biegefähigkeit der neuen im Vergleich zu den früheren Lautalblechen geprüft worden. Zur Anwendung kam das in Bericht Nr. 5 (S. 133) beschriebene Verfahren. In den Ergebnissen (siehe Zahlentafel 49) kommt eine bedeutend bessere Biegefähigkeit zum Ausdruck als sie bei den früher geprüften Lautalblechen (s. Bericht Nr. 5 b, S. 135) festgestellt wurde. Eine Unterlegenheit von Lautal gegenüber Duralumin in bezug auf Biegefähigkeit ist nicht mehr zu erkennen.

Zahlentafel 49. Prüfung der Biegefähigkeit von Lautal (normal veredelt).

Bezeichn. des Bleches	Blechstärke mm	Entnahme des Probestreifens	Probestreifen	Biegewinkel in Grad	Mittel
KMH	4	längs zur Walzricht.	1	96	
			2	102	96
			3	89	
		quer zur Walzricht.	4	77	
			5	86	79
			6	75	

Nach Angabe des Lautal-Walzwerks Bonn*) sind die geprüften Lautalbleche nicht besonders ausgesucht, sondern wahllos aus der laufenden Erzeugung herausgegriffen worden. Es soll durchaus möglich sein, auch bei der Erzeugung von Lautalblechen im großen die hier ermittelten Festigkeitswerte mit befriedigender Gleichmäßigkeit zu erreichen.

Inwieweit das Werk durch herstellungstechnische Maßnahmen die Forderungen und Wünsche des Flugzeugbaus zu erfüllen vermag, wird von ausschlaggebender Bedeutung für die Einführung von Lautal als Baustoff für Flugzeuge sein.

— —

*) Jetzt: Vereinigte Leichtmetallwerke G. m. b. H., Bonn-Rhein.

VII. Schrifttum.

[1]) Duraluminähnliche Legierungen des Auslandes. Z. f. Met. Bd. 17 (1925), S. 64.

[2]) Neue Aluminium-Legierungen hoher Festigkeit. 11. Bericht d. Alloys Research Committee, British Institute of Mechanical Engineers über Versuche der englischen Physikalischen Reichsanstalt (N.P.L.). Z. f. M., Bd. 14 (1922), S. 371.

[3]) Martinot-Lagarde, Alferium. La Technique Moderne, Bd. 17 (1925), S. 216/18.

[4]) W. Butalow, Koltschugalumin. Revue de Métallurgie, Bd. 22 (1925), S. 426.

[5]) Amerikanische Versuche mit duraluminähnlichen Legierungen. Z. f. Met., Bd. 17 (1925), S. 202. (Referat über die Arbeit von R. S. Archer u. Z. Jeffries, Iron Age, Bd. 115 (1925), S. 666/68.)

[6]) Amerikanische Aluminium-Legierungen für Konstruktionszwecke. Z. f. Met., Bd. 18 (1926), S. 231. (Referat über die Arbeit von R. L. Streeter u. P. V. Faragher, Brass World, Bd. 21 (1925), S. 377/79 u. 424/26.

[7]) Hugo Junkers, Metal Aeroplane Construction. The Journal of the Royal Aeronautical Society, Bd. 17 (1923), S. 406.

[8]) C. Dornier, Über Metallwasserflugzeuge. 6. Beiheft der ZFM (1922), S. 78.

[9]) C. Dornier, Neue Erfahrungen im Bau und Betrieb von Metallflugzeugen. 13. Beiheft der ZFM (1926), S. 45.

[10]) A. Rohrbach, Große Ganzmetallflugzeuge. The Journal of the Royal Aeronautical Society, Bd. 28 (1924), Dezember-Heft.

[11]) A. Rohrbach, Neue Erfahrungen mit Großflugzeugen. 12. Beiheft der ZFM (1925), S. 29.

[12]) E. H. Schulz, Die Nichteisenmetalle unter besonderer Berücksichtigung der Luftfahrzeuge. Z. d. V.D.I., Bd. 68 (1924), S. 545.

[13]) A. Baumann, Leichtbau. Z. d. V.D.I., Bd. 68 (1924), S. 551.

[14]) P. Meyer, Die Frage des Baustoffes im Leichtbau. Z. d. V.D.I., Bd. 68 (1924), S. 555.

[15]) H. Seehase, Holz- oder Metallflugzeug. ZFM, Bd. 14 (1923), S. 2.

[16]) E. de Woitine, The Metal Industry, London, Bd. 27 (1925), S. 603/05 (Z. f. Met. 1926, S. 23).

[17]) Ein deutscher Ingenieur, Stahl oder Leichtmetall. Flygning, Bd. 4 (1926), S. 11.

[18]) R. Baumann, Die bisherigen Ergebnisse der Holzprüfungen in der Materialprüfungsanstalt der T. H. Stuttgart. Forschungsarbeiten auf dem Gebiet des Ingenieurwesens, Heft 231.

[19]) Unger u. Schmidt, Duralumin. Technische Berichte der Flugzeugmeisterei, Bd. III, S. 229.

[20]) R. Beck, Duralumin, seine Eigenschaften und Verwendungsgebiete. Z. f. Met., Bd. 16 (1924), S. 122 bis 127.

[21]) Studien über Dauerbeanspruchungen (Ermüdungserscheinungen) an Duralumin. Junkers-Luftverkehr Nachrichtenblatt 3, Nr. 1 vom 14. 1. 25, S. 3.

[22]) W. Hoff, Die Festigkeit deutscher Flugzeuge. 36. Bericht der DVL. Sonderabdruck der ZFM.

[23]) R. Debar, Die Aluminium-Industrie (Verlag Vieweg u. Sohn, Braunschweig 1925).

[24]) Merica, Waltenberg u. Scott, Heat Treatment of Duralumin, Scient. Pap. Bureau of Standards Nr. 347.

[25]) Merica, Waltenberg u. Freemann, Bull. Am. Inst. Min. Eng. 1919, Nr. 151, S. 1031.

[26]) W. Fraenkel, Die Veredelungsvorgänge in vergütbaren Aluminium-Legierungen. Z. f. Met., Bd. 18 (1926), S. 313.

[27]) K. L. Meißner, Die Veredelungsvorgänge in vergütbaren Aluminium-Legierungen. ZFM 17 (1926), S. 112.

[28]) C. Bach, Elastizität und Festigkeit.

[29]) Dr.-Ing. Waizenegger, Beitrag zur Härteprüfung. Forschungsarbeiten auf dem Gebiet des Ingenieurwesens.

[30]) R. Baumann, Die Härte weicher Metalle. Z. d. V.D.I., Bd. 70 (1926), S. 403 u. 406.

[31]) G. Sachs, Z. f. Met., Bd. 16 (1924), S. 55/58.

[32]) M. v. Schwarz, Prüfung von Feinblechen. Aluminium, Bd. 4, Nr. 33.

[33]) M. v. Schwarz, Vergleichende Versuche mit mehreren Erichsen-Apparaten. Z. f. Met., Bd. 16 (1924), Heft 8.

[34]) Prof. Dr. Keßner, Die Prüfung der Bearbeitbarkeit der Metalle und Legierungen unter besonderer Berücksichtigung des Bohrverfahrens. Forschungsarbeiten auf dem Gebiet des Ingenieurwesens, Heft 208.

[35]) Oberhoffer, Das schmiedbare Eisen. Verlag Jul. Springer, Berlin.

[36]) C. Bach u. R. Baumann, Festigkeitseigenschaften und Gefügebilder der Konstruktionsmaterialien.

[37]) O. Wawrziniak, Handbuch des Materialprüfwesens für Maschinen- und Bauingenieure.

[38]) A. Lennartz u. W. Henninger, Mikroskopische Gefügebilder von Duralumin-Legierungen. Z. f. Met., 18. Jahrg. (1926), S. 213/15.

[39]) L. M. Cohn, Technische Mitteilungen über Duralumin, herausgegeben von den Dürener Metallwerken A.G., Düren.

[40]) H. Röhrig, Die Brinellhärte von Lautal zwischen 20 und 250° C. Z. f. Met., Bd. 18 (1926), S. 324.

[41]) K. L. Meißner, Das Altern veredelungsfähiger Aluminium-Legierungen bei erhöhten Temperaturen. Z. f. Met., Bd. 17 (1925), S. 81.

[42]) Merica, Chem. and Met. Engg. Bd. 24 (1921), S. 1057.

[43]) Alfred Wilm, Physikalisch-Metallurgische Untersuchungen über magnesiumhaltige Aluminium-Legierungen. Metallurgie, 8. Jahrg. (1911), S. 225 bis 227.

[43a]) Schutz von Aluminium und seinen Legierungen gegen Korrosion durch anodische Oxydation. The Metal Industry (1926), S. 153.

[44]) F. Mylius, Die oxydische Kochsalzprobe für Aluminium. Z. f. Met., Bd. 17 (1925), S. 148/154.

[45]) C. Bach, Maschinenelemente. 12. Auflage I. Bd. S. 155.

[46]) H. F. Rettew and G. Thumin, Testes on riveted joints in sheet Duralumin. Technical Report Nr. 165. National Advisory Committee for Aeronautics (U.S.A.).

[47]) V. Fuß, Schweißen von Aluminium und Aluminium-Legierungen.

[48]) Beck, Äußerung zum Referat über die Arbeit von Knerr, Das Schweißen von Duralumin (Automotive Industry vom 4. 5. 22). Z. f. Met. 1923, S. 286.

[49]) Messung der Druckverteilung an 3 Eindeckerflächen und an 1 Doppeldecker. Ergebnisse der Aerodynamischen Versuchsanstalt, Göttingen, II. Lieferung, S. 43 u. f.

[50]) F. H. Norton u. D. L. Bacon, The pressure distribution over the horizontal tail surfaces of an airplane. Seventh Annual Report 1921, Nr. 118 u. 119. National Advisory Committee for Aeronautics (U.S.A.).

[51]) H. Heimann u. G. Madelung, Die Beanspruchung der Flügelrippen. Technische Berichte. Bd. I, S. 81.

[52]) R. S. Archer u. Z. Jeffries, Aluminium Castings of High Strength. Am. Inst. Min. Met. Eng. Sept. 26, Vordruck 1590 E.

[53]) G. Grube, Die Oberflächenveredelung von Metallen durch Diffusion. Z. f. Met., 19. Jahrg. (1927), S. 438.

Neuzeitliche Entwicklungsfragen für Flugmotoren unter besonderer Berücksichtigung der Höhenmotoren[1]).

Von Wunibald Kamm.

90. Bericht der Deutschen Versuchsanstalt für Luftfahrt, E. V., Berlin-Adlershof (Motoren-Abteilung).

Die in den letzten Monaten erzielten Dauer- und Weitflugleistungen rücken den Weltverkehr in den Vordergrund der Flugverkehrsfragen.

Eine gangbare Lösung für die Aufgabe, mit wirtschaftlicher Nutzlast Weitflüge durchzuführen, scheint die zu sein, die verminderte Luftdichte in großen Flughöhen, etwa von 10 km Höhe aufwärts, auszunützen, um bei gleicher Motorleistung wesentlich vergrößerte Reisegeschwindigkeiten, also stark verkürzte Reisezeiten und damit verminderten Brennstoffverbrauch für die zurückgelegte Strecke zu erzielen.

Zur Klärung der Frage, ob diese Möglichkeit bei dem heutigen Stand der Technik vorliegt, ist es notwendig, die zwischen dem Triebwerk und der Flughöhe bestehenden Zusammenhänge, soweit es auf Grund rechnerischer Betrachtungen und ohne Versuchsergebnisse zunächst überhaupt möglich ist, festzustellen und die Frage zu beantworten, welche Motorleistungen sich auf Grund entsprechender Sonderentwicklung des Triebwerks nach dem Stand der Technik in großen Höhen erzielen lassen und welche Entwicklungsaufgaben hierfür zu lösen sind.

Die Leistung der Verbrennungsmotoren nimmt mit zunehmender Flughöhe in erster Annäherung der verminderten Luftdichte verhältig ab, in zweiter Annäherung etwas rascher, da der Leistungsbedarf für die Eigenreibung zu einem Teil als von der Motorleistung unabhängig gleich bleibt.

Wenn man versucht, unter Berücksichtigung, dieser Einflüsse die Leistungsabnahme des Motors mit zunehmender Höhe rechnerisch angenähert zu erfassen, so kommt man zu der folgenden Beziehung zwischen der effektiven Leistung N_{ez} in der Höhe und der effektiven Leistung N_{eo} am Boden.

$$N_{ez} = \frac{N_{eo}}{\eta_m} \cdot \mu - a\,\frac{N_{eo}}{\eta_m}\,(1 - \eta_m) - b\,\frac{N_{eo}}{\eta_m}\,(1 - \eta_m) \cdot \mu.$$

Der erste Summand auf der rechten Seite stellt die mit dem Luftdichte-Verhältnis μ multiplizierte indizierte Bodenleistung dar, also die indizierte Höhenleistung, denn η_m ist der mechanische Wirkungsgrad des Motors bei Volleistung am Boden, der zweite Summand den in der Höhe gleichbleibenden Anteil der mechanischen Verluste, der dritte Summand den dem Luftdichte-Verhältnis verhältigen Anteil der mechanischen Verluste. Die Faktoren a und b kennzeichnen die Aufteilung der Motor-Reibungsverluste in solche, die von der tatsächlichen Motorleistung, also deren Wechsel mit μ unabhängig und solche, die der Leistung verhältig sind.

Die Gleichung läßt sich für die rechnerische Handhabung in noch einfachere Form bringen und geht bei zahlenmäßigen Annahmen für η_m und dessen Aufteilung, oder bei Vernachlässigung der Aufteilung der mechanischen Verluste in den festen und veränderlichen Anteil, in Formen über, wie sie bislang zu Rechnungen gebraucht wurden.

Wie weit diese Formel den wirklichen Verhältnissen entspricht, läßt sich hinreichend klar noch nicht beurteilen.

Abb. 1 zeigt den Verlauf von Höhenleistungen, in Schaulinie 1 nach Rechnung auf Grund der geschilderten Beziehung unter Einsetzung von $\eta_m = 0{,}85$; $a = \frac{2}{3}$; $b = \frac{1}{3}$; in Schaulinie 2 nach amerikanischen Versuchen[1]), die bei gleichbleibender Drehzahl eine zahlenmäßige Abhängigkeit nach der Formel

$$\frac{N_{ez}}{N_{eo}} = \left(\frac{\varrho_z}{\varrho_0}\right)^{1,28} = \mu^{1,28}$$

ergeben, in Schaulinie 3 nach Höhenflügen, die bis zu den Höhen von 5 km mit BMW VI-Motoren und geeichten Schrauben durchgeführt wurden und in Schaulinie 4 nach Rechnung mit bisher üblichen vereinfachenden Annahmen gemäß obigen Ausführungen.

Eingehende Versuche in der Atmosphäre mit einer alle Messungen ermöglichenden Prüfeinrichtung, sind im Gange. Sie werden zwar innerhalb der zugänglichen Höhen keine großen Abweichungen von den errechneten Werten, wohl aber Klarheit über die einzelnen Einflüsse geben und Unterlagen für die im folgenden angeschnittenen Entwicklungsfragen liefern.

Die bei den sog. »Höhenmotoren« heute allgemein angewandten Mittel, den raschen Leistungsabfall nach Abb. 1 zu vermindern, sind Überbemessung und Überverdichtung der Motoren, d. h. Maßnahmen, die in konstruktiver und betrieblicher Hinsicht Grenzen haben, derart, daß sie für Gleichhaltung der Motorleistung bis zu Höhen von höchstens 3½ bis 4 km mit Vorteil angewandt werden können.

Im Sinne der gestellten Aufgabe, in großen Höhen wirtschaftlich zu fliegen, ist es notwendig, die schon im Verlauf der technischen Entwicklung während des Krieges vorgenommene Vorverdichtung, also die Speisung der Motoren mit etwa auf die Bodenluftdichte vorverdichteter Luft anzuwenden, damit gleichbleibende Motorleistung in den Höhen gewährleistet ist, die wirklich einen wesentlichen Geschwindigkeitszuwachs bringen können.

Der Leistungsbedarf in PS für die Erzeugung der auf 1,035 ata, also den Bodendruck, vorverdichteten Luft in den verschiedenen Flughöhen ist in Abb. 2 dargestellt, berechnet für 1 kg/s geförderte Luft. Schaulinie 1 zeigt den Gebläseleistungsbedarf für die verschiedenen Höhen bei isothermischer Verdichtung unter Außerachtlassung des Gebläse-Wirkungsgrades, Schaulinie 2 unter denselben Verhältnissen bei adiabatischer Verdichtung. Schaulinie 3 zeigt den Gebläseleistungsbedarf unter Außerachtlassung des Gebläse-Wirkungsgrades mit einem polytropischen Verlauf, der zwischen der Leistung für isothermische Verdichtung und der Leistung für adiabatische Verdichtung liegt, auf Grund der Annahme, daß die Verdichtungsvorgänge bis zur Erreichung eines Temperaturunterschieds von 70° C adiabatisch verlaufen und von diesem Punkt ab isothermisch bei gleichbleibendem Temperatursprung, also mit $(T_z + 70)^\circ$ C Temperatur. Dem Linienverlauf ent-

---

[1]) Vortrag, gehalten auf der XVI. Ordentlichen Mitgliederversammlung der WGL am 18. Sept. 1927 in Wiesbaden.

[1]) Siehe Schrenk, Zur Berechnung der Flugleistungen ohne Zuhilfenahme der Polare. ZFM 1927, S. 161 und DVL-Jahrbuch 1927, S. 104.

Zahlentafel 1. Höhenleistungen in Hundertteilen der Bodenleistungen. (Zu Abbildung 1.)

1. Nach Formel $N_{ez} = \dfrac{N_{eo} \cdot 2}{\eta_m \cdot 3} \left[\mu \cdot (1 + 0,5\,\eta_m) - (1 - \eta_m) \right]$

Nr.	km Höhe	0	2	4	6	8	10	12	14	16	20	25	30
1	μ	1,00	0,810	0,652	0,521	0,412	0,324	0,256	0,1905				
2	$[1,425\,\mu - 0,15]$	1,275	1,003	0,779	0,592	0,437	0,311	0,215	0,1215				
3	N_{ez}	1,00	0,787	0,6105	0,464	0,3425	0,2439	0,1686	0,0953				

2. Nach Formel $N_{ez} = N_{eo} \cdot \left(\dfrac{\varrho_z}{\varrho_o} \right)^{1,28}$ ohne Drehzahlabfall!

wobei ϱ_z Luftdichte in der betr. Höhe z

ϱ_o » am Boden $= 0,125$ kg s²/m⁴

Nr.	km Höhe	0	2	4	6	8	10	12	14	16	20	25	30
4	ϱ_z	0,125	0,103	0,083	0,067	0,054	0,042	0,032	0,023	0,0166	0,0088	0,0040	0,00184
5	$\dfrac{\varrho_z}{\varrho_o}$	1,00	0,824	0,664	0,537	0,432	0,336	0,256	0,184	0,1326	0,0703	0,032	0,0147
6	N_{ez}	1,00	0,781	0,593	0,396	0,3414	0,2472	0,1748	0,1148	0,075	0,0334	0,0113	0,0045

3. Nach Höhenflügen bei der DVL aus Bericht Nr. 10/1926 vom 29. 3. 27, Seite 9.

Nr.	km Höhe	0	1	2	3	4	5
7	N_{ez}	1	0,892	0,780	0,688	0,601	0,499

4. Nach Formel $N_{ez} = \dfrac{N_{eo}}{\eta_m} \left[\mu - (1 - \eta_m) \right]$

N_{ez} Leistung in der Höhe (z km)

N_{eo} Leistung am Boden

η_m mech. Wirkungsgrad $= 0,85$

μ nach Deutscher Normal-Atmosphäre (Fuchs & Hopf, S. 270)

Nr.	km Höhe	0	2	4	6	8	10	12	14	16	20	25	30
8	μ	1,00	0,810	0,652	0,521	0,412	0,324	0,256	0,1905				
9	$\mu - (1 - \eta_m)$	0,85	0,66	0,502	0,371	0,262	0,174	0,106	0,0405				
10	N_{ez}	1,00	0,777	0,591	0,436	0,308	0,205	0,1245	0,0476				

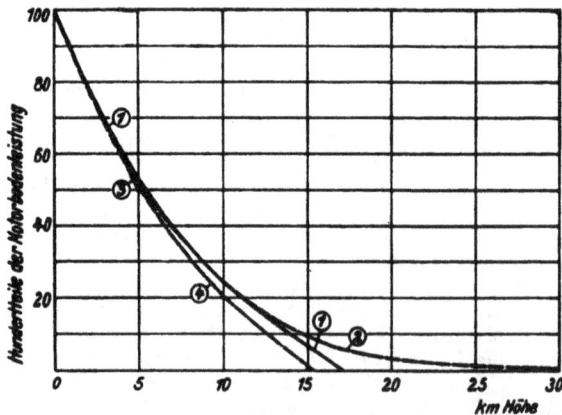

Abb. 1. Angenäherte Beziehungen zwischen Höhenleistung und Bodenleistung.

① Nach Formel

$$N_{ez} = \frac{N_{eo}}{\eta_m} \cdot \frac{2}{3} \left[\mu \cdot (1 + 0,5\,\eta_m) - (1 - \eta_m) \right]$$

② nach ZFM (amerikanische Versuche) $N_{ez} = N_{eo} \left(\frac{\varrho_z}{\varrho_o} \right)^{1,28}$

③ nach Höhenflügen bei der DVL.

④ nach Formel $N_{ez} = \frac{N_{eo}}{\eta_m} \left[\mu - (1 - \eta_m) \right]$

Annahme: $\eta_m = 0,85$

μ Luftdichteverhältnis nach deutscher Normalatmosphäre.

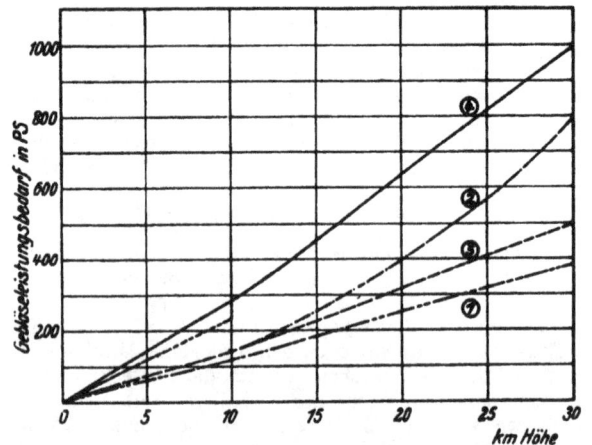

Abb. 2. Gebläseleistungsbedarf für 1 kg Luft in der Sek. bei Vorverdichtung auf 1,035 ata.

① Isothermische Verdichtungsarbeit: $N_{is} = \dfrac{2,303}{75} \cdot R \cdot T_z \cdot \log \dfrac{p_o}{p_z}$

② Adiabatische Verdichtungsarbeit:

$$N_{ad} = \frac{1}{75} \cdot \frac{K}{K-1} \cdot R \cdot T_z \left[\left(\frac{p_o}{p_z} \right)^{\frac{K-1}{K}} - 1 \right].$$

③ Polytropische Verdichtungsarbeit:

$$N_{pol} = \frac{1}{75} \cdot \frac{K}{K-1} \cdot R \cdot T_z \left(\frac{T'}{T_z} - 1 \right) + \frac{1}{75} \cdot 2,303 \cdot R \cdot T' \cdot \log \frac{p_o}{p_z}$$

④ Tatsächliche Gebläseleistung: $N_g = \dfrac{N_{pol}}{\eta_{pol}}$.

Zahlentafel 2. Berechnung der Gebläseleistungen. (Zu Abbildung 2.)

Leistungen in PS bei 1 kg/s Luft, Enddruck 1,035 ata. $K = 1,4$; $R = 29,3$.

Adiabatische Verdichtung: $N_{ad} = \dfrac{1}{75} \cdot \dfrac{K}{K-1} \cdot R \cdot T_z \left[\left(\dfrac{p_0}{p_z}\right)^{\frac{K-1}{K}} - 1\right]$.

Isothermische Verdichtung: $N_{is} = \dfrac{2,303}{75} \cdot R \cdot T_z \log \dfrac{p_0}{p_z}$.

Polytropische Verdichtung: Es ist angenommen, daß eine mittlere Temperatur-Differenz von 70° zwischen Außenluft und zu verdichtender Luft erreicht werden kann. Die polytropische Verdichtung setzt sich dann zusammen aus einer adiabatischen Verdichtung N'_{ad} vom Druckverhältnis $\dfrac{p'}{p_z}$, das einer Temperaturerhöhung von 70° entspricht, und einer isothermischen Verdichtung N'_{is} im Druckverhältnis $\dfrac{p_0}{p'}$, bei einer Temperatur $T_z + 70°$.

Es ist ab 12 km Höhe: $\dfrac{p'}{p_z} = \left(\dfrac{T'}{T_z}\right)^{\frac{K}{K-1}} = \left(\dfrac{290}{220}\right)^{\frac{1,4}{0,4}} = 1,318^{3,5} = 2,62$.

$N'_{ad} = \dfrac{K \cdot R \cdot T_z}{(K-1) \cdot 75}\left(\dfrac{T'}{T_z} - 1\right) = 301 \cdot \left(\dfrac{T'}{T_z} - 1\right) = 96$ PS.

Nr.	km Höhe	0	2	4	6	8	10	12	14	16	20	25	30
11	$\dfrac{p_0}{p_z}$	—	1,295	1,662	2,16	2,85	3,865	5,2	7,14	9,8	18,4	39,9	88
12	$\log \dfrac{p_0}{p_z}$	—	0,112	0,2205	0,334	0,4545	0,5863	0,716	0,8535	0,991	1,2645	1,601	1,944
13	$\dfrac{K-1}{K} \cdot \log \dfrac{p_0}{p_z}$	—	0,03226	0,0635	0,0961	0,131	0,1686	0,206	0,2458	0,2858	0,364	0,461	0,560
14	$\left(\dfrac{p_0}{p_z}\right)^{\frac{K-1}{K}}$	—	1,080	1,158	1,250	1,352	1,470	1,608	1,761	1,931	2,315	2,893	3,63
15	$\left(\dfrac{p_0}{p_z}\right)^{\frac{K-1}{K}} - 1$	—	0,080	0,158	0,250	0,352	0,470	0,608	0,761	0,931	1,315	1,893	2,63
16	T_z	—	276	261	248	234	221	219	220	220	220	220	220
17	N_{ad}	—	30,2	56,4	84,7	112,5	142	182	229	280	395	569	791
18	N_{is}	—	27,8	51,9	74,6	95,5	117	141	169	196	250	317	385
19	$\dfrac{N_{ad}}{0,60}$	—	51,5	94	141	187	237	—	—	—	—	—	—
20	$\dfrac{p_0}{p'}$	—	—	—	—	—	—	1,98	2,72	3,74	7,02	15,2	33,6
21	$\log \dfrac{p_0}{p'}$	—	—	—	—	—	—	0,297	0,434	0,572	0,846	1,181	1,526
22	N_{is}	—	—	—	—	—	—	77,5	113	149	221	308	398
23	N_{pol}	—	30,2	56,4	84,7	112,5	140	173,5	209	245	317	404	494
24	$\dfrac{N_{pol}}{0,50}$	—	60,4	113	169	225	280	347	418	490	634	808	988

sprechend würde der Verdichter mit unendlich vielen Stufen arbeiten. In Wirklichkeit wird er in einzelnen adiabatischen Stufen von einer Temperatur, die etwas unter $(T_z + 70)°$ C bis auf etwas über $(T_z + 70)°$ C verläuft, arbeiten, so daß die Linie 3 den mittleren Verlauf dieser Verdichtungsvorgänge darstellt. Dieser Verlauf nach Schaulinie 3 ist anzustreben und scheint auch erreichbar zu sein. Schaulinie 4 zeigt den wirklichen Leistungsbedarf, der unter Berücksichtigung eines Gebläse-Gesamtwirkungsgrades von 60 vH für die Höhen bis zu 10 km und von 50 vH für die Höhen bis zu 30 km auf Grund der Leistungen nach Schaulinie 3 errechnet ist.

Einen Gebläse-Wirkungsgrad von 60 vH für die Höhen bis zu 10 km zu erreichen, ist nach dem Stand der Technik möglich. Amerikanische Versuche mit Rootsgebläsen lieferten adiabatische Wirkungsgrade von 80 bis 60 vH bei einstufiger Ausführung und Druckverhältnissen von 1,2 bis 2,4. Solche Gebläse lassen sich in bis zu 2 stufiger Ausführung ohne große Nachteile anordnen, also mit den angegebenen Wirkungsgraden für Druckverhältnisse bis etwa 4,5, was ungefähr den Höhen um 10 km entspricht.

Für größere Höhen und damit größere Druckverhältnisse aber muß zu vielstufiger Anordnung geschritten werden, also mit Rücksicht auf Gewicht und Raumverhältnisse zu Schleudergebläsen. Die Wirkungsgrade, die von diesen mit für das Flugzeug brauchbaren Baugewichten erreicht werden können, liegen nach dem heutigen Stand der Entwicklung aber niedriger. Entwürfe, die auf der Grundlage weitgehender Sondererfahrungen entstanden sind, stellen adiabatische Wirkungsgrade in Aussicht von bis zu 57 vH bei Druckverhältnissen von etwa 2,3 mit Unterteilung in 2 bis 3 Stufen, doch werden den vorzusehenden Antriebsleistungen Wirkungsgrade zugrunde gelegt, also als sicher erreichbar angenommen, die wesentlich über 45 vH noch nicht hinausgehen. Aus den bisherigen Veröffentlichungen über die Rateau-Turbine ist auf einen Wirkungsgrad von etwa 50 vH zu schließen.

Es wird nun zunächst angenommen, daß diese Leistungen durch mechanische Übertragung von den Antriebsmotoren des Flugzeuges aufzubringen sind. Demgemäß fällt die an die Schrauben abgegebene Leistung mit der Flughöhe. Doch bestehen noch weitere Einflüsse, die bei Anwendung von Vorverdichtung die Höhenleistung der Motoren bestimmen. Das ist für alle Flughöhen die mit der abnehmenden Luftdichte eintretende Verminderung des Auspuffgegendruckes und von etwa 11 km Höhe ab die Verminderung des anteiligen Sauerstoffgehaltes der Luft. Diese Einflüsse sind in Abb. 3 dargestellt. Die Verminderung des Auspuffgegendruckes erhöht einerseits die im Indikatordiagramm erscheinende nutzbare Motorleistung unmittelbar nach Schaulinie 1, andererseits die Motorleistung mittelbar durch Verbesserung des Füllungsgrades der Arbeitszylinder nach Schaulinie 2. Denn die im Verdich

tungsraum nach Schluß des Auslaßventils verbliebenen Gasreste von Außendruck werden bei Eintritt der auf 1,035 ata verdichteten Ladeluft ihrerseits verdichtet und

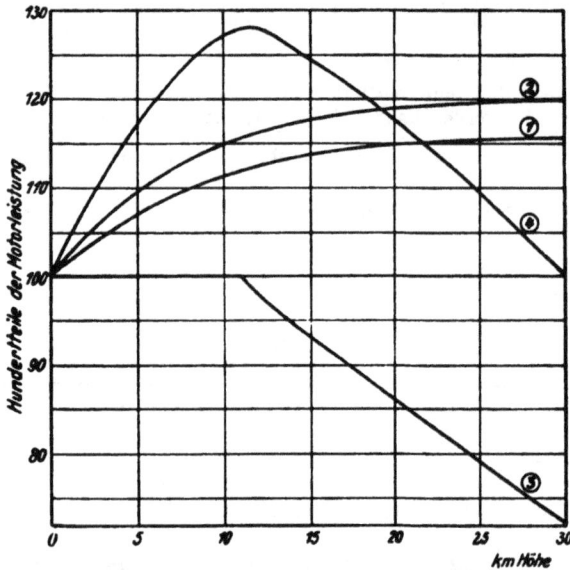

Abb. 3. Einflüsse des verminderten Auspuffgegendruckes, der vergrößerten Zylinderfüllung und des abnehmenden Sauerstoffgehaltes der Luft in größeren Flughöhen.

① Leistungszuwachs durch verminderten Auspuffgegendruck.
② Leistungszuwachs durch größere Zylinderfüllung.
③ Leistungsverminderung durch den abnehmenden Sauerstoffgehalt der Luft.
④ Veränderung der Leistung durch die zusammengefaßten Einflüsse ① ② und ③.

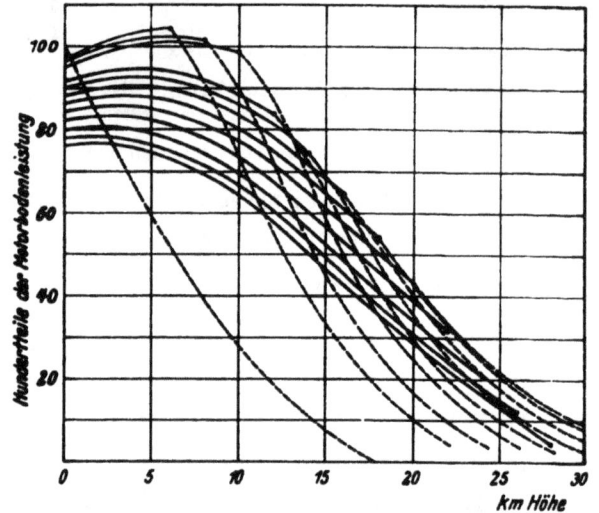

Abb. 4. Motorleistung bei Vorverdichtung durch mechanisch angetriebene Gebläse für verschiedene »Volldruckhöhen« in Hundertteilen der Bodenleistung des Normalmotors.

Annahme: $\eta_{therm.} = 0,35$
              $\eta_{mech.} = 0,85$

Abfall der Motorleistung über der Ausgangshöhe nach Formel:

$$N_{e s} = \frac{N_{e z}}{\eta_m} \cdot \frac{2}{3}\left[\mu \cdot (1 + 0,5\,\eta_m) - (1 - \eta_m)\right]$$

Gebläse: Mit zunehmender Höhe mehrstufige Ausführung und Zwischenkühlung.

Wirkungsgrad der Gebläse:
         Bis 10 km Höhe = 0,6,
         Ab 10 km Höhe = 0,5.

Zahlentafel 8. Einflüsse des verminderten Auspuffgegendruckes, der vergrößerten Zylinderfüllung und des abnehmenden Sauerstoffgehalts der Luft in größeren Flughöhen. (Zu Abbildung 3.)

① Leistungszuwachs durch verminderten Auspuffgegendruck.
② Leistungszuwachs durch größere Zylinderfüllung.
③ Leistungsverminderung durch den abnehmenden Sauerstoffgehalt der Luft.
④ Veränderung der Leistung durch die zusammengefaßten Einflüsse ① ② und ③.

① Für die verschiedenen Höhen wurden die zugehörigen Indikatordiagramme aufgezeichnet und ausplanimetriert. Die Leistung wurde, unter Annahme gleicher Drehzahl, den einzelnen Flächen proportional angesetzt. Es ergaben sich folgende Werte:

Nr.	km Höhe	0	2	4	6	8	10	12	14	16	20	25	30
25	Fläche in cm²	153,4	—	163,0	166,0	168,4	171,0	172,2	173,8	—	176,2	—	—
26	Leistung in vH	100	—	106,3	108,2	109,9	111,4	112,4	113,2	—	115,0	—	—

② Wenn ein Verdichtungsverhältnis von 1:6 angenommen wird, besteht am Boden die Füllung eines Zylinders aus 1 Teil Restgas und 5 Teilen Frischgas. Ist der Restgasdruck nur die Hälfte des Druckes am Boden, dann ist auch das Gewicht der Restgase nach Verdichtung auf Bodendruck nur die Hälfte. Der Anteil des Restgasgewichtes am Boden sei = x.

Nr.												
27	Restgasanteil . .	0,8 x	0,6 x	0,4 x	0,2 x	0,1 x	0,08 x	0,06 x	0,04 x	0,02 x	0,01 x
28	km Höhe	1,750	4,000	7,060	11,700	16,200	17,600	19,300	21,700	25,500	31,000
29	Gesamtgasanteil	5,2	5,4	5,6	5,8	5,9	5,92	5,94	5,96	5,98	5,99
30	Leistung in vH .	104	108	112	116	118	118,2	118,6	119,2	119,6	119,8

③ Die Abnahme des Sauerstoffgehaltes beeinflußt die Leistung annähernd linear.

Nr.	km Höhe	0	2	4	6	8	10	11	15	16	20	25	30
31	Sauerst. Gehalt Vol. vH	21	21	21	21	21	21	21	19,7	—	18,1	—	15,2
32	Leistung in vH	100	100	100	100	100	100	100	93	—	86,1	—	72,4

④ Die zusammengefaßten Einflüsse ① ② und ③ ergeben sich durch Multiplikation miteinander.

Nr.	km Höhe	0	2	4	6	8	10	12	14	16	20	25	30
33	Leistung in vH	100	107,6	114,2	119,8	124,1	127,0	128,0	125,7	123,1	117,7	109,4	100

Zahlentafel 4. Motorleistung bei Vorverdichtung durch mechanisch angetriebene Gebläse für verschiedene Volldruckhöhen in Hundertteilen der Bodenleistung des Normalmotors.
(Zu Abbildung 4.)

Als Grundlage ist angenommen ein Motor von 1 kg Luftverbrauch pro Sekunde, ferner ein Mischungsverhältnis von 15 : 1, ein Brennstoff von 10500 WE/kg und ein $\eta_{therm.} = 0,35$ und $\eta_m = 0,85$. Es geben dann: 15 kg Luft + 1 kg Brennstoff = 16 kg Gemisch. Dann enthalten 1 kg Luft 0,065 kg Brennstoff, 0,065 kg Brennstoff enthalten $10500 \cdot 0,065 = 682,5$ WE. 1 kg Luft vermittelt also eine Leistung von $682,5 \cdot 5,7 = 3890$ PS und bei einem $\eta_{therm.} = 0,35$ und $\eta_m = 0,85 = 1156$ PS. Die Leistung von $3890 \cdot 0,35 \cdot 0,85 = 1156$ PS wird als 100 vH angesetzt.

Bei den Gebläsen ist mehrstufige Ausführung und Zwischenkühlung in größeren Höhen berücksichtigt. Die Wirkungsgrade sind nach Abb. 2 bis 10 km Höhe (Ausführung als Kapselgebläse) zu 6,0, ab 10 km Höhe (Ausführung als Schleudergebläse) zu 0,5 angenommen. Für die Leerlaufleistung des Gebläses in 0 km Höhe (angenommen ist feste Kupplung des Gebläses mit dem Motor) sind jeweils 25 vH des Leistungsbedarfes in der zugehörigen Volldruckhöhe eingesetzt. Der Leistungsbedarf des Gebläses für die Volldruckhöhe wurde aus Schaulinie (4) Abb. 2 entnommen. Der Leistungsverlauf zwischen Höhe 0 und Volldruckhöhe wurde zunächst durch eine Gerade zwischen den entsprechenden Leistungswerten gekennzeichnet und dann die in den dazwischenliegenden Höhen abgelesenen Leistungswerte nach Abb. 2 Schaulinie (4) korrigiert. Außerdem wurde entsprechend der vermehrten Füllung des Zylinders mit zunehmender Höhe der Mehrleistungsbedarf des Gebläses berücksichtigt. Der Leistungsabfall von der Volldruckhöhe ab vollzieht sich nach dem Gesetz:

$$N_{e_1} = \frac{N_{e_0}}{\eta_m} \cdot \frac{2}{3} \cdot [\mu(1+0,5 \cdot \eta_m)-(1-\eta_m)], \text{ worin } N_{e_1} = \text{eff. Leistung in Höhe } z$$

$N_{e_0} = $ eff. Leistung in Höhe 0 $\mu = $ Luftdichteverhältnis $\eta_m = $ mech. Wirkungsgrad $= 0,85$.

Die Werte hinter der Volldruckhöhe wurden noch nach den Einflüssen der vermehrten Zylinderfüllung und des sinkenden Sauerstoffgehaltes der Luft entsprechend Schaulinie (2) und (3) us Abb. 3, die in dieser Formel nicht berücksichtigt sind, verändert.

Nr.	Höhe in km	0	2	4	6	8	10	12	14	16	18	20	22	24	26	28	30	Bemerkungen
34	N_{gr} (PS)	—	—	—	135	182	220	342	405	470	540	620	685	760	835	905	—	Gebläseleistungsbedarf in der Volldruckhöhe PS.
35	N_e (PS)	—	—	—	33,8	45,5	55	85,6	102,5	117,5	135	155	171,5	190	208,5	226	—	Zugehöriger Gebläseleistungsbedarf bei 0 km Höhe in PS.
36	a_3	1,000	1,045	1,080	1,108	1,130	1,148	1,162	1,172	1,179	1,185	1,189	1,193	1,195	1,197	1,198	1,198	Berichtigungsfaktor für Gebläsemehrleistung durch Zylindermehrfüllung.
37	$N_{gr} \cdot a_3$ (PS)	—	—	—	149,5	205,7	252	397,5	475	554	640	738	817	908	1000	1083	—	
38	a_1	1,000	1,076	1,142	1,198	1,241	1,270	1,280	1,257	1,231	1,206	1,177	1,146	1,112	1,077	1,039	1,000	Berichtigungsfaktor nach Spalte 33, bis zur Volldruckhöhe.
39	a_3	1,000	1,044	1,080	1,108	1,130	1,148	1,142	1,113	1,084	1,054	1,023	0,992	0,960	0,929	0,898	0,867	Berichtigungsfaktor nach Spalte (2) u. (3) Abb. 2, hinter Volldruckhöhe.

Nr. 40 — Bis zur Volldruckhöhe: $(N_0 - a_3 N_{gr})\,a_1$; von der Volldruckhöhe ab: $(N_0 - a_3 N_{gr})\,a_3$

Höhe in km	0	2	4	6	8	10	12	14	16	18	20	22	24	26	28
Volldruckhöhe 6 km in PS	1120	1160	1195	1198											
in vH von N_0	96,9	100,3	103,3	103,6											
V.H. 8 km in PS	1110	1150	1175	1182	1175										
in vH	96,1	99,5	101,6	102,2	101,6										
V.H. 10 km in PS	1096	1131	1158	1173	1160	1140									
in vH	94,8	97,9	100,0	101,5	100,3	98,6									
V.H. 12 km in PS	1055	1083	1093	1083	1060	1022	965								
in vH	91,3	93,7	94,6	93,7	91,7	88,6	83,5								
V.H. 14 km in PS	1039	1060	1070	1059	1033	995	935	855							
in vH	90,0	91,7	92,5	91,6	89,4	86,0	80,9	74,0							
V.H. 16 km in PS	1017	1037	1045	1032	1004	962	901	822	740						
in vH	88,0	89,7	90,4	89,2	86,8	83,2	77,9	71,1	64,0						
V.H. 18 km in PS	997	1014	1017	1000	970	925	865	780	700	632					
in vH	86,3	87,7	88,0	86,5	83,9	80,0	74,8	67,5	60,6	52,3					
V.H. 20 km in PS	973	987	986	966	914	889	826	741	657	577	501				
in vH	84,2	85,4	85,3	83,5	79,1	76,9	71,4	64,1	56,8	49,9	43,3				
V.H. 22 km in PS	948	958	962	932	892	843	776	692	607	525	445	370			
in vH	82,0	82,9	83,2	80,6	77,1	72,9	67,1	59,9	52,5	45,4	38,5	32,0			
V.H. 24 km in PS	922	930	921	894	855	800	729	638	565	475	395	317	244		
in vH	79,8	80,4	79,6	77,3	74,0	69,2	63,1	55,2	48,0	41,1	34,3	27,4	21,1		
V.H. 26 km in PS	898	902	892	862	820	765	695	608	522	439	360	283	208	140	
in vH	77,7	78,0	77,2	74,6	70,9	66,2	60,1	52,6	45,1	38,0	31,1	24,5	18,0	12,1	
V.H. 28 km in PS	880	884	870	838	796	740	670	581	498	415	335	260	186	117	53
in vH	76,1	76,4	75,2	72,4	68,8	64,0	57,9	50,2	43,0	35,9	29,0	22,5	16,1	10,1	4,5

Bemerkung zu Nr. 40: Die Werte unter dem starken Trennungsstriche stellen die Leistungen bis zur Volldruckhöhe dar.

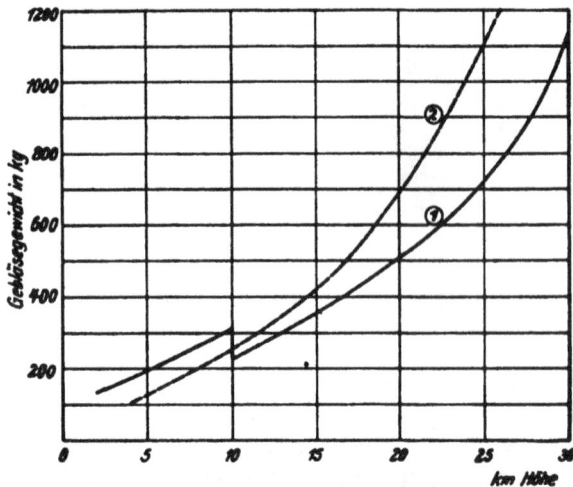

Abb. 5. Gebläsegewichte in Abhängigkeit von der Flughöhe, gültig für 1 kg Luftlieferung in der Sek.
① Gebläsegewichte bei unmittelbarem Antrieb.
② Gebläsegewichte bei Abgasantrieb.

im Volumen verkleinert. Zur Ausnützung dieses Umstandes ist es notwendig, die Leistung des Gebläses wiederum um einen entsprechenden Betrag zu steigern, der bei den weiteren Berechnungen mit berücksichtigt ist. Der leistungsvermindernde Einfluß der ab 11 km Höhe einsetzenden Änderung im Sauerstoffgehalt der Luft äußert sich nach Schaulinie 3. Alle drei Einflüsse ergänzen sich zu der Gesamtwirkung nach Schaulinie 4.

Unter Berücksichtigung aller genannten Größen, also der Gebläseantriebsleistung, des verminderten Auspuffgegendrucks, der für die Mehrfüllung der Zylinder aufzubringenden zusätzlichen Gebläse-Antriebsleistung und des Sauerstoffgehaltes der Luft, ergeben sich die in Abb. 4 dargestellten Motornutzleistungen in den verschiedenen Flughöhen.

Die Werte sind errechnet unter Annahme eines thermischen Wirkungsgrades der Motoren von 0,35, eines mechanischen Wirkungsgrades von 0,85, des Mischungsverhältnisses 15 : 1 für Luft und Brennstoff und unter der Annahme mehrstufiger Ausführung der Gebläse mit Zwischenkühlung entsprechend den früheren Ausführungen über den Gebläseleistungsbedarf und die Wirkungsgrade der Gebläse. Für die Leerlaufleistung der Gebläse in Bodennähe sind 25 vH der in der »Volldruckhöhe« benötigten Leistung eingesetzt.

Die »Volldruckhöhe« ist gekennzeichnet durch die Knickpunkte in den Leistungslinien. Bis zu ihr reicht die Gebläseleistung zur vollen Ladung des Motors aus, und von ihr ausgehend fällt die Leistung in einer Weise ab, die nach der früher angegebenen Näherungsart für gewöhnliche Motoren errechnet ist unter Berücksichtigung der Änderungen im Auspuffgegendruck und im Sauerstoffgehalt der Luft.

Die Unstetigkeit zwischen der Leistung des für 10 km Volldruckhöhe gebauten Motors und der Leistung des für 12 km Volldruckhöhe gebauten, erklärt sich durch den für die Grenze von 10 km angenommenen Sprung im Gebläse-Wirkungsgrad.

Nur in den geringen Höhen, die die Anwendung von Gebläsen mit höheren Wirkungsgraden ermöglichen, ist eine merkliche Steigerung der Höhenleistung über die Bodenleistung hinaus zu verzeichnen, jedoch nicht mehr als etwa 10 vH. Bei Anlagen, die für größere Volldruckhöhen berechnet sind, fallen die Leistungen schon von 4 bis 5 km Höhe aus, und zwar in dem Bereich über 10 km Höhe sehr stark. So vermag der für 16 km Volldruckhöhe entwickelte Motor in dieser Höhe noch 64 vH seiner Bodenleistung, der für 20 km gebaute hier nur noch 43 vH seiner Bodenleistung zu entfalten.

Weiter ist bemerkenswert, daß von einer gewissen Grenze ab die weitere Vergrößerung der Gebläse keinen Zweck mehr hat, hier von dem Motor ab, der für 20 km Volldruckhöhe

Zahlentafel 5. Gebläsegewichte in Abhängigkeit von der Flughöhe gültig für 1 kg Luftlieferung in der Sek.
(Zu Abbildung 5.)

a) Bei unmittelbarem Antrieb.

Bis zu 10 km Höhe finden Kapselgebläse mit größerem Einheitsgewicht Verwendung, ab 10 km Schleudergebläse mit geringerem Einheitsgewicht. Die in der nachstehenden Tafel enthaltenen Werte umfassen das Gewicht des Gebläses, der Kupplungs- und Getriebeteile, der Rohrleitungen und der Zwischenkühler und sind nach vorhandenen Ausführungen eingesetzt, für größere Höhen entsprechend geschätzt.

b) Bei Abgasantrieb.

Die Gewichte gelten für ein- bzw. zweistufige Abgasturbinen mit mehrstufigem Schleudergebläse, den erforderlichen Rohrleitungen mit Armaturen und den Gebläsekühlern.

Nr.	km Höhe	0	2	4	6	8	10	12	14	16	20	25	30
41	Gebläsegew. bei unmittelbarem Antrieb in kg	—	130	175	220	265	315						
							225	275	330	385	440	625	1135
42	Gebläsegew. bei Abgasantrieb in kg	—	—	100	150	200	255	315	380	465	570	925	—

gebaut ist. Denn von hier ab liegen die Leistungen der für größere Volldruckhöhen gebauten Motoren durchwegs unter denen des 20-km-Motors.

Eine Berechnung der für die verschiedenen Höhen zu erwartenden Gebläsegewichte hat die unter der Schaulinie 1 der Abb. 5 liegenden Größen zum Ergebnis. Dabei ist wieder für Höhen bis zu 10 km die Verwendung von Kapselgebläsen vorgesehen, die zwar bessere Wirkungsgrade, aber auch größere Gewichte besitzen, über 10 km Höhe die etwas leichteren Turbogebläse. Die Gewichte sind errechnet für Lieferung von 1 kg/s Luft.

Mit ihrer Einsetzung zu den auf Grund neuzeitlicher Erfahrungswerte ermittelten Motorgewichten erhält man die in Abb. 6 dargestellten, in den verschiedenen Höhen zu erwartenden Einheitsgewichte der mit Gebläsen ausgerüsteten Motoren.

Auch hier liegt bei 10 km Volldruckhöhe ein durch Ineinanderschieben der 10-km- und 12-km-Gewichtslinie gekennzeichneter Sprung durch den Wechsel im Gebläsegewicht. Die Einheitsgewichte steigen, ähnlich wie im vorhergehenden die Leistungen abgefallen sind, über 10 km Höhe rasch, bleiben allerdings bis etwa 20 km in noch erträglichen Grenzen.

Es zeigt sich wieder, daß von einer gewissen »Volldruckhöhe« ab die weitere Vergrößerung der Gebläse keinen Zweck mehr hat. Die Grenze liegt hier bei etwa 18 km Volldruckhöhe. Für größere Volldruckhöhen gebaute Motoren vermögen kein geringeres Einheitsgewicht mehr aufzuweisen.

Mit den dargestellten Verhältnissen ist der Fall der Anordnung eines besonderen Antriebsmotors für die Gebläse hinsichtlich der Einheitsgewichte gleichwertig. Hinsichtlich der Leistungen ist er ungünstiger insofern, als hier die in Höhen unter der Volldruckhöhe verminderte Gebläse-Antriebsleistung dem Antrieb der Schrauben nicht zugute kommt, also die Abflugleistung eine geringere ist.

Es liegt die Frage nahe, ob der trotz Anwendung von Gebläsen in großen Höhen vorhandene Leistungsabfall dadurch wieder auszugleichen ist, daß die indizierte Leistung der Motoren weiter gesteigert wird. Möglichkeiten hierfür scheinen vorzuliegen in weiterer Vergrößerung der Zylinderladung nach Luftgewicht vermittelst Steigerung des Lieferdruckes der Gebläse oder auf Grund einer mit Hilfe der niedrigen Umgebungstemperatur herabgesetzten Temperatur der Ladeluft.

Mit einer durch gesteigerten Gebläsedruck erzielten »Überladung« ist infolge Verkürzung des Dehnungsverhältnisses eine Wirkungsgrad-Verschlechterung verbunden und, was für den Dauerbetrieb unbrauchbar ist, eine Erhöhung des spezifischen Brennstoffverbrauches. Wenn man nicht die nur mit erheblicher Gewichtsvergrößerung mögliche Verbundwirkung anwenden will, kann demnach die »Überladung« wirtschaftlich nicht angewandt werden.

Hinsichtlich der Ausnützung der tiefen Umgebungstemperatur für Erzielung höherer volumetrischer Wirkungsgrade und auch für Anwendung höherer Verdichtungsverhältnisse, die an sich auf Grund der verminderten Verdichtungs-Anfangstemperatur möglich wären, ist zu berücksichtigen, daß einerseits bei den Vergasermaschinen die Saugtemperaturen durch die Bedingungen für hinreichend gute Zerstäubung des Brennstoffes und Erhaltung der Mischung bis zum Eintritt in den Zylinder festgelegt sind, und daß anderseits diese Temperaturverhältnisse in den vorliegenden Leistungsrechnungen schon berücksichtigt sind durch die Annahme der zwischen isothermischer und adiabatischer Verdichtung verlaufenden polytropischen Verdichtungsleistung gemäß den früheren Ausführungen. Die dortige Annahme eines Temperatursprunges von 70° C entspricht den der Veränderung der Außentemperatur angepaßten Möglichkeiten für eine nicht zu große Kühlflächen erfordernde Zwischenkühlung.

Beim Dieselmotor, für den die Rücksichten auf äußere Verneblung und Gemischerhaltung fortfallen, scheinen diese Verhältnisse zunächst günstiger zu liegen; doch wird eine weitergehende Kühlung der Gebläseluft, wie sie oben angenommen ist, wegen der dann notwendigen großen Kühlflächen, die mit Verminderung des Temperatursprunges rasch größer werden, zu erheblichen Schwierigkeiten führen.

Auch hinsichtlich der Kühlung für den Motor liegen trotz

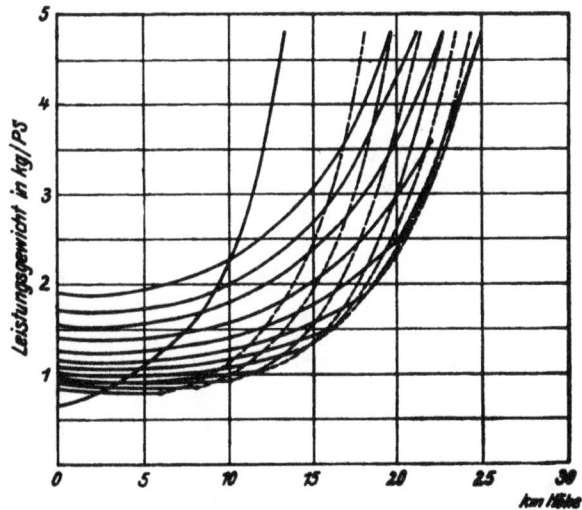

Abb. 6. Leistungsgewichte bei Vorverdichtung durch mechanisch angetriebene Gebläse für verschiedene Ausgangshöhen gültig für 1 kg Luft in der Sek.

der niedrigen Umgebungstemperatur in der Höhe die Verhältnisse nicht sehr günstig.

Eine eingehende zahlenmäßige Untersuchung auf Grund neuerer Forschungen über Wärmeübergang ergibt bei Berücksichtigung der Änderung von Luftdichte, Temperatur und Fluggeschwindigkeit die in Abb. 7 dargestellte Abhängigkeit der Kühlwirkung von der Flughöhe, nach Schaulinie 1 bei Annahme einer Temperatur der zu kühlenden Flächen

Zahlentafel 6. Leistungsgewichte bei Vorverdichtung durch mechanisch angetriebene Gebläse für verschiedene Volldruckhöhen gültig für 1 kg Luft in der Sekunde. (Zu Abbildung 6.)

Die Gewichte des Triebwerkes umfassen den Motor, die Gebläseanlage nebst zugehörigen Rohrleitungen, Kupplungen, Getrieben, Zwischenkühlern und Armaturen. Das zugrunde gelegte Leistungsgewicht des Normalmotors beträgt

$$G_L = 6{,}4 \text{ kg/PS.}$$

Nr.	Volldruckhöhe in km	6	8	10	12	14	16	18	20	22	24	26	28	30	Bemerkungen
43	$\dfrac{p}{p_0}$	2,15	2,85	3,80	5,20	7,10	10,50	14,00	18,50	24,50	32,00	45,00	64,00	87,70	Druckverhältnis.
44	G_T	960	1010	1062	1010	1062	1110	1170	1240	1320	1420	1530	1670	1860	Gesamtgewicht der Triebwerksanlage in kg.
45	Bis zur Volldruckhöhe: $\dfrac{G_T}{(N_0 - a_3 N_{gz}) \cdot a_1}$ [1]) Von der Volldruckhöhe ab: $\dfrac{G_T}{(N_0 - a_3 N_{gz}) \cdot a_2}$ [1])														Leistungsgewicht für die jeweilige Höhe in kg/PS.
	Höhe 0 km	0,86	0,91	0,97	0,96	1,06	1,09	1,17	1,27	1,39	1,54	1,71	1,90	—	
	2 km	0,82	0,88	0,94	0,93	1,00	1,07	1,15	1,26	1,38	1,53	1,70	1,88	—	
	4 km	0,80	0,86	0,92	0,93	0,99	1,06	1,15	1,26	1,37	1,54	1,72	1,92	—	
	6 km	0,79	0,85	0,91	0,93	1,00	1,07	1,17	1,28	1,42	1,59	1,78	1,99	—	
	8 km	0,91	0,86	0,92	0,95	1,03	1,10	1,21	1,36	1,48	1,66	1,87	2,10	—	
	10 km	1,14	0,98	0,93	0,99	1,07	1,15	1,26	1,40	1,57	1,78	2,00	2,26	—	
	12 km	1,50	1,22	1,05	1,05	1,14	1,23	1,35	1,50	1,70	1,95	2,20	2,50	—	
	14 km	2,09	1,66	1,36	1,21	1,24	1,35	1,50	1,67	1,92	2,23	2,52	2,88	—	
	16 km	3,00	2,30	1,85	1,56	1,48	1,50	1,67	1,89	2,18	2,56	2,93	3,36	—	Die Werte unter der starken Trennungslinie stellen die Leistungsgewichte bis zur Volldruckhöhe dar.
	18 km	4,68	3,35	2,57	2,13	1,93	1,83	1,88	2,15	2,52	2,99	3,49	4,03	—	
	20 km	8,00	5,18	3,72	2,98	2,63	2,38	2,36	2,48	2,96	3,60	4,25	4,99	—	
	22 km	—	—	5,60	4,28	3,64	3,26	3,08	3,22	3,57	4,48	5,40	6,43	—	
	24 km	—	—	—	6,65	5,31	4,53	4,22	4,28	—	5,82	7,35	9,00	—	
	26 km	—	—	—	—	6,60	5,91	5,88	—	—	—	—	—	—	

[1]) Aus Spalte 40.

Zahlentafel 7. Veränderung der Kühlwirkung mit der Höhe. (Zu Abbildung 7.)

Bezeichnungen:

Q	Übergeleitete Wärmemenge	T_w	Wandungstemperatur
c	Flugzeuggeschwindigkeit	C_v	Spez. Wärme der Luft.
μ	Zähigkeit der Luft		
δ	Grenzschichtdicke		
ϱ	Luftdichte		
T	Lufttemperatur		

Nach Herzfeld ist

wobei

$$Q \sim c^{3/4} \cdot \mu^{3/4} \cdot \delta^{-1/4} \cdot \varrho^{3/4} \cdot \left(\frac{T}{T_w}\right)^{3/4} \cdot (T_w - T) \cdot C_v,$$

$$\delta^{3/4} \sim c^{-1/4} \cdot \mu^{3/4} \cdot \varrho^{-1/4}.$$

Ferner ist nach Schrenk für gleiches Verhältnis von Auftriebsbeiwert des Flügels zu Widerstandsbeiwert: $c \sim \varrho^{-1/2}$.

Hieraus ergibt sich

$$Q \sim \varrho^{0,534} \cdot \mu^{0,2} \cdot \left(\frac{T}{T_w}\right)^{0,75} \cdot (T_w - T) \cdot C_v,$$

wobei nach „Hütte"

$$\mu = \mu_0 \cdot \frac{1 + \dfrac{b}{273}}{1 + \dfrac{b}{273}} \cdot \sqrt{\frac{T}{273}},$$

wo für Luft

$$\mu_0 = 0,000166; \quad b = 114.$$

Die Berechnung wird angestellt für einen luftgekühlten Motor von $T'' = 130°$C Wandungstemperatur und einen wassergekühlten Motor von $T'' = 70°$C Wassertemperatur.

Nr.	km Höhe	0	2	4	6	8	10	12	14	16	20	25	30
46	$\dfrac{\varrho}{\varrho_0}$	1	0,824	0,667	0,537	0,432	0,338	0,254	0,184	0,133	0,0705	0,0330	0,0147
47	$\log \dfrac{\varrho}{\varrho_0}$	0	0,916–1	0,824–1	0,730–1	0,635–1	0,529–1	0,405–1	0,265–1	0,124–1	0,848–2	0,518–2	0,167–2
48	$0,543 \cdot \log \dfrac{\varrho}{\varrho_0}$	0	0,489–0,534	0,440–0,543	0,390–0,534	0,330–0,534	0,282–0,534	0,216–0,534	0,141–0,534	0,0682–0,534	0,453–1,068	0,277–1,068	0,089–1,068
49	$\log \left(\dfrac{\varrho}{\varrho_0}\right)^{0,584}$	0	0,955–1	0,906–1	0,856–1	0,805–1	0,748–1	0,682–1	0,607–1	0,532–1	0,385–1	0,209–1	0,021–1
50	$\left(\dfrac{\varrho}{\varrho_0}\right)^{0,584}$	1	0,902	0,806	0,718	0,638	0,560	0,481	0,405	0,331	0,243	0,162	0,105
51	T	285	274	261	248	234	221	219	220	220	220	220	220
52	$\dfrac{T}{273}$	1,043	1	0,96	0,91	0,86	0,81	0,80	0,806	0,806	0,806	0,806	0,806
53	$\sqrt{\dfrac{T}{273}}$	1,020	1	0,98	0,953	0,934	0,900	0,896	0,898	0,898	0,898	0,898	0,898
54	$\dfrac{114}{273} \cdot \sqrt{\dfrac{T}{273}}$	0,426	0,418	0,410	0,398	0,390	0,376	0,376	0,376	0,376	0,376	0,376	0,376
55	$\dfrac{114}{273} : \dfrac{T}{273}$	0,400	0,418	0,437	0,460	0,488	0,516	0,520	0,518	0,518	0,518	0,518	0,518

Nr.	Formel												
56	$1 + \frac{114}{273} \sqrt{\frac{T}{273}}$	1,426	1,418	1,410	1,398	1,390	1,376	1,376	1,376	1,376	1,376	1,376	1,376
57	$1 + \frac{114}{T}$	1,400	1,418	1,437	1,460	1,488	1,516	1,520	1,518	1,518	1,518	1,518	1,518
58	$\frac{\mu}{\mu_0}$	1	0,982	0,964	0,940	0,917	0,890	0,889	0,890	0,890	0,890	0,890	0,890
59	$\log \frac{\mu}{\mu_0}$	0	0,992-1	0,984-1	0,973-1	0,962-1	0,949-1	0,949-1	0,949-1	0,949-1	0,949-1	0,949-1	0,949-1
60	$0,2 \cdot \log \frac{\mu}{\mu_0}$	0	0,1984-0,2	0,1968-0,2	0,1946-0,2	0,1924-0,2	0,1898-0,2	0,1899-0,2	0,1898-0,2	0,1898-0,2	0,1898-0,2	0,1898-0,2	0,1898-0,2
61	$\log \left(\frac{\mu}{\mu_0}\right)^{0,2}$	0	0,9984-1	0,9968-1	0,9946-1	0,9924-1	0,9898-1	0,9898-1	0,9898-1	0,9898-1	0,9898-1	0,9898-1	0,9898-1
62	$\left(\frac{\mu}{\mu_0}\right)^{0,2}$	1	0,996	0,994	0,989	0,984	0,977	0,977	0,977	0,977	0,977	0,977	0,977
63	$\frac{T \cdot T_w}{T_w \cdot T_0}$	1	0,961	0,916	0,870	0,820	0,775	0,770	0,770	0,770	0,770	0,770	0,770
64	$\log \frac{T}{T_0}$	0	0,983-1	0,962-1	0,940-1	0,914-1	0,890-1	0,886-1	0,886-1	0,886-1	0,886-1	0,886-1	0,886-1
65	$0,75 \cdot \log \frac{T}{T_0}$	0	0,737-0,75	0,722-0,75	0,705-0,75	0,685-0,75	0,667-0,75	0,665-0,75	0,665-0,75	0,665-0,75	0,665-0,75	0,665-0,75	0,665-0,75
66	$\log \left(\frac{T}{T_0}\right)^{0,75}$	0	0,987-1	0,972-1	0,955-1	0,935-1	0,917-1	0,915-1	0,915-1	0,915-1	0,915-1	0,915-1	0,915-1
67	$\left(\frac{T}{T_0}\right)^{0,75}$	1	0,971	0,938	0,902	0,861	0,826	0,822	0,822	0,822	0,822	0,822	0,822
68	C_v	0,172	0,172	0,172	0,171	0,171	0,170	0,170	0,170	0,170	0,170	0,170	0,170
69	$\frac{C_v}{C_{v0}}$	1	1	1	0,995	0,995	0,99	0,99	0,99	0,99	0,99	0,99	0,99
70	$\varrho^{0,534} \cdot \mu^{0,2} \left(\frac{T}{T_0}\right)^{0,75} \cdot C_v$	1	0,872	0,751	0,636	0,537	0,449	0,382	0,322	0,263	0,193	0,129	0,064
71	$T'_w - T$	118	129	142	155	169	182	184	183	183	183	183	183
72	$\frac{T'_w - T}{T'_w - T_0}$	1	1,09	1,20	1,31	1,43	1,54	1,55	1,55	1,55	1,55	1,55	1,55
73	$T''_w - T$	58	69	82	95	109	122	124	123	123	123	123	123
74	$\frac{T''_w - T}{T''_w - T_0}$	1	1,19	1,41	1,64	1,88	2,1	2,14	2,12	2,12	2,12	2,12	2,12
75	$\frac{Q'}{Q_0}$	1	0,95	0,90	0,835	0,775	0,690	0,596	0,500	0,408	0,300	0,200	0,130
76	$\frac{Q''}{Q_0}$	1	1,038	1,06	1,04	1,01	0,94	0,816	0,682	0,558	0,410	0,274	0,178

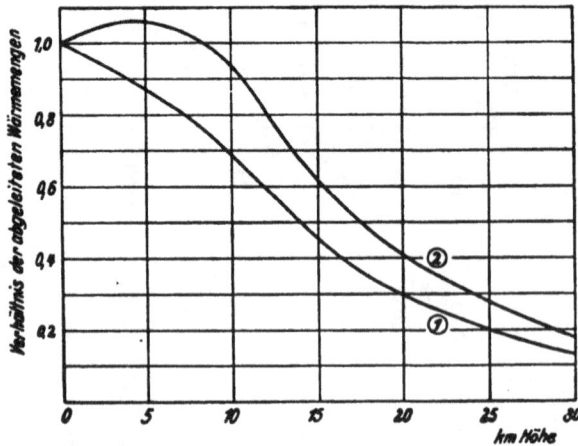

Abb. 7. Veränderung der Kühlwirkung in Abhängigkeit von der Höhe.

① Temperatur der zu kühlenden Fläche 130° C (Luftkühlung).
② Temperatur der zu kühlenden Fläche 70° C (Wasserkühlung).

von 130° C, was einem luftgekühlten Zylinder entspricht, und nach Schaulinie 2 bei Annahme von 70° C Wandungstemperatur, was der Kühlanlage eines wassergekühlten Motors entspricht.

Der Verlauf der Schaulinien läßt erkennen, daß die Kühlwirkung an allen durch den Luftstrom unmittelbar gekühlten Flächen mit zunehmender Höhe stark nachläßt; der günstigere Verlauf der Kühlverhältnisse nach Schaulinie 2 läßt sich nur bei mittelbarer Kühlung erzielen. Daß die Kühlwirkung mit zunehmender Höhe sich so wesentlich verschlechtert, ist bedingt durch den überwiegenden Einfluß der Luftdichte, der stärker ist als die günstigen Einflüsse durch niedere Temperatur und durch vergrößerte Fluggeschwindigkeit.

Die bei Wasserkühlung in Höhen bis zu etwa 8 km auftretende Verbesserung der Kühlwirkung wird eben ausreichen, um der Leistungserhöhung gerecht zu werden, die, wie früher geschildert, eintritt durch die Verbesserung der Zylinderfüllung infolge des verminderten Auspuffgegendruckes.

Damit ist die Frage angeschnitten, ob der wasser- oder luftgekühlte Motor für Höhenflüge besser geeignet ist; eine Frage, die von besonderer Wichtigkeit ist in Anbetracht des zurzeit mit im Vordergrund stehenden Wettbewerbes zwischen Luft- und Wasserkühlung.

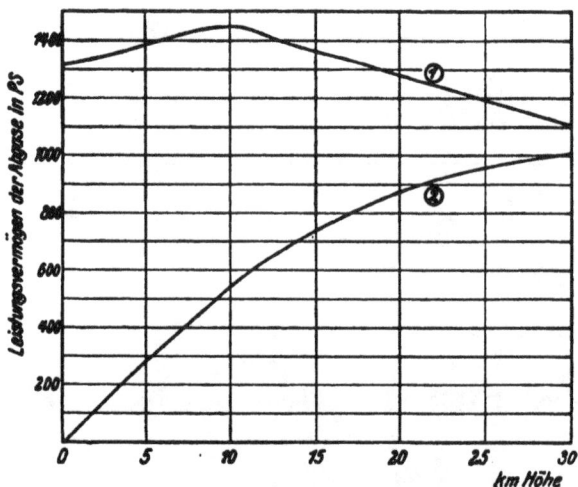

Abb. 8. Leistungsvermögen der Abgase.

① In den Abgasen (1,066 kg) bei 1,035 ata Abgasdruck enthaltene Gesamtleistung, unter Berücksichtigung der Sauerstoffabnahme, gerechnet bis auf Druck und Temperatur der betreffenden Höhe.
② In der Turbine ausnützbare Leistung.

In diesem Wettbewerb, der in der letzten Zeit dem luftgekühlten Sternmotor große greifbare Erfolge gebracht hat, hat auch der wassergekühlte Reihenmotor wieder neue Aussichten gewonnen in der Form des Schnelläufers mit kleinen Zylinderabmessungen bei Anwendung des nunmehr zur Reife gelangten Untersetzungsgetriebes, dessen Vorteile ihm in höherem Maße zugute kommen als dem Sternmotor, dessen Schnellauf engere Grenzen gezogen sind.

Die Anwendung der Luftkühlung für den Bodenmotor wird dennoch weitere Fortschritte machen, denn es hat den Anschein, daß innerhalb der praktischen Entwicklung der Leistungsgröße der Motoreinheiten Grenzen gezogen sind, innerhalb deren die Vorteile des Sternmotors gegenüber dem Reihenmotor noch uneingeschränkt zur Geltung kommen. Denn bei jeder Motorbauart gibt es hinsichtlich des Gewichtes einen Bestwert für die Größe, für dessen Überschreitung nur die Notwendigkeit der Vermeidung allzu großer Motorenzahl bei sehr großen Flugzeugen ein Grund sein könnte. Und es scheint durchaus möglich zu sein, bei Anwendung von Getrieben und weiteren neuzeitlichen Hilfsmitteln, mit Sternmotoren bei vielleicht kleineren als den heutigen Grenzabmessungen Leistungen von 800 PS und mehr zu erreichen. Des weiteren ist die Entwicklung luftgekühlter Motoren nicht unbedingt an die Sternbauart gebunden. Zwar sind für die Luftkühlung von Reihenmotoren durchschlagende Erfolge noch nicht erzielt, doch ist es grundsätzlich durchaus möglich, daß hier vorliegende Schwierigkeiten in absehbarer Zeit zu überwinden sind, wie denn überhaupt die zwangläufige Führung der Kühlluft um die Zylinder eine Aufgabe von allgemeiner Bedeutung ist im Hinblick auf die Notwendigkeit, den Leistungsaufwand für die Kühlung im fliegenden Flugzeug noch wesentlich zu vermindern.

Doch für Höhenmotoren scheint nach den angestellten Berechnungen die mittelbare Kühlung bis auf weiteres wesentliche Bedeutung zu behalten, denn es kann nicht angenommen werden, daß die heutigen großen luftgekühlten Motoren hinsichtlich ihrer Kühlung noch einen derartigen Überschuß besitzen, daß aus ihm der in großer Höhe erhebliche Abmangel an Kühlwirkung noch gedeckt werden kann.

Freilich macht auch die mittelbare Kühlung Schwierigkeiten. Bei einer gewöhnlichen Kühlanlage mit Wasserkühlung würde beispielsweise in 20 km Höhe der Unterschied zwischen Gefrier- und Verdampfungstemperatur nur 32° C betragen und letztere, also auch die Außentemperatur der Motorzylinder, bei + 32° C liegen.

Es müssen also auch hier besondere Maßnahmen getroffen werden, von denen das Unterdrucksetzen der ganzen Kühlanlage die nächstliegende ist, die beispielsweise mit 0,32 ata wieder die gangbare Temperatur von 70° C für den Verdampfungspunkt liefert.

Die ermittelten Werte für die Höhenleistungen der Flugmotoren, die von mechanisch betriebenen Gebläsen gespeist werden, stellen also, soweit das auf rechnerischer Grundlage überhaupt erfaßt werden kann, im wesentlichen die mit dem heutigen Stand der Technik gegebenen Grenzen für diesen Betriebsfall dar.

Wenn man jedoch für den Gebläseantrieb Abgasturbinen verwendet, also den Teil der aus dem Brennstoff entwickelten Leistung zur Leistung der Verdichtungsarbeit der Ladeluft heranzieht, der sonst in den Auspuffgasen verloren geht, und der etwa den gleichen Betrag wie die Motorleistung umgesetzte Energie darstellt, so ergeben sich folgende Verhältnisse:

In Abb. 8 sind in Schaulinie 1 die für die jeweiligen Flughöhen in den Auspuffgasen nach Druck und Temperatur vorhandenen Gesamtleistungen dargestellt, für 1 kg/s vom Motor angesaugte Luft. Der Energieberechnung sind hinsichtlich Menge, Druck und Temperatur der Abgase die Werte 1,066 kg/s; 1,035 ata und 850° C zugrunde gelegt, diese Temperatur bis 11 km Höhe, von da ab eine der Sauerstoffabnahme entsprechend geringere. Bisher vorgenommene Messungen bei der DVL haben bei 1,035 ata 830 bis 880° C ergeben.

Zahlentafel 8. Berechnung der Abgasleistungen. (Zu Abbildung 8.)

Leistungen in PS bei 1,066 kg/s Abgas und 1,035 ata Abgasdruck. Die Temperatur T_1 nach dem Gebläse ist zu 290° abs. angenommen. Der Temperaturunterschied $T_2 - T_1$ zwischen Abgastemperatur und Lufteintrittstemperatur in den Motor ist 833° bis 11 km Höhe und nimmt entsprechend dem Sauerstoffgehalt $\frac{O_0}{O_z}$ ab.

Bei adiabatischer Dehnung der Abgase ergibt sich

$$N_{2ad} = \frac{1}{75} \cdot \frac{K}{K-1} \cdot G \cdot R \cdot T_2 \left[1 - \left(\frac{p_z}{p_0}\right)^{\frac{K-1}{K}}\right]$$

$$= \frac{1}{75} \cdot \frac{K}{K-1} \cdot G \cdot R \cdot T_2 \left[1 - \frac{1}{\left(\frac{p_0}{p_z}\right)^{\frac{K-1}{K}}}\right].$$

Die Temperatur der Abgase nach der adiabatischen Dehnung ist

$$T_3 = \frac{T_2}{\left(\frac{p_0}{p_z}\right)^{\frac{K-1}{K}}}.$$

Der gesamte Leistungsinhalt der Abgase ist

$$N_{abg} = N_{2ad} + \frac{427}{75} \cdot G \cdot c_{pm} \cdot (T_3 - T_z).$$

Hierbei ist angenommen:

$$G = 1{,}066 \text{ kg/s};$$
$$K = 1{,}35;$$
$$c_{pm} = 0{,}26.$$

Nr.	km Höhe	0	2	4	6	8	10	12	14	16	20	25	30
77	O_0/O_z	1	1	1	1	1	1	1,02	1,06	1,10	1,16	1,26	1,38
78	$T_2 - T_1$	833	833	833	833	833	833	816	785	757	718	660	604
79	T_2	1123	1123	1123	1123	1123	1123	1106	1075	1047	1008	950	894
80	$\frac{K-1}{K} \log \frac{p_0}{p_z}$	—	0,02905	0,0572	0,0866	0,1178	0,152	0,1858	0,221	0,257	0,328	0,415	0,504
81	$\log \frac{1}{\left(\frac{p_0}{p_z}\right)^{\frac{K-1}{K}}}$	—	0,97095 −1	0,9428 −1	0,9134 −1	0,8822 −1	0,848 −1	0,8142 −1	0,779 −1	0,743 −1	0,672 −1	0,585 −1	0,496 −1
82	$\frac{1}{\left(\frac{p_0}{p_z}\right)^{\frac{K-1}{K}}}$	—	0,935	0,877	0,819	0,763	0,704	0,652	0,601	0,556	0,470	0,3845	0,313
83	$1 - \frac{1}{\left(\frac{p_0}{p_z}\right)^{\frac{K-1}{K}}}$	—	0,065	0,123	0,181	0,237	0,296	0,348	0,399	0,444	0,530	0,6155	0,687
84	N_{2ad}	0	120	227	335	438	546	633	706	765	879	962	1010
85	T_3	1123	1050	985	920	856	791	721	646	582	474	365	279
86	$T_3 - T_z$	835	774	724	672	622	570	502	426	362	254	145	59
87	$1{,}58 \cdot (T_3 - T_z)$	1320	1220	1140	1060	981	900	791	672	571	401	229	93
88	N_{abg}	1320	1340	1367	1395	1419	1446	1424	1378	1336	1280	1191	1103

Die Schaffung eines größeren Druckes als 1,035 ata, also »Stauung« des Auspuffs, würde die zur Verfügung stehende Energie vergrößern, jedoch die Leistung des Motors verkleinern und seine Wärmebeanspruchung erhöhen mit einem in großen Höhen immer kleiner werdenden Leistungsgewinn.

Senkung des Drucks unter 1,035 ata wird nur nach Maßgabe des für die Strömung durch Leitung, Leitapparat und Turbine notwendigen Druckgefälles möglich sein und in dem Maß, daß die dadurch verursachte Energieverminderung in den Abgasen wieder ausgeglichen wird durch die vergrößerte Abgasmenge, die sich aus der verbesserten Zylinderfüllung durch den verminderten Motorauslaßgegendruck und die dadurch gesteigerte Motorleistung ergibt.

Der abfallende Verlauf der Schaulinie 1 von 11 km Höhe ab ist durch den abnehmenden Sauerstoffgehalt der Luft bedingt.

Von dieser Gesamtabgasenergie ist ausnützbar der in Schaulinie 2 auf Grund adiabatischer Dehnung errechnete Leistungsbetrag. Die zwischen Schaulinie 1 und 2 liegenden Leistungen stellen den zu Verlust gehenden Anteil der Auspuffenergie dar, der nach Maßgabe des mit der Höhe wachsenden Druckverhältnisses zwischen Auspuffdruck und Umgebungsdruck rasch kleiner wird.

Mit dem früher dargestellten Gebläseleistungsbedarf ergeben sich die in Abb. 9 durch die Schaulinie 1 dargestellten Wirkungsgrade der Gesamtanlage (Turbine und Verdichter), die jeweils notwendig sind, um in der betreffenden Flughöhe konstante Leistung für den Antriebsmotor zu erzielen, und unter Einsetzung von 50 vH Wirkungsgrad für das Gebläse gemäß den früheren Ausführungen in Schaulinie 2 die Wirkungsgrade, die von der Turbine allein erreicht werden müssen.

Unter Berücksichtigung der hinsichtlich der Baugewichte und Temperaturen vorliegenden Bedingungen kann nach Stodola mit den in den Schaulinien 3 dargestellten Wirkungsgraden für die Turbine bei 1-, 2- und 3stufiger Ausführung gerechnet werden, also mit 54 vH in etwa 12 km Höhe.

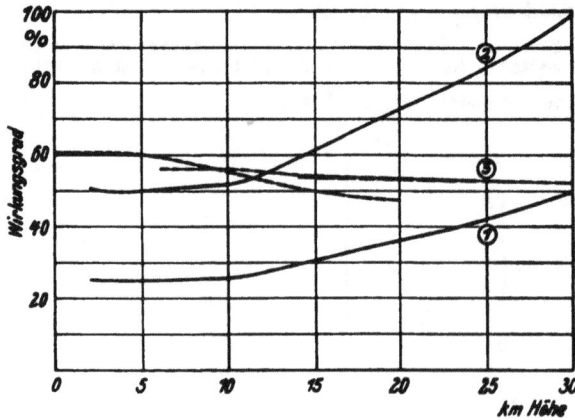

Abb. 9. Wirkungsgrade.

① $\eta_{ges} = \dfrac{\text{theoretisch erforderl. Verdichterleistung b. Zwischenkühl.}}{\text{theoretisch erreichbare Turbinenleistung.}}$

② $\eta'_{tur} = \dfrac{\text{wirkliche Verdichterleistung bei Zwischenkühlung}}{\text{theoretisch erreichbare Turbinenleistung}}$

③ η_{turb} = erreichbarer Turbinenwirkungsgrad bei mittleren Reibungsverhältnissen.

Einzelwirkungsgrade von Abgasturbinen sind versuchsmäßig noch nicht bestimmt. Aus den bekannt gewordenen Gesamtwirkungsgraden der Rateau-Turbine mit etwa 25 vH kann für die Turbine selbst auf 50 vH geschlossen werden. Versuche bei der DVL haben bei einer kleineren, noch im Anfang der Entwicklung stehenden Anlage (Bauart Lorenzen) Gesamtwirkungsgrade von Gebläse und Turbine von 18 vH ergeben. Weitere im Gang befindliche Versuche lassen höhere Wirkungsgrade erwarten.

Der Schnittpunkt der Linien 2 und 3 stellt demnach die mit Abgasturbinen erreichbare »Volldruckhöhe« dar, bei Wirkungsgraden, wie sie dem heutigen Stand der Technik entsprechen.

Damit hat man unter Zugrundelegung der erwähnten Werte für Abgasmenge, -Druck und -Temperatur mit dem in Abb. 10 (Schaulinie 1) dargestellten Verlauf der Höhenleistungen zu rechnen. Die Leistungserhaltung gelingt bis zu etwa 13 km Höhe. Doch von 11 km Höhe ab macht sich schon der verminderte Sauerstoffgehalt der Luft bemerkbar. Von 13 km Höhe ab fällt die Leistung rasch ab. Unterhalb der bei 13 km Höhe liegenden Volldruckhöhe könnte entsprechend dem Leistungsüberschuß der Turbine gegenüber der vom Gebläse nur für normale Vorverdichtung benötigten Leistung die Motorleistung etwa nach Schaulinie 2 oder noch weiter gesteigert werden, sofern das für den Flug in großer Höhe mit großem Leistungsüberschuß ausgestattete Flugzeug und die mit entsprechender Gewichtsvermehrung verbundene Anpassung des Motors an diese höhere Beanspruchung es geraten erscheinen lassen. Für die Entwicklung eines solchen Motors würden dieselben Grundsätze gelten, wie für die bekannten überbemessenen Höhenmotoren, d. h. es müßten Motoren sein, die hinsichtlich Festigkeit überbelastet werden können, nicht aber hinsichtlich Dauerwärmebeanspruchung, denn man würde in diesem Fall nur mit gesteigertem Druck, nicht aber mit gesteigerten Temperaturen arbeiten.

Von 13 km Höhe ab tritt nach Schaulinie 1 ein sehr rascher Abfall der Leistung ein, trotzdem hier die Berechnung noch vorgesehen hat, daß durch Verminderung des Beaufschlagungsquerschnittes der Turbine das ausnützbare Druckgefälle in den Abgasen erhöht und dadurch der Druck der Ladeluft gleich gehalten wird bei verminderter Luftmenge. Ohne dieses Mittel wäre der Abfall noch rascher.

Wenn es gelingen sollte, Verbesserungen im Wirkungsgrad der Turbine, etwa bis 64 vH, zu erzielen, so würde sich der Abfall der Leistung nach Schaulinie 3 auf größere Höhen verschieben lassen, also die Volldruckhöhe auf 16 km.

Zum Vergleich der Verhältnisse ist in Abb. 10 die Umhüllende der früher dargestellten Linienscharen für die Motorhöhenleistungen bei mechanischem Gebläseantrieb

Zahlentafel 9. Wirkungsgrade der Abgasturbinenanlage. (Zu Abbildung 9.)

Um den Verdichter durch die Abgasturbine antreiben zu können, muß der Gesamtwirkungsgrad η_{ges} der Abgasturbinenanlage sein

$$\eta_{ges} = \frac{N'_{pol}}{N_{ad}} \cdot 100 \text{ in vH.}$$

Bei der angenommenen polytropischen Verdichtung mit dem Wirkungsgrad $\eta_{pol} = 0,50$ muß der Turbinenwirkungsgrad sein:

$$\eta'_{turb} = \frac{N_{pol}}{0,5 \cdot N_{ad}} \cdot 100 \text{ in vH.}$$

Der erreichbare Turbinenwirkungsgrad η_{turb} ergibt sich aus dem Wirkungsgrad η_l des Leitapparats, dem Wirkungsgrad η_r, der mechanische und Luftreibung des Laufrades sowie Wirbel- und Spaltverluste berücksichtigt, sowie dem Wirkungsgrad η_u am Radumfang, der sich nach Stodola aus dem Geschwindigkeitsverhältnis Umfangsgeschwindigkeit u zu Gaseintrittsgeschwindigkeit c ergibt.

Es ist $c = \eta_l \cdot \sqrt{2g \dfrac{N_{ad}}{G} \cdot 75} = 34,2 \sqrt{N_{ad}}$ in m/s

und $\eta_{turb} = \eta_u \cdot \eta^2{}_l \cdot \eta_r$.

Es ist angenommen $n = 300$ m/s; $\eta_l = 0,92$; $\eta_r = 0,89$.

Nr.	km Höhe	0	2	4	6	8	10	12	14	16	20	25	30
89	η_{ges}	—	25,2	24,8	25,2	25,6	25,7	27,4	29,6	32,0	36,1	42,0	49,8
90	η'_{turb}	—	50,4	49,6	50,4	51,2	51,4	54,8	59,2	64,0	72,2	84,0	99,6
91	N_{ad}	—	120	227	335	438	546	633	706	765	879	962	1010
92	c	—	375	510	626	716	800	860	908	946	1012	1060	1086
93	u/c	—	0,5	0,5	0,48	0,42	0,375	0,35	0,33	0,317	0,296	0,283	0,276
94	η_u 1 stuf.	—	0,80	0,80	0,79	0,76	0,73	0,70	0,68	0,65	0,62	0,61	0,59
95	η_u 2 stuf.	—	—	—	0,74	0,74	0,74	0,73	0,72	0,715	0,71	0,70	0,69
96	η_u 3 stuf.	—	—	—	—	—	—	0,71	0,708	0,705	0,70	0,69
97	η_{turb} 1 stuf.	—	0,605	0,605	0,597	0,574	0,552	0,533	0,514	0,491	0,47	0,46	0,446
98	η_{turb} 2 stuf.	—	—	—	0,56	0,56	0,56	0,55	0,545	0,54	0,536	0,53	0,521
99	η_{turb} 3 stuf.	—	—	—	—	—	—	0,537	0,535	0,533	0,53	0,521

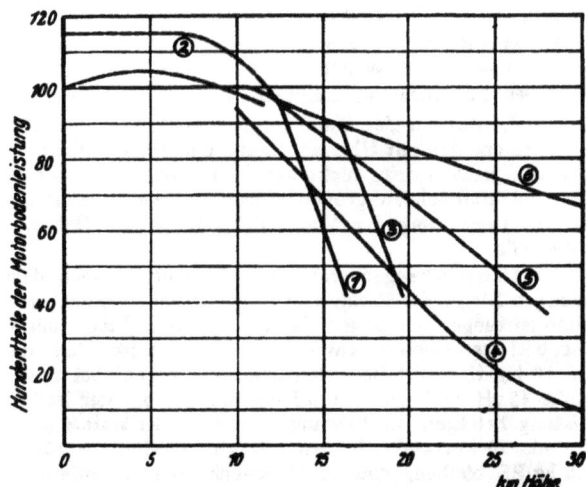

Abb. 10. Motorleistung bei Vorverdichtung durch Abgasantrieb, mechan. Antrieb und gemischten Antrieb in Hundertteilen der Bodenleistung.

Motorleistung an der Schraube:

① bei Abgasturbinenantrieb bei 54 vH Turbinenwirkungsgrad ab 13 km Höhe.
② bei Überlastung des Motors.
③ bei Abgasturbinenantrieb bei 64 vH Turbinenwirkungsgrad.
④ bei mechanischem Gebläseantrieb.
⑤ bei gemischtem Gebläseantrieb.
⑥ Motorleistung an der Kurbelwelle bei gemischtem Antrieb.

als Schaulinie 4 eingetragen. Sie kennzeichnet die Leistungsgrenzen für den Fall des mechanischen Gebläseantriebs.

Der Vergleich zeigt, daß der Turbinenantrieb der Gebläse gegenüber dem mechanischen Antrieb wesentliche Vorteile

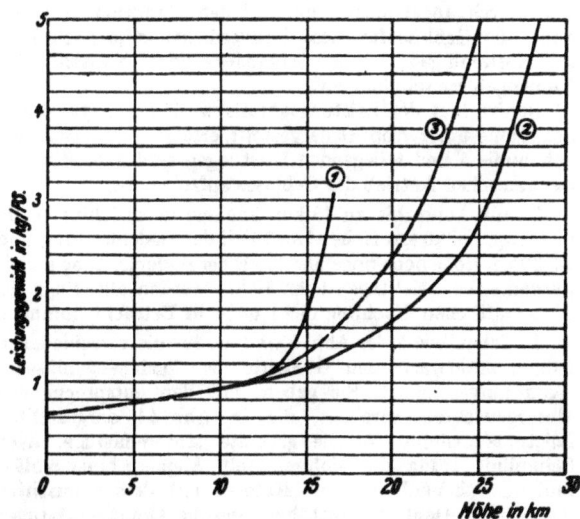

Abb. 11. Leistungsgewichte des Triebwerks.

① Abgasturbinenantrieb des Gebläses.
② Gemischter Antrieb des Gebläses.
③ Mechanischer Antrieb des Gebläses (Hüllkurve aus Abb. 6).

bietet hinsichtlich der Leistung in der Volldruckhöhe und unterhalb dieser. Der Abfall über der Volldruckhöhe aber ist ein wesentlich rascherer.

Will man in Höhen fliegen, die über den Volldruckhöhen liegen, die sich mit Turbinenantrieb der Gebläse bei den heute möglichen Wirkungsgraden ergeben, so bleibt als weitere Möglichkeit die Anwendung »gemischten« Antriebes. Man wird die Verbrennungsluft in vielstufigen Turbinengebläsen vorverdichten und in Gebläsen, die vom Motor

Zahlentafel 10. Motorleistungen bei Vorverdichtung mit Abgasturbinenantrieb und gemischtem Antrieb des Gebläses. (Zu Abbildung 10.)

Die reine Motorleistung N_m an der Kurbelwelle ergibt sich aus der indizierten Leistung und der mechanischen Reibungsleistung. Die mechanische Reibungsleistung bleibt bei abnehmendem Sauerstoffgehalt der Luft annähernd konstant, während sich die indizierte Leistung der Sauerstoffabnahme entsprechend ändert.

Bei gemischtem Antrieb des Gebläses ist vom Motor der Unterschied zwischen dem Leistungsbedarf N_{eg} des Gebläses und der Leistung $N_{e turb.}$ der Turbine aufzubringen.

Nr.	km Höhe	0	2	4	6	8	10	12	14	16	20	25	30
100	N_m	1156	1156	1156	1156	1156	1156	1120	1073	1040	960	866	775
101	$\frac{N_m}{N_{mo}}$	0,100	0,100	0,100	0,100	0,100	0,100	0,97	0,93	0,90	0,83	0,75	0,67
102	N_{eg}	—	60,4	113	169	225	280	347	418	490	634	808	988
103	$\eta_{turb.}$	—	0,605	0,605	0,597	0,574	0,56	0,55	0,545	0,544	0,536	0,53	0,521
104	$N_{e turb.}$	—	73	137	200	251	306	348	385	412	470	510	530
105	$N_{eg} - N_{e turb.}$	—	—	—	—	—	—	33	78	164	298	458
106	$\frac{N_m + N_{e turb.} - N_{eg}}{N_{mo}}$	0,100	0,100	0,100	0,100	0,100	0,97	0,90	0,83	0,69	0,49	0,29

Zahlentafel 11. Leistungsgewichte. (Zu Abbildung 11.)

Die Leistungsgewichte ergeben sich aus dem Gesamtgewicht der für die betreffende Flughöhe gebauten Triebwerksanlage und der Leistung in der betreffenden Höhe.

Die Gewichte sind geschätzt auf Grund bisher ausgeführter Anlagen. Kurve 3 ist die Umhüllende der Kurve aus Abbildung 6.

Nr.	km Höhe	0	2	4	6	8	10	12	14	16	20	25	30
107	$G_{abg.}$	740	795	855	925	995	1075	1120	1145	1180	—	—	—
108	$N_{m abg.}$	1156	1156	1156	1156	1156	1156	1120	830	473	—	—	—
109	$G'_{abg.}$	0,64	0,69	0,74	0,80	0,86	0,93	1,0	1,38	2,5	—	—	—
110	$G_{gem.}$	—	—	—	—	—	—	1120	1145	1180	1340	1560	1840
111	$N_{m gem.}$	—	—	—	—	—	—	1120	1040	959	796	566	335
112	$G'_{gem.}$	—	—	—	—	—	—	1,0	1,1	1,23	1,68	2,75	5,5

mechanisch angetrieben sind, auf den Enddruck bringen, wobei die Gebläse für diese Endverdichtung je nach Zahl der notwendigen Stufen Schleuder- oder Kapsel- oder Kolbengebläse sein können.

Der Verlauf des Leistungsabfalls wird dann, wie durch Schaulinie 5 der Abb. 10 dargestellt, erfolgen. Die zwischen Schaulinie 5 und 6 liegenden Leistungen sind dabei für den mechanischen Antrieb des Gebläses aufzuwenden.

Damit kann bis zu 13 km annähernd gleichbleibende Leistung, bei 20 km Höhe etwa 70 vH der Bodenleistung und bei 30 km Höhe noch ungefähr 30 vH der Bodenleistung erzielt werden. Die Leistungen über 20 km werden allerdings für wirtschaftlichen Hochflug nicht mehr in Betracht kommen.

In Schaulinie 2 der Abb. 5 sind die für die verschiedenen Höhen zu erwartenden Gewichte der Turbinengebläseanlagen aufgezeichnet. Sie geben, mit den entsprechenden Motorgewichten vereinigt, die in Abb. 11 dargestellten Leistungsgewichte für die gesamte Motorenanlage, nach Schaulinie 1 für die Motoren mit Abgasturbinengebläse und nach Schaulinie 2 für Motoren mit dem gemischten Antrieb der Gebläse. Auch hier sind die Grenzverhältnisse für den mechanischen Antrieb durch Schaulinie 3, die Umhüllende der früher gezeigten Linienscharen für die Leistungsgewichte der Motoren mit mechanisch angetriebenen Gebläsen zum Vergleich dargestellt.

Auch hinsichtlich der Leistungsgewichte erhält man also für Höhen bis zu etwa 20 km annehmbare Zahlen.

Noch ganz erhebliche Entwicklungsarbeit muß aber geleistet werden, bis das Ziel wirtschaftlich brauchbarer Motorleistungen in den möglich erscheinenden Flughöhen erreicht ist, und das in genügend betriebssicherer Weise.

Neben der Rücksicht auf genügend leichte Gewichte muß die weitere Entwicklung vor allem der Verbesserung der Wirkungsgrade von Gebläsen und Turbinen gelten.

Für die Auswahl der dem jeweiligen Zweck entsprechenden richtigen Gebläsebauart und deren Verbesserung in Aufbau und Wirkungsgrad steht, so ist zu hoffen, die Entwicklung noch im Anfang, wobei neben den Turbogebläsen auch die Kapsel- und schnellaufenden Kolbengebläse noch eine wesentliche Rolle zu spielen berufen zu sein scheinen. In weitergehendem Maß aber darf hoffentlich von einem erst vorliegenden Entwicklungsbeginn hinsichtlich der Turbinen gesprochen werden, denn diese stehen, abgesehen von ihren niedrigen Wirkungsgraden, noch durchaus im Zeichen kurzer Lebensdauer und betriebsunsicherer Arbeit. Es dürfte gewaltige Anstrengung kosten, den Betrieb der Turbinen unter den in Frage kommenden Temperaturen wirklich sicher zu gestalten.

Allerdings sind auch hierfür schon wesentliche Ansätze vorhanden, so zum Beispiel mit der Lorenzen-Turbine, die den hohen Temperaturen durch innere Schaufelkühlung zu trotzen sucht, und mit der laufenden Entwicklung hochhitzebeständiger Baustoffe.

Von der Besprechung weiterer Möglichkeiten für Schaffung von Antriebsanlagen für Höhenflugzeuge muß im Rahmen dieser Ausführungen abgesehen werden. Denn sie bedürfen, wie beispielsweise der Dampfturbinenantrieb, noch weitergehender und umfangreicherer Entwicklungsarbeiten als der zunächst näherliegende Antrieb durch Verbrennungs-Kolbenmotoren.

Als Ergebnis der durchgeführten Berechnungen und Betrachtungen kann man feststellen, daß die heutige Technik grundsätzlich in der Lage sein wird, Flugzeugantriebe für wirtschaftlichen Hochflug zu schaffen. Doch sind noch wesentliche, mit mannigfachen Schwierigkeiten verbundene und nur Schritt für Schritt zu bewältigende Entwicklungsarbeiten zu leisten.

Nicht berührt sind dabei die Aufgaben, die auf diesem Wege auch noch vom Flugzeugbau zu lösen sind, wenn er von der Schaffung der Antriebsanlagen als gegebener Voraussetzung ausgehen kann, und die Grenzen, die sich aus den Betriebsbedingungen des Flugzeugs ergeben.

Zusammenfassung.

Es wird die Möglichkeit untersucht, für den wirtschaftlichen Dauer- und Weitflug die verminderte Luftdichte in großen Flughöhen auszunützen.

Die Leistungen der heute im Betrieb befindlichen Höhenmotoren, die mit Überbemessung und Überverdichtung arbeiten, reichen dazu nicht aus. Für Erreichung der in Betracht kommenden großen Höhen von mehr als 10 km ist die Anwendung der Vorverdichtung mittels Gebläsen notwendig.

Die Untersuchungen erstrecken sich auf die nach dem heutigen Stand der Technik in großen Höhen erreichbaren Motorleistungen und zeigen, daß bei Anwendung mechanisch angetriebener Gebläse Nutzleistungen erreichbar sind, die bei 10 km Höhe der Bodenleistung entsprechen, bei 20 km Höhe 42 vH und bei 30 km Höhe noch 10 vH der Bodenleistung betragen bei Leistungsgewichten der Motoranlage, die bis 20 km Höhe in den erträglichen Grenzen bis zu 2,5 kg/PS bleiben, von da ab jedoch rasch zu unbrauchbaren Beträgen ansteigen.

Bei Antrieb mit Abgasturbinen läßt sich bis auf etwa 13 km Höhe die am Boden vorhandene Leistung erhalten, während von dieser Höhe ab die Leistung rasch abfällt, und zwar noch rascher als bei Verwendung mechanisch angetriebener Gebläse.

Bei Anwendung des gemischten Antriebes (Abgasturbine für die ersten Verdichtungsstufen, mechanischer Antrieb für die letzten Verdichtungsstufen) läßt sich etwa gleiche Leistung erzielen bis 13 km Höhe, ungefähr 70 vH der Bodenleistung in 20 km Höhe und ungefähr 30 vH der Bodenleistung in 30 km Höhe bei Leistungsgewichten von etwa 1 kg/PS in 13 km, 1,7 kg/PS in 20 km und 2,8 kg/PS in 25 km Höhe.

Die Berechnungen für diese Nutzleistungen gründen sich auf die nach dem heutigen Stand der Entwicklung für Gebläse und Turbinen erreichbaren Wirkungsgrade. Sache der weiteren Entwicklung wird es sein, durch wesentliche Verbesserung der Wirkungsgrade die errechneten Leistungsgrenzen in größere Flughöhen zu verschieben.

Es wird darauf hingewiesen, daß auch zur Verwirklichung der heute schon vorhandenen Möglichkeiten noch wesentliche bauliche Schwierigkeiten zu überwinden und Entwicklungsarbeiten zu leisten sind.

Aussprache:

Martin Schrenk: Meine Damen und Herren! Der Vortrag von Dr. Kamm hat Ihnen soeben gezeigt, welche Motorleistungen beim heutigen Stande der Technik in Flughöhen bis zu 30 km bestenfalls erwartet werden können. Auf diese Ergebnisse aufbauend, will ich versuchen, Ihnen ein Bild davon zu geben, welche Grenzleistungen nach dem heutigen Stande der Flugtechnik mit solchen Motoren im Höhenflugverkehr erreicht werden können[1]).

Sie sehen in Abb. 12 die Grenzkurve der Nutzleistung, die aus 1 kg Motorgewicht herausgeholt werden kann. Sie entsteht, wie die im vorhergehenden Vortrag gezeigten Kurven, als Hüllkurve um eine Schar von Leistungskurven für Motoren, die in verschiedenen Höhen gerade ihre Bestleistung abgeben. Ein Beispiel für 15 km Volldruckhöhe ist eingezeichnet.

Die Grenzkurve gibt also den Leistungsabfall eines Idealmotors von konstantem Gewicht, aber je nach der Höhe verschiedener Bauausführung, ohne Getriebe und ohne Luftschraube. Diesen Idealmotor sehen wir nachher ins Flugzeug eingebaut.

[1]) Die nachstehenden Ausführungen über »Grenzleistungen im Höhenflug« überschreiten an Inhalt und Umfang den Rahmen einer Aussprachebemerkung. Sie konnten jedoch als Vortrag nicht mehr angemeldet werden, da die Rechnungen erst unmittelbar vor Beginn der Tagung fertiggestellt wurden.

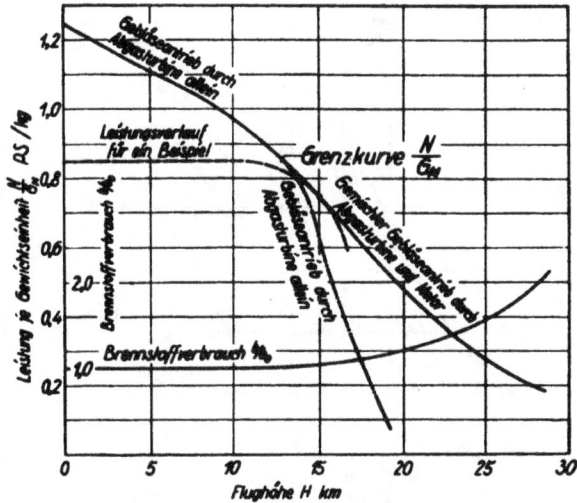

Abb. 12. Leistungskurve des Idealmotors.
Die Grenzkurve N/G_M ist die Hüllkurve an allen möglichen Höhen-
leistungskurven von wirklichen Motoren gleichen Gewichts. Die untere
Linie gibt den Verlauf des verhältnismäßigen Brennstoffverbrauchs
je PSh an.

Das Bild zeigt außerdem das Anwachsen des s p e z i -
f i s c h e n B r e n n s t o f f v e r b r a u c h e s mit der
Höhe, hervorgerufen einerseits durch den zunehmenden
Anteil der Gebläseantriebsleistung, anderseits durch die
bei 11 km beginnende Sauerstoffabnahme in der freien
Atmosphäre.

Abb. 13 stellt die L e i s t u n g s b i l a n z im H ö h e n -
f l u g dar. Sie sehen gewisse Leistungen aufgetragen über
gewissen Geschwindigkeiten. Alle Geschwindigkeiten beziehen sich auf die Geschwindigkeit beim Flug mit bester
Gleitzahl in Meereshöhe $v_{o\varepsilon}$, alle Leistungen beziehen sich
auf die bei diesem Flugzustand aufzuwendende Schwebeleistung $N_{so\varepsilon}$. Wenn man den Profilwiderstand als konstant
ansetzt, dann erhält man, wie ich das andernorts nachgewiesen habe[1]), Schwebeleistungskurven für jede Flughöhe,
die unabhängig sind von den Bauformen des einzelnen Flugzeuges, d. h. für jede Flughöhe erhält man eine einzige, für
alle Flugzeuge in gleicher Weise gültige Kurve. Der Einfluß
der Bauform äußert sich nur in der Veränderung der Geschwindigkeit und der Schwebeleistung bei bester Gleitzahl.

Ferner sind in dieses Bild eingetragen die Kurven der
in jeder Höhe v e r f ü g b a r e n N u t z l e i s t u n g bei
verschiedenem ideellen Leistungsverhältnis a_{id} am Boden.
Dieses L e i s t u n g s v e r h ä l t n i s stellt dar das Verhältnis zwischen der beim Idealmotor am Boden verfügbaren Schrauben-Nutzleistung zu der bei bester Gleitzahl
erforderlichen Schwebeleistung. Die in den einzelnen Höhenstufen auf Grund des vorherigen Bildes noch vorhandenen
Nutzleistungen werden auf den Schwebeleistungskurven
der entsprechenden Flughöhen aufgetragen und ergeben dann
diese eigentümlich geschwungene Kurvenschar.

Dieses Bild beantwortet die wichtigsten f l u g m e c h a -
n i s c h e n F r a g e n in a l l g e m e i n g ü l t i g e r
F o r m. Es gibt die Höchstgeschwindigkeit am Boden und
die überhaupt erreichbaren F l u g g e s c h w i n d i g -
k e i t e n. Die Verbindungslinie der höchsten erreichbaren
Geschwindigkeiten bei freigestellter Flughöhe ist gestrichelt
eingezeichnet. Aber auch die W i r t s c h a f t l i c h k e i t
d e s F l u g e s kann aus ihm entnommen werden. Sie sehen
eine Reihe von Strahlen durch den Ursprung eingezeichnet.
Diese Strahlen bezeichnen Linien gleicher Gleitzahl. Die
Linie bester Gleitzahl gibt die Hülltangente an die Schwebe-
leistungskurve. Sie sehen, daß die am Boden erreichbaren
Höchstgeschwindigkeiten bei sehr ungünstigen Gleitzahlen

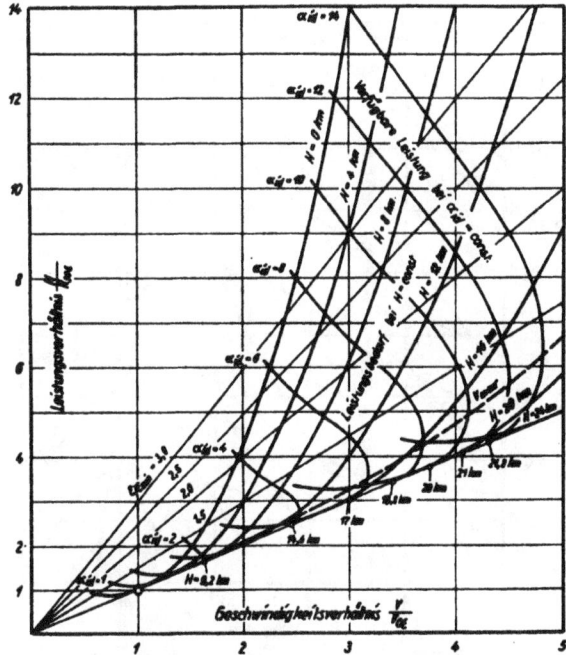

Abb. 13. Leistungsbilanz des Höhenflugs.
Über dem Geschwindigkeitsverhältnis $v/v_{o\varepsilon}$ ist das Leistungsverhältnis
$N/N_{so\varepsilon}$ aufgetragen; beide Verhältnisse beziehen sich auf den Flug
bei bester Gleitzahl unter Zugrundelegung parabolischer Polare. Die
strahlenförmig nach oben gehenden Kurven zeigen den Leistungsbedarf in verschiedener Höhe, die andere Kurvenschar die verfügbare
Leistung bei konstantem Verhältnis zwischen nutzbarer Schraubenleistung des Idealmotors und Schwebeleistung bei bester Gleitzahl,
beides in Meereshöhe. Die Schnittpunkte der Kurvenscharen geben
die verhältnismäßigen Geschwindigkeiten in jeder Höhe. Die außerdem eingetragenen Strahlen gleicher verhältnismäßiger Gleitzahlen
zeigen die mit der Höhe zunehmende Wirtschaftlichkeit des Fluges,
vom Standpunkt des Flugwerks aus gesehen.

erflogen werden. Dagegen liegen die in der Höhe erreichbaren Geschwindigkeiten bei verhältnismäßig guten Gleitzahlen.

Das ist das w e s e n t l i c h e K e n n z e i c h e n des
H ö h e n f l u g e s, solange man auf die jetzigen Motoren
angewiesen ist: nicht Erhöhung der Höchstgeschwindigkeit
an sich, denn diese ist nicht sehr beträchtlich, sondern Zu-
sammenrücken des Flugzustandes höchster Wirtschaftlichkeit mit dem Zustand größter Geschwindigkeit.

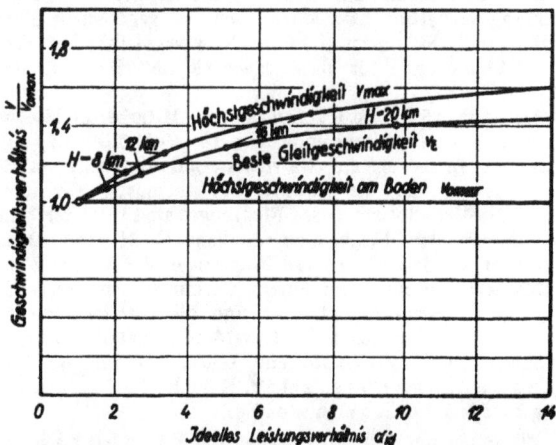

Abb. 14. Geschwindigkeitszuwachs im Höhenflug.
Die Abbildung zeigt die Zunahme der Höchstgeschwindigkeit und
der Geschwindigkeit bester Gleitzahl bei freigestellter Höhe im Verhältnis zur Höchstgeschwindigkeit in Meereshöhe bei demselben ideellen Leistungsverhältnis. Die Geschwindigkeitszunahme ist mäßig
zu nennen.

Abb. 14 bestätigt den ersten Teil dieser Behauptung. Sie
zeigt den G e s c h w i n d i g k e i t s g e w i n n, den man

[1]) Einige weitere flugmechanische Beziehungen ohne Zuhilfenahme der Polare. ZFM 1927, S. 399 und DVL-Jahrbuch 1927,
S. 145.

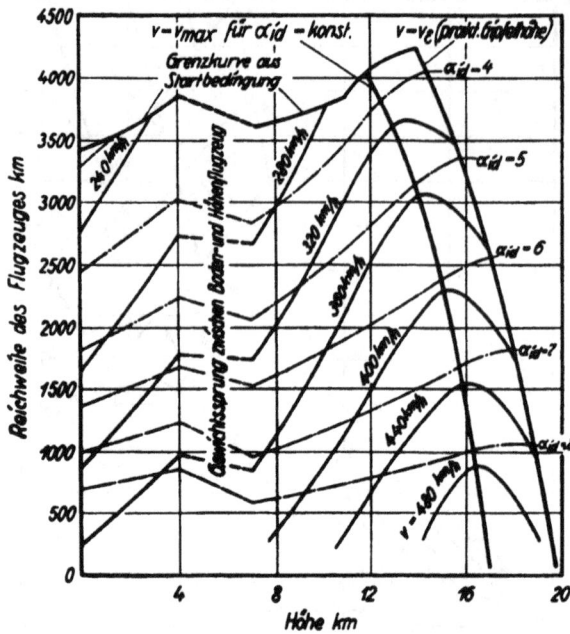

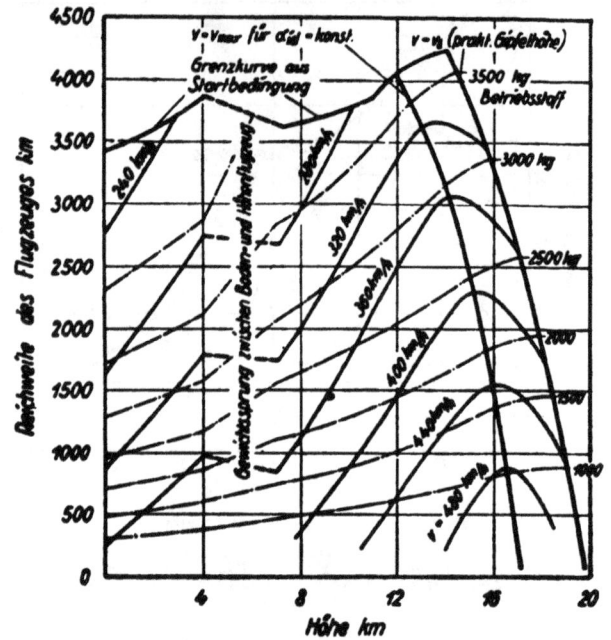

Abb. 15 und 16. Flugleistungsgrenzen für ein 10-t-Höhenflugzeug.

Über der Flughöhe ist die Reichweite eines aerodynamisch und statisch günstig durchgebildeten Flugzeugs ($\varepsilon_{min} = {}^1/_{18}$, $\eta = 0,7$) mit einem Nutzlastanteil von ${}^1/_{10}$ des Gesamtgewichts aufgetragen. Die Felder weisen Kurvenscharen für die jeweilige Höchstgeschwindigkeit sowie für das ideelle Leistungsverhältnis (Abb. 4) bzw. den mitgenommenen Betriebsstoffvorrat (Abb. 5) auf. Die beiden Grenzkurven rechts geben die praktische Gipfelhöhe (Flug mit bester Gleitzahl) sowie die bei einem bestimmten Leistungsverhältnis bzw. Brennstoffvorrat erreichbare Höchstgeschwindigkeit an. Der Gewichtssprung zwischen 4 und 7 km entsteht durch Einführung einer Höhenkabine.
Die zweckmäßigen Flughöhen liegen zwischen 12 und 16 km, die Reichweiten zwischen 2000 und 4000 km.

gegenüber der Höchstgeschwindigkeit am Boden bei frei-gestellter Höhe in Abhängigkeit vom Leistungsverhältnis erreichen kann. Dieser Gewinn ist unerwartet gering. Zum Erreichen anderthalbfacher Geschwindigkeit braucht man schon neunfachen Leistungsüberschuß, was bereits an der Grenze des technisch Verwirklichbaren liegt.

Die wirtschaftliche Bedeutung des Höhenfluges tritt zutage, wenn man die R e i c h w e i t e n i n A b h ä n g i g - k e i t   v o n   d e n   F l u g g e s c h w i n d i g k e i t e n be-trachtet. Diese Betrachtung wird besser zahlenmäßig ge-führt als in allgemeiner Form. Die zahlenmäßige Betrach-tung gibt uns auch Aufschluß über die G r e n z e n   d e s heute t e c h n i s c h   M ö g l i c h e n. Diese Grenze wird beim Flugzeug ausgedrückt durch das höchstenfalls erreichbare ideelle Leistungsverhältnis bzw. durch den bei gegebenem Flug-werks- und Nutzlastgewicht noch übrigbleibenden G e - w i c h t s a n t e i l   f ü r   T r i e b w e r k   u n d   B e t r i e b s - s t o f f.

Der Abb. 15 — sie ist von meinem Mitarbeiter Michael entworfen — liegt zugrunde ein 1 0 - t - H ö h e n f l u g - z e u g, das in bezug auf Gewichts- und Luftwiderstands-verminderung an der Grenze des technisch Möglichen liegt. Die Grundwerte dieses Flugzeuges sind in erster Linie entnommen den Flugzeugen Junkers G 31 und Do R, und zwar so, daß von beiden Flugzeugen die besten Werte kombiniert wurden. Bei einem Gesamtgewicht von 10 t soll das Flugwerkgewicht 3,5 t und die Nutzlast nur 1 t betragen. Die restlichen 5,5 t werden aufgeteilt zwischen Triebwerk und Betriebsstoffen. Dadurch erhält man ein F l u g z e u g   w e c h s e l n d e r   H ö c h s t g e s c h w i n - d i g k e i t   u n d   R e i c h w e i t e.

Sie sehen im Bilde aufgetragen die F l u g h ö h e n und die R e i c h w e i t e n dieses Flugzeuges. Zwei Kurven-scharen geben die F l u g g e s c h w i n d i g k e i t und das i d e e l l e   L e i s t u n g s v e r h ä l t n i s an. Nach rechts werden diese Kurvenscharen begrenzt von einer Kurve, die dem Flugzustande bester Gleitzahl entspricht, nach oben von einer Grenzkurve, die man aus der Bedingung einwand-freien Abfluges erhält. Anstieg und Abstieg sind bei dieser näherungsweisen Darstellung nicht berücksichtigt; sie

spielen bei Reichweiten von mehreren tausend Kilometern keine nennenswerte Rolle.

Zwischen 4 und 7 km sehen wir in allen Kurven einen Sprung, der entsteht durch die Einführung der z u s ä t z - l i c h e n   G e w i c h t e für eine druckfeste Höhenkabine und sonstige Hilfseinrichtungen. Dieses zusätzliche Gewicht vermindert natürlich den für Motor und Betriebsstoff ver-fügbaren Anteil.

Es wird Ihnen auffallen, daß die R e i c h w e i t e dieses Höhenflugzeuges sich gar n i c h t   s e h r   u n t e r s c h e i - d e t von der Reichweite üblicher Fernflugzeuge für geringe Flughöhen. Das war nicht anders zu erwarten, denn für die Flugstrecke sind nur maßgebend die Gleitzahl und das Verhältnis von Endgewicht zu Anfangsgewicht. Dagegen sind die Geschwindigkeiten viel größer als beim wirtschaft-lichen Flug in Bodennähe.

Abb. 16 zeigt dieselbe Darstellung, nur daß anstatt der Kurven konstanten Leistungsüberschusses die K u r v e n g l e i c h e n   B r e n n s t o f f v o r r a t s eingezeichnet sind. Dieses Bild gibt erschöpfende Auskunft über die w i c h t i g s t e n   F r a g e n   d e s   H ö h e n l u f t v e r k e h r s.

Sie sehen, daß die mit einem bestimmten Brennstoff-vorrat bei der jeweiligen Höchstgeschwindigkeit erreich-bare F l u g s t r e c k e   m i t   d e r   H ö h e   e r h e b l i c h z u n i m m t. Das rührt her von der Annäherung des Flugzustandes an denjenigen bester Gleitzahl. Sie sehen ferner, daß eine gewisse S t r e c k e in großer Höhe s o - w o h l   s c h n e l l e r   a l s   a u c h   m i t   g e r i n g e r e m B r e n n s t o f f v o r r a t durchflogen werden kann. Die Zunahme der Fluggeschwindigkeit beträgt ungefähr 50 vH, die Abnahme des Brennstoffverbrauches ungefähr 40 vH gegenüber dem Zustand am Boden. Der absolute Brennstoff-verbrauch beträgt, roh genommen, 1 kg je Kilometer zu-rückgelegte Strecke, ist also mäßig zu nennen. Dabei darf nicht vergessen werden, daß nicht Flugzeuge mit gleichem Triebwerk verglichen werden, sondern vielmehr solche, deren Triebwerkgewichtsanteil nach oben hin um den Be-trag zunimmt, der an Betriebsstoffgewicht erspart wird!

Die G e s c h w i n d i g k e i t s k u r v e n besitzen gegenüber den Brennstoffkurven ein M a x i m u m an der

Stelle, wo man mit einem bestimmten Brennstoffvorrat die größte Geschwindigkeit erreichen kann. Man sieht, daß die dabei vorhandene Reichweite sich nicht stark unterscheidet von der größten überhaupt möglichen Reichweite. Dies wird also die Höhe sein, in welcher man einen Luftverkehr zweckmäßigerweise durchführen wird, bei welchem es sich in erster Linie um große Geschwindigkeit handelt. Diese Höhen liegen, wie man sieht, zwischen 12 und 16 km.

Noch bleibt ein Wort zu sagen über die Luftschraubenverhältnisse. Es ist klar, daß man bei solchen Höhen- und Geschwindigkeitsunterschieden ohne Verstellschraube nicht mehr durchkommen wird. Wenn man die Verhältnisse auf Grund von amerikanischen Modellversuchen etwas näher untersucht, so zeigt es sich, daß sich bei diesen Schrauben zwischen Abflug- und Höchstgeschwindigkeit in großer Höhe noch ein erträglicher Kompromiß schließen läßt. Die Verstellschraube ist heute eine vorwiegend konstruktive Angelegenheit.

Es ist interessant zu erwähnen, daß durch die Forderung der Einhaltung erträglicher Durchmesser und genügender Entfernung der Flügelspitzengeschwindigkeit von der Schallgeschwindigkeit eine gewisse höchste Schraubenleistung gegeben ist. Diese liegt nach überschlägigen Rechnungen in unserem Falle zwischen 500 und 700 PS je Schraube bei einer Drehzahl von 600 bis 800 U/min, d. h. hier müßte die Leistung auf 2 bis 4 Luftschrauben verteilt werden, um sie in wirtschaftlicher Weise auf die Luft übertragen zu können.

Meine Damen und Herren! Die Darlegungen über Reisegeschwindigkeit und Reichweiten können nicht zu übertriebenen Hoffnungen in bezug auf die wirtschaftliche Verwirklichung des Höhenfluges verleiten, wenn man die allgemeinen Schwierigkeiten des Höhenfluges, insbesondere die Rücksicht auf die Einflüsse der Flughöhe auf den Menschen mit in Betracht zieht. Ehe die Frage des Schutzes der Insassen nicht restlos geklärt ist, können die dargelegten technischen Möglichkeiten nicht ausgenutzt werden. Vor allem an die Frage des Fluggastverkehrs wird man mit großer Vorsicht herangehen müssen. Die Rücksicht auf die nur geringe Nutzlast solcher Höhenflugzeuge gebietet ohnehin zunächst eine Beschränkung auf die Beförderung von hochwertiger Fracht, also in erster Linie Briefpost.

Meine Damen und Herren! Was ich Ihnen hiermit gezeigt habe, stellt den heutigen Stand der Technik bei äußerster Anstrengung aller Mittel dar. Ein solches Flugzeug könnte voraussichtlich in den nächsten Jahren entwickelt werden, wenn die Mittel unbeschränkt zur Verfügung stehen würden. Die weitere Entwicklung des Höhenfluges hängt in erster Linie von der Frage ab, wieweit die Wirkungsgrade der Gebläse und Abgasturbinen verbessert werden können. Mit der Verbesserung der ideellen Motorleistungskurve steigen die Flughöhen und Geschwindigkeiten des Höhenfluges. Doch wird bis dahin noch ein großes Maß von Entwicklungsarbeit zu leisten sein.

Kraftstoffe für Flugmotoren und deren Beurteilung[1]).

Von Erich R a c k w i t z.

91. Bericht der Deutschen Versuchsanstalt für Luftfahrt E. V., Berlin-Adlershof (Stoff-Abteilung).

In der vorliegenden Arbeit wird zunächst über Eigenschaften von Kraftstoffen berichtet, die bekannt sein müssen, um Kraftstoffe für den Flugbetrieb beurteilen zu können (vgl. Übersichtstafel 1). Es wird dann auf die Untersuchungsverfahren, die zur Bestimmung dieser Eigenschaften möglich sind, eingegangen (vgl. Übersichtstafel 2). Im Zusammenhang mit diesen Fragen erfolgt eine kurze Besprechung der zurzeit gebräuchlichen und in Zukunft voraussichtlich zu erwartenden Kraftstoffe für Flugmotoren. Die in der Arbeit gezogenen Folgerungen gründen sich zum großen Teil auf Erfahrungen und Versuchsergebnisse der DVL; soweit aber über einzelne Kraftstoffragen in der DVL eigene Erfahrungen noch nicht gesammelt werden konnten, sind nach Möglichkeit die Forschungsergebnisse des In- und Auslandes berücksichtigt.

zweckmäßig im eigenen Lande in ausreichender Menge hergestellt werden können.

Die deutsche Kraftstofferzeugung beläuft sich z. Z. auf rd. 200 000 t jährlich; davon entfällt der wesentlichste Teil auf Benzol. Dieser deutschen Gesamterzeugung an leichten Kraftstoffen steht ein wesentlich größerer Bedarf gegenüber.

Die bescheidenen deutschen Erdöllager liefern bisher so gut wie kein Benzin, das Benzin muß also fast ausschließlich eingeführt werden. Benzine zeigen vielfach den Nachteil zu geringer Klopffestigkeit. — Benzol ist als Nebenprodukt der Kokserzeugung abhängig von dem Koksabsatz, besonders in der Eisenindustrie. Benzol ist wegen seiner geringen Kältebeständigkeit nicht immer geeignet für den Betrieb von Flugmotoren.

Beschaffbarkeit		
1 Klopfneigung		4 Rückstandsbildung
2 Leistung, Verbrauch		5 Korrosion
3 Kälteverhalten		6 Feuergefährlichkeit
	Beurteilung v. Kraftstoffen f. Flugmotoren, zu bestimmende Eigenschaften	

Übersichtstafel 1. Zu bestimmende Eigenschaften der Kraftstoffe.

Die allgemeinen Eigenschaften der heute gebräuchlichen Flugmotoren-Kraftstoffe — Benzin und Benzol bzw. deren Mischungen — sind bekannt, eine eingehende Untersuchung auf ihre Verwendbarkeit erscheint zunächst kaum nötig. Im Zusammenhang aber mit dem ständig steigenden Verbrauch an flüssigen Kraftstoffen mehren sich die Beschaffungsquellen und Herstellungsverfahren für Kraftstoffe; das bringt eine immer stärker werdende Verschiedenheit in den Eigenschaften der auf dem Markt befindlichen Kraftstoffe mit sich. Auf der anderen Seite stellt die Ausbildung von Flugmotoren mit immer höherer Verdichtung besondere Forderungen an den Kraftstoff; auch der Übergang zur verstärkten Anwendung von Leichtmetallen für den Bau von Motorteilen scheint nicht ohne Einfluß auf das Verhalten der Kraftstoffe im praktischen Betrieb zu sein.

Für den Luftverkehr ist die B e s c h a f f b a r k e i t des Kraftstoffes von allererster Bedeutung; es ist zweckmäßig, daß auf allen Flughäfen ein und derselbe Kraftstoff in gleichbleibender Qualität zur Verfügung steht, denn Kraftstoffe benötigen zur wirtschaftlichen und störungsfreien Verbrennung eine bestimmte und sorgfältig erprobte Art der Einstellung von Vergaser und Luftzufuhr. Ein Wechsel des Kraftstoffes erfordert Neuerprobung und Neueinstellung, wenn nicht Unwirtschaftlichkeit oder Motorstörungen eintreten sollen. Ein Flugmotorenkraftstoff muß deshalb

F ü r d e n B e t r i e b v o n F l u g m o t o r e n sind Kraftstoffe e r w ü n s c h t von leichter Beschaffbarkeit, von hoher Kompressionsfestigkeit bei höchster Leistung und geringstem Verbrauch und genügender Kältebeständigkeit. Der Kraftstoff darf naturgemäß nicht zur Bildung von Rückständen oder zur Korrosion von Metallteilen Anlaß geben. Eine möglichst geringe Feuergefährlichkeit des Kraftstoffes ist für die Zukunft anzustreben.

Unsere zurzeit gebräuchlichen Flugmotorenkraftstoffe — Benzin, Benzol und deren Mischungen — erfüllen diese Forderungen nur teilweise. Es stehen uns aber schon jetzt zum Teil andere Kraftstoffe zur Verfügung, die in mancher Hinsicht besondere Vorteile aufweisen. Außerdem werden wir voraussichtlich durch neuartige Kraftstoff-Herstellungsverfahren (z. B. Kohleverflüssigung) deutsche Inlandkraftstoffe erhalten. Eine Zusammenstellung der für den Flugbetrieb zurzeit außer Benzin und Benzol bzw. deren Mischungen zur Verfügung stehenden und in Zukunft zu erwartenden Kraftstoffe würde etwa ergeben:

1. Braunkohlenbenzine,
2. Benzine mit Zusatz von Gegenklopfmitteln,
3. Alkohol bzw. dessen Mischungen mit Benzin oder Benzol,
4. Benzin-Toluol (Xylol)-Gemische,
5. Steinkohlenteer-Derivate, wie z. B. Tetralin und Dekalin oder Gemische davon,
6. hochsiedende Erdöl- und Teerdestillate,
7. synthetische Benzine.

———
[1]) Vortrag, gehalten auf der XVI. Ordentlichen Mitgliederversammlung der WGL am 18. Sept. 1927 in Wiesbaden.

Zu 1. Braunkohlenbenzine haben sich bereits im Flugbetrieb im Gemisch mit Benzol bewährt. Die Vorteile des Braunkohlenbenzins sind: Gewinnung im Inland und hohe Kompressionsfestigkeit; seine Nachteile bestehen im beträchtlichen Schwefelgehalt, der über 1 vH betragen kann und schwieriger Raffination, so daß leicht Erzeugnisse mit verharzenden und rückstandsbildenden Bestandteilen vorkommen können. Diese beiden Nachteile haben aber in letzter Zeit an Bedeutung verloren, da der Schwefel dem Motor weniger schadet, als man bisher befürchtete, und die Raffination nach neueren Verfahren gut gereinigte Braunkohlenbenzine ergibt.

Zu 2. Die heute als beste Gegenklopfmittel für z. B. kompressionsunbeständige Benzine erkannten chemischen Verbindungen, wie Bleitetraäthyl und das deutsche Eisenkarbonyl (Motalin) weisen noch gewisse motorische Nachteile auf; es ist jedoch zu erwarten, daß auf diesem Gebiet weitere Fortschritte erzielt werden.

Zu 3. Die Vorteile des Alkohols sind: Gewinnung im Inland, gleichmäßige Beschaffenheit, restlose Verbrennung,

und Xylol) kompressionsfest. Höhersiedende Fraktionen des Steinkohlenteers sind schwer entzündlich. Im Auslande hat man neuerdings mit dem Makhonine-Kraftstoff — wahrscheinlich einem Gemisch von Schwerbenzol mit Tetralin — erfolgreiche Versuche auch in Flugmotoren angestellt[1]). Die Schwerbrennbarkeit des Kraftstoffes ist ein erheblicher Vorteil in Hinsicht auf die Herabsetzung der Brandgefahr in Flugzeugen. Um diesen Kraftstoff jedoch im Flugmotor einwandfrei verbrennen zu können, muß er vorgewärmt werden. Die Verwendung von hochsiedenden Destillaten aus Erdöl und Steinkohlenteer kommt erst für den Flugbetrieb in Betracht, wenn der Dieselmotor soweit durchgebildet ist, daß sein Leistungsgewicht dem des Vergasermotors wesentlich näher kommt.

Zu 7. Die technische Darstellung der deutschen synthetischen Benzine nach dem Verfahren der I. G. Farbenindustrie und von Bergius befindet sich in der Durchführung. Nach dem Verfahren von Fischer (Kohleforschungsinstitut, Mülheim-Ruhr) sind Großversuche zur Herstellung synthetischer Benzine in Vorbereitung. Da diese Verfahren als

a) Chemische Analyse	b) Physikalisch-chemische Untersuchungen	c) Motoren-Versuche auf dem Stand	d) Motoren-Versuche im Flugzeug
1 Chemische Zusammensetzung (Art der Kohlenwasserstoffe) 2 Schwefelgehalt 3 Säure- Alkali- } Gehalt 4 Abgaszusammensetzung	1 Spez. Gewicht 2 Lichtbrechung 3 Heizwert 4 Siedeverhalten 5 Kälteverhalten 6 Verharzung 7 Korrosion 8 Selbstzündung	1 Automobil- oder Fahrrad-Motor 2 Einzylinder-Versuchsmotor mit veränderlicher Kompression 3 Flugmotor wasser- luft- } gekühlt	Verschiedene Flugmotoren wasser- luft- } gekühlt Verschiedene Höhen, Temperaturen, Luftfeuchtigkeit
Untersuchungsmethoden für Flugmotorenkraftstoffe			

Übersichtstafel 2. Untersuchungsverfahren für Flugmotorenkraftstoffe.

keine Ölverdünnung, niedere Motorentemperatur bei seiner Verbrennung und hohe Kompressionsfestigkeit. Seine Nachteile bestehen in geringem Energiegehalt, Neigung zur Entmischung im Gemisch mit Benzin und Benzol, unter Umständen stark korrodierender Wirkung auf Metalle und Notwendigkeit verstärkter Schmierung. Bisher wurden Alkoholgemische im Flugbetrieb wenig verwendet. Gegen Ende des Krieges wurden jedoch Versuche mit Alkoholgemischen angestellt, die ein günstiges Ergebnis gezeigt haben.

Zu 4. Toluol, das Homologe des Benzols, hat gegenüber Benzol den Vorteil einer bedeutend besseren Kältebeständigkeit (Gefrierpunkt von Rein-Toluol unter — 90° C, von Rein-Benzol bei + 5.4° C). Bei genügend hoher Verdichtung wird Toluol im Gemisch mit wenig Benzin ein brauchbarer Kraftstoff, insbesondere für Höhenflüge sein. Nachteilig ist jedoch, daß Toluol auch in Zukunft nicht in genügender Menge zur Verfügung stehen wird, da es von anderen Industrien (Sprengstoff- und Farbstoff-Industrie) in erster Linie benötigt wird.

Zu 5. Die Verwendung von Tetralin im Gemisch mit Benzol und Spiritus ist in Deutschland aus der Kriegszeit her bekannt. Auch über Versuche z. B. mit Dekalin, das dem Tetralin verwandt ist, im Gemisch mit Benzol und über Benzin- bzw. Benzol-Tetralingemische liegen aussichtsreiche Untersuchungsergebnisse in Automobilmotoren von verschiedenen Stellen vor.

Zu 6. Steinkohlenteer-Derivate sind infolge ihres hohen Gehalts an aromatischen Bestandteilen (z. B. Benzol, Toluol

Ausgangsstoffe Kohle oder Kohlenprodukte benötigen, so machen sie uns unabhängig vom Ausland. Diese Kraftstoffe werden voraussichtlich in immer gleichbleibender Qualität und in genügender Menge in Zukunft zur Verfügung stehen, ihre Kompressionsfestigkeit scheint ausreichend zu sein.

Die zurzeit gebräuchlichen und die in Zukunft zu erwartenden Flugmotorenkraftstoffe erfordern eine laufende Untersuchung und Nachprüfung ihrer Eigenschaften, damit insbesondere Gefahrenquellen und Unwirtschaftlichkeit durch Kraftstoffe im Flugbetrieb ausgeschaltet werden können. Zur Untersuchung von Flugmotoren-Kraftstoffen stehen allgemein vier Hauptgruppen von Verfahren zur Verfügung, die chemische Analyse, besondere physikalisch-chemische Untersuchungen, Motorenversuche auf dem Stand und Motorenversuche im Flugzeug (vgl. hierzu Übersichtstafel 2). Die chemische Analyse ermittelt die Art der im Kraftstoff vorhandenen Kohlenwasserstoffe, Schwefel-, Stickstoff-, Sauerstoffverbindungen, Verunreinigungen durch Säure-, Alkaligehalt u. a. Die Elementar-Analyse auf Kohlenstoff-, Wasserstoff-, Stickstoff und Schwefelgehalt zusammen mit der Analyse der Abgaszusammensetzung bildet die Grundlage für die Beurteilung des Verbrennungsvorganges, zur Aufstellung von Wärmebilanzen usw.

Die physikalisch-chemische Untersuchung von Kraftstoffen besteht in der Bestimmung z. B. von spezifischem Gewicht, Lichtbrechung, Heizwert,

---

[1]) Aviation 22, 214 (1927). L'Aéronautique 9, 41 (1927).

Untersuchungs-methode	Art des Zusammen-hangs	Bemerkungen
a) Chemische Analyse	Paraffine = klopfend Naphthene }= nicht klopfend Aromaten	guter Anhaltspunkt
b) Physikalisch-chemische Untersuchung	Siedeverhalten: hohe Siedegrenze ungünstig Selbstentzündungseigen-schaften: hoher Zünd-wert[1]) ungünstig	allein nicht maßgebend nicht zuverlässig
c) Motoren-Versuche auf dem Stand	Klopfen = klingendes Geräusch, Stoßen des Mo-tors, starke Erschütte-rungen, Leistungsabfall Heißwerden des Motors	Einzylinder-Versuchs-motor mit veränder-licher Kompression erscheint am geeig-netsten
d) Motoren-Versuche im Flugzeug	wie vorher	Versuche im Flugzeug kaum zu ersetzen zur Be-urteilung des Verhaltens in verschied. Höhe
Untersuchung von Kraftstoffen auf Neigung zum Klopfen		

Übersichtstafel 3. Untersuchung auf Klopfneigung.

Siede- und Kälteverhalten, Neigung des Kraftstoffes zu Verharzungen und Korrosion, zur Selbstzündung u. a. durch jeweils besondere Untersuchungsverfahren.

Die Motorenversuche auf dem Stand gliedern sich in solche in Automobil- oder Fahrrad-Motoren, in Einzylinder-Versuchsmotoren mit veränderlicher Kom-pression und in verschiedenen Flugmotoren, die wiederum wasser- und luftgekühlt sein können. Um den Einfluß der Höhe, der Luftverdünnung auf das Verhalten des Kraftstoffes zu erproben, können Versuche in Unterdruckkammern dienen.

Die Kraftstoffversuche im Fluge sind von Bedeutung für die Bestimmung der praktischen Lei-stung, des Verbrauchs, des besonderen Verhaltens des Kraft-stoffes in verschiedener Höhe.

Die Neigung eines Kraftstoffes zum Klopfen bei bestimmter Verdichtung ist in erster Linie bedingt durch die Art der chemischen Zusammensetzung (vgl. hierzu auch Übersichtstafel 3).

Paraffine[2]) sind wenig klopffest, Naphthene[3]) und aroma-tische Kohlenwasserstoffe[4]) sind kompressionsfester, Alkohol eignet sich für sehr hohe Verdichtung. Die Übersichtstafel 4 enthält eine Zusammenstellung der Zusammensetzung von Kraftstoffen nach Art und Menge und das höchst zulässige

[1]) $Z\ddot{u}ndwert = \dfrac{Selbstz\ddot{u}ndungstemperatur}{Sauerstoffmenge}$.

[2]) Paraffine: Kohlenwasserstoffe mit wasserstoffgesättigter, offener Kohlenstoffkette.

[3]) Naphthene: Kohlenwasserstoffe mit wasserstoffgesättigter, geschlossener Kohlenstoffkette.

[4]) Aromaten: Kohlenwasserstoffe mit ungesättigter, geschlos-sener Kohlenstoffkette.

[5]) Olefine: Kohlenwasserstoffe mit ungesättigter, offener Kohlen-wasserstoffkette.

Kraftstoff	Zusammensetzung		Höchstzulässiges Verdichtungsverhält-nis (nach Ricardo)
	Art d. chemischen Verbindung	Menge vH	
Benzin (Erdöl)	Paraffine Olefine[5]) Naphthene Aromaten	20—70 0—20 10—60 0—25	4,3—6,0
Motoren-Benzol	Benzol Toluol Xylol	≤ 60 ≥ 30 Rest	> 7,0
Alkohol	Äthylalkohol Wasser	95—99 5—1	7,5
Chemische Zusammensetzung u. höchstzulässiges Verdichtungsverhältnis von Kraftstoffen			

Übersichtstafel 4. Chemische Zusammensetzung und höchstzulässiges Verdichtungsverhältnis.

Untersuchungs-methode	Art des Zusammen-hangs	Bemerkungen
a) Chemische Analyse	Olefingehalt: Diolefine sind schädlich. Schwefel-gehalt ist bedenklich; Braun-kohlenbenzine mit 1% Schwe-fel haben sich jedoch bewährt	Reine Mono-Olefine schaden nicht
b) Physikalisch-chemische Untersuchung	Siedeverhalten, hochsie-dende Anteile sind ungün-stig (Ölverdünnung). Verhar-zung durch Polymerisation von Olefinen	Nur bei schlecht raffinier-ten Benzinen
c) Motoren-Versuche auf dem Stand	Diolefingehaltfreier Schwefel: Störungen durch Verharzung und Verpichung	Kraftstoffrückstandbil-dung muß im Zusammen-hang mit Rückstand-bildung durch Öl be-urteilt werden
d) Motoren-Versuche im Flugzeug	wie vorher	Besondere Versuche nicht anzuraten, nur laufende Kontrolle des Motorzustandes
Untersuchung von Kraftstoffen auf Neigung zur Rückstandbildung		

Übersichtstafel 5. Untersuchung auf Neigung zur Rückstandbildung.

Verdichtungsverhältnis einiger Kohlenwasserstoffe nach Versuchsergebnissen von Ricardo[1]).

Allein aus der chemischen Zusammensetzung eines Kraftstoffes ist jedoch nicht seine Neigung zum Klopfen mit Sicherheit zu erkennen; auch die Ergänzung der chemischen Analyse durch physikalisch-chemische Untersuchungen genügt bisher nicht, um ein einwandfreies Maß für die Klopfneigung zu gewinnen. Bei Naturbenzinen sinkt im allgemeinen mit zunehmendem Siedepunkt der Kohlenwasserstoffe ihre Kompressionsfestigkeit. Nur die niedersiedenden Kohlenwasserstoffe eignen sich für höhere Verdichtung, hochsiedende Anteile in Benzinen (Siedeschwänze) sprechen für geringe Verdichtbarkeit.

Das Auftreten des Klopfens bei gewissen Benzinen scheint auch im Zusammenhang zu stehen mit katalytischen Einflüssen, die die Baustoffe von Zylinder, Kolben usw. auf die Zersetzung und Selbstzündung von Benzinen ausüben; Untersuchungen hierüber sind in der DVL im Gange.

Man hat versucht, durch die Bestimmung der Selbstzündungseigenschaften von Kraftstoffen, durch den »Zündwert nach Jentzsch« Kraftstoffe auf ihre Verdichtbarkeit in Flugmotoren zu beurteilen. Die neueren Untersuchungen der DVL haben ergeben, daß das Verfahren nach Jentzsch nicht verläßliche Werte ergibt. Die Untersuchungsergebnisse sind nicht genügend reproduzierbar, was von einem geeigneten Prüfverfahren verlangt werden muß.

Auch Untersuchungen der DVL bestätigen, daß die chemischen und physikalisch-chemischen Untersuchungsverfahren von Kraftstoffen bisher nicht immer genügen, um das Verhalten eines Kraftstoffes im Motor, insbesondere seine Neigung zum Klopfen, vorher zu bestimmen. Praktische Motorenversuche erscheinen hierfür noch unbedingt notwendig. Untersuchungen des Auslandes (Ricardo, Egloff, Midley u. a.) haben vorbildliches Untersuchungsmaterial, insbesondere auch über Klopfeigenschaften von Kraftstoffen, geliefert. Automobil- und Fahrradmotoren mit verschiedenartigem Verdichtungsverhältnis sind weniger für vergleichende Kraftstofferprobungen, Feststellung der Klopfneigung von Kraftstoffen geeignet, denn schon geringe konstruktive Unterschiede in den einzelnen Motoren liefern bei Vergleichsversuchen unterschiedliche Versuchsergebnisse. Am geeignetsten erscheinen Einzylinder-Versuchsmotoren mit veränderlicher Kompression, bei denen die Zylinderform der des betreffenden Flugmotors angepaßt werden kann. Kraftstoffuntersuchungen mit solchen Einzylinder-Versuchsmotoren (DVL-Bauart) sind in Vorbereitung. Die Hauptergebnisse der Kraftstoffuntersuchungen in Einzylinder-Versuchsmotoren bedürfen dann noch der Bestätigung in Flugmotoren. Ausgedehnte Kraftstoffuntersuchungen in Flugmotoren während des Fluges anzustellen, verbietet sich wegen der damit verbundenen Gefahr von Motorstörungen. Jedoch sind solche Versuche kaum durch andere zu ersetzen, wenn es sich z. B. darum handelt, einen Kraftstoff auf sein Verhalten in verschiedener Höhe einwandfrei zu beurteilen. Die Versuche in Unterdruckkammern sind umständlich und entsprechen zum Teil nicht den praktischen Verhältnissen (Einfluß der Temperatur). DVL-Versuche mit Einzylinder-Versuchsmotoren zur Erprobung verschiedener Kraftstoffe in verschiedenen Höhen sind als Ergänzung in Vorbereitung; die Versuche können in größeren Flugzeugen oder in größeren Versuchs-Freiballons vorgenommen werden.

Leistung und Verbrauch eines Kraftstoffes werden in bekannter Weise durch den Versuch im Flugmotor auf dem Stand bzw. auch in Einzylinder-Versuchsmotoren mit veränderlicher Kompression festgestellt. Praktische Leistungs- und Verbrauchsaufnahmen im Flugzeug selbst sind kaum auszuschalten wegen des Einflusses der Höhe, der Lufttemperatur und der Luftfeuchtigkeit auf das Verhalten der Kraftstoffe. Die Ergebnisse für Leistung und Verbrauch in ein und demselben Flugmotor auf dem Stand und im Flugzeug sind im allgemeinen voneinander verschieden.

Das Kälteverhalten von Kraftstoffen wird durch einen geeigneten Laboratoriumsversuch ermittelt. Es sind Wasserabscheidungen, Kristallisation und Entmischungserscheinungen des Kraftstoffes bei Abkühlung zu beachten. Im praktischen Flugbetrieb ist aber weiterhin z. B. auch mit der Abkühlung des Vergasers durch die Ver-

---

[1]) Nach Ricardo: Schnellaufende Verbrennungsmaschinen, Springer, 1926, S. 32.

dunstungskälte des Kraftstoffes zu rechnen, wodurch bei Verwendung kälteunbeständiger Kraftstoffe bereits bei höherliegenden Außentemperaturen, als den im Laboratorium gefundenen, Störungen eintreten können. Wasserabscheidungen in Rohrknicken und im Tank müssen beachtet und verhindert werden.

Bei der Rückstandbildung von Kraftstoffen ist zu unterscheiden zwischen Rückstandbildung im unverbrannten Kraftstoff und Rückstandbildung bei der Verbrennung. Die Ursache zur Rückstandbildung im unverbrannten Zustand liegt im Kraftstoff selbst, in seiner Neigung zu Verharzungen. Die Rückstandbildung des Kraftstoffes bei der Verbrennung ist schwer auseinanderzuhalten von der Rückstandbildung vom Öl im Motor. Untersuchungen über die Zusammenhänge der Öl-Kohle-Bildung und der Art des Kraftstoffes sind bisher nicht bekannt geworden. Die Beurteilung eines Kraftstoffes an Hand der Kohleabscheidung im Motor ist zweifelhaft; Ventilstörungen sind allerdings in erster Linie durch schlechte Eigenschaften der Kraftstoffe verursacht, z. B. die Verpichung der Einlaßventile bei der Verwendung schlecht raffinierter Braunkohlenbenzine.

Über Korrosion von Metallen durch Kraftstoffe liegen bisher im wesentlichen nur qualitative Untersuchungen vor, die beweisen, daß die Korrosion insbesondere auf sauerstoff- und schwefelhaltige Verbindungen zurückzuführen ist[1]). Besonders ausgeprägt ist die Neigung zur Korrosion bei den Alkoholen. Die äußerst geringen Mengen gelösten

[1]) Wa. Ostwald, Autotechnik 14, 1925, 23, 8. — Wawrziniok, Autotechnik 14, 1925, 8, 31. Desgleichen 14, 1925, 24a. 36. Korrosion durch Kraftstoffe, Erich K. O. Schmidt. 86. Bericht der Deutschen Versuchsanstalt für Luftfahrt E. V. Berlin-Adlershof, Korrosion und Metallschutz 1927, Heft 12, S. 270 und S. 109 dieses Jahrbuches.

Wassers ($\frac{1}{10}$ vH und weniger) in Kraftstoffen scheinen für den Korrosionsangriff von wesentlicher Bedeutung zu sein. Der Zusammenbau verschiedener Metalle (Eisen, Messing, Kupfer, Leichtmetalle) kann den Korrosionsangriff durch Kraftstoffe verstärken. Bei Leichtmetallen sind auch durch die Verwendung ungeeigneter Löt- oder Schweißmittel Korrosionsangriffe an den Verbindungsstellen beobachtet worden, während das Leichtmetall z. B. Reinaluminium, keinerlei Korrosion zeigte.

Alle leicht verdampfbaren Kraftstoffe haben niedere Flammpunkte und sind deshalb feuergefährlich. Die Feuergefahr ist im Flugzeug von Bedeutung bei Vergaserstörungen, Bruch der Rohrleitungen, Beschuß und Absturz. Es sind Versuche in Frankreich ausgeführt worden, diese Feuergefahr herabzusetzen durch Anwendung höhersiedender, schwerer entflammbarer Kraftstoffe wie z. B. des bereits erwähnten Makhonine-Kraftstoffes. Durch Gelatinierung und Verfestigung von flüssigen Kraftstoffen läßt sich die Feuergefahr ebenfalls herabsetzen. Es ist aber auf Grund von DVL-Versuchen zu sagen, daß die praktische Anwendung dieser verfestigten Kraftstoffe durch die Notwendigkeit besonderer Arten der Vergasung auf Schwierigkeiten stößt. Durch die Anwendung von schwer entzündlichen Ölen in leichten, schnellaufenden Dieselmotoren ist eine weitere Möglichkeit in der Verminderung der Brandgefahr in Flugzeugen für die Zukunft zu sehen, wie man schließlich auch, mit Rücksicht auf die Feuergefahr, an den Motor mit festem Kraftstoff, z. B. Naphthalin, oder Kohlenstaub oder an das Flugzeug mit Dampfbetrieb denken könnte.

Für besondere Zwecke wäre die Verwendung verflüssigter Gase für den Betrieb von Flugmotoren in Betracht zu ziehen.

Einige Ergebnisse von Rechnungen über den Übergang eines Flugzeugs ins Trudeln[1]).

Von Alexander v. Baranoff.

92. Bericht der Deutschen Versuchsanstalt für Luftfahrt, E. V., Berlin-Adlershof.

Die allgemeine räumliche Flugzeugbewegung ist bisher meist unter wesentlich einschränkenden Voraussetzungen untersucht worden. Entweder wurden nur Zustände in der Nähe eines stationären Gleichgewichtes behandelt: die Aufgabe lief dann hinaus auf die Anwendung der Methode der kleinen Schwingungen. Oder man beschränkte sich auf die symmetrische Bewegung, die bekanntlich eine solche isolierte Behandlung gestattet.

Es soll nun im folgenden ein solcher Fall der Flugzeugbewegung diskutiert werden, bei dem weder eine Beschränkung auf kleine Schwingungen, noch die Voraussetzung des Nichtgekoppeltseins zwischen Längs- und Seitenbewegung statthaft ist. Und zwar soll es sich um den Übergang ins Trudeln handeln.

Entsprechend der Kürze der mir zur Verfügung stehenden Zeit werde ich natürlich nur einen oberflächlichen Überblick über einige Ergebnisse einer Arbeit geben können, die ich gemeinsam mit Herrn Prof. Hopf, Aachen nnd mit Unterstützung der DVL, durchgeführt habe. Es soll vor allem nicht unsere Aufgabe sein, für die Praxis brauchbare Faustformeln herzuleiten, sondern mehr auf den qualitativen Charakter der ganzen Vorgänge und der sich daran anschließenden Probleme hinzuweisen.

Ich werde dabei so verfahren, daß ich an Hand eines durchgerechneten Beispiels auf die einzelnen Fragen eingehen werde. Zum Schluß werde ich dann unabhängig von diesem Beispiel die Frage der Stabilität des Trudelns behandeln.

1. Beispiel des Übergangs ins Trudeln.

Das Beispiel des Übergangs eines Flugzeugs aus einem Geradeausflug ins Trudeln, das ich zeigen werde, ist das Ergebnis einer numerischen Integration der Differentialgleichungen der Flugzeugbewegung. Die in Frage kommenden Differentialgleichungen sind die drei Kräftegleichgewichte längs drei strömungsfesten Achsen und drei Momentengleichgewichte um drei flugzeugfeste Achsen. Die Wahl der Achsen entspricht der Art, wie sie im Lehrbuch von Fuchs-Hopf zu finden ist. In der Koordinatenwahl hat sich dagegen eine Abweichung von dem durch Fuchs-Hopf gegebenen Vorbild als notwendig erwiesen. Es soll auf diese Einzelheiten, die aus Abb. 1 zu ersehen sind, hier nur ganz kurz eingegangen werden. Während bei Fuchs-Hopf im strömungsfesten System die Bahnachse eine ausgezeichnete Rolle spielt, soll bei uns der Auftriebsachse die entsprechende Bedeutung zufallen. Der Grund dieser Neuerung liegt darin, daß das alte System für den senkrecht nach unten verlaufenden Flug aus rein kinematischen Gründen eine Singularität aufwies, die bei der numerischen Behandlung natürlich hinderlich war. Unser System hat umgekehrt für den Horizontalflug eine entsprechende Singularität.

Abb. 1 zeigt die gegenseitige Lage der Koordinatensysteme. Und zwar ist das erd-, strömungs- und flugzeugfeste System je durch einen Oktanten dargestellt. Man sieht, daß die Winkel φ und χ, die die gegenseitige Lage des erdfesten und strömungsfesten Systems bestimmen, in strenger Symmetrie zu den Winkeln α und τ definiert sind, die die

Lage des flugzeugfesten im strömungsfesten System bestimmen. Dabei bedeutet φ den Winkel zwischen der senkrecht nach oben weisenden Lotachse und der Auftriebsachse — kann also als Neigung der Auftriebsachse bezeichnet werden —, während χ den Winkel zwischen der Bahnachse und einer durch Lot- und Auftriebsachse gehenden Ebene bedeutet. Wir nennen daher χ die Neigung der Bahnachse.

Wir gehen nun zur Betrachtung des Beispiels über. In der Abb. 2 ist der Verlauf von α, τ, φ, χ und ω_a dargestellt. ω_a ist Winkelgeschwindigkeit um die Bahnachse.

Zunächst einige Worte über die qualitative Beschaffenheit des Fluges. Das Flugzeug befand sich zu Beginn in einem stationären Geradeausflug auf einer Bahn, die um etwa 20° nach unten geneigt ist. Aus diesem Zustand wird es durch einen starken Quer- und Seitenruderausschlag gestört und wird gezwungen, in eine Kurve — hier eine Rechtskurve — zu gehen. Es erfolgt nun etwas, was nach jedem

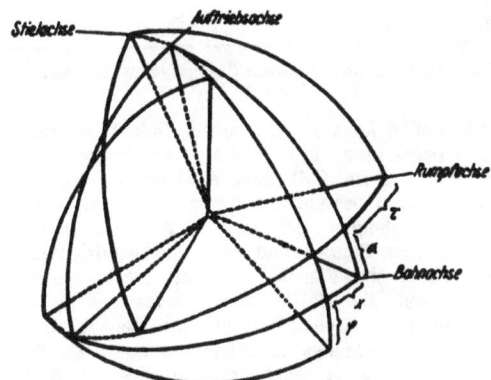

Abb. 1. Gegenseitige Lage des erd-, strömungs- und flugzeugfesten Systems.

größeren Ruderausschlag eintritt: infolge der Störung der bahnsenkrechten Kräfte neigt sich die Bahn nach unten, und das Flugzeug zeigt das Bestreben, in einen nach unten gerichteten Spiralflug überzugehen. In diesem Augenblick — in unserem Beispiel nach 1 s — wird Höhenruder gegeben, in der Absicht, das Flugzeug wieder aufzurichten. Wir werden sehen, daß das der typische Bedienungsfehler ist, der das Flugzeug aus einer scharfen Kurve fast unvermeidlich ins Trudeln bringt, sofern nur die Eigenschaften des Flugzeugs ein Trudeln ermöglichen. Die Wirkung des »Ziehens« ist nun aber nicht die erwünschte: die Bahn geht weiter nach unten, trotzdem nach Verlauf einer weiteren Sekunde der Anstellwinkel schnell anzuwachsen beginnt. Die Drehung, die das Flugzeug ausführt, wird immer heftiger. Noch vor Ablauf der zweiten Sekunde werden daher Quer- und Höhenruder zurückgenommen. Das Flugzeug befindet sich jedoch schon in dem Anstellwinkelbereich, in dem die sog. Autorotation möglich ist. Die Zurücknahme des Querruders bleibt daher wirkungslos: die Drehung um die Bahnachse bleibt weiter bestehen. Ebenso fällt auch der Anstellwinkel nicht, sondern bleibt, wenn auch unter heftigen Schwingungen, bei den hohen Werten. Das Flugzeug trudelt.

[1]) Vortrag, gehalten auf der XVI. Ordentlichen Mitgliederversammlung der WGL am 18. Sept. 1927 in Wiesbaden.

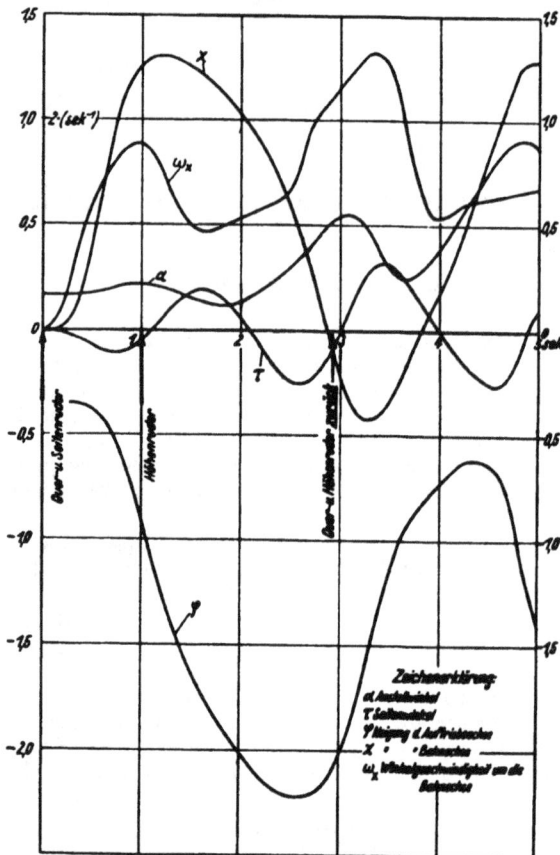

Abb. 2. Beispiel eines Übergangs ins Trudeln.

Wir wollen jetzt die Kinematik dieser Bewegung etwas genauer betrachten. Die B a h n ist keineswegs eine Spiralbahn, wie das im Fall einer stationären Bewegung sein müßte, sondern besteht aus einem steil nach unten, unter starker Seitenneigung verlaufenden Ast und einem darauffolgenden Sich-Fangen und Sich-Wiederaufrichten. Nach jedesmalligen Sich-Fangen sinkt die Drehgeschwindigkeit ungefähr auf die Hälfte ihres Wertes. Diese Bahn ist nicht nur im ersten Abschnitt der Bewegung, also in der Zeit des Übergangs ins Trudeln, sondern sie kehrt, wie die Abbildung zeigt, auch während des Trudelns selbst wieder. Wir haben es daher hier mit einem Fall des nichtstationären Trudelns zu tun. Wir werden später sehen, daß diese Art Bahn zusammenhängt mit den Dämpfungsverhältnissen des Flugzeugs selbst. Bei großer Dämpfung geht die Trudelbewegung allmählich in die stationäre Bahn über.

Wir kommen jetzt zu den Schwingungen, die das Flugzeug um seine Bahn vollführt.

τ, das die S e i t e n b e w e g u n g angibt, führt eine periodisch anwachsende Schwingung aus. Dieses Anwachsen der Amplitude ist sehr wesentlich: es ist die Wirkung der Kopplung mit der Längsbewegung. Bei einem Geradeausflug ist diese Windfahnenbewegung bekanntlich immer gedämpft, so daß die dynamische Instabilität der Seitenbewegung hier als ganz neues Moment auftritt.

Das meiste Interesse bietet natürlich der Verlauf des A n s t e l l w i n k e l s, da die Möglichkeit der Autorotation nur bei hohen Anstellwinkeln gegeben ist. Hopf hat bereits früher darauf hingewiesen, daß das Längsgleichgewicht der springende Punkt beim Trudeln ist. Nun wirkt, wenn nicht unmäßig gezogen wird, das statische Längsmoment bei den in Frage kommenden hohen Anstellwinkeln der Autorotation kopflastig. Dieses kopflastige Moment ist sehr hoch, und es müssen daher ebenso hohe schwanzlastige Momente vorhanden sein, die das Gleichgewicht der Längsmomente herbeiführen. Ein solches schwanzlastiges Moment ist in

erster Linie das Kreiselmoment, das mit dem Produkt der Winkelgeschwindigkeiten um die Rumpf- und um die Stiel-Achse anwächst. Das Kreiselmoment hängt bekanntlich von der Verteilung der Massen ab und ist proportional der Differenz der Trägheitsmomente um die Stiel- und Rumpfachse. Die Verteilung der Massen liegt in der Hand des Konstrukteurs, so daß hier ein Weg ist, die Trudeleigenschaften wirksam zu beeinflussen.

Zu dem Kreiselmoment kommt aber noch eine weitere Beschleunigung hinzu, die ebenfalls schwanzlastig wirken kann. Bei großen Seitenwinkeln fällt eine Komponente der Drehbewegung um die Rumpfachse auch in die Drehrichtung, die senkrecht auf Bahn- und Antriebsachse steht. Geht nun τ von positiven nach negativen Werten, geht also das Flugzeug vom »Schieben nach außen« ins »Schieben nach innen« über, so entsteht bei positivem ω_s eine schwanzlastige Beschleunigung. Diese Beschleunigung trägt in erheblichem Maße dazu bei, den Übergang ins Trudeln zu erleichtern. Man sieht aus der Abbildung, daß die aufsteigenden Teile der α-Schwingung zusammenfallen mit den absteigenden der τ-Schwingung. Das ist nicht zufällig, etwa aus der Art der Anfangsbedingungen zu erklären: vielmehr ist die α-Schwingung mit der τ-Schwingung derart gekoppelt, daß eine solche Phasenverschiebung eintreten muß.

Das Maß der Koppelung zwischen α und τ kann durch erhöhte Dämpfung abgeschwächt werden. Hierzu kann sowohl die Höhen- als auch die Seitendämpfung dienen. Da aber bei hohen Werten des Anstellwinkels die Höhendämpfung so gut wie wirkungslos wird, bleibt zu dem Zweck nur die Seitendämpfung übrig. Man sieht daraus, daß man mit Hilfe der Seitendämpfung den Übergang ins Trudeln sehr erschweren kann. Andererseits bewirkt die Seitendämpfung auch ein Abdämpfen der α- und τ-Schwingung und damit zusammen auch eine Dämpfung der Bahnschwingung. Die in dem Beispiel gezeigte nichtstationäre Trudelbahn ist bewirkt durch die sehr geringe Seitendämpfung. Und man kann geradezu daraus, daß ein Flugzeug »nichtstationär« trudelt, schließen, daß seine Seitendämpfung zu klein ist.

2. Statische Stabilität des Trudelns.

Anschließend soll noch ein Kriterium der Stabilität des stationären Trudelns gegeben werden. Das Flugzeug ist in der Nähe des Gleichgewichtszustandes in erster Näherung von den bahntangentialen und bahnsenkrechten Kräften unabhängig, so daß man die Geschwindigkeit und die beiden, die Bahnrichtung bestimmenden Winkel φ und χ konstant setzen kann. Hierdurch erzielt man eine Vereinfachung des Problems.

Man denke sich nun das Flugzeug in der Nähe einer stationären Spiralbahn mit konstanter Geschwindigkeit. Entwickelt man alle Funktionen nach den kleinen Abweichungen vom stationären Zustand, so gelangt man zu einem System linearer Differentialgleichungen, die in bekannter Weise integriert werden können. Man erhält auf diese Weise eine Bedingungsgleichung für den Exponenten des Ansatzes. Man kann sich dann durch Größenordnungs- und Vorzeichenbetrachtungen leicht davon überzeugen, daß alle reellen Wurzeln dann negativ sind, und das wäre die Bedingung der statischen Stabilität, wenn folgende Ungleichung besteht

$$\frac{\partial M}{\partial \alpha} > \frac{J_\eta - J_\xi}{J_\zeta}\left(\omega_\xi \left|\frac{\partial \omega_\eta}{\partial \alpha}\right| + \left|\omega_\eta\right|\frac{\partial \omega_\xi}{\partial \alpha}\right).$$

Auf der linken Seite steht die Ableitung des Längsmoments nach dem Anstellwinkel. Auf der rechten Seite steht zunächst ein aus den Trägheitsmomenten gebildeter Ausdruck: im Zähler die Differenz aus den Trägheitsmomenten um die Stiel- und um die Rumpfachse, im Nenner das Trägheitsmoment um die Holmachse. In der Klammer endlich stehen die Winkelgeschwindigkeiten um die Stiel- (η) und Rumpf (ξ) achsen sowie ihre Ableitungen nach α. Man sieht, daß der Ausdruck rechts nichts anderes ist als die Ableitung des Kreiselmoments nach dem Anstellwinkel.

Die Bedeutung der Ungleichung ist also die, daß das Längsmoment mit dem Anstellwinkel stärker anwächst als das Kreiselmoment. Die Werte der Winkelgeschwindigkeiten sind der Berechnung des stationären Flugzustandes zu entnehmen. Sie hängen wesentlich ab von den Autorotationsverhältnissen des Flugzeugs. Der Verlauf des Längsmoments ist dagegen in hohem Maße von der Rücklage des Schwerpunkts abhängig.

Wenn man die Größenordnung der einzelnen Glieder abschätzt, so sieht man, daß die Ungleichung keineswegs immer erfüllt ist. Die rechte und linke Seite ist vielmehr von derselben Größenordnung, so daß auch hier für den Konstrukteur die Möglichkeit besteht, bewußt die Trudeleigenschaften zu beeinflussen.

Die Ungleichung gilt natürlich nur für unendlich kleine Abweichungen vom Gleichgewicht, so daß die Stabilität bei endlicher Störung durch sie nicht entschieden ist. Trotzdem kann wohl vermutet werden, daß sie auch in diesem Fall von Wichtigkeit ist.

Aussprache:

Walter Hübner: Zu der Frage der baulichen Beherrschung der Trudeleigenschaften eines Flugzeuges können einige ergänzende Mitteilungen gemacht werden auf Grund von Untersuchungen, die bei der Flugabteilung der DVL angestellt worden sind und die durch Versuche in England und Amerika bestätigt und erweitert wurden.

Der Flugzeugführer unterscheidet zwei Arten des Trudelns: das sog. »steile« Trudeln, das, wenn es in hinreichender Flughöhe ausgeführt wird, bei Ausschluß von Bedienungsfehlern ungefährlich ist, und das sog. »flache« Trudeln, das unter allen Umständen große Gefahrenquellen mit sich bringt.

Beim »steilen« Trudeln liegt die Längsachse des Flugzeuges unter einem stumpfen Winkel zum Horizont geneigt, die Dauer einer Trudelumdrehung beträgt rund zwei Sekunden, der Anstellwinkel der Flügelmitte ist nicht größer als ungefähr 20° bis 30°, die Drehachse liegt einige Meter vom Schwerpunkt entfernt innerhalb der Spannweite des Flugzeuges.

Beim »flachen« Trudeln liegt die Längsachse des Flugzeuges fast parallel zum Horizont, die Drehgeschwindigkeit ist sehr groß, der Anstellwinkel der Flügelmitte beträgt 45° und mehr, die Drehachse geht fast durch den Schwerpunkt. Je flacher die Längsachse zum Horizont geneigt ist, um so mehr wächst der Anstellwinkel und die Drehgeschwindigkeit und um so kleiner wird der Durchmesser der Trudelbewegung.

Das »steile« Trudeln kann mit fast jedem Flugzeug durch Überziehen und willkürliches Einleiten einer Drehbewegung um die Längsachse ausgeführt werden. Das »flache« Trudeln dagegen ist nur mit wenigen Flugzeugmustern möglich. Diese Muster müssen wegen dieser Eigenschaft als gefährlich bezeichnet werden.

Das Bestreben des Herstellers soll dahin gehen, durch die bauliche Gestaltung des Flugzeuges ein »flaches« Trudeln unmöglich zu machen. Hierzu ist notwendig, die Ursachen aufzuklären, die zu einem solchen gefährlichen Trudeln führen können.

Einige Anschauung hierüber erhält man, wenn man nach dem von Bairstow angegebenen Verfahren (siehe Reports und Memoranda Nr. 549 und 595) für einige Eindeckerflügel die Winkelgeschwindigkeit für die verschiedenen Anstellwinkel berechnet. Abb. 3 zeigt die Ergebnisse einer solchen Rechnung für das Profil, das an dem bekannten Flugzeug Rumpler C I verwendet worden ist.

Statt der Winkelgeschwindigkeit ω ist der dimensionslose Beiwert $\zeta = \dfrac{\omega}{v} \cdot \dfrac{b}{2}$ aufgetragen, wobei ω die Winkelgeschwindigkeit um die Windachse in 1/s, b die Spannweite in Meter und v die Geschwindigkeit des Schwerpunktes in m/s bedeutet. Es zeigt sich, daß die Autorotation bei einem Anstellwinkel von 13° beginnt, einen

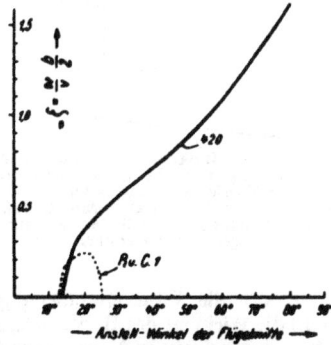

Abb. 3. Beispiele der Autorotationsverhältnisse beim »steilen« und beim »flachen« Trudeln. Die Möglichkeit der Autorotation ist bei einem Eindecker mit dem Flügelschnitt der Ru C I auf einen kleinen Anstellwinkelbereich beschränkt. Ein »flaches« Trudeln ist dabei ausgeschlossen. — Bei einem Eindecker mit dem Profil 420 ist Trudeln mit sehr großen Anstellwinkeln und hoher Drehgeschwindigkeit, also »flaches« Trudeln, möglich.

ξ = Autorotationsbeiwert,
w = Winkelgeschwindigkeit um die Windachse in 1/s,
v = Geschwindigkeit des Schwerpunktes in m/s,
b = Spannweite in m.

Höchstwert bei 20° erreicht, und daß bei Anstellwinkeln von 25° und mehr keine Autorotation mehr möglich ist. Bei diesem Eindeckerflügel ist also ein »flaches« Trudeln, d. h. ein Trudeln mit großem Anstellwinkel unmöglich. Bei den meisten Flügelschnitten ergibt sich für den Autorotationswert ζ in Abhängigkeit vom Anstellwinkel ein ähnlicher Verlauf.

Ganz andere Ergebnisse zeigt dagegen die Rechnung, die mit dem Göttinger Flügelschnitt Nr. 420 durchgeführt wurde (s. Abb. 3). Nach Beginn der Autorotation bei einem Anstellwinkel von rund 14° nimmt die Größe des Autorotationsbeiwertes mit wachsendem Anstellwinkel dauernd zu und erreicht wesentlich höhere Werte als bei dem Flügelschnitt der Ru C I. Vor allem aber ist keine obere Grenze des Autorotationsgebietes vorhanden. Selbst bei Anstellwinkeln von ungefähr 90° ist ein Trudeln noch denkbar. Mit einem solchen Eindeckerflügel kann also die beschriebene flache Trudelbewegung möglich sein.

Nach den englischen Versuchen, die in Reports and Memoranda Nr. 733 und 976 veröffentlicht wurden, gibt es auch gewisse Doppeldeckeranordnungen, die ganz gleiche Autorotationseigenschaften zeigen wie die Eindecker mit dem Profil 420. So führen z. B. geringer Flächenabstand bei ungestaffelter Anordnung, negative Staffelung sowie starke Anstellung des Unterflügels gegen den Oberflügel zu der Möglichkeit des »flachen« Trudelns.

Auch hinsichtlich des Momentenausgleichs um die Querachse sind einige ergänzende Erfahrungen gemacht worden. Während man bisher annahm, daß die bei den großen Anstellwinkeln der Trudelbewegung auftretenden stark kopflastigen Momente des Flügels lediglich durch die Kreiselmomente im Gleichgewicht gehalten werden, haben englische Versuche (Reports and Memoranda 965) ergeben, daß außer diesen auch noch andere schwanzlastige Momente auftreten, die durch das seitlich angeblasene Schwanzleitwerk hervorgerufen werden. Das Schwanzleitwerk wird während des Trudelns vom Luftstrom seitlich getroffen, und zwar unter einem um so größeren Winkel zur Längsachse, je flacher und schneller die Trudelbewegung ist. Die englischen Windkanalversuche zeigen nun, daß, je größer der Winkel ist, den die Anblasrichtung mit der Längsachse bildet, um so größere schwanzlastige Momente durch das Leitwerk hervorgerufen werden. Es tritt also außer den Kreiselmomenten noch eine zweite Art von schwanzlastigen Momenten auf, welche ebenso wie diese mit wachsender Winkelgeschwindigkeit zunehmen.

Flugzeuge mit gefährlichen Trudeleigenschaften verhalten sich allgemein so, daß sie nach ein bis zwei Umdrehungen durch Tiefenruderausschlag aus dem Trudeln herausgefangen werden können. Werden aber mehr Umdrehungen

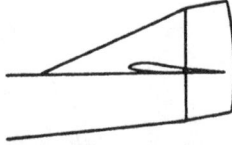

Abb. 4. Seitenleitwerk der Junkers A 20. Das Seitenleitwerk der Junkers A 20 und A 35 wird auch bei großen Anstellwinkeln nicht vollständig durch das Höhenleitwerk abgeschirmt. Es behält daher auch im überzogenen Flug noch soviel Wirkung, daß diese Muster aus dem Trudeln ausschließlich durch Seitenruderausschlag herausgefangen werden können.

ausgeführt, so hat sich die Winkelgeschwindigkeit bereits soweit erhöht, daß die Wirkung des Höhenruders nicht mehr ausreicht, um die schwanzlastigen Momente zu überwinden.

Es hat sich jedoch gezeigt (s. Aviation vom 30. Mai 1927), daß Flugzeuge, deren Tragflügel den geschilderten gefährlichen Verlauf des Autorotationsbeiwertes besitzen, nur dann nicht mehr aus dem Trudeln herausgefangen werden können, wenn ihr Schwerpunkt sehr ungünstig liegt. Und zwar ergibt sich, daß bei Schwerpunktlagen bis zu einer Entfernung von 30 vH der Flügeltiefe von der Eintrittskante die Flugzeuge unbedenkliche Eigenschaften besitzen. Liegt aber der Schwerpunkt weiter nach hinten, etwa in 35 bis 40 vH der Flügeltiefe, so wird ein Herausfangen aus dem Trudeln unmöglich.

Solche stark hinterlastigen Flugzeuge werden nämlich für den Horizontalflug durch große positive Anstellung der Höhenflosse ausgetrimmt. Bei großen Anstellwinkeln wird nicht nur der Höchstauftrieb der Tragfläche überschritten, sondern auch der des Höhenleitwerkes; die Strömung am Leitwerk reißt also ab. Es ist dann auch durch vollen Tiefenruderausschlag unmöglich, die kopflastigen Momente hervorzurufen, die zum Herausfangen aus dem Trudeln nötig sind.

Aus den angeführten Erfahrungen ergeben sich einige Winke für den Hersteller, wie durch die bauliche Gestaltung des Flugwerkes gefährliche Trudeleigenschaften vermieden werden können.

Einmal kann man durch sorgfältige Prüfung der Autorotationseigenschaften der Tragflügel solche Flügelschnitte und Mehrdeckeranordnungen ausschalten, die zum Trudeln bei sehr großen Anstellwinkeln führen können. Zum anderen wird man Schwerpunktlagen wählen, die keine positive Anstellung der Höhenflosse notwendig machen. Gerade bei den deutschen Flugzeugmustern liegt der Schwerpunkt meist erheblich mehr als 30 vH der Flügeltiefe von der Eintrittskante aus nach hinten. Zur Vermeidung von Trudel-

unfällen müßte hierin baldigst eine grundlegende Änderung einsetzen.

Herr v. Baranoff erwähnte eben die Wichtigkeit des Seitenleitwerkes beim Trudeln. Kielflosse und Seitenruder dämpfen Drehungen um die Hochachse, also auch die Winkelgeschwindigkeit beim Trudeln.

Diese Erfahrung hat man sich in der Praxis seit längerer Zeit zunutze gemacht. Flugzeugmuster, die infolge hoher Drehgeschwindigkeit schwer aus dem Trudeln herauszufangen sind, werden fast stets mit vergrößerten Seitenleitwerken ausgerüstet und dadurch verbessert.

Die meisten Seitenleitwerke liegen aber über dem Höhenleitwerk und werden bei den großen Anstellwinkeln der Trudelbewegung durch dieses stark abgeschirmt. Es ist zweckmäßig, Seitenleitwerke so zu bauen, daß zum mindesten ein Teil des Ruders unter dem Höhenleitwerk liegt und so auch bei großen Anstellwinkeln seine Wirksamkeit bewahrt. Eine solche Anordnung des Seitenleitwerkes ist bei den Mustern Junkers A 20 und A 35 gewählt (s. Abb. 4). Tatsächlich können die Flugzeuge dieser beiden Muster durch bloße Betätigung des Seitenruders trotz voll angezogenem Höhenruder aus der Trudelbewegung herausgefangen werden. Hier zeigt sich also ein zweiter Weg zur Verbesserung der Trudeleigenschaften, der dadurch beschritten wird, daß das Flugzeug während des Trudelns, also bei sehr großen Anstellwinkeln, noch wirksame Seitensteuerung behält.

Zusammenfassend kann gesagt werden, daß gewisse ungünstige Autorotationseigenschaften verschiedener Tragflügelsysteme ein »flaches« Trudeln möglich machen, und zwar vor allem, wenn solche Tragflügel in Verbindung mit ungünstigen Schwerpunktlagen Verwendung finden. Eine Ausschaltung dieser Anordnungen wird zur Folge haben, daß die Trudelbewegungen auf das »steile« Trudeln beschränkt bleiben. Das »steile« Trudeln ist, wenn es in hinreichender Höhe und unter Vermeidung von Bedienungsfehlern ausgeführt wird, in keinem Falle gefährlich.

Anzustreben ist bei allen Flugzeugmustern ein Seitenleitwerk, das auch bei großen Anstellwinkeln und während des Trudelns noch Wirksamkeit behält.

Es sind also in der letzten Zeit einige Erfahrungen über den Einfluß der baulichen Gestaltung des Flugzeuges auf seine Trudeleigenschaften gesammelt worden. Sie werden in Verbindung mit den eingehenden Flugeigenschaftsprüfungen, die im Rahmen der Musterprüfung bei der DVL vorgenommen werden und bei denen auf die Trudeleigenschaften der Muster ganz besonders geachtet wird, hoffentlich zu einer Verminderung der Trudelunfälle führen.

Veredelungsversuche an Elektronlegierungen.

Von Karl Leo Meißner[1]).

93. Bericht der Deutschen Versuchsanstalt für Luftfahrt, E. V., Berlin-Adlershof (Stoff-Abteilung).

Wenn auch bei den vergütbaren Aluminiumlegierungen das Wesen der Vergütungsvorgänge noch nicht restlos aufgeklärt ist[2]), so ist doch soviel bekannt, daß eine Veredelung nur in solchen Fällen zu erwarten ist, wenn mindestens ein Legierungszusatz folgenden Bedingungen genügt:

1. Er muß vom Hauptmetall in gewissen Mengen in fester Lösung aufgenommen werden.

2. Die Löslichkeit im festen Zustande muß mit sinkender Temperatur abnehmen.

Aus sorgfältigen Untersuchungen, die über die magnesiumreichen Gebiete der beiden Legierungssysteme Magnesium-Aluminium und Magnesium-Zink in der Versuchsanstalt der I.G.-Farbenindustrie A.-G. in Bitterfeld bereits vor einigen Jahren durchgeführt worden waren, ging nun hervor, daß auch bei diesen beiden Systemen, auf denen sich die meisten Elektronlegierungen aufbauen, die genannten Bedingungen erfüllt sind. Die Abb. 1 und 2 geben die inzwischen von W. Schmidt[3]) veröffentlichten magnesiumreichen Teile der Zustandschaubilder der beiden Legierungen wieder. Entsprechend den über die Veredelung herrschenden Anschauungen war eine Veredelung, wenn überhaupt, nur bei solchen Elektronlegierungen zu erwarten, bei denen die Gehalte an Aluminium bzw. Zink in den Konzentrationsbereich fallen, innerhalb dessen die Löslichkeit im Magnesium von der eutektischen Temperatur bis Zimmertemperatur sinkt. Beim System Magnesium-Aluminium ist dieser Bereich etwa zwischen 11 und 7,5 vH Al, beim System Magnesium-Zink zwischen etwa 6 und 1,8 vH Zn.

Über die Veredelungsfähigkeit einiger Legierungen außer Aluminiumlegierungen hat R. S. Archer[1]) im Jahre 1926 eingehend berichtet. Als Ursache der Veredelung wurde bei allen diesen Legierungen die beim Altern eintretende Entmischung einer übersättigten festen Lösung angenommen. Diese Anschauung ist die Grundlage für die sog. Ausscheidungshypothese, der ich mich, soweit sie die künstliche Alterung betrifft, gleichfalls anschließe[2]). Nach Ansicht von Archer ist die Möglichkeit der Veredelung besonders dann gegeben, wenn sich bei der Entmischung der übersättigten festen Lösung nicht ein reines Metall, sondern eine harte intermetallische Verbindung ausscheidet. Es ist jedoch auch schon beobachtet worden, daß auch die Ausscheidung einer weicheren Kristallart eine Härtung herbeiführen kann. Dies wurde z. B. bei Versuchen von O. W. Ellis und D. A. Schemnitz[3]) an α-β-Messing gefunden, wobei die Ausscheidung der an sich weicheren Kristallart β eine Härtesteigerung der härteren α-Grundmasse hervorrief. Archer erklärt diese auffallende Erscheinung dadurch, daß es nur erforderlich sei, daß der Widerstand gegen Verformung bei den Ausscheidungen in irgend einer zufälligen Richtung größer ist als der Verformungswiderstand nach einer Gleitfläche der Grundmasse, in der die Ausscheidungen eingebettet sind. Bei den beiden vorliegenden Legierungssystemen Magnesium-Aluminium und Magnesium-Zink handelt es sich jedoch um harte intermetallische Verbindungen, die jedenfalls härter sind als die magnesiumreiche feste Lösung. Beim System Magnesium-Zink ist es die Verbindung MgZn₂, während beim System Magnesium-Aluminium die Formel der magnesiumreicheren Verbindung noch umstritten ist; sie entspricht

---

[1]) Ein Bericht über die Ergebnisse der vorliegenden Arbeit wurde auf der Herbsttagung des Institute of Metals in Derby am 8. Sept. 1927 vorgetragen.
[2]) K. L. Meißner, ZFM Bd. 17 (1926), S. 112 und DVL-Jahrbuch 1927, S. 113.
[3]) Z. f. Metallk. Bd. 19 (1927), S. 452 bis 455.

[1]) Trans. Amer. Soc. Steel Treat. Bd. 10 (1926), S. 718 bis 747.
[2]) K. L. Meißner a. a. O.
[3]) Trans. Amer. Inst. Min. Met. Eng. (Juli 1924), Nr. 1348-N.

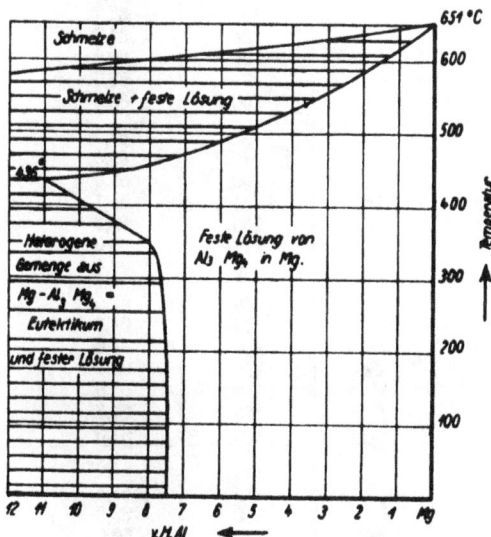

Abb. 1. Magnesiumreicher Teil des Zustandschaubildes der Magnesium-Aluminium-Legierungen.

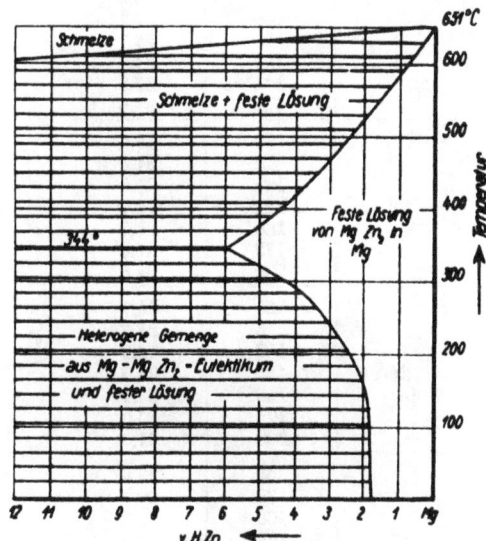

Abb. 2. Magnesiumreicher Teil des Zustandschaubildes der Magnesium-Zink-Legierungen.

14

entweder der Formel Al_2Mg_3 oder Al_3Mg_4. Die Entscheidung dieser Frage ist jedoch für die vorliegende Untersuchung ohne Belang.

Auf Grund der eben beschriebenen theoretischen Anschauungen wurden Veredelungsversuche an 6 verschiedenen technisch hergestellten Elektronlegierungen der I.G.-Farbenindustrie A.-G. in Bitterfeld ausgeführt. Die Bezeichnung und Zusammensetzung der Legierungen geht aus Zahlentafel 1 hervor. Die Legierung V1 lag in Form von gepreßten

Zahlentafel 1. Elektron-Legierungen.

Bezeichnung	Magnesium[1] vH	Aluminium vH	Zink vH
V 1	Rest	10,6	—
A 7	»	7,0	—
A 5	»	5,0	—
Z 3	»	—	3
AZM	»	2,0	4
AZ 551	»	5,5	1

Stangen von 20 mm Durchm. vor, die andern 5 Legierungen in Form von Blechen verschiedener Dicke. Für die Brinellversuche wurden aus den Stangen der Legierung V1 5 mm dicke Scheiben entnommen, während von den andern 5 Legierungen Proben von 30×30 mm aus 4 mm dickem Blech herausgeschnitten wurden. Zerreißversuche, die an allen Legierungen mit Ausnahme von V1 ausgeführt wurden, erfolgten an Proportional-Flachstäben aus 2 mm dickem Blech.

Sämtliche Proben wurden zunächst dem Veredelungsglühen in einem elektrischen Ofen bei Temperaturen dicht unterhalb der Soliduskurve des betreffenden Legierungssystems unterworfen und danach in Wasser abgeschreckt. Die Glühdauer betrug in der Regel 1 Stunde, sie wurde aber bei Kontrollversuchen bis zu 4 Stunden ausgedehnt. Bei einem Teil der Proben wurde unmittelbar nach dem Ab-

[1]) Außer den angegebenen Elementen enthielten die Legierungen noch die handelsüblichen Verunreinigungen oder Zusätze, wie z. B. geringe Mengen von Silizium, Mangan, Kupfer und Spuren von Eisen.

schrecken die Brinellhärte bestimmt, bei einem andern Teil nach 5 tägigem Altern bei Zimmertemperatur, während der Hauptteil der Proben bei erhöhten Temperaturen gealtert wurde. Die »künstliche Alterung«, wie diese Alterungsbehandlung bezeichnet wird, wurde stets erst vorgenommen, nachdem die Proben mindestens 5 Tage bei Zimmertemperatur gelagert hatten. Die künstliche Alterung erfolgte bei Temperaturen zwischen 50 und 200° C bei verschiedenen Alterungszeiten zwischen 8 und 40 Stunden in einem elektrischen Trockenschrank von Heraeus mit selbsttätiger Regulierung.

Für die Bestimmung der Brinellhärte wurde eine Brinellpresse von L. Schopper, Leipzig, benutzt, unter Anwendung einer Kugel von 5 mm Durchm., einem Druck von 250 kg und einer Druckdauer von 1 Minute. Die in den Zahlentafeln angegebenen Werte sind stets Mittelwerte von je 3 Brinelleindrücken. Für die Zerreißversuche diente eine 1 t-Präzisionszerreißmaschine von Amsler, Schaffhausen. Die Dehnung wurde über $11,3 \times \sqrt{f}$ gemessen.

Mit Ausnahme der Legierung V1 werden die übrigen Elektronlegierungen handelsüblich nicht in veredeltem Zustande verwendet. Sie erhalten lediglich eine kurze Glühbehandlung bei Temperaturen von etwa 300 bis 350° C, um die Wirkung der Kaltverformung zu beseitigen. Die bei dieser Glühbehandlung normalerweise erreichten und auch von der Deutschen Versuchsanstalt für Luftfahrt größtenteils nachgeprüften Werte sind jeweils an die Spitze der betreffenden Zahlentafeln gesetzt. Für die mit der vorliegenden Arbeit verfolgten Zwecke mußte jedoch eine länger dauernde Glühung dicht unterhalb der Soliduskurve angewandt werden, wobei sich herausstellte, daß mit Ausnahme der Legierung Z 3 das Veredelungsglühen auf die Festigkeitseigenschaften einen ungünstigen Einfluß ausübte.

Die untersuchten 6 Elektronlegierungen lassen sich ihrer Zusammensetzung nach in drei verschiedene Gruppen einteilen. Die erste Gruppe bilden die Magnesium-Aluminiumlegierungen, vertreten durch die Legierungen V1,

Zahlentafel 2. Legierung VI.
Glühtemperatur 420—425° C;
Glühdauer 30 min.

Alterungs-Dauer h	Temperatur °C	Brinellhärte
unmittelbar nach dem Abschrecken		66,5
120	Zimmertemp.	69,0
8	50	76,0
	75	78,5
	100	82,7
	125	82,7
	150	84,0
	175	85,5
	200	92,5
16	50	79,5
	75	81,5
	100	81,5
	125	78,0
	150	80,7
	175	92,0
	200	91,5
24	50	76,7
	75	81,3
	100	78,3
	125	79,5
	150	83,0
	175	95,0
	200	91,0
40	50	80,0
	75	80,7
	100	79,3
	125	82,0
	150	96,3
	175	94,5
	200	87,0

Zahlentafel 3. Legierung A7.
Glühtemperatur 440° C; Glühdauer 1 h.

Alterungs-Dauer h	Temperatur °C	Brinellhärte
unmittelbar nach dem Abschrecken		61,3
120	Zimmertemp.	62,0
8	50	63,5
	75	61,3
	100	62,7
	125	61,3
	150	62,0
	175	62,3
	200	63,5
16	50	63,0
	75	62,0
	100	61,0
	125	61,7
	150	62,7
	175	62,0
	200	66,0
24	50	62,0
	75	62,0
	100	61,0
	125	62,7
	150	61,0
	175	63,3
	200	67,0
40	50	61,0
	75	61,3
	100	62,0
	125	60,0
	150	65,5
	175	66,0
	200	67,0

A 7 und A 5. Zur zweiten Gruppe gehören die Magnesium-Zinklegierungen, bei der vorliegenden Untersuchung nur durch die Legierung Z 3 vertreten. Die dritte Gruppe schließlich umfaßt die Magnesium-Aluminium-Zinklegierungen mit den beiden Legierungen AZM und AZ 551.

Gruppe I. Die Magnesium-Aluminiumlegierungen.

Wie aus Zahlentafel 1 zu ersehen ist, gehören zu dieser Gruppe die drei Legierungen V 1 mit 10,6 vH, A 7 mit 7 vH und A 5 mit 5 vH Aluminium. Auf Grund der eingangs entwickelten theoretischen Anschauungen war eine Veredelung von vornherein höchstens bei der Legierung V 1 zu erwarten, deren Zusammensetzung (vgl. Abb. 1) innerhalb des Konzentrationsbereichs liegt, bei dem die Löslichkeit von Aluminium in Magnesium mit sinkender Temperatur abnimmt. Die Zusammensetzung der Legierung A 7 entspricht ungefähr der Grenze der Löslichkeit von Aluminium in Magnesium bei Zimmertemperatur, so daß schon bei dieser Legierung kaum mit einer Veredelung zu rechnen war. Noch weniger war dies bei der Legierung A 5 zu erwarten, deren Zusammensetzung deutlich im Gebiet der homogenen festen Lösung liegt.

Die Ergebnisse der Veredelungsversuche an den drei Legierungen sind in den Zahlentafeln 2 bis 8 zusammengestellt und in den Abb. 3 bis 5 aufgetragen. Wie aus Abb. 3 ersichtlich ist, läßt sich die Legierung V 1 tatsächlich mit Hilfe der künstlichen Alterung in ähnlicher Weise veredeln, wie etwa die magnesiumfreien kupferhaltigen Aluminiumlegierungen. Dahingegen veredelt sich die Legierung nur ganz unwesentlich beim Altern bei Zimmertemperatur. Auch bei der Veredelung der Elektronlegierungen zeigt sich bei der künstlichen Alterung der gleiche Zusammenhang zwischen der Alterungstemperatur und der Alterungsdauer, wie wir ihn bei den Aluminiumlegierungen kennen. Gerade an den Kurven der Legierung V 1 läßt sich sehr deutlich erkennen, daß der Einfluß der künstlichen Alterung sich bei um so niedrigeren Temperaturen bemerkbar macht, je länger die Alterungsdauer ist. Alle 4 Kurven der Legierung V 1 haben die gleiche allgemeine Form, jedoch fehlt bei der kürzesten Alterungsdauer von 8 Stunden der letzte Teil, nämlich der Rückgang der Härte. Bei dieser Alterungstemperatur liegt der Höchstwert der Härte wahrscheinlich oberhalb von 200° C. Bei 16stündiger Alterungsdauer wird der Härtehöchstwert bereits bei 175° C erreicht. Der Höchstwert ist jedoch bei dieser Kurve noch nicht sehr deutlich ausgeprägt, weil der Rückgang der Brinellhärte bei 200° C nur 0,5 Brinellgrade beträgt und somit noch innerhalb der Fehlergrenze liegt. Wesentlich deutlicher als bei 16 Stunden, bei denen der wirkliche Höchstwert wahrscheinlich zwischen 175 und 200° C zu suchen sein wird, liegt der Höchstwert bei 24 Stunden bei 175° C. Bei 40stündiger Alterungsdauer wird der Höchstwert der Härte zu noch niedrigeren Temperaturen verschoben und bereits bei 150° C erreicht.

Bei der Legierung A 7 ist eine geringe Veredelung nur bei der höchsten Alterungstemperatur von 200° C und bei der längsten Alterungsdauer bereits von etwa 150° C an erkennbar. Die Ergebnisse sind aus Zahlentafel 3 und Abb. 4 ersichtlich. Kontrollversuche, bei denen

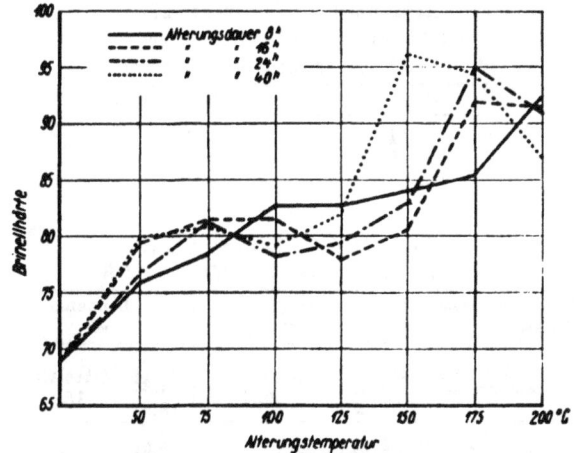

Abb. 3. Veredelungsversuche an Elektronlegierung V 1.

die Glühdauer verlängert wurde, bestätigten, daß bei der Legierung A 7 eine zwar geringe, aber immerhin deutliche Veredelung erhalten werden kann. (Vgl. Zahlentafel 4.) Dahingegen lassen die in Zahlentafel 5 zusammengestellten Zerreißversuche keinerlei Veredelung erkennen.

Wenn auch die Zerreißversuche keine Bestätigung dafür erbrachten, daß der Aluminiumgehalt dieser Legierung für die Veredelung ausreicht, so läßt sich doch aus den gut übereinstimmenden Werten der Zahlentafel 4 deutlich ersehen, daß die Brinellhärte der Legierung A 7 von etwa 62 auf etwa 69 bis 70 erhöht werden kann, was einer Veredelung von etwa 11 bis 12 vH entspricht. Gemäß den eingangs erörterten theoretischen Anschauungen hätte man hieraus schließen müssen, daß die Grenze der Löslichkeit des Aluminiums in Magnesium bei Zimmertemperatur durch den in der Legierung A 7 enthaltenen Aluminiumgehalt von 7 vH bereits

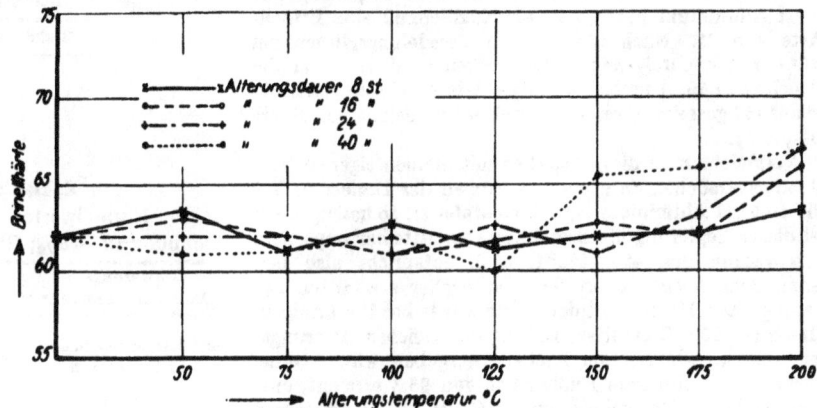

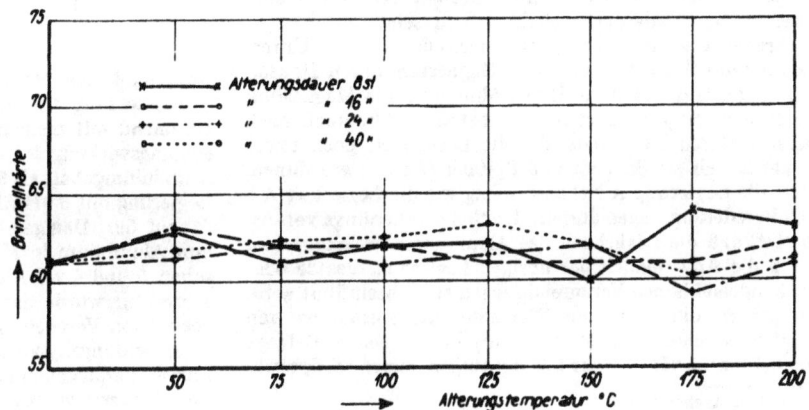

Abb. 4 und 5. Veredelungsversuche an Elektronlegierung A 7 bzw. A 5.

14*

Zahlentafel 4. Legierung A 7.
Glühtemperatur 440°C; Alterungsdauer 40 h; Alterungstemperatur 200°C.

Glühdauer h	Brinellhärte
1	69,0
2	69,3
3	69,0
4	70,0

Zahlentafel 5. Legierung A 7.
Glühtemperatur 440°C; Glühdauer 1 h.

Alterungsbehandlung Dauer h	Temp.°C	Zugfestigkeit kg/mm²		Dehnung vH	
unmittelbar nach dem Abschrecken		26,5 / 26,2 / 26,6	Mittelwert 26,4	18,0 / 11,3 / 16,6	Mittelwert 15,3
40	200	26,1 / 26,4 / 26,4	Mittelwert 26,3	18,9 / 17,1 / 18,1	Mittelwert 18,0

überschritten ist. Dagegen geht aus Abb. 1 hervor, daß nach den Untersuchungen von Schmidt und Spitaler die Löslichkeitsgrenze bei 7,5 vH Aluminium liegt.

Bei der Legierung A 5 war in dem ganzen untersuchten Temperaturbereich keinerlei Veredelung zu erhalten (vgl. Zahlentafel 6 und 7 und Abb. 5). Bei dieser Legierung ist ohne Zweifel der Aluminiumgehalt noch zu gering, um eine meßbare Veredelung zu bewirken, d. h. der Aluminiumgehalt liegt deutlich unterhalb der Löslichkeitsgrenze des Aluminiums bei Zimmertemperatur. Das Ergebnis der Zerreißversuche zeigt Zahlentafel 8. Auffallenderweise wurde hierbei ein geringer Festigkeitsanstieg erhalten, jedoch bei einem gleichzeitigen Rückgang der Dehnung.

Auch Archer[1]) teilt einige Ergebnisse von Veredelungsversuchen an Magnesium-Aluminiumlegierungen mit, die die Grundlage des amerikanischen Patentes 1 592 302 von Z. Jeffries und R. S. Archer bilden. Eine Legierung mit 12 vH Aluminium hatte z. B. als Kokillenguß eine Brinellhärte von 71. Nach 15 stündigem Veredelungsglühen bei 420°C mit nachfolgendem Abschrecken in Wasser war die Brinellhärte 66. Durch 40 stündiges Altern bei 150°C konnte sie auf 111 gesteigert werden, was einer Veredelung von 68 vH entspricht.

Vergleicht man diese Angaben mit meinen eigenen Veredelungsversuchen an gepreßten Proben der Legierung V 1 mit 10,6 vH Aluminium (vgl. Zahlentafel 2), so betrug auch bei dieser Legierung die Brinellhärte unmittelbar nach dem Abschrecken von 420—425°C 66,5, entspricht also fast genau dem Ausgangswert der von Archer erwähnten Legierung. Der Höchstwert der Härte wurde bei 40 stündigem Altern bei 150°C erhalten, zufällig der gleichen Alterungsbehandlung, wie sie von Archer angegeben wird. Dabei wurde jedoch nur eine Brinellhärte von 96,3 erreicht, entsprechend einer Veredelung von nur 45 vH. Der Unterschied dürfte auf den höheren Aluminiumgehalt der von Archer untersuchten Legierung zurückzuführen sein.

Archer erwähnt weiter, daß nach der letzten Untersuchung des Systems Aluminium-Magnesium durch Hanson und Gayler[2]) die Löslichkeit des Aluminiums in Magnesium bei Zimmertemperatur etwa 8 vH betrage. Also auch nach dieser Untersuchung, nach der die Löslichkeit noch etwas größer ist, als sie Schmidt und Spitaler (Abb. 1) annehmen, hätte die Legierung A 7 ebenso wenig wie die Legierung A 5 eine Veredelung zeigen dürfen. Hierbei ist allerdings vorausgesetzt, daß die Löslichkeit des Aluminiums im Magnesium durch die Anwesenheit der übrigen Legierungszusätze oder der handelsüblichen Verunreinigungen nicht beeinflußt wird. Da jedoch die fraglichen Elemente mit Ausnahme von Kupfer, welches nach M. Hansen[3]) bis zu einem Betrage von 0,4 bis 0,5 vH in fester Lösung aufgenommen wird, prak-

[1]) R. S. Archer a. a. O.
[2]) Inl. Inst. of Metals Bd. 24 (1920), S. 201.
[3]) Inl. Inst. of Metals Bd. 37 (1927), S. 93 bis 100.

Zahlentafel 6. Legierung A 5.
Glühtemperatur 440°C; Glühdauer 1 h.

Alterungs- Dauer h	Temperatur °C	Brinellhärte
unmittelbar nach dem Abschrecken		62,0
120	Zimmertemp.	61,0
8	50	62,7
	75	61,0
	100	62,0
	125	62,3
	150	60,0
	175	64,0
	200	63,0
16	50	61,3
	75	62,0
	100	62,0
	125	61,0
	150	61,0
	175	61,0
	200	62,3
24	50	63,0
	75	62,0
	100	61,0
	125	61,5
	150	62,0
	175	59,3
	200	61,0
40	50	61,7
	75	62,3
	100	62,5
	125	63,3
	150	62,0
	175	60,3
	200	61,3

Zahlentafel 7. Legierung A 5.
Glühtemperatur 440°C; Alterungsdauer 8 h; Alterungstemperatur 175°C.

Glühdauer h	Brinellhärte
1	62,0
2	62,0
3	61,3
4	62,0

Zahlentafel 8. Legierung A 5.
Normalwerte: Zugfestigkeit 25—28 kg/mm²; Dehnung 12—16%; Glühtemperatur 440°C; Glühdauer 1 h.

Alterungs- Dauer h	Temper.°C	Zugfestigkeit kg/mm²		Dehnung vH	
unmittelbar nach dem Abschrecken		21,7 / 22,3 / 22,5	Mittelwert 22,2	14,0 / 13,5 / 13,3	Mittelwert 13,6
8	175	24,5 / 24,5 / 24,9	Mittelwert 24,6	10,0 / 9,9 / 9,8	Mittelwert 9,9

tisch im festen Magnesium unlöslich sind, so dürfte diese Voraussetzung zutreffen. Aber auch Archer hat, übereinstimmend mit meinen Versuchen, noch eine deutliche Veredelungswirkung bei einer Legierung mit einem geringeren Aluminiumgehalt als 8 vH erzielt. So fand er z. B. bei einer Legierung mit 6 vH Aluminium noch einen Härteanstieg von 51 auf 59. Demgemäß müßte die Grenze der Löslichkeit von Aluminium in Magnesium bei Zimmertemperatur zwischen 5 und 6 vH Aluminium angenommen werden. Diese Korrektur würde darauf begründet sein, daß man das Ergebnis von Veredelungsversuchen unter Zugrundelegung der Ausscheidungshypothese zur Festlegung von Entmischungskurven heranziehen kann, wie dies auch bereits von Jeffries und Archer[1]) vorgeschlagen worden ist.

[1]) »The Science of Metals« S. 329 bis 330. McGraw-Hill Book Co.

Zahlentafel 9. Legierung Z 3.
Glühtemperatur 400°C; Glühdauer 1 h.

Alterungs-Dauer h	Temperat. °C	Brinellhärte
unmittelbar nach dem Abschrecken		55,3
120	Zimmertemp.	56,3
8	50	55,0
	75	55,3
	100	56,3
	125	56,5
	150	56,5
	175	57,0
	200	56,5
16	50	54,0
	75	55,5
	100	56,3
	125	56,5
	150	59,0
	175	58,3
	200	56,5
24	50	55,7
	75	56,0
	100	56,0
	125	57,0
	150	59,0
	175	58,7
	200	57,0
40	50	56,0
	75	55,3
	100	56,0
	125	60,5
	150	61,5
	175	60,3
	200	56,7

Zahlentafel 10. Legierung Z 3.
Glühtemperatur 420° C; Alterungsdauer 40 h
Alterungstemperatur 150° C,

Glühdauer h	Brinellhärte
1	62
2	63
3	62
4	61

Das Verfahren, auf mikrographischem Wege festgelegte Entmischungskurven durch die Ergebnisse von Veredelungsversuchen nachzuprüfen, mag zwar im allgemeinen anwendbar sein, kann jedoch bei solchen Legierungen, die durch eine besonders große Diffusionsträgheit gekennzeichnet sind, leicht zu Irrtümern führen. Nach Untersuchungen, die in der Versuchsanstalt der I. G.-Farbenindustrie A.-G. in Bitterfeld ausgeführt worden sind, ist es außerordentlich schwer, eine Magnesium-Aluminiumlegierung mit z. B. 7 vH Al in vollkommen homogenem Zustande zu erhalten. Es kommt nämlich vor, daß beim Ausglühen einige Magnesiumkristalle beim Auflösen von Komplexen heterogener Al$_8$Mg$_4$-Kristalle bis zur Sättigungsgrenze bei der betreffenden Glühtemperatur, also z. B. bis zu 11 vH Al in sich aufnehmen. Sie sind dann an Aluminium gesättigt und vermögen, da infolge zu großer Diffusionsträgheit ein Konzentrationsausgleich mit den noch ungesättigten Nachbarkristallen nicht stattfindet, kein weiteres Aluminium mehr aufzunehmen. Die Folge davon ist, daß die Legierung auch nach längerem Glühen Kristalle von sehr verschiedener Zusammensetzung enthält wobei ein

Zahlentafel 11. Legierung Z 3.
Normalwerte: Zugfestigkeit 23—24 kg/mm²;
Dehnung 15—18 vH; Glühtemperatur 410 ° C;
Glühdauer 1 h

Alterungs-Dauer h	Temperatur °C	Zugfestigkeit kg/mm²		Dehnung vH	
unmittelbar nach dem Abschrecken		26,8 / 22,9 / 22,9 / 23,0 / 23,0 / 23,0	Mittelwert 23,6	17,7 / 14,0 / 16,0 / 17,3 / 15,2 / 15,7	Mittelwert 16,0
40	150	27,1 / 27,5 / 27,3 / 25,2	Mittelwert 26,8	5,4 / 4,3 / 4,1 / 7,7	Mittelwert 5,4

Teil die zur Veredelung erforderliche Menge Aluminium (zwischen 11 und 7,5 vH) aufweist. Man kann sich unschwer vorstellen, daß eine solche Legierung vermöge der Kristalle, die einen die Gesamtkonzentration übersteigenden Aluminiumgehalt haben, eine gewisse Veredelungswirkung erkennen lassen wird, die ausbleiben würde, wenn völliges Gleichgewicht beim Glühen erhalten worden wäre.

Gruppe II. Die Magnesium-Zinklegierungen.

Als einzige Legierung dieser Gruppe wurde die Legierung Z 3 mit 3 vH Zn untersucht. Wie aus Abb. 2 hervorgeht, liegt der Zn-Gehalt innerhalb des Bereichs der mit der Temperatur abnehmenden Löslichkeit. Wofern daher die Magnesium-Zinklegierungen sich überhaupt veredeln ließen, mußte sich eine Veredelung bei dieser Legierung bemerkbar machen. Die erhaltenen Ergebnisse sind in den Zahlentafeln 9 bis 11 zusammengestellt und die Versuche mit künstlicher Alterung in Abb. 6 aufgetragen.

Bei 8 stündiger Alterungsdauer ist keinerlei Veredelung erkennbar. Erst bei Verlängerung der Alterungsdauer machen sich deutliche Anzeichen einer Veredelungswirkung bemerkbar, die namentlich bei 40 Stunden unverkennbar sind. Auffallenderweise liegt jedoch bei allen drei Alterungszeiten von 16, 24 und 40 Stunden der Höchstwert der Härte stets bei 150° C. Abweichend von andern Legierungen beobachten wir also bei der Legierung Z 3 nicht die sonst übliche Erscheinung, daß die Temperatur des Härtehöchstwertes um so niedriger liegt, je länger die Alterungsdauer ist. Kontrollversuche (Tafel 10) bestätigen, daß im Rahmen der in der vorliegenden Untersuchung angewandten Alterungsbehandlung sich die Legierung Z 3 im besten Falle um etwa 12 bis 13 vH veredeln läßt.

Bei den Festigkeitsversuchen (Tafel 11) wurde ein Anstieg der Zugfestigkeit festgestellt, der etwa von der gleichen

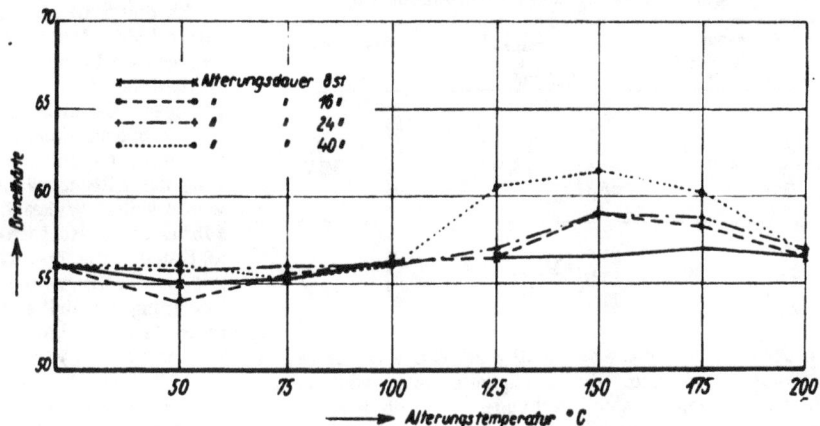

Abb. 6. Veredelungsversuche an Elektron-Legierung Z 3.

Zahlentafel 12. Legierung AZM.

Glühtemperatur 400 ° C; Glühdauer 1 h

Alterungs-Dauer h	Temperatur °C	Brinellhärte
unmittelbar nach dem Abschrecken		66,0
120	Zimmertemp.	68,5
8	50	66,0
	75	66,5
	100	67,0
	125	69,5
	150	76,3
	175	80,0
	200	74,3
16	50	68,0
	75	66,0
	100	68,0
	125	72,0
	150	78,0
	175	79,3
	200	75,7
24	50	66,5
	75	68,0
	100	69,0
	125	75,0
	150	80,5
	175	80,0
	200	74,0
40	50	67,5
	75	67,5
	100	70,7
	125	77,0
	150	82,0
	175	78,3
	200	74,0

Zahlentafel 13. Legierung AZM.

Glühtemperatur 420 ° C; Alterungsdauer 40 h
Alterungstemperatur 150 ° C.

Glühdauer h	Brinellhärte
1	84,0
2	84,5
3	84,0
4	83,0

Zahlentafel 14. Legierung AZM.

Normalwerte: Zugfestigkeit 28—32 kg/mm²;
Dehnung 12—16 vH.
Glühtemperatur 420 ° C; Glühdauer 1 h

Alterungs-Dauer h	Temperatur °C	Zugfestigkeit kg/mm²		Dehnung vH	
unmittelbar nach dem Abschrecken		26,5 26,2 26,4 26,3	Mittelwert 26,4	13,2 12,1 13,0 12,5	Mittelwert 12,7
40	150	27,3 27,0 27,3	Mittelwert 27,2	10,7 14,3 14,9	Mittelwert 13,3

Größenordnung war wie der Anstieg der Härte bei derselben Alterungsbehandlung. Der Festigkeitsanstieg war jedoch mit einem Dehnungsabfall verbunden, ganz ähnlich wie bei den vergütbaren Aluminiumlegierungen, bei denen gleich-

Zahlentafel 15. Legierung AZ551.

Glühtemperatur 440°C; Glühdauer 1 h.

Alterungs-Dauer h	Temper. °C	Brinellhärte
unmittelbar nach dem Abschrecken		61,7
120	Zimmertemp.	61,3
8	50	62,0
	75	61,7
	100	63,0
	125	62,3
	150	62,7
	175	62,3
	200	62,5
16	50	62,0
	75	62,0
	100	62,3
	125	62,0
	150	62,3
	175	61,7
	200	62,0
24	50	63,0
	75	62,0
	100	62,3
	125	62,0
	150	63,0
	175	62,3
	200	63,0
40	50	62,0
	75	62,0
	100	62,0
	125	61,3
	150	62,3
	175	62,3
	200	63,0

Zahlentafel 16. Legierung AZ551.

Normalwerte: Zugfestigkeit 28—32 kg/mm²;
Dehnung 12—16 vH; Glühtemperatur 440°C; Glühdauer 1 h.

Alterungs-Dauer h	Temper. °C	Zugfestigkeit kg/mm²		Dehnung vH	
unmittelbar nach dem Abschrecken		26,7 26,2	Mittelwert 26,5	15,2 16,3	Mittelwert 15,8
40	200	26,7 26,7 26,7	Mittelwert 26,7	16,1 14,8 16,3	Mittelwert 15,7

falls bei der Alterungsbehandlung, die zum Härtehöchstwert führt, ein deutlicher Rückgang der Dehnung festzustellen ist.

Grupe III. Die Magnesium-Aluminium-Zinklegierungen.

Zu dieser Gruppe gehören die beiden Legierungen AZM und AZ 551. Das Ergebnis der Veredelungsversuche an der Legierung AZM mit 2 vH Aluminium und 4 vH Zink ist in den Zahlentafeln 12 bis 14 zusammengestellt und in Abb. 7 aufgetragen. Bei dieser Legierung wurde oberhalb von 100° C eine verhältnismäßig starke Veredelung erreicht. Hier wurde wiederum der normale Fall beobachtet, daß mit Verlängerung der Alterungsdauer die Temperatur des Härtehöchstwertes sinkt. Während bei 8 und 16 Stunden die Härte bei 175° C ihren Höchstwert erreicht, sehen wir bei 24 und 40 Stunden die Temperatur zu 150° C verschoben. Ähnlich wie bei der Kurve der 16 stündigen Alterungsdauer bei der Legierung V 1, läßt sich auch hier bei der Kurve der 24 stündigen Alterungsdauer vermuten, daß der wirkliche Höchstwert zwischen 150 und 175° C liegen dürfte.

Die starke Veredelungswirkung, die namentlich durch 40 stündige Alterung bei 150° C zu erreichen ist, wurde durch die Kontrollversuche (Zahlentafel 13) in vollem Umfange bestätigt. Die höchste Veredelung, die bei dieser Legierung beobachtet wurde, betrug etwa 27 vH. Ähnlich wie bei der Legierung V 1 ist auch bei der Legierung AZM die Andeutung einer Veredelung durch mehrtägiges Altern bei Zimmertemperatur festzustellen.

Sehr eigentümlich ist der Ausfall der Zerreißversuche (Zahlentafel 14). Obgleich dieselbe Glüh- und Alterungsbehandlung angewandt wurde, die bei der Brinellhärte den Höchstwert ergeben hatte, wurde nur ein ganz geringer Anstieg der Zugfestigkeit erhalten. Ein solcher wäre noch verständlich gewesen, wenn die betreffende Alterungsbehandlung die Dehnung stark beeinträchtigt hätte, wie dies bis zu einem gewissen Grade meist zu finden ist. Auffälligerweise wurde aber die Dehnung durchaus nicht vermindert, sondern im Gegenteil im Mittel noch eine geringe Erhöhung der Dehnung gemessen.

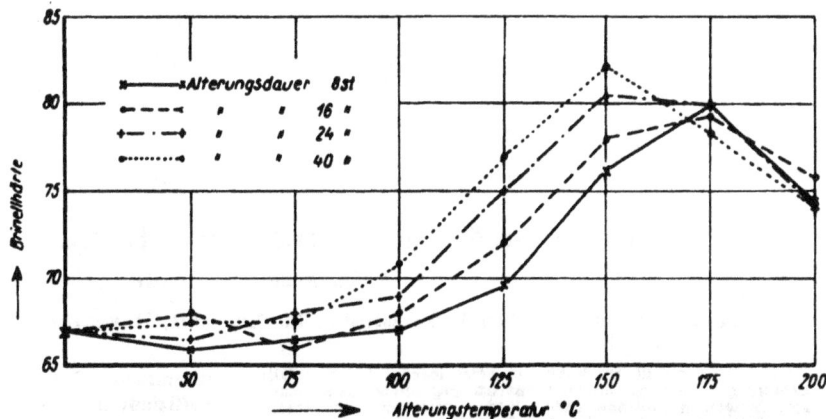

Abb. 7. Veredelungsversuche an Elektronlegierung AZM.

Entsprechend den aus den Abb. 1 und 2 ersichtlichen Löslichkeitsverhältnissen der Verbindungen Al_2Mg_4 und $MgZn_2$ im festen Magnesium dürfte bei der Legierung AZM die Veredelungswirkung mehr auf den Zinkgehalt als auf den Aluminiumgehalt zurückzuführen sein. Möglicherweise wirkt der Aluminiumgehalt bei dieser Legierung nur als Mischkristallbildner allgemein härteerhöhend ein, ohne sich an der eigentlichen Veredelung zu beteiligen. Ähnlich wie bei den vergütbaren Aluminiumlegierungen nach Art des Duralumins, die sich stärker veredeln lassen, wenn die beiden Komponenten Mg_2Si und $CuAl_2$ gleichzeitig in der Legierung vorhanden sind, kann auch bei den Elektronlegierungen die Veredelungswirkung größer sein, wenn zwei veredelnde Verbindungen gleichzeitig enthalten sind, selbst wenn die eine der Menge nach noch unterhalb der Löslichkeitsgrenze bei Zimmertemperatur sich befindet. Im übrigen müßte bei diesen Legierungen auch noch festzustellen sein, in welcher Weise die Löslichkeitsgrenzen jeder einzelnen Komponente durch Zusatz der zweiten verschoben werden.

Die beiden letzten Zahlentafeln 15 und 16 enthalten die Versuchsergebnisse der Legierung AZ 551. Beide Tafeln lassen übereinstimmend erkennen, daß diese Legierung in dem ganzen untersuchten Alterungsbereich nicht die geringste Veredelung aufweist. Auf die Ausführung von Kontrollversuchen und auf die Zusammenstellung der Werte in einem Schaubilde wurde daher verzichtet.

Die Legierung AZ 551 unterscheidet sich von der Legierung A 5, die gleichfalls keine Veredelung gezeigt hatte, nur durch einen etwas höheren Aluminiumgehalt (5,5 vH gegen 5 vH) und durch den Zusatz von 1 vH Zink. Beide Gehalte sind noch zu gering, um eine Veredelung zu ermöglichen, d. h. sie müssen noch im ternären Mischkristallbereich auch bei Zimmertemperatur liegen. Dieses Ergebnis muß

aus dem Grund betont werden, weil Archer, wie früher erwähnt, bei einer Legierung mit 6 vH Aluminium eine deutliche Veredelung beobachtet hatte. Trotz der Zugabe von 1 vH Zink scheint demnach die Löslichkeit von Aluminium im festen Magnesium nicht soweit herabgedrückt zu werden, daß eine nur 0,5 vH Aluminium weniger enthaltende Legierung veredelungsfähig wird. Aus den Versuchen von Archer und mir müßte man schließen, daß die Grenze der Löslichkeit von Aluminium in Magnesium bei Zimmertemperatur nicht, wie von Schmidt und Spitaler angegeben, bei etwa 7,5 vH zu suchen sei, sondern zwischen 5,5 und 6 vH, wenn nicht die oben erwähnte Diffusionsträgheit, die die magnesiumreichen Legierungen kennzeichnet, sehr leicht Irrtümer in dieser Richtung hervorrufen könnte. Durch geringe Zusätze von Zink scheint die Löslichkeitsgrenze nur sehr wenig beeinflußt zu werden.

Zusammenfassung.

Es wurden an 6 verschiedenen handelsüblichen Elektronlegierungen der I. G.-Farbenindustrie A.-G., Bitterfeld, Veredelungsversuche ausgeführt. Nach dem Ausglühen bei höheren Temperaturen dicht unterhalb der Soliduslinie, Abschrecken in Wasser und mehrtägigem Altern bei Zimmertemperatur konnte bei keiner einzigen Legierung eine stärkere Veredelung festgestellt werden. Bei dieser Art der Alterung zeigen nur die beiden Legierungen V 1 und AZM eine ganz geringe Andeutung einer Veredelung.

Dagegen wurden recht beträchtliche Veredelungswirkungen mit Hilfe der künstlichen Alterung erzielt, ähnlich wie bei den magnesiumfreien kupferhaltigen Aluminiumlegierungen. Die Veredelung der Elektronlegierungen kann sowohl durch Aluminium wie durch Zink hervorgerufen werden, wenn die Löslichkeit einer oder beider Komponenten in Magnesium bei Zimmertemperatur überschritten wird. Die beiden Legierungen A 5 und AZ 551 erfüllen offenbar diese Voraussetzung nicht und zeigen demgemäß auch keine Veredelung.

Druck- und Knickversuche mit Leichtmetall-Rohren.

Von August Schroeder.

94. Bericht der Deutschen Versuchsanstalt für Luftfahrt, E. V., Berlin-Adlershof (Stoff-Abteilung).

Es wird versucht, für Rohre aus verschiedenen Leichtmetall-Legierungen, die in ihrem Verhalten gegenüber Druckbeanspruchungen auffallende Unterschiede aufweisen, die Knickfestigkeitskurven bei zentrischer Belastung rechnerisch zu bestimmen. Benutzt wird hierzu das von v. Kármán angegebene Verfahren, das den besonderen Verhältnissen angepaßt wurde.

Einleitung.

Bei der Berechnung auf Knickung beanspruchter Bauglieder pflegt in der Praxis allgemein ziemliche Unsicherheit zu herrschen, sobald es sich um Stäbe handelt, die auf Grund ihres kleinen Schlankheitsverhältnisses nicht in den Gültigkeitsbereich der Euler-Formel fallen, der bekanntlich aufhört, wenn die im Stab auftretenden Beanspruchungen die Elastizitätsgrenze des Materials überschreiten. Für den weiteren Bereich der unelastischen Knickung werden fast nur empirische Formeln — wie die von Tetmajer — benutzt, in denen versuchsmäßig bestimmte Koeffizienten den Verlauf der Knickfestigkeitskurve in diesem Bereich mit möglichster Annäherung bestimmen, und zwar so, daß sich an die Euler-Hyperbel eine Gerade oder eine einfache Kurve ansetzt. Die für die Rechnung notwendigen Koeffizienten werden hierbei in den meisten Fällen nicht durch besondere Versuche ermittelt, sondern aus Taschenbüchern

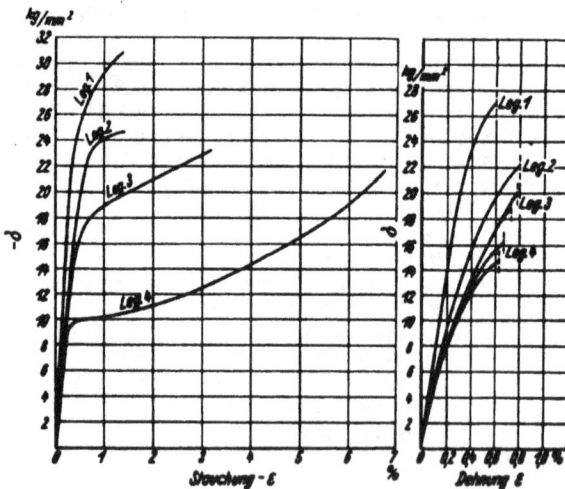

Abb. 1 (links). Druckversuche.
Spannungs-Stauchungs-Kurven von Leichtmetall-Rohrabschnitten
(Probehöhe $h = 1,5\,d$).
Gesamt-Formänderungen. Meßgerät: Zwei Zeiß-Meßuhren.
Meßgenauigkeit: $^1/_{100}$ mm.
Bruchspannungen: Leg. 1 $\sigma_{-B} \approx 32,5$ kg/mm²
Leg. 2 $\sigma_{-B} \approx 27,0$ »
Leg. 3 $\sigma_{-B} \approx 24,2$ »
Leg. 4 $\sigma_{-B} \approx 27,6$ »

Abb. 3 (rechts). Zugversuche.
Spannungs-Dehnungs-Kurven von Proportional-Stäben aus Leichtmetall-Rohren.
Gesamt-Formänderungen bis zur gleich bleibenden Dehnung (Streckgrenze $\sigma_{0,2}$).
Meßgerät: Baumannsche Dehnungsmesser.
Meßgenauigkeit: $^1/_{1000}$ mm.
Bruchspannungen: Leg. 1 $\sigma_B \approx 40,0$ kg/mm²
Leg. 2 $\sigma_B \approx 34,0$ »
Leg. 3 $\sigma_B \approx 30,5$ »
Leg. 4 $\sigma_B \approx 29,0$ »

Parallel-Versuche mit verschieden dicken Stäben aus den gleichen Rohrabschnitten der Leg. 3 und 4 zeigen den Einfluß ungleicher Verfestigung bei der Herstellung.

entnommen. Dabei ist jedoch zu beachten, daß derartige Koeffizienten immer nur für ein Material gelten, das im unelastischen Bereich gleiches Verhalten gegenüber Druckbeanspruchungen zeigt, wie das Material, an dem sie bestimmt wurden. Gar nicht berücksichtigt wird bei all diesen Formeln die Querschnittsform der Stäbe, die auf die Höhe der erreichbaren Knickspannungen in vielen Fällen von großem Einfluß ist.

Allgemeines.

Die charakteristischen Unterschiede der Druckkurven für verschiedene Leichtmetalle, wie sie gelegentlich bei Druckversuchen mit kurzen Rohrstücken gefunden wurden (Abb. 1), gaben den Anlaß zu einer Untersuchung, in welcher Weise und wie weit eine rechnerische Ermittlung der Knickfestigkeitskurven für diese Materialien und diese Stabform möglich sei.

Eine Handhabe hierzu geben die von v. Kármán durchgeführten Untersuchungen über Knickfestigkeit[1]), bei denen die Knickfestigkeitskurven auf Grund des Verhaltens der verschiedenen Materialien gegen reinen Druck zu ermitteln versucht wird. Für zentrisch belastete Stäbe wird dort eine Formel zur Errechnung der Knicklast aus der Betrachtung der Spannungsverteilung über den Stabquerschnitt in unmittelbarer Nähe des geraden Zustandes abgeleitet. Es ist einleuchtend, daß hierbei die jeweilige Querschnittsform berücksichtigt werden muß, wodurch die Ergebnisse der Rechnung bis zu einem gewissen Grade beeinflußt werden. Fraglich erscheint es jedoch, ob die hierdurch gegebene Abhängigkeit der Knickfestigkeit von der Querschnittsform als genügend angesehen werden kann, wenn es sich um Querschnitte handelt, die in sich nicht eine genügende Steifigkeit aufweisen, so daß der Stab als Ganzes — d. h. ohne seine Querschnittsform wesentlich zu ändern — ausknicken kann. Offene oder halboffene dünnwandige Profile, wie sie im Flugzeugbau verwendet werden, entsprechen diesen Bedingungen sicher nicht. In mehr oder weniger starkem Maß wird hier das Ausknicken des Stabes immer dadurch eingeleitet werden, daß einzelne Teile des Querschnitts für sich ausknicken. Aber auch schon für die normalen Rohre des Flugzeugbaues dürfte diese Art der Berücksichtigung des Stabquerschnitts nicht mehr genügen, da bei größeren Spannungen auch hier schon Formänderungen auftreten, die nicht allein auf die elastische bzw. plastische Formänderungsfähigkeit des Materials zurückzuführen sind, sondern ihre Ursache zum Teil in der Formänderbarkeit des Probekörpers haben.

Aus diesem Grunde erscheint es notwendig, die für die Errechnung der Knickkurven auf Grund der v. Kármánschen Theorie notwendigen Druckversuche nicht an prismatischen oder zylindrischen Proben, sondern an Probekörpern vorzunehmen, die dieselben Querschnittsformen und -abmessungen haben, wie die zu untersuchenden Knickstäbe.

Noch ein anderer Umstand spricht für die Durchführung derartiger Druckversuche. Infolge der Herstellung der Profile oder Rohre durch Ziehen, Drücken, Walzen, Pressen

[1]) Th. v. Kármán, »Untersuchungen über Knickfestigkeit«. Forschungsarbeiten des VDI, Heft 81.

usw. werden die Materialeigenschaften zum Teil nicht unerheblich verändert. Es dürfte also schwierig sein, Druckkörper normaler Form herzustellen, die in ihren Formänderungseigenschaften dem Material der zu untersuchenden Stäbe einigermaßen entsprechen würden. Eine besondere Schwierigkeit entsteht noch dadurch, daß infolge verschieden hoher Grade der Beanspruchung, die bei der Herstellung an den verschiedenen Querschnittsteilen auftreten, das Material nicht mehr als homogen angesprochen werden kann.

Auf die v. Kármánsche Theorie soll hier nur soweit eingegangen werden, wie es für die Auswertung der Druckversuche und die Durchführung der weiteren Rechnung notwendig ist. Im übrigen muß auf die Arbeit selbst verwiesen werden, deren grundlegende Gedanken etwa folgende sind:

Betrachtet man einen zunächst gleichmäßig zusammengedrückten und dann leicht ausgebogenen Stab, so ergibt sich unter den Annahmen, daß

1. »bei schwacher Biegung eines geraden Stabes den Dehnungen (Verkürzungen) der einzelnen Fasern dieselben Spannungen entsprechen — und zwar über die Elastizitätsgrenze hinaus —, welche diese Dehnungen bei reinem Druck- oder Zugversuch hervorrufen,

2. die Dehnungen (Verkürzungen) der Faser eines leicht gebogenen Stabes angenähert durch den Ansatz sich berechnen lassen, daß ebene Querschnitte eben bleiben«

eine Spannungsverteilung nach Abb. 2.

Das heißt, es gibt eine »neutrale Achse«, die nur der mittleren Druckspannung ausgesetzt ist; während auf der einen Seite infolge der Biegung eine zusätzliche Druckbeanspruchung auftritt, wird die andere Seite entlastet. Dementsprechend gilt auf der einen Seite das durch die Druckversuche zu ermittelnde Formänderungsgesetz für die Gesamtformänderungen des Materials, während auf der entlasteten Seite das Gesetz der federnden Formänderungen — da ja nur diese beim Entlasten zurückgehen —, das ebenfalls beim Druckversuch zu bestimmen ist, in Anwendung zu bringen ist.

Es wird darauf der Nachweis erbracht, daß für zentrisch belastete Stäbe - - unter Berücksichtigung dieser Umstände — im unelastischen Bereich eine Erweiterung der Euler-Formel dadurch möglich ist, daß an Stelle des Elastizitätsmoduls E ein besonderer Knickmodul M eingeführt wird. Dieser Modul M bildet einen Mittelwert zwischen den durch Druckversuche zu ermittelnden beiden Moduln M_1 (gesamte Formänderungen) und M_2 (federnde Formänderungen). Die Art der Mittelwertbildung aus M_1 und M_2 ist abhängig von der Querschnittsform, die hierdurch also bis zu einem gewissem Grade berücksichtigt wird. Hierfür gilt allgemein folgende Vorschrift:

»Man hat den Querschnitt durch eine Gerade — parallel der Achse des kleinsten Trägheitsmomentes — so in zwei Teile zu teilen, daß zwischen den statischen Momenten dieser Teile und den Moduln M_1 und M_2 die Beziehung besteht

$$M_1 S_1 = M_2 S_2,$$

welche aussagt, daß die Resultierenden der gegenseitigen Zusatzspannungen sich aufheben. Werden die Trägheitsmomente der beiden Teilquerschnitte in bezug auf dieselbe Gerade mit J_1 und J_2, das Trägheitsmoment des vollen Querschnitts mit J bezeichnet, so hat man für das Moment der Spannungen

$$M_s = J_1 \cdot M_1 + J_2 \cdot M_2$$

oder falls man

$$M_s = J M$$

setzt, so ergibt sich daraus für M der Wert

$$M = \frac{J_1}{J_1 + J_2} \cdot M_1 + \frac{J_2}{J_1 + J_2} M_2 \text{«}.$$

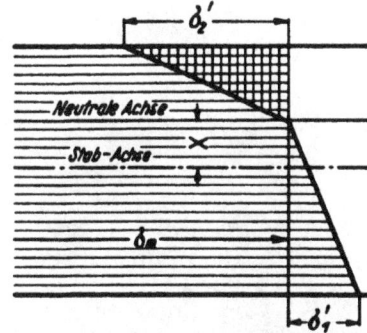

Abb. 2. Spannungsverteilung in einem gleichmäßig zusammengedrückten und dann leicht ausgebogenem Stab.

Versuchsmaterial.

Für die Untersuchung standen Rohre vier verschiedener Leichtmetallegierungen zur Verfügung, zu deren Kennzeichnung zunächst Zugversuche an aus den Rohren entnommenen Proportionalstäben vorgenommen wurden. Die Streckgrenze ($\sigma_{0,2}$) sowie die ungefähre Größe des Elastizitätsmoduls (E) wurden mittels Baumannscher Dehnungsmesser (Meßgenauigkeit $^1/_{5000}$ cm) bestimmt.

Die einzelnen Legierungen waren teils der chemischen Zusammensetzung, teils der Art der Herstellung und der Warmbehandlung nach verschieden.

Die durch die Zugversuche ermittelten Werte zeigt Zahlentafel 1.

Zahlentafel 1. Zugversuche.

Legierung Nr.	Streckgrenze $\sigma_{0,2}$ kg/mm²	Bruchspannung σ_B kg/mm²	Bruchdehnung δ_{10} vH	Elastizitätsmodul E kg/cm²
1	27,0	40,0	18,0	730 000
2	22,1	31,0	3,2	430 000
3	19,5	30,5	10,0	425 000
4	15,5	29,0	15,4	425 000

Zu bemerken ist zu diesen Ergebnissen, daß der E-Modul bei den Legierungen 2 bis 4 nur bis zu Spannungen, die zum Teil weit unterhalb der Streckgrenze ($\sigma_{0,2}$) liegen, den angegebenen Wert hat und dann verhältnismäßig stark abfällt, während er bei Legierung 1 bis in die Nähe der Bruchgrenze ziemlich konstant bleibt. Abb. 3 zeigt den Verlauf der Spannungs-Dehnungskurven (Gesamtformänderungen) bis zur Streckgrenze.

Die Abmessungen der Rohre, aus denen die Probekörper für die Druck- und Knickversuche entnommen wurden, sind in den betreffenden Zahlentafeln angegeben. Die Geradheit und Rundheit der Rohre genügte. Erheblich waren teilweise die Verschiedenheiten in der Wanddicke, wodurch — wie eingangs erwähnt — die Homogenität des Materials stark herabgesetzt werden kann.

An verschieden dicken Stäben, die aus demselben Rohrabschnitt (Legierung 4) entnommen waren, wurden z. B. folgende Werte der Zahlentafel 2 festgestellt, die den ungleichen Grad der Verfestigung des Materials bei der Herstellung erkennen lassen:

Zahlentafel 2. Zugversuche mit verschieden dicken Stäben.

Stab Nr.	Dicke s mm	Streckgrenze $\sigma_{0,2}$ kg/mm²	Bruchspannung σ_B kg/mm²	$\frac{\sigma_{0,2}}{\sigma_B} \cdot 100$ vH	Bruchdehnung δ_{10} vH
1	1,91	14,7	28,8	51	14,8
2	1,70	16,2	29,4	55	13,8

Ähnlich liegen die Verhältnisse natürlich bei Druckbeanspruchungen, wodurch ein Zentrieren der Probekörper sehr erschwert, ein Aufrechterhalten der erreichten Zentrierung nach Überschreiten einer gewissen kritischen Spannung unter Umständen unmöglich gemacht wird.

Abb. 4. Druckversuch (feste Platten).

Abb. 5. Druckversuch (kugelig gelagerte Platten).

Prüfplan.

1. Druckversuche mit kurzen Rohrabschnitten, Aufnahme der Spannungs-Stauchungs-Kurven;
2. rechnerische Bestimmung des Formänderungsmoduls für die gesamten (M_1) und federnden (M_2) Formänderungen aus den Druckversuchen;
3. Bildung des resultierenden Knickmoduls M für Rohrquerschnitte aus den Ergebnissen von (2); rechnerische Ermittlung der Knickfestigkeitskurven für alle vier Legierungen nach der erweiterten Euler-Formel

$$P_k = \pi^2 \cdot \frac{M J}{l^2}.$$

4. versuchsmäßige Bestimmung der Knickfestigkeitskurven für die Legierungen 1 und 4; Vergleich mit den Ergebnissen der Rechnung;
5. zusammenfassende Besprechung der Versuchsergebnisse;

1. Druckversuche mit kurzen Rohrabschnitten. Besonders zu beachten sind bei der Durchführung der Druckversuche folgende Gesichtspunkte:

Die Verschiedenartigkeit des Materials, Unregelmäßigkeiten in der Wanddicke und anderes machen eine Zentrierung der Probekörper allein nach den äußeren Abmessungen unmöglich. Während man nun bei verhältnismäßig schlanken Stäben eine genügend genaue Zentrierung während des Versuches auf Grund der Beobachtungen der Ausknickrichtung ziemlich gut vornehmen kann, stößt dies bei gedrungenen Stäben und besonders bei den niedrigen Druckkörpern auf Schwierigkeiten. Die Ergebnisse von Druckversuchen, die zwischen kugelig gelagerten Platten durchgeführt werden, können daher durch anfängliche Exzentrizitäten in unübersehbarer Weise nach der ungünstigen Seite hin beeinflußt werden. Nimmt man andererseits die Druckversuche zwischen festen Platten vor, so erhält man im Bereich höherer Spannungen zu günstige Ergebnisse, da auch bei genauester anfänglicher Zentrierung praktisch ein Aufrechterhalten der zentrischen Belastung oberhalb einer für das Material kritischen Spannung (Quetschgrenze!) nicht möglich ist, während dies beim Druckversuch

zwischen festen Platten gewissermaßen erzwungen wird. Um diese Verhältnisse etwas näher zu untersuchen, wurden im vorliegenden Falle Druckversuche mit kurzen Rohrstücken zwischen festen und kugelig gelagerten Platten vorgenommen.

Als Probekörper dienten Rohrabschnitte von 1,5 und 2,0 d Höhe. Es sei vorweggenommen, daß ein Einfluß der Probenhöhe bei diesen Versuchen nicht festgestellt werden konnte.

Bei der Herstellung der Proben ist besonders darauf zu achten, daß die Endflächen genau parallel und senkrecht zur Rohrachse sind. Die Flächen sind an beiden Enden sauber zu tuschieren.

Die Versuche wurden zwischen den Druckplatten einer liegenden 20-t-Festigkeitsmaschine, Bauart Mohr & Federhaff, Mannheim, vorgenommen. Für die Versuche zwischen kugelig gelagerten Platten wurden besondere auf 10 mm Kugeln gelagerte Druckstücke dazwischen geschaltet. Die Aufnahme der Stauchungskurven erfolgte in der Weise, daß einmal die Zusammendrückung über eine Meßlänge von 5 cm mit Hilfe Baumannscher Dehnungsmesser und weiter die Zusammendrückung des ganzen Rohrabschnitts mittels Zeißscher Meßuhren ($^1/_{100}$ mm) gemessen wurde. Beide Messungen unterscheiden sich insofern, als mit den Meßuhren die gesamte Verformbarkeit des ganzen Rohres gemessen wird, während beim Messen über eine verhältnismäßig kleine Meßlänge mehr die reinen Materialeigenschaften gemessen werden. Den Einbau der Proben in die Prüfmaschine sowie die Meßeinrichtungen zeigen Abb. 4 und 5.

Diese Art der Versuchsdurchführung und der Messungen ließ folgendes erkennen:

a) Die Messungen mit Dehnungsmessern ergaben allgemein bis zu verhältnismäßig hohen Spannungen keine wesentlichen Unterschiede beim Versuch zwischen festen Platten und zwischen kugelig gelagerten Platten. Erst wenn ein gewisses Fließen des Materials eintritt, äußert sich der Einfluß ungenauer Zentrierung. Die Kurven Abb. 6 zeigen deutlich die auftretenden Abweichungen, die je nach dem Genauigkeitsgrad der anfänglichen Zentrierung bei den anderen Versuchen in ihrer Größe verschieden waren.

b) Der Unterschied zwischen den Messungen über die ganze Probenhöhe und über eine bestimmte Meßlänge trat ebenfalls erst bei Spannungen in Erscheinung, bei denen bereits bleibende Verformungen auftraten. Die Kurven in Abb. 7 zeigen den für diese Arten der Messung bezeichnenden Unterschied.

Hieraus ist zu schließen, daß der Druckversuch zwischen kugelig gelagerten Platten durch anfängliche ungenaue Zentrierung in unübersehbarer Weise ungünstig beeinflußt werden kann, und daß die Messung über eine bestimmte Meßlänge zu günstige Ergebnisse ergibt, da die Formänderbarkeit des Probekörpers selbst nur bis zu einem gewissen Grade mitgemessen wird.

Für die Auswertung wurden dementsprechend die beim Druckversuch zwischen festen Platten mit Hilfe der Zeißschen Meßuhren erhaltenen Ergebnisse benutzt, wobei jedoch mit Sicherheit zu erwarten war, daß die Rechnung im Bereich hoher Spannungen zu günstige Ergebnisse liefern würde.

Zu der Auswertung ist noch zu bemerken, daß die Anzeigen der Meßuhren im elastischen Bereich stark streuende Werte liefern, da die zu messenden Verkürzungen im Verhältnis zur Meßgenauigkeit sehr klein sind. Da aber im elastischen Bereich die Verformungen des Probekörpers an sich keinen wesentlichen Einfluß auf die gemessenen Verkürzungen haben, konnten hier die mit den Dehnungsmessern erhaltenen Werte eingesetzt werden. Ein Anbinden beider Meßreihen aneinander ist leicht vorzunehmen, da nicht die absoluten Größen der Verkürzungen, sondern immer nur der jeweilige Zuwachs für eine Spannungsstufe in Frage kommt. Abb. 8 zeigt die verschiedenartigen Brucherscheinungen.

Die für jedes Material bezeichnenden Formänderungskurven sind in Abb. 1 dargestellt. Auf die Wiedergabe der einzelnen Versuchskurven wurde verzichtet.

Abb. 8. Bruchformen.

2. Rechnerische Bestimmung der Formänderungsmoduln M_1 und M_2. Der Formänderungsmodul stellt — wie der Elastizitätsmodul für ein Material — ein Maß für die Verformbarkeit eines Körpers bei einer bestimmten Spannung dar und ist gleichbedeutend mit der trigonometrischen Tangente an den dieser Spannung entsprechenden Punkt der Spannungs-Stauchungskurve. Die Bestimmung des Moduls für die federnden (M_2) und die gesamten (M_1) Formänderungen gestaltet sich somit sehr einfach.

Für die verschiedenen Spannungsstufen — bei denen jeweils 2—3 mal entlastet worden war — wurde für die Kurven der federnden und der gesamten Formänderung diese Rechnung nach den Ergebnissen der Druckversuche durchgeführt und der errechnete Modul der mittleren Spannung dieser Stufe zugeordnet.

Für die vier Legierungen ergaben sich die in Abb. 9 dargestellten Kurven der Änderung von M_1 und M_2 in Abhängigkeit von der Spannung. Die Kurven zeigen, daß nicht nur M_1, sondern auch M_2 bereits bei verhältnismäßig kleinen Spannungen recht stark abfallen. Der Abfall des Moduls der federnden Formänderungen (M_2) bei den Legierungen 2, 3 und 4 stellt teils eine Materialeigenschaft (s. Zugversuch!), teils eine Eigenschaft des Probekörpers dar, während bei Legierung 1 der Abfall wahrscheinlich nur durch die Formänderbarkeit des Probekörpers bedingt

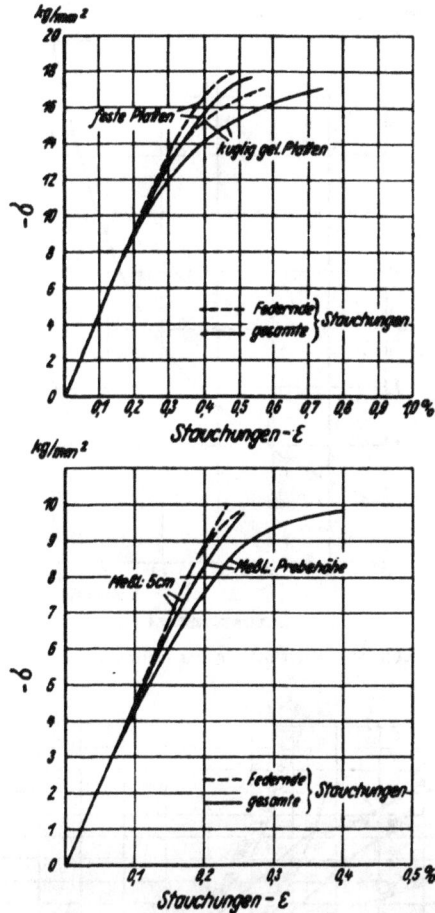

Abb. 6 (oben). Druckversuche zwischen festen und kuglig gelagerten Platten. Ungenaue anfängliche Zentrierung hat ein frühzeitiges Abbiegen der Spannungs-Stauchungs-Kurven bewirkt.

Abb. 7 (unten). Formänderungen bei verschiedenen Meßlängen. Die Messung über eine verhältnismäßig kurze Meßlänge (5 cm) ergibt zu günstige Formänderungs-Moduln.

$l = 5$ cm (Baumannsche Dehnungsmesser),
$l =$ Probenhöhe (Zeißsche Meßuhren).

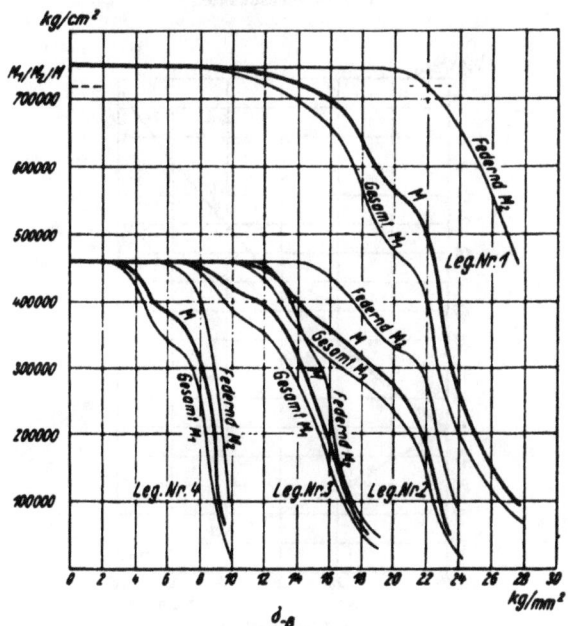

Abb. 9. Formänderungsmodul M_1, M_2 und Knickmodul M in Abhängigkeit von der Druckspannung σ_{-B}.

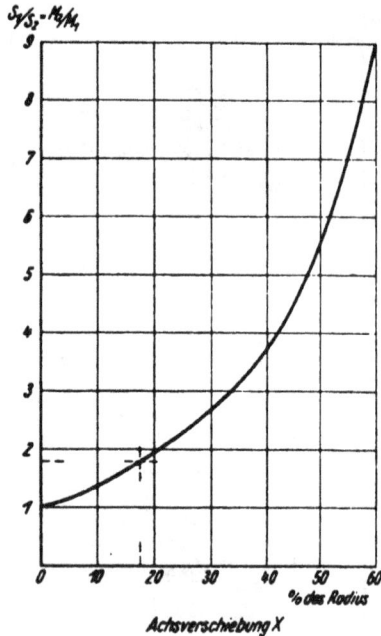

Abb. 10. Verschiebung der neutralen Achse.

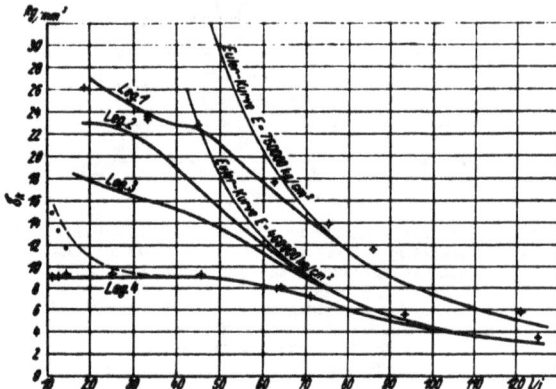

Abb. 12. Rechnerisch ermittelte Knickfestigkeitskurven
und Versuchspunkte.

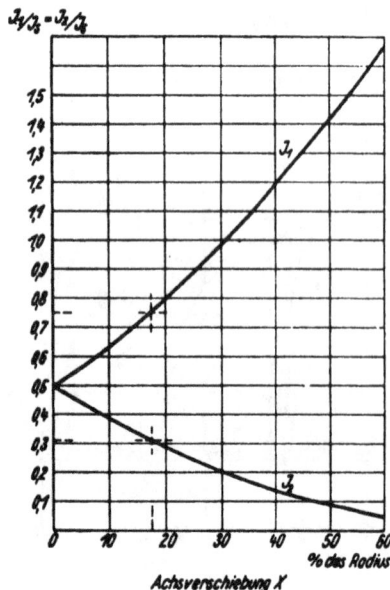

Abb. 11. Bestimmung der Verhältniswerte der
Teilträgheitsmomente J_1 und J_2.

ist. Letzteres läßt sich sehr gut dadurch belegen, daß bei dieser Legierung bei der Messung über eine kurze Meßlänge (Baumannsche Dehnungsmesser) auch beim Druckversuch der Modul M_2 — in Übereinstimmung mit dem Zugversuch — bis in die Nähe der Bruchgrenze ziemlich konstant blieb.

Die einzelnen Kurven sind mit möglichster Annäherung an die Versuchspunkte — die immerhin etwas streuen — eingezeichnet. Wie weit die Kurven also im einzelnen dem tatsächlichen Verhalten der Probe entsprechen, bleibe zunächst dahingestellt. Gegenüber dem grundsätzlichen Verlauf der Kurven sind jedoch die Abweichungen, die unter Umständen durch Meßfehler entstanden sind, immerhin klein und beeinflussen die Ergebnisse der weiteren Auswertung nur wenig.

3. Bildung des resultierenden Moduls M für Rohrquerschnitte und rechnerische Bestimmung der Knickfestigkeitskurven. Für die Ermittlung von M zeichnet man sich zweckmäßig zunächst für den zu untersuchenden Querschnitt — in diesem Fall den Rohrquerschnitt — einige Kurven, die das Verhältnis der statischen Momente S_1 und S_2 bei Verschiebung der Bezugsachse und ebenso die Werte der auf die jeweilige Achse bezogenen Teilträgheitsmomente graphisch darstellen. Da für die Auswertung keine Absolutwerte in Frage kommen, kann man diese Darstellung ganz allgemein halten, das heißt unabhängig von Rohrdurchmesser und Wanddicke. Die Teilträgheitsmomente sind daher in Beziehung gesetzt zum Gesamtträgheitsmoment über die Schwerachse. Abb. 10 und 11 zeigen diese Kurven.

Der weitere Gang der Rechnung sei an Hand eines Beispiels erklärt:

Bei der Legierung 1 entspricht nach Abb. 9 einer Spannung von $\sigma_{-B} = 22\ \text{kg/mm}^2$ ein Verhältnis

$$\frac{M_2}{M_1} = \frac{720\,000}{400\,000} = 1,8.$$

Diese Zahl ist gleich S_1/S_2 zu setzen und ergibt nach Abb. 10 eine Verschiebung der »neutralen« Achse um

$$x = 17,5\ \text{vH des Radius.}$$

Für diese Verschiebung ergibt Abb. 11 als Verhältniswerte für die beiden Teilträgheitsmomente

$$J_1 = 0,75 \qquad J_2 = 0,31$$

und da

$$M = \frac{J_1}{J_1 + J_2} \cdot M_1 + \frac{J_2}{J_1 + J_2} \cdot M_2$$
$$= \frac{0,75}{1,06} \cdot 400\,000 + \frac{0,31}{1,06} \cdot 720\,000$$
$$= 283\,000 + 211\,000 = 494\,000\ \text{kg/cm}^2$$

ist, so errechnet sich aus der erweiterten Euler-Formel

$$P_k = \pi^2 \frac{MJ}{l^2} \quad \text{oder} \quad \sigma_k = \pi^2 \frac{M}{(l/i)^2}$$

mit dem für M gefundenen Wert

$$(l/i)^2 = \pi^2 \frac{M}{\sigma_k} = \frac{9,87 \cdot 494000}{2200} = 2215$$
$$l/i = 47,1.$$

So kann man für alle Spannungen das jeweilige l/i errechnen, mit dem diese Spannung erreicht werden kann, und damit die Knickfestigkeitskurve festlegen. Abb. 12 zeigt die in dieser Weise errechneten Knickkurven für die vier verschiedenen Legierungen. In Abb. 9 sind außerdem die Werte für den resultierenden Modul M als Zwischenwerte zwischen dem der federnden und dem der gesamten Formänderungen eingetragen.

Bei der Legierung 4 ist zu der Kurve M folgendes zu bemerken: Entsprechend dem Verlauf der Druckkurve (Abb. 1) tritt nach Überschreiten der ausgeprägten Quetschgrenze, an der M nahezu gleich Null wird, ein Wiederanwachsen des Knickmoduls ein. Dies läßt sich rechnerisch ebenfalls verfolgen. Die Knickkurve geht dann nicht in eine Horizontale über, sondern verläuft etwa wie die in Abb. 12 gestrichelte Kurve. Versuchsmäßig war jedoch für ein Material mit einer derart stark ausgeprägten Quetschgrenze das Erreichen wesentlich höherer Knickspannungen nicht zu erwarten, da bei der starken Verformung bei dieser Spannung auch nur geringe Exzentrizitäten — wie sie immer vorhanden sein werden — ein starkes Ausbiegen und somit den Bruch herbeiführen werden.

Ähnliche kritische Stellen — wenn auch weniger ausgeprägt — zeigen die Kurven der anderen Legierungen. Für die Legierung 1 z. B. wird, nachdem der Abfall von M zwischen etwa 22—23 kg/mm² ziemlich stark war, dieser Abfall wieder geringer, die Kurve zeigt bei etwa 23 kg/mm² einen Wendepunkt. Dies ist sicherlich zum größten Teil auf die Stützwirkung der festen Platten zurückzuführen. Beim praktischen Knickversuch ist daher von dieser Stelle ab ein Abweichen der errechneten von der versuchsmäßigen Knickkurve zu erwarten. Allgemein werden die Abweichungen um so größer werden, je ausgeprägter der Richtungswechsel im Verlauf der Kurve für M ist und je steiler der Abfall von M kurz vor dem Wendepunkt ist.

Für Legierung 2, die nur geringe Verformbarkeit besitzt — Bruchdehnung beim Zugversuch: $\delta_{10} = 3,2$ vH — liegt der kritische Punkt sehr hoch, etwa bei 22—23 kg/mm², bei der Legierung 3 bei etwa 16—17 kg/mm². Bei der Legierung 4 stellt — wie bereits erwähnt — die Quetschgrenze diesen Punkt dar. Richtungswechsel und vorheriger Abfall der Kurve sind hier besonders groß.

4. Knickversuche mit den Legierungen 1 und 4. Die Versuche wurden auf derselben Maschine durchgeführt wie die Druckversuche. Auch die Einspannköpfe waren dieselben wie beim Druckversuch zwischen kuglig gelagerten Platten (Kugeldurchmesser 10 mm). Auf den Druckstücken wurden die Stäbe mittels Schablonen gehalten, die durch Schrauben in zwei zueinander senkrechten Richtungen verstellt werden konnten. Hierdurch war es möglich, unter kleiner Last eine Zentrierung der Stäbe während des Versuches vorzunehmen, indem nach der während der ersten Laststufen beobachteten Ausknickrichtung die Stellung der Stäbe verändert wurde.

Die Ausknickrichtung wurde mittels Zeißscher Meßuhren ($^1/_{100}$ mm) beobachtet, und zwar ebenfalls in zwei zueinander senkrechten Richtungen. Den Einbau der Knickstäbe in die Prüfmaschine sowie die Anordnung der Meßgeräte zeigt Abb. 13.

Das Zentrieren erfolgte in der Weise, daß immer wieder entlastet und nachgestellt wurde, bis bei Spannungen, die möglichst an der Grenze der elastischen Verformbarkeit lagen, die beobachteten Ausknickungen nur noch sehr klein bzw. gleich Null waren; erst dann wurde weiter belastet und die Knicklast bestimmt.

Als Knicklast wurde in allen Fällen diejenige Belastung bezeichnet, bei der ohne weitere Laststeigerung die Ausknickung immer größer wurde.

Durch die Reibung in der kugligen Lagerung wird natürlich ein gewisses Einspannmoment hervorgerufen. Der Einfluß dieser verhältnismäßig geringen Einspannung auf die Knicklast ist bei kleinem l/i außerordentlich klein, so daß Abweichungen aus diesem Grunde nur im Euler-Bereich zu erwarten waren.

Die Längen der Stäbe wurden so abgestuft, daß der ganze Bereich der Knickfestigkeitskurven von Schlankheitsgraden $l/i = 120$ bis herab zu $l/i = 15$ untersucht wurde. In Fällen, in denen die Druckbeanspruchungen eines Rohres klein blieben und seine Geradheit nicht gelitten hatte, wurde dasselbe Rohr gekürzt für weitere Versuche mit kleinerem i/i benutzt. Bei je einem Versuchsstab jeder Legierung wurde ein Parallelversuch durchgeführt. Da die Ergebnisse sehr gut übereinstimmten und auch sonst von den errechneten Kurven Abweichungen nur in dem erwarteten Sinn auftraten, wurde von weiteren Parallelversuchen abgesehen.

Die Abmessungen der einzelnen Probestäbe sowie die zahlenmäßigen Ergebnisse der Versuche sind in Zahlentafel 3 und 4 zusammengestellt.

Zu den Ergebnissen mit kurzen Stäben der Legierung 4 ist noch zu bemerken, daß bei einem Schlankheitsgrad

Abb. 13. Prüfmaschine mit eingebauten Knickstäben. Man erkennt auch die Anordnung der Meßgeräte.

$l/i < 20$, nachdem bei der kritischen Spannung bereits sehr große Ausbiegungen eingetreten waren, doch noch höhere Spannungen erreicht wurden. Die Widerstandsfähigkeit dieser Stäbe war erst mit dem Auftreten einer örtlichen Einknickung in der Rohrwand völlig erschöpft. Für die Praxis sind diese Werte jedoch ohne Bedeutung, da bereits vorher unzulässig große Verformungen auftreten. Die so gefundenen Spannungen nähern sich ganz gut der gestrichelten Kurve.

Zahlentafel 8. Knickversuche mit Legierung 1. Abmessungen der Probekörper und Versuchsergebnisse.

Lfd. Nr.	Abmessungen mm	Querschnitt F mm²	Knicklänge l cm	l/i	Bruchlast P kg	Knickspannung σ_k kg/mm²
1	50×1,6	244	207	121	1390	5,7
2	50×1,6	244	147	86	2800	11,5
3	80×2,6	490	207	75	6800	13,9
4	50×1,6	244	107	62,5	4290	17,6
5	50×1,6	244	77	45	5540	22,7
6	50×1,6	244	57	33,3	5770	23,6
7	50×1,6	244	57	33,3	5700	23,4
8	50×1,6	244	32	18,7	6370	26,1

Zahlentafel 4. Knickversuche mit Legierung 4. Abmessungen der Probekörper und Versuchsergebnisse.

Lfd. Nr.	Abmessungen mm	Querschnitt F mm²	Knicklänge l cm	l/i	Bruchlast P kg	Knickspannung σ_k kg/mm²
1	60 × 2,08	378	257	125	1300	3,44
2	80 × 1,77	435	259	93,5	2390	5,50
3	80 × 1,77	435	197	71	3100	7,13
4	50 × 1,77	268	107	63	2120	7,91
5	50 × 2,26	340	108	64	2730	8,03
6	50 × 2,26	340	77	45,5	3090	9,10
7	50 × 1,76	266	43	25,0	2470	9,29
8	50 × 1,76	266	25	14,5	2460	9,25 (11,7)
9	50 × 1,77	268	21,5	12,5	2450	9,15 (13,3)
10	50 × 1,77	268	19	11	2440	9,15 (14,9)

Die Versuchspunkte für beide Legierungen sind in Abb. 12 (errechnete Knickkurven) eingetragen. Die Übereinstimmung zwischen Rechnung und Versuch ist durchaus befriedigend, da man die vorhandenen Abweichungen erklären kann. Im Bereich kleiner l/i kann man die Kurve bei einiger Übung leicht gefühlsmäßig, gegebenenfalls durch eine sehr beschränkte Anzahl von Versuchen berichtigen.

Zusammenfassung.

Aus den Versuchen geht hervor, daß es möglich ist, die Knickfestigkeitskurven für Rohre aus den verschiedensten Leichtmetall-Legierungen (bei zentrischer Belastung) auf Grund ihres Verhaltens gegen reinen Druck — entsprechend den Untersuchungen von v. Kármán — mit genügender Genauigkeit zu errechnen, wenn man außer der Verformbarkeit des Materials auch die des Probekörpers an sich berücksichtigt.

Dies geschieht in der Weise, daß die für die Berechnung der Knickfestigkeitskurven notwendigen Druckversuche an Probekörpern vorgenommen werden, die in ihren Querschnittsformen und Abmessungen den zu untersuchenden Knickstäben entsprechen. Bei Rohren — und wahrscheinlich überhaupt bei geschlossenen Profilen von symmetrischer Querschnittsform — erscheint es zulässig, der Einfachheit halber die Druckversuche zwischen festen Platten vorzunehmen, wobei jedoch in jedem Fall zu berücksichtigen ist, daß die Ergebnisse der Rechnung oberhalb einer für das Material kritischen Spannung (mehr oder weniger ausgeprägte Quetschgrenze) zu günstig werden.

Ein Vergleich der Ergebnisse von Druck- und Zugversuch läßt erkennen, daß die Auswahl von Material für auf Druck oder Knickung beanspruchte Bauglieder auf Grund der Ergebnisse von Zugversuchen unter Umständen (Legierung 4) zu schweren Trugschlüssen führen kann.

Als Fortsetzung dieser Versuche wäre die Möglichkeit der rechnerischen Ermittlung der Knickfestigkeitskurven für halboffene und offene Profile zu untersuchen, für die eine der Annahmen der Kármánschen Theorie, nämlich die, daß »ebene Querschnitte eben bleiben«, nicht erfüllt ist.

Ein neuer Seilverbinder.

Von Martin Abraham.

95. Bericht der Deutschen Versuchsanstalt für Luftfahrt, E.V., Berlin-Adlershof (Stoff-Abteilung).

Ein neuer Seilverbinder, der sich zur Verbindung von Freileitungskabeln bewährt hat, wird auf seine Verwendbarkeit im Flugzeugbau untersucht und mit den bisher gebräuchlichen Splissen verglichen.

Litzen und Seile.

In der Praxis herrscht vielfach Unklarheit in der Bezeichnung von Drahtseilen und Litzen. Es seien deshalb hier zunächst die Bezeichnungen nach den Luftfahrtnormen EL 8—10 klargestellt. Hiernach sind Litzen aus mehreren Drähten in konzentrischen Lagen gedreht und Seile aus mehreren solcher Litzen geschlagen, Abb. 1. Früher wurden Litzen meist als Kabel oder Spiralschlag, Seile als Rundschlag bezeichnet.

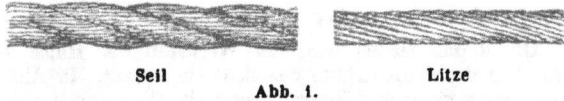

Seil   Litze
Abb. 1.

Splisse.

Litzen und Seile wurden mit anderen Bauteilen im Flugzeugbau bisher allgemein durch Spleissen verbunden (Abb. 2). Splisse haben folgende Nachteile:

a) Sachgemäßes Spleissen erfordert große Übung; es kann nur von besonders geschulten Arbeitern ausgeführt werden.

b) Die Einzeldrähte der Litze oder des Seils werden am Ende des Splisses (bei *A*, Abb. 2) stark aus ihrer ursprünglichen Lage gebracht. An dieser Stelle wird dadurch die Festigkeit der Litze bzw. des Seiles um 10—20 vH, mitunter auch noch weiter, vermindert. Man muß die Litzen und Seile daher mit Rücksicht auf die geringere Festigkeit im Spliß bemessen und kann infolgedessen die eigentliche Seilfestigkeit nicht voll ausnutzen.

c) Litzen und Seile haben im Spliß eine bedeutend höhere Dehnung als im übrigen Teil.

d) Die Einzeldrähte liegen im Spliß lockerer aneinander und lassen daher Feuchtigkeit leichter eindringen; Seile und Litzen rosten daher im Spliß schneller als im übrigen Teil.

Man hat deshalb seit langem nach Mitteln gesucht, die Splisse durch andere Teile zu ersetzen, die diese Nachteile nicht oder nur zum Teil aufweisen.

Englische Seilverbinder.

In England wird von Cradock and Rylands ein Seilverbinder hergestellt, der sich vielfach praktisch bewährt hat, wegen seiner Nachteile aber doch nicht so allgemein im Gebrauch ist (Abb. 4)[1]. Die geöffneten Drahtenden des Seils oder der Litze werden in einer konischen Stahlhülse vergossen und ziehen sich bei Zugbeanspruchungen immer fester in den Konus hinein. Bei Verwendung dieses Seilver-

[1] The Aeronautical Journal, vol. 25, Nr. 131, Nov. 1921.

Abb. 2. Gesplissene Verspannungslitze.

binders wird zwar die Seilfestigkeit nicht herabgesetzt wie durch einen Spliß, er ist aber verhältnismäßig schwer und seine Herstellung teuer und nur in der Werkstatt möglich. Auch aus Amerika wurden ähnliche Seilverbinder bekannt, die sich aber auch nicht eingeführt haben.

Abb. 4. Seilverbinder von Cradock and Rylands.

Ein anderer Seilverbinder, der neuerdings von Bruntons, Musselburgh (Schottland) hergestellt wird, besteht aus einer Stahlhülse, die über das Seilende gesteckt und darauf kalt festgeschmiedet wird (Abb. 5). Zur Beurteilung des Werkstoffs wurde an einer solchen Hülse durch Brinellprobe die Härte gemäß DIN 1605 festgestellt.

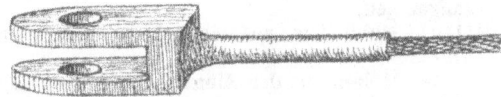

Abb. 5. Seilverbinder von Bruntons.

Es ergab sich

$$H\ 10/3000/30 = 195\ kg/mm^2.$$

entsprechend einer Zugfestigkeit von etwa 70 kg/mm². Bei diesem Seilverbinder sind die vier obengenannten Nachteile der Splisse vermieden. Er ist leicht und schnell herzustellen, hat die volle Festigkeit des Seils und geringere Dehnung und schützt das Seil vor Verrosten an der Verbindungsstelle.

Beschreibung des neuen deutschen Seilverbinders.

Die Metallbank und Metallurgische Gesellschaft A.-G., Frankfurt a. M., hat einen Seilverbinder geschaffen, dessen Herstellungsverfahren in Deutschland durch die Patente Nr. 388871 und 435274 geschützt ist (Abb. 3). Eine Hülse aus einem ziehfähigen Metall wird über das Seilende gesteckt und mit Hilfe eines Ziehwerkzeugs darauf festgezogen (siehe Abb. 6). Um einen zu scharfen Übergang in der

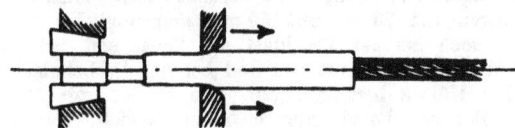

Abb. 6. Deutscher Seilverbinder.

Spannungsverteilung am Ende der Hülse zu vermeiden, reibt man die Bohrung am Ende etwas konisch auf. Infolge dieser Erweiterung nimmt dann beim Ziehen der Anpressungsdruck am Ende der Hülse allmählich ab.

Dieser Seilverbinder war ursprünglich zur Verbindung der Einzellängen elektrischer Freileitungskabel entwickelt

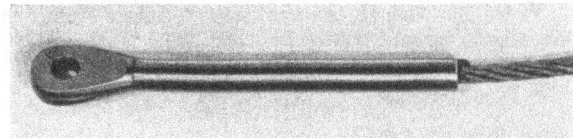

Abb. 3. Spannseil mit Seilverbinder.

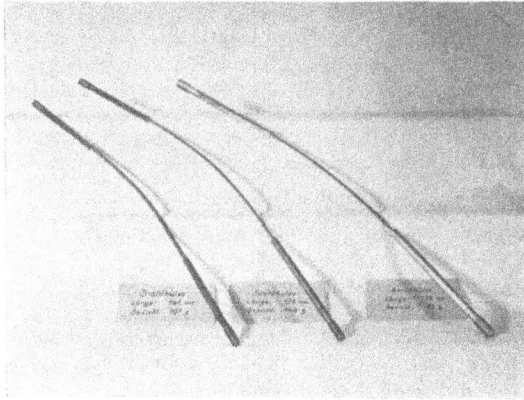

Abb. 7. Versuchsstücke mit Seilverbindern.

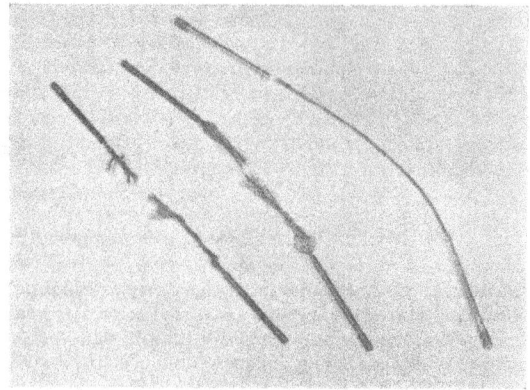

Abb. 8. Dieselben Seilverbinder nach der Prüfung. Die herausgezogene Litze ist am Ende durch Bindedraht zusammengehalten.

worden. Er war zur Aufnahme zweier Seilenden doppelseitig ausgebildet und hat sich in dieser Form gut bewährt.

Zweck der Untersuchungen bei der DVL war, zu prüfen, ob der Seilverbinder in seiner jetzigen Form als Endverbinder sich zum Anschluß einer Litze oder eines Seils an andere Bauteile von Flugzeugen eignet.

Abb. 7 zeigt einige solcher Seilverbinder, und zwar:

links: Stahlhülsen, auf ein Seil von 7 mm Durchm. aufgezogen,

Mitte: Stahlhülsen auf einer Litze von 6,5 mm Durchm.,

rechts: Hülsen aus der Aluminiumlegierung Aeron auf einer Litze von 6,5 mm Durchm.

Angaben über Länge und Gewicht der Hülsen enthält das Bild.

Diese drei Seilverbindungen wurden in der DVL einer Festigkeitsprüfung unterzogen. Es zeigte sich, daß die beiden Seilverbinder mit Stahlhülsen die volle Bruchlast der Litze bzw. des Seils aushielten, die Litze und das Seil rissen also in ihrem freien Teil zwischen den Hülsen. Aus der Aeronhülse dagegen wurde die Litze herausgezogen. Abb. 8 zeigt die drei Seilverbinder nach der Prüfung. Bei späteren Versuchen wurden auch mit Aeronhülsen befriedigende Ergebnisse erzielt. Wählt man Länge und Abzugsgrad genügend groß, dann halten auch die Aeronhülsen unbedingt sicher auf dem Seil.

Weitere Versuche mit Stahlhülsen.

Die Stahlhülsen, die in Abb. 7 dargestellt sind, waren verhältnismäßig schwer und augenscheinlich überbemessen. Versuche, das Gewicht der Hülsen zu verringern, wurden zunächst in der Richtung angestellt, die Hülsenlänge auf das geringste notwendige Maß herabzusetzen. Hülsen mit Bohrungen von 70, 60 und 50 mm ursprünglicher Länge hielten noch bis zur Bruchlast des Seils; erst bei noch kürzerer Bohrung wurde das Seil bei der Probebelastung aus den Hülsen herausgezogen. Die Hülsen mit 50 mm langer Bohrung hatten nur noch ein Gewicht von 53 g.

Das Ziehen der Hülsen wurde in zwei Arbeitsgängen ausgeführt, zuerst von 11 auf 10 und dann von 10 auf 9 mm Außendurchmesser. Der Querschnitt der Hülse wurde durch das Ziehen um 31,5 mm² oder 47 vH verringert.

Zur Anfertigung dieser Hülsen wurde blank gezogener SM-Rundstahl von 60—70 kg/mm² Festigkeit verwendet. Die fertig bearbeiteten Hülsen wurden vor dem Ziehen ausgeglüht. Durch das Ziehen stieg die Festigkeit auf 80 bis 95 kg/mm².

Es wurden auch Hülsen aus handelsüblichem Rundstahl von 40—50 kg/mm² Festigkeit hergestellt. Diese Hülsen ließen sich gut ziehen, auch ohne vorher ausgeglüht zu werden.

Aeron-Hülsen.

Für Seile von 3,2 und 5 mm Durchm. wurden auch aus Aeron Seilverbinder-Hülsen hergestellt, die die volle Bruch-

last des Seils aushielten. Das Haftvermögen der Aeronhülsen auf den Seilen ist nicht so gut wie das der Stahlhülsen. Aeronhülsen müssen also bei gleich starkem Abzug länger gemacht werden als Stahlhülsen, damit bei einer Belastung das Seil nicht herausgezogen wird.

Die Abmessungen der geprüften Aeronhülsen sind in Zahlentafel 1 angegeben.

Haftvermögen der Hülsen auf dem Seil.

Durch das Ziehen wird der Werkstoff der Hülse fest zwischen die Einzeldrähte des Seils eingepreßt. In Abb. 9 ist in etwa vierfacher Vergrößerung ein Querschnitt durch eine Stahlhülse mit einem Seil von 6 mm Durchm. dargestellt; der dunkle Kern im Bilde ist die Fasereinlage des Seils. Abb. 10 enthält einen Teil desselben Querschnitts in etwa 18facher Vergrößerung. Zum Vergleich ist daneben, in Abb. 11, ein Querschnitt durch eine Aeronhülse dargestellt. Es ist deutlich zu erkennen, daß das Leichtmetall in viel stärkerem Maße als Stahl sich an die Drähte des Seils anschmiegt und in die Rillen zwischen den einzelnen Drähten eindringt. In den Zwischenräumen zwischen den Drähten sind abgequetschte Teilchen der Verzinkung zu erkennen.

Wenn ein Seil zum Schutz gegen Korrosion getränkt ist, so füllt dieser Schutzüberzug die Rillen des Seils aus und verhindert den Werkstoff einer darüber gezogenen Hülse, fest in die Rillen einzudringen. Die Hülse haftet infolgedessen nicht so gut auf dem Seil. Deshalb sind die Hülsen stets vor dem Tränken auf die Seile aufzuziehen.

Ob ein metallischer Überzug (Verzinkung, Verzinnung) der Einzeldrähte das Haftvermögen der Hülsen irgendwie beeinflußt, wurde nicht festgestellt, es ist aber nicht anzunehmen.

Abzugsgrad und Länge der Hülsenbohrung.

In nachstehender Zahlentafel sind Abmessungen von drei Aeronhülsen gegeben:

Zahlentafel 1. Abmessungen der Aeronhülsen.

Seildurchmesser	Länge d. Hülsenbohrung	Außendurchm.	Innendurchm.	Querschnitt	Außendurchm.	Innendurchm.	Querschnitt	Querschnittsverminderung durch d. Ziehen (Abzugsgrad)		Haftvermögen
		der Hülse vor d. Ziehen			der Hülse nach d. Ziehen					
mm	mm	mm	mm	mm²	mm	mm	mm²	mm²	%	
5	85	11	5	75,4	9,6	5	52,8	22,6	30	Seil herausgezogen
5	90	12	5	93,5	9,6	5	52,8	40,7	43,5	Seil haftete gut
3,2	70	8	3,2	42,3	6,5	3,2	25,2	17,1	40,5	Seil haftete gut

Aus den Versuchsergebnissen kann man entnehmen, daß für einen bestimmten Werkstoff das Haftvermögen des Seils in der Hülse mit der Länge der Bohrung und mit dem Abzugsgrad wächst. Um möglichst leichte und kurze Hülsen zu erhalten, sollte man die Hülsen so stark ziehen, wie es der Werkstoff verträgt. Durch weitere Versuche wäre für jeden Werkstoff und jeden Hülsendurchmesser der günstigste Abzugsgrad festzulegen und die zugehörige Länge der Bohrung, die erforderlich ist, um das Seil noch zuverlässig in der Hülse festzuhalten.

Anschluß des Seilverbinders an andere Bauteile.

Den Hülsenkopf kann man zur Verbindung mit anderen Bauteilen des Flugzeugs beliebig ausbilden, z. B. als Gabel (siehe Abb. 12), Öse (Abb. 3) oder mit Schraubengewinde (Abb. 13).

Ein Verspannungsorgan soll zweckmäßig in allen seinen Gliedern die gleiche Bruchlast haben. Beim Seilverbinder ist der gefährliche Querschnitt am Ende der Bohrung der Hülse (AA in Abb. 12). Hier muß der Kreisringquerschnitt der Hülse die ganze Last aufnehmen. Wenn P die Bruchlast und d der Durchmesser der Litze ist und D der Außendurchmesser der Hülse nach dem Aufziehen auf die Litze, dann ist:

$$\frac{\pi}{4}(D^2 - d^2) \cdot \sigma_B = P$$

oder:

$$D = \sqrt{\frac{P}{\sigma_B} \cdot \frac{4}{\pi} + d^2} \quad \ldots \ldots \quad (1)$$

Die durch den Ziehvorgang bewirkte Kaltreckung verfestigt zwar den Werkstoff der Hülse, doch macht sich gerade bei AA diese Verfestigung noch nicht so bemerkbar. Es ist deshalb für σ_B die Zugfestigkeit des Werkstoffs vor dem Ziehen einzusetzen. Werden die Hülsen vor dem Ziehen ausgeglüht, so ist für σ_B die Festigkeit im geglühten Zustand zu setzen.

Aus obiger Gleichung (1) ergibt sich der erforderliche Außendurchmesser, den die fertig gezogene Hülse haben muß. Z. B. erhält man für eine Litze von $d = 1,5$ mm Durchm. mit einer Bruchlast von $P = 250$ kg, wenn man eine Hülse aus SM-Stahl von $\sigma_B = 60$ kg/mm² Festigkeit verwendet, aus dieser Gleichung:

$$D = 2,8 \text{ mm}.$$

Um beim Ziehen die Matrize richtig ansetzen zu können, muß die verjüngte Stelle der Hülse im Durchmesser etwa ½ mm kleiner sein als der übrige Teil der Hülse nach dem Ziehen wird. Aus der Forderung gleicher Festigkeit auch für diese Einschnürung der Hülse ergibt sich die weitere Bedingung:

$$\frac{\pi}{4}(D - 0,5 \text{ mm})^2 \cdot \sigma_B = P$$

oder:

$$D = \sqrt{\frac{P}{\sigma_B} \cdot \frac{4}{\pi}} + 0,5 \text{ mm} \quad \ldots \ldots \quad (2)$$

Setzt man auch in diese Gleichung $P = 250$ kg und $\sigma_B = 60$ kg/mm² ein, so erhält man

$$D = 2,8 \text{ mm}.$$

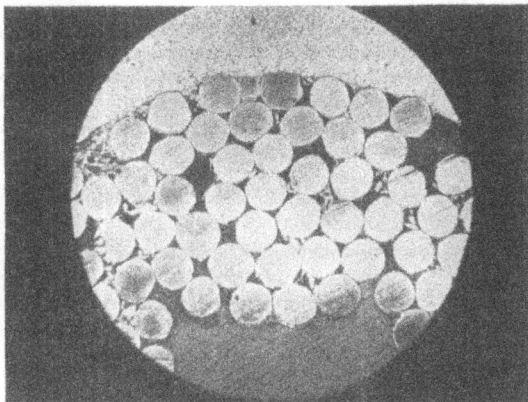

Abb. 9. Querschnitt durch eine Stahlhülse mit einem Seil von 6 mm Durchm.

Es zeigt sich also, daß für die kleinste aller im Flugzeugbau vorkommenden Litzen sich aus beiden Gleichungen derselbe Außendurchmesser der Hülse ergibt. Für dickere Litzen wächst D nach Gleichung (1) schneller als nach Gleichung (2), Gleichung (1) stellt also die strengere Forderung dar; man braucht deshalb bei Ermittlung des erforderlichen Hülsendurchmessers nur Gleichung (1) zu berücksichtigen. Hiernach ergeben sich z. B. für die im Normenentwurf EL 8 angeführten Verspannungslitzen die folgenden Werte:

Zahlentafel 2. Erforderliche Hülsendurchmesser.

Litzen-durchmesser d mm	Ungefähre Bruchlast der Litze[1]) P kg	Außendurchmesser der fertig aufgezogenen Hülse[2]) D mm
1,5	250	4,5
1,8	360	5,0
2,1	490	5,0
2,5	670	5,5
3,0	980	5,5
3,5	1300	6,5
4,2	1900	7,5
4,9	2600	9,0
5,6	3350	10,0
6,3	4200	11,5
7,2	5500	13,0
8,1	7000	14,5
9,0	8600	16,5

[1]) Die Bruchlasten der Litzen sind unter Zugrundelegung einer Drahtfestigkeit von 200 kg/mm² errechnet und dann mit Rücksicht auf den beim Verseilen entstehenden Festigkeitsverlust um 10 vH vermindert.

[2]) Bei der Berechnung des Außendurchmessers der Hülsen wurde eine Werkstoff-Festigkeit von 60 kg/mm² zugrunde gelegt. Für die ersten vier Hülsen wurde jedoch aus Herstellungsgründen eine größere Wanddicke gewählt.

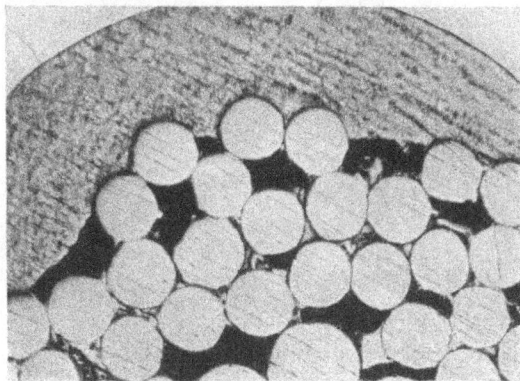

Abb. 10. Querschnitt durch eine Stahlhülse mit einem Seil von 6 mm Durchm.

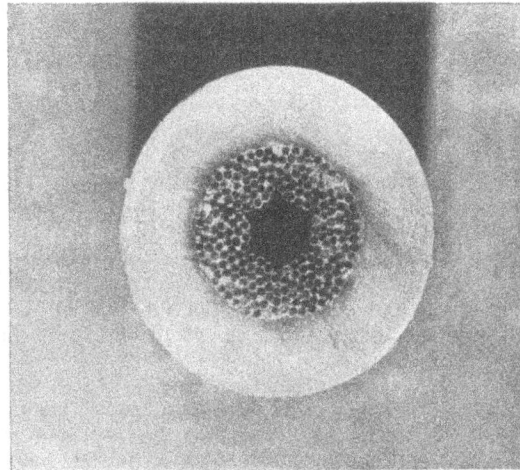

Abb. 11. Querschnitt durch eine Aeronhülse mit einem Seil von 4,8 mm Durchm.

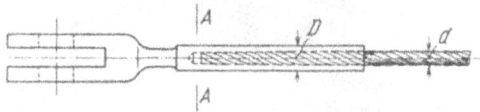

Abb. 12. Seilverbinder mit Gabel.

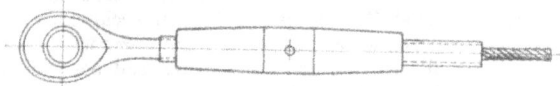

Abb. 13. Seilverbinder mit aufgeschnittenem Gewinde.

Seile haben bei gleichem Durchmesser geringere Bruchlast als Litzen, daher ergeben sich für Seile entsprechend kleinere Hülsendurchmesser.

Zum Aufziehen der Hülsen genügt nach den bisherigen Erfahrungen für Seile und Litzen unter 7 mm Durchm. ein Abzug von 2 mm in zwei Ziehgängen, für Seile und Litzen von 7—9 mm Durchm. ein Abzug von 1,5 mm in drei Ziehgängen.

Zur Ausbildung einer besonders leichten Hülse, die unmittelbar in das Spannschloß eingeschraubt wird, kann man nach dem Aufziehen den Hülsenkopf, den man zum Festklemmen der Hülse im Ziehapparat gebraucht, und die verjüngte Stelle, die zum Ansetzen der Zieheisen dient, absägen und das Gewinde zum Einschrauben in das Spannschloß direkt auf die Hülse selbst aufschneiden (Abb. 13).

Vergleich der Seilverbinder mit Splissen.

a) Festigkeit und Gewicht. Bei Splissen tritt eine Festigkeitsverminderung ein, die 10 vH der Bruchlast des Seils oder der Litze nicht überschreiten sollte. Es hat sich aber gezeigt, daß die Festigkeit der Splisse in sehr hohem Maße von der handwerksmäßigen Ausführung abhängt, und daß besonders bei Litzen von hoher Drahtfestigkeit die Grenze von 10 vH nicht einzuhalten ist. Bei Versuchen der DVL wurden an gesplissenen Verspannungslitzen Festigkeitsverluste bis zu 27 vH ermittelt, ohne daß die Ausführung der Splisse als besonders schlecht zu bezeichnen gewesen wäre. Man muß also gesplissene Verspannungslitzen so überbemessen, daß sie noch im Spliß die auftretenden Kräfte übertragen können. Das bedingt eine Gewichtsvermehrung, die sich um so stärker geltend macht, je länger die Verspannungslitze ist. Eine Litze von 6,5 mm Durchm., die im freien Teil 4640 kg aufnimmt, ist im Spliß bei 3300 kg Belastung gerissen. Ein solches Verspannungsorgan kann demnach nur eine Zugkraft von höchstens 3300 kg übertragen. Dieselbe Last kann mit einer Litze von 5,2 mm Durchm. gehalten werden, wenn man statt der Splisse Seilverbinder verwendet, die die volle Festigkeit der Litze haben. Dadurch erzielt man eine Gewichtsersparnis von etwa 0,060 kg je laufenden Meter Litze.

b) Herstellung. Ein weiterer Vorteil der Seilverbinder gegenüber den Splissen ist in der Herstellungsweise begründet. Die Hülsen können auf Vorrat hergestellt werden und in wenigen Minuten von ungelernten Arbeitern aufgezogen werden, die Eigenschaften der fertigen Hülse sind nur von Werkstoff und Abzugsgrad abhängig. Die Anfertigung eines guten Splisses dauert erheblich länger und erfordert einen besonders geschickten Handwerker, der große Übung im Spleissen haben muß. Das zur Herstellung von Seilverbindern erforderliche Ziehwerkzeug kann leicht überall aufgestellt werden.

Festigkeitsprüfung von Litzen und Seilen.

Der Seilverbinder ist eine vorteilhafte Einspannvorrichtung für Litzen und Seile, die einer Festigkeitsprüfung in einer Zerreißmaschine unterzogen werden sollen. Wenn die Hülse am Ende konisch aufgerieben wird, so daß der Anpressungsdruck nach dem Ende der Hülse zu allmählich abnimmt, dann wird eine ziemlich gleichmäßige Spannungsverteilung erreicht. Das Prüfseil reißt deshalb in der Regel in seinem freien Teil. Bei Verwendung des Seilverbinders braucht man weder besonders große Längen von dem zu prüfenden Seil, wie bei der Einspannung über Trommeln, noch braucht man die Prüfseile an den Enden zu vergießen, was eine sorgfältige, langwierige Arbeit erfordert.

Verhalten der Seilverbinder gegenüber Erschütterungen.

Gut ausgeführte Splisse sind sehr sicher gegen Erschütterungen und ruckweise Beanspruchungen, wie sie im Flugbetrieb auftreten. Um auch für den Seilverbinder diese Frage zu klären, wurde in einer besonderen Vorrichtung (Abb. 14) ein Probeseil mit zwei Seilverbindern einer ruckweisen Belastung unterworfen. Für diese Versuche wurde ein Seil von 6 mm Durchm. und 2190 kg Bruchlast benutzt.

Von einer Exzenterscheibe aus wurde ein senkrechter Hebel (im Bilde rechts, durch das Gestell verdeckt) in ruckweise Bewegung versetzt. Am unteren Ende dieses Hebels war die eine Seilverbinderhülse des Probestücks befestigt, die andere Hülse war mit einem Dynamometer verbunden. Die Höchstlast während der Dauerbelastung blieb erheblich unterhalb der Bruchlast des Seils.

Eine Probe hielt 11 900 mal, eine zweite Probe 36 855 mal der ruckweisen Belastung stand. Beide Proben rissen dann im freien Teil des Seils, ohne daß das Seil aus der Hülse herausgezogen wurde. In Abb. 14 ist der eingespannte Seilverbinder nach dem Bruch zu sehen.

Diese Versuche haben gezeigt, daß auch bei ruckweiser Dauerbelastung eher das Seil in seinem freien Teil reißt, als daß es aus dem Seilverbinder herausgezogen wird, daß also auch in dieser Hinsicht der Seilverbinder den Splissen nicht nachsteht.

Einbau eines Seilverbinders in ein Flugzeug.

Um den Seilverbinder im praktischen Betrieb zu erproben, wurden in einem Albatros-Schulflugzeug die beiden gesplissenen Spannseile der Fahrgestellauskreuzung durch gleiche Seile mit Seilverbindern ersetzt. Das Flugzeug ist seit September 1927 im Betrieb. An den Seilverbindern hat sich dabei nichts Nachteiliges gezeigt, es brauchten nicht einmal die Spannschlösser nachgezogen zu werden.

Abb. 14. Seilverbinder in einer Vorrichtung für ruckweise Belastung.

Geräuschmessungen in Flugzeugen.

Von Heinrich Faßbender und Kurt Krüger.

96. Bericht der Deutschen Versuchsanstalt für Luftfahrt, E.V., Berlin-Adlershof (Abt. für Funkwesen und Elektrotechnik).

Nach grundlegenden Angaben über Geräuschmessungen wird das Meßgerät von Siemens-Barkhausen beschrieben. Die Meßeinheit wird festgelegt und auf absolutes Maß zurückgeführt. Zum Schluß folgen die Ergebnisse der Messungen.

Einleitung.

Die Anwendung der drahtlosen Telegraphie und Telephonie im Flugzeug wird, wie bekannt, durch die guten Strahlungsverhältnisse der Flugzeugantennen begünstigt. Anderseits wird sie stark behindert durch die notwendige Rücksicht auf die Verminderung der Zuladung, die nicht nur eine Folge des Gewichtes der Hochfrequenzgeräte sein kann, sondern oft mehr noch die Folge des aerodynamischen Widerstandes der Teile ist, die notwendigerweise dem Fahrwind ausgesetzt sein müssen. Zu diesen Teilen gehören der durch eine Luftschraube angetriebene FT-Generator und der Antennendraht. Bei den neuzeitlichen Flugzeugen steigt die zulässige Zuladung zu immer größeren Werten an, so daß der durch die FT-Anlage bedingte Verlust der Zuladung an Bedeutung verliert. Neben dieser Beschränkung der Wirksamkeit der FT-Anlage durch die notwendige Rücksichtnahme auf die verursachte Verminderung der Nutzlast ist ein anderer Umstand von noch größerem Einfluß auf die Reichweite von Flugzeuganlagen. Das ist das im wesentlichen durch die Motoren und Luftschrauben, in offenen Flugzeugen auch durch den Fahrwind bedingte Geräusch. Dieses wirkt schädigend nicht nur beim akustischen Empfang im Flugzeug, sondern auch beim Senden, soweit es sich um Telephonie handelt, da hierbei das Mikrophon nicht nur von der zu übertragenden Sprache, sondern auch von dem Geräusch getroffen wird. Daß der Einfluß solcher Nebengeräusche sehr stark sein kann, erfährt schon mancher Rundfunkteilnehmer, wenn er nahe den Gleisen der Straßenbahn sein Empfangsgerät aufgestellt hat. Bei schwacher Empfangslautstärke verschwindet der Empfang völlig, obwohl die Stärke des Nebengeräusches gering ist.

Grundlegendes über Geräuschmessungen.

Wir haben uns damit beschäftigt, das Geräusch bei den üblichen Baumustern der heutigen Flugzeuge zu messen, und haben uns dabei des von der Siemens & Halske-A.-G. hergestellten Geräuschmessers nach Barkhausen[1] bedient. Bevor wir auf die Ergebnisse eingehen, seien einige grundlegende Fragen behandelt[2]. Wollen wir die Geräuschstärke messen, so haben wir eine Aufgabe, die man sich durch einen entsprechenden Fall der Optik anschaulich machen kann. Das Heranziehen des optischen Gegenstückes hat dabei den Vorteil, daß dort diese Fragen eine größere praktische Bedeutung gewonnen haben und deshalb uns geläufiger sind. Dabei entsprechen der Lichtstärke die Schallquellenstärke und der Beleuchtungsstärke die Lautstärke an einem bestimmten Ort.

Ein optisches Gegenstück, das unserem akustischen Fall ziemlich nahekommen würde, könnte man sich etwa folgendermaßen denken: die mittlere Flächenhelle eines Feldes mit unregelmäßig verteilten Flecken verschiedener Hellig-

keit, die sich auch zeitlich bezüglich Farbe und Helligkeit ständig innerhalb kleiner Grenzen ändern, soll gemessen werden. Bei dem von uns verwandten Geräuschmesser nach Siemens-Barkhausen erfolgt die Messung, wie wir gleich sehen werden, in der Art, daß man optisch gesprochen, die Flächenhelle dieses Körpers ohne Zuhilfenahme von Meßgeräten mit der Flächenhelle eines in seiner ganzen Fläche gleichmäßig erleuchteten Feldes vergleicht, dessen Flächenhelle meßbar geändert werden kann. Man wird zugeben, daß ein solcher Vergleich nicht besonders sicher ausgeführt werden kann, aber leider kann man in dem akustischen Fall zurzeit keinen Weg einschlagen, der geringere Meßschwierigkeit bietet. Es ist immerhin gut, sich durch Heranziehen des optischen Falles die grundlegende Schwierigkeit vor Augen zu führen.

Das bei der Messung verwandte Gerät von Barkhausen ist in Abb. 1 wiedergegeben, die Schaltung in Abb. 2. Während das eine Ohr die Lautstärke an der betreffenden Stelle beobachtet, legt man an das andere Ohr das Telephon, das in der von Barkhausen vorgeschlagenen Weise durch einen auf $\omega = 5000$ eingestellten Summer erregt wird. Die Stärke der Summererregung kann dabei stets auf den gleichen Wert mittels einer Glimmlampe eingestellt werden, die an die Sekundärseite des Übertragers angeschlossen ist. Der Widerstand auf der Primärseite des Übertragers wird so lange verändert, bis die Glimmlampe gerade anspricht. Der Meßhörer wird nun mittels eines Spannungsteilers an eine solche Teilspannung des Übertragers angeschlossen, daß das am einen Ohr unmittelbar aufliegende Telephon in diesem die gleiche physiologische Lautstärke erzeugt, wie die Geräuschquelle an der betreffenden Stelle im anderen Ohr. Ob das überhaupt möglich ist, kann man zunächst bezweifeln, ebenso wie seinerzeit die Möglichkeit der heterochromen Photometrie bezweifelt wurde. Entscheiden kann nur der Versuch, und es zeigt sich, daß eine größere Anzahl von Personen mit Ausnahme von wenigen, die dann eben für solche Versuche nicht geeignet sind, mit großer Sicherheit die gleiche Teilspannung am Meßtelephon einstellt, wobei allerdings zu berücksichtigen ist, daß die Teilspannungen der einzelnen Stufen sich um jedesmal 100 vH voneinander unterscheiden.

Festlegung der Meßeinheit.

Erhebliche Schwierigkeit bietet die Festlegung der Einheit. Am besten wäre es wohl, wenn für das betreffende benutzte Telephon für die gewählte Frequenz, also etwa $\omega = 5000$, in absoluten Einheiten die Schallintensität am Trommelfell unter der Voraussetzung gemessen oder berechnet werden könnte, daß das Telephon am Ohr anliegt. Diese Werte müßten für alle Teilspannungen des Geräuschmessers bekannt sein.

Der von uns benutzte Siemens-Barkhausensche Geräuschmesser verzichtet auf eine solche absolute Eichung und ist vielmehr so abgeglichen, daß bei Einstellung der Stufe 1 gerade im Ohr bei unmittelbarem Anlegen des Telephons an die Ohrmuschel der Schwellwert erreicht wird. Die anderen Stufen sind so abgeglichen, daß die am Hörer anliegende Spannung jedesmal um 100 vH ansteigt. Bezeichnet man also die für die Erregung des Schwellwertes am Telephon anliegende Spannung mit 1, so erhält man für die

[1] Barkhausen, Zeitschrift für technische Physik Jg. 7 (1926) S. 599.
[2] Vgl. auch Zeitschrift für technische Physik Jg. 8 (1927) S. 456.

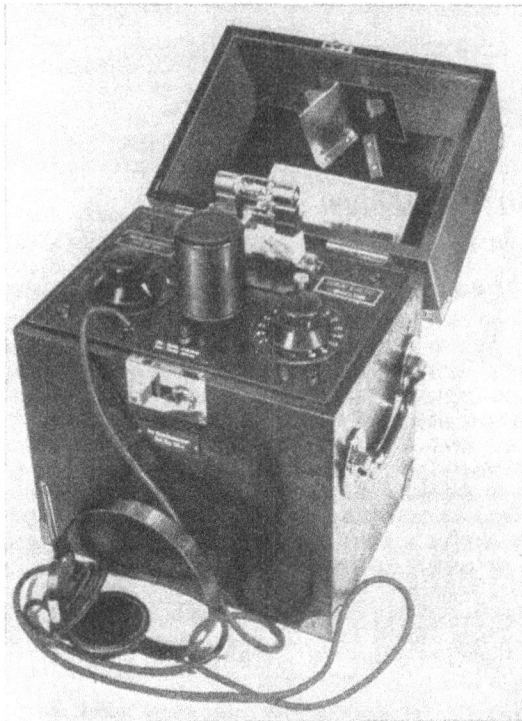

Abb. 1. Geräuschmesser, Bauart Siemens-Barkhausen.

Stufen die Reihe der Zahlentafel 1, deren Zahlen natürlich auch den Stromwerten im Telephon verhältig sind. Da die Amplitude der Membranschwingung nach Breisig

$$S = \frac{const \cdot J}{\sqrt{(\omega^2 - a^2)^2}}$$

ist, wo ω die Kreisfrequenz des Telephonstromes und a die Kreisfrequenz der Resonanzschwingung der Membran bedeuten, gibt also die gleiche Zahlenreihe auch Zahlenwerte, die der Amplitude der Membranschwingungen verhältig sind.

Zahlentafel 1. Proportionalitätsfaktoren für die Spannungen bzw. Stromstärken des Meßtelephons bzw. die Amplituden der Membranschwingungen.

Stufe	Prop.-Faktor für die ans Telephon angelegte Spannung	Stufe	Prop.-Faktor für die ans Telephon angelegte Spannung	Stufe	Prop.-Faktor für die ans Telephon angelegte Spannung
1	2^0	6	2^5	11	2^{10}
2	2^1	7	2^6	12	2^{11}
3	2^2	8	2^7	13	2^{12}
4	2^3	9	2^8	14	2^{13}
5	2^4	10	2^9	15	2^{14}

Um eine Vorstellung von den entsprechenden Schallintensitäten in absolutem Maß zu bekommen, kann man etwa so vorgehen, daß man nach Max Wien (Verhandlungen der Naturforscher und Ärzte, Karlsbad 1902, Bd. II, Teil 1, S. 28)[1]) für den Schwellwert und $\omega = 5000$ die Schallintensität berechnet.

Max Wien fand für die Schallintensität des Schwellwertes

$$f = 600 \quad A = 6{,}6 \cdot 10^{-11} \text{ Erg}$$
$$f = 1050 \quad A = 3{,}8 \cdot 10^{-12} \text{ »}$$

für $f = 800$ ergibt sich somit

$$A = 3{,}8 + \frac{(66 - 3{,}8)\,250}{450} \cdot 10^{-12} = 38 \cdot 10^{-12} \text{ Erg.}$$

Angenähert darf man annehmen, daß die Schallintensitäten mit dem Quadrat der Amplituden der Membran-

---

[1]) Vgl. auch Pflügers Archiv f. Physiologie, Bd. 97, 1903, Phys. Zeitschr. Jg. 4 (1902/03) S. 69.

schwingungen steigen. Somit ergeben sich für die einzelnen Stufen des Siemensschen Geräuschmessers ungefähr folgende Schallintensitäten:

Zahlentafel 2. Schallintensitäten für die einzelnen Stufen des Geräuschmessers.

Stufe	Schallintensitäten in Erg	Stufe	Schallintensitäten in Erg	Stufe	Schallintensitäten in Erg
1	$2^0 \cdot 38 \cdot 10^{-12}$	6	$2^{10} \cdot 38 \cdot 10^{-12}$	11	$2^{20} \cdot 38 \cdot 10^{-12}$
2	$2^2 \cdot 38 \cdot 10^{-12}$	7	$2^{12} \cdot 38 \cdot 10^{-12}$	12	$2^{22} \cdot 38 \cdot 10^{-12}$
3	$2^4 \cdot 38 \cdot 10^{-12}$	8	$2^{14} \cdot 38 \cdot 10^{-12}$	13	$2^{24} \cdot 38 \cdot 10^{-12}$
4	$2^6 \cdot 38 \cdot 10^{-12}$	9	$2^{16} \cdot 38 \cdot 10^{-12}$	14	$2^{26} \cdot 38 \cdot 10^{-12}$
5	$2^8 \cdot 38 \cdot 10^{-12}$	10	$2^{18} \cdot 38 \cdot 10^{-12}$	15	$2^{28} \cdot 38 \cdot 10^{-12}$

Als Bezeichnung für die Einheit hat Barkhausen das »Wien« mit der Festlegung vorgeschlagen, daß man z. B. einen Wert von 100 Wien hat, wenn man den Strom im Telephon auf den hundertsten Teil schwächen kann, um gerade den Schwellwert zu bekommen. Die Zahlen der Zahlentafel 1 geben also nach dieser Festsetzung die Anzahl der »Wien« an. Wir möchten aber als Einheit nicht den Amplitudenwert, sondern die Energie wählen. Wir sagen also: man hat die Schallintensität 100 Wien, wenn gerade der hundertste Teil der vorhandenen Energie den Schwellwert erzeugt.

Wir sehen darin zwei Vorteile: einmal legt man in der Optik die Lichtstärke auch energetisch fest, dann aber kann man bei Festlegung der Einheit als Energie (und nicht als Amplitude) bei Erzeugung des Geräusches durch zwei Ursachen die Angaben in »Wien« einfach algebraisch addieren, um den Gesamtwert zu bekommen. Aus der Zahlentafel 2 erkennt man, daß energetisch ganz außerordentliche Unterschiede zwischen dem kleinsten und größten Wert der Reihe bestehen. Beim Licht würde man aber Ähnliches bekommen, wenn man auch dort als Einheit die Lichtstärke einsetzte die gerade noch wahrgenommen wird, und sie vergleicht mit den stärksten Lampen.

Bevor wir zu den Ergebnissen unserer Messungen kommen, soll noch darauf hingewiesen werden, daß man vor endgültiger Festsetzung einer Einheit der Schallintensität entscheiden muß, ob es überhaupt zweckmäßig ist, mit einem »Wien« die dem Schwellwert entsprechende Schallintensität zu bezeichnen, oder ob es nicht ratsam ist, diesen Einheitswert entsprechend der Lichtstärkeneinheit höher zu legen, etwa in die Gegend, die man bei guter telephonischer Verständigung in der Ohrmuschel zu haben pflegt. Dieser Wert müßte natürlich ein für allemal energetisch in absoluten Einheiten festgesetzt werden.

Nun hat Barkhausen neben der Eichung in »Wien« eine logarithmische Teilung in »Phon« vorgeschlagen. Zunächst ist es ratsam, sich daran zu erinnern, daß wir das beim Licht bekanntlich nicht tun, obwohl auch dort das Weber-Fechnersche Gesetz gilt, daß nämlich die physiologische Wirkung dem Logarithmus der die Reizung auslösenden Energie verhältig zu setzen ist. Tut man es trotzdem, so erhält man bis auf einen konstanten Zahlfaktor auch bei der von uns vorgeschlagenen Einheit die gleiche Zahlenreihe wie Barkhausen. Eine solche Teilung kann aber zu Mißverständnissen führen, solange nicht auch bei anderen physiologischen Wirkungen, z. B. beim Licht, ebenfalls eine logarithmische Teilung angewandt wird.

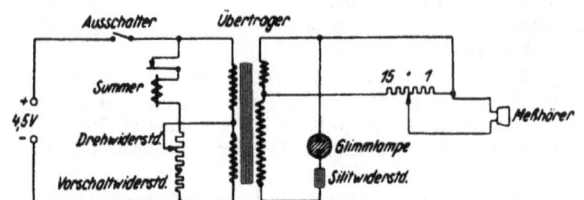

Abb. 2. Schaltbild zum Geräuschmesser nach Prof. Barkhausen.

Ergebnisse der Messungen.

In den Zahlentafeln 3 bis 6 sind die erhaltenen Ergebnisse zusammengestellt. Die Zahlentafel 3 enthält nähere Angaben über die verwendeten Flugzeuge, Motoren und Baufirmen. Die Zahlentafel 4 gibt die Meßergebnisse bei normalem Betrieb, Zahlentafel 5 zeigt den Einfluß des Fahrwindes auf die Geräuschempfindung. Zahlentafel 6 endlich gibt die Geräuschstärke in Abhängigkeit von der Drehzahl.

Zahlentafel 3. Verwendete Flugzeuge.

Messung Nr.	Baumuster des Flugzeuges	Hersteller	Baumuster des Motors	Zahl der Motoren	Nennleistung in PS
1	GMG 1	Gustav Müller-Griesheim	Anzani 3 Zyl.	1	35
2	L 68	Albatros Flugzeugwerke G. m. b. H.	SH 11	1	75
3	F 13	Junkers Flugzeugwerke AG.	Junkers L 2	1	260
4	F 13	do.	BMW 4	1	300
5	A 20	do.	»	1	300
6	F 3	Fokker Niederl. Flugzeugfabrik	»	1	300
7	F 2	do.	»	1	300
8	DoB Merkur	Dornier Metallbauten G. m. b. H.	BMW 6	1	450
9	L 73	Albatros Flugzeugwerke G. m. b. H.	Junkers L 5	2	je 300
10	G 24	Junkers Flugzeugwerke AG.	Junkers L 2	3	je 260
11	Roland	Rohrbach Metal Aeroplan Co.	BMW 4	3	je 300

Beachtenswert erscheint bei den Messungen im offenen Flugzeug eine deutliche Abhängigkeit der Ergebnisse von der Lage des beobachtenden Ohres. Während eine geschlossene Flugzeugkabine sich merklich wie eine »Ulbrichtsche Kugel« verhält — um einen optischen Ausdruck zu gebrauchen — die Geräuschstärke dort also nahezu im ganzen Raume konstant ist, ja nicht einmal durch Öffnen eines kleinen Kabinenfensters an einer beliebigen Stelle meßbar geändert wird, liegen die Verhältnisse im offenen Flugzeug bzw. auf dem Führersitz einer Verkehrsmaschine ganz anders. Man erhält hier schon deutliche Änderungen der Geräuschstärke und auch des Klanges beim einfachen Drehen des Kopfes, die sich jedoch offenbar nicht in eindeutige einfache Gesetzmäßigkeiten fassen lassen. Es scheint, daß die Geräuschstärke im allgemeinen beim Blick geradeaus parallel zur Flugrichtung am kleinsten ist, zumindest erscheint der Lärm dem Ohre in dieser Richtung meist am geringsten. Es kann aber wohl angenommen werden, daß dieser Effekt nirgends eine praktische Bedeutung hat.

Zahlentafel 5. Abhängigkeit vom Fahrwind.

Messung Nr.	Baumuster des Flugzeuges	Drehzahl U/min	Siemensstufen Normaler Sitz	Siemensstufen Nach außen (in den Fahrwind) gebeugt	Siemensstufen Nach innen gebeugt
4	F 13 (BMW 4)	1200	13	bis 14	12
4	»	1330	14	» 15	13
5	A 20	1400	13	über 15	12

Von bedeutendem Einfluß auf die physiologische Lautstärke zeigt sich jedoch der Grad, bis zu dem der Beobachter vor den unmittelbaren Einwirkungen des Fahrwindes und Motorauspuffes geschützt ist. Gerade die Bedeutung des Fahrwindes darf nicht unterschätzt werden, denn dieser ist, wie Zahlentafel 5 zeigt, für die höchsten von uns gemessenen Geräuschstärken verantwortlich zu machen. Die mit außerordentlich hohen Geschwindigkeiten (30—50 m/s) am Kopfe des Beobachters vorbeistreichenden Luftmassen regen auch die unmittelbarste Umgebung des Ohres wie Kappe, Brille, Schutzkleidung — ja sogar das äußere Ohr selbst — zu heftigen Erschütterungen an und rufen dadurch den Eindruck eines ungeheuren Lärmes hervor. Hinzu kommt noch, daß es sich hier nicht um eine konstante,

Zahlentafel 6. Messung bei verschiedenen Drehzahlen.

Messung Nr.	Baumuster des Flugzeuges	Im Fluge Drehzahl U/min	Im Fluge Siemens-Stufen	Am Boden Drehzahl U/min	Am Boden Siemens-Stufen
2	L 68	1000	11	—	—
		1500	13	—	—
3	F 13 (L 2)	1200	12 bis 12½	—	—
		1300	13 bis 13½	—	—
4	F 13 (BMW 4)	1330	14	500	9
		—	—	600	9½
		—	—	800	10
		—	—	1000	11½
		—	—	1200	13
5[1])	A 20	1000	9½ bis 10	—	—
		1100	10	—	—
		1200	10½	—	—
		1300	11	—	—
		1400	12	—	—
8	Merkur	1200	15	—	—
		1400	über 15	—	—

[1]) Diese Messungen sind bei leicht vorgeneigtem Oberkörper vorgenommen, um mit dem beobachtenden Ohr aus dem direkten Fahrwind herauszukommen.

Zahlentafel 4. Messung der Geräuschstärke bei normalem Betrieb.

Messung Nr.	Baumuster des Flugzeuges	Messung in der Kabine Drehzahl U/min	Messung in der Kabine Siemens-stufen	Messung in der Kabine Phon × Konst.	Messung in der Kabine Ampl. der Membran Schw. × Konst.	Messung in der Kabine A	Messung im Freien Drehzahl U/min	Messung im Freien Siemens-stufen	Messung im Freien Phon × Konst.	Messung im Freien Ampl. der Membran Schw. × Konst.	Messung im Freien A
1	GMG 1	—	—	—	—	—	1400	12	11	2^{11}	2^{22}
2	L 68	—	—	—	—	—	1500	13	12	2^{12}	2^{24}
3	F 13 (L 2)	—	10	9	2^9	2^{18}	1380	13—13½	12—12½	rd. 2^{12}	rd. 2^{24}
4	F 13 (BMW 4)	—	10	9	2^9	2^{18}	1330	14	13	2^{13}	2^{26}
5	A 20	1480	—	—	—	—	1400	13	12	2^{12}	2^{24}
6	F 3	1480	11	10	2^{10}	2^{20}	—	—	—	—	—
7	F 2	—	—	—	—	—	1200	11½	10½	rd. 2^{10}	rd. 2^{20}
8	Merkur	—	11½—12	10½—11	rd. 2^{11}	rd. 2^{22}	1400	über 15	14—15	2^{14}—2^{15}	2^{28}—2^{30}
9	L 73	—	11½	10½	rd. 2^{10}	rd. 2^{20}					
10	G 24	1250, 1180 1230	9½—10	8½—9	rd. 2^9	rd. 2^{18}					
11	Roland	1240, 1300 1200	9	8	2^8	2^{16}					

Schallintensität: $A \cdot x$

x nach Wien: $34 \cdot 10^{-12}$ Erg

wirbelfreie Strömung handelt, sondern daß der Fahrwind bei Flugzeugen mit vorn liegendem Motor dauernd durch die Luftschraube »zerhackt« wird, also selbst bereits mit dem Luftschraubengeräusch beladen ist.

Auch Lage und Anordnung des Motorauspuffes sind natürlich von Einfluß auf die Geräuschbildung. Aus Gründen der Kraft- und Gewichtsersparnis verzichtet man in der Luftfahrt meist auf wirksame Schalldämpfer, ist aber erfreulicherweise in einzelnen Fällen dazu übergegangen, die Öffnung des an sich glatten Auspuffrohres hinter Führerraum und Kabine (Junkers A 20 und G 24) bzw. bei Hochdeckern über die Tragdecks (Rohrbach-Roland) zu verlegen. Die Tatsache, daß sich die Roland-Kabine bei unseren Messungen als die ruhigste erwies (9 Siemensstufen!), obwohl gerade diese Maschine von allen gemessenen Flugzeugen die stärkste Motorenanlage hat, dürfte wohl zum Teil dieser guten Abführung der Auspuffgase zuzuschreiben sein.

Sicher ist jedenfalls, daß die auftretenden Geräusche um so schwächer werden, je besser der Beobachter rein mechanisch vor den unmittelbaren Einwirkungen von Fahrwind und Auspuffstrom geschützt ist. Am wirksamsten ist dieser Schutz natürlich in einer allseitig geschlossenen Kabine, doch kann, wie das Beispiel der Fokker F 2 (Zahlentafel 4, Messung 7, 11½ Siemensstufen!) zeigt, auch schon eine einfache, geschickt vor dem Führersitz angebrachte Windschutzscheibe Wunder tun. Es wird in Zukunft ratsam sein, daß beim Flugzeugbau mehr als bisher diesen Gesichtspunkten Aufmerksamkeit geschenkt wird.

Endlich erkennt man deutlich den großen Unterschied zwischen der Geräuschstärke in der Kabine und am Führersitz. Der Unterschied beträgt in Siemensstufen 3—4 Einheiten. In absoluten Schallintensitäten bedeutet das ein

$$\frac{2^{2(n+4)}}{2^{2n}} = 2^{2 \cdot 4} = 2^8 = 256 \text{ faches.}$$

Daraus ergibt sich aber deutlich eine ganz außerordentliche Verringerung der Reichweite beim drahtlosen Verkehr, falls der Funker, wie das in England üblich ist, neben dem Führer Platz nimmt oder die Betätigung der Funkeinrichtung dem zweiten Flugzeugführer übertragen wird.

Zum Schluß sei noch darauf hingewiesen, daß die überhaupt gemessenen Unterschiede, was die ins Ohr dringende Schallintensität anlangt, bei den verschiedenen Mustern recht erheblich sind. Der niedrigste Wert beträgt 9 Siemensstufen, der höchste 15. Die entsprechenden Zahlen in Vielfachen der Schwellwert-Schallintensitäten sind $2^{8.2}$ und $2^{14.2}$, also ist die Schallintensität im zweiten Fall das $2^{12} =$ etwa 4000 fache.

Jedenfalls haben die Messungen gezeigt, daß der Geräuschmesser nach Barkhausen in der Luftfahrttechnik ein sehr großes Anwendungsfeld hat, und zwar ebensosehr bei Überlegungen über funkentelegraphische Reichweite wie ganz allgemein für zweckmäßigen akustischen Bau der Flugzeuge. Es sei noch bemerkt, daß wir den Apparat auch anwenden, um die Lautstärke im Empfangstelephon zu messen, indem man dieses an ein Ohr hält, während man an das andere Ohr das Telephon des Geräuschmessers legt. Auch kann man so zu Erfahrungswerten kommen, bis zu welchem Wert die Empfangslautstärke sinken darf, um bei einer bestimmten äußeren Geräuschstärke noch wahrnehmbar zu bleiben. Es gelten natürlich verschiedene Werte für Telephonie, für ungedämpfte oder tönende Telegraphie. Auch sind diese Werte davon abhängig, wie weit man durch Spezialhörer oder Telephonzellen das äußere Geräusch von dem empfangenden Ohr abhalten kann.

In Aussicht genommen sind weiterhin Versuche über die Abhängigkeit des Geräusches vom Luftdruck, d. h. von der Höhe des Flugzeuges. Auch beabsichtigen wir eine Klärung der Frage, ein wie großer Anteil des Gesamtlärmes der Luftschraube zuzuschreiben ist und welcher Teil auf den Motor entfällt.

Zusammenfassung.

Mit Hilfe des Geräuschmessers nach Siemens-Barkhausen wurden Untersuchungen über die im Flugzeug auftretenden Geräuschstärken durchgeführt. Die Messungen erfolgten an einer Reihe von Sport- und Verkehrsflugzeugen, und zwar bei letzteren sowohl am offenen Führersitz wie in der geschlossenen Kabine. Die Zahlentafeln 4 bis 6 zeigen die Ergebnisse für normalen Betrieb, in Abhängigkeit vom Platz des Beobachters und von der Drehzahl des Motors.

Abgeschlossen im Juni 1927.

Die Vorzüge des Kurzwellen-Verkehrs mit Flugzeugen[1]).

Von Heinrich Faßbender.

97. Bericht der Deutschen Versuchsanstalt für Luftfahrt, E. V., Berlin-Adlershof (Abt. für Funkwesen und Elektrotechnik).

Einleitung.

Der gegenwärtige Stand des Flugfunkwesens ist etwa folgender:

Die heute in Flugzeugen verwandten Langwellensender haben eine sichere Reichweite von nicht mehr als 300 bis 500 km bei einer Leistung in der Antenne von 70 Watt. Da der Hauptwert des Flugverkehrs in der Überbrückung großer Entfernungen liegt, so genügt diese Reichweite nicht den berechtigten Ansprüchen; jedenfalls kann man sagen, daß die Reichweite der Stationen weit hinter dem Aktionsradius der Flugzeuge zurückbleibt. Gibt es doch schon heute Flugzeuge mit einem Aktionsradius von mehr als 6000 km. Bei Luftschiffen ist der Aktionsradius bekanntlich sogar 10000 km und mehr.

Außerdem bedingt die Mitführung der seitherigen Langwellenstation eine unverhältnismäßig große Verminderung der Zuladung. Als Beispiel seien die Verhältnisse des heutigen Telefunkengeräts angeführt. Bei diesem beträgt das Gesamtgewicht rd. 50 kg, die durch den Luftwiderstand des Generators einschließlich Luftschraube bedingte Verminderung der Zuladung beträgt etwa 32 kg. Bei den anderen Geräten sind diese Daten noch ungünstiger. Der Luftwiderstand der Antenne verursacht eine weitere Verminderung von etwa 8 kg, so daß insgesamt zum mindesten mit 90 kg Zuladungsverminderung gerechnet werden muß.

Endlich besitzen die jetzigen Geräte eine Schleppantenne von 70 m Länge, die die Manövrierfähigkeit besonders bei schlechtem Wetter hindert, so daß schon seit langem feste Antennen gefordert werden. Da aber die am Flugzeugkörper zur Verfügung stehenden Längen sehr klein sind gegenüber der im Luftverkehr heute üblichen Wellenlänge, so haben feste Antennen bei den seitherigen Geräten außerordentlich schlechte Wirkungsgrad und so daß sich praktisch nutzlose Reichweiten ergeben.

Weiter ist die Aufgabe, die Station so zu bauen, daß sie ebensowohl während des Fluges als auch nach der Landung auf dem Boden und auf See benutzt werden kann, bei den seitherigen Stationen nur schwer zu lösen. Diese Aufgabe ist aber eine der wichtigsten, da gerade nach Notlandungen ein Verkehr mit dem Heimathafen des Flugzeuges besonders notwendig ist. Auch wenn man bei den jetzigen Geräten die Schleppantenne in solchen Fällen durch eine Behelfsantenne ersetzen kann, so haben diese doch einmal eine sehr kleine Reichweite und außerdem muß wegen des fehlenden Fahrwinds ein durch einen Hilfsmotor angetriebener Generator zur Verfügung stehen, der eine große Belastung für das Flugzeug darstellt.

Angesichts dieser Mängel des heutigen Flugfunkwesens war es nötig, neue Wege der Entwicklung zu suchen.

Bei Verwendung von kurzen Wellen ist es, man möchte sagen, durch einen besonders günstigen Zufall möglich, alle erwähnten Forderungen gleichzeitig zu erfüllen. Zunächst ist der Leistungsbedarf auch bei großen Reichweiten so gering, daß das Gesamtgewicht der Funk-Anlage außerordentlich klein sein kann. Sodann erfordern die kurzen Wellen Antennenlängen, die sich den heute üblichen Dimensionen des Flugzeugs anpassen, so daß sich auch bei fest verspannten Luftdrähten günstige Strahlungsverhältnisse ergeben. Endlich kann man die geringe Primär-Leistung einem kleinen Edisonakkumulator entnehmen, so daß die Station, wie wir sehen werden, auch nach der Landung, insbesondere nach Notlandungen, betriebsfähig ist.

Nach dem Gesagten könnte man sich wundern, warum die kurzen Wellen nicht schon lange in das Flugfunkwesen eingeführt sind. Es standen dem aber bisher eine Reihe von Bedenken entgegen. Bisher wurde überhaupt die Möglichkeit des Kurzwellenempfangs im Flugzeug bezweifelt. Man glaubte nämlich, daß das Zündgeräusch vom Flugmotor und die Erschütterungen während des Fluges den Kurzwellenempfang unmöglich machen würden.

Vor allem aber waren es die sog. toten Zonen, die die Anwendung der kurzen Wellen recht wenig aussichtsreich erscheinen ließen.

Unter der toten Zone versteht man bekanntlich die Erscheinung, nach der eine drahtlose Verbindung in einer bestimmten Entfernung vollkommen aufhören soll, um erst in größerer Entfernung, der sog. Sprungentfernung, wieder einzusetzen. Diese toten Zonen, die nach den Amerikanern bei den Wellen unter 45 m auftreten, erklärt man bekanntlich so, daß der Anfang der toten Zone dadurch bestimmt wird, daß die Oberflächenwelle infolge ihrer räumlichen Dämpfung an diesem Punkte gerade abgeklungen ist. Der Empfang jenseits der toten Zone wird darauf zurückgeführt, daß hier die an der sog. Heaviside-Schicht reflektierte Raumstrahlung den Erdboden trifft.

Trotz der Bedenken, die stets gegen die kurzen Wellen angegeben wurden, hat die Funk-Abteilung der DVL die Erprobung der kurzen Wellen im Flugzeugverkehr in Angriff genommen, und man kann heute schon sagen, daß diese Versuche zu Erfolg geführt haben. An diesen Versuchen haben sich besonders Dr. phil. Krüger und Dr.-Ing. Plendl beteiligt.

Zu diesen Erfolgen, die wir mit den kurzen Wellen hatten, ist aber einmal zu bemerken, daß die Ausbreitungsverhältnisse beim Verkehr zwischen Flugzeug und Erde prinzipiell andere und bezüglich der räumlichen Dämpfung günstigere sind als zwischen zwei Bodenstationen. Außerdem hat es sich auch gezeigt, daß die Wellen oberhalb 45 m, die auch nach den Amerikanern keine toten Zonen zeigen, sich vorzüglich für den Flugverkehr eignen und daß auch noch für sie die oben genannten prinzipiellen Vorteile der kurzen Wellen für den Flugverkehr gelten.

Geräte.

Zunächst sollen die bisher benutzten Geräte kurz beschrieben werden:

Abb. 1 zeigt ein von der Firma C. Lorenz, A.-G., Berlin-Tempelhof, gebautes Kurzwellen-Sende-Empfangsgerät für ungedämpfte Telegraphie und Telephonie (sog. Eintornistergerät), dessen Sender für eine Reihe von Untersuchungen benutzt wurde. Das gesamte Gerät, das aber konstruktiv nicht für den Luftverkehr besonders durchgebildet ist, hat einschließlich Taste, Mikrophon, Kopfhörer, Heizakkumulator und Anodenbatterie ein Gewicht von etwa 14 kg, seine Abmessungen in geschlossenem Zustand sind $44 \times 36 \times 17$ cm. Der Sender wird durch einen auswechselbaren

[1]) Vortrag des Verfassers auf der Hauptversammlung der DVL, Berlin, 4. Oktober 1927.

Abb. 1. Kurzwellen-Sende-Empfangs-Kleingerät in einer F 13.

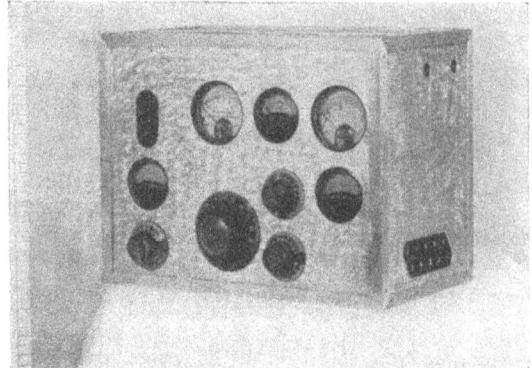

Abb. 2. Kurzwellen-Bordsender.

Quarzkristall gesteuert und ist so eingerichtet, daß er einen Wellenbereich von etwa 40—60 m umfaßt, je nach dem gewählten Kristall. Als Senderrohr wird im allgemeinen eine kleine Verstärkerröhre, Muster Telefunken RE 352, benutzt mit 1,7 V Heizspannung, 0,35 A Heizstrom und einer Emmission von etwa 45 mA. Die Antennenenergie des Senders beträgt etwa 0,2—1 W, je nachdem man eine, zwei oder drei Anodenbatterien verwendet. Der Sender benötigt also keinen Generator, sondern entnimmt seine Energie lediglich dem Heizakkumulator und der Anodenbatterie. Das Gerät hat dabei eine mindestens zehnstündige Betriebsdauer ohne Auswechselung der Batterien, allerdings bei wechselseitigem Senden und Empfangen.

Abb. 2 zeigt den von Herrn Dr.-Ing. Plendl gebauten Kurzwellen-Bordsender, der zur Abschirmung in ein Aluminiumgehäuse eingebaut ist. Seine Spitzenleistung beträgt etwa 100 W, sein Wellenbereich 10—150 m. Die Schaltung dieses Senders ist in Abb. 3 wiedergegeben. Abb. 4 und Abb. 5 zeigen den Sender von hinten und oben nach Abnahme des Abschirmkastens.

Als Empfänger wurde der in Abb. 6 und Abb. 7 gezeigte Telefunken-Kurzwellenempfänger benutzt, dessen Schaltung in Abb. 8 wiedergegeben ist. Er stellt in abgeänderter Form den Typ dar, den Transradio seit Jahren mit großem Erfolg im Überseeverkehr anwendet. In dem Aluminiumkasten ist ein Audion in Gegentaktschaltung und ein Niederfrequenzverstärker eingebaut.

Abb. 9 zeigt die in der Funkabteilung gebaute Kurzwellen-Bordstation in der Kabine des Flugzeuges D 212. Auf dem federnd aufgehängten Tisch steht links der Empfänger mit Gleichrichter-Meßgerät und rechts der Sender mit Taste, Schalttafel, Zeichengeber und Lastausgleich. Die Energiezuführung zur Dipolantenne sieht man rechts abgehen. Unten sind der Wellenmesser und die Steckspulen für Empfänger, Wellenmesser und Sender zu sehen.

Zu der Bordstation ist zu bemerken, daß sie in ihrem Aufbau ein fliegendes Laboratorium darstellt und daß daraus

nicht etwa ein Schluß auf die Größe einer endgültigen Kurzwellenbordstation gezogen werden soll.

Flugzeug-Antennen.

Die Strahlungsverhältnisse bei Flugzeugantennen sind gerade für Kurzwellen denkbar günstig. Im Gegensatz zu den Langwellen gestaltet sich hier das Verhältnis von verfügbarer Antennenlänge zur Wellenlänge sehr vorteilhaft. Dadurch können die großen energieverzehrenden Antennenverlängerungsspulen vermieden werden. Ein großer Vorteil liegt auch darin, daß bei dem in einiger Höhe schwebenden Flugzeug die gesamte Strahlung als Raumstrahlung die Antenne verläßt, wogegen bei den am Boden befindlichen Antennen im allgemeinen ein großer Teil als Oberflächenstrahlung an die Erdoberfläche gebunden ist und von dieser besonders bei Kurzwellen stark absorbiert wird.

Bei unseren Versuchen wurden in der Hauptsache fest verspannte Dipole verwendet, die sowohl in elektrischer als auch in flugtechnischer Hinsicht sich als ausschlaggebend für die praktische Verwendung der kurzen Wellen im Flugverkehr erwiesen haben.

In Abb. 10 sehen wir eine schematische Darstellung des Aufbaus der Dipolantenne am Flugzeug. In der oberen Abbildung liegen die beiden Hälften des Dipols symmetrisch und quer zur Flugzeugachse in einer mittleren Höhe von 1,20 m über den Tragflächen. Unten sehen wir eine Dipolantenne, schräg zur Flugzeugachse verspannt zwischen Tragflächenende und Leitwerk. Diese letztere Form hat den Vorteil der einfacheren Abspannung, aber den Nachteil einer kürzeren Drahtlänge. Außerdem hindert diese Form den Zugang zur Kabine.

Aus Abb. 11 ist der Aufbau einer Querdipol-Antenne auf einer Junkers F 13 ersichtlich. Die Drähte sind verstärkt in das Bild eingezeichnet. Man erkennt die bei der Abstimmung gebrauchten Indikatorlämpchen und die eingesetzten Isolationsstücke, um bei Sendeversuchen rasch auf verschiedene Wellen abstimmen zu können. Die auf eine bestimmte Sendewelle abgestimmte Antenne kann beim Empfang auf beliebiger Welle gebraucht werden, da der oben beschriebene Empfänger mit aperiodischer Antenne arbeitet.

In Abb. 12 sieht man die Antennen der Bodenstation; links den Horizontaldipol mit Energiezuführung und Indikatorlämpchen; rechts den Vertikaldipol.

Empfang im Flugzeug.

In der Einleitung ist bereits kurz auf die Bedenken hingewiesen worden, die gegen den Kurzwellenempfang im Flugzeug geltend gemacht werden.

Die Zündkabel von Explosionsmotoren strahlen bekanntlich beim Überschlag des Zündfunkens kurze Wellen aus. Um über den Einfluß dieser Störungsquelle Klarheit zu erhalten, haben wir den Empfang auf den Wellen von etwa 13—70 m beobachtet, wobei in der Nähe des Empfängers

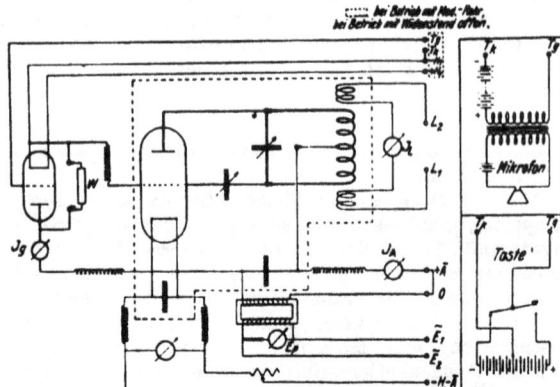

Abb. 3. Schaltung des Kurzwellen-Bordsenders.

Abb. 4. Bordsender mit abgenommenem Abschirmkasten,
von hinten gesehen.

Abb. 5. Bordsender mit abgenommenem Abschirmkasten,
von oben gesehen.

Explosionsmotoren in Betrieb waren. Dabei war das Zünd-geräusch des Motors wohl zu hören, aber mit verhältnis-mäßig geringer Lautstärke. Beim Empfang in der Kabine trat das Zündgeräusch wegen der sonstigen Nebengeräusche, wie Propeller- und Auspufflärm, nicht mehr hervor. Dagegen wurde das Kollektorgeräusch der mitlaufenden Generatoren sehr störend empfunden. Hiergegen kann man sich aber schützen, indem man den Generator auskurbelbar macht, was auch noch Vorteile bezüglich des Luftwiderstandes bringt. Bei dem beschriebenen Kleingerät tritt diese Stö-rungsquelle nicht auf, da der Generator durch einen kleinen Edisonakkumulator ersetzt ist.

während die 18-m-Welle kein ausgesprochenes Minimum er-kennen ließ.

Die Empfangsgüte war stets ausreichend für Verkehr. Die bei den Landungen bei abgestelltem Motor gemessenen Werte waren für alle beobachteten Wellen sehr groß (un-endlich an der Hörbarkeitsskala des Lautstärkenmessers). Diese Beobachtungen am Boden wurden vorgenommen in Entfernungen von 50, 500 und 600 km vom Sender. Die Flughöhe schwankte zwischen 2500 m und einigen 100 m. Ein wesentlicher Einfluß derselben auf den Empfang konnte nicht festgestellt werden.

Ausländische Kurzwellenstationen (z. B. englische, süd- und nordamerikanische und australische) im Wellenbereich von 15—27 m wurden während des Fluges zum Teil mit erheblich größerer Lautstärke empfangen als die drei Nauener Stationen, obwohl die Sendeenergie ungefähr dieselbe ist.

Abb. 6. Telefunken-Kurzwellen-Empfänger.

Abb. 7. Telefunken-Kurzwellen-Empfänger.

Um die Empfangsmöglichkeit der kurzen Wellen im Flugzeug zu prüfen, wurde, wie bereits gesagt, zu diesem Zweck ein Kurzwellenempfänger in ein Kabinenflugzeug gebaut und damit eine Reihe von Versuchsflügen unter-nommen, von denen zwei hervorgehoben seien:

1. nach Friedrichshafen am Bodensee, 600 km Entfer-nung von Nauen, mit Zwischenlandung in Leipzig und München;
2. nach Königsberg, 550 km Entfernung von Nauen, mit Zwischenlandung in Danzig.

Laufend beobachtet wurden die drei großen Verkehrs-sender der Groß-Funkstation Nauen:

aga auf Welle 15,0 m ⎫
agb auf Welle 26,1 m ⎬ mit je 7 kW Antennen-
agc auf Welle 18,2 m ⎭ leistung.

Der Flug nach Friedrichshafen Ende Februar 1927 zeigte, daß bis zu 600 km Entfernung vom Sender eine ausgeprägte tote Zone nicht vorhanden ist. Wohl sind Schwankungen der Intensität beobachtet worden, die ein Minimum der Intensität erkennen lassen. Dasselbe lag bei der beobach-teten Tageszeit von 13^{00} bis 15^{00} zwischen

250 km und 300 km bei der 26-m-Welle,
ferner zwischen
250 km und 400 km bei der 15-m-Welle,

Zusammenfassung. Absolut tote, d. h. völlig emp-fangslose Zonen sind bis zu Entfernungen von 600 km vom Sender für die Wellen 15, 18 und 26 m nicht gefunden worden. Wenn man in Betracht zieht, daß Stationen, die 1500, 6000, 11 000 und 20 000 km entfernt sind, wesentlich lauter (zum Teil um ein Vielfaches lauter) gehört wurden als die Nauener Stationen, so kann man sagen, daß wohl eine Zone großer Schwächung vorhanden ist, in der jedoch bei einigermaßen großen Bodensendern noch guter Empfang möglich ist.

Über diese Versuche wurde bereits im März dieses Jahres eine Notiz in den »Naturwissenschaften« veröffentlicht.

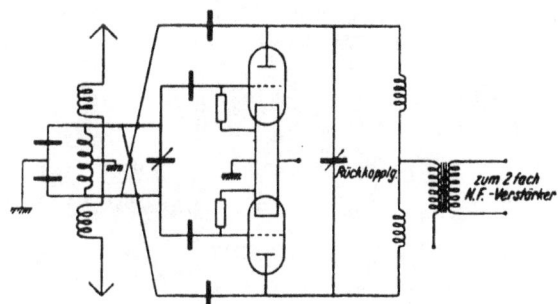

Abb. 8. Schaltung des Telefunken-Kurzwellen-Empfängers.

Abb. 9. Kabine der F 13 mit eingebauter Kurzwellen-Station.

Letzthin wurde eine Reihe von Flügen nach Kissingen und Norderney unternommen, bei denen im Flugzeug ein Bodensender der Funkabteilung mit 40 und 46 m von rd. 1 W Leistung empfangen wurde. Auch hier konnte eine tote Zone weder Tags noch Nachts gefunden werden, für die letzte Welle in Übereinstimmung mit den Amerikanern.

Senden vom Flugzeug.

Mit den beschriebenen Sendern und mit verschiedenen Wellen wurde eine große Reihe von Kurzwellen-Sendeflügen unternommen.

Versuche mit dem Kurzwellen-Kleingerät.

Das in Abb. 1 gezeigte Kurzwellen-Kleingerät wurde in ein Junkers-Flugzeug F 13 eingebaut und dort an eine Dipolantenne gemäß Abb. 11 angeschlossen.

Dipol senkrecht zur Flugrichtung

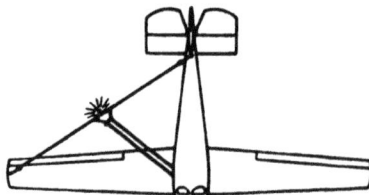

Dipol schräg zur Flugrichtung

Abb. 10.

Die ersten Versuche mit der Welle 46,3 m und etwa 0,7 W Antennenenergie umfaßten einige Platzflüge und kurze Überlandflüge bis zu einer Entfernung von etwa 30 km von dem in Adlershof aufgestellten Empfänger und ergaben überall gute Empfangslautstärke. Der nächste Schritt

Abb. 11. F 13 mit Querdipol-Antenne.

war ein Flug Adlershof—Leipzig (etwa 135 km) und zurück ohne Zwischenlandung am 24. August 1927. Auch hier war der Empfang überall gut, unendlich an der Skala des Hörbarkeitsmessers. Flüge nach Köln, München und Hannover, bei denen auf dem Hin- und Rückflug vom Flugzeug mit der Welle 46 m gesandt wurde, hatten ein überraschend gutes Ergebnis. Fast stets war die Empfangslautstärke unendlich. Bei allen Zwischenlandungen wurde auch vom Boden gesandt. Die Versuche vom Boden wurden in Köln und München auch nachts vorgenommen. Das kristallgesteuerte, ungedämpfte Senden mit so geringen Leistungen hatte alle Erwartungen übertroffen.

Versuche mit dem 100-Watt-Sender.

Die Untersuchungen lagen zeitlich vor den eben angeführten Versuchen mit dem Kleingerät und wurden tönend mit Wellen unter 40 m ausgeführt.

Zusammenfassend kann man sagen, daß in Übereinstimmung mit den Empfangsbeobachtungen im Flugzeug auch beim Senden vom Flugzeug mit Wellen unterhalb von 40 m mitunter Zonen großer Schwächung feststellbar sind, die aber im allgemeinen durch Wahl günstiger Antennen bei genügender Energie (rd. 100 W Flugzeugsendeleistung und einige Kilowatt Bodenstationsleistung) noch ausreichende Lautstärke für Verkehr geben. Die Kurzwellenprobeflüge müssen fortgesetzt werden, aber schon jetzt kann man vermuten, daß für Entfernungen bis 1000 km Wellenbänder zwischen 45 und etwa 60 m die geeignetsten sein werden, während für die größten Entfernungen, den transozeanischen Verkehr, Wellenbänder zwischen 20 und 40 m zu wählen sind.

Zusammenfassung.

Aus den beschriebenen Versuchen kann folgendes Ergebnis abgeleitet werden:

Die kurzen Wellen erfüllen in idealer Weise ein Verlangen, das schon lange gestellt wurde, aber bei langen Wellen nur mit starker Einbuße an Strahlungsleistung zu erfüllen ist, nämlich die Verwendung von festen Antennen. Der große Erfolg der kurzen Wellen im Flugfunkwesen ist zum großen Teil der festen Dipolantenne zu verdanken. Es ist sogar wahrscheinlich, daß die ausländischen Mißerfolge auf ungeeignete Antennen zurückzuführen sind.

Auf einen anderen besonders großen Vorteil der kurzen Wellen soll an dieser Stelle nochmals hingewiesen werden, nämlich auf die Möglichkeit, sehr große Reichweiten mit einem reinen Batteriegerät zu überbrücken. Bei einem Gewichtsaufwand von insgesamt nur 14 kg für dieses Gerät ist es möglich, einen Telegraphieverkehr auf 550 km und mehr während des Fluges wie am Boden, also auch nach Notlandungen auszuführen.

Dabei sei aber darauf besonders hingewiesen, daß sich die seitherigen Erfahrungen im wesentlichen nur auf Telegraphie und nicht auf Telephonie erstrecken.

Bezüglich der beiden grundsätzlichen Schwierigkeiten, die sich bei der Kurzwellentelegraphie ergeben, nämlich den toten Zonen und den sog. Fadings, kann auf Grund der seitherigen Versuche gesagt werden, daß die toten Zonen sich beim Senden und Empfangen im Flugzeug in der von den Amerikanern behaupteten Form nicht haben nachweisen lassen, daß vielmehr nur Zonen mehr oder weniger starker Empfangsschwächung auftreten. Falls die amerikanischen Versuche, die mit Bodenstationen angestellt wurden, den Tatsachen entsprechen, könnte der Unterschied dadurch erklärt werden, daß die direkten, d. h. von der oberen Atmosphäre nicht reflektierten Wellen nach ihrem Austritt aus der Flugzeugantenne in den Luftschichten eine geringere räumliche Dämpfung aufweisen als bei Bodenstationen wegen der dort vorhandenen Dämpfung im Erdboden, und daß deshalb die direkten Wellen bis zu der Zone, in welcher die reflektierte Raumstrahlung einsetzt, eine erhebliche Stärke aufweist.

Was die Fadings anlangt, so ist ihr Einfluß auf den Kurzwellenverkehr mit Flugzeugen noch nicht geklärt, vielmehr sind noch eingehende Forschungen über diesen Punkt auszuführen.

Endlich seien die seitherigen Ergebnisse bei Anwendung der kurzen Wellen im Verkehr mit Flugzeugen in kurzen Sätzen zusammengestellt:

1. Die flugtechnisch besonders günstigen festen Antennen stellen bei kurzen Wellen im Gegensatz zu den langen Wellen auch elektrisch die günstigste Lösung dar.

2. Bei den kurzen Wellen ist zum mindesten bei mittleren Entfernungen der Leistungsbedarf für einen sicheren Betrieb so gering, daß man mit einem reinen Batteriegerät ohne einen FT-Generator auskommt und dadurch während des Fluges und nach der Landung in gleicher Weise den Betrieb durchführen kann.

3. Im Flugzeug ist der Kurzwellen-Empfang weit entfernter Stationen von wenigen Kilowatt Leistung (England, Nord- und Südamerika, Java und Australien) also praktisch von allen Punkten der Erde mit einfachsten Empfängern möglich.

Ausblick auf die praktische Einführung der kurzen Wellen in den Verkehr.

Zum Schluß soll kurz die Frage gestreift werden, ob und wann es möglich sein wird, die kurzen Wellen in den Verkehr einzuführen. Bekanntlich ist in der Technik der Schritt von der Forschung bis zur technischen Einführung groß und schwierig.

Meiner Ansicht nach wäre es ein Fehler, etwa daran zu denken, bei Einführung der kurzen Wellen die langen Wellen aufzugeben. Die langen Wellen haben innerhalb ihres Anwendungsgebietes eine gute Betriebssicherheit ergeben, und es wäre falsch, auf einen solchen technischen Besitz vorschnell zu verzichten. Ganz sicher wäre dies aber verfrüht,

Abb. 12. Horizontale und vertikale Dipolantenne der Bodenstation Adlershof.

solange über die kurzen Wellen nur Forschungs- und keine Betriebserfahrungen vorliegen.

Bei internationalen oder transozeanischen Flügen erscheint die Einführung der kurzen Wellen aber deshalb sehr eilig, weil sie hier überhaupt die einzige Verständigungsmöglichkeit darstellen.

Aber auch beim Verkehr innerhalb Deutschlands würden nach obigem die kurzen Wellen großen Vorteil bieten. Hier würde ich meinen, daß man noch im Jahre 1928 dazu übergehen sollte, eine etwa 500 km lange Strecke der Lufthansa, also etwa Berlin—Köln, mit kurzen Wellen zu betreiben.

Erst wenn außer den seitherigen Versuchsergebnissen auch Betriebserfahrungen während eines längeren Zeitraums vorliegen, kann man dann ein endgültiges Urteil über die praktische Bedeutung der kurzen Wellen im Flugfunkwesen aussprechen.

Abgeschlossen im Oktober 1927.

Zur Anwendung der kurzen Wellen im Verkehr mit Flugzeugen: Versuche zwischen Berlin und Madrid.

Von Kurt Krüger und Hans Plendl.

98. Bericht der Deutschen Versuchsanstalt für Luftfahrt, E. V., Berlin-Adlershof (Abt. für Flugwesen und Elektrotechnik).

Die Arbeit berichtet über eine im November 1927 ausgeführte Versuchsunternehmung nach Madrid, bei der in Adlershof vom Flugzeug und vom Boden aus gesendet und in Madrid der Empfang beobachtet wurde.

Inhalt.

I. Einleitung.

Die bisherigen Untersuchungen der Funkabteilung der DVL über Kurzwellen[1]) erstreckten sich bis zu etwa 1000 km größter Entfernung. Dabei wurden ausgeprägte tote, d. h. völlig empfangslose Zonen in der Form, wie sie von den Amerikanern[2]) behauptet werden, nicht gefunden. Dagegen zeigten sich Zonen mehr oder minder großer Empfangsschwächung, doch war im allgemeinen bei einigermaßen leistungsstarken Sendern für die untersuchten Wellen von 15 bis 50 m eine zum Verkehr ausreichende Lautstärke vorhanden. Freilich stützen sich diese Ergebnisse nur auf eine geringe Zahl von Beobachtungen, einmal wegen der Kürze der zur Verfügung stehenden Zeit und ferner wegen der Abhängigkeit der Überlandflüge vom Wetter. Immerhin sind in diesem Falle positive Beobachtungen höher zu bewerten als negative, da ein Ausbleiben des Empfanges auch andere Ursachen haben kann als das Vorhandensein von toten Zonen.

Innerhalb des bisher untersuchten Entfernungsbereiches von etwa 1000 km erwies sich die Welle um 45 m herum als besonders vorteilhaft. Bei diesem Wellenband (40 bis 50 m) war es möglich, mit der kleinen Antennenleistung von etwa 1 Watt, die mit einem reinen Batteriegerät kleinster Abmessungen erzeugt werden kann, eine gute Verbindung zu allen Tageszeiten, besonders aber bei Nacht, zu erreichen. Diese Ergebnisse wurden auf einer Reihe von Flügen innerhalb Deutschlands bestätigt.

Zur Erweiterung dieser Beobachtungen auf größere Entfernungen wurde von der Funkabteilung ein Versuchsunternehmen nach Madrid[3]) (ungefähr 2000 km Entfernung von Berlin) ausgeführt. Damit auch veränderliche Entfernung berücksichtigt werden konnte, wurden auf der Hin- und Rückreise vom fahrenden Schiff aus Versuche gemacht. Die

Beobachtungen auf dem Schiff und in Madrid wurden von Dr.-Ing. H. Plendl ausgeführt, die Versuche in Adlershof leitete Dr. phil. K. Krüger.

II. Aufgabestellung und Geräte.

Die Einteilung der Versuche geschah in der Weise, daß im allgemeinen Adlershof vom Boden oder Flugzeug aus sendete, während in Madrid beobachtet wurde. Adlershof stellte das Programm auf und gab dieses einmal oder auch mehrmals am Tage mit seinem Bodensender (etwa 300 Watt) nach Madrid durch. Um aber auch in umgekehrter Richtung nicht ganz ohne Verbindung zu sein, ging ein kleiner Sender mit auf die Reise, von dem zu erwarten war, daß er wenigstens bei Dunkelheit die große Entfernung überbrücken würde. Dementsprechend wurde auch in Adlershof stets ein Empfänger betriebsklar gehalten, der außerdem auch zur Kontrolle der Sendungen aus dem Flugzeug diente.

Die Untersuchungen wurden durchgeführt für verschiedene

    Wellenlängen,
    Betriebsarten und
    Sendeleistungen.

Wegen der Kürze der zur Verfügung stehenden Zeit wurden die Untersuchungen auf die drei Wellenbänder in der Gegend von 18 m, 28 m und 48 m beschränkt. Von den Betriebsarten wurden mit Rücksicht auf den Flugbetrieb die rein ungedämpfte und die mit Anodenwechselspannung arbeitende verwendet, da diese bei richtiger Bemessung mit den kleinsten und leichtesten Geräten auskommen.

Zur Erzeugung der rein ungedämpften Hochfrequenz wurden kristallgesteuerte Sender sehr kleiner Leistung (etwa 1 Watt) benutzt, die mit einem kleinen Verstärkerrohr (RE 134 oder RE 352) arbeiteten und ihre Energie aus Empfängerbatterien entnahmen. Die Sender größerer Leistungen (300 Watt-Bodensender, 30 Watt-Flugzeugsender) wurden mit Wechselstrom von 500 Per. betrieben, der durch Transformatoren auf die erforderliche Hochspannung gebracht wurde.

Die nachfolgende Aufstellung gibt einen Überblick über die bei den Versuchen verwendeten Geräte[1]).

In Adlershof: a) Ein Bodensender von rd. 300 Watt Antennenleistung,

b) ein Bordsender von rd. 30 Watt,

c) ein kristallgesteuertes Batteriegerät (Lorenz-Eintornisterstation) von etwa 2 Watt,

d) Ein kristallgesteuertes Batteriegerät mit dreistufiger Frequenzvervielfachung, Leistung etwa 0,5 Watt,

e) ein Telefunken-Großstations-Empfänger.

In Madrid bezw. auf der Reise: f) Ein Telefunken-Großstations-Empfänger,

g) ein kristallgesteuertes Batteriegerät (Lorenz-Eintornistergerät) von rd. 2 Watt,

h) ein Gleichrichter-Meßgerät zur Bestimmung der Empfangsintensität.

Zu a). Der Bodensender wurde mit Wechselstrom von 500 Hertz betrieben und arbeitete mit zwei Röhren RS 229

[1]) H. Faßbender, K. Krüger und H. Plendl, Naturwissenschaften. Jg. 15 (1927) S. 357.
H. Plendl, Zeitschrift für technische Physik. Jg. 8 (1927) S. 456 und S. 227 dieses Jahrbuches.
[2]) Schriften-Zusammenstellung: A. Saklowsky. E.N.T. Bd. 4 (1927) S. 62.
[3]) Für die Wahl von Madrid als Beobachtungsort sprach eine Reihe von Gründen, u. a. auch der, daß die Versuche dort von der Vertretung der Telefunken-Gesellschaft unterstützt werden konnten.

[1]) Vgl. auch H. Plendl, Zeitschrift f. Technische Physik. Jg. 8 (1927) S. 456 und S. 227 dieses Jahrbuches.

in Niederfrequenz-Gegentaktschaltung, so daß der Modulationston die Höhe 1000 Hertz hatte. Die Antennenenergie dieses Senders betrug bei den Versuchen etwa 300 Watt, sein Wellenbereich lag zwischen 17 und 70 m.

Abb. 12 auf S. 235 zeigt die Antennenanlage, auf die der Bodensender arbeitete. In der Mitte zwischen den beiden Masten ist der fast ausschließlich verwendete Horizontal-Dipol mit seiner zum Sender führenden Energieleitung ausgespannt. An dem rechten Mast ist der Vertikal-Dipol befestigt, der jedoch bei diesen Versuchen nur wenig benutzt wurde.

Zu b). Der Bordsender wurde im Flugzeug mit Wechselstrom von 600 Per., der einem durch Windflügel angetriebenen Generator entnommen wurde, betrieben. Sein Wellenbereich betrug mit vier verschiedenen Steckspulen 10 bis 80 m, die Antennenleistung etwa 30 Watt. Derselbe Sender wurde auch am Boden verwendet und dabei mit Gleichstrom betrieben.

Abb. 9 auf S. 234 zeigt den Einbau einer Versuchsanordnung in der Kabine eines Flugzeugs mit dem Bordsender auf der rechten Seite. In Abb. 11 ist die als Dipol ausgebildete Antenne auf einem Junkers-Metallflugzeug zu sehen (verstärkt nachgezeichnet).

Zu c) und g). Abb. 1 auf S. 232 zeigt den Einbau eines von der C. Lorenz A.-G. gebauten Kurzwellen-Sende-Empfangsgerätes, dessen Sender für ungedämpfte Telegraphie sowohl in Adlershof als in Madrid zu einer Reihe von Versuchen herangezogen wurde. Das Gerät eignete sich zum Mitnehmen auf die Reise besonders gut durch seine geringen Abmessungen und Gewichte. Die Abmessungen betragen $44 \times 36 \times 17$ cm, das Gesamtgewicht des betriebsfertigen Gerätes beläuft sich auf etwa 14 kg.

Der Sender, Schaltbild Abb. 1, wird durch einen auswechselbaren Quarzkristall gesteuert und ist so eingerichtet, daß er zusammen mit einer Dipolantenne von 2×6 m Länge ein Wellenbereich von etwa 40 bis 60 m überdeckt, je nach dem gewählten Kristall. Als Senderohr wurde im allgemeinen eine kleine Endverstärkerröhre (RE 352 oder RE 134) benutzt. Die Antennenleistung des Senders betrug etwa 0,5 bis 2 Watt, je nach der zur Verfügung stehenden Anodenspannung. Der Sender benötigte also keinen Generator, sondern entnahm seine Energie lediglich dem Heizsammler und der Anodenbatterie.

Zu d). Abb. 2 zeigt die Schaltung eines mit Frequenzvervielfachung arbeitenden kristallgesteuerten Senders, der hauptsächlich für die kleineren Wellen unter etwa 40 m bestimmt war, die nicht mehr mit direkter Kristallsteuerung zu erzeugen sind. Dieser Sender arbeitete ebenfalls mit Verstärkerröhren und ergab eine Endleistung von etwa 0,5 Watt. Verwendet wurde dieses Gerät zur Erzeugung der Wellen 16,3, 30,2 und 48,5 m.

Zu e) und f). Die Großstationsempfänger der Telefunken G. m. b. H. (Abb. 2, links) waren mit Audiongegentaktschaltung und zwei bezw. drei Niederfrequenzverstärkerstufen ausgerüstet.

Zu h). Die Beobachtung der Empfangslautstärke wurde durch ein Gleichrichter-Meßgerät unterstützt, dessen Schaltbild Abb. 3 wiedergibt. Dieses Gerät besteht aus einem Transformator, dessen Primärseite im Anodenstromkreis des

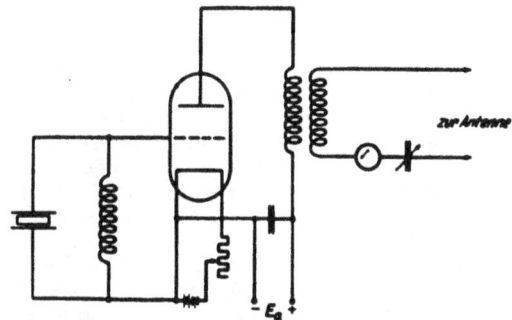

Abb. 1. Schaltbild eines Senders mit direkter Kristallsteuerung.

letzten Empfängerrohres liegt, einem Rohr RE 504 oder RE 134 und einem empfindlichen Strommesser. Durch genaue Einstellung der Gittervorspannung wurde erreicht, daß der Arbeitspunkt des Rohres an dem unteren Knick der Kennlinie lag, so daß reine Gleichrichterwirkung eintrat. Wählt man ein Rohr mit möglichst scharf einsetzender und geradliniger Kennlinie aus, so ist der Anodenstrom und damit der Ausschlag des Gerätes in weiten Grenzen annähernd der an das Gitter gelegten Spannung verhältig. Es muß nur dafür gesorgt werden, daß keines der Rohre übersteuert wird. Das Gerät eignet sich auch zur Beobachtung der Schwunderscheinungen (Fadings) und zur Bestimmung der Höhe des jeweiligen Störspiegels.

III. Gang der Versuche.
1. In Adlershof.

Mit den Vorbereitungen für das Madrider Unternehmen wurde Anfang Oktober 1927 begonnen. Es war ursprünglich beabsichtigt, bereits die Überfahrt Hamburg—Vigo zu den Hauptversuchen mit auszunutzen. Von diesem Plan mußte leider Abstand genommen werden, da zu diesem Zeitpunkt noch einige Schwierigkeiten auf der Sendeseite zu beheben waren und anderseits das teilweise sehr ungünstige Wetter keinen regelrechten Flugbetrieb zuließ. So konnte die Zeit der Überfahrt nur zu einigen orientierenden Versuchen ausgenutzt werden, die wohl für das anschließende Arbeiten in Madrid erwünscht waren, ihrer geringen allgemeinen Bedeutung wegen hier jedoch nicht mit angeführt werden sollen. Erwähnt sei nur, daß das unter g) genannte Kristallgerät von etwa 2 Watt Leistung in Adlershof namentlich auf der 46-m-Welle fast stets gut aufnehmbar war, auch am Tage. So kam z. B. eine am 5. November vormittags 9,30 Uhr auf der Höhe von Ouessant (Entfernung 1400 km) aufgegebene Standortmeldung mit guter Lautstärke durch.

Die Hauptversuche begannen erst, nachdem die Klarmeldung der Empfangsanlage Madrid vorlag, also am 11. November. Die beiden ersten Tage wurden dazu benutzt, die günstigste Wellenlänge für den Bodensender (a) festzulegen, um zunächst einmal eine sichere Verbindung nach Madrid zu schaffen, da von dem einwandfreien Arbeiten dieser Verbindung das Gelingen der Versuche wesentlich abhing. Ferner war anzunehmen, daß sich diese »Verkehrswelle« auch für die Flugzeugsender besonders eignen würde, so-

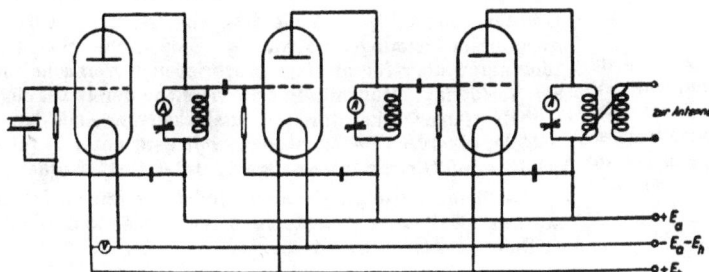

Abb. 2. Schaltbild eines kristallgesteuerten Senders mit Frequenzvervielfachung.

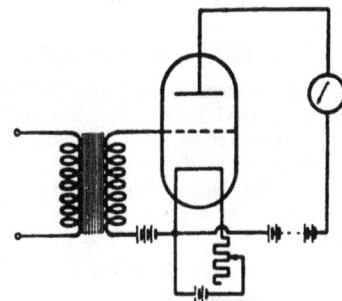

Abb. 3. Schaltbild des Gleichrichtermeßgerätes.

daß die Einstellung des Bodensenders gleichzeitig von Be- deutung für die Versuche vom Flugzeug aus war.

In den ersten Tagen wurde eine Reihe von Boden- und Flugversuchen unter verschiedenen Bedingungen unter- nommen. Vom 19. November an wurde dann täglich das gleiche Programm auf den als günstig erkannten Wellen ab- gewickelt, soweit nicht das Wetter oder unvorhergesehene Störungen in den Geräten dies verhinderten. Leider hatten die Versuche zeitweise stark unter der Ungunst der Witte- rung zu leiden, namentlich die Nachtflüge. In der Zeit vom 12. bis 24. November konnten nur drei Flüge bei Dunkelheit ausgeführt werden — an den übrigen Tagen verhinderten Nebel oder tiefhängende Wolken die Ausführung solcher Versuche. Auch Betriebsschwierigkeiten an den Geräten waren leider nicht ganz zu vermeiden — so gelang es z. B. längere Zeit nicht, den Bordsender (b) auf die kurze Welle (im 18-m-Band) abzustimmen. Schließlich bereitete auch der zum Antrieb des Bordsenders gehörende Generator hin und wieder Schwierigkeiten, da er ziemlich stark belastet wurde — immerhin konnte aber trotz aller Störungen ein großer Teil der Versuche in der beabsichtigten Weise durch- geführt werden, soweit das in der kurzen zur Verfügung ste- henden Zeit überhaupt möglich war.

An Flugzeugen standen zwei Maschinen des Baumusters Junkers F 13 zur Verfügung, die beide mit Dipolantennen, Abb. 11, S. 234 ausgerüstet und im Innern der Kabine mit federnd aufgehängtem Tisch versehen waren. In der einen Maschine (D 570) befand sich der Bordsender (b) mit seinen Betriebsmitteln, von denen der Kontrollempfänger zur Über- wachung der Zeichen und des Modulationstones leider erst an einem der letzten Versuchstage eingebaut werden konnte. Der mit Windflügel angetriebene Generator saß unter dem Motorbock des Flugzeuges im Schraubenstrahl. Diese An- ordnung hat den Vorteil, daß die Gesamtanlage bereits am Boden auf einwandfreies Arbeiten geprüft werden kann, wenn der Flugzeugmotor beim Abbremsen mit Vollgas läuft. Dafür muß man freilich in Kauf nehmen, daß bei starkem Abdrosseln des Motors während des Fluges (im Gleitflug) der Generator nicht mehr genügend Wind erhält und in der Umlaufzahl abfällt. Kleinere Schwankungen in der Motor- drehzahl während des Fluges werden sonst durch den ver- wendeten selbstregelnden Windflügel (Bauart Seppeler- Telefunken) ausgeglichen.

In das andere Flugzeug (D 835) war die »Kristallkas- kade« (d) eingebaut samt den zum Betriebe notwendigen Batterien und einem Kontrollempfänger. Dieses Flugzeug war im Gegensatz zur D 570 für Nachtflüge eingerichtet. Die Nachtflüge begannen und endeten auf dem Flughafen Tempelhof, da Adlershof keine Platzbeleuchtung besitzt.

Für den größten Teil der Betriebsmeldungen waren Ab- kürzungen verabredet, die aus Gruppen von je zwei oder drei Buchstaben bestanden. Hierdurch wurde der Verkehr zwischen Berlin und Madrid wesentlich erleichtert. Waren keine Meldungen abzugeben, so wurden sämtliche Sender durch selbsttätige Zeichengeber getastet, die durch Uhr- werke angetrieben wurden und einen bestimmten Buch- staben gaben. Die Rückmeldungen von Madrid erfolgten regelmäßig durch Posttelegramme und außerdem meist noch durch den kleinen Sender (g) auf der 46-m-Welle, der in den Abendstunden meist durchkam.

2. In Madrid und auf dem Schiff.

Die Empfangsbeobachtung in Madrid wurde in dem Hause der AEG Ibérica de Electricidad im Zentrum der Stadt vorgenommen. Als Antenne wurde ein Dipol von 2 mal 10 m Länge auf dem Dache des etwa 20 m hohen Hauses gespannt. Die bifilare Energieleitung hatte rd. 6 m Länge und führte in eine Dachkammer. In derselben waren auf- gebaut:

    f) der Kurzwellenempfänger,
    g) der Kristallsender,
    h) das Gleichrichtermeßgerät.

Die Versuchsanlage auf dem Schiff war im wesentlichen dieselbe. Der Dipol war hier vom Schornstein zu einem der Masten schräg nach oben gespannt und hatte eine mittlere Höhe von etwa 10 m. Die Schiffs-T-Antenne lag mehrere Meter über dem Dipol.

Die Empfangsbeobachtung hatte in Madrid und an Bord sehr unter Störungen zu leiden.

An Bord war besonders das Stoßen der Schiffsmaschine (3-Zylinder-Kolbendampfmaschine), das bei empfindlicher Empfängereinstellung — Arbeitspunkt an der Schwingungs- grenze des Audions — auf den Empfang übertragen wurde. Diese Störung ließe sich vermeiden durch federnden Einbau der Geräte, was aber im vorliegenden Falle wegen Platz- und Zeitmangel nicht möglich war. Auf der Fahrt im Kanal störten die zahlreichen Funkensender auf den begegnenden Schiffen mit ihren Oberwellen beträchtlich. Die Sende- zeiten des Löschfunkensenders an Bord waren immer nur von kurzer Dauer, während derselben war aber jede Beob- achtung unmöglich. Die bisher erwähnten örtlichen Stö- rungen wurden am unangenehmsten empfunden. Außerdem traten noch atmosphärische Störungen (Brodeln und Kra- chen im Telephon) in Erscheinung. Ein ähnliches Geräusch im Empfänger wurde von aneinanderschlagenden Metall- teilen, z. B. den Stahltrossen, an Bord erzeugt.

In Madrid waren die Empfangsstörungen zeitweise noch zahlreicher als an Bord. Jede Gleichstromklingel stellt einen Funkensender dar, dessen angeschlossene Leitungen als Antenne wirken. Im Entfernungsbereich von schätzungs- weise 100 m störten solche Klingeln im ganzen Wellenband von 10 bis 60 m fast gleichmäßig stark. Ähnlich, aber mit- unter noch übler, wirkten Gleichstrommotoren, deren Zu- leitungen durch die Kollektorfunken zu Hochfrequenz- schwingungen erregt werden. Solange diese Störungen dauerten, war eine Empfangsbeobachtung unmöglich. Wechselstromklingeln, z. B. diejenigen am Zimmertelephon, störten gar nicht, ebensowenig Wechselstrommotoren. Als weitere Störenfriede sind zu nennen die vielen illegalen Amateursender in Madrid, z. T. kleine Löschfunkensender und der Rundfunk von Madrid (Welle 375 m). Letzterer hatte reichlich abstimmbare Oberwellen, tönte aber auch im ganzen Wellenband durch, besonders oberhalb 30 m. Der Rundfunksender setzte aber im allgemeinen erst nachmit- tags mit seinem Programm ein. Die im vorausgehenden ge- nannten Störungen, die sämtlich örtlicher Natur waren, bildeten weitaus die Mehrzahl. Seltener waren die atmosphä- rischen Störungen von so großer Amplitude, daß sie die drahtlose Verbindung unmöglich machten.

Für Versuchszwecke sehr geeignet war der Beobachtungs- posten im Zentrum von Madrid gerade nicht. Immerhin ist es zur Erprobung der günstigsten Sendebetriebsart mit Rücksicht auf den Empfang von Interesse, auch bei starken Störungen Vergleiche machen zu können. Diese Vergleiche wurden auch auf die großen Sender von Nauen ausgedehnt.

IV. Beobachtung der Empfangsstärke bei gleichbleibender Entfernung (2000 km).

Eine genaue Bestimmung der Empfangsstärke erfordert Messung der Feldstärke, was bei kurzen Wellen im Gegensatz zu den langen vorläufig noch große Schwierigkeiten bereitet. Da die Empfangsstärke bei kurzen Wellen meist in weiten Grenzen schwankt, ist außerdem eine zeitliche Aufzeich- nung dieser Messungen notwendig. Eine solche Meßeinrich- tung stand aber für die hier beschriebenen Versuche nicht zur Verfügung. Man mußte sich vielmehr damit begnügen, die Empfangsstärke durch Lautstärkenvergleiche zu er- mitteln, die durch Beobachtungen mit dem unter II (h) be- schriebenen Gleichrichtermeßgerät unterstützt wurden.

Die Beobachtungsergebnisse sind in relativen Zeichen- stärken »R«[1] ausgedrückt, zu deren Beurteilung die Auf- stellung in Zahlentafel 1 dient:

---

[1] Dem R. C. A.-Code (Radio-Cooperation of America) entnommen.

Zahlentafel 1. Relative Zeichenstärke.

$R = 0$ kein Empfang,
$R = 1$ sehr schwach, unlesbar und verschwindend,
$R = 2$ sehr schwach, unlesbar,
$R = 3$ schwach und noch unlesbar,
$R = 4$ schwach, aber lesbar,
$R = 5$ leidliche Hörbarkeit,
$R = 6$ gute hörbare Zeichen,
$R = 7$ gute starke Zeichen,
$R = 8$ gute starke Verkehrszeichen,
$R = 9$ sehr starke für Verkehr gut geeignete Zeichen.

1. Empfang in Madrid.

Sender in Adlershof am Boden. Das tägliche Programm wurde, wie bereits erwähnt, mit dem Wechselstromgegentaktsender (a) durchgegeben. Zu diesem Zweck schickte derselbe im allgemeinen von 9 bis 9,30, 12 bis 12,15 und 16,15 bis 16,30 M. E. Z. mit etwa 300 Watt Antennenleistung. Dieser Sender wurde in der Zeit vom 11. bis 24. November 1927 in Madrid beobachtet. Das Ergebnis ist in Zahlentafel 2 zusammengestellt. Sie gibt die relative Zeichenstärke (R) zusammengefaßt einerseits nach Wellenlängen und anderseits nach Tag und Tageszeit.

Am ersten Versuchstag wurde mit der 46 m Welle vom Bodensender in Adlershof geschickt. Es war aber damit in Madrid kein Empfang zu erzielen, obwohl die Apparatur in Ordnung war, denn andere Kurzwellensender waren in dem Wellenbereich um 46 m zu hören. Am zweiten Versuchstage wurde mit den Wellen 27 m und 19 m gesendet. Beide waren sehr gut aufzunehmen (Zeichenstärke $R = 8$ bzw. 7).

Zahlentafel 2. Empfangs-Beobachtungen des Adlershofer Bodensenders (300 Watt) in Madrid.

Tag (1927)	Zeit	Relative Zeichenstärke bei 19 m	bei 27 m	bei 46 m
11. 11.	9⁰⁰ bis 19⁰⁰			0
12. 11.	10⁵⁹ bis 11⁵⁵		8	
	16²⁵ bis 18²⁸	7		
14. 11.	12¹⁰ bis 12¹⁹		¹)	
	16¹⁵ bis 16³³		7 bis 8	
15. 11.	9¹⁵ bis 9³²		8	
	10⁰⁷ bis 11³⁰	8		
	12⁰⁴ bis 12¹⁷		7 bis 8	
17. 11.	9⁰⁴ bis 11⁰²		8	
	13³⁰ bis 14³⁰			0
	16¹⁸ bis 16³³		8	
18. 11.	9⁰⁵ bis 9⁴⁵		8	
	12⁰¹ bis 12³³		8	
	14¹⁶ bis 14²⁹			3
	16¹⁹ bis 16⁵⁰		8 bis 9	
19. 11.	9⁰³ bis 9³⁹	6 bis 7		
	10¹⁸ bis 10²⁹	7		
	12⁰⁵ bis 12²⁴	7		
	16¹⁶ bis 16⁵³	7 bis 8		
21. 11.	9⁰⁵ bis 10⁰⁵	7		
	12⁰⁵ bis 12³³	7		
	14³⁰ bis 14³⁴			1
	16¹⁷ bis 16⁵⁰	7		
	17⁴⁵ bis 17⁵¹	7		
22. 11.	9¹⁰ bis 9⁴¹	7		
	12⁰⁴ bis 12²³	7		
	16¹⁷ bis 16⁵⁰	7 bis 8²)		
23. 11.	9⁰⁹ bis 9³⁰	7		
	12⁰³ bis 12¹⁵	7		
	16¹⁵ bis 16³⁰	6 bis 7		
24. 11.	9¹⁰ bis 9³⁰	7		
	12⁰⁰ bis 12¹⁵	7		
	16¹⁵ bis 16³⁵	7		

Es bedeutet: $R = 0$ kein Empfang,
$R = 5$ leidliche Hörbarkeit,
$R = 9$ sehr starker Lautsprecherempfang.

---

¹) Empfang war vorhanden, jedoch ist die Zeichenstärke nicht angebbar, da außergewöhnlich starke örtliche Störungen herrschten.
²) Gegen Ende der Beobachtungszeit weit unter 7 abnehmend.

Um zwecks Vergleich einen Durchschnittwert über einige Tage zu bekommen, wurde vom 12. bis 18. November die 27-m-Welle und vom 19. bis 24. November die 19-m-Welle für Nachrichtenverkehr gewählt. Es zeigte sich dabei eine geringe Überlegenheit der mittleren Welle von 27 m (durchschnittlich $R = 8$ gegenüber $R = 7$ bei 19 m). Die längere Welle von 46 m kam von Adlershof nach Madrid am Tage sehr schlecht oder gar nicht durch, hatte allerdings auch am meisten unter den örtlichen Störungen zu leiden.

In Zahlentafel 3 sind Beobachtungen verschiedener Sender mit ungedämpfter Betriebsart und kleiner Leistung aufgeführt. Auch hierbei war im 46-m-Band am Tage keine Verbindung von Adlershof nach Madrid zu bekommen; dagegen war bei der 30-m-Welle eine leidliche Verbindung selbst bei 0,5 Watt Senderleistung zu erzielen.

Für eine Kurzwellenverbindung Adlershof—Madrid (2000 km) war also von den untersuchten Wellen die 27-m-Welle die günstigste und die 19-m-Welle nur wenig ungünstiger. Als ungeeignet erwies sich, zumindest am Tage, die 46-m-Welle. Die Leistung von etwa 300 Watt war für die 19-m-Welle, namentlich aber für die 27-m-Welle, zu den beobachteten Zeiten (9 bis 18 Uhr) stets ausreichend.

Sender in der fliegenden Maschine. Zahlentafel 4 gibt getrennt für die drei untersuchten Wellen die Zeichenstärke einerseits für den Wechselstromsender mit 30 Watt und anderseits für den ungedämpften Kristallsender mit 0,5 Watt Antennenleistung. Die Mehrzahl der Beobachtungen¹) wurde bei der mittleren Welle um 30 m gemacht, bei der sich zeigte, daß trotz der geringen Energie im allgemeinen eine für drahtlosen Verkehr ausreichende Lautstärke zu erhalten war. Bei 0,5 Watt Senderleistung wurde bei dieser Welle, z. B. am 18. November um 18,30 M. E. Z. sogar eine Zeichenstärke von $R = 8$, d. h. Lautsprecherempfang erzielt. Ferner wurde am

Zahlentafel 3. Empfangsbeobachtungen verschiedener Adlershofer Sender in Madrid (Entfernung 2000 km).

Tag (1927)	Zeit	Sender-Bezeichnung	Leistg. Watt	Wellenlänge m	Relative Zeichenstärke
23. 11.	14¹⁵ bis 16⁰⁶	Kristallkask. (d)	0,5	30	5
23. 11.	17³⁷ bis 17⁴³	Kristallsdr. (c)	2	46	3
14. 11.	10¹⁵ bis 12⁰⁰	Bordsender (b)	30	47	0
24. 11.	16⁴⁵ bis 17¹⁵	Kristallkask. (d)	0,5	48	0

Zahlentafel 4. Empfangsbeobachtungen in Madrid der Adlershofer Sendungen aus der fliegenden Maschine.

Wechselstromsender (30 Watt).

Tag (1927)	Zeit	Relative Zeichenstärke bei 19 m	bei 27 m	bei 46 m
18. 11.	10³⁰ bis 10⁴⁰		5 bis 6	
19. 11.	10³² bis 10⁴⁷		7	
21. 11.	10¹⁰ bis 10⁴¹		7	
22. 11.	11²⁴ bis 11⁴⁰	4		
24. 11.	10⁰⁷ bis 10⁴²		4 bis 5	
	14⁰⁰ bis 15⁰⁰			0

Kristallkaskade (0,5 Watt).

Tag (1927)	Zeit	Relative Zeichenstärke bei 16 m	bei 30 m	bei 48 m
18. 11.	18²⁸ bis 18⁵⁰		7 bis 8	
19. 11.	10³² bis 10⁴⁷		3 am Boden	
	18⁰⁰ bis 19¹⁵	0	4-5 i. Fluge	
20. 11.	11³³ bis 11⁵²	4 bis 5		

---

¹) Eine Reihe von Flügen ist hier nicht angeführt, nämlich solche Flüge, bei denen entweder Empfänger oder Sender unklar waren.

21. November um 10.30 derselbe Sender auch gehört, als er vor dem Start des Flugzeugs noch am Boden sendete, aber etwas leiser als nachher im Fluge. Die Unterschiede in der Zeichenstärke am 18. November ($R = 7$ bis 8) und am 19. November ($R = 3$ bis 5) lassen sich dadurch erklären, daß erstere Beobachtung bei Dunkelheit, letztere bei Tageslicht gemacht wurde.

Bei den kleineren Wellen unter 20 m und bei den längeren Wellen über 45 m liegen hier leider nur sehr wenige Beobachtungen vor. Diese zeigen in Übereinstimmung mit den Bodenversuchen, daß von den untersuchten Wellen die längere um 48 m am Tage sehr ungünstig ist. Die kleinere Welle liegt auch hier dazwischen, schneidet aber schlechter ab, als beim Bodensender. Der Grund dafür wird wesentlich darin liegen, daß die Flugzeugsendeantenne für 16 m ver-

Zahlentafel 5. Empfangsbeobachtungen in Adlershof des Madrider Kristallsenders (2 Watt) auf Welle 46 m.

Tag (1927)	Zeit	Relative Zeichenstärke bei		
		Tageslicht	Dämmerung Adlershof	Dunkelheit Adlershof
11. 11.	1200 bis 1230	0		
12. 11.	1200 bis 1230	0		
	1831 b's 1856			5
14. 11.	1222 bis 1233	0		
	1639 bis 1646		3 bis 4	
15. 11.	933 bis 955	0		
	1219 bis 1230	0		
	1641 bis 1645		3	
17. 11.	1645 bis 1650		3 bis 4[1])	
	1715 bis 1750			5[1])
18. 11.	1703 bis 1742			4 bis 5
19. 11.	1707 bis 1756			5 bis 6
21. 11.	1702 bis 1802			4 bis 5
	1918 bis 1930			5
22. 11.	1700 bis 1742			5
23. 11.	1719 bis 1732			5
	1810 bis 1850			5
24. 11.	1725 bis 1800			5

Zahlentafel 6. Empfangsbeobachtungen bei veränderlicher Entfernung.

Ort der Beobachtung	Sender	Tag (1927)	Zeit	Rel. Zeichenstärke		Entfernung v. Adlershof km
				bei 19 m	bei 46 m	
Dampfer »Württemberg« zwischen Vigo und Hamburg	Wechselstrom-Bodensender in Adlershof 300 Watt	29. 11.	1010 bis 1037	7		1700
			1210 bis 1230	7		
			1325 bis 1333	7		
			1616 bis 1700	7 bis 8		
		30. 11.	1203 bis 1222	7		1200
		1. 12.	903 bis 915	0		800
			1203 bis 1225	0		
		2. 12.	915 bis 1023	0		650
			1125 bis 1229		8 bis 9	
			1628 bis 1747		9	
	Wechselstrom-Bordsender im Fluge 30 Watt	2. 12.	1414 bis 1435		8	650
	Kristallsender in Adlershof 2 Watt	30. 11.	1607 bis 1820		5 bis 6	1200
		1. 12.	1612 bis 1745		5 bis 6	800
		2. 12.	1726 bis 1747		7 bis 8	650
Adlershof	Kristallsender auf der »Württemberg« 2 Watt	30. 11.	1631 bis 1655		4 bis 5	1200
			1737 bis 1855		5 bis 6	
		1. 12.	1623 bis 1756		6	800
		2. 12.	1705 bis 1751		7 bis 8	650

[1]) Die Zeichenstärke wuchs deutlich mit zunehmender Dunkelheit.

hältnismäßig ungünstiger war. Am 19. November war mit der 16-m-Welle bei Dunkelheit keine Verbindung zu erzielen, was wohl darauf zurückzuführen ist, daß es sich hier um eine ausgesprochene Tageswelle handelt.

2. Empfang in Adlershof.

Zahlentafel 5 gibt eine Übersicht über die Adlershofer Empfangsbeobachtungen des in Madrid aufgestellten kleinen Kristallsenders. Die hierbei benutzte Welle betrug in allen Fällen 46 m. Interessant ist hier die deutlich in Erscheinung tretende Abhängigkeit von der Tageszeit. So kam diese Welle am Tage nicht ein einziges Mal durch, während sie dagegen in der Dämmerungszeit schlecht, bei Dunkelheit aber mit leidlicher Hörbarkeit empfangen werden konnte. Es war für die Einteilung und Durchführung des gesamten Versuchsprogrammes von großer Bedeutung, daß trotz der großen Entfernung (2000 km) die täglichen Empfangsbeobachtungen in Madrid abends mit dem kleinen Sender (2 Watt) nach Adlershof durchgegeben werden konnten.

V. Beobachtung der Empfangsstärke bei veränderlicher Entfernung.

Auf der Rückreise Vigo—Hamburg wurde, wie bereits erwähnt, eine Reihe von Versuchen zwischen Dampfer »Württemberg« und Adlershof durchgeführt, deren Ergebnisse in Zahlentafel 6 zusammengestellt sind. Man erkennt, daß bei der 46-m-Welle die Zeichenstärke mit abnehmender Entfernung langsam aber stetig wuchs, während sie bei der 19-m-Welle zwischen 1700 und 1200 km praktisch konstant blieb, zwischen 1200 und 800 km dagegen auf Null herunterging. Die beobachtete »Sprungentfernung« von etwa 1000 km für die 19-m-Welle stimmt hier sehr gut mit den Messungen überein, die von amerikanischer Seite angegeben werden. Dabei ist freilich zu berücksichtigen, daß man aus den drei negativen Beobachtungen von insgesamt 42 min Dauer an Bord der »Württemberg« nicht etwa auf die Unmöglichkeit schließen kann, die 19-m-Welle in einem Entfernungsbereich unter 800 km überhaupt zu empfangen; es ist vielmehr anzunehmen, daß bei sorgfältiger Beobachtung über längere Zeiten und Abwesenheit von lokalen Störungen doch Empfang möglich gewesen wäre. Anderseits lassen diese Ergebnisse auf eine ziemlich plötzlich einsetzende Zone starker Schwächung schließen.

In etwa der gleichen Entfernung, bei der die 19-m-Welle zu versagen beginnt, fängt die 46-m-Welle an, auch am Tage brauchbare Empfangsverhältnisse zu liefern. Schon bei etwa 1200 km Abstand zeigte sich in Übereinstimmung mit den wenigen Versuchen auf der Ausreise[1]), daß die Kristallsender von 2 Watt Antennenleistung bei Tageslicht in leidlichen Wechselverkehr treten konnten, und am letzten Beobachtungstage, in der Entfernung von 650 km, war der Empfang überall sehr lautstark. Hierhin fällt auch der einzige während der Rückreise durchführbare Flugversuch, bei welchem der Wechselstromsender von 30 Watt Antennenleistung ebenfalls in Lautsprecherstärke ($R = 8$) empfangen wurde.

Zur Beobachtung der mittleren, im 30-m-Band liegenden Welle, reichte leider die Zeit nicht mehr, obwohl auch die Untersuchung dieser Welle, namentlich auf ihre Schwächungszone, von Wichtigkeit gewesen wäre.

VI. Allgemeine Empfangsbeobachtungen.

Es wurde bereits bei der Beschreibung der Geräte (Kap. II) erwähnt, daß sich das Gleichrichtermeßgerät u. a. gut zur Beobachtung der Schwunderscheinungen (Fadings) eignete. Wenn auch dabei von Feldstärkenmessungen nicht die Rede sein konnte, so hatte das Gerät doch genügend Konstanz, um Relativmessungen der Empfangsstärke über Zeiten von mindestens mehreren Minuten Dauer auszuführen. Die auf diesem Wege gewonnenen Ergebnisse zeigen im allgemeinen ein langsames Schwanken der Empfangsstärke im Verhältnis von 1 zu 3 bis 1 zu 20, das sich zeitweise steigerte auf Werte von 1 zu 400 und darüber. Trotzdem blieben die

[1]) Vgl. Abschnitt III.

Zeichen auch im Zeitpunkt der tiefsten Schwächung immer noch lesbar, da die Empfangslautstärke selbst entsprechend der logarithmischen Empfindlichkeit des Ohres in sehr viel kleineren Grenzen schwankte. Die Dauer der stärksten Schwächung war im allgemeinen verhältnismäßig kurz, die Periode der Schwunderscheinung war im Durchschnitt von der Größenordnung einiger Sekunden.

Bezüglich der Senderbetriebsart bestätigte sich, daß der durch Kristallsteuerung auf konstanter Frequenz gehaltene, ungedämpfte Sender sehr günstigen Empfang ergab, da der glockenreine Überlagerungston auch beim Vorhandensein starker Störgeräusche noch gut durchkam. Selbst wenn die Amplitude des Störspiegels die Zeichenamplitude um ein mehrfaches übertraf, war noch Empfang möglich. Günstig im Empfang war auch die saubere Tonmodulation ($k < 1$) eines ungedämpften Senders, wie sie z. B. durch entsprechende Gittermodulation eines Gleichstromsenders oder durch Betrieb mit Anodenwellenspannung erzeugt werden kann.

Diese Betriebsart hat gegenüber dem mit Anodenwechselspannung betriebenen Sender den Vorteil, daß man auch bei Empfang mit schwingendem Audion einen verhältnismäßig sauberen Ton erhält, der sich gut vom Störungsgeräusch abhebt. Diese Tatsache wurde in Madrid an den Nauener Kurzwellen-Sendern aga (15 m) und agb (26 m) im Gegensatz zu agk (11 und 12 m) und dem Adlershofer Bodensender (19 m und 28 m) beobachtet.

Für die Frage der sogenannten toten Zone ist es von Interesse, daß der Nauener Sender agk auf den Wellen 11 und 12 m in Madrid mit großer Zeichenstärke ($R = 8$, d. h. Lautsprecherempfang) empfangen werden konnte, und zwar zu verschiedenen Zeiten vormittags und nachmittags. Nach den Regeln der toten Zone hätte unter etwa 15 m Wellenlänge auf 2000 km Entfernung kein Empfang vorhanden sein dürfen. Die 15-m-Welle (14,96 m) von aga konnte ebenfalls vormittags und nachmittags empfangen werden.

VII. Zusammenfassung.

Zur Untersuchung der Empfangsverhältnisse der kurzen Wellen im Entfernungsbereich bis zu etwa 2000 km wurde eine Unternehmung nach Madrid durchgeführt. Die Aufgabe bestand in der Schaffung von Beobachtungen über die günstigsten Wellenlängen, notwendigen Sendeleistungen und geeigneten Betriebsarten. Zu diesem Zweck wurde im allgemeinen von Adlershof aus mit verschiedenen Sendern am Boden und in der fliegenden Maschine geschickt und der Empfang in Madrid bzw. auf der Reise beobachtet.

Die Ergebnisse sind in Form von Zahlentafeln zusammengestellt, aus denen die beobachtete Zeichenstärke unter den verschiedenen Bedingungen zu ersehen ist.

Es bestätigt sich, daß die Wahl der Wellenlänge für das Zustandekommen einer guten drahtlosen Verbindung von ausschlaggebender Bedeutung ist. Während z. B. die 46-m-Welle mit 2 Watt Leistung am Tage einen leidlichen Verkehr bis zu etwa 1400 km Entfernung zuließ, reichte selbst eine Steigerung der Sendeleistung auf den 150fachen Betrag nicht aus, um auf 2000 km eine Verbindung herzustellen. Anderseits zeigte sich, daß die 30-m-Welle einen Nachrichtenverkehr ermöglichte sowohl mit 300 Watt wie mit 0,5 Watt, wobei sich die relative Zeichenstärke etwa wie 8 zu 5 verhielt, trotz des großen Leistungsunterschiedes von 600 zu 1.

Als günstigste von den untersuchten Wellenlängen für 2000 km Entfernung erwies sich bei Tageslicht wie auch bei Dunkelheit das Wellenband um 27 m und 30 m herum. Mit diesen Wellen war es möglich, am Boden bei 300 Watt Antennenleistung stets einen sicheren Nachrichtenverkehr durchzuführen ($R = 8$ als durchschnittliche Zeichenstärke) und im Fluge bei 30 und 0,5 Watt Leistung eine leidliche, teilweise sogar sehr gute Verbindung zu erzielen.

Nur wenig ungünstiger zeigte sich das Wellenband um 16 und 19 m herum, denn mit der 19-m-Welle war der Nachrichtenverkehr vom Boden aus mit 300 Watt Sendeleistung ebenfalls sicher durchzuführen ($R = 7$ als Durchschnitt). Ungeeignet für Tagesverkehr auf 2000 km erwies sich das Wellenband um 46 m, während es bei Dunkelheit selbst mit sehr kleiner Leistung (2 Watt) eine leidliche Verbindung zuließ. Für geringere Entfernungen dagegen, bis zu etwa 1000 km, zeigte sich dieses Wellenband als ganz besonders günstig.

Bezüglich der Sendeleistung läßt sich sagen, daß bei unseren Versuchen für die günstigste Wellenlänge von etwa 30 m eine Antennenleistung von 300 Watt stets als ausreichend ergab[1]. Trotzdem wird man natürlich bei Projektierung von Bodenstationen für den Verkehr mit Flugzeugen die Sendeleistung der festen Station schon mit Rücksicht auf den Motorlärm am Empfangsort höher ansetzen, während man diejenige der Flugzeuge und Luftschiffe für die Überbrückung dieser Entfernungen wohl niedriger halten kann. Bei der 46-m-Welle dagegen kommt man bei Tage und besonders bei Nacht in dem sicheren Empfangsbereich dieser Welle, d. h. innerhalb 1000 km, mit sehr kleinen Leistungen aus.

In bezug auf einen sauberen Empfang bewährte sich der durch Kristallsteuerung auf konstanter Frequenz gehaltene, ungedämpfte Sender sowie der ungedämpft modulierte Sender mit weniger als 100 vH Aussteuerung.

Zum Schlusse sei noch darauf hingewiesen, daß zur genügenden Klärung der behandelten Fragen eine Erweiterung des Beobachtungsmaterials nötig ist. Es ist dabei vor allem an die Vermehrung der Versuche von der fliegenden Maschine aus gedacht, deren Zahl bei der Madrider Unternehmung durch die Ungunst der Witterung stark herabgedrückt wurde.

---

[1] Dies gilt zunächst nur für Monat November.

Abgeschlossen im Januar 1928.

Leistungs- und Strahlungsmessungen an Flugzeug- und Bodenstationen.

Von Franz Eisner, Heinrich Faßbender und Georg Kurlbaum.

99. Bericht der Deutschen Versuchsanstalt für Luftfahrt, E. V., Berlin-Adlershof (Abt. für Funkwesen und Elektrotechnik).

Inhalt.

Einleitung.

Die vorliegende Arbeit sollte Klarheit bringen über Leistung und Strahlung von Flugzeugantennen. Es zeigte sich aber, daß auch über die gleichen Fragen bei Bodenstationen das Schrifttum keine befriedigende Auskunft gibt. Es mußten daher auch Messungen an Bodenantennen ausgeführt werden. Dies war um so mehr nötig, da es uns auch auf den Vergleich beider Antennen ankam.

Wir gingen nun so vor, daß wir die gleiche Station bei einem Teile der Versuche in ein Flugzeug einbauten und bei einem anderen als Bodenstation verwandten. Im Flugzeug wurde die heute übliche Schleppantenne, am Boden eine T-Antenne benutzt.

Untersucht wurde in beiden Fällen, wie sich die Leistungen im Antennenkreis auf Abstimmittel und eigentliche Antenne verteilen. Im folgenden haben wir zur Unterscheidung das Wort »Antennenkreis« verwandt, wenn wir Antenne einschließlich Abstimmittel meinen, während wir das Wort »Antenne« ohne nähere Bezeichnung setzen, wenn wir die Luftdrähte einschließlich Erde bzw. Flugzeugkörper bezeichnen wollen.

Die Leistungsmessungen wurden ergänzt durch die im zweiten Teil beschriebenen Messungen der Empfangsfeldstärken, durch die man ein Bild von der ausgestrahlten, d. i. der eigentlichen Nutzleistung der Antenne bekommt. Auch hier kam es wiederum auf einen Vergleich der Flugzeug-Antenne und der Boden-Antenne an, da man häufig in Fachkreisen die niemals theoretisch oder experimentell geprüfte Behauptung hörte, daß Flugzeugantennen eine besonders hohe Strahlung haben sollten.

Die beschriebenen Messungen sind in einem Wellenbereich zwischen 450 bis 1375 m ausgeführt. Dies war deshalb von Bedeutung, da im Schrifttum Angaben über die zweckmäßigsten Wellen für Flugzeugstationen fehlen. Es ist beabsichtigt, den untersuchten Wellenbereich später nach unten zu erweitern.

Im Anschluß an diese Messungen sind einige Sonderfragen untersucht worden, die an den betreffenden Stellen ausführlich behandelt und auch in der Zusammenfassung aufgeführt sind. Es wurden Messungen über die Abhängigkeit der Strahlung von der Flughöhe und von der Länge der Schleppantenne ausgeführt. Auch wurde die Charakteristik der Flugzeugantenne aufgenommen. Endlich wurden auch vergleichende Messungen zwischen Schlepp-Antenne und festen Antennen ausgeführt.

I. Leistungsmessungen an Antennen.

1. Theoretische Grundlagen für die Leistungsmessungen bei Hochfrequenz mittels Zusatzwiderständen.

Da die dynamometrischen Wattmeter nur bis etwa 500 Hertz verwandt werden können, muß man sich bei Hochfrequenz besonderer Verfahren zur Bestimmung der Leistung bedienen. Schon seit vielen Jahren wird das sog. Verfahren des Zusatzwiderstandes bevorzugt, das von R. Lindemann[1] in der Physikalisch-Technischen Reichsanstalt als Präzisionsverfahren ausgebildet und zur Untersuchung des Widerstandes ideal verdrillter Litzen unter Anwendung einer Poulsen-Meßlampe angewandt wurde. Nach diesem Verfahren berechnet man bekanntlich den Äquivalentwiderstand des zu untersuchenden Kreises, dessen Leistung bestimmt werden soll, nach der Formel

$$R = R_z \frac{I_2'}{I_2 - I_2'};$$

worin

R den zu messenden Äquivalentwiderstand,
R_z den Zusatzwiderstand,
I_2 den Strom im Meßkreis ohne Zusatzwiderstand,
I_2' den gleichen Strom nach Zuschalten des Zusatzwiderstandes bedeuten.

Ist einmal der Äquivalentwiderstand R gemessen, so ergibt sich die Leistung N in einfacher Weise zu

$$N = I^2 \cdot R;$$

Schon Lindemann hat erkannt, daß das Verfahren nur bei äußerst loser Kopplung zwischen Erreger- und Meßkreis richtig ist. Er selbst hat auch stets bei äußerst loser Kopplung und sehr empfindlichem Strommesser (Detektor und Spiegelgalvanometer) im Meßkreis gearbeitet.

Während des Krieges hat dann der eine von uns Messungen von Antennenwiderständen, insbesondere zum Nachweis der Vorteile der sog. Goldschmidtschen Sternerde gemacht. Dabei wurde die Rückwirkung auf den Erregerkreis dadurch aufgehoben, daß mit und ohne Zusatzwiderstand im Meßkreis der Strom im Erregerkreis jedesmal auf denselben Wert eingeregelt wurde. Die Messungen ergaben, daß trotzdem bei Änderung des Zusatzwiderstandes und Änderung des Kopplungsgrades übereinstimmende Meßergebnisse nur erhalten wurden, wenn die Kopplung nicht zu fest wurde.

Nach dem Krieg gab Pauli[2] das bekannte graphische Verfahren an, um aus mehreren Messungen mit verschiedenen Zusatzwiderständen den wahrscheinlichsten Wert für den Äquivalentwiderstand abzuleiten.

Wir behandeln im folgenden das Verfahren des Zusatzwiderstandes nach dem symbolischen Verfahren und werden an Hand der Gleichungen auf die einzelnen möglichen Fehlerquellen hinweisen. Zur Vereinfachung nehmen wir die Verhältnisse der Abb. 1 als gegeben an.

[1] R. Lindemann: Über Dämpfungsmessungen mittels ungedämpfter elektrischer Schwingungen. Verhandlungen der Deutschen Physikalischen Gesellschaft. 11. Jahrgang (1909) S. 28 ff.
[2] Pauli, Zeitschrift für Physik, Bd. 5 (1921) S. 376 und Bd. 6 (1921) S. 118.

Für den Sekundärkreis gilt in symbolischer Schreibweise

$$\mathfrak{J}_2 \cdot R_2 + \mathfrak{J}_2 \cdot j\left(\omega L_2 - \frac{1}{\omega C_2}\right) = -M \cdot j\omega\mathfrak{J}_1;$$

wo R_2 den in der Abb. 1 nicht besonders gezeichneten gesamten Wirkwiderstand des Sekundärkreises bedeutet.

Im Fall der Resonanzabstimmung im Sekundärkreis ist

$$\omega L_2 - \frac{1}{\omega C_2} = 0.$$

Man erhält also:

$$\mathfrak{J}_2 \cdot R_2 = -M \cdot j\omega\mathfrak{J}_1 \quad \ldots \ldots \quad (1)$$

Wird in den Sekundärkreis ein Zusatzwiderstand R_z hinzugeschaltet, so kann man in der gleichen Weise die folgende Gleichung ableiten:

$$\mathfrak{J}_2'(R_2 + R_z) = -M \cdot j\omega\mathfrak{J}_1' \quad \ldots \ldots \quad (2)$$

Nehmen wir eine genügend lose Kopplung an, so daß keine Rückwirkung auf den primären Kreis stattfindet, so bleibt die rechte Seite $-M j\omega\mathfrak{J}_1$, und es wird

$$\mathfrak{J}_2 \cdot R_2 = \mathfrak{J}_2'(R_2 + R_z)$$

also $R_2(\mathfrak{J}_2 - \mathfrak{J}_2') = R_z \cdot \mathfrak{J}_2'$ oder mit Effektivwerten:

$$R_2 = R_z \cdot \frac{I_2'}{I_2 - I_2'}.$$

Aus dieser Ableitung der Formel erkennt man, daß außer der oben vorausgesetzten losen Kopplung folgende Bedingungen erfüllt sein müssen, um ein richtiges Ergebnis zu erhalten:

a) der Strom im Erregerkreis muß mit und ohne Zusatzwiderstand genau der gleiche sein,

b) die Frequenz muß stets konstant gehalten werden,

c) der Meßkreis muß genau auf Resonanz eingeregelt sein.

Um die Genauigkeit des Ergebnisses zu erhöhen, begnügt man sich gewöhnlich nicht damit, einen einzigen Widerstand R_z einzuschalten, sondern man wiederholt die Messung mit einer größeren Zahl von Widerständen. Für diesen Fall gibt Pauli das folgende Verfahren an, das auch von uns stets angewandt wurde:

Aus Gleichung (2) folgt

$$\frac{\mathfrak{J}_1'}{\mathfrak{J}_2'} = -\frac{R_2 + R_z}{M j\omega}$$

oder in Effektivwerten

$$\frac{I_1'}{I_2'} = \frac{R_2 + R_z}{M\omega}.$$

Diese Gleichung bedeutet, daß $\frac{I_1'}{I_2'}$ abhängig von R_z eine Gerade darstellt.

Somit ergibt sich die folgende graphische Konstruktion (Abb. 2): Man trägt jedesmal vom Koordinaten-Nullpunkt C aus die Zusatzwiderstände als Abszissen auf, und als Ordinate in den Punkten C, E, G jeweils das zugehörige Verhältnis von Primär- zu Sekundärstrom. Durch die Endpunkte B, D, F der Ordinaten zieht man die wahrscheinlichste Gerade. Der Schnittpunkt dieser Geraden mit der Abszisse sei A, dann ist AC der gesuchte Äquivalentwiderstand. Wird die Kopplung geändert, so erhält man eine Gerade anderer Neigung, die jedoch auf der Abszissenachse den gleichen Punkt A durchlaufen muß.

Oben haben wir in Bedingung c) gesehen, daß es unbedingt erforderlich ist, daß der Meßkreis genau auf Resonanz eingestellt sein muß. Bei loser Kopplung ist dies sehr leicht, da dann einfach auf maximalen Strom im Sekundärkreis eingestellt zu werden braucht. Bei fester Kopplung, wie wir sie gewöhnlich bei betriebsmäßigen Sendern vorfinden, und wo diese auch nicht geändert werden kann, führt dieses Verfahren zu unter Umständen großen Fehlern. Für diesen Fall hat Osnos[1]) den richtigen Weg angegeben.

[1]) Osnos, Zeitschrift für Hochfrequenztechnik, 26. 10. 1926.

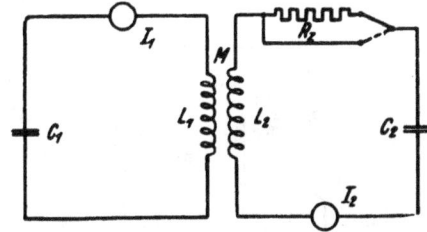

Abb. 1. Grundsätzliches Schaltbild für das Verfahren der Bestimmung des Äquivalentwiderstandes.

Es war

$$\mathfrak{J}_2\left\{R_2 + j\left(\omega L_2 - \frac{1}{\omega C_2}\right)\right\} = -M\omega j\mathfrak{J}_1$$

also

$$\frac{\mathfrak{J}_2}{\mathfrak{J}_1} = -\frac{M\omega j}{R_2 + j\left(\omega L_2 - \frac{1}{\omega C_2}\right)}.$$

Für die Effektivwerte gilt also

$$\frac{I_2}{I_1} = \frac{\omega M}{\sqrt{R_2^2 + \left(\omega L_2 - \frac{1}{\omega C_2}\right)^2}} \quad \ldots \ldots \quad (3)$$

Im Fall der Resonanz im Sekundärkreis ist

$$\omega L_2 - \frac{1}{\omega C_2} = 0.$$

dann ist nach der Gleichung (3) $\frac{I_2}{I_1}$ ein Höchstwert, während I_2 kein Höchstwert zu sein braucht.

In der oben erwähnten Arbeit gibt Osnos an, daß es leicht sei, durch einige Einstellungen die Resonanzlage zu finden, doch will es nach den Erfahrungen der Verfasser ratsam scheinen, jedesmal die Resonanzkurve aufzunehmen, da unter Umständen kleine Abweichungen von der Resonanzeinstellung den Betrag des Verhältnisses der Ströme schon stark fälschen können.

Da wir dieses Verfahren zur Einstellung der Resonanz bei den Messungen für das oben erläuterte graphische Verfahren nach Pauli angewendet haben, so haben wir später in Abb. 7 das Verhältnis $\frac{I_1}{I_2}$ graphisch aufgetragen, das im Falle der Resonanz ein Kleinstwert wird. Der Sekundärstrom ist dort mit I_a bezeichnet.

2. Beschreibung des in der vorliegenden Arbeit verwandten Verfahrens für die Leistungsmessungen.

Nach dem beschriebenen Verfahren wurden die in der Einleitung gekennzeichneten Leistungsmessungen ausgeführt.

Als Sender diente die Telefunken-Flugzeugstation 257 F, an der die Messungen vorgenommen wurden. Sie enthält einen Röhrensender mit Steuerkreis und Leistungsröhre.

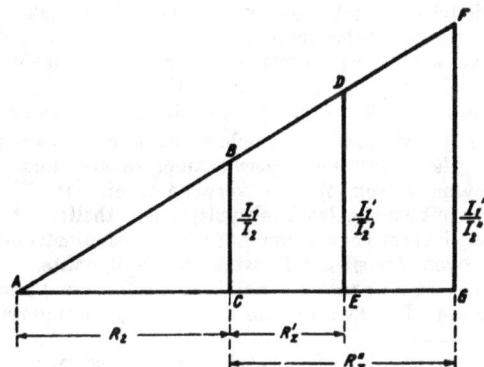

Abb. 2. Graphisches Verfahren nach Pauli zur Auswertung des Äquivalentwiderstandes.

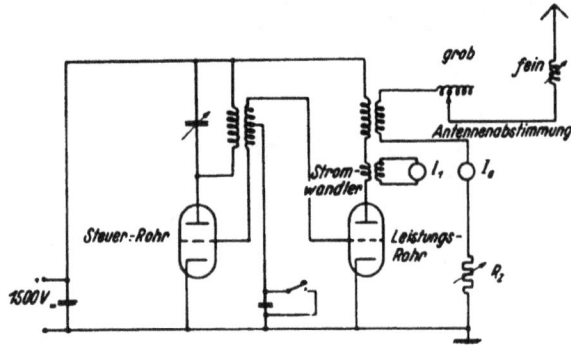

Abb. 3. Schaltbild für die Leistungsmessung an der Flugzeugstation.

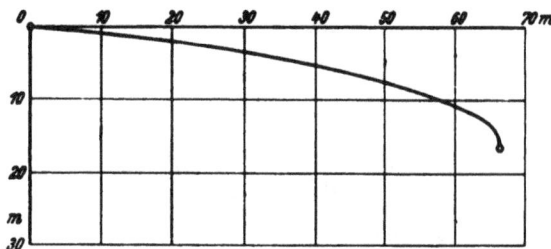

Abb. 4. Gestalt der 70 m langen Schleppantenne im Fahrwind.

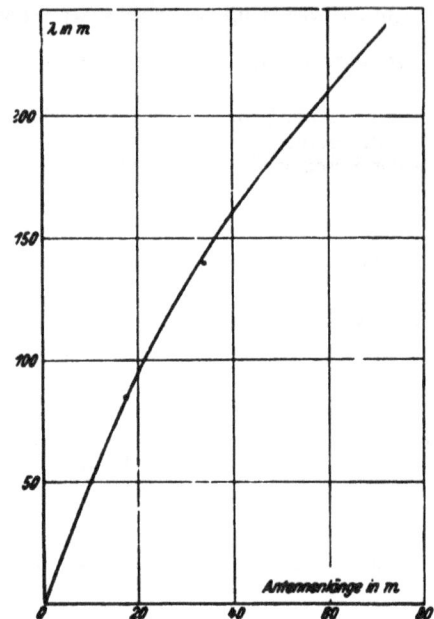

Abb. 5. Eigenwelle der herabhängenden Flugzeugantenne.

Das Schaltbild dieser Station ist in Abb. 3 zu sehen. Durch die Steuerröhre wird die Frequenz praktisch konstant gehalten, auch wenn die Antenne im Fahrwind ihre Gestalt ändert.

Der Heiz- und Anodenstrom wird einem Generator entnommen, der im Fahrwind des Flugzeuges hängt und seine Energie einem mit selbsttätiger Drehzahlregelung versehenen Windflügel entnimmt. Die Ausstrahlung der hochfrequenten Energie erfolgt aus der 70 m langen Schleppantenne. Sie besteht aus Bronzelitze und ist am Ende mit dem sog. Antennenei beschwert. Die Gestalt, die dieser aus dem Flugzeug heraushängende Draht unter normalen Verhältnissen im Fahrwind annimmt, ist in Abb. 4[1] gezeigt. Ihre Eigenwelle wurde nach bekannten Verfahren im Flugzeug gemessen und das Ergebnis in Abb. 5 abhängig von der Antennenlänge, aufgetragen.

Der Generator der Bodenstation wurde von einem Elektromotor angetrieben, der, um von Netzschwankungen unabhängig zu sein, durch einen besonderen Maschinensatz Drehstrom-Gleichstrom gespeist wurde[2]. Die Antenne der Bodenstation besteht gleichfalls aus Bronzelitze und ist zwischen zwei 15 m hohen Holztürmen ausgespannt. Die Länge beträgt ebenfalls 70 m. Wie aus Abb. 6 hervorgeht, ist es eine unsymmetrische T-Antenne. Die Erde der Station besteht nach amerikanischer Bauart aus 6 Wellblechtafeln (2 × 0,8 m). Diese sind zu einem Zylinder mit sechseckiger Grundfläche verlötet. Von den einzelnen Blechen sind sternförmig starke Kupferdrähte nach dem Mittelpunkt geführt, von dem aus die Erdleitung nach der Station abgeht. Das ganze Gebilde ist hochkant so in die Erde vergraben, daß die Oberkante der Bleche 50 cm unter der Erdoberfläche liegt.

Für die Messung der Hochfrequenzströme wurden bei diesen Versuchen die Thermo-Amperemeter und Milli-Amperemeter von Weston verwendet, die ein Thermoelement mit angebautem Drehspulsystem enthalten. Ihre Benutzung ist sehr bequem und hat vor Hitzbandinstrumenten den großen Vorteil der Konstanz des Nullpunktes voraus. An einer Stelle gaben sie Anlaß zu besonderen Vorsichtsmaßregeln. Der Primärstrom der Antennenkopplungsspule

ist der Anodenstrom der Leistungsröhre des Senders (Abb. 3). Um den Gleichstrom von dem Wechselstrom zu trennen, wurde in die Anodenleitung ein Stromwandler eingeschaltet, der aus einer bifilar gewickelten Spule von 6,5 cm Durchm. und 2 × 106 Windungen bestand, an die sekundär das Thermogerät angeschaltet wurde. Da der Stromwandler nur an die leicht zugängliche Anode angeschlossen werden konnte, so hatte diese ganze Anordnung hohes Potential gegen Erde; Stromwandler und Instrument mußten also gut isoliert werden. Jedoch zeigte sich stets bei Anlegen der Anodenspannung und ungedrückter Taste ein Ausschlag des Zeigers in entgegengesetzter Richtung, der nur von Isolationsgleichströmen herrühren konnte. Er war nur bei ganz hervorragender Isolation auf sehr trockenem Glas und sehr großen Kriechwegen kurzzeitig zu unterdrücken. Endgültige Abhilfe brachte folgende Anordnung: Das Instrument wurde auf zwei übereinander angebrachten Platten aus Isolationsmaterial befestigt. Von den Klemmen des Instrumentes führten zwei Drähte zu Kupferfoliestreifen, die sich, in etwa 2 cm Abstand voneinander isoliert, zwischen den beiden Isolierplatten befanden. Der Isolationsstrom ging nun nicht mehr durch das Drehspulsystem, sondern bevor-

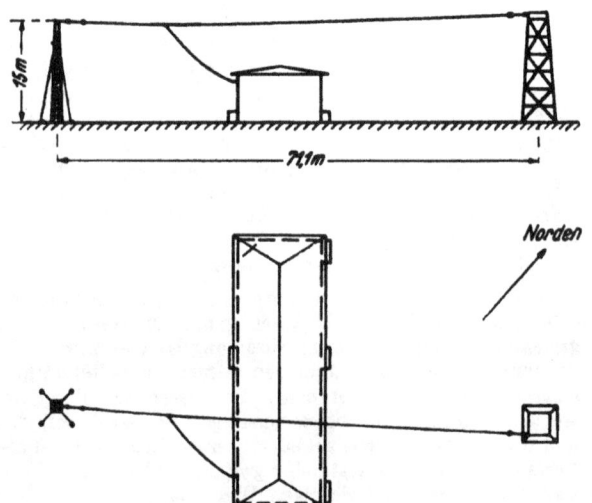

Abb. 6. Antenne der Bodenstation. M. 1 : 1000.

---

[1] Siehe auch Liebers, S. 257 dieses Jahrbuches, wo nähere aerodynamische Angaben über die Antenne zu finden sind.

[2] Vgl. Faßbender, Zeitschrift für Hochfrequenztechnik, Bd. 30 (1927) S. 173 und S. 115 dieses Jahrbuches.

zugte die beiden Wege über die Instrumentenklemmen und die Kupferfolie zur Erde. Der sehr hochohmige Nebenschluß konnte die Messung nicht fälschen. Bei der Eichung des Stromwandlers zeigte sich in dem benutzten Frequenzbereich die gleiche Stromstärke auf der Primär- und Sekundärseite.

Der Zusatzwiderstand bestand aus bifilar gespannten Drähten aus Konstantan von höchstens 0,4 mm Dicke, bei denen die Widerstandserhöhung durch Stromverdrängung bei 200 m Wellenlänge noch unter 1 vH bleibt[1]). Er war in Stufen von 2, 5, 10, 20, 40 Ohm unterteilt, die mittels Stecker beliebig in Reihe geschaltet werden konnten.

Die Antennenkopplung ist fest im Gerät eingebaut und kann nicht willkürlich verändert werden. Die Grob-Abstimmung des Antennenkreises läßt sich in neun Stufen schalten. Feinabstimmung erfolgt mittels Variometers, dessen Stellung an einer 100teiligen Skala abgelesen wird.

Die Gleichstromwerte, und zwar Heizstrom, Heizspannung, Anodenstrom und Anodenspannung, wurden mit Z-Instrumenten (Siemens u. Halske A.-G.) unmittelbar hinter dem Generator gemessen.

In der Flugzeugkabine wurden die beiden vorderen Sitze entfernt und dafür ein Tisch, an Gummischnüren nach oben und unten abgespannt, eingebaut, auf dem der größte Teil der Apparatur Platz hatte. Der Rest wurde auf dem Boden befestigt. Ein Bild des Einbaus gibt die auf S. 117 gezeigte Abb. 7.

Die Leistungsmessung ging in folgender Weise vor sich: Nachdem etwa 200 m Höhe erreicht waren, wurde die Antenne herausgelassen, die Station eingeschaltet und grob abgestimmt; dann wurde die Feinabstimmung in der Nähe der Resonanz verändert, und die beiden Ströme abhängig von der Einstellung an der Feinabstimmung abgelesen. Darauf wurde dasselbe mit einem Zusatzwiderstand von 10, 20, 30 und 40 Ohm wiederholt. Die erhaltenen Kurven für die Wellenlänge $\lambda = 950$ m zeigt Abb. 7. Dieselbe Messung erfolgte bei den Wellen 450, 650 und 1350 m. Man erkennt hieraus, daß das beschriebene Verfahren einen großen Zeitaufwand bedingt. Die Messung eines Widerstandes erfordert die Ermittlung von 5 × 3 Kurven. Um ein Bild von dem gesamten Arbeitsaufwand dieser Leistungsmessungen zu geben, sei erwähnt, daß insgesamt etwa 250 Resonanzversuche ausgewertet werden mußten.

Diese Messungen im Flugzeug sind insofern ungenauer als die entsprechenden an der Bodenstation, als auch bei ruhigem Wetter die Antenne nie ganz ruhig hängt und deshalb Änderungen in der Abstimmung infolge der geringen Dämpfung des Antennenkreises erhebliche Schwankungen des Antennenstromes hervorrufen. Wenn ferner bei etwas bockigem Wetter die Geschwindigkeit des Flugzeuges schwankt, so ändert sich die Drehzahl des Regelpropellers, wenn auch nur wenig, was auch Änderungen der Antennenstromstärke und damit der abgegebenen Leistung des Gerätes zur Folge hat.

Wie schon in der Einleitung erwähnt, war beabsichtigt, den Widerstand der eingebauten Abstimmittel, der im wesentlichen durch die Verlängerungsspulen bedingt ist, für sich zu messen. Dies geschah in der Weise, daß, während das Flugzeug sich in der Halle befand, statt der Antenne ein verlustloser Drehkondensator, Bauart der Physikalisch-Technischen Reichsanstalt, angeschaltet wurde. Aus den Resonanzkurven, die im Flugzeug erhalten worden waren, war die $\frac{I_1}{I_a}$-Kurve abgeleitet worden, deren Kleinstwerte für die Zeichnung der Paulischen Geraden nötig waren. Die Feinabstimmung wurde auf den Skalenteil, für den vorher der Kleinstwert gefunden war, eingestellt und dann durch Einregeln des Kondensators die Resonanzkurven aufgenommen. Die gleiche Messung wurde, wie oben, nach Zuschalten der nötigen Zusatzwiderstände wiederholt.

Um die Genauigkeit des Verfahrens zu prüfen, wurden die Messungen auch für andere Stellungen der Feinabstim-

[1]) Rein-Witz. Radiotelegr. Praktikum. 3. Auflage 1922, S. 64.

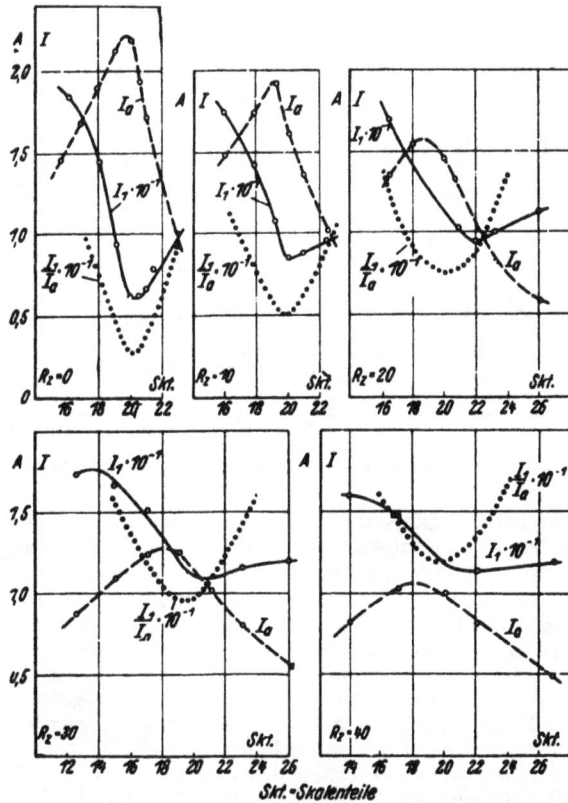

Abb. 7. Resonanzkurven nach Osnos.

mung vorgenommen. Man erhält dann für jede Stellung den Widerstand der eingebauten Abstimmittel aus der betreffenden Paulischen Geraden. Da die Kopplung nur sehr wenig infolge Drehung der Variometerspule verändert wird, müssen die Geraden nahezu parallel zu einander verlaufen, was als Anhalt für die Zuverlässigkeit des Ergebnisses dienen kann. Abb. 8 gibt ein Beispiel für das Paulische Verfahren.

Von dem im Flugzeug gemessenen gesamten Äquivalentwiderstand des Antennenkreises wird der Wert der Abstimmittel für die betreffende Abstimmung abgezogen, und man erhält den Widerstand der Antenne. Daraus ergibt sich die in die untersuchte Antenne hineingeschickte Leistung, die zum Teil als nützliche Strahlung ausgesandt, zum Teil infolge der Verluste verschluckt wird.

Da das Flugzeug selbst einen Teil des strahlenden Antennengebildes darstellt, haben die ausgeführten Leistungs-

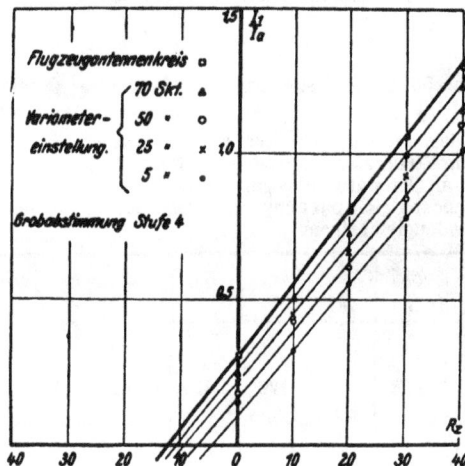

Abb. 8. Paulische Gerade für 450 m.

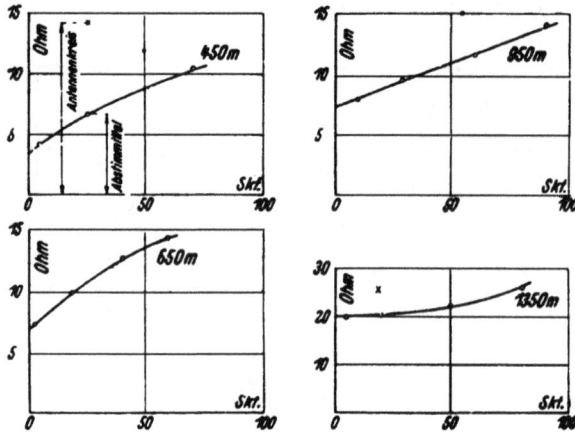

Abb. 9. Widerstand der Abstimmittel und des Antennenkreises.

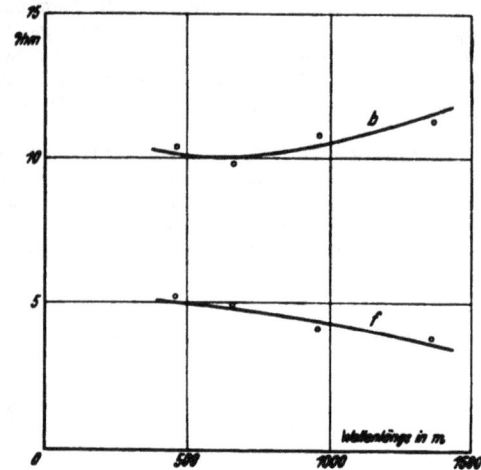

Abb. 10. Äquivalentwiderstand der Flugzeugantenne f und der Antenne der Bodenstation b.

und Strahlungsmessungen Gültigkeit nur für das untersuchte Flugzeugmuster Junkers F 13 bzw. Metallflugzeuge ähnlicher Größe und Bauart.

Die Leistung der Antenne einer Flugzeugstation läßt sich als Produkt aus Quadrat des Stromes I_a und des Widerstandes R_a darstellen. Nun wird als Widerstand der Antenne immer der Wert bezeichnet, der mit dem im Strombauch gemessenen Quadrat des Stromes die Leistung ergibt. Bei der Flugzeug-Antenne läßt sich aber von vornherein nicht mit Sicherheit sagen, wo sich der Strombauch befindet. Allerdings ist die Wahrscheinlichkeit, daß er an der Einführungsstelle der Antenne liegt, besonders bei Metallflugzeugen, sehr groß. Aber auch wenn das nicht der Fall wäre, behalten alle bisher angestellten Überlegungen ihre Gültigkeit, denn da der Schwingungszustand eines Gebildes — vorausgesetzt, daß von Oberwellen abgesehen wird — sich nicht ändert, wenn man es an einer anderen Stelle erregt, so müssen die Strahlungsleistung und die Verlustleistung konstant bleiben. Schneidet man also das schwingende Gebilde an irgendeiner Stelle auf, erregt es dort, und mißt gleichzeitig an dieser Stelle den Äquivalentwiderstand R_a und den Strom I_a, so muß sich hieraus einwandfrei die gesamte aufgenommene Leistung als $N_a = I^2_a \cdot R_a$ ermitteln lassen.

Zweifel können noch darüber bestehen, ob das Verfahren des Zusatzwiderstandes, angewendet auf Punkte außerhalb des Strombauches, zu richtigen Ergebnissen führt. Es wäre denkbar, daß durch Zuschalten des Widerstandes der an dem Widerstand auftretende Spannungssprung die Schwingungsform derart verändert, daß jetzt der Äquivalentwiderstand einen anderen Betrag annimmt. Zur Klärung dieser Frage dienten einige Vorversuche, bei denen eine vom Boden aus durch den großen meteorologischen Holzturm auf dem DVL-Gelände nach einem entfernten Hausdach gespannte An-

tenne sowohl unten als auch etwa in der Mitte erregt wurde. An der Stelle, wo die Antenne durch den Holzturm läuft, und unten am Erdungspunkt war je ein Meßsender auf-

Zahlentafel 1.
Äquivalentwiderstände der Flugzeugschleppantenne.

$R_{AK} = $ Äquivalentwiderstand des gesamten Antennenkreises.
$R_{AM} = $ Äquivalentwiderstand der Abstimmittel des Antennenkreises.
$R_{Ant} = $ Äquivalentwiderstand der Flugzeug-Schleppantenne ohne Abstimmittel.

Wellenlänge Meter	R_{AK} Ohm	R_{AM} Ohm	R_{Ant} Ohm
450	12,1	6,8	5.3
650	15,0	10,0	5,0
950	15,4	11,2	4,2
1350	24,5	20,6	3,9

gebaut, von denen jedesmal der eine erregt wurde. Die Messungen ergaben mit der damals erreichbaren Genauigkeit, daß die Leistung unabhängig vom Erregungsort konstant ist, also

$$I_a^2 \cdot R_a = I_a'^2 \cdot R_a'.$$

Hierin bedeuten I_a und R_a die an der Erdungsstelle gemessenen, I'_a und R'_a die entsprechenden auf dem Turm gemessenen Werte. Natürlich muß jedesmal auf gleiche Stromstärke an einer Stelle, etwa unten, eingestellt werden.

Zahlentafel 2. Aufgenommene und höchste an die Antenne abgegebene Leistung der Flugzeugstation in Abhängigkeit von der Wellenlänge.

E_h Heizspannung, gemessen am Generator.
I_h Vom Generator abgegebener Heizstrom.
N_h Vom Generator abgegebene Heizleistung.
E_a Anodengleichspannung, am Generator gemessen.
I_a Anodengleichstrom.

N_a Anodengleichstromleistung.
N_F Dem Fahrwind vom Windflügel entnommene Leistung.
$I_{Ant\,max}$ größter Antennenstrom.
$N_{AK\,max} = I^2_{Ant\,max} \cdot R_{AK} = $ Höchstleistung im Antennenkreis.
$N_{Ant\,max} = I^2_{Ant\,max} \cdot R_{Ant} = $ Höchstleistung in der Antenne.

λ m	E_h V	I_h A	N_h W	E_a V	I_a A	N_a W	$N_h + N_a$ W	N_F W	$I_{Ant\,max}$ W	$N_{AK\,max}$ W	$\eta_j = \dfrac{N_{AK\,max}}{N_a}$	$N_{Ant\,max}$	$\eta_j = \dfrac{N_{Ant\,max}}{N_F}$
450									2,30	64	0,33	28,0	0,025
650	13,8	9,3	128	1510	0,128	193	321	1100[1]	2,21	73	0,38	24,4	0,022
950									2,33	81	0,42	22,8	0,021
1350									1,92	90	0,47	14,4	0,013

[1] Nach Messungen der DVL, die von Dipl.-Ing. Brintzinger in Friedrichshafen ausgeführt wurden. Näheres siehe Brintzinger, S. 263 dieses Jahrbuches.

3. Versuchsergebnisse der Leistungsmessungen bei der Flugzeug- und Bodenstation.

Die Ergebnisse der Leistungsmessungen im Flugzeug sind in Zahlentafeln 1 und 2 und Abb. 9 und 10 zusammengestellt. Abb. 9 gibt die gemessenen Werte für die Widerstände der Abstimmittel im Antennenkreis des Flugzeugsenders. Da es sich meistens darum handelt, die Antenne zu verlängern, so bestehen die Stufen der Grobabstimmung aus Spulen. Die Feinabstimmung ist ein Variometer aus Hochfrequenzlitze. Man könnte vielleicht annehmen, daß der Widerstand eigentlich für alle Variometerstellungen derselbe ist. Es ergibt sich aber, wie man in Abb. 9 erkennt, in allen untersuchten Fällen ein Gang mit der Einstellung, was zwanglos auf die verschiedenartige Stromverdrängung infolge der geänderten Form des magnetischen Feldes zurückgeführt werden kann. In der gleichen Abb. 9 sind auch die für die Schleppantenne gemessenen Werte des Widerstandes des gesamten Antennenkreises aus Zahlentafel 1 durch ein Kreuz gekennzeichnet.

In Zahlentafel 1 sind für die Wellenlängen 450, 650, 950 und 1350 m die Äquivalentwiderstände für den gesamten Flugzeug-Antennenkreis, die Abstimmittel und die Schlepp-Antenne allein zusammengestellt. Während die Widerstände der eingebauten Spulen Größen haben, die sich infolge der unstetigen Grobabstimmung sprungweise mit der Wellenlänge ändern, ist der Widerstand der Antenne eine physikalische Größe, die sich stetig mit der Wellenlänge ändern muß,

Zahlentafel 3. Äquivalentwiderstände der Bodenstation.

R_{AK} Äquivalentwiderstand des gesamten Antennenkreises.
R_{AM} Äquivalentwiderstand der Abstimmittel des Antennenkreises.
R_{Ant} Äquivalentwiderstand der Antenne der Bodenstation ohne Abstimmittel.

Wellenlänge Meter	R_{AK} Ohm	R_{AM} Ohm	R_{Ant} Ohm
450	22,5	12,0	10,5
650	16,1	6,2	9,9
950	17,8	6,9	10,9
1350	21,0	9,6	11,4

was sich auch in der Schaubilddarstellung in Abb. 10 erkennen läßt.

Von Interesse ist es, die Leistung der Flugzeugstation auf ihrem Weg vom Windflügel bis zur Antenne zu verfolgen. In Zahlentafel 2 sind die Werte zusammengestellt. Die dem Windflügel aus dem Fahrwind zugeführte Energie bezieht sich dabei auf eine Geschwindigkeit des Flugzeugs von 130 km/h. Die vom Generator abgegebene Leistung ist nahezu unabhängig von der Wellenlänge. Die Drehzahl des Generators bleibt infolge der Regulierung des Windflügels fast gleich, sie ändert sich nur beim Tasten von 4800 auf 4740 Umdr./min. Die Drehzahl wurde mit einem H. & B.-Zungenfrequenzmesser (s. S. 118, Abb. 7) gemessen, der an die 80 Per.-Wicklung des Generators angeschlossen war. Da

die Leistung des Röhrensenders stark von der Drehzahl abhängt, könnte durch etwas andere Einstellung der Federn des Windflügels die maximale Leistung vielleicht noch ein wenig erhöht werden.

Nun kann man den Sender in seiner Gesamtheit als einen Umformer für Gleichstrom in hochfrequenten Wechselstrom auffassen. Ohne auf die inneren Vorgänge im Sender näher einzugehen, müßte man dann als Aufnahme die gleichstromseitig zugeführte Energie ansehen, wobei die Heizleistung der Röhren mitgezählt werden kann oder nicht. Als Abgabe wäre dann die Energie zu betrachten, die außerhalb des Apparates zwischen den Anschlußklemmen für Antenne und Erde nutzbar gemacht werden kann. Das Verhältnis von beiden ist der Wirkungsgrad des Senders. Die Nennleistung des Senders sollte die Abgabe außerhalb der Anschlußklemmen für Antenne und Erde sein.

Tatsächlich ist die in Deutschland übliche Definition etwas anders. Man bezeichnet als Leistung des Senders die gesamte im Antennenkreis verbrauchte Leistung. Diese Definition hat den Nachteil, daß zwei verschiedene Sender an der gleichen Antenne, also auch der gleichen Strahlung bei gleicher Antennenstromstärke verschiedene Antennenleistung haben können.

Die Messung der Leistungsabgabe an die Antenne allein ist nur mit geringerer Genauigkeit möglich, weil der Betrag der Abgabe sich als Differenz aus zwei verhältnismäßig großen Werten ergibt.

Es sei besonders darauf hingewiesen, daß bei dem von uns untersuchten und sicher sehr gut gebauten Sender die Abstimmittel bis zu 67 vH der Leistung des gesamten Antennenkreises verschlucken. Eine Unterteilung der Verluste, wie wir sie in Zahlentafel 2 vorgenommen haben, soll helfen, schrittweise die Leistung desselben Gerätes zu steigern, was gerade bei Flugzeugstationen mit ihrem beschränkten Raum und Gewicht besonders wichtig ist.

Die Messungen an der Bodenstation wurden, wie schon oben erwähnt, an der in Abb. 6 gezeigten Antenne vorgenommen. Die Messungen des Widerstandes der Abstimmittel wurden hier nur für den Punkt Abstimmung vorgenommen, für den bei der Benutzung der Antenne Abstimmung vorhanden war. Die Ergebnisse sind in Zahlentafel 3 und 4 zusammengestellt und ebenfalls in Abb. 10 als Kurve aufgetragen. Eigentümlicherweise ergibt sich für die Antenne selbst keine mit der Wellenlänge fallende Abhängigkeit, wie sie der Strahlungswiderstand aufweisen müßte.

II. Strahlungsmessungen an Antennen.

4. Beschreibung des verwandten Verfahrens zur Strahlungsmessung an der Flugzeug- und Bodenstation.

Die im folgenden beschriebenen Strahlungsmessungen wurden vorgenommen, um erstens über die Strahlungsleistung des Flugzeug- bzw. Bodensenders Klarheit zu bekommen, zweitens um auch die Empfangsfeldstärken überhaupt kennen zu lernen, womit die Grundlage für eine objektive Beurteilung der Reichweiten von Flugzeug- und Bodensendern geschaffen werden soll.

Zahlentafel 4. Aufgenommene und höchste an die Antenne abgegebene Leistung der Bodenstation in Abhängigkeit von der Wellenlänge.

E_h Heizspannung, gemessen am Generator.
I_h Vom Generator abgegebener Heizstrom.
N_h Vom Generator abgegebene Heizleistung.
E_a Anodengleichspannung, am Generator gemessen.
I_a Anodengleichstrom.
N_a Anodengleichstromleistung.
$I_{Ant\,max}$ größter Antennenstrom.
$N_{AK\,max} = I^2_{Ant} \cdot R_{AK}$ = Höchstleistung im Antennenkreis.

m	E_h V	I_h A	N_h W	E_a V	I_a A	N_a W	$N_h + N_a$ W	$I_{Ant\,max}$ W	$N_{AK\,max}$ W	$\eta = \dfrac{N_{AK\,max}}{N_a}$	$N_{Ant\,max}$ W
450								1,10	27,2	0,13	12,7
650	14,0	9,38	131	1500	0,14	210	341	1,73	48,3	0,23	29,8
950								1,52	41,2	0,20	25,2
1350								1,58	52,4	0,25	28,5

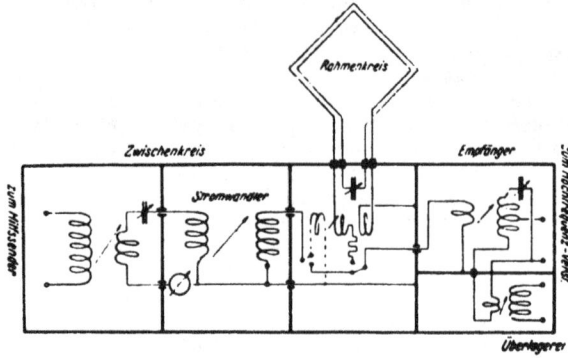

Abb. 11. Feldstärkenmeßgerät nach Anders.

Jede Feldstärkenmessung beruht darauf, daß am Empfangsort der Strom in einer Antenne gemessen wird. Ist die Antenne bekannt, so läßt sich dann die Empfangsfeldstärke berechnen. Die verschiedenen Verfahren zur Feldstärkenmessung unterscheiden sich im wesentlichen in der Art, wie der meist sehr kleine Empfangsstrom festgestellt wird, und in der Art der verwendeten Antennen. Bei den später beschriebenen Versuchen nach dem im Telegraphen-Technischen Reichsamt entwickelten Verfahren von Anders[1]) wurde eine Empfangsrahmenantenne mit $A = 2$ m^2 Fläche und $n = 2 \times 4$ Windungen blanker Antennenlitze benutzt. Die Litze war durch Pertinaxrollen isoliert. Der Empfangsrahmen wird abgestimmt und der Rahmenstrom I_s in dem 5-Röhren-Neutrodyn-Empfänger des Feldstärkenmeßgeräts empfangen. In Abb. 11 ist ein grundsätzliches Schaltbild des Feldstärkenmeßgerätes gegeben. Der Ausgangstransformator der letzten Röhre war mit einem Einfaden-Elektrometer in idiostatischer Schaltung verbunden. Nachdem der Empfänger eingestellt und das Elektrometer abgelesen ist, wird an Stelle des Rahmenkreises über einen Stromwandler ein Hilfssender gleicher Frequenz an den Empfänger angeschaltet. Der Primärstrom I_1 des Stromwandlers wird mittels Baretters gemessen und so eingeregelt, daß das Elektrometer den gleichen Ausschlag wie bei Ankopplung an den Empfangsrahmen gibt. Alsdann ist der Empfangsstrom gleich dem Strom des Hilfssenders, multipliziert mit dem Übersetzungsverhältnis u des Stromwandlers. Ist außerdem der Widerstand des Rahmenkreises R_R bekannt, der nach dem Verfahren mittels Zusatzwiderständen, die im Rahmenkreis vorgesehen sind, bestimmt werden kann, so ist die im Rahmen erzeugte Spannung $E_2 = I_2 \cdot R_R$. Die Empfangsfeldstärke ergibt sich zu

$$\mathfrak{E} = \frac{E_2 \cdot \lambda}{2\,\pi \cdot A \cdot n} \text{ Volt/m} \quad \ldots \ldots \ldots \text{(4)}$$

---

[1]) Anders: El. Nachrichten Technik, Bd. 2 (1925) S. 401.

Errechnet man hieraus unter Berücksichtigung der Entfernung d (in Metern) des Senders vom Empfänger und unter der Annahme verlustloser Wellenausbreitung die Strahlungsleistung N_s des Senders, so ergibt sich

$$N_s = 0,0111\ d^2 \cdot \mathfrak{E}^2 \text{ Watt} \quad \ldots \ldots \text{(5)}$$

Das Gerät wird von der AEG gebaut und besteht aus je einem Metallkasten für den Sender und Empfänger, in denen alle Teile gut gegeneinander abgeschirmt untergebracht sind; nur die Schalter und Kontrollinstrumente befinden sich außerhalb. Die äußere Ansicht zeigt Abb. 12.

Man ist mittels dieses Gerätes in der Lage, schnell hintereinander in zuverlässiger Weise Empfangsfeldstärken-Messungen bis zu etwa 10 $\frac{\mu\,\mathrm{V}}{\mathrm{m}}$ ausführen zu können. Durch Verwendung verschiedener Einsätze kann der Wellenbereich in großen Grenzen geändert werden. Leider ist der Wellenbereich nach unten noch bei etwa 80 m begrenzt.

Die angegebenen Formeln sind nur richtig, wenn sich der Empfänger in der Äquatorialebene der Sende-Hochantenne befindet. Sie gelten also für alle Bodenstationen, deren Antennen man stets als einen aus vielen Dipolen zusammengesetzten Dipol ansehen kann, dessen eine Hälfte unter der Erdoberfläche liegt. Bei der Flugzeugstation ist das nicht möglich. Das Flugzeug mit seiner Antenne wird man im allgemeinen als einen Dipol auffassen können, der in einer senkrechten Ebene durch die Flugzeuglängsachse liegt und um einige Grad (etwa 20 bis 30°) gegen die Erdoberfläche geneigt ist. Die Äquatorialebene dieses Dipols schneidet die Erdoberfläche in einer Geraden, die senkrecht zur Flugrichtung um eine gewisse, je nach der Flughöhe verschiedene, Strecke vor der Projektion des Flugzeuges auf die Erdoberfläche liegt. In dieser Geraden würden obige Formeln gelten, wenn die Erde auf die Art der Wellenausbreitung keinen Einfluß hätte; unter $\mathfrak{E}$ wäre dann die Feldstärke senkrecht zu dieser Linie und parallel zum Dipol zu verstehen. Wo die Dipolverlängerung die Erdoberfläche schneidet, dürfte gar kein Empfang möglich sein. Tatsächlich muß jedoch infolge der Leitfähigkeit des Erdbodens an der Erdoberfläche die elektrische Feldstärke senkrecht auf dem Erdboden stehen, die Wellenfront also auf dem Weg vom Flugzeug zur Erde eine Drehung erfahren. Daraus folgt, daß für eine Flugzeugstation ein Rückschluß von der an einem Empfangsort an der Erdoberfläche gemessenen Feldstärke auf die Strahlungsleistung N_s nicht möglich ist. Die in den Zahlentafeln 7 und 10 bis 14 errechneten Werte für N_s sind also, soweit sie sich auf Flugzeugstrahlungen beziehen, fiktive Werte. Man kann sie deuten als zu einer Bodenstation gehörig, die sich unterhalb des Flugzeuges aus der Erde befindet. Berechnet man also aus der Strahlungsleistung N_s den Strahlungswiderstand R_s der Antenne nach der Gleichung

$$I^2_{ant} \cdot R_s = N_s,$$

so ist das für die Bodenstation erlaubt, für die Flugzeugstation erhält man jedoch ebenfalls einen fiktiven Wert.

Abb. 12.
Feldstärkenmeßgerät nach Dr. Anders.

Abb. 13. Aufbau des Feldstärkenmeßgerätes mit Rahmenantenne auf dem Goerzturm, Friedenau.

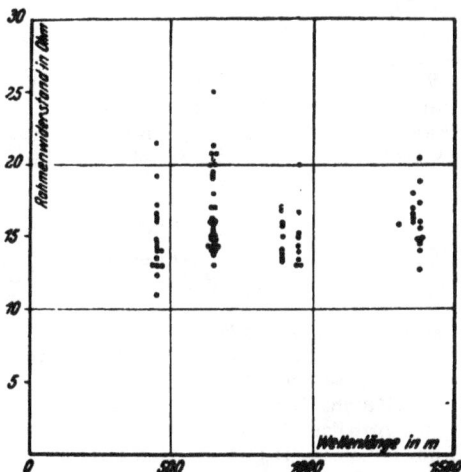

Abb. 14. Widerstände des Empfangsrahmens.

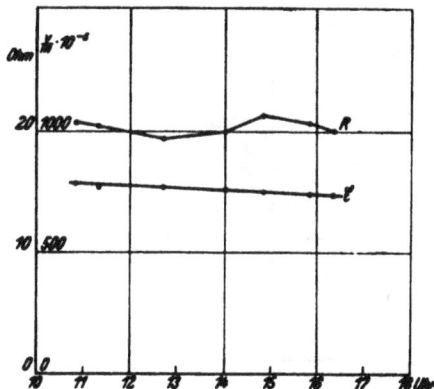

Abb. 15. Empfangsfeldstärken und Rahmenwiderstand während eines Tages.

Aus den gemessenen Werten für N_s darf man also auch nicht auf den wirklichen Wirkungsgrad der Flugzeugantenne schließen. Trotzdem haben wir in Zahlentafel 14 auch für die Flugzeugstation die fiktiven Wirkungsgrade η_s eingesetzt und in Abb. 24 aufgetragen, da sie einen gewissen Anhalt für die Vorstellung geben.

Bei diesen Strahlungsmessungen befand sich der Empfänger, d. h. also das Feldstärkenmeßgerät auf dem Goerzturm[1]) in Friedenau in einer Entfernung von 14,3 km von der Bodenstation Adlershof. Zum Schutz gegen Regen und Wind war es in einem Zelt untergebracht; den Aufbau zeigt Abb. 13. Die Antenne war in Richtung des stärksten Empfanges gedreht und mit Hanfseilen nach drei Richtungen hin abgespannt.

Das Meßverfahren soll zunächst an Hand einer Messung an der Bodenstation erläutert werden.

Die Bodenstation sendete nach einem genau vereinbarten Plan zu verabredeten Zeiten während 1 min Rufzeichen und dann während 9 min Dauerstrich auf einer Welle, hierauf nach einer Pause dasselbe auf anderer Welle. Innerhalb der 9 min Dauerstrich wurde bei jeder einzelnen Feldstärkenmessung durch Einschalten der Zusatzwiderstände in den Rahmenkreis sein Äquivalentwiderstand von neuem bestimmt. Wie nötig diese Maßregel war, zeigt Abb. 14, die die Werte der gemessenen Rahmenwiderstände enthält. Die

In Zahlentafel 6 ist der Rechnungsgang für die Ermittlung eines Wertes für $\mathfrak{C}$ und N_s, der für jeden Wert der Zahlentafel 5, 7, 8 und 10 bis 13 wiederholt werden mußte, als Beispiel angegeben. Hierzu sei erläuternd bemerkt: Die in der dritten Spalte eingesetzten Werte für I_1 stellen den mit einem Barettersatz gemessenen Strom im Zwischenkreis des Hilfssenders dar. Nach Division durch den der Eichkurve des Stromwandlers entnommenen Wert u der zweiten Spalte erhält man die Empfangsrahmen-Stromstärken I_2 in Spalte 4, die jeweils bei den in der nächsten Spalte erhaltenen Zusatzwiderständen R_2 im Rahmenkreis gelten. Der zur Bestimmung des Rahmenwiderstandes gebrauchte Primärstrom ist hier der in der nächsten Spalte angeführte Strom I_s in der Sendeantenne, der vom Beobachter am Sender fortlaufend abgelesen wurde. Die Werte $\frac{I_s}{I_2}$ in der nächsten Spalte werden für das Paulische Verfahren zur Ermittlung des Rahmenwiderstandes benutzt. Als Äquivalentwiderstand ergibt sich hieraus in diesem Beispiel 15,2 Ohm. Für die Berechnung der elektromotorischen Kraft wird das Mittel der beiden für $R_2 = 0$ gemessenen Werte des Rahmenstromes auf einen Sendestrom von 1,6 Amp. umgerechnet. Die Berechnung von E_2, $\mathfrak{C}$ und N_s erfolgt dann nach obigen Formeln.

Für die Messung der Empfangsfeldstärke des Flugzeugsenders erwies sich das bei der Bodenstation angewandte Verfahren als zu ungenau. Die Elektrometer-Ausschläge

Zahlentafel 5. Strahlungsmessungen an der Bodenstation während eines Tages (9. 11. 27).

Wetter: Leichter Regen. Wellenlänge 650 m.

Versuchs-nummer	Zeit	Rahmen-widerstand Ohm	$\mathfrak{C}$ in $\frac{V}{m} 10^6$	N_s Watt
1 (27)	10.49	20,7	788	1,40
2 (28)	11,50	20,4	770	1,35
3 (29)	12.43	19,4	769	1,34
4 (30)	13.59	20,0	758	1,30
5 (31)	14.48	21,3	748	1,26
6 (32)	15.47	20,7	736	1,22
7 (33)	16.50	20,0	732	1,21

Die eingeklammerten Versuchsnummern beziehen sich auf die entsprechenden Versuche in Zahlentafel 12.

großen Unterschiede können nicht von Meßfehlern herrühren, denn die Meßpunkte eines Versuches liegen stets sehr gut auf den betreffenden Paulischen Geraden, außerdem zeigt die Messung vom 9. November 1927, Zahlentafel 5 und Abb. 15, daß im Verlauf eines Tages der Rahmenwiderstand erheblich schwankt, die Feldstärke sich jedoch stetig und nur sehr wenig ändert, was bei der geringen Entfernung auch zu erwarten ist.

---

[1]) Jetzt zu den Werkstätten der AEG-Rheinstraße gehörig.

Zahlentafel 6. Rechnungsgang einer Strahlungsmessung an der Bodenstation ($\lambda = 950$ m).

Zeit	u	I_1 in Amp. $\times 10^{-6}$	$I_2 = \frac{I_1}{u}$ in Amp. $\times 10^{-6}$	R_2 Ohm	I_s Amp.	$\frac{I_s}{I_2}$	I_2 reduziert in Amp. $\times 10^{-6}$
13.10	48	225	4,68	0	1,94	$4,13 \cdot 10^5$	3,87
13.12	103	323	3,14	8	1,88	$6,00 \cdot 10^5$	
13.14	103	232	2,25	16	1,85	$8,21 \cdot 10^5$	
13.16	103	151	1,47	32	1,82	$12,40 \cdot 10^5$	
13.17	48	215	4,48	0	1,78	$3,96 \cdot 10^5$	4,05

$R_{\text{Rahmen}} = 15,2$ Ohm,
I_2 reduziert $= 3,95$ A,
$E_2 = 15,2 \cdot 3,95 = 60 \cdot 10^{-6}$ V,
$\mathfrak{C} = 569 \cdot 10^{-6} \dfrac{V}{m}$,
$N_s = 0,73$ W.

Hierin bedeutet:

u Übersetzungsverhältnis des Stromwandlers im Feldstärkenmeßgerät,
I_1 Primärstrom des Stromwandlers,
I_2 Sekundärstrom des Stromwandlers-Rahmenstrom,
I_2 reduziert = Rahmenstrom, reduziert auf einen Senderstrom von 1,6 A,
I_s Strom in der Sendeantenne,
E_2, $\mathfrak{C}$ und N_s siehe S. 248.

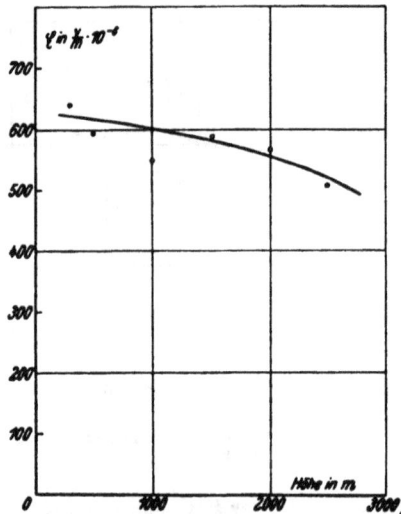

Abb. 16. Empfangsfeldstärken der Flugzeugstation, abhängig von der Flughöhe.

schwankten infolge der weiter oben dargelegten Verhältnisse am Flugzeugsender unregelmäßig hin und her, so daß in der zur Verfügung stehenden Zeit aus einer längeren Beobachtungsreihe wohl der Mittelwert des Rahmenstroms gefunden, nicht jedoch der Rahmenwiderstand genügend genau ermittelt werden konnte. Die Kürze der Zeit war in folgendem bedingt: Während der Messung müssen die Änderungen der Entfernung zwischen Sender und Meßgerät sowie die Änderungen des Einfallswinkels der Welle am Empfangsrahmen genügend klein sein. Aus diesem Grunde flog das Flugzeug längs einer Geraden, die durch die Bodenstation senkrecht zur Verbindungslinie Adlershof-Friedenau gelegt war. Wenn der Fehler in der Entfernung und dem Einfallswinkel nicht unstatthaft groß werden sollte, so standen für die Messung 3 min zur Verfügung.

Vom Flugzeug aus wurde also, solange es noch von der Bodenstation entfernt war, das Rufzeichen gesendet, dann folgten bei Annäherung an den Platz kurze Striche, die in Dauerstrich auf der eigentlichen kurzen Meßstrecke übergingen. Zur jedesmaligen Bestimmung des Rahmenwiderstandes wurde zwischen zwei Dauerstrichen einer Wellen-

länge eine Sendepause von 10 min für das Flugzeug eingeschaltet, in der von der Bodenstation auf derselben Welle Dauerstrich gesendet wurde.

Die Wellen 450, 650, 950 und 1350 m waren dabei so ausgesucht, daß sie den öffentlichen Verkehr nicht störten, daß aber auch durch Überlagerung von starken Sendern auf nahen benachbarten Wellen die Messungen nicht gefälscht würden.

5. Versuchsergebnisse der Strahlungsmessungen.

Zunächst sollen Messungen beschrieben werden, die die Einwände gegen die Zuverlässigkeit der erhaltenen Ergebnisse entkräften sollen.

Bei der Messung flog das Flugzeug stets in 300 m Höhe. Da diese Höhe doch nicht immer genau eingehalten werden konnte, wurden Messungen bei einer Flughöhe von 300, 500, 1000, 1500, 2000 und 2500 m gemacht, um den Einfluß der Flughöhe festzustellen. Die Ergebnisse sind in Zahlentafel 7 und in Abb. 16 zusammengestellt. Man erkennt, daß sich $\mathfrak{E}$ nur verhältnismäßig wenig mit der Höhe ändert, so daß Fehler in der Höhenmessung ohne großen Einfluß sind. Immerhin erkennt man eine Abnahme der Empfangsfeldstärke mit der Flughöhe. Der Grund für die Veränderung von $\mathfrak{E}$ mit der Flughöhe soll hier nicht erörtert werden. Wir wollen uns mit dem Resultat begnügen, daß der Einfluß der Höhe sehr klein ist.

Weitere Versuche befassen sich mit dem Einwand, daß etwa durch eine fehlerhafte Ortsbestimmung des Flugzeuges oder eine unregelmäßige Sendecharakteristik der Schlepp-Antenne Fehler bedingt sein könnten. Unter Sendecharakteristik ist dabei die Abhängigkeit der Empfangsfeldstärke von der Richtung, gemessen auf einem Kreis um den Sender als Mittelpunkt, zu verstehen.

Im allgemeinen gingen wir bei allen Messungen so vor, daß man im Flugzeug während des Fluges längs der oben angegebenen Geraden dann die Antennenstromstärke ablas und ein verabredetes Zeichen mit dem eingebauten Sender gab, wenn es sich über der Bodenstation befand. Im Augenblick, in dem mit dem Feldstärkenmeßgerät das Zeichen gehört wurde, erfolgte die Messung. Nun ist es schwer, mit einem Flugzeug genau in Richtung über einen bestimmten Punkt zu fliegen, und noch schwerer ist es für den Fluggast in dem Kabinenflugzeug, den Zeitpunkt genau anzugeben, in dem gerade ein bestimmter Punkt überflogen wird. Außer dem Zeitfehler im Signal aber ist noch eine weitere mögliche Fehlerquelle zu berücksichtigen. Nach Baldus, Buchwald und Hase[1]) sollte die Sendecharakteristik der Schlepp-Antenne außerordentlich stark von der Kreisform abweichen, derart, daß in einem Winkel von $\pm 20^0$ nach rückwärts die Strahlung nahezu Null wäre. Aus diesem Grund hatten wir bei allen Versuchen die gleiche oben schon angegebene Flugrichtung gewählt.

Nun nimmt bei stärkerem Seitenwind unter Umständen der Winkel zwischen Flugzeug-Längsachse und Flugrichtung erhebliche Beträge an. Bei einer unregelmäßigen Sendecharakteristik können dann sehr erhebliche Unterschiede zwischen den Strahlungswerten verschiedener Flüge entstehen, auch wenn der Flugzeugführer immer die gleiche Flugrichtung einzuhalten imstande wäre.

Um nun festzustellen, ob das oben angegebene Verfahren der Bestimmung des Flugzeugortes genügte, und um

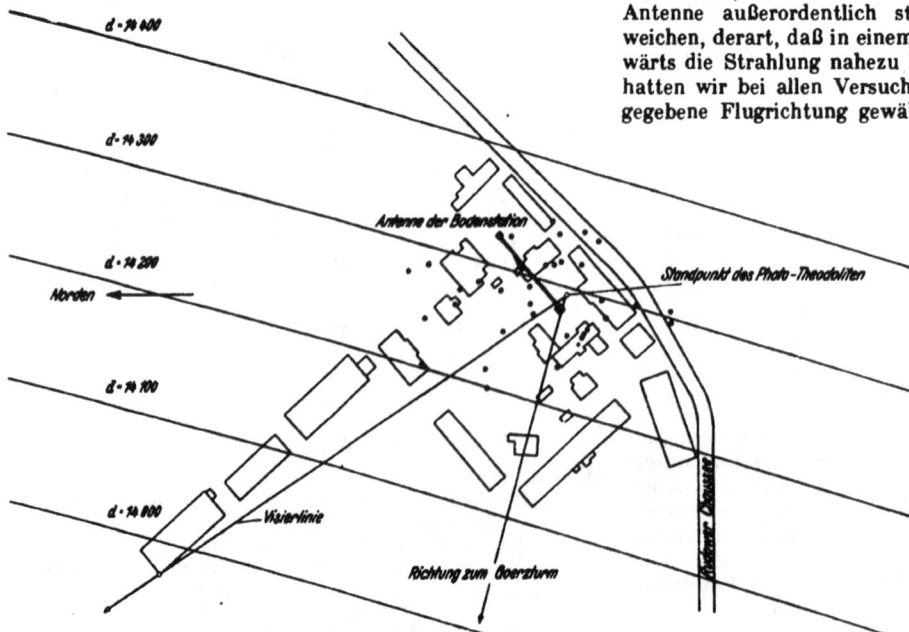

Abb. 17. Flugzeugorte bei Aufnahme der Sendecharakteristik.

[1]) Buchwald und Hase, Zeitschrift für Hochfrequenztechnik, Bd. 15 (1920) S. 101. Baldus und Hase, ebenda, S. 354.

zu sehen, ob etwa durch die Sendecharakteristik der Flugzeugantenne Fehler entstehen könnten, wurde ein photogrammetrisches Verfahren unter Verwendung eines Heydeschen Phototheodoliten benutzt, das uns von Dr.-Ing. Lacmann vorgeschlagen worden war. Wir drücken Herrn Dr. Lacmann auch an dieser Stelle unseren besten Dank aus. Der Phototheodolit wurde an der in Abb. 17 gekennzeichneten Stelle auf dem Gelände der DVL aufgestellt. Vom Flugzeug wurde während dieser Kontrollmessungen das gleiche Programm wie sonst gesandt. In dem Augenblick, in dem das Flugzeug im Sucher des Phototheodoliten erschien, wurde der Momentverschluß der Kamera ausgelöst und gleichzeitig mittels Ferntastung der Bodenstation ein Zeichen auf einer Welle von 290 m gegeben, das im Flugzeug und in Friedenau beobachtet wurde und den genauen Zeitpunkt zum Ablesen der Instrumente an beiden Orten gab. Aus der Aufnahme wurde der jeweilige Ort des Flugzeuges ermittelt, der in Abb. 17 durch einen Punkt markiert wurde. Man erkennt, daß der Fehler in der Entfernung höchstens ± 75 m beträgt. Das sind von der ganzen Entfernung nur ± 0,5 vH. Die dadurch bedingten Variationen in der elektromagnetischen Feldstärke $\mathfrak{E}$ in Friedenau können vernachlässigt werden.

Zur Untersuchung der Sendecharakteristik der Flugzeugantenne flog das Flugzeug D 212 absichtlich in sehr verschiedenen Richtungen über die Bodenstation. Die Richtungen wurden wiederum photogrammetrisch bestimmt. Die Ergebnisse der Messungen für die Sendecharakteristik sind in Zahlentafel 8 zusammengestellt und in Abb. 18 graphisch in Polarkoordinaten aufgetragen. Die Winkelangabe in Abb. 18 ist so zu verstehen, daß beim Winkel 0° das Flugzeug von Adlershof in Richtung Friedenau flog.

In unserem Fall, d. h. für eine Entfernung zwischen Sender und Empfänger von 14,3 km und eine Flughöhe von 300 m ergab sich ein Kreis. Praktisch konnten die gleichen Aufnahmen mit dem Phototheodoliten sowohl für die Bestimmung der Sendecharakteristik als auch für die Festlegung der verschiedenen wahren Flugzeugorte benutzt werden.

Die unregelmäßige Sendecharakteristik von Baldus, Buchwald und Hase, die oft fälschlich als allgemein gültig angesehen wird, gilt offenbar nur für die damals zufällig ziemlich genau erfüllte Bedingung, daß der Empfänger im

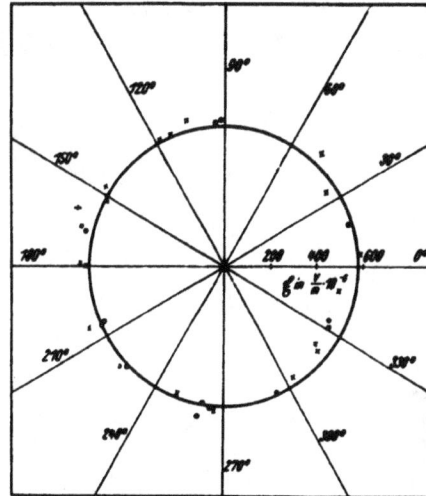

Abb. 18. Sendecharakteristik der Flugzeugstation.

Zahlentafel 8. Sendecharakteristik an der Flugzeugschleppantenne.

Wellenlänge: 650 m,   Flughöhe: 300 m.

I. Versuche am 22. XII. 1927.

Versuchsnummer	Zeit	φ°	$\mathfrak{E}$ in $\frac{V}{m} \cdot 10^{-6}$
1	14.14	264	588
2	14.17	166	611
3	14.27	205	575
4	14.31	331	518
5	14.36	225	583
6	14.45	260	628
7	14.49	94	594
8	14.57	150	579
9	15.04	334	504
10	15.08	204	562
11	15.12	18	562
12	15.16	228	603
13	15.20	92	599
14	15.23	261	570
15	15.26	165	630
16	15.29	294	569

Zahlentafel 7. Strahlungsmessungen an Flugzeugantennen abhängig von der Flughöhe (Wellenlänge = 650 m).

Versuchsnummer	Höhe m	Tag	Zeit	Wetter	Rahm.Widerstand Ohm	$\mathfrak{E}$ in $\frac{V}{m} \cdot 10^{-6}$	N_s Watt
1 (120)	300	5.12.	12.17	schön, kalt	14,3	628	0,90
2	500	»	12.29	»	14,3	538	0,66
3	1000	»	12.47	»	14,3	521	0,62
4	1500	»	13.03	»	14,3	481	0,52
5	2500	»	13.45	»	14,3	417	0,40
6 (122)	300	6.12.	12.13	»	15,3	511	0,60
7	500	»	12.27	»	15,3	572	0,74
8	1000	»	12.42	»	15,3	517	0,61
9	1500	»	13.00	»	15,3	580	0,71
10	300	»	13.23	»	15,3	674	1,04
11 (124)	300	8.12.	11.51	sehr schön und klar, kalt	17,0	618	0,68
12	500	»	11.59	»	17,0	593	0,80
13	1000	»	12.09	»	17,0	476	0,51
14	1500	»	12.20	»	17,0	630	0,90
15	2000	»	12.32	»	17,0	583	0,77
16	2500	»	12.47	»	17,0	549	0,68
17	2000	»	12.55	»	17,0	555	0,70
18	1500	»	13.04	»	17,0	600	0,81
19	1000	»	13.15	»	17,0	610	0,85
20	500	»	13.23	»	17,0	594	0,79
21	300	»	13.29	»	17,0	672	1,03

Die eingeklammerten Versuchsnummern beziehen sich auf die entsprechenden Versuche in Zahlentafel 12.

II. Versuche am 29. XII. 1927

umgerechnet auf den Mittelwert des 22. XII. 1927.

Versuchsnummer	Zeit	φ°	$\mathfrak{E}$ in $\frac{V}{m} \cdot 10^{-6}$
17	14.43	113	585
18	14.44	265	596
19	14.47	147	599
20	14.49	321	507
21	14.53	179	613
22	14.55	349	504
23	15.02	35	533
24	15.04	250	559
25	15.08	118	586
26	15.10	304	544
27	15.14	158	669
28	15.18	48	626
29	15.24	105	623
30	15.30	152	571
31	15.33	320	533
32	15.37	180	590
33	15.40	5	584
34	15.44	204	631

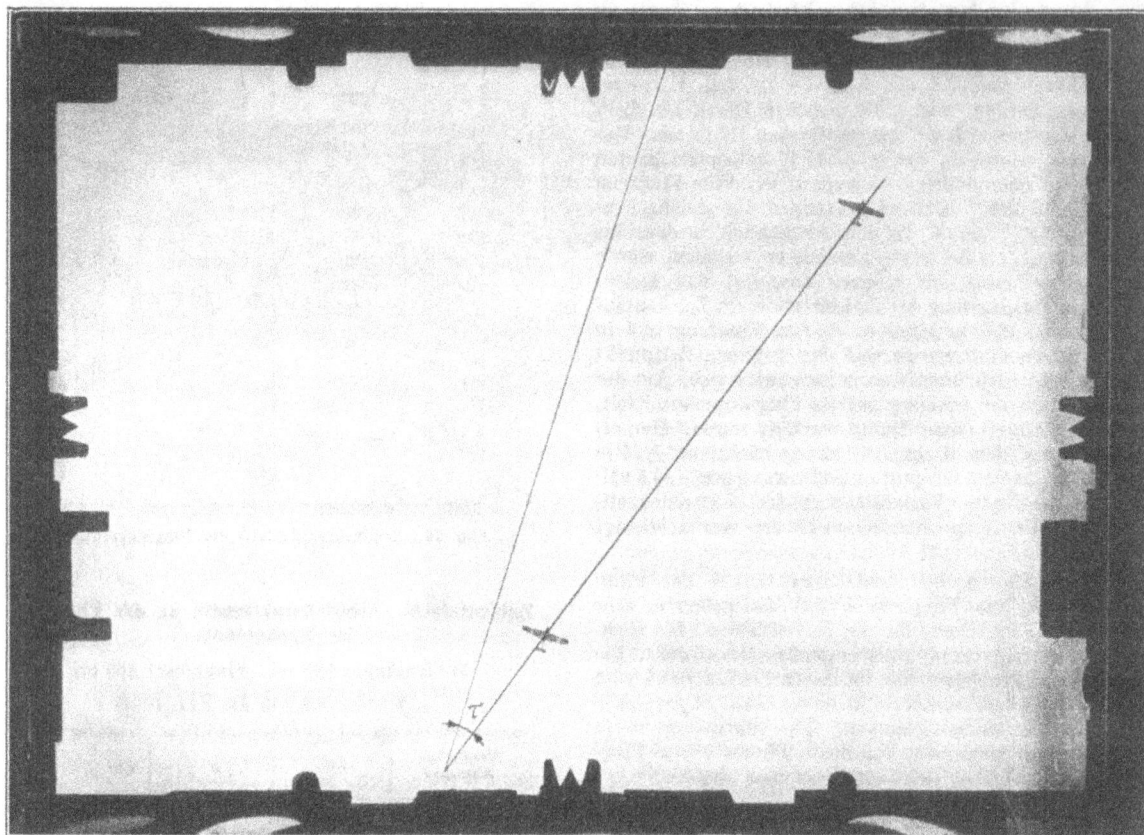

Abb. 19. Beispiel einer Aufnahme für die photogrammetrischen Flugzeugorts-Bestimmungen mit dem Phototheodoliten. Die Marken an der Begrenzung des Bildes sind zur photogrammmetrischen Auswertung der Platte erforderlich.

Zahlentafel 9. Seitenwinkel τ bei der Bestimmung der Sendecharakteristik.

Versuchsnummer der Zahlentafel 8	$q^\bullet$	$\tau^\bullet$ (absolut)
17	113	20
19	147	12
27	158	3
28	48	13
29	105	19
30	152	16
34	204	13

Zahlentafel 10. Strahlungsmessungen bei Antennen verschiedener Länge.

Versuchs-nummer	l_{Ant} m	Tag	Zeit	Wetter	Wellen-länge m	$\mathfrak{E}$ in $\frac{V}{m} \cdot 10^{-6}$	N_s Watt
1	50	2. 12.	12.45	reg-nerisch	950	370	0,31
2	20	2. 12.	12.54	dunstig	950	154	0,05
3 (118)	70	2. 12.	15.34	»	950	450	0,46
4	50	2. 12.	15.40	»	950	400	0,37
5	20	2. 12.	15.52	»	950	144	0,05

Die eingeklammerte Versuchsnummer bezieht sich auf den entsprechenden Versuch in Zahlentafel 12.

Schnittpunkt der durch den Ersatzdipol der Schlepp-Antenne gelegten Geraden mit der Erdoberfläche aufgestellt wird.

Gelegentlich der photogrammetrischen Aufnahmen wurden mitunter zwei Aufnahmen auf der gleichen Platte gemacht und hieraus der sogenannte Seitenwinkel τ, d. h. der Winkel zwischen Flugrichtung und Flugzeuglängsachse ermittelt. Abb. 19 zeigt eine solche Aufnahme und Zahlentafel 9 gibt die aus den verschiedenen Aufnahmen ermittelten Werte des Winkels τ.

Zahlentafel 11. Strahlungsmessungen an festen Flugzeug-Antennen.

Versuchs-nummer	Form	Tag	Zeit	Wetter	Wellen-länge m	$\mathfrak{E}$ in $\frac{V}{m} \cdot 10^{-6}$	N_s Watt
1	klein	5. 11.	10.28	wechselnd	450	41	0,004
2	»	5. 11.	10.50	bewölkt	892	43	0,004
3	groß	5. 11.	11.08	»	892	53	0,006
4	»	2. 12.	12.28	kalt, neblig	450	60	0,008
5	»	2. 12.	15.24	»	450	56	0,007
6	»	2. 12.	15.38	»	950	51	0,006

Zahlentafel 18. Mittelwerte der Strahlungsmessungen in Abhängigkeit von der Wellenlänge.

Wellenlänge m	Frequenz in 10^6 Hertz	$\mathfrak{E}$ in $\frac{V}{m} \cdot 10^{-6}$	N_s Watt	R_s Ohm	Zahl der Messungen
I. Bodenstation					
450	0,667	1032	2,45	0,95	18
650	0,462	816	1,52	0,59	31
892	0,336	562	0,72	0,28	9
950	0,316	528	0,67	0,26	8
1350	0,222	330	0,25	0,098	5
1375	0,218	288	0,19	0,074	11
II. Flugzeugstation					
450	0,667	662	1,03	0,40	12
650	0,462	606	0,84	0,33	15
950	0,316	409	0,40	0,16	11
1350	0,222	261	0,13	0,051	8

Die Versuchsanordnung zur Strahlungsmessung wurde auch zu Messungen an Antennen verschiedener Länge benutzt. Die Ergebnisse sind in Zahlentafel 10 zusammen-

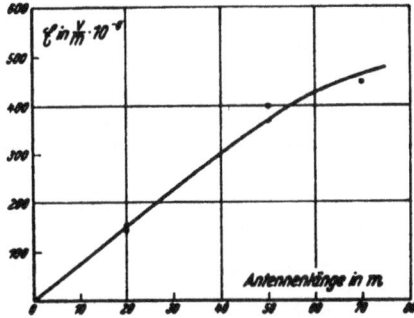

Abb. 20. Empfangsfeldstärken, abhängig von der Antennenlänge.
$\lambda = 950$ m.

Abb. 21. Feste Antenne für lange Wellen an einer Junkers F 13.

gestellt und in Abb. 20 graphisch dargestellt. Man erkennt die nahezu lineare Zunahme der Strahlung mit den Antennenlängen. Daraus geht hervor, daß man jedenfalls nicht daran denken kann, die Schlepp-Antenne aus aerodynamischen Gründen oder um das Ein- und Auslassen bequemer zu gestalten, zu kürzen. Man müßte gerade in all solchen Fällen, in denen es auf eine ganz besonders große Reichweite ankommt, eine noch längere Schlepp-Antenne benutzen. In der Zahlentafel 10 sind nur die Werte vom 2. Dezember 1927 zusammengestellt. Die Versuche mit verschiedenen Antennenlängen wurden an zwei anderen Tagen wiederholt und auf die Wellenlängen 450, 892, 1350 ausgedehnt. Auch diese Messungen hatten das gleiche Ergebnis. Die Ergebnisse an den verschiedenen Tagen können nur für jeden Tag getrennt in sich verglichen werden. Das liegt an der geringen Zahl der Beobachtungen und der großen Streuung der Messungen, die auch aus der vollständigen Zahlentafel 12 hervorgeht. Aus diesem Grunde wurde darauf verzichtet, die Messungen der beiden anderen Tage mit in der Zahlentafel 10 aufzuführen.

Endlich wurden noch Messungen an festen Antennen ausgeführt. Es ist ein alter Wunsch, beim Flugzeug feste Antennen zu benutzen, bei denen einmal das lästige Ein- und Auskurbeln wegfällt und außerdem auch während der Ausführung von schwierigen Manövrierbewegungen das Sende- bzw. Empfangsgerät bedient werden kann. Bei kurzen Wellen ist das Problem der festen Antennen bereits völlig gelöst, da sie hier elektrisch die günstigsten Ergebnisse zeitigen. Es sollte nun festgestellt werden, wie sich eine feste Antenne, die aerodynamisch etwa den gleichen Luftwiderstand hat wie die Schlepp-Antenne, hinsichtlich der Strahlung verhält.

Abb. 21 zeigt schematisch den Aufbau einer solchen Antenne. An einem Flugzeug vom Muster Junkers F 13 ist nach Berechnung von Dr. Liebers[1] diese Antenne in der Tat aerodynamisch der gewöhnlichen 70 m langen Schlepp-Antenne ziemlich gleichwertig. In Zahlentafel 11 sind die Ergebnisse der Messungen an festen Antennen zusammengestellt. Wie die Skizze angibt, war sowohl auf der rechten wie auf der linken Seite der Antenne an symmetrischen Stellen etwa in der Mitte der Luftdrähte ein Isolationsstück aus Pertinax eingesetzt, das bei einem Teil der Messungen elektrisch überbrückt wurde. Die Werte, die teils bei den kurzen Luftdrähten, teils bei den verlängerten Luftdrähten aufgenommen sind, sind in der Zahlentafel 11 durch »kleine Antennenform« bzw. »große

Antennenform« unterschieden. Man erkennt, daß solche festen Antennen bei langen Wellen, wie es auch zu erwarten war, eine außerordentlich geringe Strahlung besitzen. Man kann sagen, daß die von uns benutzte Antenne (große Form) etwa die gleiche Strahlung ergibt wie eine nur 10 m lange Schlepp-Antenne. Es geht daraus hervor, daß man feste Antennen bei langen Wellen nur in Sonderfällen anwenden kann.

Sämtliche Messungen an der Bodenstation sowie an der Flugzeugstation sind in Zahlentafel 12 zusammengestellt. Abb. 22 enthält alle Meßpunkte graphisch dargestellt, außerdem sind durch die Mittelwerte Kurven gezogen. Diese Mittelwerte sind außerdem in Zahlentafel 13 zusammengestellt.

In Abb. 22 fällt die große Streuung der Werte für die Bodenstation und die noch größere Streuung der Werte für das Flugzeug auf. Aus den oben dargelegten Gründen glauben wir nicht, daß diese Streuung durch Versuchsfehler erklärt werden kann. Vielmehr wird man annehmen dürfen, daß infolge der verschiedenen atmosphärischen Verhältnisse, vielleicht auch infolge verschiedener Bodenfeuchtigkeit an verschiedenen Tagen die Empfangsfeldstärken stark veränderlich sind. Selbst die gar nicht geringe Zahl von Einzelmessungen einer Wellenlänge scheint noch nicht zu genügen, ein genaues Mittel zu bilden.

Theoretisch, wenn man von Absorption auf dem Wege vom Sender zum Empfänger absieht, sollte die Abhängigkeit der Empfangsfeldstärke von der Frequenz ν linear verlaufen, was man aus den folgenden Formeln ersieht.

Für die Strahlungsleistung gilt die theoretische Beziehung

$$N_s = \left(80\,\pi^2 \cdot \frac{4\,l^2}{\lambda^2}\right) I_s^2 \text{ Watt},$$

worin $2l$ die Dipollänge bedeutet.

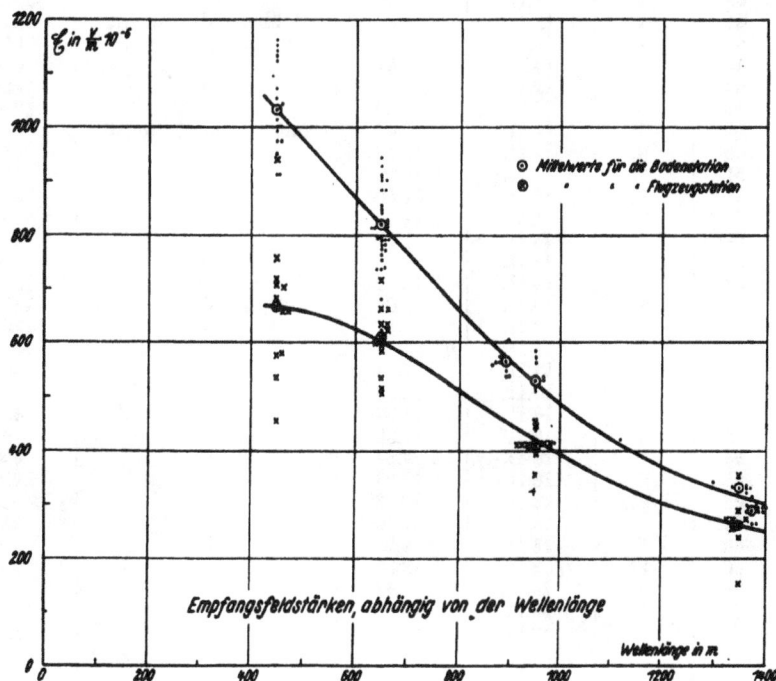

Abb. 22.

[1] Vgl. S. 257 dieses Jahrbuches.

Zahlentafel 12. Ergebnisse der Strahlungsmessungen an der Flugzeug- und Bodenstation.

B = Bodenstation   Fl. = Flugzeugstation.

Versuchs-nummer	Bemerkung	Tag	Zeit	Wetter	Wellenlänge m	Rahmen-Widerstand Ohm	$\mathfrak{E}$ in $\frac{V}{m} \cdot 10^6$	N_s Watt
1	B.	1.11.	13.50	heiter	650	13,7	813	1,52
2	»	1.11.	14.30	»	892	16,9	598	0,81
3	»	1.11.	14.50	»	1375	18,9	298	0,20
4	»	2.11.	15.16	Regen	1375	17,3	294	0,20
5	»	2.11.	15.36	»	892	15,9	560	0,71
6	»	2.11.	16.30	»	650	20,6	810	1,48
7	»	2.11.	16.56	»	450	21,5	910	1,90
8	»	4.11.	15.00	wechselnd trocken	450	14,5	911	1,90
9	»	4.11.	15.30	»	650	15,4	778	1,37
10	»	4.11.	16.01	»	892	13,6	562	0,72
11	»	4.11.	16.31	»	1375	14,7	288	0,19
12	»	7.11.	11.15	wechselnd regnerisch	1375	12,7	264	0,16
13	»	7.11.	11.35	»	892	13,3	532	0,65
14	»	7.11.	11.55	»	650	14,0	732	1,21
15	»	7.11.	12.26	»	450	14,6	972	2,15
16	»	7.11.	14.54	»	450	14,3	971	2,15
17	»	7.11.	15.24	»	650	25,0	809	1,48
18	»	7.11.	16.25	»	1375	20,5	297	0,20
19	»	8.11.	11.28	»	1375	14,8	294	0,19
20	»	8.11.	12.01	»	892	13,9	544	0,67
21	»	8.11.	12.30	»	650	14,6	823	1,54
22	»	8.11.	13.01	»	450	16,3	990	2,22
23	»	8.11.	15.19	»	1375	14,8	285	0,19
24	»	8.11.	15.50	»	892	14,0	535	0,65
25	»	8.11.	16.19	»	650	16,2	785	1,39
26	»	8.11.	16.49	»	450	14,2	1000	2,27
27	»	9.11.	10.49	Leichter Regen	650	20,7	788	1,40
28	»	9.11.	11.50	»	650	20,4	770	1,35
29	»	9.11.	12.43	»	650	19,4	769	1,34
30	»	9.11.	13.59	»	650	20,0	758	1,30
31	»	9.11.	14.48	»	650	21,3	748	1,26
32	»	9.11.	15.47	»	650	20,7	736	1,22
33	»	9.11.	16.50	»	650	20,0	732	1,21
34	»	10.11.	14.50	trübe, ohne Regen	450	19,2	999	2,26
35	»	10.11.	15.20	»	650	19,5	840	1,60
36	»	10.11.	15.50	»	892	15,0	558	0,71
37	»	10.11.	16.20	»	1375	15,6	314	0,22
38	»	11.11.	9.25	heiter, trocken	1375	16,0	293	0,20
39	»	11.11.	9.40	kalt	892	17,0	601	0,83
40	»	11.11.	9.55	»	650	19,1	790	1,41
41	»	11.11.	10.10	»	450	17,2	1070	2,59
42	»	11.11.	14.45	»	450	16,5	1040	2,44
43	»	11.11.	15.00	»	1375	14,0	263	0,16
44	»	12.11.	8.27	trübe, kalt, dunstig	1375	14,5	283	0,18
45	»	12.11.	8.41	»	892	15,8	571	0,74
46	»	12.11.	8.57	»	650	16,0	794	1,42
47	»	12.11.	9.11	»	450	14,0	1020	2,35
48	»	12.11.	11.00	»	1300	15,8	339	0,26
49	Fl.	14.11.	10.42	kalt, windstill, dunstig	950	20,0[1]	400	0,36
50	B.	14.11.	10.53	»	950	20,0	582	0,77
51	Fl.	14.11.	10.59	»	650	18,0[1]	504	0,57
52	B.	14.11.	11.10	»	650	18,0	825	1,55
53	Fl.	14.11.	11.17	»	450	16,0[1]	705	1,18
54	B.	14.11.	11.30	»	450	16,0	1160	2,95
55	»	14.11.	12.20	»	950	15,0	513	0,60
56	»	14.11.	12.45	»	1350	18,0	334	0,25
57	Fl.	17.11.	11.02	kalt, dunstig, trocken	1350	16,9[1]	270	0,17
58	B.	17.11.	11.12	»	1350	16,9	332	0,25
59	Fl.	17.11.	11.18	»	1350	16,9[1]	152	0,05
60	»	17.11.	12.05	»	450	13,5[1]	665	1,00
61	B.	17.11.	12.15	»	450	13,5	1050	2,48
62	Fl.	18.11.	11.37	»	450	14,0[1]	678	1,04
63	»	18.11.	11.50	»	450	14,0[1]	753	1,28
64	»	18.11.	11.57	»	650	15,5[1]	630	0,90
65	B.	18.11.	12.08	»	650	15,5	898	1,45
66	Fl.	18.11.	12.13	»	650	15,5[1]	530	0,65
67	»	18.11.	12.19	»	950	14,3[1]	392	0,34
68	B.	18.11.	12.28	»	950	14,3	532	0,67
69	Fl.	18.11.	12.36	»	950	14,3[1]	445	0,45
70	»	18.11.	12.41	»	1350	16,0[1]	270	0,16
71	B.	18.11.	12.53	»	1350	16,0	329	0,25
72	Fl.	18.11.	12.59	»	1350	16,0[1]	267	0,16

[1] Der Wert wurde mit der Bodenstation wegen ihres konstanten Stromes gemessen.

Versuchs-nummer	Bemerkung	Tag	Zeit	Wetter	Wellenlänge m	Rahmen-Widerstand Ohm	$\mathfrak{E}$ in $\frac{V}{m} \cdot 10^{-6}$	N_s Watt
73	B.	18.11.	13.34	kalt, dunstig, trocken	450	14,0	1010	2,80
74	Fl.	18.11.	15.03	»	450	11,0[1])	453	0,47
75	B.	18.11.	15.14	»	450	11,0	948	2,04
76	Fl.	18.11.	15.16	»	450	11,0[1])	575	0,75
77	»	18.11.	15.24	»	650	15,8[1])	597	0,81
78	B.	18.11.	15.34	»	650	15,8	908	1,90
79	Fl.	18.11.	15.40	»	650	15,8[1])	658	0,99
80	»	18.11.	15.46	»	950	14,0[1])	410	0,38
81	B.	18.11.	15.56	»	950	14,0	560	0,71
82	Fl.	18.11.	16.01	»	950	14,0[1])	407	0,38
83	»	18.11.	16.07	»	1350	16,5[1])	350	0,28
84	B.	18.11.	16.16	»	1350	16,5	328	0,24
85	Fl.	18.11.	16.22	»	1350	16,5[1])	287	0,19
86	»	19.11.	11.19	schön, kalt, etwas dunstig	1350	16,3[1])	236	0,13
87	»	19.11.	11.35	»	1350	16,3[1])	253	0,15
88	»	19.11.	11.42	»	950	13,0[1])	412	0,39
89	B.	19.11.	11.52	»	950	13,0	528	0,63
90	Fl.	19.11.	12.00	»	950	13,0	413	0,39
91	»	19.11.	12.07	»	650	14,3	620	0,88
92	B.	19.11.	12.17	»	650	14,3	902	1,85
93	Fl.	19.11.	12.23	»	650	14,3[1])	658	0,98
94	»	19.11.	12.29	»	450	13,0[1])	655	0,97
95	B.	19.11.	12.37	»	450	13,0	1150	3,00
96	Fl.	19.11.	12.45	»	450	13,0[1])	701	1,12
97	B.	19.11.	13.01	»	1350	16,3	323	0,24
98	Fl.	19.11.	14.29	»	450	13,0[1])	714	1,16
99	B.	19.11.	14.39	»	450	13,0	1130	2,86
100	Fl.	19.11.	14.44	»	450	13,0[1])	940	2,01
101	»	19.11.	14.51	»	650	14,0[1])	592	0,80
102	B.	19.11.	15.02	»	650	14,0	823	1,54
103	Fl.	19.11.	15.05	»	650	14,0[1])	713	1,15
104	»	19.11.	15.11	»	950	13,4[1])	408	0,38
105	B.	19.11.	15.20	»	950	13,4	508	0,59
106	Fl.	19.11.	15.25	»	950	13,4[1])	409	0,38
107	»	24.11.	11.53	kalt, neblig	950	16,7[1])	352	0,26
108	B.	24.11.	12.04	»	950	16,7	438	0,45
109	Fl.	24.11.	12.09	»	950	16,7[1])	322	0,23
110	»	24.11.	12.15	»	650	16,0[1])	571	0,74
111	B.	24.11.	12.24	»	650	16,0	842	1,62
112	Fl.	24.11.	12.30	»	650	16,0[1])	597	0,81
113	»	24.11.	12.38	»	450	13,0[1])	577	0,75
114	B.	24.11.	12.47	»	450	13,0	1120	2,81
115	»	2.12.	13.18	»	950	15,2	569	0,73
116	»	2.12.	13.33	»	450	12,3	1140	2,96
117	Fl.	2.12.	15.06	»	450	12,3[1])	533	0,65
118	»	2.12.	15.34	»	950	15,2[1])	450	0,46
119	B.	3.12.	13.27	schön, kalt	650	15,0	849	1,63
120	Fl.	5.12.	12.17	»	650	14,3[1])	628	0,90
121	B.	5.12.	13.35	»	650	14,3	900	1,83
122	Fl.	6.12.	12.03	»	650	15,3[1])	511	0,60
123	B.	6.12.	13.58	»	650	15,3	880	1,76
124	Fl.	8.12.	11.51	sehr schön und klar	650	17,0[1])	618	0,86
125	»	8.12.	13.29	»	650	17,0	672	1,03
126	B.	8.12.	13.41	»	650	17,0	925	1,93
127	»	22.12.	13.46	dunstig, schön	650	14,8	770	1,34
128	»	22.12.	15.53	»	650	14,8	786	1,41
129	»	29.12.	13.54	—	650	13,0	940	2,00
130	»	29.12.	15.23	—	650	15,0	871	1,72

[1]) Der Wert wurde mit der Bodenstation wegen ihres konstanten Stromes gemessen.

Da außerdem

$$N_s = 0,0111 \; d^2 \cdot \mathfrak{E}^2$$

ist, so folgt, daß

$$\mathfrak{E} = const \cdot \frac{1}{\lambda}$$

oder

$$\mathfrak{E} = const \cdot \nu$$

sein muß.

Um diesen Zusammenhang zu prüfen, wurde in Abb. 23 $\mathfrak{E}$ in Abhängigkeit von der Frequenz aufgetragen. Daß die gemessenen Punkte bei höherer Frequenz, d. h. kleinerer Welle erheblich niedriger liegen als den theoretischen Werten bei linearem Verlauf entspricht, stimmt überein mit der üblichen Anschauung, wonach bei kürzeren Wellen die Ausbreitungsverluste wachsen. Überraschend jedenfalls ist das Ergebnis, daß die auf der Erdoberfläche nutzbare Strahlung des Flugzeuges geringer ist — bei gleichem Strom in der Sende-Antenne — als die der Bodenstation.

Die gemessenen $\mathfrak{E}$-Werte kann man benutzen, um die effektive Höhe der Antenne beider Stationen zu bestimmen. Die Rechnung ergibt bei einer Wellenlänge von 950 m für die Bodenstation 12 m und für die Flugzeugstation unter den oben gemachten Einschränkungen den Wert von 8,5 m.

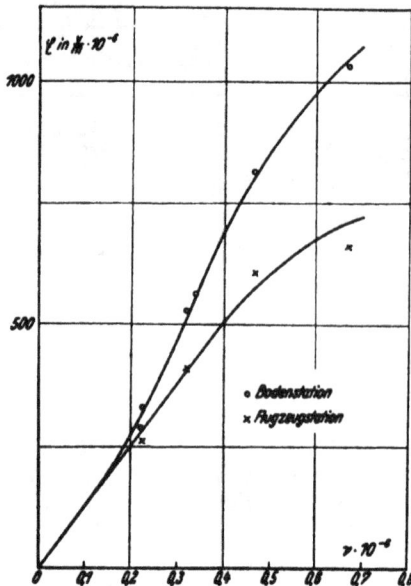

Abb. 23. Empfangsfeldstärken, abhängig von der Frequenz.

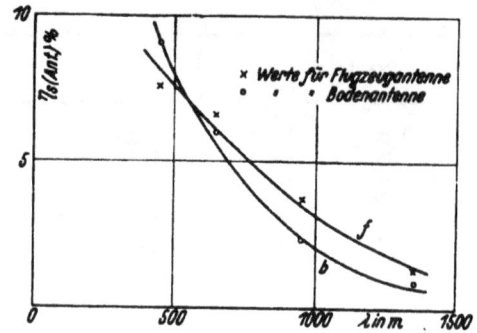

Abb. 24.   Strahlungswirkungsgrad der Antennen der Flugzeug-
und der Bodenstation b.

III. Zusammenfassung der Versuchsergebnisse der Leistungs- und Strahlungsmessungen an Antennen.

Die in der vorliegenden Arbeit gewonnenen Ergebnisse können wir wie folgt zusammenfassen:

Leistungsmessungen können an betriebmäßigen Sendern mit befriedigender Genauigkeit nach dem Verfahren der Zusatzwiderstände ausgeführt werden, wenn die Resonanz im Antennenkreis bei der stets ziemlich festen Kopplung dadurch ermittelt wird, daß das Verhältnis $\dfrac{I_{ant}}{I_{err}}$ ein Höchstwert wird. Einstellung auf maximalen Antennenstrom ist Anlaß zu unter Umständen großen Fehlern. Eine erhöhte Genauigkeit erhält man, wenn man bei richtiger Einstellung der Resonanz das bekannte graphische Verfahren nach Pauli anwendet.

Mit Hilfe dieses Verfahrens wurden der Äquivalentwiderstand und die Leistung sowohl in dem gesamten Antennenkreis, als auch in den im Antennenkreis befindlichen Abstimmmitteln innerhalb eines Wellenbereiches von 450 bis 1350 m eingestellt. Die Messungen wurden an einer Flug-

zeugschleppantenne und einer gewöhnlichen Bodenantenne, die von dem gleichen Sender erregt wurden, ausgeführt. Außerdem wurden Feldstärkemessungen uud Berechnungen von Strahlungsleistungen der beiden Sendeantennen ausgeführt. In Zahlentafel 14 sind die Ergebnisse zusammengestellt und die Wirkungsgrade, die bei der Flugzeugantenne, wie wir gesehen haben, nur einen fiktiven Wert haben, berechnet. In dieser Zahlentafel sind aber nicht, wie in Zahlentafel 2 und 4 die maximal einstellbaren Leistungen eingesetzt, sondern um einen besseren Vergleich zu bekommen, wurden die Leistungen aus den gemessenen Widerständen stets für die gleiche Antennenstromstärke von 1,6 A berechnet.

Die in der letzten Spalte der Zahlentafel 14 angegebenen Strahlungswirkungsgrade $\eta_{s(Ant)}$ sind in Abb. 24 in Abhängigkeit von der Wellenlänge aufgetragen.

Aus der Zusammenstellung können zwei Hauptergebnisse abgeleitet werden:

1. Die übliche Schleppantenne der Flugzeuge hat nicht, wie oft behauptet wird, besonders günstige Strahlungsverhältnisse.
2. Die heute international gebrauchte Flugzeugwelle von 900 m ergibt einen relativ schlechten Wirkungsgrad.

Der Wirkungsgrad des Antennenkreises, d. h. Antennenleistung im Verhältnis zur gesamten Leistung des Antennenkreises, ist schlecht, da die Eigenwelle der Flugzeugantenne, wie wir aus Abb. 5 erkannt haben, weit unter der jetzigen Betriebswelle liegt und deshalb eine starke Verlängerung der Antenne nötig ist.

Der Strahlungswirkungsgrad, d. h. das Verhältnis der Strahlungsleistung zur Antennenleistung, ist ebenfalls klein, wie es sich aus den Messungen Zahlentafel 14 und Abb. 24 ergeben hat.

Von den anderen Ergebnissen, die sich gelegentlich dieser Arbeit ergaben, nennen wir in dieser Zusammenfassung:

1. Die Flughöhe hat in geringen Entfernungen, etwa an der Grenze der Nahwirkungszone, nur wenig Einfluß auf die durch Strahlung erzeugte elektromagnetische Feldstärke (Zahlentafel 7 und Abb. 16).
2. Die früher veröffentlichte unregelmäßige Sendecharakteristik der Flugzeugschleppantenne ist allgemein nicht gültig. In dem von uns untersuchten Fall ist sie kreisförmig (Zahlentafel 8 und Abb. 18).
3. Die Strahlung einer Flugzeugschleppantenne verändert sich nahezu linear mit ihrer Länge (Zahlentafel 10 und Abb. 20).
4. Feste Antennen mit aerodynamisch brauchbarer Form haben bei langen Wellen eine Strahlung von etwa 10 vH der Werte der 70 m langen Schleppantenne.

Abgeschlossen im Februar 1928.

Zahlentafel 14. Zusammenstellung der Leistungs- und Strahlungsmessungen in Abhängigkeit von der Wellenlänge.
$I_{Antenne} = 1{,}6$ Amp.

Wellen-länge m	N_{AK} W	N_{Ant} W	N_s W	R_{AK} Ohm	R_{Ant} Ohm	R_s Ohm	$\eta_{s(AK)}=\dfrac{N_s}{N_{AK}}$ in %	$\eta_{s(Ant)}=\dfrac{N_s}{N_{Ant}}$ in %
I. Bodenstation								
450	57,8	27,0	2,45	22,5	10,5	0,95	4,2	9,1
650	41,2	25,3	1,52	16,1	9,9	0,59	3,7	6,0
950	45,6	28,9	0,67	17,8	10,9	0,26	1,5	2,3
1350	53,8	26,6	0,25	21,0	10,4	0,098	0,5	0,9
II. Flugzeugstation								
450	31	13,5	1,03	12,1	5,3	0,40	3,3	7,6
650	38	12,8	0,84	15,0	5,0	0,33	2,2	6,6
950	38	10,8	0,40	15,4	4,2	0,16	1,1	3,7
1350	63	10,0	0,13	24,5	3,9	0,051	0,2	1,3

Über den Widerstand von Flugzeugantennen und die dadurch verursachte Verringerung der Flugleistungen.

Von Fritz Liebers.

100. Bericht der Deutschen Versuchsanstalt für Luftfahrt, E. V., Berlin-Adlershof (Aerodynamische Abteilung).

Inhalt.

I. Einleitung.

Handelt es sich darum, die in der Überschrift gestellte Frage für ein ganz bestimmtes Flugzeug und eine ganz bestimmte Antenne zu beantworten, so wird die einfachste und sicherste Antwort durch eine gewöhnliche Flugleistungsmessung gegeben.

Die Fragestellung sei hier jedoch allgemeiner aufgefaßt. Es handele sich darum, eine Rechenvorschrift zu finden, die für normale Fälle ausreicht, um obige Frage für ein beliebiges, mit einer beliebigen Antenne ausgerüstetes Flugzeug zu beantworten, ohne in jedem Einzelfall auf einen neuen Versuch angewiesen zu sein.

Bei dieser Auffassung tritt die Berechnung des Luftwiderstandes der Antenne an die erste Stelle. Mit bekanntem zusätzlichen Widerstand ist die Frage nach der Veränderung der Flugleistungen eine einfache Aufgabe der Flugmechanik.

Die Vorausberechnung des Luftwiderstandes einer festen Antenne ist auf Grund von Windkanalmessungen an Drähten ohne Schwierigkeit durchführbar. Anders ist es jedoch bei der geschleppten Antenne. Der Widerstand der Schleppantenne ist abhängig von ihrer Gestalt. Diese ist ihrerseits eine Funktion der Länge, des Durchmessers, des Gewichtes der Antenne, der Belastung durch das Antennenei und der Fluggeschwindigkeit. Die Berechnung der Form der Schleppantenne und ihre Abhängigkeit von den eben genannten Größen wäre eine rein mathematische Aufgabe, wenn die Luftkraft nach Größe und Richtung bekannt wäre, die auf ein gekrümmtes oder geneigtes Drahtelement wirkt. Tatsächlich gibt es jedoch nur Messungen des Luftwiderstandes von geneigten Drähten. Die dazu senkrechte Komponente der Luftkraft, die als Quertrieb oder im Fall der Schleppantenne am deutlichsten als Auftrieb zu be-

zeichnen ist, ist nicht gemessen worden. Annahmen müssen hier aushelfen.

Es muß erwähnt werden, daß eine Abschätzung des Widerstandes der Schleppantenne durch Berechnung seiner oberen Grenze zu beträchtlichen Fehlern führt. Die obere Grenze des Widerstandes wird erreicht durch die senkrecht nach unten hängende Antenne. Ihr Widerstand beträgt bei üblichen Antennen ein Vielfaches desjenigen der schwebenden Antenne.

Für den vorliegenden Zweck genügt eine Berechnung der Antennenspannung an ihrem festen Ende nach Größe und Richtung. Wenn wir außerdem die Gestalt der ganzen Antenne bestimmen, so geschieht das, weil es einmal keinen Mehraufwand an Rechnung bedeutet und zweitens, weil ein allgemeines Interesse dafür vorhanden ist. Es sei z. B. daran erinnert, daß bei Flugmessungen manchmal Geräte aus dem Flugzeug herausgehängt werden, die sich in der ungestörten Luft bewegen sollen. Je nach Gewicht und Widerstand des Meßgerätes sowie nach Größe der Fluggeschwindigkeit sind dann Länge und Querschnitt des Aufhängedrahtes zu wählen, um bestimmte senkrechte und wagerechte Abstände zwischen Flugzeug und Gerät zu erreichen.

II. Form und Luftwiderstand der Schleppantenne.

1. Bezeichnungen und Voraussetzungen. (Siehe auch Abb. 1).

Der Nullpunkt des Koordinatensystems liege im Aufhängepunkt der Antenne. Das Flugzeug werde im Wagrechtflug befindlich betrachtet.

x	(m)	Koordinate in Flugrichtung, positiv nach hinten gerechnet,
y	(m)	Koordinate senkrecht zur Flugrichtung, positiv nach unten gerechnet,
s	(m)	Bogenlänge der Antenne, gerechnet vom Aufhängepunkt an,
l	(m)	Antennenlänge,
Φ	(m)	Antennendurchmesser,
S	(kg)	Spannung der Antenne an der Stelle s, positiv gerechnet im Sinne wachsender s,
μ	(kg/m)	Antennengewicht je Meter,
G_e	(kg)	Gewicht des Antenneneis,
F_e	(m²)	Widerstandsfläche des Antenneneis,
c_{w_A}		Widerstandsbeiwert der senkrecht angeblasenen Antenne,
c_{a_A}		Auftriebsbeiwert der schräg angeblasenen Antenne,
c_{w_e}		Widerstandsbeiwert des Antenneneis,
ΔA	(kg)	Auftrieb der Schleppantenne,
ΔW	(kg)	Widerstand der Schleppantenne bezw. der festen Antenne,
G_A	(kg)	Vertikaler Zug der Schleppantenne,
q	(kg/m²)	Staudruck,
v, V	(m/s, km/h)	Fluggeschwindigkeit,
a		1,068,
$f(\ldots)$		Funktion von ...

17

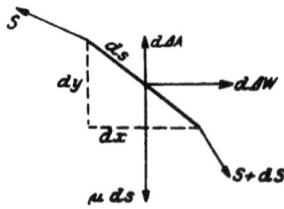

Abb. 1.
An einem Bogenelement der
Antenne angreifende Kräfte.

2. Gleichgewichtsbedingungen.

Mit obigen Bezeichnungen und nach Abb. 1 lautet die x-Komponente des Gleichgewichts für ein Bogendifferential der Antenne:

$$\frac{d}{ds}\left(S\,\frac{dx}{ds}\right)ds + f_1(c_w, q, \Phi, ds) = 0 \quad \ldots \quad (1)$$

und entsprechend die y-Komponente:

$$\frac{d}{ds}\left(S\,\frac{dy}{ds}\right)ds + \mu\,ds - f_2(c_a, q, \Phi, ds) = 0 \quad (2)$$

Dazu kommen als Randbedingungen für das freie Antennenende:

$$-S_l\left(\frac{dx}{ds}\right)_{s=l} + c_{w_e}\,qF_e = 0 \quad \ldots \quad (3)$$

und

$$-S_l\left(\frac{dy}{ds}\right)_{s=l} + G_e = 0 \quad \ldots \quad (4)$$

Die Funktionen f_1 und f_2 in Gl. (1) und (2) bedeuten x- und y-Komponente der auf das Bogenelement ds wirkenden Luftkraft. Bevor wir die Gl. (1) und (2) integrieren, müssen wir Annahmen über diese Funktionen treffen.

3. Annahmen über Widerstand und Auftrieb eines Bogenelementes der Antenne.

Aus Messungen von Eiffel ist die Abhängigkeit des Widerstandes eines Drahtes von seiner Neigung gegen den Luftstrom bekannt[1]). Das Gesetz ist jedoch nur tabellarisch gegeben. Ohne auf Einzelheiten einzugehen, kann gesagt werden, daß der Widerstand wesentlich stärker abnimmt als mit dem Cosinus des Neigungswinkels, was man zunächst erwarten sollte. Im Neigungsbereich 90° bis 60° bedeutet das Gesetz eher eine mit der Neigung proportionale Abnahme des Widerstandes.

Führt man den Widerstand des Bogenelementes der Antenne als Funktion der Neigung und eine entsprechende Funktion für den Auftrieb in die Gl. (1) und (2) ein, so erkennt man sehr bald, daß man zu nicht-linearen Differentialgleichungen höherer Ordnung gelangt. Um diese Schwierigkeit zu umgehen, haben wir auf heuristischem Wege nach Funktionen f_1 und f_2 gesucht, die als unabhängige Variable die Bogenlänge selbst enthalten. Man erkennt leicht, daß sich auf diese Weise ein intermediäres Integral der Gl. (1) und (2) finden läßt, das die Spannungen und die Neigung der Antenne an jeder Stelle als Funktionen der Bogenlänge, die dann die Rolle eines Parameters spielt, liefert. (Wir sind uns bewußt, daß diese Annahme keine physikalische Begründung enthält. Sie ist im Gegenteil physikalisch nicht einwandfrei, da die Luftkräfte mit der Bogenlänge der Antenne in keinem unmittelbaren Zusammenhang stehen. Es zeigt sich jedoch, daß in ziemlich weiten Grenzen bezüglich Größe und Schleppgeschwindigkeit von Antennen unsere Annahme praktisch ausreichend ist.)

Unsere Annahmen für die Funktionen f_1 und f_2 lauten:

$$f_1 = c_{w_A}\,\frac{1}{a^{(l-s)}}\,q\cdot\Phi\cdot ds \quad \ldots \quad (5)$$

$$f_2 = \frac{1}{10}\,c_{w_A}\cdot\left[1 - \frac{1}{a^{(l-s)}}\right]\cdot q\,\Phi\,ds \quad \ldots \quad (6)$$

Dabei ist a eine Konstante, für die wir den Wert 1,068 gewählt haben. Die Zulässigkeit unserer Annahmen wird später durch Vergleich der rechnerischen Ergebnisse mit vorliegenden Meßergebnissen nachzuweisen sein.

---

[1]) Siehe z. B. Fuchs und Hopf, Aerodynamik, S. 233; R.C. Schmidt & Co., Berlin 1922.

4. Spannungen in der Antenne und Gestalt der Antenne.

Die Gl. (1) und (2) lauten jetzt:

$$\frac{d}{ds}\left(S\,\frac{dx}{ds}\right)ds + \frac{c_{w_A}}{a^{(l-s)}}\,q\,\Phi\,ds = 0 \quad \ldots \quad (1')$$

$$\frac{d}{ds}\left(S\,\frac{dy}{ds}\right)ds + \mu\,ds - \frac{c_{w_A}}{10}\left[1 - \frac{1}{a^{(l-s)}}\right]q\,\Phi\,ds = 0 \quad (2')$$

Nach einmaliger Integration folgt aus ihnen:

$$S\,\frac{dx}{ds} + \frac{c_{w_A}q\,\Phi}{\ln a}\cdot\frac{1}{a^{(l-s)}} + C_1 = 0$$

$$S\,\frac{dy}{ds} + \mu\,s - \frac{c_{w_A}}{10}\cdot q\,\Phi\,s + \frac{c_{w_A}q\,\Phi}{10\ln a\cdot a^{(l-s)}} + C_2 = 0.$$

Die Integrationskonstanten C_1 und C_2 bestimmen sich aus den Randbedingungen (3), (4). Das gibt:

$$S\,\frac{dx}{ds} = c_{w_e}qF_e + \frac{c_{w_A}q\,\Phi}{\ln a}\left[1 - \frac{1}{a^{(l-s)}}\right] \quad \ldots \quad (7)$$

$$S\,\frac{dy}{ds} = G_e + \mu\,(l-s) - \frac{c_{w_A}q\,\Phi}{10}\,(l-s) +$$
$$+ \frac{c_{w_A}q\,\Phi}{10\ln a}\left[1 - \frac{1}{a^{(l-s)}}\right] \quad \ldots \quad (8)$$

und nach Elimination von S:

$$\frac{dy}{dx} = \frac{G_e + \left(\mu - \dfrac{c_{w_A}q\,\Phi}{10}\right)(l-s) + \dfrac{c_{w_A}q\,\Phi}{10\ln a}\left[1 - \dfrac{1}{a^{(l-s)}}\right]}{c_{w_e}qF_e + \dfrac{c_{w_A}q\,\Phi}{\ln a}\left[1 - \dfrac{1}{a^{(l-s)}}\right]} \quad (9)$$

Die Gl. (7) und (8) geben an jeder Stelle s die Komponenten der Spannung an. Uns interessieren hier besonders der Gesamtwiderstand der Antenne, der aus (7) für $s = 0$ folgt:

$$W_1 = c_{w_e}qF_e + \frac{c_{w_A}q\,\Phi}{\ln a}\left[1 - \frac{1}{a^l}\right], \quad \ldots \quad (10)[1])$$

und der vertikale Zug, den die Antenne auf das Flugzeug ausübt. Das ist das Gewicht der Antenne, vermindert um ihren Auftrieb. Er folgt aus (8) mit $s = 0$:

$$G_A = G_e + l\left(\mu - \frac{c_{w_A}q\,\Phi}{10}\right) + \frac{c_{w_A}q\,\Phi}{10\ln a}\left(1 - \frac{1}{a^l}\right) \quad \ldots \quad (11)$$

Gl. (9) liefert ein einfaches Verfahren zur graphischen Ermittlung der Antennengestalt als Einhüllende ihrer Tangentenschar: Für $s = 0$ ist die Tangente durch den Aufhängepunkt bestimmt. Schreitet man auf ihr um Δs fort, so errechnet sich aus (9) für $s = \Delta s$ die nächste Tangente, und so fort. Dieses Verfahren ist mit jeder beliebigen Genauigkeit ausführbar.

5. Vergleich zwischen Wirklichkeit und Rechnung.

An der Gl. (9) werde der Grad der Zulässigkeit unserer Annahmen geprüft (s. Abb. 2 und 3). Die Abbildungen enthalten vier der 1917 bei der FT-Vers.-Abtlg. Döberitz[2]) von einem parallel fliegenden Flugzeug aufgenommenen Antennenformen (ausgezogene Kurven). Daneben (gestrichelte Kurven) sind die entsprechenden theoretischen Antennenformen nach Gl. (9) eingezeichnet. Die Übereinstimmung dürfte für die Praxis ausreichend sein. Die Abweichungen zwischen gemessenen und gerechneten Kurven liegen ungefähr in dem Bereich, der von einer geschleppten Antenne durch Hin- und Herpendeln überstrichen wird. Nach Niemann[3]) beträgt die Pendelamplitude bei einer 35 m-Antenne ungefähr 1 m um die Mittellage. Ob die in

---

[1]) Bei physikalischen Annahmen für die Funktionen f_1 und f_2 in Gl. (1) und (2) dürfte der Widerstand nicht proportional mit dem Staudruck q gehen, da mit verändertem q sich auch die Antennengestalt ändert. Innerhalb des Bereiches der Reisegeschwindigkeiten heutiger Flugzeuge bleibt Formel (10) jedoch brauchbar.
[2]) Handbuch der Flugzeugkunde, herausgegeben von F. Wagenführ, Band IX: Funkentelegraphie für Flugzeuge von E. Niemann, Verlag von Richard Carl Schmidt & Co, Berlin 1921.

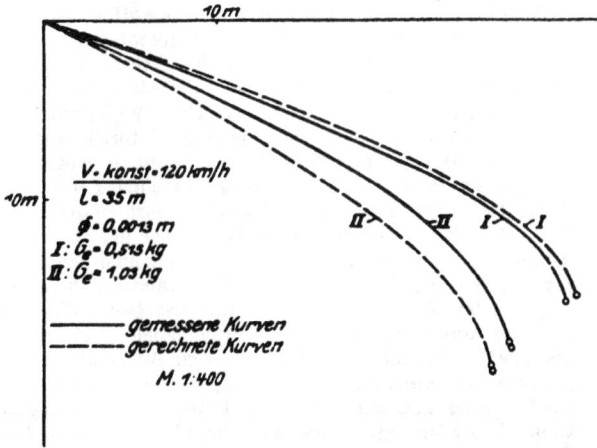

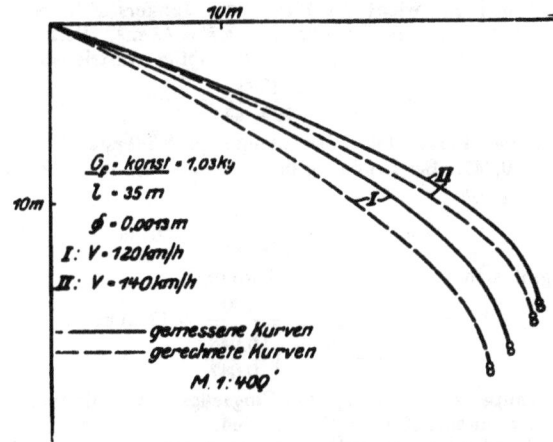

Abb. 2. Vergleich zwischen gemessenen und gerechneten Antennenformen. Die Kurven I und II unterscheiden sich durch
verschiedene Antennenbelastungen.

Abb. 3. Vergleich zwischen gemessenen und gerechneten Antennenformen. Die Kurven I und II unterscheiden sich durch
verschiedene Fluggeschwindigkeiten.

Abb. 3 und 4 wiedergegebenen Aufnahmen zufällige Momentaufnahmen sind oder ob sie aus einer Reihe von Aufnahmen gewonnene Mittellagen darstellen, geht aus Niemanns Angaben nicht hervor. (Durch eine Verfeinerung der Annahmen (5) und (6) ließe sich die Übereinstimmung weitertreiben; doch schien das für die vorliegende Untersuchung nicht erforderlich.)

Der Rechnung wurden folgende Luftkraftbeiwerte zugrunde gelegt, die Göttinger Messungen unter Beachtung des Kennwertes entnommen sind:

$$c_{w_A} = 1,0; \quad c_{w_e} = 0,5.$$

6. Anwendung der allgemeinen Formeln auf das Beispiel: Junkers F 13 mit 70 m-Schleppantenne.

Für das vorliegende Beispiel gilt:

G_e = 0,410 kg,
F_e = 0,02 · 0,04 · π = 0,00252 m²,
μ = 0,0085 kg/m,
l = 70 m,
Φ = 0,0014 m,
c_{w_A} = 1,0,
c_{w_e} = 0,5,
q = 109 kg/m², entsprechend einer Reisegeschwindigkeit von 130 km/h.

Die Antennenform ist nach Gl. (9) berechnet und in Abb. 4 in Maßstab 1:400 dargestellt. Gl. (10) liefert den Gesamtwiderstand der Antenne:

$$W_A = 2,417 \text{ kg},$$

Gl. (11) den vertikalen Zug.

$$G_A = 0,170 \text{ kg}.$$

Das tatsächliche Gewicht der ganzen Antenne beträgt 1,004 kg. Der Auftrieb »erleichtert« die Antenne also um ungefähr 80 vH des Gewichtes.

Die obere Grenze des Widerstandes der F 13-Antenne, den sie in vertikaler Lage erleiden würde, beträgt

$$W_{A\perp} = 1 \cdot 109 \cdot 70 \cdot 0,0014 = 10,7 \text{ kg},$$

ist also mehr als viermal so groß wie der der schwebenden Antenne.

III. Geschwindigkeitsverminderung des Baumusters Junkers F 13 infolge Widerstandsvermehrung durch die 70 m-Schleppantenne.

Eine unmittelbare Untersuchung der Geschwindigkeitsverminderung infolge Widerstandserhöhung ist das Gegebene, sobald man die Wirkung von zusätzlichen Widerständen prüft, die — wie die Schleppantenne — nur im normalen Reiseflug, jedenfalls nicht während kritischer Flugzustände (z. B. Start) vorhanden sind.

Eine weitere Absicht dieses Abschnittes ist, eine häufig auftretende und leicht irreführende Art der Fragestellung zu erledigen, bevor im nächsten Abschnitt grundsätzlich behandelt wird, von welchen Gesichtspunkten aus Leistungsverschlechterungen infolge Widerstandsvermehrung betrachtet werden müssen.

Die folgende Zusammenstellung der Widerstände gilt wieder für einen Staudruck $q = 109$ kg/m². Die aerodynamischen Beiwerte sind den »Göttinger Ergebnissen«[1] bei Beachtung des Kennwertes entnommen. Die zur Berechnung der Einzelwiderstände angegebenen Zahlen sind immer in der Reihenfolge c_w, q, F aufgeführt.

Einzelwiderstände:

Antenne + Ei	2,42 kg
Antennenschacht: 0,75 · 109 · 0,0225 . .	1,84 kg
Abschlußstück des Antennenschachtes:	
1,2 · 109 · 0,0049	0,64 kg
Gesamter zusätzlicher Widerstand ΔW =	4,90 kg.

a) Verminderung der Geschwindigkeit. Die Frage lautet: Wie verändert sich bei gleichbleibendem Fluggewicht die Geschwindigkeit infolge des Antennenwiderstandes?

[1] Ergebnisse der Aerodynamischen Versuchsanstalt zu Göttingen, R. Oldenbourg, München und Berlin.

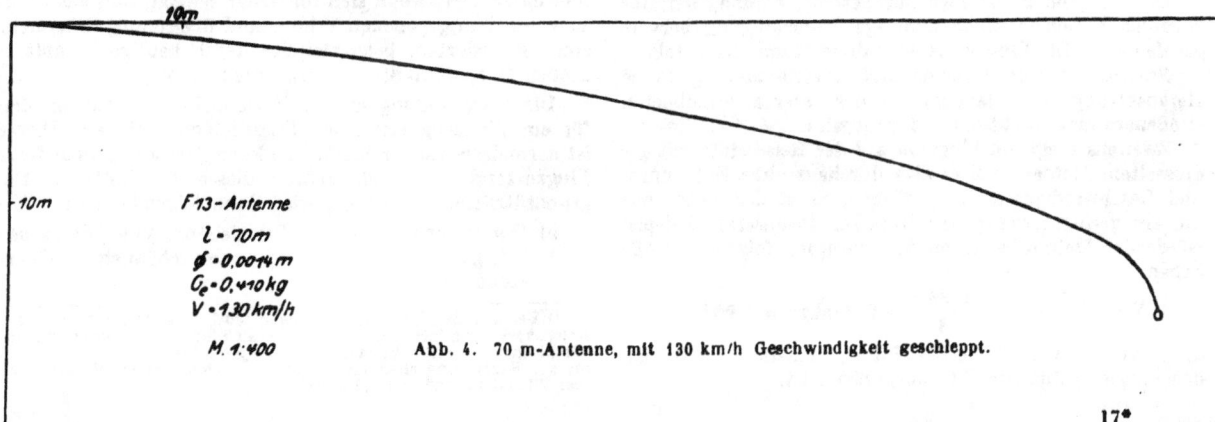

Abb. 4. 70 m-Antenne, mit 130 km/h Geschwindigkeit geschleppt.

Das Fluggewicht des Flugzeuges Junkers F 13 beträgt $G = 2000$ kg. Die Flügelfläche ist $F = 43$ m². Beim Wagrechtflug mit $q = 109$ kg/m² ist der nötige Auftriebsbeiwert

$$c_a = \frac{G}{qF} = \frac{2000}{109 \cdot 43} = 0,427.$$

Aus der Polare folgt der zugehörige Widerstandsbeiwert $c_w = 0,047$. Bei Erhöhung des Widerstandes um ΔW, bzw. von c_w um

$$\Delta c_w = \frac{W}{qF} = \frac{4,9}{109 \cdot 43} = 0,00105,$$

ergibt sich als neue Fluggeschwindigkeit

$$V' = \frac{V}{\sqrt[3]{\dfrac{c_w + \Delta c_w}{c_w}}} = \frac{130}{\sqrt[3]{\dfrac{0,048}{0,047}}} = 128,8 \text{ km/h},$$

gegenüber $V = 130$ km/h des Flugzeugs ohne Antenne. Das ist ein unbedeutender Unterschied.

Tatsächlich ist bei dieser kleineren Geschwindigkeit ein etwas größeres c_a zum Tragen des Flugzeugs nötig. Damit ist wiederum eine Vergrößerung des c_w verbunden. Mit c_a ändert sich jedoch an der Stelle des Wagrechtfluges das c_w so wenig, daß die Veränderung des Widerstandes infolge der kleineren Geschwindigkeit ohne Bedenken vernachlässigt werden kann.

Es sei erwähnt, daß man mit dem Höchstwert des Antennenwiderstandes W_{A1}, wie er unter Absatz II berechnet wurde, zu einer neuen Reisegeschwindigkeit von weniger als 126 km/h gekommen wäre.

Zum Vergleich zwischen 70 m-Schleppantenne und fester 18 m-Kurzwellenantenne werde anschließend deren Widerstand bei $q = 109$ kg/m² berechnet:

Einzelwiderstände:

Antenne: $1,0 \cdot 109 \cdot 0,0252$ . . . . . 2,75 kg
2 seitliche Abspannstützen:
$\quad 0,12 \cdot 109 \cdot 0,022$ . . . . 0,29 kg
Abspannschnur: $1,1 \cdot 109 \cdot 0,006$ . . . 0,72 kg
4 Isolatoren: $0,6 \cdot 109 \cdot 0,003768$ . . . 0,25 kg
2 Spannseile: $1,1 \cdot 109 \cdot 0,0084$ . . . . 1,01 kg

Gesamter zusätzlicher Widerstand $\Delta W = 5,02$ kg.

Die Widerstände der beiden untersuchten Antennen stimmen also praktisch überein, mithin auch die dadurch verursachten Geschwindigkeitsverminderungen.

b) Verminderung der Zuladung. Neben der eben behandelten Aufgabe a) wird häufig die Frage gestellt: Um wieviel muß die Zuladung herabgesetzt werden, damit die Geschwindigkeit des Flugzeugs mit Antenne gleich der des Flugzeugs ohne Antenne ist?

Um dieselbe Geschwindigkeit wie ursprünglich, d. h. dasselbe c_w zu erreichen, muß man — wie aus der Polare abzulesen ist — bei einem $\overline{c_a} = 0,4$ fliegen. Mit $\overline{c_a} = 0,4$ und $q = 109$ kg/m² kann aber ein Gewicht $\overline{G}$

$$\overline{G} = \overline{c_a} \cdot q \cdot F = 0,4 \cdot 109 \cdot 43 = 1880 \text{ kg}$$

getragen werden. Die Zuladung ist also um 120 kg zu vermindern — d. s. ungefähr 1,5 Fluggäste. Das ist ein merklicher Verlust.

Die Aufgabe b) ist hier nur gestellt worden, weil ihr Ergebnis verschiedentlich unnötige Beunruhigung hervorgerufen hat. Die Flugpraxis wird diese Frage nicht stellen:

Erstens ist eine Geschwindigkeitsverminderung (ohne Herabsetzung der Zuladung) von der unter a) errechneten Größenordnung praktisch bedeutungslos.

Zweitens fliegt ein Flugzeug auf der Reise stets mit gedrosseltem Motor. Will es also durchaus ohne Zuladungs- und Geschwindigkeitsverlust fliegen, so ist der Motor nur um ein geringes weniger zu drosseln. In unserem Beispiel würde der Mehraufwand an Motorleistung folgende Größe haben:

$$N = \frac{\Delta W \cdot v}{\eta} = \frac{4,9 \cdot 36,2}{0,8} = 222 \text{ mkg/s} = 2,96 \text{ PS},$$

d. i. 1 vH der Volleistung des Motors Junkers LV, mit dem das Flugzeug Junkers F 13 ausgerüstet ist.

Wie verwirrend und jeder praktischen Auffassung widersprechend die Frage nach der zur Aufrechterhaltung der gleichen Geschwindigkeit nötigen Herabsetzung der Zuladung ist, mag noch dadurch belegt werden, daß für das Flugzeug Junkers F 13 ein zusätzlicher Widerstand von $\Delta c_w = 0,005$ genügt, um bei gleicher Motorleistung eine Geschwindigkeit von 130 km/h überhaupt unmöglich zu machen, selbst wenn das Flugzeug gewichtslos wäre. Der Widerstand der F 13 bei 130 km/h Geschwindigkeit ist dann eben bei jedem Anstellwinkel größer als der bei bestimmter Motorleistung zur Verfügung stehende Schraubenzug. Anderseits bedeutet eine Widerstandserhöhung von $\Delta c_w = 0,005$ erst eine Vergrößerung des beim Wagrechtflug bei unverändertem F 13 vorhandenen Widerstandes um 10 vH. Das ist eine Größe, die sich bei Meßflügen, wo mehrere Instrumente, Generatoren, Streben, Drähte usw. am Flugzeug zusätzlich angebracht sind, durchaus ergeben kann. Trotzdem wird niemand behaupten wollen, daß das Flugzeug nun unbrauchbar geworden sei. Wenn es unter vorgegebenen Bedingungen noch starten kann, so ist das Flugzeug weiter verwendungsfähig, es fliegt nur um einige Kilometer je Stunde langsamer. In unserem Beispiel sinkt seine Geschwindigkeit von 130 km/h auf ungefähr

$$V' = \frac{130}{\sqrt[3]{\dfrac{0,052}{0,047}}} = 125 \text{ km/h}.$$

IV. Allgemeine Untersuchung über die Wirkung von zusätzlichen Widerständen auf die Leistungen eines Flugzeugs.

1. Bezeichnungen.

Neben den unter II, 1 aufgeführten Zeichen werden in diesem Abschnitt folgende Zeichen gebraucht:

G	(kg)	Fluggewicht,
F	(m²)	Flügelfläche,
N	(PS)	Motorleistung,
η		Schraubenwirkungsgrad,
g	(m/s²)	Erdbeschleunigung,
γ	(kg/m³)	Luftwichte,
c_a, c_w		Beiwerte für Auftrieb und Widerstand,
w	(m/s)	Steiggeschwindigkeit.

Es bedeutet der Index $\begin{cases} o: \text{am Boden,} \\ h: \text{in Gipfelhöhe,} \\ H: \text{im Wagrechtflug.} \end{cases}$

2. Fragestellung.

Dieser Abschnitt soll zeigen, welche Wirkung die Belastung eines Flugzeugs durch feste zusätzliche Widerstände von Funkgerät (Antennen, Generatoren, Streben und andere Hilfsaufbauten) auf die Leistungsfähigkeit eines Flugzeugs ausübt.

Dabei muß man sich klar sein, daß es wenig Sinn hat, nach der Veränderung irgendeiner beliebig herausgegriffenen Flugleistung infolge des erhöhten schädlichen Widerstandes zu fragen. Was nützt z. B. die Frage: Wie verändert sich die Gipfelhöhe durch eine bestimmte Widerstandsverschlechterung?, wenn sich hinterher erweist, daß das Flugzeug bei dem gegebenen Widerstand überhaupt nicht mehr einen geforderten, beispielsweise durch heutige Flugplatzgrößen bedingten Start auszuführen vermag[1]).

Die Fragestellung muß sich vielmehr zunächst auf den für ein Flugzeug kritischen Flugzustand beziehen. Dieser ist normalerweise der Start. (Es kann aber auch ein anderer Flugzustand sein, vgl. Schluß dieses Abschnittes.) Die grundsätzliche Überlegung wird dann folgende sein:

a) Wie verändert sich die Startleistung eines Flugzeugs infolge einer Vermehrung seines schädlichen Widerstandes?

---

[1]) Bei heutigen Verkehrsflugzeugen wird die Zulassung durch das Reichsverkehrsministerium u. a. von Erfüllung der Forderung abhängig gemacht: Bei Vollast darf die wagrechte Strecke vom Stand bis zur Erreichung einer Höhe von 20 m nicht 650 m überschreiten (bei Windstille und $\gamma = 1,2$ kg/m³).

b) Durch Abänderung welch anderer Größe ist die Startleistung des Flugzeugs mit Zusatzwiderstand gleich der des Flugzeugs in ursprünglicher Verfassung zu machen? Und: Wie groß muß diese Abänderung sein?

c) Um wieviel unterscheiden sich die übrigen Leistungen (Gipfelhöhe, Größtgeschwindigkeit) des Flugzeugs mit Zusatzwiderstand, aber gleichem Start, von den Leistungen des ursprünglichen Flugzeugs?

3. Berechnung der Leistungsverluste eines Flugzeugs infolge Widerstandsvergrößerung. Zahlenmäßige Durchführung für das Flugzeug Junkers F 13 mit verschiedenen Zusatzwiderständen.

Die Startleistung wird praktischerweise definiert als die wagrechte Entfernung, die das startende Flugzeug zurücklegen muß, um aus dem Stand auf eine bestimmte Höhe h zu gelangen. Umrechnungen dieser Größe, wie sie die Beantwortung der Fragen a) bis c) verlangt, sind jedoch sehr umständlich. Je größer die Höhe h gewählt wird, von um so größerer Wichtigkeit für die Startleistung wird die Steigfähigkeit des Flugzeugs und um so geringere Bedeutung hat die Anrollstrecke. Wählt man — wie es in den Zulassungsbedingungen für Flugzeuge geschieht — h = 20 m, so ist zwar die Anrollstrecke gegen die Projektion der Flugbahn bis 20 m Höhe keineswegs zu vernachlässigen. Aber es läßt sich an Hand von praktischen Zahlenbeispielen leicht übersehen; daß sich — und das interessiert uns hier — mit wachsendem c_w die Steiggeschwindigkeit am Boden mehr ändert als die gesamte Startstrecke[1]).

Wir ersetzen also die Frage nach Veränderung der Startleistung durch die nach Veränderung der Steiggeschwindigkeit am Boden. Wir haben uns damit die rechnerische

---

[1]) Das kann man überschlägig so einsehen:

Das kürzeste Anrollen geschieht bei einem bestimmten Anstellwinkel, festgelegt durch $c_a = c_{a1}$, $c_w = c_{w1}$. Die Werte c_{a1}, c_{w1} liegen an der Stelle der Polare, wo die Gleitzahl gleich dem Bodenreibungskoeffizienten ist: $\frac{c_{w1}}{c_{a1}} = \mu$ (s. H. Blenk, Startformeln für Landflugzeuge (59. DVL-Bericht), ZFM 1927, S. 25 und DVL-Jahrbuch 1927, S. 1).

Das Flugzeug möge ferner bei bester Steigzahl, festgelegt durch $c_a = c_{a2}$, $c_w = c_{w2}$ abheben.

Wächst dann allgemein c_w um Δc_w auf $\overline{c_w}$, so wird gleichzeitig:

$$c_{a2} > c_{a1}, \quad \frac{\overline{c_{w2}}^2}{\overline{c_{a2}}^3} > \frac{c_{w2}^2}{c_{a2}^3}, \quad \overline{c_{a1}} = c_{a1}, \quad \overline{c_{w1}} > c_{w1}.$$

Wegen $\overline{c_{w1}} > c_{w1}$ wird die Rollstrecke größer; wegen $\overline{c_{a2}} > c_{a2}$ kann bei kleinerer Geschwindigkeit abgehoben werden, das verkürzt wieder die Rollstrecke. Bei kleinen Δc_w heben sich beide Wirkungen angenähert auf. Man hat also wesentlich nur noch auf den Steigwinkel zu achten. Nun wird einerseits, wegen $\overline{c_{w2}}^2/\overline{c_{a2}}^3 > \frac{c_{w2}^2}{c_{a2}^3}$, die Steiggeschwindigkeit kleiner, wegen $c_{a2} > c_{a1}$ anderseits aber auch die Bahngeschwindigkeit kleiner. Folglich kann der Steigwinkel und damit die Projektion der Flugbahn höchstens kleiner werden, als es der alleinigen Verringerung der Steiggeschwindigkeit entspricht.

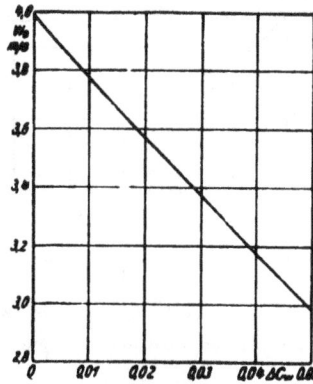

Abb. 5. Junkers F 13: Abnahme der Steiggeschwindigkeit am Boden mit wachsendem Zusatzwiderstand.

Aufgabe wesentlich erleichtert. Anderseits befinden wir uns auf der sicheren Seite: Die Forderung nach Konstanthaltung der Steiggeschwindigkeit bei Widerstandsvergrößerung verlangt mehr als die nach Konstanthaltung der gesamten Startstrecke.

Die Steiggeschwindigkeit ist gegeben durch

$$w_0 = \frac{75\,N\,\eta}{G} - \sqrt{\frac{2\,g}{\gamma} \cdot \frac{G}{F} \cdot \left(\frac{c_w^2}{c_a^3}\right)_{\min}} \quad \cdots \quad (12)$$

Hiernach ist wieder für das Beispiel Junkers F 13 die Veränderung der Steiggeschwindigkeit am Boden mit wachsendem Zusatzwiderstand Δc_w berechnet und in Abb. 5 dargestellt worden. (Es sei erwähnt, daß sämtliche Zahlenangaben für $\Delta c_w = 0$ mit den gemessenen Werten übereinstimmen.)

Um eine konkrete Vorstellung von den Δc_w-Werten zu bekommen, erinnere man sich, daß der Widerstand der festen Antenne oder auch der Schleppantenne durch $\Delta c_w = 0,001$ gegeben war. Betrachtet man also die in Abb. 5 bis 8 dargestellten Verhältnisse z. B. für $\Delta c_w = 0,005$, so entsprechen diese einem Zusatzwiderstand, der fünfmal so groß ist wie der der Antenne. Das wird ungefähr die Größenordnung des Widerstandes von sämtlichem Funk- und Beleuchtungsgerät zusammen sein.

Soll nun trotz Widerstandserhöhung die Steiggeschwindigkeit konstant gehalten werden, so ist das, wenn das Flugzeug mit Triebwerk unverändert bleibt, nur möglich durch Änderung des Gewichtes G. G rechnet sich aus Gl. (12) für den neuen Kleinstwert von c_w^2/c_a^3 bei Vergrößerung von c_w um Δc_w. Die Ergebnisse für F 13 enthält Abb. 6.

Nunmehr ist für gleichen Start bezw. gleiche Steiggeschwindigkeit am Boden zu jeder Vermehrung des Wider-

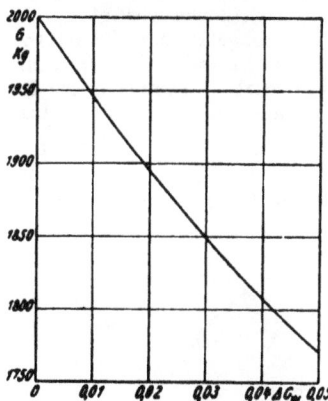

Abb. 6. Junkers F 13: Soll bei wachsendem Zusatzwiderstand die Steiggeschwindigkeit am Boden dieselbe bleiben, so muß das Fluggewicht so verringert werden, wie es die Abbildung zeigt.

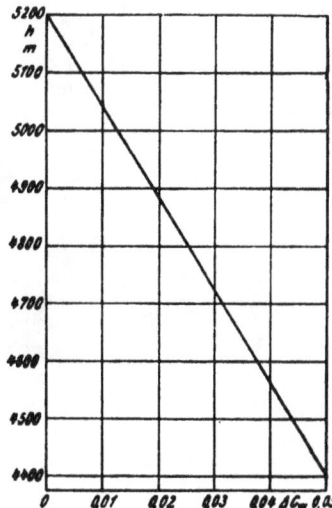

Abb. 7.

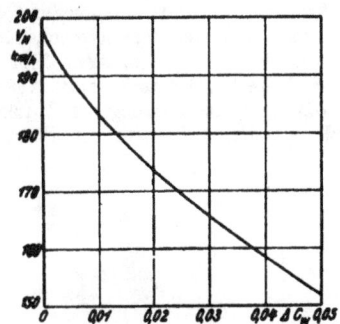

Abb. 8.

Abb. 7 und 8. Junkers F 13: Sind bei wachsenden Zusatzwiderständen die Fluggewichte so gewählt, daß die Steiggeschwindigkeit am Boden dieselbe ist, so nehmen die Gipfelhöhen nach Abb. 7, die Größtgeschwindigkeiten im Wagrechtflug nach Abb. 8 ab.

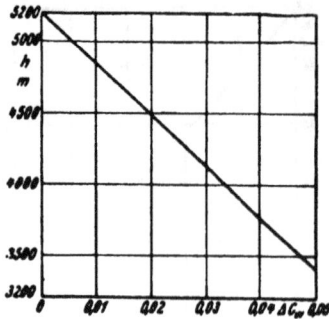

Abb. 9. Junkers F 13: Abnahme der Gipfelhöhe mit wachsendem Zusatzwiderstand.

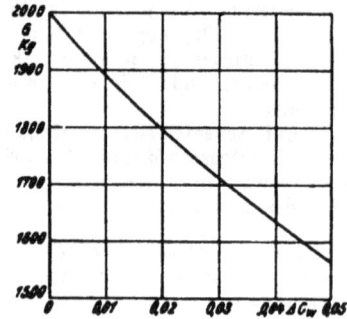

Abb. 10. Junkers F 13: Soll bei wachsendem Zusatzwiderstand die Gipfelhöhe dieselbe bleiben, so muß das Fluggewicht nach Abb. 10 verringert werden.

standes das zugehörige Gewicht bekannt. Wir fragen jetzt nach Veränderung von Gipfelhöhe und Wagrechtgeschwindigkeit bei vergrößertem Widerstand, aber gleichem Start.

Die Gipfelhöhe bzw. -Luftwichte γ_h wird gerechnet nach der Formel:

$$\frac{\gamma_h}{0{,}85^2}\left(\frac{\gamma_h}{\gamma_0}-0{,}15\right)^2=\frac{2g}{75^2}\left(\frac{G}{N_0}\right)^2\frac{G}{F}\left(\frac{c_w^2}{c_a^3}\right)_{min}\cdot\frac{1}{\eta^2} \quad . \ (13)$$

Mit den jeweiligen Kleinstwerten von c_w^2/c_a^3 und den zu den verschiedenen $\varDelta c_w$ gehörigen Gewichten G nach Abb. 6 ergeben sich die Gipfelhöhen, wie sie in Abb. 7 aufgetragen sind.

Die Berechnung der größten Wagrechtgeschwindigkeit geschieht nach der Formel

$$v_H=\sqrt{\frac{2g}{\gamma}\cdot\frac{1}{c_a}\cdot\frac{G}{F}}, \quad \ldots \ldots \ (14)$$

wobei sich c_a unter Benutzung der Polare ergibt aus

$$\frac{c_a^3}{c_w^2}=\frac{2g}{\gamma\cdot75^2}\left(\frac{G}{N_0}\right)^2\frac{G}{F}\cdot\frac{1}{\eta^2} \quad \ldots \ldots \ (15)$$

Das Ergebnis enthält Abb. 8. (Daß die Kurven unserer Abbildungen fast geradlinig erscheinen, liegt an den im Verhältnis zum Gesamtwiderstand kleinen Änderungen $\varDelta c_w$.)

Zusammenfassend betrachten wir den praktisch wichtigen Fall, den wir durch $\varDelta c_w=0{,}005$ entsprechend dem Zusatzwiderstand allen an dem F 13-Flugzeug angebrachten Funk- und Beleuchtungsgerätes, kennzeichneten: Um gleiche Steiggeschwindigkeit am Boden wie bei der F 13 ohne Funkgerät zu erzielen, muß die Zuladung (nach Abb. 6) um 28 kg vermindert werden. Dann hat die F 13 (nach Abb. 7) eine Gipfelhöhe von 5120 m (gegenüber 5200 m der ursprünglichen F 13) und (nach Abb. 8) eine Wagrechtgeschwindigkeit von 189,5 km/h (gegenüber 198 km/h der ursprünglichen F 13).

Für $\varDelta c_w=0{,}001$, entsprechend dem Widerstand einer Antenne allein, sind die entsprechenden Zahlen: Zuladungsverminderung 6 kg, Gipfelhöhe 5185 m (statt 5200 m), Geschwindigkeit 195,8 km/h (statt 198 km/h).

Zur Vervollständigung der Untersuchung sei kurz der Fall gestreift, daß nicht der Start, sondern irgend eine andere Leistung, z. B. die Gipfelhöhe, der für ein Flugzeug kritische Zustand ist. Dieser Fall ist denkbar für ein Flugzeug, dem zum Start reichlich große Plätze zur Verfügung stehen, das jedoch zur Überwindung eines Gebirges eine bestimmte Gipfelhöhe haben muß, die nicht unterschritten werden darf. In diesem Fall ist zunächst die Veränderung der Gipfelhöhe mit wachsendem schädlichen Widerstand festzustellen. Dann sind die Gewichte so zu verringern, daß die Gipfelhöhe konstant bleibt. Mit dem so gefundenen Fluggewicht und unter Berücksichtigung des Zusatzwiderstandes sind schließlich die übrigen Flugleistungen zu berechnen. Die Ergebnisse der ersten beiden Schritte sind in Abb. 9 und 10 für das Flugzeug F 13 dargestellt.

V. Zusammenfassung.

Mit Hilfe von heuristischen Annahmen über die Verteilung von Widerstand und Auftrieb über die Bogenlänge werden Faustformeln für Gestalt, Widerstand und lotrechten Zug der geschleppten Antenne aufgestellt. Die Formeln enthalten die Abhängigkeit der genannten Größen von Länge, Durchmesser, Gewicht der Antenne, von der Belastung durch ein Antennenei und von der Fluggeschwindigkeit. Die Rechnung wird geprüft durch Vergleich mit vorliegenden Messungen. Die Übereinstimmung ist ausreichend.

Die allgemeine Theorie wird angewandt auf das Beispiel: Junkers F 13 mit 70 m-Schleppantenne. Zum Vergleich wird der Widerstand der festen 18 m langen Kurzwellenantenne berechnet. Er stimmt praktisch mit dem der 70 m-Schleppantenne überein.

Zum Schluß wird allgemein entwickelt, nach welchen Gesichtspunkten die Herabsetzung der Leistungen eines Flugzeugs infolge Anbringung von zusätzlichen Widerständen zu berechnen ist. Gleichzeitig wird an dem Beispiel Junkers F 13 zahlenmäßig und in bildlichen Darstellungen der Einfluß von Widerstandserhöhungen zwischen $\varDelta c_w=0$ und $\varDelta c_w=0{,}05$ auf die Flugleistungen gezeigt. Dabei entspricht der Wert $\varDelta c_w=0{,}005$ ungefähr der Widerstandserhöhung durch das gesamte am Flugzeug F 13 anzubringende Funk- und Beleuchtungsgerät zusammen. Die Ergebnisse sind am schnellsten aus den Abb. 5 bis 8 abzulesen.

Abgeschlossen im Januar 1928.

Der Antrieb elektrischer Generatoren durch den Fahrwind.

Von Wilhelm Brintzinger.

101. Bericht der Deutschen Versuchsanstalt für Luftfahrt, E. V., Berlin-Adlershof (Abt. für Funkwesen und Elektrotechnik).

Die Verwendung von Elektrizität in Flugzeugen ist mannigfach und in steigendem Maß im Zunehmen begriffen; wird doch die Flugsicherheit wesentlich erhöht durch funkentelegraphische Nachrichten- und Wetterübermittlung, die Navigation erleichtert und vereinfacht durch Peilung und andere Elektrizität benötigende Geräte. Im Wettbewerb mit Eisenbahnen über weite Strecken ist die Luftfahrt auf Nachtflug angewiesen. Innen- und Außenbeleuchtung dürften deshalb in absehbarer Zeit zur Ausrüstung eines jeden Verkehrsflugzeuges gehören. Hilfsantriebe für Großflugzeuge elektrisch anzutreiben, Zusatzheizung und Küche elektrisch zu speisen, ist bereits in Neuprojekten vorgesehen.

Zur Erzeugung von Elektrizität ist als Kraftquelle in jedem Flugzeug Explosionsmotorkraft vorhanden, die in mechanischer Form unmittelbar von Triebwerkmotoren oder Hilfsmotoren abgenommen werden kann oder mittelbar im Fahrwind zur Verfügung steht. Außerdem ist noch die alleinige Verwendung von Akkumulatoren und Elementen möglich, die jedoch bei den heute benötigten Leistungen außer acht gelassen werden kann. Höchstens für Sonderausführungen von Sendern und Empfängern, — z. B. des Lorenz-Kurzwellengerätes SERKT I 27 —, kommt sie in Frage.

Betriebssicherheit und Wirtschaftlichkeit sind die beherrschenden Leitgedanken beim Entwurf von Flugzeugen und Zubehör. Bei der Beantwortung der Frage: Wie sollen die notwendigen Stromerzeuger angetrieben werden, müssen in erster Linie diese beiden Forderungen berücksichtigt werden.

Schon die ersten Stromerzeuger in Luftfahrzeugen entnahmen ihre Energie dem Fahrwind. Steht doch dieser während des ganzen Fluges zur Verfügung. Im Windflügel ergibt sich ein überaus einfacher und darum sehr betriebssicherer Antrieb. Auf diese Weise angetriebene Generatoren sind bis zu Leistungen von mehreren kW (Heizgenerator für Küche LZ 126) gebaut worden.

Die zweite Frage beim Windflügelantrieb ist die nach seiner Wirtschaftlichkeit. Da eine mehrfache Energieumsetzung stattfindet, kann der Wirkungsgrad nicht hoch sein. Rechnen wir von der Triebwerkmotorwelle aus, so ergibt sich ein Gesamtwirkungsgrad $\eta_{ges} = c \cdot \eta_h \cdot \eta_w \cdot \eta_c$, wobei η_h der Wirkungsgrad der Triebwerksluftschraube, η_w der des Windflügels, η_c der des Generators und c ein durch Aufbauten und Zuleitungen im Fahrwind bestimmter

Zahlenwert ist. Eine weitere Frage, deren Beantwortung besonders bei Langstreckenflügen wichtig ist, heißt: Wie groß ist der Gewichtsanteil der verschiedenen Betriebsarten, wobei der Antrieb mit schlechterem Wirkungsgrad Brennstoffmehrbedarf erfordert und dadurch eine Nutzlastverminderung bringt. Besonders bei sehr schwer beladenem Flugzeug können der zusätzliche Luftwiderstand des Außenantriebes und der mitzuführende Zusatzbrennstoff sich wesentlich bemerkbar machen.

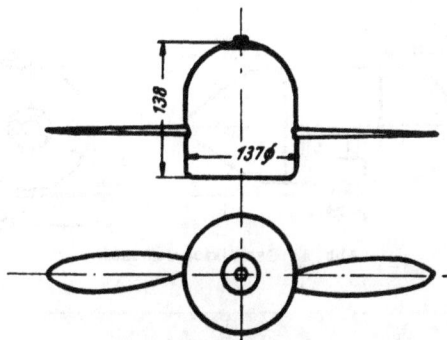

Abb. 1. Telefunken-Seppeler-Regelwindflügel.
Durchmesser 432 mm, Kreisfläche $F = 1095$ cm², bedeckte Fläche $f = 101$ cm².

Diese Überlegungen haben schon während des Krieges dahin geführt, den Windflügelantrieb zu verlassen und den Generator mit dem Hauptmotor zu kuppeln. Die Art des Einbaues war hierbei bei den verschiedenen Motormustern in mannigfacher Weise vorgesehen. Im Verkehrsflugzeugbau wurde der Motorantrieb verlassen, hauptsächlich veranlaßt durch das Erscheinen selbstregelnder Windflügel, die einfache Spannungskonstanz erzielten und durch die mit wachsender Motorleistung und Werkstoffausnutzung entstehenden Schwierigkeiten, die Beanspruchung von Antriebswellen und Kupplungen durch Drehschwingen der Kurbelwelle zu beherrschen. Die Frage, ob der Windflügelantrieb wirtschaftlich dem Innenantrieb, sei es durch Haupt- oder Hilfsmotor, unterlegen ist, bedarf jedoch bis heute noch der Klärung. Ist er unterlegen, so müssen Wege gefunden werden, um die Antriebsschwierigkeiten zu überwinden und für den Innenantrieb dieselbe Betriebssicherheit zu erreichen.

Abb. 2. Telefunken-Seppeler-Regelwindflügel, Muster 1.

Abb. 3. Telefunken-Seppeler-Regelwindflügel, Muster 1, offen.

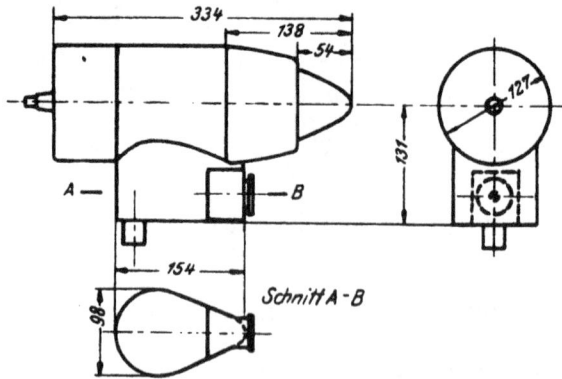

Abb. 4. Telefunken-Generator.

Abb. 5. Windflügel für Gyrorektorgenerator.
Durchmesser 312 mm, Kreisfläche F 736 cm², bedeckte Fläche 128 cm², Steigung $R = 130$ mm = 27°.

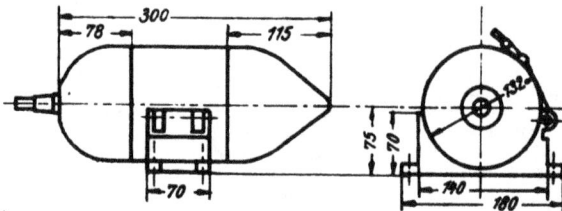

Abb. 6. Gyrorektor-Generator.

Abb. 9. Gyrorektor-Generator, unter dem Tragflügel hängend.

Abb. 10. Telefunken-Generator, unter dem Tragflügel hängend; Windflügel abgenommen.

Abb. 7. Anschütz-Windflügel.
Durchmesser 400 mm, Kreisfläche F 1019 cm², bedeckte Fläche 80 cm², Steigung R 120 mm = 19°.

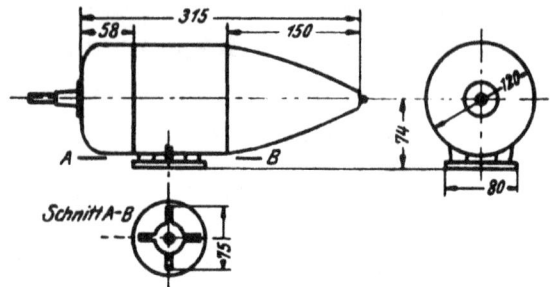

Abb. 8. Anschützkreisel-Generator, Maßblatt.

Die Göttinger Untersuchungen[1]) an Windrädern, die wohl die einzigen Versuche auf diesem Gebiete sind, beziehen sich vorwiegend auf ortfeste Anlagen, bei denen in erster Linie ein Größtmaß der dem Wind entzogenen Leistung erstrebt wird, gleichwie bei welchem Wirkungsgrad. Diese Versuche werden mit wesentlich geringeren Windgeschwindigkeiten vorgenommen, als bei Flugzeugen auftreten; außerdem wurden hierbei keine Luftschrauben mit veränderlicher Steigung verwendet. Die Funkabteilung der Deutschen Versuchsanstalt für Luftfahrt machte deshalb Versuche im Windkanal der Luftschiffbauwerft Zeppelin, G. m. b. H., Friedrichshafen a. B., über deren Ergebnisse im folgenden berichtet wird.

Aus den eingangs dargelegten Überlegungen ergab sich als Versuchsaufgabe: Bei verschiedenen Windgeschwindigkeiten die Abhängigkeit der Drehzahl, des Luftwiderstandes und des Wirkungsgrades von der Belastung festzustellen.

---

[1]) Ergebnisse der Aerodynamischen Versuchsanstalt Göttingen, Bd. III/17: Untersuchungen an Windrädern.

Abb. 11. Telefunken-Generator, im Fahrgestell eingebaut.

Die Windflügel und Generatoren.

Zur Verfügung standen drei Windflügel mit zugehörigen Generatoren:

1. Ein selbstregelnder Windflügel, Bauart Telefunken-Seppeler, Muster 1 (Abb. 1 bis 3). Der zugehörige Generator F 127, Abb. 4, eine Hoch- und Niederspannungsgleichstrommaschine, dient als Stromquelle für das Telefunken 70 Watt Gerät, Muster 257 F. Der Windflügel wird durch zwei Gewichte *a* geregelt, deren Fliehkräfte ein das Flügelblatt drehendes Moment erzeugen, dem eine verstellbare Zugfeder (in der Hülse *b*, Abb. 3) entgegenwirkt. Ändern der Federspannung durch eine am Windflügelkopf befindliche Kopfschraube *c* läßt die konstant zu haltende Drehzahl einfach einstellen.

2. Ein Gyrorektor-Generator und -Windflügel (Abb. 9). Der gegossene Aluminiumwindflügel treibt den zur Speisung des Gyrorektor-Neigungsmessers notwendigen Generator an. Die Maße gehen aus Abb. 5 hervor, die des zugehörigen Generators aus Abb. 6.

3. Ein Anschützkreisel-Generator und Windflügel. Die Maße des geschmiedeten Aluminiumflügels sind Abb. 7, die Generatormaße Abb. 8 zu entnehmen.

Versuchsaufbau.

Da Widerstandsmessungen während des Fluges schwierig auszuführen sind, wurden die Verhältnisse des Fluges im Windkanal möglichst nachgebildet. Die so erhaltenen Ergebnisse können jedoch nicht ohne weiteres auf das Flugzeug übertragen werden, da sich der verschiedenartige Aufbau der Generatoren an den einzelnen Flugzeugmustern unter Umständen erheblich auf den Strömungsverlauf an Rumpf und Flügeln auswirkt. Abb. 9 zeigt den Einbau eines Generators, unter dem Tragflügel hängend. Die Stirnfläche des Fußes dürfte in diesem Falle nicht nur eine Erhöhung des Luftwiderstandes, sondern auch eine Verminderung des Flügelauftriebes ergeben. Schon etwas günstiger wird der in Abb. 10 dargestellte Einbau (Windflügel

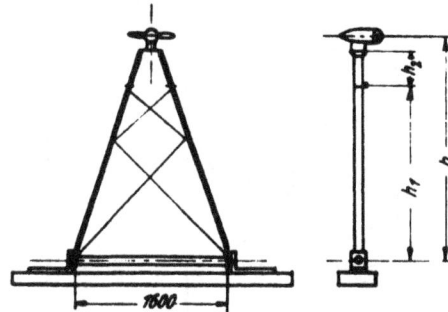

Abb. 12.   Generator-Aufhängung im Windkanal.

abgenommen) sich gestalten, da der schlanke Fuß eine Verminderung des Widerstandes bringt. Wenig kann auch aus den Versuchen geschlossen werden über den Einfluß in der Flügelnase eingebauter Generatoren (Bauart Dornier), zumal hierbei die Richtung der zuströmenden Luft nicht axial sein dürfte. Am ähnlichsten waren die Verhältnisse des Versuches dem vielfach angewandten Einbau im Fahrgestell nach Abb. 11.

Versuche hatten ergeben, daß der zur Messung benutzte Telefunkengenerator statisch nicht genügend ausgewuchtet war; deshalb wurde der in Abb. 12 gezeichnete und in Abb. 13 und 14 dargestellte Aufbau im Windkanal verwendet. Der Generator steht auf einem aus Profilrohren 12 × 35 mm gebauten trapezförmigen Rahmen, der durch Stahldrähte verspannt in Kugellagern drehbar gelagert ist. Die Widerstandsmessung war in diesem Fall eine Momentenmessung. Es wurde angenommen, daß die Resultierende des Luftwiderstandes von Generator einschließlich Windflügel in Richtung der Generatorachse angreift. Diese Anordnung hat sich während der Messungen bewährt. Die Generatoren standen schwingungsfrei im Windstrom. Durch Versuche wurde festgestellt, daß die Genauigkeit der Wage ± 5 g betrug.

Die Drehzahlmessung war in einfacher Weise nur stroboskopisch möglich. Die vorhandene Anordnung bei der Luft

Abb. 13.   Aufbau im Windkanal, Rückansicht.

Abb. 14.   Aufbau im Windkanal, Seitenansicht.

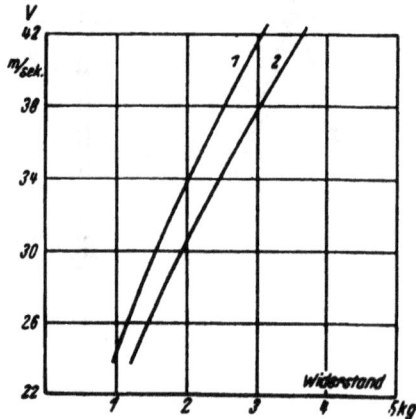

Abb. 15. Luftwiderstand der Aufhängung, Telefunken-Generator.
Rahmen mit Kabeln (1), Rahmen mit Generator ohne Windflügel (2).

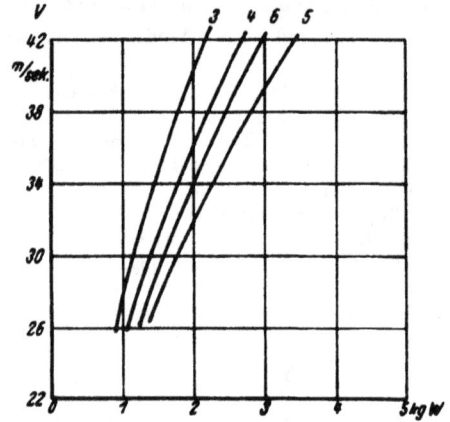

Abb. 16. Luftwiderstände der Aufhängung, Gyrorektor- und Anschütz-Generator.
Rahmen mit Kabeln (3), Rahmen mit Kabeln und Gyrorektor-Generator-Fuß (4), Rahmen mit Gyrorektor-Generator ohne Windflügel (5), Rahmen mit Anschütz-Generator ohne Windflügel (6).

schiffbau Zeppelin G. m. b. H. bestand aus regelbarem Gleichstrommotor, auf dessen einem Wellenstumpf die zweilochige Scheibe, auf dem anderen ein Drehzähler saß. Bei Drehzahlen über 4500 mußte auf den Vierflügler eingestellt werden.

Die Windgeschwindigkeit wurde mit einem Alkoholmanometer festgestellt, die Dichte des Alkohols nach jedem Versuch bestimmt. Die Ablesungen sind beim Friedrichshafener Windkanal zu verbessern durch einen von der Versuchsabteilung der Luftschiffbau Zeppelin-Werft G. m. b. H. festgelegten Zahlenwert λ. Die Meßgenauigkeit betrug ¹/₁₀ mm Alkoholsäule.

Die von der elektrischen Maschine abgegebene Leistung wurde bei den Gleichstrommessungen durch Strom- und Spannungsmesser bestimmt, bei den Drehstrommaschinen durch ein Präzisionswattmeter der Siemens u. Halske A.G.

Versuchsausführung.

Nachdem ein Probelauf ergeben hatte, daß die Generatoren innerhalb des Bereiches der möglichen Windgeschwindigkeiten völlig ruhig im Windstrom standen, wurde zunächst der Luftwiderstand des Rahmens mit Zuleitungen in Abhängigkeit von der Windgeschwindigkeit aufgenommen. Die erhaltenen Meßwerte und ihre Auswertung sind im Zahlentafel 1 zusammengestellt. Festgestellt wurden die Widerstände des Rahmens mit Zuleitungskabel (Versuchsreihe 1), des Rahmens und Generators ohne Windflügel (Versuchsreihe 2). Es sollte aus dieser Messung ein Bild gewonnen werden über die Größenordnung des Generatoranteiles am Gesamtwiderstand. Die erhaltenen Werte dürften wesentlich über dem Generatorwiderstandsanteil bei aufgesetztem Windflügel liegen, der höchstens 200 bis 300 g bei 40 m/s Wind beträgt. Die entsprechenden Versuche wurden für

Zahlentafel 1. Luftwiderstände der Aufhängung.

Versuchsreihe 1, Abb. 15, Kurve 1.

Telefunken-Generator

Rahmen allein mit Kabeln

Halk mm	HWs mm	HWSc mm	v m/s	M kg	G kg	Bemerkungen
52,6	42,7	46,3	28,2	6,058	1,417	b = 724 mm Hg
65,4	53,1	57,7	31,5	6,375	1,734	t = 20,7° C
79,7	64,7	70,5	34,7	6,745	2,104	κ = 4,14; λ = 1,09
98,5	80,0	87,2	38,6	7,222	2,581	γalk = 0,812
116,5	94,5	103,2	42,0	7,645	3,004	P₀ 4,641 kg

Versuchsreihe 2, Abb. 15, Kurve 2

Telefunken-Generator

Generator ohne Windflügel

Halk mm	HWs mm	HWSc mm	v m/s	M kg	G kg	Bemerkungen
40,5	32,9	35,7	24,7	5,758	1,384	P₀ 4,374 kg
51,3	41,6	45,1	27,8	6,099	1,725	
79,0	64,2	69,9	34,6	6,909	2,535	
96,5	78,3	85,3	38,2	7,464	3,090	
113,8	92,4	100,9	41,6	7,994	3,620	

Versuchsreihe 3, Abb. 16, Kurve 3

Gyrorektor-Generator

Rahmen allein mit Kabeln

Halk mm	HWs mm	HWSc mm	v m/s	M kg	G kg	Bemerkungen
52,0	42,3	45,9	28,0	5,667	1,019	b = 725 mm Hg
65,6	53,4	48,2	31,5	5,913	1,265	t = 20° C
80,2	65,3	71,1	34,8	6,161	1,513	κ = 4,13;
99,0	80,6	87,8	38,7	6,501	1,853	γalk = 0,814
116,5	94,8	103,5	42,0	6,790	2,142	P₀ 4,648 kg

Versuchsreihe 4, Abb. 16, Kurve 4

Gyrorektor-Generator

Rahmen mit Generatorfuß

Halk mm	HWs mm	HWSc mm	v m/s	M kg	G kg	Bemerkungen
52,6	42,8	46,4	28,1	5,877	1,242	P₀ 4,635 kg
66,2	53,8	58,5	31,6	6,174	1,539	
79,8	64,9	70,8	34,8	6,465	1,830	
98,5	80,2	87,6	38,6	6,977	2,342	
116,5	94,8	103,5	42,0	7,290	2,655	

Versuchsreihe 5, Abb. 16, Kurve 5

Gyrorektor-Generator

Rahmen mit Generator ohne Windflügel

Halk mm	HWs mm	HWSc mm	v m/s	M kg	G kg	Bemerkungen
52,6	42,8	46,4	28,1	6,083	1,583	P₀ 4,500 kg
65,6	53,4	58,2	31,5	6,467	1,967	
80,1	65,2	71,0	34,8	6,879	2,379	
99,4	80,9	88,3	38,8	7,430	2,930	
116,5	94,8	103,5	42,0	7,935	3,435	

Versuchsreihe 6, Abb. 16, Kurve 6

Anschütz-Generator

Rahmen mit Generator ohne Windflügel

Halk mm	HWs mm	HWSc mm	v m/s	M kg	G kg	Bemerkungen
52,4	42,7	46,3	28,1	6,031	1,425	P₀ 4,606 kg
66,4	54,1	58,8	31,7	6,370	1,764	
80,0	65,1	70,9	34,8	6,693	2,087	
99,2	80,7	88,0	38,8	7,158	2,552	
116,4	94,8	103,5	42,0	7,568	2,962	

die beiden anderen verwandten Muster vorgenommen (Versuchsreihe 3 bis 6). Versuchsreihe 3 und 4 zeigt den nicht zu vernachlässigenden Einfluß des Generatorfußes beim Gyrorektor-Generator. Die Meßwerte sind in Abb. 15 und 16 dargestellt.

Aus den Messungen läßt sich sagen, daß der Einfluß der Generatorform auf den Gesamtwirkungsgrad nicht sehr beträchtlich ist, wenn bei der Formgebung der Windschnittigkeit Rechnung getragen wird.

Die Triebwerkschraube des Windkanals wird von zwei Benzinmotoren angetrieben. Um die kleinen Abweichungen in der Windgeschwindigkeit während einer Versuchsreihe auszuscheiden, wurden sämtliche Messungen gleichzeitig vorgenommen.

Begonnen wurde mit der Messung des Telefunken-Seppeler-Windflügels. Gemessen wurde bei Betriebseinstellung des Reglers (Drehzahl 4800 U/min bei etwa 370 W Generatorabgabe und einer Flugzeuggeschwindigkeit von etwa 150 km/h) in fünf verschiedenen Windgeschwindigkeitsstufen und sechs verschiedenen Generatorbelastungen. Die Generatorenergie wurde niederspannungsseitig in Schiebewiderständen und hochspannungsseitig in Glühlampen und Schiebewiderständen vernichtet. Zwei weitere Meßreihen wurden bei etwas weicher eingestelltem Windflügel vorgenommen. (Betriebsdrehzahl etwa 4300 U/min.) Infolge der starken Erwärmung des Generators war es nicht möglich, die erwünschte weitergehende Abbremsung des Windflügels bei höheren Windgeschwindigkeiten vorzunehmen. Bei den beiden anderen zur Verfügung stehenden Generatoren war diese Schwierigkeit noch größer, da die Leistungsabgabe der Windflügel wesentlich über der möglichen Leistungsaufnahme der Generatoren lag.

Auswertung der Ergebnisse.

Es bedeuten:

q Barometerstand,
t Temperatur im Windkanal,
H_{alk} Höhe der Alkoholsäule im Manometer,
H_{WS} entsprechende Wassersäule $= H_{alk} \cdot \gamma_{alk}$,
λ Korrektionsglied bedingt durch die Meßanordnung des Friedrichshafener Kanals,
H_{WSc} umgerechnete Wassersäule $= \lambda \cdot H_{WS}$,
$\varkappa$ Korektionsglied zur Umrechnung auf 760 mm Hg und 20° C,
v $\varkappa \cdot \sqrt{H_{WSc}}$ Windgeschwindigkeit,
M an der Wage festgestelltes Gewicht,
P_0 zur Nulleinstellung auf der Wage benötigtes Gewicht,
G Druckresultierende des Aufbaues auf den Wageabspanndraht $= M - P_0$,
q $= H_{WSc}$ Staudruck,
P_1 Gewicht auf der Wage,
P_2 $= P_1 - P_0 =$ Zug im Abspanndraht,
P_3 $= P_2 - G$,
c $=$ Übersetzungsverhältnis $\dfrac{h_1}{h}$,
W $= c \cdot P_3$ Luftwiderstand des Windflügels einschließlich Generator,
n Umläufe des Windflügels,
N_1 Generatorabgabe,
N_2 Generatoraufnahme,
N_3 $= v \cdot W$ Windflügelaufnahme,
u/v $\dfrac{\text{Umfangsgeschwindigkeit an den Flügelspitzen}}{\text{Windgeschwindigkeit}}$
    $=$ Fortschrittsgrad,
F $=$ aktive Windflügelfläche $= (R_1{}^2 - R_2{}^2) \cdot \pi$,
η $\dfrac{N_1}{N_3}$ $=$ Wirkungsgrad des Windflügels,
c_l Leistungsbeiwert $\dfrac{M_d \cdot \omega}{q \cdot F \cdot v}$,
c_d Drehmomentbeiwert $= \dfrac{M_d}{q \cdot F \cdot R_1}$,

c_w Widerstandsbeiwert $= \dfrac{W}{q \cdot F}$,
M_d Drehmoment des Windflügels,
ω Winkelgeschwindigkeit,
R_1 Windflügelhalbmesser,
R_2 $=$ Außenhalbmesser der unwirksamen Flügelfläche.

Die Versuche hatten als Ziel,

1. die Verhältnisse beim Einbau der Generatoren in Flugzeuge zu erforschen,
2. Grundlagen für die Beurteilung und die Berechnung von Windflügeln zu gewinnen.

Deshalb wurden die Versuche nach zwei Richtungen hin ausgewertet. Es galt zunächst festzustellen, wie groß die Drehzahländerung in Abhängigkeit von der Belastung und von der Windgeschwindigkeit ist; ferner wie groß die Luftwiderstände derartig vom Fahrwind angetriebener Generatoren sind und wie groß der Leistungsbedarf im Triebwerksmotor ist, d. h. den Wirkungsgrad des Luftschraubenantriebs zu bestimmen. Dabei muß angenommen werden, daß die Generatoren im ungestörten Luftstrom liegen und nicht etwa im Triebwerkschraubstrahl eingebaut sind.

Ferner ist aber anzustreben, Beiwerte, die auf irgend eine Abmessung des Windflügels bezogen sind, zu finden, welche bei Projekten einfache Rechnung erlauben. Es wurden deshalb Leistungs-, Widerstands- und Drehmoment-Beiwerte bestimmt. Diese wurden abweichend von der üblichen Art nicht auf den ganzen Windflügelkreis bezogen, sondern auf die aktive Windflügelfläche $F = (R_1{}^2 - R_2{}^2) \cdot \pi$

Der Vorteil dieser Festlegung beruht darin, daß eine überschlägige Rechnung von Windflügeln ein richtigeres Ergebnis gibt als bei der üblichen Festsetzung, bei welcher der Naben-Anteil des Windflügels vernachlässigt wird. Elektrische Generatoren kleiner Leistungen können nämlich unter Umständen große Durchmesser verlangen (Isolierung des Kollektors) und $R_1 - R_2$ kann kleiner als R_2 werden. Die Umrechnung von erhaltenen Versuchswerten auf andere Muster würde bei der üblichen Rechnungsart Fehler ergeben.

Zum Beispiel: Bekannt ist der auf die Flügelkreisfläche bezogene c_l Wert eines Windflügelsatzes von der Leistung N_1, der Drehzahl n_1 und dem Durchmesser der Nabe D_1. Ein Generator derselben Leistung und Drehzahl, aber mit größerem Nabendurchmesser $D_2 > D_1$, soll durch einen Windflügel angetrieben werden. Die Berechnung mit ein üblich definierten c_l Wert ergibt den gleichen Windflügel wie für den ersten Generator, der Flügel ist aber zweifellos unterdimensioniert.

Die Bestimmung der Wattaufnahme der Generatoren bei der Leistungsabgabe des Versuches erfolgte im Maschinenprüffeld der Funkabteilung mit einer Genauigkeit von mindestens ± 2 vH.

Es ist nicht möglich, den reinen Wirkungsgrad des Windflügels festzustellen, da der zur Abbremsung verwendete Generator selbst einen gewissen Luftwiderstand hat, dessen Anteil am Widerstand des ganzen Aggregates nicht bestimmt werden kann, da die Strömung um den Generator durch den Windflügel selbst beeinflußt wird und deshalb eine Messung des Generatorluftwiderstandes allein nicht den Teilbetrag des Generatorwiderstandes bei mitlaufendem Windflügel gibt.

Telefunken-Seppeler-Satz.

In den Zahlentafeln 1 bis 5 sind die Ergebnisse der Windkanalversuche und deren Auswertung zusammengestellt. Der an der Wage gemessene Druck P_1 auf den Abspanndraht wurde um den Nullpunkt P_0 der Aufhängung vermindert und ergibt den Zug im Abspanndraht P_2. Von P_2 wurde der Widerstandsanteil der Aufhängung einschließlich Zuleitungen abgezogen $= P_3$ und der in der Windflügelachse angreifende Widerstand W aus $W = P_2 \cdot \dfrac{h_1}{h}$ bestimmt.

Die dem Wind entnommene Leistung $N_3 = 9,81 \cdot v \cdot W$ Watt ist vom Triebwerk des Flugzeuges aufzuwenden. Als aerodynamischen Wirkungsgrad des Windflügelsatzes wird das Verhältnis $\frac{N_2}{N_3} = \frac{c_l}{c_w}$ definiert.

In den in Abb. 17 bis 23 gezeichneten Kurven ist

Kurve 1 mit 28,2 m/s,
» 2 » 31,5 »
» 3 » 34,8 »
» 4 » 38,8 »
» 5 » 42,1 »
» 6 » 35,0 »
» 7 » 42,3 » Windgeschwindigkeit,

in den in Abb. 24 bis 30

Kurve 1 mit 28,0 m/s,
» 2 » 28,4 »
» 3 » 34,8 »
» 4 » 42,0 »
» 5 » 50,0 » Windgeschwindigkeit,

in den in Abb. 31 bis 37

Kurve 1 mit 28,3 m/s,
» 2 » 34,8 »
» 3 » 42,1 » Windgeschwindigkeit aufgenommen.

Zahlentafel 2. Telefunken-Seppeler-Windflügel, Muster 1.

Luftdruck $b = 727$ mm Hg; Wichte des Alkohols $\gamma = 0,812$; $\varkappa = 4,13$; Temperatur $t = 20,5^\circ$ C; Wage-Nullpunkt $P_0 = 4,335$ kg; $\lambda = 1,089$.

Nr.	q kg/m²	v m/s	P_1 kg	P_2 kg	P_3 kg	W kg	n U/min	N_1 W	N_2 W	N_3 W	u/v	c_l	c_r	c_d	η %
1	46,7	28,2	7,800	3,456	2,045	1,74	4600	73,8	328	483	3,68	0,232	0,341	0,0628	68,0
2	46,7	28,2	8,139	3,804	2,384	2,08	4200	135	353	576	3,37	0,250	0,408	0,0739	61,3
3	46,9	28,3	8,247	4,212	2,792	2,43	3680	141,9	357	675	2,95	0,252	0,473	0,0855	52,8
4	46,7	28,2	8,902	4,567	3,147	2,73	3550	136,1	330	755	2,85	0,233	0,535	0,0817	43,7
5	46,7	28,2	8,791	4,456	3,036	2,64	3400	102	360	730	2,73	0,205	0,517	0,0750	35,6
6	58,3	31,5	8,140	3,805	2,070	1,78	4860	—	295	550	3,49	0,150	0,279	0,0427	53,7
7	58,4	31,5	8,331	3,996	2,261	2,00	4800	77,8	352	618	3,44	0,178	0,313	0,0506	56,9
8	58,6	31,6	8,659	4,324	2,589	2,25	4740	132,5	410	697	3,39	0,207	0,352	0,0607	58,8
9	58,5	31,5	8,805	4,470	2,735	2,37	4700	160,5	436	732	3,36	0,220	0,370	0,0652	59,6
10	58,3	31,5	8,960	4,625	2,890	2,50	4660	177,6	457	777	3,34	0,231	0,392	0,0688	58,8
11	58,4	31,5	9,337	5,002	3,267	2,84	4720	144	402	799	3,38	0,203	0,444	0,0599	50,5
12	65,3	34,8	8,453	4,118	1,908	1,78	4880	—	298	607	3,17	0,122	0,249	0,0385	49,0
13	65,2	34,8	8,727	4,392	2,272	2,00	4840	78,8	363	683	3,15	0,149	0,280	0,0472	53,1
14	65,3	34,8	8,919	4,584	2,464	2,18	4800	120,6	415	744	3,12	0,170	0,305	0,0546	55,8
15	65,2	34,8	9,181	4,846	2,726	2,40	4780	181	475	819	3,11	0,195	0,336	0,0626	57,9
16	65,2	34,8	10,798	6,463	4,343	3,77	4500	281	515	1288	2,92	0,214	0,527	0,0722	40,0
17	65,1	34,8	10,261	5,926	3,806	3,30	4780	193	352	1128	2,83	0,145	0,462	0,0511	31,3
18	81,2	38,8	9,000	4,665	2,065	1,78	4990	—	306	677	2,92	0,092	0,200	0,0311	45,2
19	81,0	38,8	9,295	4,960	2,360	2,07	4963	96	396	788	2,89	0,117	0,233	0,0405	50,2
20	81,4	38,9	9,505	5,170	2,560	2,24	4930	151,5	454	852	2,87	0,134	0,252	0,0468	53,8
21	81,2	38,8	9,787	5,442	2,842	2,50	4900	213,5	525	952	2,86	0,158	0,281	0,0544	55,2
22	81,2	38,8	10,115	5,780	3,180	2,80	4840	293,3	613	1065	2,82	0,186	0,315	0,0643	57,6
23	80,8	38,8	10,636	6,301	3,701	3,22	4740	364	695	1225	2,77	0,206	0,362	0,0744	56,7
24	80,4	38,9	11,147	6,812	4,200	3,66	4680	393,8	707	1393	2,73	0,207	0,411	0,0756	50,7
25	95,0	42,1	9,451	5,116	2,106	1,78	5000	—	315	734	2,68	0,073	0,171	0,0273	43,0
26	95,0	42,1	9,816	5,481	2,471	2,20	4994	134,5	454	908	2,68	0,106	0,212	0,0394	50,0
27	95,2	42,1	10,542	6,207	3,197	2,78	4940	296	635	1147	2,66	0,148	0,267	0,0558	53,3
28	95,3	42,1	10,852	6,490	3,430	3,05	4900	368,9	706	1258	2,64	0,164	0,293	0,0624	56,1
29	95,0	42,1	11,404	7,069	4,059	3,53	4800	465,6	809	1458	2,58	0,188	0,339	0,0730	55,5
30	95,0	42,1	12,041	7,700	4,616	4,08	4700	451,6	788	1685	2,52	0,184	0,393	0,0726	46,7

Zahlentafel 3. Telefunken-Seppeler-Windflügel, Muster 1
(Windflügel weicher eingestellt.)

Luftdruck $b = 727$ mm Hg; Wichte des Alkohols $\gamma = 0,812$; $\varkappa = 4,14$; Temperatur $t = 20,5^\circ$ C; Wage-Nullpunkt $P_0 = 4,335$ kg; $\lambda = 1,089$.

Nr.	q kg/m²	v m/s	P_1 kg	P_2 kg	P_3 kg	W kg	n U/min	N_1 W	N_2 W	N_3 W	u/v	c_l	c_w	c_d	η %
31	71,4	35,0	8,242	3,907	1,767	1,53	4360	—	225	527	2,815	0,084	0,196	0,0296	42,8
32	71,4	35,0	8,345	4,010	1,870	1,64	4340	40,4	265	557	2,800	0,099	0,210	0,0352	47,1
33	71,4	35,0	8,520	4,185	2,045	1,80	4320	87,9	315	609	2,790	0,118	0,231	0,0421	51,0
34	71,4	35,0	8,696	4,361	2,221	1,93	4280	118,7	355	663	2,765	0,132	0,247	0,0478	54,0
35	71,4	35,0	9,276	4,941	2,801	2,40	4180	217,6	453	835	2,695	0,169	0,307	0,0626	53,8
36	71,1	34,9	9,481	5,146	3,016	2,62	4100	243	457	897	2,645	0,171	0,335	0,0643	50,8
37	71,1	34,9	9,656	5,321	3,191	2,77	4050	237	450	948	2,620	0,169	0,355	0,0642	47,3
38	104,4	42,3	9,175	4,870	1,810	1,57	4420	—	232	653	2,36	0,049	0,137	0,0207	35,7
39	104,4	42,3	9,373	5,038	2,008	1,74	4400	67	300	724	2,355	0,063	0,153	0,0269	41,4
40	104,4	42,3	9,586	5,251	2,221	1,93	4400	121,3	365	800	3,355	0,077	0,169	0,0326	45,6
41	104,4	42,3	10,077	5,742	2,712	2,30	4380	233	495	976	2,340	0,104	0,201	0,0448	51,9
42	104,2	42,3	10,273	5,938	2,908	2,52	4370	281,5	555	1048	2,335	0,117	0,220	0,0501	53,9
43	104,2	42,3	10,672	6,337	3,307	2,87	4320	352	620	1190	2,310	0,130	0,251	0,0564	51,6
44	104,2	42,3	10,630	6,345	3,315	2,88	4330	352	620	1196	2,315	0,132	0,259	0,0572	50,8
45	104,3	42,3	11,343	7,008	3,978	3,46	4280	387,8	627	1436	2,290	0,132	0,303	0,0579	43,6

Die mit Index a bezeichneten Kurven beziehen sich auf die Wattabgabe, die mit b bezeichneten auf die Wattaufnahme des Generators = Wattabgabe des Windflügels. In Abb. 17 sind die Drehzahlen des Windflügels in Abhängigkeit von der Belastung aufgetragen. Bei einer Geschwindigkeit von 28,2 m/s (Kurve 1) dürfte die Regelvorrichtung bei Generatorleerlauf an der Ansprechgrenze sein. Die Form der Kurve mit zunehmender Belastung entspricht der eines festen Windflügels (vgl. z. B. Abb. 24). Bei höheren Windgeschwindigkeiten spricht der Regler an. Trotzdem die aufgenommenen Kurven die für das Ansprechen des Reglers notwendige Drehzahl durchschneiden, ist ein ausgesprochenes Knicken der Drehzahlkurven beim Übergang vom Regelbetrieb in den nichtregelnden nicht festzustellen.

Abb. 18 zeigt den Luftwiderstand in Abhängigkeit der Generatorabgabe und -aufnahme. Mit Ausnahme der Kurve 1 betragen die Luftwiderstände bei Leerlauf für alle Windgeschwindigkeiten von mindestens 31,5 m/s an ungefähr 1,70 bis 1,85 kg. Mit zunehmender Belastung steigen die Kurven und kehren nach Erreichen eines Höchstwertes um. Es sind also zwei Widerstandswerte von einem bestimmten Belastungsgrad ab bei gleicher Leistungsabgabe möglich.

Ferner zeigen die Kurven, daß bei gleicher Leistungsaufnahme mit zunehmender Windgeschwindigkeit der Luftwiderstand abnimmt. Die Kurven des weicher eingestellten Windflügels zeigen entsprechenden Verlauf bei etwas geringerem Widerstand.

Wie schon eingangs ausgeführt, ist die Bestimmung des reinen Flügelwirkungsgrades unmöglich. Für die praktische Auswertung wichtiger ist der berechenbare aerodynamische Wirkungsgrad des zusammengehörigen Satzes Windflügel einschließlich Maschine. Infolge der großen Leerlaufverluste des bremsenden Generators war es nicht möglich, Werte für niedrige Belastungen zu erhalten. Die gemessenen Größen ergaben mit zunehmender Geschwindigkeit flacher werdende Kurven mit langsam abnehmendem Höchstwert. Bei der Normalbelastung des Telefunkensenders liegt der Höchstwert des Wirkungsgrades bei etwa 42 m/s Windgeschwindigkeit entsprechend einer üblichen Flugzeuggeschwindigkeit von 150 km/h. Bei weicher eingestellter Regelvorrichtung wurden kleinere Höchstwerte bei derselben Windgeschwindigkeit erreicht.

Die Abb. 20 bis 22 enthalten die Leistungs-, Widerstands- und Drehmomentbeiwerte in Abhängigkeit vom Fortschrittgrad. In allen drei Abbildungen fällt die Kurve 1 heraus.

Zahlentafel 4. Gyrorektor-Windflügel.

Luftdruck $b = 725$ mm Hg; Wichte des Alkohols $\gamma = 0,814$; $\varkappa = 4,13$;
Temperatur $t = 20,0^\circ$ C; Wage-Nullpunkt $P_0 = 4,461$ kg; $\lambda = 1,089$.

Nr.	q kg/m³	v m/s	P_1 kg	P_2 kg	P_3 kg	W kg	n U/min	N_1 W	N_2 W	N_3 W	u/v	c_l	c_w	c_d	η %
1	45,8	28,0	6,733	2,277	1,257	1,12	5000	35	183	308	2,92	0,198	0,332	0,068	59,5
2	45,9	28,0	6,763	2,307	1,287	1,15	4920	60	220	316	2,87	0,238	0,341	0,083	69,7
3	45,9	28,0	6,942	2,486	1,466	1,30	4520	87,5	245	357	2,64	0,265	0,386	0,101	68,7
4	46,0	28,1	6,989	2,533	1,513	1,35	4040	110	240	371	2,36	0,260	0,400	0,110	64,7
5	47,2	28,4	6,793	2,332	1,292	1,15	5060	—	150	321	2,91	0,155	0,332	0,053	46,7
6	47,2	28,4	7,065	2,604	1,564	1,40	4140	96,8	245	390	2,32	0,253	0,404	0,106	62,9
7	47,2	28,4	7,028	2,565	1,525	1,36	4100	105	240	379	2,36	0,248	0,392	0,105	63,4
8	47,1	28,4	6,933	2,477	1,432	1,28	4900	60,5	225	357	2,82	0,233	0,369	0,083	63,0
9	71,0	34,8	7,785	3,324	1,814	1,62	6500	—	230	553	3,05	0,129	0,311	0,042	41,5
10	71,0	34,8	7,867	3,406	1,896	1,69	6360	37,5	275	577	2,98	0,154	0,324	0,052	47,6
11	71,1	34,8	7,976	3,515	2,005	1,79	6120	75	310	610	2,88	0,174	0,343	0,062	50,9
12	71,0	34,8	8,039	3,578	2,068	1,85	5840	102,5	330	631	2,74	0,185	0,355	0,068	52,4
13	71,0	34,8	8,191	3,730	2,220	1,98	5460	160	385	675	2,56	0,217	0,380	0,083	57,0
14	71,0	34,8	8,272	3,811	2,301	2,06	5160	187	400	703	2,42	0,224	0,396	0,093	56,9
15	103,4	42,0	9,422	4,961	2,821	2,52	7600	—	290	1038	2,96	0,093	0,331	0,031	27,9
16	103,4	42,0	9,479	5,018	2,878	2,57	7500	47,5	340	1060	2,92	0,108	0,338	0,038	32,1
17	103,4	42,0	9,571	5,110	2,970	2,65	7400	105	401	1090	2,88	0,128	0,348	0,045	36,8
18	103,4	42,0	9,658	5,197	3,027	2,70	7200	147,5	456	1110	2,80	0,145	0,355	0,053	41,1
19	103,4	42,0	9,751	5,290	3,150	2,81	6920	245	560	1160	2,69	0,178	0,370	0,066	48,2
20	103,4	42,0	9,856	5,389	3,245	2,90	6580	290	625	1195	2,56	0,200	0,381	0,078	52,2
21	151,7	50,7	12,016	7,555	4,455	3,98	8280	—	340	1980	2,67	0,061	0,357	0,022	17,2
22	151,1	50,7	12,020	7,559	4,459	3,98	8220	55	393	1980	2,66	0,072	0,358	0,026	19,7
23	151,2	50,8	12,036	7,575	4,475	3,99	8100	120	470	1990	2,61	0,084	0,359	0,031	23,8
24	146,9	50,1	11,970	7,509	4,509	4,02	7740	360	800	1975	2,52	0,151	0,372	0,061	40,5

Zahlentafel 5. Anschütz-Windflügel.

Luftdruck $b = 728$ mm Hg; Wichte des Alkohols $\gamma = 0,814$; $\varkappa = 4,13$;
Temperatur $t = 20,0^\circ$ C; Wage-Nullpunkt $P_0 = 4,587$ kg; $\lambda = 1,089$.

Nr.	q kg/m³	v m/s	P_1 kg	P_2 kg	P_3 kg	W kg	n U/min	N_1 W	N_2 W	N_3 W	u/v	c_l	c_w	c_d	η %
1	47,2	28,4	6,356	1,769	0,721	0,644	3540	—	18	179,5	2,60	0,127	0,126	0,0485	10,0
2	46,4	28,3	6,372	1,785	0,755	0,674	3500	8	25	186,5	2,60	0,180	0,135	0,0694	13,4
3	47,0	28,3	6,414	1,827	0,787	0,701	3420	17	32	195,0	2,53	0,226	0,138	0,0902	16,4
4	47,0	28,3	6,426	1,839	0,799	0,712	3380	23	40	197,5	2,50	0,284	0,140	0,1138	20,2
5	70,9	34,8	7,158	2,517	1,051	0,938	4400	—	40	320	2,66	0,155	0,123	0,0578	12,5
6	70,9	34,8	7,212	2,625	1,105	0,985	4360	12	54	336	2,62	0,206	0,128	0,0788	16,0
7	71,0	34,8	7,242	2,655	1,153	1,030	4300	25	68	352	2,59	0,260	0,134	0,1003	19,2
8	70,9	34,8	7,264	2,677	1,175	1,052	4220	38	80	359	2,54	0,307	0,135	0,1205	22,3
9	104,0	42,1	8,262	3,675	1,525	1,360	5400	—	72,5	561	2,69	0,157	0,121	0,0583	12,9
10	104,3	42,2	8,309	3,722	1,572	1,403	5370	25	102	580	2,66	0,218	0,124	0,0823	17,6
11	104,4	42,2	8,372	3,785	1,635	1,460	5300	42	120	603	2,63	0,258	0,131	0,0980	19,9
12	104,0	42,1	8,407	3,820	1,670	1,490	5220	62	142	616	2,60	0,308	0,133	0,1180	23,0

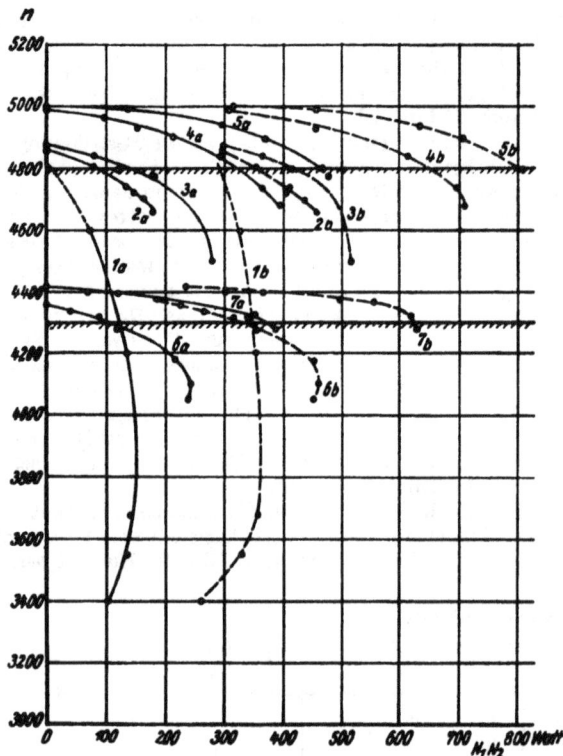

Abb. 17. Telefunken-Seppeler-Windflügel, Drehzahlen in Abhängigkeit von der Belastung (b).
Die mit a bezeichneten Kurven beziehen sich auf die Wattabgabe, die mit b bezeichneten auf die Wattaufnahme des Generators = Wattabgabe des Windflügels.

Ihr Verlauf entspricht dem eines festen Windflügels. Entsprechend der Drehzahlkonstanz ist die Änderung des Fortschrittgrades klein, solange die Regelvorrichtung arbeitet. Die Kurven im Regelbetrieb zeigen größtenteils einen Wendepunkt, der das Ansprechen des Reglers kennzeichnen dürfte.

In Abb. 23 sind die Polaren: c_d in Abhängigkeit von c_w für die verschiedenen Windgeschwindigkeiten aufgetragen. Nach ungefähr gradlinigem Anstieg tritt je nach Windgeschwindigkeit bei verschiedenen c_d-Werten das zu erwartende Abbiegen ein. Besonders deutlich tritt die schon aus

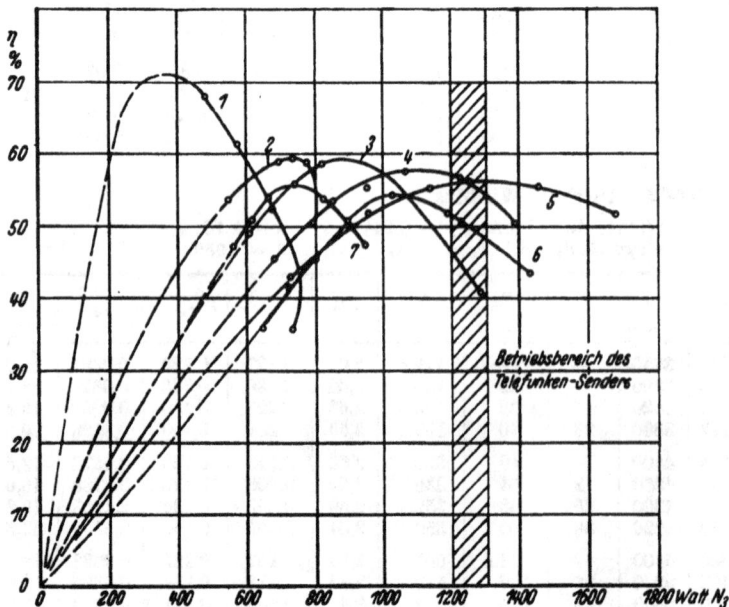

Abb. 19. Wirkungsgrade, Telefunken-Seppeler-Windflügel.

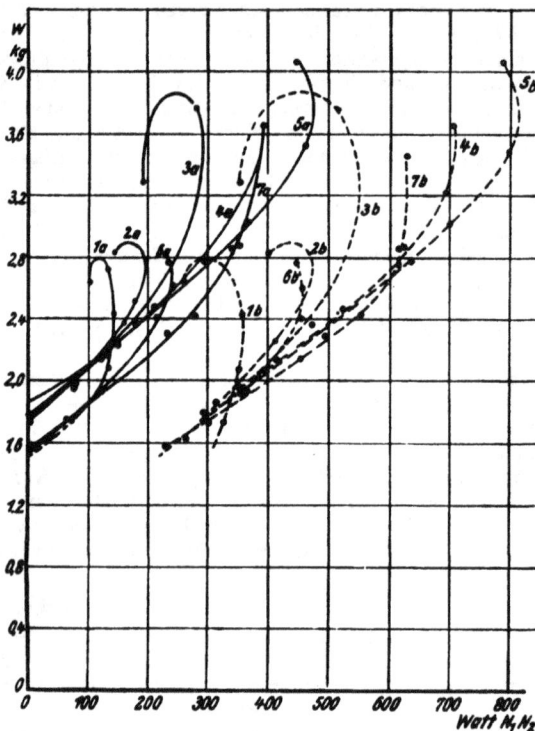

Abb. 18. Telefunken-Seppeler-Windflügel. Luftwiderstand in Abhängigkeit von N_1 und N_2.

Abb. 18 ersichtliche Erscheinung auf, wonach mit zunehmender Windgeschwindigkeit bei gleichen c_d-Werten die c_w-Werte abnehmen.

Gyrorektor und Anschützsatz.

Die Luftwiderstände zeigen überaus starke Abhängigkeit von der Windgeschwindigkeit, Abb. 24. Die Widerstandszunahme mit steigender Belastung ist besonders bei höheren Geschwindigkeiten gering. Leider war es mit dem vorhandenen Generator unmöglich, bei großen Windgeschwindigkeiten größere Leistungen abzubremsen. Infolgedessen sind die Wirkungsgradkurven, Abb. 25, nicht bis zum Höchstwert erhalten worden.

Aus Abb. 26 ist die starke Abhängigkeit der Drehzahl von der Windgeschwindigkeit zu ersehen. Es ergeben sich demnach auf der elektrischen Seite starke Frequenz- und Spannungsschwankungen, die unter Umständen das gute Arbeiten des Neigungsmessers gefährden können.

Die berechneten c_l-, c_w- und c_d-Werte, Abb. 27 bis 28, zeigen den eingangs erwähnten Göttinger Untersuchungen entsprechende Kurvenformen, die Zahlenwerte selbst sind teilweise andere. Die Gründe hierfür liegen neben wesentlich höheren Windgeschwindigkeiten, hauptsächlich in dem Einschluß des Generatorwiderstandes in dem c_w-Wert. Die c_w-Werte selbst ergeben für gleiche Fortschrittsgrade bei verschiedenen Windgeschwindigkeiten ungefähr gleiche Werte. Abb. 30 zeigt die Polare des Gyrorektorwindflügels.

Die in den Abb. 31 bis 36 zusammengestellten Kurven für den von Anschütz verwendeten Windflügel entsprechen beinahe völlig denen des Gyrorektors. Die Überbemessung des Anschützwindflügels ergibt sich aus seiner Polare, Abb. 37, die auf eine sehr geringe Ausnützung des Flügels schließen läßt.

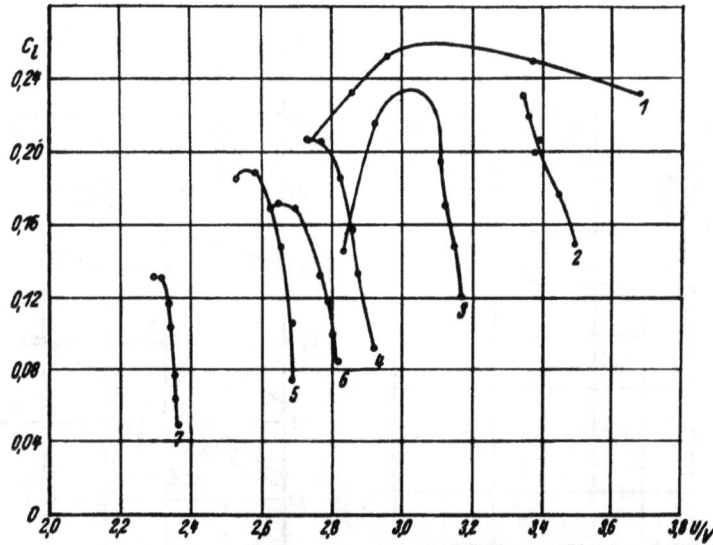

Abb. 20. Telefunken-Seppeler-Windflügel, Leistungszahl in Abhängigkeit vom Fortschrittgrad,

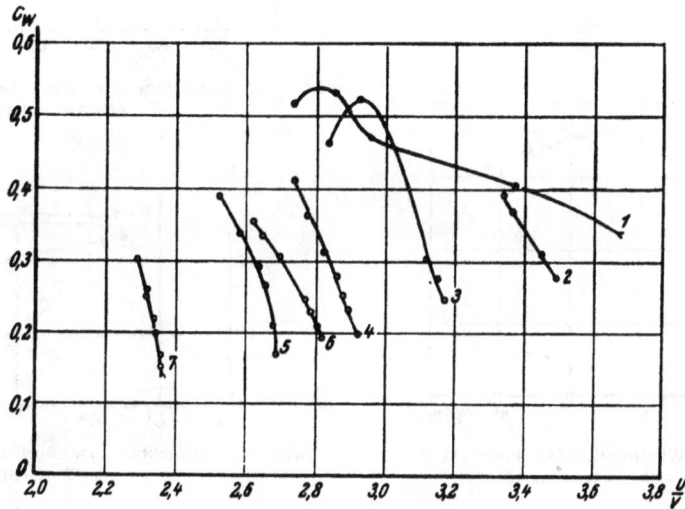

Abb. 21. Telefunken-Seppeler-Windflügel, Widerstandszahl in Abhängigkeit vom Fortschrittgrad.

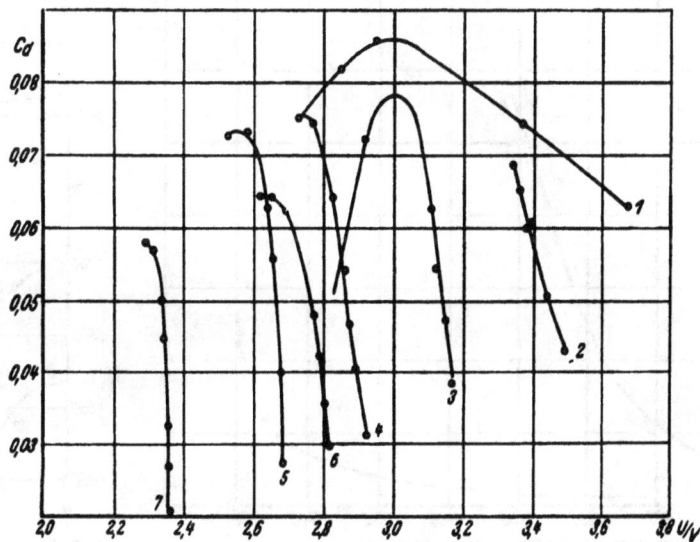

Abb. 22. Telefunken-Seppeler-Windflügel. Drehmomentzahl in Abhängigkeit vom Fortschrittgrad.

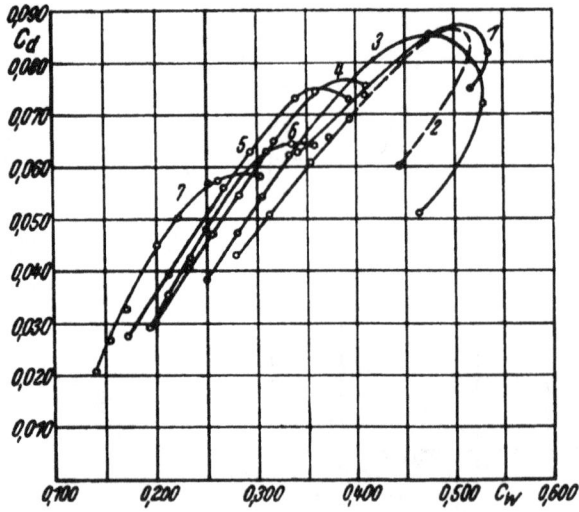

Abb. 23. Telefunken-Seppeler-Windflügel, Polare.

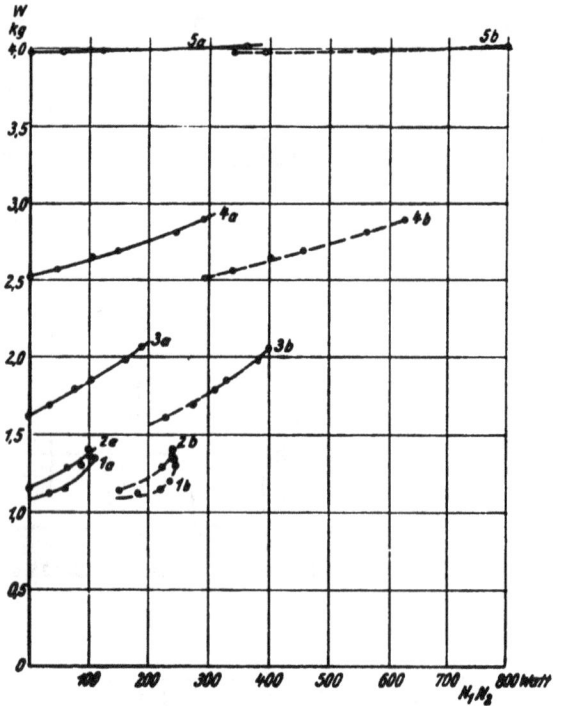

Abb. 24. Gyrorektor-Windflügel, Luftwiderstand in Abhängigkeit von der Belastung (b).

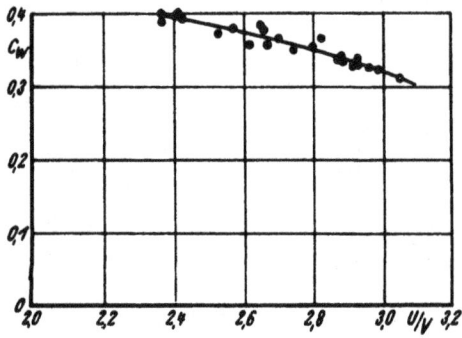

Abb. 28. Gyrorektor-Windflügel, Widerstandszahl in Abhängigkeit vom Fortschrittgrad.

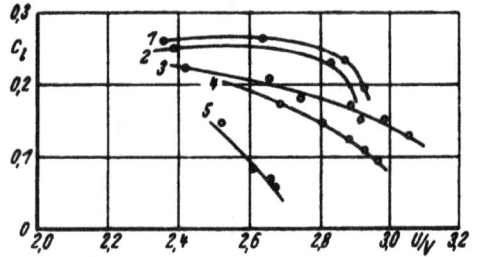

Abb. 27. Gyrorektor-Windflügel, Leistungszahl in Abhängigkeit vom Fortschrittgrad.

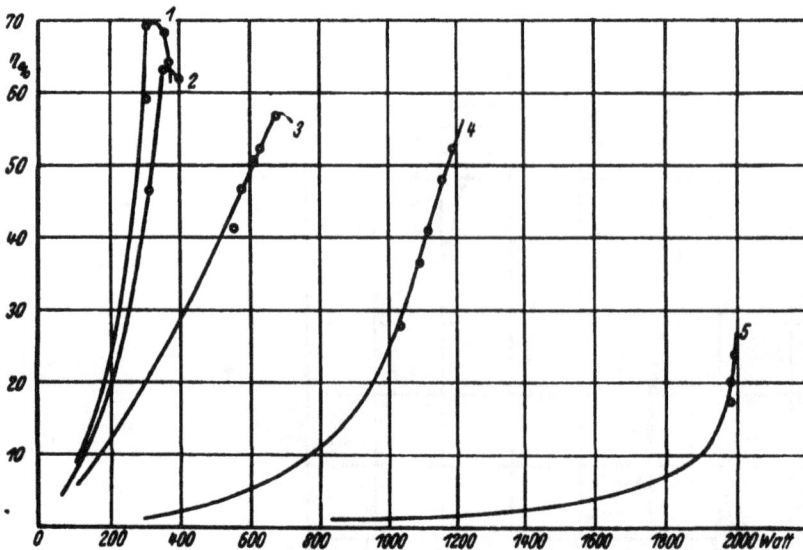

Abb. 25. Gyrorektor-Windflügel, Wirkungsgrade.

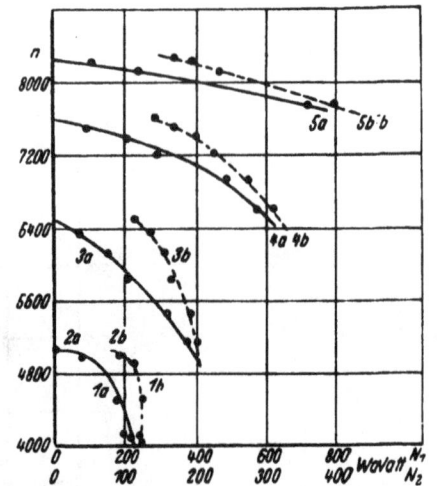

Abb. 26. Gyrorektor-Windflügel, Drehzahlen in Abhängigkeit von der Belastung (b)b).

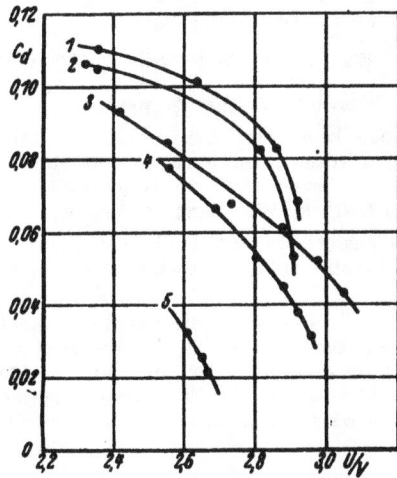

Abb. 29. Gyrorektor-Windflügel, Drehmomentzahl in
Abhängigkeit vom Fortschrittgrad.

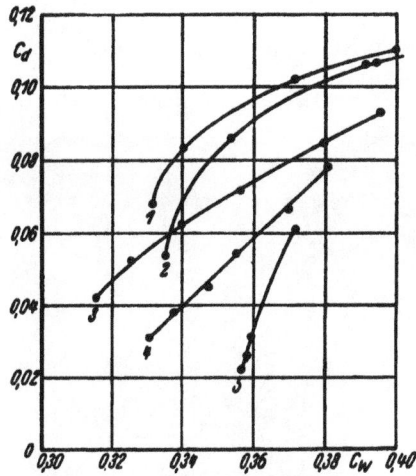

Abb. 32. Anschütz-Windflügel, Luftwiderstand in
Abhängigkeit von der Belastung (b).

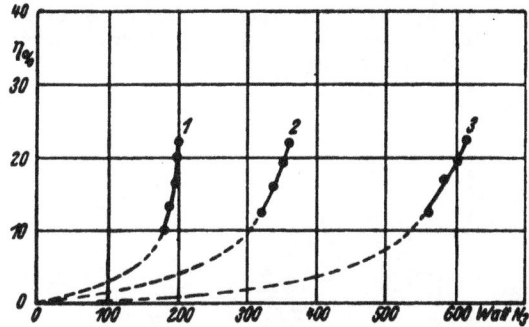

Abb. 33. Anschütz-Windflügel, Wirkungsgrade.

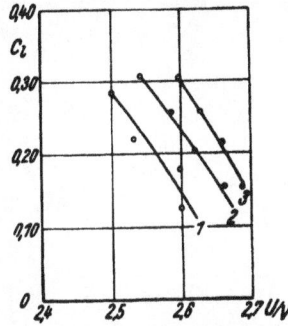

Abb. 30. Gyrorektor-Windflügel, Polare.

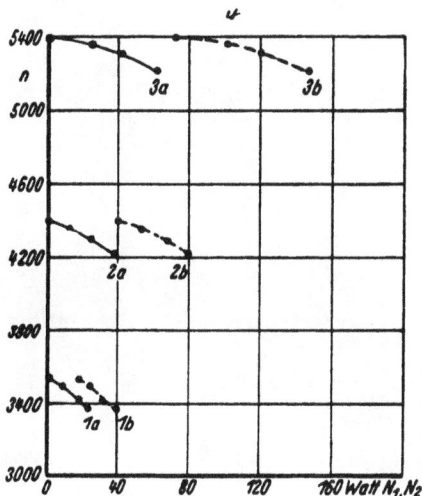

Abb. 34. Anschütz-Windflügel,
Leistungszahl in Abhängigkeit
vom Fortschrittgrad.

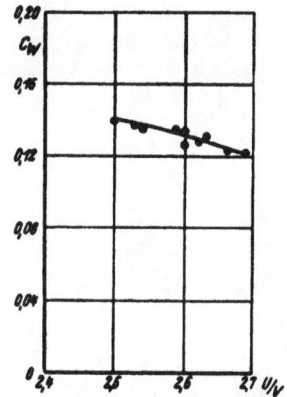

Abb. 35. Anschütz-Windflügel,
Widerstandszahl in Abhängigkeit
vom Fortschrittgrad.

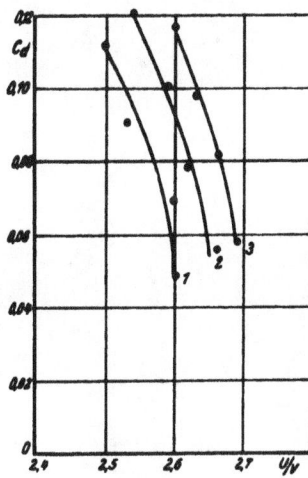

Abb. 31. Anschütz-Windflügel, Drehzahl in Abhängigkeit
von der Belastung (b).

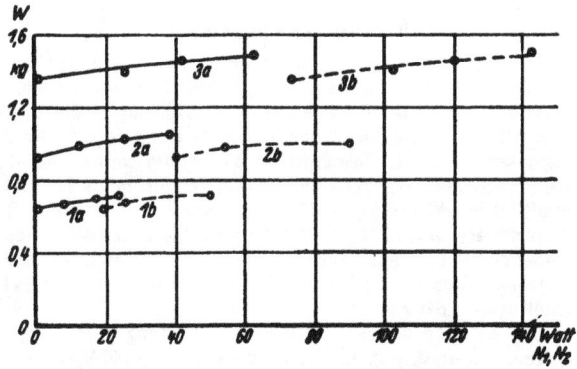

Abb. 36. Anschütz-Windflügel,
Drehmomentzahl in Abhängigkeit
vom Fortschrittgrad.

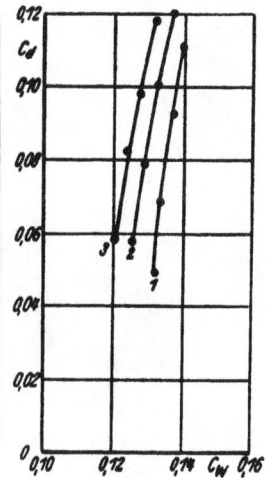

Abb. 37. Anschütz-Windflügel,
Polare.

Zusammenfassung.

Die Untersuchungen ergaben eine deutliche Überlegenheit des Regelwindflügels. Weniger die von ihm erzielten Wirkungsgradwerte verlangen seine Einführung in die Luftfahrt als die flache Form der Kurven. Beim festen Windflügel wird bei einer bestimmten Belastung und innerhalb einer geringen Windgeschwindigkeitsänderung ein wirtschaftlicher Wirkungsgrad erzielt. Seine Verwendung an Stelle des Regelwindflügels läßt sich deshalb nur bei gleichbleibenden Belastungs- und Windverhältnissen rechtfertigen. In jedem anderen Fall ist die Verwendung eines Regelwindflügels vorzuziehen.

Die erhaltenen aerodynamischen Wirkungsgrade liegen in der Größenordnung von 50 vH zwischen $^3/_4$- bis $^4/_5$-Last.

Bei Generatoren sind die entsprechenden Zahlen je nach Leistung 50 bis 80 vH.

Mit einem mittleren Triebwerk-Luftschraubenwirkungsgrad von 75 vH ergeben sich Gesamtwirkungsgrade von etwa 18 bis 30 vH gegen etwa 50 bis 80 bei unmittelbarem Antrieb von Haupt- oder Hilfsmotor.

Im Leerlauf treten beim Windflügelantrieb wesentlich größere Verluste auf als im Leerlauf beim Motorantrieb. Benötigt der Telefunkenwindflügelsatz doch bei 42 m/s Wind $\dfrac{1{,}8 \cdot 9{,}81 \cdot 42}{0{,}75}$ Watt an der Motorwelle ≈ 1000 Watt.

Zusammenfassend kann gesagt werden:

Bei kleinen konstanten Leistungen, die während des ganzen Fluges entnommen werden, wird ein Windflügel fester Steigung, besser noch ein Regelwindflügel einigermaßen wirtschaftliche Wirkungsgrade ergeben.

Im stark aussetzenden Betrieb ist von Vorteil, die Leerlaufverluste durch Außer-Windschwenken in Wegfall zu bringen.

Zurzeit ist die Deutsche Versuchsanstalt für Luftfahrt mit Untersuchungen beschäftigt, die Verhältnisse des Antriebs durch einen Haupt- oder Hilfsmotor zu klären. Zu gegebener Zeit wird über die Ergebnisse berichtet, um die Frage Außen- oder Innenantrieb endgültig einer Klärung zuzuführen.

Abgeschlossen im Februar 1928.

www.ingramcontent.com/pod-product-compliance
Lightning Source LLC
Chambersburg PA
CBHW081436190326
41458CB00020B/6218

* 9 7 8 3 4 8 6 7 6 0 9 8 9 *